网络空间安全技术丛书

现代C++安全

Embracing Modern C++ Safely

[美] 约翰·拉科斯(John Lakos)
维托里奥·罗密欧(Vittorio Romeo)
罗斯蒂斯拉夫·赫列布尼科夫(Rostislav Khlebnikov)
利斯代尔·梅雷迪斯(Alisdair Meredith) 著

刘晓光 李忠伟 任明明 译

机械工业出版社
CHINA MACHINE PRESS

图书在版编目（CIP）数据

现代 C++ 安全 /（美）约翰 · 拉科斯 (John Lakos) 等著；刘晓光，李忠伟，任明明译．-- 北京：机械工业出版社，2024. 6. --（网络空间安全技术丛书）.

ISBN 978-7-111-76029-0

Ⅰ. TP312.8

中国国家版本馆 CIP 数据核字第 2024LK8993 号

机械工业出版社（北京市百万庄大街 22 号　邮政编码 100037）

策划编辑：王　颖　　　　责任编辑：王　颖

责任校对：张勤思　王小童　景　飞　　责任印制：郜　敏

三河市国英印务有限公司印刷

2024 年 9 月第 1 版第 1 次印刷

185mm × 260mm · 47.75 印张 · 1438 千字

标准书号：ISBN 978-7-111-76029-0

定价：169.00 元

电话服务

客服电话：010-88361066

010-88379833

010-68326294

网络服务

机　工　官　网：www.cmpbook.com

机　工　官　博：weibo.com/cmp1952

金　书　网：www.golden-book.com

机工教育服务网：www.cmpedu.com

译者序

对于计算机专业的初学者来说，C++ 语言是一种让人又爱又恨的语言。它强大的功能和丰富的内涵让人深深着迷，但各种繁杂的技术特性也让人倍感困扰。特别是自从 C++ 语言被列入 ISO 国际标准之后，每隔三年左右，C++ 标准委员会就会推出一个增加新特性的 C++ 语言新版本，这对 C++ 程序员和拥有大量基于 C++ 语言的软件资产的企业来说是一个巨大的挑战。

本书作者来自目前全球最大的金融信息服务商——彭博社的软件研发团队，具有丰富的 C++ 语言开发经验。由于金融信息服务的特殊性，彭博社的软件开发对安全性有着非常高的要求。本书作者在为彭博社进行 C++ 语言开发期间，遇到了大量的安全及相关问题，有着丰富的实践经验。

在翻译这本书的过程中，译者深深感受到作者对 C++ 安全性的关注和深刻的认识。这本书不仅为读者提供了 C++ 编程的安全指南，还展示了如何拥抱安全的现代 C++。

本书作者在写作过程中，始终将安全置于首位。他们不仅探讨了 C++ 语言本身的安全特性，深入研究了各种可能导致安全问题的编程习惯和设计决策，还对内存管理、数据保护、异常处理等关键领域进行了细致讨论，更对新兴安全技术及应用进行了解读。

书中丰富且真实的示例可帮助读者更好地理解 C++ 的安全问题及其解决方案。这些示例涵盖了诸多方面——从简单的语法错误到复杂的设计漏洞，从日常的编程习惯到新兴的编程技术，引导着读者思考如何在自己的项目中应用这些知识。

值得一提的是，本书在介绍 C++11/14 的新特性的同时，并没有忽视对旧版本 C++ 安全问题的探讨。事实上，本书不仅对这些问题进行了深入的解读，还提供了许多实用的解决方案。这使得本书不仅对 C++11/14 开发者有指导意义，对旧版本 C++ 开发者同样具有很高的参考价值。

总的来说，本书非常值得一读。无论你是初学者还是经验丰富的开发者，你都能从中获得宝贵的启示和指导。这本书不仅能帮助你避免在编程过程中遇到各种安全问题，还能教你如何利用现代 C++ 的特性来提高代码质量。

译者非常欣赏这本书的写作风格。作者用平实易懂的语言解释了复杂的 C++ 语言概念，即使是初学者也能轻松理解。同时，他们还通过各种图表和示例，帮助读者更好地理解和记忆书中的内容。这种深入浅出的写作方式，使得这本书对于各种水平的读者都具有很高的可读性。

在翻译本书的过程中，译者深感其内容的丰富性和实用性。译者真诚地希望每一位读者都能从本书中受益，并在实践中应用这些知识，为自己的项目创造更加安全、可靠的环境。同时，译者也期待读者能通过阅读这本书，更深入地理解 C++ 的安全性，从而更好地应对未来的编程挑战。

最后，译者要感谢机械工业出版社的编辑们为这本书的出版所做的努力。他们的专业精神和严谨态度让译者深受启发。同时，译者也要感谢家人和朋友在翻译过程中给予的支持和鼓励。没有他们的帮助和支持，译者无法完成这本书的翻译工作。

希望本书能给读者带来启示和指导，帮助读者在编程的道路上顺利前行。无论是在学习 C++ 的过程中，还是在开发大型项目的过程中，本书都将是你不可或缺的伙伴和指南。

刘晓光　李忠伟　任明明

序 一

早在C++被标准化之前，我用它编写程序超过了25年。C++语言的使命是实现零开销和最大性能，因此除了语法和类型安全等限制外，会尽量减少其他的限制。不合理地使用C++功能很容易产生令人惊讶的错误。但由于C++语言相对稳定，优秀的开发人员是能够掌握如何编写可靠C++软件的。

C++98，作为第一个标准化版本，形式化定义了这一语言的内容。第二个版本C++03包含了一些小的功能修改和增强，但并没有从根本上改变程序的编写方式。然而，随着C++11的发布，C++编程的内涵发生了巨大变化。经过多年讨论，C++标准委员会（WG21）在删除一些功能的同时，也首次添加了重要的新功能。例如，加入了noexcept和std::unique_ptr功能，限制使用动态异常规范和std::auto_ptr。

与此同时，该标准委员会公布每三年发布一个新版本的C++标准！对于像彭博社这样的大型组织来说，其软件资产的生命周期以数十年为单位。依赖以这种频率更新的语言将成为很大的问题。近40年来，彭博社一直可靠且准确地为金融界提供涵盖金融分析、交易解决方案和实时市场数据等专业信息。

为了支持全球业务，彭博社开发了可以大规模运行的高性能软件系统，这些系统主要是用C++编写，已经运行超过20年。在彭博社代码库中加入并验证新的工具链绝不是一项简单的任务。每一次更新都有危及客户所依赖产品的稳定性的风险。

现代C++提供了很多功能。一方面，它的许多新功能可以改进性能、强化表达、提高可维护性。另一方面，许多类似功能也存在潜在的缺陷，其中一些缺陷是显而易见的，而另一些则不那么明显。随着C++的每一个新版本的发布，它会变得越来越强大。

使用复杂的编程语言（如C++）中许多开发人员并不完全熟悉的新功能，对于经验不足的工程师来说可能会无意中将新功能引入到成熟的代码库中，这种情况可能会带来明显的负面作用。和以往一样，只有时间和经验可以证明使用新的C++语言功能是否合适。领先的金融科技公司的高级开发人员、团队领导和技术经理，是有责任保护软件资本和资产的，以免遭受风险。

如果每次出现新版本语言时，都需要重写所有软件，那么这种不稳定性是不能接受的，但也不能让软件系统不更新，或者放弃现代C++所带来的重要益处。因此，这就需要在专业知识和谨慎加持下继续更新软件。对于新功能，只有在完全理解后才能使用它们。彭博社致力于从现代C++中获取所有益处，但也必须保证这样做的安全性。因此，本书详细解释了C++11/14语言特性、如何有效使用示例，以及要避免的陷阱。

如果你已经用C++编写了十多年的程序，你肯定已经注意到，成为一名技能娴熟的C++程序员是一个不同于以往的挑战。这本书将帮助你了解现代C++环境，这样你可以自信地以真正提升价值的方式去使用C++11/14，而不会给你所在组织的宝贵软件资产带去不必要的风险。

Shawn Edwards

彭博社首席技术官

序　二

版本控制软件（如 Git、Perforce、Mercurial）的一个有益的工具是 diff 视图，可通过典型的并排视图将大型系统当前版本和之前版本的差异显示出来。diff 视图通常是审查代码、评估功能复杂性、发现 bug 以及熟悉新系统的最佳方法。

这本书阐述了经典 C++（C++03,C++ 的基础）与现代 C++（2011 年后推出的 C++）之间的差异，以及现代 C++ 的附加功能，呈现了 C++ 这个编程语言功能的 diff 视图。

这本书面向 C++ 的程序员，他们每天都在复杂的问题领域中使用类、继承、多态性、模板、STL 等，并对它们了如指掌。虽然不必要重提这些经典特性，但有些程序员可能不太适应从 C++11 开始每三年推出含有大量新特性的标准化版本，而且也没有时间跟踪 C++ 标准委员会的工作。这本书巧妙优化了 C++ 新特性的学习内容，增强了可读性和实用性。

这本书将 C++ 的新特性以互不干扰的模块化形式呈现，比如，学习泛型 Lambda 表达式时不会受到其他新语言特性的干扰。当讨论特性之间的交互时，将严格地指定、记录和交叉引用。因此，这本书既可以从头到尾阅读，也可以按主题、相互关联的特性或单个主题分块阅读。

这本书的章节安排遵循从现代 C++ 安全到有条件安全再到不安全的功能，从而使读者可用现代 C++ 进行快速开发并提高代码性能和安全性。

这本书对于 C++03 之后添加的每个功能特性，分为 C++13 和 C++14，都有大量的细节、示例和讨论。我认为这本书是非常有意义的，除了从这本书中学习知识外，我希望你还能从中获得灵感，为自己的工作增添更多活力。

Andrei Alexandrescu

2021 年 8 月

目　录

第1章 引 言

本书聚集于利用现代 C++ 特性来开发和维护大型复杂 C++ 软件系统。本书重点介绍从 C++11 开始增加的新特性，特别针对规模较大的系统和组织。本书会有意地忽略那些应用于大规模系统时可能造成损害的想法和习惯用法，即便它们看起来很精巧、有趣。相反，我们专注于做出明智的经济决策和设计决策，并理解在任何工程领域中都会出现的权衡问题。在这个过程中，我们也尽量避免主观的意见和建议。

最好的方法是让时间来检验语言特性。鉴于此，本书只涵盖那些已成为标准至少五年的现代 C++ 特性，以确保有足够的视角来正确评估新特性的实际影响。如果你正在寻找通过使用久经考验的现代 C++ 特性来提高生产率的方法，或者已经掌握了经典 C++98/03 且正在寻求清晰、目标驱动的方法将现代 C++ 特性集成到工具箱中，那么本书是你最佳的选择。

1.1 本书特点

本书的目标是具备客观性、经验性和实用性。本书介绍了作者使用 C++11 和 C++14 开发大型软件系统总结的语言特性、适用性和潜在缺陷。作者在书中消除了个人偏好，保留了经过提炼的事实，以帮助读者重塑对现代 C++ 的理解。本书不仅呈现如何在实践中利用 C++ 语言特性，还考虑了在软件开发组织的生态系统中使用该特性的相关成本。换言之，本书不仅考虑了成功使用 C++ 语言特性的好处，同时也分析了那些广泛存在的无效使用（甚至误用）所造成的隐藏成本，以及培训和代码审查方面的成本。本书基于使用特性的安全程度对 C++ 语言特性进行了分类，即安全、有条件的安全和不安全特性。

1.2 本书范围

考虑到目前 C++ 庞大且快速增长的标准化库的规模，本书的讨论范围仅限于语言特性本身。

本书假设读者非常熟悉经典 C++98/03 的所有基本和重要的特性，因此将重点介绍仅限于 C++11 和 C++14 中引入的 C++ 语言特性的子集，以及如何将 C++11/14 语言特性安全地合并到以 C++98/03 为主的代码库中。

1.3 本书指导原则

（1）事实而非观点

本书着重现代 C++ 特性的有益用途和潜在陷阱。本书内容基于可客观验证的事实，这些事实源于标准文档或广泛的实践经验。

本书对每个特性的分析旨在完全客观，但每个特性表明的在大型软件开发环境中的相对安全性反映了作者数十年来开发大型 C++ 软件系统的实际经验。

（2）说明而非处方

本书有意避免给出解决特定的性能缺陷的解决方案，只是详细地描述和刻画这些问题，以便你能够设计出适合自己开发环境的解决方案。在某些情况下，本书可能会参考其他人用来避免此类问题的技术或公开可用的库，但我们不会判断哪种解决方案应该被视为最佳实践。

（3）深入而非肤浅

本书不是现代 C++ 的入门介绍。对于熟悉该语言早期版本（C++98/03）的经验丰富的 C++ 程序员来说，本书的目标是提供事实、详细的客观分析和令人信服的示例。如果你完全不熟悉C++语言，我们建议你从更基本的、以语言为中心的教材开始，例如Bjarne Stroustrup的*The C++ Programming Language*。

（4）真实而非虚构

本书中的示例在很多方面都很有用。这些示例的主要目的是说明在实践中可能出现的对每个特性的有效使用。本书避免讨论那些对语言特性的不常用情形和惯常用法给予同等重视的人为示例。因此，本书的许多示例都是基于真实世界代码库提取的简化代码片段。尽管我们通常会更改标识符名称使其更适合简化的示例（而非导出该示例的上下文和过程），但我们会使每个示例的代码结构尽可能接近其原始的、真实世界中的对应示例。

（5）大型而非简单

与软件开发的许多方面一样，适用于小的程序和团队的方法往往无法扩展到更大的开发工作。本书试图同时捕捉两个不同方面：一是软件组织开发和维护的程序、系统和库的产品大小（例如，以字节、源代码行、发布单元等为单位）；二是软件组织本身的规模，以该组织雇佣的软件开发人员、质量保证工程师、现场可靠性工程师、操作员等的数量来衡量。

更重要的是，少数专业程序员开发时所使用的功能强大的语言特性，用于大型软件开发时，这些特性并不总是表现良好。因此，当考虑在下一节中定义的特性的相对安全性时，我们会注意到任何特性都可能被大型程序和大量的拥有广泛知识、技能和能力的程序员使用，偶尔也会被滥用。

1.4 安全性

本书选择了“安全”一词作为本书的标签，而且也是基于在大规模开发环境中使用某个特性的风险回报比来对特性进行分类。通过将“安全”一词的含义置于特定上下文，我们将在现实世界的经济意义下考虑问题，在这里一切都有多个维度的成本：滥用的风险、在旧的代码库中使用新特性所带来的额外维护负担，以及针对可能不熟悉该特性的开发人员的培训。

有几个因素会影响任何新语言特性的采纳和广泛使用所带来的附加值，从而降低其内在安全性。通过基于安全性对特性进行分类，我们努力寻求以下因素适当的加权组合：

- 已知缺陷的数量和严重程度。
- 正确使用所需的教学难度。
- 正确使用所需的经验水平。
- 滥用造成的相关风险。

在本书中，某个特性的安全程度是指该特性的广泛使用对大型软件公司的代码库产生积极影响而没有不利影响的相对可能性。

1.5 安全特性

现代C++的一些新特性不仅增加了很大价值、易于使用，而且很难无意中被滥用。因此，这些新特性的普遍采纳是富有成效的，在大规模开发组织的场景下相对来说不太可能成为问题，并且通常是鼓励使用的——即使没有进行培训。我们将这些有用、稳定的C++特性标记为安全特性。

例如，我们将override上下文关键字归类为一个安全特性，因为它不仅可以预防错误、用于文档，并且不容易被滥用，也没有严重的缺陷。如果有人知道这个特性也尝试使用它，并且软件通过了编译，那么代码可能更适合使用该特性。在适用的情况下使用override始终是一个合理的工程决策。

1.6 有条件的安全特性

现代C++中绝大多数新特性都有重要、频繁出现和有价值的用途，但如何正确使用这些特性可能并不明显，更不用说最优使用了。更重要的是，其中一些特性充满了固有的危险和缺陷。

举例来说，默认成员初始化器是一个有条件的安全特性，虽然它们易于使用，但在某些情况下产生的意外后果（例如编译时的紧密耦合）的代价过高（例如，可能会阻止在产品中打补丁）。

1.7 不安全特性

当专业的程序员适当地使用任何 C++ 特性时，该特性通常不会造成直接伤害。然而，其他开发人员在代码库中看到了该特性的使用，但没有理解该特性的高度专业化或细致差异，可能会以他们理解的方式使用该特性，但结果却不太理想。类似地，维护人员可能会改变某个脆弱特性的使用，以细微但具有破坏性的方式使语义发生变化。

被归类为不安全的特性是那些可能有效甚至有重要用例的特性，但经验表明，在典型的大型软件开发中广泛使用这类特性会适得其反。

例如，我们认为 final 上下文关键字是一个不安全的特性，因为它被滥用的情况远远超过了它适用的极少数情况，有重要价值的应用就更少了。此外，它的广泛使用会抑制细粒度（例如分层）重用，而这对大型软件开发是至关重要的。

1.8 本书结构

本书针对 C++11 和 C++14 语言特性，以清晰、一致和预期的格式为每个特性展示重要信息，以供经验丰富的工程师在软件开发或技术讨论时参考。

本书分为 4 章，第 1 章为引言，第 2～4 章是 C++ 语言特性的内容，分别为安全特性、有条件的安全特性和不安全特性。其中第 2～4 章都分为包含相应的 C++11 和 C++14 特性介绍。标准库相关的特性不在本书的讨论范围之内。

每个特性都展示在一个单独的部分中，其中标题的含义如下：

- 描述——对该特性的语法和语义用丰富的代码进行生动而全面的介绍。对于正在描述的特性避免同时使用其他特性，这样每个特性都可以独立阅读，不需要按照顺序。这样做偶尔会导致代码不太流畅。请务必参考“参见”部分以了解特性之间的相互干扰。
- 用例——从库和应用程序中提炼的久经考验的真实用例。
- 潜在缺陷——可能导致严重错误和其他问题的对特性的滥用。
- 烦恼——指特性的缺点以及使用时可能令人不快的习惯。
- 参见——本书中其他相关特性的交叉引用，以及对相互之间联系的简要描述。
- 延伸阅读——讨论特性的一些外部资料。

对每个单独特性的展示限制在这种规范化的格式有助于快速发现某个语言特性的某个特定方面。

本书的注释风格以简洁的形式传达了良好的信息。下面的“description”或“details”表示一些额外的描述性信息。不相关或非特定代码的占位符以如下几种样式化注释的方式显示：

```
/*...*/
// ...
// ...                              (<description>)
```

不能编译的代码将标记为以下两个注释之一：

```
// Error
// Error, <details>
```

不能链接的代码将标记为以下两个注释之一：

```
// Link-Time Error
// Link-Time Error, <details>
```

运行时行为不符合预期的代码将用以下两个注释之一进行标记：

```
// Bug
// Bug, <details>
```

行为符合预期的代码将用以下两个注释之一进行标记：

```
// OK
// OK, <details>
```

可能发出警告但行为符合预期的代码将标记为“OK，might warn”或类似的标记。例如，如果一个特性在 C++17 之前一直不建议使用，并在 C++20 中已删除，本书会这样注释：

```
// OK, deprecated⊖ (might warn)
```

1.9 本书使用方式

本书有多种使用方式。

- 从头到尾读整本书。如果你熟悉经典 C++，完整阅读本书将使你对 C++11 和 C++14 引入的每一种语言特性都有一个完整而细致的理解。
- 按顺序阅读，渐进的、优先级驱动的阅读方法也是可行的。首先理解并应用第 2 章介绍的安全特性，第 3 章介绍的有条件的安全特性将使你能够轻松了解现代 C++ 语言特性的更多方面，优先考虑那些最不可能出现问题的特性。
- 先阅读第 2～4 章的 C++11 部分。如果你是一名开发人员，且所在组织使用 C++11 但尚未使用 C++14，那么你可以采用这种方式专注于学习 C++11，然后在需要时回过头来再学习其余内容。
- 随机阅读本书，尤其是现在你已经完成了第 1 章。如果你不想完整阅读本书（或者只是想定期参考它作为复习），那么你可以以任何顺序阅读任意特性的内容，随时了解任何感兴趣的特性的所有相关细节。

我们相信，无论你采用哪种阅读方式，你都会从本书中有所收获。本书基于事实的、客观的表达风格也为编写特定需求的编码标准和风格指南提供了极好的素材，这不仅适用于公司、项目、团队，甚至也适用于独立的有鉴别力的开发人员。相信本书可以帮助 C++ 软件开发组织迈出利用现代 C++ 最大限度地提高回报和降低风险的第一步，安全地拥抱现代 C++。

如果你发现本书有什么地方错误或者缺失，或者你有一个精巧的示例，或者你发现了一个隐藏的缺陷，抑或者你发现了某个特性的无法忍受的错误，我们都很乐意把它添加到书中。你可以在浏览器中打开网址 http://emcpps.com，并按照说明向我们发送反馈，我们殷切盼望来自读者的消息。你也可以在这个网站上找到更多关于本书的信息。

⊖ C++20 中已删除。

第2章 安全特性

现代 C++ 提供了很多特性。现代编程语言的许多特性能够提高编码效率和可靠性，易于理解和使用，并且不易被误用。本章介绍了那些陷阱较少、较易识别、使用方便且不易被误用的 C++11 和 C++14 特性。此外，当这些特性被引入主流的 C++03 代码库时，几乎不会带来系统性风险。

安全特性的主要特点是低风险。在 1.5 节中，override 特性被单独列出作为安全特性的代表。尽管该特性只适用于继承和虚函数的上下文中，但这个特性几乎不可能被误用从而不会增添负担。风险低但回报高的特性的另一个示例是 static_assert。这个特殊的特性非常有用且不会被误用，因此本书大量使用它来说明重要的编译属性，就好像它是 C++03 的一个特性一样。尽管本章中提出的特性并非都像这两个特性一样有用或广泛适用，但它们的使用风险都很低，它们是安全的。

简而言之，广泛采用安全特性是低风险的、易于理解、使用方便且不易被误用的。

2.1 C++11

2.1.1 属性语法：广义属性支持

使用属性（Attribute）注释代码的新语法，为编译器实现和外部工具提供了可移植的补充信息。

1. 描述

开发人员经常会遇到，在给定的翻译单元（Translation Unit）中，不能轻易地从源代码中直接推导出信息。其中一些信息可能对某些编译器有用，例如用于诊断或优化的信息。然而，传统属性的设计是为了避免影响编写良好的程序的语义。这里的语义通常指的是除运行时性能之外的任何可观察的行为。通常，忽略一个属性对编译器来说是一个有效且安全的选择。然而，有时属性不会影响正确程序的行为，但可能会影响格式良好但不正确程序的行为（参见用例——在代码中显式说明假设以实现更好的优化）。同样，针对外部工具的定制注释可能是有益的。

（1）*C++ 属性语法*

C++ 支持标准的属性语法，通过 [[和]] 的匹配对引入，其中最简单的是使用简单的标识符表示单个属性，例如 attribute_name：

```
[[attribute_name]]
```

一个声明可不包括属性，也可包括多个属性：

```
[[]]            // permitted in every position where any attribute is allowed
[[foo, bar]]    // equivalent to [[foo]] [[bar]]
```

一个属性可以有一个由任意序列的令牌组成的参数列表：

```
[[attribute_name()]]              // zero-argument attribute
[[deprecated("bad API")]]         // single-argument attribute
[[theoretical(1, "two", 3.0)]]    // multiple-argument attribute
[[complicated({1, 2, 3} + 5)]]    // arbitrary tokens㊀
```

请注意，对于标准定义的所有属性，参数数量不正确或参数类型不兼容在编译时会产生错误；然而，所有其他属性的行为都是实现定义的（Implementation-defined，参见潜在缺陷——无法识别的属性具有实现定义的行为）。

㊀ GCC 在 GCC 9.3（约 2020 年）之前不支持属性中的某些令牌。

任何属性都可以使用属性名称空间进行限定[1]，即单个任意标识符：

```
[[gnu::const]]  // (GCC-specific) namespace-gnu-qualified const attribute
[[my::own]]     // (user-specified) namespace-my-qualified own attribute
```

（2）C++ 属性放置

属性可以放在 C++ 语法中的不同位置。对于每个位置，语法标准定义了该属性所属的实体或语句。例如，一个简单声明语句前面的属性属于该语句声明的每个实体，而紧接在声明名称之后的属性只属于该实体：

```
[[foo]] void f(), g();   // foo pertains to both f() and g().
void u(), v [[foo]] ();  // foo pertains only to v().
```

属性可以应用于没有名称的实体（例如，匿名联合或枚举）：

```
struct S { union [[attribute_name]] { int a; float b; }; };
enum [[attribute_name]] { SUCCESS, FAIL } result;
```

任何特定属性的有效位置被限制为仅属于它所应用的实体的那些位置。也就是说，像 noreturn 这样只应用于函数的属性，如果用于注释任何其他类型的实体或语法元素，那么它在语法上是有效的，但在语义上是无效的。标准属性的错误放置会导致程序格式错误[2]：

```
void [[noreturn]] x() {}       // Error, cannot be applied to a type
     [[noreturn]] int i;       // Error, cannot be applied to a variable
     [[noreturn]] { throw; }   // Error, cannot be applied to a statement
```

空的属性说明符序列 [[]] 能够出现在 C++ 语法允许属性出现的任何地方。

（3）常用的编译依赖属性

在 C++11 之前，没有用于属性的标准化语法，只能使用不可移植的编译器固有语法，比如 __attribute__((fallthrough))，这是 GCC 特有的语法。有了新的标准语法，就可以在一致的语法规则下进行扩展。如果在编译期间遇到未知属性，则会忽略它，并可能报出非致命错误[3]。

表 2.1 提供了一些特定于编译器的标准化属性。这些属性已经标准化或迁移到标准语法。有关编译器特定的其他属性，请参阅延伸阅读。

表 2.1　一些特定于编译器的标准化属性

编译器	编译器特定	标准化属性
GCC	__attribute__((pure))	[[gnu::pure]]
Clang	__attribute__((no_sanitize))	[[clang::no_sanitize]]
MSVC	declspec(deprecated)	[[deprecated]]

当标准语法可用于编译器和外部工具的特定属性时，可移植性是首选标准语法的最大优势。由于大多数编译器会直接忽略使用标准属性语法的未知属性（并且从 C++17 开始，它们被要求这样做），因此不再需要条件编译。

[1]（C++11 和 C++14）仅有条件地支持具有命名空间限定名称的属性（例如 [[gnu::const]]），但历史上所有主要编译器（包括 Clang 和 GCC）都支持属性名称空间。所有符合 C++17 的编译器都必须支持属性名称空间。

[2] 在撰写本书时，GCC 并不严格，只是在检测到标准的 noreturn 属性出现在未经授权的语法位置时发出警告，而 Clang 则会正确地指出编译无效。因此，即便使用同一个标准属性，在不同的编译器上也可能导致不同的行为。

[3] 在 C++17 之前，一个符合规范的实现允许将未知属性视为格式错误并终止编译，然而据作者所知，没有编译器这样做。

2. 用例

（1）提示有用的编译器诊断

某些属性装饰实体可以给编译器提供足够的附加上下文，以获得更详细的诊断，例如，GCC 特有的 [[gnu::warn_unused_result]] 属性[一]可用于告知编译器和开发人员不应该忽略函数的返回值[二]：

```
struct UDPListener
{
    [[gnu::warn_unused_result]] int start();
        // Start the UDP listener's background thread, which can fail for a
        // variety of reasons. Return 0 on success and a nonzero value
        // otherwise.

    void bind(int port);
        // The behavior is undefined unless start was called successfully.
};
```

这种对面向客户端声明的注解可以防止由于客户端忘记检查函数的返回结果而导致的缺陷[三]：

```
void init()
{
    UDPListener listener;
    listener.start();      // Might fail; return value must be checked!
    listener.bind(27015);  // possible undefined behavior (BAD IDEA)
}
```

对以上代码，GCC 提供了一个有用的警告：

```
warning: ignoring return value of 'int UDPListener::start()' declared
        with attribute 'warn_unused_result' [-Wunused-result]
```

（2）提示更多的优化机会

某些注解会影响编译器优化，从而产生更高效或更小的二进制文件。例如，用 GCC 特有的 [[gnu::cold]] 属性（Clang 上也有）来装饰函数 reportError 从而告诉编译器“开发人员认为该函数不太可能经常被调用”：

```
[[gnu::cold]] void reportError(const char* message) { /*...*/ }
```

不仅 reportError 本身的定义可能会以不同的方式进行优化（例如，空间优于速度），而且在分支预测期间，任何使用该函数的操作都可能会被赋予较低的优先级：

```
void checkBalance(int balance)
{
    if (balance >= 0)  // likely branch
    {
        // ...
    }
    else  // unlikely branch
    {
        reportError("Negative balance.");
    }
}
```

在上面的示例中，带注解的 reportError(const char*) 出现在 if 语句的 else 分支上，所以编译器会期望程序大概率不会进入 else 分支，因此主要优化相应的 if 分支。注意，即使我们给编译器的提示在运行时被证明是一种误导，每个格式良好的程序的语义仍然是相同的。

（3）在代码中显式说明假设以实现更好的优化

属性的存在除了运行性能之外，通常不会对任何良好格式的程序的行为产生影响。属性有时会

[一] 为了与 GCC 兼容，Clang 也支持 [[gnu::warn_unused_result]]。

[二] C++17 标准中的 [[nodiscard]] 也具有相同的目的，并且是可移植的。

[三] 因为 [[gnu::warn_unused_result]] 属性不影响代码生成，所以对于客户端来说，使用未注解的声明并在注解声明的上下文中编译其相应的定义并不是一种明显的错误形式，反之亦然。然而，其他属性并不总是这样，在实践中，最佳的主张是无论如何都要保持一致性。

向编译器传递知识，如果该知识不正确，则可能会改变程序的预期行为。在这里我们考虑一个更强的属性形式的示例，GCC 特定的 [[gnu:: const]] 属性（Clang 中也存在）。当此属性应用于函数时，指示编译器假定该函数是一个没有副作用的纯函数。换句话说，该函数总是为给定的参数集返回相同的值，并且程序的全局可达状态不会被该函数改变。例如，在两个值之间执行线性插值的函数可以用 [[gnu::const]]：

```
[[gnu::const]]
double linearInterpolation(double start, double end, double factor)
{
    return (start * (1.0 - factor)) + (end * factor);
}
```

更一般地，带有 [[gnu::const]] 属性的函数返回值不允许依赖于在连续调用函数时可能会发生变化的状态。例如，不允许检查通过地址提供给它的内存内容。相比之下，使用效果类似但更宽松的 [[gnu::pure]] 属性的函数允许返回依赖于任何非易失性状态的值。因此，像 strlen 或 memcmp 这样只读取但不修改可观察对象状态的函数，可以用 [[gnu::pure]] 注释，而不是 [[gnu:: const]]。

下面的 vectorLerp 函数在两个二维向量之间执行线性插值（称为 LERP）。这个函数的主体包括对上面示例中的线性插值函数的两次调用——每个向量分量各一次：

```
Vector2D vectorLerp(const Vector2D& start, const Vector2D& end, double factor)
{
    return Vector2D(linearInterpolation(start.x, end.x, factor),
                    linearInterpolation(start.y, end.y, factor));
}
```

如果两个组件的值相同，编译器只允许调用 linearInterpolation 一次，即使它的主体在 vectorLerp 的翻译单元中不可见：

```
// pseudocode (hypothetical compiler transformation)
Vector2D vectorLerp(const Vector2D& start, const Vector2D& end, double factor)
{
    if (start.x == start.y && end.x == end.y)
    {
        const double cache = linearInterpolation(start.x, end.x, factor);
        return Vector2D(cache, cache);
    }

    return Vector2D(linearInterpolation(start.x, end.x, factor),
                    linearInterpolation(start.y, end.y, factor));
}
```

如果带有 [[gnu::const]] 属性标记的函数的实现不满足该属性所施加的限制，编译器将无法检测到这个错误，则会导致运行时错误（参见潜在缺陷——某些属性的滥用会影响程序的正确性）。

（4）使用属性来控制外部静态分析

由于未知属性会被编译器忽略，外部静态分析工具可以定义自身的自定义属性，这些自定义属性可用于嵌入详细信息，以影响或控制这些工具，并且不影响程序语义。例如，微软特定的 [[gsl:: suppress (/* rules */)]] 属性可以用来抑制来自验证指南支持库[㊀]（Guidelines Support Library，GSL）规则的静态分析工具的不必要警告。特别是，考虑 GSL C26481（边界规则 1）[㊁]，它禁止任何指针运算，而建议用户依赖于 GSL::span 类型[㊂]：

㊀ 指南支持库（参见 microsofta）是一个由 Microsoft 开发的开源库，它实现了“C++ 核心指南”中建议使用的函数和类型（参见 stroustrup21）。

㊁ 参见 microsoftd。

㊂ span 是一个轻量级引用类型，它观察同类对象的连续序列或子序列。GSL::span 可以在接口中替代指针 / 大小或迭代器对参数，也可以在实现中替代原始指针运算。自 C++20 以来，可以使用 std::span 模板。

```
void hereticalFunction()
{
    int array[] = {0, 1, 2, 3, 4, 5};

    printElements(array, array + 6);  // elicits warning C26481
}
```

任何被验证规则 C26481 不受欢迎的代码块都可以用 [[gsl::suppress(bounds.1)]] 属性来修饰：

```
void hereticalFunction()
{
    int array[] = {0, 1, 2, 3, 4, 5};

    [[gsl::suppress(bounds.1)]]          // Suppress GSL C26481.
    {
        printElements(array, array + 6);  // Silence!
    }
}
```

（5）创建新的属性来表示语义属性

用于静态分析的属性还可以用来表示那些无法通过其他方式推断的属性语句。考虑一个函数 f，它的参数是两个指针 p1 和 p2，前提条件是这两个指针必须指向相同的连续内存块。使用标准属性告知分析器这个前提条件有一个明显的优势，它只需要开发人员和静态分析器之间就名称空间和属性名称达成协议即可。例如，我们可以为此选择指定 home_grown::in_same_block(p1, p2)：

```
// lib.h:

[[home_grown::in_same_block(p1, p2)]]
int f(double* p1, double* p2);
```

编译器将简单地忽略这个未知属性。然而，因为静态分析工具知道 home_grown:: in_same_block 属性的含义，所以它会在分析时报告那些在运行时导致未定义行为的缺陷：

```
// client.cpp:
#include <lib.h>

void client()
{
    double a[10], b[10];
    f(a, b);  // Pointers are unrelated.  Our static analyzer reports an error.
}
```

3. 潜在缺陷

（1）无法识别的属性的行为依赖于具体实现

尽管标准属性可以很好地工作，并且可以在所有平台上移植，但是编译器特定的和用户指定的属性行为却依赖于具体的实现，这些无法识别的属性通常会导致编译器警告。通常可以禁用这类警告（例如在 GCC 上使用 -Wno-attributes），但这会导致标准属性中的拼写错误也不会被报告[㊀]。

（2）某些属性的滥用会影响程序的正确性

许多属性是良性的，因为它们可能提高诊断能力或性能，但它们本身不会导致程序的行为不正确。然而，滥用某些属性可能会导致不正确的结果或者未定义的行为。

例如，考虑 myRandom 函数，它打算在每次连续调用时返回一个范围为 [0.0, 0.1) 的新随机数：

㊀ 理想情况下，每个相关的平台都会提供一种方法，在具体情况的基础上忽略特定的属性。

```
double myRandom()
{
    static std::random_device randomDevice;
    static std::mt19937 generator(randomDevice());
    static std::uniform_real_distribution<double> distribution(0, 1);

    return distribution(generator);
}
```

假设我们以某种方式观察到用 [[gnu::const]] 属性装饰 myRandom 偶尔会提高运行时性能，并天真地决定在生产中使用它。这样做显然是对 [[gnu:: const]] 属性的误用，因为当使用相同的参数调用该函数时，它本身不能满足产生相同结果的要求。添加这个属性将会告诉编译器，它不需要重复调用这个函数，可以自由地将返回的第一个值一直视为常量。

4. 参见

- 2.1.11 节提供了一个标准属性，用于指示一个特定函数永远不会将控制流返回给它的调用者。
- 2.2.3 节提供了一个标准属性，通过编译器诊断信息来不鼓励使用某个实体。
- 4.1.1 节提供了一个标准属性，用于将释放 - 消费依赖链信息传递给编译器，以避免不必要的内存屏障指令。

5. 延伸阅读

有关常用支持的函数属性的更多信息，请参 freesoftwarefdn20 的 6.33.1 节“常用函数属性”。

2.1.2　连续的 >：连续的右尖括号

在模板参数列表上下文中，>> 被解析为两个独立的右尖括号。

1. 描述

在 C++11 之前，源代码中任意位置的一对连续右尖括号总是被解释为按位右移操作符，所以如果要将括号视为单独的右尖括号标记，就需要在中间留出一个空格：

```
// C++03
std::vector<std::vector<int>> v0;   // annoying compile-time error in C++03
std::vector<std::vector<int> > v1;  // OK
```

为了方便上述常见用例，还有一个特殊规则，在解析模板参数表达式时，非嵌套的（即未放在圆括号内的）>、>>、>>> 等将被视为单独的右尖括号：

```
// C++11
std::vector<std::vector<int>> v0;                   // OK
std::vector<std::vector<std::vector<int>>> v1;      // OK
```

在模板参数表达式中使用大于或右移操作符

对于只接受类型参数的模板这不会产生问题。当使用非类型参数模板时，可能会用到大于操作符或右移操作符，然而在非类型模板参数表达式中需要大于操作符 > 或右移操作符 >> 的情况并不常见，此时我们可以通过将表达式嵌套在圆括号中来达到目的：

```
const int i = 1, j = 2;  // arbitrary integer values (used below)

template <int I> class C { /*...*/ };
    // class C taking non-type template parameter I of type int

C<i > j>    a1;  // Error, always has been
C<i >> j>   b1;  // Error in C++11, OK in C++03
C<(i > j)>  a2;  // OK
C<(i >> j)> b2;  // OK
```

在上面 a1 的定义中，第一个 > 被解释为结束尖括号，随后的 j 是一个语法错误。在 b1 的情况下，从 C++11 开始，>> 在此上下文中被解析为一对单独的标记，因此第二个 > 现在也被认为是一个错误。

然而，对于 a2 和 b2，可能的操作符都嵌套在圆括号内，因此不能匹配括号表达式左侧的任何尖括号。

2. 用例

在组合模板类型时避免恼人的空格

在 C++03 中使用嵌套模板类型（例如嵌套容器）时，必须记住在右尖括号之间插入空格，但这没有任何意义。更让人恼火的是，每个广泛使用的编译器都能自信地告诉我们，我们忘记留下空格了。有了这个新特性（更准确地说，已被修复的缺陷），我们现在可以连续闭合右尖括号，就像圆括号和方括号一样：

```
// OK in both C++03 and C++11
std::list<std::map<int, std::vector<std::string> > > idToNameMappingList1;

// OK in C++11, compile-time error in C++03
std::list<std::map<int, std::vector<std::string>>>   idToNameMappingList2;
```

3. 潜在缺陷

（1）一些 C++03 程序可能会在 C++11 中无法编译

如果在模板表达式中使用右移操作符，较新的解析规则可能会导致编译时错误，而之前没有：

```
T<1 >> 5> t;  // worked in C++03, compile-time error in C++11
```

简单的解决方法是将表达式括起来：

```
T<(1 >> 5)> t;  // OK
```

这种罕见的语法错误总是在编译时被捕获，从而避免了运行时未检测到的意外。

（2）理论上 C++03 程序的含义在 C++11 中会悄然改变

尽管这种情况非常罕见，但在理论上，相同的有效表达式在 C++11 中的含义可能与在 C++03 中编译时不同。考虑将 >> 标记嵌入到包含模板的表达式中的场景[⊖]：

```
S<G< 0 >>::c>::b>::a
//   ^~~~~~~
```

在上例中的表达式中，0>>::c 在 C++03 中被解释为按位右移操作符，但在 C++11 则不是。编写一个同时在 C++03 和 C++11 下编译并可以展示解析规则差异的程序：

```
enum Outer { a = 1, b = 2, c = 3 };

template <typename> struct S
{
    enum Inner { a = 100, c = 102 };
};

template <int> struct G
{
    typedef int b;
};

int main()
{
    std::cout << (S<G< 0 >>::c>::b>::a) << '\n';
}
```

上述程序在 C++03 中会输出 100，在 C++11 中会输出 0。程序输出结果如下：

```
// C++03

//     (2) instantiation of G<0>
//     ||~~~~~~~~~~~~
```

⊖ 该示例由 gustedt13 改编。

```
//    ‖ | ‖   (4) instantiation of S<int>
//  ~~‖ ↓ ‖~~~~~~~~~~~~~~~~↓
    S< G< 0 >>::c > ::b >::a
//    ~~‖ ↑ ‖~~~~~~~~~~↑
//      ‖ | ‖ (3) type alias for int
//      ‖~~~~~~~
// (1) bitwise right-shift (0 >> 3)


// C++11

//
//
//  (2) compare (>) Inner::c and Outer::b
//  ↓ ~~~~~~~~~~~~~~~~~~~
    S< G< 0 >>::c > ::b >::a
//  ↑ ~~~~~~~~~~
//  (1) instantiation of S<G<0>>
//
//
```

虽然理论上是可能的，但在 C++03 和 C++11 中都是有效语法却具有不同语义的程序，在我们所知的实践中还没有出现。

4. 延伸阅读

关于考虑允许连续右尖括号的替代设计决策，请参阅原始提案 *Right Angle Brackets*，参见 vandevoorde05。

2.1.3 decltype：提取表达式类型的操作符

关键词 decltype 允许对实体的声明类型、表达式的类型和值类别进行编译时检查。

1. 描述

使用 decltype 的结果取决于其操作数的性质。

（1）与实体使用

如果操作数是一个未加括号的 id 表达式或未加括号的成员访问，decltype 将产生声明的类型，即操作数所表示的实体类型：

```
int i;                 // decltype(i)   -> int
std::string s;         // decltype(s)   -> std::string
int* p;                // decltype(p)   -> int*
const int& r = *p;     // decltype(r)   -> const int&
struct { char c; } x;  // decltype(x.c) -> char
double f();            // decltype(f)   -> double()
double g(int);         // decltype(g)   -> double(int)
```

（2）与表达式使用

当 decltype 与类型 T 的任何表达式 E 一起使用时（包括带圆括号的 id 表达式或带圆括号的成员访问），结果包含表达式的类型和它的值类别（参见 3.1.18 节）。当 E 的值类别为 prvalue、lvalue 和 xvalue 时，decltype(E) 的结果分别为 T、T& 和 T&&。

通常，prvalues 可以通过多种方式传递给 decltype，包括数值、按值返回的函数调用以及显式创建的临时变量：

```
decltype(0)   i; // -> int
int f();

decltype(f()) j; // -> int
struct S{};
decltype(S()) k; // -> S
```

传递给 decltype 的实体名称会生成实体的类型。但是，如果实体名称包含在额外的一组圆括号中，decltype 将其参数解释为一个表达式，其结果包含值类别为：

```
int i;
decltype(i)   l = i; // -> int
decltype((i)) m = i; // -> int&
```

类似地，对于所有其他左值表达式，decltype 的结果将是一个左值引用：

```
int* pi = &i;
decltype(*pi) j = *pi; // -> int&
decltype(++i) k = ++i; // -> int&
```

最后，如果表达式的值类别被强制转换为返回右值引用的函数，则它将是一个右值：

```
int i;
decltype(static_cast<int&&>(i)) j = static_cast<int&&>(i); // -> int&&
int&& g();
decltype(g()) k = g();                                     // -> int&&
```

类似 sizeof 操作符（也在编译时解析），decltype 对表达式操作数不处理：

```
void test1()
{
    int i = 0;
    decltype(i++) j;  // equivalent to int j;
    assert(i == 0);   // The expression i++ was not evaluated.
}
```

注意，使用后缀增量的选择是重要的，前缀增量会产生不同的类型：

```
void test2()
{
    int i = 0;
    int m = 1;
    decltype(++i) k = m; // equivalent to int& k = m;
    assert(i == 0);      // The expression ++i was not evaluated.
}
```

2. 用例

（1）避免不必要地使用显式类型名

考虑两种逻辑上等价的方法，声名一个指向 Widgets 列表的迭代器的容器：

```
std::list<Widget> widgets;
std::vector<std::list<Widget>::iterator> widgetIterators;
    // (1) The full type of widgets needs to be restated, and iterator
    // needs to be explicitly named.

std::list<Widget> widgets;
std::vector<decltype(widgets.begin())> widgetIterators;
    // (2) Neither std::list nor Widget nor iterator need be named
    // explicitly.
```

注意，在使用 decltype 时，如果表示 Widgets 的 C++ 类型发生了变化（例如，从 Widgets 变为 ManagedWidget），或者使用的容器发生了变化（例如，从 std::list 变为 std::vector）那么 widgetIterators 的声明不需要改变。

（2）明确表达类型一致性

在某些情况下，显式类型名称的重复可能无意中导致维护过程中出现不匹配的类型的错误。例如，考虑一个 Packet 类暴露了一个 const 成员函数，该函数返回 std::uint8_t 类型的值，代表包的校验和的长度：

```
class Packet
{
    // ...

public:
    std::uint8_t checksumLength() const;
};
```

选择这种无符号 8 位类型是为了最小化网络发送的校验和长度。接下来，想象一个循环，它计算一个数据包的校验和，使用相同类型的迭代变量来匹配 Packet::checksumLength 返回的类型：

```
void f()
{
    Checksum sum;
    Packet data;

    for (std::uint8_t i = 0; i < data.checksumLength(); ++i)  // brittle
    {
        sum.appendByte(data.nthByte(i));
    }
}
```

假设随着时间的推移，数据包类型传输的数据增长到 std::uint8_t 值的范围不足以确保足够可靠的校验和。如果 checksumLength() 返回的类型改为 std::uint16_t 但不更新 lockstep 中迭代变量 i 的类型，循环可能会毫无警告地[1]成为无限循环[2]。

如果使用 decltype(packet.checksumLength()) 来表示 i 的类型，类型就会保持一致，随之而来的错误自然就会被避免：

```
// ...
for (decltype(data.checksumLength()) i = 0; i < data.checksumLength(); ++i)
// ...
```

（3）创建泛型类型的辅助变量

考虑实现一个泛型 loggedSum 函数模板的任务，该模板在记录操作数和结果值后返回两个任意对象 a 和 b 的总和，例如用于调试或监视。为了避免两次计算求和的可能的昂贵开销，我们决定创建一个辅助的函数作用域变量 result。由于和的类型取决于 a 和 b，我们可以使用 decltype(a+b) 来推断函数的尾置返回类型（见 2.1.16 节）和辅助变量的类型：

```
template <typename A, typename B>
auto loggedSum(const A& a, const B& b)
    -> decltype(a + b)                // (1) exploiting trailing return types
{
    decltype(a + b) result = a + b;   // (2) auxiliary generic variable
    LOG_TRACE << a << " + " << b << " = " << result;

    return result;
}
```

使用 decltype(a+b) 作为返回类型与依赖自动返回类型推导有显著不同；参见第 3.1.3 节。注意，这种特殊的使用涉及表达式 a+b 的显著重复。参见烦恼——可能需要机械重复表达式，以讨论如何避免这种重复。

（4）确定泛型表达式的有效性

在泛型库开发的环境中，可以将 decltype 与 SFINAE（“替换失败不是错误”，“Substitution Failure Is Not An Error”）结合使用来验证包含模板参数的表达式。

例如，考虑编写一个泛型 sortRange 函数模板的任务，给定一个 range，如果可用则调用参数的 sort 成员函数（为 Range 类型专门优化的函数），否则调用更通用的 std::sort：

```
template <typename Range>
void sortRange(Range& range)
{
    sortRangeImpl(range, 0);
}
```

---

[1] 在编写本文时，GCC 11.2（大约 2021 年）和 Clang 12.0.0（大约 2021 年）都没有对 std::uint8_t 和 std::uint16_t 之间的比较提供警告（使用 -Wall，-Wextra 和 -Wpedantic），即使 checksumLength 返回的值不适合 8 位整数存储，并且函数体对编译器是可见的。使用 constexpr 装饰 checksumLength 会导致 clang++ 发出警告，但这显然不是一个通用的解决方案。

[2] 为了进行比较，循环变量被提升为 unsigned int，但是当它在加 1 之前的值是 255 时，就会变到 0。

上面示例中的面向客户端的 sortRange 函数将调用下面示例中的重载 sortRangeImpl 函数，该函数的参数包含 range 和一个 int 类型的歧义选择器。这个附加形参的类型（其值是任意的）在编译时利用重载解析规则的隐式标准转换（从 int 变为 long），并调用 sort 成员函数：

```
template <typename Range>
void sortRangeImpl(Range& range, long)  // low priority: standard conversion
{
    // fallback implementation
    std::sort(std::begin(range), std::end(range));
}
```

在上面的代码片段中，sortRangeImpl 的回退重载将接受一个 long 类型的歧义选择器，它需要从 int 进行标准类型转换，并且只会调用 std::sort。下面代码片段中更专门化的 sortRangeImpl 重载将接受一个不需要类型转换的 int 类型歧义选择器。这是一个更好的方案，只要有一个专门用于 Range 的排序可用：

```
template <typename Range>
void sortRangeImpl(Range& range,
                   int,                           // high priority: exact match
                   decltype(range.sort())* = 0)   // check expression validity
{
    // optimized implementation
    range.sort();
}
```

注意，当 decltype(range.sort()) 作为 sortRangeImpl 声明的一部分时，如果 range.sort() 不是 Range 类型[㊀]的可用表达式，则这个更具体的重载将在模板替换期间被丢弃。

只要在模板替换期间对编译器可见，decltype 在 sortRangeImpl 签名中的相应位置（range.sort()）并不重要。在前面的示例使用了一个默认为 0 的函数形参，包含尾置返回类型或默认模板参数的其他方式也是可行的：

```
#include <utility>  // declval
template <typename Range>
auto sortRangeImpl(Range& range, int) -> decltype(range.sort(), void());
    // The comma operator is used to force the return type to void,
    // regardless of the return type of range.sort().

template <typename Range, typename = decltype(std::declval<Range&>().sort())>
auto sortRangeImpl(Range& range, int) -> void;
    // std::declval is used to generate a reference to Range that can
    // be used in an unevaluated expression.
```

综上，我们可以看到，使用 R 类型 range 参数调用的原始面向客户端的 sortRange 函数有两种可能的结果：

- 如果 R 确实有 sort 成员函数，那么更专门化的 sortRangeImpl 重载将是可行的，因为 range.sort() 是一个格式良好的表达式，并且是首选表达式，因为 int 类型的消除歧义选择器 0 不需要转换。
- 否则，更专门化的重载将在模板替换期间被丢弃，因为 range.sort() 不是一个格式良好的表达式，并且将选择剩下的更通用的 sortRangeImpl 重载。

3. 潜在缺陷

也许令人惊讶的是，decltype(x) 和 decltype((x)) 有时会对同一个表达式 x 产生不同的结果：

```
int i = 0; // decltype(i) yields int.
           // decltype((i)) yields int&.
```

㊀ 暴露一个可能未使用的未求值表达式的技术。例如，在模板实例化之前，在函数声明中使用 decltype 来检测表达式的有效性，这种技术通常被称为表达式 SFINAE，它是更通用的、经典的 SFINAE 的受限形式。这种技术只作用于函数签名中可见的表达式，而不是通常更费解的基于模板的类型计算。

如果未加括号的操作数是一个声明了类型 T 的实体，而加括号的操作数是一个表达式，其值类别由 decltype 和相同的类型 T 表示，那么结果将会是相同的：

```
int& ref = i;  // decltype(ref) yields int&.
               // decltype((ref)) yields int&.
```

用圆括号包装操作数确保 decltype 生成给定表达式的值类别。这种技术在元编程上下文中很有用，特别是在值类别传播的情况下。

4. 烦恼

可能需要机械地重复表达式

正如在前面的用例——创建泛型类型的辅助变量中提到的，使用 decltype 来捕获将要使用的表达式的值或表达式的返回值通常会导致在多个地方重复相同的表达式，例如，在前面的示例中在三个不同的地方出现相同的表达式。

这个问题的一个解决方案是在 typedef 中使用类型别名或将其作为默认模板参数来捕获 decltype 表达式的结果，但这种方法只有在表达式有效后才能使用。默认模板形参不能引用形参名称，因为它写在形参名称之前，并且不能在需要的返回类型之前引入类型别名。解决这个问题的方法是使用标准库函数 std::declval 来创建适当类型的表达式，而不需要通过名称引用实际的函数形参：

```
template <typename A, typename B,
          typename Result = decltype(std::declval<const A&>() +
                                     std::declval<const B&>())>
Result loggedSum(const A& a, const B& b)
{
    Result result = a + b;  // no duplication of the decltype expression
    LOG_TRACE << a << " + " << b << "=" << result;
    return result;
}
```

这里，std::declval 函数不能在运行时执行，只适合在未求值的上下文中使用，它产生指定类型的表达式。当与 decltype 混合使用时，std::declval 让我们可以不需要甚至不能够构造所需类型的对象时确定表达式的结果类型。

5. 参见

- 2.1.18 节解释了，通常为 decltype 产生的类型提供一个名称是有用的，这是通过使用别名来完成的。
- 3.1.3 节说明了自动变量如何具有与 decltype 计算的相似但不同的类型推导。
- 3.1.18 节描述了可以使用 decltype 为任意表达式获得的值类别。
- 4.2.2 节提出了 decltype 类型计算规则，可以与自动变量一起使用。

2.1.4　默认函数：为特殊成员函数使用 =default

为特殊成员函数声明的关键字 default 将指示编译器尝试自动生成该函数。

1. 描述

C++ 类设计的一个重要方面是理解编译器会生成某些成员函数来创建、复制、销毁以及移动（见 3.1.18 节）一个对象，除非开发人员自己实现这些函数的一部分或全部。确定哪些特殊成员函数将继续生成，哪些将在用户提供了特殊成员函数之后被禁止，需要记住大量使用编译器的规则。

（1）显式声明特殊成员函数

关于一个或多个用户提供的特殊成员函数存在时会发生什么的规则本身就很复杂，而且很不易懂；事实上，它们有些已经被弃用了。具体来说，即使有用户提供的析构函数，拷贝构造函数和拷贝赋值操作符仍然会隐式生成。依赖这种生成的行为是有问题的，因为需要用户提供析构函数的类不可能在没有相应的用户提供的拷贝操作的情况下正常工作。从 C++11 开始，依赖这种隐式生成的行为便不被赞成。让我们简单地举例说明几个常见的示例，然后查看 Howard Hinnant 著名的表格（参见补充内容——特殊成员函数的隐式生成），来揭开其中的神秘面纱。

示例 1：只提供默认构造函数 考虑一个带有用户提供的默认构造函数的结构体：

```
struct S1
{
    S1();  // user-provided default constructor
};
```

用户提供的默认构造函数对其他特殊成员函数没有影响。但是，提供任何其他构造函数将禁止自动生成默认构造函数。我们可以使用 = default 将构造函数还原为一个平凡操作，参见用例——恢复被其他成员函数抑制的特殊成员函数的生成。请注意，未声明函数是不存在的，这意味着它不会参与重载解析。相比之下，被删除的函数会参与在重载解析中，如果选择它，将导致编译失败，参见 2.1.6 节。

示例 2：只提供拷贝构造函数 考虑一个用户提供拷贝构造函数的结构体：

```
struct S2
{
    S2(const S2&);  // user-provided copy constructor
};
```

上述用户提供的拷贝构造函数被禁止生成默认构造函数和移动操作，但允许隐式生成拷贝赋值操作符和析构函数。同样，仅仅提供拷贝赋值操作符允许编译器隐式生成拷贝构造函数和析构函数，但是，在这种情况下，它还将生成默认构造函数。注意，在这两种情况下，依赖编译器隐式生成拷贝操作是不可靠的，我们不建议这么做。

示例 3：只提供析构函数 考虑一个用户提供析构函数的结构体：

```
struct S3
{
    ~S3();  // user-provided destructor
};
```

上述用户提供的析构函数抑制了移动操作的生成，但仍允许生成拷贝操作。同样，依赖这两者的编译器隐式生成的复制操作是不可靠的。

示例 4：提供不止一个特殊的成员函数 当显式声明了多个特殊成员函数时，它们各自抑制的函数的并集和各自隐式生成函数的交集是适用的。例如，如果只提供了默认构造函数和析构函数（示例 1 和 3 中的 S1 + S3），那么这两个移动操作的函数声明将被抑制，两个拷贝操作函数将隐式生成。

（2）显式地默认特殊成员函数的第一次声明

在特殊成员函数的第一次声明中使用 =default 语法将指示编译器自动生成这样的函数，而不将其视为用户提供的。编译器在生成这些特殊成员函数时，需要按基类声明顺序调用每个基类上相应的特殊成员函数，然后按声明顺序调用封装类型的每个数据成员，不考虑任何访问说明符。注意，析构函数调用的顺序与其他特殊成员函数调用的顺序完全相反。

例如，考虑下面的代码片段中的结构体 S4，在该代码片段中，我们明确地指示拷贝操作由编译器自动生成；特别要注意的是，每个其他特殊成员函数的隐式声明和生成不受影响。

```
struct S4
{
    S4(const S4&) = default;             // copy constructor
    S4& operator=(const S4&) = default;  // copy-assignment operator

    // has no effect on other four special member functions, i.e.,
    // implicitly generates the default constructor, the destructor,
    // the move constructor, and the move-assignment operator
};
```

默认的声明可以与任何访问说明符一起出现（例如 private、protected 或 public），并且对生成的函数的访问将相应地进行规范：

```
struct S5
{
private:
    S5(const S5&) = default;              // private copy constructor
    S5& operator=(const S5&) = default;  // private copy-assignment operator

protected:
    ~S5() = default;                      // protected destructor

public:
     S5() = default;                      // public default constructor
};
```

在上面的示例中，拷贝操作仅供成员函数和友元函数使用。声明保护或私有的析构函数，可将允许创建指定类型的自动变量的函数限制为具有对类的适当访问权限的那些函数。声明默认构造函数为公有是必要的，这可以避免它的声明被另一个构造函数（例如上面代码片段中的私有拷贝构造函数）或任何移动操作抑制。

简而言之，在第一次声明中使用 = default 表示一个特殊的成员函数将由编译器生成，而与用户提供的声明无关；这与 =delete（参见 2.1.6 节）一起使用，=default 可提供细粒度的控制，决定哪些特殊的成员函数将被生成或公开可用。

（3）默认实现用户提供的特殊成员函数

=default 语法也可以在第一次声明之后使用，但其含义明显不同。编译器将把第一次声明视为用户提供的特殊函数成员函数，从而抑制相应的其他特殊成员函数的生成：

```
// example.h:

struct S6
{
    S6& operator=(const S6&);  // user-provided copy-assignment operator

    // suppresses the declaration of both move operations
    // implicitly generates the default and copy constructors and the destructor
};

inline S6& S6::operator=(const S6&) = default;
    // Explicitly request the compiler to generate the default implementation
    // for this copy-assignment operator. This request might fail, e.g., if S6
    // were to contain a non-copy-assignable data member.
```

或者，该拷贝赋值操作符的显式默认非内联实现可能出现在单独的（.cpp）文件中，参见用例——接口与实现的物理解耦。

2. 用例

（1）恢复被其他成员函数抑制的特殊成员函数的生成

在特殊成员函数的声明中加入 =default 将指示编译器生成其定义，而不管用户提供的任何其他特殊成员函数。例如，考虑一个值语义（Value-semantic）的 SecureToken 类，它封装了一个标准字符串 std::string 和一个类型为 BigInt 的任意精确整数的令牌代码，合在一起满足某些不变量：

```
class SecureToken
{
    std::string d_value;  // The default-constructed value is the empty string.
    BigInt      d_code;   // The default-constructed value is the integer zero.

public:
    // All six special member functions are implicitly defaulted.

    void setValue(const char* value);
    const char* value() const;
    BigInt code() const;
};
```

默认情况下，安全令牌的值将是空字符串的值，令牌的代码将是 0 的数值，因为它们分别是两个数据成员 d_value 和 d_code 的默认初始值：

```
void f()
{
    SecureToken token;                        // default constructed         (1)
    assert(token.value() == std::string());  // default value: empty string (2)
    assert(token.code() == BigInt());        // default value: zero          (3)
}
```

现在假设我们收到添加一个值构造函数的请求，该构造函数从指定的令牌字符串创建并初始化 SecureToken：

```
class SecureToken
{
    std::string d_value;  // The default-constructed value is the empty string.
    BigInt      d_code;   // The default-constructed value is the integer zero.

public:
    SecureToken(const char* value);  // newly added value constructor

    // suppresses the declaration of just the default constructor --- i.e.,
    // implicitly generates all of the other five special member functions

    void setValue(const char* value);
    const char* value() const;
    const BigInt& code() const;
};
```

现在，编译函数 f 的第一行将失败，因为它试图默认构造令牌。然而，通过使用 = default 特性，我们可以恢复默认构造函数，使其正常工作，就像以前一样：

```
class SecureToken
{
    std::string d_value;  // The default-constructed value is the empty string.
    BigInt d_code;        // The default-constructed value is the integer zero.

public:
    SecureToken() = default;         // newly defaulted default constructor
    SecureToken(const char* value);  // newly added value constructor

    // implicitly generates all of the other five special member functions

    void setValue(const char* value);
    const char* value() const;
    const BigInt& code() const;
};
```

（2）在没有运行时成本的情况下明确类的 API

在早期的 C++ 中，编码标准有时要求显式地声明每个特殊的成员函数，这样就可以记录它，甚至只是确保它没有被遗忘：

```
class C1
{
    // ...

public:
   C1();
      // Create an empty object.

   C1(const C1& rhs);
      // Create an object having the same value as the specified rhs object.

   ~C1();
      // Destroy this object.
```

```
    C1& operator=(const C1& rhs);
        // Assign to this object the value of the specified rhs object.
};
```

随着时间的推移，显式地写出编译器本身以更可靠地完成工作显然是对开发人员时间的低效利用和维护负担。更重要的是，即使函数定义为空，显式实现它相比默认实现通常会降低性能。因此，这些标准趋向于按照惯例注释掉（例如使用 //!）那些空的函数体的函数声明：

```
class C2
{
    // ...

public:
    //! C2();
        // Create an empty object.

    //! C2(const C2& rhs);
        // Create an object having the same value as the specified rhs object.

    //! ~C2();
        // Destroy this object.

    //! C2& operator=(const C2& rhs);
        // Assign to this object the value of the specified rhs object.
};
```

但是请注意，编译器不会检查注释过的代码，这很容易出现复制粘贴和其他错误。通过取消注释并显式地在类范围说明该函数使用默认实现，我们恢复了编译器对函数的语法检查，并且没有增加将原本平凡函数转化为等价的非平凡函数的成本：

```
class C3
{
    // ...

public:
    C3() = default;
        // Create an empty object.

    C3(const C3& rhs) = default;
        // Create an object having the same value as the specified rhs object.

    ~C3() = default;
        // Destroy this object.

    C3& operator=(const C3& rhs) = default;
        // Assign to this object the value of the specified rhs object.
};
```

（3）保留类型平凡性

一个特定类型具有平凡性（Trivial）通常是有益的。如果该类型的默认构造函数是平凡的（Trivial），并且是可以平凡拷贝的（Trivial Copyable）——即它没有非平凡的拷贝或移动构造函数，没有非平凡的拷贝或移动赋值操作符，且其中至少有一个是非删除（Nondeleted）的，还有一个平凡的析构函数——那么该类型就被认为是平凡的。举例而言，下面的代码片段中有一个简单的 Metrics 类型，它包含了我们应用程序的某些收集的指标：

```
struct Metrics
{
    int d_numRequests;  // number of requests to the service
    int d_numErrors;    // number of error responses

    // All special member functions are generated implicitly.
};
```

现在，假设我们想给这个结构体添加一个构造函数，以使它的使用更方便：

```
struct Metrics
{
    int d_numRequests;  // number of requests to the service
    int d_numErrors;    // number of error responses

    Metrics(int, int);  // user-provided value constructor

    // Generation of default constructor is suppressed.
};
```

正如补充内容——特殊成员函数的隐式生成说明的那样，用户提供的构造函数的存在抑制了隐式生成默认构造函数。使用用户提供的一个看似等价的构造函数替换默认构造函数，可能会达到预期效果：

```
struct Metrics
{
    int d_numRequests;  // number of requests to the service
    int d_numErrors;    // number of error responses

    Metrics(int, int);  // user-provided value constructor
    Metrics() {}        // user-provided default constructor

    // Default constructor is user-provided: Metrics is not trivial.
};
```

但是，用户提供的默认构造函数会使 Metrics 类型为非平凡，即使函数定义是相同的！相反地，使用 = default 显式请求生成默认构造函数则恢复了类型的平凡性：

```
struct Metrics
{
    int d_numRequests;  // number of requests to the service
    int d_numErrors;    // number of error responses

    Metrics(int, int);     // user-provided value constructor
    Metrics() = default;   // defaulted, trivial default constructor

    // Default constructor is defaulted: Metrics is trivial.
};
```

(4) 接口与实现的物理解耦

有时，特别是在大规模开发期间，避免将客户端与单个函数的实现在编译时耦合可以提供明显的维护优势。

当一个特殊成员函数在其第一次声明时（即类作用域内声明）为 default 时，意味着对该实现进行任何更改都将强制所有客户端重新编译：

```
// smallscale.h:

struct SmallScale
{
    SmallScale() = default;  // explicitly defaulted default constructor
};
```

这里关于重新编译的重要问题不仅仅是编译时间本身，而是编译时耦合[㊀]的问题。

或者，我们可以选择声明该函数，但故意不在类作用域或 .h 文件中的任何位置设置它为 default：

```
// largescale.h:

struct LargeScale
{
    LargeScale();  // user-provided default constructor
};
```

㊀ 参见 lakos20 的第 3.10.5 节“避免编译时耦合的好处的真实示例”，第 783～789 页。

然后我们可以在对应的[1].cpp 文件中的非内联实现中将该函数设置为 default：

```
// largescale.cpp:
#include <largescale.h>

LargeScale::LargeScale() = default;
    // Generate the default implementation for this default destructor.
```

使用这种隔离技术，我们可以自由地改变想法，以任何我们认为合适的方式实现默认构造函数，从而不必强迫我们的客户重新编译。

3. 潜在缺陷

默认特殊成员函数不能恢复平凡拷贝性

为了进行优化实现，库类通常会根据它们所操作的类型，使用 memcpy 进行拷贝。比如在 vector 实现中，它在增长缓冲区时仅调用一次 memcpy。然而，要很好地使用 memcpy 和 memmove，存储在缓冲区中的对象的类型必须是平凡可拷贝的。有人可能会认为，这个特征意味着，只要类型的拷贝构造函数是平凡的，这种优化就会适用。类型具有非平凡的析构函数或移动操作的同时默认拷贝操作将允许我们实现这一目标，然而，事实并非如此。

认为一个类型是平凡可拷贝的（因此有资格使用 memcpy）要求它的所有非删除拷贝和移动操作以及析构函数的平凡性。此外，库作者也不能基于该类型的哪些操作是平凡的来进行细粒度的分发。即使我们检测到该类型具有 std::is_trivially_copy_constructible 特性（Trait），并且知道我们的代码将只使用拷贝构造函数，而不使用拷贝赋值或任何移动操作，我们仍然无法使用 memcpy，除非该类型也满足更严格的 std::is_trivially_copyable 特性。

4. 烦恼

无法保证默认函数的生成

使用 =default 并不保证会生成类型 T 的特殊成员函数。例如，T 的不可复制的成员变量或基类将禁止生成 T 的拷贝构造函数，即使使用了 =default。这样的行为可以在存在 std::unique_ptr[2]数据成员时观察到：

```
#include <memory>  // std::unique_ptr
class Connection
{
private:
    class Impl;                    // nested implementation class
    std::unique_ptr<Impl> d_impl;  // noncopyable data member

public:
    Connection() = default;
    Connection(const Connection&) = default;
};
```

尽管有默认的拷贝构造函数，但 Connection 类型不能被拷贝构造，因为 std::unique_ptr 是不可复制类型。有些编译器可能会对 Connection(const Connection&) 的声明产生警告，但它们并不需要这样做，因为上述示例代码格式良好，只有在尝试默认构造或拷贝一个 Connection 对象时才

[1] 实际上，每个 .cpp 文件，除了包含 main 的文件，通常都有一个唯一的关联的 .h 头文件，反之亦然，.cpp 和 .h 文件组成了一个组件（Component）。参见 lakos20 的 1.6 节“从 .h/.cpp 对到组件”和 1.11 节“提取实际依赖项”，第 209～216 页和第 256～259 页。

[2] std::unique_ptr 是 C++11 中引入的一个只能移动但不可复制的类模板。它代表了动态分配的 T 实例的唯一所有权，并利用右值引用（参见 3.1.18 节）表示实例之间的所有权转移：

```
int* p = new int(42);
std::unique_ptr<int> up(p);                   // OK, take ownership of p.
std::unique_ptr<int> upCopy = up;             // Error, copy is deleted.
std::unique_ptr<int> upMove = std::move(up);  // OK, transfer ownership.
```

会编译失败[一]。

如果需要，可以使用 static_assert（请参阅 2.1.15 节）确保生成一个默认特殊成员函数，同时结合 <type_traits> 头文件中的适当特性：

```
class IdCollection
{
    std::vector<int> d_ids;

public:
    IdCollection() = default;
    IdCollection(const IdCollection&) = default;
    // ...
};

static_assert(std::is_default_constructible<IdCollection>::value,
              "IdCollection must be default constructible.");

static_assert(std::is_copy_constructible<IdCollection>::value,
              "IdCollection must be copy constructible.");

// ...
```

常规地使用这种编译时测试技术可以帮助确保类型将继续按照预期的方式运行，不需要额外的运行时成本，即使成员和基本类型会随着软件维护的不断发展而演变。

5. 参见

- 2.1.6 节描述了一个伴随特性 =delete，可用于禁止对隐式生成的特殊成员函数的访问。
- 2.1.15 节描述了一种工具，可用于在编译时验证不需要的拷贝和移动操作是否被声明为可访问的。
- 3.1.18 节介绍了移动操作的基础，即移动构造和移动赋值特殊成员函数，它们也可以被默认设置。

6. 延伸阅读

要了解更多关于在移动操作上下文中默认函数的信息，请参阅 Howard Hinnant 的“Everything You Ever Wanted to Know About Move Semantics”演讲，参见 hinnant14 和 hinnant16。

7. 补充内容

特殊成员函数的隐式生成

编译器用于决定是否隐式生成特殊成员函数的规则并不完全直观。Howard Hinnant 是移动语义[二]C++11 提议（还有许多其他提议）的首席设计师和作者，他制作了一张表格[三]，展示在用户提供一个特殊成员函数之后编译器处理其余的特殊成员函数的规则。为了理解表 2.2，在第一列中选择一个特殊的成员函数后，相应的行将显示编译器隐式生成的内容。

表 2.2　特殊成员函数的隐式生成

	默认构造函数	析构函数	拷贝构造函数	拷贝分配	移动构造函数	移动分配
无	Defaulted	Defaulted	Defaulted	Defaulted	Defaulted	Defaulted
任意构造函数	Not Declared	Defaulted	Defaulted	Defaulted	Defaulted	Defaulted

[一] Clang 8.0.0（大约 2019 年）及之后的版本在没有特定警告标志时会生成诊断信息。MSVC 12.0（大约 2013 年）在指定 /wall 时产生诊断信息。在撰写本文时，GCC 12.1（大约 2021 年）不会产生警告，即使同时启用了 -Wall 和 -Wextra。

[二] 参见 hinnant02。

[三] 参见 hinnant16。

（续）

	默认构造函数	析构函数	拷贝构造函数	拷贝分配	移动构造函数	移动分配
缺省构造函数	User Declared	Defaulted	Defaulted	Defaulted	Defaulted	Defaulted
析构函数	Defaulted	User Declared	Defaulted①	Defaulted①	Not Declared	Not Declared
拷贝构造函数	Not Declared	Defaulted	User Declared	Defaulted①	Not Declared	Not Declared
拷贝分配	Defaulted	Defaulted	Defaulted①	User Declared	Not Declared	Not Declared
移动构造函数	Not Declared	Defaulted	Deleted	Deleted	User Declared	Not Declared
移动分配	Defaulted	Defaulted	Deleted	Deleted	Not Declared	User Declared

①已弃用的行为：编译器可能会在依赖此隐式生成的成员函数时发出警告。

例如，显式声明拷贝赋值操作将导致默认构造函数、析构函数和拷贝构造函数为默认的，而移动操作将不会被声明。如果用户声明了多个特殊成员函数，无论是否实现或如何实现，其余的可生成的成员函数都是它们在相应行的交集。例如，显式声明析构函数和默认构造函数仍然会导致拷贝构造函数和拷贝赋值操作符为默认的，而两个移动操作都不会被声明。当析构函数不是默认时，依赖编译器生成的拷贝操作是靠不住的，而显式地为它们添加 default 标识会使它们的存在和预期定义都变得清晰。

2.1.5　委派构造：构造函数调用其他构造函数

在该类构造函数的初始化列表中使用该类的名称，可以将初始化委托给同一类中的另一个构造函数。

1. 描述

委派构造函数是用户定义类型（User-Defined Type，UDT）的构造函数，它调用同一 UDT 定义的另一个构造函数，作为该类型对象初始化的一部分。这一调用另一个构造函数的语法会指定类型名作为成员初始化列表中的唯一元素：

```
#include <string>  // std::string

struct S0
{
  int         d_i;
  std::string d_s;

  S0(int i)          : d_i(i)         {} // nondelegating constructor
  S0()               : S0(0)          {} // OK, delegates to S0(int)
  S0(const char* s) : S0(0), d_s(s) {} // Error, delegation must be on its own
};
```

多个委派构造函数可以链式串在一起，一个恰好调用另一个，只要避免循环即可（参见潜在缺陷——委派循环）。一旦目标构造函数（即通过委派调用的构造函数）返回后，委派函数的主体将被调用：

```
#include <iostream>  // std::cout

struct S1
{
    S1(int, int)          { std::cout << 'a'; }
    S1(int)     : S1(0, 0) { std::cout << 'b'; }
    S1()        : S1(0)    { std::cout << 'c'; }
};

void f()
{
    S1 s;  // OK, prints "abc" to stdout
}
```

如果在执行非委派构造函数时抛出异常，则被初始化的对象被认为是部分构造的（即还不知道该对象是否处于有效状态），因此不会调用其析构函数：

```
#include <iostream>  // std::cout

struct S2
{
    S2()  { std::cout << "S2() ";  throw 0; }
    ~S2() { std::cout << "~S2() ";          }
};

void f() try { S2 s; } catch(int) { }
    // prints only "S2() " to stdout (the destructor of S2 is never invoked)
```

虽然部分构造对象的析构函数不会被调用，但每个成功构造的基类成员和数据成员的析构函数仍然会被调用：

```
#include <iostream>  // std::string

using std::cout;
struct A { A() { cout << "A() "; } ~A() { cout << "~A() "; } };
struct B { B() { cout << "B() "; } ~B() { cout << "~B() "; } };

struct C : B
{
    A d_a;

    C()  { cout << "C() "; throw 0; }  // nondelegating constructor that throws
    ~C() { cout << "~C() ";         }  // destructor that never gets called
};

void f() try { C c; } catch(int) { }
    // prints "B() A() C() ~A() ~B()" to stdout
```

注意，基类 B 和类型 A 的成员 d_a 已完全构造完成，因此调用了它们各自的析构函数，尽管类 C 本身的析构函数从未执行过。

然而，如果在委派构造函数体中抛出异常，目标构造函数已经将控制权返回给它的委派者，那么被初始化的对象将被认为已完全构造。因此，对象的析构函数将被调用：

```
#include <iostream>  // std::cout

struct S3
{
    S3()          { std::cout << "S3() ";                }
    S3(int) : S3() { std::cout << "S3(int) "; throw 0; }
    ~S3()         { std::cout << "~S3() ";               }
};

void f() try { S3 s(0); } catch(int) { }
    // prints "S3() S3(int) ~S3() " to stdout
```

2. 用例

避免构造函数之间的代码重复

许多人认为避免不必要的代码重复是最佳实践应该遵循的。让一个普通成员函数调用另一个成员函数是可行的，但让一个构造函数直接调用另一个构造函数则不行。经典的解决方法是重复代码，或者将代码分解出可以从多个构造函数调用的私有成员函数。这种解决方法的缺点是，私有成员函数不是构造函数，因此无法有效地使用成员初始化列表来初始化基类和数据成员。从 C++11 开始，当有多个构造函数执行一些相同的操作时，委派构造函数可以用来减少代码重复，并且不需要放弃有效的初始化。考虑一个 IPV4Host 类，它表示一个网络端点，可以由 32 位地址和 16 位端口构造，或者由带有 XXX.XXX.XXX.XXX:XXXX 的 IPV4 字符串构造[㊀]：

㊀ 注意，这个初始设计本身可能是次优的，因为 IPV4 地址和端口值的表示可以被分解成一个单独的值语义类，比如 IPV4Address，它本身可能会以多种方式构造。参见潜在缺陷——次优分解。

```
#include <cstdint>  // std::uint16_t, std::uint32_t
#include <string>   // std::string

class IPV4Host
{
    // ...
private:
    int connect(std::uint32_t address, std::uint16_t port);

public:
    IPV4Host(std::uint32_t address, std::uint16_t port)
    {
        if (!connect(address, port))  // code duplication: BAD IDEA
        {
            throw ConnectionException{address, port};
        }
    }

    IPV4Host(const std::string& ip)
    {
        std::uint32_t address = extractAddress(ip);
        std::uint16_t port = extractPort(ip);

        if (!connect(address, port))  // code duplication: BAD IDEA
        {
            throw ConnectionException{address, port};
        }
    }
};
```

在C++11之前，处理这种代码重复需要引入一个单独的、私有的helper函数，由每个构造函数调用：

```
// C++03 (obsolete)
#include <cstdint>  // std::uint16_t, std::uint32_t

class IPV4Host
{
    // ...

private:
    int connect(std::uint32_t address, std::uint16_t port);
    void init(std::uint32_t address, std::uint16_t port)  // helper function
    {
        if (!connect(address, port))  // factored implementation of needed logic
        {
            throw ConnectionException{address, port};
        }
    }

public:
    IPV4Host(std::uint32_t address, std::uint16_t port)
    {
        init(address, port);  // Invoke factored private helper function.
    }

    IPV4Host(const std::string& ip)
    {
        std::uint32_t address = extractAddress(ip);
        std::uint16_t port = extractPort(ip);

        init(address, port);  // Invoke factored private helper function.
    }
};
```

使用C++11委派构造函数，接受字符串的构造函数可以重写address和port，从而避免代码重复，并且不必使用私有函数：

```
#include <cstdint>  // std::uint16_t, std::uint32_t
#include <string>   // std::string
```

```
class IPV4Host
{
    // ...
private:
    int connect(std::uint32_t address, std::uint16_t port);

public:
    IPV4Host(std::uint32_t address, std::uint16_t port)
    {
        if(!connect(address, port))
        {
            throw ConnectionException{address, port};
        }
    }

    IPV4Host(const std::string& ip)
        : IPV4Host{extractAddress(ip), extractPort(ip)}
    {
    }
};
```

使用委派构造函数可以减少重复代码和运行时操作，因为数据成员和基类可以通过成员初始化列表直接初始化。

3. 潜在缺陷

（1）委派循环

如果构造函数直接或间接地委派给自身，则程序是错误的，且不需要给出诊断信息（Ill Formed, No Diagnostic Required；IFNDR）。虽然在某些条件下，一些编译器可以在编译时检测委派循环，但这种功能既不是必需的，也不一定能够做到。例如，即使是最简单的委派循环也可能不会导致编译器的报错[㊀]：

```
struct S  // Object
{
    S(int)  : S(true) { }  // delegating constructor
    S(bool) : S(0)    { }  // delegating constructor
};
```

（2）次优分解

对于委派构造函数的需求可能源于最初的次优分解，即相同的值以不同的形式呈现给各种不同的机制。例如，考虑用例——避免构造函数之间的代码重复中的IPV4Host类，它避免了构造函数之间的代码重复。虽然使用两个构造函数进行初始化可能是合适的，但如果表示相同值的方法数量增加了，或该值的使用者数量增加了，我们会建议创建一个单独的值语义类型，例如IPV4Endpoint，来表示该值[㊁]：

```
#include <cstdint>  // std::uint16_t, std::uint32_t
#include <string>   // std::string


class IPV4Endpoint
```

㊀ 在撰写本书时，GCC 11.2（大约2021年）在编译时没有检测到这种委派循环，并生成一个二进制文件，如果运行，必然会显示出未定义的行为。另一方面，Clang 3.0（大约2011年）及其之后的版本会以一个有用的错误消息停止编译：

```
error: constructor for S creates a delegation cycle
```

㊁ 子系统中的每个组件都能很好地执行一个集中的功能，这种概念有时被称为逻辑关注点分离或细粒度的物理分解；参见dijkstra82和lakos20的0.4节、*Hierarchically Reusable Software*的3.2.7节，以及*Not Just Minimal, Primitive: The Utility struct*的3.5.9节“Factoring”，对应页码为第20～28页、第529～530页和第674～676页。

```
{
    std::uint32_t d_address;
    std::uint16_t d_port;

public:
    IPV4Endpoint(std::uint32_t address, std::uint16_t port)
        : d_address{address}, d_port{port}
    {
    }

    IPV4Endpoint(const std::string& ep)
        : IPV4Endpoint{extractAddress(ep), extractPort(ep)}
    {
    }
};
```

注意，尽管 IPV4Endpoint 本身使用委派构造函数，但它是作为一个纯自用的、封装实现细节的形式。由于在代码中引入 IPV4Endpoint，IPV4Host（以及需要 IPV4Endpoint 值的类似组件）可以被重新定义为具有以 IPV4Endpoint 对象作为参数的单一构造函数（或之前以重载形式出现的其他成员函数）。

4. 参见

- 3.1.10 节提供了从一个构造函数到另一个构造函数的参数的完美转发。
- 3.1.21 节描述了如何实现将任意参数列表转发给其他构造函数的构造函数。

2.1.6 deleted 函数：对任意函数使用 =delete

函数声明时加入关键字 delete 后，任何使用甚至访问它的尝试都将是错误的。

1. 描述

声明一个特定的函数或函数重载导致致命错误的诊断信息是有用的，例如，抑制一个特殊成员函数的生成，或者限制函数重载能够接受的参数类型。在这种情况下，=delete 后面紧跟分号（;）可以在第一次声明时用来代替任何函数的主体，以便在任何试图调用它或获取其地址的情况下强制产生编译时错误。

```
void g(double) { }
void g(int) = delete;

void f()
{
    g(3.14);  // OK, f(double) is invoked.
    g(0);     // Error, f(int) is deleted.
}
```

注意，被删除的函数参与了重载解析，并在被选为最佳候选函数时产生编译时错误。

2. 用例

（1）抑制特殊成员函数的生成

当实例化一个用户定义类型的对象时，没有明确声明的特殊成员函数通常由编译器自动生成。个别特殊成员函数的生成可能会受到其他用户定义的特殊成员函数的影响，或者受到任何特定类型的数据成员或基类型导致的限制，参见 2.1.4 节。对于某些类型，复制的概念是没有意义的，因此允许编译器产生拷贝操作是不合适的。在 C++11 中引入的两个控制移动操作的特殊成员函数，通常是作为拷贝操作的有效优化来实现的，因此也是不合适的。更少见的情况是，在复制不存在的情况下，存在一个有用的移动概念，因此我们可能会选择生成移动操作，而拷贝操作被明确删除，参见第 3.1.18 节。

考虑一个类，FileHandle，它使用 RAII 机制来安全地获取和释放一个 I/O 流。由于拷贝语义对这种资源来说通常是没有意义的，我们希望抑制拷贝构造函数和拷贝赋值运算符的生成。在 C++11 之前，C++ 中没有直接的方法来表达对特殊成员函数的抑制，推荐的解决方法是将两个方法声明为私有的，但是不具体实现该函数，这通常会导致编译时或链接时的错误：

```
#include <cstdio>  // FILE
class FileHandle
{
private:
    // ...

    FileHandle(const FileHandle&);              // not implemented
    FileHandle& operator=(const FileHandle&);  // not implemented

public:
    explicit FileHandle(FILE* filePtr);
    ~FileHandle();

    // ...
};
```

不实现一个被声明为私有的特殊成员函数，会使当该函数被不经意地从类本身的实现中访问时，至少会有一个链接时错误。通过 =delete 语法，我们能够明确表达我们的意图，使这些特殊成员函数不可用，并且直接在类的 public 区域中这样做，使编译器的诊断信息更加清晰：

```
class FileHandle
{
private:
    // ...
    // Declarations of copy constructor and copy assignment are now public.

public:
    explicit FileHandle(FILE* filePtr);
    ~FileHandle();

    FileHandle(const FileHandle&) = delete;             // make unavailable
    FileHandle& operator=(const FileHandle&) = delete;  // make unavailable

    // ...
};
```

在私有的声明上使用 = delete 语法会产生与隐私有关的错误信息，这不是使用被删除的函数导致的。在将代码从旧风格转换到新语法时，必须小心地进行这两处更改。

（2）阻止特定的隐式转换

某些函数——特别是那些以 char 作为参数的函数——很容易造成不经意的滥用。作为一个非常经典的示例，考虑一下 C 库中的函数 memset。下边的样例试图从内存地址 buf 开始填充五个连续字符 *。

```
#include <cstdio>   // puts
#include <cstring>  // memset

void f()
{
    char buf[] = "Hello World!";
    memset(buf, 5, '*');  // undefined behavior: buffer overflow
    puts(buf);            // expected output: "***** World!"
}
```

不幸的是，不经意间颠倒了最后两个参数的顺序是一个经常发生的错误，而 C 语言没有提供帮助。如上所示，memset 写了 42 次非打印字符 '\x5'（即 ASCII'*' 的整数值），远远超过了 buf 的末端。在 C++ 中，我们可以使用一个额外的删除重载来应对这种错误。

```
namespace my {
void* memset(void* str, int ch, std::size_t n);  // Standard Library equivalent
void* memset(void* str, int n, char) = delete;   // defense against misuse
}
```

这样用户的致命错误可以在编译过程中被报告：

```
void f2()
{
    char buf[] = "Hello World!";
    my::memset(buf, 5, '*');                 // Error, call to deleted function
    my::memset(buf, '*', (std::size_t)5);   // OK
}
```

（3）阻止所有的隐式转换

如下的 ByteStream::send 成员函数被设计为只适用于 8 位的无符号整数。提供一个接受 int 的删除重载迫使调用者确保参数始终是适当的类型。

```
class ByteStream
{
public:
    void send(unsigned char byte) { /*...*/ }
    void send(int) = delete;

    // ...
};

void f()
{
    ByteStream stream;
    stream.send(0);    // Error, send(int) is deleted.     (1)
    stream.send('a'); // Error, send(int) is deleted.     (2)
    stream.send(0L);  // Error, ambiguous                 (3)
    stream.send(0U);  // Error, ambiguous                 (4)
    stream.send(0.0); // Error, ambiguous                 (5)
    stream.send(
        static_cast<unsigned char>(100));  // OK          (6)
}
```

在上面的代码（1）中用 int 来调用 send[或者任何除 unsigned char 外能提升为 int 的整数类型（2）]，将唯一映射到删除的 send(int) 重载函数；所有其他的整数类型（3）和（4）以及浮点类型（5）都可以通过标准转换转换到这两种类型，因此会有歧义。请注意，隐式地将从 unsigned char 转换到 long 或无符号整数会引起标准转换，不仅仅是整型提升（Integral Promotion）。转换为 double 类型也是一样的。显式转换为无符号字符（6）之后调用函数是没有问题的。

（4）隐藏一个结构化的、非多态的基类的成员函数

通常建议避免从具体的类中公开派生，因为这样做，我们并没有隐藏底层的能力，底层成员可以很容易地通过对基类的指针或引用的赋值而被访问（可能会破坏派生类可能想要保持的不变性）。更糟的是，不经意间将这样一个类传递给一个通过值获取基类的函数，这将导致切片，尤其当派生类持有数据时，这个问题更加严重。一个更稳健的方法是使用分层或私有继承[㊀]。尽管有最佳实践[㊁]，在短时间内为可信任的客户提供一个具体类的省略“视图”是很划算的。想象一下，一个旨在播放声音和音乐的 AudioStream 类，除了提供基本的“play（播放）”和“rewind（倒带）”操作外，还提供了一个大型的、强大的接口：

```
struct AudioStream
{
    void play();
    void rewind();
    // ...
    // ... (large, robust interface)
    // ...
};
```

㊀ 更多的关于提升组合设计性能内容，参考 lakos20 的 3.5.10.5 节“实现多组件包装器”和 3.7.3 节“改进纯组装设计”，上述内容分别在第 687～703 页和第 726～727 页。

㊁ 参考 meyers92 的“Item 38: 切勿定义继承的默认参数值”，第 132～135 页。

假设在短时间内，我们必须建立一个类似的类，ForwardAudioStream，来处理不能倒带的音频样本，例如直接来自现场直播的音频。我们重复使用 AudioStream 的大部分接口，通过利用公有继承性来建立新类的原型，然后删除唯一不需要的倒带成员函数 rewind：

```
struct ForwardAudioStream : AudioStream
{
    void rewind() = delete; // Make just this one function unavailable.
};

void f()
{
    ForwardAudioStream stream = FMRadio::getStream();
    stream.play();   // fine
    stream.rewind(); // Error, rewind() is deleted.
}
```

如果对 ForwardAudioStream 类型的需求仍然存在，我们总是可以考虑以后更仔细地重新实现它[⊖]。如本节开头所讨论的，这个示例所提供的保护是很容易被规避的。

```
void g(const ForwardAudioStream &stream)
{
    AudioStream fullStream = stream;
    fullStream.play();   // OK
    fullStream.rewind(); // This code compiles OK, but what happens at run time?
}
```

只有在完全理解了什么使得这样一个非传统的努力是安全的，我们才能去隐藏非虚拟函数，见 4.1.2 节。

3. 烦恼

删除一个函数也是声明

当我们在函数声明时使用 =delete，我们也确确实实声明了一个函数。例如，考虑下边这对参数分别为 char 和 int 的函数 f 的重载声明：

```
int f(char);          // (1) accessible declaration of f taking a char
int f(int) = delete;  // (2) inaccessible declaration of f taking an int

int x = f('a');       // OK, exact match for (1) f(char), which is accessible
int y = f(123);       // Error, exact match for (2) f(int), which is deleted
```

上述两个函数都被声明了，这样它们都能参与重载解析；只有在选择了不可访问的重载后，才会报告为编译时错误。

然而，当涉及删除一个类（或类模板）的某些特殊成员函数时，看似很小的一点额外的代码可能会有微妙的、意想不到的后果。例如，考虑一个空的结构 S0：

```
struct S0 { };  // The default constructor is declared implicitly.

S0 x0;  // OK, invokes the implicitly generated default constructor
```

由于 S0 没有定义构造函数、析构函数或赋值运算符，编译器将为 S0 生成（声明和定义）所有六个在 C++11 中可用的特殊成员函数。参见 2.1.4 节。

接下来，我们创建第二个结构体 S1，它与 S0 的区别仅仅在于 S1 声明了一个参数为 int 的构造函数。

```
struct S1  // Implicit declaration of the default constructor is suppressed.
{
    S1(int);  // explicit declaration of value constructor
};

S1 y1(5);  // OK, invokes the explicitly declared value constructor
S1 x1;     // Error, no declaration for default constructor S1::S1()
```

⊖ 参见 lakos20 的 3.5.10.5 节“实现多组件包装器”和 3.7.3 节“改进纯组装设计”，上述内容分别在第 687～703 页和第 726～727 页。

通过显式地声明一个值构造函数（或任何其他构造函数），抑制了对 S1 默认构造函数的隐式声明。如果不想抑制默认的构造函数，可以通过 = default 来实现（参见 2.1.4 节）。

现在为了抑制默认构造函数的生成，并且为了明确我们的意图，我们显式地使用 =delete 声明并删除它：

```
struct S2  // Implicit declaration of the default constructor is suppressed.
{
    S2() = delete;  // explicit declaration of inaccessible default constructor
    S2(int);        // explicit declaration of value constructor
};

S2 y2(5);  // OK, invokes the explicitly declared value constructor
S2 x2;     // Error, use of deleted function, S2::S2()
```

通过声明然后删除默认构造函数，我们既明确了意图，又为客户端改进了诊断方法，代价是仅多写了一行自我说明的代码。

删除某些不一定是隐式声明的特殊成员函数，如默认构造函数、移动构造函数或移动赋值操作符，可能会对微妙的类的编译时属性产生不利的影响。其中一个微妙的属性是编译器是否认为它是一个 literal type（字面类型）。也就是说，一个类型其值有资格作为常量表达式的一部分使用。这个同样的属性也决定了一个任意类型是否可以在 constexpr 函数接口中通过值传递。请参见 3.1.5 节。

作为 S1 和 S2 之间微妙的编译时差异的一个简单说明，考虑下边的 test 函数，当且仅当它的按值传递参数 x 是一个字面类型，它才会被正确编译。

```
constexpr int test(S0 x) { return 0; }  // OK,    S0 is     a literal type.
constexpr int test(S1 x) { return 0; }  // Error, S1 is not a literal type.
constexpr int test(S2 x) { return 0; }  // OK,    S2 is     a literal type.
```

为了让编译器把一个给定的类型当作一个字面类型，它必须至少有一个构造函数（除了复制或移动构造函数）被声明为 constexpr。

在空的 S0 类的情况下，隐式生成的默认构造函数是平凡的，它也被隐式地声明为 constexpr。S1 类的显式声明的非 constexpr 值构造函数抑制了对其唯一的 constexpr 构造函数的声明，即默认构造函数，因此 S1 没有资格成为一个字面类型。

最后在 S2 中，显式声明并且删除默认构造函数，造成的事实是我们确实声明了默认构造函数，且产生的效果与它是隐式生成的（或显式声明，然后默认化）是相同的；因此，S2 与 S1 不同，S2 是一个字面类型。

4. 参见

- 2.1.4 节描述了一个相关特性，该特性允许默认化（而不是删除）特殊成员函数。
- 3.1.18 节解释了此特性如何产生特殊成员函数的两个移动变体，这些变体也可能会被删除。

5. 延伸阅读

如果要对比删除函数与 C++11 之前使用私有未定义函数的比较以及删除函数模板特化的技术，参见 meyers15b 的“项目 11：优先选择删除函数而不是私有未定义的函数”，第 74～79 页。

2.1.7　explicit：显式转换运算符

确保仅在代码显式要求时才将用户定义类型转换为另一种类型。

1. 描述

尽管通过用户定义的转换函数（无论是接受单一参数的转换构造函数还是转换运算符）实现的隐式转换有时候是可取的，但是有时也可能出现问题，特别是当转换涉及一个常用的类型时（例如 int 或 double）。

```
class Point  // implicitly convertible from an int or to a double
{
    int d_x, d_y;

public:
    Point(int x = 0, int y = 0);  // default, conversion, and value constructor
    // ...
    operator double() const;  // Return distance from origin as a double.
};
```

上面这个异常简单的Point类的示例中，使用转换运算符来计算与原点的距离。在实践中，我们通常会使用一个命名的函数来实现这一目的。参见潜在缺陷——有时命名函数更好。

通常，调用一个接收Point的函数，但不小心传入一个int，这会导致意外：

```
void g0(Point p);         // arbitrary function taking a Point object by value
void g1(const Point& p);  // arbitrary function taking a Point by const reference

void f1(int i)
{
    g0(i);  // oops, called g0 with Point(i, 0) by mistake
    g1(i);  // oops, called g1 with Point(i, 0) by mistake
}
```

在C++03中，这个问题可以通过用explicit关键字声明构造函数来解决：

```
explicit Point(int x = 0, int y = 0);  // explicit converting constructor
```

使用explicit关键字声明构造函数后，函数g0与g1传参必须显式指定：

```
void f2(int i)
{
    g0(i);          // Error, could not convert i from int to Point
    g1(i);          // Error, invalid initialization of reference type
    g0(Point(i));   // OK
    g1(Point(i));   // OK
}
```

源于隐式转换运算符的伴生问题，尽管没有那么严重，但仍然存在：

```
void h(double d);

double f3(const Point& p)
{
    h(p);       // OK? Or maybe we mistakenly called h with a hypotenuse.
    return p;   // OK? Or maybe this is a mistake too.
}
```

从C++11开始，我们可以在声明转换运算符和转换构造函数时使用explicit，从而迫使客户端显式地请求转换。例如，使用直接初始化或static_cast：

```
struct S0 { explicit operator int(); };

void g()
{
    S0 s0;
    int i = s0;                     // Error, copy initialization
    int k(s0);                      // OK, direct initialization
    double d = s0;                  // Error, copy initialization
    int j = static_cast<int>(s0);   // OK, static cast
    if (s0) { }                     // Error, contextual conversion to bool
    double e(s0);                   // Error, direct initialization
}
```

相反，如果上面的示例中的转换操作符没有被声明为explicit，上面显示的所有转换都会被编译：

```
{
    S1 s1;
    int i = s1;                     // OK, copy initialization
    double d = s1;                  // OK, copy initialization
    int j = static_cast<int>(s1);   // OK, static cast
```

```
    if (s1) { }                  // OK, contextual conversion to bool
    int k(s1);                   // OK, direct initialization
    double e(s1);                // OK, direct initialization
}
```

此外，适用于逻辑运算参数的上下文可转换性概念——如&&、|| 和 !，以及大多数控制流结构，如 if 和 while，在 C++11 中被扩展为允许用户 explicit 定义的 bool 转换运算符。见用例——上下文转换为 bool 类型的有效性测试。

```
struct S2 { explicit operator bool(); };

void h()
{
    S2 s2;
    int i = s2;                  // Error, copy initialization
    double d = s2;               // Error, copy initialization
    int j = static_cast<int>(s2); // Error, static cast
    if (s2) { }                  // OK, contextual conversion to bool
    int k(s2);                   // Error, direct initialization
    double fd(s2);               // Error, direct initialization
    bool b0 = s2;                // Error, copy initialization
    bool b1(s2);                 // OK, direct initialization
    !s2;                         // OK, contextual conversion to bool

    s2 && s2;                    // OK, contextual conversion to bool
}
```

2. 用例

上下文转换为 bool 类型的有效性测试

有一个常规的有效性测试，用于测试对象本身的结果是真还是假，这是一个可以追溯到 C++ 起源的习惯。例如，标准输入 / 输出库就使用这个准则来确定一个给定的流是否有效：

```
// C++03
#include <ostream>  // std::ostream

std::ostream& printTypeValue(std::ostream& stream, double value)
{
    if (stream)  // relies on an implicit conversion to bool
    {
        stream << "double(" << value << ')';
    }
    else
    {
        // ... (handle stream failure)
    }

    return stream;
}
```

实现对 bool 的隐式转换是有问题的，因为使用转换运算符的直接方法很容易让意外的误操作不被发现：

```
class ostream
{
    // ...

    public:

    /* implicit */ operator bool();  // hypothetical (bad) idea
};

int client(ostream& out)
{
    // ...
    return out + 1;  // likely a latent runtime bug: always returns 1 or 2
}
```

传统的解决方法，即安全的 bool 习惯法[1]，是返回某个晦涩的指针类型（例如指向成员的指针）。这些指针在任何情况下都不可能有用，除非是在 false 和指向成员的空指针值被等同对待的上下文中。有了显式转换操作符，这种变通方法就不再需要了。正如在“描述”部分所讨论的，一个被声明为显式的布尔类型的转换运算符只在那些我们可能希望它这样做的地方继续像隐式一样执行，而不是在其他地方，也就是说，正是那些能够实现上下文转换为 bool 的地方[2]。

考虑一个 ConnectionHandle 类，它可以处于有效的 或无效的状态。为了方便用户并与其他代理类型（例如，原始指针，它们有类似的无效状态）保持一致，通过一个显式的转换为 bool 来表示无效或空的状态是可取的。

```
#include <cstddef>  // std::size_t
#include <iostream> // std::cerr
struct ConnectionHandle
{
    std::size_t maxThroughput() const;
        // Return the maximum throughput (in bytes) of the connection.

    explicit operator bool() const;
        // Return true if the handle is valid and false otherwise.
};
```

ConnectionHandle 的实例将只在人们可能希望它们这样做的地方转换为 bool，例如，作为 if 语句的谓词：

```
int ping(const ConnectionHandle& handle)
{
    if (handle)  // OK, contextual conversion to bool
    {
        // ...
        return 0;  // success
    }

    std::cerr << "Invalid connection handle.\n";
    return -1;  // failure
}
```

有一个显式的转换操作符可以防止不必要的对 bool 的转换，否则转换可能会在不经意间发生。

```
bool hasEnoughThroughput(const ConnectionHandle& ingress,
                         const ConnectionHandle& egress)
{
    return ingress.throughput() <= egress;  // Error, thankfully
//                                 ^~~~~~
}
```

在上面的示例中，程序员在关系运算符 <= 之后错误地写了 egress 而不是 egress.maxThroughput()。幸运的是，ConnectionHandle 的转换运算符被声明为显式的，因此出现了编译时错误。如果转换是隐式的，上面的示例代码就会被编译，如果被执行，上述有问题的 hasEnoughThroughput 函数的实现就会默默地表现出定义良好但不正确的行为。

3. 潜在缺陷

（1）有时隐式转换是有必要的

考虑到意外误用的可能性，与常见算术类型（尤其是 int）之间的隐式转换通常是不明智的。然而，对于有意替代其所表示的类型的代理类型，隐式转换正是我们想要的。例如，考虑一个 NibbleConstReference 代理类型，它表示 PackedNibbleVector 的 4 位整数元素：

---

[1] 参考 www.artima.com/cppsource/safebool.html。

[2] 注意两个连续！操作符可用于合成到 bool 的上下文转换。例如，如果 X 是一个可显式转换为 bool 的表达式，则 (!!(X)) 将相应地为真或假。

```
class NibbleConstReference
{
    // ...
public:
    operator int() const; // implicit

    // ...
};

class PackedNibbleVector
{
    // ...
public:
    bool empty() const;
    NibbleConstReference operator[](int index) const;

    // ...
};
```

NibbleConstReference 代理旨在与各种表达式中的其他整型进行良好的互操作，如果其转换运算符是 explicit 声明的话，转换时就需要显式转换，阻碍其作为便捷替代：

```
int firstOrZero(const PackedNibbleVector& values)
{
    return values.empty()
        ? 0
        : values[0]; // compiles only if conversion operator is implicit
}
```

（2）有时命名函数更好

过度使用显式转换运算符的情况也存在。与任何用户定义的运算符一样，当所实现的运算符在某种程度上不是规范的或普遍的惯用运算符时，使用命名的（即非运算符）函数来表示该运算符通常会更好。回想一下“描述”部分的内容，我们使用了类 Point 的转换运算符来表示到原点的距离。这个示例说明了转换运算符是如何同时具有不明确和不足够的。考虑到在二维整数点上的许多数学运算都可能会返回一个双精度值（例如大小、角度）。我们可能想要用不同的单位表示相同的信息（例如 angleInDegrees、angleInRadians）。另一个有效的设计决策是返回一个用户定义类型的对象，例如 Angle，它记录了辐角并为转换为不同的单位提供了辅助函数（例如 asDegrees、asRadians）。

与其使用任何转换运算符（显式或其他形式），还可以考虑提供一个命名函数，该函数是自动显式的，为各种特定于领域的函数（现在和将来）提供了编写的灵活性和读取的清晰度，这些函数可能具有重叠的返回类型：

```
class Point  // only explicitly convertible and from only an int
{
    int d_x, d_y;

public:
    explicit Point(int x = 0, int y = 0);  // explicit converting constructor
    // ...
    double magnitude() const;  // Return distance from origin as a double.
};
```

请注意，在物理层次中更高层次的独立实用程序中定义非原语功能（如 magnitude）可能更好，例如 PointUtil::magnitude(const Point& p)[㊀]。

2.1.8　函数作用域静态'11：线程安全的函数作用域静态变量

函数作用域静态对象的初始化现在保证在存在多个并发线程时不存在数据竞争。

㊀ 有关分离非原语功能的更多信息，见 lakos20 的 3.2.7 节“不只是最小，原语：Utility 结构”和 3.2.8 节“综合示例：封装多边形接口”，第 529～552 页。

1. 描述

在函数作用域声明的变量（又名局部变量）具有自动存储持续时间，除非它被标记为static，在这种情况下它具有静态存储持续时间。具有自动存储持续时间的变量在每次调用函数时在栈上分配，并在调用的控制流通过该对象的定义时进行初始化。相比之下，定义在函数（如f）作用域中的静态存储持续时间变量，如iLocal，则只在每个程序中分配一次，并且只有在控制流第一次通过该对象的定义时才初始化：

```
#include <cassert>  // standard C assert macro

int f(int i) // function returning the first argument with which it is called
{
    static int iLocal = i;  // Object is initialized only once, on the first call.
    return iLocal;          // The same iLocal value is returned on every call.
}

int main()
{
    int a = f(10);  assert(a == 10);  // Initialize and return iLocal.
    int b = f(20);  assert(b == 10);  // Return iLocal.
    int c = f(30);  assert(c == 10);  // Return iLocal.

    return 0;
}
```

在上面的简单示例中，函数f只在第一次调用时用参数i初始化它的静态对象iLocal，然后返回相同的值，例如10。因此，当使用不同的参数重复调用该函数来初始化a、b和c变量时，所有这三个变量都初始化为相同的值10。尽管函数作用域静态对象iLocal是在main进入之后创建的，但它直到main退出后才会被销毁。

（1）并发的初始化

过去，函数作用域静态存储持续时间对象的初始化不能保证在多线程上下文中是安全的，因为如果从多个线程并发地调用函数，会导致数据竞争。这些围绕初始化的数据竞争可能导致多次调用初始化器，在同一个对象上并发地运行对象构造，以及在初始化完全完成之前控制流继续通过变量定义。所有这些都会导致严重的软件缺陷。一种常见但不可移植的C++11之前的解决方案是双重检查锁模式，请参阅补充内容——C++03双重检查锁模式。

从C++11开始，一个符合要求的编译器需要确保函数作用域静态存储持续时间对象的初始化在代码执行超过初始化器之前安全且精确地执行一次，即便从多个线程并发调用该函数时也是如此。

（2）销毁

具有自动存储持续时间的对象在控制流离开声明它们的作用域时被销毁。相比之下，已经初始化的静态局部对象在正常程序终止之前不会销毁，即销毁发生在main函数正常返回之后，或是在调用std::exit函数时。销毁这些对象的顺序将与它们完成构建的顺序相反。请注意，程序可以通过其他几种方式终止，例如调用std::quick_exit、_Exit或std::abort，这些方式显式地不销毁静态存储持续时间对象。这种行为类似每个静态对象都在构造之后使用C标准库函数std::atexit进行销毁。

（3）Logger示例

现在让我们考虑一个真实的示例，在这个示例中，单个对象，例如下面这个示例中的localLogger，在整个程序中被广泛使用，参见用例——Meyers单例[1]：

[1] 一个非常有用、功能齐全的记录器，称为ball logger，可以在Bloomberg开源BDE库的ball包组中找到（bde14,/groups/bal/ball）。

```
Logger& getLogger()  // ubiquitous pattern commonly known as "Meyers Singleton"
{
    static Logger localLogger("log.txt");  // function-local static definition
    return localLogger;
}

int main()
{
    getLogger() << "hello";
        // OK, invokes Logger's constructor for the first and only time

    getLogger() << "world";
        // OK, uses the previously constructed Logger instance
}
```

Gamma95 中有一个“单例模式”的示例[1]，它用于创建共享的 Logger 实例，并通过 getLogger() 函数提供对它的访问。Logger 的静态本地实例 localLogger 将被精确初始化一次，然后在正常程序终止后销毁。在 C++03 中，从多个线程并发地调用这个函数是不安全的。相反，C++11 保证即使多个线程并发调用 getLogger，localLogger 的初始化也只会发生一次。

（4）多线程的上下文

C++11 标准库提供了几个与多线程相关的实用程序和抽象。std::thread 类是操作系统提供的特定于平台的线程句柄的可移植包装器。当使用可调用对象构造 std::thread 对象时，将生成一个调用该可调用对象的新线程。在销毁这些 std::thread 对象之前，在线程对象上调用 join 成员函数是必要的，并且会阻塞，直到后台执行线程完成对其可调用对象的调用。

标准库的线程功能可以与前面的 Logger 示例一起使用，以并发地访问 getLogger 函数：

```
#include <thread>  // std::thread

void useLogger() { getLogger() << "example"; }  // concurrently called function

int main()
{
    std::thread t0(&useLogger);
    std::thread t1(&useLogger);
        // Spawn two new threads, each of which invokes useLogger.

    // ...

    t0.join();  // Wait for t0 to complete execution.
    t1.join();  // Wait for t1 to complete execution.

    return 0;
}
```

在 C++11 线程安全保证之前且利用 C++11 之前的线程库的这种使用，可能会在初始化 localLogger 期间导致数据竞争，localLogger 在 getLogger 中被定义为本地静态对象。这种未定义的行为可能导致多次调用 localLogger 的构造函数，在构造函数实际完成之前从 localLogger 返回，或者导致开发人员无法控制的错误行为。

如果 Logger::operator<<(const char*) 是为多线程使用而设计的，在 C++11 中前面的示例没有数据竞争，即使 Logger::Logger(const char* logFilePath) 构造函数（即用来配置 Logger 的单例实例的构造函数）不是这样设计的。也就是说，由编译器保护的隐式临界部分包括初始化器的计算，这就是为什么递归调用来初始化函数作用域静态变量是未定义的行为，并可能导致死锁。请参阅“潜在缺陷——危险的递归初始化”。然而，这样使用函数作用域静态函数并不是万无一失的，参阅“潜在缺陷——取决于 main 返回后局部对象的销毁顺序”。

函数作用域静态对象的销毁总是被保证是安全的，前提是：从 main 返回后没有线程在运行，并

[1] 参见 Gamma95 第 3 章的“Singleton”小节，第 127～134 页。

且函数作用域静态对象在销毁过程中不相互依赖。参见“潜在缺陷——取决于 main 返回后局部对象的销毁顺序”。

2. 用例

Meyers 单例

跨编译单元访问文件或命名空间作用域的运行时初始化对象的保证很少而且很弱——特别是当访问可能发生在进入 main 之前的时候。考虑一个库组件 libcomp，它定义了一个文件范围的静态单例 globalS，它在运行时初始化：

```
// libcomp.h:
#ifndef INCLUDED_LIBCOMP
#define INCLUDED_LIBCOMP

struct S { /*...*/ };
S& getGlobalS();  // access to global singleton object of type S

#endif


// libcomp.cpp:
#include <libcomp.h>

static S globalS;
S& getGlobalS() { return globalS; }  // access into this translation unit
```

libcomp.h 文件中的接口包括 S 的定义以及访问器函数 getGlobalS 的声明。libcomp.cpp 文件之外的代码只能通过调用自由函数 getGlobalS() 来访问单例对象 globalS。现在考虑下面示例中的 main.cpp 文件，它实现了 main，并且在进入 main 之前使用了 globalS：

```
// main.cpp:
#include <cassert>    // standard C assert macro
#include <libcomp.h>  // getGlobalS()

bool globalInitFlag = getGlobalS().isInitialized();

int main()
{
    assert(globalInitFlag);   // Bug, or at least potentially so
    return 0;
}
```

根据编译器或链接方式，初始化 globalInitFlag 的调用可能会发生并在初始化 globalS 之前返回。仅仅因为位于该编译单元内的函数碰巧被调用，C++ 并不保证不同编译单元中文件或命名空间作用域的对象会被初始化。

帮助确保在从单独的编译单元使用非局部对象之前初始化它的一种有效模式——特别是当这种使用可能发生在进入 main 之前——是简单地将静态对象从文件或命名空间作用域移动到访问它的函数作用域，使其成为函数作用域的静态对象：

```
S& getGlobalS()  // access into this translation unit
{
    static S globalS;  // singleton is now function-scope static
    return globalS;
}
```

这种模式通常被称为 Meyers 单例，因 Scott Meyers 而普及，它确保了在封装它的访问器函数的第一次调用时必须初始化该单例对象，而不管该调用是在何时何地进行的。此外，这个单例对象的生命周期超过 main 函数的末尾。Meyers 单例模式还让我们有机会捕捉并响应在构造静态对象时抛出的异常，而不是像声明为静态全局变量时那样立即终止程序。然而，更重要的是，自 C++11 以来，Meyers 单例模式自动继承了可重用的程序级单例对象的无数据竞争初始化的优点。对于单例初始化可能发生在 main 之前的程序，以及那些可能发生在额外线程已经启动之后的程序，都可以安全地使用 Meyers 单例。

正如在“描述”中所讨论的那样，C++11 在运行时初始化函数作用域静态对象时增加了线程安全保证，从而减少了创建线程安全的单例对象所需的工作量。注意，在 C++11 之前，如果并发线程试图初始化 Logger，那么简单的函数作用域静态实现将不安全，请参阅补充内容——双重检查锁模式。

Meyers 单例也以一种略微不同的形式出现，单例类型的构造函数被设置为私有，以防止创建不止一个单例对象：

```
class Logger
{
private:
    Logger(const char* logFilePath);  // configures the singleton
    ~Logger();                        // suppresses copy construction too

public:
    static Logger& getInstance()
    {
        static Logger localLogger("log.txt");
        return localLogger;
    }
};
```

这种函数作用域静态单例模式的变体可以防止用户手动创建非法 Logger 对象。唯一获取 Logger 对象的方法是调用 Logger 的静态 Logger::getInstance() 成员函数：

```
void client()
{
    Logger::getInstance() << "Hi";  // OK
    Logger myLogger("myLog.txt");   // Error, Logger constructor is private.
}
```

然而，单例模式的这种表述将单例对象的类型与其用途和目的合并。一旦我们发现一个单例对象的用途，那么找到第二个，甚至是第三个也并不罕见。

例如，考虑一个早期手机型号上的应用程序，我们想要利用手机的摄像头。让我们假设 Camera 类是一个相当复杂的机制。最初，我们使用 Meyers 单例模式的变体，在整个程序中最多只能出现一个 Camera 对象。然而，下一代手机却有不止一个摄像头，比如一个前置摄像头和一个后置摄像头。我们脆弱的设计不允许双重单例使用相同的基本相机类型。一个更精细的解决方案是单独实现 Camera 类型，然后提供一个薄包装，例如，可能使用强类型定义（参见 3.1.12 节），对应于每个单例的使用：

```
class PrimaryCamera
{
private:
    Camera& d_camera_r;
    PrimaryCamera(Camera& camera)  // implicit constructor
      : d_camera_r(camera) { }

public:
    static PrimaryCamera getInstance()
    {
        static Camera localCamera{/*...*/};
        return localCamera;
    }
};
```

通过这种设计，可以方便地添加第二个甚至第三个能够重用底层 Camera 机制的单例。

尽管这种函数作用域静态方式比文件作用域静态方式提供了更强的保证，但它确实有其局限性。特别是，当在另一个函数作用域静态对象的析构函数中使用一个全局工具对象（如 logger）时，logger 对象在使用时可能已经被销毁[⊖]。一种方法是通过显式分配而不删除来构造 logger 对象：

⊖ 一个有趣的变通方法，即所谓的 Phoenix 单例，在 alexandrescu01 的 6.6 节“解决死引用问题 (I): The Phoenix 单例”中提出，第 137～139 页。

```
Logger& getLogger()
{
    static Logger& l = *new Logger("log.txt");  // dynamically allocated
    return l;  // Return a reference to the logger (on the heap).
}
```

这种方法的一个明显优势是，一旦创建了对象，它就不会在进程结束之前消失。缺点是，对于许多经典的和当前的分析工具（例如 Purify 和 Coverity），这种故意不释放的动态分配与内存泄漏是不可区分的。最终的解决方法是在静态内存中创建对象本身，使其位于适当大小和内存对齐的区域中：

```
#include <new>  // placement new

Logger& getLogger()
{
    static std::aligned_storage<sizeof(Logger), alignof(Logger)>::type buf;
    static Logger& logger = *new(&buf) Logger("log.txt");  // allocate in place
    return logger;
}
```

注意，Logger 本身管理的任何内存仍然来自全局堆，并被识别为内存泄漏[㊀]。

在这个绝对非 Meyers 单例模式的最后一个实例中，我们首先使用 std::aligned_storage 为 Logger 保留了一块足够大的内存块，并对其进行了正确的对齐。接下来，我们将使用该存储与定位 new（placement new）一起在静态内存中直接创建 Logger。注意，这个分配不是来自动态存储，因此，当我们在程序终止未能销毁这个对象时，典型的分析工具不会跟踪，也不会提供错误的警告。现在，我们可以返回一个安全嵌入到静态内存中的 Logger 对象的引用，并且知道它将一直存在，直到应用程序退出。

3. 潜在缺陷

（1）静态存储持续时间对象不保证被初始化

尽管 C++11 保证每个单独的函数作用域静态初始化最多发生一次，并且仅在控制流到达可以引用变量的点之前，但对于静态存储持续时间的非局部对象没有类似的保证。缺少了这种保证，就会在初始化这些对象时产生相互依赖，尤其是跨编译单元，这是大量潜在错误的来源。

经过常量初始化的对象就没有这样的问题：在运行时，在拥有初始值之前，这样的对象永远无法访问。未被常量初始化[㊁]的对象在其构造函数运行之前将被零初始化，这本身可能导致不明显的未定义行为。

作为一个演示，当我们依赖于在 main 之前使用的文件或命名空间作用域上变量初始化的相对顺序时，会发生什么。考虑循环依赖的源文件 a.cpp 和 b.cpp：

```
// a.cpp:
extern int setB(int);  // declaration only of setter in other TU
int *a = new int;      // runtime initialization of file-scope variable
int setA(int i)        // Initialize a; then b.
{
    *a = i;            // Populate the allocated heap memory.
    setB(i);           // Invoke setter to populate the other one.
    return 0;          // Return successful status.
}
```

㊀ 如果要完全避免全局堆，我们可以利用多态分配器实现，比如 C++17 中的 std::pmr。我们首先要创建一个具有静态存储时间的固定大小的内存数组。然后，我们将创建一个静态内存分配机制，例如 std::pmr::monotonic_buffer_resource。接下来，我们将使用定位 new 来使用静态分配机制在静态内存池中构造 Logger，并为 Logger 对象提供相同的机制，以便它也可以从静态内存池中获得所有的内部内存。lakos22 对这个主题有所讨论。

㊁ C++20 添加了一个新的关键字 constinit，该关键字可以放在变量声明中，以要求相关变量进行常量初始化，从而在运行时在其生命周期开始之前永远不能被访问。

```
// b.cpp:
int *b = new int;         // runtime initialization of file-scope variable
int setB(int i)           // Initialize b.
{
    *b = i;               // Populate the allocated heap memory.
    return 0;             // Return successful status.
}

extern int setA(int);     // declaration (only) of setter in other TU
int x = setA(5);          // Initialize a and b.
int main()                // main program entry point
{
    return 0;             // Return successful status.
}
```

这两个编译单元将在进入 main 之前按某种顺序初始化，但不管顺序如何，上面示例中的程序将在进入 main 之前对空指针解引用：

```
$ g++ a.cpp b.cpp main.cpp
$ ./a.out
  Segmentation fault (core dumped)
```

假设我们将文件作用域的静态指针（分别对应于 setA 和 setB）移动到它们各自的函数体中：

```
// a.cpp:
extern int setB(int);     // declaration only of setter in other TU
int setA(int i)           // Initialize this static variable; then that one.
{
    static int *p = new int;   // runtime init of function-scope static
    *p = i;                    // Populate this static-owned heap memory.
    setB(i);                   // Invoke setter to populate the other one.
    return 0;                  // Return successful status.
}

// b.cpp: (make analogous changes)
```

现在程序可以可靠运行了：

```
$ g++ a.cpp b.cpp main.cpp
$ ./a.out
$
```

换句话说，即使不存在编译单元作为一个整体在进入 main 之前进行初始化，从而使文件作用域变量在使用之前有效，但通过将它们设置为函数作用域 static，我们也能够确保每个变量在使用之前都进行了初始化，而不管编译单元初始化的顺序如何。

表面上看，静态存储持续时间的本地对象和非本地对象似乎可以有效地互换，但显然不是这样的。即使客户端因为将非局部对象标记为静态或将其放在未命名的命名空间中而赋予其内部链接，从而不能直接访问非局部对象，初始化行为也会使这些对象的行为有所不同。

（2）危险的递归初始化

与所有其他初始化一样，控制流不会继续超过静态本地对象的定义，直到初始化完成，这使得递归静态初始化——或者任何最终可能回调同一函数的初始化——变得危险：

```
int fz(int i)  // The behavior of the first call is undefined unless i is 0.
{
    static int dz = i ? fz(i - 1) : 0;  // Initialize recursively. (BAD IDEA)
    return dz;
}

int main()  // The program is ill formed.
{
    int x = fz(5);  // Bug, e.g., due to possible deadlock
}
```

在上面的示例中，第二次递归调用 fz 来初始化 dz 具有未定义的行为，因为控制流在静态对象初始化完成之前再次达到了相同的定义；因此，控制流不能继续通过 fz 中的返回语句。考虑到可能使用非递归互斥锁或类似锁的实现，程序可能会死锁，尽管许多实现在遇到这种形式的错误时，会以异常或断言违反提供更好的诊断信息[⊖]。

（3）微妙之处与递归

即使在初始化器本身中没有递归，对于自递归函数，在函数范围内初始化静态对象的规则也变得更加微妙。值得注意的是，初始化是基于控制流第一次通过变量定义的时间，而不是基于包含函数的第一次调用。因此，当与静态局部变量定义相关的递归调用发生时，会影响哪些值可以用于初始化：

```
int fx(int i)  // self-recursive after creating function-static variable, dx
{
    static int dx = i;      // Create dx first.
    if (i) { fx(i - 1); }  // Recurse second.
    return dx;              // Return dx third.
}

int fy(int i)  // self-recursive before creating function-static variable, dy
{
    if (i) { fy(i - 1); }  // Recurse first.
    static int dy = i;      // Create dy second.
    return dy;              // Return dy third.
}

int main()
{
    int x = fx(5);  assert(x == 5);  // dx is initialized before recursion.
    int y = fy(5);  assert(y == 0);  // dy is initialized after recursion.
    return 0;
}
```

如果自递归发生在静态变量初始化之后（如上面的示例中的 fx），那么静态对象（如 dx）在第一次递归调用时初始化；如果递归之前发生（例如，上面示例中的 fy），则会进行初始化（例如 dy）在最后一次递归调用中。

（4）取决于 main 返回后局部对象的销毁顺序

在任何给定的编译单元中，具有静态存储时间的文件或命名空间作用域内对象的相对初始化顺序都是定义良好且可预测的。一旦有了在当前编译单元之外引用对象的方法，在进入 main 之前，就有可能在对象初始化之前使用该对象。如果初始化本身在本质上不是循环的，我们可以使用函数作用域静态对象（参见用例——Meyers 单例）来确保没有这种未初始化的使用发生，即使是在进入 main 之前跨编译单元。这种函数作用域静态变量的相对销毁顺序——即使它们驻留在同一个编译单元中——在编译时并不清楚，因为它将与它们初始化的顺序相反，而依赖于这种顺序在实践中很容易导致未定义的行为。

当文件、命名空间或函数作用域的静态对象在析构函数中使用（或可能使用）另一个静态对象时，就会出现这个特定的问题，其中另一个对象可以是位于文件或命名空间作用域，并且驻留在单独的编译单元中，或者是任何其他的函数作用域静态对象，即包含在同一个编译单元中的一个。例如，假设我们实现了一个低层的日志记录工具，使其作为一个 Meyers 单例：

```
Logger& getLogger()
{
    static Logger local("log.txt");
    return local;
}
```

现在假设我们实现了一个更高层的文件管理器类型，它依赖于函数作用域静态日志记录器对象：

⊖ 在标准化之前（参见 ellis90 的 6.7 节“声明语句”，第 91～92 页），即使在变量初始化的递归调用期间 C++ 也允许控制流通过静态函数作用域变量。此行为将导致该函数的其余部分使用零初始化且可能部分构造的局部对象执行。即使是现代的编译器，比如带有 -fno-threadsafe-statics 的 GCC，也允许关闭锁定和对并发初始化的保护，并保留一些 C++98 之前的行为。然而，这种可选行为是危险的，而且在任何标准的 C++ 版本中都不受支持。

```
struct FileManager
{
    FileManager()
    {
        getLogger() << "Starting up file manager...";
        // ...
    }

    ~FileManager()
    {
        getLogger() << "Shutting down file manager...";
        // ...
    }
};
```

现在，考虑 FileManager 的一个 Meyers 单例实现：

```
FileManager& getFileManager()
{
    static FileManager fileManager;
    return fileManager;
}
```

首先调用 getLogger 还是 getFileManager 并不重要。如果首先调用 getFileManager，则记录器将作为 FileManager 构造函数的一部分初始化。但是，是否首先销毁 Logger 或 FileManager 对象是很重要的：

- 如果 FileManager 对象在 Logger 对象之前被销毁，程序将具有良好定义的行为。
- 否则，程序将有未定义的行为，因为 FileManager 的析构函数将调用 getLogger，而 getLogger 现在将返回对先前销毁的对象的引用。

在 FileManager 的构造函数中进行记录可以确保日志记录器的函数局部静态变量将在 FileManager 的函数静态变量之前初始化；因此，由于销毁顺序与创建顺序相反，日志记录器的函数局部静态变量将在文件管理器的函数局部静态变量之后销毁。但是如果 FileManager 并不总是在构建时进行日志记录，而是在其他任何被记录之前创建的，在这种情况下，我们没有理由认为日志记录器会在 main 之后的 FileManager 销毁过程中仍存在。

在低层且广泛使用的工具如日志记录器中，传统的 Meyers 单例是禁用的。在用例——Meyers 单例最后部分讨论的两个最常见的替代方案——Meyers Singleton 涉及永远不结束该机制的生命周期。值得注意的是，来自标准 iostream 库的真正的全局对象（如 cout、cerr 和 clog）通常不是使用传统方法实现的，实际上是由运行时系统专门处理的。

4. 烦恼

单线程应用程序中的开销

调用包含函数作用域静态存储持续时间变量的函数的单线程应用程序可能会有不必要的同步开销，比如原子加载操作。例如，考虑这样一个程序，它使用用户提供的默认构造函数来访问用户定义类型的简单 Meyers 单例：

```
struct S  // user-defined type
{
    S() { }  // inline default constructor
};

S& getS()  // free function returning local object
{
    static S local;  // function-scope local object
    return local;
}

int main()
{
    getS();    // Initialize the file-scope static singleton.
    return 0;  // successful status
}
```

尽管编译器可以清楚地看到只有一个线程调用了 getS()，但生成的程序集指令可能仍然包含原子操作或其他形式的同步，并且对 getS() 的调用可能没有内联[⊖]。

5. 延伸阅读

- 有关在 C++03 中实现双重检查锁定的困难的深入讨论，请参阅 meyers04a 和 meyers04b。
- 有关 C++03 中单例模式和各种实现的讨论，请参阅 alexandrescu01 的第 6 章。

6. 补充内容

C++03 双重检查锁模式

在“描述”中讨论的函数作用域静态对象初始化保证之前，仍然需要防止静态对象的多次初始化和未经初始化相同对象之前的使用。使用互斥锁来保护访问通常是一个显著的性能开销，使用不可靠的、双重检查锁模式通常是为了避免开销：

```
Logger& getInstance()
{
    static Logger* volatile loggerPtr = 0;  // hack, used to simulate atomics

    if (!loggerPtr)  // Does the logger need to be initialized?
    {
        static std::mutex m;
        std::lock_guard<std::mutex> guard(m);  // Lock the mutex.

        if (!loggerPtr)  // We are first, as the logger is still uninitialized.
        {
            static Logger logger("log.txt");
            loggerPtr = &logger;
        }
    }                    // Either way, the lock guard unlocks the mutex here.

    return *loggerPtr;
}
```

在本例中，我们使用一个 volatile 指针作为原子变量的部分替代，这是一种不可移植的解决方案，在标准 C++ 中不正确，但在历史上一直是比较有效的。然而，C++11 标准库提供了 <atomic> 头文件，这是一个非常优秀的选择，而且许多实现甚至在 C++11 之前就提供了支持原子类型的扩展。在可用的情况下，编译器扩展通常比本地解决方案更可取。

除了难以编写之外，这种明显复杂的变通方法往往被证明是不可靠的。问题是，尽管逻辑看起来很合理，但体系结构变化导致广泛使用的 CPU 都允许自身优化和重新排序指令序列。如果没有额外的支持，硬件将看不到 loggerPtr 的第二次测试对互斥锁的锁定行为的依赖，并将在获得锁之前读取 loggerPtr。这种指令的重新排序将允许多个线程获得锁，而每个线程都认为静态变量仍然需要初始化。

为了解决这个微妙的问题，并发库的作者需要发出排序提示，比如 fences 和 barriers。一个实现良好的线程库将提供与现代 std::atomic 等价的原子元素，在访问和修改时发出正确的指令。C++11 标准使编译器意识到这些问题，并提供可移植的原子和对线程的支持，使用户能够正确地处理这些问题。上面的 getInstance 函数可以通过将 loggerPtr 的类型更改为 std::atomic<Logger*> 来纠正。在

⊖ GCC 11.2（大约 2021 年）和 Clang 12.0.1（大约 2021 年）都使用 -fast 优化级别，为内存屏障生成程序集指令，并且无法内联对 get 的调用。使用 -fno-threadsafe-static 可以大大减少执行的操作数量，但仍然不会导致编译器对函数调用进行内联。然而，如果用户提供的 S 构造函数被删除或默认，这两种流行的编译器都会将程序简化为两个 x86 汇编指令（参见 2.1.4 节）。这样做将把 S 变成一个平凡可构造类型，这意味着在初始化期间不需要执行任何代码：

```
xor eax, eax   ; zero out 'eax' register
ret            ; return from 'main'
```

然而，一个足够聪明的编译器可能不会在单线程上下文中生成同步代码，或者提供一个标志来控制这种行为。

C++11 之前，尽管复杂，但同样的函数可以在现代硬件上可靠地实现 C++03 中的 Meyers 单例（参见用例——Meyers 单例）。

2.1.9　局部类型'11：作为模板参数的局部 / 未命名类型

C++11 允许局部类型和未命名类型作为模板参数使用。

1. 描述

从历史上看，无链接类型，即局部类型和未命名类型，是被禁止作为模板参数的，这是出于使用当时可用的编译器技术的可实现性考虑[⊖]。现代 C++ 取消了这一限制，使局部的或未命名的类型与非局部的、已命名的类型保持一致，从而避免了不必要地命名或扩大类型的作用域。

```
template <typename T>
void f(T) { }              // function template

template <typename T>
class C { };               // class template

struct { } obj;            // object obj of unnamed C++ type

void g()
{
    struct S { };          // local type

    f(S());                // OK in C++11; was error in C++03
    f(obj);                // OK in C++11; was error in C++03

    C<S>              cs;  // OK in C++11; was error in C++03
    C<decltype(obj)> co;   // OK in C++11; was error in C++03
}
```

注意，我们使用了 decltype 关键字（参见 2.1.3 节）来提取对象 obj 的未命名类型。

这些放宽模板参数的新规则对于 lambda 表达式的工效非常重要（参见 3.1.14 节），因为这类类型在典型用法中既是未命名的，也是局部的：

```
#include <algorithm>  // std::sort
#include <string>     // std::string
#include <vector>     // std::vector

struct Person { std::string d_name; };

void sortByName(std::vector<Person>& people)
{
    std::sort(people.begin(), people.end(),
              [](const Person& lhs, const Person& rhs)
              {
                  return lhs.d_name < rhs.d_name;
              });
}
```

在上面的示例中，传递给 std::sort 算法的 lambda 表达式是一个局部未命名类型，而算法本身是一个函数模板。

2. 用例

（1）在函数中封装类型

将实体的作用域和可见性限制在函数体中可以有效地防止其直接使用，即使函数体被广泛公开，例如成为在头文件中定义的内联函数或函数模板。

考虑一个 Dijkstra 算法的实现，它使用一个局部类型来跟踪输入图中每个顶点的元数据：

⊖　参见 narkive。

```
// dijkstra.h:

#include <vector>  // std::vector

inline int dijkstra(std::vector<Vertex>* path, const Graph& graph)
{
    struct VertexMetadata        // implementation-specific helper class
    {
        int  d_distanceFromSource;
        bool d_inShortestPath;
    };

    std::vector<VertexMetadata> vertexMetadata(graph.numNodes());
        // standard vector of local VertexMetadata objects --- one per vertex

    // ... (body of algorithm)
}
```

为了遵守 C++03 的限制，在 dijkstra 主体之外定义 VertexMetadata，将使特定于实现的帮助器（helper）类可以直接被任何包括 dijkstra.h 头文件的客户端访问。正如 Hyrum 定律[㊀]所表明的那样，如果特定于实现的 VertexMetadata 细节定义在函数体之外，那么可以预计某个地方的某些用户将依赖于当前形式的 VertexMetadata，这使得更改成为问题[㊁]。相反地，将类型封装在函数体中可以避免客户端的意外使用，将类型的定义与它的唯一目的放置在一起也有助于提高我们的理解[㊂]。

（2）使用局部函数对象作为类型参数实例化模板

假设我们有一个广泛使用聚合数据类型 City 的程序：

```
#include <algorithm>  // std::copy
#include <iostream>   // std::ostream
#include <iterator>   // std::ostream_iterator
#include <set>        // std::set
#include <string>     // std::string
#include <vector>     // std::vector

struct City
{
    int         d_uniqueId;
    std::string d_name;
};
std::ostream& operator<<(std::ostream& stream,
                         const City&   object);
```

现在考虑编写一个函数来打印 std::vector 的唯一元素，按名称排序：

```
void printUniqueCitiesOrderedByName(const std::vector<City>& cities)
{
    struct OrderByName
    {
        bool operator()(const City& lhs, const City& rhs) const
        {
            return lhs.d_name < rhs.d_name;
                // increasing order (subject to change)
        }
    };

    const std::set<City, OrderByName> tmp(cities.begin(), cities.end());

    std::copy(tmp.begin(), tmp.end(),
              std::ostream_iterator<City>(std::cout, "\n"));
}
```

㊀ “如果有了足够数量的 API 用户，那么你在契约中承诺什么并不重要：你的系统的所有可观察行为都将被某人依赖。”（参见 wight）。

㊁ C++20 模块功能支持封装帮助器类型，例如前页 dijkstra.h 示例中的元数据，用于实现其他本地定义的类型或函数，甚至当帮助器类型出现在模块内的命名空间作用域时也是如此。

㊂ 有关详细讨论，请参阅 lakos20 的 0.5 节 “Malleable vs. Stable Software”，第 29～43 页。

由于缺少使 OrderByName 函数对象更普遍可用的理由，所以我们在使用它的地方（即直接在函数范围内）呈现它的定义，这可强制并容易地传达它的紧密封装和（因此）可塑性的状态。

顺便说一句，在这种情况下使用 lambda（参见 3.1.14 节）需要使用 decltype 并将闭包传递给对象的构造函数：

```
void printUniqueCitiesOrderedByName(const std::vector<City>& cities)
{
    auto compare = [](const City& lhs, const City& rhs) {
        return lhs.d_name < rhs.d_name;
    };
    const std::set<City, decltype(compare)>
        tmp(cities.begin(), cities.end(), compare);
}
```

我们将在下一节进一步讨论 lambda 表达式。

（3）通过 lambda 表达式配置算法

假设我们使用场景图来表示一个 3D 环境，并通过 SceneNode 对象的 std::vector 来管理图中的节点。场景图数据结构通常用于计算机游戏和三维建模软件，表示场景中对象的逻辑和空间层次。SceneNode 类支持各种用于查询其状态的 const 成员函数，例如 isDirty 和 isNew。我们的任务是实现一个谓词函数 mustRecalculateGeometry，当且仅当至少有一个节点是“dirty”或“new”时返回 true。

现在，我们可以合理地选择使用 C++11 标准算法 std::any_of[㊀]来实现这个功能：

```
template <typename InputIterator, typename UnaryPredicate>
bool any_of(InputIterator first, InputIterator last, UnaryPredicate pred);
    // Return true if any of the elements in the range satisfies pred.
```

然而，在 C++11 之前，使用函数模板，如 any_of，需要在函数范围之外定义一个单独的函数或函数对象：

```
// C++03 (obsolete)
namespace {

struct IsNodeDirtyOrNew
{
    bool operator()(const SceneNode& node) const
    {
        return node.isDirty() || node.isNew();
    }
};

}  // close unnamed namespace

bool mustRecalculateGeometry(const std::vector<SceneNode>& nodes)
{
    return any_of(nodes.begin(), nodes.end(), IsNodeDirtyOrNew());
}
```

由于未命名类型可以作为该函数模板的参数，我们也可以使用 lambda 表达式而不是 C++03 中需要的函数对象：

```
#include <algorithm> // std::any_of
bool mustRecalculateGeometry(const std::vector<SceneNode>& nodes)
{
    return std::any_of(nodes.begin(),              // start of range
                       nodes.end(),                // end of range
                       [](const SceneNode& node)   // lambda expression
                       {
                           return node.isDirty() || node.isNew();
                       }
                      );
}
```

㊀ 参见 cpprefa。

通过 lambda 表达式创建未命名类型的闭包，可以避免不必要的样板代码、过多的作用域，甚至局部符号可见性。

3. 参见

- 2.1.3 节描述了开发人员如何查询任何表达式或实体的类型，包括未命名类型的对象。
- 3.1.14 节讨论的 lambda 表达式为这里讨论的语义拓展提供了强大的实践动机。

2.1.10 long long：至少 64 位的整数类型

long long 是一种新的基本整数类型，保证在所有平台上至少有 64 位。

1. 描述

整型 long long 和它的伴生型 unsigned long long 是 C++ 中仅有的两种在所有符合标准的平台上保证至少有 64 位[㊀]的基本整数类型：

```
#include <climits>  // CHAR_BIT, a.k.a. ~8

long long          a;  // sizeof(a) * CHAR_BIT >= 64
unsigned long long b;  // sizeof(b) * CHAR_BIT >= 64

static_assert(sizeof(a) == sizeof(b), "");
    // I.e., a and b necessarily have the same size in every program.
```

在所有符合标准的平台上，CHAR_BIT（一个字节中的比特数）至少为 8，而在今天几乎所有常见的商业平台上，正好是 8。

表示 long long 类型的对应整数字面值后缀为 ll 和 LL; 对于 unsigned long long，可以接受 8 个备选方案：ull、ULL、uLL、Ull、llu、LLU、LLu、llU：

```
auto i = 0LL;   // long long, sizeof(i) * CHAR_BIT >= 64
auto u = 0uLL;  // unsigned long long, sizeof(u) * CHAR_BIT >= 64
```

注意，long long 和 unsigned long long 也是具有足够大值的整型字面值的候选者。例如，在 32 位平台上，字面值 2147483648（比 32 位整数的上限多一个）的类型很可能是 long long。要了解整数类型是如何随着时间的推移而演变并继续演变的，请参阅补充内容——基本整数类型使用演变的历史视角。

2. 用例

存储不能安全地放入 32 位的值

对于程序中许多需要用整型值表示的量，纯 int 是一个自然的选择。例如，这个数量可以是一个人的年龄，保龄球比赛中的得分，或一栋建筑的楼层数。然而，为了在类或结构体中有效地存储，我们很可能决定使用 short 或 char 更紧凑地表示这些数量。另请参阅 C++11<cstdint> 中的别名。

有时，底层架构本身的虚拟地址空间大小决定了我们需要多大的整数。例如，在 64 位平台上，指定指向连续数组的两个指针之间的距离或数组本身的大小可能分别超过 int 或 unsigned int 的大小。然而，在这里使用 long long 或 unsigned long long 并无必要，因为各自的平台相关整数类型（typedefs）std::ptrdiff_t 和 std::size_t 是为这种用途而明确提供的，并避免在底层硬件无法使用它的地方浪费空间。

然而，有时是否使用 int 的决定既不依赖于平台也不明确，在这种情况下，使用 int 几乎肯定是一个坏主意。假设我们被要求提供一个函数，作为金融库的一部分，在给定日期后，该函数返回在纽约证券交易所（NYSE）[㊁]交易的某种特定股票的股票数量，该股票由证券 id SecId 标识。因为即使

㊀ 自 C99 标准以来，long long 在 C 语言中已经存在了很长一段时间，并且许多 C++ 编译器支持它作为 C++11 之前的扩展。

㊁ 在纽交所上市的股票有 3200 多个。所有交易所在纽约证交所上市的证券的日综合交易量从 35 亿股到 60 亿股不等，在 2020 年 3 月达到了超过 90 亿股的高点。

是最频繁交易的股票的平均日交易量——大约7000万股——似乎都低于signed int支持的最大值（在我们的生产平台上超过20亿），我们可能首先会想到写一个返回int的函数：

```
int volYMD(SecId equity, int year, int month, int day);  // (1) BAD IDEA
```

该接口的一个明显问题是，在动荡时期的每日波动可能超过32位int所表示的最大值，除非在内部检测到，否则将导致有符号整数溢出，这既是未定义的行为，也是一个潜在的普遍缺陷，使来自外部来源的蓄意攻击途径成为可能[⊖]。更重要的是，一些公司的增长速度，尤其是科技初创公司，有时似乎呈指数级增长。要获得额外两倍的保险系数，可以选择将返回类型int替换为unsigned int：

```
unsigned volYMD(SecId stock, int year, int month, int day);  // (2) BAD IDEA!
```

然而，使用unsigned int只会延迟不可避免的情况，因为正在交易的股票数量几乎肯定会随着时间的推移而增长。

此外，无符号量的代数与我们通常期望的整数完全不同。例如，如果我们试图通过对该函数的两次调用做减法来表示每日交易量的变化，当交易的股票数量减少时，那么无符号整数差将被回卷，结果将是一个典型的大的错误值。由于整型字面值本身是int类型且不是无符号的，所以将无符号值与负符号值进行比较通常会出问题；因此，当这两种类型混合时（这本身就有问题），许多编译器会发出警告。

如果我们恰好是在64位平台上，我们可以选择返回long：

```
long volYMD(SecId stock, int year, int month, int day);  // (3) NOT A GOOD IDEA
```

使用long作为返回类型的问题在于它还没有被普遍认为是一种词汇表类型（参见补充内容——基本整数类型使用演变的历史观点）和会降低可移植性（参见潜在缺陷——依赖int、long和long long的相对大小）。

在C++11之前，我们可能考虑过返回double类型：

```
double volYMD(SecId stock, int year, int month, int day);  // (4) OK
```

我们知道，至少有了double，我们就有了足够的精度（53位）来将整数精确地表示为千万亿级，这肯定会在任何可预见的未来覆盖我们的需求。它的主要缺点是double不能正确地描述我们返回的类型的性质，例如一个股份的整型数。所以关于它的代数，虽然不像unsigned int那样可疑，但也不理想。

随着C++11的出现，我们可以考虑使用<cstdint>中的类型别名之一：

```
std::int64_t volYMD(SecId stock, int year, int month, int day);  // (4) OK
```

这个选择解决了上面讨论的大多数问题，但它不是一个特定的C++类型，它是一个依赖于平台的别名，在64位平台上很可能是long，在32位平台上几乎肯定是long long。这种精确的大小要求通常是在结构体和数组中封装数据所必需的，但当在函数的接口中对它们进行推理时就不那么有用了，因为在这些接口中，拥有一组公共的基本词汇表类型变得更加重要，例如为了互操作性。

所有这些都将我们引向最后的选择——long long：

```
long long volYMD(SecId stock, int year, int month, int day);  // (5) GOOD IDEA
```

除了是在所有平台上都具有足够容量的无符号基本整型之外，long long在所有平台上都是与其他C++类型相同的C++类型。

3. 潜在缺陷

依赖int、long和long long的相对大小

正如在补充内容——基本整数类型使用演变的历史观点中所详细讨论的，基本整数类型在历史上一直在变化。在较老的32位平台上，long通常是32位，而long long在C++11之前是不标准的，

⊖ 有关C++中整数溢出的概述，请参阅ballman。有关使用CERT标准的CPP安全编码的更集中的讨论，请参阅seacord13的第5章“Integer Security”，第225～307页。

或者需要与平台相关的等效函数来确保 64 位可用。当代码的正确性取决于 sizeof(int)<sizeof(long) 或 sizeof(long)<sizeof(long long) 时，可移植性就会受到不必要的限制。相反，只依赖 sizeof(int) < sizeof(long long) 这一保证的[⊖]性质可以避免此类可移植性问题，因为 long 和 long long 整型的相对大小会继续演变。

当在实现（不是在接口）中精确控制大小时，考虑使用标准的带符号 int*n*_t 或 unsigned uint*n*_t 整数别名之一，它们在 C++11 的 <cstdint> 中提供，表 2.3 中总结了这些别名。

表 2.3　在 <cstdint> 中有用的别名（从 C++11 开始）

空间大小（可选）①	包含至少 *N* 位的最快整数类型	包含至少 *N* 位的最小整数类型
int8_t	int_fast8_t	int_least8_t
int16_t	int_fast16_t	int_least16_t
int32_t	int_fast32_t	int_least32_t
int64_t	int_fast64_t	int_least64_t
uint8_t	uint_fast8_t	uint_least8_t
uint16_t①	uint_fast16_t	uint_least16_t
uint32_t	uint_fast32_t	uint_least32_t
uint64_t	uint_fast64_t	uint_least64_t

注：另请参阅 intmax_t，最大宽度整数类型，它可能与上述所有类型都不同。

①如果目标平台不支持，编译器不需要构造恰好宽度的类型。

4. 参见

- 2.2.2 节解释了程序员如何在源代码中直接指定二进制常量。大的二进制值可能只适合 long long，甚至 unsigned long long。
- 2.2.4 节可视化地描述了大的、很长的字面值的数字分隔符。

5. 延伸阅读

要了解在语言中添加 64 位整数类型背后的原理，请参阅最初的建议“将 long long 类型添加到 C++ 中”，见 adamczyk05。

6. 补充内容

基本整数类型使用演变的历史视角

早在 1972 年，C 语言的设计者就意识到了整数类型大小匹配问题，当时他们创建了一种可移植的 int 类型，它可以充当从单字、16 位、短整型到双字、32 位、长整型的桥梁。仅仅通过使用 int，就可以获得最佳的空间和速度权衡，因为 32 位计算机字即将成为标准。例如，摩托罗拉 68000 系列（约 1979 年）是一种混合 CISC 架构，采用 32 位指令集、32 位寄存器和 32 位外部数据总线；然而，在内部，它只使用 16 位 ALU 和 16 位数据总线。

在 20 世纪 80 年代末到 90 年代，机器的字大小和 int 的大小是同义词。早期的一些大型计算机，如 IBM 701（约 1954 年），有一个 36 个字符的字长，用于精确表示有符号的 10 位十进制数，或用于最多容纳 6 个 6 位字符。较小的计算机，如数字设备公司的 PDP-1、PDP-9 和 PDP-15 使用 18 位的字，所以一个双字包含 36 位；然而，内存寻址被限制在 12～18 位，也就是说，DRAM 的 18 位字的最大值是 4 K～256 K。随着 7 位 ASCII（约 1967 年）的标准化，它在整个 20 世纪 70 年代的采用，以及它

⊖ 如果 int 不是 4 个字节，就会有大量的软件停止工作，因此我们——以及 Unix 领域已故的 Richard Stevens（参见 stevens93 的 2.5.1 节“ANSI C 的限制”，第 31~32 页，特别是图 2.2 的第 6 行第 4 列，第 32 页）——准备确保对于任何通用计算机来说，它永远不会变得像 long 一样大。

的最后一次更新（约1986年），字符大小的常见典型概念从6位移动到7位。一些C的早期一致性实现会选择将CHAR_BIT设置为9，以允许每个半字包含两个字符。在一些早期的矢量处理计算机上，CHAR_BIT是32，这使得每个类型，包括一个字符，至少是一个32位的数量。随着双精度浮点计算（由double类型支持并由浮点协处理器支持）在科学界成为典型，机器架构自然地从9位、18位和36位的字演变为我们今天所熟悉的8位、16位、32位以及现在的64位可寻址整数字。除了嵌入式系统和数字信号处理器之外，一个字符现在几乎被普遍认为正好是8位。相比于谨慎而积极地使用CHAR_BIT来确定字符的位数，可以考虑静态地断言它：

```
static_assert(CHAR_BIT == 8, "A char is not 8-bits on this CrAzY platform!");
```

在20世纪的最后20年[㊀]里，随着主存的成本呈指数级下降，对更大的虚拟地址空间的需求迅速随之而来。英特尔在20世纪90年代早期开始研究64位架构，并在10年后实现了64位架构。随着进入21世纪，机器字大小的常见概念，即CPU内部典型寄存器的宽度（以位为单位），开始从“int类型的大小”转变为“简单（非成员）指针类型的大小”，例如主机平台上的8 * sizeof(void*)。到这个时候，16位int类型——就像通用机器的16位体系结构（不包括嵌入式系统）——早就不存在了，但在32位平台上，long int仍然被期望为32位。嵌入式系统是专门为高性能硬件设计的，比如数字信号处理器。遗憾的是，long通常不适合用来表示地址；因此，long的大小与保持指针大小一致的实际需要（由于大量的遗留代码）相关联。

我们需要一些新的东西在所有平台上至少要有64位，这时long long出现了。我们现在又回到了原点。在64位平台上，int仍然是4字节，但long现在——出于实际原因——通常是8字节[㊁]，除非明确要求为其他值。为了在32位机器像16位机器的那样消失之前确保可移植性，我们需要提供一种通用的词汇类型，明确我们的意图，至少在未来十年或二十年才可以避免可移植性问题；不过，请参阅潜在缺陷——依赖int、long和long long的相对大小，来获得一些替代的想法。

2.1.11　noreturn:[[noreturn]]属性

标准属性[[noreturn]]表示它所限定的函数不会正常返回。

1. 描述

作为函数声明一部分的标准[[noreturn]]属性的存在用于通知编译器和用户，这样的函数永远不会将控制流返回给调用者：

```
[[noreturn]] void f()
{
    throw 1;
}
```

[[noreturn]]属性不是函数类型的一部分，也不是函数指针类型的一部分。对函数指针应用[[noreturn]]不是错误，尽管这样做在标准C++中没有实际效果；参见潜在缺陷——函数指针上[[noreturn]]的误用。在指针上使用它可能对外部工具、代码表达性和未来的语言演化都有好处：

```
void (*fp [[noreturn]])() = f;
```

2. 用例

（1）更好的编译器诊断

考虑创建断言处理程序的任务，当调用该程序时，总是在打印有关断言来源的一些有用信息后

㊀ 摩尔定律（1965年左右）：密集集成电路（例如DRAM）中随时间呈指数增长，每1～2年左右翻一番。该定律维持了近半个世纪，直到21世纪10年代晶体管的数量趋于饱和。

㊁ 在64位系统上，sizeof(long)通常为8字节。在GCC或Clang上使用-m32标志编译模拟了在32位平台上的编译：sizeof(long)可能是4，而sizeof(long long)仍然是8。

中止程序的执行。这个特定的处理程序将永远不会返回，因为它无条件地调用了一个 [[noreturn]] std::abort 函数，所以对于 [[noreturn]] 属性来说，它是一个可行的候选程序：

```
[[noreturn]] void abortingAssertionHandler(const char* filename, int line)
{
    LOG_ERROR << "Assertion fired at " << filename << ':' << line;
    std::abort();
}
```

如果编译器确定函数中的代码路径将允许它正常返回，则该属性提供的附加信息将允许它发出警告：

```
[[noreturn]] void abortingAssertionHandler(const char* filename, int line)
{
    if (filename)
    {
        LOG_ERROR << "Assertion fired at " << filename << ':' << line;
        std::abort();
    }
}  // compile-time warning made possible
```

如果出现不可到达的代码时，此信息也可用于警告它被调用：

```
int main()
{
    // ...
    abortingAssertionHandler("main.cpp", __LINE__);
    std::cout << "We got here.\n";  // compile-time warning made possible
    // ...
}
```

注意，这个警告是通过装饰处理程序的函数的声明来实现的，即使函数的定义在当前翻译单元中不可见。

（2）改善运行时性能

如果编译器知道它将调用一个保证不返回的函数，那么编译器就有权通过删除现在可以确定为死代码的内容来优化该函数。考虑一个实用程序组件 util，它定义了一个函数 throwBadAlloc，用于隔离抛出 std::bad_alloc 异常，否则模板代码将完全暴露给客户：

```
// util.h:
[[noreturn]] void throwBadAlloc();

// util.cpp:
#include <util.h>  // [[noreturn]] void throwBadAlloc()

#include <new>    // std::bad_alloc

void throwBadAlloc()  // This redeclaration is also [[noreturn]].
{
    throw std::bad_alloc();
}
```

编译器知道自己可以删除部分代码，这些代码由于调用 throwBadAlloc 函数而无法访问，因为该因为函数在声明中使用了 [[noreturn]] 属性：

```
// client.cpp:
#include <util.h>  // [[noreturn]] void throwBadAlloc()

void client()
{
    // ...
    throwBadAlloc();
    // ... (Everything below this line can be optimized away.)
}
```

请注意，即使 [[noreturn]] 只出现在第一个声明中，即在 util.h 头中，[[noreturn]] 属性也会延续到 throwBadAlloc 函数的定义所使用的重新声明，这是因为头文件包含在相应的 .cpp 文件中。

3. 潜在缺陷

（1）[[noreturn]] 可能会无意中破坏本来正常工作的程序

与许多属性不同，使用 [[noreturn]] 可以改变格式良好的程序的语义，可能引入运行时缺陷和 / 或使程序格式不良。如果一个可能返回的函数被 [[noreturn]] 修饰，然后在执行程序的过程中，它确实返回了，那么该行为是未定义的。

考虑 printAndexit 函数，其角色是在中止程序之前打印致命错误消息：

```
[[noreturn]] void printAndExit()
{
    std::cout << "Fatal error. Exiting the program.\n";
    assert(false);
}
```

程序员选择通过使用一个断言来实现终止，在预处理器定义 NDEBUG 起作用时被编译的程序中，该断言不会被合并到进来。从而 printAndExit 将在这种构建模式下正常返回。如果客户端的编译器被告知函数不会返回，则编译器可以自由地进行相应的优化。如果函数确实返回，任何数量的难以诊断的缺陷（例如由于错误地省略了代码）都可能会成为随后发生的未定义行为的结果。此外，如果一个函数在程序的某些翻译单元中声明 [[noreturn]]，而在其他单元中没有，那么该程序就是不规范的且不需要诊断信息（Ill Formed，No Diagnostic Required；IFNDR）。

（2）函数指针上 [[noreturn]] 的误用

虽然 [[noreturn]] 属性被允许在语法上属于一个函数指针，但它在标准的 C++ 中没有任何效果，大多数编译器都会发出一个警告：

```
void (*fp [[noreturn]])();  // no effect in standard C++; will likely warn
```

更重要的是，将一个没有使用 [[noreturn]] 装饰过的函数的地址赋值给一个装饰过的合适的函数指针也是可以的：

```
void f() { return; };  // function that always returns

void g()
{
    fp = f;  // [[noreturn]] on fp is silently ignored.
}
```

标准 C++ 不允许 [[noreturn]] 应用于函数的声明之外的任何地方，对此行为的任何依赖都是错误的。

4. 参见

2.1.1 节解释了 [[noreturn]] 是一个内置属性，它遵循 C++ 属性的一般语法和放置规则。

延伸阅读

- 这一特性的最初建议在 svobada10 中提出，用于阐明它的原理和历史。
- 赫伯·萨特（Herb Sutter）认为，这一属性是 sutter12 中不可忽视的少数属性之一。

2.1.12　nullptr：空指针字面值关键字

与 0 或 NULL 不同，nullptr 字面值明确表示空地址值。

1. 描述

nullptr 关键字是类型 std::nullptr_t 的 prvalue（纯右值），表示与主机平台上的空地址对应的和实现相关的定义的位模式。nullptr 和其他类型为 std::nullptr_t 的值，以及整数字面值 0 和宏 NULL，可以隐式地转换为任何指针或指向成员的指针类型：

```
#include <cstddef> // NULL
int data;  // nonmember data

int* pi0 = &data;    // Initialize with non-null address.
int* pi1 = nullptr;  // Initialize with null address.
int* pi2 = NULL;     //      "        "    "      "
int* pi3 = 0;        //      "        "    "      "

double f(int x);  // nonmember function

double (*pf0)(int) = &f;       // Initialize with non-null address.
double (*pf1)(int) = nullptr;  // Initialize with null address.

struct S
{
    short d_data;    // member data
    float g(int y);  // member function
};

short S::*pmd0 = &S::d_data;  // Initialize with non-null address.
short S::*pmd1 = nullptr;     // Initialize with null address.

float (S::*pmf0)(int) = &S::g;    // Initialize with non-null address.
float (S::*pmf1)(int) = nullptr;  // Initialize with null address.
```

因为 std::nullptr_t 是一种独特的类型，所以可以基于它自身进行重载：

```
#include <cstddef>  // std::nullptr_t

void g(void*);           // (1)
void g(int);             // (2)
void g(std::nullptr_t);  // (3)

void f()
{
    char buf[] = "hello";
    g(buf);       // OK, (1) void g(void*)
    g(0);         // OK, (2) void g(int)
    g(nullptr);   // OK, (3) void g(std::nullptr_t)
    g(NULL);      // Error, ambiguous --- (1), (2), or (3)
}
```

2. 用例

(1) 改善类型安全

在 C++11 之前的代码库中，使用 NULL 宏是一种常见的方法，主要向用户表示宏传递的字面值是专门表示空地址，而不是字面上的整型值 0。在 C 标准中，宏 NULL 被定义为和实现相关的定义的整型或 void* 常量。与 C 不同，C++ 禁止从 void* 转换到任意指针类型，在 C++11 之前，将 NULL 定义为“整数类型的右值，计算值为零”。任何整数字面值，例如 0、0L、0U 和 0LLU，都满足此准则。然而，从类型安全的角度来看，它的基于实现的定义使得使用 NULL 比原始字面值 0 更适合来表示空指针。值得注意的是，在 C++11 中，NULL 的定义已经扩展到理论上允许 nullptr 作为符合标准的定义；然而，在撰写本文时，没有主要的编译器供应商这样做[㊀]。

作为 nullptr 提供的添加类型安全的一个具体说明，假设某大型软件公司的编码标准要求通过输出参数返回值（而不是通过 return 语句），这样总是通过指向可修改对象的指针返回。通过参数返回的函数通常会将函数的返回值用来表达状态[㊁]。代码库中的一个函数可能会将输出参数的本地指针变

㊀ GCC 和 Clang 都默认为 0L（长 int），而 MSVC 默认为 0（int）。这样的定义不太可能改变，因为现有的代码可能会停止编译，或者可能会静默地呈现出改变的运行时行为。

㊁ 参见 lakos96 的 9.1.11 节“通过值、引用或指针传递参数”，第 621～628 页。特别是第 623 页底部的指南：“在通过参数返回值时保持一致（例如，避免声明非常量引用参数）。”

量赋值为零，以指示并确保不再写入更多的东西。下面的函数说明了三种不同的方法：

```
int illustrativeFunction(int* x)   // pointer to modifiable integer
{
    // ...
    if (/*...*/)
    {
        x = 0;        // OK, set pointer x to null address.
        x = NULL;     // OK, set pointer x to null address.
        x = nullptr; // Bug, set pointer x to null address.
    }
    // ...
    return 0;     // success
}
```

假设现在函数签名发生改变（如组织的编码标准改变了），需要通过引用而非指针：

```
int illustrativeFunction(int& x)  // reference to modifiable integer
{
    // ...
    if (/*...*/)
    {
        x = 0;        // OK, always compiles; makes what x refers to 0
        x = NULL;     // OK, implementation-defined; might warn
        x = nullptr; // Error, always a compile-time error
    }
    // ...
    return 0;     // SUCCESS
}
```

正如上面的示例所示，我们如何表示空地址是很重要的：

1）0——可移植的所有实现，但只保证最小的类型安全。

2）NULL——作为一个宏实现，如果有添加的类型安全，也是基于特定平台的。

3）nullptr——可移植到所有实现并且是完全类型安全的。

使用 nullptr 而不是 0 或 NULL 来表示空地址，最大化了类型的安全性和可读性，同时避免了宏和基于实现定义的行为。

（2）消除重载解决解析时 (int)0 与 (T*)0 的歧义

NULL 的平台依赖性在调用函数的重载仅接受指针或整型作为相同的位置参数时提出了额外的挑战，情况可能是这样的，例如在设计糟糕的第三方库中：

```
void uglyLibraryFunction(int* p);  // (1)
void uglyLibraryFunction(int  i);  // (2)
```

用 0 调用这个函数总是会调用重载（2），但这可能并不总是普通客户所期望的：

```
void f()
{
    uglyLibraryFunction(0);          // unambiguously invokes (2)
    uglyLibraryFunction((int*) 0);  // unambiguously invokes (1)
    uglyLibraryFunction(nullptr);   // unambiguously invokes (1)
    uglyLibraryFunction(NULL);      // Might invoke (1), (2), or be ambiguous;
                                    // implementation-defined
    uglyLibraryFunction(0U);        // Error, ambiguous call on all platforms
}
```

当这种有问题的重载不可避免时，nullptr 特别有用，因为它避免了显式的强制转换。请注意，显式地将 0 强制转换为一个适当类型的指针——而不是 void*——曾经被一些人认为是一种最佳实践，特别是在 C 中。

（3）字面值空指针的重载

作为一个独特的类型，std::nullptr_t 本身可以参与一个重载集：

```
#include <cstddef>  // std::nullptr_t
void f(int* v);           // (1)
```

```
void f(std::nullptr_t);  // (2)

void g()
{
    int* ptr = nullptr;
    f(ptr);       // unambiguously invokes (1)
    f(nullptr);   // unambiguously invokes (2)
}
```

鉴于 nullptr 可以相对容易地转换为具有相同空地址值的类型指针，当用于控制关键行为时，这种重载是可疑的。尽管如此，我们可以设想这种使用，例如，在传递空地址时帮助编译时诊断，否则会导致运行时错误（参见 2.1.6 节）：

```
std::size_t strlen(const char* s);
    // The behavior is undefined unless s is null-terminated.

std::size_t strlen(std::nullptr_t) = delete;
    // The function is not defined but still participates in overload resolution.
```

nullptr 的另一种安全的用途是避免空指针检查。但是，对于客户端在编译时知道该地址为空的情况，更好的方式通常是避免在运行时测试空指针。

3. 延伸阅读

斯科特·迈耶斯（Scott Meyers）在 meyers15b“Item 8：Prefer nullptr to 0 and NULL”（第 58～62 页）中提倡更推荐使用 nullptr，而非 0 或 NULL。

2.1.13 override：成员函数限定符

使用上下文关键字 override 来修饰派生类中的函数，可以确保虚函数在其一个或多个基类中存在一个兼容的声明。

1. 描述

上下文关键字 override 可以被提供在成员函数声明的末尾，以确保修饰的函数确实覆盖了基类中相应的虚成员函数，而不是隐藏它或无意中引入一个不同的函数声明：

```
struct Base
{
    virtual void f(int);
            void g(int);
    virtual void h(int) const;
    virtual void i(int) = 0;
};

struct DerivedWithoutOverride : Base
{
    void f();             // hides Base::f(int) (likely mistake)
    void f(int);          // OK, implicitly overrides Base::f(int)

    void g();             // hides Base::g(int) (likely mistake)
    void g(int);          // hides Base::g(int) (likely mistake)

    void h(int);          // hides Base::h(int) const (likely mistake)
    void h(int) const;    // OK, implicitly overrides Base::h(int) const

    void i(int);          // OK, implicitly overrides Base::i(int)
};

struct DerivedWithOverride : Base
{
    void f()        override;    // Error, Base::f() not found
    void f(int)     override;    // OK, explicitly overrides Base::f(int)

    void g()        override;    // Error, Base::g() not found
    void g(int)     override;    // Error, Base::g() is not virtual.
```

```
    void h(int)       override;     // Error, Base::h(int) not found
    void h(int) const override;     // OK, explicitly overrides Base::h(int)
    void i(int)       override;     // OK, explicitly overrides Base::i(int)
};
```

使用此特性表达设计意图，以便读者意识到它，并且编译器可以验证它。如上所述，override是一个上下文关键字。C++11引入了只有在特定的上下文中才具有特殊意义的关键字。在这种情况下，override是函数声明上下文而非其他场景下的一个关键字，使用它作为变量名的标识符，下面的示例是完全可以的：

```
int override = 1;  // OK
```

2. 用例

确保基类的成员函数已被重写

考虑以下错误类别类的多态层次结构体，我们已经使用C++03定义了它们：

```
struct ErrorCategory
{
    virtual bool equivalent(const ErrorCode& code, int condition);
    virtual bool equivalent(int code, const ErrorCondition& condition);
};

struct AutomotiveErrorCategory : ErrorCategory
{
    virtual bool equivalent(const ErrorCode& code, int condition);
    virtual bool equivolent(int code, const ErrorCondition& condition);
};
```

请注意，在上面示例的最后一行有一个错误：equivalent被拼错了。但是，编译器没有捕获这个错误。客户端在AutomotiveErrorCategory调用equivalent会错误地调用基类函数。如果基类中的函数恰好被定义，那么代码可能会编译通过并在运行时出现意外行为。现在，假设随着时间的推移，通过将等价性检查的这两个函数标记为const，使它们的接口更接近std::error_category的接口：

```
struct ErrorCategory
{
    virtual bool equivalent(const ErrorCode& code, int condition) const;
    virtual bool equivalent(int code, const ErrorCondition& condition) const;
};
```

如果不将从ErrorCategory派生的所有类进行相应修改，程序的语义会发生改变，因为现在隐藏了而不是重写了基类的虚成员函数。如果所有派生类中的虚函数都被override修饰，上面讨论的两个错误都将被自动检测到：

```
struct AutomotiveErrorCategory : ErrorCategory
{
    bool equivalent(const ErrorCode& code, int condition) override;
        // Error, failed when base class changed

    bool equivolent(int code, const ErrorCondition& code) override;
        // Error, failed when first written
};
```

更重要的是，override可以表明派生类作者自定义ErrorCategory行为的意图。对于任何给定的成员函数，使用override必然会使对该函数的任何virtual使用在语法和语义上都是冗余的。在override存在的情况下保留virtual的唯一原因是virtual总是出现在函数声明的左边，而不是像override这样出现到右边。

3. 潜在缺陷

在整个代码库之间缺乏一致性

依赖override作为确保对基类接口的更改在代码库中传播的一种方法，如果该特性非一致使用的话（即未应用到所有适合使用的地方）则是不可靠的。特别是，更改基类中虚成员函数的签名，然后编译整个代码库，将导致使用 override 的任何不匹配的派生类函数被标记为错误，也有可能在没有 override 的地方无法发出警告。

延伸阅读

- 4.1.2 节提及的 virtual、override 和 final 之间的各种关系呈现在 boccara20。
- Scott Meyers 在 Meyers15b 的 "Item 12：Declare overriding function override"（第 79～85 页）中提倡使用 override 限定符。

2.1.14 原始字符串字面值：内容语法

以 R 开头紧跟双引号括起来的定界符，最常用的是 "(and)"，可以禁用对特殊字符的解释，从而避免对每个特殊字符的单独转义。

1. 描述

原始字符串字面值是字符串的一种新语法形式，它允许开发人员在程序的源代码中嵌入任意字符序列，而不必通过转义单个特殊字符来修改它们。例如，假设我们想要编写一个小程序，该程序将以下字面值输出到标准输出流中：

```
printf("Hello, %s%c\n", "World", '!');
```

在 C++03 中，在字符串中存储上面的 C 代码行将需要 5 个转义字符（\）：

```
#include <iostream>  // std::cout, std::endl

void printRegularStringLiteral()
{
    std::cout << "printf(\"Hello, %s%c\\n\", \"World\", '!');" << std::endl;
        //              ^             ^   ^    ^       ^
        //                     escape characters
}
```

如果我们使用 C++11 的原始字符串字面值语法，则不需要转义：

```
void printRawStringLiteral()
{
    std::cout << R"(printf("Hello, %s%c\n", "World", '!');)" << std::endl;
        //       ^ ^                                       ^
        //      additional raw string-literal syntax (C++11)
}
```

为了将原始字符数据表示为原始字符串字面值，我们通常只需要在起始引号（"）之前添加一个大写 R，并将字符数据嵌套在括号 () 中，除了一些例外。参见后面的"冲突"一节。在常规字符串字面值中需要转义的字符序列现在将被逐字解释：

```
const char s0[] = R"({ "key": "value" })";
    // OK, equivalent to "{ \"key\": \"value\" }"
```

回想一下，要将换行符添加到传统的字符串字面值中，必须使用转义序列（即 \n）来表示换行。试图通过输入换行到源代码，也就是说，使字符串字面值跨越源代码行，将是一个错误。与传统的字符串字面值相比，原始字符串字面值有如下不同：

①将未转义的嵌入双引号（"）视为字面值数据。

②不解释特殊字符转义序列（例如 \n、\t）。

③将源文件中的垂直和水平空白字符解释为字符串内容的一部分：

```
const char s1[] = R"(line one
line two
    line three)";
    // OK
```

在这个示例中，我们假设所有行尾的空格都被去掉了，要提醒的是原始字面值中即使是行尾的空格也都会被捕获。请注意，任何制表符都和 \t 相同，因此可能会有问题，特别是当开发人员的制表符设置不一致时。参见潜在缺陷——意外的缩进。最后，所有的字符串字面值都与相邻的字符串字面值拼接，其方式与 C++03 中传统的字符串字面值相同：

```
const char s2[] = R"(line one)"          "\n"
                   "line two"            "\n"
                  R"(    line three)";
    // OK, equivalent to "line one\nline two\n    line three"
```

这些规则同时适用于原始宽字符串字面值和原始 Unicode 字面值（参见 2.1.17 节），它们是通过在字符 R 的前面放置相应的前缀来表示的：

```
const wchar_t  ws [] =  LR"(Raw\tWide\tLiteral)";
    // represents "Raw\tWide\tLiteral", not "Raw    Wide    Literal"

const char     u8s[] = u8R"(\U0001F378)";  // Represents "\U0001F378", not "🍸"
const char16_t us [] =  uR"(\U0001F378)";  //      "            "         "    "
const char32_t Us [] =  UR"(\U0001F378)";  //      "            "         "    "
```

冲突

虽然不太常见，但在字符串字面值中表达的数据本身可能包含嵌入在其中的字符序列 ")"：

```
#include <cstdio>   // printf

void emitHelloWorld()
{
    printf("printf(\"Hello, World!\")");
  //                                ^^
  // The )" character sequence terminates a typical raw string literal.
}
```

如果我们对原始字符串字面值使用基本语法，我们将得到一个语法错误：

```
const char s3[] = R"(printf("printf(\"Hello, World!\")"))";  // collision
//                                                ^^
//                                syntax error after literal ends
```

为了避免这个问题，我们可以分别转义字符串中的每个特殊字符，就像在 C++03 中一样，但是会导致很难阅读，并且容易出错：

```
const char s4[] = "printf(\"printf(\\\"Hello, World!\\\")\")";  // error prone
```

相反，我们可以使用原始字符串字面值的扩展消歧语法来解决这个问题：

```
const char s5[] = R"###(printf("printf(\"Hello, World!\")"))###";  // cleaner
```

这种消歧语法允许我们在最外层的引号 / 括号对之间插入一个本质上任意的字符序列，这样组合的序列例如)###" 避免了与字面值数据发生冲突：

```
//                          delimiter and parenthesis
//                     v~~~                         ~~~v
const char s6[] = R"xyz(<-- Literal String Data -->)xyz";
//                ^      ^~~~~~~~~~~~~~~~~~~~~~~~~~^
//                |            string contents
//                |
//                | uppercase R
```

原始字符串字面值的分隔符可以包括基本源字符集的任何成员，但空格、反斜杠、圆括号和表示水平制表、垂直制表、换页和换行的控制字符除外。

上面的 s6 的值相当于 "<-- Literal String Data -->"。每个原始字符串字面值都按以下顺序包含这些语法元素：

- 大写 R。

- 开头的双引号 "。
- 一个可选的被称为分隔符的任意字符序列（例如 xyz）。
- 一个开口括号（。
- 该字符串的内容。
- 一个结尾的括号）。
- 前面指定的相同分隔符，如果有的话（即 xyz，不颠倒）。
- 结尾的双引号 "。

分隔符可以是而且实际上通常是一个空的字符序列：

```
const char s7[] = R"("Hello, World!")";
    // OK, equivalent to \"Hello, World!\"
```

一个非空的分隔符，例如！可以用来消除字面值数据中出现)" 的字符序列的任何歧义：

```
const char s8[] = R"!("--- R"(Raw literals are not recursive!)" ---")!";
    // OK, equivalent to \"--- R\"(Raw literals are not recursive!)\" ---\"
```

如果在上面的示例中使用了一个空的分隔符来初始化 s8，编译器可能会产生一个模糊的编译时错误：

```
const char s8a[] = R"("---R"( Raw literals are not recursive!)" ---")";
    //                                                       ^~
    // Error, decrement of read-only location
```

事实上，一个具有意外终止的原始字符串字面值的程序仍然可能是有效的，并可以通过编译：

```
void emitPith()
{
    printf(R"("Live-Free, don't (ever)","Die!");
        // prints "Live-Free, don't (ever

    printf((R"("Live-Free, don't (ever)","Die!"));
        // prints Die!
}
```

幸运的是，像上面这样的示例总是人为设计的，而不是碰巧的。

2. 用例

在 C++ 程序中嵌入代码

当需要将源代码片段作为 C++ 程序的源代码的一部分嵌入时，使用原始字符串字面值可以显著减少由于其他原因可能引起的语法干扰（重复的转义序列）。例如，考虑一个用传统字符串字面值表示的在线购物产品 ID 的正则表达式：

```
const char* productIdRegex = "[0-9]{5}\\(\".*\"\\)";
    // This regular expression matches strings like 12345("Product").
```

反斜杠不仅使得代码晦涩难懂，而且在源代码和数据之间转换时，经常需要机械翻译。例如，当将字符串字面值的内容复制到在线正则表达式验证工具时，经常会引入人为错误。使用原始字符串字面值可以解决这些问题：

```
const char* productIdRegex = R"([0-9]{5}\(".*"\))";
```

另一种受益于原始字符串字面值的形式是 JSON 格式，因为它经常使用双引号：

```
const char* testProductResponse = R"!(
{
    "productId": "58215(\"Camera\")",
    "availableUnits": 5,
    "relatedProducts": ["59214(\"CameraBag\")", "42931(\"SdStorageCard\")"]
})!";
```

对于传统的字符串字面值，上面的 JSON 字符串将要求字符 " 和 \ 进行转义，并且每一个换行都

表示为 \n，这导致视觉干扰、与其他接受或产生 JSON 的工具之间的互操作性差，并且增加手动维护期间的风险。

最后，原始字符串字面值也可以有助于对空格敏感的语言，如 Python，请参见潜在缺陷——对换行和空格的编码。

```
const char* testPythonInterpreterPrint = R"(def test():
    print("test printing from Python")
)";
```

3. 潜在缺陷

（1）意外的缩进

源代码的一致缩进和格式化有助于我们理解程序结构。但是，用于源代码格式化的空间和制表（\t）字符总是被解释为原始字符串字面值内容的一部分：

```
void emitPythonEvaluator0(const char* expression)
{
    std::cout << R"(
        def evaluate():
            print("Evaluating...")
            return )" << expression << '\n';
}
```

尽管程序员的目的是通过将上述原始字符串与其他代码一致地进行缩进来改善可读性，但该数据将包含大量空格或制表符，即无效的 Python 程序：

```
        def evaluate():
            print("Evaluating...")
            return someExpression
# ^~~~~~
# Error, excessive indentation
```

正确的 Python 代码开始时不缩进，然后缩进相同数量的空格，一般恰好 4 个：

```
def evaluate():
    print("Evaluating...")
    return someExpression
```

正确（尽管在视觉上不和谐）的 Python 代码可以用一个原始字符串字面值来表示，但是将最终输出可视化需要一些努力：

```
void emitPythonEvaluator1(const char* expression)
{
    std::cout << R"(def evaluate():
    print("Evaluating...")
    return )" << expression << '\n';
}
```

始终将缩进表示为精确的空间数（而不是制表符）——特别是在提交到源代码控制系统时，这对避免意外的缩进问题有很大的帮助。

当需要更显式的控制时，我们可以混用原始字符串字面值和显式的以传统字符串字面值表示的换行符：

```
void emitPythonEvaluator2(const char* expression)
{
    std::cout <<
        R"(def evaluate():)"                "\n"
        R"(    print("Evaluating..."))"      "\n"
        R"(    return )" << expression << '\n';
}
```

（2）对换行和空格的编码

本章介绍的特性的意图是，换行应该映射到单个 \n 字符，而不管换行如何在源文件的平台特定编码中进行编码，例如 \r\n。然而，C++ 标准的措辞并不完全清楚。虽然所有主要的编译器实现都按照特性的原始意图进行操作，但依赖于特定的换行符编码可能会导致不可移植的代码，这有赖于后续的 C++ 标准来解决。

与此相似，空格字符的类型，例如作为原始字符串字面值的一部分，可能是重要的。例如，考虑一个单元测试，验证表示系统状态的字符串是预期的：

```
void verifyDefaultOutput()
{
    const std::string output = System::outputStatus();
    const std::string expected = R"(Current status:
    - No violations detected.)";

    assert(output == expected);
}
```

单元测试可能会一直没问题，直到公司的缩进样式从制表符改为空格，导致 expected 字符串包含空格而不是制表符，从而导致测试失败。

一个设计良好的单元测试通常会包含期望值，而不是由前一次运行所产生的值。后者有时被称为基准测试，这种测试通常会用 diff 比较前一次运行的输出文件的差异，即使这个文件很可能已经被检查过，并被认为是正确的（该文件有时被称为 golden file）。当试图获得一个新版本的软件通过基准测试，而系统输出的精确格式发生微妙变化时，golden file 可能会被立即抛弃，新的输出取而代之，且几乎没有任何详细的审查。因此，设计良好的单元测试通常会直接在测试驱动程序源代码中硬编写或多或少的预期代码。

2.1.15 static_assert：编译时断言

这种类似于经典运行时断言的编译时断言会导致当其常量表达式参数的计算结果为 false 时，编译就会以用户提供的错误消息终止。

1. 描述

每个程序中都会有一些前提假设，无论我们是否明确地记录它们。在运行时验证某些假设的一种常见方法是使用在 <cassert> 中的经典 assert 宏。这样的运行时断言并不总是理想的，因为程序必须已经构建和运行，以便它们甚至有机会被触发；此外，在运行时执行冗余检查通常会导致较慢的程序[1]。能够在编译时验证断言，避免了一些缺点。

- 验证会发生在单个翻译单元内的编译时，因此不需要等待一个完整的程序被链接和执行。
- 编译时断言可以比运行时断言存在于更多的地方，并且与程序控制流无关。
- 由于 static_assert 不会生成运行时代码，因此不会影响程序性能。

（1）语法和语义

我们可以使用静态断言声明来根据常量表达式的真假来有条件地触发受控的编译失败。这样的声明由 static_assert 关键字引入，后跟一个括号括起来的两部分构成：一个常量布尔表达式和强制的字符串字面值（请参见烦恼——强制的字符串字面值）。如果编译器确定断言无法保持，那么该字符串字面值将是编译器诊断信息的一部分：

```
static_assert(true, "Never fires.");
static_assert(false, "Always fires.");
```

静态断言可以放置在命名空间、块或类的作用域的任何位置：

---

[1] 具有运行时断言的程序的运行速度也有可能比没有运行时断言的程序的运行速度快。例如，断言一个指针不是 null 会使优化器能够删除只有在该指针为 null 时才能到达的所有代码分支。

```
static_assert(1 + 1 == 2, "Never fires.");  // global namespace scope

template <typename T>
struct S
{
    void f0()
    {
        static_assert(1 + 1 == 3, "Always fires.");  // block scope
    }

    static_assert(!Predicate<T>::value, "Might fire.");  // class scope
};
```

提供一个非常量表达式给 static_assert 是编译错误：

```
extern bool x;
static_assert(x, "Nice try.");  // Error, x is not a compile-time constant.
```

（2）模板中静态断言的计算

C++ 标准没有明确地指定在编译过程中计算由静态断言声明测试的表达式的时间点。特别是，当在模板主体中使用时，static_assert 声明测试的表达式可能直到模板实例化时才计算。然而，在实践中，一个不依赖于任何模板参数的静态断言基本上总是立即计算[㊀]——只要它被解析而不管是否有任何模板实例化：

```
void f1()
{
    static_assert(false, "Impossible!");  // always evaluated immediately
}                                         // even if f1() is never invoked

template <typename T>
void f2()
{
    static_assert(false, "Impossible!");  // always evaluated immediately
}                                         // even if f2() is never instantiated
```

位于类或函数模板主体中且依赖于至少一个模板参数的静态断言的计算，在其初始解析期间几乎总是被绕过，因为断言谓词可能根据模板参数的情况计算为真或假：

```
template <typename T>
void f3()
{
    static_assert(sizeof(T) >= 8, "Size < 8.");  // depends on T
}
```

但是，请参见潜在缺陷——模板中的静态断言可能触发意外的编译失败。在上面的示例中，编译器别无选择，只能等到每次 f3 实例化，因为谓词的真假会根据所提供的类型而变化：

```
void g()
{
    f3<double>();               // OK
    f3<long double>();          // OK
    f3<std::complex<float>>();  // OK
    f3<char>();                 // Error, static assertion failed: Size < 8.
}
```

然而，C++ 标准确实规定：一个包含任何不存在有效特化的模板定义的程序是不规范的，且不需要输出诊断（IFNDR），这是上面示例中 f2 的情况，但上面示例中的 f3 则并非如此。对比下面的每个 h*n* 定义和上面相应编号的 f*n* 定义[㊁]：

㊀ 例如，GCC 11.2（约 2021 年）、Clang12.0.1（约 2021 年）和 MSVC 19.29（约 2021 年）。

㊁ 公式使用 int a[-1]; 将导致数组 a 的下标为 −1，而不是 0。这是为了避免 GCC 中一个不规范的拓展，即允许出现 a[0]。

```
void h1()
{
    int a[!sizeof(int) - 1];  // Error, same as int a[-1];
}

template <typename T>
void h2()
{
    int a[!sizeof(int) - 1];  // Error, always reported
}

template <typename T>
void h3()
{
    int a[!sizeof(T) - 1];    // typically reported only if instantiated
}
```

f1 和 h1 都是不规范的非模板函数，它们都总是在编译时报告错误，尽管有明显不同的错误消息，如 GCC 10.x 的输出所示：

```
f1: error: static assertion failed: Impossible!
h1: error: size -1 of array a is negative
```

f2 和 h2 都是不规范的模板函数，它们不规范的原因与模板类型无关，因此在实践中总是被报告为编译时错误。此外，f3 仅在某些上下文中不规范，而 h3 必然是不规范的，但是典型的编译器都没有报告错误，直到模板被实例化。依赖编译器不注意到程序的错误是不可靠的，参见潜在缺陷——模板中的静态断言可能触发意外的编译失败。

2. 用例

（1）验证关于目标平台的假设

有些程序依赖于其目标平台提供的本机类型的特定属性。静态断言可以帮助确保可移植性，并防止此类程序在不受支持的平台上被编译成出现故障的二进制文件。例如，考虑一个依赖于 int 大小恰好为 32 位的程序，可能使用了内联 asm 块。在程序的任何翻译单元中的命名空间作用域内放置一个静态断言将确保关于 int 大小的假设是有效的，并且也可以作为读者的文档：

```
#include <climits>  // CHAR_BIT

static_assert(sizeof(int) * CHAR_BIT == 32,
    "An int must have exactly 32 bits for this program to work correctly.");
```

更典型的是，静态断言 int 的大小避免了需要编写代码来处理具有更多或更少字节的 int 类型：

```
static_assert(sizeof(int) == 4, "An int must have exactly 4 bytes.");
```

（2）防止误用类和函数模板

静态断言在实践中经常用于约束类或函数模板，以防止它们被不支持的类型实例化。如果一个类型在语法上与模板不兼容，那么静态断言将提供明确的自定义错误消息，以取代编译器发布的诊断，这些诊断通常很长且非常难以阅读。更重要的是，静态断言积极地避免错误的运行时行为。

举一个示例，考虑 SmallObjectBuffer<N> 类模板[⊖]，它提供了正确对齐（参见 3.1.1 节）的存储空间，用于任意大小不超过 N 的对象：

```
#include <cstddef> // std::size_t, std::max_align_t
#include <new>     // placement new

template <std::size_t N>
```

⊖ SmallObjectBuffer 类似于 C++17 的 std::any（参见 cppref c），因为它可以存储任何类型的任何对象。然而，SmallObjectBuffer 没有执行动态分配来支持任意大小的对象，而是使用内部固定大小的缓冲区，这可以带来更好的性能和缓存位置，前提是已知所有类型的最大大小。

```
class SmallObjectBuffer
{
private:
    alignas(std::max_align_t) char d_buffer[N];

public:
    template <typename T>
    void set(const T& object);

    // ...
};
```

为了防止缓冲区溢出，set 必须只接受那些将适合于 d_buffer 的对象。在 set 成员函数模板中使用静态断言会在编译时捕获这种误用：

```
template <std::size_t N>
template <typename T>
void SmallObjectBuffer<N>::set(const T& object)
{
    static_assert(sizeof(T) <= N, "object does not fit in the small buffer.");
    // Destroy existing object, if any; store how to destroy this new object of
    // type T later; then...
    new (&d_buffer) T(object);
}
```

约束输入的原则可以应用于大多数类和函数模板。静态断言与 <type_traits> 中提供的标准类型特征相结合特别有用。在下面的函数模板示例 rotateLeft 中，我们使用了两个静态断言来确保只接受无符号整数类型：

```
#include <climits>      // CHAR_BIT
#include <type_traits> // std::is_integral, std::is_unsigned

template <typename T>
T rotateLeft(T x)
{
    static_assert(std::is_integral<T>::value, "T must be an integral type.");
    static_assert(std::is_unsigned<T>::value, "T must be an unsigned type.");

    return (x << 1) | (x >> (sizeof(T) * CHAR_BIT - 1));
}
```

3. 潜在缺陷

（1）模板中的静态断言可能触发意外的编译失败

正如“描述”部分所述，任何包含无法生成有效特化模板的程序都是 IFNDR。通过使用静态断言重载的特殊函数模板可以避免这一问题，但在实际程序中需要慎重。

```
template <bool>
struct SerializableTag { };

template <typename T>
void serialize(char* buffer, const T& object, SerializableTag<true>);  // (1)

template <typename T>
void serialize(char* buffer, const T& object, SerializableTag<false>)  // (2a)
{
    static_assert(false, "T must be serializable.");  // independent of T
        // too obviously ill formed: always a compile-time error
}
```

在上面的示例中，serialize 的第二个重载（2a），目的是在尝试序列化非序列化类型的情况下引发有意义的编译时错误消息。然而，该程序在技术上是不正确的，在这种简单的情况下，很可能会导致编译失败，无论 serialize 的重载是否曾经被实例化过。

通常尝试的解决方法是使断言的谓词在某种程度上依赖于模板参数，迫使编译器保留对静态断言的求值，除非在模板实际实例化时：

```
template <typename>  // N.B., we make no use of the nameless type parameter:
struct AlwaysFalse   // This class exists only to make 'value' a dependent name.
{
    enum { value = false };
};

template <typename T>
void serialize(char* buffer, const T& object, SerializableTag<false>)  // (2b)
{
    static_assert(AlwaysFalse<T>::value, "T must be serializable.");  // OK
        // less obviously ill formed: compile-time error when instantiated
}
```

为了实现第二个重载的这个版本，我们提供了一个中间类模板 AlwaysFalse，它包含一个枚举量 value，当在任何类型上实例化时，其值都是 false。尽管第二种实现更有可能产生所需的结果（即只有当使用不合适的参数调用序列化时才会出现受控的编译失败），足够复杂的编译器只查看当前的编译单元仍然能够知道不存在有效的序列化实例化，因此将有权拒绝编译这个在技术上仍然不完善的程序。

在没有帮助类的情况下，也有可能实现相同的结果。

```
template <typename T>
void serialize(char* buffer, const T& object, SerializableTag<false>)  // (2c)
{
    static_assert(0 == sizeof(T), "T must be serializable.");  // OK
        // not too obviously ill formed: compile-time error when instantiated
}
```

使用这种模糊的方法并不能保证程序是可移植的或是将来可靠的。

（2）错误使用静态断言来限制重载集

即使我们小心地欺骗编译器，使其认为某个特化只有在实例化时才是错误的，我们仍然不能使用这种方法从重载集中删除候选对象，因为如果静态断言被触发，翻译将会终止。考虑这种有缺陷的编写 process 函数的尝试，该函数将根据给定参数的大小表现不同：

```
template <typename T>
void process(const T& x)  // (1) first definition of process function
{
    static_assert(sizeof(T) <= 32, "Overload for small types");  // BAD IDEA
    // ... (process small types)
}

template <typename T>
void process(const T& x)  // (2) compile-time error: redefinition of function
{
    static_assert(sizeof(T) > 32, "Overload for big types");     // BAD IDEA
    // ... (process big types)
}
```

虽然开发人员的意图可能在两个互斥的重载中静态地选择一个，但上面的实现将不会编译，因为其中两个重载的函数签名是相同的，从而导致重定义错误。static_assert 的语义不适用于编译时分发的目的。

为了实现预先消除某个特化的目标，我们将需要使用 SFINAE。要做到这一点，我们必须找到一种方法，使失败的编译时表达式成为函数声明的一部分：

```
template <bool> struct Check { };
    // helper class template having a non-type Boolean template parameter
    // representing a compile-time predicate

template <> struct Check<true> { typedef int Ok; };
    // specialization of Check that makes the type Ok manifest only if
    // the supplied predicate (Boolean template argument) evaluates to true

template <typename T,
          typename Check<(sizeof(T) <= 32)>::Ok = 0>  // SFINAE
```

```
void process(const T& x)  // (1)
{
    // ... (process small types)
}

template <typename T,
          typename Check<(sizeof(T) > 32)>::Ok = 0>  // SFINAE
void process(const T& x)  // (2)
{
    // ... (process big types)
}
```

上面示例中的空 Check 帮助类模板及其两种可能的特化，仅当提供的布尔模板参数的计算结果为 true 时，才有条件地公开 Ok 类型别名（否则，在默认情况下不会公开）。C++11 提供了一个库函数，std::enable_if，它更直接地解决了这个问题[㊀]。

在模板实例化的替换阶段，process 函数的两个重载中的一个将尝试通过 Check<false> 实例化访问不存在的 Ok 类型别名，默认情况下该别名不存在。虽然这样的错误通常会导致编译失败，但在模板参数替换的上下文中，它只会导致有问题的重载被丢弃，为其他有效重载提供选择机会：

```
void client()
{
    process(SmallType());  // discards (2), selects (1)
    process(BigType());    // discards (1), selects (2)
}
```

这种配对模板特化的通用技术在现代 C++ 编程中得到了广泛的应用。此外还可以使用表达式 SFINAE 约束重载的方法，请参见 2.1.16 节。

4. 烦恼

强制的字符串字面值

许多由静态断言引起的编译失败都是不言自明的，因为包含谓词代码的违规行将显示为编译器诊断信息的一部分。在这些情况下，作为 static_assert 语法一部分的消息是多余的[㊁]：

```
static_assert(std::is_integral<T>::value, "T must be an integral type.");
```

在这些情况下，开发人员通常会提供一个空的字符串字面值：

```
static_assert(std::is_integral<T>::value, "");
```

对于用户提供的错误消息的校验，目前还没有普遍的共识。它应该重申所断言的条件，还是应该说明出了什么问题？

```
static_assert(0 < x, "x is negative");
  // misleading when 0 == x
```

5. 参见

2.1.16 节描述了如何应用表达式 SFINAE 直接作为函数声明的一部分，从而允许对重载解析进行简单和细粒度的控制。

6. 延伸阅读

作为运行时 assert 宏和 #error 预处理器指令的补充，最早将静态断言添加到 C++ 语言以支持约束模板类型参数的提议请参见 klarer04。

㊀ Concept 是 C++20 中引入的一种语言特性，它提供了一个不那么怪异的方式替代 SFINAE，允许重载集由编译时模板参数的语法属性控制。

㊁ 在 C++17 中，静态断言的消息参数是可选的。

2.1.16 尾置返回：尾置函数返回类型

使用 -> 在参数列表之后声明函数的返回类型，这在语法上更方便，但语义上是等价的。这样该返回类型可以指定为参数列表里的类型（通过参数名字），也可以利用其他类或命名空间中的成员而不需要显式限定。

1. 描述

C++11 提供了一种替代的函数声明语法，其中函数的返回类型位于函数签名（函数名、参数和限定符）的右侧，接在箭头标记（->）之后；函数本身由关键字 auto 引入，它充当类型占位符：

```
auto f() -> void;  // equivalent to void f();
```

当使用替代的、尾置返回类型的语法时，任何 const、volatile 和引用限定符（见 4.1.6 节）被放置在 ->*<return-type>* 的左边，任何上下文关键字如 override（见 2.1.13 节）和 final（见 4.1.2 节）节被放置在其右侧：

```
struct Base
{
    virtual int e() const;     // const qualifier
    virtual int f() volatile;  // volatile qualifier
    virtual int g() &;         // lvalue-reference qualifier
    virtual int h() &&;        // rvalue-reference qualifier
};

struct Derived : Base
{
    auto e() const    -> int override;  //  override contextual keyword
    auto f() volatile -> int final;     //  final         "        "
    auto g() &        -> int override;  //  override      "        "
    auto h() &&       -> int final;     //  final         "        "
};
```

使用尾置返回类型允许将函数的参数作为指定函数返回类型的一部分，这与 decltype 一起使用会很有用：

```
auto g(int x) -> decltype(x);  // equivalent to int g(int x);
```

当在类定义之外的成员函数定义中使用尾置返回类型的语法时，与传统方式不同，在返回类型中出现的名称，默认情况下会在类作用域中查找：

```
struct S
{
    typedef int T;
    auto h1() -> T;  // trailing syntax for member function
    T h2();          // classical syntax for member function
};

auto S::h1() -> T { /*...*/ }  // equivalent to S::T S::h1() { /.../ }
T    S::h2()      { /*...*/ }  // Error, T is unknown in this context.
```

同样的优势也适用于在声明它的命名空间之外定义的非成员函数[㊀]：

```
namespace N
{
    typedef int T;
    auto h3() -> T;  // trailing syntax for free function
    T h4();          // classical syntax for free function
}

auto N::h3() -> T { /*...*/ }  // equivalent to N::T N::h3() { /.../ }
T    N::h4()      { /*...*/ }  // Error, T is unknown in this context.
```

㊀ 结构体的静态成员函数可以是命名空间内声明的自由函数的可行替代实现，参见 lakos20 的 1.4 节“头文件”（第 190～201 页），尤其是第 199 页的图 1-37c，以及 2.4.9 节“包命名空间内仅用类、结构体和自由运算符”（第 312～321 页），尤其是第 316 页的图 2-23。

最后，由于要在箭头标记之后提供的语法元素本身是一个单独的类型，因此涉及指向函数的指针的返回类型在某种程度上被简化了。例如，假设我们要描述一个高阶函数 f，它的参数是 long long，并返回一个指向函数的指针，该函数接受一个 int 并返回一个 double[㊀]：

```
// [function(long long) returning]
//     [pointer to] [function(int x) returning] double   f;
//     [pointer to] [function(int x) returning] double   f(long long);
//                  [function(int x) returning] double*  f(long long);
//                                               double (*f(long long))(int x);
```

使用尾置语法，我们可以方便地将 f 的声明分为两部分：函数签名的声明 auto f (long long)，以及返回类型的声明。例如现在的 R：

```
// [pointer to] [function (int) returning] double   R;
//              [function (int) returning] double*  R;
//                                          double (*R)(int);
```

同一声明的两种等价形式如下所示：

```
double (*f(long long))(int x);          // classic return-type syntax
auto f(long long) -> double (*)(int);  // trailing return-type syntax
```

请注意，同一声明的两种语法形式可能会一起出现在同一作用域内。另请注意，并非所有可以用尾置语法表示的函数在经典函数声明中都有方便的等效表示：

```
#include <utility>  // declval

template <typename A, typename B>
auto foo(A a, B b) -> decltype(a.foo(b));
    // trailing return-type syntax

template <typename A, typename B>
decltype(std::declval<A&>().foo(std::declval<B&>())) foo(A a, B b);
    // classic return-type syntax using C++11's std::declval
```

在上面的示例中，我们本质上被迫使用 C++11 标准库模板 std::declval[㊁]以经典的返回类型语法来表达我们的意图。

2. 用例

(1) 返回类型取决于参数类型的函数模板

声明返回类型取决于一个或多个参数类型的函数模板在泛型编程中并不少见。例如，考虑一个在可能不同类型的两个值之间进行线性插值的数学函数：

```
template <typename A, typename B, typename F>
auto linearInterpolation(const A& a, const B& b, const F& factor)
    -> decltype(a + factor * (b - a))
{
    return a + factor * (b - a);
}
```

linearInterpolation 的返回类型是 decltype 说明符内的表达式类型，该表达式与函数体中返回的表达式相同。因此，此接口支持任何使得 a+factor*(b-a) 有效的输入类型集，包括数学向量、矩阵或表达式模板等类型。还有一个额外的好处：函数声明中表达式的存在启用了表达式 SFINAE——这通常是泛型模板函数所需要的（参见 2.1.3 节）。

(2) 避免在返回类型中重复地限定名称

在首次声明它的类、结构体或命名空间之外定义函数时，返回类型中存在的任何非限定名称可能会根据所使用的函数声明语法的特定选择而被不同地查找。当返回类型在函数定义的限定名称之前，

㊀ John Lakos 在哥伦比亚大学教授高级设计和使用 C++ 编程时首先使用了所示的详细声明记号（1991—1997）。
㊁ 参见 cppref d。

就像经典语法的情况一样，对在声明函数本身的同一范围内声明的类型的所有引用也必须是限定的。相比之下，当返回类型跟在函数的限定名之后时，返回类型会在函数第一次声明的同一个作用域中查找，就像它的参数类型一样。避免返回类型的冗余限定可能是有益的，尤其是当限定名称很长时。

作为说明，考虑一个表示抽象语法树节点的类，该节点公开了一个类型别名：

```
struct NumericalASTNode
{
    using ElementType = double;
    auto getElement() -> ElementType;
};
```

使用传统的函数声明语法定义 getElement 成员函数需要重复 NumericalASTNode 名称：

```
NumericalASTNode::ElementType NumericalASTNode::getElement() { /*...*/ }
```

使用尾置返回类型语法可以轻松避免重复：

```
auto NumericalASTNode::getElement() -> ElementType { /*...*/ }
```

通过确保返回类型的名称查找与参数类型的一致，我们可以避免一些不必要的名称检查限定。

（3）提高包含函数指针的声明的可靠性

如果函数声明返回的是一个指向函数、成员函数或者数据成员的指针的话，即便有经验的程序员也很容易犯错。例如，考虑一个名为 getOperation 的函数，它使用一个枚举类型 Operation 作为参数，返回一个指向 Calculator 的成员函数的指针，该函数的参数和返回值都是 double 类型。

```
double (Calculator::*getOperation(Operation kind))(double);
```

正如我们在“描述”中看到的那样，可以系统地构造这样的声明，但并不轻松。另一方面，通过将问题划分为函数本身的声明和它返回的类型，每个单独的问题都变得比原始问题简单得多：

```
auto getOperation(Operation kind)  // (1) function taking a kind of Operation
    -> double (Calculator::*)(double);
        // (2) returning a pointer to a Calculator member function taking a
        //     double and returning a double
```

使用这种分而治之的方法，编写这样的函数变得相当简单。如果通过 typedef 使用类型别名，或者从 C++11 开始使用 using，则将函数指针作为参数的高阶函数可能更容易阅读。

3. 参见

- 2.1.3 节描述了函数声明如何将 decltype 与尾置返回类型结合使用或作为其替代。
- 第 4.2.1 节解释了将返回类型推导得到与尾置返回类型在语法上的相似性，但在从 C++11 迁移到 C++14 时会带来重大缺陷。

4. 延伸阅读

那些对风格一致性感兴趣的人，比如 const 应该放在前面还是后面，可以在 mertz18 中找到这样一个涉及尾置返回与经典返回的讨论。

2.1.17 Unicode: 字符串字面值

C++11 引入了一种便携式机制，以确保字面值被编码为 UTF-8、UTF-16 或 UTF-32。

1. 描述

根据 C++ 标准，字符串字面值的字符编码是未指定的，可以随着目标平台或编译器的配置而变化。本质上，C++ 标准并不能保证字符串字面值“Hello”将被编码为 ASCII 序列 0x48、0x65、0x6C、0x6C、0x6F，或者字符字面值“X”的值为 0x58。事实上，C++ 仍然完全支持使用 EBCDIC（一种很少使用的 ASCII 替代编码）作为主要字面值编码的平台。

表 2.4 说明了三种新的符合 Unicode 的字符串字面值，每一种都描述了每个字符的精确编码。

表 2.4　三个新的符合 Unicode 的字符串字面值

编码	语法	底层数据类型
UTF-8	u8"Hello"	char①
UTF-16	u"Hello"	char16_t
UTF-32	U"Hello"	char32_t

①在 C++20 中是 char8_t。

一个 Unicode 字面值可以确保被编码为 UTF-8、UTF-16 和 UTF-32，分别对应 u8、u 和 U 字面值：

```
char s0[] = "Hello";
    // unspecified encoding, albeit likely ASCII

char s1[] = u8"Hello";
    // guaranteed to be encoded as {0x48, 0x65, 0x6C, 0x6C, 0x6F, 0x0}
```

C++11 还引入了通用字符名称，提供了一种在 C++ 程序中嵌入 Unicode 代码点的可靠可移植方式。它们可以由后跟四个十六进制数字的 \u 字符序列或后跟八个十六进制数字的 \U 字符序列引入：

```
#include <cstdio>  // std::puts
void f()
{
    std::puts(u8"\U0001F378"); // Unicode code point in a UTF8-encoded literal
}
```

假设接收端配置为将输出字节解释为 UTF-8，则此输出语句保证将鸡尾酒表情符号 🍸 发送到标准输出。

2. 用例

保证可移植的字面值编码

Unicode 字面值提供的编码保证很有用，例如在与其他程序或网络或 IPC 协议进行通信时，我们通常期望字符串具有特定编码。

考虑一个即时消息程序，其中客户端和服务器都希望消息以 UTF-8 来编码。作为向所有客户端广播消息的一部分，服务器代码使用 UTF-8 编码的 Unicode 字面值来保证所有客户端将接收到它们能够解释并显示为用户可读字面值的字节序列：

```
void Server::broadcastServerMessage(const std::string& utf8Message)
{
    Packet data;
    data << u8"Message from the server: '" << utf8Message << u8"'\n";

    broadcastPacket(data);
}
```

在上面的代码片段中不使用 u8 字面值可能会导致不可移植的行为，并且可能需要编译器特定的标志来确保源代码是 UTF-8 编码的。

3. 潜在缺陷

（1）嵌入 Unicode 字符

向语言中添加 Unicode 字符串字面值并没有带来基本源字符集的扩展：即使在 C++11 中，默认的基本源字符集也是 ASCII 的子集㊀。

开发人员可能错误地认为 u8" 🍸 " 是在 C++ 程序中嵌入代表鸡尾酒表情符号的字符串字面值的可移植

㊀ 可以自由地将基本源字符集之外的字符映射到其成员的序列，从而可以在 C++ 源文件中嵌入其他字符，例如表情符号。

方式。然而，字符串字面值的表示取决于编译器为源文件假定的编码，这通常可以通过编译器标志来控制。嵌入鸡尾酒表情符号的唯一可移植方式是使用其对应的 Unicode 代码点转义序列（u8" \U0001F378"）。

（2）缺乏对 Unicode 的库支持

基本词汇类型，例如 std::string，完全和编码无关。它们将任何存储的字符串视为字节序列。即使正确使用 Unicode 字符串字面值，不熟悉 Unicode 的程序员可能会对看似正确的操作出错感到惊讶，例如询问代表鸡尾酒表情符号的字符串的大小：

```
#include <cassert>  // standard C assert macro
#include <string>   // std::string

void f()
{
    std::string cocktail(u8"\U0001F378"); // big character
    assert(cocktail.size() == 1);         // assertion failure
}
```

即使鸡尾酒表情符号是单个代码点，std::string::size 也会返回对其进行编码所需的代码单元（字节）的数量。标准库中缺乏识别 Unicode 的词汇类型和实用程序可能是缺陷和误解的根源，尤其是在国际程序本地化的情况下。

（3）类型系统中 UTF-8 的问题处理

UTF-8 字符串字面值使用 char 作为其基础类型。这样的选择与 UTF-16 和 UTF-32 字面值不一致，它们分别提供了自己不同的字符类型 char16_t 和 char32_t。缺少 UTF-8 特定字符类型会妨碍使用函数重载或模板特化为 UTF-8 编码的字符串提供不同的行为，因为它们与具有执行字符集编码的字符串无法区分。此外，char 的底层类型是有符号还是无符号类型本身是由具体实现定义的。请注意，char 与 signed char 和 unsigned char 不同，但它的行为保证与其中之一相同。

C++20 从根本上改变了 UTF-8 字符串字面值的工作方式，引入了一种新的非别名 char8_t 字符类型，其表示保证与 unsigned char 匹配。新的字符类型提供了几个好处。

- 确保 UTF-8 字符数据的无符号性和类型的不同。
- 使得常规字符串字面值与 UTF-8 字符串字面值可以重载。
- 由于不需要特殊的别名规则，可能会获得更好的性能。

请注意，C++20 带来的变化不是向后兼容的，并且可能会导致使用 u8 字面值的代码在该语言的先前版本中编译失败或在 C++20 中默默地改变其行为：

```
template <typename T> void print(const T*);  // (0)
void print(const char*);                     // (1)

void f()
{
    print(u8"text");  // invokes (1) prior to C++20, (0) afterwards
}
```

2.1.18 using 关键字：类型 / 模板别名

关键字 using 现在可以用来引入类型别名和别名模板，提供了一个更通用的 typedef 的替代，这也可能提高可读性，特别是对于函数别名。

1. 描述

关键字 using 历来支持为一个命名实体引入别名，例如类型、函数或数据，从某些命名范围引入到当前范围。在 C++11 中，我们可以使用 using 关键字来实现所有以前可以通过 typedef 声明实现的事情，而且以更自然和直观的语法形式，不过这并没有提供什么深刻的新东西：

```
using Type1 = int;     // equivalent to typedef int Type1;
using Type2 = double;  // equivalent to typedef double Type2;
```

与typedef相比，通过using语法创建的同义词的名称总是出现在“=”的左侧，并且与类型声明本身分离，当涉及更复杂的类型时，它的优势变得更明显，如指向函数的指针、指向成员函数的指针，或指向数据成员的指针：

```
struct S { int i; void f(); };  // user-defined type S defined at file scope

using Type3 = void(*)();        // equivalent to typedef void(*Type3)();
using Type4 = void(S::*)();     // equivalent to typedef void(S::*Type4)();
using Type5 = int S::*;         // equivalent to typedef int S::*Type5;
```

与typedef一样，表示类型的名称可以限定，但表示同义词的符号不能：

```
namespace N { struct S { }; }  // original type S defined with namespace N

using Type6 = N::S;            // equivalent to typedef N::S Type6;
using ::Type7 = int;           // Error, the alias's name must be unqualified.
```

然而，与typedef不同的是，通过using引入的类型别名本身可以是一个模板，称为别名模板：

```
template <typename T>
using Type8 = T;  // "identity" alias template

Type8<int>    i;  // equivalent to int i;
Type8<double> d;  // equivalent to double d;
```

但是，请注意，部分或完全特化的别名模板都不被支持：

```
template <typename, typename>   // general alias template
using Type9 = char;             // OK

template <typename T>           // attempted partial specialization of above
using Type9<T, int> = char;     // Error, expected = before < token

template <>                     // attempted full specialization of above
using Type10<int, int> = char;  // Error, expected unqualified id before using
```

与现有的类模板一起使用时，别名模板允许程序员将一个或多个模板参数绑定到一个固定的类型，其他模板参数保留：

```
#include <utility>  // std::pair

template <typename T>
using PairOfCharAnd = std::pair<char, T>;
    // alias template that binds char to the first type parameter of std::pair

PairOfCharAnd<int>    pci;  // equivalent to std::pair<char, int> pci;
PairOfCharAnd<double> pcd;  // equivalent to std::pair<char, double> pcd;
```

请注意，在C++03中也可以实现类似的功能；它抑制了类型推导，并在定义和调用时都需要额外的样板代码：

```
// C++03 (obsolete)
template <typename T>
struct PairOfCharAnd
    // template class holding an alias, Type, to std::pair<char, T>
{
    typedef std::pair<char, T> Type;
        // type alias binding char to the first type parameter of std::pair
};

PairOfCharAnd<int>::Type    pci;  // equivalent to std::pair<char, int> pci;
PairOfCharAnd<double>::Type pcd;  // equivalent to std::pair<char, double> pcd;
```

2. 用例

(1) 简化复杂的类型定义声明

涉及指向函数、成员函数或数据成员的指针的复杂typedef声明需要在声明的中间查找别名。例如，考虑一个打算用于异步函数的回调类型别名：

```
typedef void(*CompletionCallback)(void* userData);
```

具有C或C++03以外背景的开发人员可能会发现上述声明很难解析，因为别名的名称CompletionCallback是嵌入在函数指针类型中的。用using替换typedef，可以得到一个更简单、更一致的相同别名：

```
using CompletionCallback = void(*)(void* userData);
```

上面的CompletionCallback别名声明几乎完全可以从左到右读取，并且别名的名称在using关键字之后明确指定。要使CompletionCallback别名完全从左到右读取，可以使用尾置返回（参见2.1.16节）：

```
using CompletionCallback = auto(*)(void* userData) -> void;
```

上面的别名声明可以读为："CompletionCallback是一个指向函数的指针的别名，该函数使用一个名为userData的void * 参数并返回void。"

（2）将参数绑定到模板参数

别名模板可用于绑定（例如一个常用的类模板的）一个或多个模板参数，而保留其他参数。例如，假设我们有一个名为UserData的类，它包含几个不同的std::map实例，每个实例都具有相同的键类型——UserId，但具有不同的有效值：

```
class UserData  // class having excessive code repetition (BAD IDEA)
{
private:
    std::map<UserId, Message>          d_messages;
    std::map<UserId, Photos>           d_photos;
    std::map<UserId, Article>          d_articles;
    std::map<UserId, std::set<UserId>> d_friends;
};
```

上面的示例虽然清晰而有规律，但涉及大量的重复，如果我们以后选择更改数据结构，会难以进行维护。如果我们使用别名模板绑定UserId类型的第一个类型参数std::map，那么可以减少代码重复和使程序员持续替换std::map到另一个容器，例如std::unordered_map[㊀]，只需在一个地方执行更改：

```
class UserData  // class with well-factored implementation (GOOD IDEA)
{
private:
    template <typename V>                  // using a template alias to bind
    using Mapping = std::map<UserId, V>;   // UserId as the key type

    Mapping<Message>          d_messages;
    Mapping<Photos>           d_photos;
    Mapping<Article>          d_articles;
    Mapping<std::set<UserId>> d_friends;
};
```

（3）为类型特征提供简记符号

别名模板可以为类型特征（Type Trait）提供简短表示，避免使用时代码冗长。考虑一个简单的类型特征，它将一个指针添加到给定类型（类似于std::add_pointer）：

```
template <typename T>
struct AddPointer
{
    typedef T* Type;
};
```

要使用上面的特性，必须实例化AddPointer类模板，并且必须访问其嵌套的类型别名。此外，在泛型编程上下文中，必须在前面加上typename关键字：

㊀ std::unorderd_map是一种STL容器类型，与C++11一起在所有兼容的平台上都可用。请参阅cpprefb。

```
template <typename T>void f()
{
    T t;
    typename AddPointer<T>::Type p = t;
}
```

AddPointer 的语法开销可以通过创建其嵌套类型别名的别名模板来消除，例如 AddPointer_t：

```
template <typename T>
using AddPointer_t = typename AddPointer<T>::Type;
```

使用 AddPointer_t 而不是 AddPointer 会使代码更短，避免了代码冗长：

```
void g()
{
    int i;
    AddPointer_t<int> p = &i;
}
```

请注意，从 C++14 开始，<type_traits> 头文件中定义的所有标准类型特征都提供了相应的别名模板，目的是避免代码冗长。例如，C++14 为 C++11 的 std::remove_reference 类型特征引入了 std::remove_reference_t 别名模板：

```
typename std::remove_reference<int&>::type i0 = 5; // OK in both C++11 and C++14
std::remove_reference_t<int&> i1 = 5;              // OK in C++14
```

3. 参见

- 2.1.16 节为函数声明提供了另一种语法，这有助于提高类型别名和涉及函数类型的别名模板的可读性。
- 3.1.12 节为 using 关键字提供了另一个含义，以允许基类构造函数作为派生类的一部分被调用。

2.2　C++14

2.2.1　聚合初始化'14：具有默认成员初始化器的聚合

C++14 允许使用默认成员初始化器的类进行聚合初始化。

1. 描述

在 C++14 之前，使用默认成员初始化器的类，即直接出现在类的范围内的初始化器（参见 3.1.7 节），不被认为是聚合类型：

```
struct S                    // aggregate type in C++14 but not C++11
{
    int i;
    bool b = false;         // uses default member initializer
};

struct A                    // aggregate type in C++11 and C++14
{
    int  i;
    bool b;                 // does not use default member initializer
};
```

因为在 C++11 中，A 被认为是一个聚合而 S 不是，所以 A 的实例可以通过聚合初始化来创建，而 S 的实例不能：

```
A a={100, true};  // OK, in both C++11 and C++14
S s={100, true};  // Error, in C++11; OK, in C++14
```

注意，从 C++11 开始，直接列表初始化可以用来执行聚合初始化，参见 3.1.4 节：

```
A a{100, true};  // OK in both C++11 and C++14 but not in C++03
```

根据 C++14，归类为聚合的类型的要求被放宽，允许使用默认成员初始化器的类成为聚合类型；

因此，A 和 S 在 C++14 中都被认为是聚合类型，可以进行聚合初始化：

```
void f()
{
    S s0{100, true};        // OK in C++14 but not in C++11
    assert(s0.i == 100);    // set via explicit aggregate initialization
    assert(s0.b == true);   // set via explicit aggregate initialization

    S s1{456};              // OK in C++14 but not in C++11
    assert(s1.i == 456);    // set via explicit aggregate initialization
    assert(s1.b == false);  // set via default member initializer
}
```

在上面的代码片段中，C++14 聚合 S 以两种方式初始化：s0 使用两个数据成员的聚合初始化创建，s1 仅对第一个数据成员使用聚合初始化创建，第二个通过其默认成员初始化器设置。

2. 用例

配置 structs

与默认成员初始化器一起进行聚合（参见 3.1.7 节）可以用来提供简洁的可定制配置结构体，与典型的默认值打包。例如，考虑一个 HTTP 请求处理程序的配置结构体：

```
struct HTTPRequestHandlerConfig
{
    int maxQueuedRequests = 1024;
    int timeout           = 60;
    int minThreads        = 4;
    int maxThreads        = 8;
};
```

当创建 HTTPRequestHandlerConfig（见上面的示例），可以使用聚合初始化来覆盖定义中（按顺序）[⊖]的一个或多个默认值：

```
HTTPRequestHandlerConfig getRequestHandlerConfig(bool inLowMemoryEnvironment)
{
    if (inLowMemoryEnvironment)
    {
        return HTTPRequestHandlerConfig{128};
            // timeout, minThreads, and maxThreads have their default value.
    }
    else
    {
        return HTTPRequestHandlerConfig{2048, 120};
            // minThreads and maxThreads have their default value.
    }
}

// ...
```

3. 潜在缺陷

空列表初始化成员不使用默认初始化器

当我们将默认成员初始化器添加到聚合的成员时，只有当该成员在大括号初始化器列表中没有相应的初始化器时，这些初始化器才有效。我们不能通过在列表中放置空的大括号来显式地请求默认值，因为这将使用空的初始化器初始化值成员，而不是使用它的默认成员初始化器。在聚合初始

⊖ 在 C++20 中，指定的初始化特性通过启用对数据成员名称的显式指定，增加了灵活性（例如，对于配置结构体 HTTPRequestHandlerConfig）：

```
HTTPRequestHandlerConfig lowTimeout{.timeout = 15};
    // maxQueuedRequests, minThreads, and maxThreads have their default value.

HTTPRequestHandlerConfig highPerformance{.timeout = 120, .maxThreads = 16};
    // maxQueuedRequests and minThreads have their default value.
```

化期间，我们希望显式地初始化后面成员变量的值，这意味着我们必须手动确定所有之前成员的适当默认值：

```
struct A
{
    int i{1};
    int j{2};
    int k{3};
};

A a1{};             // OK,  result is i=1, j=2,         k=3
A a2{ 4 };          // OK,  result is i=4, j=2,         k=3
A a3{ 4, {}, 8 };   // Bug, result is i=4, j=0 (not 2), k=3
```

4. 烦恼

大括号省略时的语法歧义

在多级聚合的初始化过程中，可以省略嵌套聚合初始化周围的大括号，这称为大括号省略：

```
struct S
{
    int data[3];
};

S s0{{0, 1, 2}};  // OK, nested data initialized explicitly
S s1{0, 1, 2};    // OK, brace elision for nested data
```

当与具有默认成员初始化器的聚合一起使用时，大括号省略的可能性产生了一个有趣的语法歧义（参见 3.1.7 节）。考虑一个包含三个数据成员的结构体 X，其中一个具有默认值：

```
struct X
{
    int a;
    int b;
    int c = 0;
};
```

现在，考虑一下可以初始化 X 类型的元素数组的各种方法：

```
X xs0[] = {{0, 1}, {2, 3}, {4, 5}};
    // OK, clearly 3 elements having the respective values:
    // {0, 1, 0}, {2, 3, 0}, {4, 5, 0}

X xs1[] = {{0, 1, 2}, {3, 4, 5}};
    // OK, clearly 2 elements with values:
    // {0, 1, 2}, {3, 4, 5}

X xs2[] = {0, 1, 2, 3, 4, 5};
    // ...?
```

在看到 xs2 的定义时，一个不精通 C++ 语言标准细节的程序员可能会不确定 xs2 的初始化器是三个元素，比如 xs0，还是两个元素，比如 xs1。但是，标准很清楚，编译器对 xs2 的解释与 xs1 相同，因此，两个数组元素的默认值 X::c 将分别替换为 2 和 5。

5. 参见

- 3.1.4 节提到的“大括号初始化”引入了一个语法上相似的特性，用于以统一的方式初始化对象。
- 3.1.7 节解释了开发人员如何在类的定义中直接为数据成员提供一个默认的初始化器。

2.2.2　二进制字面值：0b 前缀

参照 0x 前缀，现在 0b（或 0B）前缀允许以 2 为基数表示整数字面值。

1. 描述

二进制字面值是在二进制数字系统中用代码表示的一个整数值。一个二进制字面值由一个 0b 或

0B 前缀和一个非空的二进制数字序列组成，即 0 和 1[⊖]：

```
int i = 0b11110000;  // equivalent to 240, 0360, or 0xF0
int j = 0B11110000;  // same value as above
```

0b 前缀后的第一个数字是最高位：

```
static_assert(0b0     ==  0, "");  // 0*2^0
static_assert(0b1     ==  1, "");  // 1*2^0
static_assert(0b10    ==  2, "");  // 1*2^1 + 0*2^0
static_assert(0b11    ==  3, "");  // 1*2^1 + 1*2^0
static_assert(0b100   ==  4, "");  // 1*2^2 + 0*2^1 + 0*2^0
static_assert(0b101   ==  5, "");  // 1*2^2 + 0*2^1 + 1*2^0
// ...
static_assert(0b11010 == 26, "");  // 1*2^4 + 1*2^3 + 0*2^2 + 1*2^1 + 0*2^0
```

与八进制和十六进制（但不是十进制）字面值一样，前导零将被忽略，但为了可读性，可以添加：

```
static_assert(0b00000000 ==   0, "");
static_assert(0b00000001 ==   1, "");
static_assert(0b00000010 ==   2, "");
static_assert(0b00000100 ==   4, "");
static_assert(0b00001000 ==   8, "");
static_assert(0b10000000 == 128, "");
```

二进制字面值的类型在默认情况下是 int，除非该值不能适合于 int。在这种情况下，它的类型是序列 {unsigned int，long，unsigned long，long long，unsigned long long} 中的第一个类型。这个相同的类型列表同时适用于八进制和十六进制字面值，但不适用于十进制字面值，如果最初有符号，则会跳过任何无符号类型，反之亦然。如果这两种方法都不适用，编译器可以使用具体实现定义的扩展整数类型，如 __int128 来表示字面值，如果它适合的话；否则，程序格式错误：

```
// example platform 1:
// (sizeof(int): 4; sizeof(long): 4; sizeof(long long): 8)
auto i32  = 0b0111...[ 24 1-bits]...1111;  // i32 is int.
auto u32  = 0b1000...[ 24 0-bits]...0000;  // u32 is unsigned int.
auto i64  = 0b0111...[ 56 1-bits]...1111;  // i64 is long long.
auto u64  = 0b1000...[ 56 0-bits]...0000;  // u64 is unsigned long long.
auto i128 = 0b0111...[120 1-bits]...1111;  // Error, integer literal too large
auto u128 = 0b1000...[120 0-bits]...0000;  // Error, integer literal too large

// example platform 2:
// (sizeof(int): 4; sizeof(long): 8; sizeof(long long): 16)
auto i32  = 0b0111...[ 24 1-bits]...1111;  // i32  is int.
auto u32  = 0b1000...[ 24 0-bits]...0000;  // u32  is unsigned int.
auto i64  = 0b0111...[ 56 1-bits]...1111;  // i64  is long.
auto u64  = 0b1000...[ 56 0-bits]...0000;  // u64  is unsigned long.
auto i128 = 0b0111...[120 1-bits]...1111;  // i128 is long long.
auto u128 = 0b1000...[120 0-bits]...0000;  // u128 is unsigned long long.
```

这里纯粹为了便于说明，我们使用了 C++11 的 auto 特性，以方便地捕捉字面值本身所隐含的类型，参见 3.1.3 节。另外，二进制字面值的精确初始类型，就像任何其他字面值一样，可以显式地使用小写或大写的常见的整数字面值后缀 {u，l，ul，ll，l，ull}（大小写均可）来控制：

```
auto i   = 0b101;       // type: int;                 value: 5
auto u   = 0b1010U;     // type: unsigned int;        value: 10
auto l   = 0b1111L;     // type: long;                value: 15
auto ul  = 0b10100UL;   // type: unsigned long;       value: 20
auto ll  = 0b11000LL;   // type: long long;           value: 24
auto ull = 0b110101ULL; // type: unsigned long long;  value: 53
```

最后，请注意，将一个负号附加给一个二进制字面值（如 -b1010）——就像任何其他整数字面值（如 -10、-012 或 -0xa）一样——首先被解析为一个非负值，然后应用一个一元减法：

⊖ 在 C++14 中引入之前，GCC 支持二进制文本——具有与标准特性相同的语法——作为自 2008 年 3 月发布的 4.3.0 版本以来的不规范扩展；有关更多细节，请参见 https://gcc.gnu.org/gcc-4.3/。

```
static_assert(sizeof(int) == 4, "");  // true on virtually all machines today
static_assert(-0b1010 == -10, "");    // as if: 0 - 0b1010 == 0 - 10
static_assert( 0b0111...[ 24 1-bits]...1111       //   signed
           != -0b0111...[ 24 1-bits]...1111, ""); //   signed

static_assert( 0b1000...[ 24 0-bits]...0000       // unsigned
           != -0b1000...[ 24 0-bits]...0000, ""); // unsigned
```

2. 用例

（1）位掩蔽和按位操作

在引入二进制字面值之前，十六进制字面值和八进制字面值通常用于表示源码中的位掩码或特定的位常数。例如，考虑一个函数，它返回一个给定的无符号 int 值的最低四位：

```
unsigned int lastFourBits(unsigned int value)
{
    return value & 0xFu;
}
```

对于没有十六进制字面值经验的开发人员来说，上述位操作的正确性可能不会很明显。相反，使用二进制字面值更直接地说明了我们的意图，以掩盖输入值中除了最低四位外的所有位：

```
unsigned int lastFourBits(unsigned int value)
{
    return value & 0b1111u;
}
```

类似地，其他按位操作，如设置或获取单个位，可能受益于使用二进制字面值。例如，考虑一组用于表示游戏中角色状态的标志：

```
struct AvatarStateFlags
{
    enum Enum
    {
        e_ON_GROUND     = 0b0001,
        e_INVULNERABLE = 0b0010,
        e_INVISIBLE     = 0b0100,
        e_SWIMMING      = 0b1000,
    };
};

class Avatar
{
    unsigned char d_state;

public:
    bool isOnGround() const
    {
        return d_state & AvatarStateFlags::e_ON_GROUND;
    }

    // ...
};
```

请注意，选择使用嵌套的 enum 是有意的，参见 3.1.8 节。

（2）复制常数二进制数据

特别是在嵌入式开发或仿真的上下文中，程序员通常会编写需要处理特定常量的代码，例如，作为 CPU 或虚拟机规范的一部分提供的代码，这些常量必须合并到程序的源代码中。根据这种常数的原始格式，二进制表示形式是最方便或最容易理解的表示形式。

例如，考虑一个虚拟机的函数解码指令，其操作码以二进制格式指定：

```
#include <cstdint>  // std::uint8_t

void VirtualMachine::decodeInstruction(std::uint8_t instruction)
{
```

```
    switch (instruction)
    {
        case 0b00000000u:  // no-op
            break;

        case 0b00000001u:  // add(register0, register1)
            d_register0 += d_register1;
            break;

        case 0b00000010u:  // jmp(register0)
            jumpTo(d_register0);
            break;

        // ...
    }
}
```

直接在源代码中复制作为 CPU、虚拟机手册和文档的一部分的指定的相同二进制常数，避免了在心理上将这些常数数据转换为十六进制数字。

二进制字面值也适用于捕获位图。例如，考虑一个表示大写字母 C 的位图：

```
const unsigned char letterBitmap_C[] =
{
    0b00011111,
    0b01100000,
    0b10000000,
    0b10000000,
    0b10000000,
    0b01100000,
    0b00011111
};
```

使用二进制字面值可以使位图直接在源代码中显式表示。

3. 参见

2.2.4 节直观地解释了如何将数字分组，使长二进制字面值更具可读性。

4. 延伸阅读

将二进制字面值与数字分隔符（请参见 2.2.4 节）以及另一个松散相关的 C++14 特性变量模板（见 2.2.5 节）结合使用的示例，可以在 kalev14 中找到。

2.2.3 deprecated：[[deprecated]] 属性

[[deprecated]] 属性表示不鼓励使用该属性所属的实体，通常以编译器警告的形式使用。

1. 描述

[[deprecated]] 属性表明特定可移植实体不再被推荐，不鼓励其使用。这种弃用通常是在引入优于原始结构的替代结构之后，在后续版本中删除前，为客户端异步迁移提供缓冲时间。

用于持续改进遗留代码库的异步过程，有时称为连续重构，通常允许客户端有时间按照自己各自的时间表和时间框架从现有的弃用的结构迁移到新的结构，而不是让每个客户端在同步进行更改。允许客户时间异步移动到新的选择通常是唯一可行的方法，除非代码库是一个封闭的系统，同时所有相关的代码都是由一个单一的机构管理的，并且这个改变可以机械地进行。

虽然不是严格要求的，但标准明确鼓励[1]符合标准的编译器在程序引用 [[deprecated]] 属性所属的任何实体时生成诊断消息。例如，当使用 [[deprecated]] 函数或对象时，大多数流行的编译器会发出警告：

[1] C++ 标准描述了什么构成了一个格式良好的程序，但是编译器供应商需要大量的回旋余地来满足其用户的需求。如果任何特性引发警告，命令行选项通常可用于禁用这些警告（在 GCC 中显示为 -Wno-deprecated），或者有方法在局部抑制这些警告，例如，#pragma GCC diagnostic ignored“-Wdeprecated”。

```
                void f();
[[deprecated]] void g();

                int a;
[[deprecated]] int b;

void h()
{
    f();
    g();  // Warning: g is deprecated.
    a;
    b;    // Warning: b is deprecated.
}
```

[[deprecated]] 属性可移植地用于描述其他实体：类、结构体、联合体、类型别名、变量、数据成员、函数、枚举、模板特化。[1]

程序员可以提供字符串字面值作为 [[deprecated]] 参数，例如 [[deprecated("message")]]，告知用户有关弃用的原因：

```
[[deprecated("too slow, use algo1 instead")]] void algo0();
                                              void algo1();

void f()
{
    algo0();  // Warning: algo0 is deprecated; too slow, use algo1 instead.
    algo1();
}
```

最初声明没有 [[deprecated]] 的实体以后可以使用属性重新声明，反之亦然：

```
void f();
void g0() { f(); }  // OK, likely no warnings

[[deprecated]] void f();
void g1() { f(); }  // Warning: f is deprecated.

void f();
void g2() { f(); }  // Warning: f is deprecated still.
```

如上面的示例中的 g2 所示，不带 [[deprecated]] 属性重新声明一个以前 [[deprecated]] 修饰过的实体，使该实体仍然不赞成使用。

2. 用例

禁止使用过时或不安全的实体

使用 [[deprecated]] 属性描述任何实体，既可以表明将来不应该使用特定的特性，又可以积极鼓励将现有用途迁移到更好的替代方案。过时、缺乏安全性和表现不佳是被废弃的常见原因。

作为生产性弃用的一个示例，考虑随机生成器类具有一个静态的 nextRamdom 成员函数来生成随机数：

```
struct RandomGenerator
{
    static int nextRandom();
        // Generate a random value between 0 and 32767 (inclusive).
};
```

虽然这样一个简单的随机数生成器可以是有用的，但它可能不适合大量使用，因为好的伪随机数生成器需要更多的状态（同步这些状态的开销对于一个静态函数是一个重要的性能瓶颈），而好的随机数生成需要潜在的高开销访问外部熵的来源。rand 函数从 C 中继承，可以通过 <cstdlib> 头文件在 C++ 中使用，有许多与我们的 RandomGenerator::nextRandom 函数相同的问题，同样，开发人员被指导使用自 C++11 以来 <random> 头中提供的工具。

[1] 只从 C++17 以来保证，将 [[deprecated]] 应用到特定的枚举器或命名空间，请参见 smith15a。

一种解决方案是提供一种替代的随机数生成器，它可以保持更多的状态，允许用户决定在哪里存储该状态（随机数生成器对象），并且总体上为客户端提供了更多的灵活性。这种变化的缺点是，它附带了一个功能不同的API（应用程序接口），要求用户更新他们的代码，以远离劣质的解决方案：

```
class StatefulRandomGenerator
{
    // ... (internal state of a quality pseudorandom number generator)

public:
    int nextRandom();
       // Generate a quality random value between 0 and 32767, inclusive.
};
```

原始随机数生成器的任何用户都可以毫不费力地迁移到新的设施，但这并不是一个完全简单的操作，在原始特性不再使用之前，迁移将需要一些时间。随机数生成器的维护者可以决定使用[[deprecated]]属性来阻止继续使用RandomGenerator::nextRandom()，而不是完全删除它：

```
struct RandomGenerator
{
    [[deprecated("Use StatefulRandomGenerator class instead.")]]
    static int nextRandom();
        // ...
};
```

通过使用[[deprecated]]，随机数生成器的现有客户被告知有一个更好的选择（即BetterRandomGenerator）可用，但他们有时间将他们的代码迁移到新的解决方案，而不是通过删除旧的解决方案来破坏他们的代码。当客户端被通知代码过时后（由于编译器诊断），他们可以安排时间来重写他们的应用程序，以使用新的接口。

连续重构是开发组织的一项基本责任，应当决定何时回去修复次优的问题，而不是编写新的代码取悦用户（这将永远造成紧张），并对最终盈亏做出更直接贡献。允许不同的开发团队在他们各自的时间框架内解决这些改进，确定合理的总体截止日期，这是改善这种紧张关系的一种实际方法。

3. 潜在缺陷

将警告视为错误的交互作用

在一些代码库中，编译器警告会因为编译器标志升级为错误，例如GCC和Clang的-Werror或MSVC的/WX，以确保它们的构建是无警告的。对于这样的代码库，使用[[deprecated]]属性作为API的一部分可能会导致意外的编译失败。

由于使用已弃用的实体而完全停止编译过程，属性的目的将失败，因为该实体的用户没有时间调整他们的代码以使用新的替代方案。在GCC和Clang上，用户可以通过使用-Wno-error=deprecated-declarations编译器标志，有选择地将弃用错误降级为警告。然而，在MSVC上，这种警告降级是不可能的，而且可用的解决方案，如完全禁用/WX标志的影响或使用-wd4996标志的弃用诊断，通常是不合适的。

此外，[[deprecated]]和将警告视为错误之间的交互使得低级库的所有者在发布代码时不可能弃用函数，即要求他们不破坏任何高级客户端编译的能力；在代码库中使用待弃用的函数的一个客户端，可以防止使用[[deprecated]]属性的代码的发布。由于在实践中经常提出建议，积极地将警告视为错误，因此使用[[deprecated]]可能是完全不可行的。

2.2.4 数字分隔符：'

数字分隔符是一个单字符标记（'），它可以作为数字字面值的一部分出现，而不改变其值。

1. 描述

数字分隔符——即单引号字符（'）的实例——可以放置在数字字面值中的任何位置，以直观地分离其数字而不影响其值：

```
int           i = -12'345;                        // same as -12345
unsigned int u = 1'000'000u;                      // same as 1000000u
long          j = 500'000L;                       // same as 500000L
long long     k = 9'223'372'036'854'775'807;      // same as 9223372036854775807
float         f = 3.14159'26535f;                 // same as 3.1415926535f
double        d = 3.14159'26535'89793;            // same as 3.141592653589793
long double   e = 20'812.80745'23204;             // same as 20812.8074523204
int         hex = 0x8C'25'00'F9;                  // same as 0x8C2500F9
int         oct = 044'73'26;                      // same as 0447326
int         bin = 0b1001'0110'1010'0111;          // same as 0b1001011010100111
```

允许使用单个字面值中的多个数字分隔符，但它们不能连续出现，也不能出现在字面值的数字部分之前或之后，即数字序列：

```
int e0 = 10''00;   // Error, consecutive digit separators
int e1 = -'1000;   // Error, before numeric part
int e2 = 1000'u;   // Error, after numeric part
int e3 = 0x'abc;   // Error, before numeric part
int e4 = 0'xdef;   // Error, another way before numeric part
int e5 = 0'89;     // Error, nonoctal digits
int e6 = 0'67;     // OK, valid octal literal
```

虽然十六进制和二进制字面值的前导 0x 和 0b 前缀不被认为是字面值的数字部分的一部分，但八进制字面值中的前导 0 是。顺便说一句，请记住，在某些平台上，一个整数字面值太大（不适合 long long int，但确实适合 unsigned long long int）可能会产生警告或错误[⊖]：

```
unsigned long long big1 = 9'223'372'036'854'775'808;  // 2^63
    // warning: integer constant is so large that it is an
    // unsigned long long big1 = 9'223'372'036'854'775'808;
    //                           ^~~~~~~~~~~~~~~~~~~~~~~~~~
```

这样的警告通常可以通过添加一个 ull 后缀字面值来消除：

```
unsigned long long big2 = 9'223'372'036'854'775'808ull;  // OK
```

然而，当一个浮点字面值的隐含精度超过了我们所能表示的精度时，像上面这样的警告并不典型：

```
float reallyPrecise = 3.141'592'653'589'793'238'462'643'383'279'502'884;  // OK
    // Everything after 3.141'592'6 is typically ignored silently.
```

参见补充内容——浮点字面值中隐藏的精度损失。

2. 用例

将大常量中的数字组合在一起

当在源代码中嵌入较大的常量时，持续地放置数字分隔符，例如，每三位一个分隔符，可能会提高可读性，如表 2.5 所示。

表 2.5　使用数字分隔符，以提高可读性

不使用数字分隔符	使用数字分隔符
10000	10'000
100000	100'000
1000000	1'000'000
1000000000	1'000'000'000
18446744073709551615ULL	18'446'744'073'709'551'615ULL
1000000.123456	1'000'000.123'456
3.141592653589793238462L	3.141'592'653'589'793'238'462L

⊖ 在 GCC7.4.0 上进行测试（约 2018 年）。

使用二进制字符将位分为八位（Byte）或四位（Nibble）尤其有用，如表 2.6 所示。此外，使用将数字分组为三位的二进制字面值而不是八进制字面值来表示 UNIX 文件权限可能会提高代码的可读性，例如，使用 0b111'101'101 而不是 0755。

表 2.6　二进制数据中数字分隔符的使用

不使用数字分隔符	使用数字分隔符
0b1100110011001100	0b1100'1100'1100'1100
0b0110011101011011	0b0110'0111'0101'1011
0b1100110010101010	0b11001100'10101010

3. 参见

2.2.2 节描述了二进制字面值如何表示二进制常数，数字分隔符通常用来将二进制位以八位或四位进行分组。

4. 延伸阅读

- 关于二进制浮点运算的 IEEE754 标准的深入讨论可以在 kahan97 中找到。
- 浮点运算的 IEEE 标准本身在 ieee19 中描述。

5. 补充内容

浮点字面值中隐藏的精度损失

我们可以在浮点字面值中跟踪精度，但这并不意味着编译器就可以做到。顺便说一句，值得指出的是，浮点类型的二进制表示并不是标准强制要求的，这也包括它们必须支持的范围和精度的精确最小值。尽管 C++ 标准很少说这是规范的，但 <cfloat> 中的宏是通过参考 C 标准来定义的[㊀]。

然而，在实践中，人们通常可以依赖一些正常的和习惯的最低限度。对于像大多数人一样使用 IEEE754 浮点标准表示[㊁]的一致性编译器，一个 float 通常可以准确表示最多 7 个十进数位，而一个 double 通常具有 15 个十进数位的精度。对于任何给定的程序，long double 需要保存 double 能保存的东西，但通常更大，例如 10、12 或 16 字节，并且通常添加至少 5 位精度的十进制数字，即它总共支持至少 20 位十进制数字精度。一个值得注意的例外是 Microsoft Visual C++，其中 long double 是一种独特的类型，其表示与 double[㊂]相同。表 2.7 列出了各种符合 IEEE754 标准的浮点类型的可用精度，以供参考。在一个给定的平台上的实际界限可以使用 <limits> 中的标准 std::numeric_limits 类模板找到。

表 2.7　各种符合 IEEE 754 标准的浮点类型的可用精度

名称	全称	有效数字[①]	小数位	指数位	取值范围
16 位二进制	半精度	11	3.31	5	～6.5×10^{5}
32 位二进制	单精度	24	7.22	8	～3.4×10^{38}
64 位二进制	双精度	53	15.95	11	～10^{308}
80 位二进制	扩展精度	69	20.77	11	～10^{308}
128 位二进制	四精度	113	34.02	15	～10^{4932}

①注意，尾数的最高位对于规范化的数字总是 1，对于去非规范化的数字总是 0，因此不显式存储。所以，还有一个额外的位来表示整体浮点值的符号；指数的符号使用 excess-n 符号进行编码。

㊀ 参见 iso20b 的 6.8.2 节“基本类型 [basic.fundamental]”（第 73～75 页）、17.3.5.2 节“numeric_limits_members [numeric.limits.members]”（第 513～516 页）和 17.3.7 节“<cfloat> 头文件概要 [cfloat.syn]”（第 519 页），以及 iso18b 的 7.7 节“浮点类型的特征 <float.h>”（第 157 页）。

㊁ 参见 ieee19。

㊂ 参见 microsoftc。

确定最少需要多少十进制数字才能准确近似超越值，如圆周率π，对于给定类型在给定的平台可能很棘手，需要一些二分搜索的工作，这可能就是为什么在大多数平台上，默认设置情况下在超出精度时并不会警告。确定给定浮点字面值中的所有数字都与给定浮点类型有关的一种方法是比较该浮点字面值和一个去掉最低位数字的浮点字面值[㊀]：

```
static_assert(3.1415926535f != 3.141592653f, "too precise for float");
    // This assert will fire on a typical platform.

static_assert(3.141592653f != 3.14159265f, "too precise for float");
    // This assert too will fire on a typical platform.

static_assert(3.14159265f != 3.1415926f, "too precise for float");
    // This assert will not fire on a typical platform.

static_assert(3.1415926f != 3.141592f, "too precise for float");
    // This assert too will not fire on a typical platform.
```

如果值不相同，那么该浮点类型可以利用原始字面值所建议的精度；但是，如果它们是相同的，那么很可能已经超过了可用的精度。开发人员反复使用这种技术可以帮助他们根据经验缩小特定平台支持特定浮点类型和值的最大数字位数。但是，请注意，由于编译器在编译期间不需要使用目标平台的浮点算法，因此这种方法可能不适用于交叉编译场景。

最后一个有用的提示是有关安全的，即二进制和十进制浮点表示之间的无损转换；注意，下面摘录中的“单精度”对应于单精度 IEEE754（32 位）float[㊁]：

“如果一个十进制字符串最多有 6 位．被转换为单精度，然后转换回相同数量的十进制位，那么最终字符串应该和原始的相同。而且……

如果单精度浮点数转换为至少有 9 位的十进制字符串。然后转换回单精度，那么最后的数字必须与原始数字相同。”

上述摘录中描述的单精度即 32 位 float 的范围是 6～9 个十进制位，当应用于双精度即 64 位 double、四精度即 128 位 long double 时，对应的范围分别为 15～17 和 33～36。

2.2.5　变量模板：模板化的变量声明 / 定义

传统的模板语法被扩展为在命名空间或类（但不是函数）作用域内定义一个可以显式实例化的同名变量族。

1. 描述

通过使用熟悉的 template-head 语法（例如 template <typename T>）进行变量声明，我们可以创建一个变量模板，它定义了一个具有相同名称的变量族（例如 example0f）：

```
template <typename T> T example0f;  // variable template defined at file scope
```

与任何其他类型的模板一样，也可以通过提供适当数量的类型或非类型参数来显式地实例化变量模板：

```
#include <iostream>  // std::cout

void initializeExampleValues()
{
    example0f<int>   = -1;
    example0f<char>  = 'a';
    example0f<float> = 12.3f;
}
```

㊀ 注意，将 f（字面值后缀）添加到浮点字面值等同于将 static_cast<float> 应用于（无后缀）字面值：

```
static_assert(3.14'159'265'358f == static_cast<float>(3.14'159'265'358),"");
```

㊁ 参见 kahan97 的“可表示数字”，第 4 页。

```
void printExampleValues()
{
    initializeExampleValues();
    std::cout << "int = "   << exampleOf<int>   << "; "
              << "char = "  << exampleOf<char>  << "; "
              << "float = " << exampleOf<float> << ';';

    // outputs "int = -1; char = a; float = 12.3;"
}
```

在上面的示例中，每个实例化变量的类型与其模板参数相同，但这种匹配不是必需的。例如，对于所有实例化的变量，该类型可能是相同的，或者是从其参数派生出来的，例如通过添加 const 限定条件：

```
#include <type_traits>  // std::is_floating_point
#include <cassert>      // standard C assert macro

template <typename T>
const bool sane_for_pi = std::is_floating_point<T>::value;  // same type

template <typename T> const T pi(3.1415926535897932385);    // distinct types

void testPi()
{
    assert(!sane_for_pi<bool>);
    assert(!sane_for_pi<int>);

    assert( sane_for_pi<float>);
    assert( sane_for_pi<double>);
    assert( sane_for_pi<long double>);

    const float       pi_as_float       = 3.1415927;
    const double      pi_as_double      = 3.141592653589793;
    const long double pi_as_long_double = 3.1415926535897932385;

    assert(pi<float>       == pi_as_float);
    assert(pi<double>      == pi_as_double);
    assert(pi<long double> == pi_as_long_double);
}
```

变量模板可以在命名空间作用域内声明，也可以声明为类、结构体或联合体的静态成员，但不允许作为非静态成员声明，也不允许在函数作用域内声明：

```
template <typename T> T vt1;            // OK, external linkage
template <typename T> static T vt2;     // OK, internal linkage

namespace N
{
    template <typename T> T vt3;         // OK, external linkage
    template <typename T> static T vt4;  // OK, internal linkage
}

struct S
{
    template <typename T> T vt5;         // Error, not static
    template <typename T> static T vt6;  // OK, external linkage
};
void f3()  // Variable templates cannot be defined in functions.
{
    template <typename T> T vt7;         // Error
    template <typename T> static T vt8;  // Error

    vt1<bool> = true;                    // OK
    N::vt3<bool> = true;
    N::vt4<bool> = true;
    S::vt6<bool> = true;
}
```

与其他模板一样，变量模板可以由类型和非类型参数的任意组合的多个参数定义，包括在最后一个位置的参数打包：

```
namespace N
{
    template <typename V, int I, int J> V factor;  // namespace scope
}
```

变量模板甚至可以递归地定义，但请参见潜在缺陷——递归变量模板初始化需要 const 或 constexpr：

```
namespace {
template <int N>
const int sum = N + sum<N - 1>;    // recursive general template

template <> const int sum<0> = 0;  // base case specialization
}  // close unnamed namespace

void f()
{
    std::cout << sum<4> << '\n';  // prints 10
    std::cout << sum<5> << '\n';  // prints 15
    std::cout << sum<6> << '\n';  // prints 21
}
```

请注意，尽管变量模板没有添加新的功能，但它们显著地减少了冗余代码。例如，将刚刚对 pi 的定义与 C++14 之前的代码进行比较：

```
// C++03 (obsolete)
#include <cassert>  // standard C assert macro

template <typename T>
struct Pi {
    static const T value;
};

template <typename T>
const T Pi<T>::value(3.1415926535897932385);  // separate definition

void testCpp03Pi()
{
    const float       piAsFloat      = 3.1415927;
    const double      piAsDouble     = 3.141592653589793;
    const long double piAsLongDouble = 3.1415926535897932385;

    // additional boilerplate on use (::value)
    assert(Pi<float>::value       == piAsFloat);
    assert(Pi<double>::value      == piAsDouble);
    assert(Pi<long double>::value == piAsLongDouble);
}
```

2. 用例

（1）参数化常数

变量模板的一种常见有效使用方式是类型参数化常数的定义，正如在“描述”中所讨论的数学常数 π 的示例。这里我们想初始化常量作为变量模板的一部分，选择的字面值是最短的十进制字符串，对应 long double 的 80 位长：

```
template <typename T>
constexpr T pi(3.1415926535897932385);
    // smallest digit sequence to accurately represent pi as a long double
```

为了可移植性，可以使用 π 的浮点字面值，为任何相关平台上的最长的 long double 提供足够的精度，例如，可以使用 128 位精度的 34 位十进制数字：3.141'592'653'589'793'238'462'643'383'279'503。参见 2.2.4 节。

请注意，我们已经选择使用 constexpr 变量来代替 const，以保证浮点 pi 是一个编译时常数，它可以作为常数表达式的一部分使用。

通过前面示例中的定义，我们可以提供一个 toRadians 函数模板，它通过避免计算期间不必要的类型转换来以最大的运行时效率执行：

```
template <typename T>
constexpr T toRadians(T degrees)
{
    return degrees * (pi<T> / T(180));
}
```

（2）减少类型特征的冗长性

类型特征是一个包含关于另一个类型的一个或多个方面的编译时信息的空类型。历史上指定类型特征的方式是定义一个具有特征名的类模板和一个通常称为 value 的公开静态数据成员，它在主模板中初始化为 false。然后，对于每个想要宣传它具有该特性的类型，可以包含定义该特性的头文件，并且该特性专门针对该类型，将值初始化为 true。我们可以实现完全相同的使用模式，用变量模板替换特征结构，变量模板的名称表示类型特征，其变量的类型本身总是 bool 型。在此用例中，选择使用变量模板可以减少在定义和调用时的冗余代码[⊖]。

例如，考虑一个布尔特征，用以说明一个特定类型 T 是否可以序列化为 JSON：

```
// isSerializableToJson.h:

template <typename T>
constexpr bool isSerializableToJson = false;
```

上面的头文件包含一般情况下变量模板特征，即默认情况下给定类型不能序列化到 JSON。接下来，我们来考虑删去串流实用程序本身：

```
// serializeToJson.h:
#include <isSerializableToJson.h>  // general trait variable template

template <typename T>
JsonObject serializeToJson(const T& object)  // serialization function template
{
    static_assert(isSerializableToJson<T>,
                  "T must support serialization to JSON.");

    // ...

    return { /*...*/ };
}
```

注意，我们已经使用了 C++11 的 static_assert 特性，以确保用于实例化此函数的任何类型都将特化与特定类型关联的变量模板并设置为真。

现在想象一下，我们有一个类型，CompanyData，我们希望在编译时将它公布为可序列化到 JSON 的。与其他模板一样，变量模板可以显式地特化：

```
// companyData.h:
#include <isSerializableToJson.h>  // general trait variable template

struct CompanyData { /*...*/ };    // type to be JSON serialized

template <>
constexpr bool isSerializableToJson<CompanyData> = true;
    // Let anyone who needs to know that this type is JSON serializable.
```

最后，我们的客户端函数包含了上述所有内容，并尝试序列化一个 CompanyData 对象和一个

⊖ 在 C++17 中，标准库提供了一种更方便的方法来检查一个类型特征的结果，通过引入与相应特征相同的方式命名的变量模板，但附加了一个额外的 _v 后缀：

```
// C++11/14
bool dc1 = std::is_default_constructible<T>::value;

// C++17
bool dc2 = std::is_default_constructible_v<T>;
```

这种延迟是标准的火车放行模型（Train Release Model）的结果：在庞大的标准库中周到地应用新特性需要大量的努力，但在标准的下一个发布日期之前无法完成，因此被推迟到 C++17。

std::map<int,char>：

```
// client.h:
#include <isSerializableToJson.h>  // general trait template
#include <companyData.h>           // JSON serializable type
#include <serializeToJson.h>       // serialization function
#include <map>                     // std::map (not JSON serializable)

void client()
{
    JsonObject jsonObj0 = serializeToJson(CompanyData());          // OK
    JsonObject jsonObj1 = serializeToJson(std::map<int, char>());  // Error
}
```

在上面的 client() 函数中，CompanyData 工作得很好，但是由于变量模板 isSerializableToJson 从来没有专门针对类型 std::map<int,char> 进行特化，客户端头文件将无法编译通过。

3. 潜在缺陷

递归变量模板初始化需要 const 或 constexpr

实例化递归定义的变量模板可能会有一个微妙的问题，尽管没有未定义的行为，但它可能会产生不同的结果[1]：

```
#include <iostream>  // std::cout

template <int N>
int fib = fib<N - 1> + fib<N - 2>;

template <> int fib<2> = 1;
template <> int fib<1> = 1;

int main()
{
    std::cout << fib<4> << '\n';  // 3 expected
    std::cout << fib<5> << '\n';  // 5 expected
    std::cout << fib<6> << '\n';  // 8 expected

    return 0;
}
```

这种不稳定的根本原因是不能保证递归生成的变量模板初始化的相对顺序。因此，在使用结构体的静态成员的 C++03 中也可能发生类似的问题：

```
#include <iostream>  // std::cout

template <int N> struct Fib
{
    static int value;                             // BAD IDEA: not const
};

template <> struct Fib<2> { static int value; };  // BAD IDEA: not const
template <> struct Fib<1> { static int value; };  // BAD IDEA: not const

template <int N> int Fib<N>::value = Fib<N - 1>::value + Fib<N - 2>::value;
int Fib<2>::value = 1;
int Fib<1>::value = 1;

int main()
{
    std::cout << Fib<4>::value << '\n';  // 3 expected
    std::cout << Fib<5>::value << '\n';  // 5 expected
    std::cout << Fib<6>::value << '\n';  // 8 expected

    return 0;
}
```

[1] 例如，GCC4.7.0（约 2017 年）产生了预期的结果，而 Clang12.0.1（约 2021 年）分别输出 1、3 和 4。

但是，使用枚举器避免了这个问题，因为枚举器编译时总是常数：

```
#include <iostream>  // std::cout

template <int N> struct Fib
{
    enum { value = Fib<N - 1>::value + Fib<N - 2>::value };  // OK, const
};

template <> struct Fib<2> { enum { value = 1 }; };           // OK, const
template <> struct Fib<1> { enum { value = 1 }; };           // OK, const

int main()
{
    std::cout << Fib<4>::value << '\n';  // 3 guaranteed
    std::cout << Fib<5>::value << '\n';  // 5 guaranteed
    std::cout << Fib<6>::value << '\n';  // 8 guaranteed

    return 0;
}
```

对于整型变量模板，这个问题可以简单通过添加一个 const 限定符来解决，因为 C++ 标准要求任何声明为 const 并使用编译时常数初始化的整型变量，其本身都要被视为翻译单元内的编译时常数：

```
#include <iostream>  // std::cout

template <int N>
const int fib = fib<N - 1> + fib<N - 2>;  // OK, compile-time const

template <> const int fib<2> = 1;          // OK, compile-time const
template <> const int fib<1> = 1;          // OK, compile-time const

int main()
{
    std::cout << fib<4> << '\n';  // guaranteed to print out 3
    std::cout << fib<5> << '\n';  // guaranteed to print out 5
    std::cout << fib<6> << '\n';  // guaranteed to print out 8

    return 0;
}
```

请注意，在上面的示例中，用 constexpr 替换三个 const 关键字也实现了预期的目标，不会消耗静态数据空间中的内存，也适用于非整数常数。

4. 烦恼

变量模板不支持模板模板参数

虽然类或函数模板可以接受模板模板参数，但对于变量模板[㊀]却没有可用的等效构造：

```
template <typename T> T vt(5);

template <template <typename> class>
struct S { };

S<vt> s1;  // Error
```

因此，如果变量模板需要传递到接受模板模板参数的接口，可能需要将变量模板包装在结构体内部：

```
template <typename T>
struct Vt { static constexpr T value = vt<T>; };

S<Vt> s2;  // OK
```

5. 参见

3.1.6 节讨论了一个 const 模板变量的替代方案，它可以减少静态数据空间的不必要消耗。

㊀ C++23 提出了一种增加变量模板和类模板之间一致性的方法，参见 pusz20a。

第3章 有条件的安全特性

现代C++语言的一些特性为语言的表现力、性能和可维护性提供了巨大的机会；但它们也是有代价的。为了使这些特性在不引入不可接受的风险的情况下充分发挥其价值，就需要全面了解它们的行为、有效使用方式和随之而来的陷阱。本章介绍了一些C++11和C++14特征，它们可以带来显著的好处，但在随意使用时却很危险。有时因误用而导致的潜在缺陷可能要到软件开发生命周期的后期才能被发现。由于这些特性在广泛引入以C++03为主的代码库中时也引入了中等程度的系统性风险，因此在使用前进行有组织的培训是必不可少的先决条件。建议组织的领导层，要想放心地支持经验丰富的工程师使用这些特性，就要确保每个工程师都在特性的行为、有效用例和已知陷阱方面接受过适当的培训。

有条件的安全特性具有中等及更高风险，但其回报却证明有效降低这些风险是值得的。1.6节选择默认成员初始化器作为有条件的安全特性的代表。这个特性的复杂性相对较低，虽然不能避免误用，但它可以满足实践中经常出现的需求。具有最高复杂性的特性有可变模板特性。虽然这个特性并不特别容易出错，但是对于实现者和维护人员来说，仍需要付出大量的努力才能有效掌握它的使用，当然它在一定程度上也提供了C++03中根本无法提供的功能和灵活性。中等复杂度有现代C++右值引用的特性。熟练使用这个特性需要大量的培训投资，但它的普遍适用性证明了前期的培训投资是合理的。尽管本章所介绍的特性在复杂性、风险和一般适用性方面差异很大，但都提供了一个合理的价值主张，因此被认为是有条件安全的。

3.1 C++11

3.1.1 alignas说明符

关键字alignas可用于类的类型、数据成员、枚举或变量的声明中，以加强对齐。

1. 描述

C++中的每种对象类型都有对齐要求，该要求限制了允许该类型的对象驻留在虚拟内存地址空间中的地址。对齐要求由对象类型强加给该类型的所有对象。alinas说明符提供了一种方法，可以为类型的特定变量或用户定义类型（User-Defined Type，UDT）的单个数据成员指定比类型本身规定的更严格的对齐要求。alignas说明符也可以应用于UDT本身，可参见“潜在缺陷——将对齐应用于类型可能会产生误导”。

（1）支持的对齐方式

对齐值是std::size_t类型的整型值，表示给定对象可以分配的地址之间的字节数。在实践中，对齐值总是对该类型的任何对象地址数值进行平均分隔。C++中的所有对齐值都是2的非负幂，并根据它们是否大于std::max_align_t类型的对齐要求分为两类。max_align_t类型的对齐要求是至少与所有标量类型的对齐要求一样严格。小于或等于std::max_align_t的对齐要求的对齐值是基本对齐；否则，它就是一个扩展对齐。max_align_t类型通常是最大标量类型的别名，在大多数平台上是长双精度类型，其对齐值通常是8或16。

在所有上下文内容中都需要支持基本对齐，例如对于具有自动、静态和动态存储持续时间的变量，以及类的非静态数据成员和函数参数。虽然所有基本类型和指针类型都具有基本对齐，但它们的具体值是实现时定义的，并且可能因平台而异。例如，长类型（long）的对齐要求在MSVC上可能是4，在GCC上可能是8。

相较于基本对齐，上下文是否支持任何扩展对齐？如果支持，又是在哪些上下文中？这些是实现时定义的[1]。例如，对于具有静态存储持续时间的变量，支持的最严格的扩展对齐可能大到 2^{28} 或 2^{29}，也可能小到 2^{13}。

由于与对齐需求相关的许多方面都是在实现时定义，因此我们将在本特性部分中使用一个特定的平台来说明对齐行为。因此，下面的示例显示了针对桌面 x86-64 Linux 的 Clang 编译器观察到的行为。

（2）加强特定对象的对齐

在其最基本的形式中，对齐说明符加强了特定对象的对齐要求。所需的对齐要求是作为 alignas 的参数提供的整型常量表达式：

```
alignas(8) int i;     // OK, i is aligned on an 8-byte address boundary.
int j alignas(8), k;  // OK, j is 8 byte aligned; alignment of k is unchanged.
```

如果给定对象有多个对齐方式，则应使用最严格的对齐值：

```
alignas(4) alignas(8) alignas(2) char m;  // OK, m is 8-byte aligned.
alignas(8) int n alignas(16);             // OK, n is 16-byte aligned.
```

要使程序格式良好，指定的对齐值必须满足以下要求。

①参数类型为 0 或 2 的非负整数幂次方，例如 std::size_t（0, 1, 2, 4, 8, 16…）。

②大于或等于没有 alignas 说明符时的对齐要求。

③在实体出现的上下文语境中得到支持。

此外，如果指定的对齐值为 0，则表示 alignas 说明符被忽略：

```
// static variables declared at namespace scope
alignas(32) int i0; // OK, 32-byte aligned (extended alignment)
alignas(16) int i1; // OK, 16-byte aligned (strictest fundamental alignment)
alignas(8)  int i2; // OK,  8-byte aligned (fundamental alignment)
alignas(7)  int i3; // Error, not a power of two
alignas(4)  int i4; // OK, no change to alignment requirement
alignas(2)  int i5; // Error, less than alignment would be without alignas
alignas(0)  int i6; // OK, alignas specifier ignored

alignas(1024 * 16) int i7;
    // OK, might warn on other platforms, e.g., exceeds physical page size

alignas(1 << 30) int i8;
    // Error, exceeds maximum supported extended alignment

alignas(8) char buf[128]; // OK, 8-byte-aligned, 128-byte character buffer

void f()
{
  // automatic variables declared at function scope
  alignas(4)  double e0; // Error, less than alignment would be without alignas
  alignas(8)  double e1; // OK, no change to 8-byte alignment requirement
  alignas(16) double e2; // OK, 16-byte aligned (fundamental alignment)
  alignas(32) double e3; // OK, 32-byte aligned (extended alignment)
}
```

（3）加强单个数据成员的对齐

在用户定义的类型（class、struct 或 union）中，可以使用 alignas 关键字指定单个数据成员的对齐方式：

[1] 实现可能会在全局对象的对齐超过某些最大硬件阈值时发出警告，例如物理内存页的大小，可能是 4096 或 8192。对于在程序堆栈上定义的自动变量，很少需要比自然使用的对齐更严格的对齐方式，因为除非通过地址显式地传递给单独的线程，否则最多只有一个线程能够访问靠近位置的变量；参见用例——避免多线程程序中不同对象之间的错误共享。请注意，对于该用例的第一个代码片段 alignas(32) 中的 i0，不支持扩展对齐 32 的兼容平台会被要求在编译时报告错误。

```
struct T2
{
    alignas(8)  char   x;  // size 1; alignment 8
    alignas(16) int    y;  // size 4; alignment 16
    alignas(64) double z;  // size 8; alignment 64
}; // size 128; alignment 64
```

这里的效果与显式地添加填充内容然后设置整体结构的对齐是一样的：

```
struct alignas(64) T3
{
    char   x;      // size 1; alignment 8
    char   a[15];  // padding
    int    y;      // size 4; alignment 16
    char   b[44];  // padding
    double z;      // size 8; alignment 64
    char   c[56];  // padding (optional)
}; // size 128; alignment 64
```

同样，如果一个给定的数据成员有多个对齐说明符，则要应用最严格的对齐要求进行对齐：

```
struct T4
{
    alignas(2) char
        c1 alignas(1),  // size 1; alignment 2
        c2 alignas(2),  // size 1; alignment 2
        c4 alignas(4);  // size 1; alignment 4
};                      // size 8; alignment 4
```

（4）加强用户定义类型的对齐

alignas 说明符还可以用于指定 UDT 的对齐方式，例如 class、struct、union 或 enum。当指定 UDT 的对齐方式时，alignas 关键字放在类型说明符（例如 class）之后和类型名称（例如 C）之前：

```
class  alignas( 2) C { };  // OK, aligned on a  2-byte boundary; size = 2
struct alignas( 4) S { };  // OK, aligned on a  4-byte boundary; size = 4
union  alignas( 8) U { };  // OK, aligned on an 8-byte boundary; size = 8
enum   alignas(16) E { };  // OK, aligned on a 16-byte boundary; size = 4
```

要注意的是，对于上面示例中的每个 class、struct 和 union，该类型对象的 sizeof 都会增加以匹配对齐；然而，在枚举的情况下，大小仍然是当前平台上默认的底层类型，例如 4 字节。当 alignas 应用于枚举类型的 E 时，标准并不指示是否将填充字节添加到 E 的对象表示中，这会影响 sizeof(E)[⊖]的结果。

同样，指定的对齐方式如果小于没有 alignas 说明符时的值，则该对齐方式是不正确的：

```
struct alignas(2) T0 { int i; };
    // Error, alignment of T0 (2) is less than that of int (4).
struct alignas(1) T1 { C c; };
    // Error, alignment of T1 (1) is less than that of C (2).
```

（5）匹配另一类型的对齐方式

alignas 说明符还将类型标识符作为参数。在其替代形式中，alignas(T) 严格等同于 alignas(alignof(T))（参见第 3.1.2 节）。

```
alignas(int) char c;  // equivalent to alignas(alignof(int)) char c;
```

2. 用例

（1）创建一个充分对齐的对象缓冲区

引入 alignas 特性的动机之一是不使用动态分配创建一个具有静态容量和动态大小的容器。为

⊖ 由于标准缺乏明确性而导致的实现差异在 CWG issue 2354（参见 miller17）中被捕获。结果是完全取消了将对齐应用于枚举的许可，见 iso18a。因此，将来，一致性实现将最终停止接受枚举上的 alignas 说明符。

了避免初始化未使用元素的开销，这种泛型容器需要有一个字符缓冲区数据成员，并根据需要使用 placement new 来构造元素。这个缓冲区需要有足够的容量来存储元素，其大小可以使用 CAPACITY * sizeof(TYPE) 计算出来。此外，通过 alignas 说明符确保缓冲区充分对齐以存储所提供 TYPE 的元素也很重要。

```
#include <cassert>  // standard C assert macro
#include <new>      // placement new

template <typename TYPE, std::size_t CAPACITY>
class FixedVector {

    alignas(TYPE) char d_buffer[CAPACITY * sizeof(TYPE)];
        // raw memory buffer of proper size and alignment for TYPE elements

    std::size_t        d_size;
        // current size of the vector

    TYPE *rawElementPtr(std::size_t index)
        // Return the pointer to the element with the specified index.
    {
        return reinterpret_cast<TYPE*>(d_buffer) + index;
    }

public:
    // ...

    void resize(std::size_t size)
    {
        assert(size <= CAPACITY);

        while (d_size < size) new (rawElementPtr(d_size++)) TYPE;
        while (d_size > size) rawElementPtr(--d_size)->~TYPE();
    }

    // ...
};
```

如果不使用 alignas，d_buffer（在上面的代码片段中）是一个字符数组，它本身的对齐要求为 1。因此，编译器可以自由地将其放置在任何地址边界上，这对于任何对齐要求比 1 严格的 TYPE 参数都是有问题的。

（2）确保适当地对齐体系结构的特定指令

因体系结构而异的特定指令或编译器的内在特性可能要求数据具有特定的对齐方式。这类内在特性的一个示例是 x86 架构上可用的 Streaming SIMD Extensions（SSE）㊀指令集。SSE 指令一次操作 4 组 32 位单精度浮点数，这些浮点数需要 16 字节对齐㊁。alignas 说明符可用于创建满足以下要求的类型：

```
struct SSEVector
{
    alignas(16) float d_data[4];
};
```

上述 SSEVector 类型的每个对象都保证始终对齐到 16 字节边界，因此可以安全方便地与 SSE intrinsic 一起使用：

```
#include <cassert>     // standard C assert macro
#include <xmmintrin.h> // __m128 and _mm_XXX functions

void f()
```

㊀ 参见 inteliig 中的“Technologies: SSE”。

㊁ “在 SSE/SSE2/SSE3/SSSE3 使用的 128 位 XMM 寄存器中加载和存储数据时，数据必须是 16 字节对齐的”，参见 intel16 的 4.4.4 节“128 位数据的数据对齐”，4-19～4-20。

```
{
    const SSEVector v0 = {0.0f, 1.0f, 2.0f, 3.0f};
    const SSEVector v1 = {10.0f, 10.0f, 10.0f, 10.0f};

    __m128 sseV0 = _mm_load_ps(v0.d_data);
    __m128 sseV1 = _mm_load_ps(v1.d_data);
        // _mm_load_ps requires the given float array to be 16-byte aligned.
        // The data is loaded into a dedicated 128-bit CPU register.

    __m128 sseResult = _mm_add_ps(sseV0, sseV1);
        // sum two 128-bit registers; typically generates an addps instruction

    SSEVector vResult;
    _mm_store_ps(vResult.d_data, sseResult);
        // Store the result of the sum back into a float array.

    assert(vResult.d_data[0] == 10.0f);
    assert(vResult.d_data[1] == 11.0f);
    assert(vResult.d_data[2] == 12.0f);
    assert(vResult.d_data[3] == 13.0f);
}
```

(3) 避免多线程程序中不同对象之间的错误共享

在使用多线程来提高性能的应用程序上下文中，先前的单线程工作流在尝试并行化后性能可能会变得更差。导致这种令人失望的结果的一个潜在原因是伪共享，在这种情况下，多个线程在写入恰好位于同一缓存行的逻辑独立变量时无意中影响了彼此的性能；参见本节补充内容——缓存行，L1、L2、L3 缓存，页，虚拟内存。

为了简单地说明由伪共享导致的潜在性能下降，考虑一个函数，该函数生成单独的线程，以重复地（并发地）增加恰好位于程序堆栈上但逻辑上不同的变量：

```
#include <thread>  // std::thread

void incrementJob(int* p);
    // Repeatedly increment *p a large, fixed number of times.

void f()
{
    int i0 = 0;  // Here, i0 and i1 likely share the same cache line,
    int i1 = 0;  // i.e., byte-aligned memory block on the program stack.

    std::thread t0(&incrementJob, &i0);
    std::thread t1(&incrementJob, &i1);
        // Spawn two parallel jobs incrementing the respective variables.

    t0.join();
    t1.join();
        // Wait for both jobs to be completed.
}
```

在上面的简单示例中，内存中 i0 和 i1 之间的接近可能导致它们属于同一缓存行，从而导致伪共享。我们通过使用 alignas 来加强两个整数对缓存行大小的对齐要求，来确保这两个变量停留在不同的缓存行上：

```
// ...

enum { k_CACHE_LINE_SIZE = 64 };  // A cache line on this platform is 64 bytes.

void f()
{
    alignas(k_CACHE_LINE_SIZE) int i0 = 0; // i1 and i2 are on separate
    alignas(k_CACHE_LINE_SIZE) int i1 = 0; // cache lines.

    // ...
}
```

伪共享效应的实证证明，重复调用 f 的基准程序完成执行的平均速度要比不使用 alignas 的相同程序快 7 倍[一]。需要注意的是，由于支持的扩展对齐是由实现定义的，因此使用 alignas 并不是严格意义上的可移植解决方案。选择不那么优雅和更浪费的填充方法而不是 alignas 方法可能更适合可移植性要求。

（4）避免单线程感知对象内的伪共享

在实现高性能并发数据结构的实际场景中，需要从根本上防止伪共享。例如，线程安全的环形缓冲区可以使用 alignas 来确保缓冲区的头部和尾部的索引在缓存行的开始处（通常为 64、128 或 256 字节）[二]对齐，从而防止它们占用同一条缓存行。

```
#include <atomic>  // std::atomic
class ThreadSafeRingBuffer
{
    alignas(k_CACHE_LINE_SIZE) std::atomic<std::size_t> d_head;
    alignas(k_CACHE_LINE_SIZE) std::atomic<std::size_t> d_tail;

    // ...
};
```

没有将上面代码片段中的 d_head 和 d_tail 与 CPU 缓存大小对齐可能会导致 ThreadSafeRingBuffer 的性能不佳，因为只需要访问其中一个变量的 CPU 内核也会无意中加载另一个变量，从而在内核的缓存之间触发开销昂贵的硬件级一致性机制。此外，在连续数据成员上指定如此严格的对齐必然会增加对象的大小，参见潜在缺陷——避免伪共享的替代方法概述。

3. 潜在缺陷

（1）没有充分指定对齐方式可能不会报错

当涉及没有充分指定的对齐时，标准是明确的[三]：声明中所有对齐说明符的组合效果不应低于所声明实体在省略所有对齐说明符（包括其他声明中的对齐说明符）时所要求的对齐。如果指定的值是基础对齐量（Fundamental Alignment）[四]，编译器就必须遵循它。指定不足的对齐会导致许多问题，而不仅仅只是程序格式错误：

```
alignas(4) void* p;                // Error, alignas(4) is below minimum, 8.

struct alignas(2) S { int x; };   // Error, alignas(2) is below minimum, 4.

struct alignas(2) T { };
struct alignas(1) U { T e; };     // Error, alignas(1) is below minimum, 2.
```

Clang 会报告上述三个错误中的每一个。MSVC 和 ICC 发出警告，即使是在最陈旧的警告模式下，GCC 也根本不提供诊断。因此，可以编写包含上述语句的程序，它恰好在一个平台（例如 GCC）上运行，但在另一个平台（例如 Clang[五]）上无法编译。

[一] 基准程序是使用 Clang 11.0.0（约 2020 年）使用 -Ofast、-march =native 和 -std =C++11 编译的。然后在一台运行 Windows 10 x64 的计算机上执行该程序，该计算机配备了英特尔酷睿 i7-9700k CPU（8 核，64 字节缓存行大小）。在多次运行的过程中，不使用 alignas 的版本平均耗时 18.5967 ms，而使用 alignas 的版本平均耗时 2.45333 ms。

[二] 在 C++17 中，可以通过头文件 <new> 定义的 std::hardware_destructive_interference_size 常量可移植地获取两个对象之间的最小偏移量，以避免伪共享。

[三] 参见 iso11a 的 7.6.2 节“对齐说明符”第 5 段。

[四] “如果常量表达式的计算结果为基础对齐量，则声明实体的对齐要求应为指定的基础对齐量。”——iso11a 的 7.6.2 节“对齐说明符”，第 2 段，第 2 项。

[五] 使用 -std = C++11 - Wall - Wextra - Wpedantic 标志，GCC 10.2（约 2020 年）根本没有报告未指定对齐方式。这种行为被报告为编译器缺陷；参见 wakely15。使用相同的一组选项，Clang 10.1（约 2020 年）会导致编译失败。ICC 2021.1.2（约 2020 年）和 MSVC 19.29（2021 年）将产生警告并忽略小于最小对齐的任何对齐。

（2）不兼容地指定对齐导致格式错误但无须诊断的情况

允许在没有对齐说明符的情况下转发声明 UDT，只要该类型的所有定义声明要么没有对齐说明符，要么具有相同的对齐说明符。

类似地，如果 UDT 的任何前向声明都有 alignas 说明符，则该类型的所有定义声明都必须具有相同的说明符，并且该说明符必须相同，只是不必与前向声明中的说明符相同：

```
struct Foo;                    // OK, does not specify an alignment
struct alignas(double) Foo;    // OK, must be equivalent to every definition
struct alignas(8) Foo;         // OK, all definitions must be identical.

struct alignas(8) Foo { };     // OK, def. equiv. to each decl. specifying alignment

struct Foo;                    // OK, has no effect
struct alignas(8) Foo;         // OK, has no effect; might warn after definition
```

如果两个声明出现在不同的翻译单元中，则在前向声明中指定对齐而不在定义声明中指定等效对齐，会导致格式错误但无须诊断的情况（IFNDR）：

```
struct alignas(4) Bar;       // OK, forward declaration
struct Bar { };              // Error, missing alignas specifier

struct alignas(4) Baz;       // OK, forward declaration
struct alignas(8) Baz { };   // Error, nonequivalent alignas specifier
```

Clang 标记了上述两个错误。MSVC 和 ICC 对第一个发出警告，并对第二个产生错误，而 GCC 都不报告它们。请注意，当翻译单元之间出现不一致时，主流编译器可能无法诊断出这个问题：

```
// file1.cpp:
struct Bam { char ch; } bam, *p = &bam;

// file2.cpp:
struct alignas(int) Bam;  // Error, definition of Bam lacks alignment specifier.
extern Bam* p;            //        (no diagnostic required)
```

任何包含上述两个翻译单元的程序都会产生 IFNDR 情况。

（3）将对齐应用于类型可能会产生误导

将 alignas 说明符应用于没有基类的用户定义类型时，人们可能会确信这相当于将 alignas 应用于其第一个声明的数据成员：

```
struct S0 {
    alignas(16) char d_buffer[128];  // guaranteed to be 16-byte aligned
                int  d_index;
};

struct alignas(16) S1 {
    char d_buffer[128];              // guaranteed to be 16-byte aligned
    int  d_index;
};
```

实际上，对于上面示例中的所有 S0 和 S1 类型的对象，它们各自的 d_buffer 数据成员将在 16 字节边界上对齐。然而，这种等价性只适用于标准布局类型。添加虚函数，甚至只是简单地更改某些数据成员[1]的访问控制，都可能破坏这种等价性：

```
struct S2 {
    alignas(16) char d_buffer[128];  // guaranteed to be 16-byte aligned
                int  d_index;

    virtual ~S2();
};
```

[1] 根据 C++20 标准，编译器允许对具有不同访问控制的数据成员重新排序。然而，没有编译器在实践中利用这种能力，C++23 可能会强制要求数据成员始终按照声明顺序排列。请参考 balog20。

```
struct alignas(16) S3 {
    char d_buffer[128];          // not guaranteed to be 16-byte aligned
    int  d_index;

    virtual ~S3();
};

struct S4 {
    alignas(16) char d_buffer[128];  // guaranteed to be 16-byte aligned
private:
                int  d_index;
};

struct alignas(16) S5 {
    char d_buffer[128];          // not guaranteed to be 16-byte aligned
private:
    int  d_index;
};
```

在上面的代码示例中，任何依赖于 S3 和 S5 类型实例的 d_buffer 成员的代码，都是 16 字节对齐的。

（4）避免伪共享的替代方法概述

用户定义类型具有比主机平台上自然出现的更严格的对齐方式，这意味着在硬件的任何给定级别的物理缓存中可以容纳的类型更少。具有人为加强对齐的数据成员的类型往往更大，因此承担了与之对应的高速缓存利用率损失。考虑组织一个多线程程序，作为强制严格对齐以避免伪共享的替代方案，使重复访问对象的紧密集群每次只由单个线程操作，例如使用本地（区域）内存分配程序。参见本节补充内容——缓存行，L1、L2、L3 缓存，页，虚拟内存。

4. 参见

3.1.2 节介绍了如何检查给定类型的对齐方式。

5. 补充内容

（1）自然对齐

许多微架构都针对具有自然对齐的数据进行了优化，也就是说，对象驻留在一个地址边界上，该边界将它们的大小向上取整到最接近的 2 的幂。由于 C++ 数组元素之间不允许填充的附加限制，基本类型的对齐要求在大多数平台上通常等于它们各自的大小：

```
char        c; // size 1;  alignment 1;  boundaries: 0x00, 0x01, 0x02, ...
short       s; // size 2;  alignment 2:  boundaries: 0x00, 0x02, 0x04, ...
int         i; // size 4;  alignment 4;  boundaries: 0x00, 0x04, 0x08, ...
float       f; // size 4;  alignment 4;  boundaries: 0x00, 0x04, 0x08, ...
double      d; // size 8;  alignment 8;  boundaries: 0x00, 0x08, 0x10, ...
long double l; // size 16; alignment 16; boundaries: 0x00, 0x10, 0x20, ...
```

对象数组的对齐要求与其元素的对齐要求相同：

```
char  arrC[4]; // size 4; alignment 1
short arrS[4]; // size 8; alignment 2
```

对于用户定义的类型，编译器计算对齐后在数据成员之间和最后一个数据成员之后添加适当的填充，以便满足数据成员的所有对齐要求，但在创建该类型的数组时不需要填充。通常，UDT 的结果对齐要求与最严格对齐的非静态数据成员的对齐要求相同：

```
struct S0
{
    char a;      // size 1; alignment 1
    char b;      // size 1; alignment 1
    int  c;      // size 4; alignment 4
};               // size 8; alignment 4

struct S1
{
    char a;      // size  1; alignment 1
```

```
    int  b;     // size  4; alignment 4
    char c;     // size  1; alignment 1
};              // size 12; alignment 4

struct S2
{
    int  a;     // size 4; alignment 4
    char b;     // size 1; alignment 1
    char c;     // size 1; alignment 1
};              // size 8; alignment 4

struct S3
{
    char a;     // size 1; alignment 1
    char b;     // size 1; alignment 1
};              // size 2; alignment 1

struct S4
{
    char a[2];  // size 2; alignment 1
};              // size 2; alignment 1
```

对齐量大小和对齐方式与结构体继承类似：

```
struct D0 : S0
{
    double d;  // size  8; alignment 8
};             // size 16; alignment 8

struct D1 : S1
{
    double d;  // size  8; alignment 8
};             // size 24; alignment 8

struct D2 : S2
{
    int d;     // size  4; alignment 4
};             // size 12; alignment 4

struct D3 : S3
{
    int d;     // size 4; alignment 4
};             // size 8; alignment 4

struct D4 : S4
{
    char d;    // size 1; alignment 1
};             // size 3; alignment 1
```

虚函数和虚基类总是引入一个隐式的虚拟表指针成员，其大小和对齐方式对应于目标平台上的内存地址（例如4或8）：

```
struct S5
{
    virtual ~S5();
};             // size 8; alignment 8

struct D5 : S5
{
    char d;    // size  1; alignment 1
};             // size 16; alignment 8
```

（2）缓存行，L1、L2、L3缓存，页，虚拟内存

了解现代计算机的构造有助于理解如何从底层硬件中获取更多的资源。在本节中，我们概述了现代计算机硬件中的基本概念；虽然具体细节会有所不同，但总体思路基本上是相同的。

在其最基本的形式中，计算机由中央处理器（CPU）组成，它具有访问主存储器（MM）的内部寄存器。CPU中的寄存器（容量数量级一般为数百字节）是最快的内存形式之一，而MM（容量数量

级一般为数 G 字节）则要慢几个数量级。一个几乎普遍观察到的现象是引用的局部性，这表明驻留在虚拟地址空间中距离较近的数据比较远的数据更有可能在快速连续中一起被访问。

为了利用引用的局部性现象，计算机引入了缓存的概念，它虽然比 MM 快得多，但也小得多。试图扩大引用局部性的程序通常会获得更快的运行时间。缓存的组织，实际上，缓存的级别，例如 L1、L2、L3……会有所不同，但基本的设计参数，或多或少是相同的。给定的缓存级别将具有一定的总字节大小，总是 2 的整数次幂。高速缓存将被分割成所谓的缓存行，其大小是高速缓存本身的 2 的较小幂次。当 CPU 访问 MM 时，它首先查看内存是否在缓存中；如果是，则快速返回该值，称为缓存命中。否则，包含该数据的缓存行将从更高一级的缓存或 MM 中取出并放入缓存中（称为缓存未命中），可能会弹出最近较少使用的缓存行[一]。

驻留在不同缓存行的数据在物理上是独立的，可以由多个线程并发地写入，可能在单独的内核甚至处理器上运行。然而，逻辑上不相关的数据驻留在同一缓存行中，仍然是物理耦合的；两个这种逻辑上不相关的数据线程会发现自身被硬件同步。由两个并发线程处理的不相关数据对缓存行进行的这种意外且通常不希望的共享称为伪共享。避免伪共享的一种方法是在缓存线边界上对齐这些数据，从而不可能在同一缓存线上意外地同时放置这些数据。另一种避免降低缓存利用率的更广泛的设计方法是确保由给定线程操作的数据在物理上是分开的，例如通过使用本地内存分配程序[二]。

即使是当前不在缓存中但位于 MM 附近的数据也可以从局部性中获益。虚拟地址空间，也就是 void* 的大小（在现代通用硬件上通常是 64 位），在历史上远远超过了 CPU 可用的物理内存。因此，操作系统必须在 MM 中针对存储在物理内存中的数据和存储在辅助存储（例如磁盘）中的数据维护一个映射。此外，基本上所有现代硬件都提供了一个翻译 – 暂存缓冲区（TLB）[三]，它对最近访问的物理页地址进行缓存，这为工作集（即当前频繁访问的页集）保持较小且密集地填充相关数据提供了另一个优势[四]。密集的工作集除了促进重复访问的完成之外，还增加了驻留在页面或缓存线上的数据很快就会被需要的可能性，也就是说，实际上充当了预取的作用。

表 3.1 提供了当今现代计算机系统典型内存的不同大小和访问速度。

[一] 从概念上讲，缓存通常被认为能够保存最近访问的缓存行的任意子集。这种缓存称为全关联缓存。虽然它提供了最好的命中率，但完全关联缓存需要最大的功率以及大量额外的芯片面积来执行完全并行查找。直接映射的缓存结合性是另一个极端。在直接映射中，每个内存位置在缓存中只有一个可用的位置。如果需要映射到该位置的另一个内存位置，则必须从缓存中刷新当前缓存行。这种方法的命中率最低，但查找时间、芯片面积和功耗都达到了最佳。在这两个极端之间是一个连续体，被称为组相联。一个组相联缓存不止一个，通常是 2、4 或 8 个；参见 solihin15 的 5.2.1 节中的“放置策略”部分，以及 hruska20——主存中每个内存位置可以驻留的位置。请注意，即使 *N* 相对较小，随着 *N* 的增加，*N* 路组相联缓存的命中率也会迅速接近完全关联缓存的命中率，附带成本也会大大降低；对于大多数软件设计目的，由于缓存的组相联性而导致的命中率损失可以安全地忽略。

[二] 参见 lakos17b、lakos19、lakos22。

[三] TLB 是一种地址转换缓存，通常是芯片内存管理单元的一部分。TLB 保存从虚拟内存地址到物理内存地址的完整映射（本身在 MM 中维护）的最近访问的子集。当必要的页已经驻留在内存中时，使用 TLB 来减少访问时间；它的大小（例如 4K）的上限是物理内存的字节数（例如 32Gb）除以每个物理页的字节数（例如 8Kb），但可以更小。因为它驻留在芯片上，通常要快一个数量级（SRAM 相对于 DRAM），并且只需要一次查找（而不是在使用 MM 时需要两次或更多次），所以最大限度地减少 TLB 失误是非常有益的。

[四] 注意，原本分配在一个页面内的句柄体类型（例如 std::vector 或 std::deque），特别是基于节点的容器（例如 std::map 和 std::unordered_map）的内存，可能会通过释放和重新分配甚至移动操作分散到多个，甚至许多页面上，从而导致原本相对较小的工作集不再适合物理内存。这种现象被称为扩散（这是与碎片不同的概念），它通常会导致运行时性能大幅下降，这是由于大型长时间运行的程序中的缓存线抖动造成的。可以通过明智地使用本地内存分配器和有意避免跨经常使用内存的不同位置的移动操作来减轻这种扩散。

表 3.1　现代计算机系统典型内存的不同大小和访问速度

存储类型	典型存储大小	典型访问时间
CPU 寄存器	512～2048B	约 250ps
缓存总线	64～256B	无
L1 缓存	16～64KB	约 1ns
L2 缓存	1～2MB	约 10ns
L3 缓存	8～32MB	约 80～120ns
L4 缓存	32～128MB	约 100～200ns
关联集	2～64B	无
TL	4～65536 字	约 10～50ns
物理内存页	512～8192	约 100～500ns
虚拟内存	2^{32}～2^{64}B	约 10～50μs
固态盘（SSD）	256Gb～16TB	约 25～100μs
机械硬盘	巨大	约 5～10ms
时针速度	无	约 4GHz

3.1.2　alignof 操作符

关键字 alignof 被作为编译时的操作符使用，用于查询当前平台上类型的对齐要求。

1. 说明

当将 alignof 操作符用于类型时，计算结果为一个整数常量表达式，该表达式表示其参数类型的对齐要求。与 sizeof 类似，alignof 的编译时值的类型为 std::size_t；与 sizeof 可以接受任意表达式不同，alignof 仅为类型标识符定义，但通常适用于表达式（参见烦恼——alignof 仅在类型上定义）。提供给 alignof 的参数类型 T 必须是完整类型、引用类型或数组类型。如果 T 是完整类型，则结果是 T 的对齐要求。如果 T 是引用类型，则结果是被引用类型的对齐要求。如果 T 是数组类型，则结果是数组中每个元素的对齐要求。例如，在 sizeof(short) == 2 和 alignof(short) == 2 的平台上，以下声明可以通过：

```
static_assert(alignof(short)    == 2, "");  // complete type   (sizeof is 2)
static_assert(alignof(short&)   == 2, "");  // reference type  (sizeof is 2)
static_assert(alignof(short[5]) == 2, "");  // array type      (sizeof is 10)
static_assert(alignof(short[])  == 2, "");  // array type      (sizeof fails)
```

根据 C++11 标准，“一个数组类型的对象包含连续分配的 *N* 个 T 类型的子对象的非空集合。”[1]注意，对于每个类型 T，sizeof(T) 总是 alignof(T) 的倍数；否则，如果没有填充，在数组中存储多个 T 实例将是不可能的，并且标准明确禁止在数组元素之间填充。

（1）基本 alignof 类型

像它们的大小一样，char、signed char 和 unsigned char 的对齐要求在每个符合标准的平台上都保证为 1。对于任何其他基本类型或指针类型 FPT, alignof(FPT) 是平台相关的，但通常由类型的自然对齐近似，即 sizeof(FPT) == alignof(FPT)：

```
static_assert(alignof(char)   == 1, "");  // guaranteed to be 1
static_assert(alignof(short)  == 2, "");  // platform-dependent
static_assert(alignof(int)    == 4, "");  //     "         "
static_assert(alignof(double) == 8, "");  //     "         "
static_assert(alignof(void*)  >= 4, "");  //     "         "
```

[1] 参见 iso11a，8.3.4 节，“数组”第 1 段。

（2）alignof 用户定义类型

当应用于用户定义类型时，其对齐方式始终（至少）是其任何参数的基对象或成员对象所遵循的最严格的那种对齐方式。编译器默认会避免不必要的填充，因为任何额外的填充都会浪费内存，例如 cache：

```
struct S0 { };                          // sizeof(S0) is  1; alignof(S0) is  1
struct S1 { char c; };                  // sizeof(S1) is  1; alignof(S1) is  1
struct S2 { short s; };                 // sizeof(S2) is  2; alignof(S2) is  2
struct S3 { char c; short s; };         // sizeof(S3) is  4; alignof(S3) is  2
struct S4 { short s1; short s2; };      // sizeof(S4) is  4; alignof(S4) is  2
struct S5 { int i; char c; };           // sizeof(S5) is  8; alignof(S5) is  4
struct S6 { char c1; int i; char c2; }; // sizeof(S6) is 12; alignof(S6) is  4
struct S7 { char c; short s; int i; };  // sizeof(S7) is  8; alignof(S7) is  4
struct S8 { double d; };                // sizeof(S8) is  8; alignof(S8) is  8
struct S9 { double d; char c; };        // sizeof(S9) is 16; alignof(S9) is  8
struct SA { long double ld; };          // sizeof(SA) is 16; alignof(SA) is 16
struct SB { long double ld; char c; };  // sizeof(SB) is 32; alignof(SB) is 16
```

空类型的大小（如上面示例中的 S0）被定义为具有 1 的大小和对齐方式，以确保类型 S0 的每个对象和成员子对象具有唯一的地址。但是，如果使用空类型作为基，则派生类型的大小不会受到空基优化的影响（有一些例外）：

```
struct D0 : S0 { int i; };  // sizeof(D0) is 4; alignof(D0) is 4
```

基类型的对齐方式总是影响派生类型的对齐方式。然而，这种效果只有在空基过度对齐时才会被观察到，参见 3.1.1 节。

```
struct alignas(8) E { };   // sizeof(E)  is 8; alignof(E)  is 8
struct D1 : E { int i; };  // sizeof(D1) is 8; alignof(D1) is 8
```

编译器被允许增加对齐（例如，在存在虚函数的情况下，这通常意味着一个虚函数表指针），但会对填充有一定的限制。例如，它们必须确保每个组成的类型本身充分对齐。此外，必须添加足够的填充，以便父类型的对齐划分其大小，确保在数组中存储多个实例不需要数组元素之间的任何填充，这是标准明确禁止的。换句话说，下列恒等式对所有类型 T 和正整数 N 都成立：

```
#include <cstddef>  // std::size_t

template <typename T, std::size_t N>
void f()
{
    static_assert(0 == sizeof(T) % alignof(T), "guaranteed");

    T a[N];
    static_assert(N == sizeof(a) / sizeof(*a), "guaranteed");
}
```

使用 alignas 说明符，用户定义类型的对齐可以人为地变得更严格，但不能更宽松，参见 3.1.1 节。还要注意，对于标准布局类型，第一个成员对象的地址保证与父对象的地址相同，参见 3.1.11 节。

```
struct S { int i; };
class T { public: S s; };
T t;
static_assert(static_cast<void*>(&t.s) == &t, "guaranteed");
static_assert(static_cast<void*>(&t.s) == &t.s.i, "guaranteed");
```

此性质也适用于 unions：

```
struct { union { char c; float f; double d; }; } u;
static_assert(static_cast<void*>(&u) == &u.c, "guaranteed");
static_assert(static_cast<void*>(&u) == &u.f, "guaranteed");
static_assert(static_cast<void*>(&u) == &u.d, "guaranteed");
```

2. 用例

（1）在开发过程中检查类型的对齐

在开发和调试期间，通常非正式地使用 sizeof 和 alignof 来确认当前平台上给定类型的这些属性的值：

```
#include <iostream>  // std::cout

void f()
{
    std::cout << " sizeof(double): " <<  sizeof(double) << '\n';  //  always 8
    std::cout << "alignof(double): " << alignof(double) << '\n';  // usually 8
}
```

按照每个数据成员的顺序打印结构体的大小并对齐时，可能会出现非最优排序，从而因额外的空间填充导致浪费。举个示例，考虑两个结构体 wasted 和 Optimal，它们具有相同的三个数据成员，但顺序不同：

```
struct Wasteful
{
    char   d_c;  // size =  1;  alignment = 1
    double d_d;  // size =  8;  alignment = 8
    int    d_i;  // size =  4;  alignment = 4
};              // size = 24;  alignment = 8

struct Optimal
{
    double d_d;  // size =  8;  alignment = 8
    int    d_i;  // size =  4;  alignment = 4
    char   d_c;  // size =  1;  alignment = 1
};              // size = 16;  alignment = 8
```

alignof(wasteful) 和 alignof(Optimal) 在笔者使用的平台上都是 8，但是 sizeof(wasteful) 是 24，而 sizeof(Optimal) 只有 16。即使这两个结构体包含完全相同的数据成员，这些成员的单独对齐要求也会迫使编译器在浪费中的数据成员之间插入比在优化中所需要的更多的填充：

```
struct Wasteful
{
    char   d_c;            // size =  1;  alignment = 1
    char   padding_0[7];   // size =  7
    double d_d;            // size =  8;  alignment = 8
    int    d_i;            // size =  4;  alignment = 4
    char   padding_1[4];   // size =  4
};                         // size = 24;  alignment = 8

struct Optimal
{
    double d_d;            // size =  8;  alignment = 8
    int    d_i;            // size =  4;  alignment = 4
    char   d_c;            // size =  1;  alignment = 1
    char   padding_0[3];   // size =  3
};                         // size = 16;  alignment = 8
```

（2）确认给定缓冲区是否已充分对齐

alignof 操作符可用于确认给定的缓冲区（如 char 缓冲区）是否适合于存储任意类型的对象。考虑创建一个值语义类 MyAny 的任务，它表示任意类型的对象[⊖]：

⊖ C++17 标准库提供了非模板类 std::any，它是一个类型安全的容器，可容纳任何常规类型的单个值。libstdC++ 和 libC++ 中围绕 std::any 对齐的实现策略与用于实现这里介绍的简化 MyAny 类的策略非常相似。注意，std::any 还记录了构造或赋值时的当前类型 id，可以通过 type 成员函数查询，以在运行时确定指定的类型当前是否为活动类型：

```
#include <any>  // std::any
void f(const std::any& object)
{
    if (object.type() == typeid(int)) { /*...*/ }
}
```

```
#include <cassert>   // standard C assert macro
#include <string>    // std::string
#include <my_any.h>  // MyAny
void f()
{
    MyAny obj = 10;              // can be initialized with values of any type
    assert(obj.as<int>() == 10); // Inner data can be retrieved at run time.

    obj = std::string{"hello"};  // can be reassigned from a value of any type
    assert(obj.as<std::string>() == "hello");
}
```

MyAny 的直接实现会在每次分配一个新类型的值时分配一个适当大小的动态内存块。这种实现方式会强制分配内存，即使在实践中分配的绝大多数值都很小（例如基本类型），其中大多数值都适合放在空间内，否则这些空间将被引用动态内存所需的指针占用。为了进一步优化，我们可以考虑在 MyAny 对象的占用空间内保留一个小缓冲区来保存适合它的并且与缓冲区充分对齐的值。

这种类型的自然实现，通常有一个 char 数组和一个 char 指针的 Union 作为数据成员，自然会对应至少是 char* 的对齐要求。例如，32 位平台为 4，64 位平台为 8：

```
// my_any.h:

class MyAny  // nontemplate class
{
    union {
        char* d_buf_p;       // pointer to dynamic memory if needed
        char  d_buffer[39];  // small buffer

    };  // Size of union is 39; alignment of union is alignof(char*).

    char d_onHeapFlag;              // Boolean (discriminator) for union (above)

public:
    template <typename T>
    MyAny(const T& x);                // member template constructor

    template <typename T>
    MyAny& operator=(const T& rhs);   // member template assignment operator

    template <typename T>
    const T& as() const;              // member template accessor

    // ...

};  // Size of MyAny is 40; alignment of MyAny is alignof(char*), e.g., 8.
```

此外，我们可以使用 alignas 属性来确保 d_buffer 的最小对齐至少为 8（甚至 16）：

```
// ...
alignas(8) char d_buffer[39];  // small buffer aligned to, at least, 8
// ...
```

在上面的示例中，我们选择 d_buffer 的大小为 39 有两个原因。首先，我们决定要将 32 字节的类型放入缓冲区，这意味着 d_buffer 的大小应该至少为 32。结合对 d_onHeapFlag 使用 char(保证其大小为 1)，我们要求 sizeof(MyAny) >= 33。其次，我们要确保没有在填充上浪费空间。在 alignof(MyAny) 为 8 的平台上（这将是许多 64 位平台的情况），sizeof(MyAny) 将为 40，我们通过将有用容量增加到 39 来实现，而不是让编译器添加未使用的填充。

然后，MyAny 的模板化构造函数可以决定，根据 x 的大小和对齐方式，是将给定对象 x 存储在内部小缓冲区存储中还是存储在堆中（可能在编译时）：

```
template <typename T>
MyAny::MyAny(const T& x)
{
    if (sizeof(x) <= 39 && alignof(T) <= alignof(char*))
    {
        // Store x in place in the small buffer.
        new(d_buffer) T(x);
```

```
            d_onHeapFlag = false;
        }
        else
        {
            // Store x on the heap and its address in the buffer.
            d_buf_p = reinterpret_cast<char*>(new T(x));
            d_onHeapFlag = true;
        }
    }
```

在现实世界的实现中，除了其他改进之外，转发引用将被用作 MyAny 构造函数的参数类型，以完美地将参数对象转发到适当的存储中，参见 3.1.10 节。

在上面的构造函数中使用 alignof 操作符来检查 T 的对齐方式是否与小缓冲区的对齐方式兼容。这一检查是必要的，可以避免将过度对齐的对象存储在适当的位置，即使它们能放在 39 字节的缓冲区中。例如，考虑 long double，它在典型平台上的大小和对齐都是 16。虽然 sizeof(long double) 是 16 字节，小于 39，但是 alignof(long double) 的大小是 16 字节，大于 d_buffer 的大小 8 字节；因此，尝试在小缓冲区 d_buffer 中存储 long double 类型的实例可能会导致未定义的行为，实际情况取决于 MyAny 对象在内存中的位置。对于用户定义的类型，如果包含长双精度类型，或者其对齐方式被人为地扩展到超过 8 字节，也不适合作为内部缓冲区，即使它们的大小可能适合：

```
struct Unsuitable1 { long double d_value; };
    // Size is 16 (<= 39), but alignment is 16 (> 8).

struct alignas(32) Unsuitable2 { };
    // Size is  1 (<= 39), but alignment is 32 (> 8).
```

（3）单调内存分配

单调内存分配是软件中的一个常见模式（例如客户端 / 服务器架构中的请求 / 响应），用于快速构建一个复杂的数据结构，使用它，然后快速销毁它。单调分配器是一种特殊用途的内存分配器，它根据特定的大小和对齐要求，将单调递增的地址序列返回到任意缓冲区中[⊖]。特别是当内存是由单个线程分配时，直接从程序堆栈中取出未同步的原始内存会带来巨大[⊜]的性能优势。在下面，我们将提供单调内存分配器的构建块，其中对齐操作符起着至关重要的作用。

假设我们想要创建一个轻量级的单调缓冲类模板，用于直接从对象的占用空间分配原始内存。只要在程序堆栈上创建一个大小适当的该类型实例的对象，内存就会自然地从堆栈中获得。出于教学原因，我们将从这个类的第一次传递开始，忽略对齐，然后返回并使用 alignof 修复它，以便它返回正确对齐的内存：

```
#include <cstddef>  // std::size_t

template <std::size_t N>
struct MonotonicBuffer  // first pass at a monotonic memory buffer
{
    char  d_buffer[N];  // fixed-size buffer
    char* d_top_p;      // next available address

    MonotonicBuffer() : d_top_p(d_buffer) { }
       // Initialize the next available address to be the start of the buffer.

    template <typename T>
    void* allocate()              // BAD IDEA, doesn't address alignment
                                  // doesn't check buffer limit
    {
        void* result = d_top_p;  // Remember the current next-available address.
```

⊖ C++17 引入了另一个接口，通过抽象基类提供内存分配器。C++17 标准库在子名称空间 std::pmr 中使用这种更具互操作性的设计提供了一个完整版本的标准容器，其中 pmr 代表多态内存资源。C++17 还采用了两个具体的内存资源：std::pmr::monotonic_buffer_resource 和 std::pmr::unsynchronized_pool_resource。

⊜ 参见 lakos16。

```
        d_top_p += sizeof(T);     // Reserve just enough space for this type.
        return result;            // Return the address of the reserved space.
    }
};
```

单调缓冲是一个类模板，有一个整型模板形参，控制 d_buffer 成员的大小并从中分配内存。请注意，虽然 d_buffer 的对齐值为 1，但 d_top_p 成员（用于跟踪下一个可用地址）的对齐值通常为 4 或 8，分别对应于 32 位和 64 位体系结构。构造函数仅仅初始化下一个地址指针 d_top_p，指向本地内存池 d_buffer 的起点。allocate 函数如何设法返回一个单调递增的地址序列，并使这些地址序列对应于从本地池中按顺序分配的对象？

```
void test1()
{
    MonotonicBuffer<20> mb;  // On a 64-bit platform, the alignment will be 8.
    char*   cp = static_cast<char*  >(mb.allocate<char  >());  // &d_buffer[ 0]
    double* dp = static_cast<double*>(mb.allocate<double>());  // &d_buffer[ 1]
    short*  sp = static_cast<short* >(mb.allocate<short >());  // &d_buffer[ 9]
    int*    ip = static_cast<int*   >(mb.allocate<int   >());  // &d_buffer[11]
    float*  fp = static_cast<float* >(mb.allocate<float >());  // &d_buffer[15]
}
```

allocate 实现的第一个问题是，返回的地址不一定满足所提供类型的对齐要求。第二个问题是没有内部检查以确认是否有足够的空间。为了解决这两个问题，我们需要一个函数，返回地址必须经过空间填充，该函数还要与具有对齐要求的对象正确对齐：

```
#include <cstdint>  // std::uintptr_t
std::size_t calculatePadding(const char* address, std::size_t alignment)
    // Requires: alignment is a non-negative, integral power of 2.
{
    return (alignment - reinterpret_cast<std::uintptr_t>(address)) &
           (alignment - 1);
}
```

有了上面示例中的 calculatePadding 辅助函数，我们就可以开始编写单调缓冲类模板的分配方法的最终版本了：

```
template <std::size_t N>
template <typename T>
void* MonotonicBuffer<N>::allocate()
{
    // Calculate just the padding space needed for alignment.
    const std::size_t padding = calculatePadding(d_top_p, alignof(T));

    // Calculate the total amount of space needed.
    const std::size_t delta = padding + sizeof(T);

    // Check to make sure the properly aligned object will fit.
    if (delta > d_buffer + N - d_top_p)  // if (Needed > Total - Used)
    {
        return 0;  // not enough properly aligned unused space remaining
    }

    // Reserve needed space; return the address for a properly aligned object.
    void* alignedAddress = d_top_p + padding;  // Align properly for T object.
    d_top_p += delta;                          // Reserve memory for T object.
    return alignedAddress;                     // Return memory for T object.
}
```

使用这种将由 alignof 提供的类型 T 的对齐方式传递给 calculatePadding 函数的修正实现，从上面的基准示例返回的地址将是不同的[㊀]：

㊀ 注意，在 32 位体系结构上，d_top_p 字符指针只对齐 4 个字节，这意味着整个缓冲区可能只对齐 4 个字节。在这种情况下，在对齐用例的示例中，cp、dp、sp、ip 和 bp 的各自偏移量有时可能分别为 0、4、12、16 和 nullptr。如果需要，可以使用 alignas 关键字人为地约束 d_buffer 数据成员始终驻留在最大对齐的地址边界上，从而提高行为的一致性，特别是在 32 位平台上。

```
void test2()
{
    MonotonicBuffer<20> mb;  // Assume 64-bit platform, 8-byte aligned.
    char*   cp = static_cast<char*  >(mb.allocate<char  >());  // &d_buffer[ 0]
    double* dp = static_cast<double*>(mb.allocate<double>());  // &d_buffer[ 8]
    short*  sp = static_cast<short* >(mb.allocate<short >());  // &d_buffer[16]
    int*    ip = static_cast<int*   >(mb.allocate<int   >());  // 0 (no space)
    bool*   bp = static_cast<bool*  >(mb.allocate<bool  >());  // &d_buffer[18]
}
```

在实践中，分配内存的对象（如 vector 或 list）将被构造为使用分配器来提供内存，该分配器保证具有最大的基本对齐、自然对齐或满足可选指定的对齐要求的对齐。

当缓冲区耗尽时，我们通常会让分配器回落到动态分配块的几何增长序列，而不是返回空指针；然后，allocate 方法会失败，也就是说，只有当所有可用内存耗尽，新的处理程序无法获得更多内存，但仍然选择将控制权返回给调用者时，才会以某种方式抛出 std::bad_alloc 异常。

3. 烦恼

alignof 仅在类型上定义

与 sizeof 操作符不同，alignof 操作符只能接受类型，不能接受表达式作为参数。

```
static_assert(sizeof(int)  == 4, "");     // OK, int is a type.
static_assert(alignof(int) == 4, "");     // OK, int is a type.
static_assert(sizeof(3 + 2) == 4, "");    // OK, 3 + 2 is an expression.
static_assert(alignof(3 + 2) == 4, "");   // Error, 3 + 2 is not a type.
```

这种不对称会导致当检查表达式而不是类型时需要利用 decltype（参见 2.1.3 节）：

```
void f()
{
    enum { e_SUCCESS, e_FAILURE } result;
    std::cout << "size: " << sizeof(result) << '\n';
    std::cout << "alignment:" << alignof(decltype(result)) << '\n';
}
```

同样的问题也出现在现代类型推断特性中，比如 auto（参见 3.1.3 节），“auto Variables”和泛型 lambda（参见 3.1.14 节）。例如，考虑使用 C++14 的泛型 lambda 来引入一个小的局部函数，该函数输出有关给定对象的大小和对齐的信息，可能用于调试目的：

```
auto printTypeInformation = [](auto object)
{
    std::cout << "     size: " << sizeof(object) << '\n'
              << "alignment: " << alignof(decltype(object)) << '\n';
};
```

因为 printTypeInformation lambda[㊀]的主体中没有显式的类型可用，所以希望完全使用 C++ 标准[㊁]的程序员被迫显式地使用 decltype 构造，在将对象传递给 alignof 之前需要先获得对象的类型。

4. 参见

- 2.1.3 节解释了 decltype 如何帮助解决 alignof 只接受类型而不接受表达式的限制（参见烦恼——alignof 仅在类型上定义）。

㊀ 在 C++20 中，显式引用泛型 lambda 形参的类型是可能的，因为在 lambdas 中增加了一些熟悉的模板语法：

```
auto printTypeInformation = []<typename T>(T object)
{
    std::cout << "     size: " << sizeof(T) << '\n'
              << "alignment: " << alignof(T) << '\n';
};
```

㊁ 请注意，alignof(object) 将在每个主要的编译器上工作——GCC 11.2（约 2021 年）、Clang 12.0.1（约 2021 年）和 MSVC 19.29（约 2021 年）——作为一个非标准扩展。

- 3.1.1 节讨论了如何使用 alignas 来提供更严格的对齐，例如比自然对齐更严格。

3.1.3 auto 变量：自动推导类型的变量

关键字 auto 在 C++11 中被重新定义为占位符类型，这样，当在变量声明中代替类型使用时，编译器将从变量的初始化器推断出变量的类型。

1. 描述

在 C++11 之前，很少使用的 auto 关键字可以用作在块范围和函数参数列表中声明的对象的存储类说明符，以指示自动存储持续时间，这是这类声明的默认值。在 C++11 中，auto 关键字与 register 关键字一起被重新定义为存储类说明符[⊖]。

从 C++11 开始，在声明变量时可以使用 auto 关键字来代替显式类型的名称。在这种情况下，变量的类型由编译器应用占位符类型推导规则从其初始化项中推断出来，除了列表初始化项有一个例外（参见潜在缺陷—列表初始化的意外推断），该规则与函数模板参数类型推断规则相同：

```
auto two = 2;     // Type of two is deduced to be int.
auto pi = 3.14f;  // Type of pi is deduced to be float.
```

上述 two 和 pi 变量的类型推断方式，与将相同的初始化式传递给采用模板类型值的单个参数的函数模板的方式相同。

```
template <typename T> void deducer(T);

void testDeduction()
{
    deducer(2);     // T is deduced to be int.
    deducer(3.14f); // T is deduced to be float.
}
```

如果用 auto 声明的变量没有初始化式，或者它的名字出现在用于初始化它的表达式中，又或者同一声明中多个变量的初始化式没有推断相同的类型，则程序是不正确的：

```
auto x;                 // Error, declaration of auto x has no initializer.
auto n = sizeof(n);     // Error, use of n before deduction of auto
auto i = 3, f = 0.3f;   // Error, inconsistent deduction for auto
```

正如函数模板实参推断永远不会为其按值实参推断引用类型一样，用不限定 auto 声明的变量永远不会推断为具有引用类型：

```
int  val = 3;
int& ref = val;
auto tmp = ref;  // Type of tmp is deduced to be int, not int&.
```

然而，用引用限定符和 cv 限定符对 auto 进行扩充，使我们能够控制推断出的类型是否为引用，以及它是不是 const 和 / 或 volatile：

```
auto val = 3;
    // Type of val is deduced to be int,
    // the same as the argument for template <typename T> void deducer(T).

const auto cval = val;
    // Type of cval is deduced to be const int,
    // the same as the argument for template <typename T> void deducer(const T).

auto& ref = val;
    // Type of ref is deduced to be int&,
    // the same as the argument for template <typename T> void deducer(T&).

auto& cref1 = cval;
    // Type of cref1 is deduced to be const int&,
```

⊖ 弃用的关键字 register 在 C++17 中已被删除，但该名称仍保留以供将来使用。

```
    // the same as the argument for template <typename T> void deducer(T&).

const auto& cref2 = val;
    // Type of cref2 is deduced to be const int&,
    // the same as the argument for template <typename T> void deducer(const T&).
```

注意，用 && 限定 auto 并不会导致右值引用的推断（参见 3.1.18 节）。但是，根据函数模板参数推断规则，将被视为转发引用（参见 3.1.10 节）。因此，使用 auto&& 声明的变量将导致左值引用或右值引用，具体取决于其初始化器的值类别：

```
double doStuff();

      int val  = 3;
const int cval = 7;

// Deduction rules are the same as for template <typename T> void deducer(T&&):

auto&& lref1 = val;
    // Type of lref1 is deduced to be int&.

auto&& lref2 = cval;
    // Type of lref2 is deduced to be const int&.

auto&& rref = doStuff();
    // Type of rref is deduced to be double&&.
```

与引用类似，可以显式指定要推断的指针类型。如果提供的初始化项不是指针类型，编译器将发出报错：

```
const auto* cptr = &val;
    // Type of cptr is deduced to be const int*,
    // the same as the argument for template <typename T> void deducer(const T*).

auto* cptr2 = cval;  // Error, cannot deduce auto* from cval
```

还可以指示编译器推断指向函数、数据成员和成员函数的指针，参见烦恼——并非所有模板参数推断构造都允许使用 auto：

```
float freeF(float);

struct S
{
    double d_data;
    int memberF(long);
};

auto (*fptr)(float) = &freeF;
  // Type of fptr is deduced to be float (*)(float),
  // the same as the argument for template <typename T> void deducer(T (*)(float)).

const auto S::* mptr = &S::d_data;
  // Type of mptr is deduced to be const double S::*,
  // the same as the argument for template <typename T> void deducer(const T S::*).

auto (S::* mfptr)(long) = &S::memberF;
  // Type of mfptr is deduced to be int (S::*)(long),
  // the same as the argument for template <typename T> void deducer(T (S::*)(long)).

auto (*gptr)(float) = 2; // Error, must be a function address

float freeH(double) { return 0.0; }

auto (*hptr)(float) = &freeH; // Error, the function must have the
                              // specified parameters.

double freeG(float ) { return 0.0; }

auto (*itpr)(float) = &freeG;  // OK, the return value is not constrained.
```

与引用不同，指针类型可以仅通过 auto 推断出来。因此，可以使用不同形式的 auto 来声明指针类型的变量：

```
auto  cptr1 = &cval;  // const int*
auto* cptr2 = &cval;  //   "      "

auto   fptr1          = &freeF;  // float (*)(float)
auto  *fptr2          = &freeF;  //   "          "
auto (*fptr3)(float) = &freeF;  //   "          "

auto       mptr1 = &S::d_data;  // double S::*
auto S::* mptr2 = &S::d_data;  //    "      "

auto        mfptr1         = &S::memberF;  // int (S::*)(long)
auto (S::* mfptr2)(long) = &S::memberF;  //  "     "     "
```

但是请注意，由于普通指针和成员指针在 C++ 类型系统中有本质的不同，因此不能使用 auto* 来推断指向数据成员和成员函数的指针：

```
auto* mptr3  = &S::d_data;    // Error, cannot deduce auto* from &S::d_data
auto* mfptr3 = &S::memberF;  // Error, cannot deduce auto* from &S::memberF
```

由于在推断非引用类型之前应用了函数到指针和数组到指针的转换，因此也可以从数组和函数初始化项中推断出指针，而无须显式使用地址操作符：

```
auto   fptr4          = freeF;  // float (*)(float)
auto  *fptr5          = freeF;  //   "          "
auto (*fptr6)(float) = freeF;  //   "          "

int array[4];

auto  aptr1 = array;  // int*
auto* aptr2 = array;  //   "

auto  sptr1 = "hello";  // const char*
auto* sptr2 = "world";  // const char*
```

在推断引用类型时不应用这些转换，取而代之的是推断出函数和数组的引用：

```
auto& fref = freeF;   // float (&)(float)

auto& aref = array;   // int (&)[4]

auto& sref = "meow";  // const char (&)[5]
```

存储类说明符以及 constexpr（参见 3.1.6 节）说明符也可以应用于在声明中使用 auto 的变量：

```
thread_local      auto localCounter = 0L;             // long
static constexpr auto pi           = 3.1415926535f;  // float
```

auto 变量可以声明在任何允许声明由初始化式提供的变量的位置，非静态数据成员除外，参见烦恼——禁止非静态数据成员使用 auto：

```
// namespace scope
auto globalNamespaceVar = 3.;  // double

namespace ns
{
    static auto nsNamespaceVar = "...";  // const char*
}

enum Status { /*...*/ };

int    sendRequest();
Status responseStatus();
bool   haveMoreWork();
void f()
{
    // block scope
    constexpr auto blockVar = 'a';  // char
```

```
    // condition of if, switch, and while statements
    if     (auto rc        = sendRequest())    { /*...*/ }  // int
    switch (auto status    = responseStatus()) { /*...*/ }  // Status
    while  (auto keepGoing = haveMoreWork())   { /*...*/ }  // bool

    // init-statement of for loops
    std::vector<int> v;
    for (auto it = v.begin(); it != v.end(); ++it)  // std::vector<int>::iterator
    { /*...*/ }

    // range declaration of range-based for loops
    for (const auto& constVal : v) { /*...*/ }  // const int&
}

struct S
{
    // static data members
    static const auto k_CONSTANT = 11u;  // unsigned int&
};
```

2. 用例

(1) 确保变量初始化

考虑由于错误地留下未初始化的变量而引入的缺陷：

```
#include <functional>  // std::function
#include <vector>      // std::vector

int accumulateWith0(const std::vector<int>&                data,
                    const std::function<void(int&, int)>& apply)
{
    int accumulator;  // Bug, accumulator not initialized
    for (int datum : data)
    {
        apply(accumulator, datum);
    }
    return accumulator;
}
```

用auto声明的变量必须初始化。因此，使用auto可以防止这些缺陷：

```
int accumulateWith1(const std::vector<int>&                data,
                    const std::function<void(int&, int)>& apply)
{
    auto accumulator;  // Error, declaration of accumulator has no initializer
    for (int datum : data)
    {
        apply(accumulator, datum);
    }
    return accumulator;
}
```

此外，初始化鼓励减少局部变量范围的良好做法。

(2) 避免重复的类型名称

某些函数模板要求调用者显式指定函数使用的类型作为其返回类型。例如，std::make_shared函数返回std::shared_ptr。如果显式指定了变量的类型，则此类声明会冗余地重复该类型。auto的使用避免了这种重复：

```
#include <memory>  // std::make_shared, std::make_unique, std::unique_ptr

// Without auto:
std::shared_ptr<RequestContext> context1 = std::make_shared<RequestContext>();
std::unique_ptr<Socket>         socket1  = std::make_unique<Socket>();

// With auto:
auto context2 = std::make_shared<RequestContext>();
auto socket2  = std::make_unique<Socket>();
```

（3）防止意外的隐式转换

使用 auto 可以防止因显式指定变量的类型而产生的缺陷，该类型与它的初始化项不同，但可以隐式地转换。例如，下面的代码有一个微妙的缺陷，可能导致性能下降或语义错误：

```
#include <map>  // std::map

void testManualForLoop()
{
    std::map<int, User> users{/*...*/};
    for (const std::pair<int, User>& idUserPair : users)
    {
        // ...
    }
}
```

在每次迭代中，idUserPair 将绑定到用户映射中对应 pair 的副本。进行复制是因为对 map 的迭代器解引用返回的类型是 std::pair<const int, User>，该类型可隐式转换为 std::pair<int, User>。

使用 auto 将允许编译器推断出正确的类型，并避免这种不必要且代价可能高昂的复制[⊖]：

```
void testAutoForLoop()
{
    std::map<int, User> users{/*...*/};
    for (const auto& idUserPair : users)
    {
        // auto is deduced as std::pair<const int, User>.
    }
}
```

（4）声明实现定义或编译器合成类型的变量

使用 auto 是声明实现定义的或编译器合成的类型变量的唯一方法，比如 lambda 表达式（参见 3.1.14 节）。

虽然在某些情况下可以使用类型擦除来避免写出类型的需要，但这样做通常会带来额外的开销。例如，在 std::function 函数中存储 lambda 闭包可能需要在构造时进行分配，并在每次调用时进行虚拟分派：

```
#include <functional>  // std::function

void saveCurrentWork();
void testCallbacks()
{
    std::function<void()> errorCallback0 = [&]{ saveCurrentWork(); };
        // OK, implicit conversion from anonymous closure type to
        // std::function<void()>, which incurs additional overhead

    auto errorCallback1 = [&]{ saveCurrentWork(); };
        // Better, deduces the compiler-synthesized type
}
```

（5）声明复杂和深度嵌套类型的变量

auto 可用于声明难以拼写和不能向读者传达有用信息的类型变量。一个典型的示例是避免拼写容器的迭代器类型：

```
#include <vector>  // std::vector

void doWork(const std::vector<int>& data)
{
```

⊖ C++17 的结构化绑定不仅允许我们在使用基于范围的 for 循环来迭代 map 结构时避免类型不匹配，而且还允许为元素赋予在循环上下文中更有意义的名称：

```
void testStructuredBindingForLoop(const std::map<int,User> &users)
{
    for (const auto& [id, user] : users) { /*...*/ }
}
```

```
    // without auto:
    for (std::vector<int>::const_iterator it = data.begin();
         it != data.end(); ++it)
    {
        // ...
    }

    // with auto:
    for (auto it = data.begin(); it != data.end(); ++it) { /*...*/ }
}
```

此外，当存储表达式模板的中间结果时，可能会出现对这种类型的需求，这些表达式模板的类型可能是深度嵌套的、不可读的，甚至可能在同一库的不同版本之间不同：

```
// without auto:
MyRanges::TransformRange<
    MyRanges::FilterRange<decltype(employees), JoinedInYear>,
    &Employee::name
> newEmployeeNames1 =
    employees | MyRanges::filter(JoinedInYear(2019))
              | MyRanges::transform(&Employee::name);

// with auto:
auto newEmployeeNames2 =
    employees | MyRanges::filter(JoinedInYear(2019))
              | MyRanges::transform(&Employee::name);
```

（6）提高更改库代码的弹性

auto 可以用来指示使用该变量的代码不依赖于特定类型，而是依赖于该类型必须满足的某些需求。在没有大规模自动化重构工具的项目中，这种方法可以给库实现者更大的自由来改变返回类型，而不会影响客户端代码的语义，请参见潜在缺陷——缺少接口限制。考虑下面的库函数：

```
std::vector<Node> getNetworkNodes();
    // Return a sequence of nodes in the current network.
```

只要 getNetworkNodes 函数的返回值仅用于迭代，那么返回 std::vector 就无关紧要。如果客户端使用 auto 来初始化存储该函数返回值的变量，则 getNetworkNodes 的实现者可以从 std::vector 迁移到 std::deque，这只需要客户端重新编译而无须更改代码。

```
// without auto:
void testConcreteContainer()
{
    const std::vector<Node>& nodes = getNetworkNodes();
    for (const Node& node : nodes) { /*...*/ }
        // prevents migration
}

// with auto:
void testDeducedContainer()
{
    const auto& nodes = getNetworkNodes();
    for (const Node& node : nodes) { /*...*/ }
        // The return type of getNetworkNodes can be silently
        // changed while retaining correctness of the user code.
}
```

3. 潜在缺陷

（1）可读性受损

使用 auto 有时可能会隐藏变量类型中包含的重要语义信息，这可能会增加读者的认知负荷。在变量命名不明确的情况下，使用 auto 会使代码难以阅读和维护。

```
int main(int argc, char** argv)
{
    const auto args0 = parseArgs(argc, argv);
```

```
        // The behavior of parseArgs and operations available on args0 is unclear.

    const std::vector<std::string> args1 = parseArgs(argc, argv);
        // It is clear what parseArgs does and what can be done with args1.
}
```

虽然要完全理解 parseArgs 函数的行为，至少需要阅读一次 parseArgs 函数的约定，但是在调用位置使用显式类型的名称可以帮助读者理解它的目的。现代 IDE 可以通过提供有关推断类型的上下文信息（例如通过显示工具提示）来帮助理解代码。然而，这些信息在非 IDE 环境中是不容易获得的，例如在简单的文本编辑器和代码审查工具中，在 GitHub 上浏览代码时，以及在代码打印到书中时。

（2）无意产生的副本

由于函数模板类型推断的规则适用于 auto，因此必须应用适当的 cv 限定符和声明符修饰符——&、&&、* 等——以避免不必要的复制，这些复制可能会对代码性能和正确性产生负面影响。例如，考虑一个将用户名大写的函数：

```
#include <cctype>  // std::toupper
#include <string>  // std::string

class User
{
    std::string d_name;
public:
    // ...
    std::string& name() { return  d_name; }
};
void capitalizeName0(User& user)
{
    if (user.name().empty())
    {
        return;
    }

    user.name()[0] = std::toupper(user.name()[0]);
}
```

然后程序错误地重构了这个函数，以避免重复 user.name() 调用。然而，缺少引用限定不仅会导致不必要的字符串副本，还会导致函数无法执行其工作：

```
void capitalizeName1(User& user)
{
    auto name = user.name();  // Bug, unintended copy

    if (name.empty())
    {
        return;
    }

    name[0] = std::toupper(name[0]);  // Bug, changes the copy
}
```

此外，即使是完全符合 cv-ref 条件的 auto，在像为返回的临时值引入变量这样简单的情况下，也可能被证明是不够的。例如，考虑重构这个简单函数的内容：

```
void testExpression()
{
    useValue(getValue());
}
```

为了调试或可读性，使用一个中间变量来存储 getValue() 的结果会有所帮助：

```
void testRefactoredExpression()
{
    auto&& tempValue = getValue();
    useValue(tempValue);
}
```

上述对 useValue 的调用并不等同于原始表达式，程序的语义可能已经改变，因为 tempValue 是一个左值表达式。为了接近原始语义，必须使用 std::forward 和 decltype 来将 getValue() 的原始值类别传递给 useValue 的调用，参见 3.1.10 节。

```
#include <utility>  // std::forward

void testBetterRefactoredExpression()
{
    auto&& tempValue = getValue();
    useValue(std::forward<decltype(tempValue)>(tempValue));
}
```

请注意，即使上面的代码也实现了相同的结果，但这两种方式有所不同，因为 std::forward(tempValue) 是一个 xvalue 表达式，而 getValue() 是一个右值表达式，参见 3.1.18 节。

（3）意想不到的转换和缺乏预期的转换

即使必须在初始化器中拼写所需类型，强制使用 auto 声明变量，也允许在不适用的情况下使用潜在的有损或开销昂贵的显式转换。要了解允许这种转换的后果，可以考虑一个函数模板 combineDurations0，它用于组合两个计时持续时间值。原始代码“故意”使用 sum 变量的复制初始化来禁止显式转换：

```
#include <chrono>  // std::chrono::seconds

template <typename Duration1, typename Duration2>
std::chrono::seconds combineDurations0(Duration1 d1, Duration2 d2)
{
    std::chrono::seconds sum = d1 + d2;  // only implicit conversions allowed

    // ...                    (more processing)
}
```

combineDurations0 的作者希望调用者必须从 std::chrono 传入类型，例如明确指定所需的单位。使用 auto 并通过在初始化器中指定 std::chrono::seconds 来强制推断 std::chrono::seconds，会得到看似相同的代码，例如 combineDurations1。但是，更新后的代码现在允许在 sum 变量的初始化中进行显式转换，尽管它仍然使用复制初始化：

```
template <typename Duration1, typename Duration2>
std::chrono::seconds combineDurations1(Duration1 d1, Duration2 d2)
{
    auto sum = std::chrono::seconds(d1 + d2);  // explicit conversions allowed

    // ...                    (more processing)
}
```

这导致即使当其参数是两个整数时，combineDurations1 也会错误地编译，从而潜在地掩盖了由于客户端忘记指定单元而导致的缺陷。公平地说，针对这个特殊问题的更好的解决方案是以更严格的方式声明函数模板，例如 combineDurations2：

```
template <typename Rep1, typename Period1, typename Rep2, typename Period2>
std::chrono::seconds combineDurations2(std::chrono::duration<Rep1, Period1> d1,
                                       std::chrono::duration<Rep2, Period2> d2)
{
    auto sum = std::chrono::seconds(d1 + d2);

    // ...                    (more processing)
}
```

通过因式分解和明确相应单元，我们可以消除使用 auto 带来的可能风险，因为具有这种不受欢迎的参数类型的调用将无法编译。

相反，当使用 auto 而不是显式指定的类型时，可能会错过一些预期发生的转换。例如，auto 可能推断出可能导致难以诊断缺陷的代理类型：

```
void testProxyDeduction()
{
    std::vector<bool> flags = loadFlags();

    auto firstFlag = flags[0];  // deduces a proxy type, not bool
    flags.clear();

    if (firstFlag)  // Bug, use-after-free: flags vector released its memory.
    {
        // ...
    }
}
```

上述 firstFlag 变量的类型由其初始化式推断为 std::vector::reference。对于 bool 以外的类型，vector 定义的引用类型别名是对该类型的左值引用，类似的 auto 用法只会复制该值。vector 类模板对 bool 进行了部分特例化，使其使用打包表示，其中每个布尔元素都表示为单个位。C++ 不允许对单个位的引用，std::vector::reference 是一种特殊的代理类型，主要表现为对 bool 的引用。当初始化 firstFlag 变量时，会复制这个代理类型，创建对该位的另一个引用。使用普通 auto 通常会删除引用。一旦底层标志向量被清除，通过 firstFlag 代理访问位将导致未定义的行为。将 firstFlag 的类型显式指定为 bool 可以解决此问题：

```
void proxyAvoided()
{
    std::vector<bool> flags = loadFlags();

    bool firstFlag = flags[0];  // OK, makes a copy of the first Boolean
    flags.clear();

    if (firstFlag)  // OK, simply accessing a local variable
    {
        // ...
    }
}
```

（4）缺少接口限制

自动对所推断的类型缺乏任何限制可能会导致在编译时检测出缺陷。考虑重构 getNetworkNodes 函数（参见用例——提高更改库代码的弹性），返回 std::deque<Node> 而不是 std::vector<Node>：

```
std::deque<Node> getNetworkNodes();  // Return type changed from std::vector<Node>.
    // Return a sequence of nodes in the current network.
```

虽然使用 auto 存储 getNetworkNodes 返回的结果，然后使用基于范围的 for 对其进行迭代的代码不会受到影响，但是依赖于 std::vector 对象中元素的连续布局的代码的行为将悄然变成未定义的：

```
void testUseContiguousMemory()
{
    auto nodes = getNetworkNodes();
    CLibraryProcessNodes(&nodes[0], nodes.size());
        // Bug, exhibits UB when getNetworkNodes returns an std::deque
}
```

虽然可以使用 static_assert 对自动推断的类型指定约束，但这样做通常很麻烦[⊖]：

```
const Packet* PacketCache::findFirstCorruptPacket() const
{
    auto it = std::begin(d_packets);

    static_assert(
        std::is_base_of<
```

[⊖] C++20 引入了一些概念，比如命名类型需求，即用特定概念约束 auto 的方法。可以使用它来代替 static_assert。例如，可以约束 auto 只接受随机访问迭代器：

```
#include <iterator>  // std::random_access_iterator
std::random_access_iterator auto it = std::begin(d_packets);
```

```
            std::random_access_iterator_tag,
            std::iterator_traits<decltype(it)>::iterator_category>::value,
        "'it' must satisfy the requirements of a random access iterator.");

    // ...

    return it == std::end(d_packets) ? nullptr : &*it;
}
```

（5）基本类型的重要属性可能被隐藏

对基本类型的变量使用auto可能会隐藏重要的上下文敏感因素，例如溢出行为或有符号和无符号算术的混合。例如，考虑一个库，它提供了用于编码字符串的函数，以及用于计算特定输入的编码结果长度的函数：

```
// encoder.h:
#include <string>  // std::string

// ...

struct Encoder
{
    template <typename ITERATOR>
    static void encode(ITERATOR result, const std::string& input);

    static int encodedLengthFor(const std::string& input);
};

// ...
```

然后编写一个函数，使用Encoder对其输入进行编码，然后将结果转换为小写：

```
#include <cctype>  // std::tolower

#include <encoder.h>

void lowercaseEncode(std::string* result, const std::string& input)
{
    auto encodedLength = Encoder::encodedLengthFor(input);

    result->resize(encodedLength);
    Encoder::encode(result->begin(), input);

    while (--encodedLength >= 0)  // (1)
    {
        (*result)[encodedLength] = std::tolower((*result)[encodedLength]);
    }
}
```

上面示例中的encodedLength变量使用auto从Encoder::encodedLengthFor的返回值推断其类型。如果Encoder库的维护者将encodedLengthFor函数的返回类型更改为无符号类型，例如std::size_t，而不是int，则由于对无符号类型递减0的不同行为，lowercaseEncode函数将变得有缺陷。

（6）列表初始化的意外推断

如果使用大括号括起的初始化列表，自动类型推导规则与函数模板的规则不同。函数模板参数推导总是会失败，然而，根据C++11规则，std::initializer_list将为auto推断。

```
auto example0 = 0; // copy initialization, deduced as int
auto example1(0);  // direct initialization, deduced as int
auto example2{0};  // list initialization, deduced as std::initializer_list<int>

template <typename T> void func(T);

void testFunctionDeduction()
{
    func(0);     // T deduced as int
    func({0});  // Error
}
```

这种行为被广泛认为是一个错误[⊖]。

尽管如此，即使有了这种溯及性修复，应用于大括号初始化器列表时的推断规则的效果也可能令人困惑。特别是，当使用复制初始化而不是直接初始化时，std::initializer_list 会被推断出来，这需要包含 <initializer_list>：

```
auto x1 = 1;                  // int
auto x2(1);                   //  "
auto x3{1};                   //  "

#include <initializer_list>  // std::initializer_list
auto x4 = {1};                // OK, deduced as std::initializer_list<int>

auto x5{1, 2};                // Error, direct-list-init requires exactly 1 element.
auto x6 = {1, 2};             // OK, deduced as std::initializer_list<int>
```

（7）推断内置数组是有问题的

使用 auto 推断内置数组类型会带来多重挑战。首先，声明一个 auto 数组是错误的：

```
auto arr1[]  = {1, 2};  // Error, array of auto is not allowed.
auto arr2[2] = {1, 2};  // Error, array of auto is not allowed.
```

其次，如果没有指定数组绑定，要么程序不编译，要么推断出 std::initializer_list 而不是内置数组：

```
#include <initializer_list>  // std::initializer_list
auto arr3 = {1, 2};  // OK, deduced as std::initializer_list<int>
auto arr4{1, 2};     // Error, direct-list init requires exactly 1 element.
```

最后，尝试通过使用别名模板来规避这个缺陷（参见 2.1.18 节）将导致代码编译但具有未定义的行为：

```
template <typename TYPE, std::size_t SIZE>
using BuiltInArray = TYPE[SIZE];

auto arr5 = BuiltInArray<int, 2>{1, 2};
    // Bug, taking the address of a temporary array
```

为 arr5 推断的类型是 int*，因为在推断非引用类型之前执行了数组到指针的转换。将指针绑定到临时数组不会延长其生存期，并且在完整表达式结束时会销毁该数组。因此，任何访问 arr5 元素的尝试都会导致未定义的行为。此外，即使这个技巧是有效的，这样的代码也几乎完全破坏了 auto 的目的，因为数组元素的类型和数组的边界都不会被推断出来。

话虽如此，使用 auto 来推断对内置数组的引用是很简单的：

```
int data[] = {1, 2};

      auto&  arr6 = data;                          //       int (&) [2]
const auto&  arr7 = BuiltInArray<int, 2>{1, 2};  // const int (&) [2]
      auto&& arr8 = BuiltInArray<int, 2>{1, 2};  //       int (&&)[2]
```

请注意，上面代码片段中的 arr7 和 arr8 引用扩展了它们绑定到的临时数组的生命周期，因此对它们进行下标不会产生前面代码片段中对 arr5 进行下标所具有的未定义行为。

4. 烦恼

（1）禁止非静态数据成员使用 auto

尽管 C++11 允许在类定义中初始化非静态数据成员，但不能使用 auto 来声明它们：

```
class C
{
    auto d_i = 1;  // Error, nonstatic data member is declared with auto.
};
```

⊖ 这种错误的行为（例如，auto i 推断出 int）在 C++17 中被正式纠正。此外，主流编译器早在 GCC 5.1（约 2015 年）、Clang 3.8（约 2016 年）和 MSVC 19.00（约 2015 年）就已经追溯地应用了这个推断规则的变化，即使明确提供了 std=C++11 标志，也会应用修订后的规则。

（2）并非所有模板参数推断构造都允许使用 auto

尽管 auto 类型推断在很大程度上遵循模板参数推断规则，但模板允许的某些结构不允许用于 auto。例如，在推断指向数据成员类型的指针时，模板允许同时推断数据成员类型和类类型，而 auto 只能推断前者：

```
struct Node
{
    int   d_data;
    Node* d_next;
};

template <typename TYPE>
void deduceMemberTypeFn(TYPE Node::*);

void testDeduceMemberType()
{
                 deduceMemberTypeFn   (&Node::d_data);  // OK, int Node::*
    auto Node::* deduceMemberTypeVar = &Node::d_data;   // OK,  "      "
}

template <typename TYPE>
void deduceClassTypeFn(int TYPE::*);
void testDeduceClassType()
{
                deduceClassTypeFn   (&Node::d_data);  // OK, int Node::*
    int auto::* deduceClassTypeVar = &Node::d_data;   // Error, not allowed
}

template <typename TYPE>
void deduceBothTypesFn(TYPE* TYPE::*);

void testDeduceBothTypes()
{
                  deduceBothTypesFn   (&Node::d_next);  // OK, Node* Node::*
    auto* auto::* deduceBothTypesVar = &Node::d_next;   // Error, not allowed
}

template <typename ARG>
void deduceFunctionArgFn(void (*)(ARG));

void test(int);

void testDeduceFunctionArg()
{
          deduceFunctionArgFn          (&test);  // OK, ARG is int.
    void (*deduceFunctionArgVar)(auto) = &test;  // Error, not allowed
}
```

此外，也不允许推断类模板的形参：

```
std::vector<int> vectorOfInt;

template <typename TYPE>
void deduceVectorArgFn(const std::vector<TYPE>&);

void testDeduceVectorArg()
{
                      deduceVectorArgFn   (vectorOfInt); // OK, TYPE is int.
    std::vector<auto> deduceVectorArgVar = vectorOfInt;  // Error, not allowed
}
```

相反，如果在这种情况下需要自动类型推断，则 auto 适用于单独从初始化式推导类型：

```
auto deduceClassTypeVar   = &Node::d_data;  // OK, int Node::*
auto deduceBothTypesVar   = &Node::d_next;  // OK, Node* Node::*

auto deduceFunctionArgVar = &test;          // OK, void (*)(int)

auto deduceVectorArgVar   = vectorOfInt;    // OK, std::vector<int>
```

5. 参见

- 2.1.16 节解释了如何使用 auto 占位符在函数签名的末尾指定函数的返回类型。
- 3.2.2 节说明了如何在 lambda 的形参列表中使用 auto 占位符，以使其函数调用操作符成为模板。
- 4.2 节描述了如何使用 auto 占位符来推断函数的返回类型。

6. 延伸阅读

关于自动类型推断及其使用的其他分析，可参见 meyers15b，第 9～18 页的“项目 1: 理解模板类型演绎”；第 18～23 页的“项目 2：理解自动类型演绎”；第 37～43 页的“项目 5：选择 auto 而不是显式类型声明”；以及第 43～48 页的“项目 6：在自动推导不需要的类型时使用显式类型初始化器”。

3.1.4 大括号初始化：{}

大括号初始化是 C++03 初始化语法的概括，其设计目的是在任何初始化环境中都能安全、统一地使用。

1. 描述

大括号初始化，最初称为“一致初始化”，是指使用大括号进行初始化，有时与 C++ 标准库的初始化列表模板密切配合使用（参见 3.1.13 节）。大括号初始化旨在提供统一的语法来初始化对象，而不考虑使用语法的上下文和被初始化对象的类型。正如我们将看到的，这个设计目标在很大程度上实现了，尽管有一些局部特异性反应和粗糙的边界。

（1）C++03 初始化语法综述

经典的 C++ 提供了几种形式的初始化，每一种都有自己的语法，其中部分在语法上可以互换，但存在细微的差别。在最高级有两种对偶初始化类别：（1）直接 / 复制初始化，此时至少存在一个可用初始化器。（2）默认 / 值初始化，此时没有初始化器可用。

第一种对偶初始化类别包括直接初始化和复制初始化。直接初始化是指初始化某一对象，该对象中的一或多个参数携带括号，例如在构造函数的初始化列表或新表达式中初始化数据成员或基类。复制初始化是指在不使用括号的情况下对值进行初始化，例如将参数传递给函数或从函数重新获取值。这两种形式都可用于初始化变量：

```
void test0()
{
    int i = 23;  // copy initialization
    int j(23);   // direct initialization
}
```

在上例中的两种情况下，我们用字面值 23 对变量 i 或 j 进行初始化。

对于标量类型，C++03 中这两种初始化的对偶形式之间没有明显的差异，但对于用户定义的类型，则存有差异。首先，直接初始化将所有有效的用户定义转换序列视为重载集的一部分，而复制初始化则排除显式转换：

```
struct S
{
    explicit S(int);        //    explicit value constructor (from int)
             S(double);     // nonexplicit value constructor (from double)
             S(const S&);   // nonexplicit copy  constructor
};

S s1(1);     // direct init of s1: calls S(int);    copy constructor is not called
S s2(1.0);   // direct init of s2: calls S(double);    "        "        "  "    "
S s3 = 1;    // copy init of s3: calls S(double); copy constructor might be called
S s4 = 1.0;  // copy init of s4: calls S(double);   "        "        "    "    "
```

排除复制初始化的显式转换表现为在初始化 S1 时调用与上例中 S3 不同的构造函数。更重要的是，如果复制初始化被定义为构造临时对象，那么编译器可以省略这类临时对象，实践中通常这么做。但是，请注意，除非存在可访问的复制或移动构造函数，否则不允许复制初始化，即使临时构造函数已被删除[⊖]。如果用户定义类型的移动构造函数已声明且无法访问，则说明复制初始化的格式不正确，见2.1.6节和3.1.18节。注意，函数参数和返回值是使用复制初始化进行初始化的。

引用类型也可以通过复制和直接初始化来初始化，将声明的引用绑定到某一对象或函数。对于非常量限定符类型的左值引用，引用的类型必须完全匹配或从该类型派生。但是，如果对一个上下文限定的类型指定一个右值引用或左值引用，则编译器会复制初始化该引用的目标类型的临时对象，并将该引用绑定到该临时对象。在这种情况下，临时对象的使用期延长到引用的使用期结束：

```
void test1()
{
    int i = 0;           // OK, copy initialization of int
    int& x(i);           // OK, direct initialization of reference
    const long& y = x;   // OK, y binds to a temporary whose lifetime it extends.
    long& z = x;         // Error, incompatible types
}
```

第二类对偶初始化包括默认初始化和值初始化。默认初始化和值初始化适用于没有提供初始化器的情况，不同类型的初始化方式通过括号的存在与否来区分，其中不存在括号表示默认初始化，存在括号表示值初始化。请注意，在声明变量之类的简单环境中，空括号也可能表示函数声明（请参见用例——避免最麻烦的解析）：

```
int i;           // default initialization
int j();         // Oops, function declaration
int k = int();   // copy initialization of k with a value-initialized temporary

int* pd = new int;    // default initialization of dynamic int object
int* pv = new int();  // value          "          "    "     "     "
```

对于标量类型，默认初始化不会对对象进行初始化，而值初始化会将对对象进行初始化，类似通过字面值0进行初始化。注意，这个值的表示形式不一定都是零位，因为某些平台对指针和指针到成员对象的空指针值使用了不同的陷阱值。

对于具有可访问的用户提供的默认构造函数的类别，默认初始化和值初始化运行是相同的。如果没有可访问的默认构造函数，二者均为错误形式。对于具有隐式定义的默认构造函数的类的对象，每个库和子对象将根据完整对象所指示的初始化形式进行默认初始化或值初始化；如果这些初始化中的任何函数产生了错误，那么程序错误。注意，当一个具有隐式定义的默认构造函数的集合被值初始化时，集合的第一个成员将被值初始化为该联合体的活跃成员：

```
struct B
{
    int i;
    B() : i() { }  // User-provided default constructor: i is value initialized.
};

struct C
{
    int i;
    C() { }  // User-provided default constructor: i is default initialized.
};

struct D : B { int j; };  // derived class with no user-provided constructors

int* pdi = new int;     // default init of dynamic int, *pdi is uninitialized
int* pvi = new int();   // value   init of dynamic int, *pvi is 0
B* pdb = new B;         // default init of dynamic B, pdb->i is 0
B* pvb = new B();       // value   init of dynamic B, pvb->i is 0
C* pdc = new C;         // default init of dynamic C, pdc->i is uninitialized
C* pvc = new C();       // value   init of dynamic C, pvc->i is uninitialized
D* pdd = new D;         // default init of dynamic D, pdd->i is uninitialized
D* pvd = new D();       // value   init of dynamic D, pvd->i is 0
```

⊖ 在C++17中，保证复制省略将删掉那些临时对象构造函数，并消除对可访问的复制或移动构造函数的需求。

在B类型的对象的情况下，默认和值初始化都将调用用户提供的默认构造函数，它将子对象i初始化为0。以C类型为对象，默认初始化和值初始化都将调用用户提供的默认构造函数，它不会初始化子对象i。以D类型为对象，它有一个隐式定义的默认构造函数，子对象j的初始化取决于D对象是通过默认初始化还是通过值初始化完成初始化。

任何读取一个未初始化对象的值的尝试都包含未经定义的行为。如果隐式创建一个具有这种未初始化值的常量，即使它属于用户定义的类型，编译器也会发出错误。如果一个类型的常量可以被默认初始化，则这个类型就是常量可默认构造的。如果某一类型有一个用户提供的默认构造函数，或者它的所有基数和成员本身都是可默认构造的，那么它就是常量可默认构造的。例如，整数成员j作为一个标量类型，因此没有用户提供的默认构造函数，这使得D不是可默认构造的，而下述程序中D2的基和成员都有用户提供的默认构造函数：

```
struct D2 : B { B j; };  // derived class with no user-provided constructors

const D  w;          // Error, w.j is not initialized.
const D  x = D();    // OK, x is value initialized.
const D2 y;          // OK, y is default initialized; subobjects invoke default ctor.
const D2 z = D2();   // OK, z is value initialized.
```

请注意，在C++17的缺陷报告被提出[1]之前，依赖空类型的常量对象的默认初始化就是不正确的。这个缺陷报告是在2016年底解决的，目前大多数编译器不再执行这个限制，有些编译器，例如GCC，在缺陷报告之前几年已经停止执行此规则。

```
struct E { };

const E ce1;        // Error on some compilers
const E ce2 = E(); // OK, copy init of ce2 with a value-initialized temporary
```

在文件、命名空间或函数范围内的静态存储期限的对象（参见2.1.18节）在任何其他初始化发生之前被零初始化。注意，零初始化的指针对象有一个空地址值（参见2.1.12节），即使在主机平台上显示的不是数值意义上的零。

```
struct E
{
    int i;
};

struct F
{
    int i;
    F() : i(42) { }
};

E globalE;
    // Zero initialization also zero-initializes globalE.i.
    // Default initialization provides no further initializations.

F globalF;
    // Zero initialization initializes globalF.i.
    // After that, default constructor is invoked.

int globalI;
    // Zero initialization initializes globalI.
    // Default initialization provides no further initializations.
```

请注意，静态存储期限对象的默认初始化将总是初始化一个准备使用的对象，要么调用一个具有用户提供的默认构造函数的类型的默认构造函数，要么零初始化标量，参见表3.2。

[1] CWG issue 253，参见miller00。

表 3.2 C++ 初始化类型汇总

初始化类型	无参数	参数≥1
有括号	值初始化 `int i = int( );`	直接初始化 `int i (23);`
无括号	默认初始化 `int i;`	复制初始化 `int i = 23;`

（2）C++03 聚合初始化

聚合体是 C++03 中一种特殊的对象，通常不使用构造函数，而是遵循一套不同的初始化规则，通常用大括号表示。有两种类型的聚合体：数组和用户定义的类型。聚合体没有私有或保护的非静态数据成员，没有基类，没有用户提供的构造函数，也没有虚拟函数。聚合体类似于经典的 C 结构体，可能有额外的非虚拟成员函数。注意，聚合体的成员本身并不需要是聚合体。

```
#include <string>  // std::string

int a[5];            // Arrays are aggregates.

struct A
{
    int         i;  // public data member
    std::string s;  // A is an aggregate even though std::string is not.

private:
    static int j;   // Private data member is static.
    void f();       // Member functions are OK, even if private.
};
```

关于术语的一个简单说明：严格来说，数组由元素组成，而类由成员组成，但为了便于阐述，我们在本文中把两者都称为成员。

当一个聚合体被直接或复制初始化复制时，不会调用复制构造函数，而是使用直接初始化复制每个聚合体的相应成员，这相当于运行一个类的隐式定义的复制构造函数。注意，如果成员本身就是聚合体，那么这个过程可能会被递归应用。此外还要注意，用一个数组复制初始化另一个数组的结果取决于环境。如果这个初始化是作为一个聚合体的复制初始化的一部分发生的，那么数组元素将被复制初始化。否则，源数组会经历数组到指针的衰变，变得不适合初始化目标数组，导致程序格式错误。 这种数组复制行为是在 C++11 中增加 std::array 模板的原因之一。

当一个聚合体被默认初始化时，它的每个成员都被默认初始化。当一个聚合体被值初始化时，它的每个成员都被值初始化。这种行为遵循了类类型的隐式定义构造函数的一般规则，并定义了数组初始化的相应行为：

```
int n = 17;
int* pid = new int[n];    // default initialization of dynamic array object and
                          // its elements

int* piv = new int[n](); // value initialization of dynamic array object and
                          // its elements

A* pd = new A;            // default initialization of dynamic A object and
                          // its members

A* pv = new A();          // value initialization of dynamic A object
                          // and its members
```

否则，一个聚合体必须由一个大括号的列表来初始化——形式为 = { list -of-values}——其中聚合体的成员将通过复制初始化的方式从值列表中的相应值初始化。如果聚合体的成员多于列表所提供的，那么剩下的成员将被值初始化。如果在列表中提供的值多于聚合体中的成员，将会出现错误。如果一个联合体只有一个有效成员，那它的第一个成员将被初始化，但不会超过列表中的各单一值。上述操作表明初始化与聚合体的数据成员的集合大小是相关的，此聚合体的初始化通过大括号省略。

```
union U
{
    int i;
    const char* s;
};

U x = {    }; // OK, value-initializes x.i = 0
U y = { 1  }; // OK, copy-initializes x.i = 1
U z = { "" }; // Error, cannot initialize z.i with ""
```

让我们回顾一下在函数或测试的主体中初始化一个聚合类型 A2 的对象的各种方法，即在函数范围内定义：

```
struct A2 { int i; };  // aggregate with a single data member

void test()
{
          A2  a1;              // default init: i is not initialized!
    const A2& a2 = A2();       // value init: i is 0.
          A2  a3 = A2();       // value init followed by copy init: i is 0.
          A2  a4();            // Oops, function declaration!
          A2  a5 = { 5 };      // aggregate initialization employing copy init
          A2  a6 = { };        //      "          "           "     value  "
          A2  a7 = { 5, 6 };   // Error, too many initializers for aggregate A2
   static A2  a8;              // zero-initialized, then (no-op) default init
}
```

注意上面示例代码中的以下内容。

- a1。由于 a1 是默认初始化的，聚合体中的每个数据成员本身都是独立的默认初始化。对于标量类型，例如整数，在函数范围内默认初始化的效果是没有作用的，也就是说，a1.i 没有被初始化。任何试图访问 a1.i 的内容都是未定义指令。
- a2 和 a3。a2、a3 两者情况为：A2 类型的临时变量首先被初始化，然后，这个临时变量被绑定到 a2 的参考值上，延长它的期限；而对于 a3，这个临时变量被用来复制初始化命名的变量。a2.i 和 a3.i 都被初始化为 0。
- a4。注意，我们无法通过应用大括号创建一个值初始化的局部变量 a4，因为这将被视为声明一个没有参数的函数，并通过值返回 A2 类型的对象，参见用例——避免最麻烦的解析。
- a5，a6 和 a7。C++03 支持使用大括号语法进行聚合初始化，例如上面代码片段中的 a5、a6 和 a7。局部变量 a5 被复制初始化，因此 a5.i 有用户提供的值 5，而 a6 是值初始化，没有储备初始化器；因此，a6.i 被初始化为 0。传递 a7 两个值来初始化一个数据成员会导致编译时错误。注意，如果 A2 类有第二个数据成员，初始化 a5 的语句会导致第一个数据成员的复制初始化和第二个数据成员的值初始化。
- a8。因为 a8 有静态存储期限，所以它首先被零初始化，即 a8.i 被设置为 0，然后它被默认初始化，这和 a1 的原因一样。

注意标量可以被视为是只有一个元素的一个数组。尽管注意标量永远不会受到数组到指针的衰减，但在事实上，如果把任何标量的地址加上 1，新的指针值将代表该标量的长度为 1 的隐含数组的一个单向结束迭代器。与此相似，标量可以使用聚合初始化，就像它们是单元素数组一样，标量的括号列表可以包含零或一个元素。然而，在 C++03 中，标量不能从一个空括号中初始化：

```
int    i = { };        // Error in C++03; OK in C++11 (i is 0).
int    j = { 1 };      // OK, i is 1.
double k = { 3.14 };   // OK, k is 3.14.
```

（3）C++11 中的大括号初始化

到目前为止，我们所讨论的一切，包括聚合体的大括号初始化，都在 C++03 中得到很好的定义。在 C++11 中，同样的大括号初始化语法——稍做修改以排除缩小转换（见下节）——被扩展应用至诸多新情形下，连续且一致地运行。这种增强的大括号初始化语法旨在更好地支持“C++03 初始化语法综述”中讨论的两种对偶初始化类别，以及全新的功能，包括对使用 C++ 标准库的 std::initializer_ list 类模板实现的初始值列表的语言级别支持。

（4）C++11 对缩小转换的限制

缩小转换，又称有损转换，是一个运行时出现错误的重要的原因。使用 C++11 大括号初始化语法实现的列表初始化的一个重要特性是，不再允许易出错的缩小转换。例如，考虑一个整数数组 ai，用各种内置的字面值进行初始化：

```
int ai[] =
{         //     C++03    C++11
    5,    // (0) OK       OK
    5.0,  // (1) OK       Error, narrowing double to int conversion is not allowed.
    5.5,  // (2) OK       Error, narrowing double to int conversion is not allowed.
    "5",  // (3) Error    Error, no const char* to int conversion exists.
};
```

在 C++03 中，浮点字符将被强制装入一个整数中，即使已知转换是有损的，例如，上面代码片段中的（2）行将初始化 ai[2] 为 5。相比之下，C++11 不允许在大括号初始化中进行任何此类隐式转换，即使已知转换是无损的，例如上面的 ai[1] 元素。

在整数和浮点类型家族中的缩小转换通常是不允许的，除非在编译时可以验证不会发生溢出，并且在整数和经典枚举（Enum）型的情况下，初始化器的值可以被精确表示[⊖]：

```
const unsigned long ulc = 1;  // compile-time integral constant: 1UL

short as[] =  //       C++03     C++11                      Stored Value
{
     32767,   // (0)   OK        OK                         as[0] == 32767
     32768,   // (1)   Warning?  Error, overflow
    -32768,   // (2)   OK        OK                         as[2] == -32768
    -32769,   // (3)   Warning?  Error, underflow
    1UL,      // (4)   OK        OK                         as[4] == 1
    ulc,      // (5)   OK        OK                         as[5] == 1
    1.0       // (6)   OK        Error, narrowing
};
```

请注意，在 C++11 中，溢出（1）行和下溢（3）行对整型值来说都是错误的，而在 C++03 中两者都可接受。整数字面量，如第 4 行，或整数常数，（5）行中较宽的类型，如无符号长整数，可以用来初始化较窄的类型，如有符号短整数，只要该值可以精确表示；然而，即使是可以精确表示的浮点字符，（6）行在 C++11 中用来初始化任何整数标量都不合格。

用整数初始化器初始化浮点标量是允许的，但前提是初始化器的值能被目标类型准确表示；用浮点初始化器初始化浮点标量，只要不发生溢出，对初始化器的准确显示则不做要求：

```
float af[] =
{               //      C++03   C++11                Stored value
    3L,         // (0)  OK      OK                   af[0] == 3L
    16777216,   // (1)  OK      OK                   af[1] == 16777216
    16777217,   // (2)  OK      Error, lossy
    0.75,       // (3)  OK      OK                   af[3] == 0.75
    2.4,        // (4)  OK      OK, but lossy        af[4] != 2.4
    1e-46,      // (5)  OK      OK, but underflow    af[5] == 0
    1e+39       // (6)  OK      Error, overflow
};
```

在上面的示例中，（0）～（2）行表示从一个整数类型初始化，这就要求初始化的值必须被精确表示。（3）～（6）行则是从浮点类型初始化的，例如 double，因此只限制溢出。

当初始化器不是一个常量表达式时，大括号初始化有可能在运行时导致缩小转换，因此是不正确的。例如，用 double 或 long double 来初始化 float，用 long double 来初始化 double，或者用任何浮点类型来初始化整数类型，对于不是常量表达式的初始化器来说都是不正确的。同样地，一个

⊖ 从 C++20 开始，从指针或指针到成员类型到 bool 的隐式转换被认为逐步缩小。这一变化已被缺陷报告接受（见 yuan20），并被应用于标准的早期版本。

整数类型，例如 int，不允许被任何其他可能更大的整数类型（例如 long）的非常量表达式整数值初始化，即使这两种类型在当前平台上的表示位数是相同的。最后，整数类型的非常量表达式，例如 short，不能用来初始化同一类型的无符号版本，例如 unsigned short，反之亦然。

为了说明对上述非常量表达式施加的约束，输入一个简单的聚合体 S，它包括一个整数 i 和一个双精度浮点数 d：

```
struct S  // aggregated class
{
    int    i;  // integral scalar type
    double d;  // floating-point scalar type
};
```

这里用一个名为 test 的测试函数声明了各种算术参数类型，说明了 C++11 的支撑初始化对缩小初始化的限制，这些初始化在 C++03 中很合适：

```
void test(short s, int i, long j, unsigned u, float f, double d, long double ld)
{                       //      C++03 C++11
    S s0 = { i, d };    // (0)  OK    OK
    S s1 = { s, f };    // (1)  OK    OK
    S s2 = { u, d };    // (2)  OK    Error, u  causes narrowing.
    S s3 = { i, ld };   // (3)  OK    Error, ld causes narrowing.
    S s4 = { f, d };    // (4)  OK    Error, f  causes narrowing.
    S s5 = { i, s };    // (5)  OK    Error, s  causes narrowing.
}
```

上面的测试函数中，（0）行和（1）行是可行的，因为在任何遵循标准的平台上，它们不能像（2）～（5）行那样进行缩小转换，尽管在实践中，一个双精度浮点数更有可能准确地代表短整数所能代表的每一个值。

（5）C++11 聚合初始化

C++11 中的聚合初始化，包括数组的初始化，都遵守禁止缩小转换的规则：

```
int  i   = { 1 };        // OK
long j   = { 2 };        // OK

int  a[] = { 0, 1, 2 };  // OK

int  b[] = { 0, i, j };  // Error, cannot narrow j from long to int

struct S { int a; };
S s1 = { 0  };  // OK
S s2 = { i  };  // OK
S s3 = { 0L };  // OK, 0L is an integer constant expression.
S s4 = { j  };  // Error, narrowing
```

此外，值初始化的规则现在规定，在大括号列表中没有特定初始化值的成员是“视情况”从 {} 复制初始化的。当初始化一个有明确默认构造函数的成员时，这些规则将导致错误。此外，从 C++14 开始，如果这样的成员有一个默认的成员初始化函数，那么该成员将从默认的成员初始化函数初始化，参见 2.2.1 节。注意，如果成员是引用类型的，并且没有提供初始化函数，那么初始化结构有缺陷。

无论聚合体本身是使用复制初始化还是直接初始化，聚合体的成员都将从相应的初始化器中被复制初始化：

```
struct E { };                             // empty type
struct AE { int x; E y; E z; };           // aggregate comprising several empty objects
struct S { explicit S(int = 0) {} };      // class with explicit default constructor
struct AS{ int x; S y; S z; };            // aggregate comprising several S objects

AE aed;                       // OK
AE ae0 = {};                  // OK
AE ae1 = { 0 };               // OK
AE ae2 = { 0, {} };           // OK
```

```
AE ae3 = { 0, {}, {} };    // OK

AS asd;                    // OK
AS as0 = {};               // OK in 03; Error in 11 calling explicit ctor for S
AS as1 = { 0 };            // OK in 03; Error in 11 calling explicit ctor for S
AS as2 = { 0, S() };       // OK in 03; Error in 11 calling explicit ctor for S
AS as3 = { 0, S(), S() };  // OK, all the aggregate's members have an initializer.
```

为了更好地支持以类似于聚合初始化的风格来概括大括号初始化的语法，聚合体可以通过C++11中的聚合初始化以及C++03中的直接初始化从相同类型的对象中初始化：

```
S x{};      // OK, value initialization
S y = {x};  // OK in C++11; copy initialization via aggregate-initialization syntax
```

因此，C++11中的聚合初始化与C++03中的含义相同，并相应地扩展到允许大括号初始化的地方。

（6）复制列表初始化

对于C++03，只有聚合和标量可以通过大括号初始化语法进行初始化：

```
Type var = { /*...*/ };  // C++03-style aggregate-only initialization
```

在C++11中，大括号初始化语法允许用于初始化聚合体的相同语法形式用于所有用户定义的类型。这种括号式初始化的扩展形式，被称为复制列表初始化，遵循复制初始化的规则：

```
Class var1 = val;        // C++03 copy initialization
Class var2 = { val };    // C++11 copy list initialization
```

对于一个非聚合类的类型，C++11允许使用括号内的列表，只要它的值序列可以作为被初始化的类的非显式构造函数的合适参数。重要的是，这种复制列表初始化的使用在接受单一参数以外的显式构造函数时有着重要意义。例如，假设一个结构体S，它的构造函数有0～3个参数，其中只有最后一个是显式的：

```
struct S
{
             S();                             // default ctor
             S(int);                          // 1-argument ctor
             S(int, const char*);             // 2-argument ctor
    explicit S(int, const char*, double);     // 3-argument ctor
};
```

只有在选定的构造函数没有被证明为显式时，才能使用复制列表初始化，例如s0、s1和s2，而非s3：

```
S s0 = { };                  // OK, copy list initialization
S s1 = { 1 };                // OK, copy list initialization
S s2 = { 1, "two" };         // OK, copy list initialization
S s3 = { 1, "two", 3.14 };   // Error, constructor is explicit
```

如果我们声明默认构造函数或其他任何构造函数是显式的，上述相应的复制（或复制列表）初始化也会失败。

C++11复制列表初始化和C++03复制初始化之间的另一个重要区别是，大括号列表语法考虑了所有构造函数，包括那些被声明为显式的构造函数。假设一个结构体Q有两个重载的单参数构造函数，即一个取一整数，另一个成员模板取一个推导类型T的值：

```
struct Q  // class containing both explicit and implicit constructor overloads
{
    explicit Q(int);               // value constructor taking an int
    template <typename T> Q(T);    // value constructor taking a  T
};
```

采用直接初始化，例如下面代码片段中的x0，会选择最合适的构造函数（不管它是否被声明为显式），并成功地使用该构造函数；采用复制初始化，例如x1，在确定最佳匹配之前从重载集中删除显式构造函数；采用复制列表初始化，例如x2，同样包括重载集中的所有构造函数，如果所选构造函数是显式函数，就会产生缺陷：

```
Q x0(0);    // OK, direct initialization calls Q(int).
Q x1 = 1;   // OK, copy initialization calls Q(T).
Q x2 = {2}; // Error, copy list initialization selects but cannot call Q(int).
Q x3{3};    // Same idea as x0; direct list initialization calls Q(int).
```

换句话说，= 的存在加上大括号符号，例如上面代码示例中的 x2，迫使编译器选择构造函数，就像直接初始化一样，例如 x0，但是如果选择的构造函数是显式的，就会导致编译失败。复制列表初始化的这种“考虑但失败”的行为类似于使用 = delete 声明的函数，参见 2.1.6 节。使用大括号但省略 =（例如 x3）使我们回到了直接初始化而不是复制初始化的领域，参见下一小节“直接列表初始化”。

当初始化参考值时，复制列表初始化（即大括号初始化语法）与复制初始化（即没有大括号）在生成临时变量方面的行为类似。当使用大括号列表将一个左值参考值初始化时（例如下面代码示例中的 int& ri 或 const int& cri)，将其初始化为一个类型完全匹配的标量（例如 int i)，不会创建临时变量，就像没有大括号一样；否则，只要存在一个可行的转换，并且没有变窄，就会创建一个临时变量：

```
#include <cassert>  // standard C assert macro

void test()
{
    int  i = 2;             assert(i   == 2);
    int& ri = { i };        assert(ri  == 2);  // OK, no temporary created
    ri = 3;                 assert(i   == 3);  // Original i is affected.

    const int& cri = { i }; assert(cri == 3);  // OK, no temporary created
    ri = 4;                 assert(cri == 4);  // Other reference is affected.

    short s = 5;            assert(s   == 5);
    const int& crs = { s }; assert(crs == 5);  // OK, temporary is created.
    s = 6;                  assert(crs == 5);  // Temporary is unchanged.

    long j = 7;             assert(j   == 7);
    const int& crj = { j }; // Error, narrowing conversion from long to int
}
```

正如上面的示例中的具有 C 风格断言所展示的那样，在初始化 ri 或 cri 时，没有创建临时变量，因为修改引用会影响作为初始化器的变量，反之亦然。另一方面，crs 的 C++ 类型与它的初始化器的类型不完全匹配：被创建的临时变量，通过引用访问的值不会受到作为初始化器的对象支持的变化的影响。 最后，与涉及 s（short 类型）的情况不同，试图用 j（long 类型）以来初始化 int 类型的常量左值引用 crj，这是一种缩小转换，因此存在缺陷。

对标量和聚合体的右值和左值常数引用通过括号内的字面值列表初始化，遵循聚合体的规则（参见上一小节“ C++11 聚合体初始化”）；一个临时变量被具体化，具有指定的值，并与参考值绑定，从而延长临时期限：

```
const int& i0 = { };    // OK, materialized temporary is value initialized.
const int& i1 = { 5 };  // OK,      "          "      " copy       "
```

在上面的示例中，一个临时的值被初始化为 0，并绑定到 i0；然后另一个临时的值被复制初始化为 5，并绑定到 i1。

用户定义类型聚合体的不可修改的引用利用了复制和直接列表初始化的推广情形。创建一个由三个整数数据成员组成的集合 A：

```
struct A          // struct A is an aggregate data type.
{
    int i, j, k;  // This struct contains three data members of type int.
};
```

现在可以使用大括号初始化来实现一个使用聚合初始化的聚合类型 A 的临时对象：

```
const A& s0 = { };           // i, j, and k are value initialized.
const A& s1 = { 1 };         // i is copy and j and k are value initialized.
const A& s2 = { 1, 2 };      // i and j are copy and k is value initialized.
const A& s3 = { 1, 2, 3 };   // i, j, and k are copy initialized.
```

在上面的示例中，每个参考值，s0 到 s3，都被初始化为一个 A 类型的临时结构体，持有各自的集合值 {0，0，0}、{1，0，0}、{1，2，0} 和 {1，2，3}。

（7）直接列表初始化

在初始化的两种形式（直接初始化和复制初始化）中，直接初始化更强，因为它可以使用所有可访问的构造函数，包括那些声明为显式的构造函数。普及大括号初始化的下一步是允许使用大括号列表，在变量和开头的大括号之间没有中间的 = 字符，也可以表示直接初始化。

```
Class var1(/*...*/);  // C++03-style direct initialization
Class var2{/*...*/};  // C++11-style direct list initialization
```

注意，C++11 并没有类似地放宽规则，以允许用括号初始化聚合体[⊖]。

前面的示例中建议的语法被称为直接列表初始化，它遵循直接初始化的规则，而不是复制初始化的规则，已命名类型的所有构造函数均被考虑在内：

```
struct Q  // class containing explicit constructor
{
    explicit Q(int);  // value constructor taking an int
    // ...
};

Q x(5);      // OK  direct initialization can call explicit constructors.
Q y{5};      // OK, direct list initialization can call explicit constructors.
Q z = {5}; // Error, copy list initialization can't call explicit constructors.
```

无论是哪种形式的直接初始化，如上面示例代码中的 x 和 y，都可以调用 Q 类的显式构造函数，而复制列表初始化必然会导致编译时错误。

然而，按照 C++11 大括号初始化的规则，直接列表初始化会拒绝缩小转换。

```
long a = 3L;

Q b(a);  // OK, direct initialization
Q c{a};  // Error, direct list initialization cannot use a narrowing conversion.
```

同样，当标量上采用直接列表初始化（或直接初始化）时，可以考虑显式转换运算符（见 2.1.7 节），但在复制列表初始化（或复制初始化）时就不是这样。例如，考虑一下可以转换为 int 或 long 的类 W，其中转换为 int 是显式的。

```
struct W
{
    explicit operator int()  const;  // used via direct initialization only
             operator long() const;  // used via direct or copy initialization
};
```

用 W 类型的表达式初始化 long 变量可以通过直接初始化或复制初始化来完成（例如，在下述代码片断中分别为 jDirect 和 jCopy），但用这样的表达式初始化 int 变量只能通过直接初始化来完成（例如 iDirect）。

```
long jDirect {W()};  // OK, considers both operators, calls operator long
long jCopy = {W()};  // OK, considers implicit op only, calls operator long
int  iDirect {W()};  // OK, considers both operators, calls operator int
int  iCopy = {W()};  // Error, considers implicit op only, narrowing conversion
```

在前面的示例中，在尝试使用复制列表初始化（例如 icopy）时，会强制转换为 long，这会导致缩小转换和错误的程序。

请注意，对于聚合类型，即使是直接的列表初始化也不允许考虑各个成员类型的显式构造函数，因为这种成员式初始化必然是复制初始化，可参见上上小节“C++11 聚合初始化”。

可以使用直接列表初始化作为基类和类的数据成员的成员初始化列表的一部分。注意，在这样

⊖ C++20 最终允许使用括号初始化聚合体。

的环境中没有允许复制列表初始化的等效项：

```
struct B { int i; };          // aggregate type
struct C { C(); C(int); };   // nonaggregate type

struct D : B  // class publicly derived from aggregate B
{
    C m;  // data member of nonaggregate type C

    D()      : B{},  m{}  { }  // direct-initialized base/member objects
    D(int x) : B{x}, m{x} { }  //    "         "         "      "       "
};
```

在上面 D 类的定义中，两个构造函数都采用了直接的列表初始化；第一个构造函数也是聚合类 B 和非聚合类 C 的值初始化的示例。注意，在 C++03 中，聚合初始化不能用于基数和成员。

直接列表初始化（即使用大括号）或直接初始化（即使用括号）也可以出现在聚合和非聚合类型的新表达式中。如果没有提供初始化器，则分配对象 d 被默认初始化；如果提供空括号，则对对象进行值初始化；否则，对象将从带括号的列表的内容中初始化，或者在允许的情况下，从带括号的列表中初始化。

作为一个说明性的示例，采用标量类型 int，它本身可以是能够默认初始化的，也就是还未初始化，通过空括号将值初始化为 0，或者通过大括号或大括号内的单个元素直接初始化：

```
int* s0  = new int;                // default initialized (no initializer)

int* t0 = new int();               // direct-(value)-initialized from ()
int* t1 = new int{};               // direct-(value)-list-initialized from {}

int* u0 = new int(7);              // direct initialized from 7
int* u1 = new int{7};              // direct-list-initialized from {7}

int* v0 = new int[5];              // All 5 elements are default initialized.

int* w0 = new int[5]();            // All 5 elements are value initialized.
int* w1 = new int[5]{};            // Array is direct-list-initialized from {}.

int* x0 = new int[5](9);           // Error, invalid initializer for an array
int* x1 = new int[5]{9};           // Array is direct-list-initialized from {9}.

int* y1 = new int[5]{1,2,3};       // array direct-list-initialized from {1,2,3}

int* z1 = new int[5]{1,2,3,4,5};   // direct-list-initialized from {1,2,3,4,5}
```

上面示例中的所有注释都适用于在 new 表达式中创建的对象。在所有情况下，指针都是用动态分配的对象的地址复制初始化的。注意，在 C++03 中，可以默认初始化（例如 v0）或值初始化（例如 w0）new 表达式中的数组元素，但是除了默认值（例如 x0）之外，无法将这样的数组元素初始化为其他值；从 C++11 开始，用大括号直接初始化列表（例如 x1、y1、z1）使得在 new 表达式中更灵活、异构地初始化数组元素成为可能。

（8）对比复制和直接列表初始化

复制列表初始化和直接列表初始化的适用性在很大程度上取决于构造函数是否被显式声明：

```
struct C
{
    explicit C() { }
    explicit C(int) { }
};

struct A  // aggregate of C
{
    C x;
    C y;
};
```

```
int main()
{
    C c1;           // OK, default initialization
    C c2{};         // OK, value initialization
    C c3{1};        // OK, direct list initialization
    C c4 = {};      // Error, copy list initialization cannot use explicit
                    // default ctor.
    C c5 = {1};     // Error, copy list initialization cannot use explicit ctor.

    C c6[5];        // OK, default initialization
    C c7[5]{};      // Error, aggregate initialization requires a nonexplicit
                    // default ctor.
    C c8[5]{1};     // Error, aggregate initialization requires nonexplicit ctors.
    C c9[5] = {};   // Error, aggregate initialization requires a nonexplicit
                    // default ctor.
    C ca[5] = {1};  // Error, aggregate initialization requires nonexplicit ctors.

    A a1;           // OK, default initialization
    A a2{};         // Error, aggregate initialization requires a nonexplicit
                    // default ctor.
    A a3{1};        // Error, aggregate initialization requires nonexplicit ctors.
    A a4 = {};      // Error, aggregate initialization requires a nonexplicit
                    // default ctor.
    A a5 = {1};     // Error, aggregate initialization requires nonexplicit ctors.
}
```

注意，如果 C 的构造函数没有被明确标记，那么上述范例中的所有变量都会被安全地初始化。如果只有 C 的整型构造函数是显式的，那么不依赖于整型构造函数的初始化有效：

```
struct C
{
    C() { }
    explicit C(int) { }
};

struct A  // aggregate of C
{
    C x;
    C y;
};

int main()
{
    C c1;           // OK, default initialization
    C c2{};         // OK, value initialization
    C c3{1};        // OK, direct list initialization
    C c4 = {};      // OK, copy list initialization
    C c5 = {1};     // Error, copy list initialization cannot use explicit ctor.

    C c6[5];        // OK, default initialization
    C c7[5]{};      // OK, value initialization
    C c8[5]{1};     // Error, aggregate initialization requires nonexplicit ctors.
    C c9[5] = {};   // OK, copy list initialization
    C ca[5] = {1};  // Error, aggregate initialization requires nonexplicit ctors.

    A a1;           // OK, default initialization
    A a2{};         // OK, value initialization
    A a3{1};        // Error, aggregate initialization requires nonexplicit ctors.
    A a4 = {};      // OK, copy list initialization
    A a5 = {1};     // Error, aggregate initialization requires nonexplicit ctors.
}
```

（9）用大括号初始化整合默认成员初始化

C++11 的另一个新特性是类中数据成员的默认成员初始化，参见 3.1.7 节。此新语法支持复制列表初始化和直接列表初始化。但是，在此环境中不允许使用括号初始化：

```
struct S
{
    int i = { 13 };
```

```
    S() { }                      // OK, i == 13.
    explicit S(int x) : i(x) { } // OK, i == x.
};

struct W
{
    S a{};         // OK, by default j.i == 13.
    S b{42};       // OK, by default j.i == 42.
    S c = {42};    // Error, constructor for S is explicit.
    S d = S{42};   // OK, direct initialization of temporary for initializer
    S e(42);       // Error, fails to parse as a function declaration
    S f();         // OK, declares member function f
};
```

（10）列表本身是构造函数的单一参数时的列表初始化

C++11 的另一种新的初始化形式是列表初始化，用一个带括号的参数列表来填充一个容器，参见 3.1.13 节。如果一个带括号的列表包含的参数都是相同的类型，那么编译器将寻找一个构造函数，它的参数类型是 std::initializer_list <T>，其中 T 是那个共同类型。同样，如果一个括号内的值列表可以隐含地转换为一个共同类型，那么该类型的 std::initializer_list 的构造函数将被优先考虑。当从一个非空的括号内的初始化器列表初始化时，一个匹配的初始化器列表构造函数总是能够进行重载解析。然而，从一对空的大括号中初始化的值会优先选择一个默认的构造函数：

```
#include <initializer_list>  // std::initializer_list

struct S
{
  S() {}
  S(std::initializer_list<int>) {}
  S(int, int);
};
S a;              // default initialization with default constructor
S b();            // function declaration!
S c{};            // value initialization with default constructor
S d = {};         // copy list initialization with std::initializer_list
S e{1,2,3,4,5};   // direct list initialization with std::initializer_list
S f{1,2};         // direct list initialization with std::initializer_list
S g = {1,2};      // copy list initialization with std::initializer_list
S h(1,2);         // direct initialization with two ints
```

（11）使用大括号初始化临时类型时省略类型名称

除了支持新的初始化形式外，C++11 还允许大括号列表隐式构造一个类型已知的对象，例如用于函数参数和返回值。这种使用大括号列表而不明确指定类型的做法，相当于从大括号初始化器列表中构造一个目的类型的临时对象。由于这些环境中使用的是复制初始化，临时对象将使用复制列表初始化，并且它将拒绝显式构造函数：

```
struct S
{
    S(int, int) {}
    explicit S(const char*, const char*) {}
};

S foo(bool b)
{
    if (b)
    {
        // return { "hello", "world" };   // Error, copy list init calls expl ctor.
        return S{ "hello", "world" };     // OK, direct list init of a temporary
    }
    else
    {
        return {0, 0};  // OK, int constructor is not explicit.
    }
}
```

```
void bar(S s) { }

int main()
{
   bar( S{0,0} );  // OK, direct list initialization, then copy initialization
   bar(  {0,0} );  // OK, copy list initialization
   bar( S{"Hello", "world"} );  // OK, direct list initialization
   bar(  {"Hello", "world"} );  // Error, copy list initialization cannot use
                                // explicit ctor.
}
```

（12）初始化条件表达式中的变量

作为使初始化在整个语言中保持一致的最后一项调整，在C++03中，在while或if语句的条件中初始化一个变量只支持复制初始化，并且需要使用=标记。对于C++11，这些规则被放宽了，允许任何有效形式的大括号初始化。相反，从最初的C++标准[⊖]开始，for循环中的控制变量声明一直支持变量声明所允许的所有初始化形式。

```
void f()
{
   for (int i = 0; ; ) {}      // OK in all versions of C++
   for (int i = {0}; ; ) {}    // OK for aggregates in C++03 and all types from C++11
   for (int i{0}; ; ) {}       // OK from C++11, direct list initialization
   for (int i{}; ; ) {}        // OK from C++11, value initialization
   for (int i(0); ; ) {}       // OK in all versions of C++
   for (int i(); ; ) {}        // OK in all versions of C++
   for (int i; ; ) {}          // OK in all versions of C++

   if (int i = 0) {}      // OK in all versions of C++
   if (int i = {0}) {}    // OK from C++11, copy list initialization
   if (int i{0}) {}       // OK from C++11, direct list initialization
   if (int i{}) {}        // OK from C++11, value initialization
   if (int i(0)) {}       // Error in all versions of C++
   if (int i()) {}        // Error in all versions of C++
   if (int i) {}          // Error in all versions of C++

   while (int i = 0) {}      // OK in all versions of C++
   while (int i = {0}) {}    // OK from C++11, copy list initialization
   while (int i{0}) {}       // OK from C++11, direct list initialization
   while (int i{}) {}        // OK from C++11, value initialization
   while (int i(0)) {}       // Error in all versions of C++
   while (int i()) {}        // Error in all versions of C++
   while (int i) {}          // Error in all versions of C++
}
```

（13）复制初始化和标量

在C++11中增加了显式转换操作符（参见2.1.7节），对于标量来说，直接列表初始化、复制初始化和复制列表初始化有可能失败。

```
struct S
{
    explicit operator int() const { return 1; }
};
S one{};

int a(one);     // OK, a = 1.
int b{one};     // OK, b = 1.
int c = {one};  // Error, copy list initialization used with
                // explicit conversion operator.
int d = one;    // Error, copy initialization used with
                // explicit conversion operator.

class C {
    int x;
```

⊖ 注意，GCC传统上只接受C++11语法，即使在使用C++03时也是如此。

```
    int y;

public:
    C(const S& value) : x(value)  // OK, x = 1
                      , y{value}  // OK, y = 1
    {
    }
};
```

2. 用例

(1) 定义值初始化的变量

C++ 语法有一个缺陷，即在试图对变量进行值初始化时，得到的结果是一个函数声明：

```
struct S{};

S s1();       // Oops! function declaration
S s2 = S();   // variable declaration using value initialization and then
              // copy initialization
```

s1 的声明看起来像是试图对一个 S 类型的局部变量进行值初始化，但事实上，它是对函数 s1 的前置声明，该函数不需要参数，并通过值返回一个 S 对象。这是原始 C 标准中保留的一个特性。显然，在这一点上，语法中会有一个歧义，除非语言提供一个规则来解决这个歧义，而且这个规则在所有情况下都支持函数声明，包括在函数的局部作用域内。虽然这条规则在命名空间和类的范围内很重要，因为没有参数的函数就不能被轻易地声明，但同样的规则也适用于函数的局部作用域，一方面是为了一致性，另一方面是为了与 C++ 编译器编译的已有的 C 代码兼容。

通过从圆括号切换到大括号，避免了恼人的解析和变量声明之间的混淆风险：

```
S s{};  // object of type S
```

(2) 避免最麻烦的解析

值初始化构造函数参数会导致最麻烦的解析。C++ 会将构造函数参数的预期初始化值解析为某函数类型的未命名参数的声明，不然将是不合规则的，因为语言规则规定，参数隐含地衰减为一个指向该类型的函数的指针：

```
struct S{};
struct V { V(const S&) { } };

void foo()
{
    V v1(S());      // most vexing parse, function v1 taking a function pointer
    V v2((S()));    // workaround, object of type V due to parentheses on argument

    S x = S();      // declare a variable of type S
    V v3(x);        // workaround, object of type V, but S has longer lifetime
}
```

在上面的示例中，v1 是包围名称空间中一个函数的前置声明，该函数返回一个 V 类型的对象，并且有一个返回 S 并不接受参数的指针到函数类型的参数，S(*)()。也就是说，我们可以使用一个等价的声明——V v1(S(*)()); ——来表达这个类型。

这个最麻烦的解析可以通过让参数清楚地形成一个表达式，而不是一个类型来消除歧义。强制将参数作为表达式解析的一个简单方法是多添加一对圆括号。注意，将 V 的构造函数声明为显式，以期迫使编译出错，在这里没有任何帮助，因为 v1 的声明不会被解释为 V 类对象的声明，所以显式构造函数不在考虑范围。

通过在 C++11 中添加通用的大括号初始化，使用一种编码约定来优先选择空大括号，而不是小括号，对于所有的值初始化，避免了最麻烦的解析的出现：

```
V v4(S{});  // direct-initialize object of type V with value initialized temporary
```

注意，在包含多个参数的构造函数的解析过程中可能会出现最麻烦的解析，但这个问题出现的频率较低，因为任一参数都可以看作是一个表达式，而不是一个函数类型：

```
struct W { W(const S&, const S&) { } };

W w1( S(),  S());  // most vexing parse, declares function w1 taking two
                   // function pointers

W w2((S()), S());  // workaround, object of type W due to nonredundant
                   // parentheses on argument

W w3( S{},  S());  // workaround, even a single use of S{} disambiguates
                   // further use of S()
```

（3）通用代码中的统一初始化

通用代码作者面临的设计问题之一是选择哪种语法形式来初始化依赖于模板参数类型的对象。不同的 C++ 类型有不同的行为，接受不同的语法，为所有情况提供一个统一的语法是不可能的。思考下面这个示例，一个单元测试框架的简单测试：

```
#include <initializer_list>  // std::initializer_list

template <typename T, typename U>
bool run_Test(bool (*test)(const T&), std::initializer_list<U> values)
{
    for (const auto& val : values)
    {
        T obj = val;        // initialize the test value
        if (!test(obj))
        {
            return false;
        }
    }

    return true;
}
```

在这个示例中，为一个参数类型为 T 的对象提供了一个测试函数，该对象是一个 long，其初始化器是 initializer_list。for 循环将依次用每个测试值构造一个测试对象，并调用测试函数，如果有任何值失败，则提前返回。问题是使用哪种语法来创建测试对象 obj。

- 该示例使用复制初始化——T obj=Val；——如果 T 不能从 U 进行隐式转换，则 T 将无法完成编译。
- 切换到直接初始化——T obj（Val)；——将允许显式构造函数也被考虑。
- 使用直接列表初始化——T obj{Val}；——将允许支持聚合体以及显式构造函数，但不支持窄化转换；initializer_list 构造函数也在考虑范围之内，并且是优选。
- 改为复制列表初始化——T obj = {val};——将允许支持聚合，但如果显式构造函数是最佳匹配，而不是考虑非显式构造函数的最佳可行匹配，则会导致错误。如果需要缩小转换，就会出现错误；initializer_list 构造函数也会被考虑并优先考虑。

表 3.3 总结了不同的初始化类型。一般来说，在通用临时代码中，没有一种通用的初始化语法。库的作者应该在本节描述的权衡中做出慎重的选择。

表 3.3　不同初始化类型的总结

初始化类型	语法	聚合支持	使用显式构造函数	缩小转换空间	使用构造函数
复制初始化	`T obj = val;`	只有当 T==U	否	允许	否
直接初始化	`T obj (val);`	只有当 T==U	是	允许	否
直接列表初始化	`T obj {val};`	是	是	不允许	是
复制列表初始化	`T obj = {val}`	是	不允许，除非最佳匹配	不允许	是

（4）工厂函数中的统一初始化

通用代码的作者所面临的设计问题之一是选择哪种语法形式来初始化依赖于模板参数的类型的对象。不同的 C++ 类型有不同的行为，接受不同的语法，所以为所有情况提供一个统一的语法是不可能的。这里介绍了在编写工厂函数时需要考虑的不同的权衡，各函数接受任意的类型参数来创建用户指定类型的对象：

```
#include <utility>  // std::forward

template <typename T, typename... ARGS>
T factory1(ARGS&&... args)
{
    return T(std::forward<ARGS>(args)...);  // direct initialization
}

template <typename T, typename... ARGS>
T factory2(ARGS&&... args)
{
    return T{std::forward<ARGS>(args)...};  // direct list initialization
}

template <typename T, typename... ARGS>
T factory3(ARGS&&... args)
{
    return  {std::forward<ARGS>(args)...};  // copy list initialization
}
```

这三个工厂函数都是使用完美转发来定义的（参见 3.1.10 节），但支持不同的 C++ 类型子集，并可能以不同的方式解释其参数。

function1 返回一个由直接初始化创建的值，但是由于它使用了圆括号，所以不能返回一个集合，除非作为一种特殊情况，args 列表为空或者正好包含一个相同类型的参数 T 或者一个可以转换为 T 的参数；否则，试图构造返回值将导致一个编译错误[⊖]。

function2 返回一个由直接列表初始化创建的对象。因此，function2 除了支持 function1 支持的类型外，还支持聚合体。然而，由于使用了大括号初始化，function2 将拒绝 ARGS 中的任何类型，这些类型在传递给返回值的构造函数（或初始化聚合成员）时需要缩小转换。另外，如果提供的参数可以被转换为一个同质的 std::initializer _list，与 T 的构造函数相匹配，那么该构造函数将被选中，而非与该参数列表最匹配的构造函数。

function3 的行为与 function2 相同，只是它使用了复制列表初始化，因此，如果返回值选择的构造函数或转换操作符被声明为显式，会产生编译错误。对于这样的工厂函数，没有一种初始化形式在所有情况下都是最有效的，库的开发者必须选择并在契约中记录最适合他们需求的形式。注意，在实现工厂函数，如 std ::make_shared 或任何容器的 emplace 函数时，标准库也遇到了这个问题。标准库一贯选择小括号初始化，如前面代码示例中的 function1，所以这些函数对 C++20 之前的聚合体没有作用。

（5）通用代码中统一成员初始化

随着 C++11 增加了通用的大括号初始化，类的作者应该考虑构造函数是否应该使用直接初始化或直接列表初始化来初始化其基和成员。注意，由于复制初始化和复制列表初始化不是可选项，因此对于一个给定的基或成员的构造函数是否显式将不会成为问题。

在 C++11 之前，用构造函数的成员初始化列表中的一组数据来初始化聚合子对象（包括数组）的代码其实是无法实现的。只能用默认初始化、值初始化或直接从同一类型的另一个聚合体初始化。

从 C++11 开始，可以用一个值列表来初始化聚合体成员，使用聚合体初始化来代替对聚合体成员的直接列表初始化：

⊖ 注意，C++20 将允许用小括号以及大括号来初始化聚合体，这将导致聚合体也接受这种形式。

```
struct S
{
    int         i;
    std::string str;
};

class C
{
    int j;
    int a[3];
    S   s;

public:
    C(int x, int y, int z, int n, const std::string t)
    : j(0)
    , a{ x, y, z }  // ill formed in C++03, OK in C++11
    , s{ n, t }     // ill formed in C++03, OK in C++11
    {
    }
};
```

注意，正如上面的代码示例中 C.j 的初始化过程所显示的那样，并不要求所有成员的初始化器都必须一致地使用大括号或小括号。

和工厂函数相同，类的作者必须在增加对初始化聚合体的支持和缩小转换范围之间对构造函数做出选择。如前所述，由于成员初始化只支持直接的列表初始化，所以在这样的环境中不必考虑显式转换：

```
template <typename T>
class Wrap
{
    T data;
public:

    template <typename... ARGS>
    Wrap(ARGS&&... args)
    : data(std::forward<ARGS>(args)...)
        // must be empty list or copy for aggregate T
    {
    }
};

template <typename T>
class WrapAggregate
{
    T data;
public:

    template <typename... ARGS>
    WrapAggregate(ARGS&&... args)
    : data{std::forward<ARGS>(args)...}  // no narrowing conversions
    {
    }
};
```

3. 潜在缺陷

(1) 无意地调用初始化列表构造函数

带有 std::initializer_list 构造函数的类（参见 3.1.13 节）遵循一些特殊的规则来区分重载解析，这些规则包含了对不谨慎者的微妙缺陷。这个缺陷描述了重载解析如何以令人惊讶的方式选择这些构造函数。

当一个对象进行大括号初始化时，编译器将首先寻找一个可以被调用的 std::initializer_list 构造函数，但如果大括号列表是空的，且存在默认的构造函数，将优先采用它：

```
#include <initializer_list>  // std::initializer_list

struct S
{
```

```
    explicit S() { }
    explicit S(int) { }
    S(std::initializer_list<int> iL) { if (0 == iL.size()) { throw 13; } }
};

S a{};            // OK, value initialization
S b = {};         // Error, default constructor is explicit.
S c{1};           // OK, std::initializer_list
S d = {1};        // OK, std::initializer_list
S e{1, 2, 3};     // OK, std::initializer_list
S f = {1, 2, 3};  // OK, std::initializer_list
```

在存在初始化器列表构造函数的情况下，选择调用哪个构造函数的重载解析将是一个两步的过程。首先，所有初始化器列表构造函数都会被考虑，只有当没有找到匹配的 std::initializer_list 构造函数时，才会考虑非初始化器列表构造函数。由于在进行重载匹配时允许隐式转换，这个过程可能会产生一些令人惊讶的后果。一个需要隐式转换的 std::initializer_list 构造函数有可能会被选中，而非不需要转换的非初始化列表构造函数：

```
#include <initializer_list>  // std::initializer_list

struct S
{
    S(std::initializer_list<int>); // (1)
    S(int i, char c);              // (2)
};

S s1{1, 'a'};  // calls (1), even though (2) requires no conversions
```

上述示例中，由于大括号初始化更倾向于初始化器列表构造函数，并且由于 S 有一个初始化器列表构造函数可以匹配 s1 的初始化器，否则更匹配的构造函数将被排除。

另一个可能令人惊讶的结果是，只有在构造函数被选中后才会检查缩小转换的问题。因此，一个匹配但需要缩小转换的初始化器列表（initializer_list）构造函数将导致错误，即使存在一个不需要缩小转换就能匹配的非初始化器列表构造函数：

```
#include <initializer_list>  // std::initializer_list

struct S
{
    S(std::initializer_list<int>); // (1)
    S(int i, double d);            // (2)
};

S s2{1, 3.2}; // Error, call to (1) with narrowing conversion, even though
              // invoking (2) would be well formed
```

在前例中，由于大括号初始化首先选择一个构造函数，然后检查缩小转换，不需要缩小转换的非初始化器列表构造函数没有被考虑。

这两种情况都可以通过使用小括号或其他形式的初始化来解决，而不是大括号列表，它不能被解释为初始化器列表：

```
#include <initializer_list>  // std::initializer_list

struct S
{
    S(std::initializer_list<int>); // (1)
    S(int i, char c);              // (2)
    S(int i, double d);            // (3)
};

S s3(1, 'c'); // calls (2)
S s4(1, 3.2); // calls (3)
```

这种方式经常伴随 std:: vector：

```
std::vector<char> v{std::size_t(3), 'a'};  // contains 2 elements: '\x03' 'a'
std::vector<char> w(std::size_t(3), 'a');  // contains 3 elements: 'a' 'a' 'a'
```

上面代码片断中的变量 v，选择了 std::initializer_list<char> 构造函数重载，尽管创建一个具有指定数量元素的向量，例如，std::size_t(3) 具有特定的值，例如，'a' 与参数完全匹配。相比之下，上面的代码片段中的变量 w 的直接初始化没有考虑 std::initializer_list<char> 构造函数，导致 W 包含三个元素，值为 'a'。

（2）隐式移动和命名的返回值优化可能在返回语句中被禁用

在返回语句中围绕一个值使用额外的大括号可能会禁用命名返回值优化或隐式移动到返回对象中。命名的返回值优化（NRVO）是一种优化方式，当返回语句的操作数只是非易失性局部变量（即自动存储时间的对象，不是函数的参数或捕获 catch 子句）的名称（即 id 表达式），并且该变量的类型（忽略 cv 限定符）与函数的返回类型相同时，编译器可以执行这种优化。在这种情况下，编译器被允许删去返回表达式所隐含的复制。当然，这种优化只适用于返回对象的函数，而不是指针或引用。

注意这种优化允许改变依赖于可观察到的副作用的程序对被省略的复制构造函数的意义。大多数现代编译器至少在简单的情况下能够进行这种优化，例如整个函数只有一个返回表达式。

在下面的示例中，notBraced() 函数使用该函数中的局部变量的名字返回。当调用 notBraced() 时，可以观察到，只有一个 S 类的对象通过一个执行优化的编译器创建，使用其默认构造函数。没有复制，没有移动，也没有创建其他对象。本质上，在 notBraced() 函数中的局部变量 a，是在 main() 函数的变量 m1 的内存区域中直接创建的。

在 braced() 函数中，我们使用相同的局部变量，但在返回语句中，我们在其名称周围加了括号；因此，返回的操作数不再是一个名称（即 id 表达式），所以允许 NRVO 的规则不适用。通过调用 braced()，可以看到现在有两个副本，因此有两个对象被创建，第一个是 a，局部变量，使用默认的构造函数；第二个是 m2，作为 a 的副本被创建，这表明 NRVO 不生效：

```
#include <iostream>  // std::cout

struct S
{
    S()          { std::cout << "S()\n"; }
    S(const S &) { std::cout << "S(copy)\n"; }
    S(S &&)      { std::cout << "S(move)\n"; }
};

S notBraced()
{
    S a;
    return a;
}

S braced()
{
    S a;
    return { a };  // disables NRVO
}

int main()
{
    S m1 = notBraced();  // S()
    S m2 = braced();     // S(), S(copy)
}
```

返回语句中的隐式移动（参见 3.1.18 节）是一个更微妙的操作，以至于需要一个缺陷报告[㊀]才能真正使其按原计划工作。我们通过使用两种类型来演示局部变量的返回语句中的隐式移动。类的类型 L 将被用于局部变量，而类类型 R，可以从 L 中移动或复制构造出来，被用作返回类型。

㊀ CWG issue1579，参见 yasskin12。

本质上，我们在返回语句中强制执行类型转换，这种类型转换可能是复制或移动：

```
#include <iostream>  // std::cout

struct L
{
    L()         { std::cout << "L()\n"; }
};

struct R
{
    R(const L &) { std::cout << "R(L-copy)\n"; }
    R(L &&)      { std::cout << "R(L-move)\n"; }
};

R notBraced()
{
    L a;
    return a;
}

R braced()
{
    L a;
    return { a };  // disables implicit move from l
}

int main()
{
    R r1 = notBraced();  // L(), R(L-move)
    R r2 = braced();     // L(), R(L-copy)
}
```

notBraced() 函数只是创建了一个局部变量并将其返回。通过调用这个函数，一个 L 对象被创建，然后被移到一个 R 对象中。请注意，C++ 标准的措辞只允许在返回语句的操作数是名字（即 id 表达式）的情况下进行这种隐式移动。

braced() 函数与 notBraced() 函数相同，只是在返回语句的操作数周围增加了大括号。调用该函数表明，从 L 返回的移动表达式变成了从 L 返回的复制表达式，因为带括号的初始化器不是对象的名称。

（3）删除构造函数的聚合体的令人惊讶的行为

聚合体的值初始化允许使用括号初始化器列表，即使默认构造函数被删除[㊀]：

```
struct S
{
    int data;
    S() = delete; // don't want "empty"
};

S s{}; // surprisingly works (until C++20), and 0 == s.data
```

这个令人惊讶的缺陷的出现有两个原因。

①删除的构造函数是用户声明的，而非用户提供的，因此它不会破坏类形成聚合的要求。

②规则规定，聚合初始化不是根据构造函数定义的，而是直接根据其成员的初始化定义的。

4. 烦恼

（1）缩小聚合初始化可能会破坏 C++03 的代码

当使用 C++11 编译器编译现有的 C++03 代码时，先前有效的代码可能会在聚合（以及数组）初始化中报告缩小转换错误：

㊀ 请注意，C++20 最终解决了这个问题，所以删除构造函数的存在导致一个类失去了成为聚合体的资格。

```
unsigned u = 128;            // u is set to an int-friendly value.
int ia[] = { 1, 2, u, 9 };  // OK in C++03, narrowing is allowed.
                             // Error in C++11, narrowing conversion
```

假设上面的示例中的计算能确保 u 在初始化时持有的值是在 int 能够表示的值的范围内。然而，这段代码在 C++11 或后续的模式下无法编译。每一种情况都必须通过应用适当的类型转换或改变所涉及的类型以达到“兼容”来解决。

（2）缩小转换范围无捷径

在通用代码中，如果需要支持聚合体，就必须使用大括号，但如果我们的接口定义需要支持缩小转换（例如 std::tuple），就没有办法直接启用它们：

```
struct S
{
    short data;
};

class X
{
    S m;

public:
    template <typename U>
    X(const U& a) : m{a}  // no narrowing allowed
    {
    }
};

int i;
X x(i);  // Error, would narrow in initializing S.m
```

解决办法是，如果目标类型是已知的，就将其静态化，或者使用圆括号并放弃通用代码中的聚合支持[㊀]。

（3）破坏宏调用语法

C++ 预处理器的宏调用语法（继承自 C 语言）“理解”小括号，因此忽略了小括号内的逗号，但不理解任何其他的列表标记，如大括号初始化的大括号、方括号或模板的角括号符号。如果我们试图在其他环境下使用逗号，宏解析将把这些逗号解释为多个宏参数的分隔符，并可能提示该宏不支持这么多参数：

```
#define MACRO(oneArg) /*...*/

struct C
{
    C(int, int, int);
};

struct S
{
    int i1, i2, i3;
};

MACRO(C x(a, b, c))          // OK, commas inside parentheses ignored
MACRO(S y{a, b, c})          // Error, 3 arguments but MACRO needs 1
MACRO(std::map<int, int> z) // Error, 2 arguments but MACRO needs 1
```

如前例，在第一次调用宏时，括号内的逗号被忽略，宏被调用时只有一个参数：C x(a, b, c)。

在第二个宏调用中，我们试图使用大括号初始化，但由于预处理器的语法不承认大括号是特殊的分隔符，逗号被解释为分隔宏参数，所以我们最终得到三个与平常不同的参数：第一个 C y{a，第二个 b，第三个 c}。大括号初始化和宏之间的这种问题一直存在，甚至在 C 代码中初始化数组或结

㊀ C++20 允许使用小括号初始化集合。

构体时也存在。然而，随着大括号初始化在 C++ 中的应用越来越广泛，程序员遇到这种问题的概率增加了。

示例中对 MACRO 的第三次调用只是为了提醒大家，在 C++ 中，模板的角括号也存在同样的问题。

正如 C 语言预处理器经常出现的情况一样，解决的办法就是更多地使用 C 语言预处理器。我们需要定义宏来帮助我们隐藏逗号。这样的宏将使用可变参数宏 C99 预处理器（Variadic Macros C99），已被 C++11 采用，将逗号分隔的列表变成大括号的初始化器列表（类似于模板实例）：

```
#define BRACED(...) { __VA_ARGS__ }
#define TEMPLATE(name, ...) name<__VA_ARGS__>

MACRO(X y BRACED(a, b, c))              // OK, X y { a, b, c }
MACRO(TEMPLATE(std::map, int, int) z)   // OK, std::map<int, int> z
```

这种烦恼可能出现的一个常见方式是使用标准库的 assert 宏：

```
#include <cassert>  // standard C assert macro

bool operator==(const C&, const C&);

void f(const C& x, int i, int j, int k)
{
   assert(C(i, j, k) == x);  // OK
   assert(C{i, j, k} == x);  // Error, too many arguments to assert macro
}
```

（4）成员初始化器中没有复制列表初始化

从 C++03 开始，基和成员初始化器的语法允许用小括号直接初始化，从 C++11 开始则允许用大括号直接列表初始化。然而，没有对应于复制列表初始化的语法，会导致成员初始化器因使用非预期的显式构造函数或转换操作符而报错。将语法扩展到支持 ={ ... } 来支持成员初始化器的使用，似乎相对直观，但是到目前为止，还没有人提议在语言中加入这种功能。语言缺乏变化表明没有需求，我们对此感到苦恼，因为成员初始化器列表是语言中唯一支持直接初始化的部分，却没有对应的复制初始化语法：

```
class C
{
public:
    explicit C(int);
    C(int, int);
};

class X
{
    C a;
    C b;
    C c;

public:
    X(int i)
    : a(i)        // OK, direct initialization
    , b{i}        // OK, direct list initialization
    , c = {i, i}  // Error, copy list initialization is not allowed.
    {
    }
};
```

（5）传递多个参数的显式构造函数的偶然含义

在 C++03 中，将默认或多参数构造函数显式化，通常是由于提供了默认参数，没有任何有用的意义，编译器因为此过程无害也没有对它们发出警告。然而，C++11 在通过复制列表初始化调用此类构造函数时注意到了 explicit 关键字。在将代码从 C++03 迁移到 C++11 时，一般不会考虑这个设计点，这可能就需要程序员投入更多的思考，并有可能将具有多个默认参数的构造函数分成多个构造函数，只对预定的重载应用 explicit 关键字：

```
class C
{
public:
    explicit C(int = 0, int = 0, int = 0);
};

C c0 = {};        // Error, constructor is explicit.
C c1 = {1};       // Error, constructor is explicit.
C c2 = {1, 2};    // Error, constructor is explicit.
C c3 = {1, 2, 3}; // Error, constructor is explicit.

class D
{
public:
    D();
    explicit D(int i) : D(i, 0) { }  // delegating constructor
    D(int, int, int = 0);
};

D d0 = {};        // OK
D d1 = {1};       // Error, constructor is explicit.
D d2 = {1, 2};    // OK
D d3 = {1, 2, 3}; // OK

C f(int i, C arg)
{
    switch (i)
    {
        case 0: return {};          // Error, constructor is explicit.
        case 1: return {1};         // Error, constructor is explicit.
        case 2: return {1, 2};      // Error, constructor is explicit.
        case 3: return {1, 2, 3};   // Error, constructor is explicit.
    }
}

D g(int i, D arg)
{
    switch (i)
    {
      case 0: return {};          // OK
      case 1: return {1};         // Error, constructor is explicit.
      case 2: return {1, 2};      // OK
      case 3: return {1, 2, 3};   // OK
    }
}

void test()
{
    f(0, {});         // Error, constructor is explicit.
    f(0, {1});        // Error, constructor is explicit.
    f(0, {1, 2});     // Error, constructor is explicit.
    f(0, {1, 2, 3});  // Error, constructor is explicit.

    g(0, {});         // OK
    g(0, {1});        // Error, constructor is explicit.
    g(0, {1, 2});     // OK
    g(0, {1, 2, 3});  // OK
}
```

请注意，这个问题并非缺陷，因为它只影响使用新形式的初始化语法为 C++11 或更高版本新编写的代码，因此不会破坏用后续语言重新编译的现有 C++03 代码。但是，还要注意，C++ 标准库中的许多容器和其他类型继承了这样的设计，并且没有被重构为多个构造函数，尽管在该标准的后续版本中出现了一些这样的重构。

（6）不透明地使用大括号初始化会造成混淆

对函数参数使用支持式初始化，在调用位置省略任何预期对象类型的提示，需要对被调用的函数非常熟悉，以了解被初始化的参数的实际类型，特别是当重载解析必须对几个可行的候选对象进行区分时。这样的用法可能会产生更脆弱的代码，因为更多的重载被添加进来，当不同的函数进行重载解析时，会悄悄地改变大括号初始化的类型。这样的代码对于后续的维护者或普通的代码阅读者来说更难理解：

```
struct C
{
    C(int, int) { }
};

int test(C, long) { return 0; }

int main()
{
    int a = test({1, 2}, 3);
    return a;
}
```

程序编译并运行，返回预期的结果。但是，如果我们在后续维护期间添加第二个重载，行为会发生怎样的变化？

```
struct C
{
    C(int, int) { }
};

int test(C, long) { return 0; }

struct A  // additional aggregate class
{
    int x;
    int y;
};
int test(A, int) { return -1; }  // overload for the aggregate class

int callTest1()
{
    int a = test({1, 2}, 3);     // overload resolution prefers the aggregate
    return a;
}
```

现在必须考虑 A 的重载，重载解析可能会选择一个不同的结果。如果幸运的话，A 和 C 的重载的选择就会变得模糊不清，错误能被诊断出来。然而，在这种情况下，第二个参数上有一个整数的提升，新的 A 重载现在是更好的匹配，这样就产生不同的程序结果。如果这个重载是通过维护包含的头文件添加的，那么这段代码将在不触及文件的情况下悄悄地改变意义。如果上述的灵活性不是我们想要的，那么避免这种风险的简单方法就是始终命名任何临时变量的类型：

```
int callTest2()
{
    int a = test(C{1, 2}, 3);  // Overload resolution prefers struct C.
    return a;
}
```

（7）auto 推断和大括号初始化

C++11 引入了类型推断，使用 auto 关键字，可以从对象的初始化中推断出其类型，参见 3.1.3 节。当使用复制列表初始化的同质非空列表时，auto 将把所提供的参数列表的类型推断为与列表值相同类型的 std::initializer_list。当使用直接列表初始化的方式处理一个单一值的括号列表时，auto 将推断变量类型与列表值的类型相同：

```
#include <initializer_list>  // std::initializer_list

auto g{1};          // OK, deduces g is int
auto h{1, 2, 3};    // Error, auto requires exactly one element in braced list.
```

```
auto i = {1};        // OK, deduces i is initializer_list<int>
auto j = {1, 2, 3};  // OK, deduces j is initializer_list<int>
```

如果没有包含 <initializer_list> 这样的头部行来提供 std::initializer_list 类模板，那么上面的代码示例中的 i 和 j 的声明也会出现错误。

请注意，对于从直接列表初始化中 auto 推断，initializer_list 构造函数可能会优先于复制构造函数调用，尽管语法似乎只限于复制：

```
#include <iostream>          // std::cout
#include <initializer_list>  // std::initializer_list

struct S
{
    S() { }
    S(std::initializer_list<S>) { std::cout << "init list\n"; }
    S(const S&) { std::cout << "copy\n"; }
};

int main()
{
    S s;
    auto s2{s};  // std::initializer_list<S> constructor is called after
                 // deduction. (Note: s2 is deduced to be of type S.)
}
```

上面的程序输出 copy，然后是 init list，因为根据自动类型推导规则，s2 的类型是 S。由于使用了大括号初始化，重载解析选择了 initializer_list 构造函数作为最佳匹配。initializer_list 的单个元素是从 s 中复制初始化的，如果直接或复制初始化用于初始化 s2，将选择复制构造函数。

（8）复合赋值而非算术运算符接受大括号初始化

大括号初始化可以用来为赋值运算符提供参数，也可以用来为复合赋值运算符提供参数，比如 +=，对于类类型，它们被视为对重载运算符函数的调用，对于标量类型 T，则被视为 += T{value}[⊖]。注意，对标量的赋值支持不超过一个元素的大括号列表，不支持指针类型的复合赋值，因为大括号列表被转换为指针类型，它不能出现在复合赋值运算符的右侧。

虽然复合赋值的意图是在语义上等同于表达式 a = a + b（或 * b，或 -b，等等），但括号列表不能用于普通算术表达式，因为语法不支持括号列表作为任意表达式：

```
#include <initializer_list>  // std::initializer_list

struct S
{
    S(std::initializer_list<int>) { }
    S& operator+=(const S&) { return *this; }
};

S operator+(const S&, const S&) { return S{}; }

void demo()
{
    S s1{};                 // OK, calls initializer_list constructor
    s1 += {1, 2, 3};        // OK, equivalent to s1.operator+=({1, 2, 3})
    s1 = s1 + {1, 2, 3};    // Error, expecting an expression, not an
                            // std::initializer_list
}
```

⊖ 虽然有效，但示例中 x += {3} 和 x *= {3} 这两行在 Clang 上编译成功，但在撰写本文时，在任何版本的 GCC 或 MSVC 上都无法编译。C++11 标准目前规定大括号内的初始化列表可以出现在右侧。在这种情况下，初始化器列表应该最多只有一个元素。x={v} 的含义是 x=T{v}，其中 T 是表达式 x 的标量类型，除了不允许缩小转换（8.5.4）之外，两者一致。 x={} 的含义是 x=T{}。（参见 iso11a，5.17 节第 9 段，“赋值和复合赋值操作符”，第 126 页）。目前有一个缺陷报告来明晰标准，并合法地说明这一规则也适用于复合赋值；见 miller12b 和 miller21。

```
    s1 = operator+(s1, {1, 2, 3}); // OK, braces allowed as function argument

    int x = 0;
    x += {3};  // OK, equivalent to x += int{3};
    x *= {5};  // OK, equivalent to x *= int{5};

    char y[4] = {1, 2, 3, 4};
    char*p = y;
    p += {3};  // Error, equivalent to p += (char*){3};
}
```

5. 参见

- 2.1.6 节解释了 deleted 函数如何限制可用的初始化语法。
- 2.1.7 节描述了显式运算符如何参与直接初始化，但不参与复制初始化 .
- 2.1.8 节讲述了大括号初始化如何用于函数静态变量。
- 2.1.12 节解释了 nullptr 如何被用作静态持续时间的指针值的默认初始化器。
- 3.1.3 节描述了 auto 变量如何使用与初始化器列表中的初始化器相同的推导规则。
- 3.1.7 节讲述了默认成员初始化如何与大括号初始化相互作用，并说明了大括号初始化如何用于直接在类定义中初始化数据成员。
- 3.1.13 节说明了 initializer_list 是如何与大括号初始化配合工作的，并介绍了 std::initializer_list 库类型，它与大括号初始化一起使用，用一组值初始化对象。
- 3.1.18 节解释了在某些初始化操作中，右值引用是如何影响复制和移动的，并描述了隐式移动和各种禁用它们的方法，而不是通过返回语句中的大括号初始化。

6. 延伸阅读

Scott Meyers 在 meyers15b 中讨论了两种视觉上相似的初始化风格之间的重要微妙差异，参见该文献第 49～58 页的“项目 7：创建对象时区分 () 和 {}”。

3.1.5 constexpr 函数：编译时可调用的函数

用 constexpr 修饰的函数可以作为常数表达式的一部分被调用。

1. 描述

常量表达式是在编译时确定其值的表达式，即可以用来定义 C 风格数组的大小或作为 static_assert 的参数的表达式：

```
enum { e_SIZE = 5 };              // e_SIZE is a constant expression of value 5.
int a[e_SIZE];                    // e_SIZE must be a constant expression.
static_assert(e_SIZE == 5, "");   //   "     "   " "    "          "
```

在 C++11 之前，不允许在编译时将常规函数作为常量表达式的一部分进行运算：

```
inline const int z() { return 5; }  // OK, returns a nonconstant expression
int a[z()];                         // Error, z() is not a constant expression.
static_assert(z() == 5, "");        // Error,  "   "  "  "     "          "
int a[0 ? z() : 9];                 // Error,  "   "  "  "     "          "
```

开发人员在需要这样的功能时，会使用其他的方式，比如模板元编程、外部代码生成器、预处理器宏或者硬编码的常量（如上例所示）来解决这个问题。

例如，考虑一个计算第 n 个阶乘数的元程序：

```
template <int N>
struct Factorial { enum { value = N * Factorial<N-1>::value }; };  // recursive

template <>
struct Factorial<0> { enum { value = 1 }; };  // base case
```

在上面的示例中，在一个常数表达式上对 Factorial 元函数进行运算，会得到一个常数表达式：

```
static_assert(Factorial<5>::value == 120, "");  // OK
int a[Factorial<5>::value];                     // OK, array of 120 ints
```

需要注意的是，元函数只能与模板参数一起使用，而模板参数本身必须是常量表达式：

```
int factorial(const int n)
{
    static_assert(n >= 0, "");     // Error, n is not a constant expression.
    return Factorial<n>::value;    // Error, "  "  "  "     "          "
}
```

采用这种烦琐的工作方式会导致代码既难写又难读，而且编译也非易事，往往需要较长的编译时间。此外，对于值不是编译时间常数的输入，将需要一个单独的实现。

C++11引入了一个新的关键字constexpr，使用户可以增强对编译时计算的控制。预先使用constexpr关键字的函数声明告知编译器和潜在用户该函数可以进行编译时计算，并且在适当的情况下，可以在编译时进行运算，以确定常量表达式的值：

```
constexpr int factorial(int n)  // can be evaluated in a constant expression
{
    return n == 0 ? 1 : n * factorial(n - 1);  // single return statement
}
```

在C++11中，constexpr函数的函数体被有效地限制在单个return语句中，并且禁止任何其他语言构造，如if语句、循环、变量声明等，参见本节中的"对constexpr函数体的限制（仅限C++11）"。这些看似过于严格的限制，虽然相较于Factorial元函数更受欢迎（例如，在上面的代码示例中），但可能使优化函数的运行时性能变得不可行，参见潜在缺陷——过早提交到constexpr。然而，到了C++14，尽管部分限制被取消了，但一些运行时工具在编译时进行运算仍然不可用。constexpr至今仍是一个正在开发中的特性，参见3.2.1节。

注意constexpr函数的语义验证只发生在定义点上。因此，可以将一个成员或自由函数声明为constexpr，因为它没有有效的定义（例如constexpr void f()；）。作为constexpr函数定义的返回类型必须满足一定的要求，包括（仅在C++11中）要求其返回类型必须不为空，参见本节中的"对constexpr函数体的限制（仅限C++11）"。

简单地声明一个函数为constexpr并不意味着该函数在编译时必然被求值。constexpr函数只有在需要常量表达式的上下文中被调用时才能保证在编译时被求值[⊖]。这些上下文的示例包括非类型模板参数的值、数组界限、static_assert的第一个参数、switch语句中的case标签或constexpr变量的初始化器，参见3.1.6节。如果有人试图在需要常数表达式的上下文中调用constexpr函数，而参数不是常数表达式，则编译器将报告错误：

```
#include <cassert>   // standard C assert macro
#include <iostream>  // std::cout

void f(int n)
{
    assert(factorial(5) == 120);
        // OK, factorial(5) might be evaluated at compile time since 5 is a
        // constant expression but the argument of assert does not have to be
        // a constant expression.

    static_assert(factorial(5) == 120, "");
        // OK, factorial(5) is evaluated at compile time since arguments of
        // static_assert must be constant expressions.

    std::cout << factorial(n);
        // OK, likely evaluated at run time since n is not a constant
        // expression
```

⊖ C++20将这一概念正式化，使用了"明显的求值常量"这一术语，以捕捉所有必须在编译时确定表达式的值的地方。这个概念以前一直在使用，但没有被赋予通用的名称。

```
    static_assert(factorial(n) > 0, "");
        // Error, n is not a constant expression.
}
```

简单地调用带有常量表达式的 constexpr 函数并不能保证函数在编译时被求值。保证 constexpr 函数编译时计算的唯一方法是在强制使用常数表达式的地方调用 constexpr 函数。

如果在编译时（例如对于数组的边界）需要一个常量表达式的值，而计算该值涉及执行一个在编译时（例如 throw）不可用的操作，编译器将别无选择，只能报告一个错误：

```
constexpr int h(int x) { return x < 5 ? x : throw x; }  // OK, constexpr func

int a4[h(4)];  // OK, creates an array of four integers
int a6[h(6)];  // Error, unable to evaluate h on 6 at compile time
```

在上面的代码段中，虽然我们能够对文件作用域（file-scope[㊀]）中的 a4 数组进行大小调整，因为在有效 constexpr 函数 h 内的执行路径不涉及抛出，a6 的情况则并非如此。值得注意的是，一个有效的 constexpr 函数可以用编译时间常数参数调用，但在编译时仍然不可运算。

至此，我们已经从自由函数的角度讨论了 constexpr 函数。constexpr 也可以应用于自由函数模板、成员函数（特别是构造函数）和成员函数模板，参见“constexpr 成员函数”。与自由函数一样，只有 constexpr 成员函数才有资格在编译时进行求值。

有一类用户定义的类型，称为字面值类型，它的运算符定义是：通常在实际中保持不变，且至少有一个值参与常量表达式：

```
struct Int  // example of a literal type
{
    int d_val;                                  // plain old int data member
    constexpr Int(int val) : d_val(val) { }     // constexpr value constructor
    constexpr int val() const { return d_val; } // constexpr value accessor
              int dat() const { return d_val; } // nonconstexpr accessor
};

constexpr int f(){ return Int(5).d_val; }  // OK, constexpr value constructor
constexpr int g(Int i){ return i.val(); }  // OK, constexpr value accessor
constexpr int h(Int i){ return i.dat(); }  // Error, nonconstexpr accessor
```

为了使用户定义的 Int 类型高于字面值类型，在不断的表达式求值时，可以初始化该类型的对象。这种初始化可以通过一个 constexpr 构造函数或通过一个可以进行列表初始化的类型来实现（不需要调用任何非 constexpr 构造函数），参见 2.2.1 节和 3.1.4 节。这种 Int 字面值类型的对象的值在编译时是可用的，因为在编译时至少有一种方法可以直接或通过 constexpr 访问器提取值。但是，我们可以设想一个有效的字面值类型的用途，它可以在编译时构造，但在运行时才能使用：

```
class StoreForRt    // compile-time constructible literal type
{
    int d_value;    // There is no way of accessing this value at compile time.

public:
    constexpr StoreForRt(int value) : d_value(value) { }  //     constexpr
    int value() const { return d_value; }                 // not constexpr
};
```

㊀ 主流的编译器的常见扩展，默认情况下，允许在函数体中使用可变长度的数组，但绝不允许在文件或命名空间作用域内使用：

```
void g()
{
    int a4[h(4)];  // OK, creates an array of four integers
    int a6[h(6)];  // Warning: ISO C++ forbids variable-length array a6.
                   // But with some compilers, h(6) might be invoked at
                   // run time and throw.
}
```

只有使用 -Wpedantic 进行编译，GCC 才会发出警告。

尽管上面的示例代码看起来有些勉强，但它代表了 constexpr 的一个应用，其中对象的构造可以从编译时优化，而访问构造的数据则不能。这样的对象实际上可以在编译时构造，而不需要使用其他 C++11 特性，这是有启发性的：

```
static_assert((StoreForRt(1), true), "");
    // OK, can create StoreForRt during constexpr eval. so it is a literal type

static_assert(StoreForRt(5).value() == 5, "");  // Error, value not constexpr
    // There is no way we can access d_value at compile time.
```

正如上面的示例代码所示，StoreForRt 是一个字面值类型，因为它已经被证明是在需要常量表达式的上下文中使用的。然而，除了获得某些通用的编译时属性，例如它的大小（sizeof）或对齐（见 3.1.1 节）之外，在编译时不可能对构造的对象做更多的事情。

为了证明同一个对象可以在编译时构造，并且只在运行时使用，我们需要利用 constexpr 函数的一个 C++11 伴随特性（见 3.1.6 节）：

```
constexpr StoreForRt x(5);  // OK, object x constructed at compile time

int main() { return x.value(); }  // OK, x.value() used only at run time
```

对于 constexpr 函数，只允许字面值类型作为参数和返回类型；参见“constexpr 的函数参数和返回类型”：

```
constexpr int  f11(StoreForRt x) { return 0; }  // OK, x is of a literal type.
constexpr void f14(StoreForRt x) { }            // OK, in C++14 void return allowed
```

（1）constexpr 是契约的一部分

当一个 constexpr 函数在编译时带有一个未知的参数并被调用，对函数本身的编译时计算是不可能的，并且这种调用不能在需要编译时常量的上下文中使用；然而，运行时计算仍然是允许的：

```
      int  i  = 10;     // not compile-time constant
const int  j  = 10;     //     compile-time constant
      bool mb = false;  // not compile-time constant

constexpr int f(bool b) { return b ? i : 5; }  // conditionally works as constexpr
constexpr int g(bool b) { return b ? j : 5; }  // always works as constexpr

static_assert(f(mb),    "");  // Error, mb not usable in a constant expression
static_assert(f(false), "");  // OK
static_assert(f(true),  "");  // Error, i not usable in a constant expression
static_assert(g(mb),    "");  // Error, mb not usable in a constant expression
static_assert(g(false), "");  // OK
static_assert(g(true),  "");  // OK, j is usable in a constant expression.

int xf = f(mb);  // OK, runtime evaluation of f
int xg = g(mb);  // OK, runtime evaluation of g
```

在上面的示例中，f 有时可以作为一个常数表达式的一部分，但只有当它的参数本身是一个常数表达式并且 b 取值为 false 时，f 才可以作为常数表达式的一部分，从而避免使用全局变量 i，因为 i 不是编译时的常数。此外，函数 g 只要求它的参数是一个常量表达式，使它始终可以作为常量表达式的一部分。如果在编译时没有至少一组可使用的编译时常量参数值，那么此时的问题是格式错误但无须诊断（IFNDR）：

```
constexpr int h1(bool b) { return f(b); }
    // OK, there is a value of b for which h1 can be evaluated at compile time.

constexpr int h2() { return f(true); }
    // There's no way to invoke h2 so that it can be evaluated at compile time.
    // (This function is ill formed, no diagnostic required.)
```

在这里，h1 可以成功构造，因为当 b 的值为 false 时，它可以在编译时进行计算。h2 的构造过程出现了失败，因为它无法在编译时进行计算。

保证对某些参数的编译时计算是函数契约的重要组成部分。声明一个函数为 constexpr 可能会导致用户得出结论：该函数可以在编译时通过任何编译时间常数参数进行计算。这样的假设可以被证明是错误的，上面的示例中的 h1 可以证明。对更广泛的输入集来说，需要保证编译时计算的子序列有序，这通常不会出现问题。然而，相比之下，为那些比原本可用规模更小的输入集提供编译时计算，即使没有明确承诺，也可能导致选择依赖于函数编译时使用的客户端出现编译错误。因此，在改进函数实现的同时，要遵从 constexpr 的限制，特别是 C++11 的限制，参见潜在缺陷——过早提交到 constexpr。

（2）内联和定义可见性

一个被声明为 constexpr 的函数同时也被隐式声明为内联函数，还自动满足编译时计算的条件。注意，向一个已经声明为 constexpr 的函数添加内联说明符没有效果：

```
       constexpr int f1() { return 0; } // automatically inline
inline constexpr int f1();              // redeclares the same f1() above
```

与所有内联函数一样，如果程序中不同翻译单元的定义不是相同的单词，则违反一个定义规则（ODR）。如果不同翻译单元的定义不同，则该程序为 IFNDR：

```
// file1.h:
   inline int f2() { return 0; }
constexpr int f3() { return 0; }

// file2.h:
   inline int f2() { return 1; }  // Error, no diagnostic required
constexpr int f3() { return 1; }  // Error, no diagnostic required
```

当一个函数被声明为 constexpr 时，该函数的每一个声明，包括它的定义，也必须明确地声明为 constexpr，否则程序就不成立：

```
constexpr int f4();
constexpr int f4() { return 0; }  // OK, constexpr matching exactly

constexpr int f5();
          int f5() { return 0; }  // Error, constexpr missing

          int f6();
constexpr int f6() { return 0; }  // Error, constexpr added
```

然而，函数模板声明的显式特化可能与它的 constexpr 说明符不同。例如，一个通用的函数模板，例如下面代码片段中的 ft1，可能被声明为 constexpr，而它的一个显式特化，例如 ft1<int>，可能不是 constexpr：

```
template <typename T>   // general function template declaration/definition
constexpr bool ft1(T)   // general template is declared constexpr
{
    return true;
}

template <>             // explicit specialization declaration/definition
bool ft1<int>(int)      // The explicit specialization is not constexpr.
{
    return true;
}

static_assert(ft1('a'), "");  // OK, general function template is constexpr.
static_assert(ft1(123), "");  // Error, int specialization is not constexpr.
```

同样地，在只有一个显式特化的情况下，角色也可以颠倒过来，例如，下一个示例中的 ft2<int> 就是 constexpr：

```
template <typename T> bool ft2(T)          { return true; }  // general template
template <> constexpr bool ft2<int>(int) { return true; }  // specialization

static_assert(ft2('a'), "");  // Error, general template is not constexpr.
static_assert(ft2(123), "");  // OK, int specialization is constexpr.
```

与任何其他函数一样，constexpr 函数可能出现在声明定义之前的表达式中，例如一个递归函数内。然而，constexpr 函数的定义必须出现并且完全，才能对该函数进行计算。递归函数（甚至相互递归函数）的集合也可以被声明为 constexpr，只要在需要常数表达式的上下文中，函数定义位于函数调用之前即可：

```
constexpr int f7();                    // declared but not yet defined
constexpr int f8() { return f7(); }    // defined with a call to f7
constexpr int f9();                    // declared but not defined in this TU
constexpr int f10(int n)
{
    return (n > 0) ? f10(n - 1) : 0;   // recursive call, incomplete definition
}

int main()
{
    return f8() + f9();   // OK, presumes f7 and f9 are defined and linked
                          // with this TU
}

static_assert(f8() == 0, "");  // Error, body of f7 has not yet been seen.
static_assert(f9() == 0, "");  // Error,    "    " f9   "   "   "    "    "

constexpr int f7()  // definition matching forward declaration
{
    static_assert(0 == f7(), "");  // Error, body of f7 has not yet been seen.
    return 0;
}

static_assert(f8() == 0, "");  // OK, body of f7 is visible from here.
static_assert(f9() == 0, "");  // Error, body of f9 has not yet been seen.

// Oops, failed to define f9 in this translation unit; compiler might warn
```

在上面的示例代码中，我们已经声明了三个 constexpr 函数：f7、f8、f9。在这三者中，只有 f8 是在首次使用前定义的。任何试图在需要常数表达式的上下文中对一个尚未定义的 constexpr 函数进行运算——直接（例如 f9）或间接（例如 f7 通过 f8）——都会导致编译时错误。注意，对于在定义时的表达式不需要确定值（例如主函数中的返回语句），不需要相应定义在其声明之前。在这种情况下，f9 在翻译单元（TU）中的任何位置都没有被定义。正如任何其他内联函数的调用可以在其定义之前一样，许多流行的编译器如果看到任何可能调用这样一个函数的表达式都会发出警告，但它并不是格式错误的，因为根据设计，定义可以驻留在其他翻译单元中（参见 3.1.9 节）。

当通过一个 constexpr 函数运算以确定常数表达式的值时，它的定义和其定义所依赖的任何东西一定是已经可见的；注意，没有说“作为常量表达式的一部分出现”，而是说“运算以确定常量表达式的值”。

可以让一些本身不是常量表达式的东西作为常量表达式的一部分出现，前提是它在编译时从未真正得到计算：

```
static_assert(true  ?  true : throw, "");  // OK
static_assert(true  ? throw : true,  "");  // Error, throw not constexpr

extern bool x;
static_assert((true, x), "");       // Error, x not constexpr
static_assert((x, true), "");       // Error, "  "       "

static_assert(true || x,    "");    // OK
static_assert(x    || true, "");    // Error, x not constexpr
```

此外，逗号（,）运算符需要对其两个参数进行计算，而逻辑或（||）运算符只要求其两个参数可转换为 bool，此时对第二个参数的实际计算可能走捷径。

（3）类型系统和函数指针

与内联关键字类似，标记一个函数 constexpr 并不影响其类型；因此，不可能有一个函数的两个重载是 constexpr，只是在定义一个指向唯一 constexpr 函数的指针上有区别：

```
constexpr int f(int) { return 0; }  // OK
int f(int)           { return 0; }  // Error, int f(int) is now multiply defined.

typedef constexpr int(*MyFnPtr)(int);
    // Error, constexpr cannot appear in a typedef declaration.

void g(constexpr int(*MyFnPtr)(int));
    // Error, a parameter cannot be declared constexpr.
```

与其他类型的对象一样，函数指针的值只有在该指针是编译时间常数的情况下，才能作为计算常数表达式的一部分被读取。此外，只有当函数指针是编译时常量且函数被声明为 constexpr 时，函数才能通过函数指针在编译时被调用：

```
constexpr bool cf() { return true; }  //    constexpr function returning true
          bool nf() { return true; }  // nonconstexpr function returning true

typedef bool (*Fp)(); // pointer to function taking no args. and returning bool

constexpr Fp cpcf = cf;  //    constexpr pointer to a    constexpr function
          Fp npcf = cf;  // nonconstexpr pointer to a    constexpr function
constexpr Fp cpnf = nf;  //    constexpr pointer to a nonconstexpr function
          Fp npnf = nf;  // nonconstexpr pointer to a nonconstexpr function
constexpr Fp cpz  = 0;   //    constexpr pointer having null pointer value

static_assert(cpcf == &cf, "");  // OK, reading a constexpr pointer
static_assert(npcf == &cf, "");  // Error, npcf is not a constexpr pointer.
static_assert(cpz  == 0,   "");  // OK, reading a constexpr pointer

static_assert(cpcf(),      "");  // OK, invoking a constexpr function through a
                                 //     constexpr pointer
static_assert(npcf(), "");       // Error, npcf is not a constexpr pointer.
static_assert(cpnf(), "");       // Error, can't invoke nonconstexpr function
static_assert(npnf(), "");       // Error, npnf is not a constexpr pointer.
static_assert(cpz(),  "");       // Error, 0 doesn't designate a function.
```

（4）constexpr 成员函数

成员函数——包括某些特殊的成员函数，如构造函数而不是析构函数——可以声明为 constexpr，参见“定义字面值类型”：

```
class Point1
{
    int d_x, d_y;  // two ordinary int data members
public:
    constexpr Point1(int x, int y) : d_x(x), d_y(y) { }  // OK, is constexpr

    constexpr int x()       { return d_x; }  // OK, is constexpr
              int y() const { return d_y; }  // OK, is not constexpr
};
```

像上面的 Point1 这样简单的类，至少有一个 constexpr 构造函数，它既不是复制构造函数，也不是移动构造函数，并且满足作为字面值类型的所有其他要求（参见“定义字面值类型”），可以被计算为常量表达式的一部分。然而，只有当与在编译时（例如通过一个公共数据成员、一个 constexpr 访问器或一个可用的 constexpr 友元函数）访问数据成员的方法相结合时，字面值类型的对象才能用于常量表达式中：

```
int ax[Point1(5, 6).x()];  // OK, array of 5 ints
int ay[Point1(5, 6).y()];  // Error, accessor y is not declared constexpr.
```

用 constexpr 修饰的成员函数在 C++11 中是隐式 const 限定的，在 C++14 中则不是，参见 3.2.1 节：

```
struct Point2
{
    int d_x, d_y;                                       // same as for Point1
    constexpr Point2(int x, int y) : d_x(x), d_y(y) { } //   "   "  "     "
```

```
    constexpr int& x() { return d_x; }                  // accessor (1)
        // Error, binding int& reference to const int discards qualifiers.

    constexpr const int& y() const { return d_y; }      // accessor (2)
        // OK, the 2nd const qualifier is redundant (but only in C++11).

    constexpr const int& y() { return d_y; }            // accessor (3)
        // Error, redefinition of constexpr const int& Point::y() const
};
```

在上述结构体 Point2 的示例中，accessor(1) 在 C++11（但不是 C++14）中被隐式地声明为 const；因此，试图向隐式 const d_x 数据成员返回一个可修改的左值引用会丢弃 const 限定符，从而导致编译错误。如果我们声明 constexpr 函数返回一个 const 引用，就像对 accessor(2) 所做的那样，代码就会编译得很好。注意，accessor(2) 中的显式 const 成员函数限定符，即第二个 const，在 C++11（但在 C++14 中则不然）中是冗余的；有了它可以确保当这个代码在后续版本的语言下重新编译时，其含义不会改变。最后需要注意的是，在 C++11（但不在 C++14）中，省略 accessor(3) 中的成员函数限定符并不能产生不同的重载。因为隐含地将一个成员函数声明为 constexpr，使得它是 const 限定的（仅限于 C++11），所以可能会出现意想不到的后果：

```
struct Point3
{
    int d_x, d_y;                                          // same as for Point1
    constexpr Point3(int x, int y) : d_x(x), d_y(y) { }   //   "    "  "     "

    constexpr int x() const { return d_x; }  // OK
    constexpr int y()       { return d_y; }  // OK, const is implied in C++11.

              int setX(int x) { return d_x = x; }  // OK, but not constexpr
    constexpr int setY(int y) { return d_y = y; }  // Error, implied const

    constexpr Point3& operator=(const Point3& p);
        // constexpr copy and move assignment cannot be
        // implemented properly in C++11.

};
```

声明一个成员函数（如上面代码示例中的 setY）为 constexpr 隐式地将该成员函数限定为 const，会导致任何 constexpr 成员函数试图修改自己对象的数据成员都是错误的。任何合适的复制或移动赋值的实现都不能在 C++11 中声明 constexpr，但在 C++14 中可以。

constexpr 成员函数不能是 virtual[㊀]，但可以与其他虚拟的成员函数共存于同一个类中。

（5）对 constexpr 函数体的限制（仅限 C++11）

C++11 的 constexpr 函数体中允许的 C++ 编程特性列表很小，反映了该特性最初被标准化时的初始状态。constexpr 函数体不应该是一个函数块：

```
          int g1()     { return 0; }                 // OK
constexpr int g2()     { return 0; }                 // OK, no try block
          int g3() try { return 0; } catch(...) {}  // OK, not constexpr
constexpr int g4() try { return 0; } catch(...) {}  // Error, not allowed
```

不是 delete 或默认函数（参见 2.1.6 节）的 C++11 constexpr 函数仅由空语句、静态断言（参见 2.1.15 节）、使用声明、使用指令以及未定义类或枚举的 typedef 和别名声明（参见 2.1.18 节）组成。除构造函数外，constexpr 函数的主体必须恰好包含一条返回语句。constexpr 构造函数可能有成员初始化器列表，但没有其他附加语句，参见“针对构造函数的约束”。constexpr 函数允许使用三元运算符、逗号运算符和递归：

㊀ C++20 允许 constexpr 成员函数是虚函数（参见 dimov18）。

```
constexpr int f(int x)
{
    ;                                         // OK, null statement
    static_assert(sizeof(int) == 4, "");      // OK, static assertion
    using MyInt = int;                        // OK, type alias
    return x > 5 ? x : f(x + 2), f(x + 1); // OK, ternary, comma, and recursion
}
```

然而，C++11 中不允许 constexpr 函数使用许多常见的编程结构，如运行时断言、局部变量、if 语句、函数参数的修改以及使用定义类型的指令：

```
#include <cassert>  // standard C assert macro
constexpr int g(int x)
{

    assert(x < 100);           // Error, no runtime asserts
    int y = x;                 // Error, no local variables
    if (x > 5) { return x; }   // Error, no if statements
    using S = struct { };      // Error, no aliases that define types
    return x += 3;             // Error, no compound assignment
}
```

好消息是，上述对 constexpr 函数的构造类型的限制，到 C++14 时已明显放宽，参见 3.2.1 节。

不管允许在 constexpr 函数中出现的构造函数的种类如何，返回语句中函数、构造函数或隐式转换运算符的每次调用都必须至少在一个常数表达式中可用，这意味着相应的函数至少必须被声明为 constexpr：

```
          int ga() { return 0; }  // nonconstexpr function returning 0
constexpr int gb() { return 0; }  //    constexpr function returning 0

struct S1a {           S1a() { } };  // nonconstexpr default constructor
struct S1b { constexpr S1b() { } };  //    constexpr default constructor

struct S2a { operator int() { return 5; } };          // nonconstexpr conversion
struct S2b { constexpr operator int() { return 5; } }; // constexpr conversion

constexpr int f1a() { return ga(); }  // Error, ga is not constexpr.
constexpr int f1b() { return gb(); }  // OK, gb is constexpr.

constexpr int f2a() { return S1a(), 5; }  // Error, S1a ctor is not constexpr.
constexpr int f2b() { return S1b(), 5; }  // OK, S1b ctor is constexpr.

constexpr int f3a() { return S2a(); } // Error, S2a conversion is not constexpr.
constexpr int f3b() { return S2b(); } // OK, S2b conversion is constexpr.
```

需要注意的是，如上述代码中 f3a 所示，非 constexpr 隐式转换也可以由接受单个参数的非 constexpr、非显式构造函数产生。

（6）针对构造函数的约束

除了对 constexpr 函数体［参见“对 constexpr 函数体的限制（仅限 C++11）”］及其允许的参数和返回类型（参见“constexpr 的函数参数和返回类型”）的一般限制外，还有几个额外的要求是针对构造函数的。

① constexpr 构造函数的函数体与其他 constexpr 函数一样受到限制，只是不允许返回语句。因此，constexpr 构造函数的函数体必须本质上是空的，只有极少数例外：

```
namespace n          // enclosing namespace
{

class C { /*...*/ };  // arbitrary class definition

struct S
{
    constexpr S(bool) try { } catch (...) { }  // Error, function try block
              S(char) try { } catch (...) { }  // OK, not declared constexpr
```

```
    constexpr S(int)
    {
        ;                       // OK, null statement
        static_assert(1, "");   // OK, static_assert declaration
        typedef int Int;        // OK, simple typedef alias
        using Int = int;        // OK, simple using alias
        typedef enum {} E;      // Error, typedef used to define enum E
        using n::C;             // OK, using declaration
        using namespace n;      // OK, using directive
    }
};

} // close namespace
```

②一个类的所有非静态数据成员和基类子对象都必须由 constexpr 构造函数初始化[㊀]，并且初始化器本身必须在一个常数表达式中可用。标量成员必须在成员初始化器列表中显式初始化或通过默认的成员初始化器初始化，即不能处于未初始化状态：

```
struct B  // constexpr constructible only from argument convertible to int
{
    B() { }
    constexpr B(int) { }  // constexpr constructor taking an int
};

struct C  //  constexpr default constructible
{
    constexpr C() { }  // constexpr default constructor
};

struct D1 : B  // public derivation
{
    constexpr D1() { }  // Error, B has nonconstexpr default constructor
};

struct D2 : B  // public derivation
{
    int d_i;  // nonstatic, scalar data member
    constexpr D2(int i) : B(i) { }  // Error, doesn't initialize d_i
};

          int f1() { return 5; }  // nonconstexpr function
constexpr int f2() { return 5; }  //    constexpr function

struct D3 : C  // public derivation
{
    int d_i = f1();  // initialization using nonconstexpr function
    int d_j = f2();  // initialization using    constexpr function

    constexpr D3() { }  // Error, d_i not constant initialized

    constexpr D3(int i) : d_i(i) { }  // OK, d_i set from init list
};
```

上面的示例代码说明了基类或非静态数据成员可能无法由显式声明的 constexpr 构造函数初始化的不同情况。在最后的派生类 D3 中，我们注意到有两个数据成员 d_i 和 d_j，它们的成员初始化器分别使用非 constexpr 函数 f1 和 constexpr 函数 f2。constexpr 默认构造函数 D3() 的实现是错误的，因为数据成员 d_i 在运行时将由非 constexpr 函数 f1 初始化。值构造函数 D3(int) 的实现很好，因为数据成员 d_i 在成员初始化器列表中，从而可以进行编译时计算。

③定义构造函数为 constexpr 要求类没有虚拟基类[㊁]：

㊀ C++20 中要求所有用 constexpr 显式声明的成员和基类都要在构造函数中初始化，否则在编译时会出错。

㊁ 如果类有虚基类，C++20 中不再限制构造函数不能是 constexpr。

```
struct B { constexpr B(); /*...*/ };  // some arbitrary base class

struct D : virtual B
{
    constexpr D(int) { }  // Error, class D has virtual base class B.
};
```

④一个被明确声明为 constexpr 的构造函数总能被使用 = delete（参见 2.1.6 节）来抑制实现。显式地声明 delete 函数，使该声明不可访问，并抑制实现的生成，参见本小节中的“识别字面值类型”。然而，如果构造函数是使用 = default 实现的，那么除非默认的定义是隐式 constexpr，否则将导致编译错误，参见 2.1.4 节：

```
struct S1
{
    S1() { };             // nonconstexpr default constructor
    S1(const S1&) { };    //       "      copy        "
    S1(char) { };         //       "      value       "
};

struct S2
{
    S1 d_s1;
    constexpr S2() = default;          // default constructor
        // Error, S1's default constructor isn't constexpr.

    constexpr S2(const S2&) = delete;  // copy constructor
        // OK, make declaration inaccessible and suppress implementation

    S2(char c) : d_s1(c) { }           // value constructor
      // OK, this constructor is not declared to be constexpr.
};
```

在上面的示例中，显式地声明 S2 的默认构造函数为 constexpr 是一个错误，因为隐式定义的默认构造函数不会是 constexpr。使用 = delete 声明但没有定义 constexpr 函数，因此没有对 S2 的抑制复制构造函数进行 constexpr 的语义验证。由于 S2 的值构造函数没有显式声明 constexpr，因此委托给它的非 constexpr 成员值构造函数没有问题。

⑤隐式定义的默认构造函数（由编译器生成）执行类的初始化集，这些初始化集原本是要由用户为没有成员初始化器列表和空函数体的类编写的默认构造函数执行的。如果这样一个用户定义的默认构造函数满足 constexpr 构造函数的要求，那么隐式定义的默认构造函数就是 constexpr 构造函数（同样对于隐式定义的复制和移动构造函数也是如此，不管它是不是显式声明 constexpr）。但是，显式地声明一个默认的构造函数 constexpr，而该构造函数本身并不是 constexpr，则会导致编译时错误，参见 2.1.4 节：

```
struct I0  { int i; /* implicit default ctor */ };  // OK, literal type

struct I1a { int i;           I1a()       { } };  // OK, i is not init
struct I1b { int i; constexpr I1b()       { } };  // Error, i is not init

struct I2a { int i;           I2a() = default; };  // OK, but not constexpr
struct I2b { int i; constexpr I2b() = default; };  // Error, i is not init

struct I3a { int i;           I3a() : i(0) { } };  // OK, i is init
struct I3b { int i; constexpr I3b() : i(0) { } };  // OK, literal type

struct S0  { I3b v; /* implicit default ctor */ };  // OK, literal type

struct S1a { I3b v;           S1a()       { } };  // OK, v is init
struct S1b { I3b v; constexpr S1b()       { } };  // OK, literal type

struct S2a { I3b v;           S2a() = default; };  // OK, literal type
struct S2b { I3b v; constexpr S2b() = default; };  // OK, literal type
```

上面的示例代码说明了标量字面值类型的数据成员 int 和用户定义字面值的数据成员 I3b 之间的细微差别。与 I1a 离开自己的数据成员 i（未初始化）不同，S1a 总是对自己的数据成员 i 进行零初始化。因此，试图将 constexpr 应用于 I1a 的构造函数是格式错误的，而 S1a 的情况并非如此，如上面的 I1b 和 S1b 所示。

需要注意的是，虽然每个字面值类型都需要在一个需要常量表达式的上下文中有一个构造方法，但并不是每个字面值类型的构造函数都需要是 constexpr，参见本小节"定义字面值类型"。

⑥值初始化和聚合初始化虽然不会总是导致构造函数的调用，但仍然会在编译时发生这种情况。这些类型的初始化必须只涉及那些在常量运算过程中可以发生的操作。

对于具有用户提供的默认构造函数的类型，值初始化意味着调用该构造函数，因此需要将其声明为 constexpr，以便将其作为常量表达式的一部分进行计算。对于具有隐式定义的（或默认的，参见 2.1.4 节）默认构造函数的类型，值初始化将首先对所有基类对象和成员进行零初始化，然后对对象本身进行初始化，这对构造函数 constexpr 施加了类似的限制。然而，如果一个隐式定义或默认构造函数也是平凡的，那么它的调用将被跳过[⊖]。如果（a）一个默认构造函数是隐式的定义、默认或删除，（b）所有非静态数据成员都有平凡的默认构造函数，没有默认成员初始化器，（c）所有基类都是非虚拟的，有平凡的默认构造函数；那么这个默认构造函数是平凡的。因此，可以对具有显式默认构造函数但非 constexpr 默认构造函数的类型进行值初始化：

```
struct S1  // example of a nonconstexpr trivial default constructor
{
    int d_i;            // not initialized by S1()
    S1() = default;     // trivial, nonconstexpr
};
static_assert(S1().d_i == 0, "");  // OK, value initialization
static_assert(S1{}.d_i == 0, "");  // OK, value initialization
```

即使删除了匹配的构造函数（包括默认构造函数，参见 2.1.6 节）[⊜]，聚合初始化也可能产生令人惊讶的初始化效果：

```
struct S2  // a type having a non-trivial default constructor
{
    constexpr S2() { }  // non-trivial, constexpr
};

struct S3  // example of an aggregate having deleted constructors
{
    int d_i;     // not initialized
    S2  d_s2;    // has non-trivial constructor

    S3()       = delete;  // non-trivial, nonconstexpr
    S3(int a) = delete;   //              nonconstexpr
};
static_assert(S3().d_i  == 0, "");   // Error, invokes deleted constructor
static_assert(S3{}.d_i  == 0, "");   // OK, aggregate initialization
static_assert(S3{7}.d_i == 7, "");   // OK, aggregate initialization
```

注意，不使用大括号初始化会导致值初始化，而不是聚合初始化，因此尝试调用删除的 S3 默认构造函数。

⑦对于一个联合体，它的一个数据成员必须通过默认的成员初始化器（见 3.1.7 节）、constexpr 构造函数，或通过聚合初始化用一个常数表达式来初始化：

```
// unions having no explicit constructors
union U0 { bool b;      char c;       };  // OK, neither member initialized
```

⊖ 最初的意图是针对字面值类型，在编译时相关初始化操作能够有效初始化。那些不能被有效初始化的默认构造函数，也不能成为 constexpr 构造函数，Alisdair Meredith 在 CWG issue 644 中指出这一点（见 meredith07）。解决办法是把 C++11 之前的程序迁移到允许聚合初始化版本。参见 CWG issue 981（见 dosreis09）和 1071（见 krugler10a）。这一问题已经标准化了（CWG issue 1452，见 smith11b）。所有相关编译器已经将其作为补丁加入，但是标准中还没有。C++20 已经删除了 constexpr 构造函数中成员和基类都要初始化的要求（见 johnson19），也不要求 constexpr 构造函数有默认值。

⊜ C++20 之后，用户自定义构造函数的类型，包括默认和删除构造函数，都不再聚合。因此聚合初始化不再应用到这些类型中。

```
union U1 { bool b = 0;  char c;       };  // OK, first member initialized
union U2 { bool b;      char c = 'A'; };  // OK, second   "       "
union U3 { bool b = 0;  char c = 'A'; };  // Error, multiple initialized

// unions having constexpr constructors
union U4 { bool b; char c;         constexpr U4() { } };  // Error, uninit
union U5 { bool b; char c = 'A';   constexpr U5() { } };              // OK
union U6 { bool b; char c;         constexpr U6() : c('A') { } };     // OK
union U7 { bool b; char c;         constexpr U7(bool v) : b(v) { } }; // OK

struct S                           // S is a literal type.
{
    U0 u0{};                       // value-initialized
    U1 u1; U2 u2; U5 u5; U6 u6;    // default-initialized
    U7 u7;                         // initialized in constructor
    constexpr S() : u7(true) { }   // OK, all members are initialized.
};

constexpr int test(S t) { return 0; }  // OK, confirms S is a literal type
```

上面的示例代码说明了使用 constexpr 构造函数对 U0-U2 和 U5-U7 等联合体进行初始化的各种方式，如 S()。至少有一个非复制、非移位 constexpr 构造函数的存在意味着组成这些并集的类，例如 S，是一个字面值类型，我们已经用 C++11 接口测试惯用法证实了这一点，参见本节“识别字面值类型”。

⑧如果构造函数委派给同一个类（参见 2.1.5 节）中的另一个构造函数，那么这个目标构造函数一定是 constexpr：

```
struct C0  // Only the default constructor is constexpr.
{
              C0(int)        { }  // OK, but not declared constexpr
    constexpr C0() : C0(0) { }  // Error, delegating to nonconstexpr ctor
};

struct C1  // Both default and value constructor are constexpr.
{
    constexpr C1(int)        { }  // OK, declared constexpr
    constexpr C1() : C1(0) { }  // OK, delegating to constexpr constructor
};
```

⑨在初始化类（例如下面的 S）的数据成员时，隐式地将初始化表达式（例如下面代码片段中的 V）的类型转换为数据成员（例如 int 或 double）的类型所需的任何非构造函数也必须是 constexpr：

```
struct V
{
    int v;
              operator    int() const { return v; }  // implicit conversion
    constexpr operator double() const { return v; }  // implicit conversion
};

struct S
{
    int i; double d;  // A constexpr constructor must initialize both members.

    constexpr S(const V& x, double y) : i(x), d(y) { }  // Error, the needed
        // int implicit conversion is not declared constexpr.

    constexpr S(int x, const V& y) : i(x), d(y) { }    // OK, the needed
        // double implicit conversion is declared constexpr.
};
```

（7）constexpr 函数模板

函数模板、成员函数模板和构造函数模板都可以声明为 constexpr，并且比非模板实体更自由。如果这样的模板的特定实例化不满足 constexpr 函数、成员函数或构造函数的要求，那么它在编译时就不能被调用[㊀]。例如，考虑一个函数模板 sizeOf，如果它的参数类型 T 是字面值类型，那么它就可

㊀ 编译时不能运算的特例可以考虑 constexpr。在编译时计算并不是一个严格要求。这一规则在 CWG issue 1358 中介绍（参见 smith11a）。

以在编译时计算：

```
template <typename T> constexpr int sizeOf(T t) { return sizeof(t); }
    // This function is constexpr only if T is a literal type.

struct S0 { int i;           S0() : i(0) { } };  // not a literal type
struct S1 { int i; constexpr S1() : i(0) { } };  // a literal type

int a[sizeOf(int())];  // OK,     int is     a literal type.
int b[sizeOf( S0())];  // Error,  S0 is not a literal type.
int c[sizeOf( S1())];  // OK,     S1 is     a literal type.
```

如果函数模板没有特化就会产生 constexpr 函数，那么程序就会出现 IFNDR 问题。例如，如果在 C++11 中实现了同一个函数模板，其函数体不只由单个返回语句组成，那么该函数模板将是格式错误的：

```
template <typename T>
constexpr int badSizeOf(T t) { const int s = sizeof(t); return s; }
    // This constexpr function template is IFNDR.
```

大多数编译器在编译这样的特化以便运行时使用时，不会试图去确定 constexpr 是否有效。然而，当使用本身是常量表达的参数时，编译器往往会发现这种不正常的性质，并报告错误：

```
int d[badSizeOf(S1())];  // Error, badSizeOf<S1>(S1) body not return statement
int e[badSizeOf(S0())];  // Error, badSizeOf<S0>(S0) body not return statement
int f = badSizeOf(S1()); // Oops, same issue but might work on some compilers
int g = badSizeOf(S0()); // Oops, same issue but often works without warnings
```

注意上面的代码段中的四个语句中的每个语句都是有问题的，因为 badSizeOf 函数模板本身就是格式错误的。在需要常量表达式的上下文中尝试使用 badSizeOf 的实例化是不正确的，例如 d 或 e。当在不需要常量表达式（例如 f 或 g）的上下文中使用时，编译器是否失败、发出警告或执行是一个实现质量（QoI）问题。

（8）constexpr 的函数参数和返回类型

至此，我们得出了 constexpr 函数看似循环的定义中最令人困惑的部分：一个函数不能被声明为 constexpr，除非该函数的函数参数和返回类型满足作为字面值类型的条件，即在计算常数表达式时允许创建和销毁其对象的类型类别：

```
struct  Lt { int v; constexpr  Lt() : v(0) { } };  // literal type
struct Nlt { int v;           Nlt() : v(0) { } };  // nonliteral type

          Lt  f1() { return Lt();  }  // OK, no issues
constexpr Lt  f2() { return Lt();  }  // OK, returning literal type
          Nlt f3() { return Nlt(); }  // Ok, function is nonconstexpr.
constexpr Nlt f4() { return Nlt(); }  // Error, constexpr returning nonliteral

          int g1(Lt  x) { return x.v; }  // OK, no issues
constexpr int g2(Lt  x) { return x.v; }  // OK, parameter is a literal type.
          int g3(Nlt x) { return x.v; }  // OK, function is nonconstexpr.
constexpr int g4(Nlt x) { return x.v; }  // Error, constexpr taking nonliteral
```

考虑所有的指针和引用类型（内建类型）都是字面值类型，因此可以出现在 constexpr 函数的接口中，而不管它们是否指向字面值类型：

```
constexpr int h1(Lt*  p) { return p->v; }  // OK, parameter is a literal type.
constexpr int h2(Nlt* p) { return p->v; }  // OK,     "      " "    "
constexpr int h3(Lt&  r) { return r.v; }   // OK,     "      " "    "
constexpr int h4(Nlt& r) { return r.v; }   // OK,     "      " "    "
```

然而，注意，由于在编译时构造非字面值类型的对象是不可能的，所以没有办法调用 h2 或 h4 并将其作为常量表达式的一部分，因为成员 v 在上述所有函数中的访问都需要一个已经创建的对象存在。指向非字面值类型的指针和引用可以是 constexpr，只要它们在编译时不用来访问它们的值：

```
Nlt arr[17];
constexpr Nlt& arr_0 = arr[0];                  // OK, initializing a reference
constexpr Nlt* arr_0_ptr = &arr[0];             // OK, taking an address
constexpr Nlt& arr_0_ptr_deref = *arr_0_ptr;    // OK, dereferencing but not using
static_assert(&arr[17] - &arr[4] == 13,"");     // OK, pointer arithmetic

constexpr int arr_0_v = arr_0.v;                // Error, arr[0] is not usable.
constexpr int arr_0_ptr_v = arr_0_ptr->v;       // Error,    "    "  "     "
```

（9）定义字面值类型

理解哪些类型是字面值类型对于知道在编译时计算中可以做什么和不能做什么是很重要的。现在阐明 C++ 如何定义一个字面值类型，以及它们在两个主要用例中是如何可用的。

- 字面值型可以在求常量表达式的过程中创建和销毁。
- 字面值类型适合在 constexpr 函数的接口中使用，无论是作为返回类型还是作为参数类型。

判定一个给定类型是否为字面值类型的标准有六条：

①每一个标量类型都是字面值类型。标量类型包括所有基本算术（整数和浮点数）类型、所有枚举类型和所有指针类型。

int	int 是字面值类型
double	double 是字面值类型
short*	short* 是字面值类型
enum E { e_A };	E 是字面值类型
T*	T* 是字面值类型（对于任何 T）

注意，一个指针 T* 总是一个字面值类型，即使它指向一个本身不是字面值类型的类型 T。

②与指针一样，每一个引用类型都是字面值类型，不管它所引用的类型本身是不是字面值类型。

int&	int& 是字面值类型
T&	T& 是字面值类型（对任何 T）
T&&	T&& 是字面值类型（对任何 T）

③如果一个类、结构体或联合体满足下列四个条件中的任何一个，那么它就是一个字面值类型。

- 它有一个平凡的析构函数[㊀]。
- 每个非静态数据成员都是非易失性字面值类型[㊁]。
- 每个基类都是一个字面值类型。
- 在不断的运算过程中，有某种方法可以初始化该类型的对象；要么它是一个聚合类，从而提供聚合初始化，要么它至少有一个 constexpr 构造函数（可能是模板）不是一个复制或移动构造函数：

```
#include <string>  // std::string
struct LiteralUDT
{
    static std::string s_cache;
        // OK, static data member can have a nonliteral type.

    int d_datum;
        // OK, nonstatic data member of nonvolatile literal type

    constexpr LiteralUDT(int datum) : d_datum(datum) { }
```

㊀ 对 C++20，析构函数可以声明为 constexpr，也可以是虚函数并声明为 constexpr。

㊁ C++17 放松了这一限制。对于字面值类型的联合体，至少有一个就行，而不是所有非静态数据成员是非易失性字面值类型。

```
        // OK, has at least one constexpr constructor

    LiteralUDT() : d_datum(-1) { }
        // OK, can have nonconstexpr constructors

    // constexpr ~LiteralUDT() { }   // not permitted until C++20
        // No need to define: implicitly generated destructor is trivial.
};

struct LiteralAggregate
{
    int d_value1;
    int d_value2;
};

union LiteralUnion
{
    int   d_x;  // OK, int is a literal type.
    float d_y;  // OK, float is a literal type.
};
```

④ cv 限定的字面值类型也是字面值类型[⊖]。

`const int`	是字面值类型
`volatile int`	是字面值类型
`const volatile int`	是字面值类型
`const LiteralUDT`	是字面值类型（因为 `LiteralUDT` 是字面值类型）

⑤字面值类型的对象数组也是字面值类型：

```
char a[5];  // An array of scalar type, e.g., char, is a literal type.

struct { int i; bool b; } b[7];
    // An array of aggregate type is a literal type.
```

⑥在 C++14 及其后，void 和 cv 限定的 void 也是字面值类型，从而使函数返回 void：

```
constexpr const volatile void f() { }  // OK, in C++14
```

上述六条标准旨在捕捉那些在一个常量表达式运算时可能被创造和破坏的类型。然而，并非每一个满足上述标准的字面值类型都一定能以一个固定的表达式被构造出来，遑论以有意义的方式了。

- 用户定义的字面值类型不需要具有任何 constexpr 成员函数或可公开访问的成员。用户定义的字面值类型作为常量表达式的一部分，很可能唯一能做的事情就是创建它：

```
class C { };  // C is a literal type.

int a[(C(), 5)];  // OK, create an array of five int objects.
```

这种“勉强的字面值”的类型虽然严重限制了它们在常量表达式中的有用性，但却允许在 C++14 中对 constexpr 变量进行有用的编译时初始化，参见 3.1.6 节。

- 要求至少有一个 constexpr 构造函数不是复制构造函数或移动构造函数。在编译时调用这样的构造函数是没有要求的，例如，它可以被声明为私有的，甚至可以被定义；事实上，一个 deleted 构造函数（参见 2.1.6 节）就满足了这一要求：

```
struct UselessLiteralType
{
    constexpr UselessLiteralType() = delete;
};
```

- constexpr 函数中很多字面值型的使用都需要额外的 constexpr 函数来定义（而不仅仅是宣称），

⊖ 注意，cv 限定的标量类型仍然是标量类型，而 cv 限定的类的类型被标记为字面值类型，详见 CWF issue 1851（参见 smith14）。

比如移位或复制构造函数：

```
struct Lt  // literal type having nonconstexpr copy constructor
{
    constexpr Lt(int c) { }  // valid constexpr value constructor
    Lt(const Lt& ) { }       // nonconstexpr copy constructor
};

constexpr int processByValue(Lt t) { return 0; }  // valid constexpr function

static_assert(processByValue(Lt(7)) == 0, "");
    // Error, but might work on some platforms due to elided copy

constexpr Lt s{7};  // braced-initialized object of type Lt

static_assert(processByValue(s) == 0, "");  // Error, nonconstexpr copy ctor
```

在上面的代码示例中有一个字面值类型 Lt，为此我们显式地声明了一个非 constexpr 复制构造函数。然后，我们定义了一个有效的 constexpr 函数 processByValue，将 Lt（按照值）作为它的唯一参数。通过从一个字面值 int 构造一个 Lt 的对象来调用该函数，可以使编译器忽略该副本。删除副本的平台可能会在编译时允许这种运算，而在其他平台上则会出现错误。当我们考虑使用独立构造的 constexpr 变量（即 s）时，不能删除副本；并且由于明确声明副本构造函数为 nonconstexpr，编译时断言在所有平台上都无法编译，参见 3.1.6 节。

- 虽然一个指针或引用（根据定义）总是一个字面值类型，但如果被指向的类型本身不是一个字面值类型，那么在常量表达式运算时就不能使用被引用的对象。

（10）识别字面值类型

有两种方法来确保一个类型是字面值型。对于用户来说，更重要的是确定一个类型是不是可用的字面值类型。

①在 constexpr 函数（即要么作为返回类型，要么作为参数类型）的接口中只能使用字面值类型。判断给定类型是否为字面值类型的第一种方法是定义一个按值返回给定类型的函数。这种做法的缺点是要求该类型也是可复制的或至少是可移动的；参见 3.1.18 节[㊀]：

```
struct LiteralType    { constexpr LiteralType(int i)    {} };
struct NonLiteralType {           NonLiteralType(int i) {} };
struct NonMovableType { constexpr NonMovableType(int i) {}
                        NonMovableType(NonMovableType&&) = delete; };

constexpr LiteralType    f(int i) { return LiteralType(i);    }  // OK
constexpr NonLiteralType g(int i) { return NonLiteralType(i); }  // Error
constexpr NonMovableType h(int i) { return NonMovableType(i); }  // Error
```

在上面的示例中，NonMovableType 是字面值类型，但不可移动也不可复制，所以它不能作为函数的返回类型。将该类型作为赋值参数传递更可靠，与不可移动、不可复制的字面值类型更匹配：

```
constexpr int test(LiteralType t)    { return 0; }  // OK
constexpr int test(NonLiteralType t) { return 0; }  // Error
constexpr int test(NonMovableType t) { return 0; }  // OK
```

这种方法会询问编译器，它是否认为给定的类型 S（作为一个整体）是一个字面值类型，并且可以简洁地编写[㊁]：

```
constexpr int test(S) { return 0; }  // compiles only if S is a literal type
```

注意，所有这些测试都需要提供一个函数体，因为编译器将在处理函数定义时，需要验证函数的声明是否对 constexpr 函数合法。一个没有正文的声明对于非字面值类型的参数和返回类型不会产生预期的错误：

㊀ 在 C++17 中，一个可复制或可移动的返回类型要求为 prvalue，这条规则已被移除。参见 3.1.18 小节。
㊁ 在 C++14 中，我们可以使用 return void —— constexpr void test(S) { } ——并忽略 return 语句，参见 3.2.1 节。

```
constexpr NonLiteralType quietly(NonLiteralType t);  // OK, declaration only
constexpr NonLiteralType quietly(NonLiteralType t) { return t; }  // Error
```

C++11 标准库提供了一个类型特征——std::is_literal_type——试图服务于类似的目的[㊀]：

```
#include <type_traits>  // std::is_literal_type
static_assert( std::is_literal_type<LiteralType>::value, "");     // OK
static_assert(!std::is_literal_type<NonLiteralType>::value, "");  // OK
```

我们可以使用 C++11（在 C++14 中变得更加琐碎）中的一个简单测试来确定编译器是否认为给定的类型是字面值类型。

②为了确保一个正在开发的类型在编译时工具中是有意义的，需要确认一个给定的字面值类型的对象可以在编译时构造。这种确认需要确定特定形式的初始化和相应的见证参数，这些参数应该允许用户定义的类型假定一个有效的编译时值。对于这个示例，可以使用接口测试来帮助证明我们的类，例如 Lt 是一个字面值类型：

```
class Lt  // An object of this type can be used in a constant expression.
{
    int d_value;

public:
    constexpr Lt(int i) : d_value(i != 75033 ? throw 0 : i) { }  // OK
};

constexpr int checkLiteral(Lt) { return 0; }  // OK, literal type
```

为了证明上面的代码示例中的 Lt 是一个可用的字面值类型，需要选择一个 constexpr 构造函数 [例如，Lt(int)]，选择合适的见证参数（例如 75033 ），然后将结果用一个常量表达式表示。编译器将通过产生一个错误来指示类型在编译时是否能被构造：

```
char x[(Lt(75033), 1)];                  // OK, usable in constant expr
static_assert((Lt(75033), true), ""); // OK,    "      "      "        "
```

对于不能使用字面值类型的类型，就不会有这样的证明。当明确声明为 constexpr 的特定构造函数没有用于证明类型可用的见证参数集时，构造函数（以及它所在的任何程序）为 IFNDR。强迫编译器在一般情况下执行这样的证明——即使这样做是可能的——这对编译时计算资源的使用来说并不明智。因此，编译器一般不会诊断格式不正确的构造函数，而是在每次出现无法在编译时使用的字面值类型的时候，输出一组错误的信息：

```
int a = 1, b = 2;  // a and b are not constexpr.

class PathologicalType  // ill formed, no diagnostic required
{
    int d_value;

public:
    constexpr PathologicalType(int i)
        : d_value( (i <  2) ? a
                 : (i >= 2) ? b
                 : (i * 2) ) { }
};
```

编译器不太可能发现无法调用上述 constexpr 构造函数作为常量表达式求值的一部分。构造函数会被认为是格式错误的，但编译器不可能进行诊断。然而，提供任何见证参数都会迫使编译器计算构造函数，并发现没有任何特定的调用是有效的：

```
static_assert((PathologicalType(1),true), "");  // Error, a is not constexpr.
static_assert((PathologicalType(2),true), "");  // Error, b is not constexpr.
static_assert((PathologicalType(3),true), "");  // Error, b is not constexpr.
```

㊀ 注意 std::is_literal_type 在 C++17 中已经弃用，C++20 也已经去除，参见 meredith16。

（11）编译时计算

对 constexpr 函数构造合法性检验的所有限制存在的目的是在编译时能够对这些函数进行可移植的计算。理解这一动机需要理解编译时计算的一般规律，特别是常量表达式。

首先，在特定的上下文中需要一个常量表达式。

- static_ assert 的任何参数，noexcept 操作符和对齐标记。
- 内置数组的大小。
- switch 语句中 case 标签的表达式。
- 枚举器的初始化器。
- 位字段的长度。
- 非类型模板参数。
- constexpr 变量的初始化器（参见 3.1.6 节）。

在这些上下文中计算表达式的值要求所有的子表达式在编译时都是已知的和可运算的，除了那些被逻辑或运算符（||）、逻辑和运算符（&&）以及三元运算符（?:）短路的子表达式：

```
constexpr int f(int x) { return x || (throw x, 1); }
constexpr int g(int x) { return x && (throw x, 1); }
constexpr int h(int x) { return x ? 1 : throw x; }

static_assert(f(true), "");     // OK, throw x is never evaluated.
static_assert(!g(false), "");   // OK,   "    "  "    "        "
static_assert(h(true), "");     // OK,   "    "  "    "        "
```

注意，预处理器指令 # if 和 # elif 的控制常量表达式与一般常量表达式类似，都是在任何函数（无论是否为 constexpr）被解析之前计算的。因此，constexpr 函数不能作为预处理器指令的控制常量表达式的一部分被调用。

其次，C++11 标准确定了一组明确的操作，这些操作不能用于常量表达式，因此不能用于编译时计算。任何执行以下操作的操作都不可用。

- 抛出异常。
- 调用 new 和 delete 运算符。
- 调用 lambda 函数。
- 依赖运行时多态性，如多态类型上的 dynamic_cast 和 typeid，或调用一个非 constexpr 的虚拟函数。
- 使用 reinterpret_cast 。
- 修改对象（增量、减量和赋值），包括函数参数、成员变量和全局变量。
- 有未定义的行为（如整数溢出），取消引用 nullptr，或索引在数组的边界之外。
- 调用非 constexpr 函数或构造函数，或函数定义在调用 constexpr 函数之后。

注意，标记 constexpr 仅当参数取值为函数求值前已知的常量表达式，以及调用带有这些参数的函数时不涉及上面列出的任何排除参数时，才允许函数在编译时计算。

只有当全局变量是由常量表达式（一般处理为 constexpr，即使只标记为 const）初始化的整型或枚举型的非易失 const 对象，或者字面值型的 constexpr 对象时，全局变量才可以用于 constexpr 函数，参见“定义字面值类型”和 3.1.6 节。无论哪种情况，在 constexpr 函数中使用的任何 constexpr 全局对象都必须在函数定义之前用一个常量表达式进行初始化。C++14[㊀]放宽了其中的一些限制，参见 3.2.1 节。

2. 用例

（1）类函数宏的一个更好的替代方案

在运行时和编译时都有用的计算和出于性能原因必须内联的计算通常使用预处理器宏来实现。

㊀ C++17 和 C++20 进一步放宽了这种限制。

例如，考虑将 mebibyte 转换为 byte 的任务：

```
#define MEBIBYTES_TO_BYTES(mebibytes) ((mebibytes) * 1024 * 1024)
```

上述宏可以用于需要常量表达式且输入仅在程序执行期间已知的上下文中：

```
#include <cstddef>  // std::size_t
#include <vector>   // std::vector
void example0(std::size_t input)
{
    unsigned char fixedBuffer[MEBIBYTES_TO_BYTES(2)];  // compile-time constant

    std::vector<unsigned char> dynamicBuffer;
    dynamicBuffer.resize(MEBIBYTES_TO_BYTES(input));  // usable at run time
}
```

虽然像 MEBIBYTES_TO_BYTES 这样具有合理的唯一（和长）名称的单行宏在实际中不太可能引起任何问题，但它与常规函数相比具有许多缺点。宏名没有限定作用域；因此，它们会受到全局名称冲突的影响。没有明确的输入和输出类型，也就没有类型安全。最能说明问题的是，表达安全的缺失使得编写简单宏也变得棘手。例如，一个常见的错误是在实现 MEBIBYTES_TO_BYTES 时忘记了 mebibytes 附近的 ()，如果应用到 MEBIBYTES_TO_BYTES(2+2) 这样的非平凡表达式中，则会导致一个意想不到的结果——在没有 () 的情况下得到一个 (2+2*1024*1024) = 2097154 的值，在有 () 的情况下（(2+2)*1024*1024）= 4194304。

单个 constexpr 函数足以替代 MEBIBYTES_TO_BYTES 宏，避免了上述缺点，且不需要额外的运行时开销：

```
constexpr std::size_t mebibytesToBytes(std::size_t mebibytes)
{
    return mebibytes * 1024 * 1024;
}

void example1(std::size_t input)
{
    unsigned char fixedBuffer[mebibytesToBytes(2)];
        // OK, guaranteed to be invocable at compile time

    std::vector<unsigned char> dynamicBuffer;
    dynamicBuffer.resize(mebibytesToBytes(input));
        // OK, can also be invoked at run time
}
```

宏的非结构化、不整洁性质促使 C++ 发生重大的语言进化，目的是在可行的情况下，用适当的语言特征来取代它们的使用。我们并不是说宏在整个生态系统中没有位置；事实上，C++ 语言的许多特性——至少有模板，以及最近的契约检查——最初都是使用预处理器宏来实现的。

（2）编译时字符串遍历

除了简单的数值计算，许多编译时库可能需要接受字符串作为输入，并以各种方式对其进行操作。应用程序既可以是简单的预先计算字符串程序，也可以是功能强大的编译时正则表达式库[⊖]。考虑最简单的字符串操作：计算字符串的长度。尝试使用带有模板的字符串常量（char 数组）的类型：

```
#include <cstddef>  // std::size_t

template <std::size_t N>
constexpr std::size_t constStrlenLit(const char (&lit)[N])
{
    return N - 1;
}
static_assert(constStrlenLit("hello") == 5, "");  // OK
```

然而，当尝试将该方法应用于变量可能包含编译时或运行时字符串常量的任何其他方式时，该

⊖ 参见 dusikova19，其中提供了一些示例展示技术如何使用以及如何融合进未来的标准库中。

方法将失败：

```
constexpr const char* hw1     = "hello";
                char  hw2[20] = "hello";
          const char* hw3     = hw2;

static_assert(constStrlenLit(hw1) == 5, "");  // Error, hw1 not a char[N]

std::size_t len2 = constStrlenLit(hw2);  // Bug, returns 19
std::size_t len3 = constStrlenLit(hw3);  // Error, hw3 not a char[N]
```

基于类型的方法显然是有缺陷的。更好的方法是简单地遍历字符串中的字符，对其进行计数，直到找到终止字符 \ 0。在这里，我们将大胆地展示一个更简单的解决方案（使用局部变量和循环），该方案与 C++11 中的递归解决方案一样，在 C++14 中 constexpr 函数的宽松规则中都是可用的，参见 3.2.1 节。

```
constexpr std::size_t constStrlen(const char* str)
{
#if __cplusplus > 201103L
    const char* strEnd = str;
    while (*strEnd) ++strEnd;
    return strEnd - str;
#else
    return (str[0] == '\0') ? 0 : 1 + constStrlen(str + 1);
#endif
}

static_assert(constStrlen("hello") == 5, "");  // OK
static_assert(constStrlen(hw1)     == 5, "");  // OK

std::size_t len2b = constStrlen(hw2);  // OK, returns 5
std::size_t len3b = constStrlen(hw3);  // OK, returns 5
```

如果字符串是一个常量表达式，那么可以在编译时计算字符串中的小写字母数，只需要一个简单的函数来判断给定的 char 是不是小写字母：

```
constexpr bool isLowercase(char c)
    // Return true if c is a lowercase ASCII letter, and false otherwise.
{
    return 'a' <= c && c <= 'z';  // true if c is in ASCII range 'a' to z
}
```

注意，这里使用了一个简单的定义，即只处理 ASCII 字母 a 到 z，因为在编译时处理其他字符集或语言环境将需要更多的工作。遗憾的是，从 C 继承下来的 std::islow 函数不是 constexpr。

现在可以使用与 constStrlen 类似的构造来统计字符串中的小写字母个数：

```
constexpr std::size_t countLowercase(const char* str)
{
    return (str[0] == '\0') ? 0 : isLowercase(str[0]) + countLowercase(str + 1);
}
```

这个函数可以在编译时或运行时对任意 C 风格字符串的字符串中的小写字母进行计数：

```
static_assert(countLowercase("") == 0, "");
static_assert(countLowercase("HELLO, WORLD") == 0, "");
static_assert(countLowercase("Hello, World") == 8, "");

#include <cassert>  // standard C assert macro
void test1()
{
    const char* p1 = "";              assert(countLowercase(p1) == 0);
    const char* p2 = "HELLO, WORLD";  assert(countLowercase(p2) == 0);
    const char* p3 = "Hello, World";  assert(countLowercase(p3) == 8);
}
```

在上面的代码片段中，countLowercase 的前三个调用说明了当给定一个 constexpr 参数时，函数可以在编译时计算出正确的结果。另外 3 次调用表明，可以在非 constexpr 字符串上调用 countLowercase，并在运行时计算出正确的结果。

尽管在C++11中constexpr函数体受到了严重的限制，但该语言的大部分功能在编译时仍然可用。例如，匹配判定函数的数组中的计数值可以转换为constexpr函数模板，与在运行时模板中一样：

```
template <typename T, typename F>
constexpr std::size_t countIf(T* arr, std::size_t len, const F& func)
{
    return (len==0) ? 0 : (func(arr[0]) ? 1 : 0) + countIf(arr+1,len-1,func);
}
```

仅在一个紧凑的语句行中，countIf递归地判断当前长度len是否为0，如果不是，则判断第一个元素是否满足判定函数func。如果是，则对arr中的其余元素递归调用countIf的结果加1。

对于这个countIf函数模板，现在可以在编译时使用constexpr函数指针来生成countLowercase函数的一个更现代的版本：

```
constexpr std::size_t countLowercase(const char* str)
{
    return countIf(str, constStrlen(str), isLowercase);
}
```

与字符串的零终止的数组不同，我们可能想要一个更灵活的字符串表示，它由一个包含一个const char *的类和一个std::size_t组成，其中const char *指向一个字符串序列的开头，std::size_t保持序列的长度[⊖]。即便在C++11中，我们也可以定义这个类是字面值类型。

```
#include <stdexcept>  // std::out_of_range

class ConstStringView
{
    const char* d_string_p;  // address of the string supplied at construction
    std::size_t d_length;    // length  "  "      "        "      "        "
public:
    constexpr ConstStringView(const char* str)
    : d_string_p(str)
    , d_length(constStrlen(str)) {}

    constexpr ConstStringView(const char* str, std::size_t length)
    : d_string_p(str)
    , d_length(length) {}

    constexpr char operator[](std::size_t n) const
    {
        return n < d_length ? d_string_p[n] : throw std::out_of_range("");
    }

    constexpr const char* data() const { return d_string_p; }
    constexpr std::size_t length() const { return d_length; }

    constexpr const char* begin() const { return d_string_p; }
    constexpr const char* end()  const { return d_string_p + d_length; }
};
```

上面展示的ConstStringView类提供了一些基本功能，可以在编译时检查并传递字符串常量的内容。隐式声明的constexpr复制构造函数允许重载COUNTIF函数模板和countLowercase函数来获取一个ConstStringView类型的实参：

```
template <typename F>
constexpr std::size_t countIf(ConstStringView sv, const F& func)
{
    return countIf(sv.data(), sv.length(), func);
}

constexpr std::size_t countLowercase(ConstStringView sv)
{
    return countIf(sv, isLowercase);
}
```

⊖ C++17的std::string_view就是这样一个字符串相关的效用函数。

得益于隐式转换构造函数，所有早期与 countLowercase 实现一起使用的 static_assert 语句也都可以使用这个构造函数，可以进一步使用 ConstStringView 作为 constexpr 函数的词汇表类型。

（3）编译时对数据表进行预计算

通常，使用 constexpr 函数进行编译时计算可以替代复杂的模板元编程或预处理器技巧。constexpr 函数在生成可读性更强、可维护性更强的源代码的同时，也使得以前在编译时无法做到但有用的计算得以实现。

在编译时计算单个值并使用它们是很简单的。存储这些值以便在运行时使用可以通过一个 constexpr 变量来完成，参见 3.1.6 节。

考虑一个日期和时间库，用于提供实用程序来处理 std::time_t 类型的时间戳——一个整数类型，表示从某个时间点开始的秒数，例如 POSIX epoch，1970 年 1 月 1 日 00：00：00 UTC。在这个库中的一个重要工具是通过一个函数来确定给定时间戳的年份：

```
#include <ctime>  // std::time_t

int yearOfTimestamp(std::time_t timestamp);
    // Return the year of the specified timestamp. The behavior is undefined
    // if timestamp < 0.
```

在其他特性中，该库将提供一些常量，既可供内部使用，也可供客户端直接使用。这些可以实现为枚举，作为命名空间范围内的整数常量，或者作为结构体或类的静态成员。由于将在 constexpr 函数中利用它们，在这里先说明 constexpr 变量的使用方法：

```
// constants defining the date and time of the epoch
constexpr int k_EPOCH_YEAR  = 1970;
constexpr int k_EPOCH_MONTH = 1;
constexpr int k_EPOCH_DAY   = 1;

// constants defining conversion ratios between various time units
constexpr std::time_t k_SECONDS_PER_MINUTE = 60;
constexpr std::time_t k_SECONDS_PER_HOUR   = 60  * k_SECONDS_PER_MINUTE;
constexpr std::time_t k_SECONDS_PER_DAY    = 24  * k_SECONDS_PER_HOUR;
constexpr std::time_t k_SECONDS_PER_YEAR   = 365 * k_SECONDS_PER_DAY;
static_assert(31536000L == k_SECONDS_PER_YEAR, "");  // seconds per common year
```

由于编译器对模板扩展和常量表达式求值的限制等实际原因，该库将只支持适度数量的未来年份：

```
// constant defining the largest year supported by our library
constexpr int k_MAX_YEAR = 2200;
```

实现 yearOfTimestamp 可以从一个反向的问题解决方案开始，即计算每年开始的时间戳，这需要调整以考虑闰日：

```
constexpr int numLeapYearsSinceEpoch(int year)
{
    return (year         / 4) - (year         / 100) + (year         / 400)
        - ((k_EPOCH_YEAR / 4) - (k_EPOCH_YEAR / 100) + (k_EPOCH_YEAR / 400));
}

constexpr std::time_t startOfYear(int year)
    // Return the number of seconds between the epoch and the start of the
    // specified year.  The behavior is undefined if year < k_EPOCH_YEAR or
    // year > k_MAX_YEAR.
{
    return (year - k_EPOCH_YEAR) * k_SECONDS_PER_YEAR
         + numLeapYearsSinceEpoch(year - 1) * k_SECONDS_PER_DAY;
}
```

有了这些工具，就可以通过一个简单的循环简单地实现 yearOfTimestamp：

```
int yearOfTimestamp(std::time_t timestamp)
{
    int year = k_EPOCH_YEAR;
    for (; timestamp > startOfYear(year + 1); ++year) {}
    return year;
}
```

然而，这种实现的算法性能很差。虽然这个问题的封闭解肯定存在，但出于解释的目的，我们将考虑如何在编译时构建 startOfyear 结果的查找表，以便 yearOfTimestamp 可以在该表上实现二分查找。

在编译时通过手动编写每个初始化器来填充内置数组是可行的，但一个明显更好的选择是生成我们想要的数字序列作为 std::array，所需要的只是提供 constexpr 函数，该函数将获取一个索引，并生成我们想要存储在数组中该位置的值。我们将先实现用于初始化 std::array 实例的一般 constexpr 函数，并将函数对象的结果应用于每个索引：

```
#include <array>   // std::array
#include <cstddef> // std::size_t

template <typename T, std::size_t N, typename F>
constexpr std::array<T, N> generateArray(const F& func);
    // Return an array arr of size N such that arr[i] == func(i) for
    // each i in the half-open range [0, N).
```

这种初始化的惯用做法是利用一种将索引编码为可变参数包的类型（参见 3.1.21 节），以及一些使用别名（参见 2.1.18 节）：

```
template <std::size_t...>
struct IndexSequence
{
    // This type serves as a compile-time container for the sequence of size_t
    // values that form its template parameter pack.
};

template <std::size_t N, std::size_t... Seq>
struct MakeSequenceHelper : public MakeSequenceHelper<N-1u, N-1u, Seq...>
{
    // This type is a metafunction to prepend a sequence of integers 0 to N-1
    // to the Seq... parameter pack by prepending N-1 to Seq... and
    // recursively instantiating itself.  The resulting integer sequence is
    // available in the type member inherited from the recursive instantiation.
    // The type member has type IndexSequence<FullSequence...>, where
    // FullSequence is the sequence of integers 0 .. N-1, Seq....
};

template <std::size_t ... Seq>
struct MakeSequenceHelper<0U, Seq...>
{
    // This partial specialization is the base case for the recursive
    // inheritance of MakeSequenceHelper.  The type member is an alias for
    // IndexSequence<Seq...>, where the Seq... parameter pack is typically
    // built up through recursive invocations of the MakeSequenceHelper
    // primary template.

    using type = IndexSequence<Seq...>;
};

template <std::size_t N>
using MakeIndexSequence = typename MakeSequenceHelper<N>::type;
    // alias for an IndexSequence<0 .. N-1> (or IndexSequence<> if N is 0)
```

这种方法在 C++14[㊀]的标准库中以 std::index_sequence 的形式使用。注意这个解决方案并不是轻量级的，因此标准库类型通常使用编译器的内联函数来实现此功能，这使得它们可以用于较大的值。

为了实现数组初始化器，需要另一个辅助函数，该函数作为模板参数，具有一个可变的索引参数包。为实现模板参数包 std::size_t...I 的推导，该函数有一个类型为 IndexSequence<I...> 的未命名参数。有了这个参数包，就可以使用一个简单的包扩展表达式和大括号初始化来填充 std::array 返回值：

㊀ 参见 wakely13。

```
template <typename T, std::size_t... I, typename F>
constexpr std::array<T, sizeof...(I)> generateArrayImpl(const F& func,
                                                        IndexSequence<I...>)
    // Return the results of calling F(i) for each i in the pack deduced as
    // the template parameter pack I.
{
    return { func(I)... };
}
```

generationArrayImpl 中的 return 语句在 0 到返回的 std:: 数组长度范围内对每个 I 调用 func(I)。得到值的包被用作函数的列表初始化返回值，参见 3.1.4 节。

最后，generateArray 将 func 提交给 generateArrayImpl，使用 MakeIndexSequence 生成一个 IndexSequence<0, ... ,N−1> 类型的对象：

```
template <typename T, std::size_t N, typename F>
constexpr std::array<T, N> generateArray(const F& func)
{
    return generateArrayImpl<T>(func, MakeIndexSequence<N>());
}
```

有了这些工具和一个支持函数来解决数组索引随年份的变化的问题，现在可以简单地定义一个在编译时初始化的数组，并从调用 startOfYear 的结果中获得适当的范围：

```
constexpr std::time_t startOfEpochYear(int epochYear)
{
    return startOfYear(k_EPOCH_YEAR + epochYear);
}

constexpr std::array<std::time_t, k_MAX_YEAR - k_EPOCH_YEAR> k_YEAR_STARTS =
    generateArray<std::time_t, k_MAX_YEAR - k_EPOCH_YEAR>(startOfEpochYear);

static_assert(k_YEAR_STARTS[0]  == startOfYear(1970), "");
static_assert(k_YEAR_STARTS[50] == startOfYear(2020), "");
```

有了这个可供我们使用的表，yearOfTimestamp 的实现就变成了 std::upper_bound 的简单应用，即对年初时间戳的排序数组进行二分查找[㊀]：

```
#include <algorithm>  // std::upper_bound
int yearOfTimestamp(std::time_t timestamp)
{
    std::size_t ndx = std::upper_bound(k_YEAR_STARTS.begin(),
                                       k_YEAR_STARTS.end(),
                                       timestamp)
                    - k_YEAR_STARTS.begin();
    return k_EPOCH_YEAR + ndx - 1;
}
```

在实现这类库时，需要仔细地做出关键决策，例如是否将 constexpr 计算放置在头文件中，或者将它们隔离在实现文件中，这都是很重要的，参见潜在缺陷——过度使用。在构建这样的表时，也值得考虑更多经典的替代方法，比如简单地使用外部脚本生成代码。这样的外部方法可以显著减少编译时间并改善隔离性，参见潜在缺陷——一次开销比编译时或运行时更少。

3. 潜在缺陷

（1）编译时计算中低的编译器限制

对编译时计算的主要限制，除了已经讨论过的语言限制，还有特定于编译器的实现定义的限制。特别地，该标准允许实现对以下内容进行限制：

- 递归嵌套 constexpr 函数调用的最大数量的期望值是 512，在实际中，这是大多数实现的默认

㊀ 在其他 constexpr 编程对语言和库的支持方面，C++20 在标准算法库 <algorithm> 中增加了对 constexpr 的支持，包括 std::upper_bound 等，方便了 constexpr 的实现。在 C++14 中实现 constexpr 相对简单，（C++11 也是可行的），因此标准库对 consrexpr 版本函数支持较少。

值。虽然 512 看起来像是一个很大的调用深度，但是 C++11 constexpr 函数必须使用递归而不是迭代，这使得在编译时尝试做相关计算时很容易超过这个限制。

- 在单个常量表达式中计算的最大子表达式数量的建议值以及大多数实现的默认值是 1048576，但值得注意的是，这个值可能以令人惊讶的方式依赖于每个编译器计算子表达式数量的方式。在一个编译器内被可靠地保持在限制内的表达式，有可能会被另一个编译器的常量表达式计算器进行不同的计数，从而产生了不可移植的代码。编译器一般将此限制称为 constexpr 步数，且不总是支持对其进行调整。

虽然这些限制通常可以通过编译器标志来增加，但是在管理构建选项方面引入了显著的开销，这可能会阻碍一个可移植的库的易用性。在每个编译器如何计算这些值方面的微小差异也阻碍了编写可移植 constexpr 代码的能力。

（2）constexpr 函数实现困难

许多算法在 constexpr 函数的可能范围之外，利用动态数据结构进行迭代表达或高效实现都很简单。简单的实现往往超出了各种编译器对 constexpr 运算的广泛限制。考虑 isPrime 这种直接的实现方法：

```
template <typename T>
constexpr bool isPrime(T input)
{
    if (input < 2) return false;                // too small
    if (input == 2) return true;                // is two
    if (input % 2 == 0) return false;           // is even
    for (T i = 3; i <= input / i; i += 2)       // odd numbers up to square root
    {
        if (input % i == 0) { return false; }  // found divisor?
    }
    return true;                                // no divisors, input is prime
}
```

这种实现是迭代的，不能在满足 C++11 constexpr 函数的要求的同时也满足 C++14 constexpr 函数的宽松要求（参见 3.2.1 节）。当输入接近 2^{40}（约为 10^{12}）时，这种实现方式可能会在执行步骤上遇到默认的编译器限制。

为了使这个 constexpr isPrime 函数实现对 C++11 是合法的，可以从切换到同一个算法的递归实现开始：

```
template <typename T>
constexpr bool isPrimeHelper(T n, T i)
{
    return n % i                          // i is not a divisor.
        && (   i > n / i                  // i is not larger than sqrt(n).
            || isPrimeHelper(n, i + 2));  // tail recursion on next i
}

template <typename T>
constexpr bool isPrime(T input)
{
    return input < 2                    ? false  // too small
         : (input == 2 || input == 3) ? true   // 2 or 3
         : (input % 2 == 0)           ? false  // even
         : isPrimeHelper(input, 3);            // Call recursive helper.
}
```

上述递归实现工作正常，但速度较慢，输入值约为 2^{19}（约为 10^6），在大多数编译器上达到了 constexpr 计算的递归极限。付出巨大努力可能会将此上限稍微提高一点，例如，通过预先检查比 2 更多的因子。更重要的是，与更好的算法相比，递归检查输入平方根以下的每一个数字的可除性是如此之慢，以至于这种方法在根本上就不如运行时解决方案[⊖]。

⊖ C++20 增加了 std::is_constant_evaluated()，这是一个允许在运行时和编译时分支到不同实现的方法，允许具有相同 API 的编译时算法和运行时算法不同。

绕过 constexpr 递归极限的最后一个方法是在搜索可能因子空间时采用分而治之的算法。虽然这种方法具有与直接递归方法相同的算法性能，并执行相同数量的步骤，但它所需要的最大递归深度是对输入值的对数，并将保持在通用编译器对递归深度的限制范围内：

```
template <typename T>
constexpr bool hasFactor(T n, T begin, T end)
    // Return true if the specified n has a factor in the
    // closed range [begin, end], and false otherwise.
{
    return (begin > end)     ? false             // empty range [begin, end]
         : (begin > n/begin) ? false             // begin > sqrt(n)
         : (begin == end)    ? (n % begin == 0)  // [begin, end] has one element.
         :   // Otherwise, split into two ranges and recurse.
             hasFactor(n, begin, begin + (end - begin) / 2) ||
             hasFactor(n, begin + 1 + (end - begin) / 2, end);
}

template <typename T>
constexpr bool isPrime(T input)
    // Return true if the specified input is prime.
{
    return input < 2                        ? false  // too small
         : (input == 2 || input == 3) ? true   // 2 or 3
         : (input % 2 == 0)           ? false  // even
         : !hasFactor(input, static_cast<T>(3), input - 1);
}
```

这个 C++11 实现通常可以达到与上面示例中可读性更强的迭代 C++14 实现相同的极限。

（3）过早提交到 constexpr

声明一个函数为 constexpr 会带来巨量的附带开销。这种开销可能并不明显。在可能的情况下（即当常量表达式作为参数传递到函数中时），构造一个符合条件的 constexpr 函数似乎是可以在编译时计算的一种可靠方法，而不会对当前满足 constexpr 函数要求的函数带来任何额外开销，这本质上提供了“免费”的运行时性能提升。然而，经常被忽视的缺点是，这种选择一旦做出，就不容易逆转。当库被释放并且 constexpr 函数作为常量表达式的一部分被计算后，就没有好的回退方法可用，因为客户端将依赖于这个编译时属性。

（4）过度使用

constexpr 的过度使用会对编译时间产生显著影响。编译时计算会使编译时间大幅增加。当头文件中包含编译时计算时，需要对包含该头文件的所有翻译单元执行这些计算，这大大增加了总编译时间，从而阻碍了开发人员的工作效率。

类似地，在不明确 constexpr 是非最优实现的情况下，使 constexpr 可用的公共 API 会导致与组织库中可能已经存在的高度优化的非 constexpr 实现（例如，对“ constexpr 函数实现困难”中的 isPrime 而言）相比，运行时开销过高；在调用算法复杂的 constexpr 函数时，编译时间会增加。

编译时计算的编译限制通常是针对每个常量表达式的。大量常量表达式的计算，很容易在单个翻译单元内不合理地进行组合。例如，用例——编译时对数据表进行预计算中对 GeneratedArray 函数的编译时间限制，适用于每个数组元素的计算，允许总编译量随请求值的数量线性增长。

（5）一次开销比编译时或运行时的开销更少

总的来说，在运行之前使用 constexpr 函数进行计算，在计算时间和维护成本方面，扩大了谁为计算付出代价以及何时为之付出代价的可能范围。

对于一个能为中等数量的唯一输入值生成输出值，但计算开销巨大的函数，可以考虑其可能的 5 个进化步骤。例如，返回一个日历年开始的时间戳，或者返回最大值为 n 的某个素数。

①一个初始版本是，在每次需要时直接计算输出值。虽然该版本是正确的，并且完全用可维护的 C++ 编写，但是它的运行时开销是最高的。

②当预计算有利于减少开销时，后续版本会在运行时初始化一次数组以避免额外的计算。聚合

运行时性能会大大提高，但代价是代码稍微多一些，以及运行时的启动开销值得注意。这种在启动时或首次使用库时遭遇到的困难，很快就会成为下一个需要攻克的性能瓶颈。当将大型应用程序与大量库相连接时，启动时的初始化可能会变得越来越困难，每个库都可能具有适中的初始化时间。

③此时 constexpr 可以作为一种尽可能避免运行时开销的工具。具体实现方式是将值的 constexpr 数组的初始化放入库的头文件中相应的内联实现中。虽然这样最小化了运行时开销，但对于依赖该库的每个翻译单元来说，现在的编译时开销都明显变大了。

④为了减少编译时间，可以将编译时生成的表隔离在输出文件中，并通过访问函数为其提供运行时访问。虽然这种重构消除了使用库的二进制分布的客户端的编译开销，但是任何需要构建库的人每次进行构建时都要重复这一操作。在现代环境中，操作系统和工具链的种类繁多，代码的分布变得更加广泛，而这一开销被强加给流行库的客户端上。

⑤将数据表生成移入单独的程序中，通常使用 Python 或其他一些非 C++ 语言编写。然后将该外部程序的输出作为原始数据嵌入到 C++ 实现文件中，例如初始化数组的一系列数字。该方案消除了 C++ 程序的编译时间开销，计算表的开销只由开发人员承担一次。一方面，这种解决方案增加了初始开发人员的维护成本，因为通常需要一个单独的工具链。另一方面，代码变得更加简单，因为程序员可以自由选择工作所需的最佳语言，并且不受 C++ 中 constexpr 的约束。

因此，尽管在编译时 C++ 中直接使用预计算值可能看起来很有吸引力，但复杂的情况往往会阻碍这种选择。注意，具有这种知识的程序员可能会跳过所有的中间步骤，直接跳到最后一个步骤。例如，一个素数列表在互联网上很容易获得，甚至不需要编写脚本；而一个程序员只需要将其剪切粘贴一次，就知道它永远不会改变。

4. 烦恼

（1）惩罚运行时以支持编译时

当采用 constexpr 函数时，程序员通常会忘记这些函数也是在运行时调用的，其调用次数往往比编译时调用的次数更多。在 constexpr 函数定义中支持的条件安全特性操作，在 C++14 之前，通常会带来正确的结果而非最佳计算结果。一个很好的示例是 C 函数 strcmp 的 constexpr 实现。编写递归 constexpr 函数遍历两个字符串并返回第一个不同字符的结果相对容易。然而，该功能的大多数常见实现都是高度优化的，通常利用内联汇编使用特定体系结构的向量指令来处理每个 CPU 时钟周期中的多个字符。如果将函数改写为与 constexpr 兼容的，那么所有的优化将作废。更糟糕的是，这类函数在 C++14 之前的递归性质会导致很大的超出堆栈极限的风险，在比较长字符串时会产生程序损坏和安全风险。

对于这些限制，一种可能的解决方法是创建同一个函数的不同版本：编译时可用的 constexpr 版本和运行时优化的 nonconstexpr 版本。由于 C++ 不支持 constexpr 上的重载，最终结果将是侵入式的，要求不同的实现具有不同的名称。这种复杂性可以通过一个编码约定来减轻，比如将所有 constexpr 重载放在一个名称空间中（比如 cexpr），或者将所有这样的函数都赋予 _c 后缀。如果函数的常规版本也是 constexpr，那么标记的重载可以简单地将所有参数转发给常规函数以简化维护操作，但是让用户管理同一函数的多个版本仍然会带来开销和复杂性。目前，我们还不清楚额外的复杂性是否可以覆盖它的开销。

C++14 中为 constexpr 函数体放宽了限制，对编译时间和运行时间同时进行优化，这是一种受欢迎的方式，参见 3.2.1 节。尽管如此，许多运行时性能改进（例如动态内存分配、有状态缓存、硬件特性等）仍然不适用于需要同时在运行时和编译时执行的函数。注意，在 C++20 中引入了基于语言的解决方案，避免了分别创建名为 constexpr 和 nonconstexpr 的函数，并使用 std::is_constant_evaluated 内置库函数。

（2）constexpr 成员函数是隐式 const 限定的（仅限 C++11）

C++11 和 C++14 的一个设计缺陷是，任何声明 constexpr 的成员函数在适用的情况下都是隐式

const 限定的，这会导致想要使用的成员函数在不断的表达式计算过程中出现意外行为，参见 3.2.1 节。这个令人惊讶的限制影响了语言标准之间的代码可移植性，并且使得简单地将所有成员函数标记为 constexpr 的方法在不知不觉中破坏了原本正确的代码。

5. 参见

- 3.1.6 节涵盖了将 constexpr 关键字应用于变量的相关用法。
- 3.1.21 节描述了在一些编译时计算中使用的复杂元编程是如何经常用到可变模板的。
- 3.2.1 节列举了在 C++14 中实现 constexpr 函数体所允许的更丰富的语法。

6. 延伸阅读

Scott Meyers 在 meyers15b 中主张积极使用 constexpr，参见“第 15 项：尽可能使用 constexpr”，第 97～103 页。

3.1.6 constexpr 变量：编译时可访问的变量

字面值类型的变量或变量模板可以声明为 constexpr，以确保它已初始化并可以在编译时使用。

1. 描述

所有内置类型和某些用户定义类型的变量，统称为字面值类型，可以声明为 constexpr，这样可以允许它们在编译时初始化并随后在常量表达式中使用：

```
          int i0 = 5;              // i0 is not a compile-time constant.
    const int i1 = 5;              // i1 is a compile-time constant.
constexpr int i2 = 5;              // i2  " "    "      "      "

          double d0 = 5.0;         // d0 is not a compile-time constant.
    const double d1 = 5.0;         // d1  "  "  "    "      "      "
constexpr double d2 = 5.0;         // d2 is a compile-time constant.

          const char* s1 = "help"; // s1 is not a compile-time constant.
constexpr const char* s2 = "help"; // s2 is a compile-time constant.
```

虽然用常量表达式进行初始化的整型 const 变量可以在常量表达式中使用（例如作为 static_assert 的第一个参数、作为数组的大小或作为非类型模板参数），但是对于其他类型不会出现这种情况：

```
static_assert(i0 == 5, "");        // Error, i0 is not a compile-time constant.
static_assert(i1 == 5, "");        // OK, const is "magical" for integers (only).
static_assert(i2 == 5, "");        // OK

static_assert(d1 == 5, "");        // Error, d1 is not a compile-time constant.
static_assert(d2 == 5, "");        // OK

static_assert(s1[1] == 'e', "");   // Error, s1 is not a compile-time constant.
static_assert(s2[1] == 'e', "");   // OK

int a1[s1[1]];                    // Error, s1 is not a compile-time constant.
int a2[s2[1]];                    // OK, a C-style array of 101 (e) integers.

std::array<int, s1[1]> sa1;       // Error, s1 is not a compile-time constant.
std::array<int, s2[1]> sa2;       // OK, an std::array of 101 (e) integers.
```

在 C++11 之前，常量表达式中可用的变量类型非常有限：

```
const int b;          // Error, const scalar variable must be initialized.
extern const int c;   // OK, declaration
const int d = c;      // OK, not constant initialized (c initializer not seen)

int ca1[c];           // Error, initializer of c is not visible.
int da1[d];           // Error, initializer of d is not a compile-time constant.

const int c = 7;
int ca2[c];           // OK, initializer is visible
int da2[d];           // Error, initializer of d is not a compile-time constant.
```

```
const int e = 17;    // OK
int ea[e];           // OK
```

要使整型常量在编译时可用（即作为常量表达式的一部分），必须满足三个要求：

①变量必须标记为 const。

②变量的初始值设定项必须在使用时已出现过，并且必须是常量表达式；编译器需要此信息才能在其他常量表达式中使用该变量。

③变量必须是整型，例如 bool、char、short、int、long、long long，以及这些类型和任何其他 char 类型的无符号变体，参见 2.1.10 节。

这些限制为那些最常需要编译时常量的值提供了支持，同时降低了编译器在编译时的复杂性。

声明变量或变量模板时使用 constexpr（参见 2.2.5 节），可以在常量表达式中引入更丰富的类型类别。这种概括并不是针对单纯的 const 变量，因为它们不需要由编译时常量进行初始化：

```
int f() { return 0; }  // f() is not a compile-time constant expression.

                int x0 = f();  // OK
          const int x1 = f();  // OK, but x1 is not a compile-time constant.
constexpr       int x2 = f();  // Error, f() is not a constant expression.
constexpr const int x3 = f();  // Error, f()  "  "  "     "        "
```

正如上面的示例代码所示，标记为 constexpr 的变量必须满足与可在常量表达式中使用的整型常量所需的相同要求。与其他整型常量不同，它们的初始值设定项必须是常量表达式，否则会导致程序格式错误。

对于可在常量表达式中使用的非 const 整型类型的变量，必须满足下列条件：

①变量必须用 constexpr 注释，这意味着隐式声明变量为 const[⊖]：

```
struct S  // simple (aggregate) literal type
{
    int i;  // built-in integer data member
};

void test1()
{
    constexpr S s{1};  // OK, literal type constant expression initialized
    s = S();           // Error, constexpr implies const.
    static_assert(s.i == 1, "");  // OK, subobjects of constexpr objects are
    constexpr int j = s.i;        //     usable in constant expressions.
    constexpr const int k = 1;    // OK, redundant keyword const
    const constexpr int l = 2;    // OK, keywords in either order
}
```

上面的代码示例使用大括号初始化来初始化聚合，参见 3.1.4 节。注意，constexpr 对象的不可变子对象实际上也是 constexpr，并且可以在常量表达式中自由使用，即使它们本身没有显式声明为 constexpr。

②所有 constexpr 变量在定义时都必须用常量表达式进行初始化。因此，每个 constexpr 变量都必须有一个初始值设定项，并且该初始值设定项必须是有效的常量表达式；参见 3.1.5 节：

```
          int g() { return 17; }  // a nonconstexpr function
constexpr int h() { return 34; }  // a constexpr function

constexpr int v1;       // Error, v1 is not initialized.
constexpr int v2 = 17;  // OK
constexpr int v3 = g(); // Error, g() is not constexpr.
constexpr int v4 = h(); // OK

void test2(int c)
{
    constexpr int v5 = c;          // Error, c is not a compile-time constant.
    constexpr int v6 = sizeof(c);  // OK, c is not evaluated.
}
```

⊖ C++20 增加了一个 constinit 关键字表示编译时初始化的变量（有一个常量表达式），但在运行时可以被修改。

③任何声明为 constexpr 的变量都必须是字面值类型，所有字面值类型都是平凡析构的（即析构时编译器什么都不做）：

```
struct Lt  // literal type
{
    constexpr Lt() { }  // constexpr constructor
    ~Lt() = default;    // default trivial destructor
};

constexpr Lt lt;  // OK, Lt is a literal type.

struct Nlt  // nonliteral type
{
    Nlt()  { }  // cannot initialize at compile time
    ~Nlt() { }  // cannot skip non-trivial destruction
};

constexpr Nlt nlt;  // Error, Nlt is not a literal type.
```

由于所有字面值类型都是平凡析构的，因此编译器不需要发出任何特殊代码来管理 constexpr 变量的生命周期结束，该变量本质上可以“永远”存在，即直到程序退出[⊖]。

④与整型常量不同，非静态数据成员不能是 constexpr。只有全局或命名空间范围内的变量、自动变量、类或结构体的静态数据成员才可以声明为 constexpr。因此，任何给定的 constexpr 变量都是顶级对象，而不是另一个对象（可能是非 constexpr）的子对象：

```
               constexpr int i = 17;    // OK, file scope
namespace ns { constexpr int j = 34; }  // OK, namespace scope

struct C
{
    static constexpr int k = 51;  // OK, static data member
           constexpr int l = 68;  // Error, constexpr nonstatic data member
};

void g()
{
    static constexpr int m = 85;  // OK
           constexpr int n = 92;  // OK
}
```

回顾一下，constexpr 对象的非静态数据成员是隐式的 constexpr，因此可以直接在任何常量表达式中使用：

```
constexpr struct D { int i; } x{1};  // brace-initialized aggregate x
constexpr int k = x.i;  // Subobjects of constexpr objects are constexpr.
```

（1）初始化程序未定义的行为

请务必注意 constexpr 整型变量和 const 整型变量之间的每一个差异的重要性。因为 constexpr 变量的初始值设定项必须是常量表达式，所以它在运行时不会出现未定义行为的可能性，例如整数溢出或越界数组访问，而是会导致编译时间错误：

```
          const int iA = 1 << 15;  // 2^15 = 32,768 fits in 2 bytes.
          const int jA = iA * iA;  // OK

          const int iB = 1 << 16;  // 2^16 = 65,536 doesn't fit in 2 bytes.
          const int jB = iB * iB;  // Bug, overflow (might warn)

constexpr const int iC = 1 << 16;
constexpr const int jC = iC * iC;  // Error, overflow in constant expression

constexpr       int iD = 1 << 16;  // Example D is the same as C, above.
constexpr       int jD = iD * iD;  // Error, overflow in constant expression
```

⊖ C++20 中，字面值类型有平凡析构函数，在同等条件下，constexpr 变量的析构被调用，非 constexpr 的全局和静态变量的析构也被调用。

上面的代码示例显示，C++ 标准不要求将不存在 constexpr 的整数常量表达式溢出视为格式错误。但是，当 constexpr 变量的初始值设定项中发生有符号整数溢出时，编译器需要将其报告为错误（而不仅仅是警告）。

constexpr 变量和函数之间存在很强的关联，参见 3.1.5 节。使用 constexpr 变量而不仅仅是 const 变量会强制编译器检测 constexpr 函数体内的溢出（更一般地说，检测任何未定义的行为），并以编译器不需要的方式将该溢出报告为错误。

例如，假设我们有两个类似的函数 squareA 和 squareB，它们是为内置类型 int 定义的，每个函数都返回函数体内的单个参数与其自身相乘的积：

```
          int squareA(int i) { return i * i; }  // nonconstexpr function
constexpr int squareB(int i) { return i * i; }  // constexpr function
```

声明一个 const 变量——而不是 constexpr，不会强制编译器检查是否存在函数溢出。

```
                int xA0 = squareA(1 << 15);  // OK
          const int xA1 = squareA(1 << 15);  // OK
constexpr       int xA2 = squareA(1 << 15);  // Error, squareA, not constexpr

                int yB0 = squareB(1 << 15);  // OK
          const int yB1 = squareB(1 << 15);  // OK
constexpr       int yB2 = squareB(1 << 15);  // OK

                int zC0 = squareB(1 << 16);  // Bug, zC0 is likely 0.
          const int zC1 = squareB(1 << 16);  // Bug, zC1  "    "   "
constexpr       int zC2 = squareB(1 << 16);  // Error, int overflow detected!
```

当上例中的 squareB 函数用于初始化 constexpr 变量时，编译器必须在编译时对其求值，从而将求值过程中出现的任何未定义行为（Undefined Behavior，UB）报告为错误。对于非 constexpr 变量的初始化，情况并非如此，即使它们是 const。在这种情况下，初始化必须像在运行时计算一样进行，并且编译器可能会选择这样做。因此，在初始化整型的非 constexpr 变量时，UB 的存在将决定该变量是否为编译时常量，但不会导致编译错误。

（2）内部链接

当文件或命名空间范围内的变量是 const 或 constexpr 并且没有任何明确的方式为其提供外部链接（例如通过标记为 extern）时，它将具有内部链接，这意味着每个翻译单元都将拥有自己的变量副本[㊀]。

通常，只有这些变量的值是相关的：它们的初始值设定项是可见的，它们在编译时使用，并且不同的翻译单元使用具有相同名称和不同值的不同对象，不会有任何影响。编译时计算完成后，将不再需要变量本身，并且在运行时不会为它们分配实际地址。只有在使用变量地址的情况下，内部链接的效果才会可见（并且可能导致 ODR 违规）。

值得注意的是，静态成员变量一般具有外部链接，除非位于未命名的命名空间内。因此，如果要求它们在运行时分配地址，那么需要在它们的类之外为它们提供定义，无论它们是不是 constexpr，参见烦恼——静态成员变量需要外部定义。

2. 用例

（1）枚举编译时整数常量的替代方案

在编译时使用特定的整数常量的情况并不罕见，例如在算法、配置变量的过程中使用预先计算的操作数。一种朴素的、暴力的方法可能是对使用常量的地方进行硬编码：

```
int hoursToSeconds0(int hours)
    // Return the number of seconds in the specified hours.  The behavior is
    // undefined unless the result can be represented as an int.
{
    return hours * 3600;
}
```

㊀ 在 C++17 中，所有 constexpr 变量是自动内联，可以保证一个程序中仅有实例。

然而，这种“幻数”的使用会使寻找常量的用途以及相关常量之间的关系变得困难[1]，而这一点其实是不必要的。仅对于整数值而言，我们始终可以通过使用经典枚举类型来象征性地表示此类编译时常量，刻意地来使其优先于现代的类型安全枚举器，参见 3.1.8 节：

```
struct TimeRatios1  // explicit scope for single classic anonymous enum type
{
    enum  // anonymous enumeration comprising related symbolic constants
    {
        k_SECONDS_PER_MINUTE = 60,     // Underlying type (UT) might be int.
        k_MINUTES_PER_HOUR   = 60,
        k_SECONDS_PER_HOUR   = 60*60  // These enumerators have the same UT.
    };
};

int hoursToSeconds1(int hours)
    // ...
{
    return hours * TimeRatios1::k_SECONDS_PER_HOUR;
}
```

这种传统的解决方案虽然通常是有效的，但却几乎无法控制用于表示符号编译时常量的枚举器的基本整数类型，使其受制于初始化枚举成员的值的总和。这种不灵活性可能会导致编译器警告和不直观行为，特别是当用于表示时间比率的基础类型（UT）与最终使用它们的整数类型不同时，参见 3.1.19 节。

在这个特定的示例中，将枚举扩展到一周内的时间比率并将转换单位降低到微秒，这将明显改变其 UT（因为一周内的时间远远超过 2^{32}μs），从而在具有整型值的表达式中改变所有枚举器在使用时的行为方式：

```
struct TimeRatios2  // explicit scope for single classic anonymous enum type
{
    enum  // Anonymous enumeration --- UT is governed by all of the enumerators.
    {
        k_SECONDS_PER_MINUTE = 60,     // UT might be long or long long.
        k_MINUTES_PER_HOUR   = 60,
        k_SECONDS_PER_HOUR   = 60*60,
        // ...
        k_USEC_PER_WEEK = 1000L*1000*60*60*24*7  // same UT as all of the above
    };
};
```

扩展枚举后，原始值将保持不变，但 UT 的更改和整个大型代码库的连锁反应导致的所有编译器警告的负担可能需要更高的修复成本。

我们希望原始值保持不变（例如，如果本来就是 int，则保持为 int），并且那些不适合 int 的值转变为更大的整数类型。可以通过将每个枚举器放在自己单独的匿名枚举中来实现此效果：

```
struct TimeRatios3  // explicit scope for multiple classic anonymous enum types
{
    enum { k_SECONDS_PER_MINUTE = 60              };  // UT: int (likely)
    enum { k_MINUTES_PER_HOUR   = 60              };  //  "    "      "
    enum { k_SECONDS_PER_HOUR   = 60*60           };  //  "    "      "
    // ...
    enum { k_USEC_PER_SEC  = 1000*1000            };  // UT: int (likely)
    enum { k_USEC_PER_MIN  = 1000*1000*60         };  //  "    "      "
    enum { k_USEC_PER_HOUR = 1000U*1000*60*60     };  // UT: unsigned int
    enum { k_USEC_PER_DAY  = 1000L*1000*60*60*24  };  // UT: long or long long
    enum { k_USEC_PER_WEEK = 1000L*1000*60*60*24*7 };  // UT: long or long long
};
```

在这种情况下，原始值及其各自的 UT 将保持不变，并且每个新的枚举值将各自采用其自己的独立 UT，这些独立的 UT 要么由实现定义，要么由表示该值所需的位数决定。

为每个不同值（或值的类型）使用单独的匿名枚举的现代替代方法是将每个比率以显式类型化的

[1] 参见 kernighan99，1.5 节，第 19～22 页。

constexpr 变量进行编码：

```
struct TimeRatios4
{
    static constexpr int k_SECONDS_PER_MINUTE      = 60;
    static constexpr int k_MINUTES_PER_HOUR        = 60;
    static constexpr int k_SECONDS_PER_HOUR        = k_MINUTES_PER_HOUR *
                                                     k_SECONDS_PER_MINUTE;
    // ...
    static constexpr long long k_NANOS_PER_SECOND  = 1000*1000*1000;
    static constexpr long long k_NANOS_PER_HOUR    = k_NANOS_PER_SECOND *
                                                     k_SECONDS_PER_HOUR;
};

int hoursToSeconds(int hours)
    // ...
{
    return hours * TimeRatios4::k_SECONDS_PER_HOUR;
}

long long hoursToNanos(int hours)
    // Return the number of nanoseconds in the specified hours.  The behavior
    // is undefined unless the result can be represented as a long.
{
    return hours * TimeRatios4::k_NANOS_PER_HOUR;
}
```

在上面的示例中，我们将 constexpr 变量表示为结构体的静态成员，而不是将它们放置在命名空间范围内，主要是为了从用户的角度表明，两者在语法上是无法区分的，这里的实质性区别是客户端将无法单方面向 TimeRatio 结构体的“命名空间”添加逻辑内容[⊖]。

（2）非整数符号数值常量

并非编译时所需的所有符号数值常量都必须是整数。例如，考虑数学常量 π（pi）和 e，它们通常使用浮点类型表示，例如 double 或 long double。

避免将这种类型的常量值编码为“幻数”的经典解决方案是使用宏，例如在大多数操作系统上的 math.h 头文件完成的操作：

```
#define M_E   2.71828182845904523536  /* e */
#define M_PI  3.14159265358979323846 /* pi */

double circumferenceOfCircle(double radius)
{
    return 2 * M_PI * radius;
}
```

虽然这种方法很有效，但它也具有使用 C 预处理器的所有缺点，例如潜在的名称冲突。此外，由于这些常量不是 C 或 C++ 标准的一部分，因此某些平台根本不提供它们，或者在包含 math.h 之前需要额外的预处理器定义来提供它们。

一种更安全且不易出错的方法是使用 constexpr 变量来表示这种形式的非整数常量。注意，虽然 math.h 中数学常量的宏在定义时具有足够大的精度，以便能够初始化更高精度浮点类型的变量，但这里只需要足够的数字来唯一标识适当的 double 型常量：

```
struct NumericConstants
{
    static constexpr double k_E  = 2.718'281'828'459'045;  /* e */
    static constexpr double k_PI = 3.141'592'653'589'793;  /* pi */
};

double circumferenceOfCircle(double radius)
{
    return 2 * NumericConstants::k_PI * radius;
}
```

⊖ 参见 lakos20，2.4.9 节，第 312～321 页，特别是图 2-23。

在上面的示例中，我们充分利用了安全的 C++14 功能来帮助确定数值字面值所需的精度，参见 2.2.4 节。除了潜在的名称冲突和全局名称污染之外，与 C 预处理器宏相比，使用 constexpr 变量还有一个额外的好处，即可以显式定义常量的 C++ 类型。请注意，超出有效范围的数字将被默认认忽略。

（3）存储 constexpr 数据结构

在编译时预先计算值以便随后在运行时使用是对 constexpr 函数的一种有效使用方式，请参见潜在缺陷——constexpr 函数的陷阱。将值显式存储在 constexpr 变量中可确保这些值：在编译时而不是在启动时计算，例如，由于文件或命名空间范围变量的有风险的运行时初始化而计算（参见 2.1.8 节）；可用作任何常量表达式求值的一部分，参见 3.1.5 节。

要利用 C++14 的宽松限制，而不是尝试规避 C++11 版本 constexpr 函数的严格限制。定义一个类模板，该模板使用应用于每个数组索引的 constexpr 函数算子的结果来初始化数组成员[⊖]：

```
#include <cstddef> // std::size_t

template <typename T, std::size_t N>
struct ConstexprArray
{
private:
    T d_data[N];  // data initialized at construction

public:
    template <typename F>
    constexpr ConstexprArray(const F &func)
    : d_data{}
    {
        for (int i = 0; i < N; ++i)
        {
            d_data[i] = func(i);
        }
    }

    constexpr const T& operator[](std::size_t ndx) const
    {
        return d_data[ndx];
    }
};
```

编写此类数据结构的多种替代方法在复杂性、权衡和可理解性方面各不相同。在这种情况下，需要在填充元素之前默认初始化它们，但不需要依赖任何其他重要的新语言基础设施，也可以采取其他方法，参见 3.1.5 节。

给定这个实用程序类模板，我们就可以在编译时预先计算任何可以表示为 constexpr 函数的函数，例如包含 N 个平方的简单表格：

```
constexpr int square(int x) { return x * x; }

constexpr ConstexprArray<int, 500> squares(square);

static_assert(squares[1]   == 1,    "");
static_assert(squares[289] == 83521,"");
```

与 constexpr 函数的许多应用程序一样，在尝试初始化大量 constexpr 变量时，将很快受到编译器施加的限制。

（4）在编译时诊断未定义的行为

避免中间计算的溢出是一个需要重点考虑的问题。如果强制计算只在编译时发生，就会带来不可预见的行为。

[⊖] 注意，在 C++17 中，std::array 的大多数操作符已经改为 constexpr。通过放松 contexpr 计算的规则（参见 3.2.1 节），这一编译友好的容器提供了一个简单的值填充函数。

对这个实际安全问题来说，有从一个学术角度看很有趣的示例。假设我们想用 C++ 编写一个编译时函数来计算任意正整数的 Collatz 长度，并在任何中间计算导致有符号整数溢出时生成编译错误。

先来理解 Collatz 长度的含义。假设我们有一个函数 cf，它接受正整数 n，对于偶数 n 返回 $n/2$，对于奇数 n 返回 $3n+1$：

```
int cf(int n) { return n % 2 ? 3 * n + 1 : n / 2; }  // Collatz function
```

给定一个正整数 n，Collatz 序列 cs(n) 被定义为通过重复应用 Collatz 函数生成的整数序列——例如，cs(1) = { 4, 2, 1, 4, 2, 1, 4, … }; cs(3) = { 10, 5, 16, 8, 4, 2, 1, 4, … }，依此类推。数学中一个经典但尚未得到证实的猜想指出，对于每个正整数 n，n 的 Collatz 序列最终将达到 1。正整数 n 的 Collatz 长度是 Collatz 函数从 n 开始达到 1 所需的迭代次数。请注意，$n = 1$ 时的 Collatz 长度为 0。

本例展示了对 constexpr 变量的要求，因为它的初始值设定项需要是常量表达式，这样才能确保 constexpr 函数的计算是在编译时发生。同样，为了避免在 C++11 constexpr 函数的限制内实现更复杂的功能而造成干扰，我们将利用 C++14 的宽松限制，参见 3.1.5 节：

```
constexpr int collatzLength(long long number)
    // Return the length of the Collatz sequence of the specified number. The
    // behavior is undefined unless each intermediate sequence member can be
    // expressed as a long long and number > 0.
{
    int length = 0;          // collatzLength(1) is 0.

    while (number > 1)       // The current value of number is not 1.
    {
        ++length;            // Keep track of the length of the sequence so far.

        if (number % 2)      // if the current number is odd
        {
            number = 3 * number + 1;    // advance from odd sequence value
        }
        else
        {
            number /= 2;                // advance from even sequence value
        }
    }

    return length;
}

const     int c1 = collatzLength(942488749153153);  // OK, 1862
constexpr int x1 = collatzLength(942488749153153);  // OK, 1862

const int c2 = collatzLength(104899295810901231);
    // Bug, program has undefined behavior.

constexpr int x2 = collatzLength(104899295810901231);
    // Error, overflow in constant-expression evaluation
```

在上面的示例中，变量 c1 和 x1 可以在编译时正确初始化，但 c2 和 x2 不能。c2 的非 constexpr 性质允许在运行时发生溢出并表现出未定义的行为——整数溢出。此外，变量 x2 由于被声明为 constexpr，会强制在编译时进行计算，从而在编译时生成所需的错误——溢出。

3. 潜在缺陷

constexpr 函数的陷阱

constexpr 变量的许多使用都涉及 constexpr 函数的相应使用方法（参见 3.1.5 节）。与 constexpr 函数相关的陷阱同样适用于可能存储其结果的变量。在某些情况下，完全放弃使用 constexpr 函数功能，在程序外部进行预计算，并在 C++ 程序源中嵌入计算结果，以及包含源文本的注释（例如 Perl 或 Python）执行计算的脚本，甚至是有利的。

4. 烦恼

(1) 静态成员变量需要外部定义

在大多数情况下，文件或命名空间范围内的变量与静态成员变量之间几乎没有行为差异，它们的主要区别仅在于名称查找和访问控制限制。然而，当它们是 constexpr，并且需要在运行时存在时，它们的行为就会有所不同。文件或名称空间范围变量将具有内部链接，允许自由使用其地址，但要注意该地址在不同的翻译单元中会有所不同：

```
// common.h:

constexpr int c = 17;
const int *f1();
const int *f2();

// file1.cpp:
#include <common.h>

const int *f1() { return &c; }

// file2.cpp:
#include <common.h>

const int *f2() { return &c; }

// main.cpp:
#include <common.h>
#include <cassert>  // standard C assert macro

int main()
{
    assert( f1() != f2() );    // different addresses in memory per TU
    assert( *f1() == *f2() );  // same value
    return 0;
}
```

然而，对于静态数据成员，虽然类定义中的声明需要有一个初始值设定项，但它本身不是定义，不会在运行时为对象分配静态存储，当我们试图构建需要引用静态数据成员的应用程序时，会导致链接时错误[⊖]。

```
struct S {
    static constexpr int d_i = 17;
};
void useByReference(const int& i) { /*...*/ }

int main()
{
    const int local = S::d_i;  // OK, value is only used at compile time.
    useByReference(S::d_i);    // Link-Time Error, S::d_i not defined
    return 0;
}
```

通过添加 S::d_i 的定义可以避免此链接时错误。请注意，初始值设定项需要省略，因为它已在 S 的定义中指定：

```
constexpr int S::d_i;  // Define constexpr data member.
```

(2) 没有在自己的类中定义静态 constexpr 成员变量

当使用单例模式实现一个类时，可能需要让该类型的单个对象成为类本身的 constexpr 静态私有成员，以保证它在类外编译时的无数据争用的初始化和无法直接访问。这种方法并不像计划的那么容易，因为 constexpr 静态数据成员必须具有完整的类型，并且正在定义的类在出现右大括号之前都是不完整的：

⊖ C++17 把 constexpr 变量改为内联，并应用到静态成员，不再要求使用时提供外部定义。

```
class S
{
private:
    static const     S constVal;      // OK, initialized outside class below
    static constexpr S constexprVal;  // Error, constexpr must be initialized.
    static constexpr S constInit{};   // Error, S is not complete.
};

const S S::constVal{};  // OK, initialize static const member.
```

应用更传统的单例模式（其中单例对象是函数范围内的静态局部变量）的“理所当然”方式也会失败（参见 2.1.8 节），因为 constexpr 函数不允许 具有静态变量（参见 3.1.5 节）：

```
constexpr const S& singleton()
{
   static constexpr S object{};  // Error, even in C++14, static is not allowed.
   return object;
}
```

对于静态存储持续时间的 constexpr 对象，唯一可用的解决方案是将它们放在其类型之外，无论是在全局范围、命名空间范围还是嵌套在友好的帮助容器类中[⊖]：

```
class S
{
    friend struct T;
    S() = default;  // private
    // ...
};

struct T
{
    static constexpr S constInit{};
};
```

5. 参见

- 3.1.5 节描述了如何使用此功能来初始化 constexpr 变量。
- 3.1.20 节解释了使用编译时值初始化 UDT 的 constexpr 变量的便捷方法。

3.1.7　默认成员初始化：默认类 / 联合成员初始化程序

非静态类数据成员可能会指定默认初始值设定项，该初始值设定项用于不显式初始化成员的构造函数。

1. 描述

在类中初始化非静态数据成员和基类对象的传统方法是构造函数的成员初始值设定项列表：

```
struct B
{
    int d_i;

    B(int i) : d_i(i) { }      // Initialize d_i with i.
};

struct D : B
{
    char d_c;

    D() : B(2), d_c('3') { }  // Initialize base B with 2 and d_c with '3'.
};
```

从 C++11 开始，非静态数据成员（位字段除外）也可以使用默认成员初始值设定项、复制初始

⊖　C++20 提供了 constexpr 的另一种解决方案，允许静态数据成员的编译时初始化，但不允许在常量表达式中使用。

化、复制列表初始化或直接列表初始化进行初始化，参见 3.1.4 节：

```
struct S0
{
    int   d_i = 10;     // OK, uses copy initialization
    char  d_c = {'a'};  // OK, uses copy list initialization
    float d_f{2.f};     // OK, uses direct list initialization
};
```

请注意，默认成员初始化虽然支持大括号初始化，但不支持使用括号指定大小的列表直接初始化：

```
struct S1
{
    char d_c('a');  // Error, invalid syntax
};
```

对于任何具有默认成员初始值设定项的成员 m，不在其成员初始值设定项列表中初始化 m 的构造函数将使用默认成员初始值设定项值对 m 进行隐式初始化：

```
struct S2
{
    int d_i = 1;
    int d_j = 1;

    S2() { }                              // Initialize d_i with 1, d_j with 1.
    S2(int) : d_i(2) { }                  // Initialize d_i with 2, d_j with 1.
    S2(int, int) : d_i(2), d_j(3) { }     // Initialize d_i with 2, d_j with 3.
};
```

注意，所有成员变量（包括使用默认成员初始值设定项的成员变量）的初始化按照它们在类定义中声明的顺序进行。因此，先前初始化的非静态数据成员可以在后续的初始化表达式中使用：

```
struct S4 {
    const char* d_s{"hello"};
    int         d_i{2};
    char        d_c{d_s[1]};  // OK, d_c initialized to d_s's second character

    S4()                       { }
    S4(const char* s) : d_s(s) { }
};

S4 s4d;              // OK, s4d.d_c initialized to 'e'
S4 s4v("goodbye");   // OK, s4v.d_c initialized to 'o'
```

就像成员函数体和成员初始化列表一样，默认成员初始值设定项在完整类的上下文中执行。由于初始化器将其封闭类视为完整类型，因此它可以引用封闭类型的大小并调用尚未出现的成员函数：

```
struct S5
{
    int d_a[4];
    int d_i = sizeof(S5) + seenBelow();  // OK
    int seenBelow();
};
```

默认成员初始值设定项中的名称查找将在查找命名空间范围之前查找封闭类及其基类的成员：

```
char i = 4;

struct S6
{
    int j = sizeof(i);  // refers to S6::i, not ::i
    int i = 5;
};

S6 s6;  // OK, s6.j initialized to 4.
```

this 指针也可以安全地用作默认成员初始值设定项的一部分。注意与构造函数中 this 一样，this 引用的对象将处于部分构造状态：

```
int getSomeRuntimeValue();
```

```
struct S7
{
    S7* d_selfPtr = this;                       // OK
    int d_bad = this->d_later;                  // Bug, d_later not yet initialized
    int d_later = getInitialDLaterValue();      // OK
    static int getInitialDLaterValue();
};
```

与函数或全局范围内的变量以及静态数据成员不同，未知边界数组的成员的默认成员初始值设定项将无法确定数组边界：

```
struct S8
{
    static int d_s[];         // OK, d_s has unknown bounds.
    int d_a[]  = {1, 2, 3};   // Error, d_a is an array of unknown bound.
    int d_b[3] = {1, 2, 3};   // OK, bound explicitly specified
};

int a[]       = {1, 2, 3};  // OK, the length of a is deduced to 3.
int S8::d_s[] = {4, 5, 6};  // OK, the length of S8::d_s is deduced to 3.
```

与联合体的交互

默认成员初始值设定项也可以与联合体成员一起使用。但是，联合体中只有一个变体成员可以具有默认成员初始值设定项，因为这将决定整个联合体的默认初始化：

```
union U0
{
    char d_c = 'a';

    int  d_d = 1;
        // Error, only one member of U0 can have a default initializer.
};
```

注意，匿名联合体的成员被视为父联合体的变体成员：

```
union U1
{
    union { int d_x = 1; };

    union
    {
        int d_y;
        int d_z = 1;
            // Error, only one member of U1 can have a default initializer.
    };

    char d_c = 'a';
        // Error, only one member of U1 can have a default initializer.
};
```

联合体成员一般使用变体成员的默认成员初始值设定项，除非联合体的相同或不同变体成员被显式初始化，例如，通过具有成员初始值设定项列表的构造函数或通过聚合初始化（自 C++14 起，允许具有默认成员初始值设定项的类型，参见 2.2.1 节）。在所有情况下，初始化的变体成员都会成为联合体的活跃成员：

```
union U2
{
    char d_c;
    int  d_i = 10;
};

U2 x;        // initializes d_i with 10
U2 y{};      // initializes d_i with 10

U2 z{'a'};  // initializes d_c with 'a', default initializer ignored

union U3
{
```

```
    char d_c;
    int  d_i = 10;

    U3() { }                // default member initializer used for d_i

    U3(char c) : d_c{c} { } // default member initializer ignored
};
```

2. 用例

（1）简单结构的简洁初始化

默认成员初始化器提供了一种简洁而有效的方法来初始化一个简单结构体中的所有成员。例如，考虑一个用于配置线程池的结构体：

```
struct ThreadPoolConfiguration
{
    int  d_numThreads         = 8;     // number of worker threads
    bool d_enableWorkStealing = true;  // enable work stealing
    int  d_taskSize           = 64;    // buffer size for an enqueued task
};
```

与使用构造函数相比，上面的 ThreadPoolConfiguration 的定义提供了合理的具有最小的样板代码的默认值[⊖]。

（2）确保非静态数据成员的初始化

没有默认成员初始化器或出现在任何构造函数成员初始化列表中的非静态数据成员会被默认初始化。对于用户定义的类型，默认初始化的作用与调用的默认构造函数的作用相同。对于内置的类型，默认初始化会导致一个不确定的值。

例如，考虑一个跟踪用户访问一个网站的次数的结构体：

```
#include <string>  // std::string

struct UsageTracker
{
    std::string d_token;
    std::string d_websiteURL;
    int         d_clicks;
};
```

程序员打算将 UsageTracker 用做一个简单的聚合。但忘记显式初始化 d_clicks 可能会导致以下缺陷：

```
#include <map>     // std::map
#include <vector>  // std::vector

std::map<std::string, std::vector<UsageTracker>> usageTrackers;
// ...

void onVisitWebsite(const std::string& username, const std::string& token)
{
    UsageTracker ut = {token, "https://emcpps.com"};
    usageTrackers[username].push_back(ut);
        // Bug, ut.d_clicks has indeterminate value.
}
```

⊖ C++20 可以使用类似 ThreadPoolConfiguration 的结构，以清晰准确的方式存储和调整一个或多个默认配置：

```
void testDesignatedInitializer()
{
    ThreadPoolConfiguration tpc = {.d_taskSize = 128};
    assert(tpc.d_numThreads == 8);
    assert(tpc.d_enableWorkStealing);
    assert(tpc.d_taskSize == 128);
}
```

对于内置类型，使 - 使用默认的成员初始化可以避免此类操作：

```
#include <string>  // std::string

struct UsageTracker
{
    std::string d_token;
    std::string d_websiteURL;
    int         d_clicks = 0;  // OK, will not have an indeterminate value
};
```

（3）避免跨多个构造函数的重复样板代码

一个类型的某些成员变量可能被用于跟踪对象在其生命周期内的状态，这与对象的初始状态无关。在这种情况下，我们希望不管构造函数参数如何，所有构造函数都将这些变量设置为相同的值。考虑一个控制后台进程执行的状态机：

```
class StateMachine
{
    enum State { e_INIT = 1, e_RUNNING, e_DONE, e_FAIL };
    State          d_state;
    MachineProgram d_program;  // instructions to execute

public:
    StateMachine()  // Create a machine to run the default program.
    : d_state(e_INIT)
    , d_program(getDefaultProgram())
    { }

    StateMachine(const MachineProgram& program)  // Run the specified program.
    : d_state(e_INIT)
    , d_program(program)
    { }

    StateMachine(MachineProgram&& program)  // Run the specified program.
    : d_state(e_INIT)
    , d_program(std::move(program))
    { }

    StateMachine(const char* filename)  // read program to run from filename
    : d_state(e_INIT)
    , d_program(loadProgram(filename))
    { }
};
```

对于成员变量，如 d_state，它们总是从相同的值开始，然后在使用对象时进行更新，使用默认的初始化器可以减少样板代码，并减少意外使用错误值初始化的风险：

```
class StateMachine
{
    enum State { e_INIT = 1, e_RUNNING, e_DONE, e_FAIL };
    State          d_state = e_INIT;  // default member initializer
    MachineProgram d_program;         // instructions to execute

public:
    StateMachine() : d_program(getDefaultProgram()) { }
    StateMachine(const MachineProgram& program) : d_program(program) { }
    StateMachine(MachineProgram&& program) : d_program(std::move(program)) { }
    StateMachine(const char* filename) : d_program(loadProgram(filename)) { }
};
```

在对象生命周期中更新的其他成员，例如使得缓存计算开销很大的可变成员，也可以受益于此被初始化一次，而不是在每个构造函数中使用单独的初始化器进行初始化。假设我们定义了一个类，NetSession，它缓存已解析的 IP 地址（v4 和 v6），因此它不需要在每次需要 IP 地址时执行 DNS 查找。在所有构造函数中，IP 地址尚未解析，这意味着缓存的 IP 地址无效。一个简单的约定是将两个 IP 地址都设置为 0，因为没有有效的 IP 地址具有该值：

```
#include <string>   // std::string
#include <cstdint>  // std::uint32_t, std::uint64_t

class NetSession
{
    std::string d_address;                     // such as "example.com"
    mutable std::uint32_t d_ip      = 0;       // cache of resolved IPv4 address
    mutable std::uint64_t d_ipv6[2] = {0, 0};  // cache of resolved IPv6 address

public:
    NetSession() { }
    NetSession(const std::string& address) : d_address(address) { }

    // ...
};
```

（4）默认值用于文档的直接目的

在大型系统中，将大量不同属性的配置对象绑定在一个库里是很流行的做法。虽然这些值可能会从适当的配置文件中加载，但它们通常具备有意义的默认值。在 C++03 中，这些属性的默认值通常会记录在头文件（.h）中，但实际上在实现文件（.cpp）中才会受到影响，这可能会导致文档不同步：

```
// my_config.h:

#include <string>  // std::string

struct Config
{
   std::string d_organization;  // default value "ACME"
   long long   d_maxTries;      // default value 1
   double      d_costRatio;     // default value 13.2

   Config();
};

// my_config.cpp:

#include <my_config.h>

Config::Config()
    : d_organization("Acme")    // Bug, doesn't match documentation
    , d_maxTries(3)             // Bug, went out of sync in maintenance
{ }                             // Bug, d_costRatio not initialized
```

在这种情况下，可以将默认的初始化器作为活跃文档来实现：

```
#include <string>  // std::string

struct Config
{
   std::string d_organization = "Acme";
   long long   d_maxTries     = 3;
   double      d_costRatio    = 13.2;

   Config() = default;  // no user-provided definition needed any longer
};
```

3. 潜在隐患

（1）隔离的损失

在头文件中放置默认值——可能使用 default 限定的默认构造函数——虽然很方便，但会导致隔离的损失。例如，考虑一个用于表示增长因子的哈希表，该表具有非静态数据成员：

```
// hashtable.h:

class HashTable
{
private:
```

```
    float d_growthFactor;
    // ...

public:
    HashTable();
    // ...
};
```

如果不使用默认成员初始化器，默认增长因子将被作为默认构造函数的成员初始化列表的一部分：

```
// hashtable.cpp:
#include <hashtable.h>  // HashTable

HashTable::HashTable() : d_growthFactor(2.0f) { }
```

如果默认的增长因子太大并导致生产中内存消耗过多，那么只将受影响的应用程序与库提供的TashTable的新版本重新链接，而非重新编译它们，这样就足够了。根据公司的编译和部署基础设施，单独的重新链接可能比在重新链接整个程序之前重新编译整个程序要简便得多。

如果使用了默认成员初始化器，可能需要在头文件中使用 =default 来定义默认构造函数，有效地删除这些值的任何隔离，使这些值可以快速重新链接，而不是重新编译[㊀]。

（2）子对象初始化不一致

为了避免长期维护全局共享状态，偶尔采取的一种方法是让对象掌握上下文对象的句柄数据，从而避免该数据成为应用程序级全局状态：

```
struct Context
{
    bool d_isProduction;
    long d_userId;
    int  d_dataCenterId;
    // ... other information about the context being run in

    static Context* defaultContext();
};
```

每个需要上下文信息的类型都将采用一个可选参数来指定局部上下文，否则它将使用默认上下文：

```
#include <string>  // std::string

struct ContextualObject
{
// ...
     ContextualObject(const std::string& name,
                      Context* context = Context::defaultContext());
// ...
};
```

当组合许多对象时，所有这些对象都需要访问相同的上下文进行配置，将构造时指定的上下文传递给每个子对象就变得很重要：

```
struct CompoundObject
{
// ...
    ContextualObject d_o1;
    ContextualObject d_o2;
// ...
    CompoundObject(Context* context = Context::defaultContext())
    : d_o1("First", context)
    , d_o2("Second", context)
    { }
// ...
};
```

这种情况很适合使用默认的成员初始化器，但有一个严重的缺陷：

㊀ 有实际示例，参见 lakos20, 3.10.5 节，第 783～789 页。

```
struct CompoundObject
{
// ...
    ContextualObject d_o1{"first"};   // Bug, does not use context passed to
    ContextualObject d_o2{"second"};  // CompoundObject constructor
// ...
    CompoundObject(Context* context = Context::defaultContext());
// ...
};
```

这个缺陷只会影响那些使用多个上下文的应用程序，这些上下文可能是使用上下文对象的应用程序和库的一个小子集。避免这种缺陷的唯一隐性方法是放弃可以接受上下文参数的子对象的默认成员初始化器。另一个仍然容易出错的替代方法是将一个上下文指针存储为第一个成员，在所有构造函数中初始化它，并在子对象的默认成员初始化器中使用它：

```
struct CompoundObject
{
// ...
    Context*         d_context;
    ContextualObject d_o1{"first", d_context};   // OK
    ContextualObject d_o2{"second", d_context};  // OK
    // ...
    CompoundObject(Context* context = Context::defaultContext())
    : d_context(context)
    { }
// ...
};
```

这种方法的缺点是，需要一个额外的 Context* 成员的副本来将传入的值从构造函数传递到子对象初始化器。此外，现在代码的正确性很大程度上依赖于在 d_context 成员变量之后初始化的 CompoundObject 对象的子对象，因此成员的顺序受到了微妙的限制。所以在维护过程中，成员顺序的无害更改可能会引入 bug[⊖]。

4. 烦恼

（1）不能使用带圆括号的直接初始化语法

在默认的成员初始化中不允许直接初始化语法，这会使得将代码从自动变量复制到类成员中变得非常乏味。例如，假设我们打算将一个函数转换为一个等价的函数对象，这可能对需要回调的应用程序很有用。此转换需要将函数的自动变量迁移到相应函数对象的成员变量：

```
void function()  // before
{
    int i1 = 17;
    int i2(18);
    int i3{42};

    // ... do stuff
}

class Functor  // after
{
    int i1 = 17;  // OK
    int i2(18);   // Error, invalid syntax
    int i3{42};   // OK

    void operator()(int step)
    {
        // ... do stuff
    }
};
```

剪切和粘贴本地代码 i1、i2 和 i3 的定义将导致编译时错误。初始化 i2 的代码需要进行调整，以

⊖ C++17 引入多态内存资源分配模型，以类似 ContextualObject 方式分配内存。

使用复制初始化（如 i1）或大括号初始化（如 i3）。

（2）适用性的限制

默认成员初始化项可用于替换构造函数成员初始化项列表中的几乎所有成员的初始化，两种情况除外。

①位字段数据成员[⊖]。

②基本类。

这两种情况都需要在成员初始化器列表中进行初始化，这意味着它们会转换为与代码库的其他部分不一致的样板代码。

（3）失去平凡性

拥有成员初始化器会使默认的构造函数不平凡。非平凡构造函数的存在可能会阻止一些本来可能实现的优化，参见 3.1.11 节：

```
#include <type_traits>  // std::is_trivial

struct S0 { int d_i;     };
struct S1 { int d_i = 0; };
struct S2 { int d_i; S2() : d_i(0) { } };

static_assert(std::is_trivial<S0>::value, "");
static_assert(!std::is_trivial<S1>::value, "");
static_assert(!std::is_trivial<S2>::value, "");
```

（4）聚合状态损失

在 C++11 中，不会将使用默认成员初始化器的类认为是聚合体，因此也不能使用聚合初始化。幸运的是，这一限制在 C++14 中已经被取消了，参见 2.2.1 节：

```
struct ThreadPoolConfiguration
{
    int  d_numThreads         = 8;     // number of worker threads
    bool d_enableWorkStealing = true;  // enable work stealing
    int  d_taskSize           = 64;    // buffer size for an enqueued task
};

void f()
{
    ThreadPoolConfiguration tpc0;                 // OK in C++11
    ThreadPoolConfiguration tpc1{16, true, 64}; // Error, in C++11; OK in C++14
}
```

（5）默认成员初始化器不会推断出数组大小

默认成员初始化器不允许推断数组成员的大小：

```
struct S
{
    char s[]{"Idle"};  // Error, must specify array size
};
```

其基本原理是，不能保证默认成员初始化器将被用于初始化该成员，因此它不能是对象布局中关于此类成员大小的明确信息来源。

5. 参见

- 2.1.5 节讨论了如何通过将构造函数链接在一起来减少非静态数据成员初始化过程中的代码

⊖ C++20 的位字段可以通过默认成员初始化

```
struct S
{
    int d_i : 4 = 8;  // Error, before C++20; OK, in C++20
    int d_j : 4 {8};  // Error, before C++20; OK, in C++20
};
```

重复。

- 2.2.1 节说明了在 C++14 中的聚合初始化过程中如何使用默认的成员初始化器。
- 3.1.4 节显示了默认成员初始化器如何支持列表初始化，这是统一初始化工作的一部分。
- 3.1.16 节提供了另一种隔离客户端远离不必要的实现细节的方法。

3.1.8　枚举类：强类型、限定作用域的枚举

枚举类（Enum Class）是另一种枚举类型，它同时提供其枚举器的外围作用域，以及比经典枚举更强的类型。

1. 描述

C++11 引入了一个新的枚举结构——枚举类，或者与之等价的枚举结构（Enum Struct）：

```
enum class  Ec { A, B, C }; // scoped enumeration, Ec, containing three enumerators
```

上述代码行中的枚举类 Ec 的枚举器，即 A、B 和 C，不会自动成为外围作用域的一部分，必须限定才能被引用：

```
Ec e0 = A;      // Error, A not found
Ec e1 = Ec::A;  // OK
```

此外，试图将类型枚举类 E 的表达式用作 int 或用于算术上下文中，会被标记为错误，因此需要显式转换：

```
int  i0 = Ec::B;                  // Error, conversion to int not supported
int  i1 = static_cast<int>(Ec::B); // OK, i1 is 1.
int  i2 = 1 + Ec::B;              // Error, conversion to int not supported
int  i3 = -Ec::B;                 // Error, unsupported arithmetic operations

bool b0 = Ec::B != 2;             // Error, comparison with int unsupported
bool b1 = Ec::B != Ec::C;         // OK, b1 is 'true'.
```

枚举类是对经典 C 风格的枚举的补充，而不是取代：

```
enum E { e_Enumerator0 /*= value0 */, /*...*/ e_EnumeratorN /* = valueN */ };
    // Classic, C-style enum: enumerators are neither type safe nor scoped.
```

在经典枚举出现的地方，参见潜在缺陷——枚举类的强类型可能会适得其反，以及烦恼——限定作用域的枚举不一定会增加价值。

尽管如此，在限定作用域和更多类型安全方面仍有许多实际示例，参见本节的“C++11 限定作用域枚举介绍”与用例。

（1）与未限定作用域的 C++03 枚举相关的缺点和变通方法

由于经典枚举的枚举器会泄漏到外围作用域中，如果碰巧使用相同枚举器名称的两个不相关的枚举出现在同一作用域中，则可能会出现歧义：

```
enum Color { e_RED, e_ORANGE, e_YELLOW };    // OK
enum Fruit { e_APPLE, e_ORANGE, e_BANANA };  // Error, e_ORANGE is redefined.
```

请注意，我们使用小写、单字母前缀——例如 e_——来确保大写枚举器名称不太可能与原有的宏发生冲突，这在头文件中特别有用。当这些枚举放置在全局或其他大型名称空间范围内的各自的头文件中，如 std，以便一般重用时，会加剧与使用无作用域枚举相关的问题。在这种情况下，潜在的缺陷通常不会出现，除非这两个枚举被包含在同一个翻译单元中。

如果唯一的问题是枚举器泄漏到外围作用域中，那么将枚举封闭在结构体中就可以解决：

```
struct Color { enum Enum { e_RED, e_ORANGE, e_YELLOW };  };  // OK (scoped)
struct Fruit { enum Enum { e_APPLE, e_ORANGE, e_BANANA }; }; // OK (scoped)
```

在上面的代码片段中使用 C++03 解决方案意味着当将这样一个显式作用域的经典枚举传递到函数时，枚举的不同区别名称将包含在函数的封闭结构中，枚举名称本身，如 enum，则将成为样板代码：

```
int enumeratorValue1 = Color::e_ORANGE;  // OK
int enumeratorValue2 = Fruit::e_ORANGE;  // OK

void colorFunc(Color::Enum color);  // enumerated (scoped) Color parameter
void fruitFunc(Fruit::Enum fruit);  // enumerated (scoped) Fruit parameter
```

因此，在经典的C++03枚举中添加作用域是很容易做到的，参见潜在缺陷——枚举类的强类型可能会适得其反。

（2）与弱类型的C++03枚举器相关的缺点

C++03枚举一直被用于表示至少两个不同的概念：

①一个相关的，但不一定是唯一的的集合，称为整数值。

②一个纯粹的，也许是有序的命名实体集，其中的基本值没有相关性。

现代枚举类更接近第二个概念，这一点将在“C++限定作用域枚举介绍”中讨论。

默认情况下，经典的枚举具有实现定义的底层类型（UT）（参见3.1.19节），它用来表示已枚举类型的变量及其枚举器的值。虽然不允许隐式转换为枚举类型，但当从经典枚举类型隐式转换为某些算术类型时，枚举以类似其底层类型的方式使用整数提升和标准转换规则升级为整数类型：

```
void f()
{
    enum A { e_A0, e_A1, e_A2 };  // classic, C-style C++03 enum
    enum B { e_B0, e_B1, e_B2 };  //    "          "     "     "

    A a;  // Declare object a to be of type A.
    B b;  //    "         "   b  "  "  "   "  B.

    a = e_B2;  // Error, cannot convert e_B2 to enum type A
    b = e_B2;  // OK, assign the value e_B2 (numerically 2) to b.
    a = b;     // Error, cannot convert enum type B to enum type A
    b = b;     // OK, self-assignment
    a = 1;     // Error, invalid conversion from int 1 to enum type A
    a = 0;     // Error, invalid conversion from int 0 to enum type A

    bool     v = a;     // OK
    char     w = e_A0;  // OK
    int      i = e_B0;  // OK
    unsigned y = e_B1;  // OK
    float    x = b;     // OK
    double   z = e_A2;  // OK
    char*    p = e_B0;  // Error, unable to convert e_B0 to char*
    char*    q = +e_B0; // Error, invalid conversion of int to char*
}
```

请注意，在本例中，分别对尝试初始化p和q的最后两个诊断方法略有不同。在第一种方法中，我们试图用枚举类型b初始化指针p。在第二种方法中，我们创造性地使用内置的一元加运算符，将枚举器提升为整数类型。尽管枚举器的数值是0，并且在编译时是已知的，但不允许将字面值整数常量0以外的任何值隐式转换为指针类型。排除深奥的用户定义类型，从C++11开始，只有字面值0或，std::nullptr_t的值可以隐式转换为任意指针类型，参见2.1.12节。

C++完全支持将经典枚举类型的值与任意算术类型的值以及相同枚举类型的值进行比较；比较器的操作数将被提升为一个足够大的整数类型，然后比较操作将使用这些值。但是，不赞成比较具有不同枚举类型的值，这通常会引起警告[㊀]。

㊀ 在C++20中，比较两个明确的典型枚举类型将导致编译时错误，注意至少要把其中一个显式转换为整型。例如，使用一元加法，这既可以澄清意图也可以避免警告。

```
void test()
{
  if (e_A0 < 0)        { /*...*/ }  // OK, comparison with integral type
  if (1.0 != e_B1)     { /*...*/ }  // OK, comparison with arithmetic type
  if (A() <= e_A2)     { /*...*/ }  // OK, comparison with same enumerated type
  if (e_A0 == e_B0)    { /*...*/ }  // warning, deprecated (error as of C++20)
  if ( e_A0 == +e_B0) { /*...*/ }  // OK, unary + converts to integral type
  if (+e_A0 ==  e_B0) { /*...*/ }  // OK,   "       "      "      "     "
  if (+e_A0 == +e_B0) { /*...*/ }  // OK,   "       "      "      "     "
}
```

(3)C++11 限定作用域枚举介绍

现代 C++ 带来了一个新的、可选的枚举构造，枚举类，它同时具备强类型安全性和词汇范围这两个不同的和通常可取的属性：

```
enum class Name { e_Enumerator0 /* = value0 */, e_EnumeratorN /* = valueN */ };
    // enum class enumerators are both type-safe and scoped
```

C 风格的枚举的默认底层类型是实现定义的，而对于枚举类，默认底层类型始终是整型。参见下一节“枚举类和底层类型”，以及潜在缺陷——不透明枚举器的外部使用。

与未限定作用域的枚举不同，枚举类不会将其枚举器泄漏到外围作用域中，因此有助于避免与在相同作用域内定义了同名枚举器的其他枚举发生冲突：

```
enum       VehicleUnscoped  { e_CAR, e_TRAIN, e_PLANE };
struct     VehicleScopedExplicitly { enum Enum { e_CAR, e_TRAIN, e_PLANE }; };
enum class VehicleScopedImplicitly { e_CAR, e_BOAT, e_PLANE };
```

与未限定作用域枚举类型一样，限定作用域枚举类型的对象也会使用枚举名称本身作为参数传递给函数：

```
void f1(VehicleUnscoped value);          // unscoped enumeration passed by value
void f2(VehicleScopedImplicitly value);  // scoped enumeration passed by value
```

如果我们使用这个方法来添加作用域到“与弱类型的 C++03 枚举器相关的缺点”这一节所描述的枚举器上，那么，外围结构体的名称必须与枚举的一致名称相同，如 Enum，用于指示一个枚举类型：

```
void f3(VehicleScopedExplicitly::Enum value);
    // classically scoped enum passed by value
```

修饰限定作用域枚举的枚举器是相同的，无论作用范围是显式的还是隐式的：

```
void g()
{
    f3(VehicleScopedExplicitly::e_PLANE);
        // call f3 with an explicitly scoped enumerator

    f2(VehicleScopedImplicitly::e_PLANE);
        // call f2 with an implicitly scoped enumerator
}
```

除了隐式限定作用域之外，现代的 C++11 限定作用域枚举刻意不支持在任何上下文中对其底层类型的隐式转换：

```
void h()
{
    int i1 = VehicleScopedExplicitly::e_PLANE;
       // OK, scoped C++03 enum (implicit conversion)

    int i2 = VehicleScopedImplicitly::e_PLANE;
        // Error, no implicit conversion to underlying type

    if (VehicleScopedExplicitly::e_PLANE > 3) {} // OK
    if (VehicleScopedImplicitly::e_PLANE > 3) {} // Error, implicit conversion
}
```

然而，枚举类的枚举器确实允许在它们自己的类型中进行相等和顺序比较：

```
enum class E { e_A, e_B, e_C };  // By default, enumerators increase from 0.

static_assert(E::e_A < E::e_C, "");  // OK, comparison between same-type values
static_assert(0 == E::e_A, "");      // Error, no implicit conversion from E
static_assert(0 == static_cast<int>(E::e_A), "");  // OK, explicit conversion

void f(E v)
{
    if (v > E::e_A) { /*...*/ }  // OK, comparing values of same type, E
}
```

注意，将枚举变量从一个强类型枚举器的值递增到下一个值需要显式转换，参见潜在缺陷——枚举类的强类型可能会适得其反。

（4）枚举类和底层类型

自C++11以来，限定作用域和非限定作用域枚举都允许显式说明它们的整数底层类型（参见3.1.19节）：

```
enum Ec : char { e_X, e_Y, e_Z };
    // Underlying type is char.

static_assert(1 == sizeof(Ec),     "");
static_assert(1 == sizeof Ec::e_X, "");

enum class Es : short { e_X, e_Y, e_Z };
    // Underlying type is short int.

static_assert(sizeof(short) == sizeof(Es),     "");
static_assert(sizeof(short) == sizeof Es::e_X, "");
```

与经典的枚举的具有实现定义的默认底层类型不同，枚举类的默认底层类型总是int：

```
enum class Ei { e_X, e_Y, e_Z };
    // When not specified, the underlying type of an enum class is int.

static_assert(sizeof(int) == sizeof(Ei),     "");
static_assert(sizeof(int) == sizeof Ei::e_X, "");
```

请注意，由于枚举类的默认底层类型是由标准指定的，因此总是可以在本地重新声明中忽略枚举类的枚举器，参见潜在缺陷——不透明枚举器的外部使用，以及3.1.16节。

2. 用例

（1）避免对算术类型的意外隐式转换

假设我们想要将从下拉菜单中选择一个固定数量的可选项的结果将其表示为一个具有唯一值的命名整数的简单无序集。例如，在配置购买产品时可能会出现这种情况：

```
struct Transmission
{
    enum Enum { e_MANUAL, e_AUTOMATIC };  // classic, C++03 scoped enum
};
```

虽然当枚举器的典型使用涉及其基本值时，将经典枚举器自动提升到int很有效，但当基本值在预期使用中没有作用时，这种提升就不太理想了：

```
class Car { /*...*/ };

struct Transmission
{                                          // explicitly scoped
    enum Enum { e_MANUAL, e_AUTOMATIC };   // classic enum
};                                         // (BAD IDEA)

int buildCar(Car* result, int numDoors, Transmission::Enum transmission)
{
    int status = Transmission::e_MANUAL;     // Bug, accidental misuse

    for (int i = 0; i < transmission; ++i)  // Bug, accidental misuse
    {
        attachDoor(i);
    }

    return status;
}
```

如上面的示例，对于要分配给Transmission::Enum的值，与整数相比或像整数那样修改是永远不正确的。理想情况下，这样做会被编译器标记为错误。枚举类提供了更强的类型化来实现以下目标：

```
class Car { /*...*/ };

enum class Transmission { e_MANUAL, e_AUTOMATIC };  // modern enum class (GOOD IDEA)

int buildCar(Car* result, int numDoors, Transmission transmission)
{
    int status = Transmission::e_MANUAL;     // Error, incompatible types

    for (int i = 0; i < transmission; ++i)  // Error, incompatible types
    {
        attachDoor(i);
    }

    return status;
}
```

首先，通过特意选择上述示例中的枚举类而非经典枚举，自动检测了许多常见的意外误用。其次，通过删除限定作用域、较低类型安全的经典枚举的额外的 ::Enum 样板代码要求，稍微简化函数签名的接口，参见潜在缺陷——枚举类的强类型可能会适得其反。

如果需要强类型枚举器的数值（例如用于序列化），则可以通过 static_cast 显式地提取：

```
const int manualIntegralValue    = static_cast<int>(Transmission::e_MANUAL);
const int automaticIntegralValue = static_cast<int>(Transmission::e_AUTOMATIC);
static_assert(0 == manualIntegralValue,    "");
static_assert(1 == automaticIntegralValue, "");
```

（2）避免名字空间污染

经典的 C 风格枚举没有为其枚举器提供限定作用域，从而导致意外的潜在名称冲突：

```
// vehicle.h:
// ...
enum Vehicle  { e_CAR, e_TRAIN, e_PLANE };  // classic, C-style enum
// ...

// geometry.h:
// ...
enum Geometry { e_POINT, e_LINE, e_PLANE };  // classic, C-style enum
// ...

// client.cpp:
#include <vehicle.h>  // OK
#include <geometry.h> // Error, e_PLANE redefined
// ...
```

常用的解决方法是将枚举包装在结构体或名字空间中：

```
// vehicle.h:
// ...
struct Vehicle {                            // explicitly scoped
    enum Enum { e_CAR, e_TRAIN, e_PLANE };  // classic, C-style enum
};
// ...

// geometry.h:
// ...
struct Geometry {                            // explicitly scoped
    enum Enum { e_POINT, e_LINE, e_PLANE };  // classic, C-style enum
};
// ...

// client.cpp:
#include <vehicle.h>     // OK
#include <geometry.h>    // OK, enumerators are scoped explicitly.
// ...
```

如果不需要将枚举器隐式转换为整数类型，我们可以以更多的类型安全性和更少的样板文件实现相同的范围效果，即在声明一个变量时，不使用 ::Enum，而是使用枚举类代替：

```
// vehicle.h:
// ...
enum class Vehicle { e_CAR, e_TRAIN, e_PLANE };
// ...

// geometry.h:
// ...
enum class Geometry { e_POINT, e_LINE, e_PLANE };
// ...

// client.cpp:
#include <vehicle.h>  // OK
#include <geometry.h> // OK, enumerators are scoped implicitly.
// ...
```

（3）改进重载功能以消除歧义

限定作用域枚举的更强的类型安全性会防止在调用重载函数时出现错误，特别是当重载集接受多个参数时。假设我们有一个广泛使用的、已命名类型 Color，其枚举器的数值都是一些小的、唯一的和不相关的值。选择将 Color 表示为一个未限定作用域的枚举：

```
struct Color
{                                           // explicitly scoped
    enum Enum { e_RED, e_BLUE /*...*/ };   // classic, C-style enum
};                                          // (BAD IDEA)
```

进一步假设有两个重载函数，每个函数都有两个参数，其中一个签名的参数包括枚举 Color：

```
void clearScreen(int pattern, int orientation);          // (0)
void clearScreen(Color::Enum background, double alpha);  // (1)
```

根据所提供的参数的类型，选择其中一个函数，否则调用将不明确，程序将无法编译[⊖]：

```
void f0()
{
    clearScreen(1           , 1           );  // calls (0) above
    clearScreen(1           , 1.0         );  // calls (0) above
    clearScreen(1           , Color::e_RED);  // calls (0) above

    clearScreen(1.0         , 1           );  // calls (0) above
    clearScreen(1.0         , 1.0         );  // calls (0) above
    clearScreen(1.0         , Color::e_RED);  // calls (0) above

    clearScreen(Color::e_RED, 1           );  // Error, ambiguous call
    clearScreen(Color::e_RED, 1.0         );  // calls (1) above
    clearScreen(Color::e_RED, Color::e_RED);  // Error, ambiguous call
}
```

现在假设已经将 Color 枚举定义为一个现代枚举类：

```
enum class Color { e_RED, e_BLUE /*...*/ };

void clearScreen(int pattern, int orientation);     // (2)
void clearScreen(Color background, double alpha);  // (3)
```

从一组给定的参数中调用的函数就变得清晰了：

⊖ GCC 11.2（大约 2021 年）不但将歧义错误视为警告，而且在警告中声明这是一个错误：

```
warning: ISO C++ says that these are ambiguous, even though the worst conversion for the
         first is better than the worst conversion for the second:

note: candidate 1: void clearScreen(int, int)
void clearScreen(int pattern, int orientation);
     ^~~~~~~~~~~
note: candidate 2: void clearScreen(Color::Enum, double)
void clearScreen(Color::Enum background, double alpha;
     ^~~~~~~~~~~
```

```
void f1()
{
    clearScreen(1           , 1           );  // calls (2) above
    clearScreen(1           , 1.0         );  // calls (2) above
    clearScreen(1           , Color::e_RED);  // Error, no matching function

    clearScreen(1.0         , 1           );  // calls (2) above
    clearScreen(1.0         , 1.0         );  // calls (2) above
    clearScreen(1.0         , Color::e_RED);  // Error, no matching function

    clearScreen(Color::e_RED, 1           );  // calls (3) above
    clearScreen(Color::e_RED, 1.0         );  // calls (3) above
    clearScreen(Color::e_RED, Color::e_RED);  // Error, no matching function
}
```

回到经典的枚举设计，假设需要添加第三个参数，bool z，到第二个重载：

```
void clearScreen(int pattern, int orientation);                      // (0)
void clearScreen(Color::Enum background, double alpha, bool z);   // (4) classic
```

并非每个调用 Color::Enum 的对象都将被标记为错误：

```
void f2()
{
    clearScreen(Color::e_RED, 1.0);  // calls (0) above
}
```

实际上，上例中的每一个参数组合——共 9 个——都会调用上例中的 function(0)，并经常没有警告信息：

```
void f3()
{
    clearScreen(1           , 1           );  // calls (0) above
    clearScreen(1           , 1.0         );  // calls (0) above
    clearScreen(1           , Color::e_RED);  // calls (0) above

    clearScreen(1.0         , 1           );  // calls (0) above
    clearScreen(1.0         , 1.0         );  // calls (0) above
    clearScreen(1.0         , Color::e_RED);  // calls (0) above

    clearScreen(Color::e_RED, 1           );  // calls (0) above
    clearScreen(Color::e_RED, 1.0         );  // calls (0) above
    clearScreen(Color::e_RED, Color::e_RED);  // calls (0) above
}
```

假设已经使用枚举类来实现 Color 枚举：

```
void clearScreen(int pattern, int orientation);               // (2)
void clearScreen(Color background, double alpha, bool z);   // (5) modern

void f4()
{
    clearScreen(Color::e_RED, 1.0);  // Error, no matching function
}
```

事实上，唯一未修改的调用正是那些不涉及枚举 Color 的调用：

```
void f5()
{
    clearScreen(1           , 1           );  // calls (2) above
    clearScreen(1           , 1.0         );  // calls (2) above
    clearScreen(1           , Color::e_RED);  // Error, no matching function

    clearScreen(1.0         , 1           );  // calls (2) above
    clearScreen(1.0         , 1.0         );  // calls (2) above
    clearScreen(1.0         , Color::e_RED);  // Error, no matching function

    clearScreen(Color::e_RED, 1           );  // Error, no matching function
    clearScreen(Color::e_RED, 1.0         );  // Error, no matching function
    clearScreen(Color::e_RED, Color::e_RED);  // Error, no matching function
}
```

底线：拥有一个强类型的纯枚举——比如在函数签名中广泛使用的Color——有助于暴露意外的误用，参见潜在缺陷——枚举类的强类型可能会适得其反。

注意，强类型枚举在需要转换为算术类型时要求显式强制转换，从而有助于避免意外误用：

```
void f6()
{
    clearScreen(Color::e_RED, 1.0);                    // Error, no match
    clearScreen(static_cast<int>(Color::e_RED), 1.0); // OK, calls (2) above
    clearScreen(Color::e_RED, 1.0, false);            // OK, calls (5) above
}
```

（4）在枚举器本身中封装实现细节

在极少数情况下，提供一个具有唯一的（但不一定是连续的）数值的纯有序枚举，利用低阶位对重要的个体属性进行分类并随时提供它们，会提供性能方面的优势。注意，为了保持枚举器的顺序性，高阶位必须对它们的相对顺序进行编码。然后，低阶位可以在实现中任意使用。

例如，假设我们有一个枚举MonthOfYear，对有31天的月份进行最低有效位编码，它有一个内联函数，可以快速确定给定的枚举器是否代表这样一个月：

```
#include <type_traits>  // std::underlying_type

enum class MonthOfYear : unsigned char  // optimized to flag long months
{
    e_JAN = ( 1 << 4) + 0x1,
    e_FEB = ( 2 << 4) + 0x0,
    e_MAR = ( 3 << 4) + 0x1,
    e_APR = ( 4 << 4) + 0x0,
    e_MAY = ( 5 << 4) + 0x1,
    e_JUN = ( 6 << 4) + 0x0,
    e_JUL = ( 7 << 4) + 0x1,
    e_AUG = ( 8 << 4) + 0x1,
    e_SEP = ( 9 << 4) + 0x0,
    e_OCT = (10 << 4) + 0x1,
    e_NOV = (11 << 4) + 0x0,
    e_DEC = (12 << 4) + 0x1
};

bool hasThirtyOneDays(MonthOfYear month)
{
    return static_cast<std::underlying_type<MonthOfYear>::type>(month) & 0x1;
}
```

上面的示例使用了所有枚举类型的一个新的交叉特性，该特性允许定义该类型的调用对象精确地指定其底层类型。在这种情况下，我们选择了一个无符号字符来最大化标志位的数量，同时将总体大小保持为单个字节，保持有3个位可用。如果需要更多的标志位，也可以使用更大的底层类型，比如无符号短类型，参见3.1.19节。

如果枚举被用于编码，而公共调用对象不打算使用基本值，建议调用对象将其视为实现细节，不过这样的做法可能会导致更改后收不到通知。使用现代枚举类（而不是显式限定作用域的经典枚举）表示这个枚举，会阻止调用对象使用分配给枚举器的基本值（除了相同类型的比较）。请注意，hasThirtyOneDays函数的实现需要一个冗长但有效的static_cast来解析枚举器的基本值，从而尽可能有效地确定请求。

3. 潜在缺陷

（1）枚举类的强类型可能会适得其反

使用限定作用域枚举时的附加值仅取决于其枚举器类型的强度（而不是隐式限定作用域）是否有利于典型的预期使用。如果期望调用对象永远不需要知道枚举器的特定值，那么通常就需要使用现代枚举类。如果在典型使用过程中需要基本值本身，那么提取它们将需要调用对象执行显式强制转换。但是鼓励调用对象执行转换不但不方便，还会导致缺陷。

例如，假设我们有一个 setPort 函数，从一个外部库中接受一个整数端口号：

```
int setPort(int portNumber);
    // Set the current port; return 0 on success and a nonzero value otherwise.
```

使用现代枚举类特性来实现枚举 SysPort，它可以识别系统上已知的端口：

```
enum class SysPort { e_INPUT = 27, e_OUTPUT = 29, e_ERROR = 32, e_CTRL = 6 };
    // enumerated port values used to configure our systems
```

现在假设我们想使用以下枚举值之一调用函数 petPort：

```
void setCurrentPortToCtrl()
{
    setPort(SysPort::e_CTRL);  // Error, cannot convert SysPort to int
}
```

与经典枚举的情况不同，从枚举类到它的底层整数类型不会发生隐式转换，因此任何使用此枚举的用户都将被迫以某种方式显式地将枚举器强制转换为某种算术类型。然而，实施这一转换可以有多种选择：

```
#include <type_traits>  // std::underlying_type

void test()
{
    setPort(int(SysPort::e_CTRL));                                     // (1)
    setPort((int)SysPort::e_CTRL);                                     // (2)
    setPort(static_cast<int>(SysPort::e_CTRL));                        // (3)
    setPort(static_cast<std::underlying_type<SysPort>::type>(          // (4)
                                                    SysPort::e_CTRL));
    setPort(static_cast<int>(                                          // (5)
            static_cast<std::underlying_type<SysPort>::type>(SysPort::e_CTRL)));
}
```

在这种情况下，上述任何一种转换都可以奏效，如一个平台将 setPort 改为 long 型，并将控制端口改为一个不能表示为 int 的值：

```
int setPort(long portNumber);
enum class SysPort : unsigned { e_INPUT = 27, e_OUTPUT = 29, e_ERROR = 32,
                                e_CTRL = 0x80000000 };
    // enumerated port values used to configure our systems
```

只有本示例中的转换方法行（4）将 e_CTRL 的正确值传递给这个新的 setPort 实现。其他的方法变体都将为端口传递一个负数，这肯定不是用户编写这段代码的意图。一个经典的、C 风格的枚举应该可以完全避免任何手动写入的强制转换，即使用于端口的值的范围发生变化，也能将适当的值传递到 setPort，：

```
struct SysPort  // explicit scoping for a classic, C-style enum
{
    enum Enum { e_INPUT = 27, e_OUTPUT = 29, e_ERROR = 32,
                e_CTRL = 0x80000000 };

    // Note that the underlying type of Enum is implicit and will be
    // large enough to represent all of these values.
    static_assert(
        std::is_same<std::underlying_type<Enum>::type,unsigned>::value, "");
};

void setCurrentPortToCtrl()
{
    setPort(SysPort::e_CTRL);  // OK, SysPort::Enum promotes to long.
}
```

当预期的调用对象在常规使用期间依赖于枚举器的基本值时，可以通过使用经典的 C 风格的枚举（可能要嵌套在结构体中）来避免烦琐、容易出错和重复的强制转换，以实现其枚举器的显式作用域。

（2）命名常量的集合误用枚举类

当常量真正独立的时候，应该要完全避免使用枚举，而是选择单个的常量，参见3.1.6节。当常量都参与到一个连贯的主题中时，使用经典枚举来聚合这些值所获得的效果更好。枚举器相对于单个常量的优点是，枚举器一定是一个编译时常量（参见3.1.6节）和一个纯右值（参见3.1.18节）。它从来不需要静态存储，也不能占用它的地址。

例如，假设我们想使用一个枚举来收集代表数千美元、数百万美元和数十亿美元的各种数字后缀的系数：

```
enum class S0 { e_K = 1000, e_M = e_K * e_K, e_G = e_M * e_K };  // (BAD IDEA)
```

试图访问这些枚举值之一的调用对象需要显式地强制转换它：

```
void client0()
{
    int distance = 5 * static_cast<int>(S0::e_K);  // casting is error-prone
    // ...
}
```

如果使用嵌套在结构体中的经典枚举，在典型使用过程中就不需要强制转换：

```
struct S1  // scoped
{
    enum Enum { e_K = 1000, e_M = e_K * e_K, e_G = e_M * e_K };

        // classic enum (GOOD IDEA)
};

void client1()
{
    int distance = 5 * S1::e_K;  // no casting required during typical use
    // ...
}
```

如果目的是指定这些常量并在纯本地上下文中使用，可以选择删除外围作用域，以及枚举本身的名称：

```
void client2()
{
    enum { e_K = 1000, e_M = e_K * e_K, e_G = e_M * e_K };  // function scoped

    double salary = 95 * e_K;
    double netWorth = 0.62 * e_M;
    double companyRevenue = 47.2 * e_G;
    // ...
}
```

有时使用小写前缀k_而不是e_来指示枚举集外的重要编译时常量，不管它们是否作为枚举器实现：

```
enum { k_NUM_PORTS = 500, k_PAGE_SIZE = 512 };      // compile-time constants
static const double k_PRICING_THRESHOLD = 0.03125; // compile-time constant
```

（3）误用与位标志关联的枚举类

为了与算术类型密切交互而使用枚举类来实现枚举器，通常需要算术的定义和在同一个枚举值之间、枚举和算术类型之间的位操作符重载，这需要编写、测试和维护更多的代码。这种情况经常出现在位标志中。例如，考虑一个用于控制文件系统的枚举：

```
enum class Ctrl { e_READ = 0x1, e_WRITE = 0x2, e_EXEC = 0x4 };  // (BAD IDEA)
    // low-level bit flags used to control file system

void chmodFile(int fd, int access);
    // low-level function used to change privileges on a file
```

可以编写一系列函数，以一种类型安全的方式组合各个标志：

```
#include <type_traits>  // std::underlying_type

int flags() { return 0; }
int flags(Ctrl a) { return static_cast<std::underlying_type<Ctrl>::type>(a); }
int flags(Ctrl a, Ctrl b) { return flags(a) | flags(b); }
int flags(Ctrl a, Ctrl b, Ctrl c) { return flags(a, b) | flags(c); }

void setRW(int fd)
{
    chmodFile(fd, flags(Ctrl::e_READ, Ctrl::e_WRITE));  // (BAD IDEA)
}
```

或者，嵌套在结构体中的经典的C风格枚举可以实现所需的内容：

```
struct Ctrl // scoped
{
    enum Enum { e_READ = 0x1, e_WRITE = 0x2, e_EXEC = 0x4 };  // classic enum
        // low-level bit flags used to control file system (GOOD IDEA)
};

void chmodFile(int fd, int access);
    // low-level function used to change privileges on a file

void setRW(int fd)
{
    chmodFile(fd, Ctrl::e_READ | Ctrl::e_WRITE);  // (GOOD IDEA)
}
```

（4）误用与迭代相关联的枚举类

有时，枚举器的相对值也是很重要的。例如，考虑列举一下在北温带按天文季节分组的月份：

```
enum class MonthOfYear  // modern, strongly typed enumeration
{
    e_JAN, e_FEB, e_MAR,  // winter
    e_APR, e_MAY, e_JUN,  // spring
    e_JUL, e_AUG, e_SEP,  // summer
    e_OCT, e_NOV, e_DEC   // autumn
};
```

如果我们所需要做的就是比较枚举器的顺序值，则没有问题：

```
bool isSummer(MonthOfYear month)
{
    return MonthOfYear::e_JUL <= month && month <= MonthOfYear::e_SEP;
}
```

尽管枚举类特性允许在相似枚举器之间进行关系和相等式操作，但不直接支持算术运算，所以当我们需要遍历枚举值时，就会出现问题：

```
void doSomethingWithEachMonth()
{
    for (MonthOfYear i =  MonthOfYear::e_JAN;
                     i <= MonthOfYear::e_DEC;
                   ++i)  // Error, no match for ++
    {
        // ...
    }
}
```

要编译此代码，需要从枚举类型到枚举类型的显式转换：

```
void doSomethingWithEachMonth()
{
    for (MonthOfYear i =  MonthOfYear::e_JAN;
                     i <= MonthOfYear::e_DEC;
                     i = static_cast<MonthOfYear>(static_cast<int>(i) + 1))
    {
        // ...
    }
}
```

或者，可以提供一个附加的辅助函数，允许调用对象调换枚举器：

```
MonthOfYear nextMonth(MonthOfYear value)
{
    return static_cast<MonthOfYear>((static_cast<int>(value) + 1) % 12);
}

void doSomethingWithEachMonth()
{
    for (MonthOfYear i =  MonthOfYear::e_JAN;
                     i <= MonthOfYear::e_DEC;
                     i = nextMonth(i))
    {
        // ...
    }
}
```

但是，如果枚举器 MonthOfYear 的基本值可能与调用对象相关，则明确限定作用域的经典枚举是一种可行的替代方案：

```
struct MonthOfYear  // explicit scoping for enum
{
    enum Enum
    {
        e_JAN, e_FEB, e_MAR,  // winter
        e_APR, e_MAY, e_JUN,  // spring
        e_JUL, e_AUG, e_SEP,  // summer
        e_OCT, e_NOV, e_DEC   // autumn
    };
};

bool isSummer(MonthOfYear::Enum month)  // must now pass nested Enum type
{
    return MonthOfYear::e_JUL <= month && month <= MonthOfYear::e_SEP;
}

void doSomethingWithEachMonth()
{
    for (int i =  MonthOfYear::e_JAN;  // iteration variable is now an int
             i <= MonthOfYear::e_DEC;
           ++i)  // OK, convert to underlying type
    {
        // ... (might require cast back to enumerated type)
    }
}
```

请注意，这些代码假定枚举的值将保持相同的顺序，并且不管实现选择如何，都具有连续的数值。

（5）不透明枚举器的外部使用

由于限定作用域枚举默认情况下具有 int 的底层类型，调用对象总是能够（重新）将其声明为完整类型，而不需要它的枚举器。除非将枚举类定义的不透明形式导出到一个头文件中，将其与实现公开访问完整定义独立开来，否则利用不透明版本的外部调用对象将本地化提供枚举，如果有底层类型的话，会连同底层类型一并提供。如果完整定义的底层类型随后发生变化，那么任何在本地包含原始省略的定义和头文件中新的完整定义的程序都将被默认认为是格式不正确但不需要诊断的（IFNDR），参见 3.1.16 节。

4. 烦恼

限定作用域的枚举并不一定会增加价值

当枚举是本地的时，例如在给定函数的作用域内，强制对枚举器施加额外的作用域是多余的。例如，考虑一个函数在成功时返回整数状态 0，否则返回非零值：

```
int f()
{
    enum { e_ERROR = -1, e_OK = 0 } result = e_OK;
```

```
    // ...
    if (/* error 1 */) { result = e_ERROR; }
    // ...
    if (/* error 2 */) { result = e_ERROR; }
    // ...
    return result;
}
```

在这种情况下使用枚举类可能需要不必要的限定，甚至需要转换：

```
int f()
{
    enum class RC { e_ERROR = -1, e_OK = 0 } result = RC::e_OK;
    // ...
    if (/* error 1 */) { result = RC::e_ERROR; } // undesirable qualification
    // ...
    if (/* error 2 */) { result = RC::e_ERROR; } // undesirable qualification
    // ...
    return static_cast<int>(result);  // undesirable explicit cast
}
```

5. 参见

- 3.1.16 节说明了将单个枚举器与调用对象完全隔离有时是有用的。
- 3.1.19 节显示了在没有隐式转换为整数的情况下，枚举类值如何结合底层类型使用 stitic_cast。

6. 延伸阅读

Sco Meyers 在 meyers15b 第 67～74 页的“第 10 项：首选作用域枚举而非无作用域枚举”中，展示了对强类型列举的有效使用。

3.1.9 外部模板：显式实例化声明

外部模板（Extern Template）前缀可用于抑制隐式生成本地对象代码，用于定义在翻译单元中使用的类、函数或变量模板的特定特化，并在程序的其他地方，以显式实例化模板定义的形式，提供任何被抑制的对象代码级定义。

1. 描述

在当前支持 C++ 模板编程的生态系统中，需要在 .o 文件中生成完全指定的函数和变量模板的冗余定义。对于流行模板的常见实例化，例如 std::vector，增加的目标文件大小（也称为代码膨胀）和可能延长的链接时间可能会变得很重要：

```
#include <vector>     // std::vector is a popular template.
std::vector<int> v;   // std::vector<int> is a common instantiation.

#include <string>     // std::basic_string is a popular template.
std::string s;        // std::string, an alias for std::basic_string<char>, is
                      // a common instantiation.
```

外部模板功能的目的是抑制在每个翻译单元中隐式生成重复的目标代码，其中使用了完全特化的类模板，例如上面代码片段中的 std::vector<int>。外部模板允许开发人员选择单个翻译单元，在该单元中为与该特定模板特化相关的所有定义显式生成目标代码。

（1）显式实例化定义

在 C++11[㊀] 之前可以创建显式实例化定义。必要的语法是将关键字 template 放在完全特化的类模板、函数模板的名称之前，或者在 C++14 中，变量模板（参见第 2.2 节，“变量模板”）：

㊀ 用于创建显式实例化定义的语法的 C++03 标准术语虽然很少使用，但它是显式实例化指令。术语显式实例化指令在 C++11 中得到澄清，现在也可以指用于创建声明的语法——即显式实例化声明。

```
#include <vector>  // std::vector (general template)

template class std::vector<int>;
    // Deposit all definitions for this specialization into the .o for this
    // translation unit.
```

此显式实例化指令强制编译器实例化具有指定的std::vector类模板定义的所有函数，它具有指定的int模板参数，从这些实例化产生的任何附带目标代码都将存放在当前翻译单元的.o文件中。重要的是，即使是从未使用过的函数也会被实例化，所以这个解决方案可能不适合许多类，参见潜在缺陷——不小心让事情变得更糟。

（2）显式实例化声明

C++11引入了显式实例化声明，这是对显式实例化定义的补充。新提供的语法允许我们将extern模板放在类模板、函数模板或变量模板的显式特化声明之前：

```
#include <vector>  // std::vector (general template)

extern template class std::vector<int>;
    // Suppress depositing of any object code for std::vector<int> into the
    // .o file for this translation unit.
```

使用上面的现代外部模板语法指示编译器避免在当前翻译单元中的存放任何命名特化的对象代码，而是依赖其他翻译单元来提供链接时可能需要的任何缺失的对象级定义，参见烦恼——没有放置无关类定义的好地方。

但是请注意，将显式实例化声明为外部模板绝不会影响编译器在翻译单元中为该模板特化实例化和内联可见函数定义体的能力：

```
// client.cpp:
#include <vector>  // std::vector (general template)

extern template class std::vector<int>;

void client(std::vector<int>& inOut)  // fully specialized instance of a vector
{
    if (inOut.size())          // This invocation of size can inline.
    {
        int value = inOut[0];  // This invocation of operator[] can be inlined.
    }
}
```

在上述代码中，vector的两个小成员函数，即size和operator[]，通常会被内联——其方式与省略外部模板声明的方式完全相同。外部模板声明的唯一目的是禁止为当前翻译单元的这个特定模板实例化生成对象代码。

请注意，在翻译单元中将显式实例化声明为外部模板，不会影响编译器针对该模板特例的实例化或内联函数的函数体定义：

```
template <typename T> bool f(T v) {/*...*/}  // general template definition

extern template bool f(char c);  // specialization of f for char
extern template bool f(int v);   // specialization of f for int

bool bc = f((char)    0);  // exact match: Object code is suppressed locally.
bool bs = f((short)   0);  // not exact match: Object code is generated locally.
bool bi = f((int)     0);  // exact match: Object code is suppressed locally.
bool bu = f((unsigned)0);  // not exact match: Object code is generated locally.
```

如上例所示，重载解析和模板参数推导独立于任何显式实例化声明。只有待实例化的模板确定后，外部模板语法才生效，另见潜在缺陷——对应的显式实例化声明和定义。

（3）更完整的说明性示例

考虑过于简单的my::vector类模板以及在头文件my_vector.h中定义的其他相关模板：

```
// my_vector.h:
#ifndef INCLUDED_MY_VECTOR  // internal include guard
#define INCLUDED_MY_VECTOR

#include <cstddef>  // std::size_t
#include <utility>  // std::swap

namespace my  // namespace for all entities defined within this component
{

template <typename T>
class Vector
{
    static std::size_t s_count;      // track number of objects constructed
    T*                 d_data_p;     // pointer to dynamically allocated memory
    std::size_t        d_length;     // current number of elements in the vector
    std::size_t        d_capacity;   // number of elements currently allocated

public:
    // ...

    std::size_t length() const { return d_length; }
        // Return the number of elements.

    // ...
};

// ...          Any partial or full specialization definitions          ...
// ...          of the class template Vector go here.                   ...

template <typename T>
void swap(Vector<T> &lhs, Vector<T> &rhs) { return std::swap(lhs, rhs); }
    // free function that operates on objects of type my::Vector via ADL

// ...           Any [full] specialization definitions                  ...
// ...           of free function swap would go here.                   ...

template <typename T>
const std::size_t vectorSize = sizeof(Vector<T>);  // C++14 variable template
    // This nonmodifiable static variable holds the size of a my::Vector<T>.

// ...           Any [full] specialization definitions                  ...
// ...           of variable vectorSize would go here.                  ...

template <typename T>
std::size_t Vector<T>::s_count = 0;
    // definition of static counter in general template

// ... We might opt to add explicit-instantiation declarations here.
// ...

}  // Close my namespace.

#endif  // Close internal include guard.
```

在上面代码片段的 my_vector 组件中，我们在 my 命名空间中定义了以下内容：

- 根据元素类型参数化的类模板，Vector。
- 一个自由函数模板 swap，对相应的专门的 Vector 类型进行操作。
- 一个 const C++14 变量模板，vectorSize，它表示相应的特化的 Vector 类型的对象在内存空间中的占用字节数。

客户端对这些模板的任何使用都可能并且通常会触发将等效定义作为目标代码存储在客户端翻译单元的结果 .o 文件中这样的操作，不管正在使用的定义是否最终被内联。

为了消除 my_vector 组件中实体特化的目标代码，必须首先决定唯一定义的去向，参见烦恼——没有放置无关类定义的好地方。在这种特定情况下，我们拥有需要特化的组件，而特化是针对普遍存在的内置类型；因此，生成专用定义的自然位置是在与组件头文件对应的 .cpp 文件中：

```
// my_vector.cpp:
#include <my_vector.h>  // We always include the component's own header first.
    // By including this header file, we have introduced the general template
    // definitions for each of the explicit-instantiation declarations below.

namespace my  // namespace for all entities defined within this component
{

template class Vector<int>;
    // Generate object code for all nontemplate member functions and definitions
    // of static data members of template my::Vector having int elements.

template std::size_t Vector<double>::length() const;  // BAD IDEA
    // In addition, we could generate object code for just a particular member
    // function definition of my::Vector (e.g., length) for some other
    // argument type (e.g., double).

template void swap(Vector<int>& lhs, Vector<int>& rhs);
    // Generate object code for the full specialization of the swap free-
    // function template that operates on objects of type my::Vector<int>.

template const std::size_t vectorSize<int>;  // C++14 variable template
    // Generate the object-code-level definition for the specialization of the
    // C++14 variable template instantiated for built-in type int.

template std::size_t Vector<int>::s_count;
    // Generate the object-code-level definition for the specialization of the
    // static member variable of Vector instantiated for built-in type int.

}  // Close my namespace.
```

上述代码中my命名空间中的关键字template引入的每个构造都代表一个单独的显式实例化定义。这些构造指示编译器为my_vector.h中声明的通用模板生成对象级定义，该模板专门针对内置类型int。然而，单个成员函数的显式实例化，例如示例中的length()，很少有用，参见烦恼——显示定义的模板类的所有成员都必须有效。

在组件的my_vector.cpp文件中安装了必要的显式实例化定义后，我们现在必须返回其my_vector.h文件，并且在不更改任何先前存在的代码行的情况下，添加相应的显式实例化声明以抑制冗余的本地代码生成：

```
// my_vector.h:
#ifndef INCLUDED_MY_VECTOR  // internal include guard
#define INCLUDED_MY_VECTOR

namespace my  // namespace for all entities defined within this component
{

// ...
// ...  everything that was in the original my namespace
// ...

                        // ----------------------------------
                        // explicit-instantiation declarations
                        // ----------------------------------

extern template class Vector<int>;
    // Suppress object code for this class template specialized for int.

extern template std::size_t Vector<double>::length() const;  // BAD IDEA
    // Suppress object code for this member, only specialized for double.

extern template void swap(Vector<int>& lhs, Vector<int>& rhs);
    // Suppress object code for this free function specialized for int.

extern template std::size_t vectorSize<int>;  // C++14
    // Suppress object code for this variable template specialized for int.

extern template std::size_t Vector<int>::s_count;
```

```
    // Suppress object code for this static member definition w.r.t. int.

} // Close my namespace.

#endif  // Close internal include guard.
```

在上面的示例中，以外部模板开始的每个构造都是显式实例化声明，它仅用于禁止生成任何目标代码，这些目标代码会发送到使用此类特化的当前翻译单元的 .o 文件中。这些添加的外部模板声明必须出现在 my_header.h 中相应的通用模板声明之后，并且还要出现在任何相关定义被使用之前。

（4）对各种 .o 文件的影响

为了说明显式实例化声明和显式实例化定义对对象和可执行文件内容的影响，我们将使用一个简单的 lib_interval 库组件，该组件由一个头文件 lib_interval.h 和一个实现文件 lib_interval.cpp 组成。后者仅包括其头文件，实际上是空的：

```
// lib_interval.h:
#ifndef INCLUDED_LIB_INTERVAL  // internal include guard
#define INCLUDED_LIB_INTERVAL

namespace lib  // namespace for all entities defined within this component
{

template <typename T>  // elided definition of a class template
class Interval
{
    T d_low;   // interval's low value
    T d_high;  // interval's high value

public:
    explicit Interval(const T& p) : d_low(p), d_high(p) { }
        // Construct an empty interval.

    Interval(const T& low, const T& high) : d_low(low), d_high(high) { }
        // Construct an interval having the specified boundary values.

    const T& low() const { return d_low; }
        // Return this interval's low value.

    const T& high() const { return d_high; }
        // Return this interval's high value.

    int length() const { return d_high - d_low; }
        // Return this interval's length.

    // ...
};

template <typename T>  // elided definition of a function template
bool intersect(const Interval<T>& i1, const Interval<T>& i2)
    // Determine whether the specified intervals intersect.
{
    bool result = false;  // nonintersecting until proven otherwise
    // ...
    return result;
}

} // Close lib namespace.

#endif  // INCLUDED_LIB_INTERVAL


// lib_interval.cpp:
#include <lib_interval.h>
```

上面的这个库组件在命名空间 lib 中定义了类模板 Interval 和函数模板 intersect 的实现方式。

考虑一个使用这个库组件的简单应用程序：

```
// app.cpp:
#include <lib_interval.h>  // Include the library component's header file.

int main(int argv, const char** argc)
{
    lib::Interval<double> a(0, 5);  // instantiate with double type argument
    lib::Interval<double> b(3, 8);  // instantiate with double type argument
    lib::Interval<int>    c(4, 9);  // instantiate with int    type argument

    if (lib::intersect(a, b))  // instantiate deducing double type argument
    {
        return 0;  // Return "success" as (0.0, 5.0) does intersect (3.0, 8.0).
    }

    return 1;  // Return "failure" status as function apparently doesn't work.
}
```

此应用程序的目的仅仅是展示库类模板 lib::Interval 用于类型参数 int 和 double 的几个实例，以及库函数模板 lib::intersect 仅用于 double 的实例。

接下来编译应用程序和库翻译单元 app.cp 和 lib_interval.cpp，并检查它们各自对应的目标文件 app.o 和 lib_interval.o 中的符号：

```
$ gcc -I. -c app.cpp lib_interval.cpp
$ nm -C app.o lib_interval.o

app.o:
0000000000000000 W lib::Interval<double>::Interval(double const&, double const&)
0000000000000000 W lib::Interval<int>::Interval(int const&, int const&)
0000000000000000 W bool lib::intersect<double>(lib::Interval<double> const&,
                                               lib::Interval<double> const&)
0000000000000000 T main

lib_interval.o:
```

查看前面示例中的 app.o，在 app.cpp 文件中定义的主函数中使用的类和函数模板被隐式实例化，并且相关代码被添加到生成的目标文件 app.o 中，每个实例化的函数定义在各自的单独部分中。在 Interval 类模板中，生成的符号对应于构造函数的两个唯一实例化，即分别用于 double 和 int。然而，intersect 函数模板只为 double 类型隐式实例化。注意，所有隐式实例化的函数都具有 W 符号类型，这表明它们是弱符号，允许出现在多个对象文件中。相比之下，此文件还定义了强符号 main，在此用 T 标记。将 app.o 与包含此类符号的任何其他目标文件链接会导致链接器报告多重定义符号错误。lib_interval.o 文件对应于 lib_interval 库组件，其 .cpp 文件仅用于包含其自己的 .h 文件，并且实际上是空的。

现在让我们链接两个目标文件 app.o 和 lib_interval.o，并检查生成的可执行文件 app2[㊀]中的符号：

```
$ gcc -o app app.o lib_interval.o
$ nm -C app
000000000040056e W lib::Interval<double>::Interval(double const&, double const&)
00000000004005a2 W lib::Interval<int>::Interval(int const&, int const&)
00000000004005ce W bool lib::intersect<double>(lib::Interval<double> const&,
                                               lib::Interval<double> const&)
00000000004004b7 T main
```

正如输出所证实的那样，最终的程序只包含每个弱符号的一个副本。在这个示例中，这些弱符号只在一个对象文件中定义，因此不需要链接器从多个定义中进行选择。

更一般地说，如果应用程序包含多个对象文件，则每个文件都可能包含它们自己的一组弱符号，这通常会导致在相同类型参型参数上实例化的隐式实例化类、函数和变量模板的代码部分重复。当

㊀ 我们已经去除了 nm 工具产生的无关信息；请注意，-C 选项会调用符号 demangler，它将编码名称（如 _ZN3lib8IntervalIdEC1ERKdS3_）转换为更易读的名称，如 lib::Interval<double>:Interval(double const&,double const&)。

链接器组合目标文件时，它将在这些各自的和理想情况下相同的弱符号部分中任意选择一个，来将其包含在最终的可执行文件中。

现在程序包含了大量的对象文件，其中许多使用了 lib_interval 组件，主要用于在 double 间隔上操作。

假设，我们决定禁止为仅与 double 类型相关的模板生成目标代码，以便稍后将它们全部放在一个位置，即当前的 lib_interval.o 为空。外部模板语法的设计目的就是为了实现这一目标。

回到 lib_interval.h 文件，我们不需要更改代码，只需要将两个显式实例化声明——一个用于类模板 Interval<double>，一个用于函数模板 intersect<double>(const double&,const double&)——添加在头文件中他们各自对应的通用模板声明和定义之后：

```
// lib_interval.h:  // No change to existing code.
#ifndef INCLUDED_LIB_INTERVAL  // internal include guard
#define INCLUDED_LIB_INTERVAL

namespace lib  // namespace for all entities defined within this component
{

template <typename T>
class Interval
{
    // ...  (same as before)
};

template <typename T>
bool intersect(const Interval<T>& i1, const Interval<T>& i2)
{
    // ...  (same as before)
}

extern template class Interval<double>;  // explicit-instantiation declaration

extern template                          // explicit-instantiation declaration
bool intersect(const Interval<double>&, const Interval<double>&);

}  // close lib namespace

#endif  // INCLUDED_LIB_INTERVAL
```

再次编译这两个 .cpp 文件并检查相应的 .o 文件：

```
$ gcc -I. -c app.cpp lib_interval.cpp
$ nm -C app.o lib_interval.o

app.o:
                 U lib::Interval<double>::Interval(double const&, double const&)
0000000000000000 W lib::Interval<int>::Interval(int const&, int const&)
                 U bool lib::intersect<double>(lib::Interval<double> const&,
                                               lib::Interval<double> const&)
0000000000000000 T main

lib_interval.o:
```

请注意，这一次一些符号，特别是与 double 类型实例化的类和函数模板相关的符号，已从 W（表示弱符号）变为 U（表示未定义符号）。这种符号类型的更改意味着编译器不会为 double 的显式特化生成弱符号，而是不去定义这些符号，就好像在编译 app.cpp 时只有成员和自由函数模板的声明可用，但实例化定义的内联绝不会受到影响。未定义的符号预计可用于其他对象文件的链接器。尝试链接此应用程序预期会失败，因为没有链接的对象文件包含这些实例所需的定义：

```
$ gcc -o app app.o lib_interval.o

app.o: In function 'main':
app.cpp:(.text+0x38): undefined reference to
  `lib::Interval<double>::Interval(double const&, double const&)'
app.cpp:(.text+0x69): undefined reference to
  `lib::Interval<double>::Interval(double const&, double const&)'
```

```
app.cpp:(.text+0xa1): undefined reference to
  `bool lib::intersect<double>(lib::Interval<double> const&,
                               lib::Interval<double> const&)'

collect2: error: ld returned 1 exit status
```

为了提供缺失的定义，我们需要显式地实例化它们。由于类和函数被特化的类型是普遍存在的内置类型 double，隔离这些定义的理想位置是在 lib_interval 库组件本身的对象文件中，参见烦恼——没有放置无关类定义的好地方。要将所需的模板定义强制放入 lib_interval.o 文件，我们需要使用显式实例化定义语法，即 template 前缀：

```
// lib_interval.cpp:
#include <lib_interval.h>

template class lib::Interval<double>;
    // example of an explicit-instantiation definition for a class

template bool lib::intersect(const Interval<double>&, const Interval<double>&);
    // example of an explicit-instantiation definition for a function
```

再次编译，并检查新生成的对象文件：

```
$ gcc -I. -c app.cpp lib_interval.cpp
$ nm -C app.o lib_interval.o

app.o:
                 U lib::Interval<double>::Interval(double const&, double const&)
0000000000000000 W lib::Interval<int>::Interval(int const&, int const&)
                 U bool lib::intersect<double>(lib::Interval<double> const&,
                                               lib::Interval<double> const&)
0000000000000000 T main

lib_interval.o:
0000000000000000 W lib::Interval<double>::Interval(double const&)
0000000000000000 W lib::Interval<double>::Interval(double const&, double const&)
0000000000000000 W lib::Interval<double>::low() const
0000000000000000 W lib::Interval<double>::high() const
0000000000000000 W lib::Interval<double>::length() const
0000000000000000 W bool lib::intersect<double>(lib::Interval<double> const&,
                                               lib::Interval<double> const&)
```

应用程序对象文件 app.o 自然保持不变。相对于强（T）符号来说，作为弱（w）符号，app.o 文件中缺少的函数会在 lib_interval.o 文件中可用。但是请注意，显式实例化会强制编译器为给定特化的类模板的所有成员函数生成代码。这些符号可能都链接到生成的可执行文件中，除非采取明确的预防措施来排除那些不需要的符号[㊀]：

```
$ gcc -o app app.o lib_interval.o -Wl,--gc-sections
$ nm -C app
00000000004005ca W lib::Interval<double>::Interval(double const&, double const&)
000000000040056e W lib::Interval<int>::Interval(int const&, int const&)
000000000040063d W bool lib::intersect<double>(lib::Interval<double> const&,
                                               lib::Interval<double> const&)
00000000004004b7 T main
```

提供外部模板语法功能是为了让软件架构师在大规模的 C++ 软件系统中，为类、函数以及 C++14 中的变量模板的常见实例，减少单个对象文件的代码膨胀。实际的好处是减少库的物理大小，改善链接时间。显式实例化声明不会影响程序的含义，抑制内联模板的隐式实例化，妨碍编译器内联的能力，以及改善编译时间。明确地说，外部模板语法的唯一目的是抑制当前翻译单元的对象代码生成，然后在选择的翻译单元中选择性地覆盖。

㊀ 为了避免包括被用来解决未定义符号的明确生成的定义，我们已经指示链接器从可执行文件中删除所有未使用的代码。-Wl 选项向链接器传递逗号分隔的选项。--gc-sections 选项指示编译器进行编译和组装，并指示链接器省略个别未使用的部分，其中每个部分包含它自己的函数模板的实例。

2. 用例

（1）减少对象文件中的模板代码膨胀

外部模板语法用于编译时优化，而不是运行时优化，即减少由客户端代码中的通用模板实例化导致的单个目标文件中的冗余代码量。举个示例，考虑一个固定大小的数组类模板，FixedArray，它被广泛使用，即许多客户来自单独的翻译单元，在大型游戏项目中用于整数和浮点计算，主要使用类型参数 int 和 double 以及大小为 2 或 3 的数组：

```
// game_fixedarray.h:
#ifndef INCLUDED_GAME_FIXEDARRAY  // internal include guard
#define INCLUDED_GAME_FIXEDARRAY

#include <cstddef>  // std::size_t

namespace game  // namespace for all entities defined within this component
{

template <typename T, std::size_t N>  // widely used class template
class FixedArray
{
    // ... (elided private implementation details)
public:
    FixedArray()                                  { /*...*/ }
    FixedArray(const FixedArray<T, N>& other)     { /*...*/ }
    T& operator[](std::size_t index)              { /*...*/ }
    const T& operator[](std::size_t index) const { /*...*/ }
};

template <typename T, std::size_t N>
T dot(const FixedArray<T, N>& a, const FixedArray<T, N>& b) { /*...*/ }
    // Return the scalar ("dot") product of the specified 'a' and 'b'.

// Explicit-instantiation declarations for full template specializations
// commonly used by the game project are provided below.

extern template class FixedArray<int, 2>;              // class template
extern template int dot(const FixedArray<int, 2>& a,   // function template
                        const FixedArray<int, 2>& b);  // for int and 2

extern template class FixedArray<int, 3>;              // class template
extern template int dot(const FixedArray<int, 3>& a,   // function template
                        const FixedArray<int, 3>& b);  // for int and 3

extern template class FixedArray<double, 2>;           // for double and 2
extern template double dot(const FixedArray<double, 2>& a,
                           const FixedArray<double, 2>& b);

extern template class FixedArray<double, 3>;           // for double and 3
extern template double dot(const FixedArray<double, 3>& a,
                           const FixedArray<double, 3>& b);

}  // Close game namespace.

#endif  // INCLUDED_GAME_FIXEDARRAY
```

游戏项目通常使用的特化内容由游戏库提供。在上面示例中的组件头中，我们使用了外部模板语法来抑制类模板 FixedArray 和元素类型 int 和 double 的函数模板 dot 的实例化生成目标代码，每个数组大小为 2 和 3。为了确保这些专门的定义在每个可能需要它们的程序中可用，我们使用模板语法来强制在与 game_fixedarray 库组件[⊖]对应的一个 .o 文件中生成目标代码：

[⊖] 请注意，我们不嵌套已在游戏命名空间中直接声明的实体的显式特化（或任何其他定义），而是更倾向于明确限定每个实体，以便与我们呈现自由函数定义的方式一致，避免自我声明；参见 lakos20, 2.5 节的 " Component Source-Code Organization"，第 333～342 页，特别是第 340 页的图 2-36b。另见本节的潜在缺陷——相对应的显式实例化声明和定义。

```
// game_fixedarray.cpp:
#include <game_fixedarray.h>  // included as first substantive line of code

// Explicit-instantiation definitions for full template specializations
// commonly used by the game project are provided below.

template class game::FixedArray<int, 2>;              // class template
template int game::dot(const FixedArray<int, 2>& a,   // function template
                       const FixedArray<int, 2>& b);  // for int and 2

template class game::FixedArray<int, 3>;              // class template
template int game::dot(const FixedArray<int, 3>& a,   // function template
                       const FixedArray<int, 3>& b);  // for int and 3

template class game::FixedArray<double, 2>;           // for double and 2
template double game::dot(const FixedArray<double, 2>& a,
                          const FixedArray<double, 2>& b);

template class game::FixedArray<double, 3>;           // for double and 3
template double game::dot(const FixedArray<double, 3>& a,
                          const FixedArray<double, 3>& b);
```

编译 game_fixedarray.cpp 并检查生成的对象文件显示，所有显式实例化类和自由函数的代码被生成并放到对象文件 game_fixedarray.o 中，我们在其中显示了相关符号的子集：

```
$ gcc -I. -c game_fixedarray.cpp
$ nm -C game_fixedarray.o
0000000000000000 W game::FixedArray<double, 2ul>::FixedArray(
  game::FixedArray<double, 2ul> const&)
0000000000000000 W game::FixedArray<double, 2ul>::FixedArray()
0000000000000000 W game::FixedArray<double, 2ul>::operator[](unsigned long)
0000000000000000 W game::FixedArray<double, 3ul>::FixedArray(
  game::FixedArray<double, 3ul> const&)
0000000000000000 W game::FixedArray<int, 3ul>::FixedArray()
                                        :
0000000000000000 W double game::dot<double, 2ul>(
  game::FixedArray<double, 2ul> const&, game::FixedArray<double, 2ul> const&)
0000000000000000 W double game::dot<double, 3ul>(
  game::FixedArray<double, 3ul> const&, game::FixedArray<double, 3ul> const&)
0000000000000000 W int game::dot<int, 2ul>(
  game::FixedArray<int, 2ul> const&, game::FixedArray<int, 2ul> const&)
                                        :
0000000000000000 W game::FixedArray<int, 2ul>::operator[](unsigned long) const
0000000000000000 W game::FixedArray<int, 3ul>::operator[](unsigned long) const
```

这个 FixedArray 类模板用于游戏项目中的多个翻译单元。第一个程序包含一组几何实用程序：

```
// app_geometryutil.cpp:

#include <game_fixedarray.h>  // game::FixedArray
#include <game_unit.h>        // game::Unit

using namespace game;

void translate(Unit* object, const FixedArray<double, 2>& dst)
    // Perform precise movement of the object on 2D plane.
{
    FixedArray<double, 2> objectProjection;
    // ...
}

void translate(Unit* object, const FixedArray<double, 3>& dst)
    // Perform precise movement of the object in 3D space.
{
    FixedArray<double, 3> delta;
    // ...
}

bool isOrthogonal(const FixedArray<int, 2>& a1, const FixedArray<int, 2>& a2)
    // Return true if 2d arrays are orthogonal.
```

```
{
    return dot(a1, a2) == 0;
}

bool isOrthogonal(const FixedArray<int, 3>& a1, const FixedArray<int, 3>& a2)
    // Return true if 3d arrays are orthogonal.
{
    return dot(a1, a2) == 0;
}
```

第二个程序是关于物理计算的：

```
// app_physics.cpp:

#include <game_fixedarray.h>  // game::FixedArray
#include <game_unit.h>        // game::Unit

using namespace game;

void collide(Unit* objectA, Unit* objectB)
    // Calculate the result of object collision in 3D space.
{
    FixedArray<double, 3> centerOfMassA = objectA->centerOfMass();
    FixedArray<double, 3> centerOfMassB = objectB->centerOfMass();
    // ..
}

void accelerate(Unit* object, const FixedArray<double, 3>& force)
    // Calculate the position after applying a specified force for the
    // duration of a game tick.
{
    // ...
}
```

注意，在整个游戏项目中，应用程序组件的对象文件不包含任何我们选择在外部唯一隔离的隐式实例化定义，即在 game_fixedarray.o 文件中，有：

```
$ nm -C app_geometryutil.o
000000000000003e T isOrthogonal(game::FixedArray<int, 2ul> const&,
  game::FixedArray<int, 2ul> const&)
0000000000000068 T isOrthogonal(game::FixedArray<int, 3ul> const&,
  game::FixedArray<int, 3ul> const&)
0000000000000000 T translate(game::Unit*, game::FixedArray<double, 2ul> const&)
000000000000001f T translate(game::Unit*, game::FixedArray<double, 3ul> const&)
                 U game::FixedArray<double, 2ul>::FixedArray()
                 U game::FixedArray<double, 3ul>::FixedArray()
                 U int game::dot<int, 2ul>(game::FixedArray<int, 2ul> const&,
  game::FixedArray<int, 2ul> const&)
                 U int game::dot<int, 3ul>(game::FixedArray<int, 3ul> const&,
  game::FixedArray<int, 3ul> const&)

$ nm -C app_physics.o
0000000000000039 T accelerate(game::Unit*,
  game::FixedArray<double, 3ul> const&)
0000000000000000 T collide(game::Unit*, game::Unit*)
                 U game::FixedArray<double, 3ul>::FixedArray()
0000000000000000 W game::Unit::centerOfMass()
```

涉及显式实例化指令的优化是否会在没有明显影响的前提下减少磁盘上的库大小，或者使情况变得更糟，取决于手头系统的具体情况。众所周知，将这种优化应用于大型组织中经常使用的模板可以减少对象文件大小、存储需求、链接时间和总体构建时间，参见潜在缺陷——不小心让事情变得更糟。

（2）从客户端隔离模板定义

在引入显式实例化声明之前，显式实例化定义使得将模板的定义与客户端代码隔离开来成为可能，提供了客户端可以链接的有限的实例化集。这种隔离使模板的定义能够更改，而无须强制客户端重新编译。此外，可以在不影响现有客户端的情况下添加新的显式实例化。

假设有一个自由函数模板 transform，它只对浮点值进行操作：

```
// transform.h:
#ifndef INCLUDED_TRANSFORM
#define INCLUDED_TRANSFORM

template <typename T>  // declaration only of free-function template
T transform(const T& value);
    // Return the transform of the specified floating-point value.

#endif
```

最初，此函数模板将仅支持两种内置类型 float 和 double，但预计最终将支持额外的内置类型 long double，甚至可能会通过单独的头文件（例如 float128.h）提供补充的用户定义类型（例如 Float128）。通过仅在其组件的标头中放置转换函数模板的声明，客户端将能够仅链接到 transform.cpp 文件中提供的两个受支持的显式特化：

```
// transform.cpp:
#include <transform.h>  // Ensure consistency with client-facing declaration.

template <typename T>   // redeclaration/definition of free-function template
T transform(const T& value)
{
    // insulated implementation of transform function template
}

// explicit-instantiation definitions
template float transform(const float&);    // Instantiate for type float.
template double transform(const double&);  // Instantiate for type double.
```

如果没有上面 transform.cpp 文件中的两个显式实例化声明，其对应的对象文件 transform.o 将为空。

注意，在 C++11 中，可以将对应的显式实例化声明放在头文件中：

```
// transform.h:
#ifndef INCLUDED_TRANSFORM
#define INCLUDED_TRANSFORM

template <typename T>  // declaration only of free-function template
T transform(const T& value);
    // Return the transform of the specified floating-point value.

// explicit-instantiation declarations, available as of C++11
extern template float transform(const float&);    // user documentation only;
extern template double transform(const double&);  // has no effect whatsoever

#endif
```

因为在头文件中看不到转换自由函数模板的定义，所以在客户端使用过程中不会产生隐式实例化；因此，上面针对 float 和 double 的两个显式实例化声明无效。

3. 潜在缺陷

（1）相对应的显式实例化声明和定义

为了减少单个翻译单元的对象代码，同时将所有有效的程序链接到一个格式良好的程序中，必须将下面 4 个部分正确地结合在一起。

①每个目标代码膨胀待优化的通用模板 c<T>，必须在某个指定组件的头文件 c.h 中声明。

②与被优化的显式特化相关的每个 c<T> 的具体定义——包括一般、部分特化和完全特化定义——必须出现在相应显式实例化声明之前的头文件中。

③每个单独级别——即类、函数或变量——的模板的每个特化的显式实例化声明必须出现在相应的通用模板声明、部分特化或完全特化之后的组件的 .h 文件中，总是在所有这些定义之后，而不仅仅是在某个相关定义之后。

④在头文件中具有显式实例化声明的每个模板特化，必须在组件的实现文件 c.cpp 中具有相应的显式实例化定义。

缺少①和②项，客户端将无法安全地分离模板定义的可用性和内联性，而只能在一个翻译单元中合并冗余生成的对象级定义。此外，未能提供相关定义将意味着任何使用这些特化之一的客户端要么无法编译，或者更糟糕的是，在想要更特化的定义时选择通用定义，可能会导致程序格式错误。

如果③项失败，则该模板的特定特化目标代码将照常在客户端的翻译单元中本地生成，这意味着不管在 c.cpp 文件中指定了什么，都不会对本地目标代码大小产生任何好处。

除非我们在 c.cpp 文件中为 c.h 文件中的每个相应的显式实例化声明提供匹配的显式实例化定义，如④项中所示，否则我们的优化尝试很可能会导致库组件可以编译、链接甚至通过了一些单元测试，但是当发布给客户端时却无法链接。此外，c.cpp 文件中没有与 c.h 文件中相应的显式实例化声明相对应的任何显式实例化定义，这将增大 c.o 文件的大小，而不会减少客户端代码中的代码膨胀：

```
// c.h:
#ifndef INCLUDED_C                          // internal include guard
#define INCLUDED_C

template <typename T> void f(T v) {/*...*/}  // general template definition

extern template void f<int>(int v);         // OK, matched in c.cpp
extern template void f<char>(char c);       // Error, unmatched in .cpp file

#endif


// c.cpp:
#include <c.h>                               // incorporate own header first

template void f<int>(int v);                 // OK, matched in c.h
template void f<double>(double v);           // Bug, unmatched in c.h file


// client.cpp:
#include <c.h>

void client()
{
    int    i = 1;
    char   c = 'a';
    double d = 2.0;

    f(i);  // OK, matching explicit-instantiation directives
    f(c);  // Link-Time Error, no matching explicit-instantiation definition
    f(d);  // Bug, size increased due to no matching explicit-instantiation
           // declaration.
}
```

在上面的示例中，f(i) 按预期运行，链接器在 c.o 中找到 f<int> 的定义；f(c) 链接失败，因为不能保证在任何地方都能找到 f<char> 的定义；f(d) 意外地通过在 client.o 中静默生成 f<double> 的冗余本地副本而运行，而在 c.o. 中显式生成另一个相同的定义。这些额外的实例化不会产生多重定义的符号，因为它们仍然驻留在自己的部分中并被标记为弱符号。重要的是，请注意外部模板对重载解析绝对没有影响，因为对 f(c) 的调用没有解析为 f<int>。

（2）不小心让事情变得更糟

当决定在某些指定的目标文件中显式实例化流行模板的公共特化时，必须要考虑并非所有程序都需要每个（甚至任何）这样的实例化。那些具有许多成员函数但通常只使用少数函数的类需要特别注意。

对于这样的类，显式实例化单个成员函数而不是整个类模板可能是有益的。关键在于选择显式实例化哪些成员函数以及应该使用哪些模板参数来实例化它们，如果不仔细衡量对整体目标大小的影响，可能不仅给程序带来负面影响，还会导致不必要的维护负担。我们需要明确告诉链接器剥离未使用的部分，例如强制实例化常见的模板特化，以避免无意中使可执行文件膨胀，这可能会对加载时间产生不利影响。

4. 烦恼

（1）没有放置无关类定义的好地方

当我们考虑物理依赖性的影响时[1]，确定在哪个组件中存放特化定义可能是有问题的。例如，考虑一个实现核心库的代码库，该库提供了一个非模板化的 String 类和一个 Vector 容器类模板。这些根本不相关的实体理想地存在于单独的物理组件中（即 .h/.cpp 对），它们在物理上也都彼此不依赖于对方。也就是说，只使用其中一个组件的应用程序可以完全独立于另一个进行编译、链接、测试和部署。现在，考虑一个大量使用 Vector<String> 的大型代码库：vector<String> 特化的目标代码级定义应该驻留在哪个组件中[2]？有两个替代方案。

- vector。在这种情况下，vector.h 会保存外部模板类 Vector<String>，以显式实例化声明。vector.cpp 会保存模板类 vector<string>，以显式实例化定义。使用这种方法，我们将创建向量分量对字符串的物理依赖。任何想要使用 Vector 的客户端程序也将依赖于字符串，无论是否需要它。
- string。在这种情况下，string.h 和 string.cpp 将被修改为依赖于 vector。想要使用字符串的客户端也将被迫在编译时物理地依赖 vector。

还有一种方法是创建第三个组件，称为 stringvector，它本身依赖于 vector 和 string。通过将相互依赖升级[3]到物理层次结构中的更高级别，我们可以避免强迫任何客户端依赖超出实际需要的内容。这种方法的实际缺点是只有那些主动包含复合 stringvector.h 头文件的客户端才能实现任何好处。幸运的是，在这种情况下，如果它们不这样做，就不会违反单一定义规则（ODR）。

此外，可以将复杂的机制添加到 string.h 和 vector.h 中，以便在包含其他两个头文件时有条件地包含 stringvector.h；然而，这种努力将涉及所有这三个组成部分之间的循环物理依赖，最好避免组件间的循环协作[4]。

（2）显式定义的模板类的所有成员都必须有效

通常，当使用类模板时，只有那些实际使用的成员才能被隐式实例化。这个标志允许类模板为具有某些功能的参数类型提供功能，例如，默认的可构造功能，同时也为缺乏这些相同功能的类型提供部分支持。但是，在提供显式实例化定义时，类模板的所有成员都是实例化的。

考虑一个简单的类模板，它有一个数据成员，可以通过模板的默认构造函数默认初始化，也可以使用构造时提供的成员类型的实例进行初始化：

```
template <typename T>
class W
{
    T d_t;  // a data member of type T

public:
    W() : d_t() {}
        // Create an instance of W with a default-constructed T member.

    W(const T& t) : d_t(t) {}
        // Create an instance of W with a copy of the specified t.

    void doStuff() { /* do stuff */ }
};
```

该类模板可以成功地与不可默认构造的类型一起使用，例如以下代码片段中的 U：

---

[1] 见 lakos96、lakos20。

[2] 请注意，确定在哪个组件中为用户定义类型实例化模板的目标级实现的问题类似于为用户定义类型特化任意用户定义特征的问题。

[3] lakos20，3.5.2 节，“升级”，第 604～614 页

[4] lakos20，3.4 节，“避免循环链接时间依赖性”，第 592～601 页

```
struct U
{
    U(int i) { /* construct from i */ }
    // ...
};

void useWU()
{
    W<U> wu1(U(17));  // OK, using copy constructor for U
    wu1.doStuff();
}
```

就目前而言，即使 W<U>::w() 无法编译，上面的代码也是格式良好的。因此，尽管为 W<U> 提供显式实例化声明是有效的，但 W<U> 的相应显式实例化定义无法编译，就像 W<U>::w() 的隐式实例化一样：

```
extern template class W<U>;  // Valid: Suppress implicit instantiation of W<U>.

template class W<U>;         // Error, U::U() not available for W<U>::W()

void useWU0()
{
    W<U> wu0;       // Error, U::U() not available for W<U>::W()
}
```

遗憾的是，实现类似的减少代码膨胀的唯一解决方法是为 W<U> 的每个有效成员函数提供显式实例化指令，这种方法会带来更大的维护负担：

```
extern template W<U>::W(const U& u);    // suppress individual member
extern template void W<U>::doStuff();  //     "          "          "
// ... Repeat for all other functions in W except W<U>::W().

template W<U>::W(const U& u);           // instantiate individual member
template void W<U>::doStuff();          //     "          "          "
// ... Repeat for all other functions in W except W<U>::W().
```

5. 参见

2.2.3 节涵盖了模板语法的扩展，用于定义可以显式实例化的同名变量或静态数据成员系列。

6. 延伸阅读

- 有关此功能的不同观点，请参见 lakos20 的 1.3.16 节“外部模板”，第 183～185 页。
- 有关编译器和链接器如何与 C++ 相关的更完整讨论，请参见 lakos20 的第 1 章“编译器、链接器和组件”，第 123～268 页。

3.1.10 转发引用：T&&

转发引用（T&&）——区别于右值引用（&&）（参见 3.1.18 节）——是一种独特的、特殊的引用类型，可以普遍绑定到任何值类别的表达式的结果，并且保留该值类别的各个方面，以便在适当的情况下可以从中移动绑定的对象。

1. 描述

有时我们希望将同一个引用绑定到左值或右值，然后能够从引用本身辨别原始表达式的结果是否可以被移出。一个转发引用，例如下面示例中的 forRef，以及下面示例中在函数模板的接口中使用的 myFunc，能够实现这种功能。有条件地移动，或从函数模板的主体中复制一个对象是非常有用的：

```
template <typename T>
void myFunc(T&& forRef)
{
    // It is possible to check if forRef is eligible to be moved from or not
    // from within the body of myFunc.
}
```

在上面示例中myFunc函数模板的定义中，参数forRef在语法上看起来是对T类型的右值的非常量引用；然而，在这个精确的上下文中，相同的T&&语法指定了一个转发引用，其效果是保留绑定到forRef的对象的原始值类别，请参见“识别转发引用”。T&&语法表示转发引用，而不是右值引用，当单个函数模板具有类型参数（例如T）和类型为T&&的非限定函数参数（例如const T&&）时，将是右值引用，而不是转发引用。

例如，考虑一个函数模板f，它通过引用获取单个参数，然后尝试使用它来调用函数g的两个重载之一，具体取决于原始参数是左值还是右值：

```
struct S { /* some type that might benefit from being able to be moved */ };

void g(const S&);   // target function; overload for const S lvalues
void g(S&&);        // target function; overload for S rvalues only

template <typename T>
void f(T&& forRef); // forwards to target overload g based on value category
```

注意，函数可能只在引用类型上被重载（参见3.1.18节）；但是，常量左值引用和右值引用上的重载在实际中最常见。在这种特定的情况下——其中f是函数模板，T是模板类型参数，而参数本身的类型正是T&&——上面代码片段中的forRef函数参数表示转发引用。如果使用左值调用f，则forRef是左值引用；否则，forRef是右值引用。

鉴于forRef的双重性质，确定传递参数的原始值类别的一种相当烦琐的方法是在forRef本身上使用std::is_lvalue_reference类型特征：

```
#include <type_traits>  // std::is_lvalue_reference
#include <utility>  // std::move

template <typename T>
void f(T&& forRef)      // forRef is a forwarding reference.
{
    if (std::is_lvalue_reference<T>::value)  // using a C++11 type trait
    {
        g(forRef);              // propagates forRef as an lvalue
    }                           // invokes g(const S&)
    else
    {
        g(std::move(forRef));  // propagates forRef as an rvalue
    }                           // invokes g(S&&)
}
```

上面的std::is_lvalue_reference<T>::value谓词会询问绑定到forRef的对象是否来自左值表达式，并允许开发人员根据答案进行分支。通常首选在编译时就获得此逻辑的更好解决方案，参见“std::forward实用程序”：

```
#include <utility>  // std::forward

template <typename T>
void f(T&& forRef)
{
    g(std::forward<T>(forRef));
        // same as g(std::move(forRef)) if and only if forRef is an rvalue
        // reference; otherwise, equivalent to g(forRef)
}
```

调用f的客户函数使用上面提供的两种实现方式中的任何一种都会享有同样的行为：

```
void client()
{
    S s;
    f(s);     // Instantiates f<S&> -- forRef is an lvalue reference (S&).
              // The function f<S&> will end up invoking g(S&).

    f(S());  // Instantiates f<S> -- forRef is an rvalue reference (S&&).
             // The function f<S> will end up invoking g(S&&).
}
```

std::forward 与转发引用结合使用在工业级通用库的实现中是很典型的做法；参见用例。

（1）函数模板参数推导简述

调用一个函数模板而不在调用处明确提供模板参数，将迫使编译器尝试（如果可能）从函数参数中推导出这些模板类型参数。

```
template <typename T> void f();
template <typename T> void g(T x);
template <typename T> void h(T y, T z);

void example0()
{
    f();         // Error, couldn't infer template argument T
    f<short>(); // OK, T is specified explicitly.
    g(0);        // OK, T is deduced as int from literal 0; x is an int.
    h(0, 'a');  // Error, deduced conflicting types for T (int vs. char)
    h('A', 'B'); // OK, both arguments have same type.
}
```

推导函数参数上的任何 cv 限定符（const、volatile 或两者皆有）都将在执行类型推导后应用：

```
template <typename T> void cf(const T x);
template <typename T> void vf(volatile T y);
template <typename T> void wf(const volatile T z);

void example1()
{
    cf(0);  // OK, T is deduced as int; x is a const int.
    vf(0);  // OK, T is deduced as int; y is a volatile int.
    wf(0);  // OK, T is deduced as int; z is a const volatile int.
}
```

同样，除 && 以外的反限定符，即 & 或 && 与任何 cv 限定符一起，并不改变推导过程，并且推导后也适用：

```
template <typename T> void rf(T& x);
template <typename T> void crf(const T& x);

void example2(int i)
{
    rf(i);   // OK, T is deduced as int; x is an int&.
    crf(i);  // OK, T is deduced as int; x is a const int&.

    rf(0);   // Error, expects an lvalue for 1st argument
    crf(0);  // OK, T is deduced as int; x is a const int&.
}
```

对于模板参数上的唯一限定符是 && 的转发引用来说，类型推导的工作方式是不同的。为了便于说明，考虑一个函数模板声明 f，接受一个转发引用 forRef。

```
template <typename T> void f(T&& forRef);
```

可以在前面的示例中看出，当 f 被一个 S 类型的左值调用时，T 被推导出为 S& 并且 forRef 成为左值引用。当 f 被一个 S 类型的右值调用时（参见第 3.1.18 节），则 T 被推导为 S 并且 forRef 成为右值引用。导致这种二元性的基本过程依赖于引用折叠（参见下一节），以及针对这种特殊情况引入的特殊类型推导规则。当从表达式 E 推导出转发引用的类型 T 时，如果 E 是左值，则 T 本身将被推导为左值引用，否则将应用正常的类型推导规则，并且 T 将被推导为非引用类型：

```
void g()
{
    int i;
    f(i);  // i is an lvalue expression.
           // T is therefore deduced as int& --- special rule!
           // T&& becomes int& &&, which collapses to int&.

    f(0);  // 0 is an rvalue expression.
```

```
        // T is therefore deduced as int.
        // T&& becomes int&&, which is an rvalue reference.
}
```

有关一般类型推导的更多信息，可参见 3.1.3 节。

（2）引用折叠

从上一节可以看到，当使用相应的左值参数（例如命名变量）调用具有转发引用参数 forRef 的函数时，会发生一个有趣的现象：在类型推导之后，我们暂时得到一个似乎在语法上是对左值引用的右值引用。由于 C++ 中不允许对引用再进行引用，因此编译器使用引用折叠将转发引用参数 forRef 解析为单个引用，从而提供了一种从 T 本身将参数的原始值类别推断传递给 f 的方法。

引用折叠的过程是由编译器在任何会形成对引用再进行引用的情况下进行的。表 3.4 说明了将不稳定引用折叠成稳定引用的简单规则。特别注意，左值引用总是高于右值引用。两个引用合并为右值引用的唯一情况是它们都是右值引用。

表 3.4 将不稳定的引用折叠成稳定引用的简单规则

第一个引用类型	第二个引用类型	引用折叠的结果
&	&	&
&	&&	&
&&	&	&
&&	&&	&&

在 C++ 中显式地编写对引用再进行引用的代码是不可能的：

```
int    i   = 0;   // OK
int&   ir  = i;   // OK
int& & irr = ir;  // Error, irr declared as a reference to a reference
```

但是，使用类型别名和模板参数很容易做到这一点，这就是引用折叠发挥作用的地方：

```
#include <type_traits>  // std::is_same
using T1 = int&;  // OK
using T2 = T1&;   // OK, int& & becomes int&.
static_assert(std::is_same<T2,int&>::value,"");
```

此外，对引用再进行引用可能发生在涉及元函数的计算过程中，或者作为语言规则的一部分，例如类型推导：

```
template <typename T>
struct AddLvalueRef { typedef T& type; };
    // metafunction that transforms to an lvalue reference to T

template <typename T>
void f(T input)
{
    typename AddLvalueRef<T>::type ir1 = input;    // OK, adds & to make T&
    typename AddLvalueRef<T&>::type ir2 = input;   // OK, collapses to T&
    typename AddLvalueRef<T&&>::type ir3 = input;  // OK, collapses to T&
}
```

注意，我们在前面的示例中使用 typename 关键字，它在模板实例化过程中表示从属名称是一个类型而不是一个值的通用方式[㊀]。

（3）识别转发引用

转发引用 (&&) 的语法与右值引用的语法相同，区分两者的唯一方法是观察周围的上下文。当用

㊀ 在 C++20 中，在依赖限定名必须是类型的某些上下文中，不再需要 typename 消歧。例如，用作函数返回类型的依赖名称 template <typename T> T::R f() 不需要 typename。

于类型推导的方式时，T&& 语法不指定右值引用；相反，它表示转发引用。为了使类型推导生效，函数模板必须有一个类型参数（例如 T）和一个与该参数完全匹配的类型的函数参数，后跟 &&（例如 T&&）：

```
struct S0
{
    template <typename T>
    void f(T&& forRef);
        // Fully eligible for template-argument type deduction: forRef
        // is a forwarding reference.
};
```

请注意，如果函数参数是合适的，则语法将恢复为右值引用的通常含义：

```
struct S1
{
    template <typename T>
    void f(const T&& crRef);
        // Eligible for type deduction but is not a forwarding reference: due
        // to the const qualifier, crRef is an rvalue reference.
};
```

如果类模板的成员函数本身不是模板，则不会推导出其模板类型参数：

```
template <typename T>
struct S2
{
    void f(T&& rRef);
        // Not eligible for type deduction because T is fixed and known as part
        // of the instantiation of S2: rRef is an rvalue reference.
};
```

更一般地，请注意 && 语法永远不能表示对本身不是模板的函数的转发引用；请参阅烦恼——转发引用看起来就像右值引用。

（4）auto&&——非参数上下文中的转发引用

在模板函数参数之外，转发引用也可以使用 auto 关键字出现在变量定义的上下文中（参见 3.1.3 节），因为它们也受到类型推导的影响：

```
void f()
{
    auto&& i = 0;  // i is a forwarding reference because the type of i must
                   // be deduced from the initialization expression 0.
}
```

就像函数参数一样，auto&& 根据初始化表达式的值类别解析为左值引用或右值引用：

```
void g()
{
    int i = 0;
    auto&& lv = i;  // lv is an int&.

    auto&& rv = 0;  // rv is an int&&.
}
```

与 const auto& 类似，auto&& 语法可以绑定任何对象。然而，在 auto&& 的情况下，引用只有在使用 const 对象进行初始化时，才会是 const：

```
void h()
{
    int       i = 0;
    const int ci = 0;

    auto&& lv  = i;   // lv is an int&.
    auto&& clv = ci;  // clv is a const int&.
}
```

与函数参数一样，用于初始化转发引用变量的表达式的原始值类别可以在后续函数调用期间传

播，例如使用 std::forward（参见本节 “std:::forward 实用程序”）:

```
#include <utility> // std::forward
template <typename T>
T get();          // Produce an lvalue or rvalue depending on T.
template <typename T>
void use(T&& t); // Here use also takes a forwarding reference parameter
                 // to do with as it pleases.

template <typename T>
void l()
{
    auto&& fr = get<T>();
        // get<T>() might be either an lvalue or rvalue depending on T.

    use(std::forward<decltype(fr)>(fr));  // decltype is a C++11 feature.
        // Propagate the original value category of get<T>() into use.
}
```

注意，因为 std::forward 要求将被转发对象的类型作为用户提供的模板参数，并且无法命名 fr 的类型，所以在上面的示例中使用了 decltype（参见 2.1.3 节）来获取 fr 的类型。

（5）转发引用不转发

有时，故意不转发（见 “ std::forward 实用程序”）auto&& 变量或转发引用函数参数是有用的。在这种情况下，转发引用的使用完全是为了它们的常量保护和通用绑定语义。作为一个示例，考虑在一个未知值类别的范围内获得迭代器的任务。

```
#include <iterator>  // std::begin, std::end

template <typename T>
void m()
{
    auto&& r = getRange<T>();
        // getRange<T>() might be either an lvalue or rvalue depending on T.

    auto b = std::begin(r);
    auto e = std::end(r);

    traverseRange(b, e);
}
```

在上面示例中的 b 和 e 的初始化中使用 std:forward 可能会导致 r 移动两次，这是不安全的，参见 3.1.18 节：

```
auto b = std::begin(std::forward<decltype(r)>(r));
auto e = std::end  (std::forward<decltype(r)>(r));  // BAD IDEA:
                                                    // r might be moved from.
```

仅在 e 的初始化中转发 r 会避免移动对象两次而导致的问题，但可能会导致与 b 的行为不一致：

```
auto b = std::begin(r);
auto e = std::end(std::forward<decltype(r)>(r));  // BAD IDEA: e might have
                                                   // a different type than b.
```

（6）std::forward 实用程序

转发引用基础设施的最后一部分是 std::forward 实用函数。 由于命名转发引用 x 的表达式因其名称或地址的可访问性而始终是左值，并且由于我们的目的是移动 x 以防它最初是右值，因此需要一个有条件的移动操作，即只在这种情况下移动 x，否则让 x 作为左值传递。

标准库在 <utility> 的头文件中提供了 std::forward 函数的两个重载：

```
namespace std {
template <class T> T&& forward(typename remove_reference<T>::type&  t) noexcept;
template <class T> T&& forward(typename remove_reference<T>::type&& t) noexcept;
}
```

请注意，为避免歧义，如果 T 是左值引用类型，则将第二个重载从重载集中移除。

对于与转发引用相关联的类型 T，如果给定的是左值引用，就推导为引用类型，否则推导为非引用类型。所以对于 T&& 类型的转发引用 forRef，有下面两种情况。

①在初始化 forRef 时使用了 U 类型的左值，T 为 U& ；那么，forward 的第一个重载会被选中，形式为 U& forward(U& u) noexcept，且只返回原始左值引用。注意返回类型中引用折叠的影响，即 (U&)&& 变成了简单的 U&。

②在初始化 forRef 时使用了 U 类型的右值，T 为 U，那么，forward 的第二个重载会被选中，其形式为 U&& forward(U&& u) noexcept，本质上等同于 std::move。

注意，在名为 x 的转发引用 T&& 的函数模板中，std::forward<T>(x) 被替换为 static_cast<T&&>(x)，以达到相同的效果。根据引用折叠规则，只要 x 的原始值类别是左值，T&& 就被解析为 T& 从而实现本节“描述”中阐明的条件移动行为。

2. 用例

（1）完美地将一个表达式转发给下游使用者

转发引用和 std::forward 的常见用途是将值类别依赖于调用的对象传播到一个或多个服务提供者，这些服务提供者将根据原始参数的值类别而采取不同的行为。

例如，考虑函数 sink 的重载集，它接受一个 std::string，要么通过 const 左值引用，要么通过右值引用：

```
void sink(const std::string& s) { target = s; }
void sink(std::string&& s)      { target = std::move(s); }
```

现在，假设我们要创建一个中间函数模板 pipe，它可以接受任何值类别的 std::string 并将其参数指派给相应的 sink 重载。通过接受转发引用作为函数参数并调用 std::forward 作为 pipe 主体的一部分，就可以在没有任何代码重复的情况下实现最初的目标：

```
template <typename T>
void pipe(T&& x)
{
    sink(std::forward<T>(x));
}
```

使用左值调用 pipe 将导致 x 成为左值引用，因此 sink(const std:string&) 被调用。否则，x 将是一个右值引用，并且 sink(std::string&&) 将被调用。这种在不重复代码的情况下启用移动操作的想法，就像管道一样，通常被称为完美转发。参见“通用工厂函数的完美转发”。

（2）简捷地处理多个参数

假设我们有一个值语义类型（VST），它包含一组属性，其中某些（不一定是适当的）子集需要一起更改以保持某些类不变[1]：

```
#include <type_traits>  // std::decay, std::enable_if, std::is_same
#include <utility>      // std::forward

struct Person { /* UDT that benefits from move semantics */ };

class StudyGroup
{
    Person d_a;
    Person d_b;
    Person d_c;
    Person d_d;
    // ...
```

[1] 这种值语义类型可以更具体地归为复杂约束属性，在 lakos2a 第 4.2 节中对此主题进行了讨论。

```
public:
    static bool isValid(const Person& a, const Person& b,
                        const Person& c, const Person& d);
        // Return true if these specific people form a valid study group under
        // the guidelines of the study-group commission, and false otherwise.
    // ...

    template <typename PA, typename PB, typename PC, typename PD,
        typename = typename std::enable_if<
            std::is_same<typename std::decay<PA>::type, Person>::value &&
            std::is_same<typename std::decay<PB>::type, Person>::value &&
            std::is_same<typename std::decay<PC>::type, Person>::value &&
            std::is_same<typename std::decay<PD>::type, Person>::value>::type>
    int setPersonsIfValid(PA&& a, PB&& b, PC&& c, PD&& d)
    {
        enum { e_SUCCESS = 0, e_FAIL };

        if (!isValid(a, b, c, d))
        {
            return e_FAIL;  // no change
        }

        // Move or copy each person into this object's Person data members.

        d_a = std::forward<PA>(a);
        d_b = std::forward<PB>(b);
        d_c = std::forward<PC>(c);
        d_d = std::forward<PD>(d);

        return e_SUCCESS;  // Study group was updated successfully.
    }
};
```

在连续的函数参数中使用的模板参数是由函数参数的类型推导出来的，所以 setPersonsIfvalid 函数模板可以被实例化，以用于 Person 对象上的限定词变化的完整笛卡儿乘积。任何 Person 的左值和右值组合都可以用于传递，且会实例化一个模板来复制左值并从右值移动。为了确保 Person 对象是在外部创建的，使用 std::enable_if 限制该函数，只对衰减到 Person 的类型进行实例化，即 cv 限定或 ref 限定 Person 的类型。因为每个参数都是一个转发引用，它们都可以隐含地转换为 const Person& 来传递给 isvalid，不产生额外的暂存器。std::forward 会根据实际情况对数据成员进行移动或复制。

（3）通用工厂函数的完美转发

从表面上看，原型标准库通用工厂函数 std::make_sharede<T>。要求相当简单：为 T 分配一个位置，然后使用传递给 make_shared 的相同参数构造它。然而，当 T 可以有多种初始化方式时，将参数正确地传递给构造函数会变得相当复杂，以致无法有效地实现。

为了简单起见，我们将展示如何定义一个双参数的 my::make_shared。要完整地实现这个目的可使用变量模板参数，参见 3.1.21 节。简化的 make_shared 使用 new 在堆上创建对象，并构造一个 std::shared_ptr 来管理该对象的生命周期。

现在考虑如何构造这种形式的 make_shared 的声明：

```
namespace my {
template <typename OBJECT_TYPE, typename ARG1, typename ARG2>
std::shared_ptr<OBJECT_TYPE> make_shared(ARG1&& arg1, ARG2&& arg2);
}
```

注意，有两个转发引用参数 arg1 和 arg2，它们的推导类型分别为 ARG1 和 ARG2。函数体需要在堆上仔细构造 OBJECT_TYPE 对象，然后创建输出 shared_ptr：

```
template <typename OBJECT_TYPE, typename ARG1, typename ARG2>
std::shared_ptr<OBJECT_TYPE> my::make_shared(ARG1&& arg1, ARG2&& arg2)
{
    OBJECT_TYPE* object_p = new OBJECT_TYPE(std::forward<ARG1>(arg1),
                                            std::forward<ARG2>(arg2));
    try
```

```
    {
        return std::shared_ptr<OBJECT_TYPE>(object_p);
    }
    catch (...)
    {
        delete object_p;
        throw;
    }
}
```

如果返回值的构造函数抛出，这个简化的实现需要清理已分配的对象。通常情况下，使用 RAII 处理器来管理这个所有权将是解决这个问题的更稳健的方案。

重要的是，使用 std::forward 构造对象意味着传递给 make_shared 的参数将用于查找与 OBJECT_TYPE 匹配的双参数构造函数。当这些参数是右值时，查找到的匹配构造函数将再次搜索带有右值的构造函数，然后移出参数。更重要的是，因为这个函数想要准确地转发输入参数的常量和引用类型，如果不使用完美转发——const（或者不是）、volatile（或者不是）和 & 或 &&（或两者都不是）的完整笛卡儿积，则必须编写 12 个不同的重载（每个参数 1 个）。仅完整实现这两个参数变体将需要 144 个不同的重载，所有重载几乎相同且大多数从未使用过。使用转发引用后，每个参数只需要 1 个重载。

（4）在通用工厂函数中包装初始化

有时需要调用包含该对象的实际构造的中间函数来初始化一个对象。假设有一个跟踪系统，用于监控某些初始化程序被调用了多少次：

```
struct TrackingSystem
{
    template <typename T>
    static void trackInitialization(int numArgs);
        // Track the creation of a T with a constructor taking numArgs
        // arguments.
};
```

现在编写一个通用的实用函数，用于构造一个任意的对象，在这里，我们将使用转发引用的可变参数包（参见 3.1.21 节“可变模板”）来处理构造函数的调用：

```
template <typename OBJECT_TYPE, typename... ARGS>
OBJECT_TYPE trackConstruction(ARGS&&... args)
{
    TrackingSystem::trackInitialization<OBJECT_TYPE>(sizeof...(args));
    return OBJECT_TYPE(std::forward<ARGS>(args)...);
}
```

这种使用转发引用的可变参数包可以轻松地添加跟踪功能，通过在构造函数参数周围插入对该函数的调用，可将任何初始化转换为跟踪初始化：

```
void myFunction()
{
    BigObject untracked("Hello", "World");
    BigObject tracked = trackConstruction<BigObject>("Hello","World");
}
```

从表面上看，不跟踪对象和跟踪对象的构造方式存在差异。第一个变量直接调用它的构造函数，而第二个变量是由 trackConstruction 按值返回的对象构造的。然而，为了避免产生任何额外的对象，这种构造早已被优化，以便只构造一次讨论的对象。在这种情况下，由于返回的对象是由 trackconstruction 的 return 语句初始化的，所以这种优化称为返回值优化（RVO）。C++ 一直通过启用复制省略来允许这种优化。通过公开声明但不定义 BigObject[㊀]的复制构造函数，可确保这种省略实际发生（在作者知道的所有当前编译器上）。这段代码仍将编译并链接这样的对象，证明这种模式实

㊀ 在 C++17 中，可以保证这个复制省略，并且允许对没有复制或移动构造函数的对象执行。

际上从未调用过复制构造函数。

（5）进驻

在C++11之前，将对象插入标准库容器总是需要程序员首先创建这样的对象，然后将其复制到容器的存储空间中。例如，在 std::vector<std::string> 中插入一个临时 std::string 对象：

```
void f(std::vector<std::string>& v)
{
    v.push_back(std::string("hello world"));
        // invokes std::string::string(const char*) and the copy constructor
}
```

在上面的函数中，在 f 的堆栈帧上创建一个临时 std::string 字符串对象，然后将这个对象复制到由 v 管理的动态分配缓冲区。此外，缓冲区可能没有足够的容量，因此可能需要重新分配缓冲区，这反过来又要求 v 的每个元素从旧缓冲区复制到新的（更大的）缓冲区。

在C++11中，由于右值引用，这一情况得到了明显改善。假设元素的移动构造函数有 noexcept 说明符（参见4.1.5节），临时元素将被移动到 v 中，随后的缓冲区重新分配都将在缓冲区之间移动元素，而不是复制它们。如果我们不先在外部创建对象，而是直接在 v 的缓冲区中构造新的 std::string 对象，工作量可以进一步减少。

这就是进驻发挥作用的地方。所有标准库容器（包括 std::vector）现在都提供了由可变参数模板（参见3.1.21节）和完美转发（参见"通用工厂函数的完美转发"）支持的进驻 API。进驻操作不接受完全构造好的元素，而是接受任意数量的参数，这些参数将用于直接在容器的存储空间中构造新元素，从而避免不必要的复制甚至移动：

```
void g(std::vector<std::string>& v)
{
    v.emplace_back("hello world");
        // invokes only the std::string::string(const char*) constructor
}
```

使用 const char* 参数调用 std::vector<std::string>::emplace_back 会导致在向量存储空间的下一个空位置就地创建一个新的 std::string 对象。在内部，std::allocator_traits::construct 被调用，它通常采用 new 方式在原始动态分配内存中构建对象。如前所述，emplace_back 使用方可变参数模板和转发引用（同时接受任意数量的转发引用），并通过在内部使用 std::forward 将它们完美地转发给 T 的构造函数：

```
template <typename T>
template <typename... Args>
void std::vector<T>::emplace_back(Args&&... args)
{
    // ...
    (void) new (d_data_p[d_size]) T(std::forward<Args>(args)...);  // pseudocode
    // ...
}
```

进驻操作在将元素插入容器时无须复制或移动操作，这可提高程序的性能，有时甚至可在容器中存储不可复制或不可移动的对象。

将不可复制的复制构造函数或不可移动的移动构造函数声明为私有类型，而不对其进行定义，通常是保证C++14编译器在就地构造对象的一种方法。但为其他操作移动元素的容器（如 std::vector 或 std::deque），仍需要可移动的元素，而在初始构造后从不移动元素的基于节点的容器（如 std::list 或 std::map），可以将 emplace 与不可复制或不可移动的对象一起使用。

（6）分解复杂的表达式

许多现代的C++库都采用了更函数化的编程风格，即将一个函数的输出链接到另一个函数的参数，生成以相对简洁的方式完成大量工作的复杂表达式。请看这样一个函数：它读取一个文件，对文件中每个单词进行拼写检查，然后给出错误单词列表和相应的正确拼写建议，这个函数使用范围

(Range）库[1]类似的实现，该库具有类似于标准 UNIX 进程实用程序的通用工具：

```
SpellingSuggestion checkSpelling(const std::string& word);

std::map<std::string, SpellingSuggestion> checkFileSpelling(
                                            const std::string& filename)
{
    return makeMap(
        filter(transform(
           uniq(sort(filterRegex(splitRegex(openFile(filename),"\\s+"),"\\w+"))),
        [](const std::string& x)
        {
            return std::tuple<std::string, SpellingSuggestion>(x,
                                                   checkSpelling(x));
        }
      ), [](auto&& x) { return !std::get<1>(x).isCorrect(); }));
}
```

这个范围库中的每个函数（makeMap、transform、uniq、sort、filterRegex、splitRegex 和 openFile）都是一组复杂的模板化重载和深奥的元编程，这对于非专业 C++ 程序员来说很难理解。

为了更好地理解、记录和调试复杂表达式，可将复杂表达式分解为多个表达式，以捕获所有这些函数返回的隐含临时变量，并在理想情况下不改变正在执行的操作的实际语义。要做到这一点，需要适当地捕获每个子表达式的类型和值的类别，而不是从表达式中手动解码。执行下面代码可以有效地使用 auto&& 转发引用来分解和记录复杂表达式，同时获得相同的结果：

```
std::map<std::string, SpellingSuggestion> checkFileSpelling(
                                            const std::string& filename)
{
    // Create a range over the contents of filename.
    auto&& openedFile = openFile(filename);

    // Split the file by whitespace.
    auto&& potentialWords = splitRegex(
        std::forward<decltype(openedFile)>(openedFile), "\\s+");

    // Filter out only words made from word-characters.
    auto&& words = filterRegex(
        std::forward<decltype(potentialWords)>(potentialWords), "\\w+");

    // Sort all words.
    auto&& sortedWords = sort(std::forward<decltype(words)>(words));

    // Skip adjacent duplicate words so as to create a sequence of unique words.
    auto&& uniqueWords = uniq(std::forward<decltype(sortedWords)>(sortedWords));
```

---

[1] 提供各种范围工具和适配器的 C++20 范围库允许使用 pipe 操作符而不是嵌套的函数调用进行组合，使代码更易于阅读：

```
#include <algorithm>  // std::ranges::equal
#include <cassert>    // standard C assert macro
#include <ranges>     // std::ranges::views::transform, std::ranges::views::filter

void f()
{
    int data[] = {1, 2, 3, 4, 5};
    int expected[] = {1, 9, 25};

    auto isOdd  = [](int i) { return i % 2 == 1; };
    auto square = [](int i) { return i * i; };

    using namespace std::ranges;

    // function-call composition
    assert(equal(views::transform(views::filter(data, isOdd), square), expected));

    // pipe operator composition
    assert(equal(data | views::filter(isOdd) | views::transform(square), expected));
}
```

```
    // Get a SpellingSuggestion for every word.
    auto&& suggestions = transform(
        std::forward<decltype(uniqueWords)>(uniqueWords),
        [](const std::string&x) {
            return std::tuple<std::string,SpellingSuggestion>(
                x,checkSpelling(x));
        });

    // Filter out correctly spelled words, keeping only elements where the
    // second element of the tuple, which is a SpellingSuggestion, is not
    // correct.
    auto&& corrections = filter(
        std::forward<decltype(suggestions)>(suggestions),
        [](auto&& suggestion){ return !std::get<1>(suggestion).isCorrect(); });

    // Return a map made from these two-element tuples:
    return makeMap(std::forward<decltype(corrections)>(corrections));
}
```

记录这个复杂表达式的每一步，每个临时对象都有一个名称，但每个对象的生命周期的最终结果在功能上是相同的。没有引入新的转换，在原始表达式中用作右值的每个对象仍将在更长、更具描述性的相同功能实现中用作右值。

3. 潜在缺陷

（1）带有字符串字面值的模板实例数量惊人

当使用转发引用来避免同一函数的两个重载（一个接受 const T&，另一个接受 T&&）之间的代码重复时，可以看到当使用字符串调用该特定模板函数时，它有两个以上的模板实例。

例如，下面是一个包含 addWord 成员函数两个重载的 Dictionary 类：

```
class Dictionary
{
    // ...

public:
    void addWord(const std::string& word);  // (0) copy word in the dictionary
    void addWord(std::string&& word);       // (1) move word in the dictionary
};

void f()
{
    Dictionary d;

    std::string s = "car";
    d.addWord(s);                      // invokes (0)

    const std::string cs = "toy";
    d.addWord(cs);                     // invokes (0)

    d.addWord("house");                // invokes (1)
    d.addWord("garage");               // invokes (1)
    d.addWord(std::string{"ball"});    // invokes (1)
}
```

现在，用一个完美的转发模板成员函数替换 addWord 的两个重载，目的是避免两个重载之间的代码重复：

```
class Dictionary
{
    // ...

public:
    template <typename T>
    void addWord(T&& word);
};
```

模板实例的数量猛增：

```
void f()
{
    Dictionary d;

    std::string s = "car";
    d.addWord(s);   // instantiates addWord<std::string&>

    const std::string cs = "toy";
    d.addWord(cs);  // instantiates addWord<const std::string&>

    d.addWord("house");                // instantiates addWord<char const(&)[6]>
    d.addWord("garage");               // instantiates addWord<char const(&)[7]>
    d.addWord(std::string{"ball"});    // instantiates addWord<std::string&&>
}
```

根据提供给 addWord 的参数类型的多样性，拥有许多调用位置点可能会导致大量不同的模板实例，这会显著增加目标代码大小、编译时间，甚至两者兼而有之。

（2）std::forward<T> 可以启用移动操作

如果 T 是一个左值引用，调用 std::forward<T>(x) 等同于有条件地调用 std::move。因此，对 x 的任何后续使用都会受到相同的警告，这些警告适用于将左值强制转换为未命名的右值引用，参见 3.1.18 节：

```
template <typename T>
void f(T&& x)
{
    g(std::forward<T>(x));  // OK
    g(x);                   // Oops! x could have already been moved from.
}
```

一旦使用 std::forward 将对象作为参数传递，通常不应再次访问它，因为它现在可能处于移出状态。

（3）完美转发构造函数可以劫持复制构造函数

与 S 的复制构造函数相比，接受转发引用的类 S 的单参数构造函数在重载解析期间可能是一个更好的匹配：

```
struct S
{
    S();                                // default constructor
    template <typename T> S(T&&);       // forwarding constructor
    S(const S&);                        // copy constructor
};

void f()
{
    S a;
    const S b;

    S x(a);  // invokes forwarding constructor
    S y(b);  // invokes copy constructor
}
```

尽管程序员打算将 a 复制到 x 中，但还是调用了 s 的转发构造函数，因为 a 是一个非常量左值表达式，并且使用 T = S& 实例化转发构造函数会带来比复制构造函数更好的匹配。

这种潜在隐患在实践中可能会出现，例如，在编写值语义包装模板时，例如包装器，可以通过完美转发要包装的对象来初始化：

```
#include <string>   // std::string
#include <utility>  // std::forward
template <typename T>
class Wrapper  // wrapper for an object of arbitrary type 'T'
```

```
{
private:
    T d_datum;

public:
    template <typename U>
    Wrapper(U&& datum) : d_datum(std::forward<U>(datum)) { }
        // perfect-forwarding constructor to optimize runtime performance

    // ...
};

void f()
{
    std::string s("hello world");
    Wrapper<std::string> w0(s);  // OK, s is copied into d_datum.

    Wrapper<std::string> w1(std::string("hello world"));
        // OK, the temporary string is moved into d_datum.
}
```

与上例中涉及类S的示例类似，尝试复制构造包装器的非常量实例，例如上例中的wr，会导致错误：

```
void g(Wrapper<int>& wr)  // The same would happen if wr were passed by value.
{

    Wrapper<int> w2(10);  // OK, invokes perfect-forwarding constructor
    Wrapper<int> w3(wr);  // Error, no conversion from Wrapper<int> to int
}
```

上面的编译失败是因为完美转发构造函数模板用wrapper<int>&实例化，比隐式生成的复制构造函数更匹配，后者接受const wrapper<int>&，通过SFINAE约束完美的转发构造函数，例如，使用std::enable_if，以明确不接受类型为Wrapper的对象可解决此问题：

```
#include <type_traits> // std::enable_if,  std::is_same
#include <utility>     // std::forward
template <typename T>
class Wrapper
{
private:
    T d_datum;

public:
    template <typename U,
        typename = typename std::enable_if<
            !std::is_same<typename std::decay<U>::type, Wrapper>::value
        >::type
    >
    Wrapper(U&& datum) : d_datum(std::forward<U>(datum)) { }
        // This constructor participates in overload resolution only if U,
        // after being decayed, is not the same as Wrapper<T>.
};

void h(Wrapper<int>& wr)  // The same would happen if wr were passed by value.
{
    Wrapper<int> w4(10);  // OK, invokes the perfect-forwarding constructor
    Wrapper<int> w5(wr);  // OK, invokes the copy constructor
}
```

注意，函数h复制了之前函数g中存在问题的场景。还要注意std::decay元函数被用作约束的一部分；有关使用std::decay的更多信息，参见烦恼——约束中需要元函数。

4. 烦恼

(1) 转发引用看起来就像右值引用

尽管转发引用和右值引用具有显著不同的语义，但它们共享相同的语法。对于任何给定的类型

T，T&& 语法是指定右值引用还是转发引用完全取决于上下文[一]。

```
template <typename T> struct S0 { void f(T&&); };  // rvalue reference
struct S1 { template <typename T> void f(T&&); };  // forwarding reference
```

此外，即使 T 服从模板参数推导，任何限定符的存在都会抑制特殊的转发引用推导规则：

```
template <typename T> void f(T&&);           // forwarding reference
template <typename T> void g(const T&&);     // const rvalue reference
template <typename T> void h(volatile T&&);  // volatile rvalue reference
```

值得注意的是，我们仍然缺乏一些独特的语法来暗示独立于其上下文的转发引用。

（2）约束中需要元函数

正如本节“用例”中所展示的，能够完美地转发相同通用类型的参数，并有效地将参数的值类别留给类型推导是一种常见的需求。

然而，正确转发值类别的挑战是巨大的。必须使用 SFINAE 和适当的类型特征来限制模板，以禁止不是我们想要接受的类型的某种形式的 cv 限定或 ref 限定版本的类型。例如，考虑一个旨在将 Person 对象复制或移动到数据结构中的函数：

```
#include <type_traits> // std::decay, std::enable_if, std::is_same

class Person;
class PersonManager {
    // ...
public:
    template <typename T, typename = typename std::enable_if<
          std::is_same<typename std::decay<T>::type, Person>::value>::type>
    void addPerson(T&& person) { /*...*/ }
        // This function participates in overload resolution only if T is
        // (possibly cv- or ref-qualified) Person.
    // ...
};
```

这种约束 T 的模式有五层。

① T 是我们试图推断的模板参数。我们希望将其限制为 const、volatile、&、&& 或这些可能为空的组合的 Person。

② std:decay<T>::type 是标准元函数（在 <type_traits> 中定义）std::decay 对 T 的应用。这个元函数从 T 中删除所有 cv 限定符和 ref 限定符，因此，对于我们想要限制 T 的类型，应用衰减的结果将始终是 Person。请注意，decay 还将允许一些其他隐式可转换的转换，例如将数组类型转换为相应的指针类型。对于我们关心的类型（即那些衰减为 Person 的类型），此元函数等价于 std::remove_cv<std::remove_reference<T>::type>::type[二]。

③ std::is_same<std::decay<T>::type, Person>::value 是另一个元函数 std::is_same 对两个参数（即衰减表达式和 Person，这会产生一个值，为 std::true_type 或 std::false_type) 的应用，特殊类型在编译

[一] 在 C++20 中，由于新的简洁概念符号语法允许在没有任何显式模板关键字出现的情况下定义函数模板，开发人员可能会受到混淆。例如，一个受约束的函数参数，如下面示例中的 Addable auto&& a，是一个转发引用。查找强制 auto 关键字的存在有助于识别类型是转发引用还是右值引用：

```
template <typename T>
concept Addable = requires(T a, T b) { a + b; };

void f(Addable auto&& a);  // C++20 terse concept notation

void example()
{
    int i;

    f(i);  // OK, decltype(a) is int& in f.
    f(0);  // OK, decltype(a) is int&& in f.
}
```

[二] C++20 提供了 std::remove_cvref<T> 元函数，可用于以简洁的方式删除 cv 和引用限定符。

时可以将表达式转换成真或假。对于类型 T，这个表达式将是真，而对于所有其他类型，这个表达式将是假。

④ std::enable_if<X>::type 是另一个元函数，当且仅当 X 为真时，它才计算为有效类型。与 std::is_same 中的值不同，如果 X 为假，则此表达式根本无效。

⑤通过使用此 enable_if 表达式作为最终模板参数的默认参数（未使用，因此未命名），该表达式将为 addPerson 重载解析期间考虑的任何推导 T 实例化。 对于任何不是（可能）具有 cv 和 ref 限定 Person 的 T，enable_if 不会定义类型成员 typedef，从而导致替换过程失败。这种替换失败不是编译时错误，而是将 addPerson 从正在考虑的重载集中删除，因此术语“替换失败不是错误”或 SFINAE。如果客户端尝试将 nonPerson 作为参数传递给 addPerson 函数，编译器将发出错误，即没有匹配的函数可调用 addPerson，这正是我们想要的结果。

把这一切放在一起意味着可以使用 Person 类型的左值和右值调用 addPerson，并且值类别将在 addPerson 中适当地使用，通常在该函数的定义中使用 std::forward。

5. 参见

- 3.1.3 节涵盖了可以使用 auto&& 语法引入转发引用的功能。
- 3.1.18 节详细说明了右值引用是如何由于语法相似而与转发引用产生混淆的。
- 3.1.21 节探讨可变参数模板通常如何与转发引用一起使用以提供高度通用的接口。

6. 延伸阅读

- Scott Meyers 在 meyers15b“第 24 项：将通用引用与右值引用区分开来”第 164～168 页中提供了关于如何识别转发引用和右值引用（见 3.1.18 节）的宝贵见解。
- 在 niebler13 中，Eric Niebler 深入探讨了一个有害的陷阱，它涉及具有转发引用参数的函数的重载——特别是当该函数是一个单参数构造函数，并且可以作为一个复制构造函数使用时。

3.1.11　广义 POD'11：平凡和标准布局类型

POD 的经典概念经过扩展和细化，包含两个重要的新类型，平凡类型（即平凡默认可构造类型和平凡可拷贝类型）和标准布局类型，每一种类型都描述了以更通用的用户定义类型不支持的方式访问和操作的对象。

1. 描述

数据不仅存在于计算机程序中，而且会通过网络传输到其他程序并存储在文件和数据库中。即使是在程序中，数据在从一个地方被拷贝或移动到另一个地方的时候也会发生迁移。

程序员最终会问自己，既然他们知道给定对象的地址和大小，为什么不简单地将对象的字节拷贝到目的地以发送该对象或将其保存在某个地方呢？同样，要重建一个对象，为什么不直接将那些保存的字节拷贝到对象中呢？也许程序员观察到，他们可以以 FORTRAN 等价声明（Equivalence）的方式使用 C++ 联合（Union）将一个对象叠加在另一个对象上，将内容重新解释为不同的类型，也就是类型双关（Type Punning），请参见潜在缺陷——联合的误用。

和之前的 C 一样，C++ 力求成为首屈一指的接近硬件的语言，这种机制对 C++ 而言非常重要，特别是当它能按照预期工作的时候。同时，C++ 希望有一个健壮的对象模型，在该模型中，数据可以通过语言指定的明确定义的方式进行访问。此外，编译器编写者在 C++ 标准委员会中有充分代表性，他们希望限制访问和修改数据以仅是一组比特的形式进行，因为这样做限制了他们可以代表用户执行的优化。C++ 标准委员会试图通过发明普通旧数据（Plain Old Data，POD）的概念来弥合这一差距，POD 是 C++ 对象的一个受限子集，在某种程度上，它可以被天然地视为一组比特。

然而，在继续讨论 POD 之前，有必要提醒读者：即使是 POD 类型也不允许程序员违反其他的 C++ 规则，例如符合严格别名（Strict Aliasing）保护的规则。合法程序和那些具有未定义行为

（Undefined Behavior）的程序之间的界限是令人担忧的和不规则的。编译器可以假设没有任何程序执行过具有未定义行为的代码，因此如果程序违反该假设，代码可能会以与程序员的意图相反的方式被静默编译。

此外，随着时间的推移，编译器不懈改进并将充分利用它们拥有的每一个优势。因此，较新版本的编译器可能会颠覆在更宽松的编译器中编写的旧程序的意图。更重要的是，在这些条件下，即使彻底地测试代码也是完全不够的，因为测试无法证明不存在未定义行为。未定义行为的一种可能结果是，至少就目前而言，程序的行为完全符合程序员的预期。因此，程序员有必要理解并保持代码在 C++ 标准所赋予的适当宽松的范围内。

在 C++ 标准的多个版本中，POD 的组成概念已经得到了改进。在 C++03 中，POD 类型集可能包含符合 cv 限定的标量类型，例如整型、空类型（void*）和枚举类型，以及可能符合 cv 限定的 POD 类型聚合的有限子集，例如结构体、联合体或数组，请参见 3.1.4 节。C++11 扩展了 POD 的定义，以适应更多用户定义的类型。另外，C++11 的 POD 是根据两个更大、更有针对性的类型类别——标准布局类型和平凡类型的交集来定义的，目的是使它们都能发挥本身的优势。平凡类型类别进一步细分为平凡可拷贝类型（意味着是平凡可析构的）和平凡默认可构造类型，每一种类型都提供了其更集中的功能，因此适用范围更广泛。

（1）POD 类型享有的特权

POD 类型这一术语一直以来都包含某些 C++ 数据类型的类别，在一个给定的平台上，当 C 和 C++ 两种语言的翻译单元出现在使用相同后端工具链编译的单个程序中时，POD 数据类型应该与相应的 C 语言类型是 ABI 和 API 兼容的。这种与 C 语言兼容的类型构成了 C++03 POD 类型的真子集，请参见下一节“C++03 POD 类型”。

例如，考虑在一个跨语言项目中，一个 C++ 应用程序 main 函数（在 main.cpp 中定义并使用 C++ 语言编译）使用一种常见的数据类型 PODtype（在 podtype.h 中定义并且可以使用 C 和 C++ 编译），调用 C 语言的库函数 printPODtype（在 podtype.c 中定义并使用 C 语言编译）：

```
// podtype.h:
#ifndef INCLUDED_PODTYPE  // internal include guard
#define INCLUDED_PODTYPE

#ifdef __cplusplus  // Ensure that this header can be consumed by both C and C++.
extern "C"
{
#endif

typedef struct { int x; double y; } PODtype;
    // UDT compatible with both C++ and C

void printPODtype(PODtype* data);  // C function prototype (has C linkage)

#ifdef __cplusplus  // needed to close the extern "C" block when opened above
}
#endif

#endif  // end of internal include guard
```

在上面的示例中，podtype.h 遵循通用的规则去检测它被 C++ 编译器还是被 C 编译器解析（通过检查 __cplusplus 宏确定），这也是 C++ 标准要求的。如果定义了该宏，我们将文件中的声明包装在 extern“C”块中，以确保所有声明的实体为 C 语言链接。如果 C 编译器使用此头文件，则不会定义 __cplusplus 宏，并且针对 C++ 的 C 链接语法也会被省略。因此，此头文件具有兼容的含义，能够被 C 和 C++ 编译器同时使用。

接下来，考虑一个用 C 语言实现的文件 podtype.c，其中包括涉及两种语言的 podtype.h 头文件：

```
// podtype.c:
#include <podtype.h>  // PODtype, printPODtype (component header)
#include <stdio.h>    // printf()
```

```
#ifdef __cplusplus    // guards against accidentally compiling this file in C++
#error This is not a C++ file; use a C compiler instead.
#endif

void printPODtype(PODtype* data)
{
    printf("data = { %d, %f }\n", data->x, data->y);
}
```

由于上面的 podtype.c 实现文件旨在仅由 C 编译器编译，因此它自己不需要考虑 extern“C”语法；不过，我们使用了条件编译和 C 预处理器的 #error 防止 C++ 中的意外编译。

现在来看看 C++ 应用程序，它位于 main.cpp 中：

```
// main.cpp:
#include <podtype.h>     // PODtype, printPODtype

int main()               // our C++ application main program
{
    PODtype d;           // Create a POD type.

    d.x = 17;            // Populate it in C++.
    d.y = 3.14;
    printPODtype(&d);    // Call a C-language function to print its contents.
}
```

上面的示例演示了在 C++ 代码中如何创建、填充和销毁 PODtype 类型的对象，并通过调用 C 编译的代码来访问和打印它。在此示例中，printPODtype 函数可以在一个预编译的 C 库（例如 lib.a）和一个包括 PODtype.h 的头文件套件中使用。main 程序是用 C++ 编写的，它能够借助 podtype.h 中经典的条件编译 extern“C”语法，来调用 C 语言链接 printPODtype 函数。

然而，有时我们可能会得到一个遗留的 C 库，它是在不考虑 C++ 支持的情况下编写的。在这种情况下，我们不得不采用稍微不同的习惯用法来解决链接问题：

```
// legacypodtype.h:                // ancient C-only legacy header file (no C++)
#ifndef INCLUDED_LEGACYPODTYPE     // internal include guard for legacy header
#define INCLUDED_LEGACYPODTYPE

typedef struct { int x; double y; } PODtype;
    // UDT compatible with both C++ and C

void printPODtype(PODtype* data);  // C function prototype (has C linkage)

#endif                             // end internal include guard


// main2.cpp:
extern "C"  // forces printPODtype to be declared as having C linkage
{
#include <legacypodtype.h>  // PODtype, printPODtype
}

int main()  // C++ application using ancient C library having no support for C++
{
    PODtype d{ 17, 3.14 };  // Create a POD type in C++.
    printPODtype(&d);       // Call C-language function to print its contents.
}
```

上面这个示例是一个替代方法，它包含两种语言，整个 legacypodtype.h 头文件通过 #include 包含在 extern“C”块中。printPODtype 函数被声明为具有 C 链接，extern“C”规范对像 PODtype 这样不包含函数声明符的类型的定义没有影响。这种替代方法适用于紧迫的情况，但在表面上看来只有 C 的头文件中加入一条 #include 语句，而该语句中的头文件包含 C++ 代码，就可能会出问题。

有趣的是，并不是每个 C++ POD 类型都可以在 C 中表示，因此说每个 POD 类型都具有上述性质是夸大其词。例如，具有用户声明的成员函数的 struct 类型不能用 C 表示，但很可能是 C++ 中的

POD。可以用 C 表示的每个类型[一]都是 C++ 中的 POD 类型，实际上几乎[二]C++ 中的每个 POD 类型在 C 中都有一个对应的类型与其在结构上是兼容的，至少在实践中是这样，即使它的 C 版本缺少某些成员函数、访问控制、空基类等这些在 C++ 中适用的成分，请参见用例——将纯 C++ 类型转换为 C（标准布局）。

C++ POD-struct 的约束有点过于严格，但足以保证能有许多其他的有用属性，这些属性通常不提供给其他类类型。任何给定属性所需的最低要求的细节将在后续章节中讨论，请参见本节“标准布局类型”和“平凡类型”。现在考虑一下所有 POD 都有的一些特殊属性和优势。

- 连续存储——所有的 POD 类型的对象，也就是 POD 对象，占用连续的存储字节。一个 POD 对象的值表示是该存储中比特位的子集，而一个 POD 对象的有效值是这些位可以取的、基于实现定义的值的集合。考虑一个 POD-struct，S1，它包含一个字符（char）类型和一个短整型（short）类型。

```
struct S1     // POD-struct whose size is typically 4 bytes
{
    char  a;      // always exactly 1 byte
                  // typically 1 byte of padding for alignment purposes
    short b;      // at least (and typically exactly) 2 bytes
};
```

这种 POD 类型的对象通常恰好存储在 4 个连续字节中，并且具有 24 个非连续位的值表示。8 个额外的填充位不是值表示的一部分。

具有虚基类的对象可能不仅具有非连续的值表示，而且还具有非连续的对象表示，因为虚基子对象可能与这个对象的其余部分不相邻。这解释了为什么具有虚基类的类型不是 POD 类型。

- 可预测的布局——每个 POD 对象的布局都是稳定的，并且在某些重要方面是可预测的。举个示例，POD-struct（例如 X）的第一个非静态数据成员（例如 x）保证与 POD-struct 对象（例如 pso）本身位于相同的地址：

```
struct X { int x; } pso;  // POD-struct object
static_assert(static_cast<void*>(&pso) == static_cast<void*>(&pso.x), "");
```

POD-struct 的这一属性即使在 C 中也是成立的。尽管 C++03 的 POD 类型不允许使用基类，但是在 C++11 中，具有一个或多个基类的 POD-struct 的地址与其第一个基类相同：

```
struct B11 { /*...*/ };    // arbitrary POD-struct
struct C11 : B11 { } c11;  // empty derived POD-struct
static_assert(static_cast<void*>(&c11) == static_cast<B11*>(&c11), "");

struct E11 { };                      // empty POD-struct
struct D11 : E11 { /*...*/ } d11;  // arbitrary derived POD-struct
static_assert(static_cast<void*>(&d11) == static_cast<E11*>(&d11), "");
```

还有另一个可以作为 POD 类型的可预测布局优势的普遍适用的示例，考虑一个包含多个 POD-struct 成员的 POD-union，这些成员具有共同初始成员序列（Common Initial Member Sequence，CIMS），如果它们其中的一位是活跃成员的话，那么它允许通过这些联合成员中的任何一个去访问公共成员，即最后写入的联合成员是以共同初始序列开头的成员。例如，考虑三个结构体，AA、BB 和 CC，每个结构体都包含三个标量值：

[一] C99 引入了一种可能性，在动态分配的结构 struct 的末尾有一个开放数组，以存储任意长度的数据，称为灵活数组成员（参见 iso99 的 6.7.2.1 节“结构和联合说明”，“语义”小节，第 16 段，第 103 页）。这种类型是 C++ 兼容性的一个例外，因为它们不能在 C++14 中编译。

[二] 请注意，C++ 提供了额外的标量类型——例如指向成员的指针、std::nullptr_t（参见 2.1.12 节）和作用域限定枚举类型（参见 3.1.8 节），这些在 C 中是无法表示的。

```
struct AA { float f;  int g;  int    h; };  // POD-struct type
struct BB { int   x;  int y;  char   z; };  //  "     "    "
struct CC { int   t;  int u;  double v; };  //  "     "    "
```

所有这三个POD-struct都有一个int作为它们的第二个数据成员，但只有BB和CC共享一个共同初始成员序列。现在假设我们创建了一个union MM，它包含这些POD-struct类型中的每一个：

```
union MM { AA aa; BB bb; CC cc; };  // union of all three POD-struct types
```

我们现在可以编写一个函数test1，来说明在一个union中交叉访问共同成员时，什么是被允许的，什么是不被允许的：

```
#include <cassert>  // standard C assert macro
void test1()
{
    BB b = { 1, 2, '3'};  // Initialize an object, b, of type BB.
    MM m;                 // union m of type MM; aa is the active member
    m.bb = b;             // assign to bb to make it the active member of m
    assert(m.bb.y == 2);  // OK, value as assigned
    assert(m.cc.u == 2);  // OK, access through matching initial sequence
    assert(m.aa.g == 2);  // Bug, might work but has undefined behavior
    m.aa.h = 3;           // OK, changes active member to aa
    assert(m.cc.u == 2);  // Bug, might work but cc member is no longer active
}
```

因为BB和CC的前两个数据成员是共同的，所以写入一个，随后从另一个读取其中一个公共成员是有效的，请参见用例——非平凡类型的垂直编码（标准布局）。通常情况下，一个浮点型（float）和一个整型（int）在通用平台上都占用相同数量的空间（4个字节），因此m.aa.g和m.bb.y将占据内存中的相同位置，尽管如此，当初始成员序列不是完全匹配时，尝试访问第二个数据成员仍然具有未定义的行为。此外，写入任何其他不兼容的联合成员的任何部分，不管它在其POD-struct的相对物理位置如何（例如写入aa.h），都会导致联合中先前活跃的成员（例如bb）变成不活跃的，从而阻止对原始部分兼容的POD-struct对（例如bb和cc）的任何成员的访问。然而，在大多数平台上，前面示例中的错误代码很可能编译和执行，就好像没有未定义的行为一样，请参见潜在缺陷——联合的误用。

- 对象的生命周期从分配开始——标量类型是平凡类型，这意味着构造或销毁标量对象时不需要运行代码。POD-struct类型，就像它们包含的标量一样，也是平凡的。一个POD对象的生命周期从首次为其获取内存时开始，例如通过变量声明或调用new运算符。但是，一个POD对象在生命周期开始时并不能保证它已经被初始化。考虑将int声明为局部变量的情况：

```
void test2()
{
    int  x;        // x is not initialized, but lifetime begins.
    int* p = &x;   // We cannot read x but can take its address.
    int  y = x;    // Bug, read of uninitialized x
    *p = 5;        // We can write to x, thereby initializing it.
    int  z = x;    // Now we can read x.
}
```

类似地，一个POD对象的生命周期在其内存被回收时结束，例如超出作用域，或者通过在该内存中构造新对象来重新利用它。POD的析构函数总是平凡的，当一个POD对象被销毁时不会执行任何操作。请注意，显式调用平凡析构函数不会结束对象的生命周期，包括POD对象[⊖]。

尽管POD可以声明为常量（const）或包含非静态常量的数据成员，但这样的POD不能以未初始化状态存在；如果省略初始化语句，则尝试创建需要const数据成员初始化的对象将无法编译：

⊖ 从C++20开始，运行任何对象的析构函数（即使是POD），结束其生命周期，并在之后为其赋值将产生未定义的行为，参见CWG第2256项（smith16b）。

```
struct S2           // POD type containing two scalar data members
{
    const int* p;   // Pointers, but not references, can be POD data members.
    const int  i;   // Note that const data members must be initialized.
};

S2 s2a;             // Error, uninitialized const data member, s2a.i
S2 s2b = { 0, 5 }; // OK, const data member s2b.i is initialized to 5.
```

上面的 POD-struct S2 包含两个数据成员，其中第二个 S2::i 是 const 并且必须在创建时显式初始化。S2 满足 POD 类型的要求，一旦内存空间被分配，它的生命周期就开始了：

```
S2 s2c =     // Initialize POD object by accessing its member address first.
{
    &s2c.i,  // Initialize first data member with address of second one.
    0        // must provide initializer for const member i, or ill formed
};           // In general, C++ object lifetimes would typically begin here.
```

正如上面的代码片段所示，我们甚至可以在对象被初始化之前，访问对象的内部数据成员，以便提取它们的地址。

其对象不需要初始化的 POD 类型子集的另一个属性是，当未被显式初始化时，允许控制流跳过它们（例如使用 goto 语句）：

```
void func3()  // OK, valid C++ function; jumping over uninitialized POD
{
    goto Label;  // OK, jump over definition of uninitialized POD object.
    S1 s1;       // POD type with no need for code to run at construction
Label:           // Jump to here, no problem.
    ;
}
```

在上例中的函数 func3 中，不需要运行任何代码来初始化 s1；因此，可以跳过对象的定义[㊀]。但是，当显式初始化 POD 对象时，不能跳过该初始化：

```
void func3b()  // Error, ill formed; attempt to jump over initialized POD
{
    goto Label;          // Error, cannot jump over initialized POD object
    S2 s = { &s.i, 0 };  // This POD-type requires const initialization.
Label:                   // cannot jump over code required to initialize
    ;
}
```

在上例的函数 func3b 中，虽然 S2 是 POD 类型，但它包含一个 const 数据成员，所以必须初始化；因此，并非每种 POD 类型都适合这种复杂的 goto 使用。然而，我们在此处使用 goto 说明的这种属性，还有其他更实际的应用，请参见用例——安全缓冲区（平凡可构造）。

任何需要虚函数表指针（Vtable Pointer）或者虚基类指针（Virtual Base Pointer）的对象都不能有平凡构造函数，因为平凡构造函数不会初始化这些指针的值。由于需要对对象内的隐藏指针进行初始化，所以此类型不能是 POD 类型。

- 按位拷贝性——POD 对象的内存空间值表示中所有的位（不包括任何填充位）都构成其可用值。对于非 POD 类型，其中一些可用位可能涉及实现的各个方面，例如对象拥有的资源的地址。因为这样的资源通常在对象被销毁时被释放，所以随意覆盖这样的管理信息（如另一个对象的逐位拷贝）可能会导致资源泄漏，或多个对象声称拥有同一资源，进而导致程序的错误行为。但是，由于 POD 类型具有平凡的析构函数，我们可以合理地假设它们不包含此类资源信息，因此我们无须担心用另一个对象覆盖一个对象。我们也不需要担心在任何给定的时间内，一个程序中有多个共享相同位的值表示的对象都处于活跃状态：

㊀ 尽管 C++ 标准不再要求，但许多常见的实现仍然要求 goto 语句绕过其定义的对象类型具有平凡析构函数和平凡构造函数，请参见烦恼——C++ 标准在这方面尚未稳定。

```
#include <cassert>  // standard C assert macro
#include <cstring>  // std::memcpy

void func4()
{
    int x = 123;                        // Create initialized POD object x.
    unsigned char b[sizeof x];          // Create uninitialized byte buffer b.
    std::memcpy(b, &x, sizeof b);       // Copy POD object x to byte buffer b.

    int y = 456;                        // Create initialized POD object y.
    std::memcpy(&y, b, sizeof b);       // Copy byte buffer b to POD object y.
    assert(y == x);                     // value 123 successfully copied to y

    int z;                              // Create uninitialized POD object z.
    std::memcpy(&z, &y, sizeof(int));   // Copy bytes directly from y to z.
    assert(z == x);                     // value 123 successfully copied to z
}
```

在上面的示例代码中，我们首先创建一个 POD 类型的对象 x 并将其初始化为 123。然后，我们创建一个无符号字符缓冲区[㊀]b，其字节数与 x 占用的空间相同，并使用 std::memcpy 将所有位从 x 拷贝到 b。接下来，我们创建另一个具有相同 POD 类型的对象 y，并将其初始化为不同的值，456。然后我们使用 std::memcpy 把字节从 b 拷贝到 y，并观察到 x 的原始值 123 已经成功变换。此外，我们还能够创建一个未初始化状态对象 z，然后使用 std::memcpy 将字节直接从 y 拷贝到 z，通过一个相同 POD 类型的已初始化对象 y 对其进行初始化。然而，回想一下，并非所有 POD 类型的对象都可以在未初始化状态下创建（参见 z 的创建）。在构造、销毁或赋值期间可能需要执行代码（例如用于获取或释放资源）的任何类型的对象，例如 std::string 或 std::vector，无论此对象是否可以在未初始化状态下创建，它们在与 std::memcpy 一起使用时都会明显具有未定义的行为，参见用例——固定容量字符串（平凡可拷贝）。

- 与 offsetof 宏一起使用——标准 C 语言的 offsetof 宏能够可靠地应用于任何 POD-sturct 的可访问非静态数据成员。例如，考虑一个聚合类型（Aggregate Type）A，它由 5 个标量类型和 1 个 char 数组组成：

```
struct A { char c; double d; short s; char a[2]; int i; bool b; };
    // simple aggregate POD-struct
```

因为 A 是 POD 类型，所以我们肯定能够使用 offsetof 来获取每个成员从结构体创建时的偏移量，如下面的示例代码所示，其中大小和对齐值是 64 位平台上的典型值：

```
#include <cassert>  // standard C assert macro
#include <cstddef>  // standard C offsetof macro

                                              // type     size   alignment
static_assert( 0 ==  offsetof(A, c),      ""); // char     1         1
static_assert( 8 ==  offsetof(A, d),      ""); // double   8         8
static_assert(16 ==  offsetof(A, s),      ""); // short    2         2
static_assert(18 ==  offsetof(A, a),      ""); // char[2]  2         1
static_assert(18 ==  offsetof(A, a[0]),   ""); // char     1         1
static_assert(19 ==  offsetof(A, a[1]),   ""); // char     1         1
static_assert(20 ==  offsetof(A, a[2]),   ""); // Bug, beyond array range
static_assert(51 ==  offsetof(A, a[33]),  ""); // Bug, beyond array range
static_assert(20 ==  offsetof(A, i),      ""); // int      4         4
static_assert(24 ==  offsetof(A, b),      ""); // bool     1         1

// Verify that our platform assumptions are correct:
static_assert(32 == sizeof(A),            ""); // A        32        8
static_assert( 8 == alignof(A),           ""); // "        "         "
```

㊀ 将平凡的对象拷贝到 char、unsigned char 和 std::byte（C++17）的数组中是安全的，但不包括 signed char 或 char8_t（C++20）。

```
void test3()
{
    A a;
    assert(   reinterpret_cast<char*>(&a.i)
           == reinterpret_cast<char*>(&a) + offsetof(A, i));
}
```

在这里，我们在编译时使用 offsetof 来确定聚合中各个子字段的相对位置。在 test3 中，我们验证了如果我们将字段 i 的偏移量添加到对象 a 的起始地址，那么我们能得到 a.i 的地址。

在这种特定情况下，我们可以通过使用第一个数据成员 c 的地址来避免进行第二次 reinterpret_cast。给定的 A 是一个 POD 类型，它与封闭的 A 对象具有相同的地址，并且显然是 char* 类型：

```
void test4()
{
    A a;

    // clever trick to avoid second reinterpret_cast
    assert(reinterpret_cast<char*>(&a.i) == &a.c + offsetof(A, i));
}
```

如果第一个数据成员不是 char 类型或其他字节大小的对象，我们就不能省略第二次类型转换：

```
struct A2 { int i; char c; };
    // aggregate where first data member has size greater than 1

void test5()
{
    A2 a2;
    assert(reinterpret_cast<void*>(&a2.c) == &a2.i + offsetof(A2, c));
    //                                        ^^
    // Bug, adding offset to address of int, whose size is greater than one
}
```

在上面的代码片段中，我们要确保我们只在同类的字节级实体中进行操作，这需要我们将对象或其第一个成员的地址显式转换为指向字节大小类型的指针：

```
void test6()
{
    A2 a2;
    assert(   reinterpret_cast<unsigned char*>(&a2.c)
           == reinterpret_cast<unsigned char*>(&a2) + offsetof(A2, c));
    //        ^^^^^^^^^^^^^^^^^^^^^^^^^^^^^^^^^^^^^^^
}
```

C++ 标准明确支持这种更详细的两次转换方法，并推广到了任意嵌套级别的 POD 类型聚合：

```
struct A3 { int i; A2 a2; };
    // POD-type aggregate containing nonscalar data members

void test7()
{
    A3 a3;
    assert(   reinterpret_cast<unsigned char*>(&a3.a2.i)
           == reinterpret_cast<unsigned char*>(&a3) + offsetof(A3, a2.i));
}
```

请注意，我们能够获得嵌套在类型 A2 的聚合 a2 中的整数 i 的偏移量。更通用的类类型，尤其是那些涉及虚基类的，不适合与 offsetof 一起使用，请参见用例——使用 offsetof（标准布局）浏览复合对象和潜在缺陷——过度使用 offsetof。

- 其他优点——POD 类型具有平凡的性质和可预测的布局，适用于许多应用。例如，std::basic_string<CharT>（即 CharT）的“字符”类型可以是任何非数组 POD 类型，请参见用例——固定容量字符串的元素（平凡）和用例——安全缓冲区（平凡可构造）。

（2）C++03 POD 类型

在 C++03 中，对用户定义类型为 POD 类型的要求既严格又简单：每个被视为 POD 类型的 struct

或 union 都必须是仅具有 POD 类型成员的聚合类型：

```
+-----------------------------------------------------------+
|            所有 C++03（非枚举）用户定义类型                  |
|                    又称“类类型”                            |
|                                                           |
|     .-------------------------------------------.         |
|     |               C++03 聚合                  |         |
|     |        .----------------------.           |         |
|     |       (     C++03 POD 类       )          |         |
|     |        `----------------------'           |         |
|     `-------------------------------------------'         |
+-----------------------------------------------------------+
```

C++03 中的每个 POD-struct 必须是聚合类型，也就是那些经典的可以使用大括号初始化语句进行值初始化的类型，见第 3.1.4 节：

```
struct X { int i, j; double d[2]; };     X x = {};  // OK, X is an aggregate.
class  Y { int i; public: Y(); ~Y(); };  Y y = {};  // Error, Y isn't.
```

C++03 聚合是一个数组、类、结构体或联合体，他们没有用户声明[㊀]的构造函数，没有私有或受保护结构体非静态数据成员，没有基类，也没有虚函数：

```
// Class declaration                        Is a C++03 aggregate?
class  A0  { };                          // Yes, empty class is an aggregate.
class  A1  { int x; };                   // no, private data member
class  A2  { protected: int x; };        // no, protected data member
class  A3  { public: int x; };           // yes, public data
class  A4  { int f(); };                 // yes, private nonvirtual function
class  A5  { static A1 x; };             // Yes, static members don't matter.
struct A6  { A6() { } };                 // no, user-declared default ctor
struct A7  { A7(const A7&) { } };        // no, user-declared copy ctor
struct A8  { A8(int) { } };              // no, user-declared value ctor
struct A9  { ~A9(); };                   // Yes, destructor can be declared.
struct A10 { A10& operator=(const A10&); };
                                         // yes, user-declared copy assignment allowed
struct A11 { int* x; };                  // Yes, pointers are allowed in aggregates.
struct A12 : A0 { };                     // no, base class
struct A13 { virtual void f(); };        // no, virtual function
struct A14 { A1  x; };                   // Yes, data members need not be aggregates.
struct A15 { A13 x; };                   // Yes,   "      "      "  "   "      "

struct A16 { const int x; };             // yes, but must initialize const values
struct A17 { int& x; };                  // yes,   "    "     "       references
union  A18 { int x; double y; };         // Yes, unions can be aggregates.
```

如上面的示例类型所示，聚合可能包含任意公共数据成员、私有非虚函数和任何类型的静态成员。尽管聚合可能不声明任何构造函数，但它允许声明拷贝赋值运算符和析构函数。重要的是，聚合可以包含本身不是聚合类型的元素。因此，任何 C++ 类型的数组本身都将被视为聚合：

```
#include <string>  // std::string
std::string a[10] = {};  // a is an aggregate.
```

既然我们已经对 C++03 中哪些用户定义类型被认为是聚合类型进行了分类，那么让我们回过头看看完整的 C++03 POD 类型集。首先，我们观察到每个 C++ 版本中的所有标量类型都是 POD 类型：

㊀ C++03 术语用户声明的（User-Declared）在 C++11 中被用户提供的（User-Provided）取代，因为显式声明并立即默认构造（参见 2.1.4 节）或删除（参见 2.1.6 节）的一个特殊成员函数被认为是用户声明的，但不是用户提供的；因此，具有例如显式默认构造函数的类在 C++11 中仍然是一个聚合。

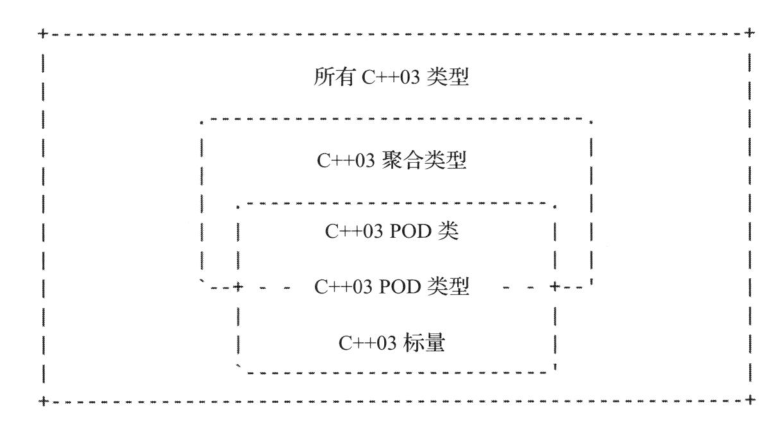

C++03 标量很可能是 const 或者 volatile 算术类型、枚举类型、指针类型或指向成员的指针类型：

```
          int         i     = { 0   };  // integer
    const short       cs    = { 0   };  // const short
          double      d     = { 0.0 };  // floating point
          enum E { }  e     = { E() };  // enumeration
          char*       p     = { 0   };  // pointer to char
    const char*       pc    = { 0   };  // pointer to const char
          char* const cp    = { 0   };  // const pointer to char
class C;  int     C::*pm    = { 0   };  // pointer to int member data
          void (C::*pmf)() = { 0   };  // pointer to void member function
```

在 C++03 中，标量也可以使用大括号符号来初始化，但是不能是空大括号。C++03 POD-struct 是一个聚合类，使用 struct 或 class 来声明，没有非 POD-struct 成员，没有非 POD-union 成员，没有具有非 POD 元素的数组成员，没有非静态引用成员，并且没有用户声明的拷贝赋值运算符或析构函数：

```
// Class declaration                   Is a C++03 POD?
class  B0 { };                      // Yes, an empty (aggregate) class is a POD.
class  B1 { public: int x; };       // Yes, public data
class  B2 { int f(); };             // Yes, private non-virtual function
class  B3 { static B1 x; };         // Yes, static members don't matter
struct B4 { ~B4(); };               // No, a destructor cannot be declared.
struct B5 { B5& operator=(const B5&); };
                                    // No, copy assignment cannot be declared.
struct B6 { int* x; };              // Yes, pointers are allowed in PODs too.
struct B7 { B1   x; };              // No, any data members must also be PODs.

struct B8 { const int x; };         // Yes, but must initialize const values
struct B9 { int& x; };              // No, references are not permitted in PODs.
```

这里的代码是之前用于说明什么是 C++03 聚合、什么不是 C++03 聚合的代码的子集。附加限制是：不能声明拷贝赋值运算符或析构函数，所有嵌套对象也必须是 POD，以及不允许使用非静态引用成员。

C++03 POD-union 是一个使用 union 类键声明的聚合类，具有与上面的 POD-struct 相同的限制：

```
// Union declaration                   Is a C++03 POD?
union U0 { };                       // Yes, an empty (aggregate) union is a POD.
union U1 { public: int x; };        // yes, public data
union U2 { private: int f(); };     // yes, private nonvirtual function
union U3 { static int x; };         // Error, static members not allowed in C++03
union U4 { int* x; };               // Yes, pointers are allowed in PODs too.
union U5 { const int x; };          // yes, but must initialize const values
union U6 { int x; ~U6(); };         // No, POD cannot have user-defined destructor.
```

C++03 标准将 POD 类定义为是 POD-struct 或 POD-union 的类。

完整的 C++03 POD 类型集可能是符合 cv 限定的标量类型、POD-struct、POD-union 或前面类型的数组：

```
const double                cd    = { 5.0 };            // scalar
class C { }                 c     = { };                // POD-struct
union U { int i; char* p; } u     = { 5 };              // POD-union
volatile int                via[] = { 0, 1, 2 };        // array of scalar
struct S { int x, y; }      sa[3] = { {1}, {2, 3} };    // array of POD-struct
```

（3）C++11 广义 POD 类型

在 C++11 之前，上面列出的 POD 类型的好处只有通过避开许多将 C++ 与 C 区分开来的特性才能获得。随着时间的推移，很明显对 POD 的许多限制是不必要的，并且可以在放宽限制的同时，仍然基本保留它所有的理想特性。C++11 拓宽了可被视为 POD 类型的类型集。特别是，C++11 不再要求 POD 类是一个聚合：

```
class A { int x; };   // C++11 POD but not an aggregate; contains private data
class B : A { };      // C++11 POD but not an aggregate; has a base class
```

上面的 A 和 B 都不是聚合，因此他们不是 C++03 POD 类型，但每个都是 C++11 POD 类型。

此外，对每个用例来说，并非 POD 的每个属性都是必须的。为了使其定义更加通用和正式，C++11 将 POD 类型定义为两个更集中的类型的交集：标准布局类型（其成员具有可预测的内存布局顺序）和平凡类型（它可以在不执行任何代码的情况下构造和销毁，并且可以按位拷贝）：

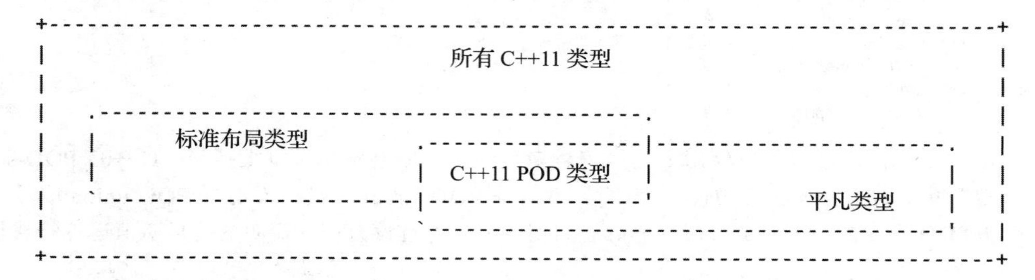

一个类型被视为 POD 类型必须满足一定的条件，我们通过将此需求划分为两组正交的需求集，扩大了与每个类型类别相关联的 POD 属性子集的适用性。

- 标准布局——通常，C++ 标准避免讨论类对象的布局。然而，为了提供与其他语言的兼容性，确实需要为类型的子集提供某些保证。这些保证可以扩展到不能用其他语言完全表示的类型。例如，空的非虚基类通常不占用对象物理布局中的空间。类似地，非虚成员函数不会以任何方式影响对象的物理布局。

给定一个标准布局类型的对象，我们可以可靠地预先确定每个子对象在该对象中出现的顺序。正是这些类型允许通过 union 中相同的前导序列进行访问，请参见用例——非平凡类型的垂直编码（标准布局）。也正是这些类型的对象在某种意义上能够保证在物理上可转换为 C 风格的 struct，请参见用例——将纯 C++ 类型转换为 C（标准布局）。除了预测顺序之外，我们还可以使用 C 语言的 offsetof 宏来可靠地、可移植地从其封闭对象中提取每个子对象相对于基地址的偏移量，尽管不能保证这样的偏移量在同一程序的不同构建版本中是相同的，请参见用例——使用 offsetof（标准布局）浏览复合对象。

- 平凡类型——虽然没有标准定义的术语，但我们使用平凡一词来描述特殊的成员函数，在这些函数中不需要由编译器提供的实现来完成定制工作。操作是平凡的意味着不需要调用任何用户提供的函数，也不需要通过更新虚函数表指针或虚基类指针来管理对象的动态类型，请参见用例——固定容量字符串（平凡可拷贝）。平凡类型本质上是指其所有特殊成员函数都是平凡的一种类型。

平凡类型本身是一个过于粗略的类别，不具有充分的实用性，将该类别进一步细分为两个子类别，即平凡可拷贝（这意味着平凡可析构）以及平凡默认可构造，这增加了很多实用性和灵活性。默认构造或析构被认为是平凡的，因为它们无须执行任何代码即可执行，例如初始化对象的成员、其虚函数表指针、其虚基类指针，或以其他方式管理资源。类似地，如果可以使用按位拷贝算法执行，例如但不限于 std::memcpy，那么拷贝构造和拷贝赋值操作被认为是平凡的，请参见描述——平凡子类别。

（4）标准布局类型

所有的标量类型都是标准布局类型：

```
// Type       Is standard layout?
int    x;  // yes, scalar type
double y;  // yes,    "     "
char*  z;  // Yes, pointers are scalar types.
```

此外，标准布局类型的数组和 cv 限定的版本也是标准布局类型：

```
class X;

// Type                  Is standard layout?
volatile int a[5];  // yes, array of volatile scalar type
X*           p;     // yes, const pointer to arbitrary type
```

要将 class、struct 或 union 类型视为标准布局类型，必须满足以下独立属性中的每一个。

- 该类型没有引用类型的非静态数据成员：

```
// Type                             Is standard layout?
struct S0a { };                   // yes
struct S0b { int   x; };          // yes
struct S0c { int*  x; };          // yes
struct S0d { int&  x; };          // no, has lvalue reference member
struct S0e { const int  x; };     // yes, but must be initialized
struct S0f { const int* x; };     // yes
struct S0g { const int& x; };     // no, has lvalue reference member
struct S0h { int&& x; };          // no, has rvalue reference member
struct S0i { static int&& x; };   // Yes, reference member is static.
```

- 该类型没有虚基类：

```
// Type                            Is standard layout?
struct B1                 { };  // yes
struct S1a :           B1 { };  // Yes, base class is not virtual.
struct S1b : virtual B1 { };    // No, base class is virtual.
```

- 该类型没有虚函数：

```
// Type                                 Is standard layout?
struct S2a {         void f(); };  // yes, has function that is not virtual
struct S2b { virtual void f(); };  // no, has virtual function
```

- 该类型中的所有非静态数据成员（包括位字段）都具有相同的访问控制，即 public、protected 或 private 中的任何一个：

```
// Type                                                  Is standard layout?
struct S3a { private: int x; private: int y; };  // yes, all members private
struct S3b { private: int x; public:  int y; };  // no, not same access
struct S3c { int x; private: public:  int y; };  // yes, all members public
```

- 该类型（例如 class S）的所有非静态数据成员（包括位字段），都是 S 的类层次结构体中单个类的直接成员，即如果有任何非静态数据成员属于 S 的任何直接或间接基类，则没有任何非静态数据成员属于 S 或 S 的任何其他基类。否则，S 的任何基类必须为空：

```
// Type                          Is standard layout?
struct A4 { };                 // yes, empty class
struct B4 { char c; };         // yes, no base classes
struct S4a : A4 { };           // Yes, base and derived classes are empty.
struct S4b : B4 { };           // Yes, only base class is nonempty.
struct S4c : A4 { int i; };    // Yes, only derived class is nonempty.
struct S4d : B4 { int i; };    // no, nonempty base and derived classes
struct S4e : A4, B4 { };       // Yes, only one base class is nonempty.
struct S4f : B4, S4c { };      // No, two base classes are nonempty.
```

- 该类型没有与类型内偏移量为0的子对象具有相同类型的直接或间接基类，例如class类型的第一个非静态数据成员、union类型的任何成员以及这些成员的任何基类。标准布局类型的这一要求体现的是唯一对象地址要求，该要求指出在一个类C中，两个具有相同类型B的不同对象不允许共享相同地址，即使B是空的类类型，这是因为如果违反了这个条件，那么编译器需要调整对象布局，其方式必然会阻止C满足标准布局类型所需要的属性，即对象的地址与其第一个非静态数据成员的地址相同（请参见描述——标准布局类的特殊属性）：

```
// Type                                  Is standard layout?
struct X5 { };                          // yes
struct Y5 { };                          // yes
struct S5a         { X5 x; Y5 y; };    // yes, no base class
struct S5b : X5     { X5 x; Y5 y; };    // No, base is same type as first member.
struct S5c : Y5     { X5 x; Y5 y; };    // Yes, base is not same as first member.
struct S5d : X5, Y5 { X5 x; Y5 y; };    // No, base is same type as first member.
struct S5e : Y5, X5 { X5 x; Y5 y; };    // No,   "   "   "    "   "   "     "
```

请注意，我们需要向S5b添加额外的填充，这正是因为基类X5子对象和成员X5子对象x不能存在于同一位置。S5c的成员y不会导致这种填充，因为它不是第一个成员，所以它不会与基类Y5子对象具有相同的偏移量：

```
static_assert(1 == sizeof(X5), "");   // OK
static_assert(1 == sizeof(Y5), "");   // OK
static_assert(2 == sizeof(S5a), "");  // OK
static_assert(3 == sizeof(S5b), "");  // OK, S5b has an extra byte.
static_assert(2 == sizeof(S5c), "");  // OK, base class takes up no space.
static_assert(3 == sizeof(S5d), "");  // OK, S5d has an extra byte.
static_assert(3 == sizeof(S5e), "");  // OK, S5e  "   "   "     "
```

对于不同基类的成员或union数据成员，也可以进行额外填充，用于防止基类子对象和成员重叠（这会阻止类型成为标准布局类型）：

```
// Type                         Is standard layout?
struct A5 { };                 // yes
struct B5 { A5 a; };           // yes
struct S5f : A5, B5 { };       // No, A5::a would be at offset 0 without padding.

union U5 { char c; A5 a; };   // yes
struct S5g : A5 { U5 u; };    // No, u.a would be at offset 0 without padding.
```

- 该类型没有两个相同类型的直接或间接基类。此限制也是对唯一对象地址的要求，以及额外填充的要求，防止第一个非静态数据成员的偏移量为0：

```
// Type                        Is standard layout?
struct E6 { };                // Yes, size = 1.
struct F6 { };                // Yes, size = 1.
struct B6E : E6 { };          // Yes, size = 1.
struct B6F : F6 { };          // Yes, size = 1.
struct B6G : E6 { };          // Yes, size = 1.
struct S6a : B6E, B6F { };    // Yes, size = 1, derived from E6 and F6.
struct S6b : B6E, B6G { };    // No,  size = 2, derived twice from E6.
```

- 该类型没有非标准布局类型的非静态数据成员或直接基类：

```
// Type                                    Is standard layout?
struct Y7 { int i; public:  int j; };    // yes, same access control
struct N7 { int i; private: int j; };    // no, not same access control
struct S7a { Y7 d; };                    // yes, standard-layout member
struct S7b { N7 d; };                    // no, non-standard-layout member
struct S7c : Y7 { };                     // yes, standard-layout base class
struct S7d : N7 { };                     // no, non-standard-layout base class
```

（5）标准布局类的特殊属性

尽管标准布局类型可以是类或标量，但被称为标准布局类类型的C++类型类别标识了一个重要类别，该类别是其他重要类别的子集——每个都提供了自己特定的支持属性集：

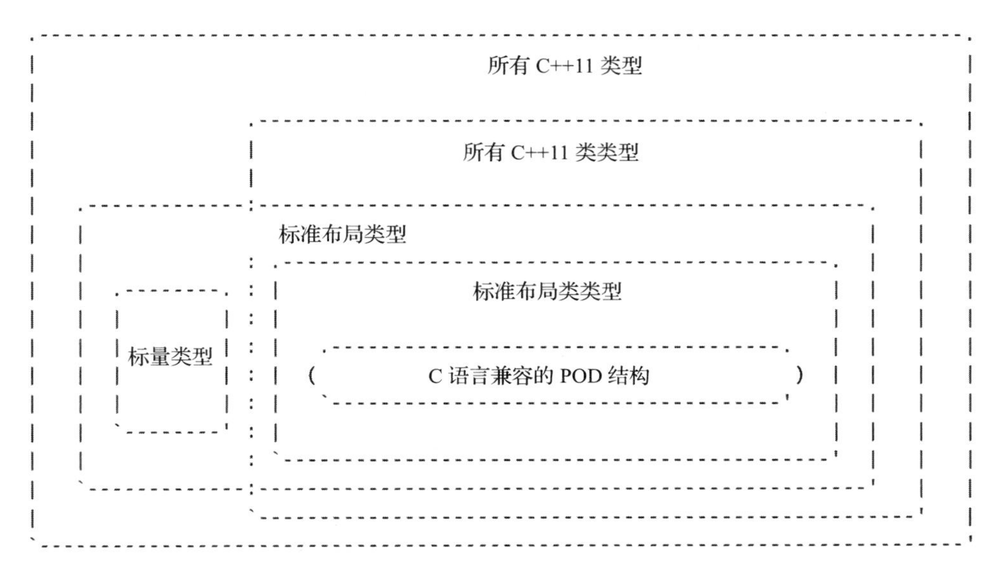

重要的是，对于被视为标准布局的类类型，它不需要是平凡的，也不需要以任何方式看起来像 C 类型：

```
#include <cstddef>   // std::size_t
class String  // non-trivial standard-layout class type
{
    char*        d_array_p;   // scalar (standard layout)
    std::size_t d_length;     //    "          "        "
    std::size_t d_capacity;   //    "          "        "

public:
    String();                                    // non-trivial
    String(const String& other);                 //  "      "
    String& operator=(const String& other);     //  "      "
    ~String();                                   //  "      "
};
```

在上面所示的 String 类的定义中，没有基类和虚函数，所有的数据成员都是同一个访问级别的标量，private；因此，这个 String 类是标准布局类型，尽管它具有用户提供的（因此是非平凡的）默认构造函数、析构函数、拷贝构造函数和拷贝赋值特殊成员函数，请参见描述——平凡子类别。类似地，std::vector<T> 几乎可以肯定是标准布局类型，其中 T 是任何可行的元素类型，例如所有没有虚函数表的私有标量成员数据；它是非平凡的，因为它可能拥有并管理一个资源。

C++ 标准保证标准布局类类型具有某些重要属性。

- 第一个数据成员共享封闭对象的地址。也就是说，如果给定的类类型 C 是标准布局类型，并且如果 C 或任何基类 B（C 是从该类派生的）中存在任何数据成员，则在该作用域中定义的数据成员序列中的第一个数据成员将具有与封闭对象相同的地址：

```
struct A { };
struct C : A { int i, j; };  // All data members are in the derived class.

struct B { double x, y; };
struct D : B { };            // All data members are in the base class.

#include <cassert>  // standard C assert macro
void test1()
{
    C c;
    D d;

    assert(&c == static_cast<void*>(&c.i));  // i is first member of c.
    assert(&d == static_cast<void*>(&d.x));  // x is first member of d.
}
```

- 在 union 中，成员可以共享一个共同的初始成员序列。当一个 union 有两个或多个标准布局类类型的成员，并且其中一个处于活跃状态时，与活跃成员的类型共享 CIMS 的任何其他标准布局类类型都可以访问该 CIMS 中的任何数据成员，前提是该活跃成员已经被初始化。例如，考虑一个简单的标准布局类 SS，它包含三个公有数据成员，类型为 int、double 和 void*，以及其他一些类似的标准布局类类型，S0、S1、S2 和 S3，即依次组成一个 union，U：

```
struct SS { int  i; double d; void* p; };

struct S0 { long i; double d; void* p; };        // 0 member CIMS
struct S1 { int  j; float  d; void* p; };        // 1    "     " w/ all but S0
struct S2 { int  j; double e; char* p; };        // 2    "     " with SS, S3
struct S3 { int  j; double e; void* q; S0 s; };  // 3    "     " with SS

union U { SS ss; S0 s0; S1 s1; S2 s2; S3 s3; };  // all standard-layout types
```

在上面的示例中，S0 的第一个数据成员的类型与 SS 的不同，因此不与 SS 或 U 的任何其他成员共享 CIMS。S1 的第一个数据成员与 SS 的数据成员完全匹配（以及 U 的所有其他成员，除了 S0），但其第二个成员的类型不同；因此，SS 和 S1 共享长度为 1 的 CIMS：int。S2 的前两个数据成员与 SS 的数据成员完全匹配（但之后不同），因此它们共享长度为 2 的 CIMS：int、double。S3 的前三个数据成员与 SS 的数据成员完全匹配，因此它们共享长度为 3 的 CIMS：int、double、void*。

如果我们创建 union U 的实例（例如 u），以 ss 作为活跃成员，并初始化 SS 的三个数据成员，我们就可以通过 U 的其他成员安全地访问零个、部分或所有这些值，具体取决于它们共有的 CIMS 的长度：

```
U u = { 3, 5.5, 0 };  // braced initialization of SS standard-layout member

int    i0 = u.s0.i;  // Bug, no CIMS with SS

int    i1 = u.s1.j;  // OK, j member of S1 is part of CIMS with SS.
double d1 = u.s1.d;  // Bug, d member of S1 is not part of CIMS with SS.
void*  p1 = u.s1.p;  // Bug, p    "     "  "  "  "    "   "    "    "

int    i2 = u.s2.j;  // OK, j member of S2 is part of CIMS with SS.
double d2 = u.s2.e;  // OK, e     "     "  "  "  "    "   "    "    "
void*  p2 = u.s2.p;  // Bug, p member of S2 is not part of CIMS with SS.

int    i3 = u.s3.j;  // OK, j member of S3 is part of CIMS with SS.
double d3 = u.s3.e;  // OK, e     "     "  "  "  "    "   "    "    "
void*  p3 = u.s3.q;  // OK, q     "     "  "  "  "    "   "    "    "
```

根据标准布局类类型的定义（见上面的标准布局类型），任何类层次结构体中最多允许一个类包含非静态成员数据；因此，CIMS 与其在继承层次结构体中的定义位置无关：

```
struct E0 { };                // empty base class
struct E1 { };                //   "     "    "
struct AA { int x; };         // First non-static data member has type int.
struct BB : E0 { int x; };    //   "     "     "     "     "    "   "   "
struct CC : AA { };           //   "     "     "     "     "    "   "   "
struct DD : E1, CC { };       //   "     "     "     "     "    "   "   "
```

所有标准布局类型 AA、BB、CC 以及 DD（上述）共享一个长度为 1 的 CIMS: int。因此，对于一个由这些类型组成的 union，允许初始化或写入他们中任何一个的第一个数据成员，然后从同一个 union 成员或者任何其他成员中读取该成员：

```
const union UU { AA a; BB b; CC c; DD d; } uu = { 17 };  // Initialize uu.a.
const int xa = uu.a.x, xb = uu.b.x, xc = uu.c.x, xd = uu.d.x; // Read from any.
```

要使 CIMS 适用，成员类型必须完全匹配：

```
struct FF { AA           x; };  // First non-static data member is AA.
struct GG { unsigned int x; };  //   "     "     "     "     "    " unsigned
struct HH { const int    x; };  //   "     "     "     "     "    " const
```

标准布局类 FF、GG 或 HH 都不与 AA、BB、CC 或 DD 中的任何一个共享 CIMS。此外，联合的每个标准布局成员都必须是类类型才能获得共享 CIMS 的资格；因此，union 的原始 int 成员不符合条件：

```
union NoCIMS { int x; AA a; FF f; GG g; HH h; }; // no CIMS, different members
```

特别注意的是，x 不是类类型，因此没有成员参与 CIMS；向 x 写入并不会授予从任何其他数据成员读取的许可，反之亦然。将非标准布局类型的尾随数据成员添加到本来可能会有 CIMS 的类类型的话，会使这个类类型成为非标准布局，因而让联合中 CIMS 的这种特殊用途无效：

```
struct NonSlct { int i; private: int j; };   // not standard-layout class type

struct Sx  { int x; };                       // is standard-layout class type
struct Sxy { int x; NonSlct y; };            // not    "        "      "     "

union NoCIMS2 { Sx a; Sxy b; };  // No CIMS because Sxy is not standard-layout
NoCIMS2 nc2 = { 3 };
int i4 = nc2.b.x;                // Bug, b.x is not part of a CIMS
```

这种误用并不少见，而且通常是无意的，请参见潜在缺陷——联合的误用。

- 标准布局类类型保证支持标准 C offsetof 宏。<cstddef> 中定义的 offsetof 宏接受类型参数（例如类型名称、模板参数或 decltype 表达式）和成员指示符为输入，返回指定类型中该成员的偏移量（以字节为单位）。C++ 标准的一致性实现必须支持该宏用于任何类型的标准布局类。例如，考虑一个标准布局的 Point 类，它恰好有一个非平凡的析构函数：

```
#include <cstddef>  // standard C offsetof macro

struct Point  // standard-layout type having all public data members
{
    int d_x, d_y;
    ~Point() { }  // user-provided (non-trivial) destructor
};

const std::size_t xoff = offsetof(Point, d_x);  // OK, return 0.
const std::size_t yoff = offsetof(Point, d_y);  // OK, return 4.
```

正如我们所见，标准布局类的第一个成员的地址，在本例中为 d_x，始终与类对象本身具有相同的地址，因此 d_x 在 Point 内的偏移量为 0。假设 int 在我们的平台上的大小为 4 个字节，我们预计 d_y 在任何 Point 类型的对象中的偏移量为 4。

如果在调用 offsetof 的位置无法访问数据成员，则程序格式错误。由于 Point 的所有数据成员都是 public 的，我们可以使用 offsetof 在文件作用域内访问它们（例如初始化 xoff 和 yoff）。现在考虑一个完全由私有数据成员组成的类 Box，并且恰好有一个非平凡的拷贝构造函数。和以前一样，假设 int 的大小为 4 个字节：

```
class Box  // standard-layout type having all private data members
{
    int   d_length;
    int   d_width;
    Point d_origin;  // nested standard-layout class type

public:
    Box() // user-provided (non-trivial) constructor
    {
        static_assert(8 == offsetof(Box, d_origin.d_x), "");
                        // OK, d_origin is accessible within the constructor.
    }

    friend void boxUtil();  // grant function boxUtil private access
};

void boxUtil() { static_assert(12 == offsetof(Box, d_origin.d_y), ""); } // OK

std::size_t woff = offsetof(Box, d_width);  // Error, d_width is private.
```

即便是私有数据，offsetof宏在成员函数（例如Box构造函数）或友元函数（例如boxUtil）中使用也是可行的，但在任何无权访问Box的私有成员作用域中则不可行（例如，woff的初始化语句）。请注意，offsetof也适用于成员的成员，例如，它能够返回d_origin成员的d_x成员在Point内的偏移量。

在C++11和C++14中，在非标准布局类型上使用offsetof被归类为具有未定义行为；然而，在实践中，在某些非标准布局类型的子集上使用offsetof时，大多数流行的编译器会产生可用的结果，只不过经常伴随着警告[1]。然而，即使在最宽松的编译器上，通常也不支持获取虚基类成员的偏移量。

（6）平凡类型

所有的标量类型是平凡类型：

```
// Type        Is trivial?
int    x;  // yes, scalar type
double y;  // yes,    "      "
char*  z;  // Yes, pointers are scalar types too.
```

此外，平凡类型的数组和cv限定的版本也是平凡类型：

```
// Type                    Is trivial?
double        a1[20];  // yes, array of trivial type
const int     i1 = 2;  // yes, const-qualified trivial type
volatile int a2[5];    // yes, array of volatile-qualified trivial type
```

对于被视为平凡类型的class、struct或union类型，必须具有以下几个独立属性中的每一个，请参见2.1.4节和2.1.6节[2]。

- 此类类型没有虚函数

```
// Type                                Is trivial?
struct S0a { void f(); };          // yes, has no virtual functions
struct S0b { virtual void f(); };  // no, has a virtual function
```

- 此类型没有虚基类

```
// Type                           Is trivial?
struct S1a { };               // yes, empty class
struct S1b : S1a { };         // yes, nonvirtual base class
struct S1c : virtual S1a { }; // no, virtual base class
```

- 该类型没有使用就地初始化（Default Member Initializer）的非静态数据成员（参见3.1.7节）

```
// Type                                    Is trivial?
struct S2a { int i; };                  // yes
struct S2b { int i = 0; };              // no, default member initializer
struct S2c { int i = {}; };             // no, default member initializer
struct S2d { static const int i = 0; }; // yes, static const data member
struct S2e { static const int i{}; };   // yes,    "      "      "      "
```

- 该类型没有用户提供的默认构造函数

```
struct S3a { int i; };          // yes
struct S3b { int i; S3b(); };  // no, user-provided default constructor
```

- 该类型至少有一个非删除的平凡默认构造函数　平凡构造函数不是用户提供的，它为每个基类和非静态数据成员调用平凡默认构造函数。此外，虚函数、虚基类或就地初始化（上面的第1～3项）的存在会阻止默认构造函数变成平凡的，因为virtual实体会通过构造函数正确地

[1] 在C++17中，对某些非标准布局类型使用offsetof被归类为有条件支持，即它要么必须按指定方式工作，要么是格式错误的。

[2] C++17更新了关于构成平凡类型的规则，并使它们可以回溯到以前的标准；为简单起见，我们按照C++17的方式介绍它们，并且考虑到旧的编译器可能会以不同的方式处理边界情况，请参见烦恼——C++标准在这方面尚未稳定。

初始化虚函数表指针或虚基指针：

```
// Type                              Is trivial?
struct S4a { };                   // yes
struct S4b { S4b(); };            // no, user-provided default constructor
struct S4c { S4c() = default; };  // yes, defaulted default constructor
struct S4d { S4d() = delete; };   // no, deleted default constructor
struct S4e { S4e() = default; S4e(int = 0) = delete; };  // yes, but ambiguous
struct S4f { S4f() = delete; S4f(int = 0) = default; };  // Error, bad syntax

// Type                    Is trivial?
struct S4g : S4a { };    // Yes, S4a base class has trivial default constructor.
struct S4h : S4b { };    // No, S4b base class has non-trivial default ctor.
struct S4i { S4c c; };   // Yes, S4c member has trivial default constructor.
struct S4j { S4d d; };   // No, S4d missing nondeleted default ctor.
struct S4k : S4e { };    // No, S4e default constructor is ambiguous, so S4k
                         //      default constructor is implicitly deleted.
```

请注意，上面的 S4e 是平凡的，但其默认构造函数不明确，因此不能使用。由于编译器无法为 S4k 生成默认构造函数，因此这个不可用的默认构造函数会阻止 S4k 变成平凡的。另请注意，S4f(int = 0) 不能是默认的，其格式是错误的，参见 2.1.4 节。

- 类有一个平凡的析构函数　非用户提供的、非虚的析构函数，并且每个基类和非静态成员析构函数都是平凡的。

默认的析构函数必须是非删除的，这要求每个基类和非静态成员析构函数也是非删除的和可访问的：

```
// Type                                                  Is trivial?
struct S5a { S5a() = default; };                      // yes
struct S5b { S5b() = default; ~S5b(); };              // no, user-provided dtor
struct S5c { S5c() = default; ~S5c() = default; }; // yes
struct S5d { S5d() = default; ~S5d() = delete; };     // no, deleted dtor
struct S5e { private: ~S5e() = default; };            // Yes, but dtor is private.

// Type                       Is trivial?
struct S5f : S5a { };       // Yes, S5a base class has trivial destructor.
struct S5g : S5b { };       // No, S5b base class has non-trivial destructor.
struct S5h { S5c c; };      // Yes, S5c member has trivial destructor.
struct S5i { S5d d[5]; };   // No, S5d has a deleted destructor.
struct S5j : S5e { };       // No, S5e base class destructor is not accessible.
```

注意到上面的 S5e 是平凡的，但是析构函数是私有的，只能被友元使用。S5j 的析构函数是删除的，因为它不能访问基类 S5e 的析构函数，这使得 S5j 变成了非平凡的。

- 该类没有用户提供的拷贝构造函数、移动构造函数、拷贝赋值运算符或移动赋值运算符

```
// Type                                      Is trivial?
struct S6a { };                           // yes
struct S6b { S6b() = default;
             S6b(const S6b&) = default; }; // yes
struct S6c { S6c() = default;
             S6c(const S6c&); };          // no, has user-provided copy ctor
struct S6d { S6d() = default;
             S6d(const S6d&) = delete; }; // yes, no user-provided copy ctor
struct S6e { S6e& operator=(S6e&&); };    // no, user-provided move assignment
```

- 至少有一个非删除的平凡拷贝构造函数、移动构造函数、拷贝赋值运算符或移动赋值运算符　如果这些操作不是用户提供的，并且只为每个基类和非静态数据成员调用平凡构造函数或赋值运算符，那么这些操作中的每一个都是平凡的。此外，虚函数或虚基类（上面的第 1 项和第 2 项）的存在会阻止拷贝 / 移动构造函数和拷贝 / 移动赋值运算符成为平凡的：

```
// Type                                      Is trivial?
struct S7a
{
    S7a()                    = default;  // trivial default constructor
    S7a(const S7a&)          = delete;   // deleted copy constructor
```

```
    S7a& operator=(const S7a&) = default;  // trivial copy assignment
};                                         // yes, one trivial copy operation

struct S7b
{
    S7b()                      = default;  // trivial default constructor
    S7b(const S7b&)            = delete;   // deleted copy constructor
    S7b& operator=(const S7b&) = delete;   // deleted copy assignment
};                                         // no, no nondeleted copy ops

struct S7c
{
    S7c()                      = default;  // trivial default constructor
    S7c(const S7c&)            = delete;   // deleted copy constructor
    S7c(S7c&&)                 = default;  // trivial move constructor
    S7c& operator=(const S7c&) = delete;   // deleted copy assignment
};                                         // yes, one trivial copy operation

struct S7d
{
    S7d()                      = default;  // trivial default constructor
    S7d(const S7d&);                       // user-provided copy ctor
    S7d(S7d&&)                 = default;  // trivial move constructor
};                                         // no, user-provided copy operation

struct S7e
{
    S7e()                      = default;  // trivial default constructor
    S7e(const S7e&)            = default;  // trivial copy constructor
    S7e& operator=(S7e&&);                 // user-provided move assignment
};                                         // no, user-provided move operation

struct S7f { const int i; };               // Yes, but assignment is deleted.

struct S7g : S7a { S7g()    = default; };  // yes, trivial base copy

struct S7h : S7b { S7h()    = default; };  // No, S7b copy ops are deleted.

struct S7i { S7d x; S7i()   = default; };  // No, copy ctor is not trivial.
```

在上面的示例代码中，S7b 不是平凡的，因为没有非删除的平凡拷贝操作；S7d 和 S7e 不是平凡的，因为每个都有至少一个非平凡的拷贝 / 移动操作（即 S7d 的拷贝构造函数和 S7e 的移动赋值运算符）。

虽然不常见，如果一个类型具有非平凡的拷贝 / 移动操作的基类或成员，可以通过删除这些操作创建一个平凡的新类型：

```
// Type                                          Is trivial?
struct S7j { S7d x; S7j()            = default;     // Yes, non-trivial copy ctor
             S7j(const S7j&)         = delete;  };  // deleted in outer class.

struct S7k : S7d { S7k()             = default;     // yes, deletes non-trivial
                   S7k(const S7k&)   = delete;  };  // copy ctor

struct S7l { S7e y; S7l()            = default;     // yes, deletes non-trivial
             S7l& operator=(S7l&&)   = delete; };   // move assignment
```

通常，具有 S7d 作为成员或基类的类将具有非平凡的拷贝构造函数，因为它调用 S7d 的非平凡拷贝构造函数。但是，S7j 和 S7k 都是平凡的，因为它们有删除的拷贝构造函数，只留下平凡的拷贝赋值运算符作为唯一非删除的拷贝 / 移动操作。类似地，S7l 是平凡的，因为它有删除的移动赋值运算符。

（7）平凡子类别

通过将 POD 类型的要求划分为两个正交的类别——标准布局和平凡类型，我们显著增加了与每个类型相关的功能适用性。要求一个类型是完全平凡的几乎没有必要，将平凡的各个方面划分成更细粒度的需求可以提高各种平凡子类别所支持的单个属性的适用性：

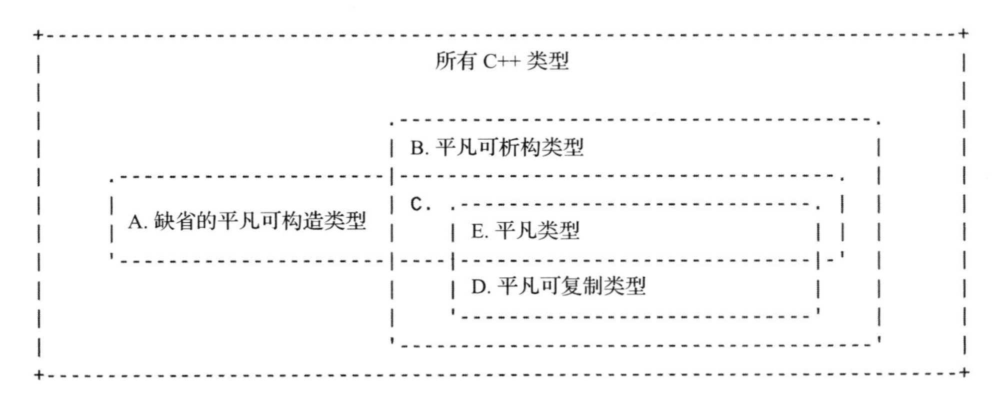

支持任何形式平凡性的类型都可以按如下所示进行划分：

①平凡默认可构造的。

②平凡可析构的。

③平凡默认可构造和平凡可析构的。

④平凡可拷贝的，也意味着是平凡可析构的。

⑤平凡的，意味着平凡默认可构造和平凡可拷贝。

每一个子类型都需要满足一个不同的完全平凡类型的需求子集，从而使它们分别在功能上更完整，因此更普遍适用。

①平凡默认可构造类型有一个平凡默认构造函数，满足平凡类型中的属性①～⑤：

```
struct SA  // trivially default constructible
{
    int x, y;
    SA() = default;              // trivial default constructor
    SA(const SA&);               // user-provided copy constructor
    SA& operator=(const SA&);    // user-provided assignment operator
    ~SA();                       // user-provided destructor
};
```

平凡默认可构造类型的对象的生命周期从为对象分配存储时开始，直到其存储被回收或重新利用为止。除非平凡默认可构造类型也是平凡可析构的，否则我们可以通过调用析构函数[^1]来结束它的生命周期。这个类别的对象在被写入前，其值是不确定的。并且允许跳过没有初始化语句的此类型变量的定义，例如通过 goto 语句。请注意，声明为 const 的变量或具有 const 或引用限定成员的类型将需要显式初始化语句，并阻止跳过该变量的定义：

```
struct SA2 { const int i; SA2(const SA2&); ~SA2(); }; // must initialize
struct SA3 { int& r;      SA3(const SA3&); ~SA3(); }; //   "       "
```

②平凡可析构类型有一个平凡的析构函数，满足平凡类型中的属性（6）：

```
struct SB  // trivially destructible
{
    int x, y;
    SB();                        // user-provided default constructor
    SB(const SB&);               // user-provided copy constructor
    SB& operator=(const SB&);    // user-provided assignment operator
    ~SB() = default;             // trivial destructor
};
```

平凡可析构类型可能是字面类型（Literal Type），其对象在编译时可用于常量表达式（Constant

[^1]: 从 C++20 开始，在任何对象上显式调用析构函数，包括平凡可析构类型，都会结束其生命周期，因此以依赖其值的方式访问该对象会被认为访问了未定义的变量；但是，如果该对象的存储尚未释放或重用，则允许获取已销毁对象的地址。

Expressions)。更一般而言，可以安全地省略调用此类对象的析构函数；请参见 3.1.5 节和 3.1.6 节。

平凡可析构类型简化了 union 的使用。尽管 C++11 不再要求 union 成员是平凡类型（请参见 4.1.7 节），union 中的任何成员的存在都会导致 union 隐式定义的析构函数被删除，例如 SA 这样的非平凡析构函数：

```
union U1a { SA s; int i; };            // OK, but U1a's destructor is deleted.
union U1b { SA s; int i; ~U1b() { } }; // OK, user-defined no-op destructor
union U1c { SB s; int i; };            // OK, SB is trivially destructible.

void f1()
{
    U1a u1a{SA{}};  // Error, destructor for U1a is deleted.
    U1b u1b{SA{}};  // OK, U1b has a user-defined destructor.
    U1c u1c{SB{}};  // OK, U1c is trivially destructible.
    u1b.s.~SA();    // explicit destructor call to avoid leaking resources
}
```

U1a 类型的局部变量无法定义，因为编译器无法生成代码以在当前作用域结束时销毁它。u1b 的定义是有效的，但是因为 U1b 的析构函数无法知道当前的活跃成员，所以我们为活动成员显式调用非平凡析构函数以避免潜在的资源泄漏。相反，ulc 的定义没有这些问题，因为 U1c 的所有成员（以及，U1c 本身）都有平凡析构函数。无论作用域结束时的活跃成员是什么，都可以在不调用任何代码的情况下销毁 u1c。

③平凡默认可构造和平凡可析构类型满足平凡类型中的属性（1）～（6）：

```
struct SC  // trivially default constructible and destructible
{
    int x, y;
    SC() = default;              // trivial default constructor
    SC(const SC&);               // user-provided copy constructor
    SC& operator=(const SC&);    // user-provided assignment operator
    ~SC() = default;             // trivial destructor
};
```

相对而言，很少有用例需要同时是平凡默认可构造的和平凡可析构的，但不是平凡可拷贝的类型。尽管变量必须是平凡可构造的，并且可以不需要显式初始化来跳过其定义（例如通过 goto 语句），但 C++ 不再要求该类型也是平凡可析构的[⊖]；然而，许多实现仍然强加这一要求（请参见烦恼——C++ 标准在这方面尚未稳定）：

```
int func()  // works even when dtor is still required to be trivial
{
    goto L;         // Jump over definition of obj.
    SC obj;         // definition having trivial default ctor (and destructor)
 L: obj.x = 5;      // Initialize public x data member with value 5.
    return obj.x;   // Return value of initialized x data member.
}
```

在符合一致性标准的编译器中，对类型 SC 的唯一要求是它是平凡可构造的，无须显式初始化。

当通过赋值更改 union 的活跃成员时，另一种情况可能会需要类型既是平凡默认可构造的又是平凡可析构的。在这种情况下，原始活跃成员的类型必须是平凡可析构的以避免资源泄漏，而新的活跃成员的类型必须是平凡默认可构造的，以避免未定义的行为：

```
struct TD  // trivially destructible (only)
{
    TD();                        // user-provided default constructor
    ~TD() = default;             // trivial destructor
    TD& operator=(const TD&);    // user-provided assignment operator
};
```

⊖ 此要求最初于 2012 年添加（针对 C++14），于 2016 年删除（针对 C++17），并于 2019 年恢复（将 CWG issue 2256 作为缺陷报告的决议；参见 smith16b）。

```
struct TC  // trivially default constructible (only)
{
    TC() = default;             // trivial default constructor
    ~TC();                      // user-provided destructor
    TC& operator=(const TC&);   // user-provided assignment operator
};

union U2
{
    TD orig;  // trivially destructible; holds no resources
    TC next;  // trivially constructible; enables assignment to raw memory
    ~U2();    // user-provided destructor required for U2
};

void f2()  // Initialize union U2 and change the active member once.
{
    U2 u{TD()};       // OK, u.orig is copy initialized and active.
    u.next = TC();    // OK, make u.next the active member of union u.
    u.next.~TC();     // Destroy the active member before u goes out of scope.
}
```

U2 需要用户提供的析构函数，因为它的一个成员不是平凡可析构的。请注意，U2 中的两个成员类型 TD 和 TC 不是对称的，因为在 union 中，TD 仅被初始化并且从未被赋值，而 TC 仅被赋值并且从未被初始化。安全地赋值 u.next 要求 u.orig 是平凡可析构的并且 u.next 是平凡默认可构造的。在函数结束时，我们销毁 u.next 避免资源泄漏。

每次赋值更改 union 的活跃成员时，一个成员的生命周期结束，另一个成员的生命周期开始，但这个过程不会调用成员析构函数或构造函数。因此，使用赋值将 u 的活跃成员从 next 更改回 orig 是有问题的，因为 next 的非平凡析构函数没有运行，可能导致资源泄漏，并且 orig 在被用作赋值的目标之前没有初始化，会导致未定义的行为：

```
void f3()  // Attempt to change the active member of union U2 twice.
{
    U2 u{TD()};       // OK, u.orig is copy initialized and active.
    u.next = TC();    // OK, make u.next the active member of union u.
    u.orig = TD();    // Bug (UB), u.next is not destroyed, and u.orig is not
                      //   constructed prior to assignment.
}
```

在这种情况下更改活跃成员的安全方法是，显式销毁原始活跃成员（即 u.next）并在适当的位置显式构造新的活跃成员（即 u.orig）：

```
#include <new>       // placement new
void f4()  // Initialize union U2 and change the active member twice.
{
    U2 u{TD()};           // OK, u.orig is copy initialized and active.
    u.next = TC();        // OK, make u.next the active member of union u.
    u.next.~TC();         // OK, destroy active member having non-trivial dtor.
    new(&u.orig) TD();    // OK, construct new active member in place.
}  // u goes out of scope with orig as its active member.
```

在上述函数的末尾，u.orig 是活跃成员，因此，由于 TD 是平凡可析构的，在 u 超出作用域之前无须调用 u.orig.~TD()。

为了安全地使用赋值（与 f4 中显示的析构函数 / 构造函数习惯用法相反）在 union 的所有成员之间来回切换，每个成员都必须既是平凡可析构的又是平凡默认可构造的。这样的 union 本身是平凡可析构的，并且不需要用户提供的析构函数：

```
struct TDC1 { TDC1& operator=(const TDC1&); };  // trivial ctor and destructor
struct TDC2 { TDC2& operator=(const TDC2&); };  // trivial ctor and destructor

union U3 { TDC1 orig; TDC2 next; };

void f5()  // Initialize union U3 and change the active member multiple times.
{
```

```
    U3 u{TDC1()};     // Initialize with orig as the active member.
    u.next = TDC2();  // OK, make u.next the active member of union u.
    u.orig = TDC1();  // OK, make u.orig the active member of union u.
    // ...      (repeat as needed)
    // OK, u is trivially destructible, regardless of its active member.
}
```

④平凡可拷贝类型至少有一个拷贝或移动特殊成员函数（即拷贝 / 移动构造函数或赋值运算符），并且它们所拥有的任何操作都是平凡的。此外，所有平凡可拷贝类型也是平凡可析构的。这些类型满足平凡类型中的属性（1）、（2）、（6）、（7）、（8）[⊖]：

```
class SD  // trivially copyable
{
    int x, y;  // private data members
public:
    SD(int u, int v) : x(u), y(v) { }  // not default constructible
    int xValue() const { return x; }   // OK, nonvirtual member function
    int yValue() const { return y; }   //  "        "         "       "

    // trivial: destructor, copy constructor, and copy-assignment operator
};
```

平凡可拷贝类型有资格拥有其底层对象表示，即构成对象整个内存占用的字节值，能够“按位”拷贝（例如通过 std::memcpy）直接到相同的类型的另一个对象，或者到 char 或 unsigned char 的中间数组，然后返回到相同类型的对象：

```
#include <cstring>  // std::memcpy

void exerciseTriviallyCopyable()
{
    SD a(3, 5), c(0, 0);                                   // value init
    SD b(a);                                               // copy init
    SD& d = *static_cast<SD*>(::operator new(sizeof(SD))); // uninitialized
    c = b;                               // copy assignment
    std::memcpy(&d, &b, sizeof(SD));     // Copy-initialize via memcpy.

    // Each of a, b, c, and d now have the value (x = 3, y = 5).

    unsigned char buf[sizeof(SD)];  // must be char or unsigned char array
    std::memcpy(buf, &b, sizeof(SD));  // eligible use of memcpy
    SD e(0, 0);                        // value construction
    std::memcpy(&e, buf, sizeof(SD));  // eligible use of memcpy

    // Now e too has the value (x = 3, y = 5).
    ::operator delete(&d);
}
```

平凡可拷贝类型可能会提供某些优势，例如更好的性能；请参见用例——固定容量字符串（平凡可拷贝）。然而，在标准不支持时使用 std::memcpy 具有未定义的行为，请参见潜在缺陷——非法使用 std::memcpy。std::memcpy 不是传输任意甚至不确定值字节的唯一方法，请参见潜在缺陷——通过 std::memcpy 以外的其他方式进行简单拷贝。

⑤平凡类型是平凡可拷贝的和平凡默认可构造的，并且满足平凡类型的所有属性：

```
class SE // trivial
{
    int x, y;  // private data members

    // All special member functions are implicitly trivial.
public:
```

⊖ 当 C++14 标准首次被正式批准时，C++14 标准还额外要求一个平凡可拷贝类型没有易失性（Volatile）数据成员。通过 CWG issue 2094（参见 vandevoorde15）的决议，这一新限制被撤销。2018 年的提案（参见 odwyer18）将通过删除具有易失性成员的类的隐式拷贝和移动操作，来有效地解决 CWG issue 2094，请参见烦恼——C++ 标准在这方面尚未稳定。

```
    void setX(int u)    { x = u;    } // OK, nonvirtual member function
    void setY(int v)    { y = v;    } // OK, nonvirtual member function
    int xValue() const { return x; } //  "          "          "        "
    int yValue() const { return y; } //  "          "          "        "
};
```

一个完全平凡的类型可以直接被拷贝（例如使用 std::memcpy）到其他类似类型的对象中，或者拷贝到专门是 unsigned char 或 char 类型的数组，然后再拷贝回相同类型的对象。请注意，由于默认构造函数是平凡的，原始对象可能具有不确定的值，在这种情况下，结果对象也将具有不确定的值。即使拷贝到其中的对象已经被初始化，字节数组的元素也可能是不确定的，这会导致任何“检查”此类字节的尝试都具有未定义的行为。但是，可以将所述字节安全地拷贝回同一对象或同一类型之一，并且该对象将保留原始的值，这个值可能是不确定的：

```
void exerciseTrivial()
{
    SE a, b;  // a and b are uninitialized; each has indeterminate value.

    a.setX(3); a.setY(5);  // a now holds the value (x = 3, y = 5).

    unsigned char buf[sizeof(SE)];  // must be char or unsigned char array

    std::memcpy(buf, &a, sizeof(SE));  // buf now holds "inspectable" bytes.
    std::memcpy(buf, &b, sizeof(SE));  // buf now has indeterminate value.

    std::memcpy(&a, buf, sizeof(SE));  // a again has indeterminate value.
}
```

（8）类型特征

C++11 提供类型特征——定义类的模板（这些类包含值成员），如果使用查询类别的完整类型实例化该成员，则为 true，否则为 false——以识别上述各种类别，但遗憾的是，在实践中它们都有很多问题。这些特征中的每一个都在 <type_traits> 中定义，并且通常继承自 std::true_type 或 std::false_type，以提供适当的值成员：

```
#include <type_traits>  // std::is_pod, std::is_standard_layout, std::is_trivial

class  Pod1 { double x; char* y; };        // POD type
struct SL1 { SL1(); };                     // standard-layout, not trivial
class  Tr1 { int x; public: int y; };      // trivial, not standard-layout
class  Antipod { virtual ~Antipod(); };    // not standard-layout, not trivial

static_assert( std::is_pod<Pod1>::value, "");                  // OK
static_assert( std::is_standard_layout<Pod1>::value, "");      // OK
static_assert( std::is_trivial<Pod1>::value, "");              // OK

static_assert(!std::is_pod<SL1>::value, "");                   // OK
static_assert( std::is_standard_layout<SL1>::value, "");       // OK
static_assert(!std::is_trivial<SL1>::value, "");               // OK

static_assert(!std::is_pod<Tr1>::value, "");                   // OK
static_assert(!std::is_standard_layout<Tr1>::value, "");       // OK
static_assert( std::is_trivial<Tr1>::value, "");               // OK

static_assert(!std::is_pod<Antipod>::value, "");               // OK
static_assert(!std::is_standard_layout<Antipod>::value, "");   // OK
static_assert(!std::is_trivial<Antipod>::value, "");           // OK
```

根据 C++ 标准，值 std::is _standard_layout<T>::value 对于任何标准布局类型的 T 为 true。但是，在某些很少遇到的情况下，此特征会产生不正确的值。特别是，一些流行的编译器[⊖]强制使用空白空间填充对象，以防止当原本为空的基类和第一个非静态数据成员的空间重叠时，编译器会为特征（true）生成错误的值。

⊖ 例如，GCC 11.1（大约 2021 年）和 Clang 12.0（大约 2021 年）。

值 std::is_trivial<T>::value 对于任何平凡类型的 T 都应该为真。对于某些极端情况，这种特征也经常存在缺陷。特别是，在流行编译器的同一个当前版本中[1]，对于具有删除默认构造函数、删除拷贝和移动操作或删除析构函数的类（例如之前示例中的 S4d、S4j、S4k、S5d、S5i、S5j、S7b、S7h、S7j、S7k 和 S7l），std::is_trivial 会产生假阳值（计算为 true）。使用这些相同的编译器，当一个类删除一个拷贝或移动操作，并且该操作将为一个基类或者数据成员调用一个非平凡操作时（例如上面示例中的 S7j、S7k 和 S7l），std::is_trivial 会产生一个假阴值（计算为 false）。

为了查询一个任意构造函数是否平凡，标准库提供了另一种类型特征 is_trivially_constructible，它标识具有给定参数序列的构造和后续的析构对于一个给定类型 T 是否定义良好且平凡：

```
namespace std {

template <typename T, typename... Args>
struct is_trivially_constructible
{
    // The value is true if T t(std::declval<Args>()...) invokes no non-trivial
    // operations.
};

}
```

因为它是根据变量声明定义的，所以这个特征测试了构造和析构的平凡性。该构造将模板参数包和标准库实用程序 std::declval 相结合，以指定一个变量声明，并由指定类型的参数序列进行初始化，请参见 3.1.21 节。下列三个更具体的类型特征可以用来识别可能是平凡的各种类型的构造函数。请注意，除了默认构造函数、拷贝构造函数或移动构造函数之外，没有什么是平凡的：

```
namespace std {

template <typename T>
struct is_trivially_default_constructible
    : std::is_trivially_constructible<T> { };             // possible definition

template <typename T>
struct is_trivially_copy_constructible
    : std::is_trivially_constructible<T, const T&> { };  // possible definition

template <typename T>
struct is_trivially_move_constructible
    : std::is_trivially_constructible<T, T&&> { };       // possible definition

}
```

std::is_pod<T>::value 的值是 std::is_trivial 和 std::is_standard_layout 的组合，并且这两个特征如果在同一个一般情况下进行了错误的识别，这个值也会显示错误的结果[2]。

（9）总结和未来发展方向

POD 类型的原始概念本质上是一个标量、结构体或联合体，可以使用 C 或 C++ 编译器进行编译，其中对成员的解释不会产生什么意外。C++03 POD 类型是 C 兼容类型的超集，C++11 扩展了可被视为 POD 类型的内容，以包括私有或受保护数据成员和有限形式的（结构化）继承。C++11 POD 类型不再需要是聚合类型。

尽管 C++11 大大拓宽了 POD 的定义，但它仍然是有用的 C++ 类型的一个高度受限的子集。C++11 将 POD 的含义重新定义为 C++ 类型的两个更精确和更有针对性的子类别的交集：标准布局类型和平凡类型。

标准布局类型享有某些独立于平凡性的结构化属性。此外，许多编译器支持在标准布局类之外

[1] 例如，GCC 11.1（大约 2021 年）和 Clang 12.0（大约 2021 年）。

[2] C++20 删除了术语 POD 所有核心语言用法，并将这些用法替换为更具体的需求。因此，类型特征 std::is_pod 在 C++20 中已弃用，并且可能会在未来的标准中删除。

的一个特定实现的类型超集上使用 offsetof。请参见描述——标准布局类的特殊属性。

平凡类型可以进一步细分为单独的有用子类别——平凡默认可构造、平凡可析构和平凡可拷贝——每一种都比要求类型是完全平凡的更加广泛适用。例如，考虑一个看似毫无特色的类类型 Foo：

```
class Foo  // nothing particularly special here
{
    int d_a;                      // private data
public:
    int d_b;                      // public data
    Foo(int x) : d_a{x}, d_b{x} { }  // user-provided value constructor
};
```

上面的 Foo 类型不是标准布局类型，因为它同时具有 public 和 private 的数据成员。Foo 也不是平凡类型，因为通过声明构造函数，默认构造函数的隐式声明（本来应该是平凡的）被抑制了。因此，它不是平凡可构造的，但它是平凡可拷贝的（这意味着它是平凡可析构的）：

```
#include <type_traits>  // std::is_standard_layout, std::is_trivial, etc.

static_assert(!std::is_pod<Foo>::value,                      "");
static_assert(!std::is_standard_layout<Foo>::value,          "");
static_assert(!std::is_trivial<Foo>::value,                  "");
static_assert(!std::is_trivially_constructible<Foo>::value, "");

static_assert(std::is_trivially_destructible<Foo>::value,  "");
static_assert(std::is_trivially_copyable<Foo>::value,      "");
```

每个平凡类型是平凡可拷贝的，但不是每个平凡可拷贝的类型都是平凡的。请注意，只需添加一个默认构造函数声明：Foo() = default 就可以使 Foo 变成平凡的——请参见 2.1.4 节。使 Foo 成为 POD 就不那么直截了当了，并且需要将两个数据成员都合并到一个访问说明符下——即 public 或 private。

尽管像 Foo 这样的类型甚至不接近于满足 C++11 POD 类型的要求，但能够确定 Foo 满足 POD 的一个或多个子要求。Foo 所具备的平凡可拷贝的属性，意味着 Foo 可以通过例如 std::memcpy 进行正确的字节拷贝，请参见用例——固定容量字符串（平凡可拷贝）和潜在缺陷——非法使用 std::memcpy。

POD 的概念不断演变。与其进一步减少用 POD 状态指定一个给定的 C++ 类型的要求（当然，前提是能满足这些要求），直接引用 POD，不如更精确地识别特定的子类别——例如标准布局、平凡可构造、平凡可析构和平凡可拷贝——这些都是语言所需要的[㊀]。

2. 用例

（1）联合（POD）中的垂直编码

C++ 通过虚函数支持继承和动态绑定，这提供了一种在质的方面比纯过程语言（如 C）更强大的抽象形式。实现运行时多态性的一种常规过程化方法是标准布局类类型的 union 的严格使用，通过一种称为垂直编码的方式——一个初始数据序列的各自类型对所有编码都是通用的，并且可能会影响这些编码中后续数据的解释。

为了方便地比较垂直编码和面向对象设计的好处，我们从经典入门的面向对象的“shapes”示例开始，它提供了一个纯抽象（即协议）基类 VShape：

```
#include <iostream>  // std::ostream

struct VShape  // pure abstract base class (a.k.a. protocol)
{
    virtual ~VShape() { }
    virtual std::ostream& draw(std::ostream& stream) const = 0;
        // Format this shape to the specified output stream.

    // ... (any additional methods common across all shapes)
};
```

㊀ 从 C++20 开始，std::is_pod 已被正式弃用，并且在该版本的标准中也没有出现任何其他关于 POD 的规范。

尽管 VShape 是一个抽象类，也必须定义析构函数 ~VShape，而不仅仅是声明它，因为派生类的析构函数将调用基类的析构函数。请注意，抽象基类的析构函数永远不会通过虚函数分派的方式调用，它只能从派生类析构函数中调用。在我们的示例中，空析构函数是内联的（Inline），以便最大限度地减少析构派生类对象的成本。

在应用程序中，我们从抽象的 VShape 基类中派生出各种具体形状：

```
struct VCircle    : VShape    // size 16, alignment 8
{
    double d_radius;
    VCircle(double radius);
    virtual std::ostream& draw(std::ostream& stream) const;
    // ...
};

struct VRectangle : VShape    // size 16, alignment 8
{
    short d_len, d_width;
    VRectangle(short length, short width);
    virtual std::ostream& draw(std::ostream& stream) const;
    // ...
};

struct VTriangle  : VShape    // size 24, alignment 8
{
    int d_side1, d_side2, d_side3;
    VTriangle(int side1, int side2, int side3);
    virtual std::ostream& draw(std::ostream& stream) const;
    // ...
};
```

对虚函数的调用常常通过编译器为每个派生类生成的虚函数表（Virtual-function Table，又名 Vtable）分派。所有流行的编译器都将虚函数表的地址作为隐藏指针成员存储在基类子对象中，派生类的构造函数将这个指针初始化为对应派生类的虚函数表的地址。在我们的示例中，派生类只有几个小数据成员——通常 short 成员占用 2 字节，int 占用 4 字节，double 占用 8 字节——因此我们的 VTriangle、VRectangle 和 VCircle 类型的大小和对齐显著受到隐藏虚函数表指针的影响，这里假定隐藏虚函数表指针为 8 个字节。

使用此框架的应用程序将首先构造具体形状，然后通过指向抽象 VShape 基类的指针或引用将它们传递给函数或子例程（例如下面的 doSomethingV）：

```
void doSomethingV(const VShape& shape);  // arbitrary subroutine on a VShape

void testV()
{
    VCircle t(3);       // Create a concrete object derived from VShape.
    doSomethingV(t);    // Invoke function on circle via VShape base.
    // ...
}
```

在 C++ 中，支持面向对象编程具有明显的优势。例如，可以在不影响协议客户端的情况下轻松添加新形状，并且对派生的具体形状的更改不需要强制协议客户端重新编译。但是，并非所有用例都可以从这种形式的重构中受益，这些潜在的好处是以增加对象大小和虚函数分派导致的潜在的额外运行时开销为代价的。如果形状集是固定的，并且预计只有形状上的程序集会随着时间的推移而增长，那么这种设计的主要优势就会减弱。此外，对于小对象，在每个对象空间中使用虚函数表指针可能会超过对象大小。当派生对象的集合（但不一定是它们提供的功能）是稳定的，最小化数据大小是一个优先事项，语言可移植性是重要事项。当编译时耦合不是问题时，我们要考虑一种 C++ 支持的熟悉的面向对象的语法替代方案。

现在考虑垂直编码——一种实现技术，它可以基于 union（例如 UShape）产生一个替代的，但在很大程度上等效的、过程化的形状框架：

```
struct UShapeTag
{ char d_type; };                              // size 1, alignment 1

struct UCircle
{ char d_type; double d_radius; };             //    "  16      "      8

struct URectangle
{ char d_type; short d_length, d_width; };     //    "  6,      "      2

struct UTriangle
{ char d_type; int d_side1, d_side2, d_side3; };  //    "  16,     "      4

enum { k_CI = 1, k_RE, k_TR };                 // discriminating values

union UShape                                   // union of all shapes
{
    UShapeTag  tg;  // char
    UCircle    ci;  // char, double
    URectangle re;  // char, short, short
    UTriangle  tr;  // char, int, int, int
};                                             // size 16, alignment 8
```

请注意，UShape对象的大小和对齐都远小于从VShape派生的对象。tg成员仅持有union的所有成员的公共部分。严格来说，tg是不需要的，因为任何其他成员都包含相同的第一个字段，但是在垂直编码中，拥有这样一个成员是常见的做法，因为访问tg能够清楚地表明只使用了公共字段。UShape总是与其最大的成员一样大，而从VShape派生的类的对象仅需要能够容纳其数据成员加上虚函数表指针所需的大小。

复合UShape union上的操作现在作为独立的自由函数实现，这些自由函数在所有UShape成员ci、re和tr的公共的第一个数据成员char d_type上使用switch语句：

```
std::ostream& draw(std::ostream& stream, const UShape& shape)
    // Format the specified shape to the specified output stream.
{
    switch (shape.tg.d_type)  // Use tg to access vertical encoding.
    {
      case k_CI: {
        stream << "Circle(" << shape.ci.d_radius << ')';
      } break;
      case k_RE: {
        stream << "Rectangle(" << shape.re.d_length <<
                  ", "          << shape.re.d_width  << ')';
      } break;
      case k_TR: {
        stream << "Triangle(" << shape.tr.d_side1 <<
                  ", "         << shape.tr.d_side2 <<
                  ", "         << shape.tr.d_side3 << ')';
      } break;
      default: {
        stream << "Error, unknown discriminator value: " << shape.tg.d_type;
      } break;
    }
    return stream;
}
```

使用此框架的应用程序看起来与之前使用VShape框架的程序非常相似，不同之处在于，它不构造派生类对象，而是构造一个特定的形状，并将其赋值给一个UShape成员，然后再将UShape传递给一个多态子例程：

```
void doSomethingU(const UShape& shape);  // arbitrary subroutine on a UShape

void testU()
{
    UShape u;                       // Default-initialize union; tg is active.
    u.ci = UCircle{ k_CI, 3.0 };    // Assign a concrete shape to a union member.
    doSomethingU(u);                // Invoke function on a circle via UShape.
    // ...
}
```

重要的是，参与垂直编码联合体的所有结构体都是标准布局类型。此外，碰巧所有的结构体也是平凡类型。这些结构体既是标准布局又是平凡的，因此符合 POD 的定义。此外，因为它们只包含公共的、非静态的数据成员，所以它们在语法和结构上与 C 语言中的结构体兼容；通过添加一些类型定义（例如 typedef struct UCircle UCircle），就可以由 C 和 C++ 编译器编译相同的声明，以生成源代码可在两种语言之间互操作的数据结构。也就是说，这里展示的技术可以稍做修改，以适用于非平凡的标准布局类型（所以这些类型不是 POD 类型），请参见用例——非平凡类型的垂直编码（标准布局）。

请注意，基于 union 的 UShape 设计与对应的基于协议的 VShape 的使用模型有些不同。虽然 VShape 基类不依赖于具体派生类形状的集合，但对于 UShape 和具体形状的结构体的集合来说，情况正好相反。因此，与 VShape 不同的是，相对于创建形状的客户端来说，UShape 模型并没有为那些仅对形状进行操作的客户端提供更少的物理依赖性。

在面向对象的设计中，为所有形状添加新函数会影响从 VShape 派生的每个具体形状，而在基于 union 的垂直编码设计中，添加新形状会影响在形状上的每个公共操作，并且需要向类型标签添加一个新的枚举器。相对于面向对象的方法，基于 union 的垂直编码方法的主要优点是语言可移植性、面向函数的可扩展性[⊖]，有时还包括内存运行效率。

扩展这个示例，假设每个具体的形状（例如 VShape2）在一个用 Point 表示的二维坐标系中保持其位置：

```
struct Point { short d_x, d_y; };  // location in x-y coordinate system

class VShape2
{
public:
    virtual ~VShape2() { }
    // ...
    virtual Point getOrigin() const = 0;
    // ...
};
```

为简单起见，我们将在每个派生类中（例如 VCircle2）直接将原点表示为 Point struct：

```
struct VCircle2 : VShape2
{
    Point  d_origin;  // common location of shape in x-y coordinate system
    double d_radius;  // circle-specific data member

    VCircle2(const Point& xy, double r) : d_origin(xy), d_radius(r) { }
    // ...
    Point getOrigin() const override;
    //
};

Point VCircle2::getOrigin() const { return d_origin; }
```

类似的基于 union 的垂直编码基本上简单地通过扩展共同初始成员序列来实现相同的功能：

```
struct UShapeTag2
{
    char d_type; Point d_orig;  // common initial member sequence
};                              // size: 6

struct UCircle2
{

    char d_type; Point d_orig;  // common initial member sequence
    double d_radius;
};                              // size: 16

struct URectangle2
```

⊖ 正如在 alexandrescu01 中所描述的那样，垂直编码的特征与访问者模式相似，很容易添加操作，但是添加新类型比较困难。

```
{
    char d_type; Point d_orig;  // common initial member sequence
    short d_length, d_width;
};                              // size: 10

struct UTriangle2
{
    char d_type; Point d_orig;  // common initial member sequence
    int d_side1, d_side2, d_side3;
};                              // size: 20


union UShape2 { UShapeTag2 tg; UCircle2 ci; URectangle2 re; UTriangle2 tr; };

Point origin(const UShape2& shape) { return shape.tg.d_orig; }
    // Return the origin of the specified shape.
```

我们追求的是效率，代码不会变得更小或更快；此外，上面基于 union 的垂直编码设计与 C 完全兼容[⊖]。

现实中的垂直编码——Xlib 库 垂直编码的使用案例可以在 X Window 系统中找到，在类 Unix 平台上无处不在。这个图形框架使用一个 C API 来传输各种各样的事件结构，每个事件结构都代表一个输入动作，比如按下键盘、按下鼠标按键、鼠标移动或窗口移动。Xlib API 充分利用了 union 拥有的共同初始成员序列权限。每个事件 struct 都以相同的五个字段开始：类型（type)、序列号（serial)、发送事件（send_event)、显示（display）和窗口（window)。

```
// X11/Xlib.h:

// ...

typedef struct
{
    int           type;
    unsigned long serial;
    Bool          send_event;  // Bool is a C typedef defined in Xlib.h.
    Display*      display;
    Window        window;
} XAnyEvent;

typedef struct
{
    int           type;
    unsigned long serial;
    Bool          send_event;
    Display*      display;
    Window        window;

    Window        root;
    Window        subwindow;
    Time          time;
    int           x, y;
    int           x_root, y_root;
    unsigned int  state;
    unsigned int  button;
    Bool          same_screen;
} XButtonEvent;

// ...                  (many other kinds of events)
```

⊖ 让数据的某些部分影响其他部分的解释适用于微处理器指令领域，其中有两种常见的方法：水平和垂直微编程。对于水平微码，指令的每一位代表一个独立于任何其他位的控制信号。垂直微码通过解码一个小的操作码，然后相应地解释剩余的位，从而以并发性换取紧凑性：

```
[ opcode ] [ <- read instruction -> ]
[ opcode ] [ <----- write instruction -----> ]
[ opcode ] [ <------- execute instruction ----------->]
[ opcode ] [ <------ i/o instruction ------> ]
```

X11/Xlib.h 是一个 C 语言头文件，它使用 C 语言语法来定义命名的结构类型即使用 typedef struct {...} name;，而非 struct name {...}; 。在 C++ 中，两者的含义本质上相同，所以 X11/Xlib.h 头文件可以通过 #include 包含到 C 或 C++ 程序中。

处理一般事件的函数需要一个 XEvent 的地址，包含每个可能的 X Window 事件的判别 union，以及一个初始的 int 类型字段，该字段与每个特定的 X Window 标准布局事件 struct 的第一个元素相同。

```
// X11/Xlib.h:
typedef union
{
    int          type;     // int (not a struct)
    XAnyEvent    xany;     // has 5 fields

    XButtonEvent xbutton;  // has 5-field common initial sequence
    // ...                 // other events having same 5-field initial sequence
} XEvent;
```

如果通过 XEvent 的任何一个标准布局事件 struct 类型来传入 XEvent 的地址，就可以可靠地确定其事件类型，并对初始公共成员序列中的任何数据进行操作：

```
#include <X11/Xlib.h>

int process(XEvent* event)  // reliable access guaranteed by C/C++ Standards
{
    int           t = event->xany.type;
    unsigned long s = event->xany.serial;
    Bool          e = event->xany.send_event;
    Display*      d = event->xany.display;
    Window        w = event->xany.window;

    switch (t)
    {
        case ButtonPress:
        case ButtonRelease:
        {
            XButtonEvent* buttonEvent = &event->xbutton;
            // ...      (access fields in buttonEvent)
        } break;
        // ...      (access fields specific to other event types)
    }

    return t;  // Reliably return the type of this event struct.
}
```

特定于事件类型的数据通过运行时的 switch 语句以垂直方式处理。

注意，通过（非 struct）int 成员类型从技术上检查同一个事件在 C++ 中存在未定义行为：

```
int getType(XEvent* event)  // common practice not supported by the Standard
{
    return event->type;  // undefined unless type member is active in union
                         // Better: return event->xany.type;
}
```

上述 getType 函数是可疑的，因为保证访问公共初始成员序列的规则仅适用于与 union 的活动成员共享 CIMS 的标准布局类类型对象的相同成员，参见潜在缺陷——联合的误用。尽管 getType 不遵循 C 或 C++ 中的规则，但它说明了 X Window 编程中的一个常见习惯用法。

由于 XEvent union 包含标准布局的 POD 结构类型，它们都共享一个公共的（水平的）初始成员序列，因此可以在不需要 switch 语句的运行时开销的情况下编写许多有用的独立（自由）函数：

```
bool is_sent(XEvent& event)  // Determine if an event has been sent.
{
    return event.xany.send_event != 0;  // OK, regardless of the event type
}
```

```
void fake_button()
{
    XEvent e;
    e.xbutton = XButtonEvent{ButtonPress, 0, true};
    assert(is_sent(e));
    // ...
}
```

类似的面向对象的实现是从封装了公共事件数据的基础 struct 中公有派生出来的。

Xlib 是一个 C 语言库，没有支持面向对象的替代方案，这使得基于 union 的过程化方法成为一个非常合适的设计选择[㊀]。

(2) 非平凡类型的垂直编码（标准布局）

在前面的用例中，我们看到了如何将具有公共初始成员序列的标准布局 struct 合并到 union 中以实现垂直编码。这些示例很简单，但有一些限制，我们将在这里探讨这些限制以及消除这些限制的方法。

针对 UShape 和单个 shape 的 API 显然是类似 C 的：所有数据成员都是公有的，没有构造函数来确保 UShape 处于可用状态，并且 shape 不能管理外部资源。因为它们被要求是平凡类型，所以没有用于释放这些资源的析构函数。该框架虽然可用，但缺乏 C++ 的自动资源管理功能。考虑 UShape 类型的对象的泛型 draw 函数的实现，以及一个尝试使用它的函数 f1：

```
#include <iostream>  // std::ostream, std::cout

std::ostream& draw(std::ostream& stream, const UShape& shape)
{
    switch (shape.tg.d_type)
    {
        // ...   (process ci, re, or tr)
    }
    return stream;
}

void f1()
{
    UShape s1;
    draw(std::cout, s1);          // Bug, s1.tg.d_type is not initialized.

    UShape s2;
    s2.ci = UCircle{ k_TR, 1.2 }; // Bug, UCircle pretending to be UTriangle
    draw(std::cout, s2);          // Bug, misinterprets stored shape
}
```

在上面的 f1 函数中对 draw 的两次调用都具有未定义的行为——第一次是读取未初始化的 d_type 字段，第二次是由于用户提供的错误标记而将 UCircle 视为 UTriangle。我们可以通过给每个形状类的构造函数设置 d_type 字段，而不是不初始化它。更进一步，我们将为 UShape 提供适当的构造函数，并将其数据成员设为私有，从而确保每个实例都保存三个 shape 对象中的一个的结构良好的实例：

```
#include <cassert>  // standard C assert macro

enum : char { k_CI = 1, k_RE, k_TR };             // discriminating values

struct UShapeTag { char d_type; };

struct UCircle
{
    char   d_type;
    double d_radius;
    UCircle(double r) : d_type(k_CI), d_radius(r) { }  // Set d_type correctly.
};

struct URectangle { char d_type; /*...*/ };  // details elided
```

㊀ X Toolkit Intrinsics (Xt) 采取了一种不同的方法：用 C 实现一个面向对象的接口，用类似虚拟表的数据结构完成，详见 mccormack94。

```
struct UTriangle  { char d_type; /*...*/ };  //    "       "

union UShape  // safer, more user-friendly reimplementation
{
private:
    UShapeTag  tg;  //  never one of these
    UCircle    ci;
    URectangle re;
    UTriangle  tr;

public:
    UShape(const UCircle& c)    : ci(c) { assert(c.d_type == k_CI); }
    UShape(const URectangle& r) : re(r) { assert(r.d_type == k_RE); }
    UShape(const UTriangle& t)  : tr(t) { assert(t.d_type == k_TR); }

    char getType()              const { return tg.d_type; }
    UCircle&       getCircle()        { assert(tg.d_type == k_CI); return ci; }
    const UCircle& getCircle() const { assert(tg.d_type == k_CI); return ci; }

    // ... (additional member functions, e.g., for triangles and rectangles)
};
```

虽然 C++ 一直允许在 union 中定义构造函数和私有成员，但从 C++11 开始，这种定义变得更加普遍，因为 union 可以有非平凡成员，参见 4.1.7 节。修改后的 UShape 保证表示的是有效的 UCircle、URectangle 或 UTriangle ；assert 前置条件检查以确保 d_type 成员保存了提供给每个函数的对象的正确标记。

现在假设我们需要记录有多少个 UCircle 对象。定义自增属于 UCircle 的静态变量（例如 s_count）的构造函数和自减该变量的析构函数非常简单。

```
struct UCircle
{
    char   d_type;
    double d_radius;

    static int s_count;  // count of live UCircle objects

    UCircle(double r)          : d_type(k_CI),d_radius(r)          { ++s_count; }
    UCircle(const UCircle& c) : d_type(k_CI),d_radius(c.d_radius) { ++s_count; }
    ~UCircle()                                                      { --s_count; }
};

int UCircle::s_count = 0;
```

管理 s_count 资源需要值构造函数、拷贝构造函数和析构函数的存在，这意味着 UCircle 不再是平凡类型，因此也不再是 POD ；然而，UCircle 仍然是标准布局类型，因此仍然可以参与垂直编码方案。然而，UShape 将不能用这个新的 UCircle 扩充定义进行编译，因为 UCircle 不再是平凡可析构的，这反过来抑制了 union 析构函数的隐式生成。我们通过为 UShape 本身提供一个析构函数来纠正这个问题：

```
union UShape
{
    // ...                          (same as above)
    ~UShape()
    {
        switch (tg.d_type)
        {
            case k_CI: ci.~UCircle();    break;
            case k_RE: re.~URectangle(); break;
            case k_TR: tr.~UTriangle();  break;
        }
    }
    // ...
};
```

union 析构函数将任务委托给 union 的活动成员的析构函数，活动成员是通过公共初始成员序列中的 d_type 字段确定的。类似地，编译器不能再生成拷贝构造函数或拷贝赋值运算符，因此我们必须为 UShape 提供这些：

```
union UShape
{
    // ...                          (same as above)
    UShape(const UShape& original) : tg()  // new user-provided copy constructor
    {
        switch (original.tg.d_type)
        {
            case k_CI: new (&ci) UCircle(original.ci);     break;
            case k_RE: new (&re) URectangle(original.re); break;
            case k_TR: new (&tr) UTriangle(original.tr);  break;
        }
    }

    UShape& operator=(const UShape& rhs)   // new user-provided assignment op
    {
        if (this == &rhs) return *this;
        this->~UShape();                   // Invoke destructor.
        return *(new (this) UShape(rhs));  // Invoke copy constructor.
    }
    // ...
};
```

上面 UShape 的拷贝构造函数分发到原始对象的活动成员上。因为这些成员是非平凡的，我们不能简单地通过给适当的成员赋值来改变 union 的活动成员。相反，我们必须通过定位 new 运算符来激活成员。拷贝赋值运算符必须销毁当前的活动成员并构造新的成员——它将任务分别委托给 UShape 的析构函数和拷贝构造函数。如果 union 在赋值之后仍然有相同的活动成员，我们就可以避免这种“销毁 / 构造”的动作，但代价是逻辑开销会大大增加，以及需要使用另一个 switch 语句。

我们修改后的 UShape 具有与前面用例中描述的原始 UShape 相同的紧凑表示，但现在它是一个具有私有数据成员、强制不变式和管理资源能力的完全抽象数据类型，代价是代码量和复杂性明显增加。此外，该类型不再与 C 源代码兼容。然而，有一些技术可以在 C 中使这种类型可用，请参阅接下来的“将纯 C++ 类型转换为 C（标准布局）”[1]。

（3）将纯 C++ 类型转换为 C（标准布局）

设计良好的 C++ 类通常将私有数据封装在易于理解、易于使用的公有接口后面。很多 C++ 类恰好是标准布局的类型。否则，类需要包含具有不同访问级别的非静态数据成员，参与基类中涉及非静态数据的实现继承，或者具有一个或多个虚函数或虚基类。

假设我们有一个 C++ 日期和时间库，它包含一个值语义类型 Date，表示日历日期，其中日期值直接编码在对象的内存空间值表示中。这个特殊的类型碰巧公有继承了一个 struct DateEncoder，它提供了一个将日期编码为整数的静态函数：

```
// datetime.h:

struct DateEncoder  // empty base class
{
    static int encode(int year, int month, int day);
        // Return an encoding of a year, month, and day as a single integer
        // such that, if two encoded dates compare equal, they represent the
        // same date and, if one encoded date compares less than another encoded
        // date, then the first date comes before the second date in the
        // calendar.
};
```

Date 类将其日期值编码在一个 int 数据成员中。使用一个按时间顺序排列的整数来表示编码可以实现某些功能，例如相等比较，并且非常适合在编码表示连续日期时确定日期差[2]，即连续的日历日

[1] C++17 库模板 std::variant 在不使用侵入式标签类型的情况下也提供了类似的功能，但不允许直接访问 variant 成员中公共的额外字段，例如本节中 UShape2 的 d_orig 字段。

[2] 参见 pacifico12。

期由连续的整数值表示：

```
// datetime.h:
class Date : DateEncoder
{
    int d_encodedDate;  // Encoding is not part of the public interface.

public:
    Date(int year, int month, int day)
        : d_encodedDate(encode(year, month, day)) { }

    int year() const;
    int month() const;
    int day() const;

    friend bool operator<(const Date&, const Date&);
    // ...
};
```

上面的 Date 类与 DateEncoder 定义在同一个头文件（datetime.h）中，满足作为标准布局类型的条件，请参阅描述——标准布局类型。

如果不考虑可维护性，假设我们决定在非 C++ 代码中使用封装自 Date 的（私有）整数编码，例如将其作为一个键来按日期排序文件，但没有授权修改 datetime.h（例如，因为我们没有这个库）。如何以一种定义良好的方式提取编码的值？我们可以利用标准布局类型的属性，即第一个（且在本例中是唯一的）数据成员的地址是派生类型本身的地址：

```
int extractDateEncoding(const Date& date)  // Legally extract private data.
{
    return *reinterpret_cast<const int*>(&date);  // legal larceny
}

Date d(1969, 7, 20);  // Construct a date value in C++.

int privateEncoding = extractDateEncoding(d);  // Extract its private member.

// ...          (Use privateEncoding in, say, C code.)
```

由于 d_encodedDate 是标准布局的 Date 类的第一个成员，所以可以通过获取整个 Date 对象的地址 d，然后通过 reinterpret_cast 得到一个常数 int 的地址；然后可以通过这个常整型地址来返回原来 int 数据成员的值。请注意，我们甚至不需要复制 Date 对象，这意味着标准布局类，即我们获取的第一个数据元素的值，甚至不需要复制。如果我们对后续的数据成员不感兴趣，这种方法也适用，前提是整个类型以及每个后续的数据成员都是标准布局类型；参加潜在缺陷——滥用 reinterpret_cast。

现在考虑需要访问标准布局类的几个私有数据成员中的第一个以外的情况。对此，我们需要借助标准布局类类型的另一个属性。

我们使用的日期和时间库定义了一个 Datetime 类，它有两个私有的 int 成员——一个编码过的日期值和一个以毫秒为单位的从午夜开始的时间偏移量。

```
// datetime.h:
class Datetime
{
    int d_encodedDate;  // ordered encoding not part of the public interface
    int d_timeOffset;   // offset from midnight in milliseconds

public:
    Datetime(int year, int month, int day, int ms);

    int year() const;
    int month() const;
    int day() const;
    int milliseconds() const;

    friend bool operator<(const Datetime&, const Datetime&);
    // ...
};
```

首先，我们创建一个C语言风格的标准布局struct（例如Doppelganger），它的内存空间与Datetime的成员类型兼容，但成员可以公有访问：

```
struct Doppelganger  // C-style POD-struct layout-compatible with Datetime
{
    int d_extractedDate;  // public data corresponding to Datetime::d_encodedDate
    int d_extractedTime;  // public data corresponding to Datetime::d_timeOffset
};
```

然后，我们创建一个简单的union（如Equivalence），包括原始的Datetime类型（如d_priv）和Doppelganger的分体（如d_publ）：

```
union Equivalence  // enables public access to private encoding of a datetime
{
    Datetime     d_priv;  // original standard-layout type having private data
    Doppelganger d_publ;  // compatible POD-struct having public data members
};
```

请注意，上面等价的定义依赖于Datetime的平凡可析构性；否则，等价类需要一个用户定义的析构函数在析构时显式删除活动成员。这个示例还要求Datetime是可拷贝构造的，尽管它不一定是平凡可拷贝或平凡可构造的。

用C++编写函数提取私有数据十分简单：

```
int extractPrivateDateEncoding(const Datetime& datetime)
{
    return Equivalence{datetime}.d_publ.d_extractedDate;
}

int extractPrivateTimeOffset(const Datetime& datetime)
{
    return Equivalence{datetime}.d_publ.d_extractedTime;
}
```

在上面的每个函数中，都直接对一个临时的Equivalence union进行大括号初始化（参见3.1.4节），用于保存所提供的Datetime的副本，根据设计，Datetime是第一个Equivalence union成员的类型。这两个int数据成员都是公共初始成员序列的一部分，复制到union之后，就可以使用d_publ成员通过等价的（Doppelganger）类型公开合法地访问它们，并从各自的函数返回：

```
void test1()
{
    const Datetime dt(1969, 7, 20, 73'060'000);  // July 20, 1969, 20:17:40 UTC
    int privateDate = extractPrivateDateEncoding(dt);
    int privateTime = extractPrivateTimeOffset(dt);
}
```

注意，在构建过程中可选择使用C++14的数字分隔符（'）来分割毫秒级的数字，见2.2.4节。

更一般地说，一旦标准布局结构体的私有信息等价于C风格的POD-struct，同样的POD-struct就可以直接传递给用C编译的函数，请参阅描述——POD类型享有的特权：

```
Doppelganger extractPrivateDatetimeEncoding(const Datetime& datetime)
{
    return Equivalence{datetime}.d_publ;
}

extern "C" void createMapping(const char* filename, const Doppelganger* ts);
    // Insert a file-to-timestamp mapping of filename into a data structure
    // maintained by a C-language component.

void test2()
{
    const Datetime dt(1969, 7, 20, 73'060'000);  // July 20, 1969, 20:17:40 UTC
    Doppelganger cdt = extractPrivateDatetimeEncoding(dt);
                                          // Extract C representation of dt.
    createMapping("test.txt", &cdt);      // Pass to C code.
}
```

（4）使用 offsetof（标准布局）浏览复合对象

C++ 提供了成员指针的概念，以结构化的方式标识对象中数据成员的相对偏移量。C 没有这样的结构，而是提供了相对于封闭类型的对象地址的整数偏移量的更简单的概念。在 <cstddef> 中定义的标准 C 宏 offsetof，可以在任何标准布局 C++ 类类型（即 class、struct 或 union）上使用，返回类型为 std::size_t 的常量表达式，表示命名成员从命名类类型对象的起始处以字节为单位的偏移量。我们在实践中使用 offsetof 宏来浏览复合对象，可以从对象的地址跳转到其数据成员，反之亦然。

假设有一个使用 ASCII 字符的系统，我们想创建一个 countCategories 函数，它读取一个字符串并计算我们遇到的每个字符的类别。例如，我们可以将每个字符分类为字母、数字、标点符号等。我们将使用一个标准布局的结构体 CharacterCategoryCounts 来表示各自的计数：

```
struct CharacterCategoryCounts
{
    int d_numAlphabetic;   // number of alphabetic characters encountered
    int d_numNumeric;      //    "    "  numeric       "          "
    int d_numPunctuation;  //    "    "  punctuation   "          "
    int d_numWhitespace;   //    "    "  whitespace    "          "
    int d_numOther;        //    "    "  other         "          "
};
```

因为 ASCII 字符集有 128 个字符，所以我们可以创建一个数组 counterOffsetArray，按 ASCII 字符编码索引，然后将每个数组元素的值设置为我们想要增加的特定字符在 CharacterCategoryCounts 结构体中的偏移量：

```
#include <cstddef>  // offsetof macro

std::size_t counterOffsetArray[128] =
{
    /* 0x00 */  offsetof(CharacterCategoryCounts, d_numOther),
    /* 0x01 */  offsetof(CharacterCategoryCounts, d_numOther),
    // ...
    /* '\t' */  offsetof(CharacterCategoryCounts, d_numWhitespace),
    // ...
    /* '!' */   offsetof(CharacterCategoryCounts, d_numPunctuation),
    // ...
    /* '0' */   offsetof(CharacterCategoryCounts, d_numNumeric),
    // ...
    /* 'A' */   offsetof(CharacterCategoryCounts, d_numAlphabetic),
    // ...
    /* 0x7F */  offsetof(CharacterCategoryCounts, d_numOther)
};
```

上面的 counterOffsetArray（在 ASCII 中 0=NULL）是从存储 CharacterCategoryCounts::d_numOther 的 offsetof 开始的。当到达空白水平制表符（即 '\t'）时，将 offsetof 值存储到 CharacterCategoryCounts::d_numWhitespace，以此类推。

在下面的 countCategories 函数中，我们接受一个字符串作为输入，并通过按值返回一个 CharacterCategoryCounts 对象：

```
CharacterCategoryCounts countCategories(const char* s)
{
    CharacterCategoryCounts ccc = { };  // Initialize each member counter to 0.

    do
    {
        if (*s & 0x80)
        {
            ++ccc.d_numOther;  // out of ASCII range
            continue;
        }

        std::size_t cOffset = counterOffsetArray[std::size_t(*s)];
        ++*reinterpret_cast<int*>(reinterpret_cast<char*>(&ccc) + cOffset);
    }
```

```cpp
    while (*s++);

    return ccc;
}
```

countCategories 的主体首先创建了一个初始化为全 0 的 CharacterCategoryCounts 对象。对于字符串中连续的每个字符（包括 null 终止符），其 ASCII 码用于在 counterOffsetArray 中查找对应计数器数据成员在 CharactercategoryCounts 对象中的偏移量。该偏移量与 ccc 结构体的字节地址相加，得到目标数据成员的地址。地址运算必须在字节（即 char）位置上执行，因此 ccc 的地址必须在添加偏移量之前转换为 char*，然后转换为 int*，以便返回 CharacterCategoryCounts 的 int 成员。

然而，C++ 中的地址运算只适用于数组中的元素。CharacterCategoryCounts 不是一个数组，因此使用 reinterpret_cast 将其视为一个字符数组在技术上会导致具有未定义的行为，尽管它可以在我们熟悉的所有体系结构上工作，请参阅潜在缺陷——过度使用 offsetof。在 C++ 中，我们可以定义一个指向成员对象的指针数组（例如 counterMemPtrArray），而不是像 C 中那样使用 offsetof 来计算偏移量的数组：

```cpp
// array of 128 pointer-to-int members of CharacterCategoryCounts

int CharacterCategoryCounts::*counterMemPtrArray[128] =
{
    /* 0x00 */  &CharacterCategoryCounts::d_numOther,
    /* 0x01 */  &CharacterCategoryCounts::d_numOther,
    // ...
    /* '\t' */  &CharacterCategoryCounts::d_numWhitespace,
    // ...
    /* '!' */   &CharacterCategoryCounts::d_numPunctuation,
    // ...
    /* '0' */   &CharacterCategoryCounts::d_numNumeric,
    // ...
    /* 'A' */   &CharacterCategoryCounts::d_numAlphabetic,
    // ...
    /* 0x7F */  &CharacterCategoryCounts::d_numOther
};
```

使用上面的成员指针数组，可以重新实现我们的计数函数，以避免理论上未定义的行为：

```cpp
CharacterCategoryCounts countCategories2(const char* s)
{
    CharacterCategoryCounts ccc = { };  // Initialize each member counter to 0.

    do
    {
        if (*s & 0x80)
        {
            ++ccc.d_numOther;  // out of ASCII range
            continue;
        }

        ++(ccc.*counterMemPtrArray[std::size_t(*s)]);
    }
    while (*s++);

    return ccc;
}
```

指向成员的指针是一种受欢迎的抽象，它增加了类型安全性，并有助于避免过度转换，那么为什么要选择在指向成员的指针上使用 offsetof 呢？在 64 位体系结构上，成员指针的长度通常为 8 字节，而 struct 内部的偏移量很少会超过几千字节——很容易就能在两个字节内容纳。在我们的示例中，我们可以将原始的 counterOffsetArray 声明为 unsigned char 类型的元素，而不是 std::size_t，这样通常会将偏移量减少为原来的 8 分之一，从而使其能够容纳在更少的缓存行中。

现在转向互补的情况，我们有一个指向 struct 成员的指针，并且我们需要一个指向其外围对象的指针。可以使用 offsetof 返回到 struct 的开头来访问对象中的其他字段。例如，假设我们正在使用 X

Window 接口（Xlib）中的 XClientMessageEvent。XClientMessageEvent 将一条消息表示为一个由三个不同类型的短数组组成的数据 union：

```
typedef struct
{
    int           type;        // ClientMessage
    unsigned long serial;      // # of last request processed by server
    Bool          send_event;  // true if this event came from a SendEvent request
    Display*      display;     // display with which the event is associated
    Window        window;
    Atom          message_type;
    int           format;
    union
    {
        char  b[20];  // message as a string
        short s[10];
        long  l[5];   // (A long is typically the size of a pointer.)
    } data;
} XClientMessageEvent;
```

用户负责提供一个回调函数来处理 XClientMessageEvent 事件。回调函数表示为 ClientMessageDataProcessor——一个指向函数的指针，接收一个 20 字节的数组：

```
typedef void (*ClientMessageDataProcessor)(char cdm[20]);
```

每次 X Window 事件循环从队列弹出一个 XClientMessageEvent 时，它都会调用注册的回调处理程序并将数据传递给 XClientMessageEvent 对象的 data.b 成员。我们希望访问 display 成员和包围 XClientMessageEvent 结构体的其他字段，而不仅仅是 data.b 成员。但是回调函数只会在 cdm 是 XclientMessageEvent 的一部分的上下文中被调用。因此我们编写函数使用 offsetof 从 data 成员地址计算外层对象的地址：

```
void ourClientMessageDataProcessor(char cdm[20])
{
    std::size_t dataOffset = offsetof(XClientMessageEvent, data);
    XClientMessageEvent* event =
        reinterpret_cast<XClientMessageEvent*>(cdm - dataOffset);

    // Check that it's probably an event struct and that the data is intended
    // to be interpreted as bytes.
    assert(event->type == ClientMessage);
    assert(event->format == 8);

    // ...    (access event->display and other fields)
}
```

请注意，该函数利用了数据 union 中 b 的成员与 union 本身具有相同的地址。在这个示例中，我们从数据成员的地址中减去偏移量，以获得外层对象的地址。我们无法使用成员指针完成此任务，因为没有从成员指针获得外围对象的语法。

与前面的示例一样，我们在一个对象的不同字段之间执行指针运算违反了规则。但以这种方式使用 reinterpret_cast 和指针运算是相当常见的做法，编译器不太可能产生意想不到的结果。不管它们是否遵守 C++ 标准，我们展示的示例代码都是部署在现实世界的遗留代码库中的代码。它们能工作，而且必须继续工作，以免大量现有代码崩溃；因此，C++ 社区积极推进使这种指针运算在标准内得到承认[1]。

（5）安全缓冲区（平凡可构造）

当格式错误的输入导致程序读写超过缓冲区末尾时，软件中最常见的一些安全漏洞就会发生。例如，著名的心脏出血漏洞是 2014 年在 OpenSSL 加密软件库中发现的[2]，它允许攻击者查看攻击者

[1] 详见 stasiowski19。
[2] 参见 https://heartbleed.com/。

不应该访问的 64 KB 内存的内容。漏洞通过使用格式错误的请求实现，导致软件读取超出一个更小的缓冲区的末端。如果被窃取的内存内容包含敏感数据，如密码或加密密钥，则系统安全性将受到严重威胁。

为了避免这种安全漏洞，编程语言、库、虚拟机监视器和操作系统采取了各种措施，它们具有不同的安全性 / 性能权衡。一个简单的防御措施是尽量减少敏感信息在内存中的时间。一旦一块可能包含密码或其他敏感数据的内存不再被需要，它的内容就会被覆盖，例如置零。

C++ 中一个简单而健壮的库解决方案是定义一个低层缓冲区类型（例如 SecureBuffer），它的析构函数通过填充 0 来清除缓冲区；这种简单的类型可以成为各种高层类的基础，这些类在每次使用后都要清理内存：

```
#include <cstddef>   // std::size_t
#include <string.h>  // memset_s

template <std::size_t N>
struct SecureBuffer
{
    char d_buffer[N];  // data buffer of size N

    ~SecureBuffer()
    {
        memset_s(d_buffer, N, '\0', N);  // scrub memory
    }
};
```

memset_s 函数定义在 C11（不是 C++11）标准的一个可选附件中[㊀]，是 memset 的一个变体，它保证内存会被覆盖。memset_s 函数具有与 memset 相同的 API，并确保它总是会执行对它的写请求。类似的安全函数虽然不可移植，但在大多数平台上都是可用的，例如 OpenBSD 和 FreeBSD 上的 explicit_bzero，以及 Windows 上的 SecureZeroMemory。P1315 建议将 secure_clear 作为未来的 C++ 标准。如果使用普通的 memset，激进的优化器——无论是人类还是编译器——可能会检测到 memset 写入的值在正常的控制流中没有被读取，并将删除调用。这样的优化通常是可取的，因为只写操作意味着无用的工作（"死代码"），但违背了我们在这里的目的，即限制正常控制流之外的访问造成的破坏。

SecureBuffer 类有一个平凡的默认构造函数，因为该类的所有成员都是平凡可构造的，而且它没有用户提供的构造函数[㊁]。

SecureBuffer 的使用模型与局部 char 数组相同：创建时不执行任何代码，组成的 char 元素一开始处于未初始化状态。只有在销毁的时候，差别才变得重要：

```
#include <iostream>  // std::cin

void authenticatedAccess()  // security-sensitive function
{
    SecureBuffer<31> pwBuffer;  // Create a buffer that erases itself.

    std::cin.getline(pwBuffer.d_buffer, 31, '\n');  // Read up to 31 bytes.
    if (!std::cin) { return; }                      // Return on input error.

    // ...    (use password from pwBuffer.d_buffer)

} // pwBuffer is erased automatically when it goes out of scope.
```

初始化 pwBuffer 是一种浪费——它的内容会立即被 getline 函数覆盖——因此创建 pwBuffer 的

㊀ 参见 iso11b，第 K.3.7.4.1 节，"memset_s 函数"，第 621～622 页。

㊁ 尽管 SecureBuffer 是平凡默认可构造的，但这种情况还是值得注意，因为标准库的 trait 无法识别这个属性，原因是 trait 的指定方式。std::is_trivially_constructible trait 也要求一个平凡析构函数。这种与 trait 的分裂正在进行讨论；参见 LWG issue 2827（smith16d）和潜在缺陷——使用错误的类型特征。

定义除了在程序栈上分配空间之外什么也不做；缓冲区中字节的值故意没有初始化，因此是不确定的。然而，对象的生命周期已经开始，调用 getline 可以填充缓冲区。从 authenticatedAccess 返回后，SecureBuffer 的析构函数将清除 pwBuffer 中残留的任何密码数据——即使在输入错误的情况下，也可能在缓冲区中留下部分密码。

（6）编译时可构造的字面类型（平凡可析构）

在常量表达式中使用标量类型通常很方便，例如需要设置静态数组的大小，或者作为 static_assert 的参数，参见 2.1.15 节：

```
char a[3 + 2];                          // 3 + 2 is a constant expression.
static_assert(5 == sizeof a, "");  // 5 == sizeof a is a constant expression.
```

有时，我们可能希望有一个可在编译时使用的用户定义字面值（UDL）。作为这种编译时 UDT 的一个示例，我们定义了一个类 Fraction，它包含两个整型数据成员 d_numerator 和 d_denominator：

```
struct Fraction  // trivial aggregate type (has a trivial destructor)
{
    int d_numerator;    // scalar member (has a trivial destructor)
    int d_denominator;  //   "      "      "  "    "        "
};
```

因为 Fraction 类是两个标量类型的简单聚合，所以也可以在编译时构造，并在常量表达式中使用，例如数组大小或 static_assert：

```
int array[Fraction{ 2, 3 }.d_denominator];             // array of 3 ints
static_assert(2 == Fraction{ 2, 3 }.d_numerator, "");  // OK, compile-time eval
```

编译时可用的类型，例如 Fraction，也可以用来定义一个 constexpr 变量，这是一个编译时的常量，它本身需要在编译时通过常量表达式初始化，参见 3.1.6 节：

```
constexpr Fraction oneHalf        = { 1, 2 };
constexpr Fraction oneQuarter     = { 1, 4 };
constexpr Fraction threeQuarters = { 3, 4 };
```

任何这样的编译时操作，除其他事项外，都要求 UDT 是平凡可析构的，并且以某种方式是编译时可构造的。Fraction 是 POD 类型，因此是平凡可析构的。Fraction 类也是标量成员的聚合，它允许在编译时进行聚合初始化。

不过，要注意，参与编译时计算并不特别需要 POD 或聚合对象，而是需要一个字面值类型，字面值类型本质上可以是标量、聚合或至少有一个编译时可用（constexpr）构造函数、平凡析构函数且只包含其他字面值类型（或字面值类型的数组）的类类型，参见 3.1.5 节。例如，添加一个非平凡的 constexpr 值构造函数将导致该类型的变体，尽管它既不是 POD 类型也不是聚合类型，但仍然是字面值类型：

```
struct FractionB  // non-POD class that can participate in constant expressions
{
    int d_numerator;    // scalar data member (of literal type)
    int d_denominator;  //   "     "     "     "    "      "

    constexpr FractionB(int n, int d) : d_numerator(n), d_denominator(d) { }
        // value constructor that can initialize the object at compile time
};

constexpr FractionB oneHalfB{ 1, 2 };  // OK, FractionB is a literal type.
```

然而，提供一个非平凡的析构函数将阻止这样的编译时使用——即使该类型在所有其他方面都是平凡的[㊀]：

㊀ 从 C++20 开始，析构函数可以用 constexpr 声明。C++20 字面值类型是根据 constexpr 析构函数定义的，它不必是平凡的。请注意，普通析构函数是隐式的 conexpr，因此 C++11 中的字面值类型在 C++20 中也是字面值类型。

```
struct FractionC  // nonliteral type because destructor is non-trivial
{
    int d_numerator;    // scalar data member (of literal type)
    int d_denominator;  //    "      "     "     "     "      "

    ~FractionC() { }    // user-provided (non-trivial) destructor
};

constexpr FractionC oneHalfC{1, 2};  // Error, FractionC is not a literal type.
```

平凡可析构性也是平凡可拷贝性的前提，请参阅固定容量字符串（平凡可拷贝）。

（7）可跳过的析构函数（理论上平凡可析构）

有时可以跳过调用对象的析构函数（例如为了提高运行时性能），而不影响程序的正确性。考虑一个二维平面的画线系统，它使用闭合的形状，每个形状都是表示形状顶点的点值序列。在我们的应用程序中，为了方便，可以将形状存储为一个数组，其中每个连续的形状都用一个 int 值表示，这个值也表示其顶点的数量，然后将一系列点值用一个普通的 Point 类表示，对应于顶点本身。因为数组中的每个元素可能是 int 类型，也可能是 Point 类型，所以我们选择将数组元素 ShapeElem 实现为 union 类型：

```
struct Point { int d_x, d_y; };  // trivial user-defined type (UDT)

union ShapeElem  // dual representation of either the vertex count or a vertex
{
    int   d_numVertices;  // number of vertices to follow in streamed shape
    Point d_vertex;       // coordinate of current vertex in streamed shape
};
```

使用简单的双函数 API 从输入流中读取形状：nextShapeSize 读取下一个形状的大小（即顶点的个数），nextVertex 读取下一个单独的顶点：

```
#include <istream>  // std::istream

int nextShapeSize(std::istream& stream);
    // Return the number of vertices in the next shape to be read from the
    // specified input stream, or a negative value if stream.eof() is true.
    // Set stream.fail() to true if the input is malformed.

Point nextVertex(std::istream& stream);
    // Unconditionally read the next shape vertex from the specified input
    // stream.  Set stream.fail() to true if the input is malformed.
```

我们现在可以创建一个函数（例如 readAndProcess），通过重复调用适当的 API 函数并将原始结果累积到 ShapeElem 对象的数组（例如 shapeEncodings）中，来一次读取和处理多个形状。每个形状都以一个 ShapeElem 开始，其中顶点数量存储在 d_numVertices 成员中，接下来是数组中的许多 ShapeElem 元素，顶点位置存储在 d_vertex 成员中。为避免与动态内存分配相关的复杂性，我们选择使用一个固定大小的数组，该数组具有任意实现定义的 size maxElems，从而提供了形状数量和顶点数量之和的上限：

```
#include <cassert>  // standard C assert macro

void batchProcessShapes(ShapeElem* array, int numCompleteShapes);
    // Process, as a single transaction, the specified array encoding the
    // specified numCompleteShapes.

void readAndProcess(std::istream& stream)
    // Read all of the shapes available from the specified input stream into
    // memory, then process them all at once (e.g., as a transaction).
{
    const std::size_t maxElems = 100;      // arbitrary implementation limit
    ShapeElem   shapeEncodings[maxElems];  // accumulation of 0 or more shapes

    std::size_t elemIdx   = 0;  // index of next unread elem in shapeEncodings
    int         numShapes = 0;  // number of complete shapes read so far
```

```
    // Outer loop reads shapes (note: n must be signed or won't terminate).
    for (int n = nextShapeSize(stream); n >= 0; n = nextShapeSize(stream))
    {
        assert(elemIdx + n + 1 <= maxElems);  // Assert that next shape fits.

        // Make d_numVertices the active member of shapeEncodings[elemIdx].
        shapeEncodings[elemIdx++].d_numVertices = n;  // encode # of vertices

        // Inner loop reads vertices within current shape.
        for ( ; n > 0; --n)
        {
            // Make d_vertex the active member of shapeEncodings[elemIdx].
            shapeEncodings[elemIdx++].d_vertex = nextVertex(stream);
        }

        ++numShapes;                                  // complete shape read
    }

    // Process all numShapes accumulated complete shapes as one transaction.
    batchProcessShapes(shapeEncodings, numShapes);

} // The local shapeEncodings array goes out of scope (no elements destroyed).
```

外层循环的每次迭代都会将一个 int 值赋给下一个数组元素的 d_numVertices 成员，使其成为 union 的活动成员。内部循环的每次迭代都将从输入流中读取的下一个值赋值给 d_vertex，使其成为下一个数组元素的活动成员。然后，batchProcessShapes 可以小心地访问每个 ShapeElem 的适当活动成员，前提是已知数组已经以结构化方式填充。

ShapeElem 的隐式析构函数不会调用任何一个成员的析构函数，因为 union 不知道哪个成员是活动的，参见 4.1.7 节。因此，当 shapeEncodings 数组从 readAndProcess 函数返回，超出作用域时，不会调用任何析构函数，包括存储在其 union 元素中的任何 Point 对象的析构函数。因为 Point 是平凡可析构的，所以调用它的析构函数不会执行任何代码；因此，跳过显式调用平凡可析构类型的对象总是有效的。为了说明 Point 类这个非常有用、平凡可析构属性的影响，使用 Point 的一个非平凡可析构的变体（例如 Point2）：

```
struct Point2  // like Point except no longer trivially destructible
{
    int d_x, d_y;           // same data as Point
    ~Point2() { /*...*/ }  // non-trivial destructor
};
```

在这个变体中，我们还必须修改 ShapeElem，使其具有用户提供的析构函数，以免 union（现在包含了一个非平凡可析构的成员）具有隐式删除的析构函数，从而导致编译失败（参见 4.1.7 节）：

```
union ShapeElem2  // like ShapeElem except no longer trivially destructible
{
    int    d_numVertices;
    Point2 d_vertex;   // revised point having a non-trivial destructor

    ~ShapeElem2() { }  // needed since Point2 is non-trivially destructible
};
```

就像 ShapeElem 的隐式析构函数一样，shapeElem2 的用户提供的析构函数不会调用其任何成员的析构函数。跳过非平凡可析构的任意类型的析构函数（尽管其本身并没有未定义的行为）可能会导致意想不到的后果，例如资源泄漏，这可以通过调用析构函数来解决。因此，为了确保我们创建的任何 Point2 对象最终都被销毁，我们添加了第二组嵌套循环来遍历 shapeEncodings 数组，目的是显式销毁那些将 d_vertex 作为活动成员的 union 元素中的所有 Point2 对象。这一变化反映在 readAndProcess2 中：

```
void readAndProcess2(std::istream& stream)
{
    // ...          (same as in readAndProcess)
```

```
    // Cleanup: Explicitly destroy any Point2 objects in shapeEncodings.
    for (elemIdx = 0; numShapes > 0; --numShapes)
    {
        int n = shapeEncodings[elemIdx++].d_numVertices;
        for ( ; n > 0; --n)
        {
            // Explicitly destroy Point2 active member of current element.
            shapeEncodings[elemIdx++].d_vertex.~Point2();
        }
    }
} // The local shapeEncodings array goes out of scope.
```

但是如果我们知道 Point 类没有管理任何可能泄漏的资源呢？在软件测试中，有时甚至在生产环境中，一种常见的做法是检查类的析构函数中的不变量，以验证没有类操作或虚假的程序缺陷使对象处于无效状态。想象一下，将这种技术应用于原始 Point 类的一个变体，其中 d_x 和 d_y 总是在 -5000～+5000 之间。我们可以选择在开发过程中使用修改后的类（例如 Point3）来强制这些不变量：

```
#include <cassert>  // standard C assert macro

struct Point3  // trivially constructible but not trivially destructible
{
    int d_x, d_y;  // same data as before

    ~Point3()      // Destructor is user-provided; hence, non-trivial.
    {
        assert(-5000 <= d_x);  assert(d_x <= 5000);
        assert(-5000 <= d_y);  assert(d_y <= 5000);
    }
};
```

Point3 在析构过程中检查 d_x 和 d_y 是否满足它们的对象不变量，但仅限于在调试构建中——即没有定义 NDEBUG 宏的构建中[㊀]。用户提供的析构函数使 Point 类在任何构建模式下都是非平凡可析构。与 ShapeElem2 一样，我们也必须为 union 元素（例如 ShapeElem3）提供一个析构函数，ShapeElem3 使用 Point3 作为其 d_vertex 成员的类型：

```
union ShapeElem3  // like ShapeElem except no longer trivially destructible
{
    int    d_numVertices;
    Point3 d_vertex;    // revised point having a non-trivial destructor

    ~ShapeElem3() { }  // required since Point3's non-trivially destructible
};
```

同样，ShapeElem3 的空析构函数不会调用其任何成员的析构函数，但是，与 ShapeElem2 不同的是，不能销毁可能处于活动状态的 Point3 成员是可以接受的，因为 Point3 有一个析构函数，它既不会释放资源，也不会产生任何可能影响已经正确的程序的正确性的副作用。

因此，我们可以回到 readAndProcess 的原始实现，避免了清理代码，同时保持程序的正确性。

我们将类似 Point3 的类（它在析构时验证了不变量）称为“理论上平凡可析构的”，因为它可以被当作是平凡可析构的来使用。在不知道有理论上平凡可析构的类型的泛型软件中，Point3 类相对于 Point 可能会遭受一些性能损失，特别是在调试构建中，但正确程序的语义不会改变。然而，需要注意的是，当我们跳过 Point3 的析构函数调用时，我们也放弃了 Point3 的析构函数中可能捕获程序错误的防御性检查。

尽管理论上平凡可析构类型对沟通交流有用，但编译器或任何通用库都不认为它们是平凡可析构的，因此它们既不是字面值类型（见 3.1.5 节），也不是平凡可拷贝类型，因为这两个属性都要求平凡可析构。因此，理论上平凡可析构类型不能在依赖平凡可构析属性的程序中使用：

㊀ 一个更通用的 C++ 断言工具（被广泛称为“契约”）的提案差一点被包含在 C++20 中，它是一个研究小组（SG21）的重点，详见 dosreis18。

```
#include <cstring>  // std::memcpy

char array1[Point {1, 2}.d_x];  // OK,     Point  is   a literal type.
char array2[Point3{1, 2}.d_x];  // Error, Point3 isn't a literal type.

void f(Point*  d, const Point*  s) { std::memcpy(d, s, sizeof *s); }  // OK
void f(Point3* d, const Point3* s) { std::memcpy(d, s, sizeof *s); }  // Bug, UB
    // Point3 is not trivially copyable; hence, f's behavior is undefined (UB).
```

在上面的代码片段中，使用Point3进行数组大小的计算将无法编译，而原始的Point类可以正常工作；请参阅用例——编译时可构造的字面值类型（平凡可析构）。虽然使用std::memcpy拷贝诸如Point之类的平凡可拷贝类型的对象是有效的，参见用例——固定容量字符串（平凡可拷贝），但使用std::memcpy填充诸如Point3之类的非平凡可拷贝类型的值则具有未定义的行为，请参阅潜在缺陷——非法使用std::memcpy。

在这种运行时优化技术的更激进的版本中，即使是分配内存的类型在理论上也可以被认为是平凡可析构的，前提是本由析构函数释放的内存可以以其他方式回收[⊖]。

由于Point3的析构函数中的代码仅在调试构建中是活跃的，我们可能会尝试定义一个点类（例如Point4），如果在编译期间定义了NDEBUG，那么用户提供的整个析构函数都会消失，这样就可以在生产构建中恢复点类的平凡可析构性：

```
#ifndef NDEBUG
#include <cassert>  // standard C assert macro
#endif

struct Point4  // trivially constructible, maybe trivially destructible
{
    int d_x, d_y;  // same data as before

#ifndef NDEBUG
    ~Point4()  // Destructor is defaulted, hence trivial, in production builds.
    {
        assert(-5000 <= d_x);  assert(d_x <= 5000);
        assert(-5000 <= d_y);  assert(d_y <= 5000);
    }
#endif  // end of conditionally compiled destructor
};
```

请注意，Point4当且仅当定义了NDEBUG时，是平凡可析构类型；当且仅当未定义NDEBUG时，会强制对象值不变。相应地，如果希望形状应用程序（例如readAndProcess3）在生产构建中从性能提升中受益，并且仍然在调试构建中执行运行时检查，需要以某种方式传播条件编译，以便有选择地仅在调试构建期间从readAndProcess2函数中保留清理代码：

```
void readAndProcess3(std::istream& stream)
{
    // ...          (same as in readAndProcess2)

#ifndef NDEBUG  // conditional cleanup
    // Cleanup: Explicitly destroy any Point2 objects in shapeEncodings.
    for (elemIdx = 0; numShapes > 0; --numShapes)
    {
        // ...          (same as in readAndProcess2)
    }
#endif  // conditional

}  // The local shapeEncodings array goes out of scope.
```

⊖ 在C++17中引入了std::pmr::monotoni_resource和std::pmr::unsynchronized_pool_resource，通过使用在构造时提供的局部分配器，可以省略对一些非平凡可析构类型的析构函数调用，这些局部分配器会在被销毁时回收相关的所有内存，无论独立于请求内存的对象是否释放了内存；见lakos17a，时间00:38:19。请注意，这种优化技术也可以应用于设计级别，例如，对从单个本地内存区域分配的循环连接的对象网络实现高效的垃圾回收；见lakos19，时间01:12:45。

定义一个只在某些构建模式下（例如，在命令行中使用和不使用 -DNDEBUG 开关）平凡可析构的类型时，有一个重要的警告：一个泛型库可能会实例化不同的代码，采用不同的算法，甚至在查询一个（编译时）元函数（如 std::is_trivially_destructible）时采用完全不同的路径。像 Point4 这样具有条件编译析构函数的类，在调试版本中生成和运行的代码可能与生产环境中的代码有本质上的不同，这可能影响对程序的充分测试，或者使缺陷难以在调试器中重现：

```
#include <type_traits>  // std::is_trivially_destructible
template <typename T>
void libraryFunc(const T& x)  // generic function that tests for triviality
{
    if (std::is_trivially_destructible<T>::value) { /* code-path A ... */ }
    else                                          { /* code-path B ... */ }
}

void f()
{
    Point4 pt{1, 2};
    libraryFunc(pt);  // executes code-path A in production but B in debug mode
}
```

为了将这方面的故障降到最低，用于测试程序的构建配置（例如，单元测试、集成测试和压力测试）必须至少包括部署程序的相同构建配置。

到目前为止，我们介绍的点类都有平凡析构函数、平凡拷贝构造函数和平凡拷贝赋值运算符，不过要利用可跳过的析构函数，这些都不是必需的。如果构造和复制点对象是非平凡的，那么所有的示例都同样可以很好地工作，只是在 shape-element 的 union 中将活动成员设置为 d_vertex 需要使用定位 ::operator new，而不是简单的赋值：

```
//  shapeEncodings[elemIdx++].d_vertex = nextVertex(stream);              // old
    new(&shapeEncodings[elemIdx++].d_vertex) Point(nextVertex(stream));   // new
```

上面的代码片段显示了原始 readAndProcess 实现内部循环中的赋值语句（被注释掉了），以及使用定位 ::operator new 的 new 语句，这对于非平凡可构造的点类是必需的，对于平凡可构造的点类也是适用的。例如，我们可以决定，如果我们的点类不是平凡默认可构造的，则始终提供默认构造函数和值构造函数，并有条件地将任何所需的先决条件检查编译到这些构造函数的主体中（例如使用标准的 C assert 宏）。注意，对于非平凡可构造的点类，我们的 shapeElement union 也至少需要用户提供一个空的默认构造函数。

不管其他属性如何，只要类型的析构函数是平凡可析构的、理论上平凡可析构的，或者被条件编译为两者之一，就可以安全地跳过它。

（8）固定容量字符串（平凡可拷贝）

平凡可拷贝类型的优点是复制速度比一般的逐个成员复制快。考虑一个应用程序，它必须快速地拷贝大量特定于应用程序的数据记录。进一步假设，在开发人员和客户端进行了一些交互之后，确定存在一些边界。应用程序将使用对象数组（包括表示这些数据记录的对象数组），其中数组上的泛型函数将确定（例如使用 std:: is_trivially_copyable）所持有的对象是否属于平凡可拷贝类型，如果是，则使用 std::memcpy 等高效的按位复制。为了让应用数据记录从泛型库的位复制优化中受益，设计一个平凡可拷贝类型来表示它们。

一个平凡可拷贝的数据记录可以是一个标量或一个 POD 结构体。在此应用程序中，需要一条具有固定最大长度 N 的字符串记录，最多 255 个字符（不包括 null 终止符）：

```
#include <cassert>      // standard C assert macro
#include <cstring>      // std::strlen, std::memcpy, std::memcmp
#include <cstddef>      // std::size_t
#include <iostream>     // std::ostream, std::cout
#include <type_traits>  // std::is_trivially_copyable

template <std::size_t N>    // N is the fixed capacity of this string.
```

```
class FixedCapacityString  // implementation type for trivially copyable records
{
    static_assert(N <= 255, "Capacity N is too large.");  // requirement check

    unsigned char d_size;           // compact length value; 1-byte aligned
    char          d_buffer[N + 1];  // same alignment as d_size; no padding

public:
    FixedCapacityString() : d_size(0) { d_buffer[0] = '\0'; }  // default ctor
    FixedCapacityString(const char* str) : d_size(std::strlen(str)) // val ctor
    {
        assert(d_size <= N);                      // precondition
        std::memcpy(d_buffer, str, d_size + 1);  // includes null terminator
    }

    std::size_t size() const { return d_size; }     // current length of string
    const char* c_str() const { return d_buffer; }  // address of first char

    // free functions (employing the hidden-friend idiom)
    friend bool operator==(const FixedCapacityString& lhs,
                           const FixedCapacityString& rhs)
    {
        return (lhs.d_size == rhs.d_size &&
                0 == std::memcmp(lhs.d_buffer, rhs.d_buffer, lhs.d_size));
    }

    friend bool operator!=(const FixedCapacityString& lhs,
                           const FixedCapacityString& rhs)
    {
        return !(lhs == rhs);
    }

    friend std::ostream& operator<<(std::ostream&              os,
                                    const FixedCapacityString& s)
    {
        return os << s.c_str();
    }
};

static_assert(std::is_trivially_copyable<FixedCapacityString<255>>::value, "");
    // trait verification

static_assert(sizeof(FixedCapacityString<255>) == 255 + 2, "");
    // verify no padding
```

假设作为str传递给值构造函数的字符串满足以null字符结尾且长度不大于N的前提条件，上述两个用户提供的构造函数都确保了d_size数据成员（表示字符串的当前长度）被初始化为一个有效值（例如0），并且d_buffer总是以null字符结尾——这两个属性都是FixedCapacityString的对象不变量。请注意，在调试版本（例如使用标准的C assert宏）中，这种前提条件和对象不变量通常可以从运行时强制实施中受益（例如在测试期间）。

虽然FixedCapacityString<N>不是平凡默认可构造的，自然也不是平凡类型，但它确实满足了平凡可拷贝的要求，因为它有一个非删除的平凡析构函数、一个非删除的平凡拷贝构造函数，并且没有非平凡的拷贝操作（参见描述——平凡子类别）；我们使用static_assert对FixedCapacityString进行实例化时确认此属性。

因此，FixedCapacityString对象可以进行构造、查询、复制、比较，甚至打印到std::ostream，这也是有用的字符串类的关键组件（参见描述——C++11广义POD类型）。注意，我们对FixedCapacityString的运算符采用了隐藏友元惯用法，只有当FixedCapacityString是对应运算符的操作数时，才能通过参数依赖查找（Argument Dependent Lookup，ADL）访问它们[㊀]。通过这样限制重载集，我们可以防止重载解析期间的编译时间延长，特别是在规模较大时。此外，隐藏友元可以防

㊀ 参阅brown19和williams19。

止隐式转换到定义它们的类时产生歧义，参见 2.1.7 节。

现在考虑一个函数 f1，它展示了如何使用我们刚开发的 FixedCapacityString 类模板：

```
#include <cassert>  // standard C assert macro

void f1()
{
    FixedCapacityString<30> s1;          // non-trivial default initialization
    FixedCapacityString<30> s2("hello");  // non-trivial value initialization
    FixedCapacityString<30> s3(s2);      // trivial copy construction

    assert(0 == s1.size());              // size accessor
    assert(5 == s2.size());              //   "       "

    assert('\0' == *s1.c_str());         // null-terminated-string accessor
    assert('h'  == *s2.c_str());         //   "         "        "        "

    assert(s2 != s1);                    // inequality comparison operator
    s2 = s1;                             // trivial copy assignment
    assert(s2 == s1);                    // equality comparison operator

    std::cout << s2 << '\n';             // prints '\n'      to standard output
    std::cout << s3 << '\n';             //   "    "hello\n"  "    "        "
}
```

到目前为止，实现的任何功能都没有利用到平凡可拷贝类型具有的任何特性；现在创建一个函数 copyArrayOfRecords，它执行以下操作：

```
template <std::size_t N>
void copyArrayOfRecords(FixedCapacityString<N>*       dst,      // destination
                        const FixedCapacityString<N>* src,      // source
                        std::size_t                   numStr)   // # of records
    // Copy an array of numStr FixedCapacityString records.
{
    std::memcpy(dst, src, numStr * sizeof(FixedCapacityString<N>));  // fast
}
```

注意，因为记录类型 FixedCapacityString<N> 是一个平凡可拷贝类型，我们只需调用一次 std::memcpy 就可以复制整个记录数组。

现在假设我们要将固定容量字符串（FixedCapacityString）对象序列从一个数组（例如 original 数组）复制到另一个数组（例如 duplicate 数组）：

```
const FixedCapacityString<30> original[] = { "one", "two", "three", "four" };
const std::size_t numStrings = sizeof original/sizeof *original;  // array size

FixedCapacityString<30> duplicate[numStrings];  // array same size as original
```

请注意，我们在编译时使用了 C 语言的惯用法来计算原始数组中元素的数量，并将该值存储在一个 const 整数变量 numStrings 中，该变量适合于声明 duplicate 数组，参见 3.1.6 节。

现在创建一个函数 f2，它使用我们自定义的 copyArrayOfRecords 函数模板，首先将存储在 original 中的记录值填充到 duplicate，然后在运行时验证它们：

```
void f2()
{
    copyArrayOfRecords(duplicate, original, numStrings);  // fast array copy

    for (std::size_t i = 0; i < numStrings; ++i)  // for each copied string
    {
        assert(original[i] == duplicate[i]);  // Verify strings have same value.
    }
}
```

一个高性能的库可能会提供一个通用的数组复制函数模板 copyArray，而不会像上面的代码那样构建 copyArrayOfRecords 专门用于 FixedCapacityString 数组。它利用 std::is_trivially_copyable 元函数在编译时自动选择是应用 std:: memcpy 优化还是对逐个元素进行赋值。

下面 copyArray 的两个重载版本具有相同的函数签名，因此具有二义性，只是它们都采用了 C++11 标准库的元函数 std::enable_if（在 <type_traits> 中定义）来消除基于 T 的推导类型的重载中的一个。这里使用的 std::enable_if 只在谓词为 true 时生成类型，默认生成 void。如果谓词为 false，使用 enable_if 会使函数声明的格式不正确，由于 SFINAE 规则，在重载解析期间会忽略该声明。在所有情况下，copyArray 的两个重载中只有一个是格式良好的，也就是为特定模板参数选择的重载：

```
#include <cstring>      // std::memcpy
#include <type_traits>  // std::is_trivially_copyable, std::enable_if

template <typename T>
typename std::enable_if<!std::is_trivially_copyable<T>::value>::type
copyArray(T* dst, const T* src, std::size_t n)
    // Copy src array of size n to dst array element by element.
{
    for ( ; n > 0; --n)
    {
        *dst++ = *src++;  // Invoke T's copy-assignment operator.
    }
}

template <typename T>
typename std::enable_if<std::is_trivially_copyable<T>::value>::type
copyArray(T* dst, const T* src, std::size_t n)
    // Copy src array of size n to dst array by dint of trivial copyability.
{
    std::memcpy(dst, src, n * sizeof *dst);  // Copy all Ts at once quickly.
}
```

第一个重载是为那些非平凡可拷贝类型选择的，dst 数组的每个元素都分别从 src 中赋值。第二种重载只适用于平凡可拷贝类型，即通过调用 std::memcpy 优化了从 src 到 dst 的赋值操作。

现在可以用 copyArray 来代替 copyArrayOfRecords 来赋值由 FixedCapacityString 对象组成的数组：

```
void f3()
{
    copyArray(duplicate, original, numStrings);   // generic fast array copy

    for (std::size_t i = 0; i < numStrings; ++i)  // same as in f2 (above)
    {
        assert(original[i] == duplicate[i]);
    }
}
```

在上面的 f3() 中对 copyArray 的调用使用了优化的（基于 memcpy 的）重载，因为 FixedCapacityString<30> 是一个平凡可拷贝类型。使用非平凡可拷贝类型 std::string 的类似代码将选择未优化的（逐个元素赋值）重载，因此，这对于这个用例来说不是合适的记录类型。

平凡可拷贝类型的另一个潜在好处是，它们可以安全地复制到无符号字符数组中，并作为“位包”进行检查，例如出于调试目的——只要不访问任何具有不确定值的字节。在将平凡可拷贝类型的对象复制到无符号字符数组时，不确定值可能有两个来源：填充字节和对象表示中与未初始化的非静态数据成员对应的任何字节，请参阅潜在缺陷——将任意值与不确定值混淆。FixedCapacityString 模板用于消除填充字节，但是 d_buffer 中任何未使用的字节都将具有不确定的值。如果我们想要将整个 FixedCapacityString 的内存空间变为原始字节，就需要在每个用户提供的构造函数中初始化整个 d_buffer，例如，使用 std::memset(d_buffer,0,N)。因为只有默认构造函数和值构造函数会受到影响，所以对象仍然是平凡可拷贝的，尽管构造的运行时效率有所降低。

（9）固定容量字符串的元素（平凡）

一个字符串类不一定包含 char 类型的元素。例如，在 <uchar.h> 中定义的包含 char32_t 类型元素的 std::basic_string 可以保存 UTF-32 编码单元。为了增加灵活性，我们修改前一个用例中的 FixedCapacityString 模板，除了最大字符数 N 之外，还参数化了所需的字符类型 T, T 的默认值是 char：

```
#include <iostream>   // std::basic_ostream, std::wcout
#include <algorithm>  // std::equal

template <std::size_t N, typename T = char>
class FixedCapacityString
{
    static_assert(N <= 255, "Capacity N is too large.");  // requirement check

    unsigned char d_size;
    T             d_buffer[N + 1];

public:
    FixedCapacityString() : d_size(0) { d_buffer[0] = T(); }
    FixedCapacityString(const T* str)  // The length of str must be less than N.
    {
        const T nullChar = T();
        for (d_size = 0; str[d_size] != nullChar; ++d_size)
        {
            d_buffer[d_size] = str[d_size];
        }
        d_buffer[d_size] = nullChar;  // null terminator
    }

    std::size_t size() const { return d_size; }
    const T* c_str() const { return d_buffer; }

    // free functions (employing the hidden-friend idiom)
    friend bool operator==(const FixedCapacityString& lhs,
                           const FixedCapacityString& rhs)
    {
        if (lhs.d_size != rhs.d_size) return false;
        return std::equal(lhs.d_buffer, lhs.d_buffer+lhs.d_size, rhs.d_buffer);
    }

    friend bool operator!=(const FixedCapacityString& lhs,
                           const FixedCapacityString& rhs)
    {
        return !(lhs == rhs);
    }

    friend std::basic_ostream<T>&
        operator<<(std::basic_ostream<T>& os, const FixedCapacityString& s)
    {
        return os << s.c_str();  // might require additional support for some Ts
    }
};
```

我们现在可以定义一个函数f1，它创建一个对象s，实例化一个最多包含15个字符的FixedCapacityString，每个字符类型为wchar_t：

```
#include <cassert>  // standard C assert macro

void f1()
{
    FixedCapacityString<15, wchar_t> s(L"hello");  // L: wide-character literal
    assert(5 == s.size());
    std::wcout << s << L'\n';  // Print "hello\n" using only wide characters.
}
```

接下来，考虑上面的FixedCapacityString类模板中“字符”元素类型T的需求。我们在前面的用例中设计的FixedCapacityString是平凡可拷贝的（因此也是平凡可析构的），因此容器可以更高效地按位复制这种类型的对象（例如，使用std::memcpy）。为了使FixedCapacityString保持平凡可拷贝，T也必须是平凡可拷贝的。在一个健壮的高性能实现中，我们希望避免在构造FixedCapacityString<N,T>的对象时初始化d_buffer中的每个元素。除非T是平凡默认可构造的，否则编译器会在进入任何用户提供的FixedCapacityString<N,T>的构造函数体之前，自动为FixedCapacityString<N,T>的d_buffer中的每个元素调用T的构造函数。因此，我们有必要要求T是平凡默认可构造的。所有这些约束加在一起意味着T必须是平凡类型。

不仅窄字符类型和宽字符类型满足了 T 的平凡性约束，而且平凡的 UDT 也满足了这一约束。例如，假设有一个普通类（如 Word），它只有一个指针成员（如 d_word），并且将相等比较运算符（== 和 !=）实现为隐藏友元：

```
#include <cstring>      // std::strcmp, std::memcpy
#include <type_traits>  // std::is_trivial

struct Word  // trivial type
{
    const char* d_word;  // does not own pointed-to string

    friend bool operator==(const Word& lhs, const Word& rhs)  // hidden friend
    {
        if (lhs.d_word == rhs.d_word) return true;         // same address value
        if (!lhs.d_word || !rhs.d_word) return false;      // (only) one nullptr
        return 0 == std::strcmp(lhs.d_word, rhs.d_word);   // distinct addresses
    }

    friend bool operator!=(const Word& lhs, const Word& rhs)  // hidden friend
    {
        return !(lhs == rhs);
    }
};

static_assert(std::is_trivial<Word>::value, "");  // Verify our assumptions.
static_assert(std::is_trivially_copyable<FixedCapacityString<10, Word>
                                                          >::value, "");
```

创建两个 FixedCapacityString<10, Word> 对象（例如，source 和 destination）。source 对象用一个包含 4 个 Word 对象的数组（例如 wordArray）初始化，其中 3 个是从字符串字面值初始化的聚合对象，第 4 个是作为 null 终止符初始化的值对象。destination 对象是默认构造的，因此是空的：

```
Word wordArray[] = { {"alpha"}, {"beta"}, {"gamma"}, {} };  // raw data
FixedCapacityString<10, Word> source(wordArray);  // Construct from array.
FixedCapacityString<10, Word> destination;        // empty destination
```

现在我们可以在函数体（例如 f2）中展示，所有预期的功能都像以前一样工作，包括使用 std::memcpy 将值从源传递到目标：

```
void f2()
{
    assert(3 == source.size());                       // Check source length.
    assert(source.c_str()[1] == Word{"beta"});        // Check middle word.

    assert(0 == destination.size());                  // Check destination length.

    std::memcpy(&destination, &source, sizeof source);  // trivially copyable

    assert(3 == destination.size());                  // Check destination length.
    assert(destination.c_str()[1] == Word{"beta"}); // Check middle word.
    assert(destination == source);                    // Check equality.
}
```

Word 类不需要用户提供的构造函数或析构函数，因为它不分配或重新分配资源。d_word 成员被初始化为指向外部托管内存（例如一个字符串字面值，它具有静态存储持续时间）中的 null 终止字符串。因此，Word 类型是平凡的。事实上，它是一个 POD 类——因此它满足我们更新的 FixedCapacityString 模板的字符型参数 T 的约束。std::basic_string 模板要求字符类型为 char-like（类字符）对象，定义为非数组 POD 类型[㊀]。

虽然不太可能使用 UDT 作为字符串元素，但似乎没有理由禁止它。我们可以通过放宽 T 中平凡可构造的要求来扩大允许的类型集合，并且不会对平凡的类型产生不良后果。此外，对于那些平凡可拷贝但不是平凡默认构造的类型，我们将获得几乎相同的运行时性能。放宽要求通常需要与规范

㊀ 在 C++20 中，类字符对象被重新定义为非数组的平凡标准布局类型。

的简单性和实现的自由度（包括未来增强的灵活性）进行平衡，这些自由度由约束 T 为完全平凡提供。不管最终对 T 的要求是什么，实现者可以在 FixedCapacityString<N,T> 类模板的主体中，通过编译时检查 static_assert(std::is_trivial<T>::value, “”); 来强制这一点。

请注意，除非我们至少为 std::basic_streambuf<Word> 提供一个自定义模板特化，否则为 Word 元素的 FixedCapacityString 的流操作符 (operator<<) 提供的参数 std::basic_ostream<T> 将无法实例化。即使没有这种专门的流实现，FixedCapacityString<Word> 只要不调用流操作符，也完全可用。

3. 潜在缺陷

（1）导出 POD 的位拷贝

从历史上看，POD 是人们认为要尝试直接具体化的类型类别，因为数据位直接表示值（平凡），并且我们知道组件在 POD 中的位置（标准布局）。不过，程序员对这些数据做的操作，和他们实际被允许对这些数据做的操作是不同的——从阅读标准的角度很难辨别其合法性，而且在不同的编译器版本和系统上受到的监管往往不同，请参阅烦恼——C++ 标准在这方面尚未稳定。

C++ 语言是通过抽象机器来说明规范的。任何来自机器外部的数据，例如通过网络或文件 I/O 到达的数据，都不能从授予给机器内部数据的权限中获益，即使这些数据最初是由同一进程产生的。使用持久存储、共享内存或网络字节流将 POD 的对象表示复制到进程外并读入——即使是同一个进程，更不用说用另一种语言编写的不同程序了——并没有一种保证安全的方法。在 C++ 中，任何 POD 的这种使用都具有未定义的行为，有可能产生意想不到的结果。

尽管如此，POD——更具体地，平凡可拷贝类型——不引用其他进程内对象的地址，从工程角度来看是一个有用的概念，因为它们最密切地标识了一类类型，它们可以通过套接字、共享内存或文件 I/O 发送到正在运行的进程之外，然后在相同机器上运行相同构建的相同程序的另一个进程中迅速重新组成。

一旦我们考虑同一个程序的不同构建，即使在同一台机器上操作，我们也会失去许多在单个进程中操作时隐含的保证（例如一致的大小和数据成员对齐）。在单个进程中，C 和 C++ 转换单元之间的互操作已经为一个明确指定的 POD 子集定义了行为，但是一旦通信跨越进程边界，我们就必须再次处理不同的构建。当 C++ 程序以这种方式与 C 程序交互时，使用一个单独的后端工具链来组装和链接程序可以帮助减少意外。

跨异构体系结构的网络通信为底层对象表示的微妙差异提供了更多的机会。除了标量类型的原生大小在不同的平台上可能不同之外，字节顺序（又称端序）、对齐和填充要求、浮点表示以及非数值类型（如 bool）的表示也可能不同。即使意识到这些差异，补偿它们也容易出错，并可能导致细微的错误。

如果进程中数据表示的任何具体细节发生更改，例如由于编译器的新版本而更改，那么将数据保存在持久存储中作为 POD 的原始对象表示会使此类数据面临风险。读取或写入二进制数据（例如 JPEG 文件）最好以字节流的形式完成，其中每个标量值都从一个定义良好的原始字节数组中单独解码 / 编码。

简而言之，将 POD 类型的对象表示具体化并不能代替正确的网络编程。请参阅补充内容——一则警示：POD 并不只是“位包”。

（2）要求 POD 类型或甚至仅平凡类型

这个缺陷有两种形式：要求比实际需要的类型属性更多的子集，创建一个对于它预期满足的契约来说过于通用的用户自定义类型（UDT）。

- 不必要地强制过于严格的类型契约[㊀]。首先，假设我们正在编写一个函数模板 byteCopy1，用

㊀ C++20 引入了概念（Concept）的概念，它是一种语法特性，用于简明地描述适用于给定模板类型参数的允许类型的子集。

于从一个给定的类型为 T 的对象中复制底层表示，并将原始字节作为 std::vector<char> 的值返回，以便不同类型的字节拷贝可以存在于单个同质数据结构中（例如 std::map<KeyType, std::vector<char>>）：

```
#include <cstring>      // std::memcpy
#include <type_traits>  // std::is_pod, std::is_trivially_copyable
#include <vector>       // std::vector

template <typename T>
std::vector<char> byteCopy1(const T& obj)  // object buffer
{
    static_assert(std::is_pod<T>(), "T must be POD type");  // Too restrictive!

    std::vector<char> result('\0', sizeof(obj));
    std::memcpy(result.data(), &obj, sizeof(obj));
    return result;  // newly allocated buffer containing object representation
}
```

在上面的示例中，我们要求模板类型参数 T 是一个 POD 类型。然而，影响此函数模板有效性的唯一约束是 T 必须是平凡可拷贝的。因此，有很多类型可以期望与这个 byteCopy1 函数一起工作，但由于没有合理的理由，它们无法编译通过。

```
struct B { int x; };      // The base class is a POD.
struct D : B { int y; };  // derived class is trivial but not standard layout

void test1()
{
    B b = {};
    D d = {};

    std::vector<char> vb = byteCopy1(b);  // OK
    std::vector<char> vd = byteCopy1(d);  // Error, D is not a POD.
}
```

在上面的示例中，尽管 d 不是 POD 类型，但在 byteCopy1 函数模板的实现中，除了 static_assert 之外，没有任何东西会阻止它对 d 进行处理。

更通用的解决方案（例如 byteCopy2）通过 static_assert 提供的契约仅是所需的最小类型约束，从而使函数模板能够处理更广泛的参数类型：

```
template <typename T>
std::vector<char> byteCopy2(const T& obj)
{
    static_assert(std::is_trivially_copyable<T>(),  // appropriately
                  "T must be trivially copyable");  // restrictive

    // ...                  (same as in byteCopy1 above)
}
```

只有当复制为 T 提供的类型的对象的字节会导致未定义的行为时，上面的 byteCopy2 函数模板才会正确地失败。

- 过度限制用于泛型编程的类型。与过度约束泛型函数的参数相反的是，过度约束旨在在该函数中使用的类型的设计。在上面的示例中，我们可能希望给 B 添加一个构造函数，但为了保持 B 的平凡性而省略了该构造函数。鉴于 byteCopy2（上述）的要求不那么严格，我们可以毫不犹豫地定义一个类型（例如 B2），它是平凡可拷贝的，但不一定具有平凡的默认构造函数：

```
struct B2 { int x; B2() : x(0) { } };  // trivially copyable but not POD

void test2()
{
    B2 b;  // invokes default constructor
    std::vector<char> vb = byteCopy2(b);  // OK, b is trivially copyable.
}
```

（3）使用错误的类型特性

C++ 标准库提供了三个类型特性（特征）——std::is_trivial、std::is_trivially_copyable 和 std::is_standard_layout，它们直接对应于核心语言规范中使用的术语，分别是平凡类型（Trivial Type）、平凡可拷贝类型（Trivially Copyable Type）和标准布局类型（Standard-layout Type）。这三个不寻常的特性用于指示（通常是库）开发人员是否可以利用特定类型的固有属性，在通用函数体中进行手动优化，以避免编译器通过激进的优化来破坏开发人员的意图。其他的标准特性，如 std::is_trivially_copy_constructible 和 std::is_trivially_copy_assignable，提供了更细粒度的分类，通常作为通用函数接口中的约束条件使用，并且在特性的特征上也有一些不同。特别是，这些面向接口的特性在检查相应操作是否平凡的基础上还施加了额外的约束。因此，在不同特性类别之间具有类似的名称可能会导致细微的缺陷，这在细粒度的接口特性被简单地用于需要核心特性的上下文时可能出现，反之亦然。

上述的三个类型特性与其他相似的接口特性不同之处在于，它们不需要任何公有可访问的操作。也就是说，如果一个名为 AllPublic 的结构体，其所有用户声明的成员都是公有可访问的，并满足其中一个或多个特性，那么一个声明了完全相同成员为私有的类 AllPrivate 也将满足该特性。对于更精细的接口特性，情况并非如此，它们通常要求特定功能满足以下条件：可以公有访问，同时可以被调用（即非删除且明确）。需要注意的是，所有特性都是上下文不敏感的，没有相对应的特权访问概念（例如，通过成为友元而获得的私有访问权限）。

考虑一个类 C，它声明了一个私有的拷贝构造函数和一个公有的删除拷贝赋值运算符：

```
#include <type_traits>  // std::is_trivially_copyable
                        // std::is_trivially_copy_constructible (etc.)

class C  // trivially copyable but not trivially copy constructible
{
    C(const C&)            = default;  // nonpublic trivial copy constructor
public:
    C& operator=(const C&) = delete;   // public deleted copy assignment op
};

static_assert( std::is_trivially_copyable<C>::value, "");            // OK
static_assert(!std::is_trivially_copy_assignable<C>::value, "");     // OK
static_assert(!std::is_trivially_copy_constructible<C>::value, "");  // OK
```

在上述示例中，类 C 满足成为平凡可拷贝类型的所有核心语言要求，因为它具有一个隐式声明的非删除平凡析构函数，没有非平凡的拷贝操作，并且至少有一个非删除的平凡拷贝操作，无论该操作是不是私有的。更具体的接口特性 std::is_trivially_copy_constructible 在应用于类 C 时计算为 false，因为所讨论的构造函数不是公有可访问的。类似地，std::is_trivially_copy_assignable 特性计算为 false，因为尽管该特性是公有可访问的，但由于它被删除，所以无法调用赋值运算符。需要注意的是，如果 C 的拷贝构造函数是公有可访问的，并且其赋值运算符是默认的而不是删除的，那么上述所有三个编译时断言都会在后两个断言中成功，而无须使用否定运算符（!）。

核心语言属性的特性（例如 std::is_trivial、std::is_trivially_copyable 和 std::is_standard_layout）被规定要与标准定义完全匹配，仅涉及泛型函数在处理给定类型的对象时可以采取的行为（例如使用 std::memcpy）以及编译器在优化对类型的使用时可以采取的行为。而其他特性（例如 std::is_trivially_constructible、std::is_trivially_copy_constructible、std::is_trivially_copy_assignable 和 std::is_trivially_destructible）没有与之相关的标准术语，它们也需要（除其他要求外）公共可访问性，更加明确和精细，且不受核心语言的细微细节的影响。因此，这些接口特性通常更适合作为泛型函数接口中相关类型属性的约束条件进行检查，而不是用于其实现。

作为对这两个不同类别类型特性使用的说明，考虑一个类 S，它是平凡可拷贝类型但不能进行赋值操作：

```
#include <type_traits>  // std::is_trivially_copyable

struct S  // trivially copyable but not assignable
```

```
{
    S() {}                                  // non-trivial default constructor
    S(const S&)             = delete;   // deleted copy constructor
    S(S&&)                  = default;  // trivial move constructor
    S& operator=(const S&) = delete;   // deleted assignment operator
};

static_assert(std::is_trivially_copyable<S>::value, "");  // OK
```

类S的作者通过显式删除拷贝构造函数和拷贝赋值运算符，明确表示不支持对类型S的对象进行多个活动副本的操作。然而，即使添加了一个非删除的平凡移动构造函数，类型S仍然是平凡可拷贝的。虽然在语言中使用std::memcpy来给类型S的对象赋值是合法的，但如果在赋值后继续使用原始对象，这违背了类型的设计意图，可能会导致由于未遵守类型的设计选择而引起的错误：

```
#include <utility>  // std::move
#include <cstring>  // std::memcpy

void f1()
{
    S s1, s2;             // Construct two objects of type S.
    S s3(s1);             // Error, copy constructor is deleted.
    s2 = s1;              // Error, assignment operator is deleted.
    S s4(std::move(s1));  // OK, move construction

    std::memcpy(&s2, &s1, sizeof s1);  // Bug, backdoor copying is suspect.
}
```

在上述的f1函数的最后一行使用std::memcpy将一个S对象s1的值拷贝到另一个S对象s2是合法的，因为S恰好是平凡可拷贝的。然而，这种对std::memcpy的有效使用将违背程序员的意图，即S对象的值可以被移动，但不能被复制。此外，如果移动构造函数或析构函数在将来变为非平凡的（因为没有明确或暗示的承诺表明这不会发生），任何硬编码的std::memcpy，如上面所示，将会默默地展现未定义的行为。

我们可以在泛型函数的函数体中使用适当的核心特征std::is_trivially_copyable，以确保只在不会导致未定义行为的情况下应用std::memcpy，然后在函数的接口中单独使用适当的接口特征std::is_copy_assignable，以指示使用std::memcpy将违反与调用方的预期契约。创建一个函数模板（例如optimizedCopy），它使用赋值语义将一个类型为T的数组复制到另一个数组：

```
#include <cstring>      // std::memcpy
#include <type_traits>  // std::is_copy_assignable, std::is_trivially_copyable

template <typename T>
void optimizedCopy(T* dest, const T* first, const T* last)
    // Copy elements from range [first, last) to the range starting at dest.
    // requires that std::is_copy_assignable<T>::value is true
{
    static_assert(std::is_copy_assignable<T>::value, "T must be assignable");

    if (std::is_trivially_copyable<T>::value)  // Check for optimizability.
    {
        std::memcpy(dest, first, (last - first) * sizeof(T));  // FAST
    }
    else  // Type T is not trivially copyable, so no std::memcpy for it.
    {
        while (first != last)
        {
            *dest++ = *first++;  // (presumably) slower than std::memcpy
        }
    }
}
```

如果调用者尝试提供一个不可复制赋值的类型T，那么实例化optimizedCopy将导致编译时断言失败，指示契约违规。假设所讨论的对象确实支持常规的拷贝赋值，那么optimizedCopy的算法将检查类型T是不是平凡可拷贝的，如果是，它将使用std::memcpy一次性拷贝整个范围。否则，由于使用 std::memcpy 会导致未定义行为，optimizedCopy 将使用 T 的赋值运算符对逐个元素进行赋值。因此，在函数模板中，我们在接口中使用了接口特征 std::is_copy_assignable，在实现中使用了核心特征 std::is_trivially_copyable。这种优化对于平凡可拷贝类型的数组特别有用，请参阅用例——固定容量字符串（平凡可拷贝）。

另一种强制编译时契约的方法是除了使用 static_assert 之外，还可以使用标准库的元函数 std::enable_if（例如，在 optimizedCopy2 中）来阻止对 optimizedCopy2 的调用，如果推断出 T 不可拷贝赋值的话。以下是使用 std::enable_if 的示例代码：

```
template <typename T>
typename std::enable_if<std::is_copy_assignable<T>::value>::type
optimizedCopy2(T* dest, const T* first, const T* last)
    // Copy elements from range [first, last) to the range starting at dest.
    // This function does not participate in overload resolution unless
    // std::is_copy_assignable<T>::value is true.
{
    // ... (body including static_assert unchanged from optimizedCopy above)
}
```

在上面的示例中，如果 std::is_copy_assignable<T>::value 为 true，则 optimizedCopy2 的返回类型为 void，否则是非法的。这与我们之前在原始 optimizedCopy 中使用 static_assert 在函数体中的方式不同，函数模板的非法特化不会导致编译时错误，而是从重载集合中删除该特化，从而允许选择其他可行的重载（如果有的话）。特别要注意的是，这种方式下，非法特化中的 static_assert 永远不会触发，因此是完全多余的防御性检查。在这个示例中，使用 std::enable_if 的另一个优点是，可拷贝赋值的约束直接以编程接口的形式表达，而不仅仅是通过文档。对于像 optimizedCopy2 这样的函数模板，仅使用 static_assert 可能会产生比如“错误——无法找到匹配的函数 optimizedCopy2”[㊀]的错误消息。

在实际中，很少一些情况下在函数模板的实现中使用 std::is_trivially_copy_constructible 或 std::is_trivially_copy_assignable 是合适的，因为核心语言中没有与它们相匹配的特殊情况。满足这两个接口特性的要求既不是使参数类型成为平凡可拷贝的必要条件，也不是充分条件。而且，一个平凡可拷贝的类型可能不满足这两个接口特性的任何一个，例如，由于这些特性的额外要求，比如公有可访问性、可调用性等等。相反地，std::is_trivially_copyable 准确地标识了那些可以安全地通过 std::memcpy 进行拷贝的平凡类型的超集，因为这个核心特性考虑了与平凡可拷贝相关的所有五个特殊成员函数（包括析构函数），但在良好规范的函数模板接口中很少见到正确使用 std::is_trivially_copyable，除非该模板提供低级别的服务。因此，核心特性适用于通用函数的实现，而接口特性几乎总是位于接口中（请参阅潜在缺陷——非法使用 std::memcpy）。

对于类模板，使用 std::is_trivially_copy_assignable 及其类似特性的其他适当用法也存在。例如，假设我们想要确保包装某种其他类型（例如 Wrap<T>）的类模板是不可赋值的、可拷贝赋值的或平凡可拷贝赋值的，与其模板类型参数 T 的拷贝赋值操作的存在和平凡性相对应。std::is_trivially_copy_assignable 特性可以用于约束模板的部分特化，或者如下例所示，用于仅对非平凡可拷贝赋值的类型 T 定义用户提供的拷贝赋值运算符，用于实例化 Wrap：

```
#include <iostream>     // std::cout
#include <type_traits>  // std::is_trivially_copy_assignable,
                        // std::is_copy_assignable, std::is_reference

template <typename T>
class Wrap  // trivially copy assignable when possible
{
    T d_data;  // member object of type being wrapped

    struct Dummy { };  // local type (not usable outside of this class)
```

㊀ 在 C++20 中，require 子句（是 concepts 特性的一部分）提供了一个比 std::enable_if 更易于阅读的替代方案，并且在没有满足需求时产生一个更容易理解的错误消息。

```
    typedef typename std::conditional<
            (    std::is_trivially_copy_assignable<T>::value
             && !std::is_reference<T>::value)
          || !std::is_copy_assignable<T>::value,
          const Dummy&,  // parameter for useless assignment operator
          const Wrap&    // parameter for copy assignment operator
      >::type MaybeCopyAssignType;  // parameter type for assignment operator

public:
    Wrap() = default;
    explicit Wrap(const T& d) : d_data(d) { }
    Wrap(const Wrap&) = default;

    Wrap& operator=(MaybeCopyAssignType rhs)  // maybe copy assignment operator
    {
        d_data = rhs.d_data;
        std::cout << "non-trivial copy assignment\n";
        return *this;
    }
};
```

在上述Wrap类模板中，使用了std::conditional元函数来选择两种类型中的一种作为MaybeCopyAssignType类型别名：如果T是平凡可拷贝赋值的但不是引用类型，或者如果T根本不能进行拷贝赋值，那么类型别名MaybeCopyAssignType将为const Dummy&；否则，它将为const Wrap&。如果MaybeCopyAssignType的别名为const Dummy&，则声明的operator=将是无用的，并且不具有适合拷贝赋值运算符的函数签名，从而导致隐式生成一个的默认的平凡拷贝赋值运算符，如果T不是可拷贝赋值类型的话，则该隐式生成运算符将被删除；否则，声明的operator=将具有适合拷贝赋值运算符的正确签名，并且由于是用户提供的，它将不是平凡的。因此，对于Wrap<T>，std::is_copy_assignable和std::is_trivially_copy_assignable特性在很大程度上反映了T的特性。

```
struct X { X& operator=(const X&); };  // not trivially copy assignable
struct Y { int& a; };                  // not copy assignable

static_assert(  std::is_copy_assignable          <     int >::value, "");
static_assert(  std::is_copy_assignable          <Wrap<int>>::value, "");
static_assert(  std::is_trivially_copy_assignable<     int >::value, "");
static_assert(  std::is_trivially_copy_assignable<Wrap<int>>::value, "");

static_assert(  std::is_copy_assignable          <     X >::value, "");
static_assert(  std::is_copy_assignable          <Wrap<X>>::value, "");
static_assert(! std::is_trivially_copy_assignable<     X >::value, "");
static_assert(! std::is_trivially_copy_assignable<Wrap<X>>::value, "");

static_assert(! std::is_copy_assignable          <     Y >::value, "");
static_assert(! std::is_copy_assignable          <Wrap<Y>>::value, "");
static_assert(! std::is_trivially_copy_assignable<     Y >::value, "");
static_assert(! std::is_trivially_copy_assignable<Wrap<Y>>::value, "");

static_assert(  std::is_copy_assignable          <     int& >::value, "");
static_assert(  std::is_copy_assignable          <Wrap<int&>>::value, "");
static_assert(  std::is_trivially_copy_assignable<     int& >::value, "");
static_assert(! std::is_trivially_copy_assignable<Wrap<int&>>::value, "");
```

如上面的示例代码所示，int和Wrap<int>都具有平凡的拷贝赋值运算符。由于X具有用户提供的非平凡拷贝赋值运算符，因此Wrap<X>也是如此。但请注意上面最后两行中所示的显而易见的反例。将std::is_trivially_copy_assignable特性应用于int&时计算为true，但应用于包装版本（Wrap<int&>）时计算为false。如果我们允许赋值运算符默认生成（即不检查std::is_reference），Wrap<int&>将被删除，这不是我们想要的结果。因此，我们设计Wrap在T是引用类型时具有非平凡的拷贝赋值运算符。

（4）随意的术语

一个错误是混淆具有在语言标准中明确定义的含义的术语，例如平凡或平凡可拷贝，与之类似但纯粹是描述性的术语，例如平凡可析构或平凡可拷贝构造，它们在核心语言中没有相应的含义。说一个类型 T 是平凡可析构的，可能被解释为 T 满足与析构函数相关的平凡或平凡可拷贝类型的属性的子集；或者当应用于 T 时，接口特性 std::is_trivially_destructible 返回 true。特别要注意的是，std::is_trivially_copyable<T> 并不必然意味着 std::is_trivially_destructible<T>。

```
#include <type_traits>  // std::is_trivially_copyable,
                        // std::is_trivially_destructible,
                        // std::is_trivially_copy_assignable

class X  // X is trivially copyable but is X trivially destructible?
{
    ~X() = default;  // inaccessible trivial destructor
};

static_assert( std::is_trivially_copyable<X>::value, "");        // OK
static_assert(!std::is_trivially_destructible<X>::value, "");     // OK
static_assert( std::is_trivially_copy_assignable<X>::value, "");  // OK
```

在上面的示例代码中，类 X 是平凡可拷贝的，即使它的平凡析构函数不是公有可访问的。std::is_trivially_copyable 特性与平凡可拷贝的语言定义完全对应，这与析构函数和任何拷贝操作的访问级别无关，而 std::is_trivially_destructible 特性仅在析构函数既是平凡的又是公有访问的情况下为真。因此，使得 std::is_trivially_copyable 为真所必须满足的要求集并非 std::is_trivially_destructible 的超集。根据术语的不同使用，X 可以被认为是平凡可析构的（因为它具有非删除的平凡析构函数），也可以被认为不是（因为 std::is_trivially_destructible 的求值结果为 false）。

在本书中，我们始终使用非标准的描述性术语，比如“平凡可析构”，来准确表示与相应的标准接口特性（在本例中是 is_trivially_destructible）的求值为 true 的类型集合，就像我们必须对待标准术语一样。因此，X 不被认为是平凡可析构的，因为 std::is_trivially_destructible<X>::value 为 false，而 X 被认为是平凡可拷贝的，因为 std::is_trivially_copy_assignable<X>::value 为 true。

请注意，准确和随意之间的区别确实非常微妙。当在足够高的层次上进行讨论时，很容易口误并断言平凡可拷贝类型的集合是平凡可析构类型的真子集。然而，为了正确起见，我们必须说平凡可拷贝类型的集合是具有非删除的平凡析构函数的类型集合的真子集。

（5）在具有 const 或引用子对象的对象上使用 memcpy

从用户的角度来看，从对象 a 到对象 b 的位拷贝可以被视为赋值操作 b = a，或者将 a 销毁并使用拷贝构造从 b 重新构造 a，类似于使用定位 ::operator new 进行操作。在大多数情况下，这两种解释的区别是无关紧要的，只要所有这些操作都是平凡的且可用（即非删除的、公有可访问的和明确的）。值得注意的是，一个平凡可拷贝类型只保证了这些要求的子集，例如，拷贝和移动赋值操作、拷贝和移动构造函数以及析构函数都被保证是平凡的，但不一定可用，并且只有析构函数和一个拷贝操作是声明的且未被删除。

```
#include <cassert>  // standard C assert macro
#include <new>      // placement new
#include <cstring>  // std::memcpy

void copy1a()
{
    int a = 1, b = 2;
    a = b;                          // assignment
    assert(2 == a);
}

void copy1b()
{
    int a = 1, b = 2;
    new(&a) int(b);                 // copy construction using placement new
    assert(2 == a);
}
```

```
void copy1c()
{
    int a = 1, b = 2;
    std::memcpy(&a, &b, sizeof b);  // bitwise copy
    assert(2 == a);
}
```

在上述的三个函数中，它们产生的结果都是定义良好且不可区分的。现在让我们考虑一个结构体（例如S），它是平凡类型，但包含一个非静态的const数据成员（例如const int i），还有另一个结构体（例如B），它也是平凡类型，但包含一个非静态的引用类型数据成员（例如int& r）。在这两种情况下，隐式声明的默认构造函数、拷贝赋值运算符和移动赋值运算符都被删除了。

```
#include <type_traits>  // std::is_trivially_copyable
                        // std::is_trivially_copy_constructible (etc.)

struct S  // S is trivial yet neither default constructible nor assignable.
{
    const int i;  // const member i must be initialized at construction.
};

static_assert( std::is_trivial<S>::value, "");                          // OK
static_assert(!std::is_trivially_default_constructible<S>::value, "");  // OK
static_assert(!std::is_default_constructible<S>::value, "");            // OK

static_assert( std::is_trivially_copyable<S>::value, "");               // OK
static_assert( std::is_trivially_destructible<S>::value, "");           // OK
static_assert( std::is_trivially_copy_constructible<S>::value, "");     // OK
static_assert(!std::is_trivially_copy_assignable<S>::value, "");        // OK
static_assert(!std::is_copy_assignable<S>::value, "");                  // OK

struct B  // B is trivial yet neither default constructible nor assignable.
{
    int& r;       // Reference member r must be initialized at construction.
};

static_assert( std::is_trivial<B>::value, "");                          // OK
static_assert(!std::is_trivially_default_constructible<B>::value, "");  // OK
static_assert(!std::is_default_constructible<B>::value, "");            // OK

static_assert( std::is_trivially_copyable<B>::value, "");               // OK
static_assert( std::is_trivially_destructible<B>::value, "");           // OK
static_assert( std::is_trivially_copy_constructible<B>::value, "");     // OK
static_assert(!std::is_trivially_copy_assignable<B>::value, "");        // OK
static_assert(!std::is_copy_assignable<B>::value, "");                  // OK
```

需要注意的是，尽管struct S是平凡类型（因此也是平凡可拷贝类型），但它既没有可用的默认构造函数，也没有可用的赋值运算符；因此，使用std::memcpy来分配此类类型的值——尽管它声称是平凡可拷贝的——这是在创建const子对象后对其进行修改的一种方法。类似地，struct B是平凡类型，但使用std::memcpy来分配对象B的值是重新绑定引用的一种方式。对于这些类型，拷贝构造和赋值的语义大不相同。由于赋值没有意义，平凡析构后进行拷贝构造是std::memcpy的唯一可行解释。在C++11和C++14中，销毁具有const或引用子对象的对象并在同一位置重新创建该类型的对象会使之前对该对象的所有引用无效：

```
void copy2a()  // attempting to use the assignment operator
{
    S a = { 1 }, b = { 2 };
    a = b;                  // Error, assignment is not allowed.

    int i1 = 1, i2 = 2;
    B c = { i1 }, d = { i2 };
    c = d;                  // Error, assignment is not allowed.
}
```

```
void copy2b()  // using in-place copy construction with placement new
{
    S a = { 1 }, b = { 2 };
    S* pa = new (&a) S(b);  // OK, copy construction
    int x1 = a.i;           // Bug (UB), cannot refer to new object through a
    int x2 = pa->i;         // OK, can access through value returned from new
    assert(x2 == 2);        // OK, const member S::i was overwritten.

    int i1 = 1, i2 = 2;
    B c = { i1 }, d = { i2 };
    B* pc = new (&c) B(d);  // OK, copy construction
    int& y1 = c.r;          // Bug (UB), cannot refer to new object through c
    int& y2 = pc->r;        // OK, can access through return value of new
    assert(&y2 == &i2);     // OK, reference member B::r was rebound.
}

void copy2c()  // using std::memcpy
{
    S a = { 1 }, b = { 2 };
    std::memcpy(&a, &b, sizeof b);  // OK, bitwise copy
    int x = a.i;           // Bug (UB), cannot refer to new object through a

    int i1 = 1, i2 = 2;
    B c = { i1 }, d = { i2 };
    std::memcpy(&c, &d, sizeof d);  // OK, bitwise copy
    int& y = c.r;          // Bug (UB), cannot refer to new object through c
}
```

在 copy2a 中，赋值操作在编译时失败。在 copy2b 中，使用拷贝构造函数将源对象的值拷贝到一个新对象中。而且，通过定位 ::operator new 返回的值来访问新创建的对象是有效的，但不能直接通过原来的名称来访问——即使它们指向相同的地址。在 copy2c 中，std::memcpy 对于一个对象复制到另一个相同的平凡可拷贝类型的对象也是有效的。然而，尝试通过原始名称访问数据成员同样会导致未定义行为，但与定位 new 不同的是，没有有效的新指针可用于访问新创建的对象。因此，虽然可以使用 std::memcpy，但它无法实现目标。

请注意，从 C++20 开始，重新使用已销毁并重新创建的对象的名称、引用或指针是有效的，例如通过 std::memcpy 或定位 std::operator new，即使对象包含一个带有 const 限定符或引用限定符类型的非静态成员，也可以消除 copy2b 和 copy2a 中的未定义行为。但按照最初的规定，在 C++11、C++14 和 C++17 中，std::memcpy 对这些类型仍无法有效使用，请参见烦恼——C++ 标准在这方面尚未稳定。

在旧编译器上的解决方法是，尝试通过将 std::is_trivially_copyable 与 std::is_assignable 结合使用来减轻实现中的危险优化，以防止将 std::memcpy 应用于具有 const 子对象的类型（如 S）：

```
static_assert(    std::is_trivially_copyable<T>::value
               && std::is_assignable<T,T>::value, "");
```

需要注意的是，上述 static_assert 可能会拒绝一些合法的情况，例如那些没有 const 或引用成员但声明了私有平凡赋值运算符的类型。

（6）将任意值和不确定值混淆

C++ 语言对已写入（通过初始化或赋值）的任意 POD 值与未初始化的值进行了重要区分。作为示例，考虑两个局部标量 POD 变量 x 和 y：

```
#include <cstdint>  // std::uintptr_t

void func()
{
    unsigned short x;                                        // indeterminate
    unsigned short y = reinterpret_cast<std::uintptr_t>(&x);  // arbitrary
```

```
    ++x;  // Bug, undefined behavior
    ++y;  // OK, defined behavior
}
```

在上面的示例中，x是隐式默认初始化的，由于它有一个平凡默认构造函数，这意味着它不会被赋值。相比之下，y会被赋一个值，并且每次调用func时，该值都可能会发生改变。在对y进行递增操作后，y的值保证比之前大1（取模于无符号短整型的回绕），而对于x，就没有这样的保证。

在开发过程中，有时我们可能会发现故意调用具有未定义行为的操作是有帮助的。例如，在程序堆栈上无意中读取未初始化的内存位置，这本身就具有未定义行为，可能会导致常见的安全漏洞。具有讽刺意味的是，我们能够利用这种相同的未定义行为来检测程序，并在其他地方（例如我们的客户手中）防止这种情况的发生。

假设编写一个函数productionFunc，它首先在程序堆栈上创建一个中等大小的固定大小数组，该数组中的整数被初始化为零。建议使用C++11的新特性——大括号初始化（参见3.1.4节），来实现这种零初始化，而不是使用循环。作为工程师，我们需要确保正确使用该功能，因此我们编写了一个小型测试函数cleanStack，它使用这种新颖的语法来表面上对数组进行值初始化，然后打印每个元素以进行目视检查：

```
#include <iostream>  // std::cout

void cleanStack()  // function that creates and initializes an array of 4 ints
{
    int a[4]{};  // Does this syntax reliably create an array of zeros?
    std::cout << "cleanStack: " << a[0] << a[1] << a[2] << a[3] << " (OK)\n";
}  // expected output: cleanStack: 0000 (OK)
```

运行这个函数时，我们观察到在初始化之后，每个元素都有一个零值。但是，如果我们没有正确初始化数组，并且元素的不确定值恰巧为0，例如我们的进程从未写入该内存位置，但堆栈上相应的垃圾数据恰好都是零。事实证明，我们可以利用标准不保证但在实践中经常发生的行为——尤其是在低水平的优化下[㊀]。

现在，创建一个有效的辅助函数dirtyStack，用非零值初始化类似的int数组，然后打印它们以确保它们已被正确初始化：

```
void dirtyStack()  // Dirty the stack (well-defined behavior).
{
    int ds[4];  // default initialized (uninitialized)
    ds[0] = ds[1] = ds[2] = ds[3] = -999;
    std::cout << "dirtyStack: " << ds[0]<<ds[1] << ds[2] << ds[3] << " (OK)\n";
}       // expected output: dirtyStack: -999-999-999-999 (OK)
```

调用上面的dirtyStack，可以产生预期的结果。现在，假设我们创建一个函数exercise，在调用cleanStack之前立即调用dirtyStack：

```
void exercise()  // well-defined behavior
{
    dirtyStack();  // OK, called first to try to dirty the stack
    cleanStack();  // OK, invoked on what we hope is a dirty stack
}   // expected output: dirtyStack: -999-999-999-999 (OK)
    //                  cleanStack: 0000 (OK)
```

虽然观察到运行exercise的预期输出似乎给了我们一些确定性，即我们的新式C++11初始化语法正在按预期工作，但我们不知道该环境是否会将旧的堆栈值分配给新的未初始化堆栈变量。为了确认这个根本的假设，我们需要编写一个可疑的函数readStack，以观察当我们从一个故意未初始化（未定义行为）的堆栈变量中读取时会发生什么：

㊀ 这种特定形式的“有用”的未定义行为在当时的典型计算机上的早期教学演示是由dewhurst89中的练习提出的，其中包括该文献1.8节的“练习”，第25～28页，特别是练习1-6，第28页。

```
void readStack()  // Observe stack (exploits manifest undefined behavior).
{

    int r[4];  // default initialized
    std::cout << " readStack: " << r[0] << r[1] << r[2] << r[3] << " (UB)\n";
}
```

在上面的示例中，我们故意未初始化 r 数组，以便观察它的值是否与在堆栈上留下的值相对应。

现在，我们可以编写一个测试程序，通过使用 readStack 来观察三个关键点上的未初始化数据——在另外两个函数之前、之间和之后，来建立我们猜想的有效性和初始化的正确性：

```
int main()
{
    readStack();   // UB, observe original stack (undefined behavior).
    dirtyStack();  // OK, dirty stack (and observe that it is dirty).
    readStack();   // UB, observe dirty stack (undefined behavior).
    cleanStack();  // OK, initialize stack (and observe zeroed values).
    readStack();   // UB, observe clean stack (undefined behavior).
    return 0;
}
```

通过在运行 dirtyStack 之前和之后运行 readStack，我们可以观察我们当前的环境和优化级别是否会给未初始化的变量赋以来自先前类似函数调用的残留值，从而知道我们确实“弄脏了”堆栈[㊀]：

```
 readStack: -133760-421480003 (UB)
dirtyStack: -999-999-999-999 (OK)
 readStack: -999-999-999-999 (UB)
cleanStack: 0000 (OK)
 readStack: 0000 (UB)
```

现在，当我们运行 cleanstack，然后再运行 readStack，我们可以相当肯定，cleanStack 中的 a 数组确实已正确初始化。如果在更高级别的优化下运行我们的示例，就可以说明利用 readStack 的未定义行为来验证我们脆弱的假设的重要性[㊁]：

```
 readStack: 0000 (UB)
dirtyStack: -999-999-999-999 (OK)
 readStack: 0000 (UB)
cleanStack: 0000 (OK)
 readStack: 0000 (UB)
```

很明显，优化级别可以影响尝试访问不确定值的显式未定义行为。此外，发生的不可预测行为可能会更加微妙和令人惊讶。

一个常见的误解是，未初始化的值必须是一些随机的任意值，在对象生命周期开始时存在于分配的内存中，并且它不会自发地改变。然而，即使在运行程序的单个代码块中，也无法保证不确定的值在下一次尝试访问或观察它时是相同的。例如，考虑一个调用函数 f 的程序，该函数有两个 int 参数 x 和 y，用于设置两个非静态局部 int 变量 i 和 j 的值，每个变量最初都是不确定的值：

```
#include <cstdio>  // std::printf

void f(int x, int y)  // deliberately elicits undefined behavior
{
    int i, j;  std::printf("A: i: %3d, j: %3d\n", i, j);  // undefined behavior
    i = x;     std::printf("B: i: %3d, j: %3d\n", i, j);  //     "          "
    j = y;     std::printf("C: i: %3d, j: %3d\n", i, j);  // OK
}

int main()  // Behavior might change based on optimization levels.
{
    f(11, 22);  // Invoke function having undefined behavior.
    return 0;
}
```

㊀ 在优化级别为 0 时 -O0，GCC 7.4.0（大约 2018 年）的输出。
㊁ 在优化级别为 1 时 -O1，GCC 7.4.0（大约 2018 年）的输出。

在低级别的优化中[1]，看起来似乎不确定的值保证是某个未指定的任意值，例如 i 为 32629，j 为 -1410211896：

```
A: i: 32629, j: -1410211896  // j is of indeterminate value.
B: i:    11, j: -1410211896  // <-- same value for j
C: i:    11, j:  22
```

请注意，在将 11 分配给 i 的 B 行之后，j 的值（1184069128）似乎保持不变。但是使用稍高的优化级别[2]重建并重新运行程序可能会产生完全不同的结果：

```
A: i:  22, j: 1184069128     // j is of indeterminate value.
B: i:  11, j:    0           // <-- changed
C: i:  11, j:  22
```

这一次，在将 i 赋值为 B 行上的值 11 后，最初为 -1410211896 的未初始化的 j 值似乎会自发地更改为 0。这种令人惊讶的行为的一个可能的解释是，在代码生成级别，由于编译器已经发现不存在有用的值可供加载，所以没有使用加载指令来赋值 j。相反，std::printf 的相应参数保持未初始化，前两个调用都具有不同的准随机值。

简而言之，不确定的值是不可知的，任何尝试访问它们或推断它们的行为都注定失败。这样的值可以被复制，但只有在特殊情况下（例如平凡可拷贝类型）和只有以限制的方式（例如通过 std::memcpy）才能进行复制。因为编译器可以假定不会明确观察到任何不确定的值，所以复制这样的值（例如使用 std::memcpy）可能导致没有执行任何对象代码，请参见下面的非法使用 std::memcpy 和通过 std::memcpy 以外的其他方式进行简单拷贝。

（7）非法使用 std::memcpy

C++03 标准特别指出 C 标准库函数 std::memcpy 和 std::memmove 是特殊的；使用这两个函数来复制字节值本身并不构成读取或访问这些字节值的操作。尽管在 C++11 标准中并没有明确指出（除了注释和示例），但它们仍保留了它们在 C 标准中规定的特殊行为。因此，在某些明确定义的情况下，C++ 语言允许使用 std::memcpy（或 std::memmove）来复制对象的基础对象表示，即使其值是不确定的。

使用 std::memcpy 设置对象的值的明确定义用法仅限于平凡可拷贝类型的对象：

```
#include <cassert>      // standard C assert macro
#include <cstring>      // std::memcpy, std::memmove, std::memset
#include <type_traits> // std::is_trivially_copyable

void ex1()
{
    int i = 5, j, k;
    std::memcpy(&j, &i, sizeof(int));  // OK, j has the same value as i.
    assert(i == j);
    std::memcpy(&j, &k, sizeof(int));  // OK, j has an indeterminate value.

    struct S0 { int i, j;   S0() { } } s0x, s0y;  //     trivially copyable
    struct S1 { int i, j;  ~S1() { } } s1x, s1y;  // not trivially copyable

    static_assert(true  == std::is_trivially_copyable<S0>::value, "");
    static_assert(false == std::is_trivially_copyable<S1>::value, "");

    std::memcpy(&s0x, &s0y, sizeof(S0));  // OK,  S0 is     trivially copyable.
    std::memcpy(&s1x, &s1y, sizeof(S1));  // Bug, S1 is not trivially copyable.
}
```

要使用 std::memcpy 填充适当类型的对象，必须存在该类型的已初始化对象：

[1] 例如，带有优化标志 -O0 的 Clang 9.0.1（大约 2019 年）。
[2] 例如，带有优化标志 -O1 的 Clang 9.0.1（大约 2019 年）。

```
void ex2()
{
    unsigned char a[sizeof(int)];    // array of characters
    std::memset(a, 0, sizeof(int)); // Set each char to numerical value 0.
    int i;                           // default-initialized indeterminate value
    std::memcpy(&i, a, sizeof(int)); // Bug (UB), copy indeterminate value
    assert(i == 0);                  // Maybe?!
}
```

除了 cv 限定符以外，C++ 不允许使用 std::memcpy 从未初始化的对象中复制字节，必须从已初始化的同类型对象中复制，仅在结构上等价是不够的。

```
void ex3()
{
    const int i = 5;                // const-qualified POD type
    int j;                          // nonqualified POD of same type
    std::memcpy(&j, &i, sizeof j);  // OK, source is const qualified.
    std::memcpy(&i, &j, sizeof j);  // Error, dest. is address of const object.

    float f;
    static_assert(sizeof i == sizeof f, "");  // true on most typical platforms
    std::memcpy(&f, &i, sizeof f);  // Bug (UB), arguments have different types.

    struct S1 { int i; } s1 = { 1 };  // POD struct having a single int
    struct S2 { int i; } s2 = { 2 };  // POD struct having same member types
    static_assert(sizeof s1 == sizeof s2, "");
    std::memcpy(&s1, &s2, sizeof s1); // Bug (UB), arguments of different types
    assert(s1.i == 2);                // Maybe?!
}
```

需要注意，无论如何都不能使用 memcpy 来更改对象的类型或生命周期：

```
#include <new>      // placement new

void ex4()
{
     unsigned char* bufPtr = new unsigned char[sizeof(float)];
     new (bufPtr) float(4.0);              // bufPtr now holds a float.
     int i = 5;
     std::memcpy(bufPtr, &i, sizeof(i));   // Bug (UB), float not int in bufPtr
     assert(*(int*)bufPtr == 5);           // Maybe?!
}
```

一个常见的误解是，因为 POD 类型可以作为字节进行复制，所以可以将任何适当对齐的字节序列解释为该类型的对象。

```
void ex5()
{
    struct S { short x, y; } s = { 1, 2 };  // POD type initialized to { 1, 2 }
    int i;
    static_assert(sizeof s == sizeof i, "");  // true on most platforms
    std::memcpy(&i, &s, sizeof s);            // Bug (UB), S is not int.
    assert(((S&)i).y == 2);                   // Maybe?!
}
```

以任何方式修改 const 对象都具有未定义的行为。因此，即使是一个包含非静态 const 数据成员的平凡可拷贝类型，也不能通过 std::memcpy 进行复制。

```
void ex6()
{
    struct S { const int x; int y; } s1 = {3, 4}, s2 = {};  // S is trivial.
    static_assert(std::is_trivially_copyable<S>::value, "");
    std::memcpy(&s2, &s1, sizeof(S));  // Bug (UB), changes the value of const x
    assert(s2.y == 4);                 // Maybe?!
}
```

即使是 POD 类型的基类对象，也不能成为 std::memcpy 的源或目标。

```
void ex7()
{
```

```
    struct Bx { char c; } bx1 = { 11 }, bx2 = { 22 };  // nonempty POD struct
    struct Dx : Bx { }    dx1 = {    }, dx2 = {    };  // nonempty POD struct

    // Bug (UB), copy from base-class subobject.
    std::memcpy(&bx1, static_cast<Bx*>(&dx2), sizeof(Bx));
    assert(bx1.c == 0);                                  // Maybe?!

    // Bug (UB), copy to base-class subobject.
    std::memcpy(static_cast<Bx*>(&dx1), &bx2, sizeof(Bx));  // Bug, UB
    assert(static_cast<Bx&>(dx1).c == 22);               // Maybe?!
}
```

请注意，如果在通用代码中，我们尝试使用 std::memcpy 将一个非零大小的空 POD 对象（例如下面的 by2）复制到相同类型的基类对象中，我们可能会无意中破坏使用空基类优化的派生类对象（例如 dy1）中的第一个数据成员（例如 c）。

```
void ex8()
{
    struct By { } by1 = {}, by2 = {};              // empty POD struct
    struct Dy : By { char c; } dy1, dy2;           // nonempty POD struct
    static_assert(sizeof(By) == sizeof(Dy), "");   // Both classes are of size 1.
    dy1.c = 33; dy2.c = 44;

    // Bug (UB), copy from base-class subobject.
    std::memcpy(&by1, static_cast<By*>(&dy2), sizeof(By));
    assert(dy2.c == 44); // probably true (source object unchanged)

    // Bug (UB), copy to base-class subobject.
    std::memcpy(static_cast<By*>(&dy1), &by2, sizeof(By));
    assert(dy1.c == 33); // probably false (first member clobbered)
}
```

C++ 标准允许使用 memcpy 或 memmove 将任何合适对象（例如下面的 s）的对象表示复制到由 unsigned char 或 char 组成、大小相同的字节缓冲区（例如 cBuf）中，但除此之外不允许任何其他操作[⊖]。反向操作不会改变原始对象的值表示。此外，从 cBuf 复制到同类型的第二个对象（例如 s2）有效地将 s 的值表示复制到 s2。使用 memcpy 将 s 复制到 cBuf，然后将 cBuf 复制到 s2 的效果等同于直接使用 memcpy 将 s 复制到 s2：

```
void ex9()
{
    class S { int i; public: int j; S(int v):i(v) { } } s(0);
    static_assert(std::is_trivially_copyable<S>::value, "");

    unsigned char ucBuf[sizeof s];  // eligible as byte array
             char  cBuf[sizeof s];  //    "       "    "    "
      signed char scBuf[sizeof s];  // not eligible as byte array

    std::memcpy(ucBuf, &s, sizeof s);   // OK, unsigned char array
    std::memcpy( cBuf, &s, sizeof s);   // OK, char array
    std::memcpy(scBuf, &s, sizeof s);   // Bug, signed char not eligible

    S s1(1), s2(2), s3(3);          // distinct objects each of same type as s

    std::memcpy(&s ,  cBuf, sizeof s);  // OK, value rep. of s unchanged
    std::memcpy(&s1, ucBuf, sizeof s);  // OK,    "     "   " s1 equals s
    std::memcpy(&s2,  cBuf, sizeof s);  // OK,    "     "   " s2 equals s
    std::memcpy(&s3, scBuf, sizeof s);  // Bug, signed char not eligible
}
```

尽管很少必要且受到严格的规范管制，但仍然可以将一个平凡可拷贝类型对象的对象表示显式地复制到一个无符号普通字符数组中，即通过 std::memcpy 或 std::memmove 之外的方式，甚至可以访问该数组中已复制字节的非不确定值；请参见下面的通过 std::memcpy 以外的其他方式进行简单拷贝。

⊖ 从 C++17 开始，std::byte 与 char 和 unsigned char 一起被包括在适合作为平凡可拷贝类型对象的对象表示的数组元素的类型集合中。

（8）通过 std::memcpy 以外的其他方式进行简单拷贝

标准 C 库函数 std::memcpy 和 std::memmove 一直是将一个平凡可拷贝类型的底层字节从一个对象复制到同类型的另一个对象或中间字节缓冲区的唯一明确授权机制。C++11 的标准有所变化，只要满足某些要求即可，这些函数不是字节复制平凡可拷贝类型的唯一授权方式。

普通字符类型分为三种：char、signed char 和 unsigned char。独立的 C++ 类型 char 的实现定义底层类型可以是 unsigned char 或 signed char。与 signed char 不同[㊀]，标准要求在 unsigned char 中的每个位模式都必须是可表示的，而不会在访问时（例如在左值到右值转换期间）触发硬件陷阱或出现其他问题。

有人可能会得出这样的结论：标准说 char 数组可以用于保存平凡可拷贝类型的底层表示（通过 std::memcpy 复制），该底层表示可以包含任何位模式，因此在给定平台上的 signed char 不会触发陷阱，或者该平台上独立的 char 类型的底层类型是 unsigned char。然而，在一个理想的平台上，signed char 的并非所有位模式都表示不同的值，因此如果不尝试将任意位模式的值解释为 signed char 对象，则该 signed char 类型的数组可以安全地保存任意对象表示，请参见潜在缺陷——将任意值与不确定值混淆。因此，任何不解释具有任意位值的字节的值的操作都可以具有明确定义的行为（例如 std::memcpy）即使 char 是有符号的且具有可能触发陷阱的表示。

对于无符号普通字符类型，有一些特殊的允许规定，其中始终包括 unsigned char，也可能包括 char，即在 char 类型为 unsigned 的平台上。特别是，允许使用无符号普通字符类型的对象表示和传输具有不确定值的对象表示（例如通过初始化和拷贝赋值操作），这类特权受到明显的限制，并不扩展到任何其他操作，请参见潜在缺陷——将任意值与不确定值混淆。

```
void test1()
{
    unsigned char u1;       // OK, u1 has indeterminate value.
    unsigned char u2(u1);   // OK, u2 has indeterminate value.
    u2 = 0;                 // OK, u2 has value 0 (0b00000000).
    u2 = u1;                // OK, u2 has indeterminate value.
    bool bu = (u1 == u2);   // Bug, comparing indeterminate values
    int ui = u1;            // Bug, converting indeterminate value to int

    char c1;                // OK, c1 has indeterminate value.
    char c2(c1);            // Bug, if char is signed
    c2 = 0;                 // OK, c2 has value 0 (0b00000000).
    c2 = c1;                // Bug,  if char is signed
    bool bc = (c1 == c2);   // Bug, comparing indeterminate values
    int ci = c1;            // Bug, converting indeterminate value to int
}
```

当将一个未初始化的平凡可拷贝类型的对象（例如使用 std::memcpy）复制到一个普通字符类型的数组中时，该数组的所有元素都将具有不确定的值。无论元素是有符号的还是无符号的，字节都可以复制到原始类型的对象中。只有当数组元素是无符号的时，才可以通过初始化或赋值来传输这些字节：

```
#include <cstring>  // std::memcpy

struct S1 { short s; };  // (trivially copyable) POD struct of size 2

void test2()
{
    unsigned char ucBuf[sizeof(S1)];  // array of unsigned ordinary characters
    signed   char scBuf[sizeof(S1)];  //   "     " signed      "          "

    S1 s0;                               // uninitialized POD
    std::memcpy(ucBuf, &s0, sizeof s0);  // OK, copy indeterminate bytes.
    std::memcpy(scBuf, &s0, sizeof s0);  // OK, copy indeterminate bytes.
```

㊀ 截至 C++20，signed char 也必须能够表示所有 256 个不同的位模式，请参见 bastien18。

```
    S1 s1 = { 0 };  S1 s2 = { 0 };          // initialized PODs
    std::memcpy(&s1, ucBuf, sizeof s1);  // OK, s1 has indeterminate value.
    std::memcpy(&s2, scBuf, sizeof s2);  // OK, s2 has indeterminate value.

    unsigned char uc0 = ucBuf[0];          // OK, copy indeterminate value.
    unsigned char uc1 = ucBuf[1];          // OK, copy indeterminate value.

    signed char sc0 = scBuf[0];            // Bug, copy indeterminate value.
    signed char sc1 = scBuf[1];            // Bug, copy indeterminate value.
}
```

一个已初始化的平凡可拷贝类型对象的值表示由其对象的占用空间中表示其值的那些字节（即除填充字节外的所有字节）组成。当这样一个对象的对象表示被复制到一个普通字符类型的数组中时，目标数组中与对象值表示相对应的字节（也称为值表示字节）将对对象的值进行编码，而与对象填充字节相对应的字节将具有不确定的值。虽然有符号和无符号的普通字符类型都适合作为这样的复制目标，但是只有 unsigned char 值保证可以读取值表示字节。无论字符类型如何，显式地尝试读取非值表示字节都会导致未定义行为。

考虑一个平凡可拷贝的 POD 结构体 S2，它仅包含两个数据成员：char c 和 short s：

```
struct S2  // (trivially copyable) POD struct - size = 4
{
    char  c;  // 1 byte  (offset 0)
              // 1 byte  (offset 1)  padding
    short s;  // 2 bytes (offset 2)
};
```

定义两个字符缓冲区 ucBuf 和 cBuf，它们的元素具有不同的字符类型：

```
unsigned char ucBuf[sizeof(S2)];  // array of unsigned ordinary characters
         char  cBuf[sizeof(S2)];  //   "     "   ????        "          "
```

需要注意的是，上面两个数组都保证可以在任何符合标准的平台上保存 S2 的对象表示。然而，ucBuf 数组的元素进一步保证始终支持访问值表示字节的值，而 cBuf 数组的元素只有在 char 的底层类型是 unsigned char 的平台上才能这样做。现考虑将类型为 S2 的已初始化对象正确复制（例如通过 std::memcpy）到上述两个缓冲区中，然后尝试读取和操作各自数组中的各个单独字节：

```
#include <cassert>  // standard C assert macro

void test3()
{
    S2 s = { 'A', 5 };                    // fully initialized
    std::memcpy(ucBuf, &s, sizeof s);  // OK
    std::memcpy( cBuf, &s, sizeof s);  // OK

    unsigned char uc0 = ucBuf[0];  // OK, copy value-representing byte.
    unsigned char uc1 = ucBuf[1];  // OK, copy padding byte (indeterminate).
    unsigned char uc2 = ucBuf[2];  // OK, copy value-representing byte.
    unsigned char uc3 = ucBuf[3];  // OK,    "    "          "        "

             char  c0 =  cBuf[0];  // OK, special case, char member of S2
             char  c1 =  cBuf[1];  // Bug? -- platform dependent (might be UB)
             char  c2 =  cBuf[2];  //  "           "        "         "    "  "
             char  c3 =  cBuf[3];  //  "           "        "         "    "  "

        assert('A' == ucBuf[0]); // OK, corresponds to s.c
            int i1 = ucBuf[1];  // Bug (UB), convert from indeterminate value.
            int i3 = ucBuf[2];  // OK, convert from value-representing byte.
                  ++ucBuf[3];  // OK, increment value-representing byte.

        assert('A' ==  cBuf[0]); // OK, special case: corresponds to s.c
            int i2 =  cBuf[1];  // Bug (UB), convert from indeterminate value.
            int i4 =  cBuf[2];  // Bug? -- platform dependent (might be UB)
                   ++cBuf[3];  // Bug? -- platform dependent (might be UB)
}
```

从无符号 char 数组中读取任何值表示字节总是可行的。在特殊情况下（例如上面的 cBuf [0]），当要读取的字节对应于原始对象 S 中已初始化的 char 或 signed char 时，该已初始化的字节可以可靠地从 char 数组中读取，即使在平台上 char 是有符号的也是如此。

需要注意的是，我们之所以能够可靠地访问 ucBuf 和 cBuf 中 s.c 的副本，是因为原始已初始化对象是标准布局类型，且 char 是其第一个非静态数据成员，该成员的偏移量始终为 0。如果该成员不是第一个，我们可以使用 offsetof 宏，在可移植的方式下了解它在数组中的精确位置——这是少数几个明确定义的使用 offsetof 的用例之一，请参见潜在缺陷——过度使用 offsetof。无论如何，我们都不被允许“读取”或操作对应于填充字节的字节，因为它们始终具有不确定的值。此外，如果原始对象不是标准布局类型，则无法通过字节数组可移植地访问任何字段，尽管在许多类型和平台上 offsetof 可以使用。

现在我们了解了仅赋予无符号普通字符类型的特殊特权，让我们探讨一下那些误用这些信息试图优化对象复制的程序员可能会遇到的陷阱。例如，下面的 myMemCpy 函数提供了一个有效但不太优化的替代实现，满足 std::memcpy 的功能要求（但不满足 std::memmove 的要求）：

```
#include <cstddef>  // std::size_t

void* myMemCpy(void* dstPtr, const void* srcPtr, std::size_t numBytes)
{
    unsigned char*       dp = reinterpret_cast<unsigned char*>(dstPtr);
    const unsigned char* sp = reinterpret_cast<const unsigned char*>(srcPtr);

    for (; numBytes; --numBytes)
    {
        *dp++ = *sp++;
    }
}
```

我们特意选择使用 unsigned char，因为它是唯一的普通字符类型，可以保证每个平台上的每个位模式具有唯一的有效值。

（9）联合的误用

一个常见的误解是，即使两个成员的类型相同，在联合体中写入一个标量成员，然后从该联合体的另一个成员读取是定义良好的行为，这被称为联合体强制转换或类型装换：

```
union U0  // Writing to a and then reading from b has undefined behavior.
{
    int a;  // scalar element of type int
    int b;  //    "      "       "   "    "
};
```

这种误用的一种动机是编写一个确定字节序的函数：

```
union U1
{
    int           a;
    unsigned char b[sizeof a];
} const u1 = { 1 };

bool isBigEndian1() { return 0 == u1.b[0]; }  // Bug, type punning has UB.
```

可以使用例如 Posix 中的 htonl 函数来实现一个正确的可移植实现[㊀]。

```
#include <arpa/inet.h>  // htonl

bool isBigEndian2()
{
    return htonl(1) == 1;  // OK
}
```

在 C++ 中，通过访问联合体的并行成员重新解释标量值的位表示，从来都不是定义良好的行为。

㊀ 截至 C++20，我们可以查询标准头文件 <bit> 中定义的标准枚举类型 std::endian 的 big 成员，以便在编译时以可移植的方式解决这个问题。

然而，有其他的本地方法可以完成这个特定的任务，请参见潜在缺陷——滥用 reinterpret_cast。

唯一有效的访问联合体的活动成员的方式是通过标准布局类类型的公共初始成员序列。尽管按行业惯例将标量视为公共的第一个成员，但这种尝试访问的行为明确是未定义的：

```
struct A { char type; /*...*/  };  // CIMS starts with char.
struct B { char type; /*...*/  };  //   "      "    "    "

union U2
{
    char type;  // scalar type
    A    a;     // standard-layout class type
    B    b;     //    "        "      "     "
};

void func()
{
     U2 u;
     u.a = A();           // OK, initialize union member with type A.
     char x = u.b.type;   // OK, b.type is part of CIMS.
     char y = u.type;     // Bug (UB), type is not part of CIMS.
}
```

在上面的示例中，我们使用类型 A 的值初始化对象来复制初始化 u，然后通过联合成员 b 正确访问了共同的初始成员类型。然而，尝试通过 u 的标量类型成员访问相同的值是未定义的行为。

最后，请注意，即使在 A 或 B 中添加一个非标准布局类型的尾部成员，也会使得 U2 本身不是标准布局类型，从而使得 A 和 B 当前具有的共同初始成员序列的属性无效。

(10) 滥用 reinterpret_cast

正确地使用 reinterpret_cast 关键字有着非常重要的应用：

①在共享位置对象的通常不相关的有效指针或引用类型之间进行转换，可能通过任一指针或引用操作该对象。②在可能无效的对象之间进行指针转换，而不通过指针访问该对象。③在可能不相关的成员指针类型之间进行转换，当两种类型都是数据成员指针或函数成员指针时（但不是一个数据成员和一个函数成员）。④将平凡可拷贝类型转换为它们的底层对象表示（例如作为无符号 char 数组）。⑤在指针类型和足够大的整数或枚举类型之间进行转换（至少与指针一样大）。

让我们更详细地看一下这些有效的用法。

- 在指向共享位置有效对象的地址之间进行转换，在许多情况下，C++ 语言保证具有不相关类型的两个对象位于同一位置，因此可以通过转换类型的指针和 / 或引用读取和 / 或修改这些对象。具体来说，任何标准布局类型的类的第一个数据成员位于类对象本身的相同地址处，联合体的每个成员（不论其特定类型特征如何）都保证位于联合体对象本身的相同地址处[⊖]：

```
#include <cassert>  // standard C assert macro

struct C { int i; };           // standard-layout class type
union U { int i; double d; };  // union with two members

void func0()
{
    C c{ 3 };                               // C object; c.i initialized to 3
    int* ip = reinterpret_cast<int*>(&c);   // i resides at same address as c.
    *ip = 5;                                // OK, c.i is now 5.
    assert(5 == c.i);                       // OK,   "  "  "  "

    U u{ 5 };                               // u.i is the active member.
    int x = reinterpret_cast<int&>(u);      // OK, u.i has same address as u.
    assert(5 == x);                         // OK, x is a copy of u.i.
```

⊖ C++17 中澄清了一个联合体对象始终与其每个成员共享相同的地址，即使该联合体不是标准布局类型。请参见 CWG issue 2287（smith16c）。

```
    reinterpret_cast<double&>(u) = 1.2;    // Bug (UB), no double there
    u.d = 3.5;                             // Make u.d the active member.
    reinterpret_cast<double&>(u) = 1.2;    // OK, u.d has same address as u.
    U& ru = reinterpret_cast<U&>(u.d);     // OK, ru has same address as u.d.
    assert(1.2 == ru.d);                   // OK
}
```

在这个示例中，c.i 与 c 具有相同的地址；因此，指向其中一个的指针（或引用）可以通过 reinterpret_cast 指向另一个的指针（或引用）。类似地，u.i 和 u.d 与 u 具有相同的地址，因此可以使用 reinterpret_cast 将指针或引用在它们之间进行转换。请注意，即使 u 和 u.d 具有相同的地址，也不能通过 reinterpret_cast 修改 u.d，除非 u.d 是联合体的活动成员，即在对 u.d 进行赋值之后。

- 在不相关类型之间进行指针转换。使用 reinterpret_cast 将不同的指针或引用类型之间进行转换是始终被允许的，只要不尝试通过转换后的类型访问底层对象：

```
void func1()
{
    int     i;                                      // uninitialized int
    float*  fp = reinterpret_cast<float*> (&i );    // OK, but cannot access *fp
    double& dr = reinterpret_cast<double&>( i );    // OK, but cannot access dr
    int&    ir = reinterpret_cast<int&>   (*fp);    // OK, ir refers to i above.
    int*    ip = reinterpret_cast<int*>   (&dr);    // OK, ip points to i above.

    ir = 4;                                         // OK, ir refers to an int.
    *fp = 2.1;                                      // Bug (UB), no float at *fp
}
```

只要指定类型的对象存在于指定的地址上，就可以通过 reinterpret_cast 得到的指针或引用访问对象，就像上面的示例中的 ir 一样，它是将一个 int* 转换为 float*，对其进行解引用，然后将 float& 转换为 int& 的结果。float* 并没有指向一个 float 对象，因此访问 fp 指向的对象的行为是未定义的。请注意，C++ 中的 reinterpret_cast 与 C 风格的转换不同，它不能用于去除 cv 限定符：

```
const int ci  = 5;                                  // initialized const int
float&    fr = reinterpret_cast<float&>(  ci);      // Error, casts away const
const double* cdp = reinterpret_cast<const double*>(& ci);  // OK
const int&    cir = reinterpret_cast<const int&>    (*cdp); // OK, &cir == &ci

void check1()
{
    assert((void*)&ci == (void*)&cir);  // C-style (void*) casts away const.
}
```

在指针类型上，reinterpret_cast 的一个常见用法是从 void* 指针中恢复正确的 C++ 类型，这在 C 风格的回调编程中很常见。例如，考虑一个提供 installHandlerFunction 函数的框架，它接受 HandlerFunction 和 void* 指针作为参数。当发生特定事件时，将使用提供的回调处理函数调用传递给处理程序安装时提供的 void* 参数：

```
typedef void (*HandlerFunction)(void*);  // pointer to a handler function
void installHandlerFunction(HandlerFunction userFunction, void* userData);
int startEventLoop();  // Loop reads events and invokes callbacks.
```

客户端提供的函数被强制遵守 HandlerFunction 上面定义的通用函数 API，但是，由于客户端是最初提供数据结构的，因此鼓励客户端在安装的回调函数 MyCallbackFunc 中使用 reinterpret_cast 来恢复指针的正确类型。

```
struct MyUserData  { /*...*/ };  // There's no restriction on this class type.

void MyCallbackFunc(void* dataptr)
{
    MyUserData* p = reinterpret_cast<MyUserData*>(dataptr);
    // ...     (use data at p)
}
```

```
int eventMain()
{
    MyUserData d{/*...*/};                         // Create local data.
    installHandlerFunction(&MyCallbackFunc, &d); // Register callback.
    return startEventLoop();                       // Cede control to event loop.
}
```

在调用上面的 installHandlerFunction 时，我们故意允许将 d 的地址从 MyUserData* 隐式转换为 void*，因为隐式标准转换到 void* 永远不会导致地址值发生变化。请注意，在上面的 MyCallbackFunc 定义中使用 static_cast 来恢复 MyUserData 类型也可以在特定的 void* 情况下工作，因为我们正在逆转一个在相关类型之间隐式单向转换的标准转换（请参见下面的 static_cast 的其他用途）。正是在预期指针值不会改变的情况下，才需要使用 reinterpret_cast。

- 在成员指针类型之间进行转换，即将一个成员指针转换为另一个成员指针始终是有效的，前提是两种类型都是数据成员指针或两种类型都是函数成员指针，以及结果成员指针在未转换回其原始类型的情况下没有应用于对象：

```
struct A { int   x; int   f();       };
struct B { float y; float g() const; };

A a{}; B b{};
float B::*ptfd = reinterpret_cast<float B::*>(&A::x);  // OK
int   A::*ptid = reinterpret_cast<int   A::*>(ptfd);   // OK
int&   i = a.*ptid; int i1 = i;  // OK, use x member of A.
float& f = b.*ptfd; int f1 = f;  // Bug (UB), does not point to a member of B

float (B::*ptff)() const = reinterpret_cast<float (B::*)() const>(&A::f); // OK
int   (A::*ptif)()       = reinterpret_cast<int   (A::*)()      >(ptff);  // OK
int   i3 = (a.*ptif)();  // OK, f member function of A
float f3 = (b.*ptff)();  // Bug (UB), does not point to a member function of B

int A::*dp      = reinterpret_cast<int A::*>(ptif);  // Error, function -> data
int (A::*fp)() = reinterpret_cast<int A::*>(ptid);  // Error, data -> function
```

- 转换为底层对象表示形式。就像我们可以将平凡可拷贝类型的对象的底层对象表示形式通过 std::memcpy 表示为大小相等的 unsigned char 数组中一样（请参见非法使用 std::memcpy），我们也可以将此类类型的对象的地址通过 reinterpret_cast 表示为 unsigned char* 类型的指针：

```
#include <cstring>  // std::memcpy

bool isLittleEndian1()
{
    const unsigned int x = 1;
    return reinterpret_cast<const unsigned char*>(&x)[0] == 1;
}
```

上面的示例提供了一种在运行时检测给定平台是否为小端字节序的可移植方法。reinterpret_cast 返回的指针表示一个字节数组，通常有四个元素，保存整数 x 的对象表示形式。如果第一个字节为 1，则假定该整数采用小端字节序格式。另一种等效但效率较低的实现可以使用 std::memcpy 编写：

```
bool isLittleEndian2()
{
    const unsigned int x = 1;
    unsigned char a[sizeof x];
    std::memcpy(a, &x, sizeof x);
    return a[0] == 1;
}
```

请注意，当获取一个对象的对象表示形式时，无论是使用 std::memcpy 还是 reinterpret_cast 都没有定义良好的行为，除非原始对象是平凡可拷贝类型。

- 在指针和整数类型之间进行转换。标准允许使用 reinterpret_cast 在具有与 void* 相同数量位的整数类型和基本（非成员）指针之间进行来回转换。唯一的可移植保证是，将指针转换为足够大的整数，然后再将其转换回与原始指针类型相同（例如函数、对象）的指针，将产生相同的指针值：

```
#include <cassert>  // standard C assert macro
#include <cstdint>  // std::uintptr_t, std::intptr_t, if supported

void test4()
{
    int x, *xp = &x;  // integer and pointer-to-integer variables

    // Convert pointer to various integral types.
    short int  si = reinterpret_cast<short int>(&x);  // Error, too small
    int         i = reinterpret_cast<int>      (&x);  // OK, if 32-bit void*
    long       li = reinterpret_cast<long>     (&x);  // OK, typically
    long      qli =      static_cast<long>     (&x);  // Error, static_cast
    long long lli = reinterpret_cast<long long>(&x);  // OK, typically
    __int128 llli = reinterpret_cast<__int128> (&x);  // OK, e.g., on GCC

    // Convert to optionally supported standard integral types.
    std::uintptr_t uipt = reinterpret_cast<std::uintptr_t>(&x);
                                                      // OK, if supported
    std::intptr_t   ipt = reinterpret_cast<std::intptr_t> (&x);
                                                      // OK, if supported

    // Convert integral values back to pointers:
    int*   lp = reinterpret_cast<int*>(  li);          assert(&x == lp);
    int*  llp = reinterpret_cast<int*>( lli);          assert(&x == llp);
    int* lllp = reinterpret_cast<int*>(llli);          assert(&x == lllp);

    int* p1   = reinterpret_cast<int*>(uipt);          assert(&x == p1);
    int* p2   = reinterpret_cast<int*>( ipt);          assert(&x == p2);
}
```

正如上面的示例代码所示，我们可以安全地将指针（例如 &x）通过值转换为足够大小的整数类型，然后再转换回原始的指针类型。请注意，static_cast 只能用于至少在一个方向上隐式可转换的类型；因此，static_cast 不能用于指针和整数值之间的转换。虽然可选支持，但大多数现代标准库提供了标准类型 std::intptr_t 和 std::uintptr_t（在头文件 <cstdint> 中），它们是平台相关的有符号和无符号整数类型的别名，分别足够大以容纳指针值：

```
#include <cstdint>  // std::uintptr_t, std::intptr_t, if supported

static_assert(sizeof(std::intptr_t) >=sizeof(void*),"");  // OK, if supported
static_assert(sizeof(std::uintptr_t)>=sizeof(void*),"");  // OK, if supported
```

虽然修改虚拟内存地址不具备可移植性，但我们通常可以利用指针中的“多余位”，该指针保存了类型 T 的地址，而类型 T 的 alignof(T) 为 2 或更大，通常是大于 char 的任何标量类型和具有此类标量类型的非静态成员的类类型。在大多数实现中，将有效的 T* 转换为整数值始终产生一个偶数值：

```
#include <cassert>  // standard C assert macro
#include <cstdint>  // std::uintptr_t required

static_assert((alignof(double) & 1) == 0, "");  // assert even alignment

void alignmentCheck()
{
    struct { char c; double d; } x;

    assert((reinterpret_cast<std::uintptr_t>(&x.d) & 1) == 0); // OK, typically
}
```

将 double 的地址转换为 std::uintptr_t 通常会产生一个低位为 0 的值（即值是 2 的倍数）。我们可以利用这个不变量（在这个平台上为真）将一个指针和一个布尔值保存在单个指针的内存空间中（例如一个 PointerAndBool 类）：

```
class PointerAndBool  // class to store a pointer and a bool in minimal space
{
    std::uintptr_t d_ptrAsInt;  // integral value of pointer ORed with bool

public:
    PointerAndBool(double* p, bool b)  // Store pointer and bool.
                  : d_ptrAsInt(reinterpret_cast<std::uintptr_t>(p) | b) { }

    bool getBool() const { return d_ptrAsInt & 1; }  // Retrieve bool.

    double* getPtr() const                          // Retrieve pointer.
    {
        return reinterpret_cast<double*>(d_ptrAsInt & ~std::uintptr_t(1));
    }
};

static_assert(sizeof(PointerAndBool) == sizeof(double*), "");  // Verify size.
```

PointerAndBool 类的构造函数依赖于指针（在转换为 std::uintptr_t 之后）具有低位值为零的值，并将该位重新用于存储布尔参数 b 的值。getBool 访问器能简单地返回该位的值。关键是，getPtr 在通过 reinterpret_cast 将整数转换回指针之前会将低位值恢复为 0，从而确保 reinterpret_cast 被对称使用，以便从原始指针获得相同的整数并将其转换回指针。

现在我们已经了解了 reinterpret_cast 的有效用法，让我们来看看误用这些微妙规则会导致什么问题。请注意，任何从一个指针类型到另一个指针类型或从一个引用类型到另一个引用类型的 reinterpret_cast 都是有效的，只要转换不丢弃 cv 限定符（这将是非法的）。只有通过指针或引用的访问可能无效，并导致未定义行为。一般规则是，通过 reinterpret_cast<T*> 的结果访问对象仅在访问时该地址处存在类型为 T 的对象时才是有效的。下面描述的大多数陷阱都是违反这个简洁、通用且广泛适用的规则。

- 在对象转换中使用 reinterpret_cast。reinterpret_cast 在指针类型、引用类型、成员指针类型和指针类型和整数类型之间进行操作，但不在其他对象类型之间进行操作。使用 reinterpret_cast 执行类型转换是非法的，即使是在存在转换的类型之间也是如此。例如，我们不能将 int 通过 intreinterpret_cast 转换为 float，反之亦然，也不能将 prvalue（例如 3.14）通过 reinterpret_cast 转换为任何类型的引用：

```
struct Class1 { explicit Class1(int); };  // explicitly convertible from int

float         rc1 = reinterpret_cast<float>(3);           // Error
int           rc2 = reinterpret_cast<int>(3.0);           // Error
const double& rc3 = reinterpret_cast<const double&>(3.14); // Error
int&&         rc4 = reinterpret_cast<int&&>(3.14);        // Error, prvalue
int           rc5 = reinterpret_cast<int>(3);             // OK, no-op
unsigned      rc6 = reinterpret_cast<unsigned>(3);        // Error
Class1        rc7 = reinterpret_cast<Class1>(5);          // Error

float         sc1 = static_cast<float>(3);            // OK, but unnecessary
int           sc2 = static_cast<int>(3.0);            // OK,  "        "
const double& sc3 = static_cast<const double&>(3.14); // OK,  "        "
int&&         sc4 = static_cast<int&&>(3.14);         // OK, temporary obj
int           sc5 = static_cast<int>(3);              // OK, no-op
unsigned      sc6 = static_cast<unsigned>(3);         // OK, but unnecessary
Class1        sc7 = static_cast<Class1>(5);           // OK
```

请注意，上面所有 reinterpret_cast 的非法用法都是使用 static_cast 的有效用法。

- 通过 reinterpret_cast 访问不相关类型的对象。尽管在不兼容的指针和引用类型之间使用 reinterpret_cast 总是有效的，但是当尝试引用这样的转换后的指针或引用时，可能会产生未定义行为。除非在该地址上存在适当类型的有效对象，否则访问存储在那里的值就会产生未定义行为。

为了说明这个规则的严格性，考虑两个不同的平凡标准布局类型，例如下面的 A 和 B 在内存中的布局完全相同，明确访问 A* 到 B* 的 reinterpret_cast 的结果也会产生未定义行为[⊖]：

⊖ 从 C++20 开始，当目标类型至少具有一个符合条件的平凡默认构造函数，并且源类型和目标类型都是平凡可拷贝时，可以使用 std::bit_cast 函数模板将一个类型的对象解释为大小相同的另一个类型。

```
struct A { int d_value; };  // POD struct of one int
struct B { int d_value; };  //  "      "    "   "   "

A a = { 5 };
void test1()
{
    reinterpret_cast<B&>(a).d_value = 6;  // Bug, A & B are unrelated types.
}
```

现在考虑IEEE-754浮点数格式是专门设计的，以便将float或double的内容视为大小相同的整数类型并将其作为整数递增，可以得到下一个可表示的浮点数值：

```
#include <cassert>  // standard C assert macro
#include <limits>   // std::numeric_limits<float>::epsilon()

void test2()
{
    float f = 1.0f;                  // unity
    ++reinterpret_cast<int&>(f);  // Bug (UB), no int exists there.
    assert(f == 1.0f + std::numeric_limits<float>::epsilon());  // Maybe?!
}
```

尽管上述快捷方式很诱人，但在足够高的优化水平下，编译器可能会认为：由于这种用法存在未定义行为，程序可以通过完全省略它来进行优化。如果需要可靠地获得这种特定行为，我们可以调用标准库函数std::nextafter，该函数在标准头文件<cmath>中定义：

```
#include <cassert>  // standard C assert macro
#include <cmath>    // std::nextafter
#include <limits>   // std::numeric_limits<float>::epsilon()

void test3()
{
    float f1 = 1.0f;
    float f2 = std::nextafter(f1, 2.0f);
    assert(f2 == 1.0f + std::numeric_limits<float>::epsilon());  // OK
}
```

- 通过reinterpret_cast访问联合体的非活动成员。因为联合体的地址与其每个成员的地址相同，我们可以推断出，联合体的所有成员具有相同的地址，并且我们可以在它们之间使用reinterpret_cast。然而，仅拥有联合体成员的地址是不足以访问它的，只有联合体的活动成员可以通过联合体的地址进行有效访问。例如，考虑由两个相同POD结构体A和B组成的联合体U：

```
struct A { int i; };  // POD struct having an int as its first data member
struct B { int j; };  //  "     "      "    "  "  "  "    "     "     "

union U { A a; B b; } u;  // union of two structurally identical POD structs
```

通过一个非活动成员的reinterpret_cast访问联合体中的有效整数，这在语言规范中是未定义的行为。

```
void func0()
{
    u.a = A();          // u.a is active; u.a.i has value 0.
    B& ub = reinterpret_cast<B&>(u);  // OK, but no object of type B there
    ub.j = 3;           // Bug (UB), accessing a non-existent B-type object
    int& ui = u.b.j;    // OK, in common initial member sequence
    ui = 5;             // OK, u.a.i now holds 5; u.a remains the active member.
}
```

如上func0所示，将联合体通过reinterpret_cast转换为类型B的引用（例如ub），访问u.b的任何部分会导致未定义的行为，因为在与u相同的地址处不存在类型为B的活动对象，属于共同初始成员序列的权限仅适用于通过联合体对象即u.b.j进行访问的情况。特别地，通过将地址通过reinterpret_cast转换得到的成员分配给活动成员是无法改变联合体的活动成员的。

- 通过 reinterpret_cast 访问对象的底层对象表示。对于无符号普通字符类型，有一个特殊的例外：假定一个有效的平凡可拷贝对象的底层对象表示与对象本身同时存在于同一地址处。

```
bool f() { unsigned i=1; return reinterpret_cast<unsigned char&>(i); }  // OK
bool g() { unsigned i=1; return reinterpret_cast<  signed char&>(i); }  // Bug
```

需要注意的是，仅当该地址处存在一个平凡可拷贝类型的对象并且所访问的字节不是不确定值时，访问对象的底层对象表示才是有效的。

```
struct Ntc { int k; Ntc(); ~Ntc(); };  // non-trivially copyable type
bool h1() { Ntc x;     return reinterpret_cast<unsigned char&>(x); } // Bug
bool h2() { int i;     return reinterpret_cast<unsigned char&>(i); } // Bug
bool h3() { int j = 1; return reinterpret_cast<unsigned char&>(j); } // OK
```

上述函数 h1 试图访问非平凡可拷贝类型对象 x 的底层对象表示，而 h2 试图访问一个具有不确定值的平凡可拷贝对象的第一个字节。然而，在 h3 中，返回的引用是指一个具有非不确定值的平凡可拷贝对象的底层对象表示。

- 将字节数组强制转换为对象类型。无论类型是否被认为是平凡的或标准布局的，将 unsigned char 数组转换为 T&（例如 i）的 reinterpret_cast，然后尝试将该结果用于引用一个有效对象是未定义的行为，除非该数组内已经构造了一个该类型的对象，并且该对象包含了适合该类型对象表示的字节。

```
#include <new>  // placement new

void testIntBuffer()  // test int inside a suitably aligned character buffer
{
    alignas(int) unsigned char buffer[sizeof(int)];  // aligned to hold an int

    int& i = reinterpret_cast<int&>(buffer[0]);  // OK, but not OK to use
    i = 123;  // Bug (UB), no int is currently live in buffer.

    int& j = *new (buffer) int(123);  // int is created inside buffer.
    j = 456;  // OK, access to the int object via j is well defined.

    int& k = *reinterpret_cast<int*>(buffer);  // OK, now there's an int there.
    k = 789;  // OK, access via reinterpret_cast is now to a live int.
    i = 123;  // OK, i, j, and k refer to the same object at this point.
}
```

请注意，一旦在缓冲区内启动了 int 的生命周期，例如通过定位 ::operator new[注]，就可以自由地使用对该对象的引用（例如上面的 j）来访问该整数。此外，一旦整数的生命周期在缓冲区的地址上开始，使用 reinterpret_cast（例如 k）来访问该地址处的 int 是允许的。更重要的是，现在可以使用先前的 reinterpret_cast（例如 i）返回的结果，即使在 int 存在之前也是如此！

我们可以使用 reinterpret_cast 将标准布局类型的对象视为无符号字符数组。尽管可以将包含平凡可拷贝类型对象的底层对象表示的数组转换为指向该对象或引用该对象的指针，但即使该数组已从平凡可拷贝对象的对象表示初始化，这种操作也不可行。

```
#include <cstring>  // std::memcpy

int returnOne()  // invalid attempt to return (int) 1
{
    unsigned int x = 1;  // object of trivially copyable type
    alignas(int) unsigned char a[sizeof x];  // aligned array of bytes
```

[注] “对象是通过定义、new 表达式、在联合体中隐式更改活动成员或创建临时对象时创建的。”参见 iso17 的 4.5 节，“C++ 对象模型”，第 1 段，第 9 页。从 C++20 开始，std:: bit_cast 隐式地创建嵌套在返回值中的对象。随着将 P0593 引入即将到来的 C++ 标准，某些其他操作被认为是隐式创建对象，包括开始无符号字符数组的生命周期的操作，这将使上面 testIntBuffer 函数中通过 i 进行的所有访问都是有效的。参见 smith20。

```
    std::memcpy(a, &x, sizeof x);             // copy object representation
    int* x2 = reinterpret_cast<int*>(a);      // OK, but not OK to use
    return *x2;                               // Bug (UB), no int at x2
}
```

正如先前提到的，reinterpret_cast 本身是有效的，但是由此得到的指针 x2 并不引用 int 类型的有效对象；因此，对 x2 进行解引用是未定义的行为[㊀]。（6）通过 reinterpret_cast 访问基类或成员子对象。C++ 标准保证标准布局类类型的对象，即第一个非静态数据成员（包括在任何基类内）和所有基类子对象，在存在时与某些子对象共享同一地址。然而，此保证不适用于任何其他子对象，也不适用于非标准布局类型的任何子对象。请注意，要求标准布局类类型的所有基类子对象具有与最派生类对象相同的地址的规定，在 C++11 或 C++14 标准中并未发布，并且直到 2018 年 6 月才成为缺陷报告（CWG 2254）的解决方案[㊁]。然而，并非所有编译器都已实现 CWG 2254 中描述的解决方案，这导致第二个及后续基类子对象的放置不可靠。

例如，假设我们有一个标准布局类类型 D，它有两个基类 B1 和 B2：

```
struct B1 { int i; int j; };  // first  base class (standard layout)
struct B2 { int f(); };       // second base class      "        "
struct D : B1, B2 { };        // multiple inheritance   "        "
```

第一个基类 B1 的子对象和第一个非静态数据成员 i 将位于相同的地址，例如 b1p 和 i1p，就像派生类对象的地址（例如 &d）一样。此外，在符合 CWG 2254 的解决方案的编译器中，第二个基类 B2 的子对象也将位于该地址（例如 b2p）：

```
void test1()
{
    D d;              // object of standard-layout class type
    d.i = d.j = 0;    // Initialize d's members.

    B1*  b1p = reinterpret_cast<B1* >(&d);  // OK, we can dereference b1p.
    B2*  b2p = reinterpret_cast<B2* >(&d);  // OK, maybe can dereference b2p.
    int* i1p = reinterpret_cast<int*>(&d);  // OK, we can dereference i1p.

    b1p->i = 1;  // OK, set d.i to 1.
    b2p->f();    // OK, call d.f (unreliable before CWG2254).
    *i1p = 2;    // OK, set d.i to 2.

    B1& b1r = d;                          // OK, normal reference upcast
    D&   dr = reinterpret_cast<D&>(b1r);  // OK
    dr.i    = 3;                          // OK, set d.i to 3.
}
```

使用 reinterpret_cast 将指向 D* 的指针转换为 B1* 甚至 int* 的指针是可行的，而且会产生可以解引用的指针，因为这些类型的对象保证位于相同的地址。类似地，将其转换为 B2* 总是有效的，但仅在已经实现了 CWG 2254 解决方案的编译器中才会产生可解引用的指针；否则，解引用生成的指针将导致未定义的行为。最后，我们可以使用地址等价性反向使用 reinterpret_cast 从基类子对象引用转换为派生类引用（分别为上面的 bir 和 dr）。

如果派生类不是标准布局类型，那么即使它们经常共享相同的地址，使用 reinterpret_cast 检索的指向基类对象或第一个数据成员的指针仍具有未定义的行为：

㊀ 从 C++20 开始，我们使用 std::bit_cast<T>(x) 从源对象 x 的值表示中隐式创建目标类型 T 的对象，其中 sizeof(T) == sizeof(x)，且两者都是平凡可拷贝的。未来的 C++ 版本可能会使从 returnone 函数返回 *x2 成为有效的，从而不必再编写 std::bit_cast<unsigned int>(*x2)。参见 smith20。

㊁ CWG 2254 的解决方案（smith16a）要求标准布局类型的对象的所有基类子对象必须具有与对象相同的地址。尽管并非所有编译器都符合这个变化，特别是 MSVC 19.29（约 2021 年）不符合，但所有实现至少确保第一个基类子对象与最派生类对象共享地址。

```
struct B3 { int i; };   //   primary base class (standard layout)
struct B4 { int j; };   // secondary base class      "       "
struct E : B3, B4 { };  // multiple inheritance (non-standard-layout)

void test2()
{
    E e;            // object of nonstandard-layout class type
    e.i = e.j = 0;  // Initialize e's members.
    B3*  b3p = reinterpret_cast<B3* >(&e);  // OK, but can't dereference b3p
    B4*  b4p = reinterpret_cast<B4* >(&e);  // OK,  "    "          "      b4p
    int* i3p = reinterpret_cast<int*>(&e);  // OK,  "    "          "      i3p

    b3p->i = 3;  // Bug (UB), but might work as expected
    b4p->j = 4;  // Bug (UB), will not    "   "     "
    *i3p = 2;    // Bug (UB), but might   "   "     "
    B4& b4r = e;                           // OK, normal reference upcast
    E&   er = reinterpret_cast<E&>(b4r);   // OK, but can't use er
    er.i    = 3;                           // Bug (UB), won't work as expected
}
```

当我们将派生类指针（或引用）隐式地或使用 static_cast 转换为基类指针（或 引用）时，得到的指针（或引用的地址）反映了不同的地址。因此，如下面的 test3 函数所示，在指向派生类（例如 e）对象的指针和指向任一基类（例如 B3 或 B4 ）子对象的指针之间使用 static_cast 进行转换，产生了明确定义的结果。reinterpret_cast 会给我们一个不能解引用的指针，否则会导致未定义行为：

```
void test3()
{
    E e;            // object of nonstandard-layout class type
    e.i = e.j = 0;  // Initialize e's members.
    B3& b3r = e;    // implicit upcast
    B4& b4r = e;    //     "        "

    B3* b3p = static_cast<B3*>(&e);  // OK, explicit upcast
    B4* b4p = static_cast<B4*>(&e);  // OK,      "        "
    assert(b3p == &b3r);             // OK, static_cast respects hierarchy.
    assert(b4p == &b4r);             // OK,      "            "         "
    b3p->i = 3;                      // OK, e.i is now 3.
    b4p->j = 4;                      // OK, e.j is now 4.

    E& er1 = static_cast<E&>(b3r);   // OK, downcast requires static_cast.
    E& er2 = static_cast<E&>(b4r);   // OK,      "          "           "
    B4& ra = static_cast<B4&>(b3r);  // Error, B3 and B4 are unrelated types.
    B4& rb = reinterpret_cast<B4&>(b3r);  // OK, but rb cannot be used.
    assert(&er1 == &e);              // OK, static_cast respects hierarchy.
    assert(&er2 == &e);              // OK,      "            "         "
    er1.i = 5;                       // OK, e.i is now 5.
    er1.j = 6;                       // OK, e.j is now 6.
    rb.j  = 7;                       // Bug (UB), rb does not refer to a B4.
}
```

注意，在上面的 test3 函数中，尝试在不相关的基类子对象之间进行引用类型的 static_cast（例如 b3r 到 ra）会导致编译时错误，reinterpret_cast（例如 b3r 到 rb）会编译而没有警告。尝试解引用 rb（例如 rb.j）会导致未定义的行为。在涉及非标准布局类型时，只有 static_cast 可以用于安全且可移植地在基类和派生类对象之间进行转换。

（11）过度使用 offsetof

offsetof 宏是一种 C 语言工具，实现为宏，被 C++ 继承，并具有各种微妙的陷阱，可能会导致未定义的行为。特别是，offsetof 宏仅在与标准布局类类型一起使用时具有定义的行为。在不属于标准布局类型的类上使用 offsetof 具有未定义的行为[⊖]，编译器可能会产生警告，offsetof 可能会产生预期的结果，或者程序可能会展示随机数据损坏。各种编译器支持的标准布局类类型的超集可能不同；因

⊖ 截至 C++17，对非标准布局类类型使用 offsetof 是有条件支持的，这意味着当对它不能支持的类型应用 offsetof 时，编译器必须发出至少一个诊断；通常，在这种情况下，C++11/14 编译器至少会发出警告。

此，即使编译器在使用不属于标准布局类型的类时使用 offsetof 会产生可靠的结果，依赖此类使用的程序也不能保证是可移植的[㊀]。

由于 offsetof 被指定为宏，因此在调用具有多个模板参数的类模板实例化（例如 Host<int, int>）时，它将无法编译，因为分隔模板参数的逗号将被解释为分隔宏参数。offsetof 的约束是第一个宏参数命名一个类型，因此通常的解决方法是将参数括在括号中使其不起作用（参数不是表达式，外层括号在类型名称中没有作用）。可以使用模板实例化的类型别名，或者使用分组宏将类型名称作为宏参数传递：

```
#include <cstddef>  // standard C offsetof macro

template <typename T, typename U>
struct MyPair  // standard-layout class template
{
    T first;
    U second;
};

const int badOffset1 = offsetof(MyPair<int, char>, first);
    // Error, three macro arguments: MyPair<int, char>, and first
const int badOffset2 = offsetof((MyPair<int, char>), second);
    // Error, (MyPair<int, char>) does not name a type

typedef MyPair<int, char> MyPairIC;                // type alias
const int firstOffset = offsetof(MyPairIC, first);  // OK, two macro arguments
#define GROUP_TYPE(...) __VA_ARGS__  // grouping macro
const int secondOffset = offsetof(GROUP_TYPE(MyPair<int, char>), second); // OK
```

请注意，指针算术只在数组内部定义良好，因此大多数使用 offsetof 来计算子对象相对于某个地址的位置的情况都具有未定义的行为。尽管可以以字节序列的形式访问对象的底层字节表示，但该表示目前不被标准视为数组；因此，在该底层存储中进行任何指针算术都是可疑的。尽管具有未定义的行为，但所有相关编译器目前都允许这种指针算术具有预期的行为[㊁]。

```
MyPair<int, char> thePair = { 4, 'F' };
unsigned char* pairRep = reinterpret_cast<unsigned char*>(&thePair);  // OK
unsigned char* secondRep = pairRep + secondOffset; // UB, but probably works
```

pairRep 指针指向 thePair 的对象表示。在所有相关的实现中，secondRep 指针将指向 Pair.second 的对象表示，但是从技术上讲，标准认为指针算术具有未定义的行为。

在适用的情况下，间接访问类成员的官方方式是使用指向成员的指针语法，该语法还允许使用指向成员函数的指针（但不允许使用指向成员引用的指针），并且可以正确处理包括多重继承和特别是虚继承在内的复杂类布局。指向成员的对象不受标准布局类的限制，从而避免了与 C 的 offsetof 宏相关的未定义行为，但它们不支持类似指针的算术运算：

```
char MyPair<int, char>::*secondMemPtr = &MyPair<int, char>::second;
char* pc = &(thePair.*secondMemPtr);   // OK, access via a pointer to member
char c = thePair.*(secondMemPtr + 1);  // Error, arithmetic on member pointer
```

4. 烦恼

（1）C++ 标准在这方面尚未稳定

在 C++11 中，添加了对于平凡类（特别是平凡可拷贝类）的正式定义，并在随后的标准中不断发展。请注意，如果特殊成员函数是用户提供的或者调用了任何基类或成员变量的非平凡特殊成员

㊀ 有一些提案旨在扩展遵循规范的编译器必须支持的类型集合，包括 P0897，它提出支持所有类型，请参见 semashev18。但是，对该提案的讨论表明，它可能会阻止未来 ABI 的更改。此外，即将推出的反射特性的一些功能将允许程序员编写更完整的类似于 offsetof 的函数。该提案已被废弃。

㊁ 目前正在进行一项工作，旨在使在满足以下条件之一的类类型的对象表示中，此类地址算术可以得到良好的定义：是平凡可拷贝的，或者具有标准布局。如果被采纳，该提案将使指针算术与已经在标准布局类类型对象中有效使用的 offsetof 具有良好定义的行为。请参见 stasiowski19。

函数，则该特殊成员函数是非平凡的；否则，它是平凡的，即使被删除也是如此。在 C++11 中，平凡可拷贝类的定义是具有平凡析构函数并且没有任何非平凡的拷贝构造函数、移动构造函数或赋值运算符，无论它们是否被删除（请参见 2.1.6 节）。

```
struct S11  // was a trivially copyable struct in C++11 (as originally adopted)
{
    int i;                                    // trivial data member
    ~S11()                      = delete;  // trivial destructor
    S11(const S11&)             = delete;  // trivial copy constructor
    S11& operator=(const S11&) = delete;  // trivial copy assignment operator
    S11(S11&&)                  = delete;  // trivial move constructor
    S11& operator=(S11&&)       = delete;  // trivial move assignment operator
};
```

上面的 S11 结构体最初被认为是平凡可拷贝的，尽管其所有的复制操作都被删除了。由于声明后立即删除任何函数都会使其变得平凡，因此用户声明的显式删除析构函数也是平凡的。

在 C++11 之前，使一个操作变为平凡的唯一方法是将其隐式声明，因此它也必须是公有可访问的。默认成员函数的添加（请参见 2.1.4 节）意味着可以拥有非公有的平凡操作：

```
#include <type_traits>  // std::is_trivial, etc.

void f11();  // forward declaration of friend of C11 below

class C11  // is a trivially copyable class in C++11
{
    int i;
    C11(const C11&)             = default; // private trivial copy ctor
    C11& operator=(const C11&) = default; // private trivial copy assignment op

    friend void f11();  // has access to private copy operations

public:
    C11()                       = default;
    ~C11()                      = default;
};

static_assert(std::is_trivially_copyable<C11>::value, "");      // OK
static_assert(std::is_trivially_destructible<C11>::value, "");  // OK
static_assert(std::is_trivial<C11>::value, "");                 // OK
```

因此，在 C++11 甚至最初发布的 C++14 中，很容易创建一个平凡可拷贝的用户定义类型，当将其视为原始内存（例如使用 std: memcpy）时，可以复制它，但其公有 API 中没有定义有效的复制操作。

在开发 C++17 时，工程师曾经试图解决这些问题[1]。修改后的定义是：平凡可拷贝类具有非删除的平凡析构函数，其声明的所有复制和移动操作都是平凡的，至少有一个复制或移动操作既是平凡的又是非删除的（请注意，删除的函数仍然是平凡的）。因此，现在至少有一个潜在的（可能是私有的或不明确的）可调用的复制 / 移动操作，以更好地证明 std::is_trivially_copyable 特性所指示的按位复制的有效性，请参见潜在缺陷——使用错误的类型特性。同时，类的析构函数也需要是非删除的[2]。将这些更改应用于上面的类，S11 现在不再是平凡可拷贝的，但 C11 仍然是平凡可拷贝的。但是，请注意，具有私有复制操作的平凡可拷贝类类型的对象只能通过成员和友元函数进行复制，除非利用特殊的权限执行按位复制（例如使用 std::memcpy），这些权限仅限于平凡可拷贝类型。

```
C11 c1;       // OK, invokes public default constructor
C11 c2(c1);  // Error, invokes inaccessible private copy constructor

void f11()  // friend of C11
{
```

---

[1] 请参见 izvekov14。

[2] 请参见 CWG issue 1734，widman13。

```
    C11 c3(c1);  // OK, invokes private copy constructor as a friend
    // ...
}

void g11()  // nonfriend of C11
{
    C11 c4;
    std::memcpy(&c4, &c1, sizeof c1);  // OK, C11 is still trivially copyable.
}
```

在多个 C++ 版本中发展演化的另一个问题是，volatile 数据成员可能没有平凡的语义，因此可能需要在某些平台上采用特殊的复制语义。在 C++14 中，通过修改平凡拷贝 / 移动构造函数和赋值运算符的定义来解决了这个问题，进而对平凡可拷贝类型添加了进一步的限制，即它们不具有 volatile 限定的非静态数据成员[一]。然而，最终发现这种改变与重要的平台 ABI 不兼容，因此通过针对 C++14 的缺陷报告对该改变进行了撤销[二]。

```
class V  // trivially copyable in C++11, but might not be in C++14
{
    volatile int i;  // volatile-qualified nonstatic data member
};
```

在每个版本的 C++ 中，V 类都是平凡可拷贝的，但是 std::is_trivially_copyable 特性可能在一些旧版本的 C++14 编译器上不能反映出这一点，这取决于该标准的哪种解释正在生效，请参见烦恼——相关标准类型特性不可靠。

对于具有 const 限定符或引用数据成员的平凡可拷贝类型，人们可能会质疑进行按位复制（例如使用 std: memcpy）的对象是否具有未定义的行为，因为这些按位复制操作不可避免地会覆盖一个引用或 const 对象。在 C++20 中对这些对象执行按位复制，然后随后以任何方式使用这些数据时，进行了两方面的修改：①如果通过引用、指针或名称（称为一个 ref）引用的非 const 对象被销毁，并且随后在同一位置构造一个相同类型的新对象，则在 C++20 中，原始 ref 的可用性不受对象是否包含 const 或引用子对象的影响，而在 C++20 之前，这样的子对象的存在将使 ref 无法使用。② std::memcpy 和 std::memmove 会隐式地在目标位置创建一个新对象，使先前引入的规则适用于使用 std::memcpy 或 std::memmove 进行按位复制的情况[三]。请注意，用户定义的按位复制（例如直接使用 unsigned char）仍然具有未定义的行为，因为它没有开启目标对象的生命周期。还要注意，使用 std::memcpy 或 std::memmove 的有效位复制会隐式创建一个新对象，即具有复制构造语义，即使赋予平凡可拷贝状态的唯一非删除平凡函数是赋值运算符之一。

以 C++11/14 中可能通过优化发生的 UB 为例，可以考虑编译器可能会将读取 const 数据成员的结果缓存到寄存器中，因为该值在定义良好的程序中在对象的生命周期内不会更改。任何尝试通过 std::memcpy 替换该对象的操作可能会被接受，但是寄存器中的旧值不一定会被无效化，因此随后对该数据成员的读取可能会产生旧值。相反，C++20 编译器现在必须也考虑到这种对象可能被 std::memcpy 或定位 ::operator new 覆盖，并在这种情况下阻止这种特定的优化[四]。对于实现 C++20 之前的标准的编译器，我们可以在尝试使用 std::memcpy 之前检查类型是否既是平凡可拷贝的又可拷贝赋值或可移动赋值（例如使用 std::is_assignable），以避免与 const 和引用限定的非静态数据成员相关的 UB 风险。请注意，在没有任何 const 或引用非静态数据成员的情况下，对平凡可拷贝类型进行可赋值性检查会拒绝具有没有公有可调用赋值运算符的类型。这种拒绝可能更好地反映类作者的语义意图，请参见潜在缺陷——在具有 const 或引用子对象的对象上使用 memcpy。

一个平凡类型不仅是平凡可拷贝的，还要至少具有一个平凡默认构造函数，且没有非平凡默认

[一] 请参见 CWG issue 496，maddock04。
[二] 请参见 CWG issue 2094，vandevoorde15。
[三] 请参见 smith20。
[四] 请参见 CWG issue 1776，finland13。

构造函数[一]。然而，由于每个删除的函数都是平凡的，因此在C++11（最初发布版本）中，所有默认构造函数都被删除的平凡可拷贝类被认为是平凡类型，但是这样类型的对象永远无法进行默认构造。在C++14发布之后，平凡类的定义已经修正，要求至少有一个非删除的平凡默认构造函数，这个改变也是针对C++14的缺陷报告，实现者通常会将其修复反向传播到C++11。

增加对平凡类型定义的限制并不能在所有情况下解决问题，因为一个具有多个默认构造函数的类（例如B）仍然可以是平凡的，但是由于二义性而无法进行默认构造：

```
#include <type_traits>  // std::is_trivial, etc.

struct B  // B is considered trivial but cannot be default constructed.
{
    B()        = default;  // trivial default constructor #1
    B(int = 0) = delete;   //    "         "         "      #2
};

static_assert(std::is_trivial<B>::value, "");                        // OK
static_assert(std::is_trivially_default_constructible<B>::value, "");  // Error

B b;  // Error, ambiguous
```

注意，由于类B（上面提到的类）除了平凡可拷贝外，没有非平凡的默认构造函数，且至少有一个非删除的默认构造函数，因此它被认为是平凡的，但它永远无法进行默认构造[二]。能够调用默认构造函数而不调用任何非平凡函数的能力反映在std::is_trivially_default_constructible特性中（具有与std::is_default_constructible特性相同的额外可调用性要求）。有趣的是，如果继承自一个具有二义性默认构造函数的类，例如B，则派生类（例如D）的默认构造函数将被隐式删除：

```
struct D : B { };  // D is non-trivial even though B is.

static_assert(std::is_trivial<D>::value, "");                        // Error
static_assert(std::is_trivially_default_constructible<D>::value, "");  // Error
static_assert(std::is_trivially_copyable<D>::value, "");             // OK

D d;  // Error, default constructor of D is implicitly deleted.
```

因为D有一个删除的默认构造函数，在符合最新的C++11/14（或更新）标准的实现中，D（上文提到的类）将被报告为平凡可拷贝的，但不是平凡类型，但是旧的编译器可能会错误地认为D是一个平凡类型。有几种解决方法。例如，库实现者可以使用std::is_trivially_default_constructible特性来确保默认构造函数实际上是可调用的（并且是明确的和可访问的），并针对应用特性的类型表达式进行检查。请注意，std::is_trivially_default_constructible不能区分根本无法进行默认构造（即std::is_default_constructible评估为false）和其默认构造涉及非平凡函数的类型。

同样地，自C++11将标准布局类型与POD类型区分以来，其定义已经成熟。在C++14发布后，标准澄清了标准布局类型派生树中最多只有一个类“拥有”一个或多个非静态数据成员的要求，并将标准布局类型的定义扩展到包括未命名的位域[三]。

标准布局类型的任何基类的类型不能与该类型对象的偏移为零的任何非静态数据成员的类型相同；否则，对象地址的唯一性将被破坏。C++17提供了一个更严格的递归定义，用于确定所有非基类子对象的类型集合，这些子对象必须位于偏移为零的位置，并要求该集合与类型的任何直接或间接基类之间不存在重叠，才能被认为是一个标准布局类[四]。标准还明确指出，标准布局类最多只有一

[一] 一个平凡类可以具有多个默认构造函数，甚至可以成功地进行默认构造，只要在重载解析后明确调用哪个构造函数即可。这样的非传统设计可能会出现，例如使用SFINAE约束的多个构造函数模板，以确保只有一个重载是可行的。

[二] 除了GCC之外的其他流行编译器，对于类B（上文提到的类），其特性会错误地报告它不是平凡的。

[三] 参见CWG issue 1881，ranns14。

[四] 参见CWG issue 1672（smith13）和CWG issue 2120（tong15）。

个给定类型的基类子对象[1]。这些后来的定义还澄清了第一个非静态数据成员的含义。尽管所有这些澄清都是针对 C++14 和实践上针对 C++11 的缺陷报告，但 std::is_standard_layout 特性可能无法准确表示标准布局类型的最新定义。请参见下一节“相关标准类型特性不可靠”。

最后，在 C++03 中，允许通过跳过（例如通过 goto 语句）自动变量的声明来控制流，只要该变量是一个不需要初始化的 POD 类型。自从 C++11 开始，对这种变量类型的限制已经放宽，不再要求它是标准布局类型或平凡类型，只要该类具有平凡的默认构造函数和平凡的析构函数（不需要它是平凡可拷贝的）。2019 年，平凡析构函数的要求被移除[2]。

```
struct W  // has trivial constructor, but non-trivial destructor
{
    ~W() { } // user-provided (non-trivial) destructor
};

void func()  // Function that, in its body, jumps over a default-initialized
{            // automatic variable having a trivial default constructor.
    goto label;  // OK after DR fix
    W s;         // automatic variable having trivial constructor
label: ;
}
```

请注意，上面示例代码中 func 的函数体表面上是有效的 C++ 代码，但由于类 W 具有非平凡的析构函数，很少有 C++11/14 编译器接受它。正是这些类型的开放式、追溯性的更改导致了它们的实现之间的分歧。请参见下一节“相关标准类型特性不可靠”。

（2）相关标准类型特性不可靠

根据我们所使用的编译器的年代、它所针对的标准以及它是否针对该标准的缺陷报告进行修复，当使用 <type_traits> 头文件中的标准元函数查询类型的基本属性时，我们可能会得到不同的结果。先前提到的烦恼中描述和记录了可能会在编译器之间产生不一致报告的特定演进变化。此外，并不是所有的实现都必然同意 C++ 标准对于各种属性的要求，例如某个给定的类（例如 X）是否被认为是平凡的：

```
#include <type_traits>  // std::is_trivial

class X  // POD type having all special member functions defaulted private
{
    X()                      = default;
    X(const X&)              = default;
    X(X&&)                   = default;
    ~X()                     = default;
    X& operator=(const X&)   = default;
    X& operator=(X&&)        = default;
};

static_assert(std::is_trivial<X>::value, "private not trivial?");  // OK, maybe
```

根据所有的 C++ 标准，访问控制不涉及确定一个给定类是不是一个平凡类型；因此，当使用 std::is_trivial 断言该特性时，我们期望可以在不同平台上依赖它。尽管上面的示例代码对于我们测试的大多数平台和库组合都可以编译，但不总是如此——即使在流行的编译器中也是如此[3]。

（3）一个由 POD 类型组成的 std::pair 或 std::tuple 不是一个 POD 类型

C++ 标准库提供了两个类模板 std::pair 和 std::tuple，旨在充当可以在通用代码中组装和使用的值的通用结构。鉴于这种设计，很容易想象这些类似结构的模板将保留它们的模板参数的 POD 样式属性。然而，标准只要求某些属性保持不变；此外，许多实现策略和这些类型的一些特性排除了提供所有属性的可能性，即使键入的包含相同内容的结构体也有这些属性。

---

[1] 参见 CWG issue 1813，vandevoorde13。

[2] 参见 CWG issue 2256，smith16b。

[3] 我们测试的每个版本的 Microsoft 编译器和库都无法通过上面应用于 std::is_trivial<x> 的 static_assert 语句。

要使标准库模板提供的操作是平凡的，该操作的隐式实现或用户声明（但不是用户提供的实现）必须能够满足标准对该操作的要求[一]。

- 总是默认操作——当标准要求使用默认操作时，它自然会是平凡的，请参见 2.1.4 节。这种自然的平凡性适用于 std::pair 和 std::tuple 的拷贝构造函数和移动构造函数。虽然存在 std::pair 和 std::tuple 非平凡的私有数据成员的可能性，但通常认为，当元素类型的相应操作平凡的时候，这些成员应该是平凡的[二]。
- 要求是平凡操作——std::pair 和 std::tuple 的析构函数并非在所有情况下都需要使用默认操作，但它们明确要求在所有元素都具有平凡析构函数时是平凡的，从而使这些类能够满足成为字面类型的主要要求之一（请参见 3.1.5 节）[三]。
- 永远不是平凡或默认操作——具有超出平凡实现的行为要求的操作永远不可能通过实现变得平凡。std::pair 和 std::tuple 的默认构造函数要求它们对其元素进行值初始化，导致这些操作永远不可能是平凡的。
- 有条件的默认操作——其余操作是以这样的方式定义的，以便它们可能有资格对某些潜在的模板参数使用 =default。一个值得注意的示例是 std::pair 和 std::tuple 的赋值运算符，它们要求进行逐成员赋值，即使成员类型是引用类型也是如此。在这种情况下，默认的赋值操作将被删除，因此至少对于某些模板参数，这些操作将不是平凡的。可以为非引用类型有条件地默认这些操作，但这涉及部分特化和复杂的继承方案或需要大量轻微变化的实现。这个显著的代价导致大多数库供应商不尝试使这些操作变得平凡，它们的平凡性必须作为 QoI 留下，而不是可以可移植地依赖的特性[四]。

标准并未描述其类的布局，也没有列出可能用于实现它们的私有成员。原则上，std::pair 的实现可以具有附加的私有成员或在不同的公共基类中声明 first 和 second[五]，从而导致符合规范但永远不是标准布局类型的实现。同样，std::tuple 通常通过继承（递归或通过包扩展）每个成员元素的不同类型来实现，这导致对于具有多个元素的任何内容，该类型都无法是标准布局类型。实现可以为标准布局的固定元素数量提供不同的特化，但是具有多个这样的特化将是一种费力的解决方案，以实现对一部分潜在模板参数的标准布局，这是标准库供应商似乎没有做出的 QoI 选择。

5. 参见

- 2.2.1 节引入了将默认成员初始化引入到聚合中的概念。
- 3.1.4 节提供了有关聚合以及其他形式的大括号初始化的更多见解。
- 3.1.5 节展示了如何使平凡类型在编译时可用。
- 4.1.7 节扩展了经典 C++ union 可以涵盖和包含的内容。

6. 延伸阅读

- 有一个经典的入门教程（约为 2010 年）涵盖了这些内容，请参见 tsirunyan18。
- 要查看引入 C++11 泛化的原始标准文稿，请参见 dawes07。

[一] 现代 C++ 中，std::pair 和 std::tuple 的设计思路可以在 krugler10b 中找到。

[二] 尽管标准的意图是如此，但实现在复制和移动构造函数的平凡性方面存在差异。GCC 的标准库 libstdc++ 6.0.28（约 2020 年）针对具有相应平凡操作类型的 std::tuple 提供了平凡的拷贝构造函数但不提供平凡的移动构造函数，而随着 MSVC 19.29（约 2021 年）编译器一起提供的 Microsoft 实现无法为任一构造函数提供平凡性。随 Clang 一起提供的标准库 libc++ 13.0.0（约 2021 年）在可能的情况下正确地提供了平凡的拷贝构造函数和平凡的移动构造函数。

[三] 关于析构函数必须是平凡的要求在 LWG issue 2796（参见 wakely16）中得到了澄清。

[四] 现代版本的 GCC、Clang 和 MSVC 始终将 std::pair 的复制和移动赋值运算符实现为用户提供的函数。

[五] 这样的实现示例可以在本书作者维护的 BDE 开源库实现的 pair 中找到。该实现部分为引用类型的模板参数进行了特化，以使实例在且仅在两个模板参数都是平凡可拷贝的非引用类型时是平凡可拷贝的。请参见 bde14，/groups/bsl/bslstl/bslstl_pair.h。

- 有一篇论文引入了一个要求（已采用于 C++20），强制要求有符号字符类型使用二进制补码编码，请参见 maurer18。

7. 补充内容[1]

（1）一则警示：POD 并不只是“位包”

在 C++ 中，float 数据类型被认为是 POD。这并不意味着它可以容纳任意位模式。

当在小端机器上以反向顺序存储浮点数的大端表示时，即将 float 的四个字节以相反的顺序存储时，许多普通值将映射到 NaN 表示。这些值将不稳定，因为编译器生成的 Intel x86（32 位，而不是 x86-64）指令用于加载浮点寄存器时可能会翻转 NaN 表示内部的位[2]。

（2）IEEE 754 和 NaN 的解释

一个 IEEE 754 单精度二进制浮点数由 23 位的尾数、8 位的指数和一个符号位组成，按照以下逻辑格式表示（从最高位到最低位从左到右显示）：

```
| s|eeeeeeee|fffffffffffffffffffffff|
------------------------------------
|+-|exponent| fraction (significand)|
|1b| 8 bits |        23 bits        |
```

当所有指数位都设置为 1 且任何有效数字位都设置为 1 时，该模式为 NaN（“非数字”）。很容易看出，有 $2^{23}-1$ 个尾数模式会产生 NaN，而当我们加上符号位时，一共有 $2^{24}-2$ 个 float 模式表示 NaN。

实现在处理 NaN 时有相当大的自由度。具体来说，实现区分信号 NaN 模式和安静 NaN 模式。信号 NaN 模式告诉实现，当在算术中遇到 NaN 时，它应该引发某个信号，比如浮点异常。安静 NaN 不需要特殊处理。大多数处理器遵循 IEEE 754 2008 年修订版的建议，使用有效数字字段的最高有效位来实现；如果最高有效位为 1，则 NaN 处于安静模式；否则，NaN 处于信号模式。

在使用 Intel x87 兼容的浮点指令的 32 位 GCC 工具链的情况下，编译器实现有时会响应于非法操作（例如对负数求平方根）而生成一个信号 NaN，但随后决定通过将信号 NaN 转换为安静 NaN 来“吞噬”异常：

```
float f = sqrt(-3.2);
```

在上面的代码示例中，表达式 sqrt(-3.2) 可能会在某个临时位置产生信号 NaN 模式，但是在完成对 f 的赋值时，该模式可能已被转换为安静 NaN。在此处，C++ 实现有很大的自由度，具体取决于各种因素，包括优化，信号 NaN 可能存储在主内存中，存储在扩展精度浮点寄存器中，传递给 x87 兼容的浮点单元，或者根本不生成。在典型的程序中，我们可能永远不会注意到信号 NaN 转换为安静 NaN 的变化。

（3）比较大端和小端物理浮点布局

让我们为 32 位浮点数的每一位赋予一个名称。使用 S 表示符号位，大写字母 A 到 H 表示 8 个指数位，小写字母 a 到 w 表示 23 个尾数位：

```
|S|ABCDEFGH|abcdefghijklmnopqrstuvw|
|s|eeeeeeee|fffffffffffffffffffffff|      IEEE 754 format logical fields
|s|exponent|      significand       |
```

在大端字节序（BE）的机器上，IEEE 754 浮点数的逻辑布局和物理布局相同：

---

[1] 本补充内容是根据 Alexander Beels 的内部文档进行改编的。原始文档详细介绍了此处描述的问题，该问题是由 Beels 在 2018 年在彭博公司进行的技术分析中发现的。

[2] 这种位模式的变化是否构成 x86 实现中的错误存在一些争议。编译器在某种程度上受到遗留 x87 浮点指令集的限制，请参见 wilcox13。

```
|0       |8       |16      |24      |32
|SABCDEFG|Habcdefg|hijklmno|pqrstuvw|     physical bits in big-endian order
|seeeeeee|efffffff|ffffffff|ffffffff|     big-endian physical layout key
```

但在小端字节序（LE）的机器上（例如 Intel x86），字节顺序是相反的：

```
|0       |8       |16      |24      |32
|pqrstuvw|hijklmno|Habcdefg|SABCDEFG|     physical bits in little-endian order
|ffffffff|ffffffff|efffffff|seeeeeee|     little-endian physical layout key
```

如果在小端字节序机器上以大端字节序存储浮点数的字节，则其中的位具有与原始浮点数不同的含义：

```
|0       |8       |16      |24      |32
|SABCDEFG|Habcdefg|hijklmno|pqrstuvw|     physical bits in BE order
|ffffffff|ffffffff|efffffff|seeeeeee|     interpretation of bits in LE order

|p|qrstuvwh|ijklmnoHabcdefgSABCDEFG|      Logical order of bits in a float
|s|eeeeeeee|fffffffffffffffffffffff|      IEEE 754 format logical fields
|s|exponent|     significand       |
```

请注意，大端字节序尾数的最低有效位到第七位（q～w）对应于小端字节序指数的所有位，除了一位。将所有指数位设置为 1 表示一个浮点数是 NaN，这个细节就是我们可能遇到问题的地方。

（4）详细示例

现在，考虑在从大端字节序机器中获取一个浮点数的值，并考虑到字节顺序的差异情况下，在小端字节序机器上通过将浮点数序列化在大端字节序机器上，然后在小端字节序机器上重新组成它来将其移动到浮点数。发送机器按照大端字节序（也称为网络字节序）将一个浮点数的字节写入网络，接收机器首先按照写入时的相同顺序将这些字节读入一个浮点数，然后使用接收端的一组小型库函数对该浮点数内的字节进行重新排序，从而将它们放入小端字节序中。示例代码如下：

```
#include <algorithm>  // std::swap
#include <cstring>    // std::memcpy
#include <network.h>  // a library that includes the Network class

float read_float_from_network(Network* n)
{
    float f;
    n->read(&f);
    return f;
}

float fixup_float(float value)
{
    unsigned char buf[4];
    std::memcpy(buf, &value, 4);
    std::swap(buf[0], buf[3]);
    std::swap(buf[1], buf[2]);
    std::memcpy(&value, buf, 4);
    return value;
}

float deserialize(Network* n)
{
    return fixup_float(read_float_from_network(n));
}
```

请注意，为了说明简单化了的示例中，read_float_from_network 例程返回的浮点值仍然按照网络字节序排列它的字节。fixup_float 将反转这些字节。

现在，考虑数字 98.8164，以及 32 位 IEEE 754 近似值的布局：

```
|0|10000101|10001011010000111111111|     logical layout
|s|eeeeeeee|fffffffffffffffffffffff|     IEEE 754 format logical fields

|01000010|11000101|10100001|11111111|    big-endian order layout
|seeeeeee|efffffff|ffffffff|ffffffff|    big-endian physical layout key
```

符号位为 0，指数为 133，尾数为 4563455。普通浮点数的值由以下公式给出：

$$value = (-1)^{sign} * (8388608 + significand) * 2^{(exponent-150)}$$

当将这个公式应用于示例中表示的值时，得到 98.81639862060546875，这是 32 位浮点数中最接近 98.8164 的值：

$$value = (-1)^0 * (8388608 + 4563455) * 2^{(133-150)} = \frac{12952063}{131072} = 98.81639862060546875$$

如果直接将四字节的大端字节序浮点数写入网络，然后在小端字节序机器上直接将网络字节序表示读入一个浮点数（即使用 read_float_from_network），这些字节的含义将被颠倒：

```
|01000010|11000101|10100001|11111111|   bytes in network order
|seeeeeee|efffffff|ffffffff|ffffffff|   meaning of bits in big-endian format
|ffffffff|ffffffff|efffffff|seeeeeee|   meaning of bits in little-endian format

|1|11111111|01000011100010101000010|   network bits interpreted as LE float
|s|eeeeeeee|fffffffffffffffffffffff|   IEEE 754 format logical fields
```

原始尾数的最低有效位已经被读入指数字段中，我们构造了一个信号 NaN！当 GCC 实现注意到信号 NaN 时，它选择不发出浮点异常，而是通过打开尾数的最高有效位将信号 NaN 转换为安静 NaN：

```
            v                           changed bit
|1|11111111|01000011100010101000010|   signaling NaN
|1|11111111|11000011100010101000010|   quiet NaN
|s|eeeeeeee|fffffffffffffffffffffff|   IEEE 754 format logical fields
```

这个值的字节然后被 fixup_float 反转成接收机器适当的顺序，并且结果被存储，现在与原始值不同：

```
                        v               changed bit
|01000010|11000101|11100001|11111111|   physical layout before fixup_float
|ffffffff|ffffffff|efffffff|seeeeeee|   meaning of bits in little-endian format

           v                            changed bit
|11111111|11100001|11000101|01000010|   physical LE layout after fixup_float
|ffffffff|ffffffff|efffffff|seeeeeee|   meaning of bits in little-endian format

                        v               changed bit
|0|10000101|10001011110000111111111|   logical layout after fixup_float
|s|eeeeeeee|fffffffffffffffffffffff|   IEEE 754 format logical fields
```

符号和指数的值没有改变，但尾数现在的值为 4579839。我们现在可以应用公式计算由这个新浮点数表示的实际值：

$$value = (-1)^0 * (8388608 + 4579839) * 2^{(133-150)} = \frac{12968447}{131072} = 98.94139862060546875$$

该值在传输过程中神奇地增加了 0.125！

（5）结论

POD 类型并不允许在其中存储任意位。浮点值可能具有在移动过程中发生变化的 NaN 表示。指针可能具有标记位，它们不表示地址的某些部分，而是指向的内存的其他属性。在不常见的体系结构上，带符号整数可能具有未使用的位或奇怪的表示。虽然 C++ 允许将 POD 视为字节流，从而将它们复制到这些类型的对象中，但这些流必须表示这些类型的正确值。

3.1.12 继承构造函数：继承基类构造函数

术语“继承构造函数”是指使用 using 在派生类的作用域内声明的公开基类的几乎所有构造函数。

1. 描述

在一个类的定义中，一个 using 声明命名基类的构造函数的会使派生类“继承”指定的外基类的所有构造函数（除了复制和移动构造函数）。就像成员函数的 using 声明一样，当派生类中找不到匹配的构造函数时，将会考虑指定基类的构造函数。当以这种方式选择基类构造函数时，该构造函数将会被用于构造基类，并且子类的其余基类和数据成员将会像默认构造函数一样被初始化（例如应用默认的初始化，参见3.1.7节）。

```
struct B0
{
    B0() = default;      // public, default constructor
    B0(int)          { } // public, one argument (implicit) value constructor
    B0(int, int)     { } // public, two argument value constructor

private:
    B0(const char*) { }  // private, one argument (implicit) value constructor
};

struct D0 : B0
{
    using B0::B0;  // using declaration
    D0(double d);  // suppress implicit default constructor
};

D0 t(1);      // OK, inherited from B0::B0(int)
D0 u(2, 3);   // OK, inherited from B0::B0(int, int)
D0 v("hi");   // Error, Base constructor is declared private.
```

唯一明确不能被派生类继承的构造函数是由编译器生成的复制和移动构造函数：

```
#include <utility>  // std::move

B0 b1(1);               // OK, base-class object can be created.
B0 b2(2, 3);            // OK, base-class object can be created.
B0 b3(b1);              // OK, base-class object can be copied (from lvalue).
B0 b4(std::move(b1));   // OK, base-class object can be moved (from rvalue).

D0 w(b1);     // Error, base-class copy constructor is not inherited.
D0 v;         // OK, base-class default constructor is inherited.
D0 x(B0{});   // Error, base-class move constructor is not inherited.

D0 y(B0(4));   // Error, base-class move constructor is not inherited.
D0 z(t);       // OK, uses compiler-generated D0::D0(const D0&)
D0 j(D0(5));   // OK, uses compiler-generated D0::D0(D&&)
```

注意，我们在D0 x(B0{}); 中使用了大括号初始化（参见3.1.4节），以确保声明了一个D0类型的变量x。D0 x(B0()) 则会被解释为一个函数x的声明，该函数返回D0，并且接收一个指向返回B0的空函数的指针，这被称为最麻烦的解析。

派生类所继承的构造函数在编译器是否隐式生成特殊成员函数上的作用与显式实现的函数相同。例如，如果B0没有默认的构造函数，D0的默认构造函数将被隐式删除（参见2.1.6节）。由于复制和移动构造函数不是被继承的，所以它们在基类中的存在不会抑制派生类中隐式生成的复制和移动赋值。举例来说，D0的隐式生成的赋值运算符隐藏了它们在B0中的对应关系。

```
void f()
{
    B0 b(0), bb(0);  // Create destination and source B0 objects.
    D0 d(0), dd(0);  //    "          "       "     "   D0     "

    b = bb;          // OK, assign base from lvalue base.
    b = B0(0);       // OK,    "     "    "  rvalue   "

    d = bb;          // Error, B0::operator= is hidden by D0::operator=.
    d = B0(0);       // Error,       "          "    "    "        "

    d.B0::operator=(bb);      // OK, explicit slicing is still possible.
    d.B0::operator=(B0(0));   // OK,     "        "     "   "      "

    d = dd;          // OK, assign derived from lvalue derived.
    d = D0(0);       // OK,    "       "     "  rvalue    "
}
```

注意，在继承构造函数时，基类中的私有构造函数可以作为该基类的私有构造函数被访问，并受到相同的访问控制，参见烦恼——继承构造函数的访问级别与基类中的相同。

从多个基类继承具有相同签名的构造函数会导致歧义错误：

```
struct B1A { B1A(int); }; // Here we have two bases classes, each of which
struct B1B { B1B(int); }; // provides a converting constructor from an int.

struct D1 : B1A, B1B
{
    using B1A::B1A;
    using B1B::B1B;
};

D1 d1(0);  // Error, Call of overloaded D1(int) is ambiguous.
```

每个继承的构造函数会与指定的基类中的相应构造函数共享相同的特性。被构造函数继承所保留的特性包括访问说明符、explicit 说明符、constexpr 说明符、默认参数和异常规范；参见 4.1.5 节和 3.1.5 节。对于构造函数模板，模板参数列表和默认的模板参数也会被保留：

```
struct B2
{
    template <typename T = int>
    explicit B2(T) { }
};

struct D2 : B2 { using B2::B2; };
```

上面使用 B2::B2 声明的行为就像在 D2 中提供了一个委托给其指定的基类模板的构造函数模板：

```
// pseudocode
struct D2 : B2
{
    template <typename T = int>
    explicit D2(T i) : B2(i) { }
};
```

当构造函数从一个基类派生时，继承其大部分（但不是全部）的构造函数可以通过在与将被继承的构造函数拥有相同签名的派生类中提供，来抑制对其中一个或多个构造函数的继承。

```
struct B3
{
    B3()          { std::cout << "B3()\n"; }
    B3(int)       { std::cout << "B3(int)\n"; }
    B3(int, int) { std::cout << "B3(int, int)\n"; }
};

struct D3 : B3
{
    using B3::B3;
    D3(int) { std::cout << "D3(int)\n"; }
};

D3 d;        // prints "B3()"
D3 e(0);     // prints "D3(int)" --- The derived constructor is invoked.
D3 f(0, 0);  // prints "B3(int, int)"
```

换句话说，我们可以通过简单地在派生类中声明一个具有相同签名的替代构造函数来抑制从指定基类继承的构造函数。然后我们可以选择自己实现它，将它设为默认（参见 2.1.4 节）或者删除它（参见 2.1.6 节）。

如果我们选择从多个基类中继承构造函数，可以通过在派生类中显式声明有问题的构造函数，然后在适当的情况下将其委托给基类来消除歧义：

```
struct B1A { B1A(int); };  // Here we have two base classes, each of which
struct B1B { B1B(int); };  // provides a converting constructor from an int.

struct D3 : B1A, B1B
{
```

```
    using B1A::B1A;  // Inherit the int constructor from base class B1A.
    using B1B::B1B;  // Inherit the int constructor from base class B1B.

    D3(int i) : B1A(i), B1B(i) { }  // User-declare int converting constructor
};                                  // that delegates to bases.

D3 d3(0);  // OK, calls D3(int)
```

从依赖类型中继承构造函数提供了超出 C++03 之外的功能，这不仅仅是为了方便和避免模板代码。到目前为止，在本节所有示例代码中，我们只知道如何“拼写”基类构造函数，我们只是简单地使一些单调的工作可以自动化。然而，在依赖基类的情况下，我们不知道如何拼写构造函数，因此如果我们寻求的是转发语义，我们必须依赖继承构造函数：

```
template <typename T>
struct S : T  // The base type, T, is a *dependent type*.
{
    using T::T;  // inheriting constructors generically from a dependent type
};

#include <string>   // std::string
#include <vector>   // std::vector

S<std::string>        ss("hello");    // OK, uses constructor from base
S<std::vector<char>> svc("goodbye");  // Error, no suitable constructor in base
```

在本例中，我们创建了一个类模板 S，它从其模板参数 T 中公开派生。然后，当创建一个由 std::string 参数化的类型 S 的对象时，我们能够通过继承的 std::string 构造函数重载于 const char* 来向其传递一个字符串字面值。然而，注意，在 std::vector 中没有这样的构造函数；因此，试图从字符串字面值中创建派生类会导致编译出现错误。参见用例——通过 mix-in 集成可重用功能。

一种明显但是更复杂的替代方案提供了一组不同的权衡方法，它将转发引用（参见 3.1.10 节）作为参数的可变构造器模板（参见 3.1.21 节）。在这种替代方法中，所有来自基类的公共、保护和私有区域的构造函数现在将出现在同一个访问说明符下——即声明完美转发构造函数的构造函数。更重要的是，这种方法不会保留其他构造函数的特性，如 explicit、noexcept、constexpr 等。通过使用 SFINAE 对 std::is_constructible 进行约束，可以将转发限制为只继承公共构造函数（没有特性），参见烦恼——继承构造函数的访问级别与基类中的相同。

2. 用例

采用这种形式的 using 声明来继承一个指定的基类的构造函数——基本上是逐字逐句的——这表明这些构造函数足以将整个派生类对象初始化到一个有效的可利用状态。通常情况下，只有当派生类添加自己的无成员数据时，才会涉及这种情况。虽然额外的派生类成员数据可能会被初始化，如果是通过 defaulted 来构造一个默认构造函数进行初始化，那么这种状态必须与基类中初始化的任何可修改的状态正交，因为这种状态会通过切片（Slicing）而被独立改变，这反过来会使对象的不变性（Object Invariant）失效。派生类的数据要么会被默认初始化，要么会使用成员初始化来设置其值（参见 3.1.7 节）。因此，大多数典型的用例是通过派生来包装一个现有的类（无论是公开的还是私有的），只添加具有正交值的默认数据成员，然后通过重写其虚函数或隐藏其非虚拟成员函数来调整派生类的行为。

（1）采用结构性继承时避免样板代码

使用继承构造函数的一个重要标志是，派生类只处理其自足基类的辅助或可选功能，而不是必需或必要的功能。作为一个有趣的（尽管也主要是教学性的）示例，假设我们想为 std::vector 提供一个代理，该代理对提供给其索引运算符的索引执行显式检查：

```
#include <cassert>  // standard C assert macro
#include <vector>   // std::vector

template <typename T>
struct CheckedVector : std::vector<T>
```

```
{
    using std::vector<T>::vector;       // Inherit std::vector's constructors.

    T& operator[](std::size_t index)    // Hide std::vector's index operator.
    {
        assert(index < std::vector<T>::size());
        return std::vector<T>::operator[](index);
    }

    const T& operator[](std::size_t index) const  // Hide const index operator.
    {
        assert(index < std::vector<T>::size());
        return std::vector<T>::operator[](index);
    }
};
```

在上面的示例中，我们可以通过继承构造函数使用公共结构继承来轻松创建一个独特的新类型，除了几个我们选择去增强原始行为的函数外，该类型具有其基本类型的所有功能。

尽管这个示例可能已经很有说服力了，但它存在的固有缺陷，使其不足以在实践中普遍使用：将派生类传递给一个函数——无论是通过值还是引用——都会剥夺它的辅助功能。当我们有机会接触到源构造函数时，另一个解决方案是使用条件编译在特定的构建配置中添加显式检查（例如，使用 C 风格的 assert 宏）[一]。

（2）采用实现继承时避免样板代码

有时，通过使用继承来将具有虚函数的具体类调整到特定用途是十分划算的。从纯抽象接口（又称协议）派生的部分实现类包含数据、构造函数和纯虚函数[二]。这种继承被称为实现继承，与纯接口继承截然不同的是，后者通常是在实践中的首选设计模式[三]。举个示例，基类 NetworkDataStream，它允许重写其虚函数来处理来自网络上不断扩展的各种任意来源的数据流：

```
class NetworkDataStream
{
private:
    // ...                   (member data)

public:
    explicit NetworkDataStream(TCPConnection* tcpConnection);
    explicit NetworkDataStream(UDPConnection* udpConnection);
    explicit NetworkDataStream(RawDataStreamHandle* rawDataStreamHandle);

    virtual ~NetworkDataStream();

    virtual void onPacketReceived(DataPacket& dataPacket) = 0;
        // Derived classes must override this method.
};
```

上面的 NetworkDataStream 类提供了三个构造函数，还有更多的构造函数正在开发中，可以在不需要处理每个包的情况下使用。现在，假设需要记录关于接收到的数据包的信息（例如用于审核）。继承构造函数会使其从 NetworkDataStream 派生和重写（参见 2.1.13 节）onPacketReceived(DataPacket&) 更加方便，因为我们不需要重新实现每个构造函数，而这会预计让它们的数量会随着时间的推移而增加：

```
class LoggedNetworkDataStream : public NetworkDataStream
{
public:
    using NetworkDataStream::NetworkDataStream;

    void onPacketReceived(DataPacket& dataPacket) override
```

[一] C++ 语言标准的未来版本预计会有一个更强大的解决方案，该解决方案将在 lakos23 中介绍。

[二] lakos2a 的 4.7 节中讨论该主题。

[三] lakos2b 的 4.6 节中讨论该主题。

```
    {
        LOG_TRACE << "Received packet " << dataPacket;     // local log facility
        NetworkDataStream::onPacketReceived(dataPacket);  // Delegate to base.
    }
};
```

（3）实现强类型定义

经典的类型定义声明——就像C++11的using声明一样（参见2.1.18节的）——只是同义词；与使用初始类型名称相比，它们没有提供额外的类型安全。有一种常见的功能是为现有类型T提供一个别名，该别名可与自身唯一互操作，可从T显式转换，但不能从T隐式转换。这种更加注重类型安全的别名形式被称为强类型定义。典型的强类型定义可以通过显式转换构造函数和显式转换操作符抑制从新类型到它所包装的类型的隐式转换来实现，反之亦然。在这方面，强类型定义与其所包装的类型的关系类似于作用域枚举（枚举类）与其底层类型的关系，参见3.1.19节。

作为一个实践示例，假设我们向相当广泛和不同的受众公开一个类PatientInfo，该类将两个Date对象与给定的医院患者相关联：

```
class Date
{
    // ...

public:
    Date(int year, int month, int day);

    // ...
};

class PatientInfo
{
private:
    Date d_birthday;
    Date d_appointment;

public:
    PatientInfo(Date birthday, Date appointment);
        // Please pass the birthday as the first date and the appointment as
        // the second one!
};
```

为了便于讨论，假设我们的用户在阅读文档时不知道构造函数参数是什么：

```
PatientInfo client1(Date birthday, Date appointment)
{
    return PatientInfo(birthday, appointment);  // OK
}

int client2(PatientInfo* result, Date birthday, Date appointment)
{
    *result = PatientInfo(appointment, birthday);  // Oops! wrong order
    return 0;
}
```

现在假设我们继续收到像上面示例中的client2那样的投诉，说我们的代码不起作用。我们该怎么办呢？

虽然这个示例说得很轻松，但在大型软件组织中，客户的误用是一个长期存在的问题。为两个参数选择相同的类型，在某些环境中很可能是正确的选择，但在其他环境中却不是。所以我们并不提倡使用这种技术，我们只是承认它的存在。

一种方法是强迫客户在他们自己的源代码中做出有意识的、明确的规定，即哪个Date是生日，哪个Date是约会。采用强类型定义可以帮助我们实现这一目标。继承构造函数为定义强类型定义提供了一种简洁的方法；对于上面的示例，它们可以用来定义两种新的类型，以唯一地表示生日和约会日期：

```
struct Birthday : Date  // somewhat type-safe alias for a Date
{
    using Date::Date;  // Inherit Date's three integer ctor.
    explicit Birthday(Date d) : Date(d) { }  // explicit conversion from Date
};

struct Appointment : Date  // somewhat type-safe alias for a Date
{
    using Date::Date;  // Inherit Date's three integer ctor.
    explicit Appointment(Date d) : Date(d) { }  // explicit conv. from Date
};
```

Birthday 和 Appointment 类型暴露了相同的 Date 接口。然而，考虑到我们基于继承的设计，Date 不能隐式转换为这两种类型。最重要的是，这两种新类型不能隐式地相互转换。

```
Birthday b0(1994, 10, 4);  // OK, thanks to inheriting constructors
Date d0 = b0;              // OK, thanks to public inheritance
Birthday b1 = d0;          // Error, no implicit conversion from Date
Appointment a0;            // Error, Appointment has no default ctor.
Appointment a1 = b0;       // Error, no implicit conversion from Birthday
Birthday n2(d0);           // OK, thanks to an explicit constructor in Birthday
Appointment a2(1999, 9, 17); // OK, thanks to inheriting constructors
Birthday    b3(a2);          // OK, an Appointment (unfortunately) is a Date.
```

我们现在可以重新设定一个 PatientInfo 类，它利用了这个新发现的（尽管是人为制造的）类型安全：

```
class PatientInfo
{
private:
    Birthday d_birthday;
    Appointment d_appointment;

public:
    PatientInfo(Birthday birthday, Appointment appointment);
        // Please pass the birthday as the first argument and the appointment as
        // the second one!
};
```

现在，我们的客户别无选择，只能在调用现场明确表达他们的意图。先前实现的 client 函数不能再编译：

```
PatientInfo client1(Date birthday, Date appointment)
{
    return PatientInfo(birthday, appointment);     // Error, doesn't compile
}

int client2(PatientInfo* result, Date birthday, Date appointment)
{
    *result = PatientInfo(appointment, birthday);  // Error, doesn't compile
    return 0;
}
```

因为客户现在需要显式地将其 Date 对象转换为适当的强类型定义，因此很容易发现并修复 client2 的缺陷：

```
PatientInfo client1(Date birthday, Date appointment)
{
    return PatientInfo(Birthday(birthday), Appointment(appointment));  // OK
}

int client2(PatientInfo* result, Date birthday, Date appointment)
{
    Birthday b(birthday);
    Appointment a(appointment);
    *result = PatientInfo(b, a);  // OK
}
```

在这个示例中，client 函数在引入强类型定义后未能编译，这就是我们预期的效果。然而，如果在 client 函数创建 PatientInfo 时隐式构造了 Date 对象，那么有缺陷的代码将继续编译，因为这两个强类型定义都可以从相同的参数中隐式构造出来，参见潜在缺陷——继承隐式构造函数。

以类型安全的名义复制具有相同行为的类型可能会与互操作性发生冲突。物理上相似的不同类型往往是最合适的，因为它们各自的行为本质上是不同的，并且在实践中不可能相互影响［例如笛卡儿点（CartesianPoint）和有理数（RationalNumber），它们都具有两个整形数据成员］[㊀]。

（4）通过 mix-in 集成可重用功能

有些类被设计成仅仅通过继承一个类就可以增强该类的行为，这种类被称为 mix-in 类。如果我们想调整一个类来支持 mix-in 类的其他行为，而不改变其行为，我们可以使用简单的结构继承（例如，通过函数调用来保留其引用兼容性）。为了保留公共接口，我们需要它来继承构造函数。

例如，考虑一个简单的类来跟踪创建的对象的总数：

```
template <typename T>
struct CounterImpl  // mix-in used to augment implementation of arbitrary type
{
    static int s_constructed;  // count of the number of T objects constructed

    CounterImpl()                    { ++s_constructed; }
    CounterImpl(const CounterImpl&) { ++s_constructed; }
};

template <typename T>
int CounterImpl<T>::s_constructed;  // required member definition
```

在上面的示例中，类模板 CounterImpl 在程序运行期间统计构造的 T 类型对象的次数。然后，可以编写一个通用适配器 Counted，以便于将 CounterImpl 作为一个 mix-in 类来使用：

```
template <typename T>
struct Counted : T, CounterImpl<T>
{
    using T::T;
};
```

注意，Counted 适配器类继承了它所包装的依赖类 T 的所有构造函数，而不必知道这些构造函数是什么：

```
#include <string>   // std::string
#include <vector>   // std::vector
#include <myfoo.h>  // MyFoo

Counted<std::string>       cs ("ABC");  // Construct a counted string.
Counted<std::vector<char>> cvc(3, 'a'); // Construct a counted vector of char.
Counted<MyFoo>             cmf;         // Construct a counted MyFoo object.
```

尽管继承构造函数在非泛型编程中很方便，但是它们也还可以成为泛型设计的基本工具。

3. 潜在缺陷

（1）基类中新引入的构造函数会悄悄地改变程序的行为

如果该构造函数在派生类的现有实例的重载解析期间恰好是一个更好的匹配项，那么在基类中引入一个新的构造函数可能会悄悄地改变程序的运行时的行为。考虑一个 Session 类，它最初只有两个构造函数：

```
struct Session
{
    Session();
    explicit Session(RawSessionHandle* rawSessionHandle);
};
```

现在，假设从 Session 派生出来的一个类 AuthenticatedSession，继承了它的基类的两个构造函

㊀ lakos2a 的 4.4 节中讨论该主题。

数，并提供了它自己的构造函数，该构造函数接受一个完整的身份验证令牌：

```
struct AuthenticatedSession : Session
{
    using Session::Session;
    explicit AuthenticatedSession(long long authToken);
};
```

在面向用户的代码中对 AuthenticatedSession 进行实例化：

```
AuthenticatedSession authSession(45100);
```

在上面的示例中，authSession 将通过调用接受 long long（参见 2.1.10 节）身份验证令牌的构造函数来进行初始化。如果在基类中添加具有签名 Session(int fd) 的新构造函数，它将会被调用，因为与在派生类中显式提供 long long 的构造函数相比，它更适合于字面值 45100（int 类型）；因此，将构造函数添加到基类可能会存在潜在缺陷，而这些缺陷在编译时不会被报告。

请注意，这个关于函数参数隐式转换的问题并不只存在于继承构造函数中；任何形式的 using 声明或调用重载函数都有类似的风险。强制使用更强的类型——例如，通过使用强类型定义（参见用例——实现强类型定义）——有时可能有助于防止此类错误行为。

（2）继承隐式构造函数

继承一个有隐式构造函数的类可能会引发意外。再次考虑使用继承构造函数来实现一个强类型定义，如用例——实现强类型定义中所描述的那样。假设公开了一个类，PointOfInterest，它关联了一个指定的热门旅游景点的名称和地址：

```
#include <string>  // std::string

class PointOfInterest
{
private:
    std::string d_name;
    std::string d_address;

public:
    PointOfInterest(const std::string& name, const std::string& address);
        // Please pass the name as the *first* and the address *second*!
};
```

再次假设我们的用户在检查函数原型时并不总是很小心：

```
PointOfInterest client1(const std::string& name, const std::string& address)
{
    return PointOfInterest(name, address);  // OK
}

int client2(PointOfInterest*   result,
            const std::string& name,
            const std::string& address)
{
    *result = PointOfInterest(address, name);  // Oops! wrong order
    return 0;
}
```

可以考虑在这里再次使用强类型定义，就像在用例——实现强类型定义中对 PatientInfo 所做的那样：

```
struct Name : std::string  // somewhat type-safe alias for an std::string
{
    using std::string::string;  // Inherit, as is, all of std::string's ctors.
    explicit Name(const std::string& s) : std::string(s) { }  // conversion
};

struct Address : std::string  // somewhat type-safe alias for an std::string
{
    using std::string::string;  // Inherit, as is, all of std::string's ctors.
    explicit Address(const std::string& s) : std::string(s) { }  // conversion
};
```

Name 和 Address 类型不能相互转换，虽然它们公开了与 std::string 相同的接口，但不能从中进行隐式转换：

```
Name n0 = "Big Tower";  // OK, thanks to inheriting constructors
std::string s0 = n0;    // OK, thanks to public inheritance
Name n1 = s0;           // Error, no implicit conversion from std::string
Address a0;             // OK, unfortunately an std::string has a default ctor.
Address a1 = n0;        // Error, no implicit conversion from Name
Name n2(s0);            // OK, thanks to an explicit constructor in Name
Name b3(a0);            // OK, an Address (unfortunately) is an std::string.
```

我们可以重新修改 PointOfInterest 类，使其可以使用强类型语法：

```
class PointOfInterest
{
private:
    Name    d_name;
    Address d_address;

public:
    PointOfInterest(const Name& name, const Address& address);
};
```

现在，如果客户使用基类本身作为参数，那么他们就需要再次表明他们的意图：

```
PointOfInterest client1(const std::string& name, const std::string& address)
{
    return PointOfInterest(Name(name), Address(address));
}

int client2(PointOfInterest*   result,
            const std::string& name,
            const std::string& address)
{
   *result = PointOfInterest(Name(name), Address(address)); // Fix forced.
    return 0;
}
```

但假设有些客户用 const char* 而不是 const std::string& 来传递参数：

```
PointOfInterest client3(const char* name, const char* address)
{
    return PointOfInterest(address, name);  // Bug, compiles but runtime error
}
```

对于上面代码片段中的 client3，通过参数传递确实可以编译，因为 const char* 构造函数是继承的；因此，在匹配隐式转换构造函数之前，没有尝试将其转换为 std::string。如果 std::string 转换构造函数被声明为显式，代码就不会被编译。简而言之，从执行隐式转换的类型中继承构造函数会严重破坏强类型定义语法的有效性。

4. 烦恼

（1）不能单独选择继承构造函数

继承构造函数特性不允许程序员选择要继承的构造函数子集。除非派生类中提供了具有相同签名的构造函数，否则基类的所有合格的构造函数都会被继承。如果程序员希望继承基类的除了一两个函数之外的其他所有构造函数，较为直接的解决方法就是在派生类中声明不需要的构造函数，然后使用 deleted 函数（参见 2.1.6 节）来明确地排除它们。

例如，假设我们有一个通用类，Datum，它由多种类型构成：

```
struct Datum
{
    Datum(bool);
    Datum(char);
    Datum(short);
    Datum(int);
```

```
    Datum(long);
    Datum(long long);
};
```

如果我们想创建一个 Datum 版本，称之为 NumericalDatum，它继承除了一个接受 bool 的构造函数外的其他所有构造函数，该派生类将公开继承，声明不需要的构造函数，然后用 =delete 标记它：

```
struct NumericalDatum : Datum
{
    using Datum::Datum;             // Inherit all the constructors
    NumericalDatum(bool) = delete;  // except the one taking a bool.
};
```

注意，随后向 Datum 添加任何非数值构造函数（例如接受 std::string 的构造函数）将违背 NumericalDatum 的目的，除非通过使用 =delete 将继承的构造函数从 NumericalDatum 中明确地排除。

（2）继承构造函数的访问级别与基类中的相同

基类成员函数可以用 using 指令以任意的访问级别引入派生类（只要它们能被派生类访问），与此不同，继承的构造函数的 using 声明的访问级别会被忽略。如果相应的基类构造函数可以被访问，那么继承的构造函数重载也可以被访问：

```
struct Base
{
private:
    Base(int) { }  // This constructor is declared private in the base class.
    void pvt0() { }
    void pvt1() { }

public:
    Base() { }     // This constructor is declared public in the base class.
    void pub0() { }
    void pub1() { }
};
```

注意，当使用 using 去继承构造函数或在私有继承的情况下提升基类定义时，该类的公共客户可能会发现有必要查看派生类表面的私有实现细节，以便通过其公共接口正确使用该类型：

```
struct Derived㊀: private Base
{
    using Base::Base;  // OK, inherited Base() as public constructor
                       // and Base(int) as private constructor

private:
    using Base::pub0;  // OK, pub0 is declared private in derived class.
    using Base::pvt0;  // Error, pvt0 was declared private in base class.

public:
    using Base::pub1;  // OK, pub1 is declared public in derived class.
    using Base::pvt1;  // Error, pvt1 was declared private in base class.
};

void client()
{
     Derived x(0);  // Error, Constructor was declared private in base class.
     Derived d;     // OK, constructor was declared public in base class.
     d.pub0();      // Error, pub0 was declared private in derived class.
     d.pub1();      // OK, pub1 was declared public in derived class.
     d.pvt0();      // Error, pvt0 was declared private in base class.
     d.pvt1();      // Error, pvt1 was declared private in base class.
}
```

㊀ 提出这一特性的标准文件的作者之一（见 meredith08），Alisdair Meredith，建议将继承构造函数的 using 声明放在第一个成员声明中，并放在任何访问说明符之前最不容易混淆的位置。程序员可能仍然会对类与结构体的不同默认访问级别感到迷惑。

这个 C++11 特性之所以被创造出来，是因为之前提出的解决方案——它同样也涉及 C++11 中的一些新特性，即将参数传递给具有转发引用（参见 3.1.10 节）和可变模板（参见 3.1.21 节）的基类构造函数——做出了一些不同的权衡，并且被认为过于烦琐和脆弱，没有实际意义：

```
#include <utility>  // std::forward

struct Base
{
    Base(int) { }
};

struct Derived : private Base
{
protected:
    template <typename... Args>
    Derived(Args&&... args) : Base(std::forward<Args>(args)...)
    {
    }
};
```

在上面的示例中，我们使用了转发引用（参见 3.1.10 节）将派生类中声明受保护的构造函数的实现正确委托给私有继承基类的公共构造函数。虽然这种方法无法保留继承构造函数的许多特性（如 explicit、constexpr、noexcept 等），但上面的代码片段中描述的功能根本不可能使用 C++11 的继承构造函数特性。

（3）有缺陷的初始规范会导致有分歧的早期实施

在 C++11 中，继承构造函数的初始规范在通用性方面存在大量的问题[一]。按照最初的规定，继承的构造函数在派生类中被视为重新声明。在 C++17 中，对这一特性进行了重大的改写[二]，改为找到基类的构造函数，然后定义如何使用它们来构造派生类的实例。随着 CWG 问题 2356[三]的解决和在 C++20 中的最终修复，一个完整的工作特性被指定下来。所有这些针对 C++17 的修复都被视为缺陷报告，并可追溯至 C++11 和 C++14。对于主要的编译器而言，应用此缺陷报告要么标准化现有实践，要么快速采用更改[四]。

5. 参见

- 2.1.4 节解释了默认函数是如何被用来实现那些原本可能被继承的构造函数所抑制的函数的。
- 2.1.5 节讨论了委派构造函数如何被用于在同一用户自定义类型中从另一个构造函数中调用一个构造函数。
- 2.1.6 节描述了如何使用 deleted 函数来排除那些完全不需要的继承构造函数。
- 2.1.13 节解释了如何使用重载来确保一个旨在重载虚函数的成员函数实际做到这一点。
- 3.1.7 节讨论了如何使用默认成员初始化来为使用继承构造函数的派生类中的数据成员提供非默认值。
- 3.1.10 节描述了当访问级别与基类构造函数的访问级别不同时，转发引用是如何作为一种替代（应变）方式使用的。
- 3.1.21 节解释了当访问级别与基类构造函数不同时，可变模板是如何作为一种替代（应变）方法使用的。

3.1.13　列表初始化：std::initializer_list<T>

C++ 标准库的 std::initializer_list 类模板支持轻量级的、由编译器生成的不可修改值的数组，这些数组在源代码中的初始化与内置的、使用通用的大括号初始化语法的、C 风格的数组类似。

[一] 关于对有缺陷的初始 C++11 规范的继承构造函数所带来的问题的详细分析，请参见 emcpps.com。

[二] 参见 smith15b。

[三] CWG issue 2356，参见 smith18。

[四] 例如，无论编译时选择了哪个标准版本，GCC 7.0（大约 2017 年）及其更高版本和 Clang 4.0（大约 2017 年）及其更高版本都完全实现了现代行为。

1. 描述

C++，以及之前的 C 语言，允许内置数组通过大括号内的数值列表进行初始化：

```
int data[] = { 0, 1, 1, 2, 3, 5, 8, 13 };  // initializer list of 8 int values
```

C++11 扩展了这一概念，允许在各种情况下向用户自定义类型提供这样的值列表。编译器将安排这些值存储在一个由常量元素组成的未命名的 C 风格数组中，并通过在元素类型上实例化的 std::initializer_list 类型的对象来提供对该数组的访问。这个对象是对数组元素的轻量级代理，它提供了一个常见的 API 来遍历数组元素并查询其大小。注意，复制 std::initializer_list 对象并不会复制数组元素。C++ 标准提供了一个引用定义，包括类型定义、存取器和显式声明的默认构造函数，以及其他五个特殊成员函数的隐式定义；参见 2.1.4 节。

```
namespace std
{

template <typename E>
class initializer_list  // illustration of programmer-accessible interface
{

public:
    typedef E value_type;              // C++ type of each array element
    typedef const E& reference;        // There is no nonconst reference.
    typedef const E& const_reference;  // const lvalue reference type
    typedef size_t size_type;          // type returned by size()

    typedef const E* iterator;         // There is no nonconst iterator.
    typedef const E* const_iterator;   // const element-iterator type

    constexpr initializer_list() noexcept;  // default constructor

    constexpr size_t size() const noexcept;     // number of elements
    constexpr const E* begin() const noexcept;  // beginning iterator
    constexpr const E* end() const noexcept;    // one-past-the-last iterator
};

// initializer list range access
template <typename E> constexpr const E* begin(initializer_list<E> il) noexcept;
template <typename E> constexpr const E* end(initializer_list<E> il) noexcept;

}  // close std namespace
```

上面的代码示例说明了可供编译器和程序员直接使用的公共功能，并省略了编译器用于初始化除空初始化列表以外的对象的私有机制。该模板的对象为元素类型 E 的实例化，充当编译器提供的数组的轻量级代理。当这些代理对象被复制或分配时，它们不会复制其底层数组的元素。请注意，std::initializer_list 满足了标准库对随机存取迭代器的范围的要求。

在上面的代码示例中，std::initializer_list 类模板的公共接口也采用了另外两个 C++11 语言特性：constexpr 和 noexcept。constexpr 关键字允许编译器考虑使用这样修饰的函数作为常量表达式的一部分；参见 3.1.5 节。noexcept 说明符表示不允许该函数抛出异常；参见 4.1.5 节。

作为一个介绍性的示例，假设有一个函数 printNumbers，它打印由它的 std::initializer_list<int> 参数 il 表示的给定整形序列的元素：

```
#include <initializer_list>  // std::initializer_list
#include <iostream>          // std::cout

void printNumbers(std::initializer_list<int> il)  // prints given list of ints
{
    std::cout << "{";
    for (const int* ip = il.begin(); ip != il.end(); ++ip)  // classic for loop
    {
        std::cout << ' ' << *ip;  // output each element in given list of ints
    }
    std::cout << " } [size = " << il.size() << ']';
}
```

上面的代码片段中的printNumbers函数使用成员函数begin和end，采用了经典的for循环来迭代所提供的初始化列表，依次将每个元素打印到stdout，最后打印列表的长度。注意il是通过值传递的，而不是通过常量引用传递的；这种传递参数的方式纯粹是按照惯例使用的，因为std::initializer_list被设计成一种小而普通的类型，许多C++实现方法都可以通过使用CPU寄存器高效地传递此类函数参数来进行优化。

编写一个test函数，在大括号初始化列表上调用这个printNumbers函数；参见3.1.4节：

```
void test()
{
    printNumbers({ 1, 2, 3, 4 });  // prints "{ 1 2 3 4 } [size = 4]"
}
```

在上面的test函数中，编译器将大括号内的初始化列表{1, 2, 3, 4}转换为一个临时的未命名的C风格数组，该数组值的类型是const int，然后通过std::initializer_list<int>将其传递给printNumbers进行处理。虽然std::initializer_list不拥有临时数组，但它们的生命周期是相同的，所以不存在悬挂引用的风险。

（1）使用initializer_list类模板

当使用std::initializer_list时，无论是显式提及还是由编译器隐式创建，都必须直接或间接包含<initialize_list>头文件，以免程序格式出现错误：

```
std::initializer_list<int> x = { };  // Error, <initializer_list> not included
void f(std::initializer_list<int>);  // Error,        "        "    "      "
auto il1a = {1, 2, 3};               // Error,        "        "    "      "
auto il2a = { };                     // Error,        "        "    "      "
auto il3a = {1};                     // Error,        "        "    "      "
auto il4a{1, 2, 3};                  // Error, direct-list-init deduction fails.
auto il5a{ };                        // Error, direct-list-init deduction fails.
auto il6a{1};                        // OK, but direct-list-init deduces int.

#include <initializer_list>          // Provide std::initializer_list.

std::initializer_list<int> y = { };  // OK
void g(std::initializer_list<int>);  // OK
auto il1b = {1, 2, 3};               // OK, std::initializer_list<int>
auto il2b = { };                     // Error, cannot deduce element type
auto il3b = {1};                     // OK, std::initializer_list<int>
auto il4b{1, 2, 3};                  // Error, direct-list-init deduction fails.
auto il5b{ };                        // Error, direct-list-init deduction fails.
auto il6b{1};                        // OK, but direct-list-init deduces int.
```

在上面的示例代码中，任何对std::initializer_list的显式或隐式使用都需要编译器首先看到它的定义——即使该类型是用auto推导出来的，参见3.1.3节。特别要注意的是，当使用直接列表初始化而不是复制列表初始化时，std::initializer_list是不会被推导出来。相反，如果列表包含单个元素，auto会推导出元素的类型（上面的il6a和il6b），否则就无法进行编译（上面的il4a、il4b、il5a和il5b），参见3.1.4节。

对于一个给定的元素类型E，std::initializer_list<E>类定义了几个类型别名，这类似于定义标准库容器：

```
#include <initializer_list>  // std::initializer_list

struct E { };
std::initializer_list<E>::size_type       ts;       // ts  of type std::size_t
std::initializer_list<E>::value_type      tv;       // tv  of type E
std::initializer_list<E>::reference       tr  = tv; // tr  of type const E&
std::initializer_list<E>::const_reference tcr = tv; // tcr of type const E&
std::initializer_list<E>::iterator        ti;       // ti  of type const E*
std::initializer_list<E>::const_iterator  tci;      // tci of type const E*
```

注意，reference和iterator都像const_reference和const_iterator一样被声明为常量。

编译器厂商经常被允许为常用容器中的这种别名提供替代类型，例如调试迭代器，以帮助检测错误。然而，在 std::initializer_list 中，这些类型别名在 C++ 标准中是固定的，所以它们不能变化。

提供一个公共的默认构造函数，使客户能够创建空的初始化列表：

```
std::initializer_list<E> x;  // x is an empty list of elements of type E.
```

其他每个特殊的成员函数，如复制构造函数和拷贝赋值运算符，都是隐式生成的，可供客户使用：

```
std::initializer_list<E> y(x);     // copy construction
void assignEmpty() { y = x; }      // copy assignment
```

注意，没有用于以其他任何方式创建 std::initializer_list 的公共构造函数；其目的是使 std::initializer_list 对象由编译器在后台从大括号初始化列表中创建：

```
E e0, e1, e2, e3;
std::initializer_list<E> z = {e0, e1, e2, e3};
```

常量的 size() 成员函数返回初始化列表所引用的元素数量：

```
int nX = x.size();  // OK, nX == 0
int nY = y.size();  // OK, nY == 0
int nZ = z.size();  // OK, nZ == 4
```

注意，在关联的临时数组过期后，访问 std::initializer_list 中的元素，甚至只是访问其大小，都是未定义的行为，请参见潜在缺陷——对临时底层数组的悬挂引用。

std::initializer_list 的所有成员函数都被声明为 constexpr，并且 std::initializer_list 是一个字面值类型（参见 3.1.5 节）。因此，std::initializer_list 可以在常量表达式的求值过程中使用，例如编译时的断言（参见 2.1.15 节）和数组边界：

```
static_assert(std::initializer_list<int>({0, 1, 2, 3}).size() == 4, "");  // OK

int a[(std::initializer_list<int>({2, 1, 0}).size())];  // a is an array of 3 int.
```

访问 std::initializer_list<E> 的底层数组成员是通过 const E* 类型的迭代器完成的。两个 constexpr const 成员函数，begin() 和 end()，分别返回指向第一个和超过终点数组元素位置的指针：

```
#include <cassert>   // standard C assert macro
#include <iostream>  // std::cout

void test1()
{
    std::initializer_list<char> list = {'A', 'B', 'C'};
    assert(*list.begin()    == 'A');                    // front element
    assert(list.begin()[0] == 'A');                     // element 0
    assert(list.begin()[1] == 'B');                     // element 1
    assert(list.begin()[2] == 'C');                     // element 2
    assert(list.begin() + 3           == list.end());   // true in this case
    assert(list.begin() + list.size() == list.end());   // always true
}
```

在上面代码示例中的 test1 函数中，list.begin() 返回底层连续数组的第一个元素的地址，这适合与内置下标操作符 [] 一起使用。对于非空的 std::initializer_list，begin() 返回范围内第一个元素的地址，end() 返回最后一个元素的地址，并且 size()==end()−begin()。然而，如果 size()==0，则 begin() 和 end() 返回的地址具有未指定的但相等的值。

begin() 和 end() 成员函数的存在使得 std::initializer_list 可以被用作基于范围的 for 循环的源，参见 3.1.17 节：

```
void test2()  // Print "10 20 30 " to stdout.
{
    std::initializer_list<int> il = { 10, 20, 30 };

    for (int i : il)
    {
        std::cout << i << ' ';
    }
}
```

此外，这些成员函数使我们能够指定一个大括号初始化列表作为基于范围的 for 循环的源范围：

```
void test3()  // Print "100 200 300 " to stdout.
{
    for (int i : {100, 200, 300})
    {
        std::cout << i << ' ';
    }
}
```

注意，在上面的示例中，在基于范围的 for 循环中仅支持使用临时 std::initializer_list，因为该库对象的生命周期扩展（即通过绑定到引用而不是复制）被语言神奇地与底层数组的相应生命周期扩展联系到了一起。如果没有生命周期扩展，这个 for 循环也会被认为是未定义的行为，参见下面的“指针语义和暂存器的生命周期”。

相应的全局 std::begin 和 std::end 自由函数模板直接在 <initializer_list> 头文件中为 std::initializer_list 对象重载，参见烦恼——重载的自由函数模板 begin 和 end 基本无用。

（2）指针语义和临时对象的生命周期

std::initializer_list 类模板的一个实例是同质数组值的轻量级代理。该类型本身并不包含任何数据，而是通过该数据的地址来引用数据。例如，std::initializer_list 可能被实现为一对指针或一个指针和一个长度。

当使用非空的大括号列表来初始化 std::initializer_list 时，编译器会生成一个临时数组，其生命周期与同一表达式中创建的其他临时对象相同。std::initializer_list 对象本身具有编译器可以理解的特殊形式的指针语义，因此临时数组的生命周期将扩展到创建底层数组的 std::initializer_list 对象的生命周期。重要的是，这个底层数组的生命周期不会因为复制其代理初始化列表对象而延长。

考虑用三个值（1、2 和 3）初始化的 std::initializer ＜ int ＞：

```
std::initializer_list<int> iL = {1, 2, 3};  // initializes il with 3 values
```

编译器首先创建了一个包含这三个值的临时数组。这个数组通常会在它出现的最外层表达式结束时被销毁，但是通过初始化 il 来引用这个数组会延长它的生命周期，使其与 il 同时终止。

在其他任何情况下都不会发生这样的生命周期的延长：

```
void assign3InitializerList()  // BAD IDEA
{
    iL = { 4, 5, 6, 7 };  // iL has dangling reference to a temporary array.
}
```

在上面的赋值表达式中创建的临时数组并没有被用来初始化 iL，所以这个临时数组的生命周期没有被延长；它将在赋值表达式结束时被销毁，这使得 iL 拥有一个不存在的数组的悬挂引用；参见潜在缺陷——对临时底层数组的悬挂引用。

（3）std::initializer_list<E> 对象的初始化

std::initializer_list<E> 的底层数组是一个由 E 类型元素组成的常量数组，其长度由大括号列表中的元素数决定。每个元素都由大括号列表中的相应表达式进行复制初始化，如果需要用户自定义转换，它们必须在构造时可访问。按照复制列表初始化的规则，缩小转换和显式转换都是错误的。参见 3.1.4 节：

```
struct X { operator int() const; };
void f(std::initializer_list<int>);

void testCallF()
{
    f({ 1, '2', X() });  // OK, 1 is int.
                         //    '2' has a language-defined conversion to int.
                         //     X has a user-defined conversion to int.

    f({ 1, 2.0 });       // Error, 2.0 has a narrowing conversion to int.
}
```

注意，由于初始值是一个常量表达式，允许从更广泛类型的整形常量表达式进行缩小转换，但是前提是它们都是无损的：

```
#include <initializer_list>  // std::initializer_list

constexpr long long lli = 13LL;
const     long long llj = 17LL;

void g(const long long arg)
{
    std::initializer_list<int> x = { 0LL };  // OK, integral constant
    std::initializer_list<int> y = { lli };  // OK, integral constant
    std::initializer_list<int> z = { llj };  // OK, integral constant
    std::initializer_list<int> w = { arg };  // Error, narrowing conversion
}
```

(4) initializer_list 的类型推导

对于具有不受限模板参数的函数模板，将不会为大括号初始化参数推导 std::initializer_list，但是大括号初始化参数可以与专门声明为 std::initializer_list<E> 的模板参数相匹配。在这种情况下，提供的列表不能为空，并且推导出的类型必须与列表中的每一项相同；否则，程序的格式就不正确。

```
#include <initializer_list>  // std::initializer_list

void f(std::initializer_list<int>);
template <typename E> void g(std::initializer_list<E>);
template <typename E> void h(E);

void test()
{
    f({ });                  // OK, empty list of int requires no deduction.
    f({ 1, '2' });           // OK, all list initializers convert to int.

    g({ 1, 2, 3 });          // OK, std::initializer_list<int> deduced.
    g({ });                  // Error, cannot deduce an E from an empty list
    g({ 1, '2' });           // Error, different deduced types

    h({ 1, 2, 3 });          // Error, cannot deduce an std::initializer_list
}
```

请注意，在调用 g 时出现空的 std::initializer_list 的问题完全是由于无法推断参数的类型；因为不需要推断类型，所以将空的 std::initializer_list 传递给 f 是没有问题的。同样，只要提供的所有列表元素都可以隐式转换为其元素类型，异构列表就可以传递给 std::initializer_list 的已知实例。

与不受限模板参数不同，auto 变量（参见 3.1.3 节）将在复制列表初始化中推导出 std::initializer_list。为了解决有利于复制构造器的潜在歧义，auto 变量的直接列表初始化需要正好一个包含一个元素的列表，并被推导为相同类型的拷贝：

```
#include <initializer_list>  // std::initializer_list

auto a = {1, 2, 3};  // OK, a is std::initializer_list<int>.
auto b{1, 2, 3};     // Error, too many elements in list
auto c = {1};        // OK, c is std::initializer_list<int>.
auto d{1};           // OK, d is int.
auto e = {};         // Error, cannot deduce element type from empty list
auto f{};            // Error, cannot deduce variable type from empty list
```

注意，在最初的 C++11 标准中，b 和 d 的声明以不同的方式被解释为是有效的，并被推断为 std::initializer_list<int>。然而，这种行为在 C++17 中被 N3922 更改，并作为缺陷报告追溯到了以前的标准中。尽管大多数编译器在完成其 C++14 的实现方法之前采用了该缺陷报告，但早期的 C++11 编译器可能仍然显示初始的行为。

(5) 重载解析和 std::initializer_list

当名称查找发现包含 std::initializer_list 参数的重载集时，排序规则现在更倾向于将大括号列表与 std::initializer_list 重载相匹配，而不是将它们解析为其他形式的初始化列表，除非选择默认的构造函数。参见 3.1.4 节。

2. 用例

（1）方便的标准容器数量

std::initializer_list 的最初设计意图是计划像初始化一个内置数组那样简单去使用一串值初始化一个容器：

```
#include <vector>  // std::vector

std::vector<int> v{1, 2, 3, 4, 5};
```

由于 std::vector 特意提供了这种形式的初始化，<vector> 头文件被要求传递性地包含 #include <initializer_list>，以便用户就不再需要这样做了。任何标准库容器的头文件都是这样的，这意味着我们一般不会看到应用程序代码中明确包含 <initializer_list> 头文件，因为大多数使用情况都是通过标准容器的。

同样地，标准容器提供了从 std::initializer_list 进行赋值的运算符，从而避免了临时变量传递给移动赋值运算符：

```
void test1()
{
    v = {2, 3, 5, 7, 11, 13, 17};
}
```

由于 std::initializer_list 满足了随机访问范围的要求，因此所有使用一对迭代器来表示范围的容器成员函数模板都会重载，以便也能接受相应类型的 std::initializer_list：

```
void test2()
{
    v.insert(v.end(), {23, 29, 31});
}
```

注意，大括号初始化的规则是递归的，因此更复杂的容器也可以使用此语法，这对于向常量对象提供初始化数据可能会特别方便：

```
#include <map>     // std::map
#include <string>  // std::string

const std::map<std::string, int> m{{"a", 1}, {"b", 2}, {"c", 3}};
```

（2）为用户代码中的大括号列表提供支持

某些用户自定义的类型支持通过一个特定类型的同质列表的值进行初始化。例如，C++ 标准库支持使用大括号初始化容器类型，如 vector 或 map——这是一个许多客户都将会从中受益的、十分明确的 API。考虑一下我们该如何支持一个包含 int 动态数组的类进行这样的初始化，为了便于说明，我们将使用 std::vector 来实现：

```
class DynIntArray
{
    // DATA
    std::vector<int> d_data;

  public:
    DynIntArray(const DynIntArray&) = delete;
    DynIntArray& operator=(const DynIntArray&) = delete;

    // CREATORS
    DynIntArray() : d_data() {}
    DynIntArray(std::initializer_list<int> il) : d_data(il) {}

    // MANIPULATORS
    DynIntArray& operator=(std::initializer_list<int> il)
    {
```

```
        d_data = il;

        return *this;
    }

    DynIntArray& operator+=(std::initializer_list<int> il)
    {
        d_data.insert(d_data.end(), il);

        return *this;
    }

    void shrink(std::size_t newSize)
    {
        assert(newSize <= d_data.size());

        d_data.resize(newSize);
    }

    // ACCESSORS
    bool isEqual(std::initializer_list<int> rhs) const
    {
        // std::equal will produce highly optimized comparison code.
        return d_data.size() == rhs.size() &&
               std::equal(d_data.begin(), d_data.end(), rhs.begin());
    }
};

inline
bool operator==(const DynIntArray& lhs, std::initializer_list<int> rhs)
{
    return lhs.isEqual(rhs);
}

inline
bool operator!=(const DynIntArray& lhs, std::initializer_list<int> rhs)
{
    return !lhs.isEqual(rhs);
}
```

除了构造函数和赋值运算符之外，还有很多机会可以为大括号列表提供丰富的支持：

```
int main()
{
    DynIntArray x = { 1, 2, 3, 4, 5 };

    std::initializer_list<int> il = { 1, 2, 3, 4, 5 };

    assert(x == il);

    assert((x == { 1, 2, 3, 4, 5 }));  // Error, not an std::initializer_list
    assert((x != { 1, 2, 3 }));        // Error, not an std::initializer_list

    assert( x.isEqual({ 1, 2, 3, 4, 5 }));
    assert(!x.isEqual({ 1, 2, 3, 4, 6 }));
    assert(!x.isEqual({ 1, 2, 3, 4 }));
    assert(!x.isEqual({ }));

    x += { 6 };

    assert(x != il);
    assert( x.isEqual({ 1, 2, 3, 4, 5, 6 }));

    x.shrink(2);

    std::initializer_list<int> ilB = { 1, 2 };

    assert(!x.isEqual({ 1, 2, 3, 4, 5, 6 }));
    assert( x.isEqual({ 1, 2 }));
    assert( x.isEqual(ilB));
    assert(x == ilB);
```

```
    assert((x == { 1, 2 }));  // Error, not an std::initializer_list

    x += { 8, 9, 10 };

    assert(!x.isEqual({ 1, 2 }));
    assert( x.isEqual({ 1, 2, 8, 9, 10 }));
}
```

注意，由于C++语法对某些运算符的限制，使用大括号初始化列表作为运算符 == 的右侧参数并不能隐式推导出初始化列表，即使操作符 == 将初始化列表作为参数，参见3.1.4节。

（3）使用数量可变的同类型参数的函数

假设我们想要一个接受任意数量参数且这些参数的类型都相同的函数。在下面的示例中，我们写了一个函数，将多个输入字符串连接在一起，并以逗号分隔：

```
#include <initializer_list>  // std::initializer_list
#include <string>            // std::string

std::string concatenate(std::initializer_list<std::string> ils)
{
    std::string separator;
    std::string result;
    for (const std::string* p = ils.begin(); p != ils.end(); ++p)
    {
        result.append(separator);
        result.append(*p);
        separator = ",";
    }
    return result;
}

std::string hex_digits = concatenate({"A", "B", "C", "D", "E"});
```

C++11提供的std::min的额外重载可以接受一个参数列表：

```
#include <algorithm>         // std::min
#include <initializer_list>  // std::initializer_list

constexpr int n = std::min({3,2,7,5,-1,3,9});  // min is constexpr in C++14.
static_assert(n == -1, "Error: wrong value?!");
```

（4）在固定数量的对象上迭代

std::initializer_list从一开始就被设计成标准库范围的模型，这与支持C++11基于范围的for循环的类型的要求相同（参见3.1.17节）。基于范围的for循环通过翻译对等获得其含义，作为几个新的语言特征协同作用的一个示例，研究这一点是十分有启发性的。假设编译器遇到了一个基于范围的for循环，其形式如下：

```
for (declaration : { list }) statement
```

这样一个循环将被翻译成如下内容：

```
{
    auto &&__r = { list };
    for (auto __b = __r.begin(), __e = __r.end(); __b != __e; ++__b)
    {
        declaration = *__b;
        statement
    }
}
```

注意使用auto&&完美地推断出范围的类型和其值的类别，从而避免了创建不必要的临时对象。

因此，__r被推断为是一个std::initializer_list<E>。根据直接从大括号列表创建std::initializer_list对象的特殊规则和引用_r到推导的std::initializer_list的相应生命周期扩展规则，数组和循环的生命周期被扩展到了 __r。最终，这个生命周期的扩展使得事情如预期的那样进行：该数组在循环执行时存在，并在执行后立即被销毁。

现在，假设我们想要在一组固定的对象上迭代。使用初始化列表可以让我们避免为迭代创建数据数组的烦琐模板。在这个示例中，我们分析了一个字符串，看看它是否从一个数值进制前置标识符开始[㊀]：

```
bool hasBasePrefix(const std::string& number)
{
    if (number.size() < 2) { return false; }

    for (const char* prefix : {"0x", "0X", "0b", "0B"})
    {
        if (std::equal(prefix, prefix + 2, number.begin()))
        {
            return true;
        }
    }

    return false;
}
```

注意，这种模式可能经常被视为将数值提供给测试驱动程序。

3. 潜在缺陷

对临时底层数组的悬挂引用

因为 std::initializer_list 具有指针语义，所以它有所有与普通指针相关的悬挂引用的缺陷，即在对象的生命周期结束后引用对象。当 std::initializer_list 对象的生命周期大于其底层数组的生命周期时，就会出现这些问题。以下是一个简单的示例，说明了未定义行为产生的风险，并且不能像开发者所期望的那样工作：

```
void test()
{
    std::initializer_list<int> il;
    il = { 1, 2, 3 };  // BAD IDEA, bound to a temporary that is about to expire
}
```

在这个示例中，为大括号括起来的列表创建的临时数组并没有延长其生命周期，因为 il 正在被分配，而不是被初始化。编译器会发出警告：

```
warning: assignment from temporary 'initializer_list' does not extend the lifetime
of the underlying array
```

此外，在初始化 std::initializer_list 类型的变量时也需要注意。这里有几种方法可以尝试初始化此类变量：

```
typedef std::initializer_list<int> Ili;
Ili iL0 =  {1, 2, 3};   // OK, copy initialization (implicit ctors only)
Ili iL0ne  {1, 2, 3};   // OK, direct      "        (even explicit ctors)
Ili iL1 =  (1, 2, 3);   // Error, conversion from int to nonscalar requested
Ili iL1ne  (1, 2, 3);   // Error, no matching function call for (int, int, int)

Ili jL2 = ({1, 2, 3});  // Error, illegal context for statement expression
Ili jL2ne ({1, 2, 3});  // Bug, direct initialization from a copy
Ili jL3 = ((1, 2, 3));  // Error, conversion from int to nonscalar requested
Ili jL3ne ((1, 2, 3));  // Error, no matching function call for (int)

Ili kL4 = {{1, 2, 3}};  // Error, conversion from brace-enclosed list requested
Ili kL4ne {{1, 2, 3}};  // Error,        "        "    "      "       "      "
Ili kL5 = {(1, 2, 3)};  // Bug, copy initialization to single-int  init list
Ili kL5ne {(1, 2, 3)};  // Bug, direct       "          "    "     "     "     "
```

㊀ 为了避免不必要的字符串拷贝，在 hasBasePrefix 的示例中，可以用标准的 C++17 的 std::string_view 工具来代替 std::string。

从上面的代码示例可以推断出，对 std::initializer_list 的直接初始化和复制初始化的处理是一样的，就像编译器用来填充 std::initializer_list 的不可访问的构造函数在声明时没有明确的关键字一样。参见 3.1.4 节。如果值的列表是用小括号而不是大括号括起来的，那么这个列表将会被解释为使用逗号运算符（上面的 iL1、jL3、jL3ne、kL5 和 kL5ne）或者函数调用（上面的 iL1ne）。此外，避免创建不必要的副本也很重要，比如上面的 jL2ne。如果编译器没有删除这个副本，那么 jL2ne 就是指生命周期已结束的数组[⊖]。

4. 烦恼

（1）初始化列表有时必须是同质的

尽管 std::initializer_list<E> 总是同质的，但在许多情况下，用于创建它的初始化列表可以是可转换为公共类型 E 的异构初始化列表。然而，当需要推导值的类型 E 时，大括号内的列表必须是严格同质的：

```
#include <initializer_list>  // std::initializer_list

void f(std::initializer_list<int>) {}

template <typename E>
void g(std::initializer_list<E>) {}

int main()
{
    f({1, '2', 3});  // OK, heterogeneous list converts
    g({1, '2', 3});  // Error, cannot deduce heterogeneous list
    g({1,  2 , 3});  // OK, homogeneous list

    auto x = {1, '2', 3};  // Error, cannot deduce heterogeneous list
    auto y = {1,  2 , 3};  // OK, homogeneous list
    std::initializer_list<int> z = {1, '2', 3};  // OK, converts
}
```

（2）std::initializer_list 构造函数抑制隐式声明的默认值

带初始化列表参数的构造函数声明将抑制默认构造函数的隐式声明。如果没有默认构造函数，当对象从一个空列表初始化时，std::initializer_list 构造函数将被调用，但在其他可能调用默认构造函数的情况下不会被调用。如果这样的类型随后被用作子对象的类型，则会导致外部对象的隐式声明的默认构造函数被删除。这些规则会使通过一对空大括号进行的初始化变得有点反常：

```
#include <cassert>  // standard C assert macro
#include <vector>   // std::vector

struct X
{
    std::vector<int> d_v;

    X(std::initializer_list<int> il) : d_v(il) {}
};

struct Y
{
    long long d_data;

    Y() : d_data(-1) {}
    Y(std::initializer_list<int> il) : d_data(il.size()) {}
};

struct Z1 : X { };
```

⊖ 在 C++17 中，由于保证了复制省略，从隐式创建的临时 std::initializer_list 中直接初始化 std::initializer_list 将始终有效。

```
struct Z2 : X
{
    Z2() = default;        // BAD IDEA, implicitly deleted
};

struct Z3 : X
{
    using X::X;
};

struct Z4
{
    X data;

    Z4() = default;
};
void demo()
{
    X a;                   // Error, no default constructor

    X b{};                 // OK
    assert(b.d_v.empty());

    X c = {};              // OK
    assert(c.d_v.empty());

    X d = { 1, 2, 7 };     // OK
    assert(3 == d.d_v.size() && 7 == d.d_v.back());

    X ax[5];               // Error, no default constructor
    X bx[5]{};             // OK, initializes each element with {}
    X cx[5] = {};          // OK, initializes each element with {}

    Y e;                   // OK
    assert(-1 == e.d_data);

    Y f{};                 // OK, default constructor!
    assert(-1 == f.d_data);

    Y g = {};              // OK, default constructor!
    assert(-1 == g.d_data);

    Y h({});               // OK, using std::initializer_list
    assert(0  == h.d_data);

    Y i = { 7, 8, 9 };     // OK, using std::initializer_list
    assert(3  == i.d_data);

    Z1 j1{};        // Error, calls implicitly deleted default constructor
    Z2 j2{};        // Error, calls deleted default constructor
    Z3 j3{};        // Error, calls implicitly deleted default constructor
    Z4 j4{};        // OK, aggregate initialization, empty list for X

    Z1 k1 = {};     // Error, calls implicitly deleted default constructor
    Z2 k2 = {};     // Error, calls deleted default constructor
    Z3 k3 = {};     // Error, calls implicitly deleted default constructor
    Z4 k4 = {};     // OK, aggregate initialization, empty list for X

    Z1 m1 = {{}};  // Error, not an aggregate, no initializer_list constructor
    Z2 m2 = {{}};  // Error, not an aggregate, no initializer_list constructor
    Z3 m3 = {{}};  // OK, initializer_list constructor with one int
    Z4 m4 = {{}};  // OK, aggregate initialization, empty list for X
}
```

注意，随着聚合定义的发展，大多数 Z1、Z2 和 Z3 的示例在 C++17 中是没有问题的。但是其中一些示例在 C++20 中却又是错误的，就像上面所有的 Z4 示例一样，因为由于用户声明的默认构造函数，所以 Z4 不再是 C++20 中的聚合。

对于非默认的构造函数，如果提供了一对非空的大括号，则初始化列表构造函数优于其他构造函数，参见 3.1.4 节。

```
void test()
{
    std::vector<int> v{ 12, 3 };
    assert(2 == v.size() && v.front() == 12);
    std::vector<int> w( 12, 3 );
    assert(12 == w.size() && w.front() == 3);
}
```

（3）初始化列表表示常量对象

初始化列表的底层数组是常量，所以该列表中的对象不能被修改。特别是，不可能将元素从通常只使用一次的列表中移出，尽管它们是临时的。

```
#include <vector>   // std::vector

std::vector<std::vector<int>> v = {{1, 2, 3},
                                   {4, 5, 6},
                                   {7, 8},
                                   {9}};
```

在这个示例中，向量 v 由右值初始化，右值是由四个临时向量组成的 std::initializer_list，每个向量都为其内部数组分配内存。然而，因为每个临时向量实际上都是常量的，所以 v 的构造函数必须再次复制每个向量，为每个数组分配一个新的副本，而不是利用与移动有关的优化。

std::initializer_list 的常量特性的另一个后果是，当在 move-only 类型（如 std::unique_ptr）上实例化时，它们会变得无用。

（4）重载的自由函数模板 begin 和 end 基本无用

基于范围的 for 特性最初需要自由函数的 begin 和 end。关于为什么不再需要它们，参见本节补充内容。begin 和 end 自由函数由 <iterator> 头文件提供，但是由于 <initializer_list> 头文件是独立的，且与 <iterator> 头文件不同，所以有必要在 <initializer_list> 头文件中添加特定的重载。从历史上看，由于 for 的依赖性是基于范围的，上述 <iterator> 头文件中的自由函数也被添加到许多其他头文件中，包括所有标准容器的头文件。

随着标准的后续版本增加了相关的自由函数的重载集合（例如在 C++17 中新增的 empty），这些额外的重载已经添加到了多个头文件中，因此习惯性的泛型代码不需要再包含额外的头文件。然而，由于独立性的要求，这些额外的重载都不能通过 <initializer_list> 头文件来使用。

5. 参见

- 3.1.4 节提供了关于使用大括号列表和 std::initializer_lists 进行对象初始化和构造的进一步的详细信息。

6. 延伸阅读

- stroustrup05a 中概述了与初始化有关的大量问题。
- 实现基于初始化列表的统一初始化语法的初始建议可以在 stroustrup05b 中找到。
- Andrzej Krzemie ń ski 在 krzemienski16 中详细介绍了 std::initializer_list 为什么会因为过度复制而产生隐藏的运行开销。

7. 补充内容

用户自定义以支持基于范围的 for 的简要历史

基于范围的 for 循环的最初体现是围绕提出的概念语言特性构建的。for 循环的范围参数将满足范围概念，用户可以用 concept_map 来对其自定义，以适应没有 begin 和 end 成员函数的第三方库。

当概念在第一次 ISO 投票后被撤回时，委员会不想失去基于范围的 for，所以提出了一种新的方案：编译器将寻找 begin 和 end 的自由函数。标准库将为这些函数提供主模板，并且要求将 #include

<iterator> 用于基于范围的 for 循环时才能工作，就像启用 typeid 操作符需要 #include <typeinfo> 一样。有人建议，核心功能应该去先寻找成员函数（就像模板一样），然后再将寻找自由函数作为最后的手段，但是这个提议被拒绝了。为了使标准库易于使用，begin 和 end 函数的主模板被添加到了每个标准容器的头文件、<regex> 和 <string> 里，并将持续添加到代表范围的类型的任何新的头文件中去。

然后，核心工作组满足了这个初始的要求，所以基于范围的 for 永远不会使用 <iterator> 模板，而是会直接查找成员函数，如果找不到，就执行 ADL 查找来寻找 begin 和 end。将这些模板分散在各个头文件中的需求已经消失，但核心语言的变化却没有及时传达给库工作组。所以今天，这些函数仍然保留在这么多头文件中的唯一原因是因为它们在 C++11 中被冗余指定时有向后兼容性。

虽然 begin 和 end 自由函数都不需要支持基于范围的 for 循环，但标准库的后续开发已经将这些函数作为表达泛型代码的一种手段。当在一个支持 ADL 的上下文中调用时，可以调整任意第三方类型以满足标准库范围的要求。在 C++14 中增加了常量和反向迭代器的进一步重载，在 C++17 中增加了更广泛的查询，如 empty 和 size。不幸的是，由于标准库规范的起草方式，所有这些额外的重载都分散在同一组的额外的头文件中，尽管它们与支持基于范围的 for 的消失动机完全不相关。

3.1.14　lambda 表达式：匿名函数对象 / 闭包

lambda 表达式提供了一种在需要函数对象的位置处定义函数对象的方法，这使得程序员能够以一种强大且便捷的方式来指定回调或局部函数。

1. 描述

通常而言，面向对象的函数型编程范式都十分重视程序员将指定的回调作为函数参数进行传递的能力。例如，标准库函数 std::sort 接受一个指定排序顺序的回调参数：

```
#include <algorithm>   // std::sort
#include <functional>  // std::greater
#include <vector>      // std::vector

template <typename T>
void sortDescending(std::vector<T>& v)
{
    std::sort(v.begin(), v.end(), std::greater<T>());
}
```

函数对象 std::greater<T>( ) 可以通过两个数据类型为 T 的参数进行调用，该函数在第一个参数大于第二个参数的时候返回 true，否则返回 false。标准库函数提供了一小部分相似的仿函数类型，但是在更加复杂的情况下需要程序员来自行编写仿函数。例如，如果一个容器包含一系列的 Employee 记录，我们可能想要按照姓名或薪资对容器进行排序：

```
#include <string>  // std::string
#include <vector>  // std::vector

struct Employee
{
    std::string name;
    long        salary;  // in whole dollars
};

void sortByName(std::vector<Employee>& employees);
void sortBySalary(std::vector<Employee>& employees);
```

在函数 sortByName 的实现过程中，可以将排序任务委托给标准算法 std::sort 来实现。但是为了实现按所需的标准进行排序的目标，我们需要为 std::sort 提供一个回调来比较两个 Employee 对象的名称。我们可以将此回调实现为一个指向我们传递给 std::sort 的简单函数的指针：

```
#include <algorithm>  // std::sort

bool nameLt(const Employee& e1, const Employee& e2)
    // returns true if e1.name is less than e2.name
```

```
{
    return e1.name < e2.name;
}

void sortByName(std::vector<Employee>& employees)
{
    std::sort(employees.begin(), employees.end(), &nameLt);
}
```

类似地，sortBySalary 函数也可以将排序任务委托给 std::sort 来实现。为了实现上述目标，我们将使用一个函数对象（即仿函数）而不是函数指针作为回调来比较两个 Employee 对象的薪资。每个仿函数类都必须提供一个在这种情况下比较其参数的薪资字段的调用运算符（即 operator()）。

```
struct SalaryLt
{
    // functor whose call operator compares two Employee objects and returns
    // true if the first has a lower salary than the second, false otherwise

    bool operator()(const Employee& e1, const Employee& e2) const
    {
        return e1.salary < e2.salary;
    }
};

void sortBySalary(std::vector<Employee>& employees)
{
    std::sort(employees.begin(), employees.end(), SalaryLt());
}
```

虽然它有点冗长，但通过函数对象的调用比通过函数指针的调用更容易让编译器分析并在 std::sort 中自动内联。函数对象可以携带状态信息，因此在使用中更为灵活，这一点在下面的内容中体现。此外，如果函数对象是无状态的，则其在传递过程中相较于函数指针传递开销更少，因为不需要复制任何内容。排序示例说明了如何将函数逻辑的一小部分分解为通常不可重用的专用辅助函数或仿函数类。例如，nameLt 函数和 SalaryLt 类可能不会在程序的其他任何地方使用。

当回调转到使用它们的特定上下文时，它们变得更加复杂且可重用性更低。例如，假设我们要计算薪资高于集合平均值的员工数量。这项任务在使用标准库算法时显得易于实现，步骤如下：①使用 std::accumulate 将所有员工的薪资相加。②将薪资总和除以员工数量来计算平均工资。③使用 std::count_if 计算薪资高于平均水平的员工人数。不幸的是，std::accumulate 和 std::count_if 都需要回调来分别返回 Employee 的薪资并为计数提供标准。std::accumulate 的回调必须接受两个参数，即当前运行的总和和被求和的序列中的一个元素，并且必须返回新的运行总和：

```
struct SalaryAccumulator
{
    long operator()(long currSum, const Employee& e) const
        // returns the sum of currSum and the salary field of e
    {
        return currSum + e.salary;
    }
};
```

std::count_if 的回调是一个谓词（即一个产生布尔结果以响应是或否问题的表达式）。谓词接受一个参数，如果具有该值的元素应该被统计则返回 true，否则返回 false。在这种情况下，我们关注薪资高于平均水平的 Employee 对象。因此，我们的谓词仿函数必须携带该平均值以便将平均值与作为参数提供的员工谓词仿函数进行比较：

```
class SalaryIsGreater  // function object constructed with a threshold salary
{
    const long d_thresholdSalary;

public:
    explicit SalaryIsGreater(long ts) : d_thresholdSalary(ts) { }
        // construct with a threshold salary, ts
```

```
    bool operator()(const Employee& e) const
        // return true if the salary for Employee e is greater than the
        // threshold salary supplied on construction, false otherwise
    {
        return e.salary > d_thresholdSalary;
    }
};
```

注意，与我们之前的仿函数类不同，SalaryIsGreater 有一个成员变量（即它有状态）。这个成员变量必须被初始化，因此需要一个构造函数。被调用的运算符将其输入参数与此成员变量进行比较以计算谓词值。

通过定义这两个仿函数类，终于可以实现简单的三步算法来确定薪资高于平均水平的员工数量：

```
#include <algorithm>  // std::count_if
#include <numeric>    // std::accumulate

std::size_t numAboveAverageSalaries(const std::vector<Employee>& employees)
{
    const long sum = std::accumulate(employees.begin(), employees.end(), 0L,
                                     SalaryAccumulator());

    const long average = sum / employees.size();
    return std::count_if(employees.begin(), employees.end(),
                         SalaryIsGreater(average));
}
```

现在将注意力转向一种语法，它允许我们更简单、更紧凑地重写这些示例。回到排序示例，重写的代码在对 std::sort 的调用中就地表达了名称比较和薪资比较操作：

```
void sortByName2(std::vector<Employee>& employees)
{
    std::sort(employees.begin(), employees.end(),
              [](const Employee& e1, const Employee& e2)
              {
                  return e1.name < e2.name;
              });
}

void sortBySalary2(std::vector<Employee>& employees)
{
    std::sort(employees.begin(), employees.end(),
              [](const Employee& e1, const Employee& e2)
              {
                  return e1.salary < e2.salary;
              });
}
```

在每个实例程序中，std::sort 的第三个参数（以 [] 开头并以最近的“}”结束内容）被称为 lambda 表达式。直观地说，在这些情况中可以将 lambda 表达式视为一种可以被算法作为回调调用的操作。该示例展示了一个匹配 std::sort 算法的函数样式的参数列表以及一个计算所需谓词的函数体。通过使用 lambda 表达式，开发人员可以直接在使用处表达所需的操作，而不是在程序的其他地方定义它。

当我们重写平均薪资示例时，使用 lambda 表达式的紧凑性和简单性表现得更加明显：

```
std::size_t numAboveAverageSalaries2(const std::vector<Employee>& employees)
{
    if (employees.empty()) { return 0; }
    const long sum = std::accumulate(employees.begin(), employees.end(), 0L,
                                     [](long currSum, const Employee& e)
                                     {
                                         return currSum + e.salary;
                                     });

    const long average = sum / employees.size();
    return std::count_if(employees.begin(), employees.end(),
                         [average](const Employee& e)
                         {
```

```
            return e.salary > average;
        });
}
```

上述代码段的第一个 lambda 表达式指定了将另一个薪资添加到运行总和的操作。如果 Employee 参数 e 的薪资大于 lambda 表达式捕获的局部变量（平均值），则第二个 lambda 表达式返回 true。lambda 捕获是一组可在 lambda 表达式主体内使用的局部变量，有效地使 lambda 表达式成为当前环境的扩展。我们将在下一部分“ lambda 表达式的组成部分”中更详细地了解 lambda 捕获的语法和语义。

注意，lambda 表达式替换了以前表示为独立函数或仿函数类的大部分代码。其中一些代码以文档（注释）的形式出现，这将 lambda 表达式的吸引力提高到了令人惊讶的程度。在创建诸如函数或类的命名实体的过程中，开发人员有义务为该实体赋予一个有意义的名称和详细的文档以供以后的读者在使用实体的上下文之外理解其抽象目的，即使实体对象是一次性的、不可重用的。反之，若一个实体正好在使用时被定义，它可能根本不需要名称，而且它通常是自描述的，就像上面的排序和平均薪资示例一样。代码的初始创建和维护过程都得到了简化。

（1）lambda 表达式的组成部分

一个 lambda 表达式有许多部分和子部分，其中许多是可选的。为了能详细地说明 lambda 表达式的组成部分，让我们看一个包含所有部分的示例 lambda 表达式：

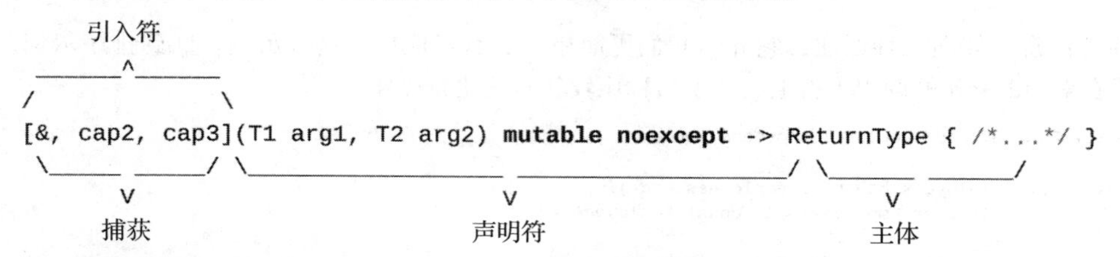

计算 lambda 表达式的过程中会创建一个被称为闭包类型的未命名类型的临时闭包对象。lambda 表达式的每个部分在下面的小节中进行了详细描述。

（2）闭包

lambda 表达式看起来很像一个未命名的函数定义，虽然通常情况下这样想很方便，但 lambda 表达式实际上比这更复杂。

顾名思义，lambda 表达式是一个表达式而不是一个定义。对 lambda 表达式求值的结果是一个称为闭包[㊀]的特殊函数对象。调用闭包的操作可以立刻执行但通常会在稍后执行（例如作为回调）。直到调用闭包完成后才会执行 lambda 表达式的主体。

计算 lambda 表达式的过程中会创建一个被称为闭包类型的未命名类型的临时闭包对象。闭包类型封装了捕获的变量（参见 3.2.2 节），并有一个调用运算符来执行 lambda 表达式的主体。每个 lambda 表达式都有一个唯一的闭包类型，即使它与程序中的另一个 lambda 表达式相同。如果 lambda 表达式出现在模板中，则该模板的每个实例化中的闭包类型都是唯一的。虽然闭包对象是一个未命名的临时对象，但它可以保存在一个可以查询类型的命名变量中。闭包类型是可复制构造和可移动构造的，但它们没有其他构造函数并且删除了赋值运算符[㊁]。有趣的是，可以从闭包类型执行继承操作，前提是派生类仅使用复制或移动构造函数构造其闭包类型基类。这种从闭包类型派生的能力允许使用空基优化（EBO）：

㊀ lambda 和闭包这两个术语是从 Lambda Calculus 中借用的 Lambda Calculus 是 Alonzo Church 在 20 世纪 30 年代开发的计算系统。许多计算机语言具有受 Lambda 演算启发的功能，尽管大多数（包括 C++）对术语使用有些不同。参见 rojas15 和 barendregt84。

㊁ C++17 为无捕获 lambda 提供了默认构造函数，这些构造函数在 C++20 中是可赋值的。

```
#include <utility> // std::move

template <typename Func>
int callFunc(const Func& f) { return f(); }

void f1()
{
    int   i   = 5;
    auto  c1  = [i]{ return 2 * i; };    // OK, deduced type for c1
    using C1t = decltype(c1);            // OK, named alias for unnamed type
    C1t   c1b = c1;                      // OK, copy of c1
    auto  c2  = [i]{ return 2 * i; };    // OK, identical lambda expression
    using C2t = decltype(c2);
    C1t   c2b = c2;                      // Error, different types, C1t & C2t
    using C3t = decltype([]{/*...*/});   // Error, lambda expr within decltype

    auto c4 = []{ return 2; };           // OK, captureless lambda expression
    using C4t = decltype(c4);

    class C4Derived : public C4t         // OK, inherit from closure type.
    {
        int d_auxValue;
    public:
        C4Derived(C4t c4, int aux) : C4t(std::move(c4)), d_auxValue(aux) { }
        int aux() const { return d_auxValue; }
    };

    static_assert(sizeof(C4Derived) == sizeof(int), "");  // OK, EBO applied

    int ret = callFunc([i]{ return 2 * i; });  // OK, deduced arg type, Func

    c1b = c1;  // Error, assignment of closures is not allowed.
}
```

上述代码的 c1 和 c2 的类型是完全不同的，尽管它们的构造相同。因为无法显式命名闭包类型，所以在 f1 中的 c1 和 c2 前使用 auto（参见 3.1.3 节）或在 callFunc 中的 f 中使用模板参数推导来直接从 lambda 表达式创建变量，使用 decltype（参见 2.1.3 节）为现有闭包变量（C1t 和 C2t）的类型创建别名。请注意，直接在 lambda 表达式上使用 decltype 是不正确的，如 C3t 所示，因为无法构造得到唯一类型的对象[⊖]。派生类 C4Derived 使用类型别名 C4t 来引用其基类。请注意，它的构造函数将其第一个参数转发给基类移动构造函数。

在创建该类型的实际闭包对象之前，无法指定闭包类型。所以无法使用将要传递的实际闭包类型的参数来声明 callFunc。因此它被声明为模板参数。然而，如果 lambda 捕获为空（即 lambda 表达式以 [] 开头；参见 3.2.2 节），那么闭包可以隐式转换为具有与其调用运算符相同签名的普通函数指针：

```
char callFuncPtr(char (*f)(const char*)) { return f("x"); }  // not a template

char c = callFuncPtr([](const char* s) { return s ? s[0] : '\0'; });
    // OK, closure argument is converted to function-pointer parameter.

char d = callFuncPtr([c](const char* s) { /*...*/ });
    // Error, lambda capture is not empty; no conversion to function pointer.
```

callFuncPtr 函数采用指向函数的指针形式的回调。即使它不是模板，也可以使用具有相同参数类型、相同返回类型和空 lambda 捕获的 lambda 参数调用它。闭包对象将被转换为一个普通的函数指针。此转换在对 callFuncPtr 的第二次调用中不可用，因为 lambda 捕获不为空。

到函数指针的转换被认为是用户定义的转换运算符，因此不能与同一表达式上的其他转换隐式组合。但是它可以根据需要显式调用：

⊖ 从 C++20 开始，允许 lambda 表达式出现在未计算的上下文中，包括 decltype 和 sizeof 的操作数。

```
using Fp2 = int(*)(int);  // function-pointer type

struct FuncWrapper
{
    FuncWrapper(Fp2) { /*...*/ }  // implicit conversion from function-pointer
    // ...
};

int f2(FuncWrapper);
int i2 = f2([](int x) { return x; });  // Error, two user-defined conversions
int i3 = f2(static_cast<Fp2>([](int x) { return x; }));  // OK, explicit cast
int i4 = f2(+[](int x) { return x; });  // OK, forced conversion
```

第一次调用 f2 失败，因为它需要两个隐式的用户定义转换：一个从闭包类型转换为 Fp2 函数指针类型，一个从 Fp2 转换为 FuncWrapper。第二次调用成功，因为第一次转换是使用 static_cast 显式进行的。第三个调用是一个有趣的快捷方法，它利用 operator+ 被定义为指针类型的标识进行转换。因此，对 operator+ 的操作数调用闭包到指针的转换，它返回未修改的指针，而指针又被转换为 FuncWrapper。该过程中的第一步和第三步各自只使用一个用户定义的转换。标准库 std::function 类模板提供了另一种传递未命名类型的函数对象的方法，这种方法不需要 lambda 捕获为空，参见本节用例——与标准类模板 std::function 一起使用。

定义闭包类型和从单个 lambda 表达式构造闭包对象操作的编译和运行阶段类似于调用函数模板的阶段。看似普通的函数调用实际上被分解为编译时实例化和运行时调用。在编译过程中遇到 lambda 表达式时会推断出闭包类型。当控制流在运行时遇到 lambda 表达式时，闭包对象是从捕获的局部变量列表中构造的。在 numAboveAverageSalaries 示例中，SalaryIsGreater 类可以被认为是一个闭包类型（即由手动而不是由编译器创建），而对 SalaryIsGreater(average) 的调用类似于在运行时构造闭包对象。

闭包的目的是被调用，可以通过为其每个参数提供参数来立即调用它：

```
#include <iostream>  // std::cout
void f3()
{
    [](const char* s) { std::cout << s; }("hello world\n");
        // equivalent to std::cout << "hello world\n";
}
```

在这个示例中，闭包对象被立即调用然后被销毁，这使得上面只是使用一个复杂的方式来表示 std::cout << "hello world\n"; 这一行代码。更常见的是，为了方便和避免混乱，将 lambda 表达式用作局部函数：

```
#include <cmath>  // std::sqrt

double hypotenuse(double a, double b)
{
    auto sqr = [](double x) { return x * x; };
    return std::sqrt(sqr(a) + sqr(b));
}
```

注意闭包的调用操作符不能重载：

```
auto sqr = [](int x) { return x * x; };      // OK, store closure in sqr.
auto sqr = [](double x) { return x * x; };  // Error, redefinition of sqr
```

然而，lambda 表达式最常见的用途是作为函数模板的回调，例如作为标准库中算法的仿函数参数。

```
#include <algorithm>  // std::partition

template <typename FwdIt>
FwdIt oddEvenPartition(FwdIt first, FwdIt last)
{
    using value_type = decltype(*first);
    return std::partition(first, last, [](value_type v) { return v % 2 != 0; });
}
```

oddEvenPartition 函数模板将奇数值移到序列的开头，将偶数值移到序列的后面。在 std::partition 算法中重复调用闭包对象。

(3) lambda 捕获和 lambda 引入符

lambda 捕获的目的是使环境中的某些局部变量可在 lambda 主体内使用（或者更准确地说，ODR 使用，这意味着它们在可能评估的上下文中使用）。每个局部变量都可以通过复制或引用来捕获。总体来说，可以显式捕获或隐式捕获每个变量。

从语法上讲，lambda 捕获由一个可选的捕获默认值和一个以逗号分隔的零个或多个被显式捕获的标识符（或关键字 this）列表组成。捕获默认值可以是 = 或 &，分别适用于通过复制捕获或通过引用捕获两种情况。如果存在捕获默认值，则范围内的关键字 this 和在 lambda 主体中使用 ODR 且未被显式捕获的任何局部变量将被隐式捕获。

```
void f1()
{
    int a = 0, b = 1, c = 2;
    auto c1 = [a, b]{ return a + b; };
        // a and b are explicitly captured.
    auto c2 = [&]{ return a + b; };
        // a and b are implicitly captured.
    auto c3 = [&, b]{ return a + b; };
        // a is implicitly captured, and b is explicitly captured.
    auto c4 = [a]{ return a + b; }
        // Error, b is ODR-used but not captured.
}
```

标准将 lambda 引入符定义为 lambda 捕获及其周围的“[”和“]”。如果 lambda 引入符是一对空括号，则不会捕获任何变量，并且 lambda 是无状态的：

```
auto c1 = []{ /*...*/ };  // empty lambda capture
```

lambda 捕获允许访问部分局部栈帧。因此，只能捕获具有自动存储持续时间的变量（即非静态局部变量）。在 lambda 捕获中，如果一个显式捕获的变量的名称前面紧跟一个 & 符号，则表示它被引用捕获；如果没有 & 符号，则表示它被复制捕获。如果捕获默认值是 &，那么所有隐式捕获的变量都是被引用捕获的。如果捕获默认值为 =，则所有隐式捕获的变量都被复制捕获：

```
void f2()
{
    int a = 0, b = 1;
    auto c1 = [&a]{ /*...*/ return a; };  // a captured by reference
    auto c2 = [a] { /*...*/ return a; };  // a captured by copy
    auto c3 = [a, &b] { return a + b; };
        // a is explicitly captured by copy, and b is explicitly
        // captured by reference.
    auto c4 = [=]{ return a + b; };
        // a and b are implicitly captured by copy.
    auto c5 = [&]{ return &a; };
        // a is implicitly captured by reference.

    auto c6 = [&, b]{ return a * b; };
        // a is implicitly captured by reference, and b is explicitly
        // captured by copy.
    auto c7 = [=, &b]{ return a * b; };
        // a is implicitly captured by copy, and b is explicitly
        // captured by reference.
    auto c8 = [a]{ return a * b; };
        // Error, a is explicitly captured by copy, but b is not captured.
}
```

特别的是，当 lambda 表达式出现在非静态成员函数中时，可以将 this 指针捕获：

```
class Class1
{
public:
    void mf()
```

```
    {
        auto c12 = [this]{ return this; };  // Explicitly capture this.
        auto c13 = [=]   { return this; };  // Implicitly capture this.
    }
};
```

无论是this的隐式还是显式捕获，都会捕获this的指针值，而不会复制this所指向的对象。冗余捕获是不允许的。相同的名称（或this）不能在lambda捕获中出现两次。此外，如果捕获默认值为&，则任何显式捕获的变量都不能通过引用捕获，如果捕获默认值为=，则任何隐式捕获的实体都不能通过复制或this捕获[⊖]：

```
class Class2
{
public:
    void mf()
    {
        int a = 0;
        auto c1 = [a, &a]{ /*...*/ }; // Error, a is captured twice.
        auto c2 = [=, a]{ /*...*/ };
            // Error, explicit capture of a by copy is redundant.
        auto c3 = [&,&a]{ /*...*/ };
            // Error, explicit capture of a by reference is redundant.
        auto c4 = [=, this]{ return this; };
            // Error, explicit capture of this with = capture default
    }
};
```

我们将使用主变量这一术语来指代lambda表达式之外的块代码段局部变量，并使用捕获变量来指代从lambda主体中查看的同名变量。对于通过复制捕获的每个对象，在剥离任何引用限定符之后（引用到函数除外），lambda闭包将包含一个具有相同类型的成员变量。这个成员变量是通过直接初始化的方式从主变量初始化的，并且在闭包对象被销毁的时候被销毁。在lambda主体中对捕获的名称的任何ODR使用都将引用闭包的相应成员变量。因此，对于通过复制捕获的实体而言，主要变量和捕获变量指的是具有不同生命周期的不同对象。默认情况下，调用运算符是const，其提供对闭包对象成员的只读访问（即通过复制捕获的变量）。可变（非常量）调用运算符在下一小节“lambda声明符”中进行了讨论：

```
void f3()
{
    int a = 5;
    auto c1 = [a]          // a is captured by copy.
    {
        return a;          // return value of copy of a
    };
    a = 10;                // Modify a after it was captured by c1.
    assert(5 == c1());     // OK, a within c1 had value from before the change.

    int& b = a;
    auto c2 = [b]          // b is int (not int&), captured by copy.
    {
        return b;          // return value of copy of b
    };
    b = 15;                // Modify a through reference b.
    assert(10 == c2());    // OK, b within c2 is a copy, not a reference.

    auto c3 = [a]          // a is captured by copy.
    {
        ++a;               // Error, a is const within the lambda body.
    };
}
```

⊖ C++20取消了当捕获默认值为=时显式捕获this的禁令。实际上，当捕获默认值为=时，C++20已弃用隐式捕获this，而在这种情况下需要[=, this]来捕获this。

在上面的示例中，对第一个 lambda 表达式求值以生成一个闭包对象 c1，该对象捕获 a 的副本。即使随后修改了 a 的主体，在 c1 中捕获的 a 的副本也保持不变。调用 c1 时，lambda 主体返回副本，该副本仍然具有值 5。这同样适用于 c2，但请注意，即使 b 是一个引用变量，b 的副本也不是引用变量。因此，c2 中 b 的副本是 b 在创建 c2 时引用的 a 的值。

当通过引用捕获变量时，捕获的变量只是主变量的别名，不生成主变量的副本。因此，可以修改主变量并且在 lambda 主体中获取其地址：

```
void f4()
{
    int a = 5;
    auto c1 = [&a]      // a is captured by reference.
    {
        a = 10;         // Modify a through the captured variable.
        return &a;      // return address of captured a
    };
    assert(c1() == &a); // OK, primary and captured a have the same address.
    assert(10 == a);    // OK, primary a is now 10.

    int& b = a;
    auto c2 = [&b]      // b is captured by reference.
    {
        return &b;      // return address of captured b
    };
    assert(c2() == &b); // OK, primary and captured b have the same address.
    assert(c2() == &a); // OK, captured b is an alias for a.
}
```

与 f3 的示例代码相比，尽管编译器可能会选择去定义一个指向 a 的 int& 类型的成员，上面的 c1 闭包对象不保存捕获的变量 a 的副本。在 lambda 主体内，修改 a 便修改了主变量，取其地址返回主变量的地址，即捕获的变量是主变量的别名。对于通过引用捕获的变量，lambda 主体的行为就像它是外围代码块的一部分一样。通过引用捕获的变量的生命周期与主变量的生命周期相同（因为它们相同）。特别是，如果闭包对象的副本比通过引用捕获的主变量的寿命更长，那么捕获的变量将成为悬挂引用；参见潜在缺陷——悬挂引用。

如果 this 出现在 lambda 捕获中，那么当前的 this 指针被复制捕获，并且在 lambda 主体中，可以使用通过 this 访问的成员变量而不用前缀 this->。lambda 主体不能直接引用闭包。捕获的 this 并不指向闭包，而是指向定义它的函数的 *this 对象：

```
class Class1
{
    int d_value;

public:
    // ...
    void mf() const
    {
        auto c1 = []{ return *this; };          // Error, this is not captured.
        auto c2 = []{ return d_value; };        // Error, this is not captured.
        auto c3 = [d_value]{ /*...*/; };        // Error, cannot capture member
        auto c4 = [this]{ return this; };       // OK, returns this
        auto c5 = [this]{ return d_value; };    // OK, returns this->d_value
        assert(this == c4());                   // OK, this is captured correctly.
    }
};
```

注意，c4 返回 this，这是调用 mf() 的 Class3 对象的地址。通过 this 指向 Class3 对象的地址而不是闭包本身的地址，这是闭包类型与命名仿函数类型不同的一种方式——闭包类型的对象无法直接引用自身。因为闭包类型是未命名的并且它不提供自己的 this 指针，所以很难（但并非不可能）创建递归 lambda 表达式，参见用例——递归。

如果 this 被捕获（隐式或显式），则 lambda 主体的行为将类似 lambda 表达式出现在其中的成员函数的扩展，可以直接访问类的成员：

```
#include <algorithm> // std::count_if
#include <vector>    // std::vector
#include <cstddef>   // std::size_t

class Class4
{
    int d_value;

public:
    std::size_t mf(const std::vector<int>& v) const
    {
        auto f = []{ return d_value; };
            // Error, this not captured; can't see d_value.
        return std::count_if(v.begin(), v.end(),
                             [this](int element){ return element < d_value; });
            // OK, uses this->d_value
    }
};
```

注意，捕获 this 不会复制它指向的类对象，而只会复制 this 指针本身；原始的 this 和捕获的 this 将指向同一个对象：

```
class Class3
{
    int d_value;

public:
    void mf()
    {
        auto c1 = [this]{ ++d_value; };  // Increment this->d_value.
        d_value = 1;
        c1();
        assert(2 == d_value);            // Change to d_value is visible.
    }
};
```

这里在 c1 中捕获了 this，然后继续在 lambda 主体中修改 this 指向的对象[⊖]。

lambda 表达式可以出现在其他表达式可以出现的任何地方，包括在其他 lambda 表达式中。在有效 lambda 表达式中捕获的实体集取决于外围的作用域。不会立即出现在块作用域内的 lambda 表达式不能有 lambda 捕获：

```
namespace ns1
{
    int v = 10;
    int w = [v]{ /*...*/ }();
        // Error, capture in global/namespace scope.

    void f5(int a = [v]{ return v; }());  // Error, capture in default argument.
}
```

当 lambda 表达式出现在块作用域内时，它可以捕获在其到达范围内具有自动（即非静态）存储持续时间的任何局部变量。标准将 lambda 表达式的可达作用域定义为一组外围作用域，包括最内层的封闭函数及其参数。可以使用静态变量而无须捕获它们，参见下一节“lambda 主体”：

```
void f6(const int& a)
{
    int b = 2 * a;
    if (a)
    {
        int c;
        // ...
    }
    else
    {
```

⊖ 在 C++17 中，可以捕获 *this，这会导致整个类对象被复制，而不仅仅是 this 指针。有关为什么捕获 *this 可能有用的示例，参见烦恼——不能通过复制捕获 *this。

```
            int d = 4 * a;
        static int e = 10;
        auto c1 = [a]{ /*...*/ };       // OK, capture argument a from f5.
        auto c2 = [=]{ return b; };     // OK, implicitly capture local b.
        auto c3 = [&c]{ /*...*/ };      // Error, c is not in reaching scope.
        auto c4 = [&]{ d += 2; };       // OK, implicitly capture local d.
        auto c5 = [e]{ /*...*/ };       // Error, e has static duration.
    }

    struct LocalClass
    {
        void mf()
        {
            auto c6 = [b]{ /*...*/ };  // Error, b is not in reaching scope.
        }
    };
}
```

上述示例代码中，c1 到 c5 的 lambda 表达式的可达作用域包括 else 块中的局部变量 d、外围函数块中的 b 以及 f6 的参数 a。局部变量 c 不在它们的可达作用域内，无法捕获。虽然 e 在它们的作用域内，但由于它没有自动存储期，因此也无法捕获它。c6 的 lambda 表达式位于局部类的成员函数中，它的可达作用域是以最里面的函数 LocalClass::mf 结束，并且不包括包含 a 和 b 的外围块。

在下面的示例中，只有当最里面的封闭函数是非静态类成员函数时才能捕获 this：

```
void f7()
{
    auto c1 = [this]{ /*...*/ };  // Error, f5 is not a member function.
}

class Class6
{
    static void sfa()
    {
        auto c2 = [this]{ /*...*/ };  // Error, sf1 is static.
    }

    void mf()
    {
        auto c3 = [this]{ /*...*/ };  // OK, mf is nonstatic member function.

        struct LocalClass
        {
            static void sf2()
            {
                auto c4 = [this]{ /*...*/ };
                    // Error, innermost function, sf2, is static.
            }
        };
    }
};
```

当一个 lambda 表达式包含在另一个 lambda 表达式中时，其可达作用域包括所有中间的 lambda 主体。内部 lambda 表达式捕获（隐式或显式）的任何变量都必须由封闭的 lambda 表达式定义或捕获：

```
void f8()
{
    int a = 0, b = 0;
    const char* d = "";
    auto c1 = [&a]                  // Capture a from function block.
    {
        int  d = 0;                 // Local definition of d hides outer def.
        auto c2 = [&a]{ /*...*/ };  // OK, a is captured by lambda c1.
        auto c3 = [d]{  /*...*/ };  // OK, capture local int d.
        auto c4 = [&]{ return d; }; // OK,    "       "    "  "
        auto c5 = [b]{  /*...*/ };  // Error, b not captured by lambda c1.
    };
    auto c6 = [=]
```

```
    {
        auto c7 = [&]{ return b; };
            // OK, ODR-use of b causes implicit capture in c7 and c6.
        auto c8 = [&d]{ return &d; };
            // d is captured by copy in c6; c8 returns address of copy.
    };
}
```

注意，上面示例代码中有两个名为 d 的变量：一个在函数域内，一个在第一个 lambda 表达式的主体内。遵循非限定名称查找的常规规则，用于初始化 c3 和 c4 的内部 lambda 表达式捕获内部 d（int 类型），而不是外部 d（const char* 类型）。因为主变量 b 没有被捕获，所以它可见但不可用，在 c1 的主体中 b 不能被 c5 捕获。

c7 的 lambda 主体 ORD 使用 b，从而导致它被隐式捕获。c7 的这种捕获构成了在封闭的 lambda 表达式 c6 中对 b 的 ODR 使用，进而导致 b 被 c6 隐式捕获。通过这种方式，单个 ODR 使用可以通过其封闭的 lambda 表达式触发一系列对封闭的 lambda 表达式的隐式捕获。当在一个 lambda 表达式中通过复制捕获变量时，任何捕获相同名称的封闭 lambda 表达式都将捕获复制，而不是主变量，正如我们在 c8 的 lambda 表达式中看到的那样。

注意，在 lambda 捕获中命名的变量不会自动捕获。只有在 lambda 表达式中使用 ODR 时才会捕获变量：

```
#include <algorithm>  // std::min

void f9()
{
          int a = 0;  // a is not a compile-time constant.
    const int b = 2;  // b is     a compile-time constant.

    auto c1 = [&]{ return 2 * a; };       // a is ODR-used; implicitly captured.
    auto c2 = [&]{ return sizeof(a); };  // a is not ODR-used; not captured.
    auto c3 = [&]{ return 2 * b; };       // b is not ODR-used; not captured.
    auto c4 = [&]{ return &b; };          // b is ODR-used; implicitly captured.
    auto c5 = [&]{ std::min(b, 5); };    // b is ODR-used; implicitly captured.
}
```

在上面的代码示例中，c1 的 lambda 主体通过读取 a 的值来 ORD 使用它，从而捕获 a。相反，尽管 c2 的名称在 lambda 主体中使用，但它不会捕获 a，因为它仅用于 sizeof 运算符的未计算操作数，这不构成变量的 ODR 使用。类似地，c3 不会捕获 b，因为 b 是静态常量，并且 c3 仅使用 b 的值，这也不构成对 b 的 ODR 使用（参见 3.1.6 节）。最后，获取变量的地址或绑定对变量的引用总是构成变量的 ODR 使用；因此，直接获取 b 的地址的 c4 和通过 const& 将 b 传递给 std::min 的 c5 都捕获 b。

可变参数函数模板中的 lambda 捕获（参见 3.1.21 节）可能包含打包展开：

```
#include <utility>  // std::forward

template <typename... ArgTypes>
int f10(const char* s, ArgTypes&&... args);

template <typename... ArgTypes>
int f11(ArgTypes&&... args)
{
    const char* s = "Introduction";
    auto c1 = [=]{ return f8(s, args...); };  // OK, args... captured by copy
    auto c2 = [s,&args...]{ return f8(s, std::forward<ArgTypes>(args)...); };
        // OK, explicit capture of args... by reference
}
```

在上面的代码示例中，f11 的可变参数是在第一个 lambda 表达式中通过复制捕获的方式隐式捕获的。通过复制捕获的方式意味着，无论原始参数的值类别（右值、左值等）如何，捕获的变量都是结果闭包的左值成员。第二个 lambda 表达式通过引用捕获的方式来捕获参数集，导致捕获的变量也是左值。ArgTypes 打包展开指定了一个类型列表而非变量，因此不需要被捕获以在 lambda 表达式中使用，尝试捕获它也是无效的。因为 ArgTypes 是使用转发引用定义的（&&，参见 3.1.10 节），标准库

std::forward 函数可用于将捕获的变量转换为其对应参数的值类别。

（4）lambda 声明符

lambda 声明符看起来很像函数声明，实际上是闭包类型的调用运算符的声明。lambda 声明符包含调用运算符的参数列表、可变性、异常说明和返回类型：

```
[ /*...*/ ](T1 arg1, T2 arg2) mutable  noexcept( /*...*/ ) -> RetType { /*...*/ }
            \________ _______/ \__ __/  \_______ _______/   \____ ___/
                     V            V             V               V
             parameter list  mutability  exception spec     return type
            \________________________  __________________________/
                                     V
                             lambda declarator
```

尽管 lambda 声明符看起来类似于函数声明，但我们不能前置声明 lambda 表达式的任何部分，只能定义它。

整个 lambda 声明符是可选的。但是如果存在其中的任何部分，则必须存在参数列表（即使它没有声明任何参数）：

```
void f0()
{
    [](int x) noexcept {/*...*/};  // OK, exception spec with parameter list
    []() -> int { return 5; };     // OK, return type with empty parameter list
    [] -> double {/*...*/};        // Error, return type with no parameter list
}
```

lambda 表达式的参数列表与函数声明的参数列表相同，只是略有修改，不同点如下：

- 参数不允许与显式捕获的变量同名。

```
void f1()
{
    int a;
    auto c1 = [a](short* a){ /*...*/ }; // Error, parameter shadows captured a.
    auto c2 = [ ](short* a){ /*...*/ }; // OK, local a is not captured.
    auto c3 = [=](short* a){ /*...*/ }; // OK, parameter hides local a.
}
```

上述代码示例中，在 c1 的定义中，lambda 表达式显式捕获 a，然后错误地尝试用相同的名称声明一个参数。当 a 未被捕获时，如在 c2 的 lambda 表达式中，有一个名为 a 的参数不会造成问题；在 lambda 主体内，参数列表中的 a 声明将阻止名称查找在外围作用域内找到声明。c3 的情况与 c2 基本相同，因为名称查找在参数列表中而不是在外围作用域内找到 a，所以它不会尝试捕获它。

- 在 C++11 中，任何参数都不能有默认值。此限制不适用于 C++14 及更高版本。

```
auto c4 = [](int x, int y = 0){ /*...*/ };  // Error in C++11.  OK in C++14.
```

- 如果任何参数的类型包含关键字 auto，则 lambda 表达式将成为泛型 lambda；参见 3.2.2 节。

如果存在 mutable 关键字，则表明闭包类型的调用运算符不是非 const 限定的。换句话说，与类类型的成员函数相比，闭包类型的调用运算符具有相反的默认常量：调用操作符是 const 限定的，除非 lambda 声明符用 mutable 修饰。在实践中，这条规则意味着闭包对象的成员变量，即通过复制捕获的变量，默认情况下是 const 并且不能在 lambda 主体中修改，除非存在 mutable 关键字：

```
void f2()
{
    int a = 5;
    auto c1 = [a]()         { return ++a; };  // Error, copy of a is const.
    auto c2 = [a]() mutable { return ++a; };  // OK, increment copy of a
    assert(6 == c2());                        // OK, captured a incremented
    assert(5 == a);                           // OK, primary a not changed
    assert(7 == c2());                        // OK, captured a incremented
}
```

上面的示例代码中，除了 mutable 关键字之外，两个 lambda 表达式是相同的。两者都使用通过复制捕获来捕获局部变量 a，并且都尝试递增 a，但只有用 mutable 修饰的那个才能执行该修改。当调用闭包对象 c2 上的调用运算符时，它会递增捕获的副本 a，而保持主体 a 不变。如果再次调用 c2()，它将第二次递增其副本。无论 lambda 表达式中是否存在 mutable 关键字，只要该变量在外围作用域内是可修改的，就可以在 lambda 主体内修改未通过复制捕获的变量。这类变量包括非常量自动变量、通过引用捕获的函数参数和可以由成员函数修改的类数据成员，其中创建了捕获 this 指针的 lambda：

```
class Class2
{
    int d_value;
public:
    // ...
    void mf()
    {
        d_value = 1;
        int a = 0;
        auto c1 = [&a,this]{
            a = d_value;    // OK, a is a reference to a nonconst object.
            d_value *= 2;   // OK, this points to a nonconst object.
        };
        c1();
        assert(1 == a && 2 == d_value);  // values updated by c1
        c1();
        assert(2 == a && 4 == d_value);  // values updated by c1 again
    }

    void cmf() const
    {
        int a = 0;
        auto c2 = [=]() mutable {
            ++a;          // OK, increment mutable captured variable
            ++d_value;    // Error, *this is const within cmf.
        };
    }
};
```

c1 的 lambda 表达式没有用 mutable 修饰，但 a 和 d_value 都可以修改，其一是因为它是通过引用捕获的，其二是因为它是通过 this 在非常量成员函数 mf 中访问的。相反，c2 的 lambda 表达式不能修改 d_value，即使它被声明为 mutable，因为捕获的 this 指针指向周围成员函数 cmf 中的 const 对象。

lambda 声明符可以在 mutable 说明符之后包含一个异常说明，该说明由一个 noexcept 子句组成。异常说明的语法和含义与普通函数相同，参见 4.1.5 节。

调用运算符的返回类型可以由尾置返回类型或推导返回类型确定。到目前为止，我们看到的每个示例都使用了推导返回类型，其中闭包调用运算符的返回类型由返回语句返回的对象类型推导。如果 lambda 主体中没有返回语句，或者返回语句没有操作数，则返回类型为 void。如果有多个返回语句，它们必须具有同一返回类型。lambda 表达式的推导返回类型规则与 C++14 中普通函数的规则相同，参见 4.2.1 节。

```
void f3()
{
    auto c1 = [](int& i){ i = 0; };    // The deduced return type is void.
    auto c2 = []{ return "hello"; };   // The deduced return type is const char*.
    auto c3 = [](bool c)               // The deduced return type is int.
    {
        if (c) { return 5; }
        else   { return 6; }
    };
    auto c4 = [](bool c)
    {
        if (c) { return 5; }           // The deduced return type is int.
        else   { return 6.0; }         // Error, double does not match int.
    };
}
```

上面示例代码中，所有四个 lambda 表达式都有一个推导返回类型。第一个推导出 void 的返回类型，因为 lambda 主体没有返回语句。下一个推导出 const char* 的返回类型，因为字符串内容 "hello" 在上下文中降为 const char* 类型。第三个推导出 int 的返回类型，因为所有的返回语句都返回 int 类型的值。最后一个无法编译，因为两个分支返回不同类型的值。请注意，原始 C++11 标准不允许包含除单个返回语句之外的任何内容的 lambda 主体拥有推导的返回类型。此后的一份缺陷报告解除了此限制，其不再是 C++11 的一部分内容。早于批准此缺陷报告时间的编译器版本可能会拒绝具有多个语句和推导返回类型的 lambda 表达式。

如果返回类型推导失败或推导出不需要的类型（参见 4.2.1 节以了解为什么需要谨慎使用此功能），则可以指定尾置返回类型（参见 2.1.16 节）：

```
#include <utility>  // std::pair

void f4()
{
    auto c1 = [](bool c) -> double {
        if (c) { return 5; }          // OK, int value converted to double
        else   { return 6.0; }        // OK, double return value
    };
    auto c2 = []() -> std::pair<int, int> {
        return { 5, 6 };              // OK, brace-initialize returned pair
    };
}
```

在上面示例代码的第一个 lambda 表达式中，指定了一个尾置返回类型为 double。if 语句的两个分支将返回不同的类型（int 和 double），但是因为已经明确指定了返回类型，所以编译器将返回值转换为已知的返回类型（double）。第二个 lambda 表达式通过括号初始化返回一个值，这不足以推导出一个返回值。同样，这个问题可以通过明确指定返回类型来解决。注意，与普通函数不同，lambda 表达式不能在 lambda 引入符或 lambda 声明符之前指定返回类型：

```
auto c5 = int []     ()        { return 0; };  // Error, return type misplaced
auto c6 =     [] int ()        { return 0; };  // Error, return type misplaced
auto c7 =     []     () -> int { return 0; };  // OK, trailing return type
```

属于调用运算符类型的属性（参见 2.1.1 节）可以插入到 lambda 声明符中，就在尾置返回类型之前。如果没有尾置返回类型，则可以在 lambda 主体的左大括号之前插入属性。但是，这些属性不属于调用运算符本身，而是属于它的类型，一些常见的属性不包括在其中：

```
#include <cstdlib>  // std::abort
auto c1 = []() noexcept [[noreturn]] {  // Error, [[noreturn]] on a type
    std::abort();
};
```

（5）lambda 主体

lambda 声明符和 lambda 主体相结合组成了一个内联成员函数的声明和定义，该函数是闭包类型的调用运算符。出于名称查找和 this 指针解释的目的，lambda 主体被认为是在计算 lambda 表达式的上下文中（独立于调用闭包的调用运算符的上下文）。

可以在 lambda 主体中使用的实体名称集不仅限于捕获的局部变量。就像任何其他成员函数，类型、函数、模板、常量等不需要被捕获，在实际的大多数情况下也无法被捕获。为了说明这点，在多个域内创建多个实体：

```
#include <iostream>  // std::cout

namespace ns1
{
    void f1() { std::cout << "ns1::f1" << '\n'; }
    struct Class1 { Class1() { std::cout << "ns1::Class1()" << '\n'; } };
    int g0 = 0;
}

namespace ns2
```

```
{
    void f1() { std::cout << "ns2::f1" << '\n'; }

    template <typename T>
    struct Class1 { Class1() { std::cout << "ns2::Class1()" << '\n'; } };
    int const g1 = 1;
    int       g2 = 2;

    class Class2
    {
        int        d_value;  // nonstatic member variable
        static int s_mem;    // static member variable

        void mf1() { std::cout << "Class2::mf1" << '\n'; }

        struct Nested { Nested() { std::cout << "Nested()" << '\n'; } };

        template <typename T>
        static void print(const T& v) { std::cout << v << '\n'; }

    public:
        explicit Class2(int v) : d_value(v) { }

        void mf2();
        void mf3();
        void mf4();
        void mf5();
    };

    int Class2::s_mem = 0;
}
```

通过这些声明，我们演示了非变量的实体的使用，并且可以在 lambda 主体域内访问它们：

```
void ns2::Class2::mf2()
{
    using LocalType = const char*;

    auto c1 = []  // captureless lambda accessing nonvariables in scope
    {
        f1();             // Find ns2::f1 by unqualified name lookup.
        Class1<int> x1;   // Construct ns2::Class1<int> object.
        Nested      x2;   // Construct ns2::Class2::Nested object.
        print("print");   // Call static member function ns2::Class2::print.
        LocalType x3;     // Declare object of local type.
        ns1::f1();        // Find ns1::f1 func by qualified name lookup.
        ns1::Class1 x4;   // Find ns1::Class1 type by qualified lookup.
    };
}
```

在 lambda 主体中，可以通过使用非限定名称查找或者在必要时使用限定名称查找的方式正常访问非变量。

具有静态存储周期的变量也可以直接访问，无须被捕获：

```
void ns2::Class2::mf3()
{
    static int s1 = 3;

    auto c1 = []  // captureless lambda accessing static storage duration vars
    {
        print(g1);        // Print global constant ns2::g1.
        print(g2);        // Print global variable ns2::g2.
        print(ns1::g0);   // Print global variable ns1::g0.
        print(s_mem);     // Print static member variable s_mem.
        print(s1);        // Print static local variable s1.
    };
}
```

在上面的示例代码中，全局常量、全局变量、静态成员变量和局部静态变量在局部作用域内起作用。

2. 用例

（1）接口适配，偏函数应用和函数柯里化

lambda 表达式可用于使算法提供的参数集适应另一个工具所期望的参数值：

```
#include <algorithm>  // std::count_if
#include <string>     // std::string
#include <vector>     // std::vector

extern "C" int f1(const char* s, std::size_t n);

void f2(const std::vector<std::string>& vec)
{
    std::size_t n = std::count_if(vec.begin(), vec.end(),
        [](const std::string& s){ return 0 != f1(s.data(), s.size()); });
    // ...
}
```

上面示例代码中，我们有一个函数 f1，它接受一个字符串 C 和其长度并计算一些谓词，返回值为零表示 false，非零表示 true。我们想将此谓词与 std::count_if 一起使用来计算指定向量中有多少字符串与此谓词匹配。f2 中的 lambda 表达式通过将 std::string 类型参数转换为 const char* 和 std::size_t 类型参数并将 int 类型返回值转换为 bool 类型来使 f1 适应 std::count_if 的需要。

一种特别常见的接口适配操作是偏函数应用，我们通过在算法中保持一个或多个参数不变来减少函数的参数计数：

```
#include <algorithm>  // std::all_of

template <typename InputIter, typename T>
bool all_greater_than(InputIter first, InputIter last, const T& v)
    // returns true if all the values in the specified range [first, last)
    // are greater than the specified v, and false otherwise
{
    return std::all_of(first, last, [&v](const T& i) { return i > v; });
}
```

在上面的代码示例中，大于运算符（>）采用两个操作数，但 std::all_of 算法需要采用一个参数的仿函数。lambda 表达式将其单个参数作为第一个操作数传递给大于运算符（>），并将另一个操作数绑定到捕获的 v 值，从而解决接口不匹配问题。

函数柯里化是一种得到类似于偏函数应用结果的灵活方法，例如，将具有参数 a 和 b 的二元函数转换为仅具有第一个参数 a 的一元函数，该函数返回仅具有第二个参数 b 的新函数。为了应用这种技术，我们定义了一个 lambda 表达式，其调用运算符返回另一个 lambda 表达式，即一个返回值为另一个闭包的闭包：

```
template <typename InputIter, typename T>
bool all_greater_than2(InputIter first, InputIter last, const T& v)
    // Return true if all the values in the specified range [first, last)
    // are greater than the specified v, and false otherwise.
{
    auto isGreaterThan = [](const T& v){
        return [&v](const T& i){ return i > v; };
    };
    return std::all_of(first, last, isGreaterThan(v));
}
```

上面的代码示例是前一个代码示例的另一种表达方式。isGreaterThan 的调用运算符接受单个参数 v，并返回另一个可用于比较 i 和 v 的单参数闭包对象。因此，isGreaterThan(v)(i) 等价于表达式 i>v。

（2）模拟局部函数

一些编程语言允许函数在其他函数中被定义。当外部函数需要重复一组步骤两次或更多次，但重复的步骤在直接上下文之外没有意义或是需要访问外部函数的局部变量时，此类局部函数很有用。

在 C++ 中，使用 lambda 表达式生成可重用闭包带来了以下功能：

```
class Token { /*...*/ };

bool parseToken(const char*& cursor, Token& result)
    // Parse the token at cursor up to the next space or end-of-string,
    // setting result to the resulting token value.  Advance cursor to the
    // space or to the null terminator and return true on success.  Reset
    // cursor to its original value, set result to an empty token, and
    // return false on failure.
{
    const char* const initCursor = cursor;
    auto error = [&]
    {
        cursor = initCursor;
        result = Token{};
        return false;
    };
    // ...
    if (*cursor++ != '.')
    {
        return error();
    }
    // ...
}
```

错误闭包对象在充当局部函数时会执行所有必要错误处理并返回 false。使用此对象，每个错误分支都可以简化为一条语句，即 return error()。如果没有 lambda 表达式，程序员可能会定义一个自定义类来存储参数，使用 goto 或是更糟的剪切和粘贴 lambda 主体中显示的三个语句。

（3）模拟用户定义的控制结构

通过使用 lambda 表达式，下面的算法看起来几乎就像语言中的一种新型控制结构：

```
#include <mutex>   // std::mutex
#include <vector>  // std::vector

template <typename RandomIter, typename F>
void parallel_foreach(RandomIter first, RandomIter last, const F& op)
    // For each element, e, in [first, last), create a copy opx of op,
    // and invoke opx(e).  Any number of invocations of opx(e) might occur
    // concurrently, each using a separate copy of op.
{ /*...*/ }
void processData(std::vector<double>& data)
{
    double       beta   = 0.0;
    double const coef = 7.45e-4;
    std::mutex m;

    parallel_foreach(data.begin(), data.end(), [&](double e) mutable
    {
        if (e < 1.0)
        {
            // ...
        }
        else
        {
            // ...
        }
    });
}
```

parallel_foreach 算法的作用类似于 for 循环，除了输入范围内的所有元素都可能被并行处理。通过将这个“并行 for 循环”的“主体”直接插入到对 parallel_foreach 的调用中的操作，生成的循环看起来和感觉上很像一个内置的控制结构。请注意，默认捕获方式是通过引用捕获的，这将导致所有迭代过程共享外部函数的调用帧，包括用于防止数据竞争的互斥变量 m。此外，请注意，在并行计算中通常更喜欢通过复制捕获而不是通过引用捕获，以避免共享带来的问题。如果一个异步计算过程可能比它的调用者存在周期更长，那么使用通过复制捕获的方式是避免悬挂引用的必要条件，参见潜在缺陷——悬挂引用。

（4）表达式中的变量和控制结构

在例如成员初始化、const 变量的初始化等需要单个表达式的情况下，立即计算的 lambda 表达式包含循环的局部变量和控制结构：

```
#include <climits>  // SHRT_MAX

bool isPrime(long i);
    // Return true if i is a prime number.

const short largestShortPrime = []{
    for (short v = SHRT_MAX; ; v -= 2) {
        if (isPrime(v)) return v;
    }
}();
```

因为 maximumShortPrime 是一个具有静态存储持续周期的 const 变量，它的值必须在初始化时设置。lambda 表达式中的循环使用一个局部变量 v 和一个 for 循环计算所需的值。注意，生成的闭包对象的调用运算符会立即通过 lambda 表达式末尾的 () 参数列表调用；闭包对象永远不会存储在命名变量中，并且当一旦表达式被完全计算后就会超出作用域。

（5）与标准类模板 std::function 一起使用

每个闭包都有一个未命名且不同的类型，这使得在通用上下文之外很难使用它们。C++11 标准库类模板 std::function 通过提供多态可调用类型来弥补这一缺陷（以增加运行时开销为代价），该类型可以从具有兼容调用原型的任何类型构造，包括但不限于闭包类型。

例如，考虑一个用于后缀输入语言的简单解释器，它将指令序列存储在 std::vector 中。每条指令可以是不同的类型，但它们都接受当前栈指针作为参数并返回新的栈指针作为结果。每条指令通常都是一个小操作，非常适合表示为 lambda 表达式：

```
#include <cstdlib>     // std::strtol
#include <functional>  // std::function
#include <string>      // std::string
#include <vector>      // std::vector

using Instruction = std::function<long*(long* sp)>;

std::vector<Instruction> instructionStream;

std::string nextToken();                 // Read the next token.
char tokenOp(const std::string& token);  // operator for token

void readInstructions()
{
    std::string token;
    Instruction nextInstr;
    while (!(token = nextToken()).empty())
    {
        switch (tokenOp(token))
        {
            case 'i':
            {
                // push integer literal
                long v = std::strtol(token.c_str(), nullptr, 10);
                nextInstr = [v](long* sp){ *sp++ = v; return sp; };
                break;
            }
            case '+':
            {
                // + operation: pop 2 longs and push their sum
                nextInstr = [](long* sp){
                    long v1 = *--sp;
```

```
                long v2 = *--sp;
                *sp++ = v1 + v2;
                return sp;
            };
            break;
        }
        // ... more cases
    }

    instructionStream.push_back(nextInstr);
  }
}
```

指令类型别名是一个 std::function，它可以通过称为类型擦除的过程保存任何接受 long* 参数并返回 long* 结果的可调用对象。readInstructions 函数读取连续的字符串标记并打开由标记表示的操作。如果操作是 i，则标记是一个整数字面值。字符串标记被转换为一个 long 类型的值 v，它在 lambda 表达式中被捕获。生成的闭包对象存储在 nextInstr 变量中，其在被调用时将 v 压入堆栈。注意，nextInstr 变量的生命周期比主变量 v 的生命周期长，但是因为 v 是通过复制捕获的，所以捕获的变量的生命周期与闭包对象的生命周期相同。如果下一个操作是 +，nextInstr 会被设置为一个完全不同的 lambda 表达式的闭包对象，它不捕获任何内容，其调用运算符从栈中弹出两个值并将它们的总和推回栈。

在 switch 语句之后，将 nextInstr 的当前值附加到指令流中。尽管每个闭包类型不同，但它们都可以存储在指令对象中，因为它们的调用运算符的原型与 std::function 实例化中指定的原型相匹配。nextInstr 变量可以创建为空，根据 lambda 表达式的值赋值，然后再根据不同的 lambda 表达式的值重新赋值。这种灵活性使 std::function 和 lambda 表达式成为完美的组合。

std::function 的一个特定用途是从非模板函数返回 lambda 表达式：

```
std::function <int(int)> add_n(int n)
{
    return [n](int i) { return n + i; };
}

int result = add_n(3)(5);  // Result is 8.
```

上面示例代码中，add_n 的返回值是一个封装在 std::function 对象中的闭包对象。add_n 不是模板并且不会在模板或自动上下文中调用它。这个示例阐述了一种实现函数柯里化的运行时多态方式，参见用例——接口适配，偏函数应用和函数柯里化。

（6）事件驱动型回调

事件驱动型系统往往有包含大量回调的接口：

```
#include <memory>  // std::unique_ptr

class DialogBox { /*...*/ };

template <typename Button1Func, typename Button2Func>
std::unique_ptr<DialogBox> twoButtonDialog(const char* prompt,
                                           const char* button1Text,
                                           Button1Func button1Callback,
                                           const char* button2Text,
                                           Button2Func button2Callback)
{
    // ...
}
```

twoButtonDialog 工厂函数接受三个字符串和两个回调，并返回一个指向具有两个按钮的对话框的指针。对话框逻辑调用两个回调之一，具体取决于按下了两个按钮中的哪一个。这些回调通常是非常小的代码片段，可以使用 lambda 表达式直接在程序逻辑中表达：

```
void runModalDialogBox(DialogBox& db);

void launchShuttle(/*...*/)
{
```

```
    bool doLaunch = false;

    std::unique_ptr<DialogBox> confirm =
        twoButtonDialog("Are you sure you want to launch the shuttle?",
                        "Yes", [&]{ doLaunch = true; },
                        "No",  []{});

    runModalDialogBox(*confirm);

    if (doLaunch)
    {
        // ... Launch the shuttle!
    }
}
```

上述示例代码中，用户会被提示是否执行发射航天飞船操作。由于对话框完全在 launchShuttle 函数中处理，因此可以方便地在函数中使用 lambda 表达式就地表示两个回调。作为用户单击“ Yes”时被传递的回调，第一个 lambda 表达式通过引用捕获 doLaunch 标志并将其简单地设置为 true。作为用户单击“ No”时被传递的回调，第一个 lambda 表达式什么都不做，使 doLaunch 标志具有其最初的 false 值。这些回调之所以易于实现是因为它们是外围块的有效扩展，所以可以访问（通过 lambda 捕获）块作用域的变量，例如 doLaunch。

（7）递归

lambda 表达式不能引用自身，因此创建一个递归表达式可能存在多种不同的实现方式。如果 lambda 捕获为空，则可以通过将 lambda 表达式转换为存储在静态变量中的普通函数指针，相当简单地完成递归：

```
void f1()
{
    static int (*const fact)(int) = [](int i)
    {
        return i < 2 ? 1 : i * fact(i - 1);
    };

    int result = fact(4);  // computes 24
}
```

在上面的示例代码中，fact(n) 使用递归算法计算得出 n 的阶乘并返回。事实上，变量在其初始化程序被编译之前变得可见，从而允许从 lambda 表达式中调用它。要启用到函数指针的转换，lambda 捕获必须为空；因此，fact 必须是静态的，以便可以在不捕获它的情况下访问它。

如果需要使用非空 lambda 捕获的递归 lambda 表达式，则可以将整个递归包含在外部 lambda 表达式中：

```
void f2(int n)
{
    auto permsN = [n](int m) -> int
    {
        static int (*const imp)(int, int) = [](int x, int m) {
            return m <= x ? m : m * imp(x, m - 1);
        };
        return imp(m - n + 1, m);
    };

    int a = permsN(5);  // permutations of 5 items, n at a time
    int b = permsN(4);  // permutations of 4 items, n at a time
}
```

在上面代码示例中，permsN(m) 返回从 m 个项目中取出 n 个的排列数，其中 n 由闭包对象捕获。permsN 的实现过程中定义了一个嵌套的 imp 函数指针，它使用与之前 fact 函数相同的方法来实现递归。由于 imp 必须有一个空的 lambda 捕获，所以它需要的所有内容都作为参数传递给 permsN 封闭 lambda 表达式。请注意，imp 指针和初始化它的 lambda 表达式不需要在 permsN 这一 lambda 表达式内限定范围，这种嵌套是否可行取决于程序员个人习惯。

在C++14中，由于通用lambda的可用性，其他递归方法（例如，从lambda演算中借鉴的Y Combinator[⊖]）也是可行的，参见3.2.2节。

（8）无状态lambda

无状态lambda提供了一种包装函数调用和类似函数的宏的便捷方法，从而提高了它们在模板上下文中的安全性、效率和可用性。提供一个包装函数调用的lambda而不是函数指针作为函数模板的参数，有助于内联从而生成更高效的代码：

```
#include <algorithm>  // std::sort
#include <vector>     // std::vector

inline
bool greater(int lhs, int rhs)
{
    return lhs > rhs;
}

void test1(std::vector<int>& data)
{
    std::sort(data.begin(), data.end(), &greater);  // BAD IDEA!
}
```

上面代码示例中调用的std::sort模板特化使用函数指针来比较仿函数类型，这使得对greater的调用不太可能被内联，除非对std::sort的整个调用也被内联。然而，用无状态lambda包装函数的调用会改变模板特化，使得比较仿函数的函数类型变为编译器生成的闭包类型，从而使编译器能够内联对比较器的调用：

```
void test2(std::vector<int>& data)
{
    std::sort(data.begin(), data.end(), [](int lhs, int rhs) {
        return greater(lhs, rhs);                               // OK
    });
}
```

无状态lambda的一个类似用途是包装类似函数的宏，由于在视觉上与函数调用无法区分，而且缺乏函数调用语义，因此声名狼藉：

```
#define twice(E) ((E) + (E))  // BAD IDEA!

int test3(int value)  // Invoke functionality problematically as macro directly.
{
    return twice(++value);  // Bug, undefined behavior
}

int test4(int value)  // Invoke functionality properly via a stateless lambda.
{
    auto twoTimes = [](int arg) { return twice(arg); };

    return twoTimes(++value);  // OK, function-call semantics
}
```

通过将调用包装在无状态lambda中，例如上面的名为twoTimes的lambda表达式，可以直接使用类似函数的宏（例如上面示例中的twice）。此外，这种包装允许在泛型算法中使用类似函数的宏作为函数对象：

```
void test5(std::vector<int>& data)
{
    std::transform(data.begin(), data.end(), data.begin(),
                   [](int v) { return twice(v); });
}
```

如果在上面代码示例中的函数test5中直接使用了类似函数的宏（例如twice），则生成的程序将

⊖ 参见derevenets16。

无法编译。此外，当一个特定名称可能指代一个平台上的常规函数和另一个平台上的类似函数的宏（有时是 C 标准库函数的情况）时，使用无状态 lambda 包装调用有助于增加两者内联性和可移植性：

```
#include <cassert>    // standard C assert macro
#include <numeric>    // std::accumulate
#include <vector>     // std::vector
#include <utility>    // std::min

#ifdef _MSC_VER
#include <Windows.h>  // defines the min macro when NOMINMAX is defined
#endif

int test6(const std::vector<int>& data)
{
    assert(!data.empty());
    return std::accumulate(
        data.begin() + 1, data.end(), data[0], [](int acc, int val) {
            using namespace std;   // Enable min to be called as a nonmacro.
            return min(acc, val);  // Note that min may or may not be a macro.
        });
}
```

在上面的代码示例中，无论 min 宏是否由 Windows.h 定义，min 的调用包装在无状态 lambda 中都将起作用。如果没有定义 min 宏，这样的包装可以为 std::min 函数提供适当的重载解析和模板参数推导。

由于是无状态的，这种特殊形式的 lambda 的闭包类型能够进行空基优化（EBO）。对于需要存储函数对象的类型而言，与存储函数指针相比，EBO 可以减小对象大小。例如，由 std::unique_ptr 类模板实例存储的删除器能够进行此类优化：

```
#include <memory>  // std::unique_ptr

void del(int* ptr) { /* Do some extra work, then delete. */ }
auto delWrap = [](int* ptr) { del(ptr); };

static_assert(
    sizeof(std::unique_ptr<int>)                       ==     sizeof(void*) &&
    sizeof(std::unique_ptr<int, decltype(&del)>)       == 2 * sizeof(void*) &&
    sizeof(std::unique_ptr<int, decltype(delWrap)>)    ==     sizeof(void*), "");
```

与使用默认删除器相比，使用 del 函数类型作为 std::unique_ptr 的删除器会使对象大小翻倍。但是，当函数被包装到无状态 lambda 中时，编译器能够使用 EBO 来避免增加对象大小。注意，编译器可能再次内联对 delWrap 的调用而不是对 del 的调用。

3. 潜在缺陷

（1）悬挂引用

闭包对象可以捕获对局部变量的引用和 this 指针的副本。如果闭包对象的副本生命周期比创建它的栈帧更长，则这些引用可以引用已销毁的对象。闭包对象生命周期超过其创建上下文的两种情况是它从函数返回或它存储在数据结构中以供以后调用：

```
#include <functional>  // std::function
#include <vector>      // std::vector

class Class1
{
    int d_mem;

    static std::vector<std::function<double(void*)> > s_workQueue;

    std::function<void(int)> mf1()
    {
        int local;
        return [&](int i) -> void { d_mem = local = i; };  // Bug, dangling refs
```

```
    }

    void mf2()
    {
        double local = 1.0;
        s_workQueue.push_back([&,this](void* p) -> double {
                return p ? local : double(d_mem);
            });  // Bug, dangling refs
    }
};
```

上面代码示例使用 std::function 来保存闭包对象。在成员函数 mf1 中，lambda 主体同时修改了局部变量和当前作用域内的成员变量。但是一旦函数运行至返回阶段，局部变量就会超出作用域，并且闭包会包含一个悬挂引用。此外，当闭包对象保持存在时，调用它的对象也可能超出作用域。通过捕获修改 this>d_mem 或 local 可能会损坏堆栈，从而导致程序在运行后期发生崩溃。

成员函数 mf2 不返回带有悬挂引用的闭包，而是将其存储在数据结构中，即在名为 s_workQueue 的静态向量中。当 mf2 运行结束时，local 成为一个悬挂引用，而当调用 mf2 的对象被销毁时，d_mem 可能成为一个悬挂引用，这在调用存储的闭包对象的调用运算符操作时可能导致数据损坏。仅当闭包对象的生命周期明显受限于当前函数时，通过引用捕获 this 是最安全的。隐式捕获 this 的过程是相当隐秘的，因为即使捕获方式默认是逐个捕获，成员变量也不会被复制，并且它们通常会在没有 this-> 前缀的情况下被引用，这使得它们很难在源代码中被发现。

（2）过度使用

在需要 lambda 表达式并且没有伴随普通函数和类方法的大量语法开销的地方，编写函数（尤其是有状态的函数）的能力可能会导致 lambda 表达式的过度使用，使独立函数失去抽象性和有据可查的接口。lambda 表达式不适合大规模重用。在整个代码中到处使用 lambda 表达式可能会导致代码结构不完善、可维护性较差。

（3）混合捕获和未捕获的变量

lambda 主体可以访问从封闭块捕获的自动持续局部变量以及那些不需要也不能捕获的静态持续变量。通过复制捕获的变量在捕获点被“冻结”，并且只能通过 lambda 主体（如果可变）进行更改，而静态变量可以独立于 lambda 表达式进行更改。这种差异通常情况下很有用，但在推理 lambda 表达式时会引起混淆：

```
void f1()
{
    static int a;
    int        b;

    a = 5;
    b = 6;

    auto c1 = [b]{ return a + b; };  // OK, b is captured by copy.
    assert(11 == c1());              // OK, a == 5 and b == 6.
    ++b;                             // Increment *primary* b.
    assert(11 == c1());              // OK, captured b did not change.
    ++a;                             // Increment static-duration a.
    assert(11 == c1());              // Fires, a == 6 and captured b == 6
}
```

上面代码示例中，当创建 c1 的闭包对象时，捕获的 b 值被冻结在 lambda 主体内。更改主体 b 无效。此外，a 没有被捕获也不允许被捕获。因此，只存在一个 a 变量并且在 lambda 主体之外修改该变量会更改调用运算符的结果。在 C++14 中，在需要的情况下可以使用此类 lambda 捕获表达式来有效地捕获此类非局部变量的副本，参见 3.2.3 节。

（4）未运行上下文中的局部变量可能会产生意外

若要使用来自外围块的局部变量 x 作为未计算操作数的一部分（例如 sizeof(x) 或 alignof(x)），通常不需要捕获 x，因为它在 lambda 主体中不使用 ODR。无论 x 是否被捕获，未运行的上下文中的大多数表达式都表现出 x 没有被捕获的状态，并且表达式是在外围块作用域内直接计算的。这种行为令人感到意外，因为以非可变 lambda 表达式为例，其中的捕获变量是 const 而主变量可能不是：

```
#include <iostream>  // std::cout

short s1(int&)       { return 0; }
int   s1(const int&) { return 0; }

void f0()
{
    int x = 0;  // x is a nonconst lvalue.
    [x]{
        // captured x in nonmutable lambda is lvalue of type const int
        std::cout << sizeof(s1(x)) << '\n';  // prints sizeof(short)
        auto s1x = s1(x);                    // yields an int
        std::cout << sizeof(s1x) << '\n';    // prints sizeof(int)
    }();
}
```

上面代码示例中，第一个打印语句在未运行的上下文中调用 s1(x)，它忽略捕获的 x 并返回 s1(int&) 结果的大小。因为调用运算符没有用 mutable 修饰，所以下一条语句实际计算 s1(x)，传递捕获的 x 并调用 s1(const int&)。

使用 decltype(x) 时，无论是否捕获 x，结果都是主变量的声明类型。但是，如果 x 已通过复制捕获，则返回表达式 (x) 类型的 decltype((x))（参见 2.1.3 节），并且将产生捕获变量的左值类型。如果 x 没有被捕获，那么正确的结果应该是因为编译器的不同而产生了争议，一些编译器产生了主变量的类型，而另一些则抱怨它没有被捕获：

```
void f1()
{
    int x = 0;  // x is a nonconst lvalue.
    auto c1 = [x]{ decltype((x)) y = x; };  // y has type const int&.
}
```

关于 typeid(x) 是不是 x 的 ODR 使用是一个悬而未决的问题，因此需要捕获 x。一些编译器，例如 GCC11.2（大约 2021 年），会抱怨以下代码：

```
#include <typeinfo>  // typeid
void f2()
{
    int x = 0;
    auto c1 = []() -> const std::type_info& { return typeid(x); };
        // Error on some platforms; "x was not captured."
}
```

只需在 lambda 之外通过调用 typeid 的方式并在必要时捕获结果即可避免这种陷阱：

```
#include <typeinfo>  // typeid
void f3()
{
    int x = 0;
    const std::type_info& xid = typeid(x);
        // OK, typeid called outside of lambda.
    auto c1 = [&]() -> const std::type_info& { return xid; };
        // OK, return captured typeinfo.
}
```

4. 烦恼

（1）调试

根据定义，lambda 没有名称。调试器和堆栈跟踪检查器等工具通常会显示编译器生成的闭包类型名称，即使程序员将 lambda 存储在具有描述性名称的变量中，也很难辨别问题发生在哪里。

（2）不能通过复制捕获 *this

lambda 表达式可以通过复制捕获的方式来冻结外围局部变量的值，但不能够直接复制 this 指向的对象。要捕获 *this 的副本，有必要在 lambda 表达式外部创建一个变量（例如下面示例中的 self）并捕获该变量[⊖]：

```
class Class1
{
    int d_value;

    void mf1()
    {
        Class1& self = *this;
        auto c1 = [self]{ return self.d_value; };
    }
};
```

在 C++14 中，可以使用 lambda 捕获表达式 [self = *this]，以更简洁的方式实现相同的效果。

（3）立刻执行和延迟执行代码的组合令人迷惑

lambda 表达式的主要特点，即在使用处定义函数对象的能力，有时可能是一种负担。lambda 主体中的代码通常不会立即执行，而是等其他一些代码（例如算法）将其作为回调调用。立即执行的代码和延迟调用的代码在视觉上混合在一起，可能会令将来的维护者感到混淆。例如，让我们看看早期用例的简要摘录（参见用例——与标准类模板 std::function 一起使用）：

```
#include <cstdlib>     // std::strtol
#include <functional>  // std::function
#include <string>      // std::string
#include <vector>      // std::vector

using Instruction = std::function<long*(long* sp)>;

std::vector<Instruction> instructionStream;

std::string nextToken();                       // Read the next token.
char tokenOp(const std::string& token);        // operator for token

void readInstructions()
{
    std::string token;
    Instruction nextInstr;
    while (!(token = nextToken()).empty())
    {
        switch (tokenOp(token))
        {
            // ... more cases
            case '+':
            {
                // + operation
                nextInstr = [](long* sp){
                    long v1 = *--sp;
                    long v2 = *--sp;
                    *sp++ = v1 + v2;
                    return sp;
                };
                break;
```

⊖ 从 C++17 开始，*this 可以在指向副本而不是在原始的 lambda 主体中直接使用 this 捕获。

```
class Class2
{
    int d_value;

    void mf1()
    {
        auto c1 = [*this]{ return d_value; };
            // C++17: return d_value from copy of *this.
    }
};
```

```
            }
            // ... more cases
        }
        // ...
    }
}
```

如果程序员对上面的示例代码读得不仔细，可能会认为 *sp 之类的操作发生在 case '+' 中，而事实是这些操作被封装在 lambda 表达式中，并且在调用闭包对象之前不会在代码的相对较远的部分执行（通过 nextInstr）。

（4）尾部标点

lambda 表达式的主体是一个复合语句。当复合语句出现在 C++ 语法的其他地方时，例如作为函数或循环的主体时，它们后面没有标点符号。相反，lambda 表达式后面总是跟着某种标点符号，通常是分号或括号，但有时是逗号或二元运算符：

```
auto c1 = []{ /*...*/ };  // <-- The semicolon at the end is required.
```

使用 lambda 表达式模拟控件构造时，额外的标点符号与内置语言构造明显不同。例如用例——模拟用户定义的控制结构中的 parallel_foreach 就是这种情况：

```
void f(const std::vector<int>& data)
{
    // ...
    for (int e : data)
    {
        // ...              for loop body
    }  // <-- no punctuation after the closing brace

    parallel_foreach(data.begin(), data.end(), [&](int e)
    {
        // ...              parallel loop body
    });  // <-- The closing parenthesis and semicolon are required.
    // ...
}
```

在上面的代码片段中，程序员希望 parallel_foreach 算法看起来尽可能像内置的 for 循环。但是，内置的 for 循环不会以右括号和分号结尾，而 parallel_foreach 会。

5. 参见

- 2.1.3 节说明了一种通常与尾置返回类型结合使用（或代替）的类型推断形式。
- 4.2.1 节说明了一种类型推断形式，它与尾置返回类型在句法上具有相似性，从而导致从 C++11 迁移到 C++14 时的潜在隐患。

6. 延伸阅读

Scott Meyers 在他的介绍性书籍 *Effective Modern C++* 中提供了实现和使用 lambda 的中肯建议。参见 meyers15b 第 216～223 页，第 6 章，“第 31 项：避免默认捕获模式”部分内容；第 224～229 页，“第 32 项：使用初始化捕获将对象移动到闭包中”部分内容；第 229～232 页，“第 33 项：在 auto&& 参数上使用 decltype 以 std::forward 它们”部分内容；第 232～240 页，“第 34 项：优先使用 lambda 而非 std::bind”。

3.1.15 noexcept 操作符：询问一个表达式能否不抛出异常

noexcept 关键字以操作符形式出现时提供了一种标准的编程方法，即可以在编译时查询给定表达式（通常涉及函数调用）能否不抛出 C++ 异常。

1. 描述

一些程序可以慎重选择明显更有效率的算法，如果它们能够确定使用的表达式永远不会抛出异常[1]，则程序通常具有更好的渐近复杂性。这种选择有助于通用编程，尤其是和移动操作有关的编程。

C++11 引入了编译时操作符 noexcept，当该操作符应用于任意表达式时，当且仅当该表达式不允许产生 C++ 异常时，该运算符的计算结果为 true：

```
static_assert(noexcept(0), "");  // OK, 0 doesn't throw.
```

noexcept 操作符的使用是有意保守的，因为编译器必须考虑其操作数是任何可能的表达式。考虑一个三元运算符，其条件表达式为编译时常量：

```
static_assert(noexcept(1 ? throw : 0), "");  // Error, throw throws.
```

显然，这个表达式总是抛出异常，noexcept 提示我们这一点并不奇怪。然而与直觉相反，noexcept 操作符也将对计算后不用抛出异常的表达式抛出异常：

```
static_assert(noexcept(0 ? throw : 0), "");  // Error, throw throws.
```

幸运的是，对子表达式的检查并没有扩展到表达式中未计算的操作数，例如 sizeof 操作符中的参数[2]：

```
static_assert(noexcept(sizeof(throw, 1)), "");  // OK
```

换句话说，如果任何一个可能被计算的子表达式抛出了异常，那么必须将整个表达式抛出异常。

（1）操作符造成的异常

除了函数（参见描述——为函数引入 noexcept 异常规范），在经典的 C++ 中，某些操作符也具有可能引发异常的情况。考虑用于分配动态内存的 new 操作符。注意，当我们讨论“ new 操作符”时，我们谈论的是 C++ 的这样一个构造过程：它首先调用底层的全局函数 ::operator new，然后调用相应的构造函数。对 new 而言，它要么分配内存并返回一个指向请求整数字节数的指针，要么抛出 <new> 中定义的 std::bad_alloc 异常。底层全局操作符 new 以及相应的操作符 new[] 都有一个重载，该重载采用了 <new> 中定义的 std::nothrow_t 类型的参数。new 的这个重载忽略了其参数 std::nothrow_t 的值，在遇到异常时不抛出，而是返回一个空地址值：

```
#include <new>  // std::nothrow

static_assert(!noexcept(new                int[1000]), ""); // OK, noexcept
                                                           // Result is false.

static_assert( noexcept(new(std::nothrow) int[1000]), ""); // OK, noexcept
                                                           // Result is true.
```

如果引用对象不是公开且明确的目标类型派生的类型，那么对指向多态类型的引用（不是指针）在执行 dynamic_cast 时，会在运行时导致 std::bad_cast 异常：

```
struct B          { virtual ~B();  };
struct BB         { virtual ~BB(); };
struct D1 : B     { };                  // one base class
struct D2 : B, BB { };                  // two base classes

D1 d1;
D2 d2;

B& b1r = d1;  // reference to B base class
B& b2r = d2;  // another reference to B base class

D1& d1r1 = dynamic_cast<D1&>(b1r);  // OK
D1& d1r2 = dynamic_cast<D1&>(b2r);  // throws std::bad_cast
D2& d2r1 = dynamic_cast<D2&>(b1r);  // throws std::bad_cast
```

[1] 注意，noexcept 操作符不适用于操作系统级信号，如浮点异常、分段故障等。

[2] 已提交异常报告。

```
D2& d2r2 = dynamic_cast<D2&>(b2r);  // OK

BB& bb1r = dynamic_cast<BB&>(b1r);  // throws std::bad_cast
BB& bb2r = dynamic_cast<BB&>(b2r);  // OK

// dynamic_cast to a pointer never throws.
B  *bp   = 0;
D1 *d1p  = dynamic_cast<D1*>(bp);    // dp == nullptr
D1 *d1p1 = dynamic_cast<D1*>(&b1r);  // OK
D1 *d1p2 = dynamic_cast<D1*>(&b2r);  // d1p2 == nullptr
D2 *d2p1 = dynamic_cast<D2*>(&b1r);  // d2p1 == nullptr
D2 *d2p2 = dynamic_cast<D2*>(&b2r);  // OK
BB *bb1p = dynamic_cast<BB*>(&b1r);  // bb1p == nullptr
BB *bb2p = dynamic_cast<BB*>(&b2r);  // OK
```

上面示例代码中的bb2r将对类型B的对象b2r的引用成功动态转换为类型BB的引用，尽管这两种类型之间没有直接继承关系。在这种特殊情况下，可以在对上述B和BB对象的引用之间使用dynamic_cast，因为它们都是派生类型D2的同一父对象D2的多态子对象。这种间接继承关系，例如上面b2r和bb2r之间的继承关系，只能在运行时确定，因为不是每个对B的引用都必须引用D2的子对象。当对B的特定引用不存在这样的交叉继承关系时，对引用的dynamic_cast将抛出std::bad_cast。

因为dynamic_cast可能在引用而不是指针上抛出在<typeinfo>中定义的std::bad_cast，所以noexcept操作符可以区分这两种表达式：

```
static_assert( noexcept(dynamic_cast<D1*>(bp )), "");  // OK, never throws
static_assert(!noexcept(dynamic_cast<D1&>(b1r)), "");  // OK, can throw

static_assert( noexcept(dynamic_cast<D2*>(bp )), "");  // OK, never throws
static_assert(!noexcept(dynamic_cast<D2&>(b1r)), "");  // OK, can throw
```

在上面的示例中，当指针的动态强制转换失败时，将返回空指针值。但是，当动态强制转换在引用上失败时，唯一的其他选项是返回空引用，这是语言不允许的，因此抛出异常是向调用者表示失败的唯一合理方法。

运行时类型标识（RTTI）表现出与引用类型类似的行为。typeid运算符返回对std::type_info对象的常量左值引用。如果typeid查询引用，它将返回被引用对象的type_info的引用，如果引用是对多态类的，则返回对所查询的完整对象的type_info的引用。特殊规则允许对空指针解引用来作为typeid查询的目标，否则该指针将具有未定义的行为。由于如果指针的声明类型为多态类的引用，则解引用将涉及vtable的运行时查询，因此在空指针上调用typeid会引发std::bad_typeid异常。注意，如果指针指向非多态类，则不会发生此行为。因此，在typeid运算符上调用noexcept将返回true，除非目标是解引用一个指向多态类的指针：

```
#include <typeinfo>  // typeid, std::typeinfo, std::bad_typeid

class B { virtual ~B() { } };
class C { };

B* bp = nullptr;
C* cp = nullptr;

static_assert( noexcept(typeid( cp)), ""); // OK, returns type_info for C*
static_assert( noexcept(typeid( bp)), ""); // OK, returns type_info for B*
static_assert( noexcept(typeid(*cp)), ""); // OK, returns type_info for C
static_assert(!noexcept(typeid(*bp)), ""); // OK, would throw std::bad_typeid
```

（2）不建议使用的函数动态异常规范

经典C++提供了重命名的动态异常规范，可用于使用函数允许抛出的异常对象类型来修饰函数：

```
int f();              // Function f may throw anything.
int g() throw(int);   // Function g may throw an integer.
int h() throw();      // Function h is not allowed to throw anything.
```

noexcept运算符仅查看函数声明：

```
static_assert(!noexcept(f()), "");  // OK, may throw anything
static_assert(!noexcept(g()), "");  // OK, may throw an int
static_assert( noexcept(h()), "");  // OK, may not throw anything
```

提供动态异常规范不会阻止函数尝试抛出或重新抛出捕获的异常。当函数引发异常时，系统会自动检查该函数是否具有关联的动态异常规范，如果是，则会查找引发的异常的类型。如果列出了抛出异常的类型，则允许异常在函数体之外传播；否则，将调用 [[noreturn]] void std::unexpected()，而这又将调用 std::terminate，除非用户提供的处理程序首先退出程序。[[noreturn]] 是一个属性，指明了函数不会返回，但可能会抛出。参见 2.1.1 节：

```
void f0()                    { throw 5;   }  // throws int
void f1()                    { throw 5.0; }  // throws double

void f2() throw(int)         { throw 5;   }  // throws int
void f3() throw(int)         { throw 5.0; }  // calls std::unexpected()

void f4() throw(double)      { throw 5;   }  // calls std::unexpected()
void f5() throw(double)      { throw 5.0; }  // throws double

void f6() throw(int, double) { throw 5;   }  // throws int
void f7() throw(int, double) { throw 5.0; }  // throws double

void f8() throw()            { throw 5;   }  // calls std::unexpected()
void f9() throw()            { throw 5.0; }  // calls std::unexpected()
```

noexcept 操作符与可能引发的异常类型无关，只报告可以从函数体中抛出的任何类型的异常：

```
static_assert(!noexcept(f0()), "");  // doesn't say it doesn't throw
static_assert(!noexcept(f1()), "");  //    "     "   "    "      "

static_assert(!noexcept(f2()), "");  // f2 may throw an int.
static_assert(!noexcept(f3()), "");  // f3  "    "    "  "

static_assert(!noexcept(f4()), "");  // f4 may throw a double.
static_assert(!noexcept(f5()), "");  // f5  "    "    "    "

static_assert(!noexcept(f6()), "");  // f6 may throw int or double.
static_assert(!noexcept(f7()), "");  // f7  "    "    "    "    "

static_assert( noexcept(f8()), "");  // f8 may not throw.
static_assert( noexcept(f9()), "");  // f9  "    "    "
```

然而，动态异常规范存在实际缺陷。

- 框架脆弱——这些经典的、细粒度的异常规范试图提供过于详细的信息，但这些信息在编程上没有用处，并且由于对实现进行了无关紧要的更新而经常发生更改。
- 代价昂贵——抛出异常时，必须在运行时搜索动态异常列表，以确定是否允许该特定异常类型抛出。
- 易引起混乱——当异常达到动态异常规范时，无论该规范是否允许异常，堆栈必须解开，如果程序被终止，则会丢失有用的堆栈跟踪信息。

随着时间的推移，这些缺陷被证明是无法克服的，除了 throw() 之外的动态异常规范在实践中基本上没有再被使用。

从 C++11 开始，动态异常规范被弃用[⊖]，转而支持更精简的 noexcept 说明符（见 4.1.5 节），我们将在下一节简要介绍。

（3）为函数引入 noexcept 异常规范

C++11 为任意自由函数、成员函数和 lambda 表达式引入了另一种异常规范机制（见 3.1.14 节）：

⊖ 除了 throw() 之外，C++17 删除了 std:: unexpected 和所有动态异常规范，throw() 成了 C++20 删除 throw() 之前 noexcept 的同义词。

```
void f() noexcept(expr);  // expr is a Boolean constant expression.
void f() noexcept;        // same as void f() noexcept(true)
```

不指定可能抛出的异常列表，而是明确规定是否会抛出异常。与 C++03 一样，缺少任何注释等同于说可能抛出任何异常（析构函数除外，默认情况下它是 noexcept）：

```
#include <exception>  // std::bad_exception
// C++03                             // C++11 equivalent

void f0();                           void g0();
void f1() throw();                   void g1() noexcept;
void f2() throw(std::bad_exception); void g2() noexcept(false);
void f3() throw(int, double);        void g3() noexcept(false);

static_assert(noexcept(f0()) == noexcept(g0()), "");  // OK, both are false.
static_assert(noexcept(f1()) == noexcept(g1()), "");  // OK, both are true.
static_assert(noexcept(f2()) == noexcept(g2()), "");  // OK, both are false.
static_assert(noexcept(f3()) == noexcept(g3()), "");  // OK, both are false.
```

noexcept 操作符无法区分抛出的特定异常，这并不妨碍其通用性。通过类比，我们可以考虑如何处理 UNIX 返回状态，即成功时一致返回 0，否则返回非零值：

```
void func(/*...*/)
{
    if (0 != doSomething(/*...*/))  // Quickly check if it failed.
    {
        // failure branch: handle, return, abort, etc.
    }

    // All good; continue on the good path.

    // ...
}
```

这一长期存在的惯例利用了一种认知，即失败的方式可能很多，但成功的方式通常只有一种。通过将被调用函数的返回值与 0 进行比较，调用函数可以通过编程快速区分两个主要代码路径——成功和失败——而不管返回的非零错误代码。

与返回状态非常相似，泛型库可能需要在两种算法之间进行选择，这两种算法的性能特征完全不同，取决于给定操作是否永不抛出异常。通过将动态异常规范的细节提取为简单的二元 noexcept 规范，可以避开大部分的脆弱特性，同时又可以保留以编程方式查询基本信息的能力：

```
template <typename T>
void runAlgorithm(T t)
{
    if (noexcept(t.someFunction()))
    {

        // Use a faster algorithm that assumes no exception will be thrown.
    }
    else
    {
        // Use a slower algorithm that can handle a thrown exception.
    }
}
```

注意，上面示例中主要的编译时分支仅取决于是否可以假设 T 类型的对象调用 someFunction 将永远不会抛出任何异常。

尽管从语法上讲，noexcept 说明符的使用是微不足道的，但它的安全和有效性值得充分阐述，参见 4.1.5 节。

（4）动态和 noexcept 异常规范的兼容性

当遇到意外异常时，需要动态异常规范来展开程序堆栈（也称为堆栈展开），而对于违反 noexcept 规范的行为，则未指定该行为：

```
#include <iostream>  // std::cout

struct S { ~S() { std::cout << "Unwound!" << std::endl; } };

int f() throw()  { S s; throw 0; }  // ~S is invoked.
int g() noexcept { S s; throw 0; }  // ~S might be invoked.
```

从 C++11 开始，throw() 的语法含义与 noexcept 相同，因此可以在同一翻译单元内的声明上共存：

```
int f() throw();     // OK
int f() noexcept;    // OK, redeclaration of same syntactic entity
```

如果现在定义函数 f，则标准未指定堆栈展开行为的性质[⊖]。

（5）编译器生成的特殊成员函数

在 C++11 中，隐式声明的特殊成员函数的异常规范仍然是根据动态异常规范定义的，无法通过 noexcept 运算符观察到理论上的区别。因此，我们将仅从可观察的二元属性的角度来讨论：noexcept(true) 或 noexcept(false)。例如，考虑一个仅包含基本类型（如 int、double 和 char*）的类 A：

```
#include <utility>  // std::move

struct A { int i; double d; char* cp; } a, a2;  // built-ins only

static_assert(noexcept( A()                ), "");  // OK, default constructor
static_assert(noexcept( A(a)               ), "");  // OK, copy constructor
static_assert(noexcept( a = a2             ), "");  // OK, copy assignment
static_assert(noexcept( A(std::move(a))    ), "");  // OK, move constructor
static_assert(noexcept( a = std::move(a2)  ), "");  // OK, move assignment
static_assert(noexcept( a.A::~A()          ), "");  // OK, destructor
```

由于该类型既不包含也不继承其他用户定义类型，编译器将这些隐式声明视为已被指定为 noexcept。

如果显式声明了特殊成员函数，则该声明定义了该函数是否被视为非异常，而不管其定义如何（第一次声明中使用 =default 时除外，参见 2.1.4 节）。例如，考虑一个空类 B，它对 6 个标准特殊成员函数进行了逐一声明：

```
struct B  // empty class with all special members declared w/o exception spec.
{
    B();                      // default constructor: noexcept(false)
    B(const B&);              // copy constructor:    noexcept(false)
    B& operator=(const B&);   // copy assignment:     noexcept(false)
    B(B&&);                   // move constructor:    noexcept(false)
    B& operator=(B&&);        // move assignment:     noexcept(false)
    ~B();                     // destructor:          noexcept(true)
};
```

不考虑它们的相应定义，noexcept 将这些显式声明的特殊成员函数中的每一个都报告为 noexcept(false)，只有析构函数例外，默认为 noexcept(true)；详情参见烦恼——析构函数（不是移动构造函数）默认是 noexcept。更一般地说，所有显式声明的析构函数都默认为 noexcept(true)，除非它们的基类或成员带有 noexcept(false) 析构函数。为了指出类的析构函数（例如下面示例中的 BadIdea）可能抛出，必须使用语法 noexcept(false) 或非空动态异常规范显式声明。参见 4.1.5 节：

```
struct BadIdea
{
    ~BadIdea() noexcept(false);  // destructor may throw
};
```

⊖ 例如，在 GCC 上，第一个声明和所有纯声明必须一致（即所有 noexcept 或所有 throw()），但它们在行为上没有区别。这仅仅是对其限定的函数定义上的声明。如果规范是动态的，并且未指定 --std=c++17，则将发生堆栈展开；否则将不会。在 Clang 中，总是会发生堆栈展开。MSVC 从不使用 std::set_unexpected 处理程序，也不会执行堆栈展开。Intel(EDG) 始终调用 std::set_unexpected 指定的处理程序并展开堆栈。

C++11 允许用户声明一个特殊的成员函数，然后请求编译器使用 =default 语法提供其默认实现，参见 2.1.4 节。如果省略了特殊成员函数声明，而不是通过其他特殊成员函数的声明隐式抑制，则最终实现将是相同的。

```
struct C  // empty class declaring all of its special members to be =default
{
    C()                     = default;  // default constructor: noexcept(true)
    C(const C&)             = default;  // copy constructor:    noexcept(true)
    C& operator=(const C&) = default;  // copy assignment:     noexcept(true)
    C(C&&)                  = default;  // move constructor:    noexcept(true)
    C& operator=(C&&)       = default;  // move assignment:     noexcept(true)
    ~C()                    = default;  // destructor:          noexcept(true)
};
```

当用户定义的类型（例如以下示例中的 D）包含或派生自其相应特殊成员函数均为 noexcept(true) 的类型时，该类型的任何隐式定义的特殊成员函数也将包含派生：

```
struct D : A { A v; } d, d2;  // All special members of A are noexcept(true).

static_assert(noexcept( D()                   ), "");  // OK, default constructor
static_assert(noexcept( D(d)                  ), "");  // OK, copy constructor
static_assert(noexcept( d = d2                ), "");  // OK, copy assignment
static_assert(noexcept( D(std::move(d))       ), "");  // OK, move constructor
static_assert(noexcept( d = std::move(d2)     ), "");  // OK, move assignment
static_assert(noexcept( d.D::~D()             ), "");  // OK, destructor
```

但是，如果类的任何基类或成员类型中的特殊成员函数为 noexcept(false)，则该类的相应特殊成员函数也将是这样的：

```
struct E { B b; } e, e2;  // All special members of B are noexcept(false) apart
                          // from the destructor.

static_assert(!noexcept( E()                   ), "");  // OK, default constructor
static_assert(!noexcept( E(e)                  ), "");  // OK, copy constructor
static_assert(!noexcept( e = e2                ), "");  // OK, copy assignment
static_assert(!noexcept( E(std::move(e))       ), "");  // OK, move constructor
static_assert(!noexcept( e = std::move(e2)     ), "");  // OK, move assignment
static_assert( noexcept( e.E::~E()             ), "");  // OK, destructor
```

可以将显式 noexcept 规范放置在类的特殊成员上，然后在第一个声明中使用 =default 语法来实现它。显式 noexcept 规范必须与隐式生成的定义匹配，否则将隐式删除该特殊成员函数：

```
struct F : B  // All special members of B are noexcept(false) apart
              // from the destructor.
{
    F()                     noexcept(false) = default;  // default constructor
    F(const F&)             noexcept        = default;  // copy constructor
    F& operator=(const F&)                  = default;  // copy assignment
    F(F&&)                  noexcept(true)  = default;  // move constructor
    F& operator=(F&&)                       = default;  // move assignment
    ~F()                    noexcept(true)  = default;  // destructor
};
```

注意，在上面代码段中的类 F 中，当默认声明将复制和移动构造函数标记为 noexcept(false) 时，复制和移动构造函数都被错误标记为 noexcept(true)。在尝试使用该函数之前，这种不一致性本身不是错误，参见 2.1.6 节：

```
void test()
{
    F f0, f1;              // OK,    default constructor
    F f2(f0);              // Error, copy constructor is deleted.
    f0 = f1;               // OK,    copy assignment
    F f3(std::move(f0));   // Error, move constructor is deleted.
    f0 = std::move(f1);    // OK,    move assignment
}                          // OK,    destructor
```

注意，显式声明的和默认的 noexcept 规范之间需要精确匹配，这在两个方向上都是不可容忍的。

也就是说，如果我们试图通过用 noexcept(false) 装饰其析构函数来限制上面的类 F 的约定，而默认实现恰好是 noexcept(true)，则该析构函数将被隐式删除，严重削弱了类的使用。

在 C++20 中，对于默认特殊成员函数，不匹配的显式 noexcept 规范不再导致该成员函数被删除。相反，编译器接受显式 noexcept 规范[⊖]。此行为更改被视为缺陷报告，适用于 C++11 及更高版本，并已实施，例如，从 Clang 9（大约 2019 年）、GCC 10.1（大约 2020 年）和 MSVC 16.8（大约 2020 年）开始。

C++11 规范没有直接解决继承构造函数的隐式异常规范（参见 3.1.12 节），但大多数流行的编译器都正确处理了这些异常，因为它们考虑了继承构造函数引发的异常以及调用继承构造函数所涉及的所有成员初始化。

在 C++14 中，所有隐式声明的特殊成员函数，包括继承构造函数，如果它们直接调用的任何函数具有允许所有异常的异常规范，则为 noexcept(false)；否则，如果这些直接调用的函数中有任何函数具有动态异常规范，则隐式成员将具有包含它直接调用的函数可能抛出的所有类型的函数。特别是，当继承构造函数时，如果基类构造函数是不可抛出的，则其异常规范是不可抛出的，并且初始化派生类的每个附加基类和成员的表达式也是不可抛出的。否则，继承构造函数可能会引发异常规范。虽然 C++11 标准中的原始文本措辞略有不同，但措辞通过缺陷报告进行了修复，并直接纳入 C++14。注意，该功能的所有已知实现，甚至早期原型，都遵循 C++14 的这些更正规则。

作为一个具体的示例，假设我们有一个基类 BB，它有两个值构造函数，一个是抛出的，另一个是非抛出的：

```
struct BB  // base class having two overloaded value constructors
{
    BB(int)  noexcept(false);  //    throwing int  value constructor
    BB(char) noexcept(true);   // nonthrowing char value constructor
};
```

将 noexcept 运算符应用于这些构造函数会产生预期结果：

```
int i;
char c;

static_assert(!noexcept( BB(i) ), "");  // noexcept(false)
static_assert( noexcept( BB(c) ), "");  // noexcept(true)
    // uses just base constructors' exception specifications
```

接下来，假设我们从继承 BB 构造函数的 BB 派生出一个空类 D1：

```
struct D1 : BB  // empty derived class inheriting base class BB's ctors
{
    using BB::BB;  // inherits BB's ctors along with exception specs
};
```

由于派生类的继承构造函数不需要调用任何其他构造函数，因此异常规范传播不变：

```
static_assert(!noexcept( D1(i) ), "");   // noexcept(false)
static_assert( noexcept( D1(c) ),  "");  // noexcept(true)
    // uses just the inherited constructors' exception specifications
```

现在假设我们有一个类 SS，它的默认构造函数是用一个不推荐使用的动态异常规范实现的，该规范显式地允许它只抛出一个 SSException（假设在别处定义）：

```
class SSException { /*...*/ };
struct SS  // old-fashioned type having deprecated, dynamic exception specs
{
    SS() throw(SSException);  // This ctor is allowed to throw only an SSException.
};
```

noexcept 操作符不关心潜在异常的类型，只报告 noexcept(false)：

⊖ 详见 smith19。

```
static_assert(!noexcept( SS() ),  "");  // throw(SSException)
    // uses the dynamic exception specification of the default constructor
```

现在假设我们从 BB 基类得出第二种类型 D2，但是作为数据成员，SS 是类型 SS 的对象，其默认构造函数可能会抛出一个 SSException：

```
struct D2 : BB  // nonempty derived class inheriting base class BB's ctors
{
    SS ss;          // data member having default ctor that may throw an SSException
    using BB::BB;   // inherits BB's ctors along with exception specs
};
```

两个继承的构造函数现在都隐式地必须调用 ss 的默认构造函数，该构造函数可能会抛出；因此，两个继承的构造函数现在都可能抛出：

```
static_assert(!noexcept( D2(i) ), "");  // BB(int) is noexcept(false).
static_assert(!noexcept( D2(c) ), "");  // SS() is throw(SSException).
    // uses both the inherited constructors' exception specifications and
    // the exception specification of the data member's default constructor
```

在上面的示例中，D2（int）和 D2（char）的构造函数的隐式异常规范分别是 noexcept(false) 和 throw(SSException)。隐式动态异常规范尽管已被弃用，但仍然是合理的，因为调用隐式声明的特殊成员函数，例如 D2（char），将必然调用所有其他特殊成员函数（即 BB（char）和 SS()）来实现其隐式异常规范。如果这些隐式调用的函数中有任何一个抛出，将首先检查调用子函数（即 SS()）的异常规范，而不是潜在的调用者。

将隐式声明的特殊成员函数的异常规范从 throw(SSException) 扩展到 noexcept(false)，不会影响异常的传播。即使我们将 BB（char）更改为 noexcept(false)，这将为 D2（char）提供 noexcept(false) 的隐式异常规范，并允许传递所有类型的异常，SS() 引发的任何其他异常类型都不会传播到 D2（char）构造函数进行潜在异常规范检查。相反，Rogue Exception 将由隐式定义的构造函数调用的子函数 SS()throw（SSException）的非匹配异常规范停止。

（6）将 noexcept 操作符应用于复合表达式

回顾前面的内容，noexcept 操作符应用于表达式，该表达式本身可能包含其他子表达式。例如，考虑一个 noexcept 函数 f 和一个非 noexcept 函数 g，这两个函数都对整数进行运算：

```
int f(int) noexcept;  // Function f is noexcept(false).
int g(int);           // Function g is noexcept(true).

static_assert( noexcept( f(17) ), "");  // OK, f is noexcept(true).
static_assert(!noexcept( g(17) ), "");  // OK, g is noexcept(false).
```

现在假设在一个表达式中有两个函数调用：

```
static_assert( noexcept( f(1) + f(2) ), "");  // OK, f is noexcept(true).
static_assert(!noexcept( g(1) + g(2) ), "");  // OK, g is noexcept(false).
static_assert(!noexcept( g(1) + f(2) ), "");  // OK, "  "     "       "
static_assert(!noexcept( f(1) + g(2) ), "");  // OK, "  "     "       "
```

当我们考虑组合两个函数时，当且仅当两个函数均为 noexcept 时，整体表达式为 noexcept：

```
static_assert( noexcept( f(f(17)) ), "");  // OK, f is noexcept(true).
static_assert(!noexcept( g(g(17)) ), "");  // OK, g is noexcept(false).
static_assert(!noexcept( g(f(17)) ), "");  // OK, "  "     "       "
static_assert(!noexcept( f(g(17)) ), "");  // OK, "  "     "       "
```

这同样适用于其他形式的组合；回顾一下前面的内容，在表达式中应用的特定操作符并不重要，只关系到任何可能计算的子表达式是否会抛出：

```
static_assert( noexcept( f(1) || f(2) ), "");  // OK, f is noexcept(true).
static_assert(!noexcept( g(1) || g(2) ), "");  // OK, g is noexcept(false).
static_assert(!noexcept( g(1) || f(2) ), "");  // OK, "  "     "       "
static_assert(!noexcept( f(1) || g(2) ), "");  // OK, "  "     "       "
static_assert(!noexcept( true || g(2) ), "");  // OK, note g is never called!
```

重要的是，注意，上面示例中最后一个表达式不是 noexcept，即使可能抛出的唯一子表达式从未计算过。这种经过深思熟虑的语言设计消除了实现中的差异，根据编译时间的长短，这些变化将决定给定表达式的详细逻辑是否可能会被抛出，参见烦恼——旧版本编译器会侵入 constexpr 函数体。

（7）将 noexcept 操作符应用于移动表达式

C++11 引入了移动操作的概念（通常用作复制操作）作为一种将一个对象的值传播到另一个对象上的全新方式，参见 3.1.18 节。对于具有定义良好的复制语义（例如值语义）的对象，有效的复制操作通常满足相应移动操作的所有契约要求，唯一的区别是，请求的移动操作不要求保留源对象的值：

```
struct S  // Class S supports both copy and move operations.
{
    // ...
    S();                // default constructor
    S(const S&);        // copy constructor; noexcept(false)
    S(S&&) noexcept;    // move constructor; noexcept(true)
    // ...
};
```

当不特别需要保留值的复制操作时，请求仅移动对象的值可能会导致运行时效率更高。例如，通过右值引用或值获取参数的函数能够利用可能更有效的移动操作（如果可用）：

```
void f(const S&);  // passing object of type S by const lvalue reference
void f(S&&);       // passing object of type S by rvalue reference
```

但是，请注意，移动操作可能导致内存扩散（工作集中的内存块散布在物理内存中，导致缓存未命中和页面错误），这反过来会严重影响大型长期运行程序的运行时性能[⊖]。

有时编译器知道在封闭的完整表达式结束后无法访问源对象时，会自动选择移动而不是复制：

```
S h();  // function returning an S by value
S s1;

void test()
{
    f(S());  // The compiler requests a move automatically.
    f(h());  //  "       "        "    "  "          "

    S s2;
    f(s1);   // The compiler will not try to move automatically.
    f(s2);   //  "       "      "   "   "    "         "
}
```

然而，当上面示例代码中的对象（如 s1 或 s2）具有可用于访问该对象的名称时，程序员知道不再需要该值就可以请求编译器移动该对象：

```
#include <utility> // std::move

void test2()
{
    S s2;
    f(std::move(s1));   // The compiler will now try to move from s1.
    f(std::move(s2));   //  "       "      "   "   "   "   "    " s2.
}
```

当程序员使用 std::move 告诉编译器不再需要对象的值（如上面代码段中的 s1 或 s2）时，编译器将调用构造函数变量，如果可用，则将 S 作为右值引用。如果类不提供独特的移动操作，则请求移动对象可能对生成的代码没有影响：

```
struct C  // Class C supports copy but not move operations.
{
    C();                    // default constructor
    C(const C&);            // copy constructor
```

⊖ 详见 lakos16、bleaney16、lakos17a 和 lakos17b。

```
    C& operator=(const C&);  // copy assignment
    ~C();                    // destructor
};

void f(C);

void test3()
{
    C c;

    C c1(c);              // invokes C's copy constructor
    C c2(std::move(c));   // invokes C's copy constructor

    f(c1);                // invokes C's copy constructor
    f(std::move(c1));     // invokes C's copy constructor
}
```

因为上面示例中的类 C 没有不同的移动操作，所以即使显式请求移动，普通重载解析也会选择 C 的复制构造函数作为最佳匹配。

当将 noexcept 与 std::move 结合使用时，最重要的是移动操作（无论结果如何）是否为 noexcept(true)；如果是，我们也许可以利用这些信息，安全地采用一种更有效的算法：

```
template <typename T>
void doSomething(T t)
{
    if (noexcept(T(std::move(t))))
    {
        // may assume no exception will be thrown during a move operation
    }
    else
    {
        // must use an algorithm that can handle a thrown exception
    }
}
```

或者可以简单地要求任何提供的类型都具有不可抛出的移动操作：

```
template <typename T>
void doOrDie(T t)
{
    // may assume no exception will be thrown during a move operation

    static_assert(noexcept(T(std::move(t))), "");  // ill formed otherwise
}
```

下面代码段中的类 S 和类 C 都有声明为 noexcept(false) 的复制构造函数。类 S 还定义了一个移动构造函数，该构造函数为 noexcept(true)，而 C 的声明没有移动构造函数：

```
S s1;  // declares a noexcept(true) move constructor
static_assert( noexcept(S(std::move(s1))), "");  // OK

C c1;  // declares only a noexcept(false) copy constructor
static_assert(!noexcept(C(std::move(c1))), "");  // OK
```

我们还可以定义一个类 S2（不推荐这么做），它与 S 相同，只是移动构造函数被声明为 noexcept(false)：

```
S2 s2;  // declares noexcept(false) copy and move constructors
static_assert(!noexcept(S2(std::move(s2))), "");  // OK
```

类似地，我们可以想象一个与 C 相同的类 C2，不同之处在于复制构造函数是用 throw() 显式声明的，使其成为 noexcept(true)：

```
C2 c2;  // declares only a copy constructor decorated with throw()
static_assert(noexcept(C2(std::move(c2))), "");  // OK
```

对象可以通过多种方式提供或不提供非遍历移动操作。正如上面示例中的 C2 所示，即使是碰巧用 throw() 修饰其显式声明的复制构造函数的 C++03 类也会自动满足不抛出异常移动的要求。C++11 之前设计的类更可能遵循零规则，从而允许生成每个特殊成员函数。在这种情况下，生成一个不抛出异常的移动构造函数所需的只是在C++11下重新编译它！这里的要点是，无论类型是如何实现的，都可以将noexcept与std::move结合使用，在编译时确定给定类型的对象在我们要求移动时是否会抛出。注意，虽然C++03目标代码通常同时具有不抛出异常的复制和移动操作，或者同时具有潜在的抛出异常的操作，但使用C++11类型实例化的C++03模板可能具有不同的复制和移动noexcept规范，如下所示：

```
template <typename T>
struct NamedValue
{
    const char* d_name;
    T           d_value;
};
```

虽然NamedValue可能是来自C++03目标库中的类模板，但该类的复制构造函数显然是noexcept(false)，但移动构造函数可能抛出异常并不完全基于模板参数T的属性。

（8）将noexcept操作符应用于C标准库中的函数

根据C++03标准[㊀]：

“标准C库中的任何函数都不会通过抛出异常来报告错误，除非它调用了一个会抛出异常的函数。”

本段附有脚注[㊁]：

“也就是说，C库函数都有一个throw()异常规范。这允许实现运行时不抛出异常来进行性能优化。”

请注意，此脚注仅适用于C标准库中的函数，而不适用于具有外部C链接的任意函数。目前尚不清楚脚注的规范含义，因为它似乎是一份非规范性说明，澄清了规范性文本中没有明显暗示的内容。考虑到与C++03异常规范相关的额外成本，现在还没有已知利用这一“自由”的实现。

C++11中对脚注进行了修订，仅允许使用新的noexcept异常规范，而无须进一步澄清文本。然而，一般也允许向任何非虚拟C++标准库函数添加不抛出异常的规范，可以推断，这样也实现了将此类规范添加到其C库包装器的自由。还要注意，接受回调的函数，如bsearch和qsort，将传播回调引发的异常。

同样，没有利用这一自由的已知实现向C库函数添加不抛出异常的规范，尽管<atomic>头文件中用于C互操作性的所有函数都被声明为noexcept，但对此脚注的意图做了有争议的解释。

（9）对虚函数施加noexcept规范的约束

当使用C++03样式的动态异常规范时，任何函数重写的异常规范都不能强于（Wider）被重写函数的异常规范：

```
struct BB03
{
    void n() throw();
    virtual void f();
    virtual void g1() throw();
    virtual void g2() throw();
    virtual void g3() throw();
    virtual void h()  throw(int, double);
};

struct DD03 : public BB03
{
    void n() throw(int);                 // OK, hiding nonvirtual function
    void n(char) throw(int);             // OK, additional overload
    virtual void f();                    // OK, base lacks exception spec.
    virtual void g1() throw();           // OK, same exception spec
    virtual void g2() throw(int);        // Error, wider exception spec (int)
    virtual void g3();                   // Error, wider exception spec (all)
    virtual void h() throw(int);         // OK, tighter exception spec
};
```

㊀ 参见iso 03，17.4.4.8节，“对异常处理的限制”，第332页，第2段。

㊁ 参见iso 03，第332页，第176处脚注。

有趣的是，与虚函数和 noexcept 相关的规则仍然由 C++11 和 C++14 定义，尽管动态异常规范已被弃用。C++14 标准声明[㊀]：

“如果虚函数具有异常规范，则在任何派生类中重写该虚函数的任何函数的所有声明（包括定义）应仅允许基类虚函数的异常规范允许的异常。”

该规范意味着从 noexcept 的角度来看，规则是简单的。如果基函数通过指定 noexcept 或 noexcept(true) 来禁止异常，则重写必须通过指定 noexcept、noexcept(true) 或 throw() 中的一个来禁止异常。换句话说，如果基类虚函数为 noexcept(true)，则该类的派生类重写不能抛出异常。

```
struct BB11
{
    void n() noexcept;
    virtual void f();
    virtual void g1() noexcept(true);
    virtual void g2() noexcept;
    virtual void g3() noexcept(true);
    virtual void g4() noexcept(true);
};

struct DD11 : public BB11
{
    void n();                               // OK, hiding nonvirtual function
    void n(char);                           // OK, additional overload
    void f() override;                      // OK, base lacks exception spec.
    void g1() noexcept override;            // OK, override is noexcept.
    void g2() throw() override;             // OK, override is noexcept.
    void g3() override;                     // Error, override allows exceptions.
    void g4() noexcept(false) override;     // Error, override allows exceptions.
};
```

这些规则也适用于默认的虚函数，尤其是析构函数：

```
struct BB11a
{
    virtual ~BB11a() = default;  // noexcept(true)
};

struct DD11a : public BB11a
{
    virtual ~DD11a() noexcept(false);  // Error, BB11a::~BB11a() is noexcept(true).
};
```

本质上，可以从派生类中的虚函数中抛出的内容被约束为每个基类中可以抛出内容的子集。这种约束可能具有相当大的限制性，因为在现实世界的系统中，如果使用者和约定者达成了协议，那么有时基类可以充当语法角色，并且具有语义近似。参见烦恼——类层次结构中的异常规范约束。

2. 用例

（1）将元素添加到 std::vector

在某些情况下，了解表达式（特别是涉及移动操作的表达式）是否会抛出异常有利于做出最佳算法决策。事实上，将移动操作添加到 C++11 中的原因是为了支持将分配对象插入到 std::vector 中。然而，在不破坏现有代码的情况下，单靠移动操作无法实现这一目标。因此，noexcept 操作符必须在 C++11 发布之前添加，参见补充内容——noexcept 操作符的起源：移动操作。

首先，原始的 C++ 标准为在 std::vector 末尾插入任何元素提供了强大的异常安全保证，无论是通过插入成员函数还是更流行的 push_back。其次，与 C++03 的兼容性意味着任何具有显式定义的复制操作的类型都不会被赋予隐式移动操作、抛出异常或其他操作。因此，当被要求移动时，任何遗留的 C++ 类型都会转而依靠其复制操作，当它不抛出时，复制操作满足了优化移动操作的所有要求。

一些具有强保证的代码在运行时相当依赖于 std::vector::push_back。为了说明强异常安全保证的

㊀ 参见 iso11a，15.4 节，第 406 页，第 5 段，“异常规范”。

含义，假设我们有一个类S，它有一个可以抛出异常的显式声明的复制构造函数，从而排除隐式生成的移动构造函数。对于教学示例，我们将强制复制构造函数在第三次复制S对象时抛出：

```
struct S
{
    static int s_nCopy;  // number of objects that have been copied
    int        d_uid;    // unique identifier for each copied object

    S()         : d_uid(-1) { }      // default constructor
    S(const S&) : d_uid(++s_nCopy)  // copy constructor
    {
        if (s_nCopy == 3) throw s_nCopy;  // throws on third attempt to copy
    }
};

int S::s_nCopy = 0; // initialization of static data member of class S
```

当将S的副本插入std::vector<S>时，具有强保证的代码尽管在push_ back操作中抛出了异常，但依然能确保向量的整个状态（不只是其值）保持不变。现有元素的指针和引用仍然有效，因为向量尚未拓展，并且这些元素的整个内部状态也未改变：

```
#include <cassert>  // standard C assert macro
#include <vector>   // std::vector

int main()
{
    const S s;                   // default-constructed object (d_uid: -1)
    std::vector<S> v;            // container to fill

    v.reserve(2);                // Do not reallocate until third push_back!
    assert(v.capacity() == 2);  // assert that capacity wasn't rounded higher

    v.push_back(s);
    v.push_back(s);

    // before:
    assert(v[0].d_uid == 1);
    assert(v[1].d_uid == 2);
    assert(v.capacity() == 2);  // assert that capacity is still the same

    // insert third (throwing) element:
    try
    {
        v.push_back(s);          // expected to throw constructing new element
        assert(!"Should have thrown an exception");
    }
    catch(int n)
    {
        assert(n == 3);         // Verify the expected exception value.
    }

    // after:
    assert(v[0].d_uid == 1);
    assert(v[1].d_uid == 2);
    assert(v.capacity() == 2);  // Even the vector's capacity is unchanged.
}
```

重要的是，当异常最终被抛出时，向量在尝试添加第三个元素之前的整个状态保持不变，从而提供了强大的异常安全保证，正如C++标准自诞生以来对std::vector::push_back所要求的那样。如果第三次push_back没有抛出异常，调整大小将成功进行，并且每个元素都将被复制到新分配的空间中，该空间满足原始C++03约定，参见烦恼——std::vector增长时未指定行为的变化。

现在的问题是，我们应该如何在现代C++中有效地实现std::vector::push_back？

为了简单起见，忽略C++11内存分配器，回顾标准向量组成：data()，返回向量的动态分配元素存储的位置；capacity()，向量在调整大小之前可以容纳的最大元素数量；size()，向量当前容纳的元素数量。当size()为0或者小于capacity()时是没有问题的。在第一次分配动态空间之后，如果

capacity() 也为 0，可以尝试追加元素。如果在内存分配期间或者直接由元素的构造函数抛出异常，则对向量对象的状态没有影响。目前为止，还算一切顺利。

现在让我们考虑一下当 size() 不是 0 并且没有剩余容量时会发生什么，即 size()>0&&size()==capacity()。与以往一样，第一步是分配更大的动态内存块。如果该分配抛出异常，则无事可做，并且自动满足强保证的条件。但如果分配成功会发生什么？如果我们试图将现有元素移动到新分配的内存空间中，并且移动操作抛出异常，我们无法保证元素的状态在其原始位置不变。如果第一次移动成功，那么移动第二个元素会变得十分危险。因为尝试将第一个元素向后移动也可能引发错误，所以如果第二次移动操作因异常而失败，我们将无法继续，同样也无法保证恢复。这种情况将违反强异常安全保证，并且以最坏的方式进行：不是在编译时、链接时或启动时，也不是在重负载下，而是在运行时，当向量需要增长和移动现有元素时，在该操作中不确定地抛出。

或者，在移动操作标准化之前，我们可以采用与 C++03 中相同的保守方法。也就是说，我们甚至不用将现有元素从旧的动态分配块移动到新的块，而是将每个元素复制，例如使用复制 / 交换方法，但现在我们在向量的每次增长时都需要制作一个完整的副本。然而，根据元素的复杂性（例如，它们是否可以分配），当需要额外容量时，单个 push_back 的延迟成本可能仍然过高。标准委员会不愿在越来越典型的情况下放弃强有力的保证或最佳性能（支持非高速移动操作），因此做了第三种选择：noexcept 操作符。

现在，让我们考虑如何使用 noexcept 操作符来实现类似 std::vector 中的 push_back 成员函数，该函数可以安全地利用潜在元素上的新移动操作，同样，为了简化说明，忽略 C++11 内存分配器。首先考虑类 vector 的省略大量细节的定义：

```
#include <cstddef>  // std::size_t

namespace my {

template <typename T>
class vector
{
    T*          d_array_p;    // dynamic memory for elements of type T
    std::size_t d_capacity;   // maximum number of elements before resize
    std::size_t d_size;       // current number of elements in this array
public:
    vector() : d_array_p(0), d_capacity(0), d_size(0) { }  // created empty
    // ...
    void push_back(const T& value);  // safe, efficient implementation
    // ...
    void reserve(std::size_t capacity);    // make more space (might throw)
    void swap(vector& other) noexcept;     // swap state with other vector<T>
};
}
```

假设上述示例代码中仅存在成员函数，让我们看看如何实现一种有效的、异常安全的 push_back。该方法保留了强大的异常安全保证，即使对于一个类型，当被要求移动时，仍然可能抛出异常。

```
#include <new>       // placement new
#include <utility>   // std::move

template <typename T>
void my::vector<T>::push_back(const T& value)  // safe, efficient implementation
{
    if (d_size < d_capacity)  // sufficient capacity in allocated memory
    {
        void* address = d_array_p + d_size;  // implicit conversion to void*
        ::new(address) T(value);             // may throw on copy
        ++d_size;                            // no throw
        return;                              // early return
    }

    // If we know that attempting to move an object may not throw, we can
    // improve performance compared to relying on a classically throwing copy.
```

```
    const std::size_t nextCapacity = d_capacity ? d_capacity * 2
                                                : 1;            // no throw

    if (noexcept(::new((void*)0) T(std::move(*d_array_p))))  // is no throw?
    {
        my::vector<T> tmp;                          // may throw
        tmp.reserve(nextCapacity);                  // may throw

        void* address = tmp.d_array_p + d_size;     // no throw
        ::new(address) T(value);                    // last potential throw
        for (std::size_t i = 0; i != d_size; ++i)  // for each existing element
        {
            void* addr = tmp.d_array_p + i;          // no throw
            ::new(addr) T(std::move(d_array_p[i]));  // no throw (move)
        }

        tmp.d_size = d_size + 1;  // no throw
        tmp.swap(*this);          // no throw, committed
    }
    else                          // otherwise employ the copy/swap idiom
    {
        my::vector<T> copy;           // may throw
        copy.reserve(nextCapacity);   // may throw
        copy = *this;                 // may throw
        copy.push_back(value);        // may throw on copy; capacity's good
        copy.swap(*this);             // no throw, committed
    }
}
```

正如上面的代码片段所示，只要动态内存的中有足够的空间，noexcept 操作符就不需要保留强保证。只有当需要重新分配到更大的空间时，才需要 noexcept 操作符。在这一点上，我们需要知道，当我们要求 T 类型的对象移动构造时，它是否会抛出异常，参见潜在缺陷——直接使用 noexcept 操作符：

```
if (noexcept(::new((void*)0) T(std::move(*d_array_p))))  // no throw (move)
```

在 else 子句中，复制可能抛出异常，因此我们使用复制 / 交换方法。注意，我们调用 reserve 来预分配副本中的内存，而不是当前向量，以避免混淆和冗余分配问题。

但如果我们知道移动（或复制，如果没有移动构造函数）一个对象可能不会抛出异常，那么我们就可以避免将所有对象复制到新分配的内存中。我们首先创建一个临时向量，然后保留下一个更大的容量的向量。如果这两个操作中的任何一个抛出异常，那么原始向量中的状态将不会发生变化，因此，强异常安全保证功能将被保留。然后我们调用定位 new，以在预期地址构造新元素。注意我们在调用定位 new 时使用的特定语法：使用 :: 确保只考虑全局命名空间中的 new 重载，从而避免 ADL 发现任何不明智的、特定于类的重载。此外，我们有意将地址指针转换为 void*，以精确匹配我们所需的特定、标准强制的定位 new 重载，从而防止我们意外调用全局命名空间中任何其他更特定的重载。注意，我们允许指针隐式转换来初始化局部 void* 变量，而不是采用显式转换。如果调用新元素的构造函数时抛出异常，则不会创建新元素，当异常离开块作用域时，部分构造的临时对象将被销毁，临时向量析构函数将回收分配的内存，并且保留强保证。操作顺序允许此成员函数正常工作，即使值的参数是此向量的引用（也称为别名）。

现在已经过了抛出异常的可能点，因此我们继续移动并构造新内存中的每个元素。一旦移动完所有元素后，我们手动设置临时向量 tmp 的 d_size 数据成员，并有效地（无抛出异常）将其所有成员与当前向量的成员交换。当 tmp 超出范围时，它首先销毁移动源的原始元素，然后删除旧的动态分配块。

上面的 noexcept 操作符的使用虽然正确，但不容易维护。几乎所有条件 noexcept 规范之外的用途（参见 4.1.5 节）都涉及移动操作，其中最常见的是需要更为神秘的元编程才能正常工作，参见用例——实现 std::move_if_noexcept 和用例——实现 std::vector::push_back(T&&)。

（2）使用 static_assert 强制执行 noexcept 约定

编写函数模板时，抛出异常的可能性完全取决于依赖模板参数的操作。在这种情况下，我们希望有一个从不抛出异常的约定，因此我们使用 noexcept 指定。然而，这种行为将导致约定的运行时强制执行，如果涉及模板参数的任何操作抛出异常，则调用 std::terminate。如果我们想在编译时强制执行约定，可以使用 static_assert 测试与 noexcept 操作符相关的表达式：

```
#include <cmath>  // std::sqrt
template <typename T>
T sine(T const& a, T const& b) noexcept
{
   static_assert(noexcept( T(b / std::sqrt(a * a + b * b)) ), "throwing expr");
   return b / std::sqrt(a * a + b * b);
}
```

注意，这种方法将拒绝不抛出异常但尚未用异常规范标记的有效代码。

为了不破坏现有代码，在 std::vector 中通过强制插入向量中的所有元素都有一个不抛出异常的移动构造函数来保留强异常安全保证的做法被弃用。然而，对于自定义容器，具有这样的限制可能是一个合理的设计选择，可以通过 static_assert 类似地强制执行：

```
#include <new>       // placement new
#include <utility>   // std::move

template <typename T>
void my::vector<T>::push_back(const T& value)  // efficient implementation
{
    static_assert(noexcept(::new((void*)0) T(std::move(*d_array_p))),
                  "The element type must have a noexcept move constructor");

    if (d_size < d_capacity)  // sufficient capacity in allocated memory
    {
        void* address = d_array_p + d_size;  // implicit conversion to void*
        ::new(address) T(value);             // may throw on copy
        ++d_size;                            // no throw
        return;                              // early return
    }

    // We know that attempting to move an object may not throw, so we can
    // safely move rather than copy elements into the new storage.

    const std::size_t nextCapacity = d_capacity ? d_capacity * 2
                                                : 1;          // no throw

    my::vector<T> tmp;                            // may throw
    tmp.reserve(nextCapacity);                    // may throw

    void* address = tmp.d_array_p + d_size;       // no throw
    ::new(address) T(value);                      // last potential throw

    for (std::size_t i = 0; i != d_size; ++i)     // for each existing element
    {
        void* addr = tmp.d_array_p + i;           // no throw
        ::new(addr) T(std::move(d_array_p[i]));   // no throw (move)
    }

    tmp.d_size = d_size + 1;  // no throw
    tmp.swap(*this);          // no throw, committed
}
```

（3）实现 std::move_if_noexcept

对 noexcept 的需求几乎完全与移动操作相关，然而，即使出于此目的，直接使用 noexcept 几乎总是有问题的。C++11 提供了广泛的类型特征库，可以精确地确定类型的重要相关属性，例如它是否有可访问的构造函数，参见潜在缺陷——直接使用 noexcept 操作符。

考虑在给定地址构造新对象的函数的一个有问题的实现，如果它是 noexcept，则将调用移动构造函数；否则，如果对象类型具有可访问的复制构造函数，则调用该构造函数；或者作为最后一种手段，调用移动构造函数，因为该类型根本不可复制（也称为仅移动类型）：

```
#include <new>            // placement new
#include <type_traits>    // std::is_copy_constructible
#include <utility>        // std::move

template <typename T>
void construct(void* address, T& object)
    // object passed by modifiable lvalue to enable both copy and move
{
    if (noexcept(::new(address) T(std::move(object))))  // noexcept move
    {
        ::new(address) T(std::move(object));   // OK, no-throw movable
    }
    else if (std::is_copy_constructible<T>::value)
    {
        ::new(address) T(object);  // Oops, compile-time error if not copyable
    }
    else // T is not declared copyable, is movable, and may throw.
    {
        ::new(address) T(std::move(object));  // move move-only type anyway
    }
}
```

上面这种为仅移动类型进行的简单明了的实现，是无法编译的，因为即使在使用 else 分支时，if 语句的复制分支也需要编译，这是因为所有分支都要为每个模板实例化进行编译[⊖]。我们需要强制在编译时只计算每个潜在分支中的一个，这需要通过部分模板特化来选择所选函数，而不是函数体本身的运行时分支。如果允许的话，我们会选择将具有两个参数的 moveParameter 和 copyParameter 函数相对于其第二个布尔参数的值“部分特化”。由于不允许函数的部分模板特化，我们必须将参数提升（分离）到类模板中的潜在部分特化函数中，而该类模板具有要调用的静态函数模板：

```
#include <new>            // placement new
#include <type_traits>    // std::is_copy_constructible
                          // std::is_nothrow_move_constructible
#include <utility>        // std::move

template <bool ShouldMove>
struct ImplementMoveOrCopy  // general declaration/definition of class template
{
    template <typename T>
    static void construct(void* address, T& object)
    {
        ::new(address) T(object); // copy
    }
};

template <>
struct ImplementMoveOrCopy<true>  // explicit specialization of class template
{
    template <typename T>
    static void construct(void* address, T& object)
    {
```

⊖ 在 C++17 中，if constexpr 语言特性是此类问题的直接解决方案：

```
template <typename T>
void construct(void* address, T& object)
{
    if constexpr (noexcept(::new(address) T(std::move(object))))
    {
        ::new(address) T(std::move(object));
    }
    else if constexpr (std::is_copy_constructible<T>::value)
    {
        ::new(address) T(object);  // discarded if this branch is not taken
    }
    else // T is not declared copyable, is movable, and may throw.
    {
        ::new(address) T(std::move(object));
    }
}
```

```
        ::new(address) T(std::move(object));   // move
    }
};

template <typename T>
void construct(void* address, T& object)
     // object passed by modifiable lvalue to enable both copy and move
{
    ImplementMoveOrCopy<std::is_nothrow_move_constructible<T>::value ||
        !std::is_copy_constructible<T>::value>::construct(address, object);
}
```

上面的示例代码将以前构成一体的构造函数模板分为三部分，其中两部分仅用作私有实现细节，并放在类模板中。

这个 C++ 标准库提供了 std::move_if_noexcept 函数来封装这样的元编程代码，结果非常有用，参见用例——实现 std::vector::push_back(T&&)：

```
#include <type_traits>  // std::conditional

template <typename T>
constexpr
typename std::conditional<!std::is_nothrow_move_constructible<T>::value
                          && std::is_copy_constructible<T>::value,
                          const T&,
                          T&&>::type
move_if_noexcept(T& x) noexcept
{
    return std::move(x);
}
```

上面代码段中的定义中有很多东西需要解包，但原理很简单：所有的工作都是通过计算函数的返回类型来完成的。std::conditional 返回类型是一个标准的库元函数，它对谓词求值，并在谓词为 true 时为其结果类型生成第二个模板参数，在谓词为 false 时确定最终的模板参数。在这种情况下，谓词使用类型特征来检查推导的类型 T 的属性，以确定哪个结果应该是首选的。如果类型不是可复制构造的，如 std::is_copy_constructible 类型特征所示，则 std::conditional 函数应始终返回右值引用。如果类型是可复制构造的，则不应返回右值引用，除非移动构造函数是 noexcept。我们使用类型特征 is_nothrow_move_constructible 来确定一个类型是否有一个 noexcept 的移动构造函数，而不是试图在 noexcept 中实现元编程技巧，以避免考虑子表达式。

使用 noexcept 实现 std::is_nothrow_move_constructible 的尝试可能是：

```
#include <type_traits>  // std::integeral_constant
#include <utility>      // std::declval

template <typename T>
struct is_nothrow_move_constructible
    : std::integral_constant<bool,
                             noexcept(::new((void*)0) T(std::declval<T>()))>
{
};
```

在这里，std::declval 是一个声明但未定义的函数，它总是返回对模板参数类型的右值引用，这样可以避免需要知道任意类型的构造函数。然而，这种方法仍然是一种近似方法，因为当移动构造函数不是公有或者是删除时，我们必须使用更复杂的模板元编程来返回 false。由于其实现的复杂性，move_if_noexcept 函数被收在标准库中。

一旦我们有了 move_if_noexcept 函数，construct 示例就可以编写得更加简单，这次就可以正确编译：

```
template <typename T>
void construct(void* address, T& object)
     // object passed by modifiable lvalue to enable both copy and move
{
    ::new(address) T(std::move_if_noexcept(object));  // factored implementation
}
```

注意，construct 的实现也可能受益于条件 noexcept 规范，以指示操作何时为 noexcept，参见 4.1.5 节。

（4）实现 std::vector::push_back（T&&）

在用例——将元素添加到 std::vector 中，我们讨论了使用 noexcept 操作符的主要动机。在用例——实现 std::move_if_noexcept 中，我们展示了如何实现在各种与移动相关的操作中非常有用的功能。

除了在向量中插入一个值的副本外，C++11 还添加了一个重载，即通过使用重载 void vector<T>::push_back（T&&value）（参见 3.1.18 节），允许在插入向量时移动元素。此函数提供了与“按需复制（push-a-copy）”重载相同的强异常安全保证，但必须考虑仅移动类型的额外情况，即具有公有移动构造函数但没有可访问的复制构造函数的类型，其中移动构造函数可能会抛出这种情况。在这种情况下，push_back 只提供基本的异常安全保证；也就是说，不会泄漏任何资源，也不会破坏任何不变量，但抛出异常后向量的状态是未知的。

除了在特定情况下削弱了强异常安全保证之外，xvalue 的 push_back（由右值引用实现）（参见 3.1.18 节）增加了实现函数模板的复杂性。在某些情况下，函数模板想要复制，但在其他情况下尝试复制却无法编译。这个难题正是 std::move_if_noexcept 库函数所要解决的问题。

在深入研究类似向量的容器 push_back 的右值引用重载的实现之前，我们需要引入异常不可知的概念。如果 C++ 代码提供了基本保证，即如果从函数中抛出异常，则不会泄漏资源，也不会破坏不变量，那么称代码是异常安全的；如果代码被认为是异常安全的，同时在禁用异常的构建中，如果不借助于特定于异常的构造，如 try、catch 或 throw 等，这些构造可能无法编译，那么代码被认为是异常不可知的。在库中力求实现异常不可知性意味着，当异常被注入到代码中，例如，通过用户提供的回调函数、用户派生类中的虚函数，或者作为模板参数提供的用户定义类型的对象等方式，需要依赖 RAII 作为避免资源泄漏的手段。

术语作用域守卫（Scoped Guard）被广泛认为是一类对象，其唯一目的是管理其他对象的生存期，通常在构建时提供。当作用域守卫对象被销毁时（通常是由于自动变量离开了它的作用域），它会销毁其负责的对象。

```cpp
template <typename T>
struct ScopedGuard
{
   T* d_obj_p;

   ScopedGuard(T* obj) : d_obj_p(obj) { }
   ~ScopedGuard() { delete d_obj_p; }
};
```

上述代码中的 ScopedGuard 是 C++11 的 std::unique_ptr 的简化版本，它可以确保在函数调用中早期使用全局 new 分配的对象始终得到清理，即使控制流通过异常或提前返回而离开函数：

```cpp
#include <vector>  // std::vector

void test()
{
    ScopedGuard<std::vector<int>> sg(new std::vector<int>);  // guarded object
    sg.d_obj_p->push_back(123);
    // ...
    // ...                (Something might throw.)

}  // Guarded object will be released automatically as guard leaves scope.
```

作用域守卫的一种特殊情况是，在某个提交点之前，它一直充当保险策略，在此点之后，保护被禁用。考虑一个函数 evilFactory，它动态分配 std::vector<int> 并填充它，最后返回指向它的原始指针，除非引发异常，否则不建议这样做：

```cpp
std::vector<int>* evilFactory()  // Return raw address of dynamic memory (BAD).
{
    ScopedGuard<std::vector<int>> sg(new std::vector<int>);  // guarded object
```

```
    // ...             (something might throw)

    std::vector<int>* tmp = sg.d_obj_p;  // Extract address of managed object.
    sg.d_obj_p = 0;                      // Release ownership to client.
    return tmp;                          // Return ownership of allocated object.
}
```

在第二个示例中，客户在配置对象时使用保护。在此期间，如果抛出异常，当异常退出作用域时，守卫将自动销毁并解除分配给它的动态分配对象。如果像典型情况一样，没有抛出异常，则从守卫中提取对象的地址，将守卫指针归零（解除其守卫职责），并返回完全配置的动态对象的原始地址。我们将作用域守卫称为 Proctor，它通常通过一个 release 成员函数来提供一种释放托管对象所有权的方法。

现在为类似 std::vector 的容器完成 push_back 成员函数的右值引用重载的主要任务。为了简单起见，忽略内存分配器。首先，我们需要一个简单的 Proctor 类，它可以拥有一个动态对象，并确保在作用域结束时（例如抛出异常时）销毁它，除非另一个对象拥有了所有权：

```
template <typename T>
class DestructorProctor  // generic "scoped guard" class with release method
{
    T* d_obj_p;  // address of object whose destructor might need to be called

    DestructorProctor(const DestructorProctor&) = delete;
    DestructorProctor& operator=(const DestructorProctor&) = delete;
public:
    explicit DestructorProctor(T* p) : d_obj_p(p) { }         // initialize
    ~DestructorProctor() { if (d_obj_p) { d_obj_p->~T(); } } // clean up
    void release() { d_obj_p = 0; }                           // disengage
};
```

有了这个析构函数 DestructorProctor，我们可以继续实现专门为临时值设计的 push_ back。注意，noexcept 操作符上不再有分支，因为所有必要的逻辑都由 move_if_noexcept 处理以返回正确类型的引用：

```
template <typename T>
void my::vector<T>::push_back(T&& value)  // safe, efficient implementation
{
    if (d_size < d_capacity)  // if sufficient capacity in allocated memory...
    {
        void* address = d_array_p + d_size;  // implicit conversion to void*
        ::new(address) T(std::move(value));  // may throw on construction
        ++d_size;                            // no throw
        return;                              // early return
    }                                        // else...

    vector<T> tmp;                                      // may throw
    tmp.reserve(d_capacity ? d_capacity * 2 : 1);       // may throw

    void* address = tmp.d_array_p + d_size;                 // no throw
    T* newElement = ::new(address) T(std::move(value));     // ctor may throw
    DestructorProctor<T> guard(newElement);         // defend against exception

    for ( ; tmp.d_size != d_size; ++tmp.d_size)     // for each current element
    {
        void* addr = tmp.d_array_p + tmp.d_size;    // no throw
        ::new(addr) T(std::move_if_noexcept(d_array_p[tmp.d_size]));
            // may throw only if move is not noexcept
            // move if either move is noexcept or T is not copyable;
            // otherwise, copy to preserve strong exception-safety guarantee
    }

    guard.release();  // no throw
    ++tmp.d_size;     // no throw
    swap(tmp);        // no throw, committed
}
```

注意，如果上面的函数复制而不是移动 T 并抛出异常，tmp 将超出作用域，向量的析构函数将负责销毁所有已经复制的对象，并在 tmp.d_array_p 处释放内存。因此，DestructorProctor 只需要为新元素调用析构函数。

这里用于 std::vector::push_back（T&&）的移动 move_if_noexcept 异常的实现策略也可以用于左值引用版本（参见用例——将元素添加到 std::vector），唯一的区别是，我们将在两个位置构建新元素，像使用 ::new(address)T(value) 那样，而不是调用 std::move。使用 std::move_if_noexcept 目的是移动构造现有元素，而不必复制构造新插入的元素。注意，用于跟踪移动或复制的元素的循环变量是 tmp 向量的成员 d_size，以确保在随后的移动或复制操作引发时，任何复制或移动的对象都会被 tmp 的析构函数销毁。虽然操作集看起来不同，因为 push_back 的原始形式中 if(noexcept(⋯)) 语句的两个分支看起来不兼容，但事实上，这个新版本中的操作序列几乎是相同的，因为我们有效地内联了原始版本的保留和复制分配操作。唯一的区别是，在非抛出异常移动的情况下，循环计数是一个增加了成员变量的临时向量，而不是局部变量，这种差异在实践中可以忽略。

3. 潜在缺陷

（1）直接使用 noexcept 操作符

在指定标准库方面的早期发现之一是，由于 noexcept 操作符考虑整个表达式，但由于子表达式不是查询中的直接部分，这一副作用导致了结果可能为假。考虑以下构造函数声明：

```
template <typename T>
struct MyType
{
    // ...
    MyType(MyType&& rhs) noexcept(noexcept(T(T())));  // T is type of a member.
};
```

该声明似乎说明了编写异常规范的合理方法，该异常规范以 T 类型的成员是否具有无法抛出异常的移动构造函数为条件。被测试的表达式从另一个默认构造的 T 类型临时对象创建了一个 T 类型的临时对象。这种使用 noexcept 操作符的方式怎么可能不会返回预期结果？

首先，这段代码假设 T 有一个可访问的默认构造函数，尽最大努力创建一个 T 类型的右值，而不知道它的任何信息，特别是不知道可访问构造函数初始化临时对象的语法。该标准通过将 declval 函数引入 <utility> 文件[⊖]来解决此问题：

```
#include <type_traits> // std::add_rvalue_reference
#include <utility>     // std::declval

template <typename T>
typename std::add_rvalue_reference<T>::type std::declval() noexcept;
```

虽然此函数是由标准库声明的，但在可能对其进行计算的上下文中使用它——在 decltype、noexcept、sizeof 或类似上下文之外使用它仍是一个错误。注意，该函数被无条件声明为 noexcept，以支持其在 noexcept 操作符中的预期用途，这不会影响最终结果。这个函数通常返回一个右值引用，但是使用 add_rvalue_reference 类型特征可以处理一些特殊情况。如果使用左值引用进行实例化，将应用引用折叠规则，结果将是左值引用。如果使用不支持引用的类型（如 void）进行实例化，类型特征将简单地返回相同的类型。注意，函数签名只是返回一个引用，函数本身从未定义，因此避免了如何在运行时创建返回的 xvalue 的问题。

有了 declval 函数，我们可以重写异常规范：

```
template <typename T>
struct MyType
{
    // ...
    MyType(MyType&&) noexcept(noexcept(T(std::declval<T>())));
};
```

⊖ 在 C++17 中，由于保证了复制省略，noexcept(T(T())) 不检查移动构造函数的 noexcept 规范。

使用 std::declval 解决了类型 T 不可默认构造的问题，但这种方法仍然存在一个微妙的问题。除了测试 T 类型临时对象的移动构造函数是否不会抛出异常，我们还测试了该临时对象的析构函数，因为根据其性质，临时对象在创建它们的表达式结束时被销毁。这种约定导致析构函数在没有异常规范的情况下声明时具有特殊规则，与其他函数不同（参见烦恼——析构函数（不是移动构造函数）默认是 noexcept）。当重新编译最初针对 C++03 开发、测试和验证的代码时，这一点非常重要。然而，当析构函数被显式声明为可能抛出异常时，更改析构函数异常规范的规则仍然无法解决问题。解决方法是通过使用 new 操作符推迟临时对象销毁：

```
template <typename T>
struct MyType
{
    // ...
    MyType(MyType&&) noexcept(noexcept(::new((T*)0) T(std::declval<T>())));
};
```

使用空指针作为目标地址在这里没有未定义的行为，因为表达式是作为参数传递给 noexcept 的未计算操作数，所以只有表达式中涉及的类型（而不是值）有意义，参见用例——将元素添加到 std::vector。

编写一个不抛出异常的移动构造函数的简单尝试已经变成了一个复杂的专用元程序。这种模式通常通过直接使用 noexcept 操作符观察到，通常这种元程序被打包为具有明确名称的类型特性，在那里它们被开发、测试和部署一次即可。

（2）noexcept 操作符不考虑函数体

当第一次了解 noexcept 规范时，一个常见混淆是假设规范由函数体中的表达式确定。隐式声明或默认函数（参见 2.1.4 节）的异常规范基于基类和类成员的相应异常规范生成，进而强化了这种误解。

编译器不通过解析函数定义和拒绝可能抛出的表达式来强制执行异常，这是一种深思熟虑的语言选择。如果抛出 noexcept 函数是一个编译时错误，那么函数模板的异常规范对库作者来说将会变得特别困难，并且在针对 C 代码或使用遗留下来的 C++03 代码进行编译的项目中采用任何异常都将是一项挑战。但是，在已知通过异常规范引发异常的情况下，某些编译器会发出警告，即所有代码路径都会导致异常，并且没有常规返回路径：

```
void does_not_throw() noexcept
{
    throw "Oops!";  // OK, calls std::terminate, but a good compiler will warn
}

void should_not_throw(bool lie) noexcept
{
    if (lie)
    {
        throw "Fooled you!";  // OK, but conditional so compilers will not warn
    }
}
```

4. 烦恼

（1）noexcept 无法直接使用

如果 noexcept 操作符考虑了整个表达式，那么测试与代码相关的操作可能会非常困难。C++ 标准库提供了许多类型特性，可以将确定可重用组件中此类结果所需的元函数打包起来：

```
#include <type_traits>  // all of the std::* traits below

struct S { };  // Trivial object, all implicit operations are noexcept.

static_assert(std::is_nothrow_assignable<S,S>::value, "");            // OK
static_assert(std::is_nothrow_constructible<S>::value, "");           // OK
static_assert(std::is_nothrow_copy_assignable<S>::value, "");         // OK
static_assert(std::is_nothrow_copy_constructible<S>::value, "");      // OK
static_assert(std::is_nothrow_default_constructible<S>::value, "");   // OK
static_assert(std::is_nothrow_destructible<S>::value, "");            // OK
static_assert(std::is_nothrow_move_assignable<S>::value, "");         // OK
static_assert(std::is_nothrow_move_constructible<S>::value, "");      // OK
```

示例实现可能类似于：

```
#include <new>          // placement new
#include <type_traits>  // std::integral_constant
#include <utility>      // std::declval

template <typename T, bool = std::is_move_constructible<T>::value>
struct is_nothrow_move_constructible__impl
    : std::integral_constant<bool, false> { };

template <typename T>
struct is_nothrow_move_constructible__impl<T,true>
    : std::integral_constant<bool,
          noexcept(::new((void*)0) T(std::declval<T>()))> { };

template <typename T>
struct is_nothrow_move_constructible
    : is_nothrow_move_constructible__impl<T> { };
```

参见潜在缺陷——直接使用 noexcept 操作符。注意，即使是这个简单的特性，也需要通过支持类进行一定程度的间接寻址，来避免对不会为不可移动构造的类型进行编译的 noexcept 表达式求值。

除了 C++11 提供的特性外，我们还特别关注确定交换操作是否可以抛出异常。流行的复制 / 交换用法依赖于通过参数相关查找（ADL）调用的不可抛出异常的交换操作，std::swap 模板也可以通过普通名称查找。这种习惯用法通常是在代码调用 swap 的范围内通过 using 声明实现的，但不可能通过使用 noexcept 操作符在正在测试的单个表达式中注入 using std::swap。指定标准库时忽略了这个问题，因为 C++ 库类型本身都在名称空间 std 中，它们发现 std::swap 重载而不需要额外的 using[⊖]。

然而，与 C++11 特性不同，用户不可能在不侵入命名空间 std 的情况下自己提供等效的功能，这是 C++ 标准明确禁止的。这些特性只能由标准库本身实现。

在实践中，noexcept 的使用通常被委托给类型特性，由标准库或用户代码提供，可以实现测试、调试和打包精确的元程序，并根据其预期用途明确命名。

（2）强大的异常安全保证

强大的异常安全保证的预期好处是，在操作必须成功或使系统处于良好状态的情况下，可以对代码进行事务性推理。这种保证要求在操作开始前要具备“良好状态”。这就提出了一个问题：如果需要再次尝试操作，并保证第二次会成功，那会发生什么变化？一般来说，细粒度的事务保证倾向于放弃整个操作并重新开始，在这种情况下，安全保证所维护的状态也会丢失。请注意，细粒度的事务推理结果对于并发代码上的原子操作确实很重要，但这与异常安全保证完全不同。

在实践中，当试图诊断软件中的问题时，强有力的安全保证是有用的，因为我们可以依靠检查对象来返回与尝试操作之前相同的状态。当然，这取决于这样一种假设，即被诊断的错误不会影响代码的强大异常安全保证。

（3）std::vector 增长时未指定行为的变化

一个鲜为人知的 C++03 示例是，当向量增长，它将其所有元素复制到一个新的、更大的数组中时，默认情况下未复制的状态将丢失。例如，复制向量时通常不会保留向量的容量，即使用户已显式调用 reserve 以确保原始向量对象可以在不重新分配的情况下增长。在尝试预填充向量时，未能保持容量可能会成为一个问题：

```
#include <cassert>  // standard C assert macro
#include <vector>   // std::vector

void safe_append(std::vector<std::vector<int>>* target)
{
    assert(target);
```

⊖ 在 C++17 中，通过添加两个类型特性解决了这一问题：

static_assert(std::is_nothrow_swappable<S>::value); // OK, in C++17

static_assert(std::is_nothrow_swappable_with<S&, S&>::value); // OK, in C++17

```
    target->push_back(std::vector<int>());
    target->back().reserve(100);
}
```

此函数确保插入到目标向量中的每个新 vector<int> 的容量至少为 100。但是，如果目标本身被迫增长，则目标中的所有现有向量都将被复制，并计算出新容量，以合理地保存它们已经保存的元素。这很可能是在较低的容量中，这迫使函数在以后调用时进行新分配，这样的代码应尽量避免。

C++11 解决了向量元素的移动构造函数为 noexcept 的常见情况，因为向量将移动而不是将每个元素复制到新数组中，并且移动操作经常保留有关原始对象的状态，包括在示例中向量的容量。

注意，一些程序员可能认为 std::vector<std::string> 是遇到这个问题的更常见的示例，但设计选择的结合意味着上述问题在实践中不会发生。C++03 中 std::string 的设计实现了写时复制优化，我们相信所有标准库都实现了这种优化。这种设计意味着，当我们复制一个字符串时，我们共享一个引用计数的实现，并且只有当任何一个字符串调用修改操作（例如添加更多字符），被修改的字符串最终实现延迟复制时，才创建真正的副本。然而，操作隐藏的共享状态对于并发代码来说是一个真正的性能问题，这是 C++11 的主要设计目标，因此 std::string 的设计改为支持短字符串优化。如果我们没有同时修复 std::vector 以使用移动操作回避问题，那么这个重新设计的字符串的向量仍存在原来的问题。

(4) 析构函数（不是移动构造函数）默认是 noexcept

一旦早期编译器提供了 noexcept 操作符的实现，很快就会发现涉及临时对象的常见表达式存在问题。出现这些问题是因为 noexcept 操作符包含临时对象的整个生命周期，涉及临时对象的表达式将调用其析构函数，并且绝大多数现有 C++03 代码的析构函数都没有指定异常规范。

事实上，C++03 确实基于其基类和成员的异常规范为隐式声明的析构函数提供了异常规范。显然，该语言已经试图帮助我们，但一旦用户编写了自己的析构函数（这是很常见的事情），该用户就必须显式地将该析构函数标记为 noexcept，否则 noexcept 操作符的许多潜在用途将变得无关紧要，因为它总是返回 false。这个问题的解决方案是使析构函数特殊化，这样，如果用户提供的析构函数上没有显式声明的异常规范，那么它将被赋予相同的异常规范。注意，许多程序员错误地将该规则称为“析构函数隐式为 noexcept”。虽然隐式析构函数为 noexcept 是极为常见的情况，但该规则允许类显式地将其析构函数标记为可以抛出异常：

```
struct BadIdea
{
   ~BadIdea() noexcept(false) { }
};
```

因此，任何具有 BadIdea 基或成员的类也将具有隐式可以抛出异常的析构函数。然而，除非有人首先显式地编写一个像 BadIdea 这样的类，否则析构函数通常没有可抛出异常的常见说法是成立的。

接下来的问题是，如果没有显式提供的规范，为什么移动构造函数没有得到与析构函数相同的处理，并在隐式声明的移动构造函数上使用异常规范？最简单的答案可能是当时没有人提出。

noexcept 在 C++11 标准化过程中出现得非常晚，只有早期在新语言功能与绝大多数现有代码交互时，才发现需要处理析构函数。析构函数非常常见，几乎是每个对象生命周期的一部分。移动构造函数是一个新特性，需要编写新代码，因此不存在大量遗留的不兼容代码。移动构造函数只是众多构造函数中的一个，而一个类只能有一个析构函数，因此“析构函数是特殊的”这一规则深入人心，而“移动构造函数是语言中一个额外特殊的构造函数”的新规则就不太明显。此外，还有更常见的情况，基于基和成员的异常规范的隐式异常规范会对用户定义的类型给出错误的结果。例如，移动构造函数负责恢复其使用状态的任何对象的不变量，如果一个不变量是空对象始终有一个分配对象（例如 std::list 实现中的哨兵节点），则用户将负责显式将该移动构造函数标记为 noexcept(false)，否则，程序会有一个隐藏的终止条件。最后，如果没有大量预先存在的代码，析构函数是否会被视为特殊，从而对语言中的所有其他函数都有不同的默认值，这一点尚不清楚。

(5) 旧版本编译器会侵入 constexpr 函数体

很明显，noexcept 操作符不允许从普通函数体（即使是空函数）推断它是否会抛出。然而，对于

C++11 和 C++14，声明为 constexpr 的函数的行为（参见 3.1.5 节）没有得到充分规定，这意味着一些编译器在计算 noexcept 时会检查 constexpr 函数的主体。

这一点在 C++17 中进行了澄清。该规范可追溯到 C++11 和 C++14，因此我们希望以下示例中的所有断言都能在编译器上成功。Clang 的所有版本都是这样，但是，对于 9.1（大约 2019 年）之前的 GCC 版本和直到 16.9 的 MSVC 才提供 /std:c++latest 版本（大约 2021 年），其中一些情况的结果不符合要求：

```
#include <stdexcept>  // std::runtime_error
          int f0()           { return 0; }
constexpr int f1()           { return 0; }
constexpr int f2(bool e)     { if (e) throw std::runtime_error(""); return 0; }
          int f3() noexcept { return 0; }
constexpr int f4() noexcept { return 0; }

static_assert(!noexcept(f0()),        "");  // OK
static_assert(!noexcept(f1()),        "");  // OK, but fails on old GCC and MSVC
static_assert(!noexcept(f2(false)), "");  // OK, but fails on old GCC and MSVC
static_assert(!noexcept(f2(true)),  "");  // OK
static_assert( noexcept(f3()),        "");  // OK
static_assert( noexcept(f4()),        "");  // OK
```

（6）类层次结构中的异常规范约束

在某些情况下，我们可能希望用一个可以抛出的函数合法地重写一个从不抛出的函数。

例如，许多使用相关矩阵的数学模型要求这些矩阵是半正定的，对此的描述超出了本书的范围，但可以在大多数统计学和矩阵代数的教材中找到[⊖]。对于秩大于 2 的矩阵，测试矩阵是否满足此要求在计算上是一个昂贵的过程，并且此属性自动适用于所有秩为 1（即平凡的）和秩为 2 的相关矩阵。

假定我们有某种形式的数学模型，它依赖于相关值矩阵，要求相关矩阵是半正定的。对于 2×2 矩阵，计算非常简单，无须检查输入矩阵的有效性。

当创建一个可以处理任意大矩阵的增强模型时，我们必须检查这些矩阵的有效性：

```
class MySimpleCalculator
{

    // a mathematical model that can handle the simple case of only 1 or 2
    // assets

    virtual void setCorrelations(const SquareMatrix& correlations) noexcept
        // This function takes a correlation matrix that must be a valid 1x1
        // or 2x2 matrix.  If the matrix is larger than 2x2, then the behavior
        // is undefined.
    {
        // This simple calculator can handle only 2x2 correlations.
        assert(correlations.rank() <= 2);
        d_correlations = correlations;
    }
};

class MyEnhancedCalculator : public MySimpleCalculator
{
    // an enhancement that can handle arbitrarily large numbers of assets

    void setCorrelations(const SquareMatrix& correlations) override
        // This function takes an arbitrarily large correlation matrix,
        // satisfying a positive semidefiniteness constraint.  If the matrix
        // is not positive semidefinite, then an exception will be thrown.
    {
        // Check positive semidefiniteness only if rank > 2 because it is an
        // expensive calculation and is, by definition, true for correlations
        // when rank <= 2.
        if (correlations.rank() > 2 && !correlations.isPositiveSemiDefinite())
        {
```

⊖ 参见 vandenbos07。

```
            throw MyCorrelationExceptionClass();
        }

        d_correlations = correlations;
    }
};
```

在基类函数上放置 noexcept 是个好主意，因为它永远不会抛出。然而，这将迫使我们从该函数的任何重写中删除异常抛出。

那么，鉴于上述情况，我们有什么选择？不幸的是，只有三种，没有一种是理想的：

- 从基类中删除 noexcept 说明符。可以说，此选项是最简单的选择，但是我们必须牺牲一些编译器的优化。对于第三方库中包含的基类，此选项可能不可行。
- 将重写函数设为 noexcept，并将抛出更改为断言。这个选项将有效地解决函数调用上游的数据验证问题，对每个调用方说："如果你不想让程序出错，就不要传递坏数据。"这也意味着单元测试只能通过使用"死亡测试"来完成，这对编译/测试周期有性能影响。
- 当给定一个无效矩阵时，使重写函数 noexcept 无法产生有用的结果，可能会导致其他派生类特定状态处于无效状态。同样，第三种选择通过间接错误报告和处理有效地将问题推向上游，并且在单元测试方面增加了复杂性。

通常，如果我们正在编写一个类，并且我们考虑现在或将来从该类继承，我们必须仔细考虑 noexcept 的好处是否大于缺点。

请注意，当我们选择从基类函数中移除 noexcept 说明符时，可能会产生级联结果：

```
class DataTable
{
    // This class has some data and appropriate virtual accessors.

    virtual Data getValue(/*...*/) const noexcept;
        // Return some of the held data based on arguments passed in.
};

class Calculator
{
    virtual double getUsefulStatistic(const DataTable& dt) noexcept;
        // given a DataTable dt, makes one or more calls to dt.getValue and
        // performs some calculation to generate a result
};
```

假设我们要对数据库中的数据进行相同的计算：

```
class LazyLoadingDataTable : public DataTable
{
    // holds a database connection and a mutable data cache

    Data getValue(/*...*/) const override;
        // queries the database for values not in cache and throws
        // DatabaseException in the event of any issues
};
```

根据 noexcept 的规则，此代码将导致编译错误，可以通过删除 DataTable::getValue 函数上的 noexcept 来解决。修改后的代码现在可以编译了。

让我们来看看如果出现网络拥塞会发生什么：

1）该程序使用适当的数据库连接信息构建 LazyLoadingDataTable。

2）程序将其传递到 Calculator::getUsefulStatistic。

3）GetUsefulStatistics 调用 LazyLoadingDataTable::getValue。

4）数据库超时，并引发 DatabaseException 类型的异常。

5）由于 getUsefulStatistic 不是异常，因此异常无法传播。

6）程序终止。

上面概述的行为可能有问题，不仅在最终系统中，在单元测试中也是如此。例如，假设我们想用模拟数据库连接测试上述类，该连接会引发异常，我们将不得不再次诉诸测试。

5. 参见

- 2.1.11 节描述了一个相关的标注，暗示函数永远不会正常返回。
- 3.1.18 节深入讨论了移动操作的基本支持。
- 4.1.5 节研究了围绕 noexcept 移动构造函数之外的广泛系统使用的问题。

6. 延伸阅读

关于 noexcept 的起源和有效使用的另一个观点，参见 krzemienski11。

7. 补充内容

noexcept 操作符的起源：移动操作

在 C++11 标准化过程的后期，发现了一个优化问题，该问题促使在 C++ 中添加移动操作。2010 年 3 月匹兹堡会议上，在 C++11 的新特性停止更新一年多后，这个问题被认为严重到需要通过一个新语言特性的提案来解决[一]。这个问题打破了在向量中插入元素时的强大异常安全保证，参见用例——将元素添加到 std::vector。已经编写和测试了许多代码，希望这种保证能够成立。

一个简单的修复方法是要求类型提供一个无约束的移动构造函数来建立强大的异常安全保证。在为类型实现移动构造函数时，提供这种保证相对简单，但这需要编写新代码。当在新规则下重新编译时，C++03 的代码会发生什么？这段代码没有定义任何移动构造函数，因为 C++03 语言不支持它们。相反，当向量试图移动每个元素时，重载解析将找到复制构造函数并进行复制。虽然我们可以期望一个专门编写的移动构造函数提供无抛出异常保证，但我们不能期望复制构造函数也提供无抛出异常的保证，因为复制构造函数通常需要分配内存，例如当类型具有 std::vector 或 std::string 数据成员时。

为 C++11 解决这个问题有两个部分，这两个部分都在 2010 年 3 月的会议上通过。第一部分是隐式升级现有 C++03 代码。Stroustrup 建议[二]为遵循零规则的类提供隐式声明的移动构造函数和移动操作符，这样的类依赖复制构造函数、复制操作符和析构函数的隐式声明。但是，如果用户自己定义了这些函数中的任何一个，则不需要隐式声明，因为这表明必须执行一些内部状态管理操作，例如释放所拥有的资源。移动操作的隐式定义是简单的成员移动构造或移动分配操作，正如隐式定义的复制操作调用复制构造函数 / 分配运算符一样。注意，C++03 隐式定义的移动操作通常只会复制，因为预先存在的 C++03 代码本身无法提供移动重载。但是，使用 C++11 移动优化类型实例化的 C++03 类模板可以正确移动，以执行其简单声明的移动操作。重要的一点是，移动优化类型很少抛出移动构造或移动分配异常，这提供了 std::vector 所需的保证，但仅适用于用户提供的具有优化移动操作的类类型子集。

第二部分是 Abrahams 对 noexcept 操作符的介绍[三]。该操作符作用于表达式，非常类似于 sizeof，以查询组成完整表达式的任何子表达式是否允许抛出异常。如果已知为模板参数类型 T 调用移动构造函数无法抛出异常，则在向量增长以满足新容量后填充新数组，无须维护每个元素的重复副本。这种保证允许向量首先尝试所有可能的抛出操作（分配新数组并构造任何新元素），然后才安全地移动所有现有元素，即使对于使用新库优化重新编译的旧代码也是如此。否则，移动操作可以抛出异常，库会回到以前的非优化行为，即在更新内部指针以获得所有权之前，将每个元素复制到数组中。Abrahams 的解决方案甚至保证了库优化可用于某些 C++03 类型的子集，但大多数此类类型都需要更新以支持不可抛出异常的移动操作。

[一] 参见 gregor09。

[二] 参见 stroustrup10a。

[三] 参见 abrahams10。

noexcept 异常规范为 noexcept 操作符提供了说明[1]，参见第 4.1 节中的"noexcept 说明符"。

3.1.16 不透明的 enum：不透明的枚举声明

任何具有固定底层类型的枚举都可以在不定义的情况下声明，即不使用枚举器声明。

1. 描述

在 C++11 之前，如果编译器无法访问其所有枚举器，则无法声明枚举，这意味着在任意的一个声明前，特定枚举的定义必须存在于编译单元（Translation Unit，TU）中：

```
enum E0;                // Error, incomplete enum type
enum E1 { e_A1, e_B1 }; // OK, definition
enum E1;                // OK, redeclaration of existing enum in the same TU
```

自 C++11 以来，枚举可以具有固定的底层类型（参见 3.1.19 节），这意味着它们的整数表示不依赖于其枚举器的值。这样的枚举可以通过不透明声明在没有枚举器的情况下声明：

```
enum E2 : short;  // OK, opaque declaration with fixed char underlying type
enum E3;          // Error, opaque declaration without fixed underlying type
```

即使枚举器未知，上面 E2 枚举的声明向编译器提供了足够的信息，使其知道类型的大小和对齐分别为 sizeof(short) 和 alignof(short)。相反，经典的枚举如（E3）的大小、对齐方式和符号类型是由实现定义的，并依赖于特定的枚举器值。只有看到枚举数，编译器才能确定这些属性；因此，经典枚举不适合不透明声明。

C++11 还引入了使用关键字 enum class 或 enum struct 声明的作用域枚举（参见 3.1.8 节）。除非用户显式指定了不同的底层类型，否则作用域枚举隐式地具有 int 的基础类型。由于作用域枚举的底层类型在声明时总是已知的，因此也可以使用不透明声明来声明它：

```
enum class E4;          // OK, scoped enum, default int underlying type
enum class E5 : short;  // OK, scoped enum, fixed short underlying type
```

用不透明声明方式声明 enum 的枚举器可以在声明之前定义，或在声明之后定义，甚至根本不提供定义：

```
enum E6 : unsigned { e_A6A, e_A6B };  // OK, enum definition
enum E6 : unsigned;                   // OK, redeclaration of existing enum

enum E7 : int;                        // OK, opaque enum declaration
enum E7 : int { e_A7 };               // OK, enum definition

enum E8 : short;                      // OK, opaque enum declaration
```

单个 TU 中所有的枚举声明必须对其底层类型达成一致；否则，程序是不健全的：

```
enum class E9;             // OK, fixed default underlying type of int
enum class E9 : int;       // OK, underlying type matches previous declaration.

enum E10 : short;          // OK, fixed explicit underlying type short
enum E10 : char { e_A10 }; // Error, redeclaration with different underlying type

enum class E11 : char;     // OK, fixed explicit underlying type char
enum class E11 : short;    // Error, redeclaration with different underlying type
```

注意，与 C++03 中一样，在单个 TU 中一个枚举不能被多次定义：

```
enum E12 : char;           // OK, opaque enum declaration
enum E12 : char { e_A12 }; // OK, enum definition
enum E12 : char;           // OK, opaque enum redeclaration
enum E12 : char { e_A12 }; // Error, enum redefinition

enum class E13;            // OK, opaque enum declaration
```

---

[1] 参见 abrahams10。

```
enum class E13 { e_A13 };   // OK, enum definition
enum class E13;             // OK, opaque enum redeclaration
enum class E13 { e_A13 };   // Error, enum redefinition
```

用不透明声明方式声明的枚举是完整类型。完整类型意味着，可以使用 sizeof 请求其大小，拥有枚举类型的局部变量、全局变量或成员变量等，并且均无须访问枚举的定义：

```
enum E14 : char;
static_assert(sizeof(E14) == 1, "");            // OK, sizeof of a complete type

enum class E15;
static_assert(sizeof(E15) == sizeof(int), "");  // OK, sizeof of a complete type

E14 a;  // OK, variable of a complete type
E15 b;  // OK,      "     " "     "       "

struct S {
    E14 d_e14;  // OK, data member of a complete type
    E15 d_e15;  // OK,    "     "    " "    "      "
    S(E14 e14, E15 e15)  // OK, by-value function arguments of complete types
    : d_e14(e14)
    , d_e15(e15)
    {
    }
};
```

不透明枚举声明的典型用法通常包括将前向声明（Forward Declaration）放在头文件中，并将完整的定义隔离在相应的 .cpp（或第二个头文件）中。前向声明可以将客户端与对枚举器列表的更改隔离开来（参见用例——在头文件中使用不透明枚举）。

```
// myclass.h:
// ...

class MyClass {
    // ...
private:
    enum class State;  // forward declaration of State enumeration
    State d_state;
};

// ...

// myclass.cpp:

#include <myclass.h>
// ...
enum class MyClass::State { e_STATE1, e_STATE2, e_STATE3 };
    // complete definition compatible with forward declaration of MyClass::State
```

注意，这样的前向声明不同于局部声明（Local Declaration）。前向声明的特点是具有一个编译单元，该编译单元故意包含枚举的定义和不透明声明。该编译单元可以由它们在同一文件中的直接主机托管产生，也可以通过在相应的实现文件中包含头文件产生（如上面的示例所示）。而对于局部声明，不存在此类编译单元：

```
// library.h:
// ...

enum class E18 : short { e_A18, /*...*/ e_Z18 };

// client.cpp:

// Note that 'library.h' is not included

enum class E18;  // BAD IDEA: a local opaque enumeration declaration
```

局部声明是可能存在问题的，比如上面的 E18，参见潜在缺陷——在本地重新声明外部定义的枚举。

2. 用例

（1）在头文件中使用不透明枚举

物理设计涉及两个相关但不同的信息隐藏概念：封装㊀（Encapsulation）和隔离㊁（Insulation）。如果更改实现细节（以语义兼容的方式）不需要客户端重新编写代码，但可能需要客户端重新编译代码，那么实现细节就会被封装。

隔离可以以兼容方式更改隔离的实现细节，甚至无须强迫客户端重新编译，只需将它们的代码与更新的库重新链接即可。这种避免编译时耦合的优点超越了简单减少编译时间的优点。对于更大的代码库，在不同的发布周期下管理不同的层，对隔离的细节进行更改可以在同一天用一个 .o 补丁和一个重链接完成，而一个未隔离的更改可能会带来跨越数天、数周甚至更长时间的发布周期。

考虑一个非值语义机制（Non-value-semantic Mechanism）类 Proctor，它被实现为一个有限状态机：

```
// proctor.h:

class Proctor
{
    int d_state;  // "opaque" but unconstrained int type (BAD IDEA)
    // ...

public:
    Proctor();
    // ...
};
```

在私有成员中，Proctor 有一个数据成员 d_state，表示对象的当前枚举状态。底层状态机的实现会随着时间的推移而定期改变，但是 public 接口是相对稳定的。因此，我们希望确保可能发生变化的实现的所有部分都驻留在头文件之外，状态枚举的完整定义（包括枚举器列表本身）被隔离在相应的 .cpp 文件中：

```
// proctor.cpp:
#include <proctor.h>

enum State { e_STARTING, e_READY, e_RUNNING, e_DONE };

Proctor::Proctor() : d_state(e_STARTING) { /*...*/ }
// ...
```

在 C++11 之前，枚举不能前向声明。为了避免头文件中枚举数的不必要公开，将使用完全不受约束的 int 作为数据成员，枚举将在 .cpp 文件中定义。随着现代 C++ 的出现，现在有了更好的选择，我们可以考虑向 .cpp 文件中的枚举添加显式底层类型：

```
// proctor.cpp:
#include <proctor.h>

enum State : int { e_STARTING, e_READY, e_RUNNING, e_DONE };

Proctor::Proctor() : d_state(e_STARTING) { /*...*/ }
// ...
```

既然本地组件枚举有了显式的底层类型，我们就可以在头文件中转发声明它。proctor.cpp（其中包括 proctor.h）的存在使此声明成为前向声明，而不仅仅是局部声明。proctor.cpp 的编译确保声明和定义是兼容的。前向声明可以（在一定程度上）提高了类型安全性：

```
// proctor.h:
// ...
enum State : int;  // opaque declaration of enumeration (new in C++11)
```

㊀ 参见 liskov87、liskov16、liskov09。

㊁ 参见 lakos96，第六章，第 327～471 页；lakos20，第三节 3.10～3.11，第 733～835 页。

```
class Proctor
{
    State d_state;  // opaque classical enumerated type (BETTER IDEA)
    // ...

public:
    Proctor();
    // ...
};
```

但我们可以做得更好。首先，我们将枚举的 State 类型嵌套在 Proctor 的私有部分中，以避免不必要的名称空间污染。其次，由于枚举器的数值不相关，我们可以通过嵌套更强类型的枚举类来更紧凑地实现我们的目标：

```
// proctor.h:
// ...
class Proctor
{
    enum class State;  // forward (nested) declaration of type-safe enumeration
    State d_current;   // opaque (modern) enumerated data type (BEST IDEA)
    // ...

public:
    Proctor();
    // ...
};
```

接下来，我们将在 .cpp 文件中相应地定义嵌套的枚举类：

```
// proctor.cpp:
#include <proctor.h>

enum class Proctor::State { e_STARTING, e_READY, e_RUNNING, e_DONE };

Proctor::Proctor() : d_current(State::e_STARTING) { /*...*/ }
// ...
```

最后要注意，在这个示例的头文件中，我们首先在类范围内前向声明了嵌套的枚举类类型，然后分别定义了不透明枚举类型的数据成员。我们需要分别进行操作是因为在单个语句中同时不透明地声明枚举和定义该类型的对象是不可能的：

```
enum E1 : int e1;  // Error, syntax not supported
enum class E2 e2;  // Error,    "     "       "
```

但是，完全定义枚举的同时定义该类型的对象是可能的：

```
enum E3 : int { e_A, e_B } e3;  // OK, full type definition + object definition
enum class E4 { e_A, e_B } e4;  // OK,   "    "       "     "     "       "
```

提供这样一个完整的定义将违背我们将 Proctor::State 的枚举数列表与包括定义 Proctor 的头文件在内的客户端隔离开来的意图。

（2）双重访问：将一些外部客户端与枚举器列表隔离

在以往的用例中，目标是将所有外部客户端与在定义组件头中可见（但不一定以编程方式可达）的一个枚举的枚举器隔离开来。考虑组件（.h/.cpp 对）本身定义了一个枚举的情况，该枚举将由单个程序中的各种客户端使用，其中一些客户端需要访问枚举器。

为了方便直接在程序中使用，当在头文件中定义了具有明确指定基础类型的枚举类或经典枚举类型后（参见 3.1.9 节），外部客户端可以以不透明的方式单方面地重新声明上述枚举，不用包含枚举器列表。这样做的动机是，对于没有直接使用枚举器的客户端来说，当枚举器列表发生变化时，可以不必重新编译该客户端程序和其他客户端程序。

然而，在客户端代码中嵌入任何这样的局部声明将会产生很大的问题。如果声明的底层类型（在一个编译单元中）以某种方式与定义（在其他编译单元中）不一致，那么任何包含两个编译单元的程序都会立即在没有告知的情况下产生 IFNDR；参见潜在缺陷——在本地重新声明外部定义的枚举。

除非在定义完整枚举的头文件中提供单独的转发头文件（最好是包含在头文件中），否则任何选择利用枚举类型不透明特性的客户端都将别无选择，只能在本地重新声明枚举，参见潜在缺陷——鼓励局部枚举声明：一个有吸引力的麻烦。

例如，考虑一个枚举类 Event，用于外部客户端公共使用：

```
// event.h:
// ...
enum class Event : char { /*... changes frequently ...*/ };
// ...                ^^^^
```

现在想象一下，某个客户端头文件 badclient.h 使用了 Event 枚举，并选择通过嵌入一个 Event 的局部声明来避免在编译时将自身耦合到枚举器列表：

```
// badclient.h:
// ...
enum class Event : char;  // BAD IDEA: local external declaration
// ...
struct BadObject
{
    Event d_currentEvent;  // object of locally declare enumeration
    // ...
};
// ...
```

如果 char 所能容纳的事件数量不足，我们就将定义更改为底层类型 short：

```
// event.h:
// ...
enum class Event : short { /*... changes frequently ...*/ };
// ...                ^^^^^
```

如果客户端代码（例如在 badclient.h 中）未能包括 event.h 头文件，将无法自动知道它需要更改，并且在翻译单元中未包含 event.h 的所有情况下都不会修复该代码问题。除非每个这样的客户端都以某种方式手动更新，否则包含它们的新链接程序将成为 IFNDR，这可能会导致程序崩溃。或者程序继续运行并出现更多错误行为。如果在头文件中提供以编程方式可访问的枚举类型定义，其中显式或隐式指定了底层类型，那么我们可以通过提供仅包含相应不透明声明的辅助头文件，为外部客户端提供局部声明的安全替代方案：

```
// event.fwd.h:
// ...
enum class Event : char;
// ...
```

在这里，我们选择将转发头文件视为与主体头文件相同的事件组件的一部分，但注入了描述性后缀字段 .fwd[⊖]。

通常来说，在其相应的完整头文件中总是包含转发头文件，例如默认模板参数，其中声明最多可以在任何给定的编译单元中出现一次，而唯一的缺点是，如果给定的编译单元包含完整头文件，则现在必须打开并解析相对较小的转发头文件。为了确保一致性，我们在定义完整枚举的原始头文件中包含此转发头文件：

```
// event.h:
// ...                  // Ensure opaque declaration (included here) is
#include <event.fwd.h>  // consistent with complete definition (below).
// ...
enum class Event : char { /*... changes frequently ...*/ };
// ...
```

⊖ 使用复合后缀 fwd.h（如 comp.fwd.h）作为转发头文件，而不是 comp_fwd.h 或 comp.fh，有两方面的好处。首先，它保留了组件的基本名称和宿主平台上头文件的传统文件扩展名。其次，它告诉我们这是一个可能与非转发头共存的转发头。参见 lakos20，2.4 节，第 297～333 页。

这样，每个包含定义的编译单元将有助于确保前向声明和定义匹配；因此，客户可以安全地合并可能更稳定的转发标头文件：

```
// goodclient.h:
// ...
#include <event.fwd.h>  // GOOD IDEA: consistent opaque declaration
// ...
class Client
{
    Event d_currentEvent;
    // ...
};
```

为了说明不透明枚举特性在现实世界中的实际应用，考虑可能依赖于[一]上述 Event 枚举的各种组件。

- 消息（Message）——该组件提供了一个由原始数据[二]组成的价值语义消息类，包括代表事件类型的 Event 字段。该组件永远不会直接使用任何枚举值，因此只需要包括 event.fwd.h 和事件枚举的相应不透明的前向声明。
- 发送器（Sender）和接收器（Receiver）——这是一对组件，分别创建和使用消息对象。要填充消息对象，发送器需要为 Event 成员提供一个有效值。类似地，要处理消息，接收器将需要了解 Event 字段的潜在单个枚举值。这两个组件都包含主 Event .h 头文件，因此它们都有 Event 的完整定义。
- 信使（Messenger）——最后一个组件是一个通用引擎，它能够由发送器传递消息对象，然后以适当的方式将这些对象传递给接收器，它需要一个完整的、可用的消息对象定义，可能在传递之前复制它们或将它们存储在容器中，但不需要了解这些消息对象中 Event 成员的可能值。该组件可以完全参与到更大的系统中，同时与 Event 枚举的枚举值完全隔离。

通过将 Event 枚举分解到自己的单独组件中，并提供两个不同但兼容的头文件，一个包含不透明声明，另一个（包括第一个）提供完整的定义，我们可以让不同的组件在编译时选择不与枚举器列表耦合，而不必强迫它们在本地不安全地重新声明枚举。

（3）cookie：将所有外部客户端与枚举器列表隔离

一种经常重复出现的设计模式（通常称为 Memento 模式）[三]表现为：提供服务的工具（通常在多客户端环境中）将不透明的信息包（也就是 cookie）交给客户端保存，然后返回给工具，以便在处理停止时恢复操作。由于 cookie 中的信息不会被客户端实际使用，因此任何不必要的客户端与 cookie 实现的编译时耦合只会阻碍发布 cookie 的工具的流动可维护性。为了封装和隔离客户端持有但没有实质使用的纯实现细节，我们提供了这个 Memento 模式作为不透明枚举的可能用例。

事件驱动编程[四]（历史上使用回调函数实现）引入了一种与我们可能已经习惯的编程风格截然不同的编程风格。在这种编程范式中，高级代理（例如 main）将首先实例化一个 Engine，该 Engine 将负责监视事件并在适当的时候调用提供的回调。通常，客户端可能已经注册了一个函数指针和一个对应的指向客户端定义的标识数据片段的指针，但是这里我们将使用 C++11 标准库类型 std::function，它可以封装任意可调用的函数对象及其相关状态。这个回调函数将提供一个对象来表示刚刚发生的事件，并提供另一个对象，如果该对象适合应用程序，可以不透明地用于再次在同一事件中重新注册感兴趣的内容。

这种不透明的 cookie 和传递客户端状态看起来似乎是不必要的步骤，但通常这类软件所涉及的

[一] 参见 lakos20，第 1.8 节“依赖关系”，第 237～243 页。

[二] 我们有时把只在高级实体的上下文中有意义的数据称为哑数据（Dumb Data）。参见 lakos20，3.5.5 节，第 629～633 页。

[三] 参见 gamma95，第 5 章，“Memento”部分，第 283～291 页。

[四] 参见 gamma95，第 5 章，“观察者”部分，第 293～303 页。

事件管理是在繁忙的系统中包装最常执行的代码，因此每个基本操作的性能都很重要。为了最大限度地提高性能，内部数据结构中的每个潜在分支或查找都必须最小化，并且允许客户端在重新注册时返回引擎的内部状态，可以大大减少引擎继续客户端事件处理的工作，而不必在每次事件发生时销毁并重新构建所有客户端状态。更重要的是，像这样的事件管理器常常变得高度并发，以利用现代硬件的优势，因此它们自己的数据结构的性能操作和它们交互的对象的良好定义的生命周期变得至关重要。这个 API 做了简单的保证，如果你不重新注册，那么引擎将清理一切；如果你这样做了，那么回调函数将继续它的生命期，这是一个易于处理的范例。

```cpp
// callbackengine.h:
#include <deque>           // std::deque
#include <functional>      // std::function

class EventData;       // information that clients will need to process an event
class CallbackEngine;  // the driver for processing and delivering events

class CallbackData
{
    // This class represents a handle to the shared state associating a
    // callback function object with a CallbackEngine.

public:
    typedef std::function<void(const EventData&, CallbackEngine*,
        CallbackData)> Callback;
        // alias for a function object returning void and taking, as arguments,
        // the event data to be consumed by the client, the address of the
        // CallbackEngine object that supplied the event data, and the
        // callback data that can be used to reregister the client, should the
        // client choose to show continued interest in future instances of the
        // same event

    enum class State;  // GOOD IDEA
        // nested forward declaration of insulated enumeration, enabling
        // changes to the enumerator list without forcing clients to recompile

private:
    // ... (a smart pointer to an opaque object containing the state and the
    //      callback to invoke)

public:
    CallbackData(const Callback &cb, State init);

    // ... (constructors, other manipulators and accessors, etc.)

    State getState() const;
        // Return the current state of this callback.

    void setState(State state) const;
        // Set the current state to the specified state.

    Callback& getCallback() const;
        // Return the callback function object specified at construction.
};

class CallbackEngine
{
private:
    // ... (other, stable private data members implementing this object)

    bool d_isRunning;  // active state
    std::deque<CallbackData> d_pendingCallbacks;
        // The collection of clients currently registered for interest, or having
        // callbacks delivered, with this CallbackEngine.
        //
        // Reregistering or skipping reregistering when
        // called back will lead to updating internal data structures based on
        // the current value of this State.
```

```
public:
    // ...   (other public member functions, e.g., creators, manipulators)

    void registerInterest(CallbackData::Callback cb);
        // Register (e.g., from main) a new client with this manager object.

    void reregisterInterest(const CallbackData& callback);
        // Reregister (e.g., from a client) the specified callback with this
        // manager object, providing the state contained in the CallbackData
        // to enable resumption from the same state as processing left off.

    void run();
        // Start this object's event loop.

    // ...  (other public member functions, e.g., manipulators, accessors)
};
```

在 main 中，客户端会创建这个 CallbackEngine 的实例，定义事件发生时要调用的适当函数，注册感兴趣内容，然后让引擎运行：

```
// myapplication.cpp:
// ...
#include <callbackengine.h>

static void myCallback(const EventData&    event,
                       CallbackEngine*     engine,
                       const CallbackData& cookie);
    // Process the specified event, and then potentially reregister the
    // specified cookie for interest in the same data.

int main()
{
   CallbackEngine engine;  // Create a configurable callback engine object.

   //...     (Configure the callback engine, e, as appropriate.)

   engine.registerInterest(&myCallback);  // Even a stateless function pointer can
                                          // be used with std::function.
   // ...create and register other clients for interest...

   engine.run();     // Cede control to e's event loop until complete.

   return 0;
}
```

在下面的示例中，myCallback 的实现可以自由地重新注册同一事件中的感兴趣内容，将 cookie 保存到其他地方以便稍后重新注册，或者完成它的任务并让 CallbackEngine 适当地清理所有现在不必要的资源：

```
void myCallback(const EventData&     event,
                CallbackEngine*      engine,
                const CallbackData&  cookie)
{
    int status = EventProcessor::processEvent(event);

    if (status > 0)  // Status is nonzero; continue interest in event now.
    {
        engine->reregisterInterest(cookie);
    }
    else if (status < 0)  // Negative status indicates EventProcessor wants
                          // to reregister later.
    {
        EventProcessor::storeCallback(engine, cookie);
                          // Call reregisterInterest later.
    }

    // Return flow of control to the CallbackEngine that invoked this
    // callback.  If status was zero, then this callback should be cleaned
    // up properly with minimal fuss and no leaks.
}
```

这里特别适合使用不透明枚举的地方在于，CallbackEngine 维护的内部数据结构可能微妙地相互关联，通过回调维护的客户端与这些数据结构之间的关系的任何知识都将减少在没有这些信息的情况下正确重新注册客户端所需的查找量和同步量。其他关于 reregisterInterest 上的广泛合约意味着客户端不需要自己直接知道他们可能所处状态的实际值。更值得注意的是，这样的组件可能会在大型代码库中大量重用，并且能够维护，尽量减少客户端重新编译的需求，从而可以大幅降低部署时间。

考虑 CallbackEngine 实现的业务端，以及单线程实现可能涉及什么：

```
// callbackengine.cpp:
#include <callbackengine.h>

enum class CallbackData::State
{
    // Full (local) definition of the enumerated states for the callback engine.
    e_INITIAL,
    e_LISTENING,
    e_READY,
    e_PROCESSING,
    e_REREGISTERED,
    e_FREED
};

void CallbackEngine::registerInterest(CallbackData::Callback cb)
{
    // Create a CallbackData instance with a state of e_INITIAL and
    // insert it into the set of active clients.
    d_pendingCallbacks.push_back(CallbackData(cb, CallbackData::State::e_INITIAL));
}

void CallbackEngine::run()
{
    // Update all client states to e_LISTENING based on the events in which
    // they have interest.

    d_isRunning = true;
    while (d_isRunning)
    {
        // Poll the operating system API waiting for an event to be ready.
        EventData event = getNextEvent();

        // Go through the elements of d_pendingCallbacks to deliver this
        // event to each of them.
        std::deque<CallbackData> callbacks;
        callbacks.swap(d_pendingCallbacks);

        // Loop once over the callbacks we are about to notify to update their
        // state so that we know they are now in a different container.
        for (CallbackData& callback : callbacks)
        {
            callback.setState(CallbackData::State::e_READY);
        }

        while (!callbacks.empty())
        {
            CallbackData callback = callbacks.front();
            callbacks.pop_front();

            // Mark the callback as processing and invoke it.
            callback.setState(CallbackData::State::e_PROCESSING);

            callback.getCallback()(event, this, callback);

            // Clean up based on the new State.
            if (callback.getState() == CallbackData::State::e_REREGISTERED)
            {
                // Put the callback on the queue to get events again.
                d_pendingCallbacks.push_back(callback);
            }
            else
```

```
            {
                // The callback can be released, freeing resources.
                callback.setState(CallbackData::State::e_FREED);
            }
        }
    }
}

void CallbackEngine::reregisterInterest(const CallbackData& callback)
{
    if (callback.getState() == CallbackData::State::e_PROCESSING)
    {
        // This is being called reentrantly from run(); simply update state.
        callback.setState(CallbackData::State::e_REREGISTERED);
    }
    else if (callback.getState() == CallbackData::State::e_READY)
    {
        // This callback is in the deque of callbacks currently having events
        // delivered to it; do nothing and leave it there.
    }
    else
    {
        // This callback was saved; set it to the proper state and put it in
        // the queue of callbacks.
        if (d_isRunning)
        {
            callback.setState(CallbackData::State::e_LISTENING);
        }
        else
        {
            callback.setState(CallbackData::State::e_INITIAL);
        }

        d_pendingCallbacks.push_back(callback);
    }
}
```

注意，CallbackData::State 的定义是可见的，并且只在这个实现文件中需要。另外，考虑到状态集可能会随着 CallbackEngine 的优化和扩展而增长或收缩，客户端仍然可以以类型安全的方式传递包含该状态的对象，同时保持与该定义隔离。

在 C++11 之前，我们不能前向声明这种枚举，因此必须以一种类型不安全的方式来表示它，例如，用 int 表示。多亏了现代枚举类（参见 3.1.8 节），我们可以方便地将其前向声明为嵌套类型，然后在实现 CallbackEngine 类的其他非内联成员函数的 .cpp 中单独完全定义它。通过这种方式，我们能够将对枚举数列表的更改与在 .h 文件之外定义的任何其他方面的实现隔离开来，而不必迫使任何客户端应用程序重新编译。前面代码示例中假设的 CallbackEngine 的基本设计可以用于任何数量的有用组件：解析器或记号赋予器、工作流引擎，甚至更通用的事件循环。

3. 潜在缺陷

（1）在本地重新声明外部定义的枚举

不透明枚举声明允许使用该枚举，但不赋予枚举器可见性，从而减少组件之间的物理耦合。与 forward 类声明不同，不透明枚举声明生成一个完整的类型，足以用于实质性使用（例如通过链接器）。

```
// client.cpp:
#include <cstdint>  // std::uint8_t
enum Event : std::uint8_t;
Event e;  // OK, Event is a complete type.
```

不透明枚举声明中指定的底层类型必须完全匹配完整定义；否则，将两者结合起来的方案将会产生 IFNDR。当没有将这些更改广播到所有局部声明时，更新 enum 的底层类型以容纳附加值可能会导致潜在缺陷。

```
// library.h:
enum Event : std::uint16_t { /* now more than 256 events */ };
```

编译器无法强制实现局部不透明枚举声明的底层类型与其在单独编译单元中的完整定义保持一致，这可能导致程序 IFNDR。在上面的 client.cpp 示例中，如果 client.cpp 中的不透明声明没有以某种方式更新以反映 event.h 中的变化，程序将会编译、链接和运行，但它的行为已经静默地变成了未定义的。对于这个问题，唯一的解决方案是 library.h 提供两个单独的头文件。参见潜在缺陷——鼓励局部枚举声明：一个有吸引力的麻烦。

局部声明的问题绝不仅限于不透明的枚举。仅通过链接器将与其定义相关联的任何对象的局部声明嵌入到单独的编译单元中会带来不稳定性：

```
// main.cpp:
extern int x;  // BAD IDEA!
// ...
```

```
// library.cpp:
int x;
// ...
```

对象 x 的定义（在上面的代码段中）位于库组件的 .cpp 文件中，而假定的 x 声明嵌入在定义主对象的文件中。如果 x 定义的类型发生变化，两个编译单元将继续编译，但链接后，生成的程序将会产生 IFNDR：

```
// main.cpp:
extern int x;  // ILL-FORMED PROGRAM
// ...
```

```
// library.cpp:
double x;
// ...
```

为确保编译单位之间的一致性，由来已久的传统是在生产者管理的头文件中放置每个外部链接实体的声明，以供其定义的编译单位之外时使用；然后，生产者和每个消费者都会包含该标题：

```
// main.cpp:
#include <library.h>
// ...
```

```
// library.h:
// ...
extern int x;
// ...
```

```
// library.cpp:
#include <library.h>
int x;
// ...
```

这样，当 library.cpp 被重新编译时，对生产者 library.cpp 中 x 定义的任何更改都将触发编译错误，从而迫使对 library.h 中的声明进行相应的更改。当发生这种情况时，典型的构建工具将注意头文件的时间戳相对于与 main.cpp 对应的 .o 文件的时间戳的变化，并指出它也需要重新编译。由此，问题就解决了。

然而，与不透明枚举相关的可维护性陷阱在质量上比其他外部链接类型（如全局 int）更严重：枚举类型本身的完整定义需要驻留在任意外部客户端的头文件中，以使用其单独的枚举数；典型组件仅由 .h/.cpp 对组成，即对于一个 .h 文件，通常只有一个 .cpp 文件[⊖]。

（2）鼓励局部枚举声明：一个有吸引力的麻烦

当我们作为库组件作者提供具有固定底层类型的枚举的完整定义，并且未能提供仅具有不透明声明的相应转发头文件时，我们的客户会面临一个艰难的决定：是不需要将自己和他们的客户与枚举器列表的细节进行编译时耦合[⊜]，还是做出不确定的选择，单方面在本地重新声明该枚举。

对于其数据类型由编译单元单独维护的局部声明的数据来说，与其相关的问题不仅仅限于枚举（参见“在本地重新声明外部定义的枚举”）。从质量角度来看，不透明枚举导致的可维护性缺陷要比其他外部链接类型（如全局 int）更为严重。因为，对于客户端程序来说，增加枚举数目是一个有吸引力的麻烦。客户端可以在一个头文件中访问全部枚举定义，但这又进一步鼓励枚举只在本地声明。

确保定义枚举数的库组件（其枚举数可以被省略）可以一致地提供第二个转发头文件，其中包含每个此类枚举的不透明声明，这是一种避免维护负担的常用方法，参见用例——双重访问：将一些外部客户端与枚举器列表隔离”。注意，即使组件的主要目的不是使枚举普遍可用，也可能存在这样吸

⊖ 参见 lakos20，2.2.11～2.2.13 节，第 280～28 页。

⊜ 有关编译时耦合如何将“热修复”延迟数周而不是数小时的完整示例，参阅 lakos20，3.10.5 节，第 783～789 页。

引人的麻烦[1]。

4. 烦恼

不透明枚举不是完全类型安全

不透明枚举并不阻止它被用于创建一个对象，该对象可以由不透明的方式初始化为零值，然后使用（例如在函数调用中）：

```
enum Bozo : int;  // forward declaration of enumeration Bozo
void f(Bozo);     // forward declaration of function f

void g()
{
    Bozo clown{};
    f(clown);      // OK, who knows if zero is a valid value?!
}
```

虽然默认情况下创建零值枚举变量并不少见，但允许在不知道哪些枚举值是有效的情况下创建枚举变量是有争议的。

5. 参见

- 3.1.19 节讨论了枚举变量及其值的基础整数表示。
- 3.1.8 节引入了隐式作用域和更强类型的枚举。

6. 延伸阅读

- 有关声明与定义、头文件、.h 和 .cpp 对、提取实际依赖项、依赖关系、逻辑和物理名称内聚、避免不必要的编译时依赖项，以及体系结构隔离技术的更多信息，可参见 lakos20。
- 更多互补的产品软件设计观点，可参见 martin17。

3.1.17　基于范围的循环：for 循环

基于范围的 for 循环以更抽象的形式提供了一种简洁紧凑的语法，用于遍历给定对象序列中的每个成员。

1. 描述

遍历集合中的元素是一种基本操作，通常使用 for 循环执行：

```
#include <vector>  // std::vector
#include <string>  // std::string

void f1(const std::vector<std::string>& vec)
{
    for (std::vector<std::string>::const_iterator i = vec.begin();
         i != vec.end(); ++i)
    {
        // ...
    }
}
```

上面的代码遍历 std::vector 中的字符串。使用这种经典的迭代器比使用其他语言中的类似代码要详细但冗长得多，因为它使用一个通用构造 for 循环来执行遍历集合的任务。在 C++11 中，i 的定义可以通过使用 auto 来稍微简化：

```
void f2(const std::vector<std::string>& vec)
{
    for (auto i = vec.begin(); i != vec.end(); ++i)
```

[1] 参见 wight。

```
    {
        const std::string& s = *i;
        // ...
    }
}
```

虽然 auto 确实有许多潜在的缺陷，但是使用 auto 来推断 vec.begin() 的返回类型是它更安全的常用用法之一，参见 3.1.3 节。虽然这个循环编写起来更简单，但它仍然使用完全通用的三部分 for 结构。此外，vec.end() 在每次循环时都被求值。

C++11 中基于范围的 for 循环（有时通俗地称为 foreach 循环）是一种更简洁的循环表示法，用于遍历容器或其他顺序范围的元素。基于范围的 for 循环使用范围和元素，而不是迭代器或索引：

```
void f3(const std::vector<std::string>& vec)
{
    for (const std::string& s : vec)
    {
        // ...
    }
}
```

上面示例函数中的循环可以读作“对每个在 vec 中的元素 s……”，不需要指定迭代器的名称或类型、循环终止条件或增量子句。该语法纯粹专注于生成集合中的每个元素，以便在循环体中进行处理。

（1）规范

基于范围的 for 循环的语法声明了一个循环变量，并指定了要遍历的元素范围：

```
for ( for-range-declaration : range-expression ) statement
```

编译器使用以下伪代码将这个高级构造处理将其转换为较低级的 for 循环：

```
{
    auto&& __range = range-expression;
    for (auto __begin = begin-expr, __end = end-expr;
        __begin != __end;
        ++__begin)
    {
        for-range-declaration = *__begin;
        statement
    }
}
```

上面的变量 __range、___begin 和 ___end 仅供说明。编译器不一定会生成具有这些名称的变量，用户代码也不允许直接访问这些变量。

__range 变量被定义为一个转发引用（参见 3.1.10 节），它将绑定到任何类型的范围表达式，而不管它的值类别（lvalue 或 rvalue）。如果 range 表达式产生一个临时对象，则在必要时扩展其生命周期，直到 range 超出范围。虽然这个临时对象的生命周期扩展在大多数情况下都可以工作，但当 __range 没有直接绑定到由 range 表达式创建的临时对象时，它就不够用了，甚至可能会导致微妙的缺陷。参见潜在缺陷——范围表达式中临时对象的生命周期。

分别用于初始化 __begin 和 __end 变量的 begin-expr 和 end-expr 表达式定义了一个半开放的元素范围，该范围从 __begin 开始，包括在 __end 之前但不包括 __end 的所有元素。begin-expr 和 end-expr 的确切含义在 C++14 中被明确定义，但与 C++11[⊖]中的定义在本质上是相同的。

- 如果 __range 指向一个数组，那么 begin-expr 是数组第一个元素的地址，end-expr 是数组最后一个元素的下一位置的地址。
- 如果 __ range 指的是类对象，并且开始或结束是该类的成员，则 begin-expr 是 __range.

⊖ 在 C++11 中，begin-expr 和 end-expr 的解释规则有些不清楚。CWG issue 1442（miller12a）的一份缺陷报告追溯性地澄清了措辞。C++14 进一步澄清了这一措辞。

begin()，而 end-expr 是 __range.end()。注意，如果在类中找到了 begin 或 end，那么这两种表达式都必须有效，否则该程序将出错。

- 在其他情况下，begin-expr 是 begin(__range)，end-expr 是 end(__range)，其中 begin 和 end 是使用参数依赖查找（Argument-Dependent Lookup，ADL）找到的。注意，begin 和 end 只在与表达式关联的名称空间中查找。基于范围的 for 循环的上下文是本地的名称，不被考虑，参见烦恼——只有 ADL 查找。

因此，vector 等容器具有常规的 begin 和 end 成员函数，提供了基于范围的 for 循环所需的一切，正如我们在前面的 f3 示例中看到的那样。注意，end-expr—range.end() 在 vector 的情况下只计算一次，这与惯用的底层 for 循环不同，后者在每次迭代之前计算。

尽管 __begin 和 __end 变量看起来和行为都像迭代器，但它们不需要符合标准中的所有迭代器要求。具体来说，__begin 和 __end 的类型必须支持前缀操作符 ++，但不一定支持后缀操作符 ++，并且必须支持操作符 !=，但不一定是操作符 ==。注意，在 C++11 和 C++14 中，__ begin 和 __end 需要具有相同的类型；参见烦恼——不支持哨兵迭代器类型[㊀]。

for-range-declaration 声明循环变量。任何可以用 *__begin 初始化的声明都是有效的。例如，如果 *__begin 返回对 int 类型等可修改对象的引用，那么 int j、int& j、const int& j 和 long j 对于声明循环变量 j 的基于范围的声明都是有效的，参见潜在缺陷——无意中复制元素。或者，也可以使用 auto 来推导循环变量的类型，例如：auto j, auto& j, const auto& j，或 auto&& j（参见 3.1.3 节）。

只有当解除引用的开始返回可修改类型的引用，并且循环变量被声明为可修改类型的引用（例如 int&、auto& 或 auto&&）时，才可以通过循环变量修改所遍历的序列：

```
#include <vector>  // std::vector

void f1(std::vector<int>& vec)
{
    const std::vector<int>& cvec = vec;

    for (auto& i : cvec)
    {
        i = 0;  // Error, i is a reference to const int.
    }

    for (int j : vec)
    {
        j = 0;  // Bug, j is a loop-local variable; vec is not modified.
    }

    for (int& k : vec)
    {
        k = 0;  // OK, set element of vec to 0.
    }

}
```

因为 cvec 是 const 类型，所以 *begin(cvec) 返回的元素类型是 const int&。因此，i 被推断为 const int&，这使得任何通过 i 修改元素的尝试都无效。第二个循环是有效的 C++11 代码，但有一个微妙的缺陷：j 不是一个引用，它包含 vector 中当前元素的副本，因此修改 j 对 vector 没有影响。第三个循环正确地将 vec 的所有元素设置为 0。循环变量 k 是对当前元素的引用，因此将其设置为 0 将修改原始向量。

注意，基于范围的声明必须定义一个新变量，与传统的 for 循环不同，它不能命名已经在作用域中的现有变量：

㊀ C++17 标准更改了基于范围的 for 循环的定义代码转换，从而允许 __begin 和 __end 具有不同的类型，只要它们具有可比性，即可使用 __begin != __end。参见烦恼——不支持哨兵迭代器类型。

```
void f2(std::vector<int>& vec)
{
    int m;
    for (     m : vec) { /*...*/ }  // Error, m does not define a variable.
    for (int& m : vec) { /*...*/ }  // OK, loop m hides function-scope m.
}
```

组成循环体的语句可以包含传统 for 循环体中有效的任何内容。例如，break 语句将立即退出循环，而 continue 语句将跳转到下一次迭代。

将这种转换应用到基于范围的 for 循环遍历一个包含字符串元素的向量，可以看到迭代器习惯用法是如何用于遍历的：

```
#include <string>  // std::string

void f3(const std::vector<std::string>& vec)
{
    // for (const std::string& s : vec) { /*...*/ }
    {
        auto&& __range = vec;  // reference to the std::vector
        for (auto __begin = __range.begin(), __end = __range.end();
            __begin != __end;
            ++__begin)
        {
            const std::string& s = *__begin;  // Get current string element.
            {
                // ...
            }
        }
    }
}
```

在这种扩展中，__range 类型为 const std::vector<std::string>&，而 __begin 和 __end 类型为 std::vector<std::string>::const iterator。

(2) 遍历数组和初始化列表

<iterator> 标准头文件定义了 std::begin 和 std::end 的数组重载，这样，当应用于具有已知元素数的 C 风格数组时，std::begin 返回第一个元素的地址，std::end 返回数组最后一个元素的一个地址。在扩展基于范围的 for 循环时，此功能作为特例内置于 __begin 和 __end 的初始化中，因此可以遍历数组的元素，不需要 #include<iterator>：

```
void f1()
{
    double data[] = {1.9, 2.8, 4.7, 7.6, 11.5, 16.4, 22.3, 29.2, 37.1, 46.0};
    for (double& d : data)
    {
        d *= 3.0;  // triple every element in the array
    }
}
```

在上面的示例中，引用 d 依次被绑定到数组的每个元素。数组的大小没有在循环语法的任何地方进行编码，无论它是作为字面值还是符号值，这简化了循环的说明并防止了错误。注意，只有循环发生时大小已知的数组才可以这样遍历：

```
extern double data[];  // array of unknown size

void f2()
{
    for (double& d : data)  // Error, data is an incomplete type.
    {
        // ...
    }
}

double data[10] = { /*...*/ };  // too late to make the above compile
```

如果将数据声明为具有大小（例如 extern double data[10]），则可以编译上述示例。因为这将是一个完整的类型，提供了足够的信息来遍历数组。示例中的数据定义已经完成，但在编译循环时还不可见。

std::initializer 列表通常用于使用带括号的初始化来初始化数组或容器；参见 3.1.4 节。然而，std::initializer 列表模板提供了自己的 begin 和 end 成员函数，因此可以直接作为基于范围的 for 循环中的 range 表达式使用：

```
#include <initializer_list>  // std::initializer_list

void f3()
{
    for (double v : {1.9, 2.8, 4.7, 7.6, 11.5, 16.4, 22.3, 29.2, 37.1, 46.0})
    {
        // ...
    }
}
```

上面的示例展示了如何将一系列双精度值嵌入到循环头中。

2. 用例

(1) 遍历容器的所有元素

此特性的主要用例是在容器中的元素上循环：

```
#include <list>  // std::list

void process(int* p);

void f1()
{
    std::list<int> aList{ 1, 2, 4, 7, 11, 16, 22, 29, 37, 46 };
    for (int& i : aList)
    {
        process(&i);
    }
}
```

这种习惯用法利用了所有符合 STL 的容器类型，它们提供了 begin 和 end 操作，这些操作可用于分隔包含整个容器的范围。因此，上面的循环从 list.begin() 迭代到 list.end()，对遇到的每个元素都调用 process。

当在 std::map<Key, Value> 或 std::unordered map<Key, Value> 上迭代时，每个元素都有 std::pair<const Key, Value> 类型。为了节省类型并避免与第一个成员为 const 相关的错误，我们为 map 类型声明 typedef，并使用值类型别名来引用每个元素的类型；参见潜在缺陷——无意中复制元素：

```
#include <iostream>  // std::cout
#include <map>       // std::map
#include <string>    // std::string

typedef std::map<std::string, int> MapType;

MapType studentScores
{
    {"Emily", 89},
    {"Joel",  85},
    {"Bud",   86},
};

void printScores()
{
    for (MapType::value_type& studentScore : studentScores)
    {
        const std::string& student = studentScore.first;
```

```
        int&             score   = studentScore.second;
        std::cout << student << "\t scored " << score << '\n';
    }
}
```

此示例在 map 中打印每个键值对。我们创建了两个别名，student 对应 studentScore.first，score 对应 studentScore.second，以更好地表达代码的意图[⊖]。

（2）子范围

使用经典的 for 循环遍历一个容器 c，允许从 c.begin（ ）之后的某个点开始指定 c 的子范围，例如 ++c.begin()，并在 c.end() 之前的某个点结束，例如，std::prev(c.end(), 3)。为了为基于范围的 for 循环指定子范围，可以创建一个简单的适配器，用于保存定义所需子范围的两个迭代器（或类似迭代器的对象）:

```
template <typename Iter>
class Subrange
{
    Iter d_begin, d_end;

public:
    using iterator = Iter;

    Subrange(Iter b, Iter e) : d_begin(b), d_end(e) { }

    iterator begin() const { return d_begin; }
    iterator end()   const { return d_end;   }
};

template <typename Iter>
Subrange<Iter> makeSubrange(Iter beg, Iter end) { return {beg, end}; }
```

上面的 Subrange 类是潜在的基于范围的实用程序库的原始开端[⊜]。它具有两个外部提供的迭代器，可以通过其 begin 和 end 访问器成员提供给基于范围的 for 循环。makeSubrange 工厂使用函数模板参数演绎来返回正确类型的 Subrrange。

使用 Subrange 来反向遍历一个向量，省略它的第一个元素：

```
#include <vector>    // std::vector
#include <iostream>  // std::cout, std::endl

template <typename Range>
void printRange(const Range& r)
{
    for (const auto& elem : r)
    {
        std::cout << elem << ' ';
    }
    std::cout << std::endl;
}

std::vector<int> vec{16, 3, 1, 8, 99};

void f1()
{
    printRange(makeSubrange(vec.rbegin(), vec.rend() - 1));
        // print "99 8 1 3"
}
```

printRange 函数模板将打印任何范围的元素，只要元素类型支持打印到 std::ostream。在 f1 中，

⊖ 在 C++17 中，结构化绑定允许从一个变量对初始化两个变量，每个变量由该变量对的第一个和第二个成员初始化。使用结构化绑定循环变量的基于范围的 for 循环使用一种干净而富有表现力的方式来遍历 map 和 unordered_map 等容器，例如使用 for(auto& [student, score] : studentScores)。

⊜ C++20 标准引入了一个新的范围库，它提供定义、组合、过滤和操作范围的强大功能。

我们使用反向迭代器从 vec 的最后一个元素开始创建一个 Subrange，并反向迭代。通过从 vec.rend() 中减去 1，排除序列最后一个元素，它是 vec 的第一个元素。

事实上，迭代器根本不需要引用容器，可以使用 std::istream 迭代器迭代输入流中的元素：

```
#include <iterator>  // std::istream_iterator
#include <sstream>   // std::istringstream

void f2()
{
    std::istringstream inStream("1 2 4 7 11 16 22 29 37 bad 46");
    printRange(makeSubrange(std::istream_iterator<int>(inStream),
                            std::istream_iterator<int>()));
}
```

在 f2 中，打印的范围使用 istream 迭代器 <T> 适配器模板。每次执行循环时，适配器都会从输入流中读取另一个 T 项。在文件末尾或发生读取错误时，该迭代器将等于标记迭代器 istream iterator<T>()。注意，基于范围的 for 循环特性和 Subrange 类模板不需要预先知道子范围的大小。

（3）范围生成器

遍历一个范围并不一定需要遍历已有的数据元素。范围表达式可以产生一种类型，该类型在运行过程中生成元素。一个有用的示例是 ValueGenerator，这是一个类似迭代器的类，它生成一系列连续的值[㊀]：

```
template <typename T>
class ValueGenerator
{
    T d_value;

  public:
    explicit ValueGenerator(const T& v) : d_value(v) { }

    T operator*() const { return d_value; }
    ValueGenerator& operator++() { ++d_value; return *this; }

    friend bool operator!=(const ValueGenerator& a, const ValueGenerator& b)
    {
        return a.d_value != b.d_value;
    }
};

template <typename T>
Subrange<ValueGenerator<T>> valueRange(const T& b, const T& e)
{
    return { ValueGenerator<T>(b), ValueGenerator<T>(e) };
}
```

ValueGenerator 不是指向容器中的元素，而是类似于迭代器的类型，它生成由操作符 * 返回的值。ValueGenerator 可以实例化任何可以递增的类型，例如整型、指针或迭代器。valueRange 函数模板是一个简单的工厂，它使用前面示例 Subranges 中定义的 Subrange 类模板来创建包含两个 ValueGenerator 对象的范围。因此，要打印从 1 到 10 的数字，只需使用基于范围的 for 循环，调用 valueRange 作为范围表达式：

```
void f1()
{
    // prints "1 2 3 4 5 6 7 8 9 10 "
    for (int i : valueRange(1, 11))
    {
        std::cout << i << ' ';
    }
    std::cout << std::endl;
}
```

㊀ 来自 C++20 标准中的 Ranges 库的 iota-view 和 iota 实体提供了这里描述的工具 ValueGenerator 和 valueRange 的更复杂版本。

注意，ValueRange 的第二个参数位于迭代的最后一项之后，即 11 而不是 10。将 ValueGenerator 之类的东西作为可重用实用程序库的一部分，这比经典的 for 循环更干净、更简洁地表达了循环的意图。

生成数字的能力意味着可以不必是有限范围的。例如，我们可能希望生成一个长度不定的随机数序列：

```
#include <random>  // std::default_random_engine, std::uniform_int_distribution

template <typename T = int>
class RandomIntSequence {
    std::default_random_engine       d_generator;
    std::uniform_int_distribution<T> d_uniformDist;

public:
    class iterator {
        RandomIntSequence *d_sequence;
        T                  d_value;

        iterator() : d_sequence(nullptr), d_value() { }
        explicit iterator(RandomIntSequence *s)
            : d_sequence(s)
            , d_value(d_sequence->next()) { }

        friend class RandomIntSequence;

    public:
        iterator& operator++() { d_value = d_sequence->next(); return *this; }
        T operator*() const { return d_value; }

        friend bool operator!=(iterator, iterator) { return true; }
    };

    RandomIntSequence(T min, T max, unsigned seed = 0)
        : d_generator(seed ? seed : std::random_device()())
        , d_uniformDist(min, max) { }

    T next() { return d_uniformDist(d_generator); }

    iterator begin() { return iterator(this); }
    iterator end()   { return iterator(); }
};

template <typename T>
RandomIntSequence<T> randomIntSequence(T min, T max, unsigned seed = 0)
{
    return {min, max, seed};
}
```

RandomIntSequence 类模板使用 C++11 的 random-number 库来生成高质量的伪随机数[㊀]。每次调用它的成员函数 next 都会在 RandomIntSequence 构造函数指定的范围内产生一个新的整型随机数 T。嵌套的迭代器类型持有一个指向 RandomIntSequence 的指针，每次它递增时（即通过调用操作符 ++）就简单地调用 next。

另一个有趣的操作符是 !=，当比较任意两个 RandomIntSequence<T>::iterator 对象时返回 true。因此，任何在 RandomIntSequence 上迭代的基于范围的 for 循环都是一个无限循环，除非它通过其他方式终止：

```
void f2()
{
    for (int rand : randomIntSequence(1, 10))
    {
        std::cout << rand << ' ';
```

㊀ 关于 C++11 随机数库的介绍可以在 lavavej13 中 Stephan T. Lavavej 的精彩演讲里找到。

```
        if (rand == 10) { break; }
    }

    std::cout << '\n';
}
```

此示例打印范围为 1 到 10（包括 10）的随机数字列表。循环在第一次（也是唯一一次）打印 10 之后终止。

（4）对简单值进行迭代

在 std::initializer_list 上迭代的能力对于处理不需要存储在容器中的简单值或简单对象列表很有用。这样的用例在测试时经常出现：

```
#include <limits>            // std::numeric_limits
#include <initializer_list>  // std::initializer_list

#define TEST_ASSERT(expr)  // ... assert that expr is true.

bool isEven(int i)
{
    return i % 2 == 0;
}

void testIsEven()
{
    // ...

    const int minInt = std::numeric_limits<int>::min();
    const int maxInt = std::numeric_limits<int>::max();

    for (int testValue : {minInt, -256, -2, 0, 2, 4, maxInt - 1})
    {
        TEST_ASSERT(isEven(testValue));
        TEST_ASSERT(!isEven(testValue + 1));
    }
}
```

testIsEven 函数在 isEven 域中迭代一个数字样本，包括边界条件，测试每个数字是否被正确报告为偶数，以及该数字加 1 产生的结果是否被正确报告为非偶数。

初始化器列表不限于原始类型，因此测试数据集可以包含更复杂的值：

```
#include <initializer_list>  // std::initializer_list

#define TEST_ASSERT_EQ(expr1, expr2)  // ... assert that expr1 == expr2.

int half(int i)
{
    return i / 2;
}

struct TestCase
{
    int value;
    int expected;
};

void testHalf()
{
    for (const TestCase& test : std::initializer_list<TestCase>{
        {-2, -1}, {-1, 0}, {0, 0}, {1, 0}, {2, 1}
    })
    {
        TEST_ASSERT_EQ(test.expected, half(test.value));
    }
}
```

在这种情况下，基于范围的 for 循环遍历保存 TestCase 结构的 std::initializer_list。在单元测试中，被测试组件的这种输入与预期输出的配对是常见的。

3. 潜在缺陷

（1）范围表达式中临时对象的生命周期

如在“描述”部分中的说明所示，如果范围表达式的计算结果为临时对象，则该对象在基于范围的 for 循环的持续时间内保持有效，这是生命周期扩展的结果。但是，在某些微妙的方式中，生命周期扩展并不总是有效的。

生命周期扩展的基本概念是，当绑定到引用时，prvalue［即由字面值创建、就地构造或从函数返回（按值）的对象］的生命周期将被扩展，以匹配它所绑定的引用的生命周期：

```
#include <string>  // std::string

std::string strFromInt(int);

void f1()
{
    const std::string& s1 = std::string('a', 2);
    std::string&&      s2 = strFromInt(9);
    auto&&             i  = 5;

    // s1, s2, and i are "live" here.

    // ...

} // s1, s2, and i are destroyed at end of enclosing block.
```

第一个字符串是就地构造的。产生的临时字符串通常会在表达式完成后立即销毁，但由于它绑定到引用，所以它的生命周期被扩展；它的析构函数不会被调用，它的内存占用直到 s1 超出作用域，也就是在封闭块的末尾才会被重用。strFromInt 函数按值返回，在第二条语句中调用它将生成一个临时变量，其生命周期将类似地延长，直到 s2 超出范围。转发引用 i 确保当前帧中的空间被分配来存放（推导）int 值为 5 的临时副本。这样的空间不能被重用，直到 i 在封闭块的末尾超出范围，参见 3.1.10 节。

```
void f2(int i)
{
    for (char c : strFromInt(i))
    {
        // ...
    }
}
```

strFromInt 的返回值存储在 std::string 类型的临时变量中。临时字符串在循环完成时销毁，而不是在表达式求值完成时销毁。如果字符串立即超出作用域，则不可能遍历其字符。如果没有基于范围的 for 循环所利用的生命周期扩展，此代码将具有未定义的行为。

生命周期扩展的限制在于，只有当引用直接绑定到临时变量本身或临时变量的子对象（如成员变量）时才适用，在这种情况下，整个临时变量的生命周期都被扩展。注意，指向临时变量或其子对象之一的引用或指针初始化引用没有直接绑定到临时变量，也不会触发生命周期扩展。当完整表达式返回临时对象的引用、指针或迭代器时，通常会预见到对象被提前销毁的危险：

```
#include <vector>   // std::vector
#include <string>   // std::string
#include <utility>  // std::pair
#include <tuple>    // std::tuple

struct Point
{
    double x, y;
    Point(double ax, double ay) : x(ax), y(ay) { }
};
```

```
struct SRef
{
    const std::string& str;
    SRef(const std::string& s) : str(s) { }
};

std::vector<int> getValues();  // Return a vector by value.

void f3()
{
    const Point& p1 = Point(1.2, 3.4);    // OK, extend Point lifetime.
    double&&     d1 = Point(1.2, 3.4).x;  // OK, extend Point lifetime.
    double&      d2 = Point(1.2, 3.4).y;  // Error, nonconst lvalue ref, d2

    using ICTuple = std::tuple<int, char>;
    const int&  i1 = getValues()[0];                // Bug, dangling reference
    const int&  i2 = std::get<0>(ICTuple{0,'a'});  // Bug, dangling reference
    auto&&      i3 = getValues().begin();           // Bug, dangling iterator
    const auto& s1 = std::string("abc").c_str();    // Bug, dangling pointer
    const auto& i4 = std::string("abc").length();   // OK, std::size_t extended

    SRef&&      sr = SRef("hello");  // Bug, string lifetime is not extended.
    std::string s2 = sr.str;         // Bug, string has been destroyed.
}
```

对 Point 构造函数的第一次调用创建了一个绑定到 p1 引用的临时对象。扩展这个临时对象的生命周期以匹配引用的生命周期。类似地，第二个 Point 对象的生命周期被扩展，因为子对象 x 被绑定到引用 d1。注意，不允许将临时变量绑定到 nonconst 左值引用，就像上面 d2 中尝试的那样。

接下来的四个定义不会产生有用的生命周期扩展：

- 对于 i1, getValues() 返回 std::vector<int> 类型的值，从而创建一个临时变量。然而，临时变量并没有绑定到 i1 引用的值；相反，该引用被绑定到数组访问操作符（操作符 []）的结果，该操作符返回对 getValues() 返回的临时向量的引用。虽然我们可以将 vector 的元素逻辑上看作是该 vector 的子对象，但 i1 并不直接与子对象绑定，而是与操作符 [] 返回的引用绑定。vector 在语句结束时立即超出作用域，使 i1 指向已销毁对象的一个元素。
- 当访问临时 std::tuple 的成员时，i2 也会发生相同的情况，这次是通过非成员函数 std::get<0>。
- i3 不是引用，而是作为表达式结果的迭代器。迭代器的生命周期得到了扩展，但它所指向的对象的生命周期没有得到扩展。
- 类似地，对于 s1，表达式 std::string("abc").c_str() 生成一个指向临时 C 风格字符串的指针。同样，临时的 std::string 变量并不是绑定到引用 s1 的对象，因此它在语句结束时被销毁，同时使指针失效。

即使字符串本身像之前一样被销毁，i4 直接绑定到由 length 返回的临时对象，这延长了它的生命周期。然而，与 i3 和 s1 不同的是，i4 不是迭代器或指针，因此不会隐式地保留对已失效的 string 对象的引用。

最后两个定义（sr 和 s2）展示了生命周期扩展的规则是多么微妙。"hello" 字面值被转换为 std::string 类型的临时变量，并传递给 SRef 的构造函数，该构造函数还创建一个临时对象。只有 SRef 对象绑定到 sr 引用，所以只有 SRef 对象的生命周期被扩展了。std::string("hello") 临时变量在构造函数完成执行时被销毁，sr 引用的对象留下一个成员 str，该成员指向已销毁的对象。

生命周期扩展只应用于绑定到引用的临时对象是有原因的。很多代码都依赖于临时对象立即超出作用域，例如释放锁、内存或其他资源。然而，对于基于范围的 for 循环，有一个令人信服的论点认为，正确的行为应该是在计算 range 表达式[⊖]时延长所有构造的临时对象的生命周期。除非在将来

⊖ 在撰写本书时，Josuttis 等人试图解决当范围表达式是临时引用时的问题。参见 josuttis20a，它参考了我们的原始论文 khlebnikov18，并给本书启发。

的标注中更改此行为，否则请注意不要使用返回临时变量引用的范围表达式：

```
#include <iostream>  // std::istream, std::cout
#include <string>    // std::string
#include <vector>    // std::vector

class RecordList
{
    std::vector<std::string> d_names;
    // ...

public:
    explicit RecordList(std::istream& is);
        // Create a RecordList with data read from is.

    // ...

    const std::vector<std::string>& names() const { return d_names; }
};

void printNames(std::istream& is)
{
    // Bug, RecordList's lifetime is not extended.
    for (const std::string& name : RecordList(is).names())
    {
        std::cout << name << '\n';
    }
}
```

在 range 表达式中构造的 RecordList 没有绑定到基于范围的 for 循环中的隐含 __range 引用，因此它的生命周期将在循环实际开始之前结束。因此，它的 names 方法返回的 const std::vector<std::string>& 变成了一个悬空引用，对它的访问具有未定义的行为。

我们可以通过为每个生命周期不会被扩展的临时对象（即不是由全域 range 表达式产生的临时对象）创建一个命名对象来避免这个隐患：

```
void printNames2(std::istream& is)
{
    {
        RecordList records(is);  // named variable
        for (const std::string& name : records.names())
        {
            std::cout << name << '\n';
        }

        // safe for records to go out of scope now
    }

    // ...
}
```

这个对 printNames 的微小重写创建了一个额外的块作用域，我们在其中将记录声明为命名变量。内部作用域确保在循环结束后立即销毁记录。

（2）无意中复制元素

当使用经典的 for 循环遍历容器时，通常通过迭代器引用元素：

```
void process(std::string&);

void f1(std::vector<std::string>& vec)
{
    for (std::vector<std::string>::iterator i = vec.begin();
         i != vec.end(); ++i)
    {
        process(*i);  // refer to element via iterator
    }
}
```

基于范围的for循环为元素提供了名称和类型。如果类型不是引用，则循环的每次迭代都将复制当前元素。在许多情况下，这种复制是无意中进行的：

```
void f2(std::vector<std::string>& vec)
{
    for (std::string s : vec)
    {
        process(s);  // call process on copy of string element, potential
                     // bug
    }
}
```

上面的示例说明了两个问题：复制每个字符串会产生不必要的开销，以及process函数可以修改或获取参数的地址，在这种情况下，该函数将修改或获取参数的副本地址，而不是原始元素的地址。vec中的字符串将保持不变。

当使用auto推断循环变量s类型时，这个错误似乎特别常见：

```
void f3(std::vector<std::string>& vec)
{
    for (auto s : vec)
    {
        process(s);  // call process on *copy* of deduced string element,
                     // potential bug
    }
}
```

复制元素并不总是错误的，但习惯地将循环变量声明为引用是明智的做法，在需要时有意地制造异常：

```
void f4(std::vector<std::string>& vec)
{
    for (std::string& s : vec)
    {
        process(s);  // OK, call process on reference to string element
    }
}
```

如果既要避免复制元素，又要避免修改它们，那么使用const引用可以提供很好的平衡。但是注意，如果迭代的类型与引用的类型不同，那么转换可能会悄悄地生成（不希望看到的）副本：

```
void f5(std::vector<char*>& vec)
{
    for (const std::string& s : vec)
    {
        // s is a reference to a copy of an element of vec.
    }
}
```

在本例中，vec的元素类型为char*。使用const std::string&来正确地声明循环变量s可以防止修改vec的任何元素，但这样操作仍然需要复制一份，因为每次成员访问都要转换为std::string类型的对象。

尽管上面示例中的复制转换相对容易发现，但迭代复杂的容器和隐式转换构造函数可能会使一些无意中的复制难以被检测。一个典型的示例是遍历std::map或std:: unordered_map的元素。例如，假设我们定义了一个IP表，它将32位IPv4地址映射到域名别名。注意，在IP地址中使用数字分隔符（'）仅在C++14中有效，但在C++11中可以省略，这不会改变程序的含义（参见2.2.4节）。

```
#include <cstdint>        // std::int32_t, std::uint32_t
#include <string>         // std::string
#include <vector>         // std::vector
#include <unordered_map>  // std::unordered_map

using IPTable = std::unordered_map<std::int32_t, std::vector<std::string>>;
```

```
IPTable iptable =
{
    { 0x12'dd'c3'31, { "domain.com", "www.domain.com" } },
    { 0x41'fe'f4'b4, { "domain.org", "www.domain.org" } },
    // ...
    // ...                  (additional entries)
    // ...
};
```

随后，对映射进行迭代：

```
void process0()
{
    using int32_t = std::int32_t;
    for (const std::pair<int32_t, std::vector<std::string>>& entry : iptable)
    {
        // ...
    }
}
```

这段代码采取了所有必要的预防措施，通过谨慎地复制 key 和 value 类型的拼写，并对循环变量使用左值引用，来避免无意中复制表的元素。此外，代码使用 const 来确保只对表中的元素进行读访问。然而，process0 仍然会在每次迭代中悄悄地复制当前的 map 元素。

这个潜在的重大性能缺陷的罪魁祸首是非常微妙的。iptable 的元素类型是 std::pair<const int32_t, std::vector<std::string>>，注意 key 类型前面的 const，这个 const 只应用于 std::pair 实例化的关键部分，而不是整个 pair。因此，const std::pair<int32_t, std::vector<std::string>> 不符合 cv 标准的 std::pair<const int32_t, std::vector<std::string>> 版本，不能通过左值引用来直接引用值类型。这两种 pair 类型（用于声明条目的类型和与可选映射的值类型匹配的类型）是不同的，除了一种可以隐式转换为另一种之外，没有特殊关系。

循环展开中 *__begin 返回的类型是对 iptable 值类型的左值引用。要初始化不匹配元素的项，编译器必须创建一个临时变量，保存从 std::pair<const int32_t, std::vector<std::string>>& 到 std::pair<int32_t, std::vector<std::string>> 转换的结果。这种转换是通过 std::pair 中的隐式转换构造函数完成的：

```
template <typename U, typename V> pair(const pair<U, V>& p);
```

在本例中，U 是 const int32_t，V 是 std::vector<std::string>; 因此，这个构造函数只是简单地从 p.first 初始化第一个，从 p.second 初始化第二个，有效地复制了这两个部分。在每次迭代结束时，销毁由该转换产生的临时对象。如果 std::pair 的两种参数类型都是标量，那么在循环的每次迭代中复制 pair 值不会有明显的性能问题。但是，鉴于 std::vector 和 std::string 都有可以分配和释放内存的高开销复制构造函数和析构函数，在条目声明中整数键值前缺少 const 导致的复制造成的性能损失可能是相当大的。

即使元素类型拼写正确，代码也缺乏健壮性。假设在维护期间，iptable 中的 key 类型从 std::int32_t 更改为 std::uint32_t。同样由于 std::pair 的隐式转换构造函数，循环将依次复制每个元素，使用它然后销毁副本。

注意，这个陷阱既不是基于范围的 for 循环特有的，也不是 C++11 的新内容。在这个特性的上下文之外，客户端代码很少需要命名 std::map 或 std:: 无序映射的元素类型。相反，程序员必须在基于范围的 for 循环中为循环变量提供一个类型，这将大大增加拼写错误 pair 类型的可能[1]。

有几种方法可以避免此类问题。一种是避免拼写元素类型名，而使用成员类型定义 value_type 替代：

[1] 这种错误非常常见，因此 Clang 12.0（约 2021 年）在基于范围的 for 循环中误用 pair 导致不需要的副本时提供了警告，但对于经典的 for 循环或这种 pair 不匹配的其他情况没有提供这样的警告。

```
void process1()
{
    for (const IPTable::value_type& entry : iptable)
    {
        // ...
    }
}
```

另一种可能是使用 decltype 从迭代器表达式推导值类型（参见 2.2.3 节）。

```
void process2()
{
    for (decltype(*iptable.begin()) entry : iptable)
    {
        // ...
    }
}
```

使用 auto，加上 const 和 & 修饰符，可能是表达循环的最简单、最短、最有效的方法（参见 3.1.3 节）：

```
void process3()
{
    for (const auto& entry : iptable)
    {
        // ...
    }
}
```

对于修改容器的泛型代码，auto&& 是声明循环变量的最常用方法。对于不修改容器的泛型代码，使用 const auto& 更安全[⊖]：

```
template <typename Rng>
void f6(Rng& r)
{
    for (auto&& e : r)
    {
        // ...
    }

    for (const auto& cr : r)
    {
        // ...
    }
}
```

e 是转发引用，而 cr 是 const 引用，它们都将正确地绑定到返回类型 *begin(Rng)，即使该类型是 prvalue。

（3）简单行为和引用代理行为可以不同

有些容器的迭代器返回对其元素的代理而不是引用。根据循环变量的声明方式，当容器的迭代器类型返回引用代理时，粗心的程序员可能会得到令人意外的结果。

std::vector<bool> 的引用类型是一个代理类，它模拟了对 vector 中单个比特位的引用。代理类提供了一个操作符 bool()，当代理转换为 bool 时返回比特位，并提供了一个操作符 =(bool)，当分配布尔值时修改比特位。

考虑一组循环，每个循环遍历一个向量，并尝试将向量的每个元素设置为 true。把循环嵌入到函数模板中，这样就可以比较普通容器（std::vector<int>）和迭代器使用引用代理（std::vector<bool>）实例化的行为：

⊖ 参见 meyers15b，第 2 章，“auto”，第 37～48 页，以及“第 5 项：选择 auto 而不是显式类型声明”，第 37～42 页，特别是第 40 页。此外还可以参考 lavavej12，49:30 左右开始。

```
#include <vector>  // std::vector

template <typename T>
void f1(std::vector<T>& vec)
{
    for (T      v : vec) { v = true; }  // (1)
    for (T&     v : vec) { v = true; }  // (2)
    for (T&&    v : vec) { v = true; }  // (3)
    for (auto   v : vec) { v = true; }  // (4)
    for (auto&  v : vec) { v = true; }  // (5)
    for (auto&& v : vec) { v = true; }  // (6)
}

void f2()
{
    using IntVec  = std::vector<int>;   // has normal iterator
    using BoolVec = std::vector<bool>;  // has iterator with reference proxy

    IntVec  iv{ /*...*/ };
    BoolVec bv{ /*...*/ };

    f1(iv);
    f1(bv);
}
```

对于 f1 中的每一个循环，IntVec 和 BoolVec 实例化之间的行为差异取决于在循环转换中，v 从 * __begin 初始化时会发生什么。对于 IntVec 迭代器，*__begin 返回对容器内元素的引用，而对于 BoolVec 迭代器，返回的是引用代理类型的对象。

- 使用 T 的循环从两个实例化中产生相同的行为。循环生成每个元素的本地副本，然后修改该副本。唯一的区别是 BoolVec 版本会执行变为 bool 的转换来初始化 v，而 IntVec 版本会直接从元素引用初始化 v。对于 IntVec 或 BoolVec 版本，原始 vector 保持不变都是一个潜在的错误（参见潜在缺陷——无意中复制元素）。
- 使用 T& 循环修改 IntVec 实例化中的容器元素，但对 BoolVec 实例化编译失败。编译错误来自于试图用代理类型的右值初始化 nonconst 左值的引用 v。bool 转换操作符没有帮助，因为结果仍然是右值。
- 带 T&& 的循环无法编译 IntVec 迭代器，因为右值引用 v 不能由左值引用 * __begin 初始化。但是，BoolVec 实例化可以编译，但循环不会修改容器。这里，操作符 bool 在 * __begin 返回的代理对象上调用。产生的临时对象被绑定到 v，它的生命周期在迭代期间被延长。因为 v 被绑定到一个临时变量，修改 v 只会修改临时的元素，而不是原始的元素，这可能会导致与 T(item 1) 循环的情况一样的错误。
- 对 BoolVec 和 IntVec 循环进行 auto 编译，会产生不同的结果。对于 IntVec 迭代器，auto 将 v 的类型推导为 int 类型，因此对 v 赋值会修改该元素的本地副本，就像在循环中对 T(item 1) 赋值一样。对于 BoolVec 迭代器，v 的推断类型是代理类型而不是 bool 类型。给代理赋值会改变容器的元素。
- 带有 auto& 的循环，就像带有 T&(item 2) 的循环一样，在 IntVec 实例化时正常工作，但在 BoolVec 实例化时无法编译。和前面一样，问题在于 BoolVec 迭代器生成的右值不能用于初始化左值引用。
- 使用 auto&& 循环从两个实例化中产生相同的行为，修改每个 vector 元素。对于 IntVec 实例化，v 的类型推断为 int&，而对于 BoolVec 实例化，v 的代理类型推断为 int&。通过实际引用或引用代理赋值都会修改容器中的元素。

现在让我们看看使用 const 限定的循环变量的情况：

```
template <typename T>
void f3(std::vector<T>& vec)
{
    for (const T      v : vec) { /*...*/ }  // (7)
```

```
    for (const T&     v : vec) { /*...*/ }  // (8)
    for (const T&&    v : vec) { /*...*/ }  // (9)
    for (const auto   v : vec) { /*...*/ }  // (10)
    for (const auto&  v : vec) { /*...*/ }  // (11)
    for (const auto&& v : vec) { /*...*/ }  // (12)
}

void f4()
{
    using IntVec  = std::vector<int>;   // has normal iterator
    using BoolVec = std::vector<bool>;  // has iterator with reference proxy

    IntVec  iv{ /*...*/ };
    BoolVec bv{ /*...*/ };

    f3(iv);
    f3(bv);
}
```

- const T 循环对两个实例化的作用相同，在 BoolVec 情况下将代理引用转换为 bool。
- 使用 const T& 的循环对于两个实例化都是相同的。对于 IntVec，* __begin 的结果直接绑定到 v。对于 BoolVec，* __begin 产生的代理引用被转换为 bool 临时变量，然后该临时变量被绑定到 v。
- 对于 IntVec, T&& 循环无法编译成功，但对于 BoolVec，就像对于 T&&(item 3) 的 for 循环一样，成功编译成功，只是 v 绑定的临时 bool 值是 const，因此不会让程序员误以为自己在修改容器。
- 带有 const auto 的循环对于 IntVec 和 BoolVec 实例化具有相同的行为。该机制的行为与带有 auto(item 4) 的 for 循环相同，不同的是，由于 v 是 const，两个实例化都不能修改容器。
- 带有 const auto& 的循环也适用于这两个实例化。对于 IntVec，*__begin 的结果直接绑定到 v。对于 BoolVec, v 被推导为代理类型的 const 引用；*__begin 生成一个代理类型的临时变量，然后将其绑定到 v。生命周期扩展使代理保持活动。在大多数上下文中，const 代理引用是 const bool& 的有效替代。
- 带有 const auto&& 的循环对 IntVec 编译失败，但对 BoolVec 编译成功。发生 IntVec 错误是因为 const auto&& 总是一个 const 右值引用（不是转发引用），不能绑定到左值引用，*__begin。对于 BoolVec，其机制与使用 const auto&(item 11) 的循环相同，不同的是使用 const auto&(item 11) 的循环将临时对象绑定到左值引用，而使用 const auto&&(item 12) 的循环使用的是右值引用。然而，当引用为 const 时，它们之间几乎没有实际区别。

注意，在 BoolVec 实例化中，带有 auto 的循环、带有 auto&& 的循环、带有 const auto 的循环、带有 const auto&& 的循环，以及带有 const auto&& 的循环（item 4、6、10、11 和 12）都绑定了对临时代理引用对象的引用，所以在这些情况下，使用 v 的地址可能不会产生有用的结果。此外，使用 T&& 的循环、使用 const T&& 的循环和使用 const T&& 的循环（item 3、8 和 9）将 v 绑定到一个临时 bool 类型。用户必须注意这些临时对象的生命周期（循环的一次迭代），不能允许 v 的地址绕过循环。

代理对象模拟容器内对非类元素的引用非常有效，但当它们绑定到引用时，它们的局限性就暴露出来了。根据经验，在泛型代码中，如果可能使用引用代理，那么 const auto& 是声明只读循环变量最安全的方法，而对于修改容器的循环，auto&& 会给出最一致的结果。类似的问题，与基于范围的 for 循环无关，在向接受引用参数的函数传递代理引用时也会发生。

4. 烦恼

（1）不能访问迭代的状态

当使用经典的 for 循环遍历一个范围时，循环变量通常是一个迭代器或数组索引。在循环中，可以修改该变量以重复或跳过迭代。类似地，循环终止条件通常是可访问的，因此可以插入或删除元素，然后重新计算条件：

```
#include <unordered_set>  // std::unordered_set

void removeEvenNumbers(std::unordered_set<int>& data)
{
    for (auto it = data.begin(); it != data.end();) {
        if (*it % 2 == 0) {
            it = data.erase(it);
        } else {
            ++it;
        }
    }
}
```

上面的代码依赖于：可以访问迭代器，能够更改迭代器，以及迭代器在每次迭代之后都不递增。不能使用基于范围的 for 循环编写类似的函数，因为 __range、__begin 和 __end 变量仅供公开使用，不能从代码中访问。

经典的 for 循环可以一次遍历多个容器（例如，从两个容器中添加相应的元素并存储到第三个容器中）。实现这一功能的方法是：在每次迭代中增加多个迭代器，或者保持一个用于并发访问多个随机访问迭代器的索引。尝试使用基于范围的 for 循环完成类似的任务通常需要使用混合方法：

```
#include <vector>   // std::vector
#include <cassert>  // standard C assert macro

void addVectors(std::vector<int>&       result,
                const std::vector<int>& a,
                const std::vector<int>& b)
    // For each element ea of a and corresponding element eb of b, set
    // the corresponding element of result to ea + eb.  The behavior is
    // undefined unless a and b have the same length.
{
    assert(a.size() == b.size());
    result.resize(a.size());

    std::vector<int>::const_iterator ia = a.begin();
    std::vector<int>::const_iterator ib = b.begin();
    for (int& sum : result)
    {
        sum = *ia++ + *ib++;
    }
}
```

虽然使用基于范围的 for 循环遍历结果，但 a 和 b 实际上是使用迭代器手动遍历的。与经典的 for 循环相比，这段代码读起来更清晰、写起来更简单是有争议的。

这种情况可以通过使用 zip 迭代器来改善，zip 迭代器是一种保存多个迭代器并以锁步递增的类型：

```
#include <cassert>  // standard C assert macro
#include <tuple>    // std::tuple
#include <utility>  // std::declval
#include <vector>   // std::vector

template <typename... Iter>
class ZipIterator
{
    std::tuple<Iter...> d_iters;

    // ...

public:
    using reference = std::tuple<decltype(*std::declval<Iter>())...>;

    ZipIterator(const Iter&... i);

    reference operator*() const;
```

```
    ZipIterator& operator++();
    friend bool operator!=(const ZipIterator& a, const ZipIterator& b);
};

template <typename... Range>
class ZipRange
{
    using ZipIter =
        ZipIterator<decltype(begin(std::declval<Range>()))...>;

    // ...

public:
    ZipRange(const Range&... ranges);

    ZipIter begin() const;
    ZipIter end() const;
};

template <typename... Range>
ZipRange<Range...> makeZipRange(Range&&... r);
```

使用 ZipIterator，可以使用单个基于范围的 for 循环遍历所有三个容器：

```
void addVectors2(std::vector<int>&       result,
                 const std::vector<int>& a,
                 const std::vector<int>& b)
{
    assert(a.size() == b.size());
    result.resize(a.size());

    for (std::tuple<int, int, int&> elems : makeZipRange(a, b, result))
    {
        std::get<2>(elems) = std::get<0>(elems) + std::get<1>(elems);
    }
}
```

每次迭代不是产生单个元素，而是产生一个 std::tuple，它由多个范围同时遍历产生的元素组成。要使用这些元素，必须使用 std::get 从 std::tuple 中解包。随着结构化绑定的出现，zip 迭代器在 C++17 中变得更加有吸引力，它允许一次声明多个循环变量，而不需要直接解包 std::tuples。上面的 ZipRange 的实现和使用只是一个粗略的草图。

（2）许多任务都需要适配器

在上面的示例中，我们已经看到了许多适配器，例如，遍历子范围，反向遍历容器，生成顺序值，以及一次遍历多个范围。经典的 for 循环不需要这些适配器，对于一次性的情况，它可以更简单地表达解决方案。我们为使基于范围的 for 循环在更多情况下可用而创建的适配器可能会导致适配器库的可重用开发。例如，使用 Range 生成器中的 ValueGenerator 类比使用经典的 for 循环产生更简单、更有表现力的代码㊀。

（3）不支持哨兵迭代器类型

对于给定的范围表达式，range、begin(range) 和 end(range) 必须返回与基于范围的 for 循环可用的相同类型。对于长度不确定的范围，这种限制是有问题的，因为结束循环的条件不是通过比较两个迭代器来确定的。例如，在 RandomIntSequence 的示例中（参见用例——范围生成器），无限随机序列的结束迭代器持有一个空指针，永远不会被使用，即使在操作符 != 中也不会使用。如果结束迭代器是一种特殊的空哨兵类型，将会更加高效和方便。将任何迭代器与前哨进行比较会决定循环是否应该终止：

```
template <typename T = int>
class RandomIntSequence2
```

㊀ C++20 中引入的 Standard s Ranges 库提供了一个复杂的代数，用于处理和调整范围。

```
{
    // ...

public:
    class SentinelIterator { };

    class iterator {
        // ...
        friend bool operator!=(iterator, SentinelIterator) { return true; }
    };

    iterator         begin() { /*...*/ }
    SentinelIterator end() const { return {}; }
};
```

上面的代码展示了一个 begin 和 end 返回不同类型的示例，其中 end 返回一个空的哨兵类型。在 C++11 基于范围的 for 循环中使用 RandomIntSequence2 将导致编译错误，即开始和结束返回不一致的类型[⊖]。

另一种可以受益于哨兵迭代器的类型是 std::istream 迭代器，因为永远不会使用结束迭代器的状态。但是，这个接口不太可能会改变，因为从第一个 C++ 标准出现以来，std::istream 迭代器就一直存在。

（4）只有 ADL 查找

仅使用依赖参数的查找就可以找到 begin 和 end 这两个自由函数。不考虑文件作用域函数。如果我们希望为不属于自己的类范围类型添加 begin 和 end 函数，则需要将这些函数放入与类范围类型相同的命名空间中，这可能会导致与其他尝试执行相同操作的编译单元的名称冲突：

```
// third_party_library.h:

namespace third_party
{

    class IteratorLike { /*...*/ };

    class RangeLike
    {
        // ... does not provide begin and end members
    };

    // ... does not provide begin and end free functions
}


// myclient.cpp:

#include <third_party_library.h>

static third_party::IteratorLike begin(third_party::RangeLike&);
static third_party::IteratorLike end(third_party::RangeLike&);

void f()
```

⊖ C++17 取消了对使用哨兵迭代器的限制。C++20 range 库直接支持哨兵迭代器。在 C++17 中，规范被修改了：

```
{
    auto&& __range = range-expression;
    auto __begin   = begin-expr;
    auto __end     = end-expr;
    for (; __begin != __end; ++__begin)
    {
        for-range-declaration = *__begin;
        statement
    }
}
```

```
{
    third_party::RangeLike rl;
    for (auto&& e : rl)  // Error, begin not found by ADL
    {
        // ...
    }
}
```

上面的代码试图通过在 myclient.cpp 中本地定义它们来解决第三方库中没有 begin(RangeLike&) 和 end(RangeLike&) 的问题。因为不能通过 ADL 找到静态函数，所以这个尝试失败了。一个更好的解决方法是为类似于范围的类创建一个范围适配器：

```
class RangeLikeAdapter
{
    // ...

public:
    RangeLikeAdapter(third_party::RangeLike&);
    third_party::IteratorLike begin() { /*...*/ }
    third_party::IteratorLike end()   { /*...*/ }
};
```

适配器封装了类似于范围的类型，并提供了缺少的特性。但是，如果包装器存储了一个指向临时 RangeLike 对象的指针或引用，我们就不会陷入临时对象的生命周期不扩展的陷阱，参见潜在缺陷——范围表达式中临时对象的生命周期。

5. 参见

- 3.1.3 节解释了 auto，通常用于基于范围的 for 循环来确定循环变量的类型，而 auto 的许多缺陷在用于此目的时也会出现。
- 4.1.6 节显示了如何重载成员函数以使其在右值和左值上的效果不同。

6. 延伸阅读

- Scott Meyers 指出了在基于范围的 for 循环中使用 auto 的好处，参见 meyers15b 第 37～42 页的“Item 5: Prefer auto to explicit type declarations”。

3.1.18　右值引用：移动语义与 &&

一种新的引用形式，右值引用（&&），补充了 C++03 的左值引用（&），通过重载来实现移动语义，这是一种潜在的优化，在这种优化中，可以安全地假设一个对象的内部表示可以被重新目的化而不是被复制。

1. 描述

右值引用可能是现代 C++ 最典型的语言特性。为了能够引入移动语义，C++ 语言将左值和非左值的概念发展为三个不重叠的值类别（以及另外两个重叠的值类别），从而允许在不再需要对象的值时捕捉到该时刻，因此对象可以获取其内部（例如，动态分配的）状态而不是复制。

我们将从提供右值引用的高级概念概述开始，然后介绍新的值类别 xvalue，并描述右值引用对 C++11 中重载决策的影响。鉴于此背景，我们将介绍移动操作并探讨其创建背后的动机。

在介绍了这些更高级的概念之后，我们将更详细地回顾 C++11 中值类别的变化以及涉及新的右值引用形式的重载的微妙之处。接下来，我们将讨论两个新的特殊成员函数，即移动构造函数和移动赋值运算符。

最后，我们将讨论当显式转换时的理论和一些实际探索，例如，使用 std::move 显式转换返回值到右值引用可能是有益的，特别是当这种转换可能会降低运行时性能时。

不熟悉值类别的作用、移动语义的动机或右值引用的实际使用的读者可能会受益于这个介绍，同时也是为熟悉 C++03 的人量身定制。请参阅补充内容——值类别的演变。

（1）右值引用

在 C++11 之前，C++ 中唯一的引用类型是左值引用。对于任何类型 T，类型 T& 是对 T 的左值引用，具有此引用类型的实体充当它们所引用对象的备用名称：

```
int  i;
int& ri  = i;   // lvalue reference to i
int* pi  = &i;
int& ri2 = *pi;  // also lvalue reference to i
```

字面值（例如 5）和调用按值返回的函数的结果（例如 f()）都是称为纯右值（prvalue）的特殊右值（也称为非左值）的示例。右值引用不一定由内存中的对象表示（它可能还没有物理地址）。请参阅 C++11/14 中的拓展值类别。将 const 左值引用绑定到纯右值通常会强制创建一个临时对象（具有标识），其生命周期将与引用本身的生命周期一致。参阅补充内容——绑定到引用的临时对象的生命周期延长：

```
const int& rci = 5;     // lvalue reference to temporary having value 5

int f();                // returns an int by value
const int& rci2 = f();  // lvalue reference to temporary returned by f
```

但是，非 const 量左值引用不能绑定到临时对象：

```
int& ri1 = 7;    // Error, cannot bind nonconst lvalue reference to temporary
int& ri2 = f();  // Error,    "     "      "        "        "      "     "
```

无法将非 const 量左值引用绑定到临时对象，可以防止程序员无意中将信息存储在明显处于其生命周期末尾的对象中。这种限制也阻止了程序员通过假设其可能控制的任何资源的所有权来利用所指对象即将被销毁的机会。

为了支持创建对其生命周期结束的对象的引用并启用对此类对象的修改，在 C++11 中添加了右值引用。对于任何类型 T，类型 T&& 是对 T 的右值引用。左值引用和右值引用之间的主要区别在于非常量右值引用可以绑定到临时对象：

```
int&& rri1 = 7;    // OK, rvalue reference to temporary having value 7
int&& rri2 = f();  // OK, rvalue reference to temporary returned by f
```

但是，右值引用不能绑定到左值：

```
int   j;
int&& rrj1 = j;    // Error, cannot bind rvalue reference to lvalue
int*  pj   = &j;
int&& rrj2 = *pj;  // Error, cannot bind rvalue reference to lvalue
```

重要的是，可以使用 static_cast 将左值显式转换为右值引用：

```
int&& rrj3 = static_cast<int&&>(j);    // OK
int&& rrj4 = static_cast<int&&>(*pj);  // OK
```

这些规则有助于防止在没有隐含或显式指示不再需要该对象的值的情况下创建对对象的右值引用。

（2）xvalue

编译器可以通过两种不同的方式知道过期值：该值保存在编译器生成的（无法访问的）临时对象中，该对象在使用表达式的值后立即被销毁；该值保存在已明确标记为不再需要的预先存在的（可能可达的）对象中。

当表达式产生的值不一定表示物理内存中的对象时，例如按值或算术字面值返回的函数，则该表达式属于纯右值类别。当一个表达式创建一个临时对象并生成该对象或其子对象之一的位置时，编译器知道它将立即销毁，该表达式属于 xvalue 值类别。当表达式计算为右值引用时，例如，当已经存在的对象显式转换为右值引用或函数调用返回一个时，该表达式也属于 xvalue 值类别。任何引用了一个未知即将过期的现有对象的表达式都属于左值值类别。

任何产生右值但不一定创建临时对象的 C++03 表达式在 C++11 中均被归类为纯右值。但是，如果标准要求右值由物理对象（即具有地址的对象）表示，则该值被归类为 xvalue。任何 C++03 左值在 C++11 中始终保持为左值（只有少数高度深奥的 xvalue 转换）。

右值引用可以使用纯右值的表达式进行初始化，在这种情况下，将创建一个临时对象，其生命周期将是引用的生命周期：

```
struct S { /*...*/ };
S f();          // OK, function that returns by value
S&& rs1 = f();  // OK, rvalue reference binds to temporary S object.
```

但是请注意，一旦该临时值绑定到命名引用，该引用本身就不会过期，因此，当在表达式中使用时，它不属于 xvalue 值类别：

```
S&& rs2 = rs1;  // Error, rs1 is not an xvalue or prvalue.
```

或者，我们可以通过调用返回右值引用的函数或通过从左值到右值引用的显式转换来在 xvalue 值类别中创建表达式：

```
S&& g();
S&& rs3 = g();                  // OK
S s;
S&& rs4 = static_cast<S&&>(s);  // OK
```

特别值得注意的是标准库实用程序 std::move，它是一个返回右值引用的函数，就像上面示例中的 g，但其实现类似于上面 rs4 的初始化程序。换句话说，std::move 实际上只是对右值引用的静态转换。请参阅 std::move 实用工具：

```
#include <utility>  // std::move

S&& rs5 = std::move(s);  // OK, same initialization as rs4
```

将左值转换为 xvalue 明确表示允许对被引用的对象进行移动操作，并且不再需要其值。

要求 prvalue 的命名子对象的地址（就像 prvalue 本身一样）将产生一个 xvalue：

```
S&& rs6 = f();  // OK, f returns S as a prvalue; initializing with an xvalue

struct D { S d_s; };
D h();
S&& rs7 = h().d_s;  // OK, h returns D as prvalue; initializing with xvalue
```

重要的是，使 xvalue 在移动语义的上下文中有意义的原因是有一个构造对象突出该值，并且编译器知道该值即将到期。

现代重载解析

在重载解析期间，当在具有匹配的右值引用参数的函数和具有匹配的 const 左值引用参数的函数之间进行选择时，右值引用参数具有更高的优先级。当参数是非左值时，这种优先级就会发挥作用——要么是 xvalue 要么是 prvalue：

```
void f(const int&);  // (1) const lvalue reference
void f(int&&);       // (2) rvalue reference

void test()
{
    int i;
    f(i);             // lvalue, invokes (1)
    f(5);             // prvalue, invokes (2)
    f(std::move(i));  // xvalue, invokes (2)
}
```

（3）移动操作

为了利用这种新的引用类型，C++11 还为用户定义的类类型添加了两个新的特殊成员函数：移动构造函数和移动赋值运算符。类的移动构造函数与拷贝构造函数平行，但不是具有（通常为 const）

左值引用参数，而是具有（通常为非 const）右值参数：

```
struct S1
{
    S1(const S1&);  // copy constructor
    S1(S1&&);       // move constructor
};
```

类似地，移动赋值操作符与拷贝赋值操作符平行，但取而代之的是一个右值引用参数：

```
struct S2
{
    S2& operator=(const S2&);  // copy-assignment operator
    S2& operator=(S2&&);       // move-assignment operator
};
```

这两个新的特殊成员函数都与相应的拷贝操作一起参与重载的解析，并且对于 xvalue 或 prvalue 的参数是合格的和首选的。这些移动操作可以按照它们的名称进行操作，将源对象的值连同它拥有的任何资源一起移动到目标对象中，而无须考虑使源对象处于有用状态，参阅潜在缺陷——对移出对象的不一致的期望。

当使用支持移动操作的对象进行编程时，对目标（移动到）对象所做的事情有一个传统的期望：任何一个操作都将导致先前保存在源中的值（移出）对象现在存在于目标中。虽然复制的对象通常会保持不变，但对于移动的对象不存在这样的期望。移动对象后可以依赖的内容受该移动操作的契约的约束。

在移动操作之后，可以对源对象的状态做出的最一般的假设是：它可能不适用于任何操作，甚至是销毁操作。然而，这种普遍性实际上并没有什么用处：泄漏这样的对象将成为唯一安全的行动方案。因此，良好定义的类型必须至少可以安全地销毁。一个更强有力的假设是，如果类型完全支持赋值，则适当的移出对象将支持赋值。但是，并非所有类型都一定会从这种增强的保证中受益。

另一个极端情况是，对于特定类型，我们可以保证源对象保留其值，即使在它被移出之后（即与传统拷贝假定的相同契约）。也就是说，复制操作总是默认满足移动操作的一般要求。不分配额外资源的简单类型，例如 int 或 std::complex<double>，除了在请求移动操作时允许使用它们的复制操作之外，不会带来任何好处。事实上，任何改变源对象的工作都是不必要的，而且可能是浪费的。为移动操作提供如此强大的契约将使其无法作为拷贝操作的优化。当提供移动操作无法获得性能优势时，通常会省略它们。

对移出对象的状态更常见的期望是在中间的某个地方，它们处于有效但未指定的状态。也就是说，容器对元素类型使用的每个操作，例如赋值、复制或交换，对于移出对象都是有效的。然而，如此严格的要求可能会产生不良的运行时性能后果，请参阅烦恼——标准库对移出对象的要求过于严格。

尽管符合标准的移动操作的源对象始终处于有效状态，但该对象的值通常是未指定的；因此，任何操作（例如获取容器的第一个元素、std::vector::front()）只要具有在移出对象上被不经意地调用的窄契约（即具有先决条件的契约），就可能也有未定义的行为。

（4）动机

通过右值引用引入了移动语义，以解决在不需要此类拷贝的情况下可能昂贵的数据复制问题。考虑交换两个向量的值的任务。一个简单的 C++03 实现将涉及至少一个分配和释放以及多个元素的复制：

```
#include <vector>  // std::vector

void swapVectors(std::vector<int>& v1, std::vector<int>& v2)
{
    std::vector<int> temp = v1;
    v1 = v2;
    v2 = temp;
}
```

这种分配和复制通常是不必要的：在执行 swapVectors 之后，程序继续引用两个包含值的堆分配缓冲区，并且简单地交换向量中的指针就足够了。如果向量的元素复制起来很昂贵，例如因为它们也分配了像 std::vector 或 std::string 这样的动态内存，这种低效率将进一步加剧。类似地，当在 std::vector<std::string> 中增加缓冲区时（例如为了容纳一个额外的元素），尽管旧的字符串将在复制后立即被销毁，但复制每个字符串的效率仍然很低[㊀]。复制一个即将被销毁的临时对象也是一种浪费。移动语义通过在复制后丢弃原始对象的情况下允许资源所有权从一个对象到另一个对象的潜在更有效的转移（移动）来解决这些问题。

C++11 添加了右值引用、移动操作和 xvalues 作为一个新的值类别，它们共同促成了在许多常见场景中使用移动语义作为复制语义的优化。通过只提供移动操作而不提供复制操作，可以开发只移动类型，其独特的语义形式超越了单纯的优化。引入了典型的仅移动类型 std::unique_ptr 以取代问题严重的 C++03 库组件 std::auto_ptr。这种新类型允许在 C++11[㊁]中弃用 std::auto_ptr。

（5）C++11/14 中的扩展值类别

现代 C++ 中有三种不相交的值类别：左值、纯右值和 xvalue。

- 左值标识了一个已经存在于物理内存中的构造对象，它可能独立于程序的其他部分，并且没有被指定为持有不再需要的值。此值类别的一个显着特征是一元地址运算符（&）可以应用于左值以生成其地址，例如以供将来引用。此值类别包括命名变量——例如 double i、a[5] 中的 i 和 a，以及左值的（非位域）子对象，例如数据成员和数组元素。它还包括字符串字面值，例如“Hello, World!”。
- prvalue（纯右值）是一个通常尚未用于填充对象但可以用于填充的值。此值类别包括算术和字符（但不包括字符串）字面值，例如 12、7.3e5、true 和‘C’。它还包括按值返回的函数的调用。无法从程序的其他地方引用这样的值。
- 与左值一样，xvalue 标识内存中的对象，但它们不是独立可访问的，或者已被显式标记为过期。此值类别包括产生临时对象的任何表达式以及产生未命名右值引用的任何表达式，例如显式强制转换——static_cast<T&&>(v)（参见 std::move 实用工具），或调用一个函数 f()（声明为 T&& f();），显式返回右值引用。

为了捕捉上述三个不相交类别之间的共同属性，C++11 定义了两个额外的重叠值类别，右值（rvalue）和广义左值（glvalue）。

- 右值（非左值）是纯右值或 xvalue。右值引用只能绑定到此类别中的表达式[㊂]。右值引用可以直接绑定到 xvalue，而纯右值通常需要先实例化。然而，从程序员的角度来看，prvalue 和 xvalue 之间的区别在 C++11/14 中不太重要，因为它们以相同的方式与大多数其他特性交互[㊃]。
- 广义左值是左值或 xvalue（不是纯右值）。该类别中的所有值都具有同一性，并且至少在原则上[㊄]由物理内存中的对象表示。大多数内置操作只需要一个纯右值作为参数。当一个操作（例

㊀ 请注意，为清楚起见，我们在此讨论中不涉及 std::vector 提供的强大异常安全保证。有关移动、向量和异常安全保证的更多信息，请参阅 3.1.15 节。

㊁ 与大多数其他弃用不同，std::auto_ptr 并没有在标准中逗留，它在 C++17 中被完全删除。

㊂ 一个例外是右值引用也将绑定到函数左值：

```
void f();  // Declaration of function: f is itself an lvalue.

void  (&lrf)() = f;  // can bind an lvalue reference to function lvalue
void (&&rrf)() = f;  //  "     "   " rvalue       "      "       "
```

㊃ 保证的复制省略，通过 P0135R0（参见 smith15c）引入 C++17，利用右值的两个子类别之间的区别来使从函数返回的纯右值用于直接初始化表示返回值的对象，从而回避任何中间临时值，否则可能会被复制、移动或不一致地删除。

㊄ 一个从未观察到地址的对象可能——尤其是在优化之后——永远不会驻留在最终程序的地址空间中，例如，通过应用 as if 规则。

如绑定引用）确实需要一个左值并且提供了一个纯右值时，一个称为临时实现的过程会初始化一个临时值，有效地将纯右值转换为一个 xvalue。

1）C++11/14 左值 左值表达式是可以应用内置地址运算符 & 来获取地址的表达式，通常会给出该左值在物理内存中的地址[⊖]：

```
// named lvalue        taking the address of an lvalue using &
// ------------        --------------------------------------

double d;              double* dp           = &d;
                       double* dp2          = &(d += 0.5);

double& dr = d;        double*  dp3         = &dr;
                       double** dpp         = &dp3;

const int& cir = 1;    const int*  cip      = &cir;
                       const int** cipp     = &cip;

int f();               int (*fp)()          = &f;

char a[10];            char (*ap)[10]       = &a;
                       char* cp             = &a[5];

struct S { int x; } s; S* sp                = &s;
                       S* sp2               = &(s = s);
                       int* ip              = &s.x;

unsigned& g();         unsigned* up         = &g();

                       const char (*lp)[14] = &"Hello, World!";
                       const char* lp2      = &"Hello, World!"[5];
```

左值表达式通过名称或地址标识一个潜在可达的对象，在一个编写良好的程序中，它的生命周期比它所在的最大封闭表达式更长。通过定义明确的方法可以形成一个非常量左值表达式，该表达式引用一个临时对象，它的生命周期不会超过封闭表达式：

```
// By cast: lifetime extension works.
int &r1 = (int&)(int&&)0;  // lvalue expression that refers to an int temporary

// By member function having no ref-qualifier: lifetime extension doesn't work.
#include <vector>  // std::vector
int &r2 = *std::vector<int>{1, 2, 3}.begin();
```

请注意，上面使用 r2 可能会导致未定义的行为，请参见第 3.1.4 节和第 4.1.6 节。将内置的解引用运算符 * 应用于任何非空指针变量会产生一个未命名的左值。在上面的示例中，*dp 和 *fp 是未命名的左值。调用返回引用的函数，例如上面示例中的 g()，也会产生一个左值。

赋值或以其他方式修改内置类型的左值的能力完全取决于它是不是 const 限定的；对于用户定义的类型，赋值还取决于该类型是否支持复制和移动赋值，请参阅特殊成员函数的生成。最后，请注意字符串字面值（例如 “Hello，World!”）与其他字面值不同，它被视为左值，如上面的示例中用提取的地址初始化的 lp 和 lp2。

对内置类型调用赋值或复合赋值运算符会产生一个左值，就像调用任何返回左值引用的用户定义函数或运算符一样：

```
struct S
{
    S& operator+=(const S&);  // operator returning lvalue reference
};

int& h();    // h() is an lvalue of type int.
```

⊖ 指向成员的指针表达式（例如 &Class::member）没有获得物理内存地址。尽管如此，Class::member 是一个左值表达式，可以应用一元地址运算符 &。

```
S& j();     // j() is an lvalue of type S.

void testAssignment()
{
    int x = 7;
    x = 5;      // x = 5 is an lvalue of type int.
    x *= 13;    // x *= 13 is an lvalue of type int.
    h() = x;    // h() = x is an lvalue of type int.

    S s;
    j() = s;    // j() = s is an lvalue of type S.
    s += s;     // s += s is an lvalue of type S.
}
```

与左值引用一样，我们不能获取右值引用的地址。指针可以是任何值类别，并且左值引用或右值引用可以根据需要绑定到指针表达式。无论指针的值类别如何，解引用任何非 void 指针都会产生一个左值：

```
int* pf();  // pf() is a prvalue of type int*.
void testDereference()
{
    *pf();  // *pf() is an lvalue of type int.

    int* p = pf();  // p is an lvalue of type int*.
    *p;             // *p is an lvalue of type int.
}
```

变量的名称是左值，与该变量是否为引用无关，即使它本身是右值引用：

```
void testNames()
{
    int x     = 17;
    int& xr   = x;
    int&& xrv = std::move(x);

    x;    // x   is an lvalue of type int.
    xr;   // xr   "  "    "     "  "    "
    xrv;  // xrv  "  "    "     "  "    "
}
```

2）C++11/14 中的纯右值　prvalue 或纯右值表达式表示不一定与内存中的对象相关联的值，并且如果不通过强制转换在内存中创建对象，则无法获取其地址。这种转换会创建一个临时对象，该对象在最外层封闭表达式的末尾或在该临时对象或其子对象之一的引用的生命周期结束时被销毁，请参阅补充内容——绑定到引用的临时对象的生命周期延长。编译器不需要具体化临时底层对象表示，除非需要一个表示（例如，被更改、被移出或移到绑定到命名引用），并且通过将纯右值转换为 xvalue 来满足该需求，可能在此过程中创建一个临时对象。非空纯右值表达式特有的另一个属性是它必须是完整类型，足以使用内置的 sizeof 运算符确定任何底层对象的大小。

所有算术字面值都是纯右值表达式：

```
void testLiterals()
{
    5;       // 5    is a literal prvalue of type int.
    1.5;     // 1.5  is a literal prvalue of type double.
    '5';     // '5'  is a literal prvalue of type char.
    true;    // true is a literal prvalue of type bool.
}
```

枚举器也是纯右值：

```
enum E { B };        // B is a named prvalue of type E.
```

内置类型上的所有数值运算符的结果也是纯右值：

```
void testNumericExpressions()
{
    const int x = 3;      // x is a named, nonmodifiable lvalue of type int.
```

```
    int y = 4;              // y is a named, modifiable lvalue of type int.
    3 + 2;                  // 3 + 2 is a compile-time prvalue of type int.
    x * 2;                  // x * 2 is a compile-time prvalue of type int.
    y - 2;                  // y - 2 is a prvalue of type int.
    x / y;                  // x / y is a prvalue of type int.

    x && y;                 // x && y is a prvalue of type bool.
    x == y;                 // x == y is a prvalue of type bool.
}
```

非数值运算也可以产生纯右值：

```
void testOtherOperations()
{
    const int x = 3;

    &x;  // &x is a prvalue of type const int*.
    static_cast<int>(x); // static_cast<int>(x) is a prvalue of type int.
}
```

按值返回的函数和用户定义类型的显式临时变量也是纯右值：

```
struct S { } s;  // s is a named, modifiable lvalue of type S.
int f();         // f is a named, nonmodifiable lvalue of type int().
S g();           // g is a named, nonmodifiable lvalue of type S().

void testCalls()
{
    S();  // S() is a prvalue of type S.
    f();  // f() is a prvalue of type int.
    g();  // g() is a prvalue of type S.
}
```

3）C++11/14 xvalue　xvalue 表达式，也称为过期值，在 C++11 中是全新的。xvalue 和 prvalue 之间重要的表示差异是 xvalue 表达式保证由底层对象的位置表示——至少在原则上是这样。prvalue 表达式不存在这样的保证，将其内部表示保留为编译器的实现细节。

有几种可能会出现 xvalue 的方式。首先，当一个左值被显式地转换为一个右值引用时，会产生一个 xvalue 表达式：

```
void testXvalues()
{
    int x = 9;
    static_cast<int&&>(x);  // static_cast<int&&>(x) is an xvalue of type int.
    const_cast<int&&>(x);   // const_cast<int&&>(x) is an xvalue of type int.
    (int&&) x;              // (int&&) x is an xvalue of type int.
}
```

其次，返回右值引用的函数或运算符在调用时会产生一个 xvalue：

```
int&& rf();  // rf() is an xvalue of type int.
S&& rg();    // rg() is an xvalue of type S.

S&& operator*(const S&, const S&);  // oddly defined operator

void testOperator()
{
    int i, j;
    i * j;  // i * j is a prvalue of type int.
    S a, b;
    a * b;  // a * b is an xvalue of type S.
}
```

再次，标准库实用函数 std::move 也产生 xvalue，因为它只不过是一个定义为返回对传递给它的类型的右值引用的函数，请参阅 std::move 实用工具。

最后，访问任何非左值的子对象的表达式都是 xvalue，包括非静态数据成员访问、数组下标和对数据成员的解引用指针。请注意，当这些操作中的任何一个应用于纯右值时，需要从该纯右值创建一个临时对象以包含子对象，因此子对象是一个 xvalue[一]：

```
struct C  // C() is a prvalue of type C.
{
    int d_i;
    int d_arr[5];
};

C&& h();                   // h() is an xvalue of type C.
int C::* pd = &C::d_i;     // pointer to data member C::d_i

void testSubobjects()
{
    h().d_i;        // h().d_i is an xvalue of type int.
    C().d_i;        // C().d_i  "  "    "    "   "    "
    h().d_arr;      // h().d_arr is an xvalue of type int[5].
    C().d_arr;      // C().d_arr  "  "    "    "   "     "
    h().d_arr[0];   // h().d_arr[0] is an xvalue of type int.
    C().d_arr[0];   // C().d_arr[0]  "  "    "    "   "    "
    h().*pd;        // h().*pd is an xvalue of type int.
    C().*pd;        // C().*pd  "  "    "    "   "    "
}
```

4）右值引用　C++11 引入了右值引用，这是一种新的引用类型，它使用 && 作为其语法的一部分（例如 int&&）：

```
int&& r = 5;  // r is an rvalue reference initialized with a literal int 5.
```

扩展类型系统以包含右值引用的目标是允许函数重载可以安全移动的值，即非左值。右值引用与熟悉的左值引用的区别在于右值引用将仅绑定到非左值（和函数）。当使用 xvalue 初始化时，右值引用绑定到由该 xvalue 标识的对象。当使用纯右值初始化右值引用时，右值引用会隐式创建一个临时值来表示该值，并且通常与引用本身具有相同的生命周期，请参阅第补充内容——绑定到引用的临时对象的生命周期延长。

我们现在可以利用值类别来准确显示存在 const 限定符的情况下绑定的内容[二]：

```
struct S { /*...*/ };

      S          fs();        // returns prvalue of type       S
const S          fcs();       // returns prvalue of type const S
      S&       flvrs();       // returns  lvalue of type       S
const S&      fclvrs();       // returns  lvalue of type const S
      S&&      frvrs();       // returns  xvalue of type       S
const S&&     fcrvrs();       // returns  xvalue of type const S

    S&& r0 = fs();            // OK
    S&& r1 = fcs();           // Error, cannot bind to const prvalue
    S&& r2 = flvrs();         // Error, cannot bind to       lvalue
    S&& r3 = fclvrs();        // Error, cannot bind to const lvalue
    S&& r4 = frvrs();         // OK
    S&& r5 = fcrvrs();        // Error, cannot bind to const xvalue

    const S&& cr0 = fs();     // OK
    const S&& cr1 = fcs();    // OK
    const S&& cr2 = flvrs();  // Error, cannot bind to       lvalue
    const S&& cr3 = fclvrs(); // Error, cannot bind to const lvalue
    const S&& cr4 = frvrs();  // OK
    const S&& cr5 = fcrvrs(); // OK
```

[一] 将子对象识别为 xvalue 而不是 prvalue，或者在某些情况下识别为 lvalue，一直是个核心问题，该问题被 C++14 和 C++20 之间的缺陷报告接受。具体来说，CWG 问题 616（参见 stroustrup07）和 CWG 问题 1213（参见 merrill10a）处理对子对象表达式的值类别的更改。另请注意，这些说明的编译器实现需要一些时间，GCC 直到 GCC 9（大约 2019 年）才完全支持它们。

[二] 如果要包括 volatile，将使可能的限定符组合的数量增加一倍，理论上，这些组合可以应用于三个值类别中的每一个。由于 volatile 的任何实际应用都很少见，因此我们将涉及它的组合作为练习留给读者。

请注意，如果在上面的示例中将 S 替换为诸如 int 之类的标量类型，则 fcs() 的返回值中的 const 将被忽略（因为标量返回类型上的 cv 限定符被忽略；因此，r1 的相应初始化（其中 S 是一个标量）将会成功。

可以修改从函数返回的右值，前提是：它是用户定义的类型并且存在更改成员函数，参见补充内容——可修改的右值。右值不允许分配给基本类型：

```
struct V
{
    int d_i;                                        // public int member
    V(int i) : d_i(i) { }                           // int value constructor
    V& operator=(int rhs) { d_i = rhs; return *this; } // assignment from int
};
      V  fv(int i) { return V(i); }  // returns nonconst prvalue of type V
const V fcv(int i) { return V(i); }  // returns    const prvalue of type V

void test1()
{
    fv(2).d_i = 5;        // Error, cannot assign to rvalue int
    fv(2).operator=(5);   // OK, member assignment can be invoked on an rvalue.
    fv(2) = 5;            // OK,    "         "      "  "    "      "  "    "

    fcv(2).d_i = 5;       // Error, cannot assign to const rvalue int
    fcv(2).operator=(5); // Error, assignment is a nonconst member function.
    fcv(2) = 5;           // Error,       "       " "      "        "         "
}
```

修改后的值将被保留到包含右值子表达式的最外层表达式的末尾：

```
#include <cassert>  // standard C assert macro

void test2()
{
    int x = 1 + (V(0) = 2).d_i + 3 + (fv(0) = 4).d_i + 5;
    assert(15 == x);  // 15 == 1 + 2 + 3 + 4 + 5
}
```

直接修改未命名的临时右值与修改命名的非临时右值引用不同，后者本身就是一个左值。在 C++ 中始终可以将任何右值表达式（例如默认构造的对象，例如 S() 或字面值（如 1）绑定到 const 左值引用，但随后无法通过该引用对其进行修改：

```
void test3()
{
          S&  lvrs = S();    // Error, initializes nonconst lvalue ref w/rvalue
    const S& clvrs = S();    // OK, initializes const lvalue ref w/prvalue
             clvrs = S();    // Error, assigning via a const lvalue ref
    const S* pcs = &clvrs;   // OK, any const lvalue reference is an lvalue.

          int&  lvri = 5;    // Error, initializes nonconst lvalue ref w/rvalue
    const int& clvri = 5;    // OK, initializes const lvalue ref w/prvalue
               clvri = 5;    // Error, assigning via a const lvalue ref
    const int* pci = &clvri; // OK, any const lvalue reference is an lvalue.
}
```

但是请注意，上面示例中的每个命名引用，当用于表达式时，本身就是一个左值，因此程序员可以使用内置的一元地址运算符 & 来获取初始化它们的临时底层对象。

右值引用的行为与之类似，当一个纯右值初始化一个命名的右值引用时，该纯右值具体化一个临时对象，其生命周期与引用的生命周期相同。然而，与非常量左值引用不同的是，非常量右值引用可以绑定到相同类型的非常量右值，在这种情况下，可以随后通过引用修改相同的底层对象：

```
void test4()
{
          S&&  rvrs = S();  // OK, initializes an rvalue ref with a prvalue
    const S&& crvrs = S();  // OK, initializes a const. rvalue ref with an prvalue
              rvrs = S();   // OK, can modify via a named nonconst. rvalue ref
             crvrs = S();   // Error, cannot modify via a const. rvalue ref
          S*   ps = & rvrs; // OK, a named nonconst. rvalue ref is an lvalue.
```

```
    const S* pcs = &crvrs;  // OK, a named const. rvalue ref is a const. lvalue.

         int&&  rvri = 5;    // OK, initializes an rvalue ref with a prvalue
    const int&& crvri = 5;   // OK, initializes const. rvalue ref with a prvalue
                rvri = 5;    // OK, can modify via a named nonconst. rvalue ref
               crvri = 5;    // Error, cannot modify via any const. rvalue ref
         int*  pi = & rvri;  // OK, a named nonconst. rvalue ref is an lvalue.
    const int* pci = &crvri; // OK, a named const. rvalue ref is an lvalue.
}
```

回想一下，引入右值引用是为了允许库开发人员使用重载函数来区分可移动参数（即可以被安全移出的参数）和不可移动参数。出于这个原因，有必要确保给定类型的右值引用永远不会隐式绑定到相应类型的左值，因为允许这种自由绑定会导致移动操作调配尚未被识别为准备就绪的对象的状态。因此，尽管 const 左值引用绑定到所有值，但 const 右值引用被故意设计为不绑定到相同类型的左值，而是从任何其他不同的类型绑定到作为隐式转换（包括整数提升）结果的右值：

```
      double   d;       //   d is a named lvalue of type          double.
const double   cd = 0;  //  cd is a named lvalue of type    const double.
const double fcd();     // fcd returns a prvalue of type nonconst double.

const double& clr1 = d;        // Initialize with lvalue of type double.
const double& clr2 = cd;       // Initialize with lvalue of type const double.
const double& clr3 = double(); // Initialize with prvalue of type double.
const double& clr4 = fcd();    //     "       "     "    "   "     "
      double&  lr4 = fcd(); // Error, initializes nonconst lvalue ref w/rvalue

const double&& crr1 = d;        // Error, cannot init w/value of same type
const double&& crr2 = cd;       // Error,     "     "  "   "    "   "    "
const double&& crr3 = double(); // Initialize with prvalue of type double.
const double&& crr4 = fcd();    //      "       "     "    "   "     "
      double&&  rr4 = fcd();    //      "       "     "    "   "     "


      float   f;         //   f is a named lvalue of type          float.
const float   cf = 0.0;  //  cf is a named lvalue of type    const float.
const float fcf();       // fcf returns a prvalue of type nonconst float.

const double&& cfr1 = f;       // OK, f is converted to rvalue of type double.
const double&& cfr2 = cf;      // OK, cf is converted to rvalue of type double.
const double&& cfr3 = float(); // Initialize with prvalue of type double.
const double&& cfr4 = fcf();   //     "       "     "    "   "     "
      double&&  fr4 = fcf();   //     "       "     "    "   "     "

short z;                // z is a named lvalue of type short int.
const int&& czr = z;    // OK, z is promoted to an rvalue of type int.
```

如果初始化类型 U 的右值引用的左值类型 T 足够接近，可能合理地预期匹配，但初始化仍然被拒绝。这里的“足够接近”是指 T 是与 U 相关的引用——即 U 和 V 仅在 cv 限定（在任何级别）上有所不同，或者 U（没有顶级 cv 限定）是直接或间接基础 T 类（没有顶级 cv 资格）：

```
long j;
const volatile int&  lrj = j;  // Error, j is not of type int.
const volatile int&& rrj = j;  // OK, j converted to temporary of type int

struct B { }                    b;  // base class B
struct C { operator B() const; } c;  // convertible to B
struct D : B { }                d;  // derived from B
const D                         e;  // const derived from B
B&  lrb = b;  // OK
B&& rrb = b;  // Error, initializing rvalue with lvalue of same type

B&  lrc = c;  // Error, convertible type B as an rvalue only
B&& rrc = c;  // OK

B&  lrd = d;  // OK
B&& rrd = d;  // Error, initializing rvalue ref with reference-related lvalue
```

```
      B&   lre = e;  // Error, init of nonconst lvalue ref w/const lvalue
const B&  clre = e;  // OK
      B&&  rre = e;  // Error, init rvalue ref with reference-related lvalue
const B&& crre = e;  // Error,   "      "     "     "        "         "
```

如果初始化右值引用的左值类型与引用的类型完全不同，则将实现一个新的底层对象。通过引用进行的任何后续修改都不会影响原始值：

```
#include <utility>  // std::move
#include <cassert>  // standard C assert macro

void test5()
{
             char c  = 1;
    unsigned char u  = 2;

    char&& rc = static_cast<         char&&>(c);  // rc refers to c.
    char&& ru = static_cast<unsigned char&&>(u);  // temporary char created

    assert(&rc == &c);                          // rc refers to c.
    assert(&ru != static_cast<void*>(&u));      // ru refers to a different char.

    rc = 7;  assert(7 == c);  // c modified through rc
    ru = 8;  assert(2 == u);  // u unchanged
} // Temporary lifetime ends with all other variables here.
```

请注意，在上面的示例中，我们使用 static_cast 构造将 c 和 u 的左值转换为它们各自的 xvalue；然而，在实践中，std::move 更常用于此目的。请参阅 std::move 实用工具。

5）引用类型的重载　专门绑定到右值的新型引用允许增加使用 const 左值引用的现有重载集，以便当使用非左值调用相同的命名函数时，新的重载将被赋予更高优先权，它可以对它的参数进行移动。例如，考虑一个函数 g，它接受一个用户定义类型 C 的对象，它可能需要在返回一个值之前在内部复制和操作该对象，例如 int：

```
class C { /*...*/ };  // some UDT that might benefit from being "moved"

int g(const C& c);  // (1) [original] takes argument by const lvalue reference.
int g(C&& c);       // (2) [additional] takes argument by nonconst rvalue ref.
```

请注意，即使我们有时倾向于按值传递用户定义的类型，我们也不想在这里这样做，因为担心我们最终可能会无缘无故地得到开销昂贵的副本，请参阅用例——按值传递可移动对象。

现在考虑在具有各种值的表达式上调用这个函数 g，例如，左值与右值以及 const 与非常量：

```
      C c;     // c is a named lvalue of type C.
const C cc;    // cc is a named lvalue of type const C.
const C fc();  // fc() is an unnamed rvalue of type const C.

int i1 = g(c);      // OK, invokes overload g(const C&) because c is an lvalue
int i2 = g(C());    // OK, invokes overload g(C&&) because C() is a prvalue
int i3 = g(cc);     // OK, invokes overload g(const C&) because cc is const
int i4 = g(fc());   // OK, invokes overload g(const C&) because fc() is const
```

在这种情况下，如果上面代码片段中的 g 参数是非常量右值（因此已知是可移动的并且可能是临时的），它将更牢固地绑定到 g(C&&)。g(C&&) 根本不会考虑 g(C&&) 的非右值和 const 参数，但可以传递给 g(const C&)，因此将选择该重载。请注意，将纯右值传递给通过右值引用或 const 左值引用获取其参数的函数将导致创建一个临时对象，该对象将在调用该函数的最外层表达式的末尾被销毁。

添加 g 的右值引用重载不会添加到 g 的可用参数集。也就是说，任何可以绑定到 C&& 的东西也可以绑定到 const C&。这种观察的一个推论是，给定任何具有包含 const T& 参数的重载集的函数，可以安全地在相应位置引入具有 T&& 参数的并行重载，从而获得所需的效果。当使用在该位置可移动的参数（即不是左值）时，新添加的右值引用重载将被调用。

在最一般的情况下，将参数传递给函数的方式有五种（如果我们考虑 volatile 的话，则有九种）（参见表 3.5）。

表 3.5　参数类型

	nonconst	const
值	T/const T	
左值引用	T&	const T&
右值引用	T&&	const T&&

尽管看起来，上表中的两个按值传递选项，即 T 和 const T，并不是将参数传递给函数的不同方式。参数上的顶级 const 不是函数接口的一部分，不影响其签名，也不反映在目标代码级别。对于函数的定义声明，顶级 const 仅作为实现对参数可以做什么的约束；然而，对于非定义的声明，顶级 const 没有任何意义：

```
void fx(const int);  // nondefining declaration
void fx(int i)       //    defining declaration
{
    i = 5;  // OK
}

void fy(int);          // nondefining declaration
void fy(const int i)  //    defining declaration
{
    i = 5;  // Error, i is not modifiable.
}

void fz(      int) { }  // OK
void fz(const int) { }  // Error, fz(int) is multiply defined.
```

原则上，可以重载一个函数，例如 g，使用表 3.1 中显示的所有五个不同、相互可重载的变体，但这样做会导致歧义，因为按值传递 T 和通过左值引用传递 T& 或 const T& 是同等的匹配。因此，在实践中，我们通过值或四个可能的参考变体的某个子集传递一个对象。然而，如此广泛的灵活性很少有用。

例如，考虑一个在非常量左值和非常量右值上重载的函数 h：

```
void h(C&  inOut);   // (3) OK, accepts only nonconst lvalues
void h(C&& inOnly);  // (4) OK, accepts only nonconst rvalues
```

h 这样的重载集提供了以编程方式区分左值或非左值的非 const 对象的能力，它们被认为可以安全地从其中移出，类型用 const 限定的任何对象除外：

```
void test6(C& lv, const C& clv, const C&& crv)
{
    h(lv);              // (5) OK, invokes (3) because lv is an lvalue
    h(C());             // (6) OK, invokes (4) because C() is an rvalue
    h(clv);             // (7) Error, clv is const. No overload of h matches.
    h(std::move(crv));  // (8) Error, crv is const. No overload of h matches.
}
```

拥有这样的重载集通常是被禁止的。如果没有右值引用重载，在临时对象上调用 h 将根本无法编译，从而避免了运行时缺陷。由于存在右值引用重载，代码实际上会编译，但现在写入该临时对象的任何输出都将与该临时对象一起消失。

表 3.6[⊖]提供了选择重载集的所有四个潜在的按引用传递成员的相对优先级。

⊖ 尽管表 3.2 是独立推导出和验证的，但可以在 josuttis20b 的 8.3.1 节“使用右值引用的重载解析”，第 133～134 页中找到一个相似的表。

表 3.6 重载解析优先级

值类别		g(C&)	g(const C&)	g(C&&)	g(const C&&)
nonconst 左值	c	1	2	N/A	N/A
const 左值	cc	N/A	1	N/A	N/A
nonconst 右值	C()	N/A	3	1	2
const 右值	fc()	N/A	2	N/A	1

请注意，对于内置类型，与 fc 等效的函数 const int fi() 将返回一个非常量右值，因为 const 值返回的基本类型已由非常量值返回。让函数返回原始类型 T 的 const 右值的唯一方法是让它返回 const T&&，例如 const int&& fi2()。

6）表达式中的右值引用　回顾 C++11/14 左值的内容，任何命名变量（包括右值引用）都是左值：

```
#include <utility>  // std::move

struct S { /*...*/ };

void test1()
{
    S   s1;                  // local variable of type S
    S&& s2 = s1;             // Error, s1 is an lvalue.
    S&& s3 = std::move(s1);  // OK, std::move(s1) is an xvalue.
    S&& s4 = s3;             // Error, s3 is an lvalue.
    S&& s5 = std::move(s3);  // OK, std::move(s3) is an xvalue.
}
```

命名的右值引用本身被故意归类为左值有助于确保在其他地方不再需要其当前值之前，不会意外地将此类引用用作为 xvalue 使用：

```
void f(const S& s);  // only reads the value of s
void f(S&& s);       // consumes the value of s

void test2(S&& s)
{
    f(s);             // invokes int f(const S&)
    f(std::move(s));  // invokes int f(S&&)
}
```

尽管乍一看可能不直观，但重要的是要考虑如果将右值引用本身视为右值，上面的函数 test2 会如何表现：调用 f(s) 将调用 void f(S&&)，这将导致消耗 s 的值并使其处于未指定状态。随后对 f(std::move(s)) 的调用将尝试处理已移动的对象，这肯定不是 test2 的编写者的意图。

在给定的上下文中，右值引用的最终使用可以被视为一个 xvalue，但在 C++ 的发展过程中，这个机会仅在少数情况下被利用，例如使用具有自动存储持续时间的变量 return 语句或 throw 表达式，请参阅 return 语句中的左值隐式移动。将来可能会在语言中添加其他隐式移动，但前提是提交给标准委员会的提案提出令人信服的案例，即此类添加没有无声无息造成伤害的风险。

7）std::move 实用工具　拥有一个称为 xvalue 的新值类别的最初动机的很大一部分是与可达性和可移动性的概念相交，参见补充内容——为什么我们需要一个新的值类别。例如，为了将向量中的元素从一个位置移动到另一个位置，需要将预先存在的左值转换为右值引用。到目前为止，我们一直使用 static_cast，但 const_cast 也可以：

```
struct S { /*...*/ } s;  // some UDT that might benefit from being moved

int f(const S&  s);  // (1) takes any kind of S but with lower priority
int f(      S&& s);  // (2) takes only movable kinds of S with high priority

int i1 = f(s);                   // calls (1); can copy-construct local S from s
int i2 = f(const_cast<S&&>(s)); // calls (2); can move-construct local S from s
```

请注意，使用 const_cast 甚至可以将 const S 转换为非 const 右值引用，而 static_cast 将使从可转换为 S 的类型的转换绑定到右值引用，这两种方法都可能是意外的结果。鉴于右值引用设计的一个重要部分涉及必须保留 C++ 类型和常量的专门转换，同时更改值类别，因此执行转换的最佳方法是创建一个库实用程序（实现为函数模板）来推导出 C++ 类型；忽略引用限定符，然后在其实现中使用 static_cast，而不是 const_cast。这里提供了一种合理的实现，使用转发引用、constexpr 和 noexcept 说明符（参见 3.1.10 节，3.1.5 节和 4.1.5 节）：

```
// example implementation of the Standard Library's std::move utility:
namespace std
{
    template <typename T> struct __RemoveReference      { typedef T type; };
    template <typename T> struct __RemoveReference<T&>  { typedef T type; };
    template <typename T> struct __RemoveReference<T&&> { typedef T type; };

    template <typename T>
    constexpr typename __RemoveReference<T>::type&& move(T&& expression) noexcept
    {
        return static_cast<typename __RemoveReference<T>::type&&>(expression);
    }
}
```

正如上面的示例实现所示，这个标准函数模板的名称是 move，它驻留在 std 命名空间中，并且可以在 <utility> 头文件中找到。这个函数模板的使用就像使用 static_cast 将左值引用表达式转换为未命名的右值引用表达式一样，除了 C++ 类型是自动推导的：

```
#include <utility>  // std::move

S t1, t2;  // two similar objects that are each movable

int i3 = f(static_cast<S&&>(t1));  // can move-construct a local S from t1
int i4 = f(std::move(t2));         // can move-construct a local S from t2
```

然而，为这个专门的转换为右值引用的名称选择名称移动 (move) 可能会令人困惑，请参阅烦恼——std::move 并不移动。

8）特殊成员函数的生成　鉴于右值引用参数具有额外函数重载，C++11 中还添加了两个新的特殊成员函数。

- 类型 X 的移动构造函数是一个非模板构造函数，可以通过对 X 的单个右值引用来调用它。有两个要求：构造函数的第一个参数必须是对 X 的 cv 限定右值引用，即 X&&、const X&&、volatile X&& 或 const volatile X&& ；构造函数必须只有一个参数，或者第一个参数之后的所有参数必须具有默认参数。

```
struct S1 { S1(S1&&); };             // move constructor
struct S2 { S2(const S2&&); };       //   "       "
struct S3 { S3(S3&&, int i = 0); };  //   "       "
struct S4 { S4(S4&&, int i); };      // not a move constructor
struct S5 { S5(int&&); };            //  "  "   "       "
struct S6 { S6(S6&); };              //  "  "   "       "
```

- 类型 X 的移动赋值运算符是一个名为 operator= 的非静态、非模板成员函数，只有一个参数是对 X 的 cv 限定右值引用，即 X&&、const X&&、volatile X&& 或 const volatile X&&。任何返回类型和值对于移动赋值运算符都是有效的，但通常的约定是返回类型为 X& 并返回 *this。

与其他特殊成员函数一样，当未显式声明时，可以为类型或结构体 X 隐式声明移动构造函数和移动赋值运算符[㊀]。

- 提供任何用户声明的拷贝或移动构造函数、拷贝或移动赋值运算符或析构函数将抑制两个移动操作的隐式生成。

㊀ 有关特殊成员函数的隐式生成的更多信息，请参见 2.1.4 节。

- 默认移动构造函数将具有函数原型 X::X(X&&)。默认的移动赋值运算符将具有签名 X& operator=(X&&)。
- 两种移动操作的异常规范和平凡性由对 X 的所有基类和非静态数据成员的相应操作的异常规范和平凡性决定。
- 默认实现将对每个基类和非静态数据成员应用相应的操作。

管理联合的特殊成员函数生成的规则类似于类或结构体的规则，但附加条件是，如果它们对应于一个或多个联合的非静态数据成员的非平凡特殊成员函数，联合的六个未显式声明的特殊成员函数中的任何一个都将被删除（参见 2.1.6 节）：

```
struct S { S(S&&); };  // S has a user-provided (nontrivial) move ctor.
union U { S s; };      // U's implicitly declared move ctor is deleted.
```

请注意，联合上的普通移动操作和普通复制操作具有相同的行为：按位复制。有关联合和平凡性的更详细讨论，请参见 4.1.7 节和 3.1.11 节。

9）从 return 语句中的右值移动　当函数返回的表达式是纯右值时，返回值将通过移动构造进行初始化：

```
struct S { };

S f1() { return S(); }  // returns a prvalue

void test1()
{
    S s = f1();
}
```

上面 test1 中的局部变量 s 可以通过以下两种方式之一进行初始化。至少，将在 f1 的主体内创建一个临时对象，并将其用作右值以复制 test1 中的构造 s。该示例是众所周知的返回值优化（RVO）的完美示例。不是在函数中构造对象，然后将其复制（甚至移动）给调用者，而是在调用者的范围内为对象的足迹保留空间，然后对象只被就地构造一次并通过返回的纯右值被初始化。这种优化将初始调用用的额外构造函数调用的数量减少到零，从注重性能的角度来看，这是调用的最佳操作数[⊖]。

当返回的表达式也是一个 xvalue 时，返回值可以被移动构造：

```
S f2()
{
    S s;
    return std::move(s);  // returns an xvalue
}
```

在这种情况下，由 f2 的返回值初始化的对象将使用对 s 的右值引用来构造。要注意可能不需要在返回时显式地将此类左值转换为 xvalue，并且在某些情况下，甚至可能会阻止上述返回值优化（NRVO）。请参阅 return 语句中的左值隐式移动。

最后，如果要返回纯右值表达式，禁止使用 std::move 强制从该纯右值移动：

```
S f3()
{
    return std::move(S());  // BAD IDEA
}
```

在上面的示例中像 f3 那样应用 std::move，不仅仅是将表达式转换为特定类型，它还要求有一个对象可以传递给效用函数。在这种情况下，必须将一个临时变量具体化为 std::move 的参数，因此将不再有可能省略所有移动并应用 RVO。

10）return 语句中的左值隐式移动　每当一个对象的使用与该对象的最后一次可以引用一致时，将该对象视为一个 xvalue 而不是一个 lvalue 是有益的，这样该对象拥有的资源可以在它们被对象的

⊖ C++17 要求在函数返回纯右值时不创建额外的对象，从而有效地保证复制省略。

析构函数释放之前被重用。临时变量是自发生成 xvalue 的主要方式。

然而，在 return 语句中，所有具有自动存储持续时间的变量（即非 volatile 局部变量和函数参数）的生命周期都在语句之后隐式结束。这种定义的行为允许任何命名此类变量的返回语句将返回的表达式视为 xvalue 而不是 lvalue，从而导致返回值的移动构造而不是拷贝构造[㊀]：

```
struct S { };
void g(const S&);
void g(S&&);

S f1()
{
    S s;
    g(s);      // s is not an xvalue and selects g(const S&).
    return s;  // s is an xvalue.
}

S f2(S s)
{
    g(s);      // s is not an xvalue and selects g(const S&).
    return s;  // s is an xvalue.
}
```

如果函数中的所有 return 语句都是这种形式，比如说，return x; 其中 x 是与函数的返回类型相同类型的自动变量，则通常可以省略返回语句所隐含的拷贝。在适用的情况下，x 可以直接在返回值的目标的占用空间中构造：

```
S nrvo(S* p)  // function taking the address of an (uninitialized) S object
{
    S s1;                // s1 is a local automatic variable of type S.
    assert(&s1 == p);   // The assert will succeed only if NRVO is in effect.
    return s1;           // Return s1 (maybe via NRVO).
}

void callNrvo()  // test function to provide address of final S object, s2
{
    S s2 = nrvo(&s2);  // Pass in address of the variable being initialized.
}
```

在上面的示例中，请注意 callNrvo 将尚未初始化的自动变量 s2 的地址显式传递给 nrvo 函数，使其能够通过断言确定 NRVO 是否正在发生。如果未应用 NRVO，则通过 p 传入的地址将与本地自动变量 s1 的地址不同。如果断言有效，则程序将终止并显示错误消息。否则，我们可以确定 s1 是在调用函数 callNrvo 中 s2 的占用空间中构造的。

这种从 return 语句到 xvalue 的转换与返回自动变量有资格进行拷贝省略（也称为命名返回值优化）的情况大体重叠。NRVO 有许多微妙的限制，这取决于同一函数内任何其他返回语句中的特定表达式，甚至可能取决于所讨论类型的特定属性。即使在适用的情况下，NRVO 的任何使用都完全取决于具体实现。

符合 NRVO 条件的函数也满足移动构造其返回值的要求，即使 NRVO 不生效。因此，上面代码片段中的 f1 和 nrvo 之类的函数在最坏的情况下将调用单个移动构造函数来初始化它们的返回值，而在最好的情况下，根本不调用任何东西。

现在让我们考虑一个调用 std::move 以将命名局部变量（例如 s）显式转换为右值引用的函数（例如 f3）：

㊀ C++20 为那些以这种方式返回时将被移动而不是复制的自动存储持续时间对象引入了隐式可移动实体的概念。这个概念也被扩展为包括右值引用（对非 volatile 对象）：

```
S returnRefParam(S&& input)
{
    return input;  // input is an lvalue in C++11-17 and an xvalue in C++20.
}
```

```
S f3()
{
    S s;
    return std::move(s);  // explicit cast to an rvalue reference
}
```

在这里，通过显式使用 std::move 从局部变量移动到返回值，我们也使这个函数不再符合 NRVO 的条件，因为返回表达式是一个函数调用，而不仅仅是一个局部变量的名称。std::move 的这种使用导致总是调用移动构造函数来初始化返回值，并且根本不会省略额外对象。

一般来说，当一个对象的生命周期即将结束并且它可能被隐式地视为一个 xvalue 时，不显式使用 std::move 是一个合理的、相对面向未来的经验法则。即使在今天不适用 NRVO 的情况下，移动也会以任何方式发生，并且在未来的标准中，随着语言的发展，额外的对象可能会被完全删除㊀。

当 return 语句中使用的局部变量的类型与返回的非引用 C++ 类型不完全匹配时，可以显式使用 std::move㊁，在这种情况下总是会发生到返回类型的转换。对右值引用的显式强制转换保证了转换的结果将通过从 return 语句中指定的对象移动来创建。请注意，即使没有显式使用 std::move，也会发生某些类型的移动转换，例如由移动构造产生的移动转换。显式的 std::move 不会影响创建结果对象，请参阅潜在缺陷——返回 const 右值会降低性能。

使用比自动变量的名称更复杂的东西作为 return 语句的表达式，涉及 std::move 的显式使用，因为没有任何可能启用拷贝省略的规则是可能适用的：

```
S f4(bool flag)
{
    S a, b;
    return flag ? std::move(a) : std::move(b);  // std::move needed
}

S f5()
{
    S a;
    return 1, std::move(a);  // std::move needed
}
```

11）移动返回值的时机　一个糟糕的程序员可以做些什么来确保在可能的情况下总是避免拷贝，以及拷贝省略永远不会因为显式强制转换而变得不乐观？

遵循六个简单的经验法则将实现这两个目标，并且生成的代码永远保持面向未来。

- 如果有可能随后从程序的其他部分引用某个值，则预示着不需要显式转换：

```
S f1(S* s)
{
    return *s;  // explicit cast not indicated
}

S s1;  // externally reachable variable

S g1()
{
    return s1;  // explicit cast not indicated
}
```

从这样的对象移动可能会导致意外，是不正确的行为。

- 如果返回的表达式是纯右值（例如对象的匿名构造或对按值返回对象的函数的调用），则预示着不需要显式转换：

㊀ zhilin21 等提案使得 NRVO 应用更广泛，并以类似于 C++17 中的 RVO 的方式得到保证；odwyer19 中，将隐式可移动实体添加到 C++20；odwyer21 中，改进了隐式可移动实体的处理，所有这些都改进了不显式移动的功能，而对可以移动的功能没有任何改进。

㊁ 请注意，在 C++ 的未来版本中，在 return 语句中使用显式移动，即那些类型与函数声明的返回类型不匹配的表达式，将变得越来越少，但不太可能禁止。

```
S f2()
{
    return S(/*...*/);  // explicit cast not indicated
}

S g2()
{
    return f2(/*...*/);  // explicit cast not indicated
}
```

正是在这些情况下，返回值优化（RVO）可能会发挥作用，从而忽略移动构造。提供显式强制转换将有效地禁用 RVO，从而强制创建两个对象，而不仅仅是一个。

- 如果 return 语句中的表达式仅包含本地声明的非引用变量的名称，包括按值参数或本地 catch 子句中的参数，并且与函数的返回类型完全匹配，则不需要显式转换：

```
S f3()
{
    S s;
    return s;  // explicit cast not indicated
}

S g3(S s)
{
    return s;  // explicit cast not indicated
}

S h3()
{
    try
    {
        // ...
    }
    catch (S s)
    {
        return s;  // explicit cast not indicated
    }
}
```

在某些情况下，NRVO 会导致在结果中直接构造局部对象；否则，将保证隐式转换。因此如果类型支持移动构造，则对象将被移动。尽管 catch 子句参数的参数永远不会被优化掉，它也会被隐式移动，并且试图不必要地显式转换它甚至可能触发编译器警告。

- 如果 return 语句中的表达式包含与函数的返回类型不完全匹配的本地声明的非引用变量的名称，则应该进行显式转换：

```
struct T {
    T(S&&);  // S is convertible to T.
};

T f4()
{
    S s;
    return std::move(s);  // Explicit cast is indicated.
}
```

并非所有移动转换都保证隐式发生。因为当类型不完全匹配时拷贝省略不适用，所以显式转换不会影响对象创建，但可能会启用移动而不是复制操作。

- 如果返回的表达式是任何类型的引用，并且很明显移动被引用的对象是合适的，则应该进行显式转换：

```
S f5()
{
    S s;
    S& r = s;
    return std::move(r);  // Explicit cast is indicated.
}
```

```
S g5(S&& s)  // Being passed as an rvalue reference indicates s should be moved.
{
    return std::move(s);  // Explicit cast is indicated.
}
```

其中没有引用的隐式转换；由于复制省略也不适用，因此具有显式强制转换不会影响对象创建，但可能会启用移动而不是复制[㊀]。

- 此外，当表达式驻留在 throw 语句中时，会表示应该进行显式强制转换，但前提是这样做是安全的：

```
void f6(S s)
{
    throw std::move(s);  // Explicit cast is indicated.
}

void g6()
{
    S s;
    S& r = s;
    throw std::move(r);  // Explicit cast is indicated.
}

void h6()
{
    S s;  // used below by f6

    try
    {
        throw s;  // Explicit cast is not indicated.
    }
    catch (...) { }

    f6(s);  // uses s after being thrown
}
```

上述示例总是会创建一个异常对象，并且，如果没有显式转换，就不能保证调用一个可行的移动构造函数，尤其是当抛出的表达式是引用类型时。几乎没有使用 std::move 会阻止异常对象创建的情况[㊁]，而不使用 std::move 可能会导致异常对象被复制而不是移动。

如果抛出的对象在同一个函数中被捕获并在以后使用，则表示不需要显式转换。

12）总结　在 C++11 中引入扩展值类别是在现代 C++ 中启用移动语义的基础。现在有三个不相交的值类别，lvalue、xvalue 和 prvalue，可用于表征任何 C++ 表达式。

其中两个类别 lvalue 和 xvalue 共同构成了表达式的 glvalue 类别。这些表达式中的每一个都被表示为一个具有标识的对象，即如果被正确询问，它可以在内存中产生一个地址。

xvalue 和 prvalue 共同构成了表达式的右值类别，其特征是在当前表达式之外值不再被需要。如果一个右值恰好已经由一个对象表示，则该对象是可移动的。

左值表达式具有标识。可以使用 & 运算符获取左值的地址，但不能移动左值。prvalue 表达式没有标识，因此可以安全地移出。如果 prvalue 恰好由一个对象表示，则该对象是可移动的。xvalue 表达式具有身份标识，每个 xvalue 都保证已经由一个可移动的对象表示。

在重载集中使用右值引用参数来补充那些使用 const 左值引用的参数，使构造函数、赋值运算符

㊀ 在 C++20 中，随着 P0527（参见 stone17）和 P1825（参见 stone19）的非 volatile 缺陷报告被采用，具有自动存储持续时间的右值引用在返回语句中被隐式处理为 xvalue。在已实现此更改的编译器中，std::move 的使用只是明确了原本隐含的内容，但由于引用绑定到的对象已经在其他地方创建，因此必须发生的移动操作的数量没有区别。

㊁ 理论上，当操作数是一个非 volatile 自动变量的名称，其范围不超出最里面的封闭 try 块（如果存在）的末尾，标准允许将这样的操作数直接构造到异常对象中。在该特定情况下使用 std::move 会禁用此优化。但是，在我们测试的任何流行编译器中都没有观察到这种优化。

和其他操作能够区分可能具有可用于重用（即重新利用）的资源的参数和那些只读的参数。检测、调配和重新利用即将过期对象的已分配资源避免了临时对象和其他对象的不必要拷贝，这些对象的值已被（隐式或显式）标识为可消耗的。

2. 用例

（1）移动操作作为拷贝操作的优化

通过引入右值引用，我们现在能够区分绑定到有资格被移动的对象的引用，即右值引用，和绑定到必须复制的对象的引用，即左值引用。也就是说，我们现在能够为右值和左值重载我们的构造函数和赋值运算符。

从相同类型的左值表达式构造对象称为拷贝构造。从相同类型的右值表达式构造对象称为移动构造。术语 move 通俗地表达了将拥有的资源（通常是动态分配的内存块）从一个对象转移到另一个对象的想法，而不是以某种方式复制它们，例如分配空间然后进行拷贝操作。

在大多数实际应用中，移动可以被合理地解释和适当地实现为对复制的优化，因为对目标对象的要求是相同的，而对源对象的要求是放宽的，因此它不需要在操作完成后保持相同的状态或值。

知道移动操作的语义可以根据其相应的拷贝操作来完全定义，这使得它们易于理解。这些新添加的移动语义操作可以使用单元测试进行测试，这些单元测试只对现有的拷贝语义对应物进行了轻微修改，参阅潜在缺陷——使不可复制的类型在没有正当理由的情况下可移动。

从不再需要它们的对象中重新利用内部资源可以导致更快的类似复制的操作，尤其是在涉及内存的动态分配和释放时。然而，相反的考虑因素，例如引用的局部性，为了整体最佳运行时性能，在某些情况下，尤其是在大规模情形上，不建议使用移动操作来代替复制操作[㊀]。

对于过期对象，其行为类似于优化的拷贝操作，正确实现移动操作将取决于我们如何选择实现类型的具体细节，例如，被编写为显式管理其自身资源的对象（请参阅创建一个低级值语义类型）或将资源管理委托给其子对象（请参阅描述——特殊成员函数的生成）。

1）创建一个低级值语义类型　通常，我们希望创建一个用户定义类型，用于表示我们称之为柏拉图式的值，即其含义独立于其在当前进程中的表示。如果实现正确，我们将这种类型称为值语义类型（VST）。尽管在某些情况下 VST 会被实现为简单的聚合类型（请参阅描述——特殊成员函数的生成），但在其他情况下，VST 会直接管理其内部资源。VST 的显式实现是本小节的主题。

考虑一个简单的 VST, class String，它维护一个以 null 结尾的字符串值，作为对象不变量（即此字符串类明确不支持空指针值）。除了一个值构造函数和一个用于访问对象值的 const 成员函数之外，四个 C++03 特殊成员函数（默认构造函数、拷贝构造函数、赋值运算符和析构函数）中的每一个都是用户提供的，由程序员明确定义。然而，为了使这个示例更加重点突出，我们不会单独存储字符串的长度，并且我们将完全省略容量过剩的概念，只留下一个非静态 const char* 数据成员 d_str_p 来保存动态分配内存的地址：

```
class String { const char* d_str_p; /*...*/ };  // null-terminated-string manager
```

在实践中默认构造的容器类型（可追溯到 C++03），纯粹出于性能考虑，建议不要预先分配资源，以免创建大量此类空容器在运行时出现问题：

```
String s;  // No memory is allocated.
```

为了避免在每次访问时必须在内部检查给定的字符串表示是否为空指针值，我们改为创建一个公共的静态空字符串 s_empty，嵌套在我们的 String 类中，并在默认构造期间或我们需要时赋给它地址，否则它是一个空字符串。这个地址作为一个标记，其必要的运行时检查被适当地降级为开销更昂贵的或可能不太频繁的操作，例如拷贝构造、赋值和析构。因此，所加的对象不变量指的是动态分配表示的字符串值永远不会为空。

㊀ 参见 halpern21c。

为了提供更好的重构，我们的值语义 String 类的定义声明了一个私有静态成员函数 dupStr，它动态分配和填充一个新的内存块，该内存块的大小恰好可以容纳一个提供的、非空的以空字符结尾的字符串大小：

```
// my_string.h:
// ...

class String  // greatly simplified null-terminated-string manager
{
    const char* d_str_p;  // immutable value, often allocated dynamically

    static const char s_empty[1];  // empty, used as sentinel indicating null

    static const char* dupStr(const char* str);  // allocate/return copy of str

public:
    // C++03
    String();                              // default constructor
    String(const char* value);             // value constructor
    String(const String& original);        // copy constructor
    ~String();                             // destructor
    String& operator=(const String& rhs);  // copy-assignment operator
    const char* str() const;

    /* C++11 (to be added later)
    String(String&& expiring) noexcept;    // move constructor
    String& operator=(String&& expiring);  // move-assignment operator
    */
};
```

也许在上面的代码片段中安排 String 的 C++03 类定义的最好方法是在相应的 .cpp 文件中按声明顺序定义其成员。当然，除了静态数据的定义之外，其他成员 s_empty 很可能会作为内联函数移至 .h 文件：

```
// my_string.cpp:
#include <my_string.h>  // Component header is routinely included first.
#include <cstddef>      // std::size_t
#include <cstring>      // std::memcpy, std::strlen
#include <cassert>      // standard C assert macro

const char String::s_empty[1] = {'\0'};  // const needs explicit initialization.
```

静态辅助程序 dupStr 提供了一个重构的实现来创建一个非空以 null 结尾的字符串的拷贝。请注意，尽管此函数可以处理空字符串，但我们的对象不变量是所有空字符串都由标记 s_empty 表示，因此避免了任何不必要的内存分配：

```
const char* String::dupStr(const char* str)
{
    assert(str && *str);                        // strs are expected to be nonempty.
    std::size_t capacity = strlen(str) + 1;     // Calculate capacity.
    char* tmp = new char[capacity];             // Allocate memory.
    memcpy(tmp, str, capacity);                 // Copy all chars through final '\0'.
    return tmp;                                 // Return duplicate of str.
}
```

我们选择不将 dupStr 的简洁实现与上述 s_empty 标记耦合，从而进一步减少重复源代码的数量，使我们能够明确和更精确地表达普遍适用的详细设计和编码决策。例如，对空指针值（例如 0）或空字符串（例如 ""）调用 dupStr 是不合规的，并且在调试构建中会被标记为错误。然而，给定一个无缺陷的 String 实现，这个断言永远不会被触发，因为它是一个明显的防御性检查。

有了这些独立的原始实用工具，我们现在就可以实现面向客户端的接口了。最简单直接的成员函数是默认构造函数，它简单地安装标记 s_empty 作为其字符串值：

```
String::String() : d_str_p(s_empty) { }  // Set d_str_p to null value.
```

对象在内部被有效地设置为“null”值。因为 s_empty 虽然不是字面上的空指针值，但不消耗动态内存资源。在外部，对象表示一个空字符串值（""）。

接下来考虑值构造函数，它仅在提供的字符串缓冲区既不是空指针值（0）也不是空指针值（""）时才分配内存：

```
String::String(const char* value)
    // Value constructor allocates only if nonempty and then exactly as needed.
{
    if (!value || !*value)        // if value is null or empty
    {
        d_str_p = s_empty;        // no dynamic memory allocation
    }
    else                          // not empty
    {
        d_str_p = dupStr(value);  // allocated copy
    }
}
```

如果提供的值是空指针值或空字符串，则存储标记 s_empty；否则，dupStr 函数将动态分配和填充适当大小的 char 数组，由 String 对象管理。

接下来，考虑从另一个对象复制构造一个 String 对象意味着什么。在这种情况下，其他字符串的内部表示不能是空地址，甚至不能是动态分配的空字符串，d_str_p 保存标记 s_empty 或非空动态分配的字符串：

```
String::String(const String& original)
    // Copy constructor allocates exactly what's needed.
{
    if (s_empty == original.d_str_p)           // if original is null
    {
        d_str_p = s_empty;                      // no dynamic allocation
    }
    else                                        // not empty
    {
        d_str_p = dupStr(original.d_str_p);    // allocated copy
    }
}
```

如果原始对象为空，那么拷贝对象也为空；否则，将通过 dupStr 分配一个新对象，由该对象管理。

当被管理的对象不为空时，析构函数需要释放：

```
String::~String()
    // Destructor deallocates only if needed.
{
    if (s_empty != d_str_p)  // if not null
    {
        delete[] d_str_p;    // deallocate dynamic memory
    }
}
```

因此，一个空的 String 对象，或者它的一个数组，在构造时不需要分配，在销毁时也不需要相应的释放。

要显式实现的最复杂的特殊成员函数是拷贝赋值运算符。首先，我们必须防止别名问题，即赋值的源和目标引用同一个对象，或者有问题的类型有可能重叠同一对象的部分。在这种情况下，不需要状态变化。其次，我们必须确保任何需要的资源。这样如果抛出异常（例如，由于可用内存不足），目标将不受影响。再次，我们现在可以继续释放对象当前管理的任何资源。从次，我们将新资源安装到目标对象中。最后，我们必须记住返回对目标对象的引用：

```
String& String::operator=(const String& rhs)
     // Copy-assignment operator deallocates and allocates if and as needed.
{
    if (&rhs != this)                    // (1) Avoid assignment to self.
    {
```

```
        const char* tmp;                  // (2) Hold preallocated resource.

        if (s_empty == rhs.d_str_p)       // If the rhs string is null,
        {
            tmp = s_empty;                // make this string null too.
        }
        else                              // rhs string is not empty.
        {
            tmp = dupStr(rhs.d_str_p);    // allocated copy
        }

        if (s_empty != d_str_p)           // (3) If this object isn't null,
        {
            delete[] d_str_p;             // deallocate storage.
        }

        d_str_p = tmp;                    // (4) Assign the resource.
    }

    return *this;                         // (5) lvalue reference
}
```

拷贝赋值相对较高的复杂性部分源于涉及两个对象，其中任何一个都可能管理动态分配的内存资源。在存在本地提供的内存分配器的情况下，实现分配操作变得更具挑战性[㊀]。同样，为了确保异常安全（在这种情况下是强保证），我们必须始终记住在修改目标对象的状态之前不要分配任何新资源。

完成该示例所需的最后一个函数是 str 访问器，它提供对表示由 String 对象管理的值的以 null 结尾的字符串的直接、有效访问：

```
const char* String::str() const { return d_str_p; }
    // Value accessor returns null-terminated string with maximal efficiency.
```

请注意，已经完成的大部分准备工作都是为了让这个访问器函数的实现尽可能地顺畅和运行时高效，例如使每次访问都没有条件分支。

上面的 C++03 示例的编写风格与合理的 C++03 设计一致。我们可以创建一个大的空字符串数组，而不必为每个元素单独分配动态内存：

```
String a[10000] = {};  // allocates no dynamic memory

static_assert(sizeof a == sizeof(char*) * 10000,"");
```

对于固定大小的数组，这种方法可行；如果需要安装一个非空字符串，可以为其分配内存。然而，对于动态增长的容器，可能会出现大量的运行时效率低下。例如，假设创建一个空的 std::vector<String> 对象 vs，然后使用 push_back 追加五个非空 String 对象，例如值“a”“bb”“ccc”“dddd”和“eeee”。向量将在连续内存中保存五个字符串元素。假设向量几何增长，将初始空向量增长到其最终状态的过程需要连续分配更大的内存块（例如 1、2、4、8…），以所包含元素的占用空间大小来计算。

每次我们追加一个非空的 String 元素时，必须动态分配一个单独的内存块来表示它的值。因此，无论 std::vector 的增长策略如何，都需要至少五个内存分配。当我们将这两个独立的分配需求结合起来时，我们可能会认为只需要分配九个独立的块：代表单个字符串值的五个分配和另外四个用于容纳连续更大的块的分配，直到达到足以容纳五个元素的块大小——例如，0 → 1、1 → 2、2 → 4 和 4 → 8。但是，如果没有移动语义，则所需的分配数（例如在 C++03 中）为 21。

为了说明当不支持移动的分配类型存储在 std::vector 中时会发生的大量分配，我们在 test1 中注释了每个连续操作分配（正）和销毁（负）的字节。具体而言，我们假设 char 指针为 8 字节，它决定了我们的 String 对象的占用空间大小。更重要的是，对象总是以与其构造相反的顺序被销毁。对于

㊀ 参见 lakos17a、lakos17b、lakos19、halpern20。

std::vector 中的元素，元素销毁的顺序是由其实现定义的[1]。在这里，我们从最低到最高索引显示它们的销毁顺序：

```
#include <my_string.h>
#include <vector>       // std::vector

void test1() // using C++03's vector::push_back with C++03 String
{
    std::vector<String> vs;  // no dynamic allocation or deallocation
    vs.push_back("a");       // 2 8 2 -2
    vs.push_back("bb");      // 3 16 3 2 -2 -8 -3
    vs.push_back("ccc");     // 4 32 4 2 3 -2 -3 -16 -4
    vs.push_back("dddd");    // 5 5 -5
    vs.push_back("eeeee");   // 6 64 6 2 3 4 5 -2 -3 -4 -5 -32 -6
} // -2 -3 -4 -5 -6 -64
```

在上面的 test1 函数中，创建了一个空的 std::vector<String> vs，而没有动态分配任何内存。我们第一次“推入”一个值“a”时，会构造一个临时 String 对象，需要分配 2 个字节。然后向量 vs 的容量从 0 调整为 1，在 64 位平台上分配 8 个字节，然后将临时 String 拷贝构造到这个包含一个元素的动态数组中，需要另外分配 2 个字节。当原始临时对象被销毁时，这两个字节被回收（−2 个字节）。

向 vs 添加第二个字符串“bb”需要 std::vector 重新分配两个字符串对象（16 字节）的容量。因此，总体而言，追加“a”将需要分配四个单独的动态内存块：3 个字节用于临时保存“bb”，16 个字节用于新容量，3 个字节用于拷贝构造临时对象到数组中，以及 2 个字节复制代表“a”的字符串。之后，容量较小的数组中保存“a”的原始字符串被销毁（−2 字节），旧容量被释放（−8 字节），用于“推入”对象“bb”值的临时对象被销毁（−3 个字节）。

添加“ccc”与之类似。但是，添加“dddd”的不同之处在于，第一次，数组中有足够的容量不必调整大小。创建保存“dddd”所需的临时字符串（5 个字节），将其复制到向量中（5 个字节），然后销毁临时字符串（−5 个字节）。添加“eeeee”类似于添加“ccc”。

最后，当 vs 超出作用域时，对 String 析构函数有 5 次调用，每一次都需要释放，再加上对 std::vector 的析构函数的调用，释放存储在其中的 64 字节容量的缓冲区。

由于拷贝导致的过高成本有两个不同的原因：在将其复制到向量之前必须构造一个临时字符串对象，以及当 vector 被调整大小时每次必须将每个字符串从旧容量缓冲区复制到新容量缓冲区。

从 C++11 开始，std::vector 的标准库版本提供了一个更有效的成员函数 emplace_back，它利用转发引用（参见 3.1.10 节）仅就地构造一次字符串，从而将仅构造 String 对象的分配内存数量从 17 减少到 12（总共 21 到 16）：

```
void test2() // using C++11's vector::emplace_back with C++03 String
{
    std::vector<String> vs;     // no dynamic allocation or deallocation
    vs.emplace_back("a");       // 8 2
    vs.emplace_back("bb");      // 16 3 2 -2 -8
    vs.emplace_back("ccc");     // 32 4 2 3 -2 -3 -16
    vs.emplace_back("dddd");    // 5
    vs.emplace_back("eeeee");   // 64 6 2 3 4 5 -2 -3 -4 -5 -32
} // -2 -3 -4 -5 -6 -64
```

C++03 版本的 String 类中添加了两个缺少的移动操作，无须更改现有类成员。注意移动构造函数中参数列表后面的 noexcept 的基本用法，它使 std::vector 可以选择移动而不是复制，请参见 4.1.5 节：

```
String::String(String&& expiring) noexcept
    // Move constructor never allocates or deallocates.
```

[1] 请注意，libstdc++6.0.29（大约 2021 年）从最低到最高索引销毁对象，而 libc++14（大约 2021 年）从最高到最低这样做。但是，对于内置数组或 std::array，元素是正确的子对象，需要从最低索引到最高索引构造；因此，这些元素的销毁总是从最高到最低索引。

```
    : d_str_p(expiring.d_str_p)       // Assign address of expiring's resource.
    {
        expiring.d_str_p = s_empty;  // expiring is now null but valid/empty.
    }
```

上面的 move 构造函数从不分配或释放内存；相反，它只是将即将过期源使用的任何资源传播到目标。然后，为了建立目标的唯一所有权，标记的地址 s_empty 用于覆盖源中的先前地址。

移动赋值运算符，对于这个演示来说不是必需的，它相对复杂一些，它必须防止将赋值移动到自身；如果目标管理一个非空字符串，则确保资源被释放；将过期对象的资源分配给目标对象；用空字符串标记无条件地覆盖先前的资源，以及始终返回对目标对象的左值引用，而不是右值：

```
String& String::operator=(String&& expiring) noexcept
    // Move-assignment operator never allocates; deallocates if necessary.
{
    if (&expiring != this)            // (1) Avoid assignment to self.
    {
        if (s_empty != d_str_p)       // (2) If this object isn't null,
        {
            delete[] d_str_p;         // deallocate dynamic storage.
        }

        d_str_p = expiring.d_str_p;   // (3) Assign address of expiring's resource.
        expiring.d_str_p = s_empty;   // (4) expiring is now null but valid/empty.
    }

    return *this;                     // (5) lvalue reference
}
```

虽然不是严格需要的，但我们选择在这里提供 noexcept 说明符。这是因为该操作不会也将永远不会抛出异常，有一个宽契约，并且能带来一些附加价值。提供强异常安全保证通常基于使用 noexcept 运算符（参见 3.1.15 节）来查询移动构造函数和移动赋值运算符的异常规范。此外，少数几个函数的 noexcept 状态可能会影响泛型代码中的编译时算法选择，而移动赋值运算符就是其中之一（另外两个函数是移动构造函数和 swap）。

顺带一提，如果 String 的移动赋值运算符因为可能（在现在或将来）抛出，而没有声明为 noexcept，那么即使我们的 String 类型可以提供强异常安全保证，某些类型（比如说用到了我们的类型的聚合）的移动赋值操作也将不会提供强异常安全保证。考虑一个聚合类型，例如，包括两个 String 类型对象 d_x 和 d_y 的类型 A：

```
#include <utility>  // std::move

struct A { String d_x, d_y; };  // aggregate class containing two String objects

void f(A& a, A& b)  // function performing move assignment
{
    a = std::move(b);  // Move assign value of b to object a.
}
```

如果移动 b.d_x 成功了，而移动 b.d_y 抛出了，那么我们最终会发现，当异常离开 f 时，b 处于一个半移动的状态，a 处于一个半覆写的状态。

然而，请注意，在移动赋值上使用 noexcept 说明符并非总是合适的。一个可能分配的移动赋值运算符，比如任何可能在分配器改变时进行拷贝的运算符，将提供另一种运行时可检查的保证："如果我的分配器正在改变，我将拷贝并可能抛出；否则，我将移动并不抛出。"这样的保证将允许努力提供强保证的复合对象事先（在运行时）确定是否所有的子对象都能够移动而不抛出，如果是，就选择移动它们，否则就退回到拷贝操作。参见 4.1.5 节。

现在，String 类已经适当地增加了两个缺失的 C++11 移动操作（特别是移动构造），在同一 test2 下仅构造 String 对象所产生的分配数量从 12 个减少到 5 个（总体上从 16 个减少到 9 个），其中 5 个分配来自于从每个字符串字面值构造其唯一对象恰好一次。重要的是，在 std::vector<String> 中，将元素从旧的存储空间拷贝到新的存储空间所产生的分配和销毁已经完全消除了：

```
void test2()  // using C++11's vector::emplace_back with C++11 String
{
    std::vector<String> vs;     // no dynamic allocation or deallocation
    vs.emplace_back("a");       // 8 2
    vs.emplace_back("bb");      // 16 3 -8
    vs.emplace_back("ccc");     // 32 4 -16
    vs.emplace_back("dddd");    // 5
    vs.emplace_back("eeeee");   // 64 6 -32
} // -2 -3 -4 -5 -6 -64
```

在移动构造函数的实现中，noexcept说明符的使用是必不可少的，因为标准承诺了在std::vector末尾插入或就地构造元素时的强异常安全保证，参见3.1.15节。事实证明，一旦String类配备了移动构造函数，vector::push_back的右值引用将避免拷贝的动态分配和销毁，将其替换为仅仅一个额外的移动操作，vector::emplace_back甚至避免了这一微小的开销。

最后，支持移动操作的类的设计遵循一个一般思想，即空容器的构造应该是低成本的（也即不需要内存分配），就像这里所做的那样。某人可以想象做出其他的权衡，以每个有效对象都必须维护分配的资源的代价来简化实现，但这将破坏移动操作的主要优势，也就是更快的拷贝操作。为了使移动操作既高效又普遍适用，对象必须至少具有一种不需要它管理外部资源的有效状态，参见潜在缺陷——要求拥有的资源有效。

2）创建一个高级的VST　与显式管理资源的低级类型相比，为仅包含其他启用了移动的类型的高级类型（例如聚合）实现移动操作相当直截了当。因为资源由启用移动操作的基类和成员子对象本身独立管理，所以只需要确保使用这些移动操作即可。

在下面的编号列表中，我们将检验UDT的八个变体。UDT中包含两个独立的字符串，firstName和lastName，用于描述一个人。我们从所有特殊成员函数的隐式定义开始（即在下面第1项中的Person），接着添加一个值构造函数（Person2），然后逐个添加六个特殊成员函数（Person3到Person8）。

①没有特殊的成员函数是用户提供的。对于这一应用程序，两个字符串数据成员之间没有特殊约束，同时我们希望为每个成员提供写入和读取访问，除非该类的对象本身就是const或者是通过const指针或引用访问的。因此，我们选择将我们的类实现为一个struct，该struct具有两个常规值语义类型的公开数据成员，例如std::string，这些成员会管理自己的资源。为了具体的阐述，我们将使用创建一个低级值语义类型（VST）中开发的String类：

```
struct Person  // C++03 and C++11 aggregate type
{
    String firstName;
    String lastName;
};
```

上面的Person类自身没有声明任何显式构造函数，但它可以被默认构造以及大括号初始化（参见3.1.4节）：

```
Person w1;                                  // w1 holds { "", "" }.
Person x1 = {};                             // x1 holds { "", "" }.
Person y1 = { "Slava" };                    // y1 holds { "Slava", "" }.
Person z1 = { "Alisdair", "Meredith" };     // z1 holds { "Alisdair", "Meredith" }.
```

注意，在上面的代码示例中，一个隐式生成的默认构造函数默认构造了w1，其中x1、y1与z1遵循聚合初始化的规则，参见3.1.4节。

一旦构造完成，就可以直接操作Person对象的各个成员：

```
void test1()
{
    w1.firstName = "Vittorio";  // OK, w1 holds { "Vittorio", "" }.
    w1.lastName = "Romeo";      // OK, w1 holds { "Vittorio", "Romeo" }.
}
```

此外，作为一个整体，一个 Person 对象可以通过隐式生成的特殊成员函数进行相应的拷贝构造和拷贝赋值：

```
void test2()
{
    Person x(z1);  // x holds { "Alisdair", "Meredith" }; z1 is unchanged.
    x = w1;        // x now holds { "Vittorio", "Romeo" }; w1 is unchanged.
}                  // x destroys both of its member objects as it leaves scope.
```

更重要的是，当一个 Person 对象，例如上面 test2 中的 x 离开作用域时，其成员将各自被其隐式生成的析构函数销毁。也就是说，由本身支持所有需要的特殊成员函数的对象组成的 C++03 聚合将默认使相应的操作在整个聚合类型上可用。

若要更新 Person 对象以支持移动操作，实际上什么都不需要做。假设每个成员（和基类）子对象都支持其自身所需的移动操作（String 对象就是这种情况），编译器同样也会为 Person struct 隐式地生成它们：

```
#include <utility>  // std::move

void test3()
{
    Person p(z1);             // p holds { "Alisdair", "Meredith" }.
                              // z1 still holds { "Alisdair", "Meredith" }.

    Person q(std::move(p));   // q holds { "Alisdair", "Meredith" }.
                              // p might now hold { "", "" }.

    p = std::move(q);         // p now holds { "Alisdair", "Meredith" }.
                              // q might now hold { "", "" }.
}
```

上面的示例展示了从一个显式指定为过期的对象移动能使得 Person 类反过来允许其成员在移动构造与移动赋值时从其他对象的对应成员处窃取资源。假如我们不再需要知道被移动对象的值，结果就是拷贝变得更高效了。

对于一个 Person 中被移动的 String 数据成员的特定状态而言，上面的示例代码虽然说明了 String 当前实现的行为，但不一定适用于另一种字符串类型，例如厂商提供的 std::string，甚至是将来版本的 String，参见潜在缺陷——对移出对象的不一致的期望。

尽管纯聚合类型通常就足够了，但有时我们可能会发现我们需要使用一个或多个用户提供的特殊成员函数或其他构造函数来扩充这样的聚合类型。这样做可能会影响其他此类函数的隐式生成和/或剥离其聚合类型的状态。

接下来，继续添加一个值构造函数（参见第 2 项），然后依次添加六个特殊成员函数（参见第 3～8 项）。在添加每个函数后，我们将观察添加它的后果，然后默认回退被移除的内容。我们将重复此过程，直到恢复了所有缺失的功能。这一过程揭示了 Hinnant 的特殊成员函数表（参见 2.1.4 节）中隐含的更深层的含义。

②用户提供的值构造函数。就目前而言，没有值构造函数接受两个成员的值并构造一个 Person 对象：

```
Person nonGrata("John", "Lakos");  // Error, no matching constructor
```

假如想让一个 person 类（例如 Person2）能够以这种方式构造。我们至少需要为此提供一个值构造函数：

```
struct Person2  // We want to add a value constructor.
{
    String firstName;
    String lastName;

    Person2(const char* first, const char* last)  // value constructor
    : firstName(first), lastName(last) { }
};
```

通过在上面的示例中添加这个值构造函数，我们必然会抑制默认构造函数的隐式声明。此外，具有用户提供的任何类型的构造函数的类被自动地不再视为聚合，参见3.1.4节：

```
Person2 w2("John", "Lakos");           // OK, invokes value constructor
Person2 x2;                            // Error, no default constructor
Person2 y2 = { "Vittorio" };           // Error, no longer an aggregate
Person2 z2 = { "Vittorio", "Romeo" };  // OK, calls value ctor as of C++11
```

如上例所示，我们现在可以通过新的、用户提供的值构造函数直接初始化w2，但现在x2没有隐式声明的默认构造函数。由于Person2不再是一个聚合，我们不能使用聚合初始化来初始化（在这种情况下，只是一部分）y2的成员。然而，C++11扩展了可以通过大括号初始化完成的功能，因此允许调用该值构造函数，参见3.1.4节和3.1.13节。

尽管如此，我们还是想要一种方法来支持所有六个C++11特殊成员函数的隐式实现所提供的功能。幸运的是，C++11提供了一个伴随特性，允许我们显式声明编译器生成的每个特殊成员函数，并指定实现为默认的（参见2.1.4节）：

```
struct Person2a  // We want to add a value constructor (Revision a).
{
    String firstName;
    String lastName;

    Person2a(const char* first, const char* last)  // value constructor
    : firstName(first), lastName(last) { }

    // New here in Person2a.
    Person2a() = default;                          // default constructor
};
```

注意Person2a与前面示例中的Person2相比，不同之处仅在于类定义的最后一行添加了一个设为默认的默认构造函数，因此恢复了默认构造但不恢复聚合初始化：

```
Person2a w2a("John", "Lakos");           // OK, invokes value constructor
Person2a x2a;                            // OK, invokes default constructor
Person2a y2a = { "Vittorio" };           // Error, still not an aggregate
Person2a z2a = { "Vittorio", "Romeo" };  // OK, calls value ctor as of C++11
```

添加任何非特殊构造函数都会对六个特殊成员函数的隐式生成产生相同的影响。在上面这种情况下，它仅仅会抑制默认构造函数的隐式生成。这种抑制行为引出了一个问题，显式声明默认构造函数对其他特殊函数（例如移动构造）有什么影响？在上面这种特定情况下，答案是没有影响，但这是个特例；对其他五个特殊成员函数的最终答案在第3～8项中阐明。

③用户提供的默认构造函数。有时，我们可能需要使用一个或多个用户提供的特殊成员函数来扩充聚合，例如出于调试或日志记录的目的，这不会改变我们让编译器生成剩余成员函数的方式。

假如说，我们想将一些指标收集代码添加到我们原有的聚合Person类的默认构造函数中，我们称这个修改后的类为Person3：

```
struct Person3  // We want to employ a user-provided default constructor.
{
    String firstName;
    String lastName;

    Person3() { /* user-provided */ }  // default constructor
};
```

其他特殊成员函数不受影响，但由于我们提供了一个构造函数的非默认实现（即默认构造函数），该类不再是聚合：

```
Person3 w3("abc", "def");         // Error, no value constructor is provided.
Person3 x3;                       // OK, invokes user-provided default ctor
Person3 y3 = { "abc" };           // Error, not an aggregate and no 1-arg ctor
Person3 z3 = { "abc", "def" };    // Error, not an aggregate and no value ctor
```

④用户提供的析构函数。更典型的是，使用用户提供的特殊成员函数来扩充聚合将抑制其他特

殊成员函数的隐式生成。在这种情况下，我们可以应用与第 2 项中相同的 =default 方法来自动生成那些被抑制的特殊成员函数的默认实现。

与默认构造函数不同，用户提供的析构函数对两个移动操作的隐式生成具有深远的影响。如果没有彻底的单元测试，这些影响即使在发布到生产环境后也可能会被忽视并且仍然导致潜在缺陷。

假设我们想在聚合类 Person 的析构函数中添加一些良性代码并把新类叫作 Person4：

```
struct Person4  // We want to employ a user-provided destructor.
{
    String firstName;
    String lastName;

    ~Person4() { /* user-provided */ }  // destructor
};
```

声明析构函数会抑制移动构造函数和移动赋值运算符的声明和隐式生成，但会保留对象为聚合类型。如果没有适当的单元测试，该对象可能看起来仍然像以前那样工作，尽管它会静默地拷贝而不是移动它的子对象：

```
Person4 x4 = { "abc", "def" };  // OK, still an aggregate
Person4 y4;                     // OK, default constructor is still available.
Person4 z4(std::move(x4));      // Bug, invokes implicit copy constructor
void test4()
{
    y4 = std::move(z4);         // Bug, invokes implicit copy assignment
}
```

虽然我们仍然可以聚合初始化（x4）和默认构造（y4）一个 Person4 对象，但没有任何移动操作被声明了，所以当我们尝试移动构造（z4）或移动赋值（y4）一个 Person4 时，调用的是相应的隐式生成的拷贝操作而非移动操作。结果是三个对象中的每一个——x4、y4 和 z4——现在都管理了自己的动态分配内存来不必要地表示相同的整体 person 值，即 {"abc", "def"}：

```
#include <cstring>  // std::strcmp
#include <cassert>  // standard C assert macro

void test5()
{
    assert(strcmp(x4.firstName.str(), ""));     // Bug, still holds "abc"
    assert(strcmp(y4.firstName.str(), "abc")); // OK, holds "abc"
    assert(strcmp(z4.firstName.str(), ""));     // Bug, still holds "abc"
}
```

假设我们现在决定在 Person4a 中显式指定这两个被抑制的移动操作为默认：

```
struct Person4a  // adding user-provided destructor (Revision a)
{
    String firstName;
    String lastName;

    ~Person4a() { /* user-provided */ }          // destructor
    Person4a(Person4a&&) = default;              // move constructor
    Person4a& operator=(Person4a&&) = default;   // move assignment
};
```

通过显式声明移动赋值运算符为默认，我们恢复了该功能，但隐式删除了拷贝构造函数和拷贝赋值运算符（参见 2.1.6 节）。然而，通过显式默认移动构造函数，我们不仅隐式地抑制了拷贝操作，而且还抑制了默认构造。

但是，因为没有构造函数是用户提供的（仅仅指定默认和 / 或删除它们不认为是用户提供的），整个对象仍然是聚合类型：

```
Person4a x4a = { "abc", "def" }; // OK, still an aggregate
Person4a y4a;                    // Error, default constructor is not declared.
Person4a z4a(x4a);               // Error, copy constructor is deleted.
void test6()
```

```
{
    x4a = z4a;                     // Error, copy assignment is deleted.
}
```

指定拷贝操作和默认构造函数为默认，如 Person4b，会将类型恢复到其先前的功能，成为适当的聚合[⊖]：

```
struct Person4b  // adding a user-provided destructor (Revision b)
{
    String firstName;
    String lastName;

    ~Person4b() { /* user-provided */ }              // destructor

    // already added to Person4a
    Person4b(Person4b&&) = default;                  // move constructor
    Person4b& operator=(Person4b&&) = default;       // move assignment

    // new here in Person4b
    Person4b() = default;                            // default constructor
    Person4b(const Person4b&) = default;             // copy constructor
    Person4b& operator=(const Person4b&) = default;  // copy assignment
};
```

回顾一下，在 Person4 中添加用户提供的析构函数会抑制两个移动操作。反过来，在 Person4a 中指定这些移动操作为默认会抑制拷贝操作。并且尤其是出于移动构造函数的原因，这也会抑制默认构造函数。在 Person4b 中，指定这三个操作为默认会恢复我们在原有 Person 聚合中的所有内容，但允许我们将良性指标添加到我们认为合适的用户提供的析构函数中。

⑤用户提供的拷贝构造函数。一旦我们理解了定义我们自己的析构函数（例如示例中的 Person4）的后果，在我们原来的聚合 Person 类中添加一个拷贝构造函数下的情况看起来会相当类似。我们不会从 Person5（原有聚合 + 拷贝构造函数，未展示）开始详细地重复这个费力的探索过程，而是仅提供最终结果，即恢复所有特殊成员功能的 Person5c：

```
struct Person5c  // adding a user-provided copy constructor
{
    String firstName;
    String lastName;

    Person5c(const Person5c& original)               // copy constructor
    : firstName(original.firstName)
    , lastName(original.lastName) { /* user-provided */ }

    // already added to Person5a (not shown)
    Person5c() = default;                            // default constructor

    // already added to Person5b (not shown)
    Person5c(Person5c&&) = default;                  // move constructor
    Person5c& operator=(Person5c&&) = default;       // move assignment

    // new here in Person5c
    Person5c& operator=(const Person5c&) = default;  // copy assignment
};
```

虽然我们没有在上面的示例中显示对 Person5、Person5a 和 Person5b 的修订，但我们将逐步介绍这些更改。通过用户提供拷贝构造函数或任何类型的构造函数，该类必然丧失其在 Person 的第一个修订版（即 Person5a）中的聚合状态。更重要的是，（以任何方式）显式声明拷贝构造函数抑制了默认构造函数的隐式生成。因此在任何单元测试中，如果期望使用默认构造函数或聚合初始化来构造增强的 person 对象，那么这些单元测试都无法编译。

通过把 Person5a 中的默认构造函数指定为默认，我们重新获得了编译单元测试的能力，并且现

⊖ 为了在 C++20 中保持聚合，任何指定为默认的构造函数都应该简单地保持未声明。

在可以观察到，通过显式声明拷贝构造函数，我们抑制了移动构造和移动赋值，从而引入了潜在的性能缺陷。在 Person5b 中指定两个移动操作为默认会恢复它们各自的移动功能。然而，指定两个移动操作为默认，特别是指定移动赋值为默认现在会导致拷贝赋值被隐式删除。请参见 2.1.6 节。

最后，通过指定 Person5c 中的拷贝赋值运算符为默认（如上例所示），我们重新获得了原有聚合类的所有常规功能，但由于用户提供的拷贝构造函数，Person5c 不再适用于聚合初始化。请注意，析构函数永远不会被任何其他函数的显式声明所抑制。

⑥用户提供的拷贝赋值运算符。一旦我们了解了用户提供拷贝构造函数的后果（例如第 4 项示例中的 Person5c），这里就不令人意外了。同样的，我们将仅提供最终的结果 Person6b 以供参考：

```
struct Person6b  // adding a user-provided copy-assignment operator
{
    String firstName;
    String lastName;

    Person6b& operator=(const Person6b& rhs)    // copy assignment
    {
        firstName = rhs.firstName;
        lastName  = rhs.lastName;
        return *this;
    }

    // already added to Person6a (not shown)
    Person6b(Person6b&&) = default;            // move constructor
    Person6b& operator=(Person6b&&) = default;  // move assignment

    // new here in Person6b
    Person6b() = default;                      // default constructor
    Person6b(const Person6b&) = default;       // copy constructor
};
```

同样地，我们在上面的示例中省略了 Person6 和 Person6a，但我们将逐步介绍这些修订。在 Person6 中提供用户定义的拷贝赋值运算符，与提供拷贝构造函数不同，它将类保留为聚合类型，但抑制了移动构造函数和移动赋值运算符的声明。在 Person6a 中恢复移动赋值没有进一步的抑制效果，但恢复移动构造反过来会抑制默认构造和拷贝构造。上面的 Person6b 类提供与原有聚合 Person 类相同的功能，即包括聚合初始化，以及向用户提供的拷贝赋值运算符添加良性实现的能力在内的功能，且不影响其他特殊成员的实现。

⑦用户提供的移动构造函数。在开发过程中添加一个用于检测的移动构造函数，只是为了确保它在预期的时候被调用。同样地，我们将提供最终结果，并对我们如何得到这一结果进行适当分析：

```
struct Person7b  // adding a user-provided move constructor
{
    String firstName;
    String lastName;

    Person7b(Person7b&& expiring)                    // move constructor
    : firstName(std::move(expiring.firstName))
    , lastName (std::move(expiring.lastName)) { /* user-provided */ }

    // already added to Person7a (not shown)
    Person7b() = default;                            // default constructor
    Person7b(const Person7b&) = default;             // copy constructor
    Person7b& operator=(const Person7b&) = default;  // copy assignment

    // new here in Person7b
    Person7b& operator=(Person7b&&) = default;       // move assignment
};
```

首先注意上面示例中用户提供的移动构造函数实现中 std::move 的使用。回想一下，右值引用（&&）类型的参数本身就是一个左值，因此需要 std::move 才能启用从此类参数的移动。不使用 std::move 意味着这些数据成员将被单独拷贝而不是移动。如果没有彻底的单元测试，这种不经意的遗漏很可能会被广泛使用。

在原有的增强版本（Person7a，示例中未展示）中，用户提供的移动构造函数立即将类转换为非聚合类型。而且拷贝构造函数和拷贝赋值运算符都被删除了，默认构造函数和移动赋值运算符都没有隐式生成。由于没有办法创建一个对象，然后获知缺少移动赋值运算符（就像我们这里做的那样），第一步应当是让单元测试驱动程序能够编译。这可以通过将 Person7a 中的默认构造函数、拷贝构造函数和拷贝赋值运算符设为默认来实现。

通过我们彻底的单元测试可以观察到，本该被移动赋值的内容回退到了拷贝赋值。这导致了不必要的新资源分配，而不是在资源过期时转移。现在通过将移动赋值运算符设为默认，得到了 Person7b（如上面的代码片段所示），它再次获得了原有 Person 类的所有常规功能，但不具备聚合初始化的能力。

⑧用户提供的移动赋值运算符。像移动构造函数那样在开发过程中添加一个用于检测的移动赋值运算符，可能会很有用：

```
struct Person8b  // adding a user-provided move-assignment operator
{
    String firstName;
    String lastName;

    Person8b& operator=(Person8b&& expiring)          // move assignment
    {
        firstName = std::move(expiring.firstName);
        lastName  = std::move(expiring.lastName);
        return *this;
    }

    // previously added to Person8a (not shown)
    Person8b(const Person8b&) = default;              // copy constructor
    Person8b& operator=(const Person8b&) = default;   // copy assignment
    Person8b(Person8b&&) = default;                   // move constructor

    // new here in Person8b
    Person8b() = default;                             // default constructor
};
```

同样，我们省略了 Person8 和 Person8a，但我们仍会在下面讨论这些修订。注意在用户提供的移动赋值运算符的实现中 std::move 的使用；没有它，成员将发生期望外的拷贝而不是移动。在原有版本（Person8）中，用户提供的移动赋值运算符导致了拷贝操作的删除以及移动构造函数的隐式声明的抑制。但是与用户提供的移动构造函数不同，用户提供的移动赋值运算符不会影响类型整体的聚合性质，也不会立即抑制默认构造函数。

由于既没有可用的拷贝构造函数，也没有可用的移动构造函数，这两种遗漏将很可能在完整的单元测试中展示为编译时错误。通过随后将所有三个缺少的特殊成员函数设为默认（Person8a），我们会发现将拷贝和移动构造函数设为默认反过来又抑制了默认构造函数的隐式声明。

最后，通过将默认构造函数设为默认（Person8b），我们恢复了聚合 Person 类的所有原有功能，包括聚合初始化它的能力[⊖]。

总结如下：我们可以通过组合较低级的类型快速可靠地创建更高级的值语义类型（VST）。在相应的较低级的基类和成员子对象的类型支持所需操作的前提下，这些较高级的 VST 可以作为一个整体进行聚合初始化、默认初始化、拷贝和移动。

有时用户需要提供这些特殊成员函数中的一个或多个的自定义实现，这可能会影响其他成员函数的隐式生成和/或聚合初始化对象的能力，参见 3.1.4 节。

有人可能会认为直接显式地指定所有剩余的特殊成员函数为默认就好了，这在大多数实际情况下都很好用。但是请注意，与抑制拷贝操作不同，当默认构造函数或任一移动操作被某个其他函数的显式声明抑制时，它是未声明的而不是已声明但被删除，这反过来可能会产生微妙的影响。

⊖ 为了在 C++20 中保持聚合，任何指定为默认的构造函数都应该简单地保持未声明。

将函数显式或隐式地指定默认（参见 2.1.4 节）或删除（参见 2.1.6 节）能确保它被声明了，因此函数会参与重载解析并可能影响某些编译时类型特征的结果，例如 std::is_literal_type[㊀]。你可以在标准库头文件 <type_traits> 中找到它（参见 3.1.5 节）。

显式定义一个特殊成员函数，它具有与隐式声明该函数时生成的实现相同的实现，局部地来看会产生相同的行为，但可能会影响某些类型上的特征的结果，例如 std::is_aggregate。你同样可以在 <type_traits> 中找到它[㊁]。

3）创建一个泛型值语义容器类型　将右值引用引入 C++11 的主要动机是希望为一对特殊成员函数提供普遍的、统一的支持，这与拷贝构造函数和拷贝赋值运算符一样，用于区分何时允许从源对象窃取资源。

特别地，需要为公开成员函数（例如 push_back）提供强异常安全保证的标准容器，例如 std::vector，在 C++03 中被认为效率低到无法接受。这种糟糕的性能发生在调整容量大小时，因为强保证需要拷贝所有原有元素子对象，然后立即（且浪费地）销毁原有对象。如果提供给 vector 模板的元素类型参数具有不抛出的移动构造函数，则可以回避维护强保证必需的无谓拷贝。

std::vector 的正确实现需要能够在编译时检测指定元素类型的移动构造函数是否允许抛出。关于如何实现健壮的 std::vector 类操作（例如 push_back 和 emplace_back）以及强保证的相关内容，在 3.1.15 节中提供了全面的讨论。这里，我们将介绍一个简化的固定大小数组类型来说明右值引用直截了当的益处，同时避免强保证、调整容量大小与局部内存分配器使我们分心[㊂]。

现在考虑一个简单的泛型容器类型 FixedArray<T> 的类定义，它提供了一组最小的功能来管理类型为 T 的元素的动态分配的“固定大小”数组。所有六个特殊成员的实现函数都是用户提供的，同时有一个“额外”的 size 构造函数，用于在构造时设置数组的固定容量。请注意，只有拷贝和移动赋值运算符可以更改现有数组对象的大小和容量。

提供另外三个成员函数来通过非 const 和 const 数组的索引来访问数组元素，以及一个常量成员函数来访问数组的大小。请注意，除非用户提供的元素索引小于数组大小，否则行为是未定义的：

```
#include <cstddef>  // std::size_t

template <typename T>
class FixedArray
{
    T*          d_ary_p;  // dynamically allocated array of fixed size
    std::size_t d_size;   // number of elements in dynamically allocated array

public:
    FixedArray();                                          // default constructor
    explicit FixedArray(std::size_t size);                 // size constructor
    ~FixedArray();                                         // destructor
    FixedArray(const FixedArray& original);                // copy constructor
    FixedArray& operator=(const FixedArray& rhs);          // copy-assignment
    FixedArray(FixedArray&& expiring) noexcept;            // move constructor
    FixedArray& operator=(FixedArray&& expiring) noexcept; // move-assignment

    T& operator[](std::size_t index);              // modifiable element access
    const T& operator[](std::size_t index) const;  // const element access
    std::size_t size() const;                      // number of array elements
};
```

上例中的类定义（除了两个 C++11 移动操作）在 C++03 中是相同的。此外，我们可以在至少支持四个经典特殊成员函数的任何 VST 上实例化并使用 FixedArray：

㊀ std::is_literal_type 类型特征已在 C++17 中被弃用，并在 C++20 中被删除。

㊁ C++ 核心指南的规则 C.20 建议：“如果你可以避免定义默认操作，那就这么做。”参见 stroustrup21。

㊂ lakos22 将详细介绍 C++11 内存分配器的实际使用，尤其是 C++17 的 pmr 分配器。

```
FixedArray<double> ad;          // empty array of double objects
FixedArray<int>    ai(5);       // array of 5 zero-valued int objects

#include <string>               // std::string
FixedArray<std::string> as(10); // array of 10 empty std::string objects
```

请注意，如果为模板参数提供的元素类型 T 不支持 C++11 移动操作，则 FixedArray<T> 容器本身也不支持。

除了两个移动操作之外，它与 C++03 中的实现相同。值得注意的是，创建一个默认构造的容器在理想情况下不会分配任何资源（如果只是出于性能原因），并且故意指定 size 构造函数为显式以避免通过 int 的意外隐式转换无意中创建一个固定数组（参见 2.1.7 节）：

```
template <typename T>  // default constructor
FixedArray<T>::FixedArray() : d_ary_p(0), d_size(0) { }

template <typename T>                    // size constructor
FixedArray<T>::FixedArray(std::size_t size) : d_size(size)
{
    d_ary_p = size ? new T[size]() : 0;  // value-initialize each element
}
```

我们始终使用数组 new 来分配资源。注意我们故意对动态分配的数组通过 new T[size]() 进行了值初始化。对于具有默认构造函数的对象，无论如何都会调用该构造函数；对于标量或用户定义的聚合类型，未能通过 new T[size]() 进行值初始化，可能会使元素或其部分处于未初始化状态。

在析构函数体的顶部设置对象不变量的防御性检查是很常见的，因为这样的设置保证了它们在每个对象被销毁之前执行：

```
#include <cassert>  // standard C assert macro

template <typename T>  // destructor
FixedArray<T>::~FixedArray()
{
    assert(!d_ary_p == !d_size);  // assert object invariant
    delete[] d_ary_p;             // resource released as an array of T
}
```

我们要求 FixedArray 类型的对象不变量当且仅当数组大小不为零时才分配内存资源。还要注意，每个分配都假定是由数组 new 进行的，而不是直接分配的，例如通过 operator new。

而关于拷贝构造，实现大多是直截了当的。出于异常安全的目的，我们将使用 C++11 库组件 std::unique_ptr 作为作用域防护。如果原有对象的大小不为零，我们分配足够的内存来保存必要数量的元素，不多不少，然后继续拷贝赋值它们；如果原有对象是空的，那么我们也将这个对象的资源句柄设为 null：

```
#include <memory>  // std::unique_ptr

template <typename T>  // copy constructor
FixedArray<T>::FixedArray(const FixedArray& original) : d_size(original.d_size)
{
    if (d_size)  // if original array is not empty
    {
        std::unique_ptr<T> p(new T[d_size]); // Default-initialize each element.

        for (std::size_t i = 0; i < d_size; ++i)  // for each array element
        {
            p.get()[i] = original.d_ary_p[i];     // Copy-assign value.
        }

        d_ary_p = p.release();  // Release from exception-safety guard.
    }
    else  // else original array is empty
    {
        d_ary_p = 0;  // Make this array null too.
    }
}  // Note that we already set d_size in the initializer list up top.
```

请注意，这里我们使用默认初始化分配数组，以在拷贝赋值它们之前最小化不必要的初始化。在一个更高效的实现中，我们可能会考虑直接使用 operator new，然后在适当的位置拷贝构造每个对象，但是我们需要在一个循环中以及我们当前使用 operator delete[] 的地方销毁每个元素，请参见 3.1.15 节。此外，我们甚至可以检查元素类型是不是平凡可拷贝的，如果是，则使用 memcpy 代替；参见 3.1.11 节。

与以往一样，拷贝赋值本质上是所有特殊成员函数中最复杂的实现。我们必须防止自己分配给自己。如果这两个对象的大小不同，那么我们将需要使它们有相同大小。如果目标对象拥有资源，我们需要在分配另一个资源之前释放它。一旦两个资源的大小相同，我们需要将元素拷贝过来：

```
template <typename T>  // copy-assignment operator
FixedArray<T>& FixedArray<T>::operator=(const FixedArray& rhs)
{
    if (&rhs != this)  // guard against self-aliasing
    {
        if (d_size != rhs.d_size)  // If sizes differ, make this same as other.
        {
            if (d_ary_p)  // If this array was not null, clear it.
            {
                 delete[] d_ary_p;  // Release resource as an array of T.
                 d_ary_p = 0;       // Make null. (Note size isn't yet updated.)
                 d_size  = 0;       // Make empty. (Reestablish obj. invariant.)
            }

            assert(!d_ary_p == !d_size);  // Assert object invariant.
            d_ary_p = new T[rhs.d_size];  // Default-initialize each element.
            d_size  = rhs.d_size;         // Make this size same as rhs size.
        }

        assert(d_size == rhs.d_size);  // The two sizes are now the same.

        for (std::size_t i = 0; i < d_size; ++i)  // for each element
        {
            d_ary_p[i] = rhs.d_ary_p[i];  // Copy-assign value.
        }
    }
    return *this;  // lvalue reference to self
}
```

注意我们释放了当前的任何使用数组 new 分配的资源，并且在拷贝赋值之前特意默认初始化了每个分配的元素。此外注意，我们在实现过程中引入了两个防御性检查作为“积极评论”。以此来说明无论我们是如何走到这里的，要么断言为真，要么程序本身有缺陷。

现在让我们看看 C++11 中的新功能。其他将元素存储在其足迹中的容器，如 std::array，需要将单个元素从一个内存区域移动到另一个内存区域，这个 FixedVector 则与之不同，它将简单地将整个块的所有权从一个对象转移到另一个对象。因此，我们不需要 #include 定义 std::move 的标准头文件，即 <utility>。为了实现移动构造函数，我们将使用成员初始化器列表将资源的大小和地址拷贝到对象中。之后，我们将直接给这些源对象的值赋 null，即不管理任何资源，就好像它刚刚被默认构造一样：

```
template <typename T>      // move constructor
FixedArray<T>::FixedArray(FixedArray&& expiring) noexcept
: d_size(expiring.d_size)
, d_ary_p(expiring.d_ary_p)
{
    expiring.d_ary_p = 0;  // Relinquish ownership.
    expiring.d_size  = 0;  // Reestablish object invariant.
}
```

在这种情况下，我们总是知道被移动的 FixedArray 对象的值将为空，参见潜在缺陷——对移出对象的不一致的期望。

接下来，我们考虑移动赋值。我们必须像以往一样，首先检查对自身的赋值。如果不是对自身的赋值，我们无条件地删除我们的资源，我们知道如果资源句柄为 null，则它是空操作。然后我们从 expiring 拷贝资源地址和大小并将 expiring 恢复到其默认构造状态：

```
template <typename T>        // move-assignment operator
FixedArray<T>& FixedArray<T>::operator=(FixedArray&& expiring) noexcept
{
    if (&expiring != this)  // Guard against self-aliasing.
    {
        delete[] d_ary_p;  // Release resource from this obj. as array of T.
        d_ary_p = expiring.d_ary_p;  // Copy address of resource.
        d_size  = expiring.d_size;   // Copy size of resource.
        expiring.d_ary_p = 0;        // Make expiring relinquish ownership.
        expiring.d_size  = 0;        // Re-establish object invariants in expiring.
    }

    return *this;  // Return lvalue (not rvalue) reference to self.
}
```

注意移动赋值运算符接受右值引用，但与对应的拷贝赋值一样，返回一个左值引用。

最后，为了完整起见，我们分别展示了访问可修改的和 const 元素以及数组大小的三个方法：

```
template <typename T>                           // modifiable element access
T& FixedArray<T>::operator[](std::size_t index)
{
    assert(index < d_size);  // Assert precondition.
    return d_ary_p[index];   // Return lvalue reference to modifiable element.
}

template <typename T>                           // const element access
const T& FixedArray<T>::operator[](std::size_t index) const
{
    assert(index < d_size);  // Assert precondition.
    return d_ary_p[index];   // Return lvalue reference to const element.
}

template <typename T>                           // number of array elements
std::size_t FixedArray<T>::size() const { return d_size; }
```

请注意，上述三个成员函数中的每一个提供的功能都完全独立于两个移动语义特殊成员函数、移动构造函数和移动赋值运算符所提供的增强功能。

对于 std::vector 的右值引用重载的 push_back 操作的工业级实现示例，参见 3.1.15 节。

（2）仅移动类型

有时，用类来表示特定不可拷贝资源的唯一所有权很有用。如果没有内在的可拷贝性，标准的拷贝操作就没有意义。在这种情况下，仅实现移动操作提供了一种确保在任何给定时间只有一个对象保留资源所有权的方法。如果此类类型的典型使用不涉及被引用（例如从外部数据结构中引用），则移动操作对于转移本质上不可拷贝的对象的内部状态很有用，参见潜在缺陷——使不可复制的类型在没有正当理由的情况下可移动。

例如，C++11 中引入的 std::thread 表示底层操作系统线程。我们没有办法创建正在运行的操作系统线程的第二个副本。在不拷贝底层资源的情况下简单地拷贝 std::thread 对象，是非常不直观的。由于 std::thread 主要是底层资源的句柄，它自己的身份不需要固定不变，因此将这一句柄移动到 std::thread 的不同实例中十分自然。上述目标是通过定义一个移动构造函数然后删除拷贝构造函数来实现的，参见 2.1.6 节和 4.1.5 节：

```
class thread
{
    // ...
    thread() noexcept;
    thread(thread&& other) noexcept;
    thread(const thread&) = delete;  // This line is optional.
    // ...
};
```

请注意，提供移动操作将隐式删除拷贝构造函数和拷贝赋值运算符，参见 2.1.4 节。

要转移线程的所有权，我们必须使用 std::move：

```
#include <thread>    // std::thread
#include <iostream>  // std::cout
#include <utility>   // std::move

void test1()
{
    std::thread t{[] { std::cout << "hello!"; }};
    std::thread tCopy  = t;             // Error, cannot copy
    std::thread tMoved = std::move(t);  // OK
}
```

如果我们想将线程的所有权转移给另一个 std::thread 对象，我们必须将 t 显式转换为右值引用。通过使用 std::move，我们向编译器与阅读这份代码的人传达了一个消息，即一个新对象现在将接管底层操作系统资源的所有权，并且旧对象将被置于空状态。

相关类型 std::unique_lock 作为一个示例，说明了在对象之间移动责任的能力，特别是在销毁时释放锁的责任。将可移动性与标准的 RAII 相结合提供了更大的灵活性，允许我们传递和返回特定责任，例如释放资源，而不会存在唯一所有者被销毁时无法执行相应责任的风险：

```
#include <mutex>    // std::mutex, std::unique_lock
#include <cassert>  // standard C assert macro

void test2()
{
    std::mutex m;
    std::unique_lock<std::mutex> ul{m};

    {
        std::unique_lock<std::mutex> ulMoved = std::move(ul);  // OK
    }  // ulMoved destroyed, lock released

    assert(ul.mutex() == nullptr);  // ul is moved-from.
}
```

最后，标准提供 std::unique_ptr 来管理由指针标识的资源的唯一所有权，并带有一个编译时可定制的删除器，当 std::unique_ptr 在其资源没有被移走的情况下被销毁时，该删除器将用于释放该资源。这种类型的默认（也是最常见的）用途是管理堆分配的内存，默认删除器将简单地在指针上调用 delete。C++14 还添加了一个辅助实用程序 std::make_unique，它用 new 封装了堆分配：

```
#include <memory>  // std::unique_ptr, std::make_unique

void test3()
{
    std::unique_ptr<int> up1{new int(1)};        // OK, heap alloc #1
    up1 = std::make_unique<int>(2);              // OK, frees #1, new alloc #2

    std::unique_ptr<int> up2 = std::move(up1);  // OK, up2 now owns #2.
    assert( up1 == std::unique_ptr<int>());      // OK, up1 is moved-from.
    assert(*up2 == 2);                           // OK
}  // Destruction of up2 deletes alloc #2; destruction of up1 does nothing.
```

当所有权可能需要移动的对象引用无法拷贝的对象时，std:unique_ptr 可能会特别有用。尽管在 C++11 之前这一需求的解决方案可能是动态分配对象并使用一个引用计数的智能指针（例如 std::tr1::shared_ptr 或 boost::shared_ptr）追踪该对象的生命周期，添加这一追踪会产生不必要的额外开销。使用 std::unique_ptr 将正确管理堆分配对象的生命周期，允许它从构造到销毁保持在一个稳定的位置，并让客户的对象句柄——一个 std::unique_ptr——移动到它需要的位置。

一般来说，标准库模板已经以可重用的方式包含了只移动类型的正确实现，例如 std::unique_ptr，参见潜在缺陷——实现仅移动类型而不使用 std::unique_ptr。

为了理解这些实现中涉及的内容，让我们探索一下如何实现 std::unique_ptr 的一个功能子集。我们的不支持自定义删除器的UniquePtr的声明只需要使拷贝构造函数=delete并提供适当的移动构造函数和移动赋值运算符。除了实现典型智能指针的基本访问器之外，其中没有特别涉及仅移动拥有指针的完整实现：

```
#include <utility>  // std::swap

template <typename T>
class UniquePtr  // simple move-only owning pointer
{
    T* d_ptr_p;   // owned object

public:
    UniquePtr() : d_ptr_p{nullptr} { }          // construct an empty pointer
    UniquePtr(T* p) noexcept : d_ptr_p(p) { }  // value ctor, take ownership

    UniquePtr(const UniquePtr&) = delete;      // not copyable

    UniquePtr(UniquePtr&& expiring) noexcept   // move constructor
    : d_ptr_p(expiring.release()) { }

    ~UniquePtr()                               // destructor
    {
        reset();
    }

    UniquePtr& operator=(const UniquePtr&) = delete;     // no copy assignment

    UniquePtr& operator=(UniquePtr&& expiring) noexcept  // move assignment
    {
        reset();
        std::swap(d_ptr_p, expiring.d_ptr_p);
        return *this;
    }
    T& operator*() const            { return *d_ptr_p; }  // dereference
    T* operator->() const noexcept { return d_ptr_p; }   // pointer

    explicit operator bool() const noexcept
    { return d_ptr_p != nullptr; }                       // conversion to bool

    T* release()  // Release ownership of d_ptr_p without deleting it.
    {
        T* p    = d_ptr_p;
        d_ptr_p = nullptr;
        return p;
    }

    void reset()  // Clear the value of this object.
    {
        T* p    = d_ptr_p;
        d_ptr_p = nullptr;
        delete p;
    }
};
```

请注意，我们可以选择通过调用UniquePtr的另一个公开成员来重新实现上面的reset函数：

```
template <typename T>
void UniquePtr<T>::reset() { delete release(); }  // Invoke public member.
```

我们也可以选择使用C++14库函数模板std::exchange重新实现release函数：

```
#include <utility>  // std::exchange

template <typename T>
T* UniquePtr<T>::release() {  return std::exchange(d_ptr_p, nullptr); }  // C++14
```

这种直截了当的实现可以用于各种目的。只需很少的开销，RAII原则就可以用于管理堆分配的对象。UniquePtr<T>还满足放置在标准容器中的要求，使其可用于构建本身不适合放置在容器中的类型的容器，例如创建不可移动、不可拷贝对象的 std::vector。标记移动操作作为 noexcept 也将允许标准容器提供强大的异常保证，即使 UniquePtr 不能被拷贝，参见 4.1.5 节。

（3）按值传递可移动对象

在引入移动语义之前，如果我们按值传递对象，我们将产生大量拷贝的成本。有了移动语义，这一开销可能可以更低。有几种方法可以传递拥有资源的对象。

通过引用和通过值传递的相应参数组成重载集是有可能的，如下面示例中的 poor。但尝试调用此类函数可能会导致重载解析失败，因此在实践中通常不会这样使用：

```
void poor(int);        // (1) pass by nonconst  value
void poor(int&);       // (2) pass by nonconst lvalue reference
void poor(int&&);      // (3) pass by nonconst rvalue reference

void testPoor()
{
    int          i;        //   i is a    modifiable lvalue.
    const int  ci  = i;  //  ci is a nonmodifiable lvalue.
    int&        ri  = i;  //  ri is a    modifiable lvalue reference.
    const int& cri = i;  // cri is a nonmodifiable lvalue reference.

    poor(3);    // Error, ambiguous: (1) or (3)
    poor(i);    // Error, ambiguous: (1) or (2)
    poor(ci);   // OK, invokes (1)
    poor(ri);   // Error, ambiguous: (1) or (2)
    poor(cri);  // OK, invokes (1)
}
```

在下面的示例中，我们会看到由声明为不可修改的左值引用（const T&）和可修改的右值引用（T&&）的相应参数组成的重载集的好处。如下面示例中的 good：

```
struct S  // some UDT that might benefit from being "moved"
{
    S();           // default constructor
    S(const S&);  // copy constructor
    S(S&&);        // move constructor
};

int good(const S& s);  // (4) binds to any S object, but with lower priority
int good(S&& s);       // (5) binds to movable S objects with high priority

void testGood()
{
    S        s;        //   s is a    modifiable lvalue.
    const S  cs  = s;  //  cs is a nonmodifiable lvalue.
    S&       rs  = s;  //  rs is a    modifiable lvalue reference.
    const S& crs = s;  // crs is a nonmodifiable lvalue reference.

    good(S());                  // OK, invokes (5) - guts of S() available
    good(s);                    // OK, invokes (4) - read only
    good(cs);                   // OK, invokes (4) - read only
    good(rs);                   // OK, invokes (4) - read only
    good(crs);                  // OK, invokes (4) - read only
    good(static_cast<S&&>(s)); // OK, invokes (5) - guts of s available
    good(std::move(s));  // OK, invokes (5) as move returns S&&
    good(std::move(cs)); // OK, invokes (4) as move returns const S&&
}
```

在上面的示例代码中，我们使用涉及用户定义类型 S 的六个不同表达式调用了函数 good。请注意，传递可修改纯右值 S() 或可修改 xvalue static_cast<S&&>(s) 以外的任何内容都会调用重载（4），从而通过 const 左值引用接受对象，而不会修改它。如果函数 good 内部需要一个副本，可以使用 S 的拷贝构造函数以通常的方式进行拷贝。

如果传递的对象是临时值或显式强制转换的未命名 xvalue，则调用重载（5），并将对象作为非 const 右值引用传递。如果内部需要“副本”，现在可以使用 S 的移动构造函数安全地（也许[⊖]效率更高地）生成它。请参见潜在缺陷——未能 std::move 命名右值引用。

```
template <typename T>
int func(T t);  // (6) single "overload" that binds to any T object

void testFunc()
{
    S        s;        //   s is a    modifiable lvalue.
    const S  cs  = s;  //  cs is a nonmodifiable lvalue.
    S&       rs  = s;  //  rs is a    modifiable lvalue reference.
    const S& crs = s;  // crs is a nonmodifiable lvalue reference.

    func(S());                    // OK, invokes (6) - constructed in func
    func(s);                      // OK, invokes (6) - copied into func
    func(cs);                     // OK, invokes (6) - copied into func
    func(rs);                     // OK, invokes (6) - copied into func
    func(crs);                    // OK, invokes (6) - copied into func
    func(static_cast<S&&>(s));    // OK, invokes (6) - moved into func
}
```

一个函数或函数模板，例如上面示例中的 func，它按值的形式接受一个可移动对象。其行为在某些方面类似于更传统的二重载集，例如前面的示例中的 good。如果一个被传递的对象是纯右值（即一个典型的尚未构造的临时值），它可以作为局部变量就地构造，根本没有拷贝或移动开销。如果对象是一个 xvalue（即它已经作为一个未命名的临时值或作为显式转换为未命名右值引用的结果而存在），那么将调用 S 的移动构造函数来“拷贝”它。在其他所有情况下，将调用 S 的拷贝构造函数。最终结果有两方面：从 func 用户的角度来看，将始终根据提供的参数进行有效的拷贝；从实现者的角度来看，供内部使用的可变副本将始终作为自动变量提供。

但是，将潜在可移动的参数按值传递给函数通常是没有指示的。即使函数的契约声明或暗示了必须要拷贝潜在可移动的参数，按值传递该参数也可能会产生无谓的运行时开销，请参见潜在缺陷——sink 参数需要拷贝。在适当的情况下，专门传递一个纯右值——例如上面的示例中第一次对 func 的调用，它传递了 S()——将导致在函数本身内构造对象，从而避免了移动操作。但是这对于传递广义左值（即 xvalue 或左值）外的其他任何调用，没有任何运行时性能优势。

在适宜的情况下，按值传递可移动对象意味着只需要编写一个函数重载。当我们考虑使用多个可移动参数的函数时，这种替代方案变得更有吸引力：

```
int good2(const S&   s1, const S&  s2);  // both passed by const lvalue ref
int good2(const S&   s1,       S&& s2);  // passed by const lvalue, rvalue
int good2(      S&&  s1, const S&  s2);  // passed by rvalue, const lvalue
int good2(      S&&  s1,       S&& s2);  // both passed by rvalue reference

int func2(      S    s1,       S   s2);  // both passed by value
```

当按值传递潜在的可移动对象不适用或不期望发生时，一般方法是使用转发引用（请参见 3.1.10 节）以将参数的值类别保留在实现中：

```
template <typename T1, typename T2, typename T3>
int great3(T1&& t1, T2&& t2, T3&& t3);  // each passed by forwarding reference
```

参见烦恼——与转发引用的视觉相似性。

既然我们已经介绍了按值传递拥有资源的对象的想法，我们将提供这些原则在实际工作中的更现实的示例。

我们的第一个示例展示了用于创建临时文件名的函数的简单输出参数。我们考虑了两种可能的设计这种功能的方式。第一种方式我们通过地址传入一个输出参数：

⊖ 当在虚拟地址空间相互临近的数据由于释放 / 重新分配或移动操作而被允许扩散时，引用的局部性可能会受到影响。取决于随后访问移动数据的相对频率，即使移动操作本身会更快，也可以通过执行拷贝来提供更好的整体性能。lakos22 中讨论内存分配，特别是扩散。

```cpp
#include <string>  // std::string

void generateTemporaryFilename(std::string* outPath, const char* prefix)
{
    char suffix[8];
    // ... Create a unique suffix.

    *outPath = prefix;
    outPath->append(suffix);
}
```

或者，我们可以按值返回输出 std::string：

```cpp
#include <string>   // std::string
#include <cstring>  // strlen

std::string generateTemporaryFilename(const char* prefix)
{
    char suffix[8];
    // ... Create a unique suffix.

    std::string rtnValue;
    rtnValue.reserve(strlen(prefix) + strlen(suffix));
    rtnValue.assign(prefix);
    rtnValue.append(suffix);
    return rtnValue;
}
```

在第一个实现中，调用者必须在堆栈上创建一个 std::string 并将其地址传递给函数。第二个版本为调用者提供了一个可以说是更清晰的接口。在 C++03 中，没有移动语义，第二个版本会有更多的分配和拷贝，但是有了右值引用和移动语义，这只需要一个额外的移动语义。这个示例说明了右值引用和移动语义的生效之处，且使我们能够拥有更简单和更自然的接口，同时不会招致这些模式通常可能包含的隐藏的惩罚，请参见潜在缺陷——sink 参数需要拷贝和潜在缺陷——禁用 NRVO。

在第二个版本中，我们总是创建一个 std::string 对象来返回，如果我们反复调用这个函数，这可能会成为一个性能问题。如果一个函数可能在一个循环中被多次调用，一个更高效的替代方法是在字符串中重用相同的容量。

（4）sink 参数

sink 参数是一个将被保留或消耗的函数的参数。在 C++11 之前，通常将 sink 参数作为 const& 传递并拷贝它们。例如，考虑一个类（如 HttpRequest）是如何用 C++03 编写的：

```cpp
#include <string>   // std::string

class HttpRequest
{
    std::string d_url;

public:
    HttpRequest(const std::string& url) : d_url(url) { }

    // url is a sink argument.
    void setUrl(const std::string& url)
    {
        d_url = url;
    }
};
```

对于该接口，即使在 C++11 中，如果传递了一个右值（例如一个临时值），则拷贝无法避免。但是，我们可以为 sink 参数支持移动操作，以防止这些不必要的拷贝。例如以另一种方式编写 HttpRequest：

```cpp
#include <string>   // std::string
#include <utility>  // std::move
```

```
class HttpRequest
{
    std::string d_url;

public:
    HttpRequest(const std::string& url) : d_url(url) { }  // as before

    HttpRequest(std::string&& url) : d_url(std::move(url)) { }

    void setUrl(const std::string& url)  // as before
    {
        d_url = url;
    }

    void setUrl(std::string&& url)
    {
        d_url = std::move(url);
    }
};
```

在这种情况下，我们在构造函数和 setUrl 函数中为右值引用提供了重载。对于 HttpRequest 的用户来说，拥有额外的重载是最优的。但是请注意，拷贝构造函数和 setUrl 的实现基本上都是重复的。此外，这种方法可能会变得很麻烦；为了给我们的类提供这种行为，我们不得不为接受 N 个参数的函数编写 2^N 个重载，也即为每个参数的 const 左值与右值引用类型的组合编写一个重载。减少代码量是“按值传递并移动”惯用法的动机：

```
class HttpRequest
{
    std::string d_url;

public:
    HttpRequest(std::string url) : d_url(std::move(url)) { }

    void setUrl(std::string url)
    {
        d_url = std::move(url);
    }
};
```

我们通过按值接受 sink 参数并无条件地移动它们来实现接近最优的行为。相比具有 2^N 重载的完全一般的情况，此惯用法仅为每个参数增加了有限数量的移动操作的成本，并且重要的是，这样不会添加任何多余的拷贝。

在这个版本中，如果用户将一个左值传递给 setUrl，该左值将被拷贝到 url 参数中，然后该参数将被移动到数据成员中：将有一个副本加一个移动。如果用户将一个右值传递给 setUrl，该右值将被移动到 url 参数中，然后该参数将被移动到数据成员中：将有两次移动。在这两种情况下，都比多重载实现所需的多一步。

HttpRequest 的完美转发解决方案将为合格参数产生所有可能的重载，但需要成为模板：

```
#include <utility>  // std::forward

class HttpRequest
{
    std::string d_url;

public:
    template <typename S>
    HttpRequest(S&& url) : d_url(std::forward<S>(url)) { }

    template <typename S>
    void setUrl(S&& url)
    {
        d_url = std::forward<S>(url);
    }
};
```

重要的是，按值接受 sink 参数将始终进行拷贝。当该副本将被保留时（例如上面的成员变量的初始化），这样没有额外的成本。当存在未保留副本的代码路径时，该副本变得不必要，因此会导致不必要的低效，请参见潜在缺陷——sink 参数需要拷贝。

最后，当处理仅移动类型，例如 std::unique_ptr 时，有两种方法可以以能够消耗其资源的方式传递参数：按值引用和按右值引用。通过值传递参数可确保其资源将被消耗，而通过右值引用传递它则可以查看资源，并且可能（但不一定）消耗资源。

因此，有人可能会想象创建一组函数，如 f1、f2、f3，每个函数都采用仅移动类型（如 M），具有已知的被移动状态，然后通过右值引用将函数应用于 M 类型的对象：

```
#include <utility>  // std::move

struct M;  // incomplete move-only type having known moved-from state

void f1(M&& m);       // function that can view and might consume m
void f2(M&& m);       //     "       "    "    "    "     "       "    "
void f3(M&& m);       //     "       "    "    "    "     "       "    "
void process(M&& m)  //     "       "    "    "    "     "       "    "
{
    f1(std::move(m));  // if m not yet consumed, and appropriate, consume it.
    f2(std::move(m));  // " "  "   "      "      "        "           "    "
    f3(std::move(m));  // " "  "   "      "      "        "           "    "
}
```

请注意，在上面的示例中，由于需要调用 std::move，在每个调用点突出显示了消费的潜在可能。通过不将消费构建到函数签名中，我们在每个 *fi* 与其调用者的契约中保留了更大的灵活性。

有时，工厂函数被设计用于接受特定类型的对象并生成同一对象的修改版本。传统上，此类函数将以 const& 的形式接受输入，输出一个命名的局部变量，该变量会被初始化并最终返回：

```
#include <cctype>  // std::toupper
#include <string>  // std::string

std::string toUppercase(const std::string& input)
{
    std::string result;
    result.resize(input.size());

    for (int i = 0; i < input.size(); ++i)  // Copy input.
    {
        result[i] = toupper(static_cast<unsigned char>(input[i]));
    }

    return result;
}
```

此实现的缺点是在传递临时副本时会进行一次多余的拷贝：

```
#include <cassert>  // Include standard C assert macro.

void testToUppercase()
{
    std::string upperHi = toUppercase("Hi");  // Copy twice.
    assert(upperHi == "HI");
}
```

或者，可以使用与 sink 参数相同的模式来初始化我们的返回值，按值接受 sink 参数：

```
// by-value version
std::string toUppercase(std::string input)
{
    for (int i = 0; i < input.size(); ++i)
    {
        input[i] = toupper(static_cast<unsigned char>(input[i]));
    }

    return input;
```

```
}

std::string output = toUppercase("hello");
```

这种按值传递的方法以总是需要额外移动的代价避免了多余的拷贝，这通常是可以接受的。与前面的 sink 参数示例一样，更可维护的同时具有不同的相关编译时代价的选择有：提供 const std::string& 和 std::string&& 重载，最小化移动和拷贝，或者将该函数重新实现为具有转发引用参数的模板。参见 3.1.10 节。

识别值类别

理解判断特定表达式所属的值类别的规则可能会特别有挑战性，而拥有一个具体的工具来识别编译器将如何解释表达式或许能有所帮助。构建这样一个工具需要一个功能，能以独特且明显不同的方式展现三个不相交的值类别：左值、xvalue 和纯右值。具有这种不同行为的运算符是 decltype 运算符，参见 2.1.3 节。当应用于底层类型为 T 的非标识表达式 e 时，decltype 将返回三种类型之一。

- 如果 e 是纯右值，则 decltype(e) 是 T。
- 如果 e 是左值，则 decltype(e) 是 T&。
- 如果 e 是 xvalue，则 decltype(e) 是 T&&。

我们可以对各种表达式应用 decltype，使用 std::is_same 来验证 decltype 运算符生成的类型是否符合我们的预期。当传递命名了一个实体的标识表达式时，我们会得到该实体的类型，而这对于识别标识表达式的值类别没有帮助，因此我们总是会使用一对额外的括号来仅获取由 decltype 生成的对类型的基于值类别的判定：

```
#include <type_traits>  // std::is_same
#include <utility>      // std::move

int x = 5;
int& y = x;
int&& z = static_cast<int&&>(x);
int f();
int& g();
int&& h();

// prvalues
static_assert( std::is_same< decltype(( 5 )),     int >::value, "" );
static_assert( std::is_same< decltype(( x + 5 )), int >::value, "" );
static_assert( std::is_same< decltype(( y + 5 )), int >::value, "" );
static_assert( std::is_same< decltype(( z + 5 )), int >::value, "" );
static_assert( std::is_same< decltype(( f() )),   int >::value, "" );

// lvalues
static_assert( std::is_same< decltype(( x )),   int& >::value, "" );
static_assert( std::is_same< decltype(( y )),   int& >::value, "" );
static_assert( std::is_same< decltype(( z )),   int& >::value, "" );
static_assert( std::is_same< decltype(( g() )), int& >::value, "" );

// xvalues
static_assert( std::is_same< decltype(( std::move(x) )), int&& >::value, "" );
static_assert( std::is_same< decltype(( std::move(y) )), int&& >::value, "" );
static_assert( std::is_same< decltype(( std::move(z) )), int&& >::value, "" );
static_assert( std::is_same< decltype(( h() )),          int&& >::value, "" );
```

请注意当表达式是一个标识表达式（即只是一个合格或不合格的标识符）时在周围添加额外的 () 的重要性。对于所有不只是标识表达式的表达式，额外的一对 () 不会改变 decltype 生成的类型。如果没有额外的括号，由标识表达式命名的实体的引用限定符，或缺少的引用限定符，将成为 decltype 生成的类型的一部分：

```
static_assert( std::is_same< decltype( x ),   int   >::value, "" );
static_assert( std::is_same< decltype( y ),   int&  >::value, "" );
static_assert( std::is_same< decltype( z ),   int&& >::value, "" );
```

封装此逻辑以构建实用程序将需要使用表达式作为操作数。我们没有能力对语言中的表达式进行高级操作，但在这种情况下，我们可以使用较低级别且结构较少的工具来执行此操作，构建宏来识别传递给它们的表达式的值类别。为了更好地处理任何表达式，包括那些具有没有嵌套在 () 中的逗号的表达式，我们使用了 C++11 从 C99 预处理器继承的新特性——可变参数宏：

```
#include <type_traits>  // std::is_reference, std::is_lvalue_reference,
                        // std::is_rvalue_reference
#include <utility>      // std::move

#define IS_PRVALUE( ... ) \
  (!std::is_reference< decltype(( __VA_ARGS__ )) >::value)

#define IS_LVALUE( ... ) \
    (std::is_lvalue_reference< decltype(( __VA_ARGS__ )) >::value)

#define IS_XVALUE( ... ) \
    (std::is_rvalue_reference< decltype(( __VA_ARGS__ )) >::value)

template <typename T, typename U>
struct S { };

S<int, long> s = {};

static_assert( IS_PRVALUE( S<int, int>() ), ""); // OK, needs __VA_ARGS__
static_assert( IS_LVALUE(  s ),              ""); // OK
static_assert( IS_XVALUE(  std::move(s) ),   ""); // OK
```

最后，为了完整起见，提供如何编写宏来识别剩余的值类别：

```
#define IS_RVALUE( ... ) (IS_XVALUE(__VA_ARGS__) || IS_PRVALUE(__VA_ARGS__))
#define IS_GLVALUE( ... ) (IS_LVALUE(__VA_ARGS__) || IS_XVALUE(__VA_ARGS__))

int x = 17;

static_assert( IS_RVALUE(x + 5),                                  ""); // OK
static_assert( IS_GLVALUE(x),                                     ""); // OK
static_assert( IS_GLVALUE(std::move(x)) && IS_RVALUE(std::move(x)), ""); // OK
```

3. 潜在缺陷

（1）sink 参数需要拷贝

正如在用例——sink 参数中所见，按值传递和移动可以提供某些优势。但是，如果我们设计一个类，确定了一个实现，决定在构造函数中使用按值传递，之后决定更改底层表示，我们可能会得到更差的性能。如果拷贝在实现中是不可避免的并且没有机会改变，那么按值传递就可能是有益的。如果我们不需要拷贝，则需要同时提供 const& 和 && 重载或使用转发引用的模板来降低风险。

例如，这里我们编写了一个包含 std::string 数据成员的类 S。我们决定在构造函数中按值接受 std::string 并通过将 std::move 应用于参数来初始化我们的数据成员。之后，我们决定更改我们的实现以使用我们自己的 String 类。我们的 String 有一个转换构造函数，它接受一个 std::string 并拷贝它（并且做了任何其他可能促使我们改变我们的 String 的事情）。如果我们未能更新类 S 的构造函数（即它仍然按值接受 std::string 并使用 std::move 初始化该字符串成员），我们将得到效率较低的代码：

```
#include <string>  // std::string

class S
{
    std::string d_s;  // initial implementation

public:
    S(std::string s) : d_s(std::move(s)) { }  // sink argument constructor
};

std::string getStr();

int main()
```

```
{
    std::string lval;

    S s1(lval);      // copy and move
    S s2(getStr()); // move and move
}
```

在上面的代码中，如果我们将左值传递给S的构造函数，会产生一个拷贝和一次移动，如果我们传递一个临时值，会遇到两次移动。

假如我们之后将S更改为使用我们自己的String类，但忽略了更改构造函数：

```
class String
{
public:
    String(const std::string&);  // Copy the contents of string.
};

class S
{
    String d_s;  // Implementation changed.

public:
    S(std::string s) : d_s(std::move(s)) { }  // Implementation did not change.
};

std::string getStr();

int main()
{
    std::string lval;

    S s1(lval);      // 2 copies
    S s2(getStr()); // 1 move and 1 copy
}
```

问题是现在我们将参数拷贝了两次：一次拷贝到lval参数，然后再拷贝到String数据成员d_s。如果编写了必要的重载，就不会处于这种情形：

```
class S
{
    String d_s;

public:
    S(const std::string& s) : d_s(s)            { }
    S(std::string&& s)      : d_s(std::move(s)) { }
};
```

因此，除非我们绝对确定永远不会更改类的实现，否则设计一个构造函数以按值获取sink参数可能不是最优的。

（2）禁用NRVO

命名返回值优化（NRVO）仅在通过函数从所有路径返回的表达式是同一个局部变量的名称时才会发生。如果我们在返回语句中使用std::move，我们将返回另一个函数（即std::move）的返回值，而不是按名称命名的局部变量，即便作为开发人员我们知道std::move仅会对我们提供给它的参数执行相当于强制转换的操作：

```
#include <string>  // std::string

std::string expectingNRVO()
{
    std::string rtn;
    // ...
    return std::move(rtn);  // pessimization, no NRVO
}

std::string enablingNRVO()
```

```
{
    std::string rtn;
    // ...
    return rtn;            // optimization, NRVO possible
}
```

在上面的示例中，函数的返回值是 std::string，但是在调用 std::move 之后，返回表达式的类型是 std::string&&。通常，当按值返回对象时，我们避免使用 std::move。虽然移动曾经被认为是从函数返回值的一种更快的方法，但测试证明情况并非如此[㊀]。

（3）未能 std::move 命名右值引用

如果我们希望移动而不是拷贝引用对象的内容，我们必须在命名的右值引用上使用 std::move，牢记这一点很重要。即使函数参数的类型是右值引用，该参数（由于具有名称）实际上也是左值。如果右值引用重载与相应的 const 左值引用重载具有相同的实现，那么它很有可能会调用任何它调用的函数的同一左值重载。如果最终右值引用参数的使用不使用 std::move，则该函数无法利用参数类型提供的任何移动操作，而是回退到开销更高的拷贝操作。

考虑一个大型的用户定义类型 C 和一个关联的 API，该 API 具有设计良好的重载集。而这一重载集通过 const 左值引用或右值引用获取 C 类型的对象：

```
class C { /*...*/ };  // some UDT that might benefit from being "moved"

void processC(const C&);  // lvalue reference overload for processing C objects
void processC(C&&);       // rvalue reference overload for processing C objects

void applicationFunction(const C& c)
{
    // ...
    processC(c);  // OK, invokes const C& overload of processC
}

void applicationFunction(C&& c)
{
    // ...
    processC(c);  // Bug, invokes const C& overload of processC
}
```

applicationFunction 的第二个重载的目的是将 c 的内容移动到 processC 的适当右值重载中，但由于函数参数本身是一个左值，因此调用了错误的重载。正确的解决方案是 applicationFunction 的右值重载在将 c 传递给 processC 之前从 c 中生成一个 xvalue，因为函数不再需要 c 的状态：

```
#include <utility>  // std::move

void applicationFunction(C&& c)
{
    // ...
    processC(std::move(c));  // OK, invokes C&& overload of processC
}
```

（4）在命名的右值引用上重复调用 std::move

在函数中对右值引用参数使用 std::move 是必要的，但如果普遍使用可能会导致缺陷。回想一下（参见描述——表达式中的右值引用），一旦一个对象被移动，该对象的状态应该被认为是未指定的，而且重要的是，该对象肯定可以不再具有与它原本相同的值。当应用从函数的 const C& 重载到 C&& 重载的相同转换时，正如我们在未能 std::move 命名右值引用中所做的那样，很容易错误地假设右值引用的所有使用参数应包含在 std::move 中：

```
void processTwice(const C& c)  // original lvalue reference overload
{
```

㊀ 参见 orr18。

```
    processC(c);
    processC(c);
}

void processTwice(C&& c)  // naive transformation to rvalue overload
{
    processC(std::move(c));  // OK, invokes C&& overload of processC
    processC(std::move(c));  // Bug, c is already moved-from.
}
```

此处正确的方法是始终注意到 std::move 仅应在不再需要对象状态时使用。尽管没有 std::move 的任何调用都可能导致拷贝（取决于 processC 会做什么），但只有仅在 processTwice 中最后一次使用 c 时使用 std::move 才是唯一可以保持此重载正确并与原有方法一致的方法重载：

```
void processTwice(C&& c)  // fixed rvalue overload
{
    processC(c);              // OK, invokes const C& overload of processC
    processC(std::move(c));   // OK, invokes C&& overload of processC
}
```

（5）返回 const 右值会降低性能

在引入移动语义之前，在按值返回时将对象标记为 const 有时会被推荐为一种好的做法。例如，将后缀 operator++ 应用于临时值可以说不仅无用，而且几乎肯定是一个漏洞[⊖]。在后缀 operator++ 这一特定情况下，由于运算符返回之前的值，因此必须返回一个对象，即不是引用而是一个临时值。因此会进一步建议运算符返回一个 const 对象，以防止两次应用后缀 operator++。

这样的目的是防止后缀 operator++ 以及任何其他非 const 成员函数应用于返回的临时对象：

```
struct A
{
   // ...
   A& operator++();     // prefix operator++
   A operator++(int);   // postfix operator++

};
const A operator+(const A&, const A&);  // Return by const value.

void test1()
{
    A a, b;
    (a + b)++;  // Error, result of a + b is const A.
}
```

更常见的意外修改即将过期临时值的示例是将 operator= 应用于类类型的纯右值：

```
struct S { };  // arbitrary class type supporting copy assignment
S f();         // function returning prvalue of class type
void test2()
{
    f() = S();      // valid but obviously wrong
}
```

然而，按 const 值返回的附带弊端是，试图利用返回的临时值的操作将冒着静默执行额外拷贝的风险，这可能会产生意想不到的巨大开销：

```
void processA(const A& x);  // Copy x and send it off for processing.
void processA(A&& x);       // Move contents of x to be sent for processing.

void test3()
{
    A a, b;
    processA(a + b);  // Bug, invokes processA(const A&)
}
```

⊖ 参见 meyers96，第 6 项，“区分前缀和后缀形式的自增”，第 31～34 页。

总的来说，尽管在现代 C++ 之前，按 const 值返回的建议在避免对临时变量进行高度可疑的修改方面产生了一些微小的好处，但它现在是一种反模式。对于显式调用不应在临时对象上调用的操作有帮助的情况，可以考虑使用引用限定符，参见 4.1.6 节。

```
void test4()  // This function uses a const_cast leading to undefined behavior.
{
    A a, b;
    processA(const_cast<A&&>(a + b));  // Bug (UB), modifies const object
}
```

修改 const 对象是未定义的行为。编译器的优化器可以完全忽略 test3。外部静态分析器（例如代码检查器）可能会（但也可能不会）报告此类用法有缺陷。

（6）会抛出异常的移动操作

会抛出的移动构造函数在操作希望提供强异常安全保证的泛型语境中没有什么用处，也就是说操作要么成功，要么在使对象处于其先前的有效状态同时抛出异常。提供强保证的算法需要拷贝对象而不是移动它们，因为它们需要保持在抛出异常时回溯工作的能力，而不会冒抛出更多异常的风险。事实上，这个问题正是引入 noexcept 关键字的原因。在 C++11 开发的后期，这个问题是在 std::vector 重分配中特别发现的，参见 3.1.15 节。

（7）有些移动相当于拷贝

不需要为拷贝和移动具有相同效果的类型提供移动操作，这样做只会增加类型的维护成本、编译成本和出错的风险。特别的，内置类型没有移动操作，因为相比直接拷贝它们，使用 std::move 没有优势。例如，假设我们有一个包含三个 int 字段的 Date 类型：

```
class Date
{
    int day;
    int month;
    int year;

public:
    // ...
};
```

在上面的示例中，为 Date 编写移动操作没有任何附加价值，因为无法通过类似于移动的方式利用源对象中的资源来优化拷贝。

给定具有相同效果的移动操作和拷贝操作，删去移动操作在所有的情况下都只需一半的代码，却能产生相同的结果。一般来说，最好避免编写任何一个操作，让编译器选择按照零法则生成两者，对于上面示例中的 Date 这样的类型，我们很有可能会这样做。

（8）使不可复制的类型在没有正当理由的情况下可移动

可拷贝类型通常已经具有有效的默认状态，而不可拷贝类型可能没有。通常，移动操作会将被移动对象重置为此默认状态。将这样的状态添加到已有的不可拷贝类型（比如说仅仅是为了支持移动操作）可能会打破现有客户代码的假设。

添加移动操作以优化可拷贝类型的拷贝具有明确定义的语义和广泛的适用性。预先存在的代码易于改造，理想情况下会像以前一样运行，通常具有增强的运行时性能。但是请注意，如果要充分利用新添加的移动操作提供的性能优化，客户代码有时可能需要进行一些修改。

现有的文档和单元测试将继续适用于新的可移动的之前可拷贝的类型。拷贝操作的测试将极大地方便移动操作的测试，因为唯一的区别是放宽了严格的后置条件，即被移动对象保留其原有值。

尽管向先前可拷贝的对象添加移动操作永远不会降低与执行（销毁性）拷贝本身相关的性能，但由于内存扩散，后续访问中性能降低是明显有可能的；因此，即使移动操作可用，我们也可以合理地选择跨内存的非局部区域拷贝值[1]。

[1] 参见 halpern21c。

使不可拷贝类型可移动引入了一种独特的新语义。如果我们知道拷贝一个对象意味着什么，那么我们就有一个关于移动它意味着什么的完整规范。如果没有这样的规范，我们就踏入了未知的领域。给定类型不可拷贝的一些原因也可能适用于移动。同样，一些不可拷贝的类型可能没有自然的未初始化或“空”状态，因此需要为恰当的被移动状态进行设计、记录文档和编写测试——无论该状态的详细信息是否可供客户使用。

在实践中，我们发现大多数类型的对象分为两大类：用于表示柏拉图值（VST）的对象和执行某种服务（机制）的对象。精心设计的软件组件通常服务于这些角色中的其中之一，但不能同时服务于两者。例如，std::complex<double> 是一个 VST，而 std::thread 是一个机制。一个标准容器，例如 std::vector，带有相当多的架构，但其中大部分是为了支持它的值，这些值通常是 VST 序列，而作用域防护没有任何值，只是作为一些外部创建的资源的生命周期的管理者，提供服务。

不可拷贝的对象通常如此，因为没有可拷贝的柏拉图值。如果只需要共享对此类机制的访问权限，那么裸指针可能就足够了。然而，如果需要传递这种不可拷贝对象的唯一所有权，那就是另一回事了，参见用例——按值传递拥有资源的对象。在大多数情况下，std::unique_ptr 提供了一个标准且易于理解的惯用法，用于传递不可拷贝对象的唯一所有权，而不会产生仅移动类型相关的风险和开发成本，请参见实现仅移动类型而不使用 std::unique_ptr。

例如，假设我们有一个预先存在的（可能是 C++03 的）机制，目前可以满足我们的需求。由于此类型不尝试表示值，因此它不实现任何拷贝操作、相等比较操作等。假设此类型分配动态内存。尽管我们的机制无法有意义地拷贝，但它确实具有合理的默认构造状态，并且随着 C++11 中移动语义的出现，我们可以理论上实现可以说是合理的移动操作。我们应该这么做吗？这么做会有什么回报？

相比在外部应用 std::unique_ptr，将移动操作添加到这种固有的不可拷贝类型，不太可能额外产生任何能更安全、更经济地取得的有意义的益处。此外，任何用移动操作改造现有机制的尝试都将不可避免地涉及大量的开发工作。另外还需要非常小心地确保文档反映修改后的行为，添加适当的新单元测试，以及对象的被移动状态行为合理。更重要的是，鉴于这一机制可能已经被广泛使用，这种侵入性增强可能会破坏预先存在的，基于可能不再适用的假设而设计的客户代码：任何持有指向这样一个对象的指针的客户可能会沮丧地得知该对象的实现已经在下层被移走。

现在假设我们有一些预先存在的不可拷贝类型——Nct，并且我们发现我们想要将该类型的对象放入容器中，例如 std::vector。我们可能会考虑将移动操作添加到 Nct，因为 C++11 容器现在支持这种仅移动类型，但这将是过度的，因为简单地动态分配值（在它不会移动的位置）然后管理它的生命周期使用 std::unique_ptr 将完成这个工作：

```
#include <vector>  // std::vector
#include <memory>  // std::unique_ptr
#include <nct.h>   // Nct --  some noncopyable type, defined elsewhere

void f()  // function illustrating effective external use of std::unique_ptr
{
    std::vector<Nct> v1;
    v1.push_back(Nct(/*...*/));  // Error, no copy or move constructor
    v1.emplace_back(/*...*/);    // Error, move needed to grow buffer

    std::vector<std::unique_ptr<Nct>> v2;
    v2.push_back(std::make_unique<Nct>(/*...*/));     // OK
    v2.emplace_back(std::make_unique<Nct>(/*...*/));  // OK (same as above)

}
```

有人可能会认为 std::unique_ptr 的这种使用并不总是与标准算法很好地配合，例如 std::sort 或基于范围的 for（参见 3.1.17 节）。然而，鉴于这些算法几乎总是用于 VST 而不是机制，这些担忧通常不会在实践中得到证实。

另外，诸如 std::pmr::memory_resource 之类的任何机制——其典型用法涉及其客户端存储该类型对象的地址——使得这类固有的不可拷贝类型的特别差的候选者只能移动。从这种类型转移可能会使其客户所做的假设无效。类似地，使诸如并发锁或共享缓存之类的机制仅移动也将是有问题的，因为从这种类型的多引用对象移动将需要其所有活动客户端之间的协调。

工厂函数为任意机制只能移动提供了一个特殊的借口：此类对象在工厂函数中构造和配置，然后从函数中移出到通常成为其最终位置的位置，因为任何后续移动都可能中断活跃的客户。编译器通常可以安排从工厂函数返回这样的对象，而无须通过 RVO 或 NRVO 移动，但 C++11/14 标准要求移动构造函数是可访问的（即使它没有实现），请参阅烦恼——RVO 和 NRVO 需要声明的拷贝或移动构造函数。这个问题在 C++17 中通过保证拷贝省略至少部分解决。此前，简单地声明但不定义一个可公开访问的移动构造函数就足以让这些长期存在的优化启动，或者，如果由于某种原因它们没有发挥作用，程序将无法链接，即安全地失败。

然而，想要拥有仅移动类型有实际的原因，但创建它们的门槛相当高；因此，相应的先决条件是艰巨的。通常，新推出的仅移动类型将需要是一种易于被不成熟的客户（例如那些不熟悉 std::unique_ptr 的客户）认为可以抵消创建定制仅移动类型所带来的大量开发和维护成本的类型。

（9）实现仅移动类型而不使用 std::unique_ptr

假设我们没有受到预算或交付日期的过度限制，我们希望为我们的资源包装器类型提供最佳的用户体验。实现我们自己的仅移动类型的最安全和最具成本效益的方法可能是什么？

仅移动类型（尤其是分配动态内存的类型）的首选实现是使用 std::unique_ptr 作为数据成员：

```
#include <memory>   // std::unique_ptr
#include <cassert>  // standard C assert macro

class Mechanism;    // any nonmovable resource

class Wrapper
{
    std::unique_ptr<Mechanism> d_managed;
public:
    // ...    (public interface, no user-declared special member functions)

    void doWork()
    {
        assert(d_managed != nullptr);
        d_managed->doWork();
    }
};
```

这个著名的标准库组件是常用的，并且对于库开发人员来说比较容易理解、测试和维护。Wrapper 的公共接口仍然需要在 Mechanism 的基础上进行增强以处理移出状态（其中 d_managed == nullptr），但移动的基本机制将通过特殊成员函数的默认实现正确处理包装器。使用 std::unique_ptr 作为我们实现仅移动类型的基础会自动为我们提供一个规范的“空”表示，以用作我们的移动状态。

同样，任何将移动操作添加到不可拷贝类型的尝试都假定需要移动该类型。对于永远不需要移动或可以通过 std::unique_ptr 的外部应用充分合成其有效移动的不可拷贝类型，根本没有工程或商业理由将移动操作添加到类型本身——无论它们如何内部实施；请参阅“使不可复制的类型在没有正当理由的情况下可移动”。当确实存在真正需要时，我们总是选择在幕后使用 std::unique_ptr。

在极少数情况下，创建不涉及 std::unique_ptr 的仅移动类型 M 可能是合理的；然而，这样一个完全定制的 move-only 类将明显需要最大性能并满足所有其他几个标准。

- 可以将 M 的移动操作设为 noexcept(true)（参见 4.1.5 节）；否则，为了避免这种不受欢迎的移动属性，可能会坚持使用 std::unique_ptr 实现。
- 单个额外堆分配的开销对于 M 的严格性能要求来说太高了；否则，使用 std::unique_ptr 不会对运行时性能产生足够的负面影响。
- M 本身小而简单，例如拥有单个 int 或指针的类，其中移动操作会特别快。否则，std::unique_ptr 的高效移动操作将同样快或更快。

在实现中不使用 std::unique_ptr 的仅移动类型的原型，将是一个非分配包装器（例如套接字），可用于将轻量级句柄（例如整数描述符）分配给某种形式的系统资源（例如套接字）。这些资源需要管理。此外，当托管资源的所有权被转移时，通常不会有计算（例如计数器的递增和递减）并且对托管资源（或任何其他资源）绝对没有影响——即没有分配 / 释放，没有打开 / 关闭，没有刷新等。

例如，std::thread 是一个众所周知的标准仅移动类型，它管理系统资源的轻量级句柄。类似地，std::unique_lock 是一个标准类模板，它支持获取、转移和释放可锁定类型（如 std::mutex）上的锁的所有权，作为轻量级仅移动句柄类型。此类移动仅处理“拥有”资源，并负责确保在所有权转移到的最后一个句柄被销毁时适当地刷新、关闭、释放或释放所涉及的资源，而在所有权转移时通常没有可观察的效果。

为了更好地了解与开发独立于 std::unique_ptr 的完全自定义的仅移动类型相关的成本和风险，假设我们已经评估了现有的不可拷贝类型 Mechanism，并以某种方式确定：它必须是可移动的，以及通过 std::unique_ptr 间接实现该可移动性将不足以满足我们的需求。

要实现 Mechanism 的可移动版本，我们首先必须设计和实现移动操作。由于在实现将状态从一个对象迁移到另一个对象的机制方面没有先例，并且需要识别一个不同的、新的、已迁移的状态，因此这项任务具有挑战性。参阅对移出对象的不一致的期望。

接下来，所有其他成员函数——包括特殊成员函数，尤其是析构函数——将需要处理处于新移出状态的对象，因为缩小成员函数的合约通常有不可接受的缺点，请参阅移动操作。

最后，Mechanism API 的所有可公开访问的方面都需要以某种方式处理处于已移出状态的对象，其范围从缩小合约到添加错误返回值或其他故障模式；请参阅要求拥有的资源有效。

作为最后一个具体示例，考虑一个仅移动类型 MovableMechanism 的实现，它提供了一些任意预先存在的、不可拷贝的不可移动类型 Mechanism 的可移动版本：

```cpp
class MovableMechanism
{
    bool d_movedFrom;  // flag to indicate the moved-from state

    // ...  (existing other private parts from Mechanism)

public:
    MovableMechanism()
    : d_movedFrom(false)
    {
        // existing constructor implementation
    }

    // ...      (Update all other existing constructors to
    // ...        properly manage the value of d_movedFrom.)

    MovableMechanism(MovableMechanism&& source) noexcept // Note use of noexcept.
    : d_movedFrom(false)
    {
        // Move/copy all state from source.
        source.d_movedFrom = true;
    }

    MovableMechanism& operator=(MovableMechanism&& rhs) noexcept // Note noexcept.
    {
        if (this != &rhs)
        {
            if (!d_movedFrom)
            {
                // Adapt original logic of Mechanism.
            }
            if (!rhs.d_movedFrom)
            {
                // Move/copy all state from rhs.
            }
            d_movedFrom = rhs.d_movedFrom;
            rhs.d_movedFrom = true;
```

```
        }
        return *this;
    }

    ~MovableMechanism()
    {
        if (!d_movedFrom)
        {
            // ...  (existing implementation of Mechanism)
        }
    }

    void doWork()
    {
        assert(!d_movedFrom);  // needs to be added to ALL public functions
        // ... (existing implementation of doWork)
    }
};
```

正如上面 MovableMechanism 类的实现框架所暗示的那样，将可移动性添加到不可移动的不可拷贝类型 Mechanism 需要修改该类型的几乎所有方面——至少是它的所有可公开访问的方面。如果 Mechanism 的任何原始特殊成员函数均已默认（请参见 2.1.4 节），它们现在可能需要成为用户提供的函数，以正确处理新的移出状态。此外，对前提条件或基本行为的更改必然会使任何相应的文档无效。更重要的是，实现防御性检查（例如，使用标准 C 断言宏）的健壮软件自然会希望对所有新建立的先决条件实施新的检查。所有行为变化都需要彻底更新现有测试，同时解决以前不存在的所有功能，包括对所有新添加的防御性检查的负面测试。

（10）对移出对象的不一致的期望

在创建支持移动操作的类型时，要做出的关键决定是，从该类型的对象中移出的状态可能会被保留，以及哪些操作对此类对象有效。在编写使用可移动类型的代码时，尤其是泛型代码，理解并记录对模板参数的要求也很重要。当泛型类型对移动对象可以做什么的期望比实际支持的更高时，可能会出现细微的运行时缺陷。这个难题完全是处于某种状态（已移出）的对象对于某些操作（例如销毁、拷贝、赋值、比较、用户定义的实用函数等）无效，这完全是一个运行时属性，因此是可能难以追踪的运行时缺陷的来源。

让我们通过以不同方式管理简单堆分配 int 的示例，来探索支持移出状态的对象可以做出的五种不同的选择。虽然这些示例都以一种很明显的常见方式失败（解引用 nullptr），但这些类型的有效结构和无效结构通常会出现在更多的上下文中，这种对一个类型可以和应该支持哪些对象移动操作的考虑同样适用于更复杂的场景。

① C++ 语言没有明确要求任何操作都应该对移出对象有效。这种自由导致实现一种类型的可能性，该类型不支持对该类型的已移动对象进行任何操作，包括销毁。我们的第一个示例类型，下面的 S1，最初是在假设堆分配的 int 资源始终由每个 S1 对象拥有的情况下编写的。后来，移动操作被添加到 S1，使移动对象不再管理资源，此外，所有操作都被修改为在对移动对象调用时具有未定义的行为。在被删除之前总是将堆分配的 int 的值设置为 -1 的错误尝试甚至会使析构函数对移出对象无效：

```
#include <utility>  // std::move

class S1  // BAD IDEA: misguided attempt makes non-movable class movable
{
    int* d_r_p;  // owned heap-allocated resource

public:
    S1() : d_r_p(new int(1)) { }  // Allocate on construction.

    S1(const S1& original)
    : d_r_p(new int(*original.d_r_p)) { }  // no check for nullptr

    ~S1() { *d_r_p = -1; delete d_r_p; }   // no check for nullptr

    S1& operator=(const S1& rhs)
```

```
    {
        *d_r_p = *rhs.d_r_p;    // no check for either nullptr
        return *this;
    }
    void set(int i) { *d_r_p = i; }      // no check for nullptr
    int get() const { return *d_r_p; }  //  "    "    "     "


    S1(S1&& expiring) : d_r_p(expiring.d_r_p)
    {
        expiring.d_r_p = nullptr;  // expiring now invalid for most operations
    }

    S1& operator=(S1&& expiring)
    {
        *d_r_p = -1;  // no check for nullptr
        delete d_r_p;
        d_r_p = expiring.d_r_p;
        expiring.d_r_p = nullptr;  // expiring now invalid for most operations
        return *this;
    }
};

void test1()
{
    S1 s1;
    S1 s2 = std::move(s1);  // OK, s1.d_r_p == nullptr
    s1.set(17);             // Bug, dereferences nullptr s1.d_r_p
}  // destruction of s1 dereferences nullptr
```

在许多可能发生隐式移动的地方，诸如 S1 之类的类型变得难以使用：

```
S1 createS1(int i, bool negative)
{
    S1 output1, output2;
    output1.set(i); output2.set(-i);
    return negative ? output2 : output1;  // no NRVO possible
}

void test2()
{
    S1 s;
    s = createS1(17, false);  // creates rvalue temporary and move-assigns to s
                              // destruction of temporary dereferences nullptr
}
```

一般情况下，像从 S1 移出的对象那样具有不可原谅状态的类型是可能的，但使用它是困难的。根据设计，大多数对象创建都会导致调用析构函数，而许多常见的编程构造可能会导致创建临时对象，然后将其移出并销毁。有意设计这种类型的唯一优点是它无须检查 nullptr 以支持移出状态。

②仅通过使析构函数安全地调用已移出对象来缓解完全不可原谅的移出状态的主要缺点：

```
class S2
{
    // ...          (similar to S1 above)

    ~S2() { delete d_r_p; }  // safe to use if d_r_p == nullptr
};
```

虽然静默使用 S2 临时对象不会直接导致运行时缺陷，但这种对移出状态的最小支持仍然使 S2 在许多算法中无法使用。考虑以下对 S2 对象的 std::swap 使用，这是由许多标准算法在内部执行的操作：

```
#include <utility>  // std::swap

void test3()
{
    S2 a, b;
    std::swap(a, b);  // Bug!
}
```

在内部，std::swap 的调用将展开：

```
void test4()
{
    S2 a, b;
    S2 temp = std::move(a);  // OK, makes a.d_r_p == nullptr
    a = std::move(b);        // Bug, dereferences nullptr a.d_r_p and
                             //      makes b.d_r_p == nullptr
    b = std::move(temp);     // Bug, dereferences nullptr b.d_r_p
}
```

请注意，尽管 S2 是可移动构造和可移动分配的，但当应用于 S2 对象时，std::swap 具有未定义的行为。仅支持销毁而不支持其他操作允许对类型进行基本使用，但即使是最简单的标准算法也仍然无法正常工作。

③为了使我们的类型能够与 std::swap 以及因此许多常见算法一起使用，可以使拷贝和移动赋值运算符对处于移动状态的对象是安全的。这种额外的安全措施允许 std::swap 和许多其他依赖于 std::swap 或直接在容器内移动对象的算法来安全地处理先前从以下位置移动的对象：

```
class S3
{
    // ...          (similar to S2 above)

    S3& operator=(const S3& rhs)
    {
        if (d_r_p == nullptr)
        {
            d_r_p = new int(*rhs.d_r_p);  // no check for rhs.d_r_p == nullptr
        }
        else
        {
            *d_r_p = *rhs.d_r_p;          // no check for rhs.d_r_p == nullptr
        }
        return *this;
    }

    S3& operator=(S3&& expiring)
    {
        delete d_r_p;
        d_r_p = expiring.d_r_p;
        expiring.d_r_p = nullptr;  // expiring now in moved-from state
        return *this;
    }
};
```

现在修改了赋值运算符以支持对处于移动状态的对象进行赋值（但不一定来自处于移动状态的对象），我们现在可以安全地使用 std::swap 并在此之上构建算法：

```
void test5()
{
    S3 a, b;
    std::swap(a, b);
}

void sort3(S3& a, S3& b, S3& c)
{
    if (a.get() > b.get()) std::swap(a, b);
    if (b.get() > c.get()) std::swap(b, c);
    if (a.get() > b.get()) std::swap(a, b);
}
```

然而，S3 的移出状态并非对标准容器的元素预期的所有操作都有效，任何标准容器都不支持 S3，请参阅烦恼——标准库对移出对象的要求过于严格。

处于已移出状态的 S3 对象本身不能被移动，这意味着必须非常小心地处理所有未知来源的对象。客户端代码可能已从中移出的任何对象都不能用于任何目的，只能用作分配的目标，甚至没有办法安全地识别 S3 对象是否已移出：

```cpp
void test6(const S3& inputS)
{
    S3 localS = inputS;   // UB if inputS is in moved-from state
}
```

可以简单地通过提供一个函数（例如test6）来解决无法检测到移出状态的问题，这是一个狭义合约，要求其参数不处于移出状态。然而，这个规定通常不能在编译时强制执行，并且在运行时可能难以诊断。如果一个元素被置于这样一种可以说是有害的状态，则从状态移出的状态也可能使容器上的其他广义合约操作成为问题的根源：

```cpp
#include <vector>  // std::vector

void test7()
{
    std::vector<S3> vs1; // OK
    vs1.push_back(S3());  // OK
    vs1.push_back(S3());  // OK

    S3 s = std::move(vs1[0]);    // OK

    std::vector<S3> vs2 = vs1;  // Bug, copying moved-from vs1[0]
}
```

确保类型即使在移出状态下也表现良好是避免此类错误的一种方法，请参阅烦恼——标准库对移出对象的要求过于严格。

④在处理未知来源的对象时，完全支持从移出状态移动对象消除了重要的缺陷来源。在上面的test7中，我们试图从另一个已经被移动的对象vs1拷贝构造一个对象vs2。如果我们想完全抵御可移出对象，我们将不得不花费更多的开发工作。现在看看只实现拷贝和移动赋值运算符需要什么：

```cpp
class S4
{
    // ...          (similar to S3 above)

    S4& operator=(const S4& rhs)
    {
        if (rhs.d_r_p == nullptr)
        {
            delete d_r_p;
            d_r_p = nullptr;
        }
        else if (d_r_p == nullptr)
        {
            d_r_p = new int(*rhs.d_r_p);
        }
        else
        {
            *d_r_p = *rhs.d_r_p;
        }

        return *this;
    }

    S4& operator=(S4&& expiring)
    {
        if (this != &expiring)
        {
            delete d_r_p;
            d_r_p = expiring.d_r_p;
            expiring.d_r_p = nullptr; // expiring now in moved-from state
        }
        return *this;
    }
};
```

这种对使用移出状态的额外支持允许基本算法操作对象集合，而不用关心它们的值或它们是否处于移出状态。但是，一般来说，如果没有方法来识别移出状态，使用未知来源的对象仍然是不可行的。在考虑更改类型的功能以使更多操作对移出状态的对象有效之前，请参阅要求拥有的资源有效。

⑤使其他用户定义的操作可用于移出状态的对象可以通过多种方式完成。最常见的指导——同时也是标准库容器对其类型参数所需的操作的期望——是使移出状态有效但未指定，即所有具有广义合约的操作仍然可以在移出状态的对象上调用，但不能保证这些操作会产生什么结果。我们可以相应地调整 S4 的剩余操作：

```
#include <cstdlib>  // std::rand

class S5a
{
    // ...          (similar to S4 above)

    void set(int i)
    {
        if (d_r_p == nullptr)
        {
            d_r_p = new int(i);
        }
        else
        {
            *d_r_p = i;
        }
    }

    int get() const
    {
        return (d_r_p == nullptr) ? std::rand() : *d_r_p;
    }
};
```

上面示例中的 S5a 类是第一种满足作为标准容器中元素的全部要求的类型。然而，在移出的对象上调用 get() 并随后使用返回的值几乎肯定是一个错误。更重要的是，S5a 没有做任何事情来帮助识别这样的缺陷。另一种方法是完全指定移出状态，我们可以通过将上面对 std::rand() 的调用替换为固定返回值（例如 0）来做到这一点。这种尝试具有可靠的移出状态可能会导致混淆，因为当请求移动时，不能始终确定移动、拷贝或是否什么都没有发生：

```
#include <cassert>  // standard C assert macro

class S5b
{
    // ...          (identical to S5a above)

    int get() const
    {
        return (d_r_p == nullptr) ? 0 : *d_r_p;
    }
};

void mightMove(S5b&&);  // function that might move from its argument

void test8()
{
    S5b s;
    s.set(17);
    mightMove(std::move(s));
    assert(s.get() == 0);  // Bug, if mightMove did not actually move
}
```

考虑标准容器本身的示例。已从中移出的 std::vector 将处于未指定状态，例如，未更改或为空。std::vector 的所有广义合约操作，例如 push_back 或 size()，都可以应用于已被移出的 std::vector。反过来，这些操作可用于识别对象的完整状态并检查 std::vector 的所有其他狭义合约操作的前提条件，例如 front 或 operator[]。

一个类型可能支持其移出对象的功能的各种可用选项必须与涉及该类型的任何给定算法的要求相匹配。在移出对象的情况下，对足够明确的行为的这种需求广泛地适用于使用其他库提供的类型的具体算法和使用尚未编写的类型的通用算法。

最通用的方法是要求类型的最小功能，并且只要求实际传递给特定算法的值的功能。这种选择可能会导致狭义合约要求客户端不要传递处于已迁移状态的对象，而是最大限度地提高客户端在需要支持的内容方面可用的灵活性。

最严格的方法和标准库采用的方法是要求所有移出的对象都处于有效状态。当将具有这些要求的算法与也满足这些要求的任意类型相结合时，这种选择可以大大降低未定义行为的表现，但会显著抑制代码清理程序和其他调试工具在移出对象时检测缺陷的能力。

在编写将在各种场景中使用的类型时，除非有令人信服的理由，否则无法满足最广泛的要求通常是有风险的。当一个算法对要使用的类型有尽可能少的要求时，它是最适用的。

（11）要求拥有的资源有效

管理资源和支持移动操作的对象通常会在可能的情况下将其拥有资源的所有权转移给移动到的对象，而不是以某种方式拷贝对象拥有的资源。设计这种可能迁移的资源拥有类型的基础是决定迁移出的状态应该是什么，以及迁移出的状态是否也应该拥有资源。通常，这种移出状态可以匹配默认构造的状态并涉及类似的权衡。保持资源始终拥有的不变量会带来巨大的成本，即使永远不会使用资源，也需要获取资源的成本。必须权衡这个成本与永远不需要验证资源是否存在、简化一些代码并避免一些分支的优势。

尽管这些对象不拥有自己占用空间之外的资源，但值得考虑的一个重要类型是常见的类型——int，或者通常是各种基本类型中的任何一种。从 int 移出使其保持不变，更多是因为保持源 int 不变的成本比它作为设计的基础要代价小。然而，每当尝试使用它的值时，int 的默认初始化状态充满了未定义的行为。在许多方面，此状态类似于移出状态，该状态对于除销毁和分配之外的任何操作均无效。未初始化的 int 的值不能以任何有意义的方式使用，并且无法查询特定的 int 对象是否已正确初始化。这种行为具有保持 int 微不足道的优势以及在创建永远不会被读取的 int 时不必执行任何写入的相关性能优势：

```
void populate(int* i);
    // Populate the location pointed to by i with a value.

void test9()
{
   int i;          // OK, leave i uninitialized.
   populate(&i);  // OK, i is never read by populate.
}
```

堆分配可移动类型的使用者可以从 int 中学到该类型的默认构造状态应该是什么，更进一步，它的移出状态应该是什么。考虑在对移出对象的不一致的期望中讨论的类型 S4，它支持对移出对象的赋值和销毁，不支持其他操作。与其让默认构造函数分配内存，不如让默认构造状态与移出状态相同：

```
class S4b
{
    // ...          (identical to S4 above)

    S4b() : d_r_p(nullptr) { }  // same state as the moved-from state
};
```

与之前提出的试图为默认构造状态分配资源的版本相比，此实现具有很大的优势，因为它完全避免了该分配。在任何情况下，默认构造一个对象，然后立即从不同的对象分配一个新值，这都会提供潜在的主要性能改进。用例——创建一个低级值语义类型中的 String 通过使用具有静态存储持续时间的标记值来改进性能，用于移动和默认构造状态。

4. 烦恼

（1）RVO 和 NRVO 需要声明的拷贝或移动构造函数

要为按值返回该类型对象的类型创建工厂函数，无论是隐式声明还是显式声明，该类型需要具有可访问的副本或移动构造函数。令人沮丧的是，即使拷贝或移动总是被 RVO 或 NRVO 省略，至少其中一个构造函数仍然必须是隐式生成的或具有可访问的声明：

```
class S1  // noncopyable nonmovable type
{
    S1() = default;  // private constructibility needed by factory

public:
    S1(const S1&);             // declared but never defined
    S1& operator=(const S1&);  // declared but never defined

    static S1 factory()
    {
        S1 output;
        return output;
    }
};

int test1()
{
    S1 s1 = S1::factory();  // OK, links without definition of S1(const&)
    S1 s2 = s1;             // Link-Time Error
    return 0;
}
```

然而，用于促进静态工厂功能的可公开访问的拷贝操作将在尝试拷贝不可拷贝的 S1 类型的对象的代码中导致链接时错误。这种链接时间的延迟（理想情况下应该是编译时错误）会使这种类型变得烦琐[⊖]。移动操作可以使这种问题有所缓解，因为声明但不定义移动操作（例如下面的 S2）而不是拷贝操作（例如上面的 S1）将抑制隐式拷贝操作并使尝试拷贝（但不移动）对象成为编译时错误。但是，尝试移动仍将是链接时错误：

```
class S2  // noncopyable nonmovable type
{
    S2() = default;  // private constructibility needed by factory

public:
    S2(const S2&&);             // never defined
    S2& operator=(const S2&&);  // never defined

    static S2 factory()
    {
        return S2();
    }
};

int test2()
{
    S2 s1 = S2::factory();  // OK, links without definition of S2(const&)
    S2 s2 = s1;             // Error, no copy constructor
    S2 s3 = std::move(s1);  // Link-Time Error
    return 0;
}
```

（2）std::move 并不移动

尽管名字中带有 move，但是 std::move 并没有移动任何东西，它只是一个无条件的变为右值引

⊖ C++17 引入了保证拷贝省略，不需要声明拷贝和移动构造函数。拷贝和移动构造函数和赋值运算符可以是私有的或删除的，工厂函数仍然可以实现以按值返回此类对象。C++23 可能将此保证扩展到有限数量的 NRVO 合格案例。

用的强制转换，请参阅描述——std::move 实用工具：

```
template <typename T>
void swap(T& t1, T& t2)
{
    T temp = std::move(t1);
    t1 = std::move(t2);
    t2 = std::move(temp);
}
```

std::move 的调用只是无条件地将参数转换为右值引用。通过重载解析找到的 T 的构造函数和赋值运算符，它们接受对 T 的单个右值引用，很可能是拷贝构造函数和拷贝赋值运算符。这是 std::swap 的工作，尽管这些可能是移动的操作。这个函数可以用更冗长、更少表达但相同的方式编写：

```
template <typename T>
void swap(T& t1, T& t2)
{
    T temp = static_cast<T&&>(t1);
    t1 = static_cast<T&&>(t2);
    t2 = static_cast<T&&>(temp);
}
```

std::move 可以更恰当地命名为 std::make_movable、std::as_xvalue 或任何类似的名称，表示对象的质量已更改，但未执行显式运行时操作。

（3）与转发引用的视觉相似性

右值引用的语法已经被类似但不同的转发引用概念重载，请参阅 3.1.10 节。事后看来，为转发引用使用不同的语法——即使是像 &&& 这样可能令人反感的语法——也会允许明确区分，防止在需要转发引用时没有转发引用的情况出现。

要成为转发引用，参数的类型必须是对非 cv 限定的函数模板参数的右值引用：

```
template <typename T>
void f1(T&& t);  // t is a forwarding reference.
```

使用类模板参数、添加 const 或 volatile 限定符或使用具体类型都会使函数参数成为右值引用而不是转发引用：

```
template <typename T>
struct S
{
    void f2(T&& t);     // t is not a forwarding reference.
};

template <typename T>
void f4(const T&& t);  // t is not a forwarding reference.
void f5(int&& i);       // i is not a forwarding reference.
```

在实践中，在实现完美转发时，任何一个方面的错误都会导致缺少转发引用和编译错误。无法明确说明转发引用的意图使得开发人员更容易误用，编译错误更难诊断。

（4）值类别不断变化

C++03 只有左值和右值。在 C++11 的原始设计中，唯一的 xvalue 曾经是左值。在 C++14 中，prvalue 用户定义类型的成员也变成了 xvalue。在 C++17 中，甚至更多纯右值被识别为 xvalue。其中一些更改已被用作针对旧标准的缺陷报告，而一些更改则在语言标准之间引入了细微的行为变化。

无论如何，进展是朝一个方向发展的：在 C++03 中没有右值在 C++11 中不是纯右值，然后纯右值和 xvalue 之间的界限继续漂移，以至于被认为是 xvalue 的非左值的类别增加了。现在的标准是 xvalue 不是一个可到达的非左值，而是一个指向内存中对象的非左值；prvalue 现在变成了非左值，除非是 void，否则它必须是一个完整的类型。一旦某物成为标准中的 xvalue，它就永远无法恢复为纯右值。理解这些进展有助于理解 C++ 语言是如何进化的，请参阅补充内容——值类别的演变。

总体而言，文献缺乏和标准不断演变导致我们难以理解值类别是什么以及它们的目的是什么。意识到 xvalue 类别需要包含不再需要其数据的所有对象——无论是由于其生命周期即将结束的临时对象还是由于代码中的显式转换——需要大量时间来澄清各种边缘情况[一]。

（5）标准库对移出对象的要求过于严格

给定一个类型为 T 的对象 rv，将其移出，C++14[二]标准指定了移出对象所需的后置条件[三]：rv 的状态未指定。（注意：rv 必须仍然满足使用它的库组件的要求。无论是否已移出 rv，这些要求中列出的操作都必须按照指定的方式工作。）

该要求适用于与标准库容器和算法一起使用的类型的移动构造和移动分配。该注释不是规范性的，但确实阐明了对移出对象的要求并未放松。

要了解此要求在实践中如何导致问题，需要考虑以下简单的类定义。my_type 的目的是创建一个始终包含有效值、可拷贝、相等可比较且恰好包含远程部分的类。此示例中的远程部分作为 std::unique_ptr 保存到实现对象。可以使用远程部分通过将实现与接口分离来缩短编译时间，以允许使用继承的多态实现，或者以较慢的副本换取较快的移动：

```
class implementation;

class my_type
{
    std::unique_ptr<implementation> d_remote;  // remote part

public:
    explicit my_type(int a)
    : d_remote{std::make_unique<implementation>(a)}
    { }

    my_type(const my_type& a)
    : d_remote{std::make_unique<implementation>(*a.d_remote)}
    { }

    my_type& operator=(const my_type& a)
    {
        *d_remote = *a.d_remote;
        return *this;
    }

    friend bool operator==(const my_type& a, const my_type& b)
    {
        return *a.d_remote == *b.d_remote;
    }
};
```

可以通过使用默认的移动构造函数和移动赋值运算符来添加移动对象的能力：

```
class my_type
{
    //...
public:
    //...
    my_type(my_type&&) noexcept = default;            // move constructor
    my_type& operator=(my_type&&) noexcept = default;  // move assignment
    // ...
};
```

如果我们忽略库要求而只考虑语言要求，那么这个实现就足够了。唯一的语言要求是移出对象是可销毁的，因为在没有强制转换的情况下，编译器将对移出对象执行的唯一操作就是销毁它。根

㊀ 尽管在 C++17 之前，prvalue 和 xvalue 之间的区别在很大程度上是学术上的，但随着提案 P0135R0（参见 smith15c）的采用，鉴于保证拷贝省略，特别是 prvalues 的强制性 RVO，了解差异变得很重要。

㊁ 自 C++11 以来的每个 C++ 标准版本中都出现了具有相同意图的类似措辞。

㊂ 参见 iso14 的表 20，427 页。

据定义，右值是一个临时对象，不会执行其他操作。赋值 x = f()，其中 x 是 my_type 类型，f() 返回 my_type 类型的值，将与默认的按成员实现一起正常工作。

但是，在标准容器或算法中使用 my_type 可能会失败。考虑在位置 p 处将元素插入 vector 中：

```
#include <vector>  // std::vector
void test1(std::vector<my_type>* v,
           std::vector<my_type>::const_iterator p)
{
    my_type x{42};
    //...
    v->insert(p, x); // undefined behavior
}
```

如果 p 不在 v 的末尾，则 std::vector 的实现可能会移动元素 [p, end(v)) 的范围，然后将 x 拷贝到已移动的对象上。标准库的实现可能会使用不同的方法来实现不会遇到此问题的插入[⊖]。拷贝 x 会产生具有 *p = x 效果的语句，其中 *p 是 my_type 的移动实例。拷贝操作很可能因为拷贝赋值的实现而崩溃。

```
my_type& my_type::operator=(const my_type& rhs)
{
    *d_remote = *rhs.d_remote;
    return *this;
}
```

随着从 p 开始的元素范围的移动，*p 的 d_remote 等于 nullptr，并且解引用 d_remote 具有未定义的行为。有多种方法可以修复拷贝赋值运算符；出于说明目的，我们将简单地添加一个条件来测试 d_remote，如果它等于 nullptr，则使用另一种实现：

```
my_type& my_type::operator=(const my_type& rhs)
{
    if (d_remote == nullptr)
    {
        *this = my_type(rhs);  // copy-construct and move-assign
    }
    else
    {
        *d_remote = *rhs.d_remote;
    }

    return *this;
}
```

额外的检查足以使所有标准容器和算法正常工作。不幸的是，这种检查不足以满足对元素类型要求的严格标准。

- 从移出对象的拷贝构造将失败。
- 从移出的对象拷贝分配将失败。
- 如果任一操作数被移出，相等将失败。

所有这些操作都会导致 nullptr 被解引用。标准库声明这些操作必须对给定类型的所有值都有效。与标准库中的容器和算法相关的函数的实现永远不会对移出的对象执行任何操作，除非将其销毁或为其分配新值，或者使用已被移出的对象调用，即由调用者直接调用，否则上面列出的操作永远不会被调用。

std::swap 算法强加了一个额外的要求。考虑交换一个值和它自己，例如，std::swap(x, x)：

```
void test2()
{
    my_type x;
    // inlined std::swap(x, x):
    my_type tmp = std::move(x);
    x = std::move(x); // self-move-assignment of a moved-from object
    x = std::move(tmp);
}
```

⊖ libc++ 标准库的 11.0.1 版本确实使用了所描述的方法，并且会导致崩溃。

表达式 x = std::move(x) 是移出对象的自移动赋值。上面 my_type 实现中的默认移动分配将正确地用于移动对象的自移动分配。默认实现满足参数左右两边的后置条件，并且不影响 x 的值。移动赋值的参数左侧必须等于参数右侧的先验值。标准库中的容器和算法不会自交换对象，但 std::swap 提供了保证，如果参数满足可移动构造和可移动分配概念的要求，则自交换将起作用。自交换的要求既是 std::swap 在进行拷贝操作时要遵循的要求，也是标准中的一般要求，除非另有说明，否则即使引用参数在整体上相互别名，操作也应该正常工作。支持自交换尚未发现有用价值，自交换通常表明算法存在缺陷。

添加额外的检查来满足标准的措辞会产生不必要的性能影响，并且被证明容易出错。除此之外，附加代码为 my_type 引入了一个新的空状态，如果我们引入带有 operator<() 的排序或标准库可能调用的任何其他操作，则必须考虑这一点。无缘无故引入的空状态违背了值语义的目的，因为使用可能为空或可能不为空的对象进行编码等同于使用可能为空或可能不为空的指针进行编码。

这个问题的根本原因不仅仅是移动操作的后置条件。有一个标准提案用于解决这些问题[一]。在提案被采用之前（可能不会），一个类型必须包括这些额外的检查以符合标准要求。

（6）缺乏销毁移动

Hinnant 的提议[二]在 2002 年首次提出了对 C++ 的右值引用的完整方法，该提议发现了一个缺陷：缺乏一个既可以将内容移出对象也可以销毁它的函数。将移动对象和销毁同一对象组合到一个操作中的能力将使类型的设计不具有无资源的移出状态，从而避免了需要考虑许多潜在问题，参见潜在缺陷——对移出对象的不一致的期望。

提供这种形式的销毁移动或重定位功能存在很多困难，并且自从右值引用首次正式发布以来的几年中，我们都知道，没有针对完整解决方案的改进建议出现。一个完整的解决方案至少需要解决三个问题。

- 需要设计一种句法和语义机制，以将这种用于销毁对象的新形式与其他可以传递和不销毁对象的方式区分开来。
- 将此类操作应用于自动变量的能力是有必要的，这样使另一个新语言功能的成本与好处匹配，但这需要某种机制来确保销毁移动的对象一旦被销毁就不能再被引用。这种机制将涉及对名称查找规则和对象生存期规则的潜在复杂更改。
- 类层次结构体中销毁移动的定义会变复杂，因为到期对象的成员和基类的销毁，以及新对象的相应成员和基类的构造必须以相反的顺序发生，不能并行进行。当 Hinnant[三]探索这个设计空间时，这种补救可能是最大的问题之一。

当重定位可以通过简单的拷贝操作和不调用源对象的析构函数来完成时，这三个问题都不适用。数量惊人的类型符合这个标准，因为任何通过指针唯一拥有资源的类型都是潜在的候选者，包括 std::string、std::vector 和 std::unique_ptr 的最常见实现。各种生产平台已经观察并利用了这种行为，例如 BDE[四]和 Folly[五]。这种使类型能够支持有限形式的销毁移动的部分方法正在考虑标准化[六]。拥有这种平凡操作的最大好处是对象在内存块之间的大规模移动，例如 std::vector 在插入和调整大小时所做的移动，可以成为 std::memcpy 的单次调用，而不会丢失正确性。

[一] 参见 parent21。

[二] 参见 hinnant02 。

[三] 参见 hinnant02 。

[四] Bloomberg 的 BDE 库（参见 bde14）使用用户可自定义的类型特征 bslmf::IsBitwiseMoveable 识别可以支持这种重定位形式的类型，并在它提供的许多容器中利用该特征。

[五] Facebook 的 Folly 库（参见 facebook）有一个类型特征——folly::isRelocatable，它可以识别平凡的可重定位对象，这在 Folly 容器（如 fbvector）中具有优势。

[六] 参见 odwyer20。

5. 参见

- 2.1.3 节描述了一个严重依赖于其参数的值类别的运算符。
- 2.1.4 节扩展了默认与移动相关的特殊成员函数的细节。
- 2.1.6 节扩展了删除与移动相关的特殊成员函数的详细信息。
- 3.1.10 节描述了双与号（&&）语法的另一种用法，与右值引用密切相关但又不同。
- 3.1.15 节说明了一种通常用于查询移动操作的 noexcept 规范的特性。
- 4.1.5 节描述了通常应用于移动操作的说明符，指示它们不会引发异常。
- 4.1.6 节解释了允许在调用它们的对象的值类别上重载成员函数的特性。

6. 延伸阅读

- 有关 Stroustrup 本人对 C++11 中值类别命名的权威回顾，请参阅 stroustrup。
- 对于介绍移动语义、右值引用和改进的 C++11 值类别的论文，从 N1377（参见 hinnant02）开始，继续到 N3055（参见 miller10）。N2027（参见 hinnant06）于 2006 年在该功能的演变过程中完成，概述了基础知识并引用了许多有助于理解该特性如何形成的论文。
- 有关理论值语义及其实际应用的详细知识，请参见 lakos15a 和 lakos15b。
- Effective Modern C++（参见 meyers15b）包含对值类别、右值引用、移动语义和完美转发的精彩讨论。
- *C++Move Semantics — The Complete Guide* 是一位世界知名作者的著作，尝试捕获与移动语义相关的所有内容，包括值类别、右值引用和完美转发，参见 josuttis20b。

7. 补充内容

值类别的演变

1）什么是值类别　在 C++ 中，我们使用声明语句将命名对象和函数引入作用域：

```
const int i = 5;  // variable i of type const int having the value 5
double d = 3.14;  // variable d of type double having the value 3.14
double* p = &d;   // variable p of type double* holding the address of d
char f();         // function f returning a value of type char
enum E { A } e;   // variable e of type E enumerating A
```

然后我们可以将这些函数和对象与字面值结合起来形成表达式。其中一些表达式可能标识一个对象，这些表达式统称为左值：

```
void testExpressions1()
{
    i;    // a nonmodifiable int value whose address can be taken
    (i);  // "       "      "   "    "     "       "   "   "
    d;    // a modifiable double value whose address can be taken
    p;    // "       "     double*  "     "       "   "   "
    *p;   // "       "     double   "     "       "   "   "
    e;    // a modifiable E value whose address can be taken
}
```

左值中的“l”通常被认为是“左”，因为这些表达式都可以出现在赋值运算符的左侧。即使具有 const 限定类型的表达式（实际上使它们没有资格成为赋值目标）也被视为左值，因为它们标识内存中的对象。“l”的另一种常见解释是“活的”，因为对象通常在其整个生命周期内都驻留在内存中。但是，左值是一个编译时属性，它不依赖于表达式的运行时值。例如，即使表达式解引用空指针，它仍被视为左值。

然后所有其他表达式统称为非左值。通常，此类别被标识为右值，其中“r”表示“正确”，因为这些表达式可以出现在赋值运算符的右侧：

```
void testExpressions2()
{
    5;        // int value whose address cannot be taken
```

```
    (i + 1);  // "      "       "        "         "    "   "
    (d + i);  // double value whose address cannot be taken
    f();      // char value whose address cannot be taken
    f() + 1;  // int    "       "        "         "    "   "
    A;        // E value whose address cannot be taken
}
```

这些非左值表达式中的每一个都标识一个值，但不一定是驻留在内存中的对象。所有左值也可以隐式转换为右值，这是访问左值中的值的方式。右值中“r”的另一种常见解释是“只读”，因为这些值可用于初始化其他对象，但通常不能修改。

2）C++11之前的值类别　早在C++之前——经典的标准C编程语言已经区分了左值和非左值，也就是右值[一]。在该表征中，左值中的“l”代表“左”（就像赋值运算符左侧可能出现的那样）；同样，右值中的“r”代表“正确”，就像（仅）出现在右侧的内容一样。随着ANSI C的引入[二]，左值的共同特征也发生了变化：

“l”已经开始代表对象“生活”的地方，就像在对象标识中一样。也就是说，左值变成了有地址的，而非左值则没有。可以将左值视为一个表达式，例如，命名变量、数组元素或结构体或联合体的（非位）字段——可以使用内置（一元）地址获取其地址操作员（&）。

C还确定了第三类函数指示符，除非用作&（地址运算符）、sizeof和_Alignof的操作数，否则它会自动衰减为指定函数的非左值地址，就像C样式数组衰减到其第一个元素的地址一样。由于所有类似函数的行为都成为C++类型系统的一部分，任何被C识别为函数指示符的东西都成为经典C++中不可修改的左值。

C++恢复了术语“右值”，替换了“非左值”，以指代任何与物理存储无关的值，例如算术字面值、枚举器或从函数返回的非引用值。

3）C++11之前的左值引用声明　C++引入了可以声明为const或nonconst的左值引用的概念[三]。左值引用允许为左值表达式的结果命名，以后可以在可以使用左值表达式的任何地方使用该名称：

```
      int     i;       // modifiable lvalue
const int    ci = 5;   // nonmodifiable lvalue initialized to value 5

      int&  ri1 =  i;  // OK
      int&  ri2 = ci;  // Error, modifiable reference to const object
const int& rci1 =  i;  // OK
const int& rci2 = ci;  // OK
```

C++中激发引用的原始用例是为用户定义的类型声明重载运算符：

```
struct Point  // user-defined value type
{
    int d_x;
    int d_y;
    Point(int x, int y) : d_x(x), d_y(y) { }  // value constructor
};

Point operator+(const Point& lhs, const Point& rhs)
    // Return the vector sum of the specified lhs and rhs objects.
{
    return Point(lhs.d_x + rhs.d_x, lhs.d_y + rhs.d_y);
}
```

上面operator+中的Point参数可以很容易地按值传递，但是按值传递对于它的拷贝构造函数来说是有问题的。对于分配对象，例如std::string，其operator+的参数（用于实现字符串连接）可以通

[一] 参见kernighan78，附录A，第5节，“对象和左值”，第183页。

[二] 参见kernighan88，附录A，第A.5节，“对象和左值”，第197页。

[三] 与引用是否声明为const无关，也可以声明为volatile；与const限定符和指针变量类似，非易失性引用可能不会使用易失性对象的地址进行初始化。由于volatile限定符在实践中很少（有效地）使用，我们将在此处省略进一步考虑。

过指针有效地传递。

引用的真正价值由操作符来说明——例如数组索引操作符 operator[]，尤其是常见的赋值操作符 operator=，它们返回对独立对象的访问，而不是地址或副本：

```
void test()
{
    int          x, y, z;  x = y = z = 0;    // chaining in C and C++
    struct S { } a, b, c;  a = b = c = S();  // chaining in C++ only
}
```

C++ 中的左值引用也使得函数返回的值为左值成为可能：

```
Point& singletonPoint()  // Scott Meyers is known for this pattern of singleton.
{
    static Point meyersSingleton(0, 0);
    return meyersSingleton;  // Return reference to function-local static Point.
}

Point *address = &singletonPoint();  // address of function-local static Point
```

许多涉及内置运算符的表达式在 C 中被认为是非左值，在 C++ 中变成了左值：

```
#include <cassert>  // standard C assert macro
void f0()
{
    int x = 1, y = 2;  // modifiable int variables
                       assert(1 == x);  assert(2 == y);
    (x = y) += 1;      assert(3 == x);  assert(2 == y);
    ++x += y;          assert(6 == x);  assert(2 == y);
    --x -= 2;          assert(3 == x);  assert(2 == y);
    x++ *= 3;          // Error, x++ is a nonlvalue (even in C++).
    (y, x) = 6;        assert(6 == x);  assert(2 == y);
    (x ? x : y) = 7;   assert(7 == x);  assert(2 == y);
}
```

如上所示，受影响的操作包括每个内置赋值运算符（例如 x *= 2）、内置前缀但不包括后缀递增（++x）和递减（--x）运算符，可能是逗号运算符（x, y），以及可能的三元运算符（x ? y : z）：

```
void f1()
{
    int x, y = 0;  // modifiable int variables
    x = 1;         // lvalue in C++ (but not in C)
    x *= 2;        //    "     "  "    "    "   " "
    ++x;           //    "     "  "    "    "   " "
    --x;           //    "     "  "    "    "   " "
    x, y;          //    "     "  "    "    "   " "
    1, x;          //    "     "  "    "    "   " "
    x ? x : y;     //    "     "  "    "    "   " "

    x++;           // nonlvalue in C++ (and C too)
    x--;           //     "      "  "    "   "  "
    x, 1;          //     "      "  "    "   "  "
    x ? 1 : y;     //     "      "  "    "   "  "
    y ? x : 1;     //     "      "  "    "   "  "
}
```

由于左值最初源自“左”，直觉可能会导致人们认为左值从根本上与通过赋值的可修改性相关联。但是，C++ 专注于表达式是否表示内存中的对象以及获取该对象的地址是不是一个明智的决定。解析为 const 内置类型或无法找到匹配的 operator= 重载的用户定义类型的表达式不能位于赋值表达式的左侧。但是，支持赋值的类类型可以在左侧，这是所有类类型的默认设置：

```
struct S { /*...*/ };  // arbitrary class type supporting copy assignment

void f2()
{
    S() = S();  // OK, default behavior for all class types
}
```

有趣的是，对于具有 operator= 的 const 重载的用户定义类型，即使是 const 非左值也可以放在赋值表达式的左侧：

```
struct Odd
{
    const Odd& operator=(const Odd& rhs) const { return *this; }
};

void test()
{
    Odd() = Odd();  // rvalue assignment to rvalue

    const int x = 7;
    x = 8;          // Error, cannot assign to const int lvalue
}
```

但是请注意，如果赋值尝试更改 Odd 的任何非可变成员的状态，则程序肯定无法编译。

地址运算符 & 是仅适用于左值的主要语言工具。任何左值表达式都标识内存中的对象，通常是具有超出该表达式的生命周期的对象，因此允许地址操作符应用于此类表达式：

```
void f3(bool e)
{
     int a = 1, b = 2;   // modifiable integer variables

     &(a);           // OK
     &(++a);         // OK

     &(a + 5);       // Error, a + 5 is a nonlvalue.
     &(a++);         // Error, a++ is a nonlvalue.
     &(b, a);        // OK
     &(e ? a : b);   // OK
}
```

4）临时对象：从函数返回的非引用值　当函数通过非引用类型返回对象时，可能会在内存中创建一个对象，该对象的生命周期通常会在调用函数的语句之后结束。创建和引用此类临时对象的表达式是一种非左值形式：

```
double f() { return 3.14; }  // function returning a nonref. type by value
```

除了一些值得注意的例外，临时对象的生命周期通常会持续到包含它的最大表达式的末尾，之后临时对象被销毁：

```
#include <iostream>  // std::cout
void g() { std::cout << "pi = " << f() << '\n'; }  // prints: pi = 3.14
```

当调用上面的函数 g() 时，用于表示 f() 返回的值作为 << 运算符的 const 左值引用参数的临时值将持续到 g 函数主体中的单个语句结束。

在某些情况下，临时对象的生命周期会延长到它所在的最外层表达式之外，请参阅补充内容——绑定到引用的临时对象的生命周期延长。在初始化数组的元素时，如果元素的构造需要为默认参数创建临时对象，则所述临时对象将在下一个数组元素被创建之前被销毁。

如果多个临时对象的生命周期在同一点结束，它们将按照创建它们的相反顺序被销毁：

```
struct S  // This struct prints upon each construction and destruction.
{
     int d_i;  // holds constructor argument
     S(int i) : d_i(i) { std::cout << " C" << d_i; }  // print: Ci.
     S(const S&) { std::cout << "COPY";  exit(-1); }  // never called
     ~S()              { std::cout << " D" << d_i; }  // print: Di.
};

S f(int i) { return S(i); }  // factory function returning S(i) by value

void g()  // demonstrates relative order of ctor/dtor of temporary objects
{
```

```
    f(1);              // prints: C1 D1
    f(2), f(3);        // prints: C2 C3 D3 D2
    f(4), f(5), f(6);  // prints: C4 C5 C6 D6 D5 D4
}
```

在上面的示例中，S 在构造时打印一个 C_i，在对象被销毁时打印一个相应的 D_i。请注意，尽管工厂函数按值构造并返回 S，但由于称为返回值优化（RVO）的优化，不会发生拷贝操作。尽管 C++11 和 C++14 标准都没有强制要求，但自 2000 年以来，几乎所有流行的 C++ 编译器都实现了这种优化，只要声明了可访问的拷贝或移动构造函数，即使没有定义它们。

5）绑定到引用的临时对象的生命周期延长　每当临时对象或临时对象的子对象绑定到 const 左值引用（C++98 起）或右值引用（C++11 起），临时对象被扩展为它所绑定的引用的对象：

```
struct S  // example struct containing data members and accessor functions
{
    int d_i;                     // integer data member
    int d_a[5];                  // integer array data member
    int i() { return d_i; }      // function returning data by value
    int& ir() { return d_i; }    // function returning data by reference
};

S f()  // example function constructing temporaries of varying lifetimes
{
    S();                          // temporary S destroyed after the semicolon
    const     S& r0 = S();        //     "      "     "     when r0 leaves scope
    const int& r1 = S().d_i;      //     "      "     "     when r1 leaves scope
    const int& r2 = S().d_a[3];   //     "      "     "     when r2 leaves scope
    const int& r3 = S().i();      //     "      "     "     after the semicolon
    const int& r4 = S().ir();     //     "      "     "     after the semicolon

    int i1 = r3;                  // OK, copies from lifetime-extended temporary
    int i2 = r4;                  // Bug, undefined behavior

    return S();                   // temporary S returned as rvalue to caller
}
```

请注意，将引用绑定到成员会使整个临时对象保持活动状态。类似地，绑定对数组元素的引用使数组保持活动状态，并传递地保持整个对象活动。一个函数的返回值，比如上面的 i() 和 ir() 的返回值，和调用那个函数的对象之间没有这种联系，所以用来初始化 r3 和 r4 的 S 对象没有提供任何可以延长它们的生命周期的东西，使其超出它们被创建的语句。在 r3 的情况下，会创建一个临时 int，并且该 int 的生命周期会延伸到作用域的末尾。在 r4 的情况下，引用的 int 在初始化 r4 的语句中被销毁，使得通过 r4 的访问在函数后面的任何地方都具有未定义的行为。

临时对象的生命周期不一定与它所绑定的引用的生命周期相关联。当绑定到构造函数初始值设定项列表中的引用成员时，临时对象在构造函数结束时被销毁。当绑定到函数的引用参数、返回值或新表达式的初始化程序中时，临时的生命周期将在它所在的最外层表达式的末尾结束：

```
struct A { int&& d_r; };  // aggregate type having rvalue-reference member
int&& f() { return 3; }   // function returning rvalue-reference to temporary
void g(int&& r);          // function having rvalue-reference parameter

void h()
{
    A *p = new A{3};    // Temporary has shorter lifetime than reference.
    int &&r = f();      //     "      "  shorter     "      "      "
    delete new A{3};    //     "      "  longer      "      "      "
    g(3);               //     "      "  longer      "      "      "
}
```

6）可修改的右值　鉴于右值在 C 中的历史渊源，有些人可能会发现"右值"（即右值表达式）可以被修改是不协调的，因为许多人过去认为"r"代表"只读"。可修改性一直是 C++ 表达式的可分离属性，它在很大程度上与其值类别正交。用户定义的非常量运算符可以在能够修改（甚至放弃）此类临时对象的地址的临时对象上调用：

```
struct S
{
    int d_i;

    S() : d_i(0) { }

    S* addr() { return this; }          // accessor mostly equivalent to &
    S& incr() { ++d_i; return *this; }  // manipulator
};
void test()
{
    S* tempPtr = S().addr();  // address of temporary acquired
                              // tempPtr invalidated

    int i = S().incr().d_i;   // temporary created, modified, and accessed
    assert(i == 1);
}
```

重要的是，这种对临时成员的访问不会改变他们的基本性质；它们是暂时的。即使在上例中，在 tempPtr 中获取了临时地址，但在语句完成后临时地址本身将被销毁。类似地，i 的初始化程序中的临时成员变量 d_i 会自行初始化、修改、访问，然后销毁，所有这些都在同一个表达式中。

然而，C++03 中基本类型的右值是不可修改的。原因有两个：右值不允许绑定到非常量左值引用，基本类型没有成员函数。因此，所有改变基本类型的操作的行为表现得好像它们作为第一个参数传递给自由运算符，第一个参数作为非常量左值引用传递：

```
// pseudocode illustrating how operators on fundamental types behave

int& operator=(int& lhs, const int& rhs);  // free operator function
    // Assign the value of rhs to the modifiable int object bound to lhs,
    // and return an lvalue reference to lhs.

int& operator+=(int& lhs, const int& rhs);  // free operator function
    // Assign the value that is the sum of rhs and lhs to the modifiable
    // int object bound to lhs, and return an lvalue reference to lhs.
```

与可以使用 const 限定符限制成员函数仅适用于 const 对象的方式相同，在 C++11 中，可以使用左值引用限定符限制成员函数仅适用于左值，请参阅第 4.1.6 节。将这样的引用限定符应用于赋值运算符是在基本类型存在的用户定义类型上获得赋值运算符相同行为的唯一方法。

有时，修改（通常是调配）临时状态的能力非常有用。这种能力将成为添加右值引用和扩展值类别以在 C++11 中包含 xvalue 的驱动力。

7）为什么我们需要移动语义　与许多工程解决方案一样，必要性是发明之母。右值引用的概念是作为一个更大的特性的一部分被发明出来的，该特性旨在解决一个常见的、客观可验证的性能问题，包括无偿的内存分配和释放以及过多的数据拷贝。考虑以下程序，它只是通过附加到嵌套向量或将它们插入到前面来构建 std::string 的 std::vector：

```
#include <vector>   // std::vector
#include <string>   // std::string
#include <cstdlib>  // std::atoi, std::abs

int main(int argc, char *argv[])
{
    int k = argc > 1 ? std::atoi(argv[1]) : 8;
    bool front = k < 0;
    int N = 1 << std::abs(k);

    std::string s = "The quick brown fox jumped over the lazy dog.";
        // string value that is too long for short-string optimization

    std::vector<std::string> vs;
    for (int i = 0; i < N; ++i) { vs.push_back(s); }
        // Create an (inner) vector-of-strings exemplar of size N.

    std::vector<std::vector<std::string> > vvs;
```

```
    // Create an empty vector of vectors of strings to be loaded in two ways.

    for (int i = 0; i < N; ++i)  // Make the outer vector of size N as well.
    {
        if (front)
        {
            vvs.insert(vvs.begin(), vs);  // Insert copy of vs at the beginning.
        }
        else
        {
            vvs.push_back(vs);           // Append copy of vs at the end.
        }
    }

    return 0;
}
```

该程序在C++03和C++11中都有效，但随着C++11的变化而表现不同，而诸如此类的算法是将移动操作引入该语言的预期目标。

在C++03中，对push_back的调用将在需要时将vvs的内部容量缓冲区增加对数倍，例如，容量为1, 2, 4, …, 2^N，并在每次调整大小时将所有已添加的元素拷贝到新存储中。或者，在前面插入时，每个单独的插入操作都必须将vvs中的所有元素拷贝到容量缓冲区中的下一个元素，然后将新元素放在索引0处。

在C++11中，通过向std::vector添加移动语义极大地改进了这两个操作。独立于语言特性的机制，当std::vector从一个位置移动到另一个位置时，它将分配的数据缓冲区的所有权授予目标对象，并使源对象为空（大小和容量为0，没有数据缓冲）。这种恒定时间操作仅由分配少量具有基本类型的数据成员组成，它取代了涉及许多分配的线性时间操作，但代价是改变了源对象的状态。如果可能，在C++11中增加数据缓冲区可以利用这种移动行为将元素从旧的、较小的数据缓冲区移动到更新的、容量更大的缓冲区。恒定时间移动操作允许在向量前面的插入成为线性时间操作，无论包含的元素的内容如何，都无须执行任何额外的操作。

在一系列输入值上运行该程序，所有这些都在同一主机和编译器上[⊖]，可以看出相同源代码的性能差异很大，见表3.7。

表3.7 移动语义的运行时影响

方法				插入	
k	**$N = 2^k$**	C++03	C+11	C++03	C++11
8	256	0.029s	0.030s	0.028s	0.030s
9	512	0.037s	0.033s	0.235s	0.032s
10	1 024	0.065s	0.039s	1.560s	0.048s
11	2 048	0.179s	0.114s	13.704s	0.112s
12	4 096	0.628s	0.359s	99.057s	0.373s
13	8 192	2.409s	1.338s	764.613s	1.364s
14	16 384	9.728s	5.347s	5 958.029s	5.463s
15	32 768	66.789s	35.418s	40 056.858s	34.318s
16	65 576	核心转储	97.943s	核心转储	92.920s

这种显著的改进来自std::vector的移动操作的移动语义，它支持恒定时间移动，而不是线性时间拷贝。虽然这些算法在C++03中没有什么是不可能的，但拥有能够可靠地表达和利用这种改进的泛型类型值得为大幅改变语言付出代价。

⊖ 显示的数字是通过使用GCC 7.4.0（大约2018年）在T480 Thinkpad笔记本电脑上对程序进行计时，将优化设置为O2并适当使用std=c++03或std=c++11生成的。

8）为什么我们需要右值引用　在 C++11 中将分配类型的内部数据结构从一个对象移动到另一个对象的能力——而不是在 C++03 的意义上总是必须拷贝它——在适当的情况下可以带来极其优越的性能特征。

经典 C++，即 C++03，没有提供系统的句法手段来表明可以提取对象的内在并将它们移植到另一个类似类型的对象中。在 C++03 中唯一可以保证安全的情况是对象是临时对象，但它无法重载拷贝构造函数或赋值运算符，使得当传递一个临时对象时它们的行为不同（更优化）。

经典 C++ 提供了一种标准库类型 std::auto_ptr，它试图实现移动语义。这种智能指针类型有一个非常量左值引用拷贝构造函数，它会在“拷贝”时从源对象获取所有权并重置其源对象。虽然 std::auto_ptr 是 C++03 中移动语义的先驱，但它也有助于识别在没有右值引用带来的更基本更改的情况下尝试实现移动语义的危险。许多使用 std::auto_ptr 容器或利用 std::auto_ptr 的标准算法的尝试表明，通用代码很容易假设副本是安全的，并迅速销毁它们试图操作的数据。移动语义允许引入 std::unique_ptr 作为真正的仅移动类型，而没有 std::auto_ptr 的缺陷。现在 std::auto_ptr 已被弃用[一]，最终在 C++17 中被删除[二]。

右值引用的引入（使用 && 的语法而不是用于左值引用的单个 &）提供了一种关键方式，利用处于可移动状态的对象的实现可以用安全和健壮的方式编写。std::auto_ptr 表明可修改的左值引用不足以完成此任务，因此引入了一种新的引用类型来启用移动操作。这种新的引用类型为它可以绑定的内容以及它如何与重载解析和模板参数推导集成的新规则提供了便利，并提供了一种独特的格式来识别移动操作的实现，从而将更改现有类型的含义的风险降至最低。

9）为什么我们需要一个新的值类别　简而言之，这个 C++11 特性的设计者面临的挑战是，当编译器确定这样做是安全的，或者程序员负责明确授权编译器以启用编译器本身认为不安全的移动操作。他们的解决方案有两方面。

- 发明右值引用的概念，作为一种比 const 左值引用更积极地绑定到在重载解析期间有资格被移出的表达式的方法。
- 发明一个新的值类别，称为 xvalue，它可以区分表达式何时识别出有资格被移动的对象，包括即将被隐式销毁且不再可访问的临时对象以及通过显式转换为右值引用、手动识别为合格的对象。

经过在 C++11 标准化过程中的大量努力，我们今天所了解的一组值类别得到了发展，并在标准中表示如下[三][四]：

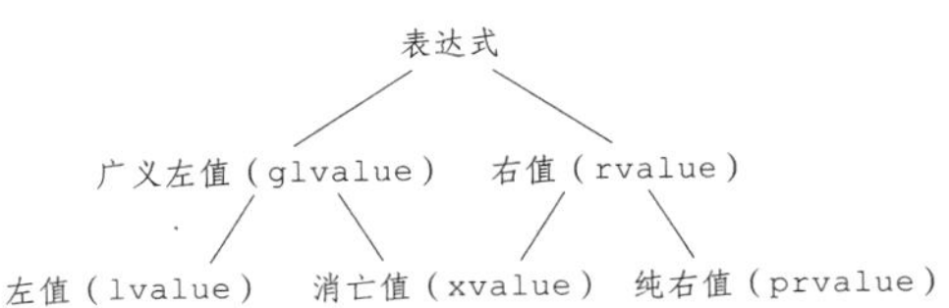

这种分类法极大地帮助了语言中移动操作机制的形式化，最终形成了 C++11[五]中值类别的最终形式。导致这种分类的一个基本属性是确定两个可以应用于值的主要独立属性。

- 如果一个值具有地址并且独立于当前表达式而存在，则它可以具有标识或可达性。
- 如果可以拆分表示该值的对象的内部表示，则该值可以是可移动的。区分诸如此类的值是寻求将移动语义引入语言的主要目标。

两个经典的值类别，左值和非左值，对于这两个属性都有相反的方向。左值是可到达的且不可移动的，而非左值是不可到达的且是可移动的。当意识到目标是正交处理这两个属性时，很明显需

[一] 参见 hinnant05。

[二] 参见 baker14。

[三] 参见 iso11a，3.10 节，“左值和右值”，图 1，第 78 页。

[四] Bjarne Stroustrup 本人解释了新值类别术语的动机（stroustrup）。

[五] 参见 miller10。

要考虑这些属性的其他配对。一个不可移动的、不可达到的值被认为基本上没有用或不值得考虑，因为从根本上说，用这样的值什么也做不了。

然而，可移动且可到达的对象是手动识别对象已准备好从中移动的基础。

有了这种理解，任务就变成了为具有这些属性集的值确定合理的名称。

- 左值的类别已经在标准中正式化，并且清楚地体现了可到达且不可移动的值。
- 从根本上说，左值和右值是所有值集合的分区，即每个值要么是左值，要么是右值，没有值是两者兼而有之。这个结论导致右值类别隐含地成为所有可移动的值，无论是可达的还是不可达的。
- 可移动且不可访问的值集与许多经典的右值概念很好地匹配，因为它包括尚无对象表示的纯值，例如整数字面值和枚举数。因此，这个类别被称为纯右值。
- 可访问的所有值的集合也需要一个名称，因为这个类别将在语言中的许多地方发挥作用，作为对以前只能使用左值的概括。许多适用于内存中对象的基本操作都是根据新的左值类别或广义左值来表述的。
- 可到达的可移动对象的类别需要一个名称。由于这个类别在功能上是一个新发明，合适的名称并不明显，而且，也许是偶然的，为新的 xvalue 类别选择了不明确的字母“x”。最初，这个字母被选择来代表“未知、奇怪、只有专家，甚至是 x 级。”[一]随着时间的推移，“x”演变为捕捉这一类别中值的可移动性，现在它代表“到期”。

术语 rvalue 在 C++11 中通过扩展以包含可访问的 xvalue 来改变含义。这种变化与 rvalue 引用能够在功能上绑定到任何 rvalue 很好地吻合，这是从 rvalue 通常无法访问的经典 C++ 的转变[二]。术语 rvalue 的变化的影响远小于左值的类似的变化，并且它保持 lvalue 和 rvalue 作为所有值集合的不相交划分。

在最初指定的 C++11 中，获得 xvalue 的唯一方法是通过显式强制转换为右值引用或调用返回右值引用的函数；因此，引用无法访问的临时变量的 xvalue 明显更难获得。许多人最初的理解是，xvalue 本质上是可移动的非临时性。然而，即使按照最初的表述，在临时对象上调用的成员函数也能够通过 this 指针访问和分发对临时对象的左值和 xvalue 引用。影响 xvalue[三][四]的两个主要核心问题在 C++14 中得到解决，并作为缺陷报告追溯应用到 C++11。这些规则更改导致将纯右值和 xvalue 的子对象都视为 xvalue，例如在进行数据成员访问、成员指针解引用和数组下标访问时。

xvalue 表达式识别内存中存在的可移动对象，即它们的生命周期已经开始，但没有限制所讨论的对象是否会在当前语句结束后的生命周期中继续存在[五]。在正常使用中，所有右值（xvalue 和纯右值）都同样很好地绑定到右值引用，并且在大多数情况下，在编程上无法区分。它们被区别对待的少数几个地方之一是作为与 decltype 运算符一起使用的带括号的表达式（请参阅 2.1.3 节），它可以用来识别值类别（请参阅用例——识别值类别）。

有了这组新的值类别，将移动语义集成到语言中所需的唯一剩余部分是在代码中生成 xvalue 的机制，rvalue 引用可以绑定到这些 xvalue。给定一个纯右值，这种机制显然可以是一种隐式转换，因

[一] 参见 stroustrup。

[二] 一旦一个类的对象，即使是一个临时对象，为了它的 this 指针传递给用户提供的构造函数，有许多途径可以在创建它的表达式之外引用该对象：

```
struct A* p;                          // pointer to incomplete type
struct A  { A() { p = this; } };  // reachable whenever constructed
```

[三] 参见 CWG issue 616，stroustrup07。

[四] 参见 CWG issue 1213，merrill10a。

[五] 对 xvalue 和纯右值的划分启发了 C++17 中保证拷贝省略的形式化。不需要从函数的返回值创建额外临时值的情况正是函数调用表达式是适当类型的纯右值的情况，从而可以选择被初始化的变量的位置，简单地实现该纯右值。这种重组避免了定义中间临时对象的需要，并且不需要优化那些临时对象的能力，使对象生命周期更具确定性，并为既不能拷贝也不能移动的类型启用 RVO。

此具备移动语义的许多好处。但是，仅支持此类隐式转换并仅从临时对象迁移并不能解决强烈的动机问题，例如在“为什么我们需要移动语义”中描述的 std::vector<std::vector<std::string>> 示例。为了这种情况，xvalue 还需要包含已显式转换为右值引用的左值，从而能够移动已经存储在数据结构中的对象。为了进一步启用右值引用的使用，返回右值引用的函数在被调用时也会创建 xvalue，从而需要标准库函数如 std::move，以及其他需要封装从预先存在的对象移动的能力。

3.1.19 底层类型'11：显式枚举的底层类型

枚举的底层类型是用于表示其枚举值的最基本的整型，可在 C++11 中显式指定。

1. 描述

每个枚举都使用被称为其底层类型的整型来表示其编译时的枚举值。默认情况下，C++03 枚举的底层类型选择得足够大以表示枚举中的所有值，并且只有在枚举值不能表示为 int 或 unsigned int 的情况下，才允许超过 int 的大小：

```
enum RGB { e_RED, e_GREEN, e_BLUE };                   // OK, fits any char

enum Port { e_LEFT = -81, e_RIGHT = -82 };             // OK, fits signed char

enum Mask { e_LOW = 32767, e_HIGH = 65535 };           // OK, fits unsigned short

enum Big { e_31 = 1U<<31 };                            // OK, fits unsigned int

enum Err { K = 1024, M = K*K, G = M*K, T = G*K };      // Error, G*K overflows int...

enum OK { K = 1<<10, M = 1<<20, G = 1<<30, T = 1LL<<40 }; // OK
```

为枚举选择的默认底层类型总是足够大，以表示为该枚举定义的所有枚举值。如果该值不适合使用 int 类型，它将被确定性地选择为第一个能够表示序列中所有值的类型：Unsigned int、long、Unsigned long、long long、Unsigned long long。参见 2.1.10 节。

虽然在 C++11 之前不能指定枚举的底层类型，但编译器可以通过添加一个具有足够大负值的枚举器来强制选择至少一个 32 位或 64 位有符号整数类型，例如，-1 <<31 为 32 位整数，-1LL <<63 为 64 位有符号整数（假设目标平台上有这种类型）。以上内容仅适用于 C++03 枚举。枚举类的默认底层类型是 int，并且它不是由实现定义的；参见 3.1.8 节。

注意，像枚举一样，char 和 wchar_t 是它们自己独特的类型（类似于类型的别名，如 std::uint8_t），并有自己的由实现定义的底层整数类型。例如，对于 char，底层类型将始终是 signed char 或 unsigned char（两者都是不同的 C++ 类型）。C++11 中的 char16_t 和 char32_t 也是如此[⊖]。

显式指定底层类型

从 C++11 开始，我们可以通过在枚举的声明中显式地提供类型来指定用于表示枚举的整型类型，该类型在枚举的（可选）名称之后并在冒号之前：

```
enum Port : unsigned char
{
    // Each enumerator of Port is represented as an unsigned char type.

    e_INPUT        =  37,  // OK, would have fit in a signed char too
    e_OUTPUT       = 142,  // OK, would not have fit in a signed char
    e_CONTROL      = 255,  // OK, barely fits in an 8-bit unsigned integer
    e_BACK_CHANNEL = 256,  // Error, doesn't fit in an 8-bit unsigned integer
};
```

如果枚举定义中有指定的值超出了所有底层类型所能表示值的边界，编译器将报错，参见潜在缺陷——整型提升的微妙之处。

⊖ C++20 加入了 char8_t，这是一个独特的类型，使用 unsigned char 作为其底层类型。

2. 用例

确保重要枚举值的紧凑表示

当枚举需要一个高效的表示形式时，例如，当它被用作广泛被复制的类型的数据成员时，将底层类型的宽度限制为小于目标平台上默认情况下的宽度可能是合理的。

一个具体的示例是：假设我们想要枚举一年中的月份，预期将该枚举放在一个 Date 类中，该类的内部表示形式将年作为两个字节的有符号整数，月作为枚举，日作为 8 位的有符号整数：

```
#include <cstdint>  // std::int8_t, std::int16_t

class Date
{
    std::int16_t d_year;
    Month        d_month;
    std::int8_t  d_day;

public:
    Date();
    Date(int year, Month month, int day);

    // ...

    int year() const     { return d_year; }
    Month month() const { return d_month; }
    int day() const      { return d_day; }
};
```

假设在一个应用程序中，一个 Date 类通常使用通过 GUI 获得的值来构建，其中月份总是从下拉菜单中选择。月份作为枚举提供给构造函数，以避免重复出现以月 / 日 / 年格式提供日期的单个字段的缺陷。同时会编写新的函数来枚举月份。Date 类仍将在月份数值很重要的上下文中使用，例如在调用接受月份为整数的遗留函数时。此外，在某几个月的范围内进行迭代是常见的，这要求枚举器自动转换为它们的整数底层类型，因此禁止使用更强类型的枚举类：

```
enum Month // defaulted underlying type (BAD IDEA)
{
    e_JAN = 1, e_FEB, e_MAR, e_APR, e_MAY, e_JUN,
    e_JUL, e_AUG, e_SEP, e_OCT, e_NOV, e_DEC
};
static_assert(sizeof(Month) <= 4 && alignof(Month) <= 4, "");
```

日期值在整个代码库中被广泛使用，而 Date 类型将在大型聚合中使用。上面代码片段枚举的底层类型是由实现定义的，可以小到 char 类型，也可以大到 int 类型，同时所有的值都适合 char 类型。因此，如果将此枚举用作类中的数据成员 Date 类，那么 sizeof(Date) 在一些相关平台上可能会因为自然对齐而膨胀到 12 字节（参见 3.1.1 节）。

对 Date 的数据成员重新排序时，若 d_year 和 d_day 相邻将确保 sizeof(Date) 不会超过 8 字节。更好的方法是显式指定枚举的底层类型以确保 sizeof(Date) 恰好是准确表示一个 Date 对象所需的 4 字节。如果该枚举中的值适合 8 位有符号整数，则可以指定其底层类型为 std::int8_t 或 signed char，适用于所有平台：

```
#include <cstdint>  // std::int8_t

enum Month : std::int8_t  // user-provided underlying type (GOOD IDEA)
{
    e_JAN = 1, e_FEB, e_MAR,
    e_APR    , e_MAY, e_JUN,
    e_JUL    , e_AUG, e_SEP,
    e_OCT    , e_NOV, e_DEC
};

static_assert(sizeof(Month) == 1 && alignof(Month) == 1, "");
```

根据这个修改后的 Month 定义，Date 类的大小为 4 字节，这在大的聚合中特别有价值：

```
Date timeSeries[1000 * 1000];  // sizeof(timeSeries) is now 4Mb (not 12Mb).
```

3. 潜在缺陷

（1）不透明枚举器的外部使用

为枚举提供显式的底层类型可使客户端能够将枚举声明为不包含枚举器的完整类型。除非枚举定义的不透明形式在头文件中与完整定义分开输出，否则希望利用不透明版本的外部客户端将必须在本地声明枚举的底层类型，但不声明枚举器列表。如果要改变完整定义的底层类型，则任何包含其自身的与原始定义不一致的省略定义和新的完整定义的程序都将会变成 IFNDR。（参见 3.1.16 节）

（2）整型提升的微妙之处

当在算术上下文中使用枚举时，会假设枚举的类型将首先转换为其底层类型，但情况并非总是如此。当非显式地枚举类型本身进行操作的上下文中使用枚举时（如将该枚举类型作为函数的形参），整型提升就会发挥作用。对于没有显式指定底层类型的非作用域枚举，以及 wchar_t、char16_t 和 char32_t 等字符类型，整型提升会直接将值转换为 int、unsigned int、long、unsigned long、long long 和 unsigned long long 中第一个大小足以表示底层类型所有值的类型。具有固定底层类型的枚举会首先表现得和他们的底层类型一样。

在大多数算术表达式中，这种差异是无关紧要的。然而，当依赖重载解析来识别底层类型时，就会出现一些微妙的问题：

```
void f(signed char x);
void f(short x);
void f(int x);
void f(long x);
void f(long long x);
enum E1         { q, r, s, t, u };
enum E2 : short { v, w, x, y, z };

void test()
{
   f(E1::q);  // always calls f(int) on all platforms
   f(E2::v);  // always calls f(short) on all platforms
}
```

函数 f 的重载解析考虑每个枚举器可以直接整体提升的类型。对于 E1，只能转换为 int 类型。对于 E2，可转换为 int 类型和 short 类型，而 short 作为精确匹配将被选择。注意，即使两个枚举值都小到可以放入 signed char 中，也不会选择 f 的重载。

但是，人们可能想要获得实现定义的底层类型。标准库确实为此提供了这样一个特性：在 C++11 中有 std::underlying_type，相应地，在 C++14 中有别名 std::underlying_type_t。这个特性可以安全地在强制转换中使用（参见 3.1.3 节）：

```
#include <type_traits>  // std::underlying_type

template <typename E>
typename std::underlying_type<E>::type toUnderlying(E value)
{
    return static_cast<typename std::underlying_type<E>::type>(value);
}

void h()
{
    auto e1 = toUnderlying(E1::q); // might be anywhere from signed char to int
    auto e2 = toUnderlying(E2::v); // always deduced as short
}
```

转换到底层类型不一定和直接的整型提升一样。如果枚举器要用于算术运算[⊖]，则常量表达式变量可能是更好的选择（参见3.1.6节）：

```
// enum { k_GRAMS_PER_OZ = 28 };     // not the best idea
constexpr int k_GRAMS_PER_OZ = 28;  // better idea

double gramsFromOunces(double ounces)
{
    return ounces * k_GRAMS_PER_OZ;
}
```

4. 参见

- 3.1.6节描述了声明编译时常量的另一种方法。
- 3.1.8节引入了一个有作用域的更强类型的枚举，其默认基础类型为int，也可以进行显式指定。
- 3.1.16节提供了一种将单个枚举器与客户端隔离的方法。

5. 延伸阅读

Scott Meyers在Meyers15b中讨论了现代的、限定范围的枚举器以及经典的、未限定范围的枚举器的底层类型的作用，见“Item 10: Prefer scoped enums to unscoped enums”，第67～74页。

3.1.20 自定义字面值：用户定义的字面值操作符

C++11允许开发人员为数字、字符或字符串字面值定义新的后缀，从而支持用户定义类型值的便捷词法表示，甚至支持内置类型值的新颖表示法。

1. 描述

字面值是程序中的一个符号，在C和经典C++中，它表示整数、浮点数、字符、字符串、布尔值或指针类型的值。

我们熟悉的字面值符号的示例是整数字面值19和0x13，都表示一个值为19的int类型；浮点数字面值0.19和1.9e-1，都表示值为0.19的double类型；字符串字面值a和\141，都代表一个具有字母“a”(ASCII)值的char类型；字符串字面值“hello”，代表一个以空字符结尾的数组，包含六个字符‘h’‘e’‘l’‘l’‘o’和‘\0’；布尔关键字的字面值true和false，表示对应的布尔值。C++11增加了关键字字面值nullptr（参见2.1.12节），表示空指针的值。整数和浮点数字面值一直都用后缀来区别于其他数值型C++类型。例如，123L和123ULL分别是signed long和unsigned long long类型的字面值，都有一个十进制值123，而123.f是float类型的字面值，有十进制值123。我们可以很容易地通过编程来区分这些不同类型的字面值，例如重载解析：

```
void f(const int&);            // (1) overload for type int
void f(const long&);           // (2)    "     "    "  long
void f(const double&);         // (3)    "     "    "  double
void f(const float&);          // (4)    "     "    "  float
void f(const unsigned int&);   // (5)    "     "    "  unsigned int
void f(const unsigned long&);  // (6)    "     "    "  unsigned long

void test0()
{
    f(123);    // OK, calls (1)
    f(123L);   // OK, calls (2)
    f(123.);   // OK, calls (3)
    f(123.f);  // OK, calls (4)
```

⊖ 从C++20开始，在二进制操作中使用未限定作用域的枚举类型的表达式，同时使用其他枚举类型或任何非整型类型的表达式（例如double）已被弃用，可能在C++23中被删除。平台可能决定对这样的使用发出追溯性警告。

```
    f(123U);    // OK, calls (5)
    f(123UL);   // OK, calls (6)
    f(123.L);   // Error, call to f(long double) is ambiguous
    f(123f);    // Error, invalid hex digit f in decimal constant
}
```

请注意，对浮点字面值（其默认类型为 double）应用 L 或 l 后缀，会将其标识为 long double 类型，这是一个来自 float 和 double 的标准转换，这使得这个调用存在歧义。默认情况下，不允许对整数字面值应用 F 或 f 后缀，除非可以找到兼容类型的用户定义字面值（User-Defined Literal，UDL）。

经典 C++ 只允许将内置类型的值表示为编译时的字面值。如果要表示 UDT 的硬编码值，就需要使用值构造函数或工厂函数。与内置类型的字面值不同，这些运行时方法永远不能在常量表达式中使用。例如，我们可能想要创建一个用户定义类型 Name，它可以从一个以空字符结尾的字符串构造自己：

```
class Name  // user-defined type constructible from a literal string
{
    // ...

public:
    Name(const char*);  // value constructor taking a null-terminated string
    //...
};
```

然后可以使用值构造函数从字符串字面值初始化一个 Name 类型的变量：

```
Name nameField("Maria");  // Name object having value "Maria"
```

或者我们可以创建一个或多个工厂函数，返回一个适当地配置了所需值的对象。我们可以不向类型的定义中添加新的构造函数，而是创建多个具有不同名称的工厂函数，尽管在某些情况下，工厂函数可能是它配置的类型的友元：

```
#include <cassert>  // standard C assert macro

class Temperature { /*...*/ };

Temperature fahrenheit(double degrees);  // configured from degrees Fahrenheit
Temperature celsius(double degrees);     // configured from degrees Celsius

void test1()
{
    Temperature t1 = fahrenheit(32);  // Water freezes at this temperature.
    Temperature t2 = celsius(0.0);    //   "      "     "  "       "
    assert(t1 == t2);                 // Expect same type and same value.
}
```

注意，从 C++11 开始，上面描述的两个函数式构造可以被声明为 constexpr，因此它们可以作为常量表达式的一部分进行计算，参见 3.1.5 节的。

前面提到的用于表示 UDT 字面值的 C++03 方法虽然可用，但在紧凑性和表现力上都不如内置类型。C++ 的设计目标一直都是最小化这种差异。为此，C++11 扩展了类型后缀的概念，包括用户可以定义的以下划线开头的标识符（例如，_name、_time、_temp）：

```
Temperature operator""_F(long double degrees) { /*...*/ }  // define suffix _F
Temperature operator""_C(long double degrees) { /*...*/ }  // define suffix _C

void test2()  // same as test1 above, but this time with user-defined literals
{
    Temperature t1 = 32.0_F; // Water freezes at 32 degrees Fahrenheit.
    Temperature t2 = 0.0_C;  //   "      "      "  0 degrees Celsius
    assert(t1 == t2);        // Expect same type and same value.
}
```

上面的示例演示了作为一种新型操作符实现的 UDL 的基本思想，即操作符 " " 后面跟着后缀名称，这个后缀名称命名 UDL 操作符，而 UDL 本身是一个字面符号。UDL 使用后缀，而 UDL 操作符定义后缀。UDL 后缀必须是一个以下划线（_）开头的有效标识符。请注意，不带下划线的后缀是为 C++ 标准库保留的。UDL 可通过在四种原生字面值后添加后缀形成四种类型的 UDL，即整数字面值（例如 2020_year）、浮点数字面值（例如 98.6_F）、字符字面值（例如 "x"_ebcdic）和字符串字面值（例如 "1 Pennsylvania Ave"_validated），而且都可以运算为任何内置或用户定义的类型。以上四种 UDL 也都可以有相同的 UDL 后缀，并分别对应不同的类型。

每个 UDL 操作符实际上都是一个工厂函数，它采用一个高度受限的参数列表（参见 UDL 操作符）并返回一个适当配置的对象。定义的 UDL 后缀与后缀操作符 ++ 和 -- 一样，都是命名要调用的函数，但被解析为前面字面值的一部分（中间没有空格），所以它不能应用于任意的运行时表达式。事实上，编译器并不总是在调用 UDL 操作符之前产生对字面值的先验解释。

现在看看如何为用户自定义类型 Name 创建 UDL。在下面这个示例中，UDL 是字符串字面值 ""_Name（不是浮点字面值），它需要两个参数：一个表示以空字符结尾的字符串的 const char* 和一个表示该字符串长度的 std::size_t（不包括空字符结束符）。这个示例忽略了 UDL 操作符主体中的第二个参数，但它必须出现在参数列表中。

```
Name operator""_Name(const char* n, std::size_t /* len */) { return Name(n); }
    // user-defined literal (UDL) operator for UDL suffix _Name

Name nameField = "Maria"_Name;  // Name object having value "Maria"
```

UDL 操作符与工厂函数一样可以返回任何类型的值，包括内置类型。例如，单位转换函数通常返回归一化为特定单位的内置类型：

```
#include <ctime>  // std::time_t

constexpr std::time_t minutes(int m) { return m * 60; }    // minutes to seconds
constexpr std::time_t hours(int h)   { return h * 3600; }  // hours to seconds
```

上例中的单位转换函数都会返回一个 std::time_t（内置整数类型的标准类型别名），表示以秒为单位的持续时间。我们可以根据需要将这些由不同单位的值初始化的统一数量组合起来：

```
std::time_t duration = hours(3) + minutes(15);    // 3.25 hours as seconds
```

用 UDL 替换单位转换函数是为了用更自然的语法来表达所需的值。下面定义两个新的 UDL 操作符，分别为分钟和小时创建后缀 _min 和 _hr：

```
std::time_t operator""_min(unsigned long long m)
{
    return static_cast<std::time_t>(m * 60);  // minutes-to-seconds conversion
}

std::time_t operator""_hr(unsigned long long h)
{
    return static_cast<std::time_t>(h * 3600);  // hours-to-seconds conversion
}

std::time_t duration = 3_hr + 15_min;  // 3.25 hours as seconds
```

到这里还没有完成全部。与内置字面值不同，使用上面定义的 UDL 后缀不能表达任意字面值，而这些字面值被视为在常量表达式中使用的编译时常量，例如设置数组大小或在 static_assert 中使用：

```
int a1[5_hr];                      // Error, 5_hr is not a compile-time constant.
static_assert(1_min == 60, "");  // Error, 1_min "  "  "    "      "      "
```

UDL 的典型定义还会涉及另一个 C++11 特性：constexpr 函数（参见 3.1.5 节）。只需将 constexpr 添加到 UDL 操作符的声明中，就可以在编译时对它们进行求值，从而在常量表达式中使用它们：

```
constexpr std::time_t operator""_Min(unsigned long long m)
{
    return static_cast<std::time_t>(m * 60);  // minutes-to-seconds conversion
}
```

```
constexpr std::time_t operator""_Hr(unsigned long long h)
{
    return static_cast<std::time_t>(h * 3600);  // hours-to-seconds conversion
}

int a2[5_Hr];                      // OK, 5_Hr is a compile-time constant.
static_assert(1_Min == 60, "");   // OK, 1_Min " "     "       "      "
```

简而言之，UDL 操作符是一种新型自由操作符，可以用仅限于内置类型子集的某些特定签名来定义，当用作内置字面值的后缀时自动调用。然而，定义 UDL 操作符的方式有多种（如预计算参数、原始操作符和模板），每种方法都比上述示例中的更具表现力和复杂性。上述 UDL 操作符定义的变化将在下面加以说明。

（1）UDL 的限制

只能为整数、浮点数、字符和字符串字面值定义 UDL 后缀。两个布尔字面值，true 和 false，以及指针字面值 nullptr（参见 2.1.12 节的）是特意不支持该操作的。这种忽略是为了避免词法上的歧义——例如，布尔字面值 true 加上 UDL 后缀 _fact，将与标识符 true_fact 无法区分。

我们将把组成字面值的字符序列（不包括任何后缀）称为“裸字面值”。例如，对于字面值 "abc"_udl，其裸字面值是 "abc"。UDL 后缀只能添加到其他有效的词法字面值符号后。也就是说，不允许将 UDL 后缀添加到不会被视为有效的无后缀的词法字面值后面。虽然创建一个后缀 _ipv4 来表示由句点分隔的四个字节组成的 IPv4 互联网地址可能很诱人，但 192.168.0.1 在程序中不是有效的词法符号，因此 192.168.0.1_ipv4 也不是有效的词法符号。有趣的是，为那些如果不解释后缀则会导致溢出的字面值创建 UDL 是可行的。例如 UDL 0x123456789abcdef012345678_verylong 由 24 位十六进制数和 UDL 后缀组成。_verylong 即使在原生整数不能超过 64 位（16 位十六进制数）的体系结构上也是有效的；参见 2.1.10 节。

注意，C++ 中没有负的数字字面值。-123 表示为两个独立的符号：求负操作符和正数字面值 123。类似地，如 -3_t1 这样的表达式会尝试将求负操作符应用到对象上，即会将求负操作符“-”应用到由 3_t1 产生的 Type1 对象上，而 Type1 是将类型为 unsigned long long 的正数 3 传递给 UDL 操作符 operator""_t1 得到的。这样的表达式是格式错误的，除非有一个对类型 Type1 的右值进行操作的求负操作符。三种形式的 UDL 操作符（参见描述——预计算 UDL 操作符、原始 UDL 操作符和 UDL 操作符模板）都不需要也不能够处理表示负数的裸字面值。

当没有插入符号的两个或更多字符串字面值出现时，它们被连接起来并作为单个字符串字面值处理。如果这些字符串中至少有一个具有 UDL 后缀，则将后缀应用于拼接的裸字面值字符串。如果不止一个字符串有后缀，那么所有这样的后缀必须相同。不允许连接具有不同后缀的字符串字面值，但没有后缀的字符串可以与具有 UDL 后缀的字符串连接：

```
#include <cstddef>  // std::size_t

struct XStr { /*...*/ };
XStr operator""_X(const char* n, std::size_t length);
XStr operator""_Y(const char* n, std::size_t length);

char a[] = "hello world";              // single native string literal
char b[] = "hello"       " world";     // native equivalent to "hello world"
XStr c   = "hello world"_X;            // user-defined string literal
XStr d   = "hello"_X     " world";     // UDL equivalent to "hello world"_X
XStr e   = "hello"       " world"_X;   //  "        "       "      "      "
XStr f   = "hello"_X     " world"_X;   //  "        "       "      "      "
XStr g   = "hel"_X "lo"  " world"_X;   //  "        "       "      "      "
XStr h   = "hello"_X     " world"_Y;   // Error, mixing UDL suffixes _X and _Y
```

最后，不能将 UDL 后缀与其他内置或自定后缀组合使用。例如，45L_Min 试图结合使用 L 后缀（表示 long）与 _Min 后缀（表示前面描述的用户自定义的分钟后缀），而这将产生未定义且无效的后缀 L_Min。

（2）UDL 操作符

UDL 后缀（例如 _udl）通过定义遵循本节描述的一组严格规则的 UDL 操作符（例如 operator""_udl）来创建。在 UDL 操作符的声明和定义中，UDL 后缀的名称可以用空格与引号分开；事实上，由于原始 C++11 规范中的缺陷（现已更正并追溯应用），一些旧版本的编译器甚至可能需要这样的空格。因此，对于除了最古老的 C++11 编译器之外的所有编译器来说，operator""_udl、operator""␣_udl 和 operator␣""␣_udl 都是同一个 UDL 操作符名称的有效拼写。然而，对于有一个大写字母直接跟在 UDL 后缀中的下划线后面的情况，这时在 "" 后接空格则属于格式错误，无须诊断。这样的标识符，例如 _F 或 _Min，被标准保留供 C++ 实现使用。有趣的是，即使是允许使用保留标识符的标准库实现，对于与关键字拼写相同的后缀仍然不允许插入空格，例如，表示复数的 if 后缀。请注意，在使用 UDL 时，不允许在字面值与其后缀之间插入空格。例如，1.2␣_udl 格式错误；1.2_udl 必须作为单个符号出现，没有空格。

UDL 通常由两部分组成：一个有效的词法字面值符号和一个用户定义的后缀。每个 UDL 操作符的签名必须符合以下三种模式中的一种。这三种模式区别在于编译器向 UDL 操作符提供裸字面值的方式不同。

①预计算 UDL 操作符——在编译时对裸字面值进行求值，并把这个值传递给操作符：

```
Type1 operator""_t1(unsigned long long n);
Type1 t1 = 780_t1;  // calls operator""_t1(780ULL)
```

②原始 UDL 操作符——组成裸字面值的字符作为未经求值的原始字符串传递给操作符（仅适用于数字字面值）：

```
Type2 operator""_t2(const char* token);
Type2 t2 = 780_t2;  // calls operator""_t2("780")
```

③ UDL 操作符模板——UDL 操作符是一个模板，其参数列表是一个可变的字符值序列组成的裸字面值（仅适用于数值字面值，参见 3.1.21 节）：

```
template <char...> Type3 operator""_t3();
Type3 t3 = 780_t3;  // calls operator""_t3<'7', '8', '0'>()
```

这三种形式的 UDL 操作符，每一种都在单独的一节中进行了更详细的阐述。参见描述——预计算 UDL 操作符、原始 UDL 操作符和 UDL 操作符模板。

当遇到 UDL 时，编译器会优先处理预计算 UDL 操作符。给定一个后缀为 _udl 的 UDL，编译器将在局部作用域中查找任何 operator""_udl（非限定名称查找）。如果在找到的操作符中，有一个预计算 UDL 操作符与裸字面值的类型完全匹配，那么就调用那个 UDL 操作符。否则，仅针对数值字面值，则调用原始 UDL 操作符或 UDL 操作符模板；如果同时找到两个操作符，就会产生歧义。这组查找规则被特意设计得简短而严格。重要的是，这个查找顺序与其他操作符调用的不同之处在于，它不涉及重载解析或参数转换，也不采用参数依赖查找（Argument-Dependent Lookup，ADL）在其他命名空间中查找操作符。

虽然 ADL 对于 UDL 从来不是问题，但通常的做法是将相关的 UDL 操作符聚集到一个命名空间中（命名空间的名称通常包含单词“literals”）。这个命名空间通常嵌套在包含 UDL 操作符返回的用户定义类型定义的命名空间中。这些只包含字面值的嵌套命名空间允许用户通过单个 using 指令将字面值只导入到其作用域中，从而大大降低了与外层命名空间中的名称冲突的可能性：

```
namespace ns1  // namespace containing types returned by UDL operators
{
    struct Type1 { };
    bool check(const Type1&);

    namespace literals  // nested namespace for UDL operators returning ns1 types
    {
        Type1 operator""_t1(const char*);
    }
```

```
    using namespace literals;  // Make literals available in namespace ns1.
}

void test1()  // file scope: finds UDL operator via using directive
{
    using namespace ns1::literals;  // OK, imports only the inner UDL operators
    check(123_t1);                  // OK, finds ns1::check via ADL
}
```

要使用上面的 _t1 UDL 后缀,test1 必须以某种方式能够在本地找到其对应的 UDL 操作符的声明，这是通过将操作符放置在嵌套的命名空间中并通过 using 指令导入整个命名空间来完成的。我们可以避免嵌套的命名空间，相反，要求单独导入每个需要的操作符：

```
namespace ns2  // namespace defining types returned by non-nested UDL operators
{
    struct Type2 { };
    bool check(const Type2&);

    Type2 operator""_t2(const char*);  // BAD IDEA: not nested
}

void test2()  // file scope: finds UDL operator via using declaration
{
    using ns2::operator""_t2;  // OK, imports just the needed UDL operator
    check(123_t2);             // OK, finds ns2::check via ADL
}
```

然而，当为一个类型集合提供多个 UDL 操作符时，将 UDL 操作符仅放置在嵌套命名空间（通常合并了名称“literals”）的惯用法可以避免通常引用的不良影响（例如，意外的命名冲突），这些影响归因于 using 指令的更一般的使用。为了简单起见，在仅用于解释的示例中，我们将省略嵌套的字面值命名空间。

尽管在标准中为此特定目的而使用了内联命名空间，但不必要将仅包含 UDL 的命名空间声明为内联命名空间，而且这样做也是不可取的；参见 4.1.4 节。

（3）预计算 UDL 操作符

预计算 UDL 操作符支持所有四种 UDL 类型：整数、浮点数、字符和字符串。编译器首先确定四种 UDL 类型的类别中的哪一个适用于裸字面值，在不考虑 UDL 后缀的情况下对其求值，然后将预计算的值传递给 UDL 操作符，UDL 操作符进一步处理其参数并返回 UDL 表达式的结果。注意，UDL 操作符的 UDL 类型的类别仅指裸字面值部分；它的返回值可以是任意类型：

```
struct Smile { /*...*/ };  // arbitrary user-defined type

Smile operator""_fx(long double);  // floating-point literal returning Smile
float operator""_ix(unsigned long long);  // integer literal returning float
int operator""_sx(const char*, std::size_t);  // string literal returning int
```

预计算 UDL 操作符的 UDL 类型由操作符的签名决定。整数和浮点 UDL 操作符分别采用由语言定义的最大的无符号整数和浮点数的单个参数。

在同一个作用域中可以声明使用相同 UDL 后缀（如 _aa），但对于不同的 UDL 类型类别，每个操作符可以返回不同的任意类型（如 short、Smile）：

```
short operator""_aa(unsigned long long n);  // integer literal operator
Smile operator""_aa(long double n);         // floating-point literal operator
bool  operator""_bb(long double n);         // floating-point literal operator
```

对于整数字面值，以 unsigned long long 形式对裸字面值求值（参见 2.1.10 节）。对于浮点数字面值，以 long double 形式求值，然后通过参数 n 将结果值传递给 UDL 操作符。编译器解析和计算数字序列、基数前缀（如用于八进制的 0 和用于十六进制的 0x）、小数点和指数：

```
short v1 = 123_aa;  // OK, invokes operator""_aa(unsigned long long)
Smile v2 = 1.3_aa;  // OK, invokes operator""_aa(long double)
```

C++14 提供了与内置字面值相关的额外功能，参见 2.2.2 节和 2.2.4 节。

预计算过程中不存在重载解析、整数到浮点的转换或浮点到整数的转换，也不允许 UDL 操作符使用低于最大精度的类型：

```
Smile operator""_cc(double n);  // Error, invalid parameter list
```

如果没有找到与裸字面值的类型完全匹配的 UDL 操作符，则匹配失败：

```
bool v3 = 123_bb;  // Error, unable to find integer literal _bb
bool v4 = 1.3_bb;  // OK, invokes operator""_bb(long double)
```

因为编译器对裸字面值被完全求值，像原生字面值一样溢出和精度损失可能会成为问题。这些限制因平台而异，但典型的平台仅限于 IEEE 754 格式中的 64 位 unsigned long long 或 64 位 long double 类型：

```
Smile v5 = 1.2e310_aa;              // Bug, argument evaluates to infinity
Smile v6 = 2.5e-310_aa;             // Bug, argument evaluates to denormalized
short v7 = 0x1234568790abcdef0_aa;  // Error, doesn't fit in any integer type
```

注意，过大的整数初始值对于在上面的代码片段中的 v7 会在某些编译器上导致错误，但在其他编译器上只会产生警告。然而，任意长的字面值是由原始 UDL 操作符和 UDL 操作符模板支持的，参见描述——原始 UDL 操作符和 UDL 操作符模板。

C++ 中的每个字符和字符串字面值都有一种可用的编码，由编码前缀标识。除了空前缀之外，C++03 还支持宽字符和字符串字面值的 L 编码前缀。例如，字面值 'x' 和 "hello" 有（内置）类型 char 和 const char[6]，而 L'x' 和 L"hello" 分别有类型 wchar_t 和 const wchar_t[6]。C++11 增加了三个字符串编码前缀：u 用 const char16_t[N] 类型来表示 UTF-16, U 用 const char32_t[N] 类型来表示 UTF-32，u8 用 const char[N] 类型来表示 UTF-8。前缀 u 和 U 也可以用于字符字面值；参见 2.2.2 节[㊀]。

字符字面值的四个 C++11 编码前缀可以分别由不同的 UDL 操作符签名支持（例如下面的 _dd)，每一个都返回一个不同的任意类型：

```
int         operator""_dd(char     ch);  //  'x'
double      operator""_dd(char16_t ch);  // u'x'
const char* operator""_dd(char32_t ch);  // U'x'
Smile       operator""_dd(wchar_t  ch);  // L'x'
```

上述任何一种或所有形式都可以共存。一个字符裸字面值（例如 'Q'）被转换成执行字符集（即在目标操作系统上运行时使用的字符集）中的适当字符类型和值，并通过 ch 参数传递给 UDL 操作符的主体。与以往一样，没有缩小或扩大转换，因此如果找不到所需 UDL 操作符的精确签名，则程序是格式错误的：

```
int    operator""_ee(char);      //  'x'
double operator""_ee(char32_t);  // U'x'

int         c1 =  'Q'_ee;  // OK, matches char parameter type
double      c2 = U'Q'_ee;  // OK, matches char32_t parameter type
const char* c3 = u'Q'_ee;  // Error, no match for char16_t parameter type
Smile       c4 = L'Q'_ee;  // Error, no match for wchar_t parameter type
```

类似地，下面有四个在 C++11 中对于字符串字面值有效的 UDL 操作符签名，每一个都再次返回不同的类型[㊁]：

```
bool  operator""_dd(const char*     str, std::size_t len);  //  "str"
int   operator""_dd(const char16_t* str, std::size_t len);  // u"str"
float operator""_dd(const char32_t* str, std::size_t len);  // U"str"
Smile operator""_dd(const wchar_t*  str, std::size_t len);  // L"str"
```

㊀ C++17 允许 u8 前缀用于字符字面值和字符串字面值，而 C++20 改变了带有 u8 前缀的字符串和字符字面值的类型，使用 char8_t 而不是 char。

㊁ C++20 允许对使用 u8 前缀的字符串字面值使用第五种签名，其参数为 const char8_t*。

字符串裸字面值求值为一个以空字符结尾的字符数组。该数组第一个元素的地址通过 str 参数传递给 UDL 操作符，其长度（不包括空终止符）通过 len 参数传递。

概括一下，多个预计算 UDL 操作符可以共存于一个 UDL 后缀，每个都有一个不同的类型类别，每个都可能返回不同的 C++ 类型。再举一个示例，可以通过给浮点数字面值加上后缀 _s 返回一个 double 类型的数值相等的秒数，而在字符串字面值上的 _s 后缀返回 std::string。此外，因字符类型（char、char16_t 等）而不同的字符串和字符 UDL 操作符通常会有不同的返回类型。相似的字符串 UDL 操作符通常（但不一定）返回相似的类型，例如 std::string 和 std::u16string，它们的区别仅在于底层的字符类型：

```
#include <string>   // std::string

double operator""_s(unsigned long long);  // integer UDL operator
double operator""_s(long double);         // floating-point UDL operator

std::string    operator""_s(const char*,     std::size_t);  // string UDL
std::u16string operator""_s(const char16_t*, std::size_t);  //    "    "

double         d = 12_s;        // yields double
std::u16string w = u"Hola"_s;   // yields std::u16string
std::string    s = "Hello"_s;   // yields std::string
```

再次注意，因为它们总是可以在编译时求值，这些操作符通常声明为 constexpr（参见 3.1.5 节）。这也是因为它们的参数在源代码中通常是字面值。

（4）原始 UDL 操作符

UDL 操作符的原始模式仅支持整数和浮点 UDL 类型类别。如果选择了这种形式的 UDL 操作符（参见描述——UDL 操作符），编译器将裸字面值打包为未处理的字符串（即来自源代码的原始字符序列）并将其作为一个以空字符结尾的字符串传递给 UDL 操作符。所有的原始 UDL 操作符（例如下面的后缀 _rl）都有相同的签名：

```
struct Type { /*...*/ };

Type operator""_rl(const char*);

Type t1 = 425_rl;  // invokes operator ""_rl("425")
```

原始 UDL 操作符的签名与字符串字面值的预计算 UDL 操作符可以通过这里缺少的用于表示字符串长度的 std::size_t 参数来加以区分。

原始字符串参数将被编译器验证为格式正确的整数或浮点字面值符号，但编译器在其他方面不进行修改。对于任何给定的 UDL 后缀，一次最多可以有一个匹配的原始 UDL 操作符出现在作用域中；因此它的返回类型不能改变，比如根据裸字面值是否包含小数点而改变返回类型。这样的功能是存在的，参见描述——UDL 操作符模板。

特定的 UDL 操作符可能有狭义的约定，因此不接受一些其他有效的符号。例如，可以定义一个 UDL 后缀 _3，使用原始 UDL 操作符来表示三进制整数：

```
int operator""_3(const char* digits)
{
    // BAD IDEA: no error handling in the UDL operator

    int result = 0;

    while (*digits)
    {
        result *= 3;
        result += *digits - '0';
        ++digits;
    }

    return result;
}
```

现在可以在运行时使用标准中的 assert 宏测试这个函数：

```
#include <cassert>  // standard C assert macro

void test()
{
    assert( 0 ==   0_3);
    assert( 1 ==   1_3);
    assert( 2 ==   2_3);
    assert( 3 ==  10_3);
    assert( 4 ==  11_3);
    // ...
    assert( 8 ==  22_3);
    assert( 9 == 100_3);
    assert(10 == 101_3);
}
```

注意，可以声明原始 UDL 操作符 _3 为 constexpr，并将所有（运行时）assert 语句替换为（编译时）static_assert 声明。正如上面指出的，可以观察到 constexpr operator""_3 需要在 C++14 中放宽的 constexpr 函数限制（参见 3.1.5 节），但它也可以在 C++11 中重新实现。

现在考虑有效的词法整数字面值，它们表示的值可能超出了三进制整数的有效范围：

```
int i1 = 22_3;                      // (1) OK,  returns (int) 8
int i2 = 23_3;                      // (2) Bug, returns (int) 9
int i3 = 21.1_3;                    // (3) Bug, returns (int) 58
int i4 = 22211100022211100022_3;    // (4) Bug, too big for 32-bit int
```

在上面的示例代码的注释中的“(1)”是一个有效的三进制整数；“(2)”是一个有效的整数字面值，但包含数字 3，这不是一个有效的三进制数字；“(3)”是一个有效的浮点字面值，但 UDL 操作符只返回 int 类型的值；而“(4)”原则上是一个有效的整数字面值，但表示的值太大，无法放入 32 位整型。上述“(2)”、“(3)”和“(4)”都是有效的词法字面值，所以要由 UDL 操作符的实现来拒绝无效值。

现在考虑一个更健壮的三进制整数 UDL 的实现 _3b。当字面值无法表示有效的三进制整数时，它就会抛出异常：

```
#include <stdexcept>  // std::out_of_range, std::overflow_error
#include <limits>     // std::numeric_limits

int operator""_3b(const char* digits)
{
    int ret = 0;

    for (char c = *digits; c; c = *++digits)
    {
        if ('\'' == c)  // Ignore the C++14 digit separator.
        {
            continue;
        }
        if (c < '0' || '2' < c)  // Reject non-base-3 characters.
        {
            throw std::out_of_range("Invalid base-3 digit");
        }

        if (ret >= (std::numeric_limits<int>::max() - (c - '0')) / 3)
        {
            // Reject if 3 * ret + (c - '0') would overflow.
            throw std::overflow_error("Integer too large");
        }

        ret = 3 * ret + (c - '0');  // Consume c.
    }

    return ret;
}
```

在这个 _3b 后缀的原始 UDL 操作符的实现中，第一个 if 语句查找 C++14 的数字分隔符并忽略它。第二个 if 语句检查三进制的有效范围之外的字符，例如，对于示例注释中“(2)”和“(3)”，会抛出一个 out_of_range 异常。第三个 if 语句确定计算结果是否即将溢出，例如，对于示例注释中“(4)”，程序会抛出一个 overflow_error 异常。缺乏编译器解释则难以编写原始的 UDL 操作符，但也很强大。以新的方式解释现有的字面值字符，并接受原本会溢出或失去精度的字面值，这为原始 UDL 操作符提供了额外的表现力。例如，上面显示的三进制原始 UDL 操作符不能用具有相同的域预计算 UDL 操作符表示。这种额外表达的缺点是需要实现、调试和维护自定义符号解析，包括错误检查。如果为了使用整数字面值，原始 UDL 操作符不仅需要处理或拒绝十进制数字 '0'～'9'，也包括十六进制数字 'a'～'f' 和 'A'～'F' 以及基数前缀 o、ox、oX。在 C++14 中，操作符还必须处理 ob（二进制）基数前缀和数字分隔符 '\'。

对于浮点数字面值，原始 UDL 操作符需要处理小数位、小数点、指数前缀（'e' 或 'E'），以及可选的指数符号（'+' 或 '−'）。可以在单个原始 UDL 操作符中同时处理整数和浮点数字面值，前提是两者的返回类型相同。在所有情况下，拒绝任何意想不到的字符通常是明智的，包括在数字字面值中不合法的字符（如在添加一个新的基数时），以防合法字符的集合被扩大。

原始 UDL 操作符可以被声明为 constexpr，但要注意，如 3.1.5 节所述，C++11 和 C++14 对 constexpr 函数中允许使用的内容的规则有很大的不同。特别是基于循环的 operator""_3（如上所示）的实现可以在 C++14 中声明 constexpr，但在 C++11 中不能，尽管在 C++11 中可以通过使用递归实现来定义具有相同行为的 constexpr UDL 操作符。如果字面值作为常量表达式的一部分进行计算，并且字面值包含错误，将导致抛出异常（即一个无效字符或溢出），编译器将在编译时拒绝无效的字面值。然而，如果字面值不是常量表达式的一部分，在运行时仍然会抛出异常：

```
constexpr int i4 = 25_3;  // Error, "throw" not allowed in constant expression
          int i5 = 25_3;  // Bug, exception thrown at run time
```

为了确保在编译时检测到每一个无效的字面值，可使用下一节所述 UDL 操作符模板。

（5）UDL 操作符模板

UDL 操作符模板，在标准中称为字面值操作符模板，是一个可变参数模板（参见 3.1.21 节），它有一个模板参数列表，由一个任意数量的字符参数包和一个空的运行时参数列表组成：

```
struct Type { /*...*/ };

template <char...> Type operator""_udl();
```

UDL 操作符模板只支持整数类型和浮点类型类别[⊖]。如果选择了这种形式的 UDL 操作符（参见 UDL 操作符），编译器会将裸字面值分解为一系列原始字符，并将每个字符作为单独的模板参数传递给 UDL 操作符的实例：

```
Type t1 = 42.5_udl;  // calls operator""_udl<'4', '2', '.', '5'>()
```

与原始 UDL 操作符的情况一样，原始字符序列将被编译器验证为格式正确的整数或浮点字面值标记，但 UDL 操作符必须从这些字符推导出含义。与原始 UDL 操作符不同的是，UDL 操作符模板可以根据裸字面值的内容返回不同的类型。例如，UDL 操作符 _bignum（在下面的代码片段中）对于整数字面值返回一个 BigInteger，对于浮点字面值返回一个 ArbitraryPrecisionFloat。进行此选择所需的编译时模板逻辑需要模板元编程，而元编程又需要部分模板特化。函数模板，包括 UDL 操作符模板，不能有部分模板特化，因此选择逻辑被委托给一个辅助类模板 MakeBigNumber：

```
class BigInteger { /*...*/ };
class ArbitraryPrecisionFloat { /*...*/ };

template<char... Cs> struct MakeBigNumber;
```

⊖ C++20 增加了对用户自定义字符串字面值操作符模板的支持，尽管语法不同。

```
template<char... Cs>
constexpr typename MakeBigNumber<Cs...>::ReturnType
operator""_bignum() { return MakeBigNumber<Cs...>::factory(); }
```

MakeBigNumber < Cs…>::ReturnType 是用来计算返回类型的模板元函数。在 C++14 中，返回类型可以直接从 return 语句推导出来；参见 4.2.1 节。MakeBigNumber 的实现依赖于检查数值字面值是否为整数的辅助元函数：

```
template <char C>
struct IsIntegralLiteralChar
{
    static constexpr bool value = ('0' <= C && C <= '9') || C == '\'';

    static_assert(C != 'X' && C != 'x' && C != 'B' && C != 'b',
                  "Hex and binary literals are not supported.");
};

template <char C, char... Cs>
struct IsIntegralLiteral      // primary template
{
    static constexpr bool value = IsIntegralLiteralChar<C>::value &&
                                  IsIntegralLiteral<Cs...>::value;
};

template <char C>
struct IsIntegralLiteral<C>  // specialize for a single digit
{
    static constexpr bool value = IsIntegralLiteralChar<C>::value;
};
```

主模板 IsIntegralLiteral 检查 Cs... 序列中的第一个字符是否可以是整数字面值（一个数字或一个数字分隔符 ' 的一部分），并递归使用 IsIntegralLiteral 来检查序列的其余部分。包括单个字符的部分特化是整个序列的基准情况，用于结束递归。请注意，这个简化的示例不识别十六进制或二进制字面值。用例——用户定义的数值类型中对定点字面值的描述提供了对这种返回类型选择的更完整的阐述，包括用于确定返回类型及其值的递归模板元编程的细节。

MakeBigNumber 使用 IsIntegralLiteral 元函数在 MakeBigNumberImp 模板的两个特化之间进行选择——一个用于整数字面值，一个用于浮点数字面值：

```
template <bool isIntegral, char... Cs>
struct MakeBigNumberImp;                // primary template (unimplemented)

template <char... Cs>
struct MakeBigNumberImp<true, Cs...>    // specialize for integral literals
{
    using ReturnType = BigInteger;
    static constexpr ReturnType factory();
};

template <char... Cs>
struct MakeBigNumberImp<false, Cs...>  // specialize for float literals
{
    using ReturnType = ArbitraryPrecisionFloat;
    static constexpr ReturnType factory();
};

template <char... Cs>
struct MakeBigNumber : MakeBigNumberImp<IsIntegralLiteral<Cs...>::value, Cs...>
{
};
```

MakeBigNumber 模板继承自实现模板 MakeBigNumberImp，使用 IsIntegralLiteral 的结果和字符序列 Cs... 实例化。主模板 MakeBigNumberImpl 没有定义，仅用于通过第一个布尔模板参数 isIntegral 在其两个部分特化之间分发。第一个部分特化中定义的工厂函数（对于 isIntegral == true 的情况）返回一个 BigInteger，而第二个特化中定义的工厂函数（对于 isIntegral == false 的情况）返回一个

ArbitraryPrecisionFloat：

```
BigInteger              i1 = 2100_bignum;ArbitraryPrecisionFloat f1 = 1.33_bignum;
ArbitraryPrecisionFloat f2 = 1e-5_bignum;
```

作为模板参数，组成裸字面值的字符是常量表达式，可以与 static_assert 一起使用，以强制在编译时进行错误检测。与原始的 UDL 操作符不同，在运行时没有抛出异常的风险，即使初始化一个 nonconstexpr 值：

```
constexpr auto i2 = 0x12_bignum;  // Error, constexpr value
          auto i3 = 0x12_bignum;  // Error, nonconstexpr value
```

能够选择特定于上下文的返回类型并强制进行编译时错误检查，使得 UDL 操作符模板成为定义 UDL 操作符最具表现力的模式。然而，这些能力的代价是必须使用可读性较差的模板元编程来开发它们。

（6）C++14 标准库中的 UDL

这些新的后缀（从 C++14 开始）令使用标准字符串、时间单位和复数编写软件变得更容易。注意，因为这些是标准的 UDL 后缀，所以它们的名称没有前导下划线。

没有后缀的原生字符串字面值描述的是 C 风格的字符数组，当作为函数参数传递时，该数组会退化为指向字符的指针。C++ 标准库从一开始就有字符串类（std::basic_string 类模板及其特化、std::string 和 std::wstring）通过提供适当的复制语义、相等比较、可变大小等来改进 C 风格的字符数组。随着 UDL 的出现，我们终于可以通过利用标准的 s 后缀来创建这些库字符串类型的字面值。用于字符串字面值的 UDL 操作符在头文件 <string> 中的命名空间 std::literals::string_literals[⊖]：

```
#include <string>  // std::basic_string, related types, and UDL operators

using namespace std::literals::string_literals;  // std::basic_string UDLs
const char*    s1 =   "hello";    // Value decays to (const char*) "hello".
std::string    s2 =   "hello"s;   // value std::string("hello")
std::string    s3 = u8"hello"s;   // value std::string(u8"hello")
std::u16string s4 =  u"hello"s;   // value std::u16string(u"hello")
std::u32string s5 =  U"hello"s;   // value std::u32string(U"hello")
std::wstring   s6 =  L"hello"s;   // value std::wstring(L"hello")
```

复数也可以用一种更自然的风格来表示，模仿数学中使用的表示法。在命名空间 std::literals::complex_literals 中，后缀 i、il 和 if 分别用于命名 double、long double 和 float 虚数。注意，这三个后缀都适用于整数和浮点数字面值：

```
#include <complex>  // std::complex and UDL operators

using namespace std::literals::complex_literals; // std::complex UDLs
std::complex<double>      c1 = 2.4 + 3i;      // value 2.4, 3.0
std::complex<long double> c2 = 1.2L + 5.1il;  // value 1.2L, 5.1L
std::complex<float>       c3 = 0.1f + 2.if;   // value 0.1F, 2.0F
```

然而，与内置后缀不同的是，复数的 UDL 操作符只提供小写后缀：

```
std::complex<double>      c4 = 2.4 + 3I;      // Error, invalid suffix I
std::complex<long double> c5 = 1.2L + 5.1iL;  // Error, invalid suffix iL
std::complex<float>       c6 = 0.1f + 2.If;   // Error, invalid suffix If
```

标准头文件 <chrono> 中的时间工具包含了一个复杂而灵活的持续时间单位系统。每个单位都是类模板 std::chrono::duration 的一个特化，它由表示形式（整数或浮点）和相对于秒的比率实例化。因此，duration<long, ratio<3600, 1>> 可以表示整数的小时数。

<chrono> 头文件还定义了字面值后缀（在命名空间 std::literals::chrono_literals 中）对时间单位更令人熟悉的名称，例如用于秒的 s，用于分钟的 min，以此类推。整数字面值将产生具有整数内部表

⊖ C++20 引入了 char8_t 并将编码示例中上 s3 的类型从 std::string 改变为 std:: u8string。

示的 duration，而浮点字面值将产生具有浮点内部表示的 duration：

```
#include <chrono>  // std::literals::chrono_literals

using namespace std::literals::chrono_literals;  // std::chrono::duration UDLs
auto d1 = 2h;       // 2 hours   (integral internal representation)
auto d2 = 1.3h;     // 1.3 hours (floating-point internal representation)
auto d3 = 10min;    // 10 minutes (integral)
auto d4 = 30s;      // 30 seconds (integral)
auto d5 = 250ms;    // 250 milliseconds (integral)
auto d6 = 90us;     // 90 microseconds (integral)
auto d7 = 104.ns;   // 104.0 nanoseconds (floating-point)
```

在上面的示例中，auto 关键字（参见 3.1.3 节）用于允许编译器从字面值表达式推断出正确的类型。虽然简单的整型持续时间类型有方便的别名，例如 std::chrono::hours，但有些 duration 特化类型没有对应的标准名称。例如，1.2hr 返回一个类型为 std::chrono::duration<T, std::ratio<3600>> 的值，其中 T 是一个至少 23 位的有符号整数，并且实际的整数表示是由实现定义的。当把 duration 加在一起时，命名一个 duration 就更加复杂了。得到的 duration 类型由库选择，以最小化精度损失：

```
auto d8 = 2h + 35min + 20s;   // integral, 9320 seconds (2:35:20 in seconds)
auto d9 = 2.4s + 100ms;       // floating-point, 2500.0 milliseconds
```

我们肯定会在未来的标准中看到更多定义的 UDL 后缀。

2. 用例

（1）包装器类

包装器可用于为（通常是内置的）基础类型添加或删除功能。它们为类型赋予意义，因此有助于防止程序员在重载解析中产生歧义。例如，库存控制系统可能通过部件号和模型号来跟踪物品。这两个数字都可以是简单的整数，但它们有不同的含义。为了防止编程错误，我们创建包装类 PartNumber 和 ModelNumber，每个都保存一个 int 值：

```
class PartNumber
{
    int d_value;

public:
    constexpr explicit PartNumber(int v) : d_value(v) { }
    // ...
};

class ModelNumber
{
    int d_value;

public:
    constexpr explicit ModelNumber(int v) : d_value(v) { }
    // ...
};
```

PartNumber 和 ModelNumber 都没有定义加法或乘法等整数操作，因此任何修改其中一个（除了赋值）或将两个这样的值相加的尝试都会导致编译时错误。此外，拥有包装类允许我们在不同类型上重载，防止重载解析歧义。然而如果没有 UDL，我们必须通过显式地将 int 字面值转换为正确的类型来表示 PartNumber 或 ModelNumber 字面值：

```
// operations on model and part numbers:
int inventory(ModelNumber n) { int count = 0; /*...*/ return count; }
int inventory(PartNumber n)  { int count = 0; /*...*/ return count; }
void registerPart(const char* shortName, ModelNumber mn, PartNumber pn) { }

PartNumber pn1 = PartNumber(77) + 90;  // Error, no operator+(PartNumber, int)

int c1 = inventory(77);                // Error, no matching function for call
```

```
int c2 = inventory(ModelNumber(77));  // OK, call inventory(ModelNumber)
int c3 = inventory(PartNumber(77));   // OK, call inventory(PartNumber)

void registerParts1()
{
    registerPart("Bolt", PartNumber(77), ModelNumber(77));  // Error, reversed
    registerPart("Bolt", ModelNumber(77), PartNumber(77));  // OK, correct args
}
```

上面的代码允许编译器检测错误，如果部件和模型数字被表示为原始 int 值，则很容易犯错误。试图添加零件号会被拒绝，试图调用 inventory 函数而没有指定是零件号库存还是型号库存也是如此。此外，它也能防止 registerPart 函数的参数顺序意外反转。

我们现在可以创建 UDL 后缀，_part 和 _model，以简化我们对硬编码部件和模型编号的使用，使代码更具可读性：

```
#include <limits>     // std::numeric_limits
#include <stdexcept>  // std::overflow_error

namespace inventory_literals
{
    constexpr ModelNumber operator"" _model(unsigned long long v)
    {
        if (v > std::numeric_limits<int>::max()) throw std::overflow_error("");
        return ModelNumber(static_cast<int>(v));
    }
    constexpr PartNumber operator"" _part(unsigned long long v)
    {
        if (v > std::numeric_limits<int>::max()) throw std::overflow_error("");
        return PartNumber(static_cast<int>(v));
    }
}

using namespace inventory_literals;  // Make literals available.
int c4 = inventory(77);              // Error, no matching function for call
int c5 = inventory(77_model);        // OK, call inventory(ModelNumber).
int c6 = inventory(77_part);         // OK, call inventory(PartNumber).

void registerParts2()
{
    registerPart("Bolt", 77_part, 77_model); // Error, reversed model & part
    registerPart("Bolt", 77_model, 77_part); // OK, arguments in correct order
}
```

包装类还可以用于跟踪如 std::string 这样的通用类型的某些编译时属性。例如，读取用户输入的系统必须在将每个输入字符串传递给（例如数据库）之前对其进行清理。原始输入和经过过滤的输入都是字符串，但是未经过滤的字符串绝对不能和经过过滤的字符串混淆。因此，我们创建了一个包装类，SanitizedString，它只能由一个成员工厂函数来构造，我们给它一个易于搜索的名称 fromRawString：

```
#include <string>  // std::string

class SanitizedString
{
    std::string d_value;

    explicit SanitizedString(const std::string& value) : d_value(value) { }

public:
    static SanitizedString fromRawString(const std::string& rawStr)
    {
        return SanitizedString(rawStr);
    }

    // ...

    friend SanitizedString operator+(const SanitizedString& s1,
```

```
                                          const SanitizedString& s2)
        {
            return SanitizedString(s1.d_value + s2.d_value);
        }

        // ...
    };
```

专门调用 SanitizedString::fromRawString 的使用方式很麻烦，目的是让开发人员在使用前仔细考虑。在字面值字符串的安全性没有问题的情况下，这种调用可能过于烦琐：

```
    std::string getInput();  // Read (unsanitized) string from input.
    bool isSafeString(const std::string& s);  // Determine whether s is safe.

    void process(const SanitizedString& instructions);
        // Run the specified instructions.

    void processInstructions1()
        // Read instructions from input and process them.
    {
        // Read instructions from input.
        std::string instructions = getInput();

        if (isSafeString(instructions))
        {
           // String is considered safe; sanitize it.
           SanitizedString sanInstr = SanitizedString::fromRawString(instructions);
           // ...

           // Prepend a "begin" instruction, then process the instructions.

           process("Instructions = begin\n" + sanInstr);
               // Error, no operator+(const char*, SanitizedString)

           process(SanitizedString::fromRawString("Instructions = begin\n") +
                   sanInstr);
               // OK, but cumbersome
        }
        else
        {
            // ...                  (error handling)
        }
    }
```

process 函数的第一次调用不能通过编译，因为按照设计，我们不能连接一个原始字符串和一个过滤过的字符串。第二个调用是有效的，但不必要如此烦琐。字面值字符串总是被认为是安全的（如果有适当的代码审查），因为它们不能来自程序之外，并且没有调用 SanitizedString::fromRawString 的必要。同样，UDL 可以使代码更加紧凑和可读：

```
    namespace sanitized_string_literals
    {
        SanitizedString operator""_san(const char* str, std::size_t len)
            // Create a sanitized string.
        {
            return SanitizedString::fromRawString(std::string(str, len));
        }
    }

    void processInstructions2()
        // Read instructions from input and process them.
    {
        using namespace sanitized_string_literals;

        // Read instructions from input.
        std::string instructions = getInput();

        if (isSafeString(instructions))
        {
```

```
        // The instructions string is considered safe; sanitize it.
        SanitizedString sanInstr = SanitizedString::fromRawString(instructions);
        // ...

        // Prepend a "begin" instruction, then process the instructions.

        process("Instructions = begin\n"_san + sanInstr);
            // OK, concatenate two sanitized strings.
    }
    // ...
}
```

这个用法展现出 UDL 不仅仅是方便使用：因为 UDL 只适用于字面值，它在很大程度上不受意外误用的影响。

（2）用户定义的数值类型

有时我们需要表示任意大的整数。比如一个 BigInt 类，以及相关的算术操作符，可以表示不定大小的整数：

```
namespace bigint
{
class BigInt
{
    // ...
};

BigInt operator+(const BigInt&);
BigInt operator-(const BigInt&);
BigInt operator+(const BigInt&, const BigInt&);
BigInt operator-(const BigInt&, const BigInt&);
BigInt operator*(const BigInt&, const BigInt&);
BigInt operator/(const BigInt&, const BigInt&);
BigInt abs(const BigInt&);
// ...
```

BigInt 字面值必须能够表示一个大于最大内置整数类型所能容纳的值，因此我们使用原始 UDL 操作符定义后缀：

```
namespace literals
{
BigInt operator""_bigint(const char* digits)  // raw literal
{
    BigInt value;
    // ...        (Compute BigInt from digits.)
    return value;
}
}  // Close namespace literals.

using namespace literals;
}  // Close namespace bigint.

using namespace bigint::literals;  // Make _bigint literal available.
bigint::BigInt bnval  = 5871350940242633447396300052080212316261828 14_bigint;
bigint::BigInt bigone = 1_bigint;  // small value, but still has type BigInt
```

BigInt 类适用于大整数，但具有小数部分的数字有不同的问题：IEEE 标准双浮点类型不能精确地表示某些值，例如 24 692 134.03。当使用双精度来表示值时，冗长的求和可能最终会在百分位上产生误差，即结果会偏离 0.01 或者更多。对于这个问题，我们改用十进制定点（而不是二进制浮点）算术。

一个数字的小数定点表示法是由程序员选择小数精度位的数目，并在编译时固定。在指定的大小和精度内，每个小数都可以精确地表示——例如，一个具有两位小数精度的定点数可以精确表示 24 692 134.03 但不能精确表示 24 692 134.035。我们将定义 FixedPoint 类作为模板，其中的 Precision 参数指定小数位数[1]：

[1] 在 mcfarlane19 中提出了一个更完整、更强大的用于标准化的定点类模板。

```
#include <limits>  // std::numeric_limits
#include <string>  // std::string, std::to_string

namespace fixedpoint
{

template <unsigned Precision>
class FixedPoint
{
    long long d_data;  // integral data = value * pow(10, Precision)

public:
    constexpr          FixedPoint() : d_data(0) { } // zero value
    constexpr explicit FixedPoint(long long);       // Convert from long long.
    constexpr explicit FixedPoint(double);          // Convert from double.

    constexpr FixedPoint(long long data, std::true_type /*isRaw*/)
        // Create a FixedPoint object with the specified data.  Note that
        // this is a "raw" constructor and no precision adjustment is made to
        // the data.
        : d_data(data) { }

    friend std::ostream& operator<<(std::ostream& stream, const FixedPoint& v)
        // Format the specified fixed-point number v, write it to the
        // specified stream, and return stream.
    {
        std::string str = std::to_string(v.d_data);
        // Insert leading '0's, if needed.
        if (str.length() < Precision)
            str.insert(0, (Precision - str.length()), '0');
        str.insert(str.length() - Precision, 1, '.');
        return stream << str;
    }
};
```

数据表示是 long long 类型，使得可以表示的最大值达到 std::numeric_limits<long long>::max() / pow(10,Precision)（这里假设使用的是一个整数 pow 函数）；参见 2.1.10 节。输出函数，即 << 操作符，用于将 d_data 转换成一个字符串，然后将小数点插入正确的位置。特殊的“原始”构造函数的存在是为了让 UDL 操作符可以在不损失精度的情况下轻松构造一个值，稍后我们会看到它的用处；未使用的第二个参数是一个哑值，用来区别于其他构造函数。

我们想要定义一个 UDL 操作符模板来返回一个定点类型，例如，12.34 的返回类型为 FixedPoint<2>（小数点后两位），而 12.340 的返回类型为 FixedPoint<3>。我们必须首先定义一个可变参数辅助模板（参见 3.1.12 节），给定一个数字序列，计算定点数的类型和原始值：

```
namespace literals  // fixed-point literals defined in this namespace
{

template <long long rawVal, int precision, char... c>
struct MakeFixedPoint;
```

这个辅助模板将被递归实例化，递归的每一层 rawVal 是到目前为止计算的值，precision 是到目前为止占用的小数位数，而 c... 是待处理的字面字符列表。precision 的特殊值 -1 表示尚未占用小数点。

递归模板的基准条件发生在参数包 c... 为空时，即没有更多的字符可以处理时。在这种情况下，容易得到计算出类型为 FixedPoint<precision>，UDL 操作符的值则是从 rawVal 计算而来。我们定义基准条件为 MakeFixedPoint 部分特化到参数包没有字符可以消耗的时候：

```
template <long long rawVal, int precision>
struct MakeFixedPoint<rawVal, precision>
{
    // base case when there are no more characters
    using type = FixedPoint<(precision < 0) ? 0 : precision>;
    static constexpr type makeValue() { return { rawVal, std::true_type{} }; }
        // Return the computed fixed-point number.
};
```

另一种情况发生在有一个或多个字符尚未被消耗时。在消耗字符并递归实例化自身之前，辅助模板必须对输入字符进行错误和溢出检查：

```
template <long long rawVal, int precision, char c0, char... c>
struct MakeFixedPoint<rawVal, precision, c0, c...>
{
private:
    static constexpr long long maxData = std::numeric_limits<long long>::max();
    static constexpr bool      c0isdig = ('0' <= c0 && c0 <= '9');

    // Check for out-of-range characters and overflow.
    static_assert(c0isdig || '\'' == c0 || '.' == c0,
                  "Invalid fixed-point digit");
    static_assert(!c0isdig || (maxData - (c0 - '0')) / 10 >= rawVal,
                  "Fixed-point overflow");

    // precision is
    // (1) < 0 if a decimal point was not seen,
    // (2) 0   if a decimal point was seen but no digits after the decimal point,
    // (3) > 0 otherwise, incremented once for each digit after the decimal point.
        static constexpr int nextPrecision = ('\'' == c0     ? precision :
                                              '.'  == c0     ?         0 :
                                              precision < 0 ?        -1 :
                                              precision + 1);

    // Instantiate this template recursively to consume remaining characters.
    using RecurseType = MakeFixedPoint<(c0isdig ? 10 * rawVal + c0 - '0' :
                                       rawVal), nextPrecision, c...>;

public:
    using type = typename RecurseType::type;
    static constexpr type makeValue() { return RecurseType::makeValue(); }
        // Return the computed fixed-point number.
};
```

这种特化从参数包中消耗一个字符 c0。第一个 static_assert 检查 c0 是不是一个数字、数字分隔符（'\ "）或小数点（'.'）。第二个 static_assert 检查计算是否有溢出 long long 的最大值的危险。常量 nextPrecision 将在递归实例化中被传递给这个模板，它会跟踪被消耗的小数点位数（如果小数点还没有被消耗则是 -1）。RecurseType 别名是这个模板更新原始值、精度和丢弃 c0 后的输入字符序列之后的递归实例（在消耗 c0 字符后）。因此，每次递归都会得到一个可能更大的 rawVal，一个可能更大的 precision 以及更短的未被消耗的字符列表。type 和 makeValue 的定义简单地遵从递归实例化中的定义。

最后，我们定义 _fixed UDL 操作符模板，实例化 MakeFixedPoint 与一个初始值为 0 的 rawVal，一个初始值为 -1 的 precision，并且 c... 参数包中包含裸字面值中的所有字符：

```
template <char... c>
constexpr typename MakeFixedPoint<0, -1, c...>::type operator""_fixed()
{
    return MakeFixedPoint<0, -1, c...>::makeValue();
}

}  // Close namespace literals.
}  // Close namespace fixedpoint.
```

现在，_fixed 后缀可以用于十进制定点 UDL，其中返回类型的精度是根据字面值中的小数位数自动推导出来的。注意，字面值可以在常量表达式求值期间使用：

```
int fixedTest()
{
    using namespace fixedpoint::literals;

    constexpr auto fx1 = 123.45_fixed;   // return type FixedPoint<2>
    constexpr auto fx2 = 123.450_fixed;  // return type FixedPoint<3>
    std::cout << fx1 << '\n';            // prints "123.45"
    std::cout << fx2 << '\n';            // prints "123.450"
}
```

一种标准的十进制浮点类型正在定义中，它和我们的十进制定点类型一样，保留了精确表示小数部分的优点，但运行时的精度是可变的。如果实现为库类型，UDL 后缀将允许这样的类型在代码中自然表示[㊀]。

（3）具有字符串表示的用户定义类型

通用唯一标识符（Universally Unique Identifier，UUID）是一个 128 位的数字，用于标识计算机系统中特定的数据片段。它可以很容易地表示为两个 64 位整数的数组：

```
#include <cstdint>  // std::uint64_t
class UUIDv4
{
    std::uint64_t d_value[2];
    // ...
};
```

v4 的 UUID 具有规范的人类可读格式，由五组用连字符分隔的十六进制数字组成，例如 ed66b67a-f593-4def-9a9b-e69d1d6295ef。虽然将这种表示形式存储为字符串很容易，但使用上述的打包的 128 位整数格式进行转换 UUIDv4 类更高效、更方便。此外，硬编码到软件中的 UUID 通常是由外部工具生成的——例如，用于识别确切的产品构造——因此应该是编译时常量。使用 UDL，我们可以轻松地使用人类可读的字符串格式表示 UUID 字面值，将其转换为打包格式的编译时常量：

```
namespace uuid_literals
{
    constexpr UUIDv4 operator""_uuid(const char* s, std::size_t len)
    {
        return { /* ... (decode UUID expressed in canonical format) */ };
    }
}

using namespace uuid_literals;
constexpr UUIDv4 buildId = "eeec1114-8078-49c5-93ca-fea6fbd6a280"_uuid;
```

（4）单位转换和维度单位

UDL 可以方便地在数字字面值上指定单位名称，提供了一种简洁的方式来将数字转换为规范化单位以及在代码中注释值的单位。例如，标准三角函数都作用于 double 值，其中角度以弧度表示。然而，很多人更习惯使用角度而不是弧度，尤其是直接用手写数字表示值的时候：

```
#include <cmath>  // std::sin, std::cos

constexpr double pi = 3.14159265358979311599796346854;

double s1 = std::sin(30.0);    // Bug, intended sin(30 deg) but got sin(30 rad)
double s2 = std::sin(pi / 6);  // OK, returns sin(30 deg)
```

本例中的归一化单位是弧度，用 double 类型表示，但弧度一般是 π 的分数，因此写起来不方便。UDL 可以提供方便的从度数或梯度到弧度的归一化：

```
namespace trig_literals {

constexpr double operator""_rad(long double r)  { return r; }
constexpr double operator""_deg(long double d)  { return pi * d / 180.0; }
constexpr double operator""_grad(long double d) { return pi * d / 200.0; }

}

using namespace trig_literals;
double s3 = std::sin(30.0_deg);     // OK, returns sin(30 deg)
double s4 = std::sin(4.7124_rad);   // OK, returns approx -1.0
double s5 = std::cos(50.0_grad);    // OK, returns cos(50 grad) == cos(45 deg)
```

㊀ 参见 kuhl12。

遗憾的是，上述方法对单位归一化的适用性有限。首先，转换是单向的。例如，表达式 std::cout << 30.0_deg 将打印出 0.524, 而不是 30.0，当需要一个人类可读的值时，就需要调用弧度到度数的转换函数。其次，double 类型不会对它持有的单位的任何信息进行编码，因此 double 类型的输入角度不会告诉阅读者（或程序）预期输入的角度是度数还是弧度。

一种更健壮的使用 UDL 来表达单位的方法是将它们定义为单位类综合库的一部分。维度数量（长度、温度、货币等）通常受益于由维度单位类型表示，这防止了数字值的单位和维度的混淆。例如，创建一个从速度和质量计算动能的函数似乎很简单：

```
double kineticE(double speed, double mass)
    // Return kinetic energy in joules given speed in m/s and mass in kg.
{
    return speed * speed * mass / 2.0;
}
```

然而，这个简单的函数可能以多种方式被错误调用，并且没有编译器诊断来帮助防止错误：

```
double d1   = 15;             // distance in meters
double t1   = 4;              // time in seconds
double s1   = d1 / t1;        // speed in m/s (meters/second)
double m1   = 2045;           // mass in g
double m1Kg = m1 / 1000;      // mass in kg

double x1 = kineticE(d1, m1Kg);  // Bug, distance instead of speed
double x2 = kineticE(m1Kg, s1);  // Bug, arguments reversed
double x3 = kineticE(s1, m1);    // Bug, mass should be in kg, not g.
double x4 = kineticE(s1, m1Kg);  // OK, correct units --- m/s and kg
```

在编译时检测这些错误的一种方法是为每个维度使用包装器：

```
struct Time     { constexpr Time(double sec);         /*...*/ };
struct Distance { constexpr Distance(double meters); /*...*/ };
struct Speed    { constexpr Speed(double mps);        /*...*/ };
struct Mass     { constexpr Mass(double kg);          /*...*/ };
struct Energy   { constexpr Energy(double joules);    /*...*/ };

// Compute speed from distance and time:
Speed operator/(Distance, Time);

Distance d2(15.0);             // distance in meters
Time     t2(4.0);              // time in seconds
Speed    s2(d2 / t2);          // speed in m/s (meters/second)
Mass     m2(2045.0);           // Bug, trying to get g, got kg instead
Mass     m2Kg(2045.0 / 1000);  // OK, mass in kg

Energy kineticE(Speed s, Mass m);
Energy x5 = kineticE(d2, m2Kg); // Error, 1st argument has an incompatible type.
Energy x6 = kineticE(m2Kg, s2); // Error, reversed arguments, incompatible types
Energy x7 = kineticE(s2, m2);   // Bug, mass should be in kg, not g.
Energy x8 = kineticE(s2, m2Kg); // OK, correct units --- m/s and kg
```

请注意，编译器正确地诊断了初始化中的错误 x5 和 x6，但仍未能诊断出初始化中的单位误差 x7。用户自定义字面值可以通过给数字字面值添加单位后缀来放大维度单位类的好处，从而消除隐式的单位假设：

```
namespace si_literals
{
    constexpr Distance operator""_m  (long double meters);
    constexpr Distance operator""_cm (long double centimeters);
    constexpr Time     operator""_s  (long double seconds);
    constexpr Speed    operator""_mps(long double mps);
    constexpr Mass     operator""_g  (long double grams);
    constexpr Mass     operator""_kg (long double kg);
    constexpr Energy   operator""_j  (long double joules);
}

using namespace si_literals;
```

```
auto d3   = 15.0_m;    // distance in meters
auto t3   = 4.0_s;     // time in seconds
auto s3   = d3 / t3;   // speed in m/s (meters/second)
auto m3   = 2045.0_g;  // mass expressed as g but stored as kg
auto m3Kg = 2.045_kg;  // mass expressed as kg

Energy x9  = kineticE(s3, m3);    // OK, m3 has been normalized to kilograms.
Energy x10 = kineticE(s3, m3Kg);  // OK, correct units --- m/s and kg
```

有两个UDL产生Distance，还有两个UDL产生Mass。通常，这些维度类型的内部表示都具有规范化表示；例如，Distance在内部可能以米表示，所以25_cm将由一个值为0.25的double数据成员表示。但是，也可以将单位与值一起存储，从而避免某些情况下的舍入误差。更好的是，单位可以在编译时被编码为模板参数：

```
#include <ratio>  // std::ratio
template <typename Ratio> class MassUnit;
using Grams     = MassUnit<std::ratio<1, 1000>>;
using Kilograms = MassUnit<std::ratio<1>>;

namespace unit_literals
{
    constexpr Grams     operator""_g  (long double grams);
    constexpr Kilograms operator""_kg (long double kg);
}
```

我们现在为100_g和0.1_kg得到了不同的类型，我们能够以这样一种方式定义MassUnit使它们相互操作[⊖]。

（5）驱动测试程序

因为当“魔法”值表示为命名常量而不是字面值时，代码更容易维护，所以典型的程序不会包含很多字面值（参见潜在缺陷——过度使用）。这条通用规则的例外是在单元测试中，许多不同的值被连续传递给子系统以测试其行为。例如，我们定义一个Date类，它提供一个减法操作符，返回两个日期之间的天数：

```
// date.h: (component header file)

class Date
{
    // ...
public:
    constexpr Date(int year, int month, int day);
    // ...
};

int operator-(const Date& lhs, const Date& rhs);
    // Return the number of days from rhs to lhs.
```

为了测试减法操作符，我们需要给它输入日期的组合，并将结果与预期结果进行比较。我们通过创建一个数组来进行这样的测试，其中每行保存一对日期和减去它们的预期结果。由于数组中有大量硬编码的值，有一个字面值表示Date类会很方便，即使Date的作者认为不适合提供一个这样的类：

```
// date.t.cpp: (component test driver)

#include <date.h>    // Date
#include <cstdlib>   // std::size_t
#include <cassert>   // standard C assert macro

namespace test_literals
{
```

⊖ Mateusz Pusz在pusz20b中探索了一个全面的物理单元库的主题。

```
    constexpr Date operator""_date(const char*, std::size_t);
        // UDL to convert date in "yyyy-mm-dd" format to a Date object
}

void testSubtraction()
{
    using namespace test_literals;  // Import _date UDL suffix.

    struct TestRow
    {
        Date lhs;  // left operand
        Date rhs;  // right operand
        int  exp;  // expected result
    };

    const TestRow testData[] =
    {
        { "2021-01-01"_date, "2021-01-01"_date,  0 },
        { "2021-01-01"_date, "2020-12-31"_date,  1 },
        { "2021-01-01"_date, "2021-01-02"_date, -1 },
        // ...
    };

    const std::size_t testDataSize = sizeof(testData) / sizeof(TestRow);

    for (std::size_t i = 0; i < testDataSize; ++i)
    {
        assert(testData[i].lhs - testData[i].rhs == testData[i].exp);
    }
}
```

3. 潜在缺陷

（1）预期之外的字符可能会产生不好的结果

原始 UDL 操作符和 UDL 操作符模板必须解析和处理来自整数和浮点数字面值中合法字符集合的并集的每个字符，即使 UDL 操作符只期望两种数字类型类别中的一种。未能为无效字符抛出错误很可能会产生不正确的值，而不是程序崩溃或编译错误：

```
short operator""_short(const char* digits)
{
    short result = 0;
    for (; *digits; ++digits)
    {
        result = result * 10 + *digits - '0';
    }

    return result;
}

short s1 = 123_short;   // OK, value 123
short s2 = 123._short;  // Bug, '.' treated as digit value -2 ('.' - '0')
```

只测试预期字符并拒绝任何其他字符，比检查无效字符并接受其余字符要好：

```
#include <stdexcept>  // std::out_of_range

short operator""_shrt2(const char* digits)
{
    short result = 0;
    for (; *digits; ++digits)
    {
        if (*digits == '.')
        {
            throw std::out_of_range("Bad digit");  // BAD IDEA
        }

        if (!std::isdigit(*digits))
        {
```

```
            throw std::out_of_range("Bad digit");  // BETTER
        }

        result = result * 10 + *digits - '0';
    }

    return result;
}

short s3 = 123_shrt2;     // OK, value 123
short s4 = 123._shrt2;    // Error (detected), throws out_of_range("Bad digit")
short s5 = 0x123_shrt2;   // Error (detected), throws out_of_range("Bad digit")
```

第一个 if 会捕获一个意想不到的小数点，但不会捕获意想不到的字符，比如 'e'，'x'，'\'"。第二个 if 将捕获所有意想不到的字符。如果在未来的标准中引入了新的基数或其他当前非法的字符，第二个 if 将避免错误地处理它。请注意，例如，在 C++11 中添加 UDL 之后，两个 0b 基数和数字分隔符（'）是在 C++14 中引入的，这可能会破坏任何兼容 C++11 的、不能正确处理这些字符的 UDL 操作符。

（2）过度使用

尽管 UDL 提供了简便性，但它们不一定是在程序中创建字面值的最有效方法。常规的构造函数或函数调用可能几乎一样简洁，更简单，更灵活。例如，deg(90) 的可读性和 90_deg 一样，并且可以应用于运行时值和字面值[㊀]。如果一个类型的构造函数自然地接受两个或更多的参数，一个字符串 UDL 操作符理论上可以解析一个逗号分隔的参数列表——例如用 "(2.0, 6.0)"_point 来表示二维坐标，但这真的比 Point(2.0, 6.0) 更易读吗？

即使是在简单的情况下，也要考虑字面值的使用频率。人们普遍不鼓励在代码中使用“魔法值”。数字字面值，例如，-1, 0, 1, 2, 10 或字符串字面值，而不是 "" 通常只用于初始化命名常量。例如，声速可能被写成常数，例如 speedOfSound，而不是字面值 343_mps。使用字面值来提供用于初始化命名常量的特殊值对程序的整体可读性没有什么好处：

```
constexpr Speed operator""_mps(unsigned long long speed);  // meters per second

constexpr Speed speedOfSound1 = 343_mps;    // OK, clear
constexpr Speed speedOfSound2(343);         // OK, almost as clear

constexpr Speed mach2 = 2 * speedOfSound1; // Literal is irrelevant.
constexpr Speed mach3 = 3 * speedOfSound2; // Literal is irrelevant.
constexpr Speed mach4 = 4 * 343_mps;       // Bad style: "magic" number
```

通常，最常见的字面值是表达空值或零值概念的字面值。更清晰、更有描述性的替代方案可能是创建命名常量，例如 constexpr Thing k_EMPTY_THING，而不是定义一个 UDL 操作符，只是为了能够写 ""_thing 或 0_thing。

（3）预处理器惊喜

带后缀的字符串字面值，例如 "hello"_wrld，在 C++11 中是一个标记，但在以前的语言版本中 "hello" 和 _wrld 实际上是两个标记。如果 _wrld 是一个宏，这种变化可能表现为含义上的细微差异，通常会导致编译错误：

```
#define _wrld " world"
const char* s = "hello"_wrld;  // "hello world" in C++03, UDL in C++11
```

4. 烦恼

（1）没有浮点到整数转换的 UDL

定义一个预计算浮点 UDL 操作符并不能使对应的后缀对看起来像整数的数字字面值可用，反之亦然：

㊀ 参见 martin09，第 17 章，“气味和启发式”，“G25：用命名常量替换神奇数字”，第 300～301 页。

```
double operator""_mpg(long double v);

double v1 = 12_mpg;   // Error, no integer UDL operator for _mpg
double v2 = 12._mpg;  // OK, floating-point UDL operator for _mpg found.
```

如果我们的意图是定义一个预计算 UDL 操作符，不论包含或不包含小数点的数字都能接受，那么必须定义 UDL 操作符的两种形式。

（2）潜在的后缀名冲突

使用 UDL 后缀需要将相应的 UDL 操作符带入当前作用域，例如通过 using 指令。如果作用域足够大，并且如果多个导入的命名空间包含具有相同名称的 UDL 操作符，则可能导致名称冲突：

```
using namespace trig_literals;        // _deg, _rad, and _grad suffixes
using namespace temperature_literals; // colliding _deg suffix

auto d = 12.0_deg;  // Error, ambiguous use of suffix, _deg
```

虽然可以通过限定名称查找来消除冲突后缀的歧义，但导致的冗长可能会破坏首先使用 UDL 的目的：

```
auto a = trig_literals::operator""_deg(12.0);
auto b = temperature_literals::operator""_deg(12.0);
```

（3）混淆原始 UDL 操作符和字符串 UDL 操作符

一个接受单个 const char* 参数的 UDL 操作符对于数值字面值来说是一个原始 UDL 操作符，但是对于字符串字面值来说很容易被混淆为预计算 UDL 操作符：

```
int operator""_udl(const char*);

int s = "hello"_udl;  // Error, no match for operator""(const char*, size_t)
```

幸运的是，这样的问题通常会导致编译时错误。

（4）没有针对字符串字面值的 UDL 操作符模板

UDL 操作符模板只对数字字面值调用，字符串字面值则仅限于预计算 UDL 操作符。因此，无法在编译时根据字符串字面值的内容选择不同的返回类型[⊖]。

（5）无法解析以 - 或 + 开头的字符串

如在描述——UDL 的限制中所述，在数字字面值之前的 - 或 + 号是一个单独的一元操作，而不是字面值的一部分。然而，在某些情况下，这样可以方便地知道字面值是否为负。例如，如果温度被存储为以开尔文为单位的双精度值，并且如果 UDL 后缀 _C 通过调用函数 cToK(double) 将浮点字面值从摄氏转换为开尔文，则表达式 -10.0_C 产生无意义的值 -283.15（-cToK(10.0)），而不是直观的 +263.15（cToK(-10.0)）。解析 - 号作为字面值的一部分根本是不可能的。

（6）难以解析数字

原始 UDL 操作符和 UDL 操作符模板的许多好处都需要在代码中手动解析整数或浮点值，这通常使用递归。要正确地处理这个问题即使在最好的情况下也冗长乏味。标准库并没有提供太多支持，特别是对于 constexpr 解析。

5. 参见

- 2.1.3 节介绍了一个通常有助于推断 UDL 操作符模板返回类型的关键字。
- 2.1.11 节描述了一个明确表示空指针字面值的关键字。
- 3.1.3 节说明当 UDL 的类型根据其内容而变化时，如何使用类型推断来声明一个变量来保存 UDL 的值。

⊖ 在 C++20 中，添加了新的语法，消除了不能根据字面字符串的内容影响返回类型的限制。

- 3.1.5 节解释了如何将大多数 UDL 作为常量表达式的一部分使用。
- 3.1.12 节讨论了一个特性，允许包装类型（或强类型定义）可以从与它们包装的类型相同的参数中构造。
- 3.1.21 节展示了模板如何接受无限数量的参数，这是实现 UDL 操作符模板所必需的。
- 4.1.4 节描述了一个不推荐用于 UDL 操作符的特性，然而 C++14 标准库将 UDL 操作符放入了内联命名空间。

6. 延伸阅读

- 使 C++ 字面值更灵活的动机，包括改进与 C99 的兼容性和未来 C 的增强，可以在 mcintosh08b 中找到；在 mcIntosh08a 中出现了实现用户定义字面值的最小措辞更改的提案（省略了大多数与词汇无关的讨论）。
- 关于用户自定义字面值的讨论以及习语使用的建议，可参见 dewhurst19。

3.1.21 可变模板：可变参数模板

传统模板的语言级扩展已经可以同时支持类和可以接受任意数量模板参数的函数模板，同时函数模板可以通过新的语法结构——参数包，来访问和处理任意异构参数对象。

1. 描述

C++03 中需要指定具体类模板或可接受任意数量参数的函数模板。C++03 中的解决方案通常会有相当多样板代码和硬编码上的限制，这些限制影响了代码的可用性。例如，concat 函数输入零或多个 const std::string&、const char* 或 char 参数并返回一个 std::string 的参数串联序列结果：

```
#include <string>  // std::string

std::string s = "d";
std::string str0 = concat();                 // str0 == "" (by definition)
std::string str1 = concat("apple");          // str1 == "apple"
std::string str2 = concat('b', "ccd");       // str2 == "bccd"
std::string str3 = concat(s, 'e', "fg");     // str3 == "defg"
```

使用可变参数函数（例如 concat）相较于重复使用连接（+）操作符的一个优点是 concat 函数可以只构建一次目标字符串，而每次调用连接操作符都会创建并返回一个新的 std::string 对象。

更简单的示例是一个可变参数函数 add，它计算输入的零或多个整数的和：

```
int v0 = add();          // v0 ==  0 (by definition)
int v1 = add(3);         // v1 ==  3
int v2 = add(-6, 2);     // v2 == -4
int v3 = add(7, 1, 4);   // v3 == 12
// ...
```

历史上，诸如上述可变参数函数，如 concat 和 add，通常作为一组不相关变量函数实现来获取更多参数，参数数量上限由编译器来确定（比如 20）：

```
int add();
int add(int);
int add(int, int);
int add(int, int, int);
// ...
// ...              (declarations from 4 to 19 int parameters elided)
// ...
int add(int, int, int, /* 16 more int parameters elided, */ int);
```

假设存在一个标识值（加法中的 0），有一种方法是 add 函数中每个参数都是默认值：

```
int add(int=0, int=0, /* 17 more defaulted parameters omitted */ int=0);
```

但是 concat 函数不能使用类似的方法，因为它每个参数的类型可能是 char、const char* 或 std::

string（或可转换的类型）中的一种，并且没有一种类型可以包含所有这些类型，为了以最大的效率接受允许类型的参数的任意组合，暴力方法将需要定义指数数量的重载，重载采用 char、const char* 和 const std::string& 的任何组合，再次达到某些实现选择的最大参数数量 N。

这种方式所需的空间复杂度为 $0(3^N)$，也就是说为了容纳仅仅 5 个参数就需要 364 次重载，而 10 个参数就需要 88753 次重载[⊖]！那么定义 N 个函数模板就是避免负载组合爆炸的一种方法：

```
#include <string>  // std::string

std::string concat();                                    // 0 parameters

template <typename T1>
std::string concat(const T1&);                           // 1 parameter

template <typename T1, typename T2>
std::string concat(const T1&, const T2&);                // 2 parameters

template <typename T1, typename T2, typename T3>
std::string concat(const T1&, const T2&, const T3&);  // 3 parameters

// ...
// ...            (similar declarations taking up to, say, 20 parameters)
// ...
```

使用传统函数模板，我们可以显著减少源代码所需的空间，这是以编译难度增加作为代价的，相应的是这部分代价是易于解决的。

每 $N+1$ 个模板可以用于接受任意 $M(0 \leq M \leq N)$ 个参数的组合，从而将每个参数无须额外转换和额外复制地独立地转换到 const char *、std::string 或 char 类型。而在指数增加的 concat 模板实例中，编译器生成代码的阶段只需要那些有被实际调用的重载。

随着 C++11 中可变参数模板的引入，我们现在只需要一个能接受任意数量任何 const 左值引用参数类型的可扩展模板就可以参考表述为 add 或 concat 函数：

```
template <typename... Ts>
std::string concat(const Ts&...);
    // Return a string that is the concatenation of a sequence of zero or
    // more character or string arguments --- each of a potentially distinct
    // C++ type --- passed by const lvalue reference.
```

一个可变函数模板通常通过递归较少参数的相同函数实现。这样的函数模板通常伴随着更低下限的重载（模板化或非模板化），而在本例中重载没有参数：

```
std::string concat();
    // Return an empty string ("") of length 0.
```

上述非模板重载表明了 concat 不需要参数。尤为重要的是，这一重载调用优先于没有实参的 concat 调用，因为非模板函数是比变量声明更优先的匹配，即使变量声明也会接受无参。

那么相较于重写数十个重载模板而言，只需编写两个重载就可以支持任意数量的参数的优点如下：对参数没有硬编码限制；源更小，更规则，更容易维护和扩展——例如通过转发引用来增加对有效传递的支持是非常容易的（参见 3.1.10 节）。在这里应该注意到一个二阶效应。用 C++03 的技术定义变进函数的代价太大了，首先要避免这样的方法，除非存在压倒性的效率差距。在 C++11 中，定义变量的低成本通常使其成为更简单有效的选择。我们提供 concat 函数模板以及完整的实现，参见用例——按序处理可变参数。

可变类模板是该语言特性的另一个重要用例。一般形式为 std::pair 的元组不只包含两个对象，而是可以存储任意数量的异构类型对象：

⊖ std::string_view 标准库类型声明了 C++17 将会对此状况有所改善，因其可以与 const char * 和 std::string 进行无额外开销的转换，但即便如此，std::string_view 是由 char 声明出的，所以我们我们将会看到 $O(2^N)$ 替换了 $O(3^N)$——并没有多明显的改善。

```
Tuple<int, double, std::string> tup1(1, 2.0, "three");
    // tup1 holds an int, a double, and an std::string.

Tuple<int, int> tup2(42, 69);
    // tup2 holds two ints.
```

Tuple为指定类型集提供了一个容器，其形式类似于struct且不需要引入一个新的struct定义名。如上例所示，元组也正确地初始化了其指定类型（例如，tup2包含两个整数初始值，42和69）。在C++03中，可以通过组合std::pair来临时生成与自身近似元组的值：

```
#include <utility>  // std::pair
std::pair<int, std::pair<double, long> > v;
    // Define a holder of an int, a double, and a long, accessed as
    // v.first, v.second.first, and v.second.second, respectively.
```

理论上，复合使用std:pair类型可以扩展到任意深度；但是定义、初始化和使用这样的类型并不是无往不利的。另一种方法通常在C++03中使用，类似于上述定义add函数模板类，例如Cpp03Tuple，它有许多参数（比如9个），每个参数都被默认为一种特殊的标记类型（例如None），用来表示该参数未被使用：

```
struct None { };  // empty "tag" used as a special "not used" marker in Cpp03Tupl

template <typename T1 = None, typename T2 = None, typename T3 = None,
          typename T4 = None, typename T5 = None, typename T6 = None,
          typename T7 = None, typename T8 = None, typename T9 = None>
class Cpp03Tuple;
    // struct-like class containing up to 9 data members of arbitrary types
```

Cpp03Tuple可以同时存储、访问和修改多达9个值；例如，Cpp03Tuple<int, int ,std::string>由两个整型和一个字符串组成。

Cpp03Tuple的实现是通过各种元编程技巧来检测9个类型槽中哪个要被使用。boost:: tuple[⊖]采用了一种C++03时代的工业优势元组技术实现。相反，基于可变参数模板的现代C++元组的声明（和定义）要简单得多：

```
template <typename... Ts>
class Cpp11Tuple;  // class template storing an arbitrary sequence of objects
```

C++11引入了标准库模板std:: tuple，这是类似于Cpp11Tuple的一种声明。

我们可以借助std::tuple从一个函数返回多个值。假设定义一个函数minAverageMax，给定它一个双精度值的范围并返回其基数、最小值、平均值和最大值。在C++03中这样的一个函数接口可能包含多个输出参数，比如借助非const的左值引用：

```
#include <cstddef>  // std::size_t

template <typename Iterator>
void minAverageMax(std::size_t& numValues,    // (out only) number of inputs
                   double& minimum,           // (out only) minimum value
                   double& average,           // (out only) average value
                   double& maximum,           // (out only) maximum value
                   Iterator b, Iterator e);   // input range
    // Load into the specified numValues, minimum, average, and maximum
    // the corresponding values extracted from the specified range [b, e).
```

另一种方式是，可以定义一个单独的结构体（例如MinAverageMaxRes）合并移植到minAverageMax函数的接口中：

```
#include <cstddef>  // std::size_t

struct MinAverageMaxRes  // used in conjunction with minAverageMax (below)
{
```

⊖ 参见https://github.com/boostorg/tuple/blob/develop/include/boost/tuple/tuple.hpp。

```
    std::size_t count;    // number of input values
    double      min;      // minimum value
    double      average;  // average value
    double      max;      // maximum value
};

template <typename Iterator>
MinAverageMaxRes minAverageMax(Iterator b, Iterator e);
```

添加一个助手聚合 MinAverageMax 是有效的，但是需要相当数量的不可重用或无名样板代码。在 C++11 标准库中抽象 std::tuple 允许代码定义这样简单的动态对象集合：

```
#include <tuple>    // std::tuple
#include <cstddef>  // std::size_t

typedef std::tuple<std::size_t, double, double, double> MinAverageMaxRes;
    // type alias for a standard tuple of four specific scalar values

template <typename Iterator>
MinAverageMaxRes minAverageMax(Iterator b, Iterator e);
    // Return the cardinality, min, average, and max of the range [b, e).
```

现在，我们可以使用 minAverageMax 函数从双精度值向量中提取相关字段：

```
#include <vector>  // std::vector

void test(const std::vector<double>& v)
{
    MinAverageMaxRes res = minAverageMax(v.begin(), v.end());  // Calculate.
    std::size_t num = std::get<0>(res);  // Fetch slot 0, the number of values.
    double      min = std::get<1>(res);  // Fetch slot 1, the minimum value.
    double      ave = std::get<2>(res);  // Fetch slot 2, the average value.
    double      max = std::get<3>(res);  // Fetch slot 3, the maximum value.
    // ...
    std::get<2>(res) = 0.0;              // Store 0 in slot 2 (just FYI).
    // ...
}
```

注意，元组中的元素是以数字索引的方式访问的（从 0 开始）并且使用标准函数模板 std::get 进行读写操作。因此，std::tuple 的工作原理类似于编译时整数索引的异构元素数组。使用数字索引而不是成员名可能会影响可读性，但是，成员名可以以索引不具备的方式进行自我记录。

可变参数模板还有其他积极的用途，例如允许泛型代码将参数转发给其他函数且不需要提前知道所需参数的数量，尤其是构造函数。添加到 C++ 标准库的相关构件包括 std::make_ shared、std::make_ unique 和 emplace_ back 成员函数 std::vector（参见用例——对象工厂）。

这里还有很多东西需要分析。我们从理解可变类模板开始，泛类型的模板为理解可变参数函数提供了坚实的基础。在实践中，可变函数模板会更适用于高级元编程外的实现。

（1）可变类模板

假设我们想创建一个可以接收零到多个模板类参数的 C 语言类模板：

```
template <typename... Ts> class C;
    // The class template C can be instantiated with a sequence of zero or
    // more template arguments of arbitrary types.
```

首先，我们指出省略号（...）会被解析为一个单独的标记，就像 ++ 或 == 一样，所以省略号周围可以有任意空格。C++ 标准文档中的常用形式遵循书面散文的排版惯例：上述 C 声明中，... 紧靠左边并且会接一个空格。

注意，与非可变模板参数一样，表示模板参数的变量名（又称模板参数包）是可选的，通常在前向声明中省略：

```
template <typename... Ts> class C;  // with    name identifying parameter pack
template <typename...> class C;     // without  "       "          "       "
```

当省略符号（...）出现在 typename 或 class 之后及可选类型参数名（比如 Ts）之前时，它引入了一个模板参数包：

```
template <typename... Ts>  // Ts names a template parameter pack.
class C;
```

我们将 Ts 这种实体称为模板参数包以区分于函数参数包（参见可变函数模板）。参数包则是这两个词的合并，通常在没有歧义的情况下对其中任一个词的引用。模板参数包通常表示模板类型的列表参数（参见类型模板参数包），但也可以表示为列表的非类型模板参数包（参见非类型模板参数包）或一系列模板模板参数列表（参见模板模板参数包）。... 这种句法形式主要用于声明（包括相关定义）：

```
template <typename... Ts>
class C { /*...*/ };  // definition of class C
```

当相同的 ... 标记出现在一个现有模板参数包（例如 Ts）的右边时，则用来表示解包它：

```
#include <vector>  // std::vector

template <typename... Ts> class C  // definition of class C
{
    std::vector<Ts...> d_data;
        // using ... to unpack a template parameter pack
};
```

在上面的示例中，解包的结果是一个逗号分隔的实例化实例 C 类型列表。... 标记在模板参数包名称 Ts 之后使用，用以重新创建最初传递给实例 C 的参数序列。参考上面的示例，我们可以选择创建一个类型为 C<int> 的对象 x：

```
C<int> x;  // has data member, d_data, of type std::vector<int>
```

可以考虑创建一个对象 y，用来传递 std::allocator<char> 给实例 C：

```
C<char, std::allocator<char>> y;
    // y.d_data has type std::vector<char, std::allocator<char>>.
```

也就是说，对 C 来说，可以用 d_data 成员变量支持的任何类型序列对齐进行实例化。

像 C<float, double> 这样的实例化会相应地实例化 std::vector<float, double>，这是错误的做法，并且会导致 C 的实例化失败。还有其他几种解包模板参数包的情况和模式会在下面的类型模板参数包中详细描述。定义一个空的可变参数类模板 D：

```
template <typename...> class D { };  // empty variadic-class-template definition
```

我们现在可以通过提供任意数量的类型参数来创建类模板 D 的显式实例化：

```
D<>                d0;  // instantiation of D with no type arguments
D<int>             d1;  // instantiation of D with a single int argument
D<int, int>        d2;  // instantiation of D with two int arguments
D<int, const int>  d3;  // Note that d3 is a distinct type from d2.
D<double, char>    d4;  // instantiation of D with a double and char
D<char, double>    d5;  // Note that d5 is a distinct type from d4.
D<D<>, D<int>>     d6;  // instantiation of D with two UDT arguments
```

参数的数量和顺序是实例化类型的一部分，因此上述 d0 到 d6 的每个对象都是不同的 C++ 类型：

```
void f(const D<double, char>&);  // (1) overload of function f
void f(const D<char, double>&);  // (2)     "      "     "    "

void test()
{
    f(d4);  // invokes overload (1)
    f(d5);  // invokes overload (2)
}
```

下面几节将详细介绍如何做到以下几点：

- 通过参数包声明可变类模板和函数模板。

- 在类定义和函数体的实现中使用可变参数列表。

（2）类型模板参数包

类型模板参数包的名称表示可变模板声明中 class... 或 typename... 之后的一个由零个或多个参数组成的列表。

仔细查看可变参数类模板 C 的声明：

```
template <typename... Ts> class C { };
```

标识符 Ts 命名了一个模板参数包，它可以绑定到任何显式提供的类型序列，包括空序列：

```
C<> c0;              // OK, instantiation of C with no type arguments
C<int> c1;           // OK, instantiation of C with a single int argument
C<float, bool> c2;   // OK, instantiation of C with two type arguments
```

但是，不允许向 C 语言传递非类型的参数：

```
C<128> cx0;           // Error, expecting type template argument, 128 provided
C<std::vector> cx1;   // Error, expecting type argument, template name provided
C<int, 42, int> cx2;  // Error, expecting type argument in second position
```

模板参数包可以与简单模板参数一起出现，前提是有一个限制：主类模板声明最多允许在模板参数列表的末尾有一个可变参数包（回顾在标准 C++ 术语中，类模板的主要声明是引入模板名称的第一个声明。类模板的所有特化和部分特化都要求存在主声明。）：

```
template <typename... Ts>
class C0  { };  // OK

template <typename T, typename... Ts>
class C1  { };  // OK

template <typename T, typename U, typename... Ts>
class C2  { };  // OK

template <typename... Ts, typename... Us>
class Cx0 { };  // Error, more than one parameter pack

template <typename... Ts, typename T>
class Cx1 { };  // Error, parameter pack must be the last template parameter.
```

没有什么好的办法可以给参数包指定默认值，但参数包可以有一个默认参数：

```
template <typename... Ts = int>
class Cx2 { };  // Error, a parameter pack cannot have a default.

template <typename T = int, typename... Ts = char>
class Cx3 { };  // Error, a parameter pack cannot have a default.

template <typename T = int, typename... Ts>
class C3  { };  // OK

C3<> c31;                       // OK, T=int, Ts=<>
C3<char> c32;                   // OK, T=char, Ts=<>
C3<char, double, int> c33;      // OK, T=char, Ts=<double, int>
```

模板参数包是一种不同于其他 C++ 实体的类型。它们不是 C++03 定义中的类型、值或其他什么。因此，参数包不受人们期望的任何常见操作的约束：

```
template <typename... Ts>
class Cx4
{
    Cx4<Ts>* next;       // Error, cannot use unexpanded parameter pack Ts
    Ts memberVariable;   // Error,    "     "      "        "      "   "
    typedef Ts Ts1;      // Error,    "     "      "        "      "   "
    using Ts2 = Ts;      // Error,    "     "      "        "      "   "
};
```

我们无法使用未解包的参数包。引入参数包后，参数包的名称只能作为包扩展的一部分出现。

我们已经认识了简单的扩展包 Ts...，它展开为 Ts 绑定到的类型列表。这种扩展只允许在某些允许多种类型的上下文中使用：

```
template <typename... Ts>
class Cx5
{
    Cx5<Ts...>* d_next;       // OK, instantiate Cx5 in definition of member.
    Cx5<Ts...> f0();          // OK, instantiate Cx5 in member function signature.
    void f1(Cx5<Ts...>&);     // OK,      "        "    "     "         "
    Ts... d_memberVariable;   // Error, expansion as a member type
    typedef Ts... Ts1;        // Error, expansion as a typedef type
    using Ts2 = Ts...;        // Error, expansion as a using declaration argument
};
```

注意，上面的代码是无效的，即使 Ts 包含单个类型，比如实例化的 Cx5<int>。包扩展不能在任意地点使用，它只能在特定的定义良好的上下文中使用。第一个这样的上下文，如上面代码示例中的成员变量 d_next 所示，位于模板参数列表中。注意模式是如何被其他参数或展开包围的：

```
#include <map>  // std::map

template <typename... Ts>
class C4
{
    void arbitraryMemberFunction()        // for illustration purposes
    {
        C4<Ts...>                  v0;  // OK, same type as *this
        C4<int, Ts...>             v1;  // OK, expand after another argument.
        C4<Ts..., char>            v2;  // OK, expand before another argument.
        C4<char, Ts..., int>       v3;  // OK, expand in between.
        C4<void, Ts..., Ts...>     v4;  // OK, two expansions
        C4<char, Ts..., int, Ts...> v5;  // OK, no need for them to be adjacent
        C4<void, C4<Ts...>, int>   v6;  // OK, expansion nested within
        C4<Ts..., C4<Ts...>, Ts...> v7;  // OK, mix of expansions
        std::map<Ts...>            v8;  // OK, works with nonvariadic template
    }
};
```

上面的示例说明了如何不以文本方式展开包，就像 C 语言预处理器展开宏一样。如果 Ts 为空，一个简单的文本扩展 C4<char, Ts..., int> 将变为 C4<char, , int>（即实例化 C4<>）。包扩展不仅是文本上的而且是语法上的，并且会“知道”消除由空参数包扩展引起的任何虚假逗号。

在模板参数列表的上下文中，Ts... 并不是唯一一个可以扩展的模式。任何使用 Ts 的模板实例化（例如，D<Ts>...）都可以扩展为一个单元，其结果是依次使用 Ts 中的每一种类型的模板实例化列表。注意，在下面的示例中，展开符 D<Ts...> 和 D<Ts>... 都是有效的，但会产生不同的结果：

```
#include <vector>  // std::vector

template <typename... Ts> class D
{
    void memberFunction()
    {
        D<Ts...> v0;                // OK, same type as *this
        D<D<Ts...>> v1;             // OK, expand to D<D<T0, T1, ...>>.
        D<D<Ts>...>  v2;            // OK, expand to D<D<T0>, D<T1>, ...>.
        D<std::vector<Ts>...> v3;   // OK, expand to C1<std::vector<T0>, ...>.
    }
};
```

对类型参数包来说，第二重要的包扩展上下文位于基本说明符列表中。所有形成有效基本说明符的模式都是允许的：

```
template <typename... Ts>   // zero or more arguments
class D1 : public Ts...     // Publicly inherit T0, T1, ...
{ /*...*/ };

template <typename... Ts>
```

```
class D2 : public D<Ts>...  // Publicly inherit D<T0>, D<T1>, ...
{ /*...*/ };

template <typename... Ts>
class D3 : public D<Ts...>  // Publicly inherit D<T0, T1, ...>
{ /*...*/ };
```

访问控制说明符（public、protected、private）可以像往常一样应用。

但是，在单个展开模式中，所有展开元素的访问说明符必须相同：

```
template <typename... Ts>
class D4 : private Ts...   // Privately inherit T0, T1, ...
{ /*...*/ };

template <typename... Ts>
class D5 : public Ts..., private D<int, Ts>...
    // Publicly inherit T0, T1, ...
    // and privately inherit D<int, T0>, D<int, T1>, ...
{ /*...*/ };
```

包扩展可以与简单的基本说明符自由混合：

```
class AClass1 { /*...*/ };  // arbitrary class definition
class AClass2 { /*...*/ };  //     "        "        "

template <typename... Ts>
class D6 : protected AClass1, public Ts...                // OK
{ /*...*/ };

template <typename... Ts>
class D7 : protected AClass1, private Ts..., public AClass2  // OK
{ /*...*/ };
```

如果正在展开的参数包（例如上面代码片段中的 Ts）为空，则展开不会引入任何基类。扩展机制是语法的而非文本的。例如，在实例化 D7<> 时，私有片段 Ts...，完全消失，留下 D7<> 和 AClass1 作为保护基类，AClass2 作为共有基类。

总结一下，类型模板参数包的两个基本形参展开上下文分别位于模板实参列表和基本说明符列表中。

（3）可变类模板的特化

回顾 C++03 在通过主类模板声明引入类模板之后，可以创建该类模板的特化和部分特化。我们可以通过向参数包提供零个或多个参数来声明可变类模板的特化：

```
template <typename... Ts> class C0;  // primary class template declaration

template <> class C0<>;              // Specialize C0 for Ts=<>.
template <> class C0<int>;           // Specialize C0 for Ts=<int>.
template <> class C0<int, void>;     // Specialize C0 for Ts=<int, void>.
```

类似的特化可以应用于在模板参数包前面有其他模板参数的类模板。非包模板形参必须与实参精确匹配，后跟零个或多个形参包的实参：

```
template <typename T, typename... Ts>
class C1;                              // primary class template declaration

template <> class C1<int>;             // Specialize C1 for T=int, Ts=<>.
template <> class C1<int, void>;       // Specialize for T=int, Ts=<void>.
template <> class C1<int, void, int>;  // Specialize for T=int, Ts=<void, int>.
template <> class C1<>;                // Error, too few template arguments
```

类模板的部分特化可以使用多个参数包，因为部分特化中涉及的一些类型本身可能使用参数包。例如，考虑一个可变类模板 Tuple，它被定义为只有一个参数包：

```
template <typename... Ts> class Tuple  // variadic class template
{ /*...*/ };
```

进一步假设可变类模板 C2 的主声明也有一个类型参数包。除了声明之外，我们还引入了定义，以便稍后实例化 C2：

```
template <typename... Ts> class C2
    // (0) primary declaration of variadic class template C2
{ /*...*/ };
```

这个简单的设置允许各种部分特化。首先，我们可以部分特化 C2 用于两个实例化了完全相同类型的元组：

```
template <typename... Ts>
class C2<Tuple<Ts...>, Tuple<Ts...>>  // (1) two identical Tuples
{ /*...*/ };
```

我们还可以为 C2 的两个元组部分特化，但使用不同的类型参数：

```
template <typename... Ts, typename... Us>
class C2<Tuple<Ts...>, Tuple<Us...>>  // (2) any two Tuples
{ /*...*/ };
```

此外，我们可以对匹配两个后跟零或多个参数的任意 Tuple 进行 C2 特化：

```
template <typename... Ts, typename... Us>
class C2<Tuple<Ts...>, Us...>  // (3) any Tuple followed by 0 or more types
{ /*...*/ };
```

还有其他无限可能，下面展示的是 C2 的另一个部分特化，它有三个模板形参包，它们将匹配两个后跟零或多个参数的任意元组：

```
template <typename... Ts, typename... Us, typename... Vs>
class C2<Tuple<Ts...>, Tuple<Us...>, Vs...>
    // (4) Specialize C2 for Tuple<Ts...> in the first position,
    // Tuple<Us...> in the second position, followed by zero or more
    // arguments.
{ /*...*/ };
```

现在我们已经有了主要模板 C2 的定义和它的四个部分特化，让我们看一下实例化 C2 的几个变量定义。类模板特化的部分排序[⊖]将决定每个实例化的最佳匹配，并推导出适当的模板参数：

```
C2<int>                            c2a;  // uses (0), Ts=<int>
C2<Tuple<int>, Tuple<int>>         c2b;  // uses (1), Ts=<int>
C2<Tuple<int, char>, Tuple<char>> c2c;  // uses (2), Ts=<int,char>, Us=<char>
C2<Tuple<int, int>, char>          c2d;  // uses (3), Ts=<int,int>, Us=<char>
C2<Tuple<int>, Tuple<char>, void> c2e;  // uses (4), Ts=<int>, Us=<char>, Vs=<void>
```

注意对于 c2c 的定义，部分排序是如何选择（2）而不是（4）的，尽管（2）和（4）是一个匹配的，一个匹配的非变参模板总是比一个包含参数包演绎的模板更好的匹配。即使在部分特化中，如果特化的模板参数是包展开，它也必须位于最后的位置：

```
template <typename... Ts>
class C2<Ts..., int>;
    // Error, template argument int can't follow pack expansion Ts....

template <typename... Ts>
class C2<Tuple<Ts>..., int>;
    // Error, template argument int can't follow pack expansion Tuple<Ts>....

template <typename... Ts>
class C2<Tuple<Ts...>, int>;
    // OK, pack expansion Ts... is inside another template.
```

参数包是用于定义部分特化的简洁而灵活的占位符——“这里适合零个或多个类型”的通用符。主类模板甚至不需要可变参数。例如，考虑一个非变分类模板 Map，它仿照 std:: Map 类模板：

⊖ 参见 iso14, 14.5.5.2 节，“Partial ordering of class template specializations” 第 339～340 页。

```
template <typename Key, typename Value> class Map;  // similar to std::map
```

然后，我们希望部分特化另一个非可变类模板 C3 映射，不考虑键和值：

```
template <typename T> class C3;    // (1) primary declaration; C3 not variadic

template <typename K, typename V>  // (2a) Specialize C3 for all Maps, C++03 style.
class C3<Map<K, V>>;
```

可变参数提供了更简洁、更灵活的选择：

```
template <typename... Ts>  // (2b) Specialize C3 for all Maps, variadic style.
class C3<Map<Ts...>>;
    // Note: Map works with pack expansion even though it's not variadic,
    // but Ts... must comprise the number and types of arguments appropriate
    // for instantiating one.
```

(2b) 相对于 (2a) 最重要的优势是灵活性。在维护过程中，Map 可能会获取额外的模板参数，比如比较子函数和分配器。改变 Map 需要对 C3 的特化进行操作 (2a)，而 (2b) 将继续工作，因为 Map<Ts...> 将容纳 Map 可能累积的任何其他模板参数。应用程序必须使用非变形体 (2a) 或变形体 (2b) 的部分特化，但不能同时使用两者。如果两者都存在，(2a) 总是首选，因为精确匹配总是比推导参数包的匹配更特化。

（4）可变别名模板

别名模板（自 C++11 以来）是一种将名称与类型族相关联的新方法，无须定义转发粘合代码。关于该主题的详细信息可参见 2.1.18 节。这里，我们关注模板参数包对别名模板的适用性。

例如，考虑 Tuple，它可以存储任意数量的异构类型对象：

```
template <typename... Ts> class Tuple;  // Declare Tuple.
```

假设我们想在 Tuple 之上构建一个简单的抽象——一个“命名元组”，其中 std::string 作为它的第一个元素，后面是元组可以存储的任何元素：

```
#include <string>  // std::string

template <typename... Ts>
using NamedTuple = Tuple<std::string, Ts...>;
    // Introduce alias for Tuple of std::string and anything.
```

通常，别名模板接受模板参数包的规则与主类模板声明相同：别名模板最多允许在最后一个位置接受一个模板参数包。别名模板不支持专有化或部分特化。

（5）可变函数模板

考虑一个可变函数模板，它在其模板形参列表中接受一个模板形参包，但在其函数形参列表中不使用任何模板形参：

```
template <typename... Ts>
int f0a();      // does not use Ts in parameter list

template <typename... Ts>
int f0b(int);  // uses int but not Ts in parameter list

template <typename T, class... Ts>
int f0c();      // does not use T or Ts in parameter list
```

调用上面代码片段中所示函数的唯一方法是使用显式的模板参数列表：

```
int a1 = f0a<int, char, int>();  // Ts=<int, char, int>
int a2 = f0b<double, void>(42);  // Ts=<double, void>
int a3 = f0c<int, void, int>();  // T=int, Ts=<void, int>
int e1 = f0a();                  // Error, cannot deduce Ts
int e2 = f0b(42);                // Error, cannot deduce Ts
int e3 = f0c();                  // Error, cannot deduce T and Ts
```

f0a<int, char, int>() 表示显式地使用指定的类型参数实例化模板函数 f0a，并调用该实例化。当然，调用上面所示的任何实例都需要函数模板的相应定义存在于程序中的某个地方：

```
template <typename...> void f0a() { /*...*/ }  // variadic template definition
```

该定义通常是声明的一部分，或与声明一起放在同一个头文件或源文件中，参见 3.1.9 节。

除了工厂函数的特例，例如 make_shared，这样的函数在实践中很少遇到。大多数时候，模板函数会在函数形参列表中使用它的模板参数。现在考虑另一种可变函数模板——它接受任意数量的模板参数和任意数量的函数参数，与模板参数一起工作。

（6）函数参数包

声明接受任意数量函数参数的可变函数模板的语法使用了两种不同的省略号（...）标记。第一个用途是引入模板参数包 Ts，如前文所介绍。为了使函数模板的函数形参表可变，我们引入了一个函数形参包，将 ... 放在函数参数名称的左侧：

```
template <typename... Ts>  // template parameter pack Ts
int f1a(Ts... values);     // function parameter pack values
   // f1a is a variadic function template taking an arbitrary sequence of
   // function arguments by value (explanation follows), each independently of
   // arbitrary heterogeneous type.
```

函数参数包是接受零个或多个函数参数的函数参数。从语法上讲，函数参数包类似于常规函数参数声明，但有两个区别：

- 声明中的类型至少包含一个模板参数包。
- 省略号 ... 需要插入在函数参数名之前，或者用来替换不存在的参数名，如果没有，则表示尚未使用的参数。

因此，上述 f1a 的声明有一个模板参数包 Ts 和一个函数参数包 values。函数参数声明 Ts... 表示将根据值匹配零或多个不同类型的参数。将参数声明替换为 const Ts&... 值将导致对 const 的引用传递参数。与非可变函数模板一样，可变模板参数列表允许包含任何限定符（const 和 volatile）和声明符操作符（例如指针 *、引用 &、转发引用 && 和数组 []）的合法组合：

```
template <typename... Ts> void f1b(Ts&...);
   // accepts any number and types of arguments by reference

template <typename... Ts> void f1c(const Ts&...);
   // accepts any number and types of arguments by reference to const

template <typename... Ts> void f1d(Ts* const*...);
   // accepts any number and types of arguments by pointer to const
   // pointer to nonconst object

template <typename... Ts> void f1e(Ts&&...);
   // accepts any number and types of arguments by forwarding reference

template <typename... Ts> void f1f(const volatile Ts*&...);
   // accepts any number and types of arguments by reference to pointer to
   // const volatile objects
```

为了更好地理解可变函数模板声明的语法，区分两个互补的 ... 符号很重要。首先，如“模板模板参数包”中所述，typename... Ts 引入了一个名为 Ts 的模板参数包，它匹配任意类型序列。... 的第二次出现表示它是一个包的扩展，将 Ts...、const Ts&...、Ts* const*... 等转换为逗号分隔的函数参数列表，其中每个连续参数的 C++ 类型由 Ts 中对应的类型决定。这就得到一个函数参数包。

从概念上讲，一个可变模板函数声明可以被认为是多个类似的包含 0、1 的声明集合，参数在可变参数声明之后形成：

```
template <typename... Ts> void f1c(const Ts&...);
   // variadic, any number of arguments, any types, all by const &

void f1c();
```

```
    // pseudo-equivalent for variadic f1c called with 0 arguments

template <typename T0> void f1c(const T0&);
    // pseudo-equivalent for variadic f1c called with 1 argument

template <typename T0, typename T1>
void f1c(const T0&, const T1&);
    // pseudo-equivalent for variadic f1c called with 2 arguments

template <typename T0, typename T1, typename T2>
void f1c(const T0&, const T1&, const T2&);
    // pseudo-equivalent for variadic f1c called with 3 arguments

// ...                          (and so on ad infinitum)
```

一个好的直观模型是，函数参数列表中的包扩展就像一个参数声明的“弹性”列表，可以适当地扩展或收缩。注意，包扩展中的类型可能都不同，但函数参数包中指定的限定符（const 或 volatile）和声明符运算符（即指针 *、引用 &、右值引用 && 和数组 []）会应用于每个参数。

可变函数模板可以采用附加的模板参数以及附加的函数参数：

```
template <typename... Ts> void f2a(int, Ts...);
    // one int followed by zero or more arbitrary arguments by value

template <typename T, typename... Ts> void f2b(T, const Ts&...);
    // first by value, zero or more by const &

template <typename T, typename U, typename... Ts> void f2c(T, const U&, Ts...);
    // first by value, second by const &, zero or more by value
```

这种声明是有限制的；参见描述——贪心匹配规则和公平匹配规则。

注意，对于函数的参数列表，... 只能与模板参数包配合使用。使用 ... 时如果没有参数包可以扩展，可能会无意中使用旧的 C 语言可变参数：

```
template <typename T, typename... Ts>
void good(T, Ts...);                 // variadic template

template <typename T, typename... Ts>
void oops(T, T...);                  // old C-style variadic
```

这种错误可能是由 oops 声明中的一个简单拼写错误引起的，致使各种令人费解的编译或链接错误。参见潜在缺陷——意外使用 C 语言类型的省略号。

可以使用形参包名称（例如 Ts）作为模板形参：

```
template <typename> struct S1;  // declaration only

template <typename... Ts>       // parameter pack named Ts
int fs1(S1<Ts>...);
    // Pack expansion for explicit instantiation of S1 accepts any number of
    // independent explicit instantiations of S1 by value.
```

参数包名称 Ts 的作用就好像它是每个函数参数的单独类型参数，因此允许在每个参数位置对 S1 进行不同的实例化。但是如果要对用户定义类型 S1 的参数调用 fs1，S1 必须是一个完整的类型——也就是说，它的定义必须在当前转换单元中函数的调用点之前：

```
int s1a = fs1(S1<int>());            // Error, S1 declared but not defined

template <typename T>
struct S1 { /*...*/ };               // Introduce definition for S1.

int s1b = fs1();                     // Ts is the empty pack.
int s1c = fs1(S1<const char*>());    // Ts=<const char*>
int s1d = fs1(S1<int>(), S1<bool>()); // Ts=<int, bool>
```

更复杂的设置也是可行的。例如，我们可以编写可变函数模板，它对接受两个独立类型参数的用户定义类型模板的实例化进行操作：

```
template <typename, typename>
struct S2;                  // two-parameter class template declaration

template <typename... Ts>   // parameter pack named Ts
int fs2(S2<Ts, Ts>...);
    // The function fs2 takes by value any number of explicit instantiations
    // of S2 as long as they use the same type in both positions.
```

只有当我们为两个模板参数提供具有相同类型的 S2 实例化时，对 fs2 的调用才有效：

```
template <typename, typename> struct S2 { /*...*/ };  // S2's definition

int s2a = fs2();                                     // OK
int s2b = fs2(S2<char, char>());                     // OK
int s2c = fs2(S2<int, int>(), S2<bool, bool>());    // OK
int s2d = fs2(S2<char, int>());                      // Error
int s2e = fs2(S2<char, const char>());               // Error
```

上面最后两个调用的问题是，实例化 S2<char, int> 和 S2<char, const char> 违反了 S2 实例化中的两种类型必须相同的要求，因此没有办法提供或推导一些 Ts 完成调用工作。

（7）可变成员函数

可变成员函数有两种正交方式：包含它们的类可以是变参，它们本身也可以是变参。最简单的情况是非模板类的可变成员函数：

```
struct S3                                     // nonvariadic nontemplate class
{
    template <typename... Ts> int f(Ts...);   // OK
};

int s3 = S3().f(1, "abc");                    // Ts=<int, const char*>
```

非可变类模板也可以声明可变成员函数：

```
template <typename T>
struct S4                                              // class template
{
    template <typename... Ts> int f1(Ts...);           // OK, variadic member
                                                       // function template

    template <typename... Ts> int f2(T, const Ts&...); // OK
};

int s3b = S4<int>().f1(1, false, true);                // Ts=<int, bool, bool>
int s3c = S4<int>().f2(1, false, true);                // Ts=<bool, bool>
```

可变类模板可以有常规成员函数、接受自己模板参数的成员函数和可变成员函数模板：

```
template <typename... Ts>
struct S5
{
    int f1();        // nontemplate member function of variadic class template

    template <typename T>
    int f2(T);       // member function template of variadic class template

    template <typename... Us>
    int f3(Us...);   // variadic member function template of variadic class template
};

int s5a = S5<int, char>().f1();
    // Ts=<int, char>

int s5b = S5<char, int>().f2(2.2);
    // Ts=<int, char>, T=double

int s5c = S5<int, char>().f3(1, 2.2);
    // Ts=<int, char>, Us=<int, double>
```

虽然在某种意义上可变类模板（如上面的 S5）的所有成员函数都是可变参数，但类的模板参数包（如上面的 Ts）在类实例化时是固定的。唯一真正的可变函数是 f3，因为它有自己的模板参数包 Us。

可变类中成员函数的参数列表通常使用定义它的类的模板参数包：

```
template <typename... Ts>
struct S6                   // variadic class template
{
    int f1(const Ts&...);   // OK, not truly variadic; Ts is fixed

    template <typename T>
    int f2(T, Ts...);       // OK, also not truly variadic; Ts is fixed

    template <typename... Us>
    int f3(Ts..., Us...);   // OK, variadic template member function
};

int s6a = S6<int, char>().f1(1, 'a');
    // Ts=<int, char>

int s6b = S6<char, int>().f2(true, 'b', 2);
    // Ts=<char, int>, T=bool

int s6c = S6<int, char>().f3(1, 2, "asd", 123.456);  // 2 converted to char
    // Ts=<int, char>, Us=<const char*, double>
```

注意，在 s6c 的初始化中，类模板 S6 的类型参数 Ts 必须显式选择，而可变模板 f3 不需要指定 Us，因为它们是从参数类型推导出来的。最后一个示例是模板参数推导的重要主题。

（8）模板参数推导

自从模板被纳入 C++ 语言标准化以来，函数模板的一个流行特性就是能够根据所提供的参数类型确定它们的模板参数。例如，考虑设计和使用 print 函数，该函数将其参数输出到控制台。在大多数情况下，只让 print 从函数实参的类型推断其模板实参具有简洁、正确和高效的优点：

```
#include <string>  // std::string

template <typename T> void print(const T& value);  // prints value to stdout

void testPrint0(const std::string& s)
{
    print<const char*>("Hi");
        // verbose:   specifies template argument and function argument
        // Redundant: Function argument's type is the template argument.

    print<int>(3.14);
        // Error-prone: narrowing conversion (prints 3)

    print<std::string>("Oops");
        // inefficient: might incur additional expensive implicit conversions

    print("Hi");
    print(3.14);
    print(s);
        // All good: Let print deduce template argument from function argument.
}
```

神奇的 C++ 模板参数推导可以使调用工作的形式更短，这一点同样也适用于可变模板参数。关于模板参数推导的所有规则的详细描述，包括继承自 C++03 的规则，不在本书的讨论范围之内[㊀]。这里，我们主要关注可变函数模板对规则的添加。

假设我们开始重新设计 print 的 API（在上面的代码示例中），以输出任意数量的参数到控制台：

```
#include <string>  // std::string
```

㊀ 参见 meyers15b，第一章，“Deducing Types”，第 9～35 页。

```
template <typename... Ts>              // template parameter pack Ts
void print(const Ts&... values);       // prints each of values to stdout

void testPrint1(const std::string& s)  // arbitrary function
{
    print<const char*, int, std::string>("Hi", 3.14, "Oops");
        // Verbose:     We specify template arguments and function arguments.
        // Redundant:   Function arguments' types are the template arguments.
        // Error-prone: narrowing conversion (prints 3)
        // Inefficient: Additional expensive implicit conversations might arise.

    print("Hi", 3.14, s);
        // All good: Deduce template arguments from function arguments.
}
```

编译器将从函数参数值的相应类型中独立推导出 Ts 中的每种类型：

```
void testPrint2()  // arbitrary function
{
    print();                // OK, Ts=<>
    print(42, true);        // OK, Ts=<int, bool>
    print(42.2, "hi", 5);   // OK, Ts=<double, const char*, int>
}
```

如上述 testPrint2 的第一行所示，当实例化一个函数模板时可以指定一个模板参数包：

```
void testPrint3()  // arbitrary function
{
    print<>();                      // OK, exact match
    print<int, bool>(42, true);     // OK, exact match
    print<int, bool>('a', 'b');     // OK, arguments convertible to parameters
}
```

我们可以只指定模板参数包的前几种类型，并用其他类型的参数进行推导，将显式的模板实参说明和模板实参演绎混合在一起：

```
void testPrint4()  // arbitrary function
{
    print<>(5, 'a');                    // OK, Ts=<int, char>
    print<unsigned int>(42, true);      // OK, Ts=<unsigned int, bool>
    print<int, int>('a', "ab", 1);      // Error, cannot deduce Ts
}
```

这种显性和隐性的混合可能很有趣，但其实并不新鲜，自从 C++ 第一次标准化以来，函数模板就是如此。这里的新元素是指定模板参数包的一个片段。一般情况下，函数可以以各种方式混合模板参数包与其他模板参数包、参数包与其他函数参数。

（9）贪心匹配规则

模板参数包（但不是函数参数包）的贪心匹配规则规定，一旦模板开始匹配一个显式指定的模板参数，它也会匹配之后所有模板参数。没有办法确认模板参数包匹配得足够好。模板参数包是贪心的。

因此，没有语法方法可以显式地指定任意模板参数后跟着一个匹配模板参数包的参数，第一个包将包括所有剩余的实参。简单地说，模板参数包后面的模板参数永远不能显式地指定为模板实参。

注意，该规则只在包开始匹配时生效，也就是说，它已经匹配了至少一项；实际上，有一些合法的情况是参数列表根本不匹配，我们将在之后讨论这一点。

使用贪心匹配规则允许我们相对轻松地找到各种包和非包模板参数的组合。

在最简单和最常见的情况下，函数接受一个模板参数包和一个函数参数包，都在最后的位置：

```
template <typename T1, typename T2, typename... Ts>  // ... in last position
int f1(T1, T2, const Ts&...);                        // ... in last position
```

在这种情况下，不需要使用贪心匹配规则，因为包之后没有参数。模板参数推导可以用于所有 T1、T2 和 Ts，也可以用于其中一个子集。在最简单的情况下，不指定模板参数且模板参数推导用于所有：

```
int x1a = f1(42, 2.2, 'a', true);
    // T1=int, T2=double, Ts=<char, bool> (all deduced)
```

显式指定的模板实参，如果有的话，将按照声明的顺序匹配模板参数。因此，如果我们指定一种类型，它绑定到 T1：

```
int x1b = f1<double>(42, 2.2, 'a', true);
    // T1=double (explicitly), T2=double (deduced), Ts=<char, bool> (deduced)
```

如果我们指定了两种类型，它们将按以下顺序绑定到 T1 和 T2：

```
int x1c = f1<double, char>(42, 65, "abc", true);
    // T1=double (explicitly), T2=char (explicitly),
    // Ts=<const char*, bool> (deduced)
```

注意，在上面的两个示例中，我们还进行了隐式转换，也就是说，42 转换为 double 类型，65 转换为 char 类型。此外，调用可以指定 T1、T2 和全部的 Ts：

```
int x1d = f1<const char*, char, bool, double>("abc", 'a', true, 42U);
    // T1=const char* (explicitly), T2=char (explicitly),
    // Ts=<bool, double> (explicitly)
```

如前所述，调用可以指定 T1、T2 和 Ts 中的前几个类型：

```
int x1e = f1<const char*, char, bool, double>("abc", 'a', true, 42, 'a', 0);
    // T1=const char* (explicitly), T2=char (explicitly),
    // Ts=<bool, double, char, int> (first two explicitly, others deduced)
```

现在看看一个模板参数包不在最后位置的函数。在参数列表中，函数参数包仍然位于最后的位置：

```
template <typename T, typename... Ts, typename U>  // ... not last
int f2(T, U, const Ts&...);
```

在这种情况下，根据贪心匹配规则，没有办法显式地指定 U，所以调用 f1 的唯一方法是让 U 推导出来：

```
int x2a = f2(1, 2);
    // T=int (deduced), U=int (deduced), Ts=<> (by arity)

int x2b = f2<long>(1, 2, 3);
    // T=long (explicitly), U=int (deduced), Ts=<int> (deduced)
```

传递给 f2 的第一个模板参数，如果有的话，将被 T 匹配。注意，在初始化 x2a 时推导空的模板参数包不需要演算，空长度由调用的参数数量推导。相反，在初始化 x2b 时，推导了一个长度为 1 的包。任何后续的模板参数都将被 Ts 按照贪心匹配规则一起匹配：

```
int x2c = f2<long, double, char>(1, 2, 3, 4);
    // T=long (explicitly), U=int (deduced), Ts=<double, char> (explicitly)

int x2d = f2<int, double>(1, 2, 3.0, "four");
    // T=int (explicitly), U=int (deduced), Ts=<double, const char*>
    // (partially explicit, partially deduced)

int x2e = f2<int, char, double>(1, 'a', 3.0);
    // Error, no viable function for T=int, U=char, and Ts=<char, double>
```

在所有情况下，必须推导出 U 才能在重载解析和模板参数推导期间匹配对 f2 的调用。

另一种使模板参数即使位于参数包之后也能工作的方法是给它赋值一个默认实参：

```
template <typename... Ts, typename T = int>
T f3(Ts... values);
```

由于 f3 的定义方式，无法推导或指定 T，所以它将始终为 int，因此对于模板参数来说并没有明显的用途：

```
int x3a = f3("one", 2);
    // Ts=<const char*, int> (deduced), T=int (default)

int x3b = f3<const char*>("one", 2);
    // Ts=<const char*, int> (partially deduced), T=int (default)

int x3c = f3<const char*, int>("one", 2);
    // Ts=<const char*, int> (explicitly), T=int (default)
```

（10）公平匹配规则

为了进一步探索参数包与C++其他部分交互的各种方式，让我们来看一个函数，它的类型表示在模板参数包后面，还有一个普通函数参数跟在函数参数包之后：

```
template <typename... Ts, typename T>
int f4(Ts... values, T value);
```

在这里，我们应用了一种新的规则，即公平匹配规则，它在很大程度上与贪心匹配规则相反。当函数参数包（例如上面的values）不在函数参数列表的末尾时，就不能推导出它对应的类型参数包（例如上面的Ts）。

该规则使函数参数包的值是公平的，因为函数参数包后面的函数形参有机会匹配函数实参。

看看如何将该规则应用于f4。在只有一个参数的调用中，T不会被推导出来，所以它强制匹配空列表，T匹配实参的类型：

```
int x4a = f4(123);      // Ts=<> (forced nondeduced), T=int
int x4b = f4('a');      // Ts=<> (forced nondeduced), T=char
int x4c = f4('a', 2);   // Error, cannot deduce Ts
```

当且仅当显式地向编译器提供Ts时，可以使用多个参数进行调用：

```
int x4d = f4<int, char>(1, '2', "three");
    // Ts=<int, char> (explicitly), T=const char*
```

顺便说一句，对于f4，因为其遵循贪心匹配规则，所以没有办法显式指定T：

```
int x4e = f4<int, char, const char*>(1, '2', "three");
    // Error, Ts=<int, char, const char*> (explicitly), no argument for T value
```

注意，这两个规则同时作用于同一个函数调用时不会产生竞争，因为它们在不同的地方应用：模板参数包使用贪心匹配规则，函数参数包使用公平匹配规则。

现在考虑声明一个具有两个连续参数包的函数，并看看这些规则在调用中是如何一起工作的：

```
template <typename... Ts, typename... Us>  // two template parameter packs
int f5(Ts... ts, Us... us);                //  "  function     "       "
```

根据贪心匹配规则，我们不能明确指定Us，所以我们只能依赖演绎。根据公平匹配规则，Ts不能被推导出来。首先，让我们分析一个没有模板参数的调用：

```
int x5a = f5(1);
    // Ts=<> (forcibly), Us=<int>

int x5b = f5(1, '2');
    // Ts=<> (forcibly), Us=<int, char>

int x5c = f5(1, '2', "three");
    // Ts=<> (forcibly), Us=<int, char, const char*>
```

每当调用没有指定模板参数时，就不能推导Ts，所以它最多只能匹配空列表。这就把所有的参数都留给了我们，而推导将按照我们的预期工作。这种从右到左的匹配一开始可能会让人不习惯，需要仔细阅读C++标准的不同部分，但是通过使用这两个规则很容易解释。现在看一个调用来指定模板参数：

```
int x5d = f5<int, char>(1, '2');
    // Ts=<int, char> (explicitly), Us=<>
```

```
int x5e = f5<int, char>(1, '2', "three");
    // Ts=<int, char> (explicitly), Us=<const char*>

int x5f = f5<int, char>(1, '2', "three", 4.0);
    // Ts=<int, char> (explicitly), Us=<const char*, double>
```

根据贪心匹配规则，所有显式的模板参数都指向 Ts，而根据公平匹配规则，没有对 Ts 进行推导，因此，甚至在查看函数参数之前，我们就知道 Ts 正好是 <int, char> 从这里开始：前两个参数指向 ts，其他所有参数（如果有的话）全部指向 us。

（11）函数模板参数匹配的极端情况

有些情况下会写出永远不能调用的模板函数，无论是使用显式模板形参还是依赖模板实参推导都不行：

```
template <typename... Ts, typename T>
void odd1(Ts... values);
```

通过对 Ts 应用贪心匹配规则，Ts 永远不能被明确地指定。此外，Ts 也不能被推导出来，因为它不是函数参数列表的一部分。因此，odd1 是不可能被调用的。根据标准 C++，这样的函数声明是无须诊断的格式错误（IFNDR）。当前的编译器允许在没有警告的情况下定义这样的函数。然而，任何符合条件的编译器都不允许调用这样一个有很大问题的函数。另一种情况是可变参数函数可以实例化，但它的一个或多个参数包的长度必须始终为零：

```
template <typename... Ts, typename... Us, class T>
int odd2(Ts..., Us..., T);  // specious
```

如果只依赖模板实参推导而不使用任何显式模板实参，那么任何调用 odd2 的尝试都将迫使 Ts 和 Us 都进入空列表，因为根据公平匹配规则，Ts 和 Us 都不能从模板实参推导中获益。因此带有两个、三个或更多参数的调用会失败：

```
int x2a = odd2(1, 2.5);            // Error, Ts=<>, Us=<>, too many arguments
int x2b = odd2(1, 2.5, "three");   // Error, Ts=<>, Us=<>,  "     "       "
```

然而，至少现代编译器上是有方法可以调用 odd2 的。首先，只使用一个参数的推导调用将会很顺利地进行：

```
int x2c = odd2(42);  // Ts=<>, Us=<>, T=42
```

此外，为 Ts 传递显式参数列表的函数也有效：

```
int x2d = odd2<int, double>(1, 2.0, "three");
    // Ts=<int, double>, Us=<>, T=const char*
```

上面的调用显式地将 Ts 传递为 <int, double>。然后像往常一样，Us 被强制转换为空列表，Ts 作为 const char* 被推导为最后一个参数。这样，就可以顺利调用了。

的确如此吗？但 odd2 的声明是 IFNDR 的。根据 C++ 标准，如果可变参数函数模板的所有有效实例化都要求特定的模板参数包实参为空，则声明是 IFNDR 的。虽然这样的规则听起来很武断，但它确实是一个很好的思路：如果所有可能调用 odd2 的调用都要求我们是空列表，那么为什么我们不先诊断出来？这样的代码更能说明是存在 bug，而不是有意义的。此外，在一般情况下，诊断这类问题可能相当困难，所以它是不需要诊断的。事实证明，现在的编译器不会发出这样的诊断，因此模板编写器有责任确保代码完成它应该完成的工作。

对 odd2 的一个简单修复是消除 Us 模板参数，在这种情况下，odd2 具有与公平匹配规则中讨论的 f4 相同的签名。使 odd2 "合法化" 的另一种可能是删除非 pack 参数，在这种情况下，它在相同的部分中具有与 f5 相同的签名。在一行中有三个参数包的函数也是 IFNDR 的：

```
template <typename... Ts, typename... Us, typename... Vs>
void odd3(Ts..., Us..., Vs...);  // impossible to instantiate
```

odd3 不能工作的原因是 Ts 和 Us 都不能从推导中获益，而且没有办法明确指定 Us，因为 Ts 是贪心的。因此，Us 的长度必须始终为零。

这样似乎没有办法定义一个接受两个以上参数包的函数模板。但是，回想一下，从传递给函数的（对象）实参推导变参函数模板形参使用了 C++ 模板实参推导的全部功能。使用任意数量的模板参数包定义函数是完全可行的，只要参数包本身是其他模板实例化的一部分：

```
template <typename...> class Vct { };  // variadic class template definition

template <typename T, typename... Ts, typename... Us, typename... Vs>
int fvct(const T&, Vct<Ts...>, Vct<Us...>, Vct<Vs...>);
    // The first parameter matches any type by const&, followed by three
    // not necessarily related instantiations of Vct.
```

函数模板 fvct 接受固定数量的参数（4 个），最后三个参数是可变参数类模板 Vct 的独立实例化。对于它们中的每一个，fvct 接受一个模板参数包，并将其传递给 Vct。对于 fvct 的每次调用，模板实参推断出该调用是否可行，并将 Ts、Us 和 Vs 绑定到使调用工作的包：

```
int x = fvct(5, Vct<>(), Vct<char, int, long>(), Vct<bool>());
    // OK, T=int, Ts=<>, Us=<char, int, long>, Vs=<bool>
```

对于上面调用中的每个实参，编译器将实参的类型与模板形参所需的模式匹配，匹配过程推断出使匹配工作的类型。将具体类型与类型模式匹配的一般算法称为联合（Unification）[㊀]。

（12）非类型模板参数包

也可以定义一个接受非类型参数的可变参数模板。正如 C++03 模板参数可以是类型、值或模板一样，模板参数包也可以是。到目前为止，我们一直使用类型模板参数包来简化解释，但非类型模板参数包也适用于类模板和函数模板。

为了明确术语，C++ 标准将接受值作为非类型模板参数的模板参数，以及接受模板名称作为模板模板参数的模板参数（将在“模板模板参数包”小节中进行讨论）。

非类型模板参数包的定义类似于非类型模板形参：

```
template <int...>
class Ci { };             // variadic int-parameter class template

Ci<>                ci0;  // OK, zero ints given
Ci<1>               ci1;  // OK, one int argument
Ci<2, 3>            ci2;  // OK, two int arguments
Ci<true, 'a', 3u>   ci3;  // OK, converts to three int arguments
Ci<4.0>             ci4;  // Error, floating-point literal 4.0 is ineligible.
```

非类型模板参数包的类型说明符并非只有 int。应用遵从非类型形参相同的规则，将非类型形参的类型限制为：

- 整型。
- 枚举。
- 指向函数或对象的指针。
- 函数或对象的左值引用。
- 指向成员的指针。
- std:: nullptr_t。

这些类型是 C++03 非类型模板参数允许的值类型。简而言之，值参数包遵循与 C++03 非类型模板参数相同的限制：

```
#include <cstddef>  // std::nullptr_t
#include <string>   // std::string

enum Enum { /*...*/ };                    // arbitrary enumerated type
class AClass { /*...*/ };                 // arbitrary class type
```

㊀ 参见 bendersky18。

```
template <long... ls>         class Cl;  // OK, integral
template <bool... bs>         class Cb;  // OK, integral
template <char... cs>         class Cc;  // OK, integral
template <Enum... es>         class Ce;  // OK, enumerated
template <int&... is>         class Cri; // OK, reference
template <std::string*... ss> class Csp; // OK, pointer
template <void (*... fs)(int)> class Cf; // OK, pointer to function
template <int AClass::*... >  class Cpm; // OK, pointer to member
template <std::nullptr_t... > class Cnl; // OK, std::nullptr_t

template <Ci<>... cis>        class Cu;  // Error, cannot be user defined
template <double... ds>       class Cd;  // Error, cannot be floating point㊀
template <float... fs>        class Cf;  // Error, cannot be floating point
```

在上面的示例中，类模板 Cu 的声明是不允许的，因为 Ci<> 是用户定义的类型，而 Cd 和 Cf 的声明同样不允许，因为 double 和 float 都是浮点类型。㊁

（13）模板模板参数包

模板模板参数包是 C++03 模板模板参数的变量一般化。除了类型参数包和非类型模板模板参数包外，类和函数还可以作为将模板模板参数包的参数。

模板模板形参是一个模板形参，它命名一个本身就是模板的实参。例如，考虑两个任意的类模板，A1 和 A2：

```
template <typename> class A1 { /*...*/ };  // some arbitrary class template
template <typename> class A2 { /*...*/ };  // another arbitrary class template
```

现在假设我们有一个类模板（例如 C1），它接受一个类模板作为它的模板形参：

```
template <template<typename> class X>  // X is a template template parameter.
struct C1 : X<int>, X<double>          // Inherit X<int> and X<double>.
{ };
```

现在可以创建类 C1 的实例，其中基类是通过分别使用 int 和 double 实例化传递给 C1 的任何参数来获得的：

```
C1<A1> c1a;  // inherits A1<int> and A1<double>
C1<A2> c1b;  // inherits A2<int> and A2<double>
```

在上面的代码片段中，X 是一个接受一个类型参数的模板模板参数。模板类 A1 和 A2 匹配 X，因为这些模板也依次接受一个类型参数。

如果试图使用不接受相同数量模板参数的类模板实例化，则实例化会失败：

```
template <typename, typename = char>
class A3 { /*...*/ };  // OK, two-parameter template, with second one defaulted

C1<A3> c1c;  // Error, parameters of A3 are different from parameters of X.
```

虽然 A3 可以用一个模板参数实例化（因为它的第二个模板参数有一个默认参数）并且 A3<int> 是有效的，但 C1<A3> 将无法编译。编译器认为 A3 有两个参数，而 X 只有一个参数。当 C1 的参数是可变参数模板时，同样的限制也在起作用：

```
template <typename...>
class A4 { /*...*/ };    // OK, arbitrary variadic template

C1<A4> c1d;  // Error, parameters of A4 are different from parameters of X.
```

定义一个类 C2，它是 C1 的可变一般化，以它允许的方式用 A3 和 A4 实例化：

```
template <template<typename...> class X>  // template template parameter
struct C2 : X<int>, X<double>              // inherit X<int>, X<double>
{ };
```

㊀ 对非类型模板参数的用户定义类型的支持已被提议作为未来的标准，详请详见 snyder18。

㊁ C++20 确实允许浮点型非类型模板形参，它允许使用 float、double 或 long double 来定义和使用非类型模板形参包（例如，最后一项 Ci<4.0> ci4，在上面的示例中也有效）。

注意，尽管可以在上述 X 模板形参中交替使用 typename 和 class，但必须始终为 X 本身使用 class[⊖]。

C2 和 C1 之间的区别实际上是一个标记：C2 添加一个 ... 在 X 的参数列表 typename 之后，这个标记就是区别。通过使用这个标记，C2 向编译器发出信号，它接受带有任意数量参数的模板，无论是固定的、默认的还是可变的参数。特别地，它适用于 A1 和 A2 以及 A3 和 A4：

```
C2<A1> c2a;
    // inherits A1<int> and A1<double> in that order
C2<A2> c2b;
    // inherits A2<int> and A2<double> in that order
C2<A3> c2c;
    // inherits A3<int, char> and A3<double, char> in that order
    // char is the default argument for A3's second type parameter.
C2<A4> c2d;
    // inherits A4<int> and A4<double> in that order
```

当 C3 实例化 A3<int> 或 A3<double> 时，A3 的第二个参数的默认参数开始生效。A4 将使用类型参数包 <int> 进行实例化，并分别使用类型参数包 <double> 进行实例化。

与精确匹配的模板模板参数相比，指定 typename... 的可变模板模板参数通过将模板与默认参数和可变模板匹配，以一种“按我的意思做”的方式工作。应用程序具体需要哪一种匹配风格取决于上下文。

还有一种正交的方向可以推广 C2。我们可以定义一个模板 C3，它接受零个或多个模板模板参数：

```
template <template<typename> class... Xs>  // template template parameter pack Xs
struct C3
    : Xs<int>...      // inherits X0<int>, X1<int>, ...
    , Xs<double>...   // inherits X0<double>, X1<double>, ...
{ };
```

我们可以用零个或多个模板类实例化 C3，每个模板类只接受一个类型参数：

```
C3<>            c3a;
    // no base classes at all; Xs=<>, all base specifiers vanish

C3<A1>          c3b;
    // inherits A1<int> and A1<double> in that order

C3<A1, A2>      c3c;
    // inherits A1<int>, A2<int>, A1<double>, and A2<double> in that order

C3<A2, A1>      c3d;
    // inherits A2<int>, A1<int>, A2<double>, and A1<double> in that order

C3<A1, A2, A1> c3e;
    // Error, cannot inherit A1<int> and A1<double> twice
```

注意，C3 和 C1 一样，不能用 A3 实例化，同样是由于模板参数不匹配：

```
C3<A3> c3f;
    // Error, parameters of A3 are different from parameters of Xs.
C3<A4> c3g;
    // Error, parameters of A4 are different from parameters of Xs.
```

如果我们想让 A3 和 A4 的实例化成为可能，我们可以将 ... 放在 X 参数声明和 Xs 之间来组合两个生成方向：

```
template <template<typename...> class... Xs>  // two sets of ...
struct C4                                     // most flexible
    : Xs<int>...                              // X0<int>, X1<int>, ...
    , Xs<double>...                           // X0<double>, X1<double>, ...
{ };
```

⊖ 自 C++17 以来，代码可以对模板模板形参和类型模板形参包使用 typename 或 class。

C4 结合了 C2 和 C3 的特点。它接受零个或多个参数，这些参数以“按我的意思做”的方式被接受：

```
C4<>          c4a;
    // no base classes at all; Xs=<>, all base specifiers vanish

C4<A1>        c4b;
    // inherits A1<int> and A1<double> in that order

C4<A1, A2>    c4c;
    // inherits A1<int>, A2<int>, A1<double>, and A2<double> in that order

C4<A3, A1>    c4d;
    // inherits A3<int, char>, A1<int>, A3<double, char>, and A1<double>
    // in that order

C4<A1, A4, A2> c4e;
    // inherits A1<int>, A4<int>, A2<int>, A1<double>, A4<double>,
    // A2<double>, in that order
```

C4 可以用模板参数实例化，参数包括 A1、A2、A3 和 A4 的任意组合，顺序不限。相当多的其他模板匹配 C4 的模板参数，即使它们将无法用单个参数实例化：

```
template <typename, typename> class A5 { /*...*/ };
template <typename, typename, typename...> class A6 { /*...*/ };

C4<A5> err1;  // Error, matches, but A5<int> and A5<double> are invalid.
C4<A6> err2;  // Error, matches, but A6<int> and A6<double> are invalid.
```

但是，不接受类型模板参数的模板将不匹配 C4，或者说，不匹配 C1 到 C4 中的任何一个：

```
template <typename, int>
class A7 { /*...*/ };          // one type parameter and one non-type parameter
template <typename, int = 42>
class A8 { /*...*/ };          // same, but non-type parameter defaulted
template <template<typename> class>
class A9 { /*...*/ };          // template template parameter

C4<A7> err3;  // Error, second template argument of C4 has a different kind.
C4<A8> err4;  // Error, second     "        "      "  "  "  "     "       "
C4<A9> err5;  // Error, first      "        "      "  "  "  "     "       "
```

简而言之，不使用特定类型作为模板参数的类模板不能在 C4 的实例化中使用。

一般情况下，模板模板参数包可能与其他模板参数一起出现，并遵循到目前为止在类型参数包上下文讨论中的规则与限制。可以使用固定和可变模板参数的组合来定义任何数量的少但却非常有意义的匹配情况。例如，假设我们想定义一个类模板 C5，该模板接受至少两个或更多参数：

```
template <template<typename, typename, typename...> class X>
class C5
    // class template definition having one template template parameter
    // for which the template template accepts two or more type
    // arguments
{ /*...*/ };

// a few templates that match C5

template <typename, typename> class B1;
template <typename, typename, typename = int> class B2;
template <typename, typename = int, typename = int> class B3;
template <typename, typename, typename...> class B4;

C5<B1> c5a;  // OK
C5<B2> c5b;  // OK
C5<B3> c5c;  // OK
C5<B4> c5d;  // OK
```

但是，在前两个位置没有两个固定类型参数的模板将不匹配 C5：

```
template <typename> class B5;
template <int, typename, typename...> class B6;
template <typename, typename, int, typename...> class B7;
template <typename, typename...> class B8;

C5<B5> c5d;  // Error, argument mismatch
C5<B6> c5e;  // Error, argument mismatch
C5<B7> c5f;  // Error, argument mismatch
C5<B8> c5g;  // Error, argument mismatch
```

要匹配C5的模板形参，模板必须接受它前两个参数的类型，后面跟着零个或多个有或没有默认值的类型参数。B5不能匹配是因为它只接受一个参数。B6不匹配是因为它在第一个位置接受int型，而不是需要的类型。B7无法匹配，因为它在第三个位置接受int型而不是需要的类型。最后，B8不匹配，因为它的第二个参数是可变的。

总结得出模板模板参数包以两种不同的、正交的方式生成模板模板参数：

- ... 在模板参数级别，允许0个或多个模板参数匹配。
- ... 在模板的参数列表中，模板模板参数允许模板与默认实参或可变参数进行松散匹配；但是，类型、值和模板参数仍然会被检查，例如在涉及A7、A8和A9的示例中。

（14）包扩展

我们已经很好地掌握了在类型和函数声明中使用参数包的方法，现在研究如何在函数实现中使用参数包。

正如在“可变类模板”中简单提及的，参数包属于一种不同于任何其他C++实体的类型，它们不是类型、值、模板名等。就学习参数包而言，它们不能与现有的实体相关，所以它们可能来自另一种具有自己语法和语义的语言。

实际上，使用参数包的唯一方法是使其成为所谓包扩展的一部分。包扩展由一个跟在...之后的代码片段（一个“模式”）组成。代码片段必须包含至少一个包名，否则就不符合扩展的条件。具体允许什么模式取决于扩展发生的地点。根据上下文的不同，“模式”在语法上是简单的标识符、参数声明、表达式或类型。

...的双重用途——既引入一个包，又扩展它——一开始可能会让人感到困惑，但是区分...的两种用法很容易：当省略号出现在之前未定义的标识符之前时，它意味着将其作为参数包的名称引入。在所有其他情况下，省略号都是展开运算符。

我们已经在“可变函数模板”中看到了包扩展的作用。在可变函数模板声明中，函数参数列表（例如Ts... 值）表示零或多个按值参数的展开。

为了介绍一个在实际计算中进行包扩展的简单示例，可以回顾之前的add示例，其中可变函数将任意数量的整数相加。为了获得更好的可用性，下面所示的完整实现使用了double而不是int。重要的部分是使计算继续进行的扩展：

```
double add()                                // base case, no arguments
{
    return 0.0;                             // identity element for addition
}

template <typename T, typename... Ts>       // recursive case
double add(const T& lhs, const Ts&... rest) // accepts 1 or more arguments
{
    return lhs + add(rest...);              // recurse expanding rest
}
```

理解add如何工作的关键是将扩展rest...建模为逗号分隔的double列表，总是使用比当前接收到的参数更少的参数调用add，当rest变成空包时，展开为空，并调用add()，它通过提供中立值0终止递归。

考虑如下调用：

```
int x1 = add(1.5, 2.5, 3.5);
```

计算以典型的递归方式进行。

- 顶层调用转到可变函数模板 add。
- add 绑定 T 到 double 和绑定 T 到 <double, double>。
- 表达式 add(rest...) 展开为递归调用 add(2.5, 3.5)。
- 该调用将 T 绑定到 double，并将 Ts 绑定到 <double>。
- add(rest...) 的第二次扩展导致递归调用 add(3.5)。
- 最后一个扩展将递归到 add() 并返回 0。

结果被构造为递归展开[⊖]。

从效率的角度来看，应该注意到 add 在传统计算机科学意义上不是递归的。它不会调用自身。每一次看似递归的调用都是对一个全新的函数的调用，该函数从同一个模板生成，具有不同的性质。在内联和其他常见的优化之后，代码的效率与手工编写语句一样高。

有一些规则适用于所有包的扩展内容，无论它们的种类或使用它们的环境如何。

首先，任何模式必须包含至少一个参数包。因此，像 C<int...> 或 f(5...) 这些形式都是无效的。这个要求在函数声明中可能会有问题，因为名称中的键入错误可能会改变 ... 的意思——从包扩展到旧式的 C 语言可变参数函数声明。参见潜在缺陷——意外使用 C 风格的省略号。

单个包扩展可以包含两个或多个参数包。在这种情况下，同一扩展内的多个参数包的扩展始终是同步进行的；也就是说，所有包都会随之扩展。例如，考虑一个在略微修改了 add 之后建模的函数，并且我们不是只展开 rest，而是展开一个稍微复杂一点的模式，其中 rest 出现了两次：

```
template <typename... Ts>
double add2(const Ts&... xs)   // accepts 0 or more arguments
{
    return add((xs * xs)...);  // Expand xs * xs in call to add.
}
```

这次 add2 调用 add 扩展 (xs * xs)...，不仅仅是 xs...，因此我们将查看后续中扩展的两个参数包（两个 xs 实例）。调用 add2(1.5, 2.5, 3.5) 会转发到 add(1.5 * 1.5, 2.5 * 2.5, 3.5 * 3.5)，表明 add2 计算参数的平方和。

不需要展开模式周围的括号 (xs * xs)...，因为这样包括了 ... 左边的完整表达式，所以调用可以写成 add(xs * xs...)。

为了使扩展正常工作，一个扩展中的所有参数包必须具有相同的长度，否则会在编译时被诊断出错误。假设我们定义了一个函数 f1，它接受两个参数包，并将包含这两个参数包的扩展传递给 add2：

```
template <typename... Ts, typename... Us>
double f1(const Ts&... ts, const Us&... us)
{
    return add2((ts - us)...);
}
```

在这里，唯一有效的调用是对 ts 和 us 具有相同数量的参数的调用：

```
double x1a = f1<double, double>(1, 2, 3, 4);
    // OK, Ts=<double, double> (explicitly), Us=<int, int> (deduced)

double x1b = f1<double, double>(1, 2, 3, 4, 5);
    // Error, parameter packs ts and us have different lengths.
    // Ts=<double, double> (explicitly), Us=<int, int, int> (deduced)
```

每种形式的包扩展都会生成一个逗号分隔的列表，其中包含适当扩展参数包的模式副本。扩展是语法上的，而不是文本上的。也就是说，编译器比典型的面向文本的预处理器“更智能”。如果包扩展在一个更大的以逗号分隔的列表中，并且所展开的参数包包含 0 个元素，则会适当调整展开

⊖ C++17 增加了折叠表达式——返回 lhs + ⋯ + rest——这允许更简洁的 add 实现。

的逗号，以避免语法错误。例如，如果 ts 为空，则扩展符 add(1, ts..., 2) 会变成 add(1, 2)，而不是 add(1, , 2)。扩展结构可以嵌套。每个嵌套层必须操作至少一个参数包：

```
template <typename... Ts>
double f2(const Ts&... ts)
{
    return add2((add2(ts...) + ts)...);
}
```

扩展总是“由内而外”进行的，首先是最内层的扩展。在 f2(2, 3) 调用中，在第一个、最内层的 ts 之后返回的表达式展开为 add2((add2(2, 3) + ts)...)。第二个展开生成了很大的表达式 add2(add2(2, 3) + 2, add2(2, 3) + 3)。嵌套展开以组合的方式增长，因此要十分小心。

什么形式的 pattern... 是允许的？源代码中哪些地方允许构造？并不是所有可能有用的上下文都支持扩展，参见烦恼——扩展上下文的限制。包扩展是针对各种定义良好的上下文定义的，每个上下文将在后面的小节中单独描述。

- 函数参数包。
- 函数调用参数列表。
- 大括号初始化列表。
- 模板参数列表。
- 基本标识符列表。
- 成员初始化列表。
- lambda 捕获列表。
- 对齐标识符。
- 属性列表。
- sizeof…表达式。
- 是包扩展的模板参数包。

（15）*函数参数包扩展*

函数声明参数列表中的省略号展开为参数声明列表。展开的模式是一个参数声明。

我们在前面的小节中详细讨论了这种扩展，所以让我们通过几个示例来快速回顾一下：

```
template <typename... Ts>
void f1(Ts...);              // expands to T0, T1, T2,...

template <typename... Ts>
void f2(const Ts&...);       // const T0&, const T1&,...

template <typename... Ts>
void f3(const C<Ts>&...);    // Complex use, e.g., in templates, is allowed.

template <typename... Ts, typename... Us>
void f4(const C<Ts, Us>&...);  // const C<T0, U0>&, const C<T1, U1>&,...
```

（16）*在函数调用参数列表或大括号初始化列表中扩展*

扩展可以出现在函数调用的参数列表中，也可以出现在用圆括号或大括号括起来的初始化列表中（参见 3.1.4 节）。在这些情况下，扩展是省略号左侧最长的表达式或带括号的初始化列表。

这个扩展是唯一一个扩展为表达式的扩展（其他所有的扩展都是声明式的），所以在某种程度上它是最重要的，因为它直接关系到运行时工作的完成。

让我们看几个扩展的示例。假设我们有一个库，它包含三个变参函数模板 f、g 和 h，以及一个普通类 C，它有一个变参值构造函数：

```
template <typename... Ts> int f(Ts...);  // variadic function template
template <typename... Ts> int g(Ts...);  //     "        "        "
template <typename... Ts> int h(Ts...);  //     "        "        "

struct C                                  // ordinary class
```

```
{
    template <typename... Ts> C(Ts...);  // variadic value constructor
};
```

现在，假设我们定义了另一个可变函数模板 client1，通过在各种上下文中扩展它自己的参数包 xs 来使用这个库：

```
template <typename... Ts>
void client1(Ts... xs)
{
    f(xs...);                   // (1) f(x0, x1, ...);
    f(C(xs...));                // (2) f(C(x0, x1, ...));
    f(C(xs)...);                // (3) f(C(x0), C(x1), ...);
    f(3.14, xs + 1 ...);        // (4) f(3.14, x0 + 1, x1 + 1, ...);
    f(3.14, xs * 2. ...);       // (5) f(3.14, x0 * 2., x1 * 2., ...);
}
```

在注释中，我们非正式地用 x0、x1 等来表示包 xs 中的元素。第一个调用 f(xs...) 说明了最简单的扩展。扩展的模式 xs 只是一个函数参数包的名称。扩展的结果是 client1 接收到的以逗号分隔的参数列表。

其他示例说明了一些细节问题。示例（2）和（3）说明如何定位决定了扩展如何展开。在（2）中，扩展是在对 C 的构造函数的调用中进行的，因此调用 f 时只带一个 C 类的对象。在（3）中，省略号出现在构造函数调用的外部，因此调用 f 时只带 0 个或多个 C 对象，每个对象构造时只带一个参数。

示例（4）和（5）显示了空格的重要性。如果 ... 前面没有空格，C++ 解析器将会识别 1... 和 2...，两者都是不正确的浮点字面值。

现在看看另一个函数 client2 中的一些更复杂的示例：

```
template <typename... Ts>
void client2(Ts... xs)
{
    f("hi", xs + xs..., 3.14);  //  (6) f("hi", x0 + x0, x1 + x1, ..., 3.14);
    f(const_cast<Ts&>(xs)...);  //  (7) f(const_cast<T0&>(x0), ...);
    f(g(xs)..., h(xs...));      //  (8) f(g(x0), g(x1), ..., h(x0, x1, ...));
    C object1(*xs...);          //  (9) C object1(*x0, *x1, ...);
    C object2{*xs...};          // (10) C object2{*x0, *x1, ...};
    int a[] = { xs..., 0 };     // (11) int[] a = { x0, x1, ..., 0 };
}
```

示例（6）和（7）具有两个包同时扩展的特性。在（6）中，xs 被扩展了两次。在（7）中，模板参数包 Ts 和函数参数包 xs 都被扩展。在所有同时扩展的情况下，两个或多个包会同步扩展，即 Ts 中的第一个元素与 xs 中的第一个元素构成扩展中的第一个元素，依此类推。尝试使用多个长度不等的包扩展单个包会导致编译时错误。示例（6）还展示了如何在函数参数列表的中间位置进行展开。

示例（8）展示了两个顺序扩展，它们看起来很相似，实际上却有着很大的不同。这两个扩展是独立的，可以单独分析。在 g(xs)... 中，扩展的模式为 g(xs)，结果为列表 g(x0)、g(x1)……。相反，在扩展 h(xs...) 中，扩展是在对 h(x0, x1, ...). 的调用中进行的。

示例（9）表明，特殊函数内部也允许扩展。扩展 C(*xs...) 会导致用 *x0、*x1 等调用 C 的构造函数。

最后，示例（10）和（11）演示了在带括号的初始化列表中扩展。示例（10）调用是与示例（9）相同的构造函数，示例（11）初始化一个 int 数组，其中 xs 的内容后跟一个 0。对于要编译的每一个示例，包扩展产生的代码都需要通过通常的语义检查。例如，如果 xs 包含的值的类型不能转换为 int，则示例（11）中的 int 数组初始化将无法编译。有些实例化可以工作，而有些则不行。在上面的示例中，涉及的函数都是可变的。但是，函数不需要是可变的——或者是一个模板——就可以用来扩展调用。在函数调用表达式中扩展，然后应用通常的查找规则来决定调用是否有效：

```
int f1(int a, double b);  // simple function with two parameters

int f2();                 // no parameters
int f2(int a, double b);  // overload with two parameters
template <typename... Ts>
void client3(const Ts&... xs)
{
    f1(xs...);  // Works if and only if xs has exactly two elements
                // convertible to int and double, respectively.

    f2(xs...);  // Works if and only if xs is empty or has exactly two elements
                // convertible to int and double, respectively.
}
```

（17）在模板参数列表中扩展

如果 C 是一个类模板，Ts 是一个模板参数包，C<Ts...> 用 Ts 的内容实例化 C。模板 C 不需要接受可变参数列表。由此产生的扩展必须适合于实例化的模板。

例如，假设我们定义了一个可变类 Lexicon，它在 std::map 的实例化中使用了它的参数包：

```
#include <map>     // std::map
#include <string>  // std::string

template <typename... Ts>             // template parameter pack
class Lexicon                         // variadic class template
{
    std::map<Ts...> d_data;           // Use Ts to instantiate std::map.
    // ...
};

Lexicon<std::string, int> c1;             // (1) OK, std::map<std::string, int>
Lexicon<int> c2;                          // (2) Error, std::map<int> invalid
Lexicon<int, long, std::less<int>> c3;    // (3) OK
Lexicon<long, int, 42> c4;                // (4) Error, 42 instead of comparator
```

假设 Lexicon 将其所有模板参数转发给 std::map，那么 Lexicon 唯一可用的模板参数就是那些对 std::map 也可行的模板参数。因此，（1）是有效的，因为它实例化了 std::map<std::string, int>。std::map 的第三和第四个形参的默认实参开始起作用，包扩展不影响默认模板参数。也就是说，（3）将三个模板参数传递给 std::map，并将最后一个（分配器）保留为默认值。Lexicon 的实例化（2）和（4）是无效的，因为它们会尝试用不兼容的模板参数实例化 std::map。也就是说，第三个参数应该是比较因子，而不是 int 型。

（18）在基本标识符列表中扩展

假设我们开始定义一个可变模板 MB1，它继承它的所有模板参数。该方案在应用设计模式（如 Visitor[㊀]或 Observer[㊁]）时很有用。为了应用这样的设计，允许在基本说明符列表中扩展。扩展的模式是一个基本标识符，它包括一个可选的保护标识符（public、protected 或者 private）和一个可选的虚拟基本标识符。定义 MB1 来使用公共继承来继承它的所有模板参数：

```
template <typename... Ts>  // template parameter pack
class MB1 : public Ts...   // multibase class, publicly inherit each of Ts
{
    // ...
};
```

模式 public Ts... 将 Ts 中的每一种类型扩展为 public T0、public T1 等。扩展产生的所有基具有相同的保护级别。如果 Ts 为空，则 MB 的实例化没有基类：

```
class S1 { /*...*/ };  // arbitrary class
class S2 { /*...*/ };  // arbitrary class
```

㊀ 参见 alexandrescu01，第 10 章，“Visitor”节，第 235～262 页。

㊁ 参见 gamma95，第 5 章“Observer”节，第 293～303 页。

```
MB1<>           m1a;  // OK, no base class at all
MB1<S1>         m1b;  // OK, instantiate with S1 as only base.
MB1<S1, S2>     m1c;  // OK, instantiate with S1 and S2 as bases.
MB1<S1, S2, S1> m1d;  // Error, cannot directly inherit S1 twice
MB1<S1, int>    m1e;  // Error, cannot inherit from scalar type int
```

扩展后，常见规则与限制都是适用的；一个类不能继承另一个类两次，也不能继承 int 等类型。

其他基可以在包之前和 / 或之后指定。其他基准可能指定其他保护级别（如果没有指定，则应用默认的保护级别）：

```
template <typename... Ts>        // parameter pack Ts
class MB2
    : virtual private S1         // S1 virtual private base
    , public Ts...               // Inherit each of Ts publicly.
{ /*...*/ };

template <typename... Ts>        // parameter pack Ts
class MB3
    : public S1                  // S1 public base
    , virtual protected Ts...    // each type in Ts a virtual protected base
    , S2                         // S2 private base (uses default protection)
{ /*...*/ };

MB2<>   m2a;                     // (1) virtual private base S1
MB2<S2> m2b;                     // (2) virtual private base S1, public base S2
MB3<>   m3a;                     // public base S1, private base S2
MB3<S2> m3b;                     // Error, cannot inherit S2 twice
```

扩展不限于简单的包名称。基本说明符列表中允许的一般模式是完全的基本说明符。例如，参数包可以用来实例化另一个模板：

```
template <typename T>
class Act                         // arbitrary class template
{ /*...*/ };

template <typename... Ts>         // template parameter pack Ts
class MB4
    : public Act<Ts>...           // bases Act<T0>, Act<T1>, ...
{ /*...*/ };

MB4<>                      m4a;  // no base class
MB4<int, double>           m4b;  // bases Act<int>, Act<double>
MB4<MB4<int>, int>         m4c;  // bases Act<MB4<int>>, Act<int>
```

可以在基本说明符包扩展中指定任意复杂程度的实例化，这为各种扩展模式提供了便利。根据省略号的位置不同，可以创建不同的扩展模式：

```
template <typename... Ts>
class Avct                       // arbitrary variadic class template
{ /*...*/ };

template <typename... Ts>        // template parameter pack Ts
class MB5                        // multibase class example
    : public Avct<Ts>...         // zero or more: Avct<T0>, Avct<T1>, ...
    , private Avct<Ts...>        // exactly one: Avct<T0, T1, ...>
{ /*...*/ };
```

尽管上面提到的两个扩展在语法上相似，但它们在语义上是不同的。首先，pubilc Avct <Ts>... 扩展为多个 MB5 基：public Avct<t0>、public Avct<t1> 等。第二次扩展则与第一次完全不同，事实上，它甚至不是基本说明符列表中的扩展。它的上下文是模板的参数列表，参见在模板参数列表中的扩展。这一扩展的结果是单个类 Avct<T0, T1, ...> 是 MB5 的额外私有基：

```
MB5<int, double> mb5a;
    // inherits publicly Avct<int>, Avct<double>
    // inherits privately Avct<int, double>

MB5<Avct<int, char>, double> mb5b;
```

```
    // inherits publicly Avct<Avct<int, char>>, Avct<double>,
    // inherits privately Avct<Avct<int, char>, double>

MB5<int> mb5c;
    // Error, cannot inherit Avct<int> twice
```

(19) 在成员初始化列表中扩展

允许在类中使用可变基自然需要能够相应地初始化这些基。因此，允许在成员初始化列表中进行包扩展。该模式是一个基初始值设定项，即基的名称后跟其构造函数的带圆括号的参数列表：

```
template <typename... Ts>  // template parameter pack
struct S1 : Ts...          // Publicly inherit every type in the pack.
{
    S1() : Ts(0)...        // (1) Call constructor with 0 for each base.
    { /*...*/ }

    S1(int x) : Ts(x)...   // (2) Call constructor with x for each base.
    { /*...*/ }

    S1(const S1& original) : Ts(static_cast<const Ts&>(original))...
        // (3) Call the copy constructor for each base.
    { /*...*/ }
};
```

默认构造函数（1）调用所有基构造函数，每个基构造函数传递 0（此处为一个特别符号）。第二个构造函数（2）将其一个 int 参数传递给每个基。最后一个构造函数（3）实现了复制构造函数，它依次扩展为每个成员的所有复制构造函数，将 static_cast（实际上是隐式的）的结果传递给相应的基类型。类似的语法可以用于定义移动构造函数（参见第 3.1.18 节）和其他构造函数。

现在举一个更复杂的示例。假设我们想定义一个类 S2，它有一个接受任意数量参数的构造函数，并将所有参数转发给它的每个基类构造函数。为此，该构造函数本身需要是可变的，并带有一个不同的参数包：

```
template <typename... Ts>      // template parameter pack
struct S2 : Ts...              // Publicly inherit every type in the pack.
{
    template <typename... Us>  // variadic constructor
    S2(const Us&... xs)        // accepts any number of arguments by const &
    : Ts(xs...)...             // (!) forwards them to each base constructor
    { }
};
```

上面的代码在每一行上都至少有一个省略号，所有这些都是必需的。让我们仔细看看。

首先，类 S2 继承了它的所有模板参数。它对它将被实例化的类型没有确切的了解，并且出于灵活性考虑，定义了一个可变构造函数，该构造函数将任意数量的参数从调用方转发到它的每个基类中。因此，该构造函数本身是可变的，具有单独的模板参数包 Us，以及相应的参数包 xs，它通过引用 const 接受参数。关建行用（！）注释在代码中，执行两个由内而外的扩展。首先，xs... 扩展到传递给 S2 构造函数的参数列表中，产生了模式 Ts(x0, x1...)，相应地，该模式本身被外部 ... 扩展到基初始化列表中：到 T0(x0, x1, ...), T1(x0, x1, ...) 等。

如果通过引用传递到 const 约束太强，我们想定义一个更通用的构造函数，它也可以转发可修改的值，那该怎么办？在这种情况下，我们需要使用转发引用（参见第 3.1.18 节）和标准库函数 std:forward：

```
#include <utility>  // std::forward

template <typename... Ts>      // template parameter pack
struct S3 : Ts...              // Publicly inherit every type in the pack.
{
    template <typename... Us>  // variadic constructor
    S3(Us&&... xs)             // arguments by forwarding reference
    : Ts(std::forward<Us>(xs)...)...
```

```
                                   // forwards them to each base constructor
    { }
};
```

S3 可变构造函数利用转发引用，转发引用自动适应传递的参数类型。库函数 std:forward 确保每个参数都以适当的类型、限定符和左值转发给每个基类的构造函数。扩展过程与前面讨论的 S2 构造函数类似，另外，std::forward <Us>(xs)... 在 Us 和 xs 中扩展了更多细节。

（20）在 lambda 捕获列表中扩展

C++11 引入的 C++lambda 表达式（参见 3.1.14 节）是一个未命名的函数对象，lambda 表达式可以通过一种称为 lambda 捕获的机制在内部存储创建时存储一些本地变量。这一重要功能将 lambda 表达式与简单函数区分开来。将其用于定义能够将给定变量打印到控制台的跟踪程序 lambda 表达式：

```
#include <iostream>  // std::cout, std::endl

template <typename T>  // single-parameter template
auto tracer(T& x)      // returns a lambda that, when invoked, prints x
{
    auto result = [&x]() { std::cout << x << std::endl; };
        // [&x] means the function object captures x by reference.
        // tracer must use auto to initialize the function object.
    return result;
}
```

lambda 表达式有一个由编译器选择的类型，因此我们需要自动传递 lambda 对象，参见 3.1.3 节。对于 lambda 表达式的一些新成员来说，上面的代码可能需要大量吸收，这种情况可以参考 3.1.3 节和 4.2.1 节的内容。

其基本思想很简单：像 tracer(x) 这样的调用在函数对象中保存对 x 的引用，然后返回。对该函数对象的后续调用输出 x 的当前值。重要的是通过引用保存 x（因此在捕获中为 &），以免 lambda 表达式通过值存储 x 并在每次调用中无意义地打印相同的内容。

接下来看看 tracer 在实际中如何跟踪函数中的某个变量：

```
int process(int x)           // uses the trace facility
{
    auto trace = tracer(x);  // Initialize trace to follow x.
    trace();                 // prints current value of x
    ++x;                     // Change the value of x.
    trace();                 // prints current (changed) value of x
    return x;                // Return x back to the caller.
}

int x0 = process(42);        // prints 42, then 43, and initializes x0 to 43
```

变元函数都是关于泛化的，在这里也同样适用。假设我们现在开始一次跟踪多个变量。而不是一个单参数函数，tracer 则需要是变元函数。同样，至关重要的是，lambda 表达式需要存储对接收到的所有参数的引用，以便稍后打印它们。这意味着必须允许在 lambda 捕获列表中进行扩展。

首先，假设存在一个函数 print，它可以将任意数量的参数打印到控制台（用例——通用变元函数描述了 print 的实现）：

```
template <typename... Ts>     // variadic function
void print(const Ts&... xs);  // prints each argument to std::cout in turn
```

multitracer 的定义使用带有变元捕获的 lambda 表达式中的 print：

```
template <typename... Ts>    // variadic template
auto multitracer(Ts&... xs)  // returns a lambda that, when invoked, prints xs
{
    auto result = [&xs...]() { print(xs...); };
        // [&xs...] means capture all of xs by reference.
        // result stores one reference for each argument.
    return result;
}
```

整个 API 是通过在捕获列表中扩展 xs 来实现的。使用 [&xs...] 进行扩展是通过引用捕获的，而 [xs...] 则是通过值捕获包。在 lambda 表达式中，print 像往常一样使用 x... 扩展包。

捕获中的扩展可以与所有其他捕获组合：

```
template <typename... Ts>  // variadic template
auto test(Ts&... xs)       // for illustration purposes
{
    int a = 0, b = 0;
    auto f1 = [&a, xs...]() { /*...*/ };
        // Capture a by reference and all of xs by value.

    auto f2 = [xs..., &a]() { /*...*/ };
        // same capture as f1

    auto f3 = [a, &xs..., &b]() { /*...*/ };
        // Capture a by value, all of xs by reference, and b by reference.

    auto f4 = [&, xs...]() { /*...*/ };
        // Capture all of xs by value and everything else by reference.

    auto f5 = [=, &xs..., &a]() { /*...*/ };
        // Capture a and all of xs by reference, and everything else by value.
}
```

模式必须是简单捕获的模式，C++11/14 中不允许初始化参数包扩展[⊖]。

（21）在对齐说明符中扩展

alignas 说明符是 C++11 的新特性，允许指定类型或对象的对齐要求，参见 3.1.2 节：

```
alignas(8)      float x1;  // Align x1 at an address multiple of 8.
alignas(double) float x2;  // Align x2 with the same alignment as a double.
```

可以在 aligns 说明符内进行分组扩展。分组的含义是指定分组中所有类型的最大分组：

```
template <typename... Ts>  // variadic template
int test1(Ts... xs)        // for illustration purposes
{
    struct alignas(Ts...) S { };
        // Align S at the largest alignment of all types in Ts.
        // If Ts is empty, the alignas directive ignored.

    alignas(Ts...) float x1;
        // Align x1 at the largest alignment of all types in Ts.
        // If Ts is empty, the alignas directive ignored.

    alignas(Ts...) alignas(float) float x2;
        // Align x2 at the largest alignment of float and all types in Ts.

    alignas(float) alignas(Ts...) float x3;
        // same alignment as x2; order does not matter

    return 0;
}
```

与 aligns 一样，请求小于声明要求的最小对齐是一个错误：

```
int a1 = test1();          // OK, Ts empty, all alignas(Ts...) ignored
int a2 = test1('a', 1.0);  // OK, align everything as a double.
int a3 = test1('a');       // Error (most systems), can't align float x1 to 1 byte
```

避免此类错误的习惯用法是对给定的声明使用两个 alignas，其中一个是声明的自然对齐。该习惯用法在函数模板 test1 定义中的 x2 和 x3 声明中起作用。

但是，不允许在 alignas 说明符内使用手写的逗号分隔列表。也不允许在说明符外扩展：

⊖ C++20 在 lambda 初始化捕获中引入了包扩展（参见 revzin18），允许使用语法（如 [...us=vs] 或 [...us=std::move(vs)]）捕获变量。

```
template <typename... Ts>  // variadic template
void test2(Ts... xs)       // for illustration purposes
{
    alignas(Ts)... float x4;
        // Error, cannot expand outside the alignas specifier

    alignas(double, Ts...) float x5;  // Error, syntax not allowed
    alignas(Ts..., double) float x6;  // Error,    "    "     "
    alignas(long, double)  float x7;  // Error,    "    "     "
}
```

总之，alignas 说明符中的 pack 扩展允许在不影响参数包最大对齐方式的情况下进行选择使用。组合两个或多个 alignas 说明符有助于避免错误和个例情况。

（22）在属性列表中扩展

C++11 引入的属性是一种机制，用于添加关于声明的内置或用户定义信息；参见 2.1.1 节。

使用语法 [[attribute]] 将属性添加到声明中。例如，[[noreturn]] 是一个标准属性，表示函数将不返回：

```
[[noreturn]] void abort();  // Once called, it won't return.
```

两个或多个属性可以独立应用于声明，也可以作为方括号内的逗号分隔列表应用于声明：

```
[[noreturn]] [[deprecated]] void finish();  // won't return, also deprecated
[[deprecated, noreturn]]    void finish();  //   "       "      "        "
```

为了完整性和未来的可扩展性，允许在属性说明符内进行包扩展，如 [[attribute...]] 中所述。但是，此功能当前不可用于任何当前属性、标准或用户定义：

```
template <typename... Ts>
[[Ts()...]] void functionFromTheFuture();  // Error, nonworking code
```

在属性说明符中扩展包的能力是为将来使用而保留的，在将来添加到语言中时要记住这一点。

（23）在 sizeof... 表达式中扩展

sizeof... 表达式是一个奇怪的方式，具体表现在三个方面。首先，它与经典的 sizeof 没有任何关系，因为 sizeof... 不会产生对象在内存中占据的范围；其次，它是唯一一个不使用（现在已经熟悉的）pack... 语法的包扩展；最后，虽然它被认为是一个扩展，但它不会将包扩展到其组成部分。

对于任何参数包 P，sizeof...(P) 产生一个类型为 size_ t 的编译时常数，该常数等于 P 的元素数：

```
template <typename... Ts>
std::size_t countArgs(Ts... xs)
{
    std::size_t x1 = sizeof...(Ts);          // x1 is the number of parameters.
    std::size_t x2 = sizeof...(xs);          // same value as x1
    static_assert(sizeof...(Ts) >= 0,"");    // sizeof...(Ts) is a constant.
    static_assert(sizeof...(xs) >= 0,"");    // sizeof...(xs) is a constant.
    return sizeof ... (Ts);                  // whitespace around ... allowed
}
```

接下来看看 countargs 的作用：

```
std::size_t a0 = countArgs();           // initialized to 0
std::size_t a1 = countArgs(42);         // initialized to 1
std::size_t a2 = countArgs("ab", 'c');  // initialized to 2
```

允许在 ... 周围使用空格，但括号是不可选的。此外，sizeof 和 sizeof... 内部不允许扩展：

```
template <typename... Ts>
void nogo(Ts... xs)
{
    std::size_t x1 = sizeof 42;          // OK, same as sizeof(int)
    std::size_t x2 = sizeof... Ts;       // Error, parens required around Ts
    std::size_t x3 = sizeof... xs;       // Error, parens required around xs
    std::size_t x4 = sizeof(Ts...);      // Error, cannot expand inside sizeof
```

```
    std::size_t x5 = sizeof...(Ts...);  // Error, cannot expand inside sizeof...
    std::size_t x6 = sizeof(xs...);     // Error, cannot expand inside sizeof
    std::size_t x7 = sizeof...(xs...);  // Error, cannot expand inside sizeof...
}
```

（24）在模板参数列表内扩展

注意要避免与前面讨论过的“在模板参数列表中扩展”内容混淆，模板参数列表内扩展是完全不同的情况。此参数扩展不同于所有其他扩展情况，因为它涉及两个不同的参数包：类型参数包和非类型模板参数包。为了进行设置，假设我们定义了一个类模板C1，它有一个类型参数包Ts。在内部，我们定义了第二个类模板C2，它不接受任何类型参数。相反，它接受了一个非类型模板参数包，其中的类型派生自Ts：

```
template <typename... Ts>  // type parameter pack
struct C1                  // class template
{
    template <Ts... vs>    // non-type parameters (attention: no typename!)
    struct C2 { };         // Ts expanded in C2's parameter list
};
```

一旦用某些类型实例化了C1，内部类C2将接受C1实例化中使用的类型的值。例如，如果C1用int和char实例化，则其内部类模板C2将接受int值和char值：

```
C1<int, char>::C2<1, 'a'> x1;       // OK, C2 takes an int and a char.
C1<int, char>::C2<1> x2;            // Error, too few arguments for C2
C1<int, char>::C2<1, 'a', 'b'> x3;  // Error, too many arguments for C2
```

唯一允许的C1实例化是导致C2有效声明的实例化。例如，不允许将用户定义的类型作为非类型模板参数，因此，C1不能使用用户定义类型实例化：

```
class AClass { };  // simple user-defined class

C1<int, AClass>::C2<1, AClass()> x1;
    // Error, a non-type template parameter cannot have type AClass.
```

（25）没有其他扩展上下文

要注意，缺失的内容与呈现的内容一样重要。包扩展在任何其他上下文中都要经过明确允许，即使它在语法和语义上都有意义：

```
template <typename... Ts>
void bumpAll(Ts&... xs)
{
    ++xs...;  // Error, cannot expand xs in an expression-statement context
}
```

烦恼——扩展上下文的限制中进一步讨论了这种情况。还可以回顾一下，在任何地方使用包名而不扩展它们是非法的，因此它们不被优先使用。参见烦恼——参数包不能未扩展使用。

（26）扩展上下文和模式摘要

总而言之，只允许在这几个特定的地方进行扩展：

上下文	模式
函数参数包	参数声明
函数调用参数列表或大括号初始化列表	函数参数
模板参数列表	模板参数
基本说明符列表	基本说明符
成员初始化列表	基本初始化
lambda 捕获列表	捕获
对齐说明符	对齐说明符

（续）

上下文	模式
属性列表	属性
sizeof... 表达式	标识符
模板参数包是一种包的扩展	参数声明

2. 用例

（1）通用变元函数

通用工具的各种函数天然是可变参数的。例如，假设我们要定义一个函数 print，它将其参数依次写入 std:cout，然后换行[⊖]：

```
#include <iostream>  // std::cout, std::endl

std::ostream& print()              // parameterless overload
{
    return std::cout << std::endl;  // only advances to next line
}

template <typename T, typename... Ts>          // one or more types
std::ostream& print(const T& x, const Ts&... xs)  // one or more args
{
    std::cout << x;                            // output first argument
    return print(xs...);                       // recurse to print rest
}

void test()
{
    print("Pi is about ", 3.14159265);         // "Pi is about 3.14159"
}
```

该实现遵循通常用于 C++ 可变函数模板的首尾递归。打印的第一个重载没有参数，只是向控制台输出一条新的线。第二个重载完成了大部分工作。它接受一个或多个参数，打印第一个参数，并递归调用打印来打印其余参数。在极限情况下，调用 print 时没有参数，第一个定义开始，输出行终止符并结束递归。

变元函数允许的最小参数不必为零，并且可以自由遵循许多其他递归模式。例如，假设我们要定义一个变量函数 isOneOf，当且仅当其第一个参数等于后续参数之一时才返回 true。对此类函数的调用对于两个或多个参数是合理的：

```
template <typename T1, typename T2>      // normal template function
bool isOneOf(const T1& a, const T2& b)  // two-parameter version
{
  return a == b;
}

template <typename T1, typename T2, typename... Ts>      // two or more arguments
bool isOneOf(const T1& a, const T2& b, const Ts&... xs)  // all by const&
{
  return a == b || isOneOf(a, xs...);                     // compare, recurse
}
```

同样，该实现在伪递归设置中使用了两个定义，但位置稍有不同。第一个定义处理两个项并停止递归，第二个版本接受三个或更多参数。处理前两个参数，只有当比较结果为 false 时，才会发出递归调用。

可以看看下面这些 isOneOf 的一些用法：

⊖ C++20 引入了 std::format，这是一种用于通用文本格式化的工具。

```
#include <string>  // std::string

int a = 42;
bool b1 = isOneOf(a, 1, 42, 4);    // b1 is true.
bool b2 = isOneOf(a, 1, 2, 3);     // b2 is false.
bool b3 = isOneOf(a, 1, "two");    // Error, can't compare int with const char*
std::string s = "Hi";
bool b4 = isOneOf(s, "Hi", "a");  // b4 is true.
bool b5 = isOneOf(s);  // Error, no overload takes fewer than two parameters.
```

（2）按序处理可变参数

现在考虑可变字符串连接函数 concat 的两种可能实现，在本节开始的“描述”部分介绍了这两种实现：一种使用递归方法，另一种利用大括号初始化（参见 3.1.4 节）来避免递归。

回顾一下，concat 接受一个包含零个或多个参数的异构列表，每个参数的类型为 std::string、const char* 或 char-，并将它们连接到一个 std::string 中：

```
#include <string>  // std::string

template <typename... Ts>
std::string concat(const Ts&... s);
```

为了提高性能，我们希望通过对 concat 的所有参数的长度求和来预计算结果字符串的长度，从而允许我们一次保留足够的内存。由于 concat 的每个参数可能有三种类型中的任何一种，我们定义了一组重载的扩展帮助函数，这些函数可以为每种可能的参数类型适当地计算字符序列的长度：

```
#include <string>   // std::string
#include <cstring>  // std::strlen

std::size_t extent(char)                 { return 1; }
std::size_t extent(const char* s)        { return std::strlen(s); }
std::size_t extent(const std::string& s) { return s.length(); }
```

我们仍然需要将多个区段相加的计算部分，实现这一点的一种简单方法是允许扩展接受可变参数，而无须添加其他名称：

```
std::size_t extent() { return 0; }  // recursion base case

template <typename T, typename... Ts>
std::size_t extent(const T& arg, const Ts&... args)
{
    return extent(arg) + extent(args...);
}
```

无参数重载处理空参数包。可变版本剥离第一个参数，并将其范围添加到递归计算的剩余范围之和。

一旦计算了最终长度，并构造了一个具有适当容量的 std::string 对象来保存结果，concat 的返回值就可以通过一个类似的递归函数模板来计算，例如 stringAppend，它将每个参数依次附加到结果字符串：

```
void stringAppend(std::string&) { }  // recursion base case

template <typename S0, typename... S>
void stringAppend(std::string& result, const S0& s0, const S&... s)
{
    result += s0;
    stringAppend(result, s...);
}
```

stringAppend 将其第二个参数（s0）附加到结果，然后调用其自身的递归实例化，以附加第三个和随后的目标值。最终的 concat 函数模板不是递归的，而会调用我们刚刚定义的两个递归模板：

```
template <typename... Ts>
std::string concat(const Ts&... args)
```

```
{
    // Create result string and reserve sufficient space to avoid reallocations.
    std::string result;
    result.reserve(extent(args...));

    // Append each string in parameter pack args to result.
    stringAppend(result, args...);

    return result;
}
```

在上述 concat 的实现中，在调用 stringAppend 之前，结果 Strings 中保留了足够的容量来保持最终值，从而避免了重复追加到单个 Strings 时可能发生的内存重新分配。另外，我们可以在带括号的初始化器中使用包扩展来累积值，作为这些初始化的副作用，没有具有递归实例化的辅助函数：

```
template <typename... Ts>
std::string concat2(const Ts&... args)
{
    // Compute length of final concatenated string.
    std::size_t resultLen = 0;
    { bool unused[] = { ((resultLen += extent(args)), false)... }; }

    // Create result string and reserve sufficient space to avoid reallocations.
    std::string result;
    result.reserve(resultLen);

    // Append each string in parameter pack args to result.
    { bool unused[] = { ((result += args), false)... }; }

    return result;
}
```

上面的 concat2 函数模板中的包扩展 ((resultLen+=extent(args)), false)... 根据参数包 args 中每个参数的范围来增加 resultLen 的值，然后应用逗号运算符为每个表达式生成值 false；表达式只针对其副作用而不是结果值进行计算。因此，未使用的数组被初始化为所有假值，resultLen 被设置为副作用，即参数包参数中单个字符串的长度之和。未使用的阵列在初始化后立即超出范围。优化编译器甚至不需要为堆栈上未使用的元素提供定位空间，更不用说初始化它的元素了[㊀]。要注意，包扩展总是使用一个参数调用区段，因此不需要定义区段递归变量重载或无参数基例重载。

用于计算 resultLen 的技术再次应用于将 args 的每个元素（无论是 char、const char* 还是 std:string）附加到结果的末尾。由于包扩展上下文是初始化列表，所以包扩展中表达式的副作用保证按顺序发生，而不像函数参数列表没有顺序保证，注意，包扩展可用于初始化 std:initializer list<boo1> 类型的临时对象，通过将 {bool unused[]={...};} 替换为（void）initialize _ list<bool>{...}，产生相同的结果，用法参见 3.1.13 节。

（3）对象工厂

假设我们想要定义一个通用工厂函数——该函数能够通过调用其构造函数之一来创建任何给定类型的实例。对象工厂[㊁]允许库和应用程序集中控制对象创建，原因有很多：使用特殊内存分配、跟踪和日志记录、基准测试、对象池化、后期绑定反序列化、驻留等。

定义通用对象工厂的挑战在于，在编写工厂时，要创建的类型（及其构造函数）是未知的。这就是为什么 C++03 对象工厂通常只提供默认对象构造，迫使客户端困难地使用两阶段初始化：首先创建空对象，然后将其置于有意义的状态。

在 C++03 中，编写一个可以透明地将调用转发到另一个函数的通用函数（完美转发）一直是一

㊀ 在 Clang 12.0.0（大约 2021 年）和 GCC 11.1（大约 2021 年）上进行的实验显示未使用的数组在优化级别 -02 处被完全优化，即使省略了围绕未使用定义的 {and} 大括号。

㊁ 参见 gamma95，第 3 章，“Factory Method”，第 107～115 页；以及 alexandrescu01，第 8 章，“Object Factories”，第 197～218 页。

个长期的挑战。这个难题的一个重要部分是使转发函数在参数数量上具有通用性，这是可变模板与转发引用结合在一起的地方（参见 3.1.10 节）。

```
#include <utility>  // std::forward

void log(const char* message);                 // logging function

template <typename Product, typename... Ts>    // type to be created and params
Product factory(Ts&&... xs)                    // call by forwarding reference
{
    log("factory(): Creating a new object");   // Do some logging.
    return Product(std::forward<Ts>(xs)...);   // Forward arguments to ctor.
}
```

Ts&&... xs 引入了 xs。这是一个函数参数包，表示零个或多个转发引用。正如我们所知，构造 std::forward<Ts>(xs)... 是一个包扩展，它扩展为 std::forward<T0>(x0) 和 std::forward<T1>(x1) 等的逗号分隔列表。标准库函数模板 std::forward 将准确的类型信息从转发引用 x0、x1 等传递给 Product 的构造函数。

要使用该函数，我们必须始终显式提供 Product 的类型；它不是函数参数，因此无法推导。其他参数充其量只能由模板参数推导。在最简单的情况下，factory 可用于基元类型：

```
int i1 = factory<int>();     // Initialize i1 to 0.
int i2 = factory<int>(42);   // Initialize i2 to 42.
```

它还可以正确处理重载构造函数：

```
struct Widget
{
    Widget(double);          // constructor taking a double
    Widget(int&, double);    // constructor taking an int& and a double
};

int g = 0;
Widget w1 = factory<Widget>(g, 2.4);    // calls ctor with int& and double
Widget w2 = factory<Widget>(20);        // calls ctor with double
Widget w3 = factory<Widget>(20, 2.0);   // Error, cannot bind rvalue to int&
```

引入 w3 的最后一行未能编译，因为右值 20 无法转换为 Widget 构造函数所需的 non-const int&，这是完美转发的一个示例。

对象工厂的许多变体（例如，使用动态分配、自定义内存分配器和特殊异常处理）可以构建在所示工厂的框架上。事实上，标准库工厂函数，如 std::make_ shared 和 std::make_unique 以相同的方式使用变量转发和完美转发。

（4）钩子函数调用

转发不限于对象构造。我们可以使用它以通用方式拦截函数调用，并添加跟踪或日志记录等处理。例如，假设编写一个调用另一个函数的函数并记录它可能引发的任何异常：

```
#include <exception>  // std::exception
#include <utility>    // std::forward

void log(const char* msg);                      // Log a message.

template <typename Callable, typename... Ts>
auto logExceptions(Callable&& fun, Ts&&... xs)
    -> decltype(fun(std::forward<Ts>(xs)...))
{
    try
    {
        return fun(std::forward<Ts>(xs)...);   // perfect forwarding to fun
    }
    catch (const std::exception& e)
    {
        log(e.what());                          // log exception information
        throw;                                  // Rethrow the same exception.
```

```
    }
    catch (...)
    {
        log("Nonstandard exception thrown.");  // log exception information
        throw;                                 // Rethrow the same exception.
    }
}
```

在这里，我们获得了 std::forward 和 auto -> decltype 的帮助，参见 2.1.3 节和 2.1.16 节。通过使用 auto 而不是日志异常的返回类型，然后使用 -> 和跟踪类型 decltype(fun(std::forward<Ts>(xs))，我们声明日志异常的返回类型与调用 fun(std::forward<Ts>(xs)...) 的类型相同，这与函数实际返回的表达式完全匹配。

如果对 fun 的调用引发异常，日志异常会捕获、记录并重试该异常。因此，除了记录传递的异常之外，日志异常是完全透明的。让我们看看它的实际情况，首先，定义一个函数 assumeIntegral，也就是抛出异常：

```
#include <stdexcept>  // std::runtime_error

long assumeIntegral(double d)           // throws if d has a fractional part
{
    long result = static_cast<long>(d);  // Compute the returned value.
    if (result != d)                     // Verify.
        throw std::runtime_error("Integral expected");
    return result;
}
```

要通过日志异常调用 assumeIntegral，我们只需将其与其参数一起传递即可：

```
void test()
{
    long a = logExceptions(assumeIntegral, 4.0);  // Initialize a to 4.
    long b = logExceptions(assumeIntegral, 4.4);  // throws and logs
}
```

（5）元组

元组或记录是一种将固定数量的非相关类型的值分组在一起的类型。C++03 标准库模板 std::pair 是一个包含两个元素的元组。C++11 中引入的标准库模板 std::tuple 在可变模板的帮助下实现了一个元组。例如，std::tuple <int, int, float> 包含两个 int 和一个 float。

在 C++ 中实现元组有很多可能的方法。C++03 简单地定义了元组可以保存和使用的值数量的硬编码限制：

```
struct None { };  // empty "tag" used as a special "not used" marker

template <typename T1 = None, typename T2 = None, typename T3 = None,
          typename T4 = None, typename T5 = None, typename T6 = None,
          typename T7 = None, typename T8 = None, typename T9 = None>
class Cpp03Tuple;
    // tuple containing up to 9 data members of arbitrary types
```

变量是可伸缩、可管理的，这是元组实现中的关键组成部分。我们讨论了处理元组核心定义的几种可能性，重点是数据布局。

Tuple1 的定义（在下面的代码片段中）使用专门化和递归来适应任何数量的类型：

```
template <typename... Ts>
class Tuple1;            // (0) incomplete declaration

template <>
class Tuple1<>           // (1) specialization for zero elements
{ /*...*/ };

template <typename T, typename... Ts>
class Tuple1<T, Ts...>   // (2) specialization for one or more elements
```

```
{
    T first;              // first element
    Tuple1<Ts...> rest;  // all other elements
    // ...
};
```

Tuple1 使用组合和递归来创建其数据布局。正如在描述——在基本标识符列表中扩展中讨论的那样，扩展 Tuple1<Ts...> 产生 Tuple1<T0, T1, ..., Tn>，特化 Tuple1<> 结束递归。

唯一需要注意的细节是，Tuple1<int> 具有类型为 Tuple1<> 的成员 rest，它是空的，但需要具有非零大小，因此它最终占用了元组中的空间[⊖]。在一定规模上，空间效率低下可能会成为问题，尤其是当缓存友好度很高时。

避免这个问题的解决方案是，除了现有的两个特化之外，还将 Tuple1 部分特化为一个元素：

```
template <typename T>
class Tuple1<T>              // (3) specialization for one element
{
    T first;
    // ...
};
```

通过此添加操作，Tuplel<> 使用完全特化（1），Tuplel<int> 使用部分特化（3），并且具有两个或更多类型的所有实例化都使用部分特化（2）。例如，Tuple1<int, long, double> 实例化了特化（2），它使用 Tuple1<long，double> 作为成员，反过来对 Tuple1<double> 类型的成员 rest 使用了部分特化（3）。

上述设计的缺点是在 Tuple1<T> 部分特化和通用定义中需要相似的代码，这导致了一种微妙形式的代码重复。编写一些冗余代码似乎并不是特别有问题，但一个好的元组 API 通常有相当大的架构，例如，std:: tuple 有 25 个成员函数。

可以通过使用继承而不是组合来解决 Tuple1 的问题，这使我们可以受益于一种古老且实现良好的 C++ 布局优化，即空基优化。当一个类的基没有状态时，在某些情况下，该基在派生类中完全不占空间。设计一个利用空基优化优势的 Tup1e2 变量类模板：

```
template <typename... Ts>
class Tuple2;              // incomplete declaration

template <>
class Tuple2<>             // specialization for zero elements
{ /*...*/ };

template <typename T, typename... Ts>
class Tuple2<T, Ts...>     // specialization for one or more elements
    : public Tuple2<Ts...>  // recurses in inheritance
{
    T first;
    //...
};
```

如果我们用差不多任何当代编译器评估 Tuple2<int> 的大小，它都与 sizeof（int）相同，因此事实上，基不会增加完整对象的大小。Tuple2 的一个尴尬之处在于，对于大多数编译器，指定的类型以相反的顺序出现在内存布局中。例如，在一个类型对象 Tuplel<int，int，float，std:string> 中，string 将是布局中的第一个成员，后面是 float，然后是两个 int。(编译器在定义布局时确实有一些自由度，但现在的大多数编译器只是将基按顺序放在第一位，然后按成员声明的顺序放在第二位。)

为了确保布局更直观。我们定义 Tuple3，它使用一个额外的结构来容纳单个元素，Tuple3 在递归之前继承了这些元素：

⊖ 在 Clang 12.0.1（大约 2021 年）和 GCC 11.2（大约 2021 年）中，sizeof(Tuple1<int>) 的大小为 8，是 int 大小的两倍。

```
template <typename T>
struct Element3  // element holder
{
    T value;     // no other data or member functions
};

template <typename... Ts>
class Tuple3;    // declaration to introduce the class template

template <>
class Tuple3<>   // specialization for zero elements
{ /*...*/ };

template <typename T, typename... Ts>  // one or more types
class Tuple3<T, Ts...>                 // one or more elements
    : public Element3<T>               // first in layout
    , public Tuple3<Ts...>             // Recurse to complete layout.
{ /*...*/ };
```

Tuple3 的实现接近我们所需要的，但还有一个额外的问题需要解决：实例化 Tuple3<int，int> 将尝试继承 Element3<int> 两次，这是不允许的。解决这个问题的一种方法是传递所谓的 cookie 到元素模板，这是一个额外的模板参数，可以以不同的方式唯一标记每个元素。我们为 cookie 类型选择大小 size_t：

```
template <typename T, std::size_t cookie>
struct Element4      // Element holder also takes a cookie so the same element
                     // is not inherited twice; cookie is actually not used.
{
    T value;
};
```

Tuple4 类实例化 Element4，每个成功元素的 cookie 值递减：

```
template <typename... Ts>
class Tuple4;                          // (0) incomplete declaration
template <>
class Tuple4<>                         // (1) specialization for no elements
{ /*...*/ };

template <typename T, typename... Ts>
class Tuple4<T, Ts...>                 // (2) one or more elements
    : public Element4<T, sizeof...(Ts)> // first in layout, count is cookie
    , public Tuple4<Ts...>             // Recurse to complete layout.
{ /*...*/ };
```

为了了解这一切是如何工作的，要考虑实例化 Tuple4<int, int, char>，它与 T=int 和 Ts=<int, char> 的特化（2）匹配。因此，sizeof...(Ts)——Ts 中元素的数量——是 2。特化首先继承 Element4<int, 2>，然后继承 Tuple4<int, char>。后者反过来也使用特化（2），其中 T=int 和 Ts=<char>，后者继承了 Element4<int，1> 和 Tuple4<char>。最后，Tuple4<char> 继承了 Element4<char, 6> 和 Tuple4<>，这将第一个特化终止递归

接下来，Tuple4<int，int，char> 最终继承（按顺序）Element4<int, 2>、Element4<int, 1> 和 Element4<char, 0>。std::tuple 的大多数实现都是通过 Tuple4 得到的 Tuple1 所示模式的变体[⊖]。

如果 Element4 没有为元组的每个成员取一个不同的数字，则 Tuple4<int, int> 将不会起作用，因为它将继承 Elementa<int> 两次，而这是非法的。使用 cookie 实例化之所以有效，是因为它继承了不同的类型：Element4<int, 1> 和 Element4<int, 2>。

上面代码示例的扩展模板可能看起来像这个无效但具备说明性的代码：

⊖ 参见 libstdc++，GNU C++ 标准库，使用了一个基于继承的方案，增加了索引（与 cookie 值减少的 Tuple4 相反）。Clang 附带的 LLVM 标准库 libc++ 不使用 std::tuple 的继承，但其状态实现将继承与递增的整数序列结合使用。在撰写本文时，微软的开源 STL（microsoftb）使用了 Tuple2 所采用的方法。

```
class Tuple4<>
{ /*...*/ };
class Tuple4<char> : public Element4<char, 0>, public Tuple4<>
{ /*...*/ };
class Tuple4<int, char> : public Element4<int, 1>, public Tuple4<char>
{ /*...*/ };
class Tuple4<int, int, char> : public Element4<int, 2>, public Tuple4<int, char>
{ /*...*/ };
```

元组类型的完整实现将包含常用的构造函数和赋值运算符，以及一个将索引 *i* 作为编译时参数并返回对元组的第 *i* 个元素的引用的投影函数。让我们看看如何实现这个相当微妙的函数。要完成它，我们首先需要一个返回模板参数包中第 *n* 个类型的辅助模板：

```
template <std::size_t n, typename T, typename... Ts>
struct NthType              // yields nth type in the sequence <T, Ts...>
{
    typedef typename NthType<n - 1, Ts...>::type
        type;               // Recurse to smaller n.
};

template <typename T, typename... Ts>
struct NthType<0, T, Ts...>  // base case, 0th type in <T, Ts...> is T
{
    typedef T type;
};
```

NthType 遵循现在熟悉的递归参数包处理模式。第一个声明描述了递归情况。后面的特化处理极限情况 n==0 以停止递归，很容易理解，例如 NthType<1, short, int, long>::type 是 int。

我们现在准备定义函数 get，以便 get<0>（x）返回对 Tuple4 对象的第一个元素 x 的引用：

```
template <std::size_t n, typename... Ts>  // n is the index. Ts is the tuple pack.
auto& get(Tuple4<Ts...>& x)               // top-level function
{
    typedef typename NthType<n, Ts...>::type
        ResultType;                       // Reference to this type is returned.
    typedef Element4<ResultType, sizeof...(Ts) - n - 1>
        ElementType;                      // element holding the value returned
    ElementType& r = x;                   // implicit conversion to get element
    return r.value;                       // Access the value from the Element4.
}
```

计算的 cookie 大小 (Ts)−n−1 需要一些技巧。回顾一下，元组中的元素与 cookie 的自然顺序相反，因此 Tuple4<Ts.> 中的第一个元素具有 cookie(Ts)−1 的大小，并且最后一个元素具有 cookie 0 的大小。因此，当我们计算 cookie 中第 *n* 个元素的 cookie 时，我们使用初等代数来设置所示的表达式。

在所有类型都被排序后，实现通过隐式强制转换获取适当的 Element4 基，然后返回其值。用下述代码进行测试：

```
void test()
#include <cassert>  // standard C assert macro

{
    Tuple4<int, double, std::string> value;
    get<0>(value) = 3;
    get<1>(value) = 2.718;
    get<2>(value) = "hello";
    assert(get<2>(value) == "hello");
}
```

该示例还说明了为什么 get 最好定义为非成员函数。成员函数将被迫使用尴尬的语法 value.template get<0>=3 以消除将 < 用作模板实例化的歧义，而不是小于运算符。

（6）变体类型

变体类型，有时被称为可区分的联合，类似于 C++ 联合，它跟踪当前活动的元素，并保护客户端代码免受不安全的使用。可变模板支持一个自然接口来将此设计表示为通用库功能[⊖]。例如，变体类型（如 variant<int, float, std::string>）可以恰好包含一个 int、一个 float 或一个 std::strings 值。客户端代码可以通过向变量对象分别指定 int、float 或 std::string 来更改当前类型。

要定义一个变量类型，我们需要它有足够的存储空间来保存它的任何可能值，再加上一个区分标记——通常是一个保持当前存储类型索引的小的整数。对于 Variant<int，float，std::string>，根据约定，区分标记可以是 int 的 0，float 的 1，std::sstring 的 2。

我们在前面的小节中看到了如何为参数包递归定义数据结构，所以让我们尝试 Variant1 设计中的变体布局。

```
template <typename... Ts>              // parameter pack
class Variant1                          // can hold any in parameter pack
{
    template <typename...>              // union of all types in Ts
    union Store {};

    template <typename U, typename... Us>  // Specialize for >=1 types.
    union Store<U, Us...>
    {
        U head;                 // Lay out a U object.
        Store<Us...> tail;      // all others at same address
        Store() {}              // User-provided constructor is required.
        ~Store() {}             // User-provided destructor is required.
    };

    Store<Ts...> d_data;        // Store for current datum.
    unsigned int d_active;      // index of active type in Ts

public:
    // ... (API goes here.)
};
```

C 语言风格的联合也可以是模板，也可以是可变的。我们利用 Variant1 中的这一特性递归地定义了一个可变类模板 Store<Ts...>，将参数包 Ts 中的每个类型存储在同一地址处。C++11 的一个重要特性为上面的设计提供了灵活性，它放宽了对可以存储在联合中的类型的限制。在 C++03 中，不允许联合成员具有非平凡的构造函数或析构函数。从 C++11 开始，任何类型都可以是联合的成员，前提是该联合分别具有用户提供的构造函数和析构函数，参见 4.1.3 节。因此，Variant1<std::string, std::map<int, int>> 等类型可以正常工作。

对于活跃索引 d-active，我们使用 unsigned int，这是速度和大小之间的合理折衷（从技术上讲，d_active 成员应该是 std:size _t，但我们不需要那么大的整数）。根据 Variant 实例化中元素的数量和节省空间的机会，更注重布局的方法会在 std::uint8_t、std::uint16_t、std::uint32_t, 以及 std::uint64_t 中选择。

可以将上面的 Variant1 类模板的 d_data 成员以更简洁的方式定义为固定大小的 char 数组。然而，有两个挑战需要解决。首先，数组的大小需要在编译过程中计算为 Ts 中所有类型的最大大小。其次，数组需要有足够的对齐，以便将任何类型存储在 Ts 中。幸运的是，在惯用的现代 C++ 中，这两个问题都有简单的解决方案：

```
#include <algorithm>  // std::max

template <typename... Ts> class Variant2;  // introducing declaration

template <> class Variant2<>              // specialization for empty Ts
{ /*...*/ };

template <typename T, typename... Ts>
class Variant2<T, Ts...>                  // specialization for one or more types
{
    enum : std::size_t { size = std::max({sizeof(T), sizeof(Ts)...}) };
        // std::max takes std::initializer_list and is constexpr in C++14.
```

⊖ C++17 的标准库类型 std:variant 提供了一个健壮而全面的变体类型实现。

```
    alignas(T) alignas(Ts...) char  d_data[size];  // payload
    unsigned int                    d_active;      // index of active type in Ts

public:
    // ...                          (API goes here.)
};
```

上面的代码展示了 std::max 的新用法，这是 C++14 中引入的一个重载，它以初始化列表作为参数，参见 3.1.13 节。另一个新颖之处是在编译过程中使用 std::max；参见 3.1.5 节。我们将 std::max 应用于 sizeof（T）和 sizeof（Ts）... 扩展，结果是逗号分隔的列表 sizeof（T）、sizeof（T0）、sizeof（T1）等。（注意，此扩展与 sizeof...（Ts）不同，后者只返回 Ts 中元素的数量。）

简而言之，d_data 是一个字符数组，其大小相当于传递给 Variant2 的所有类型的最大值。此外，align 指令指示编译器以 T 和所有 T 中所有类型的最大对齐方式处理数据，参见描述——在对齐说明符中扩展和 3.1.1 节。

值得注意的是，从布局的角度来看，Variant1 和 Variant2 的效果是同样好的；事实上，即使是它们各自的 API 的实现也是相同的。d_data 的唯一用途是获取其地址并将其用作指向 void 的指针，便于 API 正确使用。

公共接口确保了当一个元素存储在 d_data 中时，d_active 将具有参数包 Ts... 的索引值，以此来对应该类型。因此，当用户试图从变体中检索一个值时，如果请求了错误的类型，将报告运行时错误。

让我们来看看如何定义一些相关的 API 函数——默认构造函数、值构造函数和析构函数：

```
#include <algorithm>  // std::max

template <typename... Ts>           // introducing declaration
class Variant;

template <> class Variant<>         // specialization for empty Ts
{ /*...*/ };

template <typename T, typename... Ts>  // specialization for 1 or more
class Variant<T, Ts...>
{
    enum : std::size_t { size = std::max({sizeof(T), sizeof(Ts)...}) };
        // Compute payload size.
    alignas(T) alignas(Ts...) char d_data[size];  // approach in Variant1 fine too
    unsigned int                   d_active;      // index of active type in Ts

    template <typename U, typename... Us>
    friend U& get(Variant<Us...>& v);  // friend accessor

public:
    Variant();                      // default constructor

    template <typename V>           // value constructor
    Variant(V&&);                   // V must be among T, Ts.

    ~Variant();                     // Destroy the current object.

    // ...
};
```

空的特化 Variant<> 的实现是微不足道的，因此下面我们重点讨论至少有一种类型 Variant<T, Ts...> 的非空部分特化。默认构造函数应该将对象设置为（默认构造）Ts 中的第一个对象：

```
template <typename T, typename... Ts>
Variant<T, Ts...>::Variant()
{
    ::new(&d_data) T();  // default-constructed T at address of d_data
    d_active = 0;        // Set the active type to T, first in the list.
}
```

上述示例中的默认构造函数使用定位 new 在 d_data 地址创建一个默认构造对象。参数包中的第一个元素是通过部分特化选择的。

值构造函数更具挑战性，因为它需要在编译期间为 d _ active 计算适当的值，例如枚举值。为此，首先我们需要一个能报告模板参数包中某个类型的索引的支持元函数。第一个类型是所搜索的类型，然后是要搜索的类型。如果第一种类型不在其他类型中，就会产生编译时错误。

```
template <typename X, typename T, typename... Ts>  // Find X in T, Ts....
struct IndexOf                                     // primary definition
{
    enum : std::size_t { value = IndexOf<X, Ts...>::value + 1 };
};

template <typename X, typename... Ts>              // partial specialization 1
struct IndexOf<X, X, Ts...>                        // found X at front
{
    enum : std::size_t { value = 0 };              // found in position 0
};

template <typename X, typename... Ts>              // partial specialization 2
struct IndexOf<const X, X, Ts...>                  // found const X at front
{
    enum : std::size_t { value = 0 };              // also found in position 0
};
```

size_t 语法是 C++11 的新语法，它指定引入的匿名枚举将类型 size_t 作为其底层类型，参见 3.1.19 节。类模板 IndexOf 遵循一个简单的递归模式。在一般情况下，作为被搜索类型的第一个参数类型 X 与第二个参数类型 T 不同。并且值是作为对参数列表 Ts... 的剩余部分的搜索而递归计算的。

如果所查找的类型与第二个模板参数相同，则部分特化 1 会起作用；如果所查找的类型是第二个参数的变体，则部分特化指定 2 来匹配。（一个完整的实现也会为 volatile 限定符添加类似的特化。）在任何一种情况下，递归都会结束，值 0 会弹出编译时递归堆栈：

```
std::size_t i1 = IndexOf<int, int, long>::value;         // i1 is 0.
std::size_t i2 = IndexOf<int, short, int, long>::value;  // i2 is 1.
std::size_t i3 = IndexOf<const int, short, int>::value;  // i3 is 1.
std::size_t i4 = IndexOf<int, float, double>::value;     // Error
```

如果在包中根本找不到类型，那么当 Ts 为空时，递归将结束，并且递归无法仅为一个类型 T 找到特化，这会导致编译时错误。

值得注意的是，Indexof 有一个替代实现，它使用 std::integral_constant，这是 C++11 中引入的一个标准库功能，可以自动执行值定义的一部分。

```
#include <type_traits>  // std::integral_constant
template <typename X, typename T, typename... Ts>  // general definition
struct IndexOf2
    : std::integral_constant<std::size_t, IndexOf2<X, Ts...>::value + 1> {};

template <typename X, typename... Ts>
struct IndexOf2<X, X, Ts...>
    : std::integral_constant<std::size_t, 0u> {};  // partial specialization 1

template <typename X, typename... Ts>
struct IndexOf2<const X, X, Ts...>
    : std::integral_constant<std::size_t, 0u> {};  // partial specialization 2
```

类型 std::integral_constant<std::size_t，n> 定义了一个值为 n 的 std::size_t 类型的常量成员 value，这在一定程度上简化了 IndexOf 的定义并阐明了它的意图。

有了这个模板，我们就做好了实现 Variant 的值构造函数的准备，使用完美转发来创建一个具有给定类型对象的变体，如果在参数包 Ts 中找不到指定的类型，则会出现编译时错误。

还有一个细节需要处理。根据设计，我们要求 Ts 只包含不合格的（没有 const 或 volatile）非引用类型，但值构造函数可能会将其类型参数推导为引用类型（如 int&）。在这种情况下，我们需要从 int& 中提取 int。标准库模板 std::remove_reference_t 是为执行此任务而设计的，std::remove_reference_t<int> 和 std::remove_reference_t<int&> 都是适用于 int 的别名：

```
template <typename T, typename... Ts>  // definition for partial specialization
template <typename V>
Variant<T, Ts...>::Variant(V&& xs)     // value ctor using perfect forwarding
{
    typedef std::remove_reference_t<V> U;
        // Remove reference from V if any, e.g. transform int& into int.

    ::new(&d_data) U(std::forward<V>(xs));    // Construct object at address.
    d_active = IndexOf<U, T, Ts...>::value;   // This code fails if U not in Ts.
}
```

现在，我们可以构造一个可以对其类型给定任何值之一的变体：

```
Variant<float, double> v1(1.0F);  // v1 has type float and value 1.
Variant<float, double> v2(2.0);   // v2 has type double and value 2.
Variant<float, double> v3(1);     // Error, int is not among allowed types.
```

只要没有歧义，一种更高级的变体实现可以支持在构建过程中进行隐式转换[⊖]。

既然变体知道 Ts 中活动类型的索引，我们就可以实现一个访问函数，用于由知道该类型的客户端来检索对活动元素的引用。例如，给定一个名为 v 的 Variant<short,int,long> 对象，int&get<int>(v) 应该返回对存储的 int 的引用，当且仅当 v 中的当前值确实是 int 类型，否则 get 将抛出异常

```
template <typename T, typename... Ts>            // T is the assumed type.
T& get(Variant<Ts...>& v)                        // Variant<Ts...> by ref
{
    if (v.d_active != IndexOf<T, Ts...>::value)  // Is the index correct?
        throw std::runtime_error("wrong type");  // If not, throw.
    void* p = &v.d_data;                         // If so, take store address
    return *static_cast<T*>(p);                  // and convert.
}
```

获取和返回 const 的 get 重载也可以类似地定义。

尽管它很简单，但 get 函数（需要是变体的友元才能访问其私有成员）是安全和健壮的。如果给定的类型不存在于变体的参数包中，Indexof 将无法编译，因此 get 也不会编译。如果该类型存在于包中，但不是存储在变体中的当前类型，则抛出异常。如果一切正常，则将 d_data 的地址转换为对目标类型的引用，并完全相信强制转换可以安全执行：

```
typedef Variant<long, double, std::string> Var;

Var x1(1L);                              // type long, value 1
Var x2(2.5);                             // type double, value 2.5
Var x3(std::string("hi"));               // type std::string, value "hi"

long y1(get<long>(x1));                  // OK, y1 is 1.
double y2(get<double>(x2));              // OK, y2 is 2.5.
std::string y3(get<std::string>(x3));    // OK, y3 contains "hi".
double y4(get<double>(x3));              // throws exception, wrong type
```

编写变体的析构函数很有挑战性，因为在这种情况下，我们需要从运行时索引 d_active 中生成活动元素的编译时类型。语言没有为这样的操作提供内置支持，因此我们必须生成一个基于库的解决方案。

一种方法是使用线性搜索。从活动索引 d_active 和整个参数包 Ts 开始，我们依次减少这两个值，直到 d_active 变为零。在这一点上，我们知道变体的动态类型是 Ts 剩余部分的头，我们称之为适当析构函数。为了实现这样的算法，我们定义了两个重载函数 destroyLinear，它们都是变体的友元。

⊖ 在 C++17 中引入的 std::variant 支持这种功能。

```
template <unsigned int>
void destroyLinear(unsigned int, void*) { }  // terminates recursion

template <unsigned int i, typename T, typename... Ts>
void destroyLinear(unsigned int n, void* p)  // index and pointer to data
{
    if (n == i)
        static_cast<T*>(p)->~T();            // found, call destructor manually
    else
        destroyLinear<i + 1, Ts...>(n, p);   // "recurse" with list tail
}
```

第二个重载使用了习惯用法（在本特性部分的几个地方使用），即在每次连续调用时使用类型参数从参数包中提取第一个元素。如果运行时索引为 0，则对接收到的指针调用包中的第一个类型 T 的析构函数。否则，destroyLinear 递归调用其自身的一个版本，参数包减少 1，编译时计数器 i 相应地减少 / 增加。要注意这里“递归”不是一个正确的术语，因为模板为每个调用实例化了一个不同的函数。

第一个重载只是终止递归，在正确的程序中从来没有调用过它，但编译器不知道这一点，所以我们需要为它提供一个主体。

变体的析构函数确保变体对象不会损坏，然后调用 destroyLinear，将整个包 Ts... 作为模板参数（在编译时）进行传递，而当前索引和数据地址则作为函数参数（在运行时）：

```
template <typename T, typename... Ts>  // definition for partial specialization
Variant<T, Ts...>::~Variant()          // linear lookup destructor
{
    assert((d_active < 1 + sizeof...(Ts)));          // Check invariant.
    destroyLinear<0, T, Ts...>(d_active, &d_data);  // Initiate destruction.
}
```

当使用具有线性复杂性的算法时，自然反应是寻找具有较低复杂性的类似解决方案，特别是考虑到线性搜索将在运行时执行，而不是在编译期间执行。在这种情况下，我们可以尝试通过类型参数包进行二进制搜索。在通常的用法中，一个变体没有那么多类型，因此一个更具可扩展性的搜索算法可能被认为是过度的，但这个问题值得我们关注有两个原因。首先，有一些不可使用的变体类型确实有大量的替代品，例如 Windows 操作系统中的 VARIANT 类型，其联合中有大约 50 个选项，以及一些可以有数百种类型的数据交换格式。其次，析构函数特别重要，因为它们往往被密集调用，所以析构函数的大小和速度往往会影响使用它们的程序的性能。

现在考虑如何创建一个具有对数复杂度而不是线性复杂度的函数。我们可以相对轻松地实现这样一个函数，前提是我们要小心地将编译时的工作与运行时的工作区分开来。二进制搜索中的活动索引 d_active 必须在运行时进行操作；然而，我们可以在编译过程中操纵操作限制。为此，我们定义了一个函数模板，将迭代极限（low 和 high）作为模板参数，然后包含要搜索的类型 Ts 的参数包。和以前一样，运行时参数是要销毁的对象的搜索索引 n 和非类型化指针 p：

```
template <unsigned int low, unsigned int high, typename... Ts>
void destroyLog(unsigned int n, void* p)
{
    assert(n >= low && n < high);  // precondition

    static constexpr std::size_t mid = low + (high - low) / 2;
    if (n < mid)
    {
        destroyLog<low, (low >= mid ? high : mid), Ts...>(n, p);
    }
    else if (n > mid)
    {
        destroyLog<(mid + 1 >= high ? low : (mid + 1)), high, Ts...>(n, p);
    }
    else // (n == mid)
    {
        typedef typename NthType<mid, Ts...>::type Tn;
```

```
        static_cast<Tn*>(p)->~Tn();
    }
}
```

destroyLog 的实现让人想起递归二进制搜索算法，区别在于 destroyLog 格外小心地将编译时工作与运行时工作分开。首先，我们计算 low 和 high 之间的中点，这是由于 constexpr 变量（参见 3.1.6 节）可以通过编译时构造来访问，例如将它们作为模板参数传递给 destroyLog，以便进一步调用。

接下来的测试决定是继续搜索 low（包括）到 mid（不包括）的索引，还是继续搜索 mid+1［包括到 high（不包括）］的索引；如果找到了索引，则根本不搜索。

当递归到 mid 以下和以上的子范围时，必须注意确保 destroyLog 仅对非空范围调用。当递归涉及 destroyLog 的实例化时，它的值为 low>=high，我们会递归到 destroyLog 的相同实例化。我们永远不要在运行时和编译时执行这种无限递归，整个分支可能会被优化掉。避免不需要的实例化既有助于缩短编译时间，也有助于避免无法编译的实例化——例如，类型列表末尾的空范围，这将导致尝试使用无效的类型 NthType<sizeof...(Ts), Ts...>::type。

当找到索引时（例如，n==mid），我们终于有了一个编译时常数来匹配要搜索的运行时索引。要从参数包 Ts 中获取索引中间的类型，我们使用 NthType，参见“元组”中的定义。一旦提取了类型，函数就可以将 void* 指针强制转换为适当的类型，然后通过该指针显式调用正确的析构函数。

使用 destroyLog 的变体的析构函数的实现与使用 destroyLinear 的类似，不同之处在于它将 0 和 sizeof...(Ts) 作为额外的参数传递给准备好的二进制搜索约束。

```
#include <cassert>  // standard C assert macro

template <typename T, typename... Ts>
Variant<T, Ts...>::~Variant()  // logarithmic lookup destructor
{
    constexpr unsigned int variantCount = 1 + sizeof...(Ts);
    assert(d_active < variantCount);                          // invariant
    destroyLog<0, variantCount, T, Ts...>(d_active, &d_data);  // Initiate.
}
```

尽管运行时代码的时间复杂度是对数函数，但仍值得查看 destroyLog 编译期间创建的实例化数量。对于长度为 N 的参数包 Ts，destroyLog 函数自身的一个特化被 Ts 的每个元素实例化。然而，NthType<x, Ts...> 对每个在 0 和 $N-1$（包括 0 和 $N-1$）之间的 x 的实例化是更大的隐藏成本。这些实例化中的每一个都递归地引用 $x-1$ 个 NthType 的额外的（不同的）实例化，每个实例化都有一个较小的索引和一个较短的列表。因此，对 NthType 模板实例化来说，我们有 $O(N^2)$ 的复杂度，这导致了 destroylog 的编译时间随着变体中类型的数量以平方级增加。参见烦恼——对任何对象的线性搜索。

注意，NthType 只是一个带有嵌套 typedef 的模板，在运行时不会生成要执行的代码；生成的代码的大小因此仅是 destroyLog 的不同实例化的数量的函数，其为 $O(N)$。尽管函数模板是递归实例化的，但运行时代码本身并不是递归的——在运行时，在单个调用链中永远不会重新调用实例化，因此唯一的理论执行发生在死分支中。激进的内联功能消除了大多数单独的实例化，有效地产生了一组具有 $O(\lg N)$ 嵌套深度的 if 语句。正如预期的那样，当代编译器生成的代码几乎与完全手写的二进制搜索相同[1]。

当然，一旦有了对数级实现，我们就会立即怀疑是否可以进行优化，甚至是否可以在一个恒定的时间内查找。这就引出了变量模板在大括号初始化中的应用，如描述——在函数调用参数列表或大括号初始化列表中扩展中论述的那样。我们使用大括号初始化来生成一个函数指针表，每个指针指向同一函数模板的不同实例化。为了使表工作，每个函数必须具有相同的签名。在调用析构函数的情况下，我们希望通过使用 void* 来提供要销毁的对象，就像使用 destroyLinear 和 destroyLog 一样。然后，我们可以编写一个函数模板，该模板使用一个未减少的类型参数来保持函数实现所需的

[1] 相应的代码已经用 Clang 11（大约 2021 年）和 GCC 10.2（大约 2020 年）在优化级别 -03 上进行了测试。

类型信息，以将 void* 指针强制转换为所需类型：

```
template <typename T>
static void destroyElement(void* p)
{
    static_cast<T*>(p)->~T();
}
```

有了这个简单的函数模板，我们可以填充一个函数指针的静态数组，用包扩展产生的带括号的列表来初始化一个未知边界的数组（这将隐含地推导出确切的大小），带上用包中类型实例化的 destroyElement 函数模板的地址。一旦我们有了析构函数数组，匹配了运行时索引 d_active 的预期顺序，我们就可以简单地调用当前索引处的函数指针，为当前活跃元素调用正确的析构函数。

```
template <typename... Ts>
void destroyCtTime(unsigned int n, void* p)  // same signature
{
    typedef void(*destructor)(void*);         // Simplify definition.
    static const destructor dt[] =            // array of function pointers
        { &destroyElement<Ts>... };           // Initialize with pack expansion.
    dt[n](p);                                 // Call appropriate destructor.
}
```

注意，这种恒定时间查找也是所提出的三种形式中最简单的一种，因为它更倾向于将可变包扩展与其他语言功能集成在一起。在这种情况下，是带括号的数组初始化。

看起来 destroyCtTime 已经是最好的了：它在恒定的时间内运行，它很小，很简单，很容易理解。然而，仔细再看，destroyCtTime 在性能上有严重的缺点。首先，每个析构函数调用都包含一个间接调用，除了最平凡的情况外，它很难内联和优化[㊀]。

其次，通常情况下，变体中涉及的许多类型都有不重要的析构函数，它们根本不执行任何工作。destroyLinear 和 destroLog 函数采用了白盒方法，这自然会导致内联和随后消除此类析构函数，从而大大简化最终生成的代码。相反，destroyCtTime 不能利用这样的机会；即使某些析构函数不起作用，它们仍然会隐藏在间接调用之外，而间接调用在任何情况下都是有代价的。

现在，有一种方法可以通过使用称为算法选择[㊁]的元算法策略来将 destroyCtTime、destroyLinear 和 destroyLog 的优势结合起来：根据变体实例化选择合适的算法。实例化的特征可以通过使用编译时自省来推导。在三个算法中选择最好的那一个算法的标准可能相当复杂。对于只有少数类型的实例化，其中大多数类型都有不重要的析构函数，destroyLinear 可能工作得最好；对于中等较大的参数包大小，destroyLog 将是可选的算法；对于较大的参数包大小，destroyCtTime 是最好的。

举一个简单的示例：

```
#include <cassert> // standard C assert macro

template <typename T, typename... Ts>  // definition for partial specialization
Variant<T, Ts...>::~Variant()          // improved destructor implementation
{
    constexpr unsigned int variantCount = 1 + sizeof...(Ts);

    assert(d_active < variantCount);  // Check invariant of variant.
    void* p = &d_data;                // d_data as void*

    if (variantCount <= 4)
        destroyLinear<0u, T, Ts...>(d_active, p);               // linear
    else if (variantCount <= 64)
        destroyLog<0u, variantCount, T, Ts...>(d_active, p);  // log
```

㊀ 即使是最平凡的使用，GCC 11.2（大约 2021 年）也会生成表并间接调用。仅当函数没有影响变体值的控制流时，Clang 12.0（大约 2021 年）能够优化对本地定义的变体对象的间接调用。这两个编译器都在优化级别 -03 上进行了测试。

㊁ 参见 leyton-brown03。

```
    else
        destroyCtTime<T, Ts...>(d_active, p);                    // O(1)
}
```

决定用于在算法之间进行选择的阈值的常数4和64被称为元参数，且常常通过实验来选择。如前所述，更复杂的实现将从Ts...中消除所有具有不重要析构函数，并且只关注需要析构函数调用的类型。在C++11引入的标准库内省原语std::is_trivially_destructible的帮助下，区分平凡和非平凡的析构函数是可能的。

（7）高级特征

通过使用带有可变参数的模板模板参数，我们可以创建部分模板特化，使模板实例与任意数量的类型参数相匹配。

例如，考虑智能指针模板族。智能指针类型实际上总是从具有指向类型作为其第一个参数的模板中实例化。

```
template <typename T>
struct SmartPtr1
{
    typedef T value_type;
    T& operator*() const;
    T* operator->() const;
    // ...
};
```

更复杂的智能指针可能需要一个或多个额外的模板参数，例如删除策略：

```
template <typename T, typename Deleter>
struct SmartPtr2
{
    T& operator*() const;
    T* operator->() const;
    // ...
};
```

SmartPtr2仍然采用值类型作为其第一个模板参数，但也采用Deleter函数来销毁指向的对象。（标准库的智能指针std::unique_ptr与C++11一起添加，也带有Deleter参数。）注意，SmartPtr2的作者没有添加嵌套的value_type，但读者可以很容易地推断出SmartPtr2值类型为T。

现在，我们的目标是定义一个特性类模板，在给定任意类似指针的类型，如SmartPtr1<int>或SmartPtr2<double, Mydeleter>时，该模板可以通过指针推断值类型的指向（在我们的示例中，分别使用了int和double）。此外，特性类应该允许我们重新绑定类似指针的类型，生成一个具有不同值类型的类似指针的新类型。例如，当我们想使用同样的智能指针工具作为另一个库，但是要重绑定我们自己的类型时，这样的操作是有用的。

例如，一个库定义了一个类型Widget：

```
class Widget           // third-party class definition
{ /*...*/ };
```

此外，同一个库定义的类型WidgetPtr的行为类似于指向Widget类型的指针，但也可以是（取决于库版本、调试版本与发布版本等）是Smartptr1或Smartptr2：

```
class FastDeleter     // policy for performing minimal checking on SmartPtr2
{ /*...*/ };

class CheckedDeleter  // policy for performing maximal checking on SmartPtr2
{ /*...*/ };

#if !defined(DBG_LEVEL)
typedef SmartPtr1<Widget>                 WidgetPtr;  // release mode, fastest
#elif DBG_LEVEL >= 2
typedef SmartPtr2<Widget, CheckedDeleter> WidgetPtr;  // debug mode, safest
#else
```

```
typedef SmartPtr2<Widget, FastDeleter>    WidgetPtr;  // safety/speed compromise
#endif
```

在调试模式（定义了 DBG_LEVEL）中，库使用 SmartPtr2 智能指针进行附加检查，例如取消引用和释放。有两种可能的调试级别，一种是严格检查，另一种是在安全性和速度之间进行权衡。在发布模式下，库希望全速运行，因此它使用 SmartPtr1。

用户代码只是透明地使用 WidgetPtr，因为类型的接口是相似的。

在客户端，我们希望定义一个 GadgePtr 类型，它的行为类似于指向我们自己的类型 Gadget 的指针，但会自动调整为使用相同智能指针基础，如果存在的话，这个基础正是 WidgetPtr 正在使用的。然而，我们无法控制 DBG_LEVEL 或引入 WidgetPtr 的代码。WidgetPtr 的定义所使用的策略可能会在不同的版本中发生变化。我们如何稳健地确定 WidgetPtr 代表的是哪种指针是智能指针或不是智能指针？ WidgetPtr 被重新表示了吗？

首先声明一个没有正文的基类模板，然后将其特化用于本机指针类型：

```
template <typename Ptr>
struct PointerTraits;      // incomplete declaration

template <typename T>
struct PointerTraits<T*>   // partial specialization for all raw pointers
{
    typedef T value_type;  // normalized alias for T
    template <typename U>
    using rebind = U*;     // rebind<U> is an alias for U*.
};
```

新的 using 语法已经在 C++11 中作为一个通用的 typedef 引入，参见 2.1.18 节。PointerTraits 提供了一个基本特性 API。对于任何内置指针类型 P，PointerTraits<P>::value_type 解析为 P 指向的任何类型。此外，对于其他类型 X，PointerTraits<P>::rebind<X> 是 X* 的别名；也就是说，它传播的 P 是指向 X 的内置指针的信息：

```
#include <type_traits>  // std::is_same

static_assert(std::is_same<int, PointerTraits<int*>::value_type>::value, "");
static_assert(std::is_same<double*,
                           PointerTraits<int*>::rebind<double>>::value, "");
```

PointerTraits 有一个嵌套类型 value_type 和一个嵌套的别名模板 rebind。第一个 static_assert 表明，当 Ptr 为 int* 时，value_type 为 int。第二个 static_assert 表明，当 Ptr 为 int* 时，rebind<double> 为 double*。换句话说。PointerTraits 可以确定原始指针的指向类型，并提供生成指向不同值类型的新指针类型的工具。

然而，目前还没有为任何不是内置指针的类型定义 PointerTraits。为了让 PointerTrait 与任意智能指针类（如上面的 SmartPtr1 和 SmartPtr2，以及 std::shared_ptr、std::unique_ptr 和 std::weak_ptr）一起工作，我们必须将其部分特化用于模板实例化，PtrLike <T, X...>，其中 T 假定为值类型，X... 是由零个或多个 PtrLike 的附加类型参数组成的参数包：

```
template <
    template <typename, typename...> class PtrLike,
    typename T, typename... X>
struct PointerTraits<PtrLike<T, X...>>  // partial specialization for template
{
    using value_type = T;              // Extract pointee type.
    template <typename U>
    using rebind = PtrLike<U, X...>;   // Rebind to some other type U.
};
```

这种部分特化将为任何类似指针的类模板生成正确的结果，它采用一个或多个类型模板参数，其中第一个参数是指针的值类型。首先，它将第一个参数的 value_type 正确地推导至模板：

```
typedef SmartPtr2<Widget, CheckedDeleter>  WP1;  // fully checked
```

```
typedef SmartPtr2<Widget, FastDeleter>     WP2;  // minimally checked

static_assert(std::is_same<
    PointerTraits<WP1>::value_type,   // Fetch the pointee type of WP1.
    Widget>::value, "");              // should be Widget

static_assert(std::is_same<
    PointerTraits<WP2>::value_type,   // Fetch the pointee type of WP2.
    Widget>::value, "");              // should also be Widget
```

其次，rebind 能够重新实例化原始模板 SmartPtr2，用不同的类型替换 T，但保持 Deleter 不变：

```
class Gadget { /*...*/ };

static_assert(std::is_same<
    PointerTraits<WP1>::rebind<Gadget>,   // Rebind WP1 to Gadget.
    SmartPtr2<Gadget, CheckedDeleter>>    // fully checked, just like WP1
::value, "");

static_assert(std::is_same<
    PointerTraits<WP2>::rebind<Gadget>,   // Rebind WP2 to Gadget.
    SmartPtr2<Gadget, FastDeleter>>       // minimally checked, like WP2
::value, "");
```

C++11 中引入的标准库工具 std::pointer_traits 是 PointerTraits 示例的超集。

3. 潜在缺陷

（1）意外使用 C 风格的省略号

在函数参数声明中，... 只能与模板参数包一起使用。然而，有一个古老的用法，是 ... 结合诸如 printf 之类的 C 语言样式的可变函数。这种使用可能会造成混乱。假设我们开始声明一个简单的可变函数 process，它通过指针接受任意数量的参数：

```
class Widget;                      // declaration of some user-defined type

template <typename... Widgets>  // parameter pack named Widgets
int process(Widget*...);          // meant as a pack expansion, but is it?
```

我们打算将 process 声明为一个可变函数，它可以带给对象任意数量的指针。然而，这不是 Widgets*...，作者错误地键入了 Widget*...（注意这里缺少了 s）。这个拼写错误将声明带到了一个完全不同的地方：它现在是一个与 printf 属于同一类别的 C 语言风格可变函数。回顾一下 C 标准库中的 printf 声明：

```
int printf(const char* format, ...);
```

逗号和参数名称在 C 和 C++ 中是可选的，因此省略这两个会导致等效的声明：

```
int printf(const char*...);
```

将 process（带有打字错误）与 printf 进行比较，可以清楚地看出 process 是一个 C 风格的可变函数。任何后果的运行时错误都是非常罕见的，因为两种变体的扩展机制不同。然而，编译和链接时诊断可能令人费解。此外，如果可变函数忽略了传递给它的参数，调用它甚至可能会编译，但调用可能会使用与预期或假设不同的调用协议。

作为一则轶事，一个简单的误解导致一个函数被无意中声明为 C 变体，而不是 C++ 可变模板，这导致了测试中出现了许多难以辨认的编译时和链接时错误，最后花费了很多次邮件沟通才得以解决。

（2）未诊断的错误

描述——函数模板参数匹配的极端情况中的案例显示了根据 C++ 标准存在错误但在当代编译器上通过编译（即 IFNDR）的可变模板函数的定义。在某些情况下，它们甚至可以被调用。这种情况无疑是潜在的错误：

```
template <typename... Ts, typename... Us, typename T>
int process(Ts..., Us..., T);
    // Ill-formed declaration: Us must be empty in every possible call.
int x = process<int, double>(1, 2.5, 3);
    // Ts=<int, double>, Us=<>, T=int
```

在几乎所有情况下，这样的代码都反映了一种错误的期望；始终为空的参数包在第一个位置上根本没有理由存在。

（3）参数数量的编译器限制

C++ 标准建议编译器在可变模板实例化中至少支持 1024 个参数。尽管这个限制看起来很慷慨，但现实世界中的代码可能会遇到它，尤其是与生成代码连同或组合使用时。

这个限制可能会导致实际的可移植性，例如，在一个编译器上起作用但在另一个编译器中失败的代码。假设我们定义了 Variant，它具备可以在大型应用程序中序列化的所有可能类型：

```
typedef Variant<
    char,
    signed char,
    unsigned char,
    short,
    unsigned short
    // ...                    (more built-in and user-defined types)
>
WireData;
```

我们将此代码发布到实际应用环境中，然后在以后的某个日期，客户发现它无法在某些平台上构建，因此需要重新设计整个解决方案以提供全跨平台支持。

4. 烦恼

（1）不可用的函数

在变体之前，任何正确定义的模板函数都可以通过使用显式模板参数规范、类型推导或其组合来调用。现在可以定义通过编译但不可能调用的可变函数模板（无论是使用显式实例化，还是使用参数推导，亦或两者兼有）。这种不可用的函数可能会引起混乱和沮丧。例如，考虑几个函数模板，它们都不带任何函数参数。

```
template <typename T>                 // template with one parameter
int f1();

template <typename T, typename U>     // template with two parameters
int f2();

template <typename... Ts>             // template with parameter pack
int f3();

template <typename T, typename... Ts> // parameter pack at the end
int f4();

template <typename... Ts, typename T> // pack followed by type parameter
int f5();
```

前四个函数可以通过显式指定其模板参数来调用：

```
int a1 = f1<int>();                // T=int
int a2 = f2<int, long>();          // T=int, U=long
int a3 = f3<char, int, long>();    // Ts=<char, int, long>
int a4 = f4<char, int, long>();    // T=char, Ts=<int, long>
```

但是，由于无法指定 T，因此无法调用 f5：

```
int a5a = f5();              // Error, cannot infer type argument for T
int a5b = f5<int>();         // Error, cannot infer type argument for T
int a5c = f5<int, long>();   // Error, cannot infer type argument for T
```

回顾一下，根据贪心匹配规则，Ts 将匹配所有传递给 f5 的模板参数，因此 T 是不足的。这些不可调用的函数是 TFNDR 的。还有其他几种变体使可变函数模板不可调用，从而导致 IFNDR。注意，大多数当代编译器都允许编译 f5[㊀]。

（2）扩展上下文的限制

扩展上下文有其规范性。在 C++ 程序中，没有其他地方允许出现参数包，即使它在语法和语义上看起来是正确的

例如，考虑一个可变函数模板 bump1，它试图扩展和修改其参数包中的每个参数：

```
template <typename... Ts>
void bump1(Ts&... vs)  // some variadic function template
{
    ++vs...;           // Error, can't expand parameter pack at statement level
}
```

试图在语句级别扩展参数包根本不在允许的扩展上下文之列，因此，上面的示例函数体无法编译。

可以通过人工创建扩展上下文来解决这些限制。例如，我们可以通过将 bump（上例所示）中的错误行替换为 onein-bump（下面的示例）来实现我们的目标，也就是说，创建一个带有构造函数的局部类，该构造函数接受 Ts&... 作为参数：

```
template <typename... Ts>
void bump2(Ts&... vs)
{
    struct Local           // local struct
    {
        Local(Ts&...) {}   // constructor takes each of Ts by reference
    }                      // no semicolon here, will create an object
    local(++vs...);        // OK, expansion allowed in constructor call
}
```

上面的代码使用构造函数创建了一个名为 Local 的本地结构，并立即构造了一个类型为 local 的对象。构造函数调用的参数列表中允许进行扩展，这使得代码可以运行。

使用简洁代码实现相同效果的一种方法是创建一个 lambda 表达式 [](Ts&...){}，然后立即用扩展 ++Vs... 作为参数调用它：

```
template <typename... Ts>
void bump3(Ts&... vs)           // some variadic function template
{
    ([](Ts&...){})(++vs...);  // OK, pack expansion allowed in lambda call
}
```

上面的函数通过使用 C++11 的另一个特性来工作，尽管很尴尬，但它本质上允许我们在合适的位置定义一个匿名函数，然后调用它：参见 3.1.4 节[㊁]。用于评估和丢弃可变表达式展开的另一个流行的展开上下文是使用展开来初始化一个 std::initializer_list；参见第 3.1 节“初始列表”。

（3）参数包不能未扩展使用

正如在描述——包扩展中所讨论的，参数包的名称不能单独出现在正确的 C++ 程序中，使用参数包的唯一方法是使用 ... 或者 sizeof 作为扩展的一部分。这种行为与类型、模板名，或值都不一样。

不可能传递参数包，也不可能给它们提供替代名称（例如，通过 typedef 和 using 使用类型，通过引用来使用值）。因此，也不可以将它们定义为遵循 <type_traits> 标准头中常用的 ::type 和 ::value 等协议的元函数的“返回值”。

㊀ 相应的代码已经用 Clang 12.0.1（大约 2021 年）和 GCC 11.2（大约 2021 年）做了测试。

㊁ C++17 添加了 fold 表达式，允许在表达式和语句级别轻松地进行包扩展。所示示例所需的语义将使用语法（..., ++vs），通过逗号运算符的折叠来实现。

例如，考虑按大小对类型参数包进行排序。如果没有一些辅助程序类型，这个简单的任务是不可能完成的，因为没有办法返回排序后的包。一个必要的辅助程序是类型清单：

```
template <typename...> struct Typelist { };
```

有了这个辅助程序类型，就可以封装参数包，给出备选名称。简而言之，赋予参数包与 C++ 类型相同的可操作性：

```
typedef Typelist<short, int, long, float, double, long double> Numbers;
    // can be used to give a pack an alternate name

template <typename L>
struct SortBySize
{
    using type = Typelist< /*...*/ >;  // computed sorted-by-size version of
                                       // the Typelist L
};

typedef SortBySize<Numbers>::type SortedNumbers;
    // can be used to "return" a pack from a metafunction
```

目前还没有一个 Typelist 设施被标准化。一个活跃的提议[1]引入了与上述 Typelist 在同一行上的 parameter_pack。与此同时，编译器供应商试图以非标准的方式解决这个问题[2]。相关提议[3]定义了 std::bases 和 std::direct_bases，但在撰写本文时已被拒绝。

（4）扩展是严格的，需要详细的支持代码

只有两种语法结构适用于参数包：sizeof... 和通过 ... 扩展。后者几乎是所有变体处理的基础，需要手写的支持类或函数作为脚手架来构建基于递归的模式

表达式上下文中没有扩展，因此不可能以简洁、单一定义的方式编写 print 等函数，参见用例——通用变元函数。特别是，表达式不是扩展上下文，因此以下代码将不起作用。

```
#include <iostream>  // std::cout, std::ostream, std::endl

template <typename... Ts>
std::ostream& print(const Ts&... vs)
{
    std::cout << vs...;              // Error, invalid expansion
    return std::cout << std::endl;
}
```

（5）对任何对象的线性搜索

参数包的一个常见问题是难以访问索引形式组织的对象中的元素。获取包的第 n 个元素是一种必要的线性搜索操作，这使得某些使用在编译过程中很尴尬，而且可能很耗时。例如，destroyLog 的实现可以作为一个示例，参见用例——变体类型。

5. 参见

- 3.1.4 节演示了一种函数参数包上的扩展上下文。
- 3.1.10 节描述了一个与可变函数模板结合使用的功能，以实现完美的转发。
- 3.1.14 节在其捕获列表中引入了一个支持包扩展的功能。

6. 延伸阅读

- stroustrup21，“F.21：与其返回多个 out 值，更倾向返回一个结构或元组”。

---

[1] 参见 spertus13。

[2] GNU 定义了非标准基元 std::tr2::_direct_bases 和 std::tr2::_based。第一个生成给定类的所有直接基的列表，第二个生成类的所有基的传递闭包，包括间接基。为了使这些工件成为可能，GNU 定义并使用了一个类似于上面 typelist 的 helpreflection _ typelist 类模板。

[3] 参见 spertus09。

- Vandevoorde18。

3.2 C++14

3.2.1 constexpr 函数'14：减少 constexpr 函数的使用限制

C++14 取消了有关在 constexpr 函数体中使用许多语言特性的限制（请参见第 3.1.5 节）。

1. 描述

在 C++11 中由于编译期的严格规则，因此必须谨慎使用 constexpr 函数，这些规则使得编译器的负担更小，但是也限制了 constexpr 函数使用的范围，constexpr 函数体实质上被限制成为了单个 return 语句，不允许有任何的可修改的函数内部变量和命令式语言构造（如赋值语句），这些都降低了 constexpr 函数的可用性：

```
constexpr int fact11(int x)
{
    static_assert(x >= 0, "");  // Error, x is not a constant expression.
    static_assert(sizeof(x) >= 4, "");      // OK in C++11/14
    return x < 2 ? 1 : x * fact11(x - 1);  // OK in C++11/14
}
```

可以注意到 constexpr 函数支持递归调用，与命令式的算法相比通常会导致算法实现复杂。

C++11 的 static_assert（见 2.1.15 节）特性允许在 constexpr 函数中使用。然而，因为在 fact11 函数中变量 x 本质上在编译时不是常量表达式，所以不能作为 static_assert 断言的一部分。请注意，一个 constexpr 函数也不允许返回 void：

```
constexpr void no_op() { }  // Error in C++11; OK in C++14
```

从 C++11 的发布和随后的实际使用中获得的经验使 C++ 标准委员会更加大胆地取消了对 C++14 的大部分限制，允许在 constexpr 函数的主体中使用大量 C++ 语言结构子集。在 C++14 中，还可以使用熟悉的控制流语句，例如 if 和 while，以及可修改的局部变量和赋值操作：

```
constexpr int fact14(int x)
{
    if (x <= 2)         // Error in C++11; OK in C++14
    {
        return 1;
    }
    int temp = x - 1;  // Error in C++11; OK in C++14
    return x * fact14(temp);
}
```

一些有用的特性在 C++14 标准的 constexpr 函数体中仍然是不允许的，即使在编译期计算时控制流不会执行到该函数，这些特性包括[⊖]：① asm 声明；② goto 语句；③带有除 case 和 default 之外的标签的语句；④ try 块；⑤以下变量的定义：a）非字面类型变量（即完全在编译时计算的变量），b）使用 static 或 thread_local 修饰的变量，c）未初始化的变量。

下面使用代码的形式重新展示 C++14 标准中 constexpr 函数体中的限制，需要注意的是这些受限制的功能可能会在其他编译器中发生改变：

```
#include <fstream>  // std::ifstream

template <typename T>
constexpr void f()
```

⊖ 在 C++20 标准中，更多的限制被取消了——无论是允许出现在 constexpr 函数体中的内容，还是可以作为常量表达式一部分的内容（即可以在编译时计算的内容）。例如，允许某些有限形式的动态分配作为常量表达式的一部分；结合对标准库的相应修改，允许在编译时使用容器类型，例如 std::string 和 std::vector。

```
try {                     // Error, try outside body isn't allowed (until C++20).
    std::ifstream is;     // Error, objects of nonliteral types aren't allowed.
    int x;                // Error, uninitialized vars.㊀disallowed (until C++20)
    static int y = 0;     // Error, static variables are disallowed.
    thread_local T t;     // Error, thread_local variables are disallowed.
    try{}catch(...){}     // Error, try/catch disallowed (until C++20)
    goto here;            // Error, goto statements are disallowed.
here: ;                   // Error, labels (except case/default) aren't allowed.
    asm("mov %r0");       // Error, asm directives are disallowed (until C++20).
} catch(...) { }          // Error, try outside body disallowed (until C++20)
```

2. 用例

（1）非递归 constexpr 函数

C++11 对 constexpr 函数的限制经常迫使程序员以递归方式实现自然的迭代算法。举一个熟悉的示例，一个使用的符合 C++11 标准的 constexpr 函数实现的 fib11，返回第 n 个斐波那契数：

```
constexpr long long fib11(long long x)
{
    return
        x == 0 ? 0
               : (x == 1 || x == 2) ? 1
                                    : fib11(x - 1) + fib11(x - 2);
}
```

有关更有效（但不太直观）的 C++11 算法，请参见补充内容——优化的 C++11 示例算法中的递归斐波那契算法示例。

我们在这里使用 long long（而不是 long）来确保在所有符合标准的平台上都具有至少 8 个字节的唯一 C++ 类型以简化说明。我们使返回的值类型不是 unsigned，因为额外的位不值得来更改代数类型（从 signed 更改为 unsigned 造成的）。有关这些特定主题的更多讨论，请参见 2.1.10 节。

上文中的 fib11 函数的实现有一些不合需求的地方：

①阅读困难。因为它是使用一个 return 语句实现的，每个分支中都需要一长串的三元运算符，这使得整条表达式理解起来比较困难，我们可以使用更简洁的方式编写该示例：

```
constexpr long long fib11(long long x)
{
    return x <= 1 ? x : fib11(x - 1) + fib11(x - 2);
}
```

然而，并不是所有的递归关系都允许这种简化，而且在任何情况下，这种修饰性修改对效率都没有影响。

②效率低下和扩展性差。递归调用的爆炸式增长对编译器造成了负担：递归 C++11 算法的编译时间明显长于其迭代 C++14 算法，即使在输入量不大的情况下也是如此㊁；如果编译时计算超过了允许操作数的某个内部（平台相关）阈值，编译器可能会简单地拒绝完成编译时计算㊂。

㊀ variations 的缩写，指变量。

㊁ 例如，在 x86-64 机器上的 Clang12.0.1（大约 2021 年）编译器中相比于使用迭代（C++14）算法实现的相同功能，要多花 80 多倍的时间来计算使用递归（C++11）算法实现的 fib(27) 函数。

㊂ 例如，运行在 x86-64 机器上的 Clang 12.0.1（大约 2021 年）无法编译 fib11(28)：

```
error: static_assert expression is not an integral constant expression
    static_assert(fib11(28) == 317811, "");
                  ^~~~~~~~~~~~~~~~~~

note: constexpr evaluation hit maximum step limit; possible infinite loop?
```

GCC 11.2（大约 2021 年）在编译 fib(36) 中失败，具有类似的诊断：

```
error: 'constexpr' evaluation operation count exceeds limit of 33554432
       (use '-fconstexpr-ops-limit=' to increase the limit)
```

Clang 12.0.1（大约 2021 年）无法编译任何使用常量值的 fib11(28)，并显示以下诊断信息：

```
note: constexpr evaluation hit maximum step limit; possible infinite loop?
```

③冗余。即使递归实现适用于编译时评估期间的小输入值，它也不太可能适用于任何运行时评估，因此需要程序员提供和维护同一算法的两个不同版本：编译时递归和运行时迭代。

相反，C++14 中返回第 n 个 Fibonacci 数的 constexpr 函数的实现（即 fib14）没有上述任何缺陷：

```
constexpr long long fib14(long long x)
{
    if (x == 0) { return 0; }

    long long a = 0;
    long long b = 1;

    for (long long i = 2; i <= x; ++i)
    {
        long long temp = a + b;
        a = b;
        b = temp;
    }

    return b;
}
```

正如我们所预期的一样，计算上述迭代实现所需的编译时间是可控的[⊖]。当然，这个经典练习存在在计算效率上要高得多的解决方案，例如使用闭式解（解析解）。

（2）优化元编程算法

C++14 放宽的 constexpr 限制允许使用可修改的局部变量和命令式语言结构来执行元编程任务，这些任务在历史上经常通过使用拜占庭递归模板实例化来实现，因其消耗大量的编译时间而臭名昭著。

考虑一个简单的示例，计算一个类型列表中给定类型的出现次数的任务，此处表示为可变参数模板（参见 3.1.21 节），该模板可以使用任意 C++ 类型的可变长度序列进行实例化：

```
template <typename...> struct TypeList { };
    // empty variadic template instantiable with arbitrary C++ type sequence
```

此可变参数模板的显式实例化可用于创建对象：

```
TypeList<>                    emptyList;
TypeList<int>                 listOfOneInt;
TypeList<int, long, double> listOfThreeIntLongDouble;
```

一个简单的元函数 Count 兼容 C++11 的实现，用于确定在创建 TypeList 模板实例时给定 C++ 类型的个数，通常会递归使用所涉及的类模板部分特例化来满足单返回语句的要求：

```
#include <type_traits>  // std::integral_constant, std::is_same

template <typename X, typename List> struct Count;
    // general template used to characterize the interface for the Count
    // metafunction

    // Note that this general template is an incomplete type.

template <typename X>
struct Count<X, TypeList<>> : std::integral_constant<int, 0> { };
    // partial class template specialization of the general Count template
    // (derived from the integral-constant type representing a compile-time
    // 0), used to represent the base case for the recursion --- i.e., when
    // the supplied TypeList is empty

    // The payload (i.e., the enumerated value member of the base class)
    // representing the number of elements of type X in the list is 0.
```

⊖ 运行在配备 Intel core i97-9700kCPU 的 Windows10 系统上的 GCC11.2（大约 2021 年）和 Clang 12.0.1（大约 2021 年）都在 20ms 内正确计算出 fib(46)。

```
template <typename X, typename Head, typename... Tail>
struct Count<X, TypeList<Head, Tail...>>
    : std::integral_constant<int,
        std::is_same<X, Head>::value + Count<X, TypeList<Tail...>>::value> { };
    // partial class template specialization of the general Count template
    // for when the supplied list is not empty
    // In this case, the second argument will be partitioned as the first
    // type in the sequence and the possibly empty remainder of the
    // TypeList. The compile-time value of the base class will be either the
    // same as or one greater than the value accumulated in the TypeList so
    // far, depending on whether the first element is the same as the one
    // supplied as the first type to Count.

static_assert(Count<int, TypeList<int, char, int, bool>>::value == 2, "");
```

请注意，在实现简单模板特例化时，我们使用了 C++11 参数打包 Tail…（参见 3.1.21 节），同时打包并传递任何剩余类型。

C++11 的限制既促进了一些与元编程相关的理论发展，也导致了实践中的密集编译型的递归实现。有关更高效的 C++11 版本的 Count，请参阅补充内容——优化的 C++11 示例算法中的 constexpr 类型列表 Count 算法。通过利用 C++14 的宽松 constexpr 规则，可以实现更简单且通常编译时更友好的命令式解决方案：

```
template <typename X, typename... Ts>
constexpr int count()
{
    bool matches[sizeof...(Ts)] = { std::is_same<X, Ts>::value... };
        // Create a corresponding array of bits where 1 indicates sameness.

    int result = 0;
    for (bool m : matches)  // (C++11) range-based for loop
    {
        result += m;        // Add up 1 bit in the array.
    }

    return result;  // Return the accumulated number of matches.
}
```

上面的实现虽然更有效和更易于理解，但是对于那些不熟悉 C++ 可变参数模板的人来说，仍然需要一些初步的学习。这里的总体思路是以非递归方式使用打包展开（请参见 3.1.21 节）以使用一系列 0 和 1 初始化匹配数组（用于表示 X 与 Ts…包中元素是否匹配），然后遍历数组计算 1 的数量得到最终结果。这种基于 constexpr 的解决方案更容易理解，而且通常编译速度更快[㊀]。

3. 参见

- 3.1.5 节描述了编译时函数计算的基本原理。
- 3.1.6 节介绍了可用作常量表达式的变量。
- 3.1.21 节介绍了一种新的特性，即允许模板接受任意数量的模板参数。

4. 延伸阅读

Scott Meyers 提倡在 meyers 15b 中积极使用 constexpr，参见 “Item 15: Use constexpr whenever possible”，第 97～103 页。

5. 补充内容

优化的 C++11 示例算法

①递归 Fibonacci。即使有 C++11 的限制，我们也可以编写出更高效的递归算法来计算第 n 个斐波那契数：

㊀ 对于包含 1024 个类型的类型列表，命令式（C++14）解决方案在 GCC 11.2（大约 2021 年）上的编译速度大约是前者的两倍，在 Clang 12.0.1（大约 2021 年）上大约是前者的 2.6 倍。

```
#include <utility>  // std::pair

constexpr std::pair<long long, long long> fib11NextFibs(
    const std::pair<long long, long long> prev,  // last two calculations
    int count)                                   // remaining steps
{
    return (count == 0) ? prev : fib11NextFibs(
        std::pair<long long, long long>(prev.second,
                                        prev.first + prev.second),
        count - 1);
}
constexpr long long fib11Optimized(long long n)
{
    return fib11NextFibs(
        std::pair<long long, long long>(0, 1), // first two numbers
        n                                      // number of steps
    ).second;
}
```

② constexpr 类型列表 Count 算法。与 fib11Optimized 示例一样，也可以在 C++11 中提供更高效的计数算法版本，通过递归 constexpr 函数调用累计最终结果：

```
#include <type_traits>  // std::is_same

template <typename>
constexpr int count11Optimized() { return 0; }
    // Base case: always return 0.

template <typename X, typename Head, typename... Tail>
constexpr int count11Optimized()
    // Recursive case: compare the desired type (X) and the first type in
    // the list (Head) for equality, turn the result of the comparison
    // into either 1 (equal) or 0 (not equal), and recurse with the rest
    // of the type list (Tail...).
{
    return std::is_same<X, Head>::value + count11Optimized<X, Tail...>();
}
```

通过使用与 C++14 迭代实现中类似的技术，可以在 C++11 中进一步优化该算法。通过利用编译时存储使用 std::array 中的 1 表示相同的类型，我们可以通过固定参数数量的模板实例化来计算得到最终结果：

```
#include <array>        // std::array
#include <type_traits>  // std::is_same

template <int N>
constexpr int count11VeryOptimizedImpl(
    const std::array<bool, N>& bits,  // storage for "type sameness" bits
    int i)                            // current array index
{
    return i < N
        ? bits[i] + count11VeryOptimizedImpl<N>(bits, i + 1)
            // Recursively read every element from the bits array and
            // accumulate into a final result.
        : 0;
}
template <typename X, typename... Ts>
constexpr int count11VeryOptimized()
{
    return count11VeryOptimizedImpl<sizeof...(Ts)>(
        std::array<bool, sizeof...(Ts)>{ std::is_same<X, Ts>::value... },
            // Leverage pack expansion to avoid recursive instantiations.
        0);
}
```

请注意，尽管 count11VeryOptimizedImpl 函数是递归的，但只会实例化一次，其中 N 等于 Ts… 包中的元素数，递归只用于对该数组的结果进行计数。

3.2.2 泛型 lambda 表达式：具备模板化调用运算符的 lambda 表达式

C++14 扩展了 C++11 的 lambda 表达式语法，允许对属于闭包类型调用运算符的函数进行模板化定义

1. 描述

泛型 lambda 表达式是 C++14 对 C++11 中 lambda 表达式的扩展（参见 3.1.14 节），其中函数调用操作符是一个成员函数模板，它可以在调用点推导模板参数类型。考虑两个 lambda 表达式，每个表达式都只返回其实参：

```
auto identityInt = [](int  a) { return a; };  // nongeneric lambda
auto identity =    [](auto a) { return a; };  // generic lambda
```

泛型 lambda 的特点是存在一个或多个 auto 参数，可以接受任何类型的参数。在上面的示例中，第一个版本是非泛型 lambda，参数的具体类型为 int。第二个版本是泛型 lambda，因为它的形参使用占位符类型 auto。与 identityInt（只有参数隐式转换为 int 时才能调用）不同，identity 可以应用于任何可以通过值传递的类型：

```
int         a1 = identityInt(42);    // OK, a1 == 42
double      a2 = identityInt(3.14);  // Bug, a2 == 3, truncation warning
const char* a3 = identityInt("hi");  // Error, cannot pass "hi" as int
int         a4 = identity(42);       // OK, a4 == 42
double      a5 = identity(3.14);     // OK, a5 == 3.14
const char* a6 = identity("hi");     // OK, strcmp(a6, "hi") == 0
```

泛型 lambda 通过将它们的函数调用运算符 operator() 定义为模板函数来完成这种编译时的多态性。回想一下，lambda 表达式的结果是一个函数调用运算符有唯一类型的闭包对象，即闭包类型是一个唯一的仿函数，lambda 表达式中定义的形参成为函数调用操作符的形参。下面的代码大致等价于上例中 identityInt 和 identity 闭包对象的定义：

```
struct __lambda_1  // compiler-generated name; not visible to the user
{
    int operator()(int x) const { return x; }
    // ...
};
struct __lambda_2  // compiler-generated name; not visible to the user
{
    template <typename __T>
    __T operator()(__T x) const { return x; }
    // ...
};

__lambda_1 identityInt = __lambda_1();
__lambda_2 identity    = __lambda_2();
```

注意上述代码中 __lambda_1、__lambda_2、__T 这些名称均用于描述，用户不可以使用。编译器可以为这些实体选择任何名称或者不选择名称。泛型 lambda 是使用占位符类型 auto 声明一个或多个参数的任意 lambda 表达式。编译器为泛型 lambda 中的每个自动参数生成一个模板形参类型，该类型在函数调用运算符的形参列表中替换 auto。在上面的 identity 示例中，auto x 被替换为 __T x, 这里 __T 是一个新的模板参数类型。当用户随后调用 identity(42) 时，将进行正常的模板类型推导，并实例化为 operator()<int> 运算符。

（1）lambda 的捕获和可变闭包

泛型 lambda 生成的闭包类型不是类模板。更确切地说，它的函数调用运算符和转换为函数指针运算符都是函数模板。特别地，在闭包类型中创建成员变量的 lambda 捕获，对于所有 lambda 表达式，无论是不是泛型 lambda，都具有相同的语法和语义。类似地，mutable 限定符对于泛型 lambda 和非泛型 lambda 具有相同的效果：

```
#include <algorithm>  // std::for_each
```

```
#include <iterator>   // std::next

template <typename FwdIter>
auto secondBiggest(FwdIter begin, FwdIter end)
    // Return the second-largest element in the range [begin, end),
    // assuming at least two elements and that all values in the range
    // are distinct.
{
    auto second = std::next(begin);  // Refer to second element.
    auto ret = *second;              // Set to second element.
    std::for_each(second, end,
        [biggest = *begin, &ret](const auto& element) mutable
        {
            if (biggest <= element) {
                ret = biggest;
                biggest = element;
            }
            else if (ret < element) {
                ret = element;
            }
        });

    return ret;
}
```

second 和 ret 的声明使用占位符 auto（参见 3.1.3 节），从各自的初始化值推断出变量的类型。secondBiggest 返回类型也被声明为 auto，并由 ret 的类型推导而来（参见 4.2.1 节）。传递给 std::for_each 的泛型 lambda 使用 C++14 的初始化捕获（参见 3.2.3 节）。初始化 biggest 为目前已知的最大值。因为 lambda 被声明为可变的，所以它可以在每次遇到较大的元素时更新 biggest 的值。ret 变量也可以通过引用捕获，在遇到新的最大值时用之前的最大值进行更新。注意，在 lambda 捕获中出现 ret 变量时，它的类型已经推导出来了。当 for_each 调用函数调用运算符时，auto 参数 element 已经被推导为输入范围的元素类型，与 ret 的引用类型相同，只是添加了一个 const 限定符。

（2）参数推导时的约束

泛型 lambda 可以接受任意混合的 auto 参数和非 auto 参数：

```
void g1()
{
    auto y1 = [](auto& a, int b, auto c) { a += b * c; };

    int    i = 5;
    double d = 1;

    y1(i, 2, 2);    // i is now 9.
    y1(d, 3, 0.5);  // d is now 2.5.
}
```

如果泛型 lambda 形参中的 auto 占位符是潜在的 cv 限定符引用、指针、指向成员的指针、指向函数的指针或指向函数的引用类型的声明的一部分，那么允许的参数将受到相应的限制：

```
struct C1 { double d_i; };
double f1(int i);

auto y1 = [](const auto& r) { };  // Match anything (read only).
auto y2 = [](auto&& r)       { };  // Match anything (forwarding reference).
auto y3 = [](auto& r)        { };  // Match only lvalues.
auto y4 = [](auto* p)        { };  // Match only pointers.
auto y5 = [](auto(*p)(int)) { };  // Match only pointers to functions.
auto y6 = [](auto C1::* pm) { };  // Match only pointers to data members of C1.

void g2()
{
    int       i1 = 0;
    const int i2 = 1;

    y1(i1);         // OK, r has type const int&.
```

```
    y2(i1);         // OK, r has type int&.

    y3(5);          // Error, argument is not an lvalue.
    y3(i1);         // OK, r has type int&.
    y3(i2);         // OK, r has type const int&.

    y4(i2);         // Error, i2 is not a pointer.
    y4(&i2);        // OK, p has type const int*.

    y5(&f1);        // OK, p has type double (*)(int).

    y6(&C1::d_i);  // OK, pm has type double C1::*.
}
```

要理解 y1 和 y2 为什么能匹配任意实参类型，请回顾以下 auto 是模板类型实参的占位符。例如 __T、const__T& r 可以绑定到 const 或非 const 左值，或由右值创建的临时值。参数 __T&& r 是一个转发引用（参见 3.1.10 节）。如果 y2 的参数是右值，则 __T 将被推导为右值，否则将被推导成左值引用。因为 r 的参数类型是未命名的——我们使用 __T 这个名字仅出于描述目的，所以实际情况中必须使用 decltype(r) 来指代 r 的类型：

```
#include <utility>  // std::move, std::forward
#include <cassert>  // standard C assert macro

struct C2
{
    int d_value;

    explicit C2(int i)     : d_value(i)                 { }
    C2(const C2& original) : d_value(original.d_value) { }
    C2(C2&& other)         : d_value(other.d_value)    { other.d_value = 99; }
};
void g3()
{
    auto y1 = [](const auto& a) { C2 v(a); };
    auto y2 = [](auto&&      a) { C2 v(std::forward<decltype(a)>(a)); };

    C2 a(1);

    y1(a);            assert(1  == a.d_value);  // copies from a
    y1(std::move(a)); assert(1  == a.d_value);  //    "     "  a
    y2(a);            assert(1  == a.d_value);  //    "     "  a
    y2(std::move(a)); assert(99 == a.d_value);  // moves    "  a
}
```

在这个示例中，y1 总是调用 C2 的拷贝构造函数，因此不管我们是用 C2 的左值还是右值引用实例化它，a 的类型都是 const C2&。相反，y2 将其参数的值类型使用 std::forward 转发给 C2 构造函数，这是转发引用的习惯用法。如果传递了左值引用，则调用拷贝构造函数，否则将调用移动构造函数。我们可以看出区别，因为 C2 的移动构造函数将一个特殊值 99 放入移动对象中。

泛型 lambda 参数中的 auto 占位符不能是模板特化中的类型参数、函数引用或函数指针原型中的参数类型，或成员指针中的类类型[㊀]：

```
#include <vector>  // std::vector
auto y7 = [](const std::vector<auto>& x) { };  // Error, invalid use of auto
auto y8 = [](double (*f)(auto)) { };            // Error,    "     "  "  "
auto y9 = [](int auto::* m) { };                // Error,    "     "  "  "
```

因为这些限制，不允许在单个 lambda 参数的声明中出现多个 auto 的上下文。对于常规函数模板，在这些上下文中允许使用模板参数，因此在这方面，通用 lambda 的表达能力不如手写函数对象：

㊀ GCC 10.2（大约 2020 年）允许 auto 在模板实参和函数原型形参中，并以与正则函数模板相同的方式推导模板形参类型。MSVC 19.29（大约 2021 年）允许在函数引用或函数指针的形参列表中使用 auto，但在其他两种上下文中则不允许。

```
struct ManualY7
{
    template <typename T>
    void operator()(const std::vector<T>& x) const { }  // OK, can deduce T
};

struct ManualY8
{
    template <typename T>
    void operator()(double (*f)(T)) const { }  // OK, can deduce T
};

struct ManualY9
{
    template <typename R, typename T>
    void operator()(R T::* m) const { }  // OK, can deduce R and T
};
```

ManualY7、ManualY8 和 ManualY9 的模板参数具有类型推断的优势，而 y7、y8 和 y9 无法推断自动。此外，ManualY9 为单个函数参数推导了两个模板参数。lambda 表达式的优点（例如在使用点就地定义函数）与手动编写的函数模板的模式匹配能力之间存在权衡。请参阅烦恼——无法使用模板参数推断的全部功能。

虽然允许对 auto 参数使用默认值，但是用处并不大，因为它只是默认值，而不默认参数的类型。调用这种泛型 lambda 需要程序员为参数提供一个值，这与默认参数这点相违背，或者显式实例化 operator()，这是毫无意义的：

```
void g4()
{
    auto y = [](auto a = 3) { return a * 2; };
    y(5);                     // OK, returns an int with value 10
    y();                      // Error, cannot deduce type for parameter a
    y.operator()<int>();      // OK, returns an int with value 6
    y.operator()<double>();   // OK, returns a double with the value 6.0
}
```

（3）可变泛型 lambda

如果泛型 lambda 的占位符参数后跟着省略号（…），则该参数将成为可变参数包，函数调用运算符将成为可变函数模板。参见 3.1.21 节：

```
#include <tuple>  // std::tuple, std::make_tuple
auto y11 = [](int i, auto&&... args)
{
    return std::make_tuple(i, std::forward<decltype(args)>(args)...);
};

std::tuple<int, const char*, double> tpl1 = y11(3, "hello", 1.2);
```

y11 闭包对象将其所有参数转发给 std::make_tuple。第一个参数是必须可以转换为 int 的类型，但其余参数可以具有任何类型。假设模板参数包的名称为 __T，y11 生成的函数调用运算符将具有可变模板参数列表：

```
struct __lambda_3
{
    template <typename... __T> auto operator()(int i, __T&&... args) const
    {
        return std::make_tuple(i, std::forward<decltype(args)>(args)...);
    }
};
```

可变参数函数模板的标准限制同样适用。例如，只有参数列表末尾的可变参数包才能在调用点匹配函数调用参数。此外，因为模板特化中不允许使用 auto 参数，因此定义具有多个可变参数包的函数模板的常用方法不适用于泛型 lambda：

```
// Attempt to define a lambda expression with two variadic parameter packs.
auto y12 = [](std::tuple<auto...>&, auto...args) { };
    // Error, auto is a template argument in tuple specialization.
```

（4）转换为指向函数的指针

具有空 lambda 捕获的非泛型 lambda 表达式可以隐式转换为具有相同签名的函数指针。具有空 lambda 捕获的泛型 lambda 可以类似地转换为常规函数指针，其中参数位于目标指针类型的原型驱动在泛型 lambda 签名中进行适当的 auto 参数推导：

```
auto y1 = [](int a, char b) { return a; };   // nongeneric lambda
int (*f1)(int, char) = y1;                   // OK, conversion to pointer

auto y2 = [](auto a, auto b) { return a; };  // generic lambda
int    (*f2)(int, int)    = y2;  // OK, instantiates operator()<int, int>
double (*f3)(double, int) = y2;  // OK, instantiates operator()<double, int>
char   (*f4)(int, char)   = y2;  // Error, incorrect return type
```

如果函数目标指针是变量模板（见 2.2.5 节），则参数的推导将延迟，直到变量模板本身被实例化：

```
template <typename T> int (*f5)(int, T) = y2;  // variable template
int (*f6)(int, short) = f5<short>;             // instantiate f5<short>
```

每个函数指针都是通过调用闭包对象上的转换运算符生成的，在泛型 lambda 的情况下，转换运算符也是模板，从直观上来说，函数调用操作符看起来就好像是闭包的静态成员函数模板，转换操作符返回了指向该成员函数的指针。

2. 用例

（1）可重用的 lambda 表达式

lambda 表达式的一个好处是，它们可以在函数中定义，更接近使用点。用变量保存 lambda 表达式可以在函数中重用。与非泛型 lambda 相比，泛型 lambda 的可重用性更强，正如函数模板比普通函数更具有可重用性一样。例如，考虑一个函数，该函数根据每个元素的长度划分字符串向量和向量的向量：

```
#include <vector>     // std::vector
#include <string>     // std::string
#include <algorithm>  // std::partition

void partitionByLength(std::size_t                      pivotLen,
                       std::vector<std::vector<int>>& v1,
                       std::vector<std::string>&      v2)
{
    auto condition = [pivotLen](const auto& e) { return e.size() < pivotLen; };

    std::partition(v1.begin(), v1.end(), condition);
    std::partition(v2.begin(), v2.end(), condition);
}
```

condition 可用于划分两个向量，因为其函数调用运算符可在任意元素类型上实例化。当 condition 作为 lambda 表达式时，pivotLen 的捕获只执行一次。

（2）将 lambda 应用于元组的每个元素

tuple 是具有不同类型的对象的集合，通过使用 C++14 标准库的一些元编程功能，我们可以将函子应用于元组的每个元素：

```
#include <utility>  // std:::index_sequence, std::make_index_sequence
#include <tuple>    // std::tuple, std::tuple_size, std::get

template <typename Tpl, typename F, std::size_t... I>
void visitTupleImpl(Tpl& t, F& f, std::index_sequence<I...>)
{
```

```
    auto discard = { (f(std::get<I>(t)), 0)... };
}

template <typename Tpl, typename F>
void visitTuple(Tpl& t, F f)
{
    visitTupleImpl(t, f,
                   std::make_index_sequence<std::tuple_size<Tpl>::value>());
}
```

visitTuple 函数使用 make_index_sequence 生成一个编译时的从 0 到 t（不包括 t）顺序索引包。原始参数和这组索引一起传递给 visitTupleImpl 函数，visitTupleImpl 将每个索引应用于 t，然后调用得到的结果元素上的函子 f，即 f“访问”元组中的该元素[⊖]。该实现使用了一种习惯用法，即丢弃对 f 的调用中的返回值序列（如果有的话）：无论 f(std::get<I>(t)) 返回的值的类型如何，即使它是空的，逗号表达式（f(std::get<I>)(t)),0）始终生成 0。initializer_list 中元素的求值顺序保证为从左到右，这个扩展的结果是一个用于初始化 discard 的 initializer_list，它随后被丢弃，一旦我们有了 visitTuple 函数，我们就可以使用它将泛型 lambda 应用于元组的元素：

```
#include <ostream>  // std::ostream, std::endl
void test(std::ostream& os)
{
    std::tuple<int, float, const char*> t{3, 4.5, "six"};
    visitTuple(t, [&os](const auto& v){ os << v << ' '; });
    os << std::endl;
}
```

test 的第一行构造了一个元组 t，其中包含三种不同的元素类型。第二行调用 visitTuple 访问 t 的每个元素，并对其应用 lambda 函数。lambda 捕获并存储输出流的引用，lambda 主体将当前元素打印到输出流。如果 lambda 不是泛型的，则此代码将不起作用，因为 t 中每个元素的类型都不同。

（3）简洁且健壮的 lambda

通常，将函数对象作为泛型 lambda 来编写比作为非泛型 lampda 来编写更方便，虽然它们只使用一次，泛型性没有得到充分利用。考虑 lambda 参数具有长而复杂的类型的情况：

```
#include <iterator>   // std::iterator_traits
#include <algorithm>  // std::sort

template <typename Iterator>
void f1(Iterator begin, Iterator end)
    // Sort [begin, end) using a nongeneric lambda.
{
    std::sort(begin, end,
              [](typename std::iterator_traits<Iterator>::reference a,
                 typename std::iterator_traits<Iterator>::reference b)
              {
                  return a < b;
              });
}
```

上述 lambda 表达式的参数 a 和 b 的类型不太容易编写和阅读，将上面的代码与使用泛型 lambda 的类似代码进行比较：

```
template <typename Iterator>
void f2(Iterator begin, Iterator end)
    // Sort [begin, end) using a generic lambda.
{
    std::sort(begin, end,
              [](const auto& a, const auto& b) { return a < b; });
}
```

⊖ 这种将 make_index_sequence 与类似元组的对象一起使用的模式出现在许多地方（参见 prowl13），要理解这个接口需要具备可变参数模板的基本知识（参见 3.1.21 节）。

代码更易于编写和阅读，因为它利用了在使用的地方定义的 lambda 表达式；即使没有写出参数类型，它们的含义仍然很清楚。当涉及的类型发生变化时，泛型 lambda 也更为健壮，因为只要支持相同的接口，它就可以适应参数类型的变化。

（4）递归 lambda

由于泛型和非泛型 lambda 表达式都没有具体的名称，因此定义递归调用自身的 lambda 很麻烦。实现递归的一种方法是将 lambda 作为参数传递给自身。这种方法需要一个泛型 lambda，以便它可以从参数中推断出自己的类型：

```
auto fib = [](auto self, int n) -> int  // Compute the nth Fibonacci number.
{
    if (n < 2) { return n; }
    return self(self, n - 1) + self(self, n - 2);
};

int fib7 = fib(fib, 7);  // returns 13
```

请注意，当我们调用递归 lambda 时，我们将它作为参数传递给自身，包括外部调用和内部递归调用。为了避免这种情况，可以使用一个称为 Y_Combinator 的特殊函数对象[㊀]。Y_Combinator 对象包含要递归调用的闭包对象并将其传递给自身：

```
#include <utility>  // std::move, std::forward

template <typename Lambda>
class Y_Combinator {
    Lambda d_lambda;

public:
    Y_Combinator(Lambda&& lambda) : d_lambda(std::move(lambda)) { }

    template <typename... Args>
    decltype(auto) operator()(Args&&...args) const
    {
        return d_lambda(*this, std::forward<Args>(args)...);
    }
};

template <typename Lambda>
Y_Combinator<Lambda> Y(Lambda lambda) { return std::move(lambda); }
```

Y_Combinator 的函数调用运算符是一个可变参数函数模板（请参见 3.1.21 节），它将自身与调用者提供的零个或多个附加参数一起传递给存储的闭包对象 d_lambda。因此，d_lambda 和 Y_Combinator 是相互递归的仿函数，Y 函数模板从 lambda 表达式构造一个 Y_Combinator。

要使用 Y_Combinator，需要将递归泛型 lambda 传递给 Y，得到的对象是我们将需要调用的对象：

```
auto fib2 = Y([](auto self, int n) -> int
{
    if (n < 2) { return n; }
    return self(n - 1) + self(n - 2);
});

int fib8 = fib2(8);  // returns 21
```

请注意，递归 lambda 仍然需要将 self 作为参数，但由于 self 是 Y_Combinator，它不需要将 self 传递给自身。我们现在必须指定 lambda 的返回类型，因为编译器无法推断 self 的相互递归调用的返回类型。C++ 中 Y_Combinator 的有用性值得商榷，因为实现递归的替代方法通常更简单，包括使用

㊀ 参见 hindley86。

普通函数模板而不是 lambda 表达式[⊖]。

（5）有条件的实例化

因为泛型 lambda 定义了一个函数模板，除非它被调用，否则它不会被实例化，因此可以将代码放入一个针对某些参数类型不会编译的泛型 lambda 中。因此，我们可以基于一些编译时条件表达式选择性地调用泛型 lambda 进行实例化，类似于 C++17 中引入的 if constexpr 特性：

```
#include <type_traits> // std::true_type, std::false_type
#include <utility>     // std::forward

// Identity functor: Each call to operator() returns its argument unchanged.
struct Identity
{
    template <typename T>
    decltype(auto) operator()(T&& x) { return std::forward<T>(x); }
};

template <typename F1, typename F2>
decltype(auto) ifConstexprImpl(std::true_type, F1&& f1, F2&&)
    // Call f1, which is the "then" branch of ifConstexpr.
{
    return std::forward<F1>(f1)(Identity{});
}

template <typename F1, typename F2>
decltype(auto) ifConstexprImpl(std::false_type, F1&&, F2&& f2)
    // Call f2, which is the "else" branch of ifConstexpr.
{
    return std::forward<F2>(f2)(Identity{});
}

template <bool Cond, typename F1, typename F2>
decltype(auto) ifConstexpr(F1&& f1, F2&& f2)
    // If the compile-time condition Cond is true, return the result of
    // invoking f1, else return the result of invoking f2.  The
    // invocations of f1 and f2 are each passed an instance of Identity
    // as their sole argument.
{
    using CondT = std::integral_constant<bool, Cond>;
    return ifConstexprImpl(CondT{}, std::forward<F1>(f1), std::forward<F2>(f2));
}
```

Identity 仿函数类返回其参数，同时保留其类型和值类别（左值和右值）。这个仿函数的存在只是为了传递给泛型 lambda，然后它将按如下所述调用它。

ifConstexprImpl 的两个重载分别采用两个仿函数参数，仅使用其中一个。第一个重载仅调用其第一个参数，第二个重载仅调用其第二个参数。在这两种情况下，Identity 对象都作为仿函数调用的唯一参数传递。

ifConstexpr 函数模板除了采用两个函子参数外，还必须传递是否编译时进行实例化的布尔值。它调用两个 ifConstexprImpl 函数中的一个，以便在条件为 true 时模拟的 if constexpr 的“then”子句实例化其第一个参数并调用，否则的话模拟 if constexpr 的“else”子句第二个参数被实例化并以其他方式调用。

为了了解 ifConstexpr 是如何实现条件实例化的，我们编写解引用一个对象的函数。被解除引用的对象可以是指针、std::reference_wrapper 或行为类似于 reference_wraper 的类。我们提供了一个使用 if constexpr 的 C++17 版本和一个使用如上所述 ifConstexpr 的 C++14 版本：

```
#include <type_traits>  // std::is_pointer

template <typename T>
```

⊖ Derevenets 建议 Y_Combinator 应该是 C++ 标准库的一部分（参见 derevenets16），但该建议因解决了一个被认为不值得解决的问题而被拒绝。

```
decltype(auto) objectAt(T ref)
    // Generalized dereference for pointers and reference_wrapper-like
    // objects: If T is a pointer type, return *ref; otherwise, return
    // ref.get().
{
#if __cplusplus >= 201703
    // C++17 version
    if constexpr (std::is_pointer<T>::value) { return *ref; }
    else                                     { return ref.get(); }
#else
    // C++14 version
    return ifConstexpr<std::is_pointer<T>::value>(
        [=](auto dependent) -> decltype(auto) { return *dependent(ref); },
        [=](auto dependent) -> decltype(auto) { return dependent(ref).get(); });
#endif
}
```

首先看看 C++17 版本，我们看到如果 ref 是指针，然后返回 *ref；否则，我们返回 ref.get()。在这两种情况下，如果未执行的分支被实例化，代码将不会编译。例如，*ref 对于 std::reference_wrapper 形式是不正确的，ref.get() 对于指针形式是不正确的，代码取决于在编译时丢弃的格式错误的分支。

C++14 版本需要遵循一个特定的习惯用法，其中每个条件分支都表示为一个带有一个 auto 参数的泛型 lambda，该参数应该是一个 Identity 对象。因为是模板参数，所以 dependent 是一个依赖类型。在 C++ 模板用语中，依赖类型是在模板实例化之前无法知道的类型。最重要的是，除非模板被实例化，否则编译器不会检查包含依赖类型值的表达式的语义正确性。任何这样的表达使用依赖类型的值也有依赖类型。因此，通过将 ref 包装在对依赖项的调用中，我们确保编译器不会测试 *ref 或 ref.get() 是否正确，直到泛型 lambda 被实例化。我们的 ifConsexpr 实现必须确保仅实例化正确的 lambda，从而防止编译器错误[1]。

对 objectAt 使用指针和 reference_wrapper 参数进行实例化的一个简单测试，并验证返回的值是否具有正确的值和地址：

```
#include <cassert>     // standard C assert macro
#include <functional>  // std::reference_wrapper
void f1()
{
    int i = 8;

    int&       i1 = objectAt(&i);
    int&       i2 = objectAt(std::reference_wrapper<int>(i));
    const int& i3 = objectAt(std::reference_wrapper<const int>(i));

    assert(8 == i1);
    assert(&i1 == &i);
    assert(&i2 == &i);
    assert(&i3 == &i);
}
```

3. 潜在缺陷

虽然泛型功能通常是安全的，但泛型 lambda 是对正则 lambda 表达式的一个渐进式改进。非泛型特征的所有缺陷也适用于该特征，见 3.1.14 节。

4. 烦恼

（1）无法使用模板参数推断的全部功能

函数模板允许将其参数类型约束为具有特定结构的参数，例如 cv 限定引用、指向成员的指针或类模板的实例化：

[1] Paul Fultz 提出了使用 identity 仿函数将表达式标记为具有依赖类型的想法（参见 fultz14）。

```
#include <vector>  // std::vector
template <typename T> void f1(std::vector<T>& v) { }  // T is the element type.
```

变元 v 被约束为 vector，推导出的元素类型 T 可用于函数中。对于泛型 lambda 来说，相同类型的模式匹配不可使用：

```
auto y1 = [](std::vector<auto>& v) { };  // Error, auto as template parameter
```

有时候可以通过使用元编程（例如通过使用 std::enable_if）约束自动参数的推导类型：

```
#include <type_traits>  // std::enable_if_t, std::is_same,
                        // std::remove_reference_t
auto y2 = [](auto& v) -> std::enable_if_t<
    std::is_same<
        std::vector<typename std::remove_reference_t<decltype(v)>::value_type>&,
        decltype(v)
    >::value> { };
```

闭包 y2 只能用 vector 调用。任何其他类型的替换都会失败，因为 is_ same 将返回 false；如果 v 的类型没有嵌套的 value_ type，则替换可能会更早失败。将非 vector 参数传递给这个受约束的 lambda 现在将在调用时失败，而不是在 y2（v）的实例化过程中失败：

```
void g1()
{
    int               i;
    std::vector<int>  v1;
    std::vector<float> v2;

    y2(i);    // Error, cannot call y2 on a nonvector
    y2(v1);   // OK, v1 is a vector
    y2(v2);   // OK, v2 is a vector
}
```

对于 y2 中的所有额外复杂性，vector 的元素类型在 lambda 体中仍然不可用，就像上面 f1 的函数主体一样；如果需要元素类型，我们需要重复类型名称 typename std::remove_reference_t<decltype(v)>::value_type。

实际上这种担忧没有实际意义，因为 lambda 表达式无法重载。在没有重载的情况下，与简单地让实例化失败相比，从重载集中删除调用几乎没有什么好处，特别是因为大多数 lambda 表达式是在使用的地方定义的，这使得在出现编译问题时诊断编译问题相对容易。此外，这个使用点定义已经针对预期的用例进行了调整，因此约束通常是多余的，不会为代码增加额外的安全性。

（2）难以约束多个参数

通常，我们希望限制函数模板参数，使两个或多个参数具有相关类型。例如，一个操作可能需要两个相同类型的迭代器或一个参数作为指向另一个参数类型的指针。泛型 lambda 仅对这种参数之间相关的模式提供有限的支持。包含 auto 的泛型 lambda 的每个参数完全独立于其他参数，因此用于函数模板中在多个位置使用相同的命名类型参数（例如 T 或 U）的机制在 lambda 中不可用：

```
void g1()
{
    auto y = [](auto a, auto b) { };  // No interargument constraints
    y(1, 2);            // OK, arguments of type int and int
    y("one", "two");    // OK,     "      "   "  const char* and const char*
    y(1, "two");        // OK,     "      "   "  int and const char*
}
```

通过使用 decltype 运算符可以根据前面参数的类型来声明后续参数，可以实现有限的约束，例如要求参数具有相同的类型，参见 2.1.3 节：

```
void g2()
{
    auto y = [](auto a, decltype(a) b) { };  // a and b have the same type.
    y(1, 2);            // OK, both arguments are of type int.
```

```
    y("one", "two"); // OK,    "      "      "   "   "  const char*.
    y(1, "two");     // Error, mixed argument types int and const char*
}
```

如果参数类型之间的关系不是精确的匹配关系，则表达可能会变得复杂。例如，如果参数 a 是指针，我们希望参数 b 是 a 所指向类型的值，我们的第一种方法可能是尝试 decltype(*a)：

```
int i = 0;

void g3()
{
    auto y = [](auto* a, decltype(*a) b) { *a = b; };
    y(&i, 5);  // Error, can't bind rvalue 5 to int& b
    int j;
    y(&i, j);  // OK
}
```

decltype(*a) 产生了一个非 const 左值引用，它无法绑定到右值 5。我们的下一个尝试是 const 限定 b，因为 const 引用可以绑定到右值：

```
void g4()
{
    auto y = [](auto* a, const decltype(*a) b) { *a = b; };
    y(&i, 5);  // Error, const applied to reference is ignored.
}
```

这种方法失败是因为 const 只能应用于被引用的类型；对引用应用 const 无效。如果我们使用标准元函数 std::remove_reference_t，我们最终可以得到 a 指向的类型，而无须任何引用限定符：

```
#include <type_traits>  // std::remove_reference_t

void g5()
{
    auto y = [](auto* a, std::remove_reference_t<decltype(*a)> b)
    {
        *a = b;
    };
    y(&i, 5); // OK, pass 5 by value for int b.
}
```

请注意，y 按值获取参数 b，对于具有昂贵的拷贝构造函数的类型，这可能是低效的。当参数类型未知时，我们通常通过 const 引用传递：

```
void g6()
{
    auto y = [](auto* a, const std::remove_reference_t<decltype(*a)>& b)
    {
        *a = b;
    };
    y(&i, 5); // OK, bind 5 to const int& b.
}
```

在前面的示例中，参数 b 始终是 const 左值引用，而不是右值引用。当以这种方式约束类型时，就意味着我们放弃了完美转发。

5. 参见

- 2.1.3 节描述了在泛型 lambda 中命名 auto 参数类型的唯一方法。
- 3.1.3 节引入了一种占位符类型，能够将 lambda 表达式中未命名类型变量保存在变量中，并详细说明了从参数表达式推导自动参数的规则。
- 3.1.10 节提供了声明泛型 lambda 参数的最通用方法，保留了其类型和值类别。
- 3.1.14 节介绍了通用 lambdas 扩展的本地定义匿名函数对象的工具。
- 3.1.21 节演示了模板化的实体（如泛型 lambda）如何适应可变数量的参数。
- 3.2.3 节描述了在 C++14 中添加的初始化 lambda 捕获的语法。

- 4.2.1 节解释了函数（包括 lambda 表达式的函数调用运算符）如何从其返回语句推断其返回类型。

6. 延伸阅读

- 对 combinator 和 lambda 演算的基本理论的全面介绍可以在 hindley86 中找到。
- 在 derevenets16 中提出了将 Y combinator 添加到泛型 lambda 特性以便于递归。

3.2.3　lambda 捕获：lambda 捕获表达式

初始化捕获表达式使 lambda 能够将使用任意表达式初始化的数据成员添加到其闭包中。

1. 描述

在 C++11 中，lambda 表达式可以通过复制或引用捕获周围作用域中的变量：

```
void test0()
{
    int i = 0;
    auto f0 = [i]{ };   // Capture i by copy.
    auto f1 = [&i]{ };  // Capture i by reference.
}
```

在这里，我们使用 C++11 的 auto 特性（见 3.1.3 节）来推断闭包的类型，因为无法显式命名此类类型。

虽然可以指定捕获哪些已有的变量以及如何捕获已有变量，但程序员无法控制闭包中新变量的创建（见 3.1.14 节）。C++14 扩展了 lambda 导入器（Lambda-Introducer）语法，以支持使用任意初始值设定项在闭包内隐式创建数据成员：

```
auto f2 = [i = 10]{ /* body of closure */ };
    // Synthesize an int data member, i, copy-initialized with 10.

auto f3 = [c{'a'}]{ /* body of closure */ };
    // Synthesize a char data member, c, direct-initialized with 'a'.
```

请注意，上面的标识符 i 和 c 不引用任何已有变量，它们由创建闭包的程序员指定。例如，上面绑定到 f2 的闭包类型与包含 int 数据成员的可调用结构体类似：

```
struct f2LikeInvocableStruct
{
    auto i = 10;  // The type int is deduced from the initialization expression.
    auto operator()() const { /* closure body */ }  // The struct is invocable.
};
```

数据成员的类型是从捕获表达式提供的初始化表达式中推导出来的，与 auto（见 3.1.3 节）类型推导相同；因此，不可能成为未初始化的闭包数据成员：

```
void test1()
{
    auto f4 = [u]{ };    // Error, u initializer is missing for lambda capture.
    auto f5 = [v{}]{ };  // Error, v's type cannot be deduced.
}
```

但是，可以使用 lambda 作用域之外的变量作为 lambda 捕获表达式的一部分，甚至可以通过在合成数据成员的名称前加上 & 标记来通过引用捕获它们：

```
int i = 0;  // zero-initialized int variable defined in the enclosing scope

auto f6 = [j   = i]{ };  // OK, capture i by copy as j.
auto f7 = [&ir = i]{ };  // OK, capture i by reference as ir.
```

虽然可以通过引用捕获，但在 lambda 捕获表达式上使用 const 限定变量是不行的：

```
auto f8 = [const i = 10]{ };                      // Error, invalid syntax
auto f9 = [const auto i = 10]{ };                 // Error, invalid syntax
auto fA = [i = static_cast<const int>(10)]{ };    // OK, const is ignored.
```

初始化表达式是在创建闭包期间计算的，而不是在其调用期间：

```
#include <cassert>  // standard C assert macro

void test2()
{
    int i = 0;

    auto fB = [k = ++i]{ };  // ++i is evaluated at creation only.
    assert(i == 1);  // OK

    fB();  // Invoke fB (no change to i).
    assert(i == 1);  // OK
}
```

最后，对于合成捕获，可以使用与已有变量相同的标识符，从而使原始变量隐藏在 lambda 表达式的主体中，而不是在其声明的接口中。下面的示例使用 C++11 编译时运算符 decltype（请参见 2.1.3 节）推断作用域内变量的类型，以创建该类型的参数作为其声明接口的一部分[㊀]：

```
#include <type_traits>  // std::is_same

int i = 0;

auto fC = [i = 'a'](decltype(i) arg)
{
    static_assert(std::is_same<decltype(arg), int>::value, "");
        // i in the interface refers to the int object in the outer scope.

    static_assert(std::is_same<decltype(i), char>::value, "");
        // i in the body refers to the char data member deduced at capture.
};
```

请注意，这里再次将 decltype 与标准 is_same 元函数结合使用（当且仅当其两个参数是相同的 C++ 类型时为 true）。使用 decltype 来证明外部作用域中的变量 i 的类型（int）与 fC 主体中的变量 i 类型（char）不同。换句话说，在 lambda 的捕获部分初始化变量的效果是隐藏已有变量的名称，否则在 lambda 的主体中可以访问到该变量[㊁]。

2. 用例

（1）将对象移动（而不是复制）到闭包中

lambda 捕获表达式可用于将现有变量移动（见 3.1.18 节）到闭包中（而不是通过复制或引用捕获）。

虽然可以实现变量移动，但在 C++11 中，从现有变量转换为闭包却异常困难。程序员要么被迫为不必要的拷贝付出代价，要么被迫采用深奥而脆弱的技术，比如编写一个包装器，劫持其拷贝构造函数的行为，转而进行移动：

```
#include <utility>  // std::move
#include <memory>   // std::unique_ptr

template <typename T>
struct MoveOnCopy  // wrapper template used to hijack copy ctor to do move
{
    T d_obj;
```

㊀ 注意，在示例定义的 fC 中，GCC 11.2（大约 2021 年）错误地将 lambda 表达式主体内的 decltype(i) 计算为 const char，而不是 char。请参阅潜在缺陷——将现有变量转发到闭包中始终会产生一个对象（而不是引用）。

㊁ 请注意，变量 i 由于在分配（绑定）给 fC 的 lambda 表达式体中没有实际使用，因此某些编译器（例如 Clang）可能会发出警告：

```
warning: lambda capture 'i' is not required to be captured for this use
```

```
    MoveOnCopy(T&& object) : d_obj(std::move(object)) { }
    MoveOnCopy(MoveOnCopy& rhs) : d_obj(std::move(rhs.d_obj)) { }
};

void f()
{
    std::unique_ptr<int> handle(new int(100));  // move-only
        // Create an example of a handle type with a large body.

    MoveOnCopy<decltype(handle)> wrapper(std::move(handle));
        // Create an instance of a wrapper that moves on copy.

    const auto &c1 = [wrapper]{ /* use wrapper.d_obj */ };
        // Create a "copy" from a wrapper that is captured by copy.
}
```

在上面的示例中，我们使用定制 MoveOnCopy 类模板包装可移动对象。当 lambda 捕获表达式尝试复制包装器时，包装器依次将包装的句柄移动到闭包体中。

需要使用从现有对象移动到闭包的场景，可以考虑从单独的线程访问由 std::unique_ptr（可移动但不可复制）管理的数据的问题。例如，通过将任务排队到线程池中：

```
ThreadPool::Handle processDatasetAsync(std::unique_ptr<Dataset> dataset)
{
    return getThreadPool().enqueueTask([data = std::move(dataset)]
    {
        return processDataset(data);
    });
}
```

如上所示，通过利用 lambda 捕获表达式将数据集智能指针移动到传递给 enqueueTask 的闭包中。因为无法复制，只能将 std::unique_ptr 移动到另一个线程。

（2）为闭包提供可变状态

lambda 捕获表达式可以与 mutable lambda 表达式结合使用，以提供初始状态，该初始状态将在闭包调用期间发生变化。例如，记录套接字上接收到多少 TCP 数据包的任务（出于调试或监视目的）。在本例中，我们利用 lambda 的 C++11 mutable 特性，在每次调用时都可以修改计数器：

```
void listen()
{
    TcpSocket tcpSocket(27015);  // some well-known port number
    tcpSocket.onPacketReceived([counter = 0]() mutable
    {
        std::cout << "Received " << ++counter << " packet(s)\n";
        // ...
    });
}
```

使用 counter=0 作为 lambda 导入器的一部分，可以简洁地生成一个函数对象，该对象的内部计数器初始化为零，并在每个接收到的数据包上递增。与在闭包中通过引用捕获计数器变量相比，上述解决方案将计数器的范围限制在 lambda 表达式的主体上，并将其生存期与闭包本身联系起来，从而防止了悬挂引用的任何风险。

（3）捕获现有常量变量的可修改副本

在 C++11 中可以通过复制捕获变量，但是不允许程序员控制其 const 限定符；不管 lambda 是否用 mutable 修饰，生成的闭包数据成员将具有与捕获的变量相同的 const 限定：

```
#include <type_traits> // std::is_same

void f()
{
    int i = 0;
    const int ci = 0;

    auto lc = [i, ci]            // This lambda is not decorated with mutable.
```

```
    {
        static_assert(std::is_same<decltype(i), int>::value, "");
        static_assert(std::is_same<decltype(ci), const int>::value, "");
    };

    auto lm = [i, ci]() mutable       // Decorating with mutable has no effect.
    {
        static_assert(std::is_same<decltype(i), int>::value, "");
        static_assert(std::is_same<decltype(ci), const int>::value, "");
    };
}
```

然而，在某些情况下，通过复制捕获 const 变量的 lambda 可能需要在调用时修改该值。例如，考虑比较并行执行的两个数独求解算法的输出的任务：

```
template <typename Algorithm> void solve(Puzzle&);
    // This function template mutates a Sudoku grid in place to the solution.

void performAlgorithmComparison()
{
    const Puzzle puzzle = generateRandomSudokuPuzzle();
        // const-correct: puzzle is not going to be mutated after being
        // randomly generated.

    auto task0 = getThreadPool().enqueueTask([puzzle]() mutable
    {
        solve<NaiveAlgorithm>(puzzle);  // Error, puzzle is const-qualified.
        return puzzle;
    });

    auto task1 = getThreadPool().enqueueTask([puzzle]() mutable
    {
        solve<FastAlgorithm>(puzzle);  // Error, puzzle is const-qualified.
        return puzzle;
    });

    waitForCompletion(task0, task1);
    // ...
}
```

上面的代码将无法编译，因为捕获 puzzle 将导致一个 const 限定的闭包数据成员，尽管 lambda 表达式使用了 mutable。一种方便的解决方法是使用 lambda 捕获表达式，可以推导出局部可修改副本：

```
void performAlgorithmComparison2()
{
    // ...

    const Puzzle puzzle = generateRandomSudokuPuzzle();

    auto task0 = getThreadPool().enqueueTask([p = puzzle]() mutable
    {
        solve<NaiveAlgorithm>(p);  // OK, p is now modifiable.
        return p;
    });

    // ...
}
```

请注意，上述 p=puzzle 的使用大致等同于使用 auto（即 auto p=puzzle）创建一个新变量，这保证了 p 的类型将被推断为非 const 限定的 puzzle。此外，如果想避免引入新名称，可以在 lambda 捕获表达式中使用与复制变量相同的名称，例如，[puzzle=puzzle]。将现有常量变量捕获为可变副本是可能的，但反过来并不容易。参见烦恼——没有简单的方法合成 const 数据成员。

3. 潜在缺陷

将现有变量转发到闭包中始终会产生一个对象（而不是引用）

lambda 捕获表达式允许将现有变量完美转发到闭包中（见 3.1.10 节）：

```
#include <utility>  // std::forward

template <typename T>
void f(T&& x)  // x is of type forwarding reference to T.
{
    auto c1 = [y = std::forward<T>(x)]
        // Perfectly forward x into the closure.
    {
        // ... (use y directly in this lambda body)
    };
}
```

因为 std::forward<T> 通常用于保留参数的值类别，所以程序员可能会错误地假设诸如 y=std::forward<T>(x)（上述代码）之类的捕获在某种程度上是通过引用捕获或拷贝捕获的，具体取决于 x 的原始值类别。

记住 lambda 捕获表达式的工作方式类似于变量的 auto 类型推断，这表明此类捕获将始终生成对象，而不是引用：

```
// pseudocode (auto is not allowed in a lambda introducer.)
auto c1 = [auto y = std::forward<T>(x)] { };
    // The capture expression above is semantically similar to an auto
    // (deduced-type) variable.
```

如果 x 最初是一个左值，那么 y 将等价于 x 的按拷贝捕获。否则，y 将等价于 x 的按移动捕获。请注意，按拷贝和按移动捕获都传递值语义类型的值。

如果所需的语义是当 x 源自右值则通过移动捕获 x，反之通过引用捕获，我们则需要使用额外的抽象层（例如使用 std::tuple）：

```
#include <tuple>  // std::tuple

template <typename T>
void f(T&& x)
{
    auto c1 = [y = std::tuple<T>(std::forward<T>(x))]
    {
        // ... (Use std::get<0>(y) instead of y in this lambda body.)
    };
}
```

在上面修改的代码示例中，如果 x 最初是左值，则 T 将是左值引用，从而导致包含 y 类型的左值引用的 std::tuple，它的语义等同于 x 被引用捕获。否则，T 将不是引用类型，x 将移动到闭包中。

4. 烦恼

（1）没有简单的方法合成 const 数据成员

考虑一个假设情况，程序员希望捕获一个非常量整数 k 的拷贝作为常量闭包数据成员：

```
void test1()
{
    int k = 0;
    [kcpy = static_cast<const int>(k)]() mutable  // const is ignored.
    {
        ++kcpy;  // "OK" -- i.e., compiles anyway even though we don't want it to
    };
}

void test2()
{
    int k = 0;
    [const kcpy = k]() mutable  // Error, invalid syntax
    {
        ++kcpy;  // no easy way to force this variable to be const
    };
}
```

C++ 根本不提供从可修改变量到 const 数据成员的捕获机制。最简单的解决方法是创建相关对象的 const 拷贝，然后使用传统的 lambda 捕获表达式捕获它：

```
int test3()
{
    int k;
    const int kcpy = k;

    [kcpy]() mutable
    {
        ++kcpy;  // Error, increment of read-only variable kcpy
    };
}
```

或者也可以使用 tuple<const T>，创建一个将 const 添加到捕获对象的 ConstWrapper struct，或者编写一个完整的函数对象来代替更精简的 lambda 表达式。

（2）std::function 只支持可复制和可调用的对象

任何捕获移动对象的 lambda 表达式都会生成一个闭包类型，该闭包类型本身是可移动的，但不可复制：

```
void f()
{
    std::unique_ptr<int> moo(new int);      // some move-only object
    auto c1 = [moo = std::move(moo)]{ };   // lambda that does move capture

    static_assert(!std::is_copy_constructible<decltype(c1)>::value, "");
    static_assert( std::is_move_constructible<decltype(c1)>::value, "");
}
```

lambda 有时用于初始化 std::function 的实例，这要求存储的可调用对象是可复制的：

```
std::function<void()> f = c1;  // Error, la must be copyable.
```

这样的限制可能使 std::function 不适用于仅可移动闭包，在使用 lambda-capture 表达式时可能遇到这样的情况。可能的解决方法包括：使用不同类型的已擦除可调用对象包装器类型，该类型支持仅可移动可调用对象[㊀]；通过降低性能将所需的可调用对象包装到可复制的包装器中；设计软件时使不可复制对象一旦构建，就不需要移动[㊁]。

5. 参见

- 3.1.3 节提供了具有相同类型推断规则的模型。
- 3.1.4 节说明了初始化捕获的一种可能方式。
- 3.1.10 节描述了一个导致对该特性产生误解的来源。
- 3.1.14 节提供了理解 lambda 所需的背景知识。
- 3.1.18 节完整描述了与可移动类型一起使用的重要特性。

6. 延伸阅读

Scott Meyers 在 meyers15b 中讨论了利用 C++ 的这一现代特性将对象（见 3.1.18 节）移动到 lambda 表达式中，“第 32 项：使用 init capture 将对象移动到闭包中”，第 224～229 页。

㊀ 在 C++23 中提出的 any_invocable 库类型是一个类型擦除包装器的示例，用于仅移动可调用对象。详情见 calabrese20。

㊁ 我们计划深入讨论大型系统如何从本地内存分配器的设计中受益，从而最大限度地减少整个系统确定的自然内存边界的移动；详情见 lakos22。

第 4 章　不安全特性

一些现代 C++ 语言特性在一些相当特定的小众用例中提供了潜在的价值，但即使是经验丰富的工程师也会面临大量错误使用的情况，通常会带来不明显但影响深远、有时甚至是可怕的后果。本章介绍了 C++11 和 C++14 的特性，这些特性在特定情况下可以得到有益的使用，但风险极高。但是，了解这些功能和围绕其有效使用所付出的努力与滥用它们造成的风险超出了许多组织认为的成本效益。虽然现代 C++ 的特性没有本质上的“不安全”，但这些特性的风险回报率特别低。组织领导层在支持使用本章特性时必须谨慎。即使这些特性使用得当，此类不安全特性的代码也可能无法由不具备原开发者必备技能的工程师进行维护。此外，代码库中这些特性的存在可能会导致经验不足的开发人员在新的情况下使用它们，而这些情况可能是强烈禁止使用这些特性的。

不安全特性的特点是风险很高、价值很低。回想第 1 章中的“不安全特性”中的 final 示例。在适当的时候，这个特性正是我们所需要的；具有讽刺意味的是，与来自同一 C++ 标准的相反的功能 override 不同，final 很容易被误用。另一个不安全的特性是 noexcept 说明符，与它相关的有条件的安全特性 noexcept 运算符不同，误用此特性会使代码库变得脆弱且异常不友好。还有一个不安全但有用特性的示例是 friend。这种特性的惯用用法（例如，在 CRTP 中）可能具有很大的价值（例如避免复制粘贴错误），但大多数其他用法（例如涉及长距离友元关系）可能导致代码无法扩展，并且非常难以理解、测试和维护。尽管本章中介绍的大多数特性都有其潜在的价值，但对开发者和维护者来说它们都有被误用带来的高风险和过高的培训成本，因此被认为是不安全的。

简而言之，广泛使用不安全特性不会带来好的风险回报比，因此是禁止的。考虑将不安全特性合并到以 C++03 标准为主的代码库中的组织最好采用严格的标准，以确定在什么情况下可以应用这些特性。即使你是现代 C++ 方面的专家，你最好充分理解可能想要使用的每个不安全特性中的缺陷。

4.1　C++11

4.1.1　carries_dependency：[[carries_dependency]] 属性

将 [[carries_dependency]] 属性与单个参数或函数的返回值相关联提供了一种方法，可以手动将它们标识为数据依赖链（Data Dependency Chains）的组件，从而能够跨翻译单元，使用更轻量级的释放 – 消费（Release-Consume）的模式作为对更保守的释放 – 获取（Release-Acquire）的优化[㊀]。

1. 描述

C++11 引入了严格指定的内存模型，从而引入了对多线程的支持。标准库支持管理线程，包括线程的执行、同步和相互通信。作为新内存模型的一部分，该标准定义了各种同步操作，这些操作分为顺序一致、释放、获取、释放 – 获取和消费操作。这些操作在使一个线程中的数据在另一线程中更改的可见方面起着关键作用。

现代 C++ 内存模型描述了两种同步模式，用于协调并发执行线程之间的数据流。当前受支持的同步范例包括释放 – 获取和释放 – 消费，在所有的实践中，释放 – 消费是按照释放 – 获取实现的。释放 – 消费模式要求编译器对程序中读写之间的线程内依赖关系有细粒度的理解，并将这些依赖关系与同时发生在多个执行线程上的原子释放存储（Release Store）和消费读取（Consume Load）相关联。释放 – 消费同步模式中的依赖链指定在消费读取之后的哪些计算在相应的释放存储之后进行排序。

㊀ 作者要感谢 Michael Wong、Paul McKenney 和 Maged Michael 对本专题部分的审阅和贡献。

（1）释放－获取模式

释放操作将值写入存储位置，获取操作从存储位置读取值。尽管许多人将释放－获取范式称为获取－释放模式，但恰当的、标准的、按时间顺序的命名法是释放－获取模式。在释放－获取操作中，获取操作读取由释放操作写入的值，这意味着在释放操作之前对任何内存位置的读取和写入操作，发生在获取操作之后的所有读取与写入操作之前。此模式不使用依赖链或 [[carries_dependency]] 属性。有关实现此范例的完整示例，请参见用例——生产者－消费者编程模式。

在当前的 C++ 版本中，当一个计算的输出用作另一个计算的输入时，就说明它们之间存在数据依赖性。当一个计算对另一个计算具有数据依赖性时，第二个计算被称为对第一个计算具有携带依赖性。标准库函数 std::kill_dependency 也是相关的，可以用来打破数据依赖链。当然，编译器必须确保在第一次计算完成之前，不得启动任何依赖于它的另一个计算。当多个计算传递地携带依赖，则形成数据依赖链，一次计算的输出用作链中下一次计算的输入。

（2）释放－消费模式

一些系统使用读取－拷贝－更新（Read-Copy-Update，RCU）同步机制。这种方法保留了数据依赖链中形成的读取和存储的顺序，数据依赖链是一个读取和存储序列，其中一个操作的输入是另一个的输出。编译器可以使用 RCU 同步机制提供的有保证的读取和存储顺序来实现性能目的，方法是省略某些内存屏障指令，而这些指令在通常情况下是需要用来保证执行顺序的。在这种情况下，只能保证在构成相关数据依赖链的操作之间排序。数据依赖性的 C++ 定义旨在模拟 RCU 系统上的数据依赖性。请注意，C++ 目前基于计算定义了数据依赖性，而 RCU 数据依赖性是基于读取和存储定义的。

该优化旨在通过使释放－消费对在 C++ 中可用，顾名思义，释放－消费对由释放－存储操作和消费－读取操作组成。消费操作与获取操作非常相似，不同之处在于它仅保证从消费读取操作开始，在数据依赖链中对这些计算进行排序。

请注意，目前没有已知的实现能够利用当前的 C++ 消费语义；因此，所有当前的编译器都将消费读取实现为获取读取，从而本质上使得属性 [[carries_dependency]] 是冗余的。C++ 标准委员会目前正在考虑对该特性进行修订，以使其能够实现并可用，已经为各种方法制作了原型。当交付了具有实际实现的可用特性时，它很可能不会完全像这里的示例中所描述的那样工作。请参阅用例部分。

（3）使用 [[carries_dependency]] 属性

数据依赖链可以并且确实在被调用函数之间传播。如果这些互操作函数中的一个位于单独的翻译单元中，编译器将无法看到依赖链。在这种情况下，用户可以使用 [[carries_dependency]] 属性来为编译器注入必要的信息，以便跟踪依赖链在跨翻译单元的函数之间的传播，从而可能避免使用不必要的内存屏障指令。请参阅用例。注意标准库函数 std::kill_dependency 也是相关的，可用于打破数据依赖链。

[[carries_dependency]] 属性可以通过将其放在函数声明的前面作为一个整体应用于函数声明，在这种情况下，该属性应用于返回值：

```
[[carries_dependency]] int* f();  // attribute applied to entire function f
```

在上面的示例中，[[carries_dependency]] 属性应用于函数 f 的声明，以表明返回值携带函数的依赖性。编译器现在可能能够避免为 f 的返回值发出内存屏障指令。

[[carries_dependency]] 属性也可以应用于函数的一个或多个参数声明，方法是将其直接放置在参数名称之后：

```
void g(int* input [[carries_dependency]]); // attribute applied to input
```

在上例中函数 g 的声明中，[[carries_dependency]] 属性应用于输入参数，以指示依赖项通过该参数携带到函数中，这可能避免编译器一定要为输入参数发出不必要的内存屏障指令。见 2.1.1 节。

在这两种情况下，如果函数或参数声明指定了 [[carries_dependency]] 属性，则该函数的第一次声明应指定该属性。类似地，如果函数或其参数之一的第一次声明在一个翻译单元中指定了 [[carries_dependency]] 属性，而在另一个翻译单元中相同函数的第一次声明没有指定，则该程序格式错误，无须诊断。

需要注意的是，[[carries_dependency] 属性通知编译器存在依赖链，但它本身并不创建依赖链。依赖链必须存在于实现中，才能对同步产生任何影响。

2. 用例

生产者 - 消费者编程模式

流行的生产者 - 消费者编程模式使用释放 - 获取对在线程之间进行同步：

```
// my_shareddata.h:
void initSharedData();
    // Initialize the shared data of my_shareddata.o to a well-known
    // aggregation of values.

void accessSharedData();
    // Confirm that the shared data of my_shareddata.o have been initialized
    // and have their expected values.


// my_shareddata.cpp:
#include <my_shareddata.h>

#include <atomic>  // std::atomic, std::memory_order_release, and
                   // std::memory_order_acquire
#include <cassert> // standard C assert macro

struct S
{
    int    i;
    char   c;
    double d;
};

static S                data;     // static for insulation
static std::atomic<int> guard(0); // static for insulation

void initSharedData()
{
    data.i = 42;
    data.c = 'c';
    data.d = 5.0;

    guard.store(1, std::memory_order_release);
}

void accessSharedData()
{
    while(0 == guard.load(std::memory_order_acquire))
        /* empty */ ;

    assert(42  == data.i);
    assert('c' == data.c);
    assert(5.0 == data.d);
}
// my_app.cpp:
#include <my_shareddata.h>
#include <thread>  // std::thread

int main()
{
    std::thread t2(accessSharedData);
    std::thread t1(  initSharedData);

    t1.join();
    t2.join();
}
```

当使用此释放－获取同步模式时，编译器必须保持语句的顺序，以避免破坏释放－获取模式；编译器还必须插入内存屏障指令，以防止硬件破坏。

如果我们想修改上面的示例以使用释放－消费模式，我们将需要以某种方式使 assert 语句成为从 guard 对象加载的依赖链的一部分。我们可以实现这一目标，因为通过指针读取数据在该指针值的读取和引用数据的读取之间建立了依赖链。由于释放－消费模式允许开发人员指定关注的数据，因此使用该模式而不是释放－获取模式（在上面的代码示例中）可以使编译器在使用内存屏障时更具选择性：

```
// my_shareddata.cpp (use _*consume, not *_acquire):
#include <my_shareddata.h>

#include <atomic>  // std::atomic, std::memory_order_release, and
                   // std::memory_order_consume (not *_acquire)
#include <cassert> // standard C assert macro

struct S
{
    /* definition not changed */
};

static S               data;           // static for insulation (as before)
static std::atomic<S*> guard(nullptr); // guards just one struct S.

void initSharedData()
{
    data.i = 42;   // as before
    data.c = 'c';  // as before
    data.d = 5.0;  // as before

    guard.store(&data, std::memory_order_release);  // Set &data, not 1.
}
void accessSharedData()
{
    S* sharedDataPtr = nullptr;

    // Load using *_consume, not *_acquire.
    while (nullptr == (sharedDataPtr = guard.load(std::memory_order_consume)))
        /* empty */ ;

    assert(&data == sharedDataPtr);

    assert(42  == sharedDataPtr->i);
    assert('c' == sharedDataPtr->c);
    assert(5.0 == sharedDataPtr->d);
}
```

最后，如果我们想开始将 my_sharedata 组件的工作重构为跨不同翻译单元的多个函数，我们希望仔细地将 [[carrie_dependency]] 属性应用于新重构的函数，因此可以想象，对这些函数的调用可能会得到更好的优化：

```
// my_shareddataimpl.h:

struct S
{
    int    i;
    char   c;
    double d;
};

[[carries_dependency]] S* getSharedDataPtr();
    // Return the address of the shared data in this translation unit.

void releaseSharedData(S* sharedDataPtr [[carries_dependency]]);
    // Release the shared data in this translation unit.  The behavior is
    // undefined unless getSharedDataPtr() == sharedDataPtr.

[[carries_dependency]] S* accessInitializedSharedData();
    // Return the address of the initialized shared data in this translation
```

```
    // unit.

void checkSharedDataValue(S* s [[carries_dependency]],
                          int    i,
                          char   c,
                          double d);
    // Confirm that data at the specified s has the specified i, c, and
    // d as constituent values.
// my_shareddataimpl.cpp:

#include <my_shareddataimpl.h>

#include <cassert>  // standard C offsetof macro
#include <atomic>   // std::atomic, std::memory_order_*

static S               data;           // static for insulation
static std::atomic<S*> guard(nullptr); // guards one struct S.

[[carries_dependency]] S* getSharedDataPtr()
{
    return &data;
}

void releaseSharedData(S* sharedDataPtr [[carries_dependency]])
{
    assert(&data == sharedDataPtr);

    guard.store(sharedDataPtr, std::memory_order_release);
}

[[carries_dependency]] S* accessInitializedSharedData()
{
    S* sharedDataPtr = nullptr;

    while (nullptr == (sharedDataPtr = guard.load(std::memory_order_consume)))
        /* empty */ ;

    assert(&data == sharedDataPtr);

    return sharedDataPtr;
}

void checkSharedDataValue(S*     s [[carries_dependency]],
                          int    i,
                          char   c,
                          double d)
{
    assert(i == s->i);
    assert(c == s->c);
    assert(d == s->d);
}
// my_shareddata.cpp (re-factored to use *impl)
#include <my_shareddataimpl.h>

void initSharedData()
{
    S* sharedDataPtr = getSharedDataPtr();

    sharedDataPtr->i = 42;
    sharedDataPtr->c = 'c';
    sharedDataPtr->d = 5.0;

    releaseSharedData(sharedDataPtr);
}

void accessSharedData()
{
    S* sharedDataPtr = accessInitializedSharedData();
    checkSharedDataValue(sharedDataPtr, 42, 'c', 5.0);
}
```

3. 潜在缺陷

在现有平台上没有实际用途

所有已知的编译器都通过消费读取来实现获取读取，因此无法忽略多余的内存屏障指令。开发人员在编写代码时希望它能够在更高效的释放 - 消费同步模式下运行，但目前只能在更保守的释放 - 获取模式下，直到假设的还不存在的编译器能够正确支持释放 - 消费同步模式变得广泛可用。同时，需要消费语义的潜在性能优势的应用程序通常会仔细使用特定于平台的功能[⊖]。

4. 参见

- 2.1.1 节深入讨论了属性如何与 C++ 语言实体相关。
- 2.1.11 节提供了另一个普遍实现的属性的示例。

5. 延伸阅读

- marton17 中介绍了 C++ 读取 - 复制 - 更新模式的高级实现。
- marton18 介绍了在 C++ 中利用读取 - 复制 - 更新模式的想法。

4.1.2 final：禁止重写和派生

final 说明符可用于禁止在派生类型内重写一个或多个虚拟成员函数和从一个类型派生。

1. 描述

通过继承扩展任意（类或结构体）用户定义类型（UDT）并覆盖其中声明的任何虚拟函数的能力是 C++ 面向对象模型的一个标志。然而，在某些情况下，使用用户定义类型的开发人员可能会发现有合理的需要来故意限制客户在这方面的能力。final 说明符恰好可以用于此目的。

当应用于虚函数声明时。final 防止派生类开发人员重写该特定函数。当用于虚函数时，final 在语法上类似于 override 说明符（见 2.1.13 节），但语义不同。final 可以作为一个整体应用于用户定义类型的声明，从而防止潜在客户从中获益。请注意，final 与 override 一样，不是保留关键字，而是上下文关键字，即在某些上下文中具有特殊意义的标识符——只要语言语法允许标识符，它仍然可以用作 C++ 标识符：

```
struct final final                          // struct named "final"
{
    final() = default;                      // default constructor
    virtual ~final() final;                 // final destructor
};
struct S1 { ::final* final; };              // data member named "final"
struct S2 { virtual ::final final() final; }; // function named "final"
final final;                                // object named "final"
```

上述公认有问题的示例在语法上是合法的，定义了几个名为 final 的不同实体，其中一些实体还附带了 final 说明符。

（1）final 虚成员函数

当应用于虚函数声明时，final 说明符阻止派生类开发人员重写该函数：

```
struct B0  // Each function in B0 is explicitly declared virtual.
{
    virtual void f();
    virtual void g() final;  // prevents overriding in derived classes
    virtual void g() const;
};
```

⊖ 自 C++17 以来，在接受 boehm16 后，`memory_order_consume` 的使用已被明确禁止。标准中的具体注释提到，“首选 `memory_order_acquire`，它提供了比 `memory_order_consume` 更强的保证。在实践中发现提供比 `memory_order_acquire` 更好的性能是不可行的。规范修订正在考虑之中。”（参见 iso17，32.4 节，“Order and Consistency”，1.3 段，注释 1，第 1346 页。）

```
struct D0 : B0        // D0 inherits publicly from B0.
{
    void f();         // OK, overrides void B0::f()
    void g();         // Error, void B0::g() is final.
    void g() const;   // OK, void B0::g() const is not final.
};
```

正如上面的简单示例所示，用final修饰虚拟成员函数（例如B::g()）可以避免仅覆盖该特定函数签名。请注意，当在类定义之外重新定义final函数（例如定义函数）时，不允许使用final说明符：

```
void B0::g() final { }  // Error, final not permitted outside class definition
void B0::g() { }        // OK
```

（2）析构函数的final修饰符

在虚析构函数上使用final完全排除了继承，因为任何派生类都必须具有隐式或显式析构函数，该析构函数将尝试重写final基类析构函数：

```
struct B1
{
    virtual ~B1() final;
};

struct D1a : B1 { };    // Error, implicitly tries to override B1::~B1()

struct D1b : B1
{
    virtual ~D1b() { }  // Error, explicitly tries to override B1::~B1()
};
```

任何试图在派生类中抑制析构函数的尝试，例如使用=delete（请参阅2.1.6节）都是徒劳的。如果目的是完全抑制派生，直接的方法是将类型本身声明为final。参见final用户定义类型。

（3）final纯虚函数

尽管允许声明纯虚函数为final函数，但这样做会使该类成为抽象类，也会阻止其任何派生类成为具体类：

```
struct B2  // abstract class
{
    virtual void f() final = 0;  // OK, but probably not useful
};

B2 b;  // Error, B2 is an abstract type.

struct D2a : B2  // also an abstract class
{
};

D2a d;  // Error, D2a is an abstract type.

struct D2b : B2
{
    void f() {};  // Error, void B2::f() is final.
};
```

通过将上例中的纯虚成员函数B2::f()声明为final函数，我们有效地阻止了将不可实例化的抽象类B2扩展到任何可实例化的具体类。

（4）final及其与virtual和override的交互

当我们将final应用于非虚函数时，final说明符将始终强制编译错误：

```
struct B3a
{
    void f() final;  // Error, f is not virtual.
};

struct B3b
```

```
{
    void g();  // OK, g is not virtual.
};

struct D3 : B3b
{
    void g() final;  // Error, g is not virtual and hides B3b::g.
};
```

final 关键字与 virtual 关键字和 override 关键字相结合，可以产生各种效果。例如，在基类中声明为虚的函数，例如下文 B4 中的每个函数会自动使虚函数成为派生类中具有相同名称和签名的函数，如 D4 中的相应函数，而不管 virtual 关键字是否在 D4 中重复：

```
struct B4  // Each of the functions in B4 is explicitly declared virtual.
{
    virtual void f();  // explicitly declared virtual
    virtual void g();  //      "          "       "
    virtual void h();  //      "          "       "
};

struct D4 : B4  // Each of the functions in D4 is explicitly declared final.
{
    void f() final;           // OK, because B4::f is declared virtual
    virtual void g() final;   // OK, explicitly declared virtual (no effect)
    void h() final override;  // OK, because B4::h is declared virtual
    virtual void i() final;   // OK, explicitly declared virtual (necessary)
    void j() final;           // Error, nonvirtual function j declared final
};
```

注意，D4::g() 用关键字 virtual 修饰，但 D4::f() 不是。当基类中存在声明为 virtual 的匹配函数时，无须向派生类中的函数声明中冗余添加 virtual 关键字。只需要以类似于 override 的方式，去掉显式虚函数将阻止删除基类函数，阻止更改其签名。

然而，考虑到 override 说明符的可用性（见 2.1.13 节），出现了一个通用的编码标准：仅使用虚函数在类层次结构体中引入虚函数，然后要求任何试图重写派生类中虚函数的函数都用 override 或 final 修饰，并且显式声明为非虚函数，因为 virtual 是明确隐含的：

```
struct B5  // base class consisting of virtual and nonvirtual functions
{
    virtual void f1();  // OK, virtual function
    virtual void f2();  // OK, virtual function
            void g1();  // OK, nonvirtual function
            void g2();  // OK, nonvirtual function
};

struct D5a  // "derived class" attempting to override virtual functions f1 and f2
{
    void f1() override;  // Error, f1 marked override but doesn't override
    void f2() final;     // Error, f2 marked final but isn't virtual
};
```

精明的读者会注意到，在上面的示例中，我们未能使 D5a 公开继承 B5。尽早发现这样的缺陷是遵循此约定的主要好处。

如果我们再次尝试，这一次用 D5b，我们将观察到使用 override 或 final 的第二个好处：

```
struct D5b : B5  // This time we remembered to inherit from B5.
{
    void f1() override;  // OK
    void f2() final;     // OK
    void g1() override;  // Error, g1 marked override but doesn't override
    void g2() final;     // Error, g2 marked final but isn't virtual
};
```

最后，可以有意识地将基类函数声明为 virtual 函数和 final 函数，防止派生类隐藏它：

```
struct B6
{
```

```
    virtual void f() final;  // OK
};

static_assert(sizeof(B6) == 1, "");  // Error, B6 holds a vtable pointer.

struct D6a : B6
{
    void f() const;      // OK, D6a::f doesn't override.
    void f();            // Error, B6::f is final.
};

struct D6b : B6
{
    void f(int i = 0);  // OK, even though it hides B6::f
};
```

注意到第一次将上例中的成员函数 B6::f() 同时声明为 virtual 函数和 final 函数，实际效果有限。在子类中隐藏 f 的尝试将被阻止，但仅当隐藏函数具有完全相同的签名时，隐藏 f 的函数仍然可以使用不同的成员函数限定符编写，甚至可以是可选参数。向 f 添加 virtual 也使 B6 成为多态类型，这就需要在每个对象中使用 vtable 指针，使其变得非平凡，参阅 3.1.11 节。编译器可能能够对 B6::f() 的调用进行非虚拟化，但也可能无法做到这一点，从而导致对 B6::f() 的调用具有与动态分派相关的运行时开销。请参阅潜在缺陷——试图防止隐藏非虚拟函数。

（5）final 用户定义类型

final 的使用不局限于单个成员函数。final 还可以应用于整个用户定义的类型，以明确禁止任何其他类型从中继承。阻止类型的可继承性缩小了内置类型（如 int 和 double）可能实现的功能与典型用户定义类型（特别是从它们继承）可以实现的功能之间的差距。参见用例——抑制派生以确保可移植性，即海勒姆定律（Hyrum's Law）。

尽管其他示例可能是合理的、广泛的，但系统性使用可能会与一般的稳定重用、特别是层次重用相冲突。请参阅潜在缺陷——系统性地失去了重用的机会。因此，在整个类中使用 final 的情况很少，更不用说常规使用了。

在 C++11 引入 final 说明符之前，没有方便的方法来确保用户定义类型是不可继承的，尽管存在近似于这种限制的拜占庭用法。例如，需要在所有具体派生类型的每个构造函数中初始化虚拟基类，并且可以利用该基类来防止有用的继承。考虑三个类，其中第一个类 UninheritableGuard 有一个私有构造函数，并与它唯一预期的派生类成为友元；第二个类 Uninheritable，私有继承 UninheritableGuard；第三个类 Inheriting，存在问题，试图继承 Uninheritable，但无法继承：

```
struct UninheritableGuard  // private, virtual base class
{
private:
    UninheritableGuard();          // private constructor
    friend struct Uninheritable;  // constructible only by Uninheritable
};

struct Uninheritable : private virtual UninheritableGuard
{
    Uninheritable() : UninheritableGuard() { /*...*/ }
};

struct Inheriting : Uninheritable  // Uninheritable is effectively final.
{
    Inheriting()
    : Uninheritable()  // Error, Uninheritable() is inaccessible.
    { /*...*/ }
};
```

任何隐式或显式定义继承构造函数的尝试都将失败，并出现相同的错误，因为 UninheritableGuard 无法访问构造函数。使用虚拟继承通常需要每个类型为 Uninheritable 的对象来维护一个虚拟表指针；因此，此解决方案并非没有开销。还要注意的是，在 final 之前的这种解决方法并不会阻止派生本身，而只是阻止任何错误派生类的实例化。

在这种特殊情况下，该类型的所有数据成员都是平凡的，即没有用户提供的特殊成员函数（参见3.1.11节），我们可以创建一个类型，例如Uninheritable2，该类型实现为仅由单个struct组成的union：

```
union Uninheritable2  // C++ does not yet permit inheritance from union types.
{
    struct  // anonymous class type
    {
        int    i;
        double d;
    } s;

    Uninheritable2()
    {
       s.i = 0;
       s.d = 0;
    }
};

struct S : Uninheritable2 { };  // Error, unions cannot be base classes.
```

随着final说明符的引入，我们就不需要走这样的弯路。当添加到类或结构体的定义中时，final说明符巧妙地防止潜在的从该类型派生：

```
struct S1 { };        // nonfinal user-defined type
struct S2 final { };  // final user-defined type

struct D1 : S1 { };   // OK, S1 is not declared final.
struct D2 : S2 { };   // Error, S2 is declared final.
```

只有当final说明符是类型定义的一部分时，才可以将其应用于类型的声明：

```
class C1;             // OK, C1 is (as of now) an incomplete type.
class C1 final;       // Error, attempt to declare variable of incomplete type
class C1 final { };   // OK, C1 is now a complete type.
class C1;             // OK, C1 is known to be a final type.
```

一旦类型完整，任何使用final说明符重新声明该类型的尝试都将是该类型名为final的对象的有效声明；因此，已定义为非final类型的类型随后不能重新声明为final类型：

```
class C2 { };         // OK, C2 is a nonfinal complete type.
class C2 final;       // Bug? C2 object named final.
```

正如上面最后一行所示，final作为上下文关键字，是非final类的C2的对象的有效名称。请参阅潜在缺陷——上下文关键字是上下文相关的。

final说明符除了修饰类或结构体外，还可以应用于联合。由于不允许从联合派生，因此将联合声明为final联合没有任何效果。

标准C++14库头文件<type_traits>定义了特征std::is_final，它可以用来确定给定的用户定义类型是否指定为final。这个特征可以用来区分非final联合和final联合。std::is_final的参数必须是完整类型。

2. 用例

（1）抑制派生以确保可移植性

当用户定义的类型用于模拟某个特性，会出现一种罕见但令人信服的使用final整体作用到一个类型的情况，该特性现在或将来某一天可能会被实现为基本类型，这取决于平台功能。通过将用户定义的类型指定为final，我们避免了将其永远锁定为用户定义的类型。

考虑一系列浮点十进制类型的早期实现：Decimal32_t、Decimal64_t和Decimal128_t。最初，这些类型（作为类型别名）是根据用户定义的类型实现的：

```
class DecimalFloatingPoint32  { /*...*/ };
class DecimalFloatingPoint64  { /*...*/ };
class DecimalFloatingPoint128 { /*...*/ };
```

```
typedef DecimalFloatingPoint32  Decimal32_t;
typedef DecimalFloatingPoint64  Decimal64_t;
typedef DecimalFloatingPoint128 Decimal128_t;
```

一旦以这种形式发布，没有什么可以阻止用户从这些typedef继承来派生自己的自定义类型，事实上，海勒姆定律预测这种继承将会发生：

```
class MyDecimal32      : public Decimal32_t     { /*...*/ };
class YourDecimal64    : private Decimal64_t    { /*...*/ };
class TheirDecimal128  : protected Decimal128_t { /*...*/ };
```

这一操作总有一天会得到硬件的支持，在它已经拥有的一些平台上，这可能会允许这些typedef成为基本类型的别名，而不是用户定义类型的别名：

```
typedef __decimal32_t  Decimal32_t;
typedef __decimal64_t  Decimal64_t;
typedef __decimal128_t Decimal128_t;
```

当硬件支持实现后，即使我们试图利用使用本机支持的类型可能带来的巨大性能优势，该库的少量客户也将阻止大多数用户享受新平台的性能优势。最终的结果是，可能需要多人多年的努力才能解开现在依赖于继承的代码。如果我们从一开始就声明不一定是用户定义的final类型，那么这个开销可以避免：

```
class DecimalFloatingPoint32 final  { /*...*/ };
class DecimalFloatingPoint64 final  { /*...*/ };
class DecimalFloatingPoint128 final { /*...*/ };
```

在这里使用final将避免为不准备永久支持的功能付出开销。

（2）提高具体类的性能

面向对象编程（OOP）包含软件设计的两个重要方面：继承，动态绑定（通常通过虚拟分派实现）。一种声称支持面向对象编程的语言必须支持这两者[⊖]。继承本身没有开销，但动态绑定一般不能这样说。

不管由接口、实现和结构继承组成的实现的各种含义如何，请考虑如下面向对象的经典Shape、Circle和Rectangle示例；

```
class Shape  // abstract base class
{
    int d_x;  // x-coordinate of origin
    int d_y;  // y-coordinate of origin

public:
    Shape(int x, int y) : d_x(x), d_y(y) { }    // value constructor
    virtual ~Shape() { }                         // destructor

    void move(int dx, int dy) { d_x += dx; d_y += dy; }
                                                 // concrete manipulator

    int xOrigin() const { return d_x; }          // concrete accessor
    int yOrigin() const { return d_y; }          // concrete accessor

    virtual double area() const = 0;             // abstract accessor
};

class Circle : public Shape  // concrete derived class
{
    int d_radius;  // radius of this circle

public:
    Circle(int x, int y, int radius) : Shape(x, y), d_radius(radius) { }
                                                 // value constructor
    double area() const { return 3.14 * d_radius; }
                                                 // concrete accessor (nonfinal)
};
```

⊖ 参见stroustrup91a，1.4.6节，“Multiple Implementations”，第35～36页，以及stroustrup91b。

```
class Rectangle: public Shape   // concrete derived class
{
    int d_length;  // length of this rectangle
    int d_width;   // width of this rectangle

public:
    Rectangle(int x, int y, int length, int width) :
                    Shape(x, y), d_length(length), d_width(width) { }
                                        // value constructor

    double area() const final { return d_length * d_width; }
                                        // concrete accessor (final)
};
```

请注意，Shape既是一个接口，也是一个提供适当值构造函数的基类。继承类必须重写Shape::area()以为其各自的面积值提供具体的访问器。从Shape继承的两个类，即Circle和Rectangle，仅在一个方面有很大的不同：Rectangle::area()用final注释，而Circle::area()不是。

现在想象一个用户通过基类引用访问Shape::area()的具体实现：

```
void client1(const Shape& shape)
{
    int x = shape.xOrigin();     // inlines (e.g., Clang -O2, GCC -O1)
    double area = shape.area();  // Inline requires whole program optimization.
}
```

对Shape::xOrigin()的调用可以在相当低的优化级别上内联，而对Shape::area的调用不能内联，因为它受虚拟分派的约束。内联调用以获取xOrigin的能力同样适用于派生类型Circle和Rectangle的对象，无论该类型的Shape::area实现是否已用final注释。

如果编译器可以在本地推断派生对象的运行时类型，那么函数调用也可以在相当低的优化级别内联，同样不考虑任何带有final的注释：

```
void client2()
{
    Circle c(3, 2, 1);

    Rectangle r(4, 3, 2, 1);
    const Shape& s1 = c;
    const Shape& s2 = r;

    double cArea = c.area();  // inlines (e.g., Clang -O2, GCC -O1)
    double rArea = r.area();  // inlines (e.g., Clang -O2, GCC -O1)

    double s1Area = s1.area();  // inlines (e.g., Clang -O2, GCC -O1)
    double s2Area = s2.area();  // inlines (e.g., Clang -O2, GCC -O1)
}
```

当在一个单独的函数中接受这些类型的引用时，final带来的差异就显现出来了。由于只有Rectangle禁止进一步重写area函数，因此它是三种类型中唯一一种可以在编译时知道其对象的运行时类型，从而绕过虚拟分派的类型：

```
void client3(const Shape& s, const Circle& c, const Rectangle& r)
{
    double sArea = s.area();  // must undergo virtual dispatch
    double cArea = c.area();  // must undergo virtual dispatch
    double rArea = r.area();  // inlines (Clang -O2, GCC -O1)
}
```

注意，了解程序整体的编译系统可能能够了解到Circle实际上是最终类的知识，例如观察到没有其他类从中派生，因此，在client3中类似地绕过了虚拟分派。然而，这样的优化代价太高，不可扩展，并且会受到常见做法的阻碍，例如在运行时加载共享对象的可能性，这些共享对象可能包含从Circle派生然后传递给client3的类。

（3）恢复因模拟而损失的性能

在大多数情况下，无法将组件与其依赖项完全隔离，以便能够完全隔离地对其进行测试。一种广泛用于人为规避此类限制的面向对象方法通常通俗地称为模拟。

例如，考虑一个自定义文件处理类 File，该类依赖于自定义本地文件系统 LocalFS：

```
class FileHandle;

struct LocalFS  // lower-level file system
{
    FileHandle* open(const char* path, int* errorStatus = 0);
};
class File  // higher-level file representation
{
    LocalFS* d_lfs;  // pointer to concrete filesystem object

public:
    File(LocalFS* lfs) : d_lfs(lfs) { }

    int open(const char* path);
    // ...
};
```

在上面的设计中，类 File 对本地文件系统的直接依赖性阻碍了测试 File 的行为，以响应（例如）很少发生且难以诱导的系统事件。

为了能够彻底测试 File 类，我们需要某种方法来控制 File 类在接收到来自其认为是本地文件系统的输入时的行为。一种方法是从 LocalFS 中提取纯抽象（也称为协议）类，例如 AbstractFileSystem。然后，我们可以使我们的文件类依赖于协议而不是 LocalFS，并使 LocalFS 实现它：

```
class AbstractFileSystem  // lower-level pure abstract interface
{
public:
    virtual FileHandle* open(const char* path, int* errorStatus = 0) = 0;
};


class File  // uses lower-level abstract file system
{
    AbstractFileSystem* d_afs;  // pointer to abstract filesystem object

public:
    File(AbstractFileSystem* afs) : d_afs(afs) { }

    int open(const char* path);
    // ...
};

class LocalFS : public AbstractFileSystem  // implements abstract interface
{
public:
    FileHandle* open(const char* path, int* errorStatus = 0);
};
```

有了这个更精细的设计，我们现在能够创建一个独立的、具体的、从 AbstractFile-System 派生的“模拟”实现，然后我们可以使用它来编排任意行为，从而使我们能够在隔离和异常情况下测试 File 类：

```
class MockedFS : public AbstractFileSystem  // test-engineer-controllable class
{
public:
    FileHandle* open(const char* path, int* errorStatus = 0) { /* mocked */ }
};

void test()  // test driver that orchestrates mock implementation to test File
{
    MockedFS mfs;  // mock AbstractFileSystem used to thoroughly test File
    File f(&mfs);  // f installed with mock instead of actual LocalFS

    int rc = f.open("dummyPath");  // mock used to supply handle
    // ...
}
```

尽管这种技术确实支持独立测试，但它会带来对底层 AbstractFileSystem 对象的所有调用进行动态分派的性能成本。在某些情况下，具体实现不必与模拟交换。通过声明 localFS final 的部分或全部具体的、现在是虚拟的函数，可以恢复性能。这样，当我们显式地将具体实现（例如 LocalFS）传递给函数时，至少声明为 final 且先前内联的函数可以再次内联：

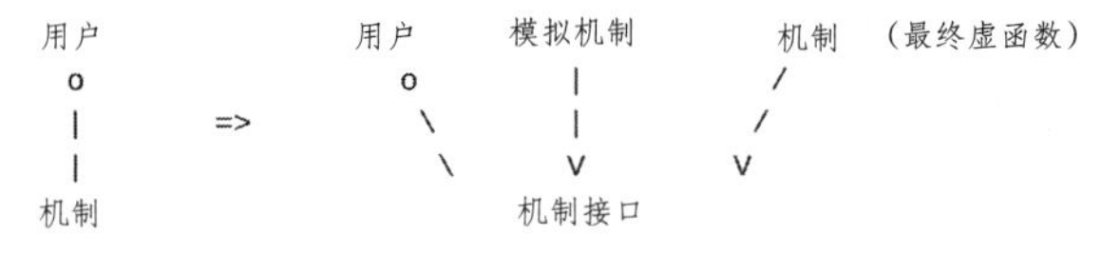


```
--> 意味着一个 IS-A 关系
o-- 意味着接口用途关系
```

或者，我们可以创建一个新的组件，使现有库适应适合模拟的新接口，无须以任何方式对其进行更改：

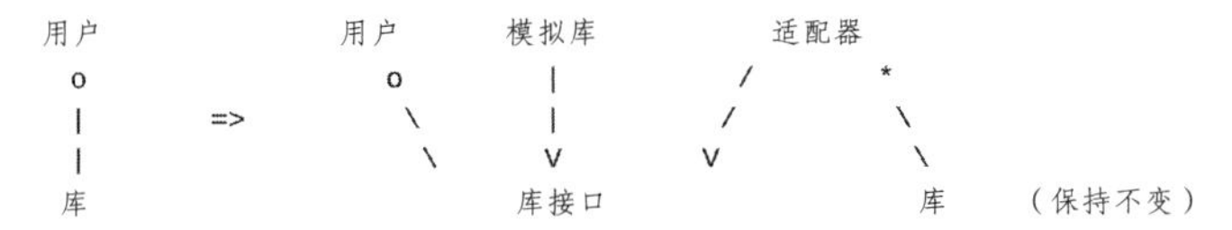


```
*-- 意味着仅在实现中使用关系
```

然而，通过人工声明类的所有非结构化成员函数（不提取协议）来“通过嘲弄来模拟设计”[㊀]，只是为了能够提供从原始具体类派生的“模拟”实现，这在业界已变得很常见：

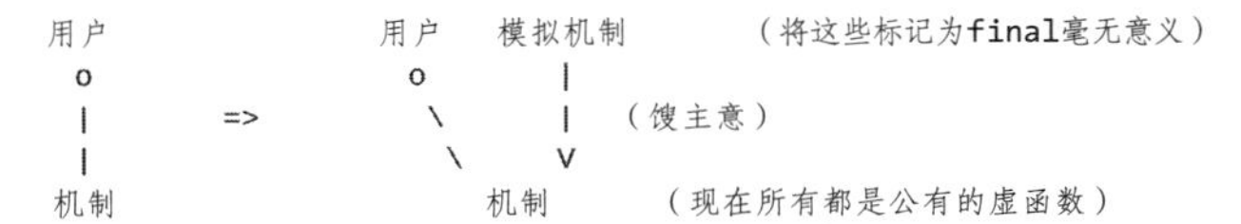

通过不从原始类派生模拟，可以显著减少与模拟相关的许多虚拟函数开销。我们可以为该类的所有公共非结构化成员函数提取一个协议，并将这些特定函数标记为 final；或者将原始的具体实现修改为新协议，以供文件和任何其他选择加入以彻底测试其代码的设施使用。两种方法都不要求使用具体的、可能现在以其原始名称派生的类的客户端都支付任何虚拟函数开销，来支持在需要时模拟该类接口的能力。

（4）提高协议层次结构中的性能

协议层次结构[㊁]是复合模式的泛化，其中纯抽象接口[㊂]（又称协议）是抽象接口的公开继承层次结构（Is-A 关系）的根（1 级）：

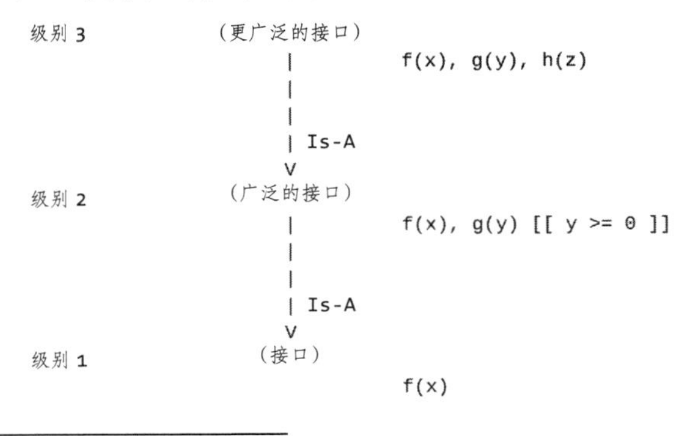

㊀ 乔纳森·韦克利（Jonathan Wakely）向约翰·拉科斯（John Lakos）表示，不加区分地过度使用模拟“是对一个人的设计的嘲弄”。

㊁ 参见 lakos96，附录 A，第 737～768 页；以及 lakos2a 的 2.7 节。

㊂ 参见 gamma95，第 2 章，“合成”一节，第 163～174 页。

在每个连续的层次上，纯接口是其派生的前一层次的适当超集。层次结构中的任何类都不提供任何实现，每个成员函数（析构函数除外）都实现为纯虚函数。请注意，g(y) 在级别 1 上是不可访问的，只能与级别 2 上的非负值一起使用（例如 g(y) 具有窄约定），并且可以与级别 3 上的所有语法合法值一起使用（例如 g(i) 具有宽约定）。通过明智地使用隐藏非虚函数，这种相同类型的接口扩展可以在没有虚拟函数的情况下应用。参阅潜在缺陷——系统性地失去了重用的机会。

然后，可以从协议层次结构中派生出具体的叶节点，以尽可能有效地实现所需的服务级别。在多个具体节点需要共享一个或多个功能的相同实现的情况下，我们可以从适当的协议中派生出一个中间节点。该协议根本不会扩大接口，但确实实现了一个或更多纯抽象功能，这种不纯抽象节点称为部分实现。当其中一个函数的实现很简单时，声明虚拟函数为内联是明智的。根据设计，不需要进一步重写该函数，我们也可以将其声明为 final。

对于性能关键型客户端，如果它们通过该部分实现派生的纯抽象接口来使用具体对象，我们可能会决定将部分实现本身作为引用类型。因为一个或多个函数既是 inline 函数又是 final 函数。客户端可以免除运行时分派，直接内联虚拟函数。

考虑简化的内存分配协议层次结构：

```
#include <cstddef>  // std::size_t

struct Allocator
{
    virtual void* allocate(std::size_t numBytes) = 0;
        // Allocate a block of memory of at least the specified numBytes.

    virtual void deallocate(void* address) = 0;
        // Deallocate the block at the specified address.
};

struct ManagedAllocator : Allocator
{
    virtual void release() = 0;
        // Reclaim all memory currently allocated from this allocator.
};
```

单调分配器是一种托管分配器，根据对齐要求在缓冲区中顺序分配内存。在这类分配器中，释放方法始终是无操作的；只有在解除托管分配器或调用其 release 方法时，才会回收内存：

```
struct MonotonicAllocatorPartialImp : ManagedAllocator
{
    inline void deallocate(void* address) final { /* empty */ }
        // Deallocate the block at the specified address.
};
```

注意，我们已经将 MonotonicAllocatorPartialImp 的空内联释放成员函数指定为 final。具体的单调分配器（例如 BufferedSequentialAllocator）可以从此部分实现中派生：

```
struct BufferedSequentialAllocator : MonotonicAllocatorPartialImp
{
    BufferedSequentialAllocator();
        // Create a default version of a buffered-sequential allocator.

    void* allocate(std::size_t numBytes);
        // Allocate a block of memory of at least the specified numBytes.

    void release();
        // Reclaim all memory currently allocated from this allocator.
};
```

现在考虑两种支持分配器的类型，TypeA 和 TypeB，每种类型都是用托管分配器的某种风格构造的：

```
struct TypeA
{
```

```
    TypeA(ManagedAllocator* a);
    // ...
};

struct TypeB
{
    TypeB(MonotonicAllocatorPartialImp* a);
    // ...
};
```

现在，使用相同的具体分配器对象构造每个类型：

```
void client()
{
    BufferedSequentialAllocator a;  // Concrete monotonic allocator object

    TypeA ta(&a);  // deallocate is a virtual call to an empty function.
    TypeB tb(&a);  // deallocate is an inline call to an empty function.
}
```

当 TypeA 调用 deallocate 时，它会通过 ManagedAllocator 的非 final 虚拟函数接口，并受到动态分派的运行时开销的影响。注意，即使虚拟 deallocate 函数是内联的，除非它被声明为 final 或运行时类型在编译时以某种方式已知，否则编译器也无法确定该函数是否未被派生类型重写。

然而，在类型 B 的情况下，函数既被声明为 final，又被定义为 inline；因此，虚拟分派可以可靠地避开，空函数可以内联，并且在没有运行时开销的情况下实现真正的无操作。

3. 潜在缺陷

（1）上下文关键字是上下文相关的

从历史上看，标准委员会采取了不同的方法来为语言添加新的关键字。C++11 向语言中添加了十个新关键字：alignas、alignof、char16_t、char32_t、constexpr、decltype、noexcept、nullptr、static_assert 和 thread_local[㊀]，从而使十个潜在名字不再可用作标识符。在考虑新的关键字时，需要花费大量精力来确定该单词的状态变化对现有代码库的影响。override 和 final 不是关键字，而是作为标识符在语法上不允许的上下文中使用时被赋予特殊意义。这个方法避免了使用这些单词作为标识符的任何现有代码库可能出现的代码破坏，但有时会造成混淆。

当在函数声明之后使用时，override 和 final 不会给语言添加任何显著的语法歧义；无论如何，任意标识符在该位置的语法上是无效的，因此混淆是最小的。然而，当在类声明中使用 final 时，只有在对其进行解析以区分变量声明和类定义后，才能确定 final 的含义：

```
struct S1 final;      // Error, variable named final of incomplete type
struct S2 final { };  // OK, final class definition
struct S2 final;      // OK, variable named final of complete type S2
```

注意，上面示例中的变量声明看起来都像是试图前置声明一个结构体，该结构体是 final 的，但实际上是一个完全不同的语言构造。

（2）系统性地失去了重用的机会

final 和 override 在复杂性方面相似，但在广泛使用可能带来的潜在不利影响方面不同。这种无处不在的使用在很大程度上取决于所采用的开发过程的规模和性质。在某些开发环境中，例如一个监督封闭源代码库的小组织，在那里客户端能够请求及时的代码更改，鼓励自由使用 final 可能没有问题。默认的开发方法可能是只提供即时需要的东西，然后根据需要快速公开更多内容，而不是预先承诺一切，即使提供的很多东西不是立即有用。

㊀ C++14 和 C++17 没有添加新关键字。C++20 添加了 char8_t、co_await、co_return、co_yield、concept、consteval、constinit 和 requires，特别是将一些可能已经用作标识符（concept 和 requires）的单词与一组更模糊的单词混合，这些单词与现有代码库几乎没有冲突的机会。

然而，对于其他组织来说，基于请求的代码更改不是一个可行的选择，并且可能会导致响应客户需求的不可接受的延迟。final的使用从根本上防止了涉及继承的重用。因此，希望适应不可变组件的客户端通常被迫将其包装或创建冗余副本。无缘无故地禁止客户做他们认为合适的事情，以及他们本来可以免费做的事情，很可能被视为不必要的保姆主义[㊀]。

例如，考虑标准模板库（STL），特别是std::vector。有人可能认为std::vector旨在促进通用编程，没有虚拟函数，因此应指定为最终函数，以确保其“正确”使用。假设想要教学生防御性编程[㊁]的价值的教师创建一个练习来实现一个Checkedvector<T>，它公开继承std::vector<T>[㊂]。通过继承构造函数（请参阅3.1.12节），可以简单地使用运算符[]来实现这个派生类：

```
#include <vector>   // std::vector
#include <cassert>  // standard C assert macro

template <typename T>
class CheckedVector : public std::vector<T>
{
public:
    using std::vector<T>::vector;  // Inherit all ctors of std::vector<T>.

    using reference       = typename std::vector<T>::reference;
    using const_reference = typename std::vector<T>::const_reference;
    using size_type       = typename std::vector<T>::size_type;
    reference operator[](size_type pos)               // Hide base-class function.
    {
        assert(pos < this->size());                   // Check bounds.
        return this->std::vector<T>::operator[](pos);
    }

    const_reference operator[](size_type pos) const  // Hide base-class function.
    {
        assert(pos < this->size());                   // Check bounds.
        return this->std::vector<T>::operator[](pos);
    }
};
```

在上面的实现中，我们选择使用标准的C语言assert宏，而不是硬编码检查，然后如果需要的话显式打印消息并调用abort。请注意，此检查将仅在某些构建模式下发生，即当翻译单元未定义NDEBUG时。最后，this->的使用纯粹是为了表明我们正在这个对象上调用一个成员函数，并且可以忽略而不改变行为。

对于以探索和学习为目标的局部使用，允许这种不涉及虚拟功能的结构继承可以快速发现用户误用。这种结构化继承的严格使用不会添加数据成员，它只是拓宽了基类中的一些狭窄接口，从而有益地增强了已经提供的定义行为，但却改变了vector的所有其他函数的行为。我们现在可以通过将std::vector的实例替换为派生CheckedVector的实例来部署派生的CheckedVector，包括可能发生误用的接口中的实例，与未经如此修改的系统部分的简单交互将一如既往地运行。不建议使用通过值传递参数std::vector的函数，但它将通过切片（slicing）继续工作，通过隐式标准转换到基类型通过指针或引用传递的函数也将继续工作：

㊀ “不必要的保姆主义”是Bjarne Stroustrup用来描述他最初决定限制运算符[]、()和>成为成员的决定；参见stroustrup94，第3章，3.6.2节，“Members and Friends”第81～83页，特别是83页。

㊁ 参见lakos14a和lakos14b。

㊂ Bjarne Stroustrup表示，他自己使用了一个类练习，其中派生类型中只有两个函数（他通常称为“Vector”）隐藏了std::vector的运算符[]重载。这些实现执行额外的检查，这样，如果它们被调用超出其有效范围，而不是导致未定义的行为，它们会执行一些合理的操作，例如抛出异常，或者更好的是，打印错误消息，然后调用abort终止程序。通过不使用assert，正如我们在示例中所做的那样，Stroustrup避免了使用条件编译，这对于本练习的教学目的来说并不重要。必要时，Stroustrup会从生产和使用中删除Vector。

```
void myApi(const CheckedVector<int> &data);       // checked local API
void otherApi1(const std::vector<int> &data);     // by-reference standard API
void otherApi2(std::vector<int> data);            // by-value standard API
template <typename T>
void genericApi(const T& data);                   // generic API

void myFunction()
{
    CheckedVector<int> myData;
    // ...                  ( populate myData )

    myApi(myData);        // checked operations within implementation
    otherApi1(myData);    // normal usage, unchecked operation
    otherApi2(myData);    // normal usage, unchecked operation, slices on copy
    std::vector<int>& uncheckedData = myData;
    genericApi(myData);          // checked call to templated API
    genericApi(uncheckedData); // unchecked call to same API
}
```

如果 std::vector 被声明为 final，这种形式的调用将被完全阻止，需要使用 std::vector 诊断其系统缺陷的人将无法诊断。这种强制使用 final 的行为往往会导致可能最糟糕的结果：客户端需要额外制作 library 类的本地副本。这种无缘无故地强制复制源代码的做法，系统性地加剧了本已高昂的软件维护成本，并否定了未来对该库类所做的任何增强或错误修复的使用。

与普遍的看法相反，结构继承所提供的严格的可替代性概念更符合 Barbara Liskov 在其关于亚类型[㊀]的开创性工作中的观点，而不是虚函数提供的行为变化[㊁]。认为一个类不能仅仅因为没有虚拟析构函数就派生出来，这是错误的。许多元编程习惯用法依赖于结构内部，例如，将类模板 std::integral_constant 用作大多数 C++ 类型特征的基类。从结构上来说，从迭代器中嵌入常量迭代器可以实现隐式转换，而不需要消耗用户定义的转换，从而避免不必要的不对称性。请参阅烦恼——使空类型成为 final 排除了空基类优化。

在没有任何特定工程原因的情况下，默认使用 final 的决定是可疑的，因为它直接排除了一般的重用，特别是分层重用。在这种情况下，为了实现预期的目的，这样的策略属于作为一个整体的组织，而不是该组织中的每个开发人员。然而，如果某些特定原因阻止重写虚函数或类继承，则表明使用 final 是为了积极记录我们的意图。如果最初缺乏如此有力的记录，海勒姆定律最终将破坏我们做出选择的能力，以防止在以后发生重写和 / 或继承。

（3）试图防止隐藏非虚函数

通常不建议故意隐藏虚函数[㊂]；当这样做时，往往是偶然的。将非虚函数同时声明为虚函数和 final 实际上可以防止派生类作者重写该特定函数，派生类版本的函数永远不会通过动态分派调用。然而，final 无法阻止具有任何不同签名（或成员或类型声明）的同名函数无意中隐藏它。

假设我们有一个简单的输出设备类型 Printer，它包含一组过载的非虚打印函数，用于在公共设备上显示各种类型的信息：

```
struct Printer
{
    void print(int number);
    void print(bool boolean);
};
```

现在假设一个没有经验的程序员即将扩展 Printer 以支持另一种参数类型，并意外隐藏了基类函数：

```
struct ExtendedPrinter : public Printer
{
```

㊀ 参见 liskov87。

㊁ Tom Cargill 观察到，数据成员用于值的变化，而虚函数用于行为的变化。参见 cargill92，“Value versus Behavior”，第 16～19 页，特别是 17 页（也参见第 83 页和第 182 页）。

㊂ 参见 meyers96，第 6 章，“Item 37, Avoid Hiding Inherited Names”，第 131～132 页。

```
    void print(long c);
};
```

调用 ExtendedPrinter::print 时，如果参数的类型可以隐式转换为 long，例如现有支持的 int 和 bool 类型，则仍将编译，但无法按预期工作。

我们可能会错误地试图通过声明基类的所有函数（包括 virtual 和 final）来防止这种误用：

```
struct Printer2
{
    virtual void print(int number) final;
    virtual void print(bool boolean) final;
};
```

事实上，如果我们意外地在派生类中提供了与该签名完全匹配的函数，那么这种机制确实会导致编译时错误，但这无法阻止具有任何其他签名的同名函数这样做：

```
struct ExtendedPrinter2 : public Printer2
{
    void print(int number);    // Error, Printer2::print(int) is final.
    void print(char c);        // OK, still hides base-class functions
};
```

在以前没有虚函数的类中创建虚函数也会迫使编译器在每个对象中维护指向 static 虚函数表的指针。使用 virtual 和 final 来装饰同一个类的函数存在效率成本。

4. 烦恼

使空类型成为 final 排除了空基类优化

每当用户定义的类型派生自另一个没有数据成员的类型时，该基类型通常不会消耗派生类型中的任何额外内存。这种优化称为空基类优化（EBO），在应用基于策略的设计中经常会利用这一点。考虑一下这个经典示例[1]的稍微修改版本，其中 ObjectCreator 依赖于特定的 CreationPolicy 类型来实现内存的获取和对象的构造：

```
#include <cstddef>  // std::size_t

template <typename T, template<typename> class CreationPolicy>
class ObjectCreator : CreationPolicy<T>
{
    std::size_t objectCount = 0;  // Keep track of allocated objects.

public:
    T* create()
    {
        ++objectCount;
        return CreationPolicy<T>().create();  // Delegate to CreationPolicy.
    }
};
```

每个相关策略都实现为一个空类，即没有数据成员的类：

```
template <typename T>
class OpNewCreator  // sizeof(OpNewCreator) by itself is 1 byte.
{
public:
    T* create()
    {
        // Allocate memory using placement new and return address.
    }
};

template <typename T>
```

[1] 参见 alexandrescu01，第 1 章，1.5 节，“Policies and Policy Classes”，第 8～11 页。

```
class MallocCreator  // sizeof(MallocCreator) by itself is 1 byte.
{
public:
    T* create()
    {
        // Allocate memory using malloc and return address.
    }
};

static_assert(sizeof(ObjectCreator<int,OpNewCreator>) == sizeof(std::size_t),"");
static_assert(sizeof(ObjectCreator<int,MallocCreator>)== sizeof(std::size_t),"");
```

由于 OpNewCreator 和 MallocCreator 没有任何数据成员，因此从它们中继承不会增加任何实现空基类优化的编译器上 ObjectCreator 的大小。如果有人后来决定将其声明为 final，则继承将变得不可能，即使只是私下作为一种优化：

```
template <typename T>
class OpNewCreator final { /*...*/ };   // subsequently declared final

template <typename T>
class MallocCreator final { /*...*/ };  //      "            "        "

template <typename T, template<typename> class CreationPolicy>
class ObjectCreator : CreationPolicy<T>  // Error, derivation is disallowed.
{ /*...*/ };
```

通过声明空基类为 final，不必要地禁止了有效的用例。使用组合而不是私有继承会在 ObjectCreator 的使用过程中消耗至少一个额外字节[⊖]，这将以对齐要求施加的额外填充为代价：

```
template <typename T, template<typename> class CreationPolicy>
class LargeObjectCreator
{
    CreationPolicy<T> policy;  // now consumes an extra byte &
    std::size_t objectCount = 0;  // with padding 8 extra bytes

public:
    T* create()
    {
        ++objectCount;
        return policy.allocate();
    }
};

static_assert(
    sizeof(LargeObjectCreator<int, OpNewCreator>) > sizeof(std::size_t), "");

static_assert(
    sizeof(LargeObjectCreator<int, MallocCreator>) > sizeof(std::size_t), "");
```

或者，OpNewCreator 和 MallocCreator 的作者可能会重新考虑并删除 final。

5. 参见

2.1.13 节描述了一个相关的上下文关键字，用于验证基类中是否存在匹配的虚函数，而不是阻止派生类中的匹配虚函数。

6. 延伸阅读

- Barbara Liskov 在其 1987 年的开创性主题论文中讨论了与现代 C++ 的持续设计和开发相关的

⊖ C++20 添加了一个新属性 [[no_unique_address]]，允许编译器避免为空类的数据对象消耗额外的存储空间：

```
struct A final { /* no data members */ };
struct S {
    [[no_unique_address]] A a;  static_assert(sizeof(a) >= 1, "");
    int x;                      static_assert(sizeof(x) == 4, "");
};                              static_assert(sizeof(S) == 4, "");
```

大量问题，参见 liskoy87。

- Barbara Liskov 和 Jeanette Wing 接着提出了精确的子类型概念，其中关于超类型对象的任何可证明属性都必然适用于适当的子类型对象，参见 liskov94。这种适当子类型的概念（明显不同于 C++ 风格的继承）后来被称为 Liskov 替换主体（Liskov Substitution Principal, LSP）[㊀]：

假设 $\phi(x)$ 是关于 T 型对象 x 的可证明性质。那么 $\phi(y)$ 对于 S 型对象 y 应为真，其中 S 是 T 的子类型。

4.1.3　友元'11：对友元声明的拓展

友元声明的目标已被扩展允许指定到类型别名、有名字的模板参数，以及任意在之前声明的类类型——当无法找到对应目标时，友元声明会直接在编译阶段失败而非在外围作用域中引入一个新声明。

1. 描述

对用户定义类型进行友元声明将允许一种特定类型（或者一个非成员函数）可访问该类型的私有成员和保护成员。由于 C++11 扩展的友元方面语法并不涉及函数方面的友元关系，此特性章节仅重点讲述类型间扩展的友元特性。

在 C++11 之前，如果指定其他类作为给定类型的友元，标准做法为在 friend 关键字后详细设定一个具体的类型描述符。一个类的具体类型描述符为规格为 <class|struct|union>< 标识符 > 的句法元素。类型标识符可以直接引用之前声明的类型，也可声明一个新类型，但具体的类型实体是有限制的：必须为 class、struct、union 中的一种。

```
// C++03

struct S;
class C;
enum E { };

struct X0
{
    friend S;            // Error, not legal C++03
    friend struct S;     // OK, refers to S above
    friend class S;      // OK, refers to S above (might warn)
    friend class C;      // OK, refers to C above
    friend class C0;     // OK, declares C0 in X0's namespace
    friend union U0;     // OK, declares U0 in X0's namespace
    friend enum E;       // Error, enum cannot be a friend.
    friend enum E2;      // Error, enum cannot be forward-declared.
};
```

对类型实体进行限制会造成一些潜在的可用实体无法应用，例如将类型别名和模板参数设计为友元形式会报错：

```
// C++03

struct S;
typedef S SAlias;

struct X1
{
    friend struct SAlias;  // Error, using typedef-name after struct
};

template <typename T>
struct X2
{
    friend class T;          // Error, using template type parameter after class
};
```

㊀ 参见 liskov94，第 1 节，“Introduction” 第 1812 页。

此外，如果一个实体属于一个命名空间，即便该实体在包含友元声明的类中可见，为避免无意的新增类型声明，需要为声明的类型实体添加更具体的限定描述符：

```
// C++03

struct S;  // This S resides in the global namespace.

namespace ns
{
    class X3
    {
        friend struct S;
            // OK, but declares a new ns::S instead of referring to ::S
    };
}
```

C++11 解放了这种对前置具体类型描述符的严苛需求，并扩展了传统的友元语法，它使用简单类型描述取代了过去具体描述的形式，同时这种简单类型描述可包括未限定类型、类型别名、模板类型参数或其他依赖类型：

```
struct S;
typedef S SAlias;

namespace ns
{
    template <typename T>
    struct X4
    {
        friend T;           // OK
        friend S;           // OK, refers to ::S
        friend SAlias;      // OK, refers to ::S
        friend decltype(0); // OK, equivalent to friend int;
        friend C;           // Error, C does not name a type.
    };
}
```

请注意目前同样要求对进行友元操作的类型是已声明的类型，例如上段代码中已声明的结构体 S，同时不必担心拼写错误造成程序自行创建新的类型声明，例如在代码中对 C 的友元操作由于 C 非已声明的类会直接报错。

最后让我们考虑这样一种情况，一个模板类 C，拥有一个友元类型 N，这个类型 N 从属于 C 的类型参数 T：

```
template <typename T>
class C
{
    friend typename T::N;        // N is a dependent type of parameter T.
    enum { e_SECRET = 10022 };   // This information is private to class C.
};

struct S
{
    struct N
    {
        static constexpr int f()  // f is eligible for compile-time computation.
        {
            return C<S>::e_SECRET;  // Type S::N is a friend of C<S>.
        }
    };
};

static_assert(S::N::f() == 10022, "");  // N has private access to C<S>.
```

在上例中，嵌套类型 S::N，而非 S 本身，可以直接访问 C 的私有变量 C<S>::e_SECRET[⊖]。

⊖ 请注意在上例中友元声明中依赖类型 N 要求添加 typename 描述符的限制已在 C++20 中被解除。需要了解更多关于 typename 不再被使用的信息，可查看 meredith20。

2. 用例

（1）安全地将一个声明过的类型声明为友元

在C++03中，将一个已经声明的类型置为友元需要对其进行重新声明。如果在友元声明中误写类型名会造成一个新类型的声明：

```
class Container { /*...*/ };

class ContainerIterator
{
    friend class Contianer;  // Compiles but wrong: ia should have been ai.
    // ...
};
```

在ContainerIterator尝试访问Container的私有成员或受保护成员之前，上面的代码将被编译并看起来是正确的。但在尝试访问时，编译器会产生一个错误。在C++11中，我们可以通过使用扩展的友元声明来避免这种错误：

```
class Container { /*...*/ };

class ContainerIterator
{
    friend Contianer;  // Error, Contianer not found
    // ...
};
```

（2）将类型别名友元化作为定制点

在C++03中，友元可以获取一个特殊的类或结构体的私有访问权限。但是现在让我们考虑这样一种场景，现有一个在进程中的值语义类型（VST）作为一个平台特定对象的句柄，例如Window类型在图像应用中的作用。（为了具体说明VST，术语“在进程中”（In-process）也被称为“在内核中”（In-core），指的是一个拥有类似典型值类型操作的类型，同时这个类型在现有进程的外部并不存在有意义的值[⊖]。）代码库中的大部分代码可能需要与Window的对象进行交互，但却不需要访问其内部表达。

代码库的少部分代码需要操作平台特定的窗口管理，因而需要对Window的内部表达拥有访问权限，而为了达成这一目标则需要让平台特定的WindowManager成为Window类的友元，但是需要注意潜在缺陷——长距离友元关系：

```
class WindowManager;  // forward declaration enabling extended friend syntax

class Window
{
private:
    friend class WindowManager;  // could instead use friend WindowManager;
    int d_nativeHandle;          // in-process (only) value of this object

public:
    // ... all the typical (e.g., special) functions we expect of a value type
};
```

在上例中，Window类作为WindowManager的友元，可获得其私有访问权限，但这种情况的前提是WindowManager的实现部分与Window类处于同一个物理块中，从而不会造成长距离友元问题。这种单片设计的结果是，每个使用轻量级Window类的客户端都必须在物理上依赖于重量级的WindowManager类。

值得注意的是WindowManager在不同平台上的实现差异可能会非常巨大。为了保持各自实现的可维护性，我们可以将其依据不同平台分解为不同的C++类型，甚至可能在单独的文件中分别定义，

⊖ 这个主题的具体讨论计划在lakos2a的4.2节中进行。

并使用平台检测的预处理器宏确定的类型别名来配置该别名：

```
// windowmanager_win32.h:

#ifdef WIN32
class Win32WindowManager { /*...*/ };
#endif


// windowmanager_unix.h:

#ifdef UNIX
class UnixWindowManager { /*...*/ };
#endif


// windowmanager.h:

#ifdef WIN32
#include <windowmanager_win32.h>
typedef Win32WindowManager WindowManager;
#else
#include <windowmanager_unix.h>
typedef UnixWindowManager WindowManager;
#endif
// window.h:
#include <windowmanager.h>

class Window
{
private:
    friend WindowManager;  // C++11 extended friend declaration
    int d_nativeHandle;

public:
    // ...
};
```

在本例中，Window 类不再作为指定类 WindowManager 的友元；取而代之，它成为 WindowManager 类型别名的友元，而这个类型别名将依次被设置在正确的特定平台窗口管理器中实现。这种友元语法的扩展使用方法在 C++03 中是不可用的。

请注意，这个用例涉及长距离友元关系，在对 Window 和 WindowManager 组件的实现中会引发隐式循环依赖，参见潜在缺陷——长距离友元关系。这样的设计虽然不受欢迎，但一方面是由于添加新的平台的迫切需求，另一方面可将强相关的代码隔离在更小、更易于管理的物理单元中。另一种可选设计是通过扩大 Window 类的 API 来消除长距离友元关系的问题，但是自然而然的后果是将导致公共客户端滥用海勒姆定律。

（3）使用 PassKey 模式进行强制初始化

在 C++11 之前，要获取对定义在单独物理单元中的类的私有访问权限，需要声明这个高层类型为友元，参见潜在缺陷——长距离友元关系。C++11 中声明模板类型参数或任何其他类型描述符为成为友元提供了更多新机会，从而可以强制进行选择性私有访问（比如对一个或多个独立函数的访问），而无须显式声明另一种类型为友元；请参见“授予对单个私有函数的特定类型访问权”。因而，在此例中，我们使用扩展的友元语法来友元化一个模板参数的设计，不太可能与合理的物理设计相冲突。

假设我们有一个商业库，我们希望其提供其他 API 服务之前，以 C 风格字符串格式验证一个软件许可密钥：

```
// simplified pseudocode
LibPassKey initializeLibrary(const char* licenseKey);
int utilityFunction1(LibPassKey object /* ... (other parameters) */);
int utilityFunction2(LibPassKey object /* ... (other parameters) */);
```

由于这种方法并不安全，而且存在无数故意、恶意的方法可以绕过C++类型系统，因此我们希望创建一个合理的机制，在该机制下，除使用有效许可密钥可对系统有效初始化外，任何符合规范的代码都不能进行对库的偶发性访问。我们可以在客户端许可密钥被验证之前设置一个函数，并导致程序抛出、中止等行为。但是，作为一个友好的库供应者，我们也需要确保客户端在初始化之前不会无意中调用其他库函数。为此，我们提出了以下要求。

- 使用只有我们的API实用结构体[㊀]才能创建的PassKey类模板[㊁]的实例化。
- 只有在成功验证许可密钥时，才返回该类型的构造对象。
- 要求客户端每次调用API中的任何函数时都提供这个（构造的）Passkey对象。

下面的示例包含了上述所有三点：

```
template <typename T>
class PassKey  // reusable standard utility type
{
    PassKey() { }  // private default constructor (no aggregate initialization)
    friend T;      // Only T is allowed to create this object.
};

struct BestExpensiveLibraryUtil
{
    class LicenseError { /*...*/ };  // thrown if license string is invalid

    using LibPassKey = PassKey<BestExpensiveLibraryUtil>;
        // This is the type of the PassKey that will be returned when this
        // utility is initialized successfully, but only this utility is able
        // to construct an object of this type. Without a valid license string,
        // the client will have no way to create such an object and thus no way
        // to call functions within this library.

    static LibPassKey initializeLibrary(const char* licenseKey)
        // This function must be called with a valid licenseKey string prior
        // to using this library; if the supplied license is valid, a
        // LibPassKey object will be returned for mandatory use in all
        // subsequent calls to useful functions of this library. This function
        // throws LicenseError if the supplied licenseKey string is invalid.
    {
        if (isValid(licenseKey))
        {
            // Initialize library properly.

            return LibPassKey();
                // Return a default-constructed LibPassKey. Note that only
                // this utility is able to construct such a key.
        }

        throw LicenseError();  // Supplied license string was invalid.
    }

    static int doUsefulStuff(LibPassKey key /*...*/);
        // The function requires a LibPassKey object, which can be constructed
        // only by invoking the static initializeLibrary function, to be
        // supplied as its first argument. ...

private:
    static bool isValid(const char* key);
        // externally defined function that returns true if key is valid
};
```

这样的方法在没有适当许可的情况下，可以防止调用doUsefulStuff函数。更重要的是，C++类型系统会在编译时强制潜在客户在尝试使用其任何其他功能之前初始化库。

㊀ 参见mayrand15。

㊁ 参见lakos20，2.4.9节，“Only Classes, structs, and Free Operators at Package-Namespace Scope”，第312～321页；特别是图2-23，第316页。

（4）授予对单个私有函数的特定类型访问权

在纯逻辑设计时，希望授予其他逻辑实体对无法访问类型的特殊访问权是常见的情况。这样做并不一定会有问题，直到友元关系跨越了物理边界，参见潜在缺陷——长距离友元关系。

举一个简单的现实中的用例[⊖]，假设我们有一个轻量级的对象 - 数据库类，Odb，它被设计来与对象协作操作，例如 MyWidget，它们本身就是被设计来与 Odb 协同工作的。每个适合 Odb 管理的兼容的用户定义类型将需要维护一个整数对象 ID，Odb 拥有对该 ID 的读写权限。在任何情况下，任何其他对象都不允许访问或者修改它，该 ID 独立于 Odb API。

在 C++11 之前，对这样一个特性的设计可能需要每个参与类均定义一个名为 d_objectId 的数据成员，并将 Odb 类声明为友元（使用旧式友元语法）：

```
class MyWidget  // grants just Odb access to all of its private data
{
    int d_objectId;    // required by our collaborative-design strategy
    friend class Odb;  //      "       "  "          "           "      "
    // ...

public:
    // ...
};

class Odb
{
    // ...

public:
    template <typename T>
    void processObject(T& object)
        // This function template is generally callable by clients.
    {
        int& objId = object.d_objectId;
        // ... (process as needed)
    }

    // ...
};
```

在本例中，Odb 类实现了公有成员函数模板 processObject，该模板可进行 objectId 字段访问。然而这种操作的缺点是，我们把所有的私有细节都暴露给了 Odb，是对封装范围的无端扩大。

而使用 PassKey 模式可以让我们对共享的内容更有选择性：

```
template <typename T>
class Passkey
    // Implement this eminently reusable PassKey class template again here.
{
    Passkey() { }  // prevent aggregate initialization
    friend T;      // Only the T in PassKey<T> can create a PassKey object.
    Passkey(const Passkey&) = delete;             // no copy/move construction
    Passkey& operator=(const Passkey&) = delete;  // no copy/move assignment
};
```

现在我们可以调整系统设计，以便只暴露出 Odb 的最低限度私有访问权限：

```
class Odb;      // Objects of this class have special access to other objects.

class MyWidget  // grants just Odb access to only its objectId member function
{
    int d_objectId;  // must have an int data member of any name we choose
    // ...

public:
    int& objectId(const Passkey<Odb>&) { return d_objectId; }
```

⊖ 参见 codesyn15，第 2.1 节，“声明持久化类”。

```
        // Return a non-const reference to the mandated int data member.
        // objectId is callable only within the scope of Odb.

    // ...
};

class Odb
{
    // ...

public:
    template <typename T>
    void processObject(T& object)
        // This function template is generally callable by clients.
    {
        int& objId = object.objectId(PassKey<Odb>());
        // ...
    }

    // ...
};
```

与授予 Odb 对 MyWidget 所有封装实现细节的私有访问权限不同，本例使用 PassKey 来给予 Odb 调用 MyWidget 的 objectId 成员函数权限（语法上是公有权限），而不需要授予任何私有访问权限。为了进一步说明这种方法的有效性，可以看到我们通过函数 f 能够创建和调用 Odb 对象的 processObject 方法，但是我们不能直接调用 MyWidget 对象的 objectId 方法：

```
void f()
{
    Odb mgr;           // object receiving fine-grained privileged access
    MyWidget widget;  // object granting selective private access to just Odb
    mgr.processObject(widget);

    int& objId = widget.objectId(PassKey<Odb>());  // cannot call out of Odb
       // Error, Passkey<T>::Passkey() [withT = Odb] is private within
       // this context.
}
```

注意，使用扩展的友元语法使模板参数成为友元，因而启用 PassKey 的用法让我们更有效地、更细粒度地授予对单个命名类型的特权访问，但没有从根本上改变当允许跨物理边界扩展时对特定 C++ 类型的私有访问产生的测试性问题；同样，请参阅下面的潜在缺陷——长距离友元关系。

（5）奇怪的重复模板模式

在实现奇怪的重复模板模式（curiously recurring template pattern，CRTP）时，通过扩展友元声明将模板参数设为友元会很有帮助。有关用例示例和更多关于模式本身的信息，请参见补充内容——奇怪的重复模板模式用例。

3. 潜在缺陷

长距离友元关系

在 C++ 标准化之前，人们就观察到通过友元声明跨物理边界能授予私有成员访问权，这被称为长距离友元关系[㊀]，可能导致设计在质量上更难以理解、测试和维护。当一个用户自定义类型 X 作为其他特定类型 Y 的友元时，在一个单独的、更高级别的翻译单元中，彻底测试 X 而不同时测试 Y 是不可能的。其结果是在 X 和 Y 之间产生了测试导致的循环依赖关系。现在想象 Y 依赖于一系列其他类型，C1, C2, …, CN−2，每个类型都定义在自己的物理组件 C1 中，其中 CN−2 取决于 X。结果是一个大小为 *N* 的物理设计周期。随着 N 的增加，其管理的复杂性迅速变得棘手。相应地，在 C++20 模块特性中最重要的两个设计要点是：没有循环模块依赖关系和避免模块间的友元。

㊀ 参见 lakos96，第 3.6.1 节，“长距离友元关系与隐含依赖”，第 141～144 页；以及 lakos20，第 2.6 节，“组件设计规则”，第 342～370 页，具体为第 367 页和第 362 页。

4. 参见

2.1.18 节描述了一种创建类型别名和别名模板的方法，可以通过扩展的友元声明的方式加为友元。

5. 延伸阅读

- 关于扩展友元模式在元编程上下文中的更多潜在用途，如使用 CRTP，请参阅 alexandrescu01。
- lakos96，第 3.6 节，第 136～146 页，具体讲述友元的经典使用和误用。
- miller05 中描述了友元声明的预备标准化格式的历史和过程。
- lakos20 在合理的物理设计上提供了广泛的建议，这通常预先包括长距离友元。

6. 补充内容

奇怪的重复模板模式用例

①使用奇怪的重复模板模式进行重构。有时可以使用一种奇怪的模板模式来避免不同类之间的代码重复，这种模式最早是在 20 世纪 90 年代中期发现的，后来被称为奇怪的重复模板模式（CRTP）。这种模式很奇怪，因为它涉及一个奇妙的步骤：将一个模板声明为基类（如 B），将该模板期望派生类（如 C）作为模板参数，如下例中的 T：

```
template <typename T>
class B
{
    // ...
};

class C : public B<C>
{
   // ...
};
```

为了对关于 CRTP 如何被用作重构工具进行简单说明，假设我们有若干个想要跟踪活跃实例数量的类：

```
class A
{
    static int s_count;  // declaration
    // ...

public:
    static int count() { return s_count; }

    A()          { ++s_count; }
    A(const A&)  { ++s_count; }
    A(const A&&) { ++s_count; }
    ~A()         { --s_count; }

    A& operator=(A&)  = default;  // see special members
    A& operator=(A&&) = default;  //  "      "        "
    // ...
};

int A::s_count;  // definition (in .cpp file)

class B { /* similar to A (above) */ };
// ...

void test()
{           // A::s_count = 0, B::s_count = 0
    A a1;  // A::s_count = 1, B::s_count = 0
    B b1;  // A::s_count = 1, B::s_count = 1
    A a2;  // A::s_count = 2, B::s_count = 1
}           // A::s_count = 0, B::s_count = 0
```

在本例中，我们有多个类，每个类都重复相同的通用机制。现在让我们探索如何使用 CRTP 来重构这个示例：

```
template <typename T>
class InstanceCounter
{
protected:
    static int s_count;  // declaration

public:
    static int count() { return s_count; }
};

template <typename T>
int InstanceCounter<T>::s_count;  // definition (in same file as declaration)

struct A : InstanceCounter<A>
{
    A()          { ++s_count; }
    A(const A&)  { ++s_count; }
    A(const A&&) { ++s_count; }
    ~A()         { --s_count; }

    A& operator=(const A&)  = default;
    A& operator=(A&&)       = default;
    // ...
};
```

注意，我们已经将一个通用的计数机制分解为 InstanceCounter 类模板，然后从 InstanceCounter<A> 派生出我们的代表性类 A，同样地派生出 B、C 等。这种方法之所以有效，是因为编译器在模板实例化之前不需要看到派生类型，而实例化是在编译器看到派生类型之后。

然而，在 C++11 之前，这个过程中出现用户错误的可能性很大。比如，在复制粘贴新类型时忘记更改基类型参数：

```
struct B : InstanceCounter<A>  // Oops! We forgot to change A to B in
                               // InstanceCounter: The wrong count will be
                               // updated!
{
    B() { ++s_count; }
};
```

另一个问题是，从我们类派生的客户端可能会与受保护的 s_count 发生冲突：

```
struct AA : A
{
    AA() { s_count = -1; }  // Oops! Hyrum's Law is at work again!
};
```

我们可以创建 InstanceCounter 类的继承类，但是 InstanceCounter 无法添加到派生类的公有接口，比如公有的 count 静态成员函数。

然而，事实证明，这两个错误都可以通过简单地将 InstanceCounter 模板的内部机制设为私有，然后让 InstanceCounter 成为它的模板参数 T 的友元来消除：

```
template <typename T>
class InstanceCounter
{
    static int s_count;  // Make this static data member private.
    friend T;            // Allow access only from the derived T.

public:
    static int count() { return s_count; }
};

template <typename T>
int InstanceCounter<T>::s_count;
```

在这样的情况下，如果其他一些类确实试图从该类型派生，它就不能访问该类型的计数机制。如果想要连这种可能性都消灭掉，我们可以声明并默认（参见 2.1.4 节）InstanceCounter 类的构造函数也是私有的。

②使用奇怪的重复模板模式生成相等运算符。作为使用 CRTP 进行代码分解的第二个示例，假设我们想要为只实现运算符 < 的类型创建生成运算符 == 的重构方式[⊖]。在本例中，CRTP 基类模板 E 将为其形参类型 D 合成相等运算符 ==。如果其中一个参数小于另一个，则返回 false：

```
template <typename D>
class E { }; // CRTP base class used to synthesize operator== for D

template <typename D>
bool operator==(const E<D>& lhs, const E<D>& rhs)
{
    const D& d1 = static_cast<const D&>(lhs);  // derived type better be D
    const D& d2 = static_cast<const D&>(rhs);  //    "      "     "    " "
    return !(d1 < d2) && !(d2 < d1);           // assuming D has an operator<
}
```

实现运算符 < 的客户端现在可以重用这个 CRTP 基本用例来合成运算符 ==：

```
struct S : E<S>
{
    int d_size;
};

bool operator<(const S& lhs, const S& rhs)
{
    return lhs.d_size < rhs.d_size;
}

void test1()
{
    S s1; s1.d_size = 10;
    S s2; s2.d_size = 10;

    assert(s1 == s2);  // compiles and passes
}
```

正如这段代码片段所示，基类模板 E 能够使用模板参数 D（表示派生类 S）来生成自由相等运算符 == 函数。

在 C++11 之前，不提供对偶发程序问题的预防机制，比如，如果从错误的基类继承，甚至可能忘记定义操作符 <：

```
struct P : E<S>  // Oops! should have been E(P) -- a serious latent defect
{
    int d_x;
    int d_y;
};

void test2()
{
    P p1; p1.d_x = 10; p1.d_y = 15;
    P p2; p2.d_x = 10; p2.d_y = 20;

    assert( !(p1 == p2) );  // Oops! This fails because of E(S) above.
}
```

而因为 C++11 扩展的友元语法，只需将 CRTP 基类的默认构造函数设为私有，并将其模板参数设为友元，我们就可以在编译时预防这些缺陷：

```
template <typename D>
class E
{
     E() = default;
     friend D;
};
```

⊖ 这个示例是基于 stackoverflow.com 上发现的一个类似的示例，参见 tsirunyan10。

注意，我们的目标并不是程序安全性，而是简单地防止意外的打字错误、复制 - 粘贴错误，以及其他偶尔出现的人为错误。通过这样的更改，我们很快就会意识到没有为 P 定义运算符 <。

③使用奇怪的重复模板模式的编译时多态性。面向对象的编程提供了一定的灵活性，但有时这可能是多余的。下面我们将通过探索熟悉的抽象 / 具体形状绘制领域来说明使用虚函数的运行时多态性和使用 CRTP 的编译时多态性之间的映射。我们从一个简单的抽象 Shape 类开始，实现一个独立、纯粹、虚拟的绘制函数：

```
class Shape
{
public:
    virtual void draw() const = 0;  // abstract draw function (interface)
};
```

现在我们可从这个抽象 Shape 类派生出两种具体的图形类型，Circle 和 Rectangle，它们均实现了抽象 draw 函数：

```
#include <iostream>  // std::cout

class Circle : public Shape
{
    int d_radius;

public:
    Circle(int radius) : d_radius(radius) { }

    void draw() const  // concrete implementation of abstract draw function
    {
        std::cout << "Circle(radius = " << d_radius << ")\n";
    }
};

class Rectangle : public Shape
{
    int d_length;
    int d_width;

public:
    Rectangle(int length, int width) : d_length(length), d_width(width) { }

    void draw() const  // concrete implementation of abstract draw function
    {
        std::cout << "Rectangle(length = " << d_length << ", "
                                "width = " << d_width  << ")\n";
    }
};
```

请注意，Circle 是由单个整数参数构造的，也就是 radius ；而 Rectangle 则由两个整数参数构造，也就是 length 和 width。

现在，我们通过使用抽象基类的 const 左值引用的方法实现一个接受任意形状的函数，并将其打印：

```
void print(const Shape& shape)
{
    shape.draw();
}

void testShape()
{
    print(Circle(1));         // OK, prints: Circle(radius = 1)
    print(Rectangle(2, 3));   // OK, prints: Rectangle(length = 2, width = 3)
    print(Shape());           // Error, Shape is an abstract class.
}
```

假设现在我们不需要这个系统提供的全部运行时灵活性，只想将之前的代码片段内容映射到模板上，以避免虚函数表和动态分派的空间和运行时开销。这样的转换再次涉及创建一个 CRTP 基类用以代替抽象接口：

```
template <typename T>
struct Shape
{
    void draw() const
    {
        static_cast<const T*>(this)->draw();  // assumes T derives from Shape
    }
};
```

请注意代码中我们在 const 模板形参类型 T 的对象的地址上使用了 static_cast，假设模板实参与该对象类型的某个派生类具有相同的类型。现在，我们可以定义类型，与过去定义类型的唯一区别是基类型的形式：

```
class Circle : public Shape<Circle>
{
    // same as above
};

class Rectangle : public Shape<Rectangle>
{
    // same as above
};
```

现在我们定义 print 函数，这次作为一个函数模板，接受任意图形类型的 T：

```
template <typename T>
void print(const Shape<T>& shape)
{
    shape.draw();
}
```

编译运行 testShape 的结果与上面是一样的，Shape() 也不能通过编译。

然而，目前仍可能存在未检测出的缺陷。假设我们决定添加第三种形状，Triangle，由三个面构成：

```
class Triangle : public Shape<Rectangle>  // Oops!
{
    int d_side1;
    int d_side2;
    int d_side3;

public:
    Triangle(int side1, int side2, int side3)
        : d_side1(side1), d_side2(side2), d_side3(side3) { }

    void draw() const
    {
        std::cout << "Triangle(side1 = " << d_side1 << ", "
                                 "side2 = " << d_side2 << ", "
                                 "side3 = " << d_side3 << ")\n";
    }
};
```

不幸的是，我们在从 Rectangle 复制粘贴的时候忘记修改基类类型参数了。

现在让我们创建一个新的测试来检验这三个参数，看看在我们的平台上会发生什么：

```
void test2()
{
    print(Circle(1));           // prints: Circle(radius = 1)
    print(Rectangle(2, 3));     // prints: Rectangle(length = 2, width = 3)
    print(Triangle(4, 5, 6));   // prints: Rectangle(length = 4, width = 5) ?!
    Shape<int> bug;             // Compiles?!
}
```

现在应该很清楚了，我们对 Triangle 实现中的缺陷导致了困难的未定义行为，而这些行为本可以在编译时通过使用扩展的友元语法来避免。如果我们将 CRTP 基类模板的默认构造函数定义为

private，并将其类型参数设为友元，我们就可以用它来防止 Triangle 出现复制 - 粘贴错误了，同时抑制了创建 Shape 对象而不从其中派生的错误（可在前面的代码片段中看见这种 bug）：

```
template <typename T>
class Shape
{
    Shape() = default;  // Default the default constructor to be private.
    friend T;           // Ensure only a type derived from T has access.
};
```

一般来说，每当我们使用 CRTP 时，只需将基类模板的默认构造函数设为 private，并将其作为类型参数的友元，通常是一个微不足道的局部更改，却有助于避免各种形式的意外误用，而且不同以往的是，它不太可能导致长距离友元关系，对现有的 CRTP 应用扩展应用友元语法通常是安全的。

④使用奇怪的重复模板模式的编译时访问器。更多的真实世界应用在使用 CRTP 保证编译时多态性时，必须考虑其业务涉及实现复杂数据结构的遍历和访问。特别是我们倾向方便地使用默认操作函数，因为对于需要遍历结果的程序员来说，使用它能编写更简单的代码。我们使用二叉树作为数据结构来说明编译时访问方法。

我们从二叉树的传统节点结构开始，其中每个节点都有一个左右子树加上一个标签：

```
struct Node
{
    Node* d_left;
    Node* d_right;
    char  d_label;  // label will be used in the pre-order example.

    Node() : d_left(0), d_right(0), d_label(0) { }
};
```

现在，我们希望代码能够以三种传统方式中的一种遍历树：前序、中序、后序。这样的遍历代码通常与要采取的操作交织在一起。然而，在我们的实现中，我们将编写一个类似 CRTP 的基类模板 Traverser，它实现了三种遍历类型的空存根函数，依赖于 CRTP 派生类型来提供所需的功能：

```
template <typename T>
class Traverser
{
private:
    Traverser() = default;  // Make the default constructor private.
    friend T;               // Grant access only to the derived class.

public:
    void visitPreOrder(Node*)  { }  // stub-functions & placeholders
    void visitInOrder(Node*)   { }  // (Each of these three functions
    void visitPostOrder(Node*) { }  // defaults to an inline "no-op.")

    void traverse(Node* n)  // factored subfunctionality
    {
        T* t = static_cast<T*>(this);  // Cast this to the derived type.

        if (n) { t->visitPreOrder(n);     }  // optionally defined in derived
        if (n) { t->traverse(n->d_left);  }  //      "      "     "    "

        if (n) { t->visitInOrder(n);      }  // optionally defined in derived
        if (n) { t->traverse(n->d_right); }  //      "      "     "    "
        if (n) { t->visitPostOrder(n);    }  //      "      "     "    "
    }
};
```

在 Traverser 基类模板中实现了重构的遍历机制。T 为拥有四个自定义点的适当子集，作为 Traverser 基类的派生类，它实现了 Traverser 的四个成员函数的子集，这四个函数在函数 traverse 中进行调用。这些定制函数是按固定顺序调用的。请注意，在 nullptr 上调用遍历函数是安全的，因为每个单独的自定义函数调用在 Node 指针为 null 的情况下将被单独绕过。如果在派生类中定义了自定义函数，则调用该版本的函数；否则，将调用该函数对应的空内联基类版本。这种方法允许通过提供适当配置的派生类型来实现三种遍历顺序中的任何一种，其中客户端仅实现它们需要的部分。实际上，我们很快就会看到，在创建正在遍历的数据结构的地方，就连遍历本身也可以修改。

现在让我们看看派生类的作者是如何使用这种模式的。首先，我们将编写一个遍历类，将树完全填充到指定的深度：

```
struct FillToDepth : Traverser<FillToDepth>
{
    using Base = Traverser<FillToDepth>;  // similar to a local typedef

    int d_depth;            //  final "height" of the tree
    int d_currentDepth;     //  current distance from the root

    FillToDepth(int depth) : d_depth(depth), d_currentDepth(0) { }

    void traverse(Node*& n)
    {
        if (d_currentDepth++ < d_depth && !n)  // descend; if not balanced...
        {
            n = new Node;     // Add node since it's not already there.
        }

        Base::traverse(n);    // Recurse by invoking the base version.

        --d_currentDepth;     // Ascend.
    }
};
```

派生类版本的 traverse 成员函数的作用为：它覆盖了基类模板中的 traverse 函数，然后作为其重新实现的部分，让基类版本执行实际的遍历。

值得特别注意的是，在重新实现了 traverse 的派生类中，我们可以实现一个同名但不同签名的函数，相比基类模板的函数具有更多的能（例如它能够修改它的直接参数）。在实践中，这种签名修改是很少出现的。但作为这种设计模式灵活性的部分体现，就像一般的模板一样，是我们可以利用的优势，它可以通过一些非常规方式实现有用的功能。对于这个模式，由于基类模板的设计人员和派生类的设计人员至少在一开始很可能是同一个人，如果他们需要这样的功能，他们会安排这类签名变体正确工作。或者他们可能会决定被重写的方法应该遵循他们认为合适的适当的契约和签名，并且他们可能会将不适当的重写声明为未定义的行为。在这个示例中，我们想说明的是灵活性，而非严格性：

```
void traverse(Node* n);   // as declared in the Traverser base-class template
void traverse(Node*& n);  // as declared in the FillToDepth derived class
```

与虚函数不同，基类和派生类中对应函数的签名可以不完全匹配，前提是派生类函数与基类中对应函数的调用方式相同。在这种情况下，编译器拥有正确调用所需的所有信息：

```
static_cast<FillToDepth *>(this)->traverse(n);  // what the compiler sees
```

假设我们现在想要创建一个类型，其按照前序遍历来标记一棵小的树（不考虑是不是平衡树）：

```
struct PreOrderLabel : Traverser<PreOrderLabel>
{
    char d_label;

    PreOrderLabel() : d_label('a') { }

    void visitPreOrder(Node* n)  // This choice controls traversal order.
    {
        n->d_label = d_label++;
            // Each successive label is sequential alphabetically.
    }
};
```

上面的代码是简单的前序遍历类，PreOrderLabel，它对节点进行标记，使其在访问两个子节点之前访问每个父节点。

此外，我们可能想要创建一个只读派生类 InOrderPrint，它按照中序排列的结果简单地打印出标签序列（之前这些标签是前序排列的）：

```
#include <cstdio>  // std::putchar

struct InOrderPrint : Traverser<InOrderPrint>
{
    ~InOrderPrint()
    {
        std::putchar('\n');  // Print single newline at the end of the string.
    }

    void visitInOrder(const Node* n) const
    {
        std::putchar(n->d_label);  // Print the label character exactly as is.
    }
};
```

InOrderPrint 的派生类按顺序打印树的标签：左子树，然后是节点，然后是右子树。注意，由于我们在这里仅仅对树进行读操作（而不是修改它），我们可以声明覆盖的方法以 const Node* 而不是 Node* 为参数，并使方法本身为 const。还是那句话，关键是签名的兼容性，而不是函数名称。

最后，我们可能想要清理这个树。这需要用后序的方式来做，因为我们不想在清理完子节点之前删除根节点！

```
struct CleanUp : Traverser<CleanUp>
{
    void visitPostOrder(Node*& n)
    {
        delete n;  // always necessary
        n = 0;     // might be omitted in a "raw" version of the type
    }
};
```

将上述代码组合起来，通过 main 函数我们就可以创造出一个完整程序，它创建了一个四层深度的平衡树，然后按前序遍历给它贴上标签，按中序遍历打印这些标签，并按后序遍历销毁它：

```
int main()
{
    Node* n = 0;                    // tree handle

    FillToDepth(4).traverse(n);     // (1) Create balanced tree.
    PreOrderLabel().traverse(n);    // (2) Label tree in pre-order.
    InOrderPrint().traverse(n);     // (3) Print labels in order.
    CleanUp().traverse(n);          // (4) Destroy tree in post-order.
    return 0;
}
```

运行这个程序会得到一个高度为 4 的二叉树，如下面的代码片段所示，并且得到可靠一致的输出结果：

```
dcebgfhakjlinmo
```

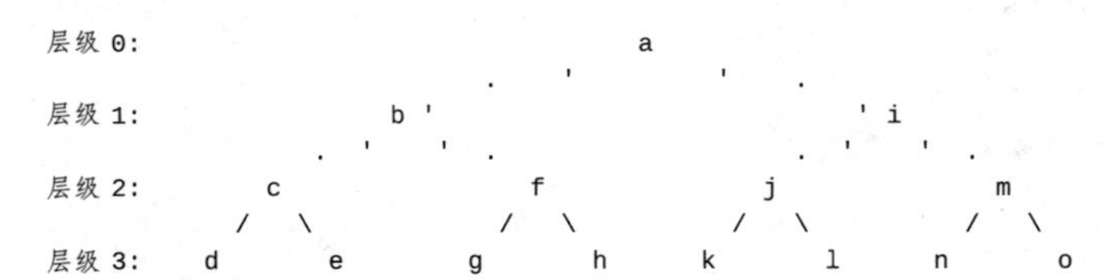

当要遍历的数据结构特别复杂时，CRTP 就可以在遍历场景下发挥真正的作用，比如计算机程序用抽象语法树（AST）表示，其中树节点有许多不同的类型，每种类型都有自定义的方式来表示它所包含的子树。例如，一个翻译单元是一个声明序列；声明可以是类型、变量或函数；函数有返回类型、参数和复合语句；语句有子语句、表达式等。我们不希望为每个新应用程序重写遍历代码。如果为 AST 提供了一个可重用的基于 CRTP 的遍历器，我们就不必再做重写代码这样的无用功。

例如，编写一个类型，它可以访问给定 AST 中每个整数文字节点：

```
struct IntegerLiteralHandler : AstTraverser<IntegerLiteralHandler>
{
    void visit(IntegerLiteral* iLit)
    {
        // ... (do something with this integer literal)
    }
};
```

AST 遍历器将在语法中为每个句法策略节点类型实现一个单独的空访问重载。而这个函数将对程序中的每个整数字面值节点调用我们的派生成员函数 visit，无论它出现在哪里。这个基于 CRTP 的遍历器还可以调用许多其他的 visit 函数，但在默认情况下，这些函数都不会执行任何操作，甚至可能在适度的编译器优化级别上被忽略。但是，请注意，虽然我们自己并没有每次都重写遍历代码，但编译器仍然在这样做，因为每次 CRTP 实例化都会生成遍历代码的一个新副本。如果遍历代码又大又复杂，结果可能会增加程序的大小，也就是代码膨胀。

最后，CRTP 在不同场景下有着多种用途[㊀]，这就解释了它奇怪的重复性质和命名方法。这些用途总是得益于声明基类模板的默认私有构造函数和让模板成为它的类型参数的友元，这只有通过扩展友元语法才能实现。因此，CRTP 基类模板可以确保在编译时，它的类型参数实际上是根据模式的要求从基类派生的。

4.1.4 内联命名空间：透明的嵌套命名空间

内联命名空间是嵌套的命名空间，其成员实体的行为十分紧密，如同它们是直接在外围命名空间中声明的一样。

1. 描述

大致来说，一个内联命名空间（例如下面代码片段中的 v2）的行为很像传统的嵌套命名空间（例如 v1），在它的外围命名空间中紧跟一个用于该命名空间的 using 指令[㊁]：

```
// example.cpp:
namespace n
{
    namespace v1  // conventional nested namespace followed by using directive
    {
        struct T { };      // nested type declaration (identified as ::n::v1::T)
        int d;             // ::n::v1::d at, e.g., 0x01a64e90
    }

    using namespace v1;    // Import names T and d into namespace n.
}

namespace n
{
    inline namespace v2    // similar to being followed by using namespace v2
    {
        struct T { };      // nested type declaration (identified as ::n::v2::T)
```

㊀ 参见 fluentcpp17。

㊁ C++17 允许开发人员用速记符号简洁地声明嵌套的命名空间：

```
namespace a::b { /*...*/ }
// is the same as
namespace a { namespace b { /*...*/ } }
```

C++20 扩展了上述语法，允许在除第一个命名空间外的任何命名空间前面插入内联关键字：

```
namespace a::inline b::inline c { /*...*/ }
// is the same as
namespace a { inline namespace b { inline namespace c { /*...*/ } } }

inline namespace a::b { }  // Error, cannot start with inline for compound namespace names
namespace inline a::b { }  // Error, inline at front of sequence explicitly disallowed
```

```
        int d;          // ::n::v2::d at, e.g., 0x01a64e94
    }

    // using namespace v2;  // redundant when used with an inline namespace
}
```

四个细节区分了这些方法。

- 由于不同的命名查找规则，与现有命名的命名冲突表现不同。
- 参数依赖查找（ADL）对内联命名空间进行了特殊处理。
- 模板特化可以引用内联命名空间中的主模板，即使它在外围的命名空间中。
- 重新打开命名空间可能会重新打开一个内联命名空间。

然而，一个重要方面是所有形式的命名空间共享 API 级别的嵌套符号命名（例如 n::v1::T）、重整名称（例如 _ZN1n2v11dE、_ZN1n2v21dE），以及分配的可重定位地址（例如 0x01a64e90、0x01a64e94），它们在 ABI 级别上不受 inline 或 using 或两者的影响。准确地说，源文件交替包含 namespace n {inline namespace v { int d; } } 和 namespace n { namespace v { int d; } using namespace v; }，将产生相同的汇编程序[⊖]。请注意，紧跟着内联命名空间的 using 指令是多余的。在 using 指令导入的命名之前，命名查找总是会考虑内联命名空间中的名称。这样的指令也可以用来将内联命名空间的内容导入到其他一些命名空间，尽管只是在常规的 using 指令的意义上。参见烦恼——只有一个命名空间可以包含任何给定的内联命名空间。

更一般地，每个命名空间都有所谓的内联命名空间集，这是命名空间内所有内联命名空间的传递闭包。内联命名空间集中的所有名称的行为大致上都像是在外围命名空间中定义的。相对的，每个内联命名空间也都有一个外围命名空间集，它包括所有外围命名空间，也包括第一个非内联命名空间。

（1）对外围命名空间中重复名称的访问损失

当一个类型和一个变量在同一个作用域中以相同的名字声明时，变量名会隐藏类型名，这种行为可以通过使用接受非圆括号表达式的 sizeof 形式来证明（回想一下，接受类型作为参数的 sizeof 形式需要圆括号）：

```
struct A { double d; };  static_assert(sizeof( A) == 8, "");  // type
                      // static_assert(sizeof   A  == 8, "");  // Error

int A;                   static_assert(sizeof( A) == 4, "");  // data
                         static_assert(sizeof   A  == 4, "");  // OK
```

除非类型和变量实体声明在同一个作用域中，否则不会优先考虑变量名；在内部作用域中的实体名称会隐藏在外围作用域中的相同命名的实体中：

```
void f()
{
    double B;                static_assert(sizeof(B) == 8, "");  // variable
    {                        static_assert(sizeof(B) == 8, "");  // variable
        struct B { int d; }; static_assert(sizeof(B) == 4, "");  // type
    }                        static_assert(sizeof(B) == 8, "");  // variable
}
```

当一个实体声明在一个外围的命名空间中，而另一个具有相同名称的实体将其隐藏在一个词法嵌套作用域中时，那么对一个隐藏元素的访问通常可以通过使用作用域解析恢复（内联命名空间除外）：

```
struct C { double d; };  static_assert(sizeof( C) == 8, "");

void g()
{                        static_assert(sizeof( C) == 8, "");  // type
    int C;               static_assert(sizeof( C) == 4, "");  // variable
                         static_assert(sizeof(::C) == 8, "");  // type
}                        static_assert(sizeof( C) == 8, "");  // type
```

⊖ 这些重整名称可以通过运行 GCC 看到 g++ S <file>.cpp 并查看生成的内容 <file>.s。请注意，编译器资源管理器是一个有价值的工具，可以了解 C++ 编译器的另一端产生了什么，参见 https://godbolt.org/。

传统的嵌套命名空间的表现如下述代码：

```
namespace outer
{
    struct D { double d; }; static_assert(sizeof(       D) == 8, ""); // type

    namespace inner
    {                       static_assert(sizeof(       D) == 8, ""); // type
        int D;              static_assert(sizeof(       D) == 4, ""); // var
    }                       static_assert(sizeof(       D) == 8, ""); // type
                            static_assert(sizeof(inner::D) == 4, ""); // var
                            static_assert(sizeof(outer::D) == 8, ""); // type
    using namespace inner;//static_assert(sizeof(       D) == 0, ""); // Error
                            static_assert(sizeof(inner::D) == 4, ""); // var
                            static_assert(sizeof(outer::D) == 8, ""); // type
}                           static_assert(sizeof(outer::D) == 8, ""); // type
```

在上面的示例中，从 D 在内部区域的声明到内部区域结束，这个区间中尽管外部空间已经返回了非限定名称 D 的类型结果，内部变量名 D 仍将隐藏了同名的外部类型。然后，就在随后的 using namespace inner; 指令之后，外部中的非限定名称 D 的含义变得模棱两可，在这里用一个注释掉的 static_assert 显示。任何指向非限定名称 D 的尝试，在这条指令到区域结束范围内都将无法编译。但是，如示例所示，仍然可以通过限定名 outer::D 访问在外部命名空间中声明为 D 的类型实体——无论是从外部命名空间的内部或外部访问。

但是，如果使用内联命名空间而不是后跟 using 指令的嵌套命名空间，则会失去通过名称恢复外围命名空间中隐藏实体的能力。非限定名称查找会同时考虑内联命名空间集和使用的命名空间集。限定名称查找首先考虑内联命名空间集，然后考虑已使用的命名空间。这些查找规则意味着我们仍然可以在上面的示例中引用 outer::D，但是如果 inner 是内联命名空间，这样做仍然会有歧义。请参阅用例——链接安全的 ABI 版本控制。

（2）跨内联命名空间边界的参数依赖查找的互用性

内联命名空间的另一个重要功能是，它们允许 ADL 无缝地跨内联命名空间边界工作。每当解析非限定的函数名时，都会为函数的每个参数建立一个关联命名空间的列表。这个关联的命名空间列表包括参数的命名空间及其外围命名空间集和内联命名空间集。

考虑这样一种情况：类型 U 定义在外部命名空间中，函数 f(U) 声明在嵌套在外部命名空间中的内部命名空间中。第二种类型 V 定义在内部命名空间中，而一个函数 g 在内联命名空间之后声明，其声明位置在外部命名空间中：

```
namespace outer
{
    struct U { };

    // inline               // Uncommenting this line fixes the problem.
    namespace inner
    {
        void f(U) { }
        struct V { };
    }

    using namespace inner;  // If we inline inner, we don't need this line.

    void g(V) { }
}

void client()
{
    f(outer::U());          // Error, f is not declared in this scope.
    g(outer::inner::V());   // Error, g is not declared in this scope.
}
```

在上例中，client 调用函数 f 时使用类型对象 outer::U 导致编译失败，这是因为 f(outer::U) 是声明在嵌套 inner 命名空间里的而非在外部命名空间中声明，由于 ADL 不会查看 using 指令添加的命名空间，故ADL无法找到所需的outer::inner::f函数。同样，由于类型V定义在了命名空间outer::inner中，而非与声明在函数g对其操作的命名空间中，因此，当client调用g时，请求使用的对象类型是outer::inner::V，ADL同样无法找到所需的outer::g(outer::V)函数。

这些ADL相关的问题可使用内部命名空间内联方法轻松解决。包括最接近的非内联封闭命名空间在内的所有具有传递性质的嵌套的内联命名空间，都被视为与ADL相关的命名空间。

（3）在嵌套内联命名空间中特化模板声明的能力

将内联命名空间与传统命名空间区别开来的第三个属性（即使后面跟着using指示）是：可以将内联命名空间中定义的类模板专门化，而不必使用外联命名空间中定义的类模板。最接近的非内联命名空间中也具备这种能力：

```
namespace out                   // proximate noninline outer namespace
{
    inline namespace in1        // first-level nested inline namespace
    {
        inline namespace in2    // second-level nested inline namespace
        {
            template <typename T> // primary class template general definition
            struct S { };

            template <>           // class template full specialization
            struct S<char> { };
        }

        template <>               // class template full specialization
        struct S<short> { };
    }

    template <>                   // class template full specialization
    struct S<int> { };
}

using namespace out;              // conventional using directive

template <>
struct S<int> { };                // Error, cannot specialize from this scope
```

首先需要注意在外围命名空间中常规嵌套命名空间out的后面紧跟着使用了using指令，不允许从最外面的命名空间特化，这在所有的内联命名空间中普遍适用。函数模板的行为与类模板类似，但只有一点不同：类模板的定义必须完全驻留在声明它们的命名空间中。函数模板可以在嵌套的命名空间中声明，然后通过限定名从任何地方定义：

```
namespace out                   // proximate noninline outer namespace
{
    inline namespace in1        // first-level nested inline namespace
    {
        template <typename T>   // function template declaration
        void f();

        template <>             // function template (full) specialization
        void f<short>() { }
    }

    template <>                 // function template (full) specialization
    void f<int>() { }
}

template <typename T>           // function template general definition
void out::in1::f() { }
```

从上例可得到一个重要结论，每个模板实体——无论是类还是函数——必须在组成内联命名空间集的集合中的一个明确位置声明。在嵌套的内联命名空间中声明类模板，然后在包含的命名空间中定义它，这种实现是不可能的。因为与函数定义不同，类型定义不能仅通过名称限定放在命名空间中：

```
namespace outer
{
    inline namespace inner
    {
        template <typename T>      // class template declaration
        struct Z;                  // (if defined, must be within same namespace)

        template <>                // class template full specialization
        struct Z<float> { };
    }

    template <typename T>          // inconsistent declaration (and definition)
    struct Z { };                  // Z is now ambiguous in namespace outer.

    const int i = sizeof(Z<int>);  // Error, reference to Z is ambiguous.

    template <>                    // attempted class template full specialization

    struct Z<double> { };          // Error, outer::Z or outer::inner::Z?
}
```

（4）重新打开命名空间可以重新打开嵌套的内联命名空间

内联命名空间另一个特别微妙之处与重新打开命名空间有关。考虑一个命名空间 outer，它声明了一个嵌套的命名空间 outer::m 和一个内联命名空间 inner。同样的，这又声明了一个嵌套的命名空间 outer:inner::m。在这种情况下，后续尝试重新打开命名空间 m 将引发一个歧义错误：

```
namespace outer
{
    namespace m { }      // opens and closes ::outer::m

    inline namespace inner
    {
        namespace n { }  // opens and closes ::outer::inner::n
        namespace m { }  // opens and closes ::outer::inner::m
    }

    namespace n          // OK, reopens ::outer::inner::n
    {
        struct S { };    // defines ::outer::inner::n::S
    }

    namespace m          // Error, namespace m is ambiguous.
    {
        struct T { };    // with clang defines ::outer::m::T
    }
}

static_assert(std::is_same<outer::n::S, outer::inner::n::S>::value, "");
```

在上面的代码片段中，重新打开 outer::inner::n 没有发生任何问题、重新打开 outer::m 也不会发生任何问题，但对于命名空间 inner 已经内联声明的情况，重新打开 outer::m 会报错。当程序运行到一条新的命名空间声明时，将会查找确定具有该名称的命名空间是否出现在当前命名空间的内联命名空间集中。如果命名空间具有二义性，就像上例中的 m，就会得到意想不到的错误[⊖]。如果在内联命名空间（本例中为 n）中明确找到匹配的命名空间，则将重新打开嵌套的命名空间——此处为 ::outer::inner::n。即使 n 的最后一个声明在 inner 中没有（词法上）作用域，内部命名空间也会重新打开。请注意，S 的定义可能定义的是 ::outer::inner::n::S，而不是 ::outer::n::S！如想获取更多此

⊖ 请注意重新打开已经声明的命名空间，例如 m 和 n 在命名空间 inner 和 outer 的示例，在几个流行的平台上会发生处理错误。例如，Clang 在遇到新的命名空间声明时执行名称查找，并优先选择找到的最外层命名空间，导致 m 的最后一个声明重新打开 ::outer::m，而不是模棱两可。GCC 在 8.1（大约 2018 年）之前不执行名称查找，并将任何嵌套的命名空间声明直接放在它们的外围命名空间中。这个缺陷导致 m 的最后一个声明重新打开 ::outer::inner::m，而不是重新打开 ::outer::inner::m, n 的最后一个声明重新打开一个新的命名空间 :::outer::n，而不是重新打开 ::outer::inner::n。

特性不支持的内容，请参阅烦恼——不能跨命名空间重声明的问题会妨碍代码重构。

2. 用例

（1）方便 API 迁移

对于一个大型代码库来说，无论采取何种方式将自身快速升级为一个新版本都将非常具有挑战性。一个简单的示例，假设我们刚刚开发了一个新库 parselib，包含一个类模板 Parser，和函数模板 analyze，它需要一个 Parser 对象作为其唯一参数：

```
namespace parselib
{
    template <typename T>
    class Parser
    {
        // ...

    public:
        Parser();
        int parse(T* result, const char* input);
            // Load result from null-terminated input; return 0 (on
            // success) or nonzero (with no effect on result).
    };

    template <typename T>
    double analyze(const Parser<T>& parser);
}
```

为了使用这个库，客户需要在 parselib 命名空间中将我们的 Parser 类进行特化：

```
struct MyClass { /*...*/ };  // end-user-defined type

namespace parselib  // necessary to specialize Parser
{
    template <>            // Create full specialization of class
    class Parser<MyClass>  // Parser for user-type MyClass.
    {
        // ...
    public:
        Parser();
        int parse(MyClass* result, const char* input);
            // The contract for a specialization typically remains the same.
    };

    double analyze(const Parser<MyClass>& parser);
}
```

典型的 client 代码还会直接在 parselib 命名空间中查找 Parser 类：

```
void client()
{
    MyClass result;
    parselib::Parser<MyClass> parser;

    int status = parser.parse(&result, "...( MyClass value )...");
    if (status != 0)
    {
        return;
    }

    double value = analyze(parser);
    // ...
}
```

注意，Parser 类模板的某些实例化类型对象调用 analyze 时将依赖 ADL 来找到相应的重载。

可预计我们的库 API 会随着时间的推移而更新，所以我们想要增强 parselib 这方面的设计。我们的目标之一是在某种程度上鼓励用户立即迁移，同时也要适应早期受众和落后版本受众。我们的方法将是在我们的外部 parselib 命名空间中创建一个嵌套的内联命名空间 v1，它将包括库的当前实现：

```
namespace parselib
{
    inline namespace v1            // Note our use of inline namespace here.
    {
        template <typename T>
        class Parser
        {
            // ...
        public:
            Parser();
            int parse(T* result, const char* input);
                // Load result from null-terminated input; return 0 (on
                // success) or nonzero (with no effect on result).
        };

        template <typename T>
        double analyze(const Parser<T>& parser);
    }
}
```

顾名思义，v1 这个命名空间主要是用作通过 API 和 ABI 版本控制来支持库演化的机制（请参阅链接安全的 ABI 版本控制、构建模式和 ABI 链接安全）。为了特化 Parser 类，并且独立地依赖 ADL 来寻找自由函数模板 analyze，需要使用内联命名空间，而不是传统的命名空间后跟 using 指令。

注意，每当子系统直接从第一级命名空间开始，然后为了版本化的目的被移动到第二级嵌套命名空间时，声明内部命名空间为内联是避免无意中破坏现有客户端稳定的最可靠方法。参阅为短名称实体启用选择性 using 指令。

现在假设我们决定以一种非向后兼容的方式扩充 parselib，因此 Parse 的签名使用第二个参数为 std::size_t 类型的 size，从而允许对非空结尾的字符串进行解析，并降低缓冲区溢出的风险。我们可以创建第二个命名空间，而不是在新版本中单方面删除对前一个版本的所有支持，v2 包含新的实现，然后在某个时刻让 v2 取代 v1 成为内联命名空间：

```
#include <cstddef>  // std::size_t

namespace parselib
{
    namespace v1  // Notice that v1 is now just a nested namespace.
    {
        template <typename T>
        class Parser
        {
            // ...

        public:
            Parser();
            int parse(T* result, const char* input);
                // Load result from null-terminated input; return 0 (on
                // success) or nonzero (with no effect on result).
        };

        template <typename T>
        double analyze(const Parser<T>& parser);
    }

    inline namespace v2    // Notice that use of inline keyword has moved here.
    {
        template <typename T>
        class Parser
        {
            // ...

        public:  // Note incompatible change to Parser's essential API.
            Parser();
            int parse(T* result, const char* input, std::size_t size);
                // Load result from input of specified size; return 0
                // on success) or nonzero (with no effect on result).
        };
```

```
        template <typename T>
        double analyze(const Parser<T>& parser);
    }
}
```

当我们用内联方式发布新版本 V2 时，按照设计，所有依赖于版本支持的现有客户端在重新编译时都会发生中断。此时，每个客户端将有两种选择。第一种是立即通过传递输入字符串的大小（例如 23）以及它的第一个字符的地址更新代码：

```
void client()
{
    // ...
    int status = parser.parse(&result, "...( MyClass value )...", 23);
    // ...                                                  ^^^^ Look here!
}
```

第二种则是明确地更改对于 parselib 的原始版本 v1 的全部引用：

```
namespace parselib
{
    namespace v1  // specializations moved to nested namespace
    {
        template <>
        class Parser<MyClass>
        {
            // ...

        public:
            Parser();
            int parse(MyClass* result, const char* input);
        };

        double analyze(const Parser<MyClass>& parser);
    }
}

void client1()
{
    MyClass result;
    parselib::v1::Parser<MyClass> parser;  // reference nested namespace v1

    int status = parser.parse(&result, "...( MyClass value )...");
    if (status != 0)
    {
        return;
    }

    double value = analyze(parser);
    // ...
}
```

相比于在客户端代码中手动进行针对性更改，在新的内联命名空间 v2 中为更新版本提供了一个更灵活的迁移路径，特别是对于大量独立客户端程序而言。

尽管新用户会以某种方式自动获取最新版本，但现有用户 parselib 可以选择通过做一些小的程序更改立即转换，也可以选择通过使对库命名空间的所有引用都显式地指向所需的版本，从而在一段时间内保持原来的版本。如果库在内联关键字移动之前发布，早期的采用者将有通过引用明确选择进入选项 v2，直到它成为默认。那些不需要增强的人可以通过引用特定版本从而永久或直到它从库源中物理删除前实现稳定。

尽管有时不使用内联命名空间（例如通过在 parselib 命名空间的末尾添加一个 using namespace 指令）也可以实现相同的功能，但同时这也意味着放弃了 ADL 的相关优势以及在 parselib 命名空间中封装内部特化模板的能力。注意，因为特化工作直到重载解析完成才会开始，所以特化重载函数是可疑的。参见潜在缺陷——依赖内联命名空间来解决库更新。

为每个连续版本提供单独的命名空间在一个完全独立的维度上还有一个额外优势：避免无意的、

难以诊断的、潜在的链接缺陷。虽然这个特定的示例没有演示，但确实会出现这样的情况：简单地更改声明为内联的哪个版本命名空间可能会导致一个格式不良的、不需要诊断的（IFNDR）程序。当一个或多个使用该库的翻译单元在之前没有重新编译，此时程序重新链接到包含更新版本的库的新静态或动态库时，这个问题就可能会发生。请参阅下面的链接安全的 ABI 版本控制。

为了有效防止意外的链接时错误，不同的嵌套命名空间中所涉及的符号必须驻留在对象代码中（例如，仅使用头文件的库将无法满足这一要求），并且在不同版本中具有相同的重整名称（即链接器符号）。然而，在这种特殊情况下，Parser 的成员函数 parse 的签名改变了，其重整名称也随之改变；因此，无论如何都会导致相同的未定义符号链接错误。

（2）链接安全的 ABI 版本控制

内联命名空间并不是用来作为一种源代码版本控制的机制，相反它们是为了防止程序将某个库的某个版本与使用其他版本（通常是同一库的较老版本）编译的客户端代码相链接而产生问题。下面，我们将给出两个示例：一是简单的教学示例来说明该原则，然后是一个更真实的示例。假设我们有一个库组件 my_thing，它实现了一个示例类型 Thing，Thing 封装了一个 int 类型，并在其默认构造函数中用一些值对其进行初始化，该构造函数在 cpp 文件中：

```
struct Thing  // version 1 of class Thing
{
    int i;     // integer data member (size is 4)
    Thing();   // original noninline constructor (defined in .cpp file)
};
```

编译源文件和相同版本的头文件可能会产生一个目标文件，该目标文件可能与包含该头文件的不同版本的不同源文件不兼容，但可链接：

```
struct Thing   // version 2 of class Thing
{
    double d;  // double-precision floating-point data member (size is 8)
    Thing();   // updated noninline constructor (defined in .cpp file)
};
```

为了更具象化的说明这个问题，我们将客户端表示为 main 程序，它什么也不做，只是创建一个 Thing 并打印其唯一数据成员的值 i.

```
// main.cpp:
#include <my_thing.h>  // my::Thing (version 1)
#include <iostream>    // std::cout

int main()
{
     my::Thing t;
     std::cout << t.i << '\n';
}
```

如果我们编译这个程序，将在 main.o file 中生成对本地未定义连接器符号的引用，例如 _ZN2my7impl_v15ThingC1Ev[1]，表示 my::Thing::Thing 构造函数：

```
$ g++ -c main.cpp
```

如果没有显式的干预，这个链接器符号的拼写将不受对 my::Thing 实现的任何后续更改的影响。即使在重新编译之后，其数据成员或其默认构造函数的实现也不会受到影响。当然，同样的情况也适用于它在单独翻译单元中的定义。

现在我们转向实现类型 my::Thing 的翻译单元。组件 my_thing 由一对 .h/.cpp 文件组成 :my_thing.h 和 my_thing.cpp。头文件 my_thing.h 提供了物理接口，比如主体类型 Thing 的定义、成员和

[1] 在 Unix 机器上，输入 nm main.o 会显示在指定目标文件中使用的符号。以大写 U 开头的符号表示一个未定义的符号，该符号必须由链接器解析。注意，这里显示的链接器符号包含了一个介入内联命名空间 impl_v1，稍后将对此进行解释。

相关的自由函数声明，以及内联函数和函数模板的定义（如果有的话）：

```
// my_thing.h:
#ifndef INCLUDED_MY_THING
#define INCLUDED_MY_THING

namespace my                    // outer namespace (used directly by clients)
{
    inline namespace impl_v1    // inner namespace (for implementer use only)
    {
        struct Thing
        {
            int i;     // original data member, size = 4
            Thing();   // default constructor (defined in my_thing.cpp)
        };
    }
}

#endif
```

实现文件 my_thing.cpp 中包含所有的非内联函数体，它们将被单独翻译为 my_thing.o 文件：

```
// my_thing.cpp:
#include <my_thing.h>

namespace my                    // outer namespace (used directly by clients)
{
    inline namespace impl_v1    // inner namespace (for implementer use only)
    {
        Thing::Thing() : i(0)   // Load a 4-byte value into Thing's data member.
        {
        }
    }
}
```

我们将组件的头文件作为第一行实质性代码，以确保无论如何头文件始终是独立编译的，从而避免潜在的包含顺序依赖[⊖]。当我们编译源文件 my_thing.cpp 时，将生成一个目标文件 my_thing.o，该目标文件包含相同链接器符号的定义，例如 _ZN2my7impl_v15ThingC1Ev，提供客户端需要的默认构造函数 my::Thing：

```
$ g++ -c my_thing.cpp
```

然后链接 main.o 和 my_thing.o 到一个可执行文件并运行：

```
$ g++ -o prog main.o my_thing.o
$ ./prog

0
```

现在假设我们要更改 my::Thing 的定义，使其包含一个 double 类型而不是 int 类型，重新编译 my_thing.cpp，然后与原来的 main.o 重新链接（先不重新编译 main.cpp）。相关的链接器符号都不会改变，代码会重新编译和链接，但产生的二进制文件 prog 将是 IFNDR：客户端将试图在 main 中打印一个 4 字节的 int 类型的数据成员 i，此时库组件却会加载 my_thing.o 中的 8 字节 double 类型的 d。我们可以通过修改（或者如果我们事先没有想到的话，通过添加）一个新的内联命名空间并在那里进行更改来解决这个问题：

```
// my_thing.cpp:
#include <my_thing.h>

namespace my                    // outer namespace (used directly by clients)
{
    inline namespace impl_v2    // inner namespace (for implementer use only)
    {
```

⊖ 参见 lakos20，第 1.6.1 节，“组件属性 1”，第 210～212 页。

```
        Thing::Thing() : d(0.0)  // Load 8-byte value into Thing's data member.
        {
        }
    }
}
```

此时试图链接到新库的客户端将无法找到链接器符号，例如 _Z...impl_v1...v，链接阶段将失败。然而，一旦客户端重新编译，未定义的链接器符号将与新版本中可用的链接器符号 my_thing.o 匹配，如 _Z...impl_v2...v，链接阶段就会成功，程序就会再次按预期工作。更重要的是，我们可以选择保持原来的实现。这样的话，尚未重新编译的现有客户端将继续与旧版本进行链接，直到经过适当的弃用期后，旧版本最终被删除。

现在来看使用内联命名空间来防止链接不兼容版本的第二个更现实的示例，假设我们在外部命名空间 auth 的安全库中有两个版本的 Key 类，原始版本的嵌套命名空间 v1，以及最新版本的内联嵌套命名空间 v2：

```
#include <cstdint>  // std::uint32_t, std::unit64_t

namespace auth      // outer namespace (used directly by clients)
{
    namespace v1    // inner namespace (optionally used by clients)
    {
        class Key
        {
        private:
            std::uint32_t d_key;
                // sizeof(Key) is 4 bytes.

        public:
            std::uint32_t key() const;  // stable interface function

            // ...
        };
    }

    inline namespace v2    // inner namespace (default current version)
    {
        class Key
        {
        private:
            std::uint64_t d_securityHash;
            std::uint32_t d_key;
                // sizeof(Key) is 16 bytes.

        public:
            std::uint32_t key() const;  // stable interface function

            // ...
        };
    }
}
```

如果试图将版本 1 构建的旧二进制工件与版本 2 构建的二进制工件链接在一起，此时会出现链接时错误，而不会创建一个格式不良的程序。但是，在 .cpp 文件中这种方法只有在所必需的功能被定义为越界的情况下才有效。例如，对于完全作为头文件发布的库，它绝对不会有任何增益，因为这里在链接阶段进行的版本控制直接出现在二进制级别（也就是说在对象文件之间发生）。

（3）构建模式和 ABI 链接安全

在一些实际场景中，一个类可能有两种不同的内存布局，这取决于编译标志。例如，考虑下面这样一个低级别 ManualBuffer 类模板，为了调试方便，这个类添加了额外的数据成员：

```
template <typename T>
struct ManualBuffer
{
```

```
private:
    alignas(T) char d_data[sizeof(T)];  // aligned and big enough to hold a T

#ifndef NDEBUG
    bool d_engaged;  // tracks whether buffer is full (debug builds only)
#endif

public:
    void construct(const T& obj);
        // Emplace obj. (Engage the buffer.) The behavior is undefined unless
        // the buffer was not previously engaged.

    void destroy();
        // Destroy the current obj. (Disengage the buffer.) The behavior is
        // undefined unless the buffer was previously engaged.

    // ...
};
```

请注意我们使用了 C++11 的 alignas 属性（参见 3.1.1 节），因为本用例正需要它。

上面示例中的标志 d_engaged 用于检测 ManualBuffer 类的误用，仅在调试构建中使用。因此在发布版本中维护这个布尔标记所需的额外空间和运行时间是不可取的，我们希望构造的 ManualBuffer 是一种高效的、轻量级的抽象，替代直接使用定位 new 和显式销毁。

为 ManualBuffer 方法生成的链接器符号名称是相同的，与可选的构建模式无关。如果同一个程序把使用 ManualBuffer 的两个目标文件链接在一起，且一个在调试模式下构建，一个在发布模式下构建，将违反唯一定义规则，程序将再次是 IFNDR。

在内联命名空间出现之前，可以通过在单构建模式的基础上创建单独的模板实例化来控制链接符号的 ABI 级名称：

```
#ifndef NDEBUG
enum { is_debug_build = 1 };
#else
enum { is_debug_build = 0 };
#endif

template <typename T, bool Debug = is_debug_build>
struct ManualBuffer { /*...*/ };
```

尽管为了接受额外的模板参数，上面的代码改变了 ManualBuffer 的接口，但相应地它允许同一个类的调试和发布版本在同一个程序中共存，这在实践中很有用，例如用于测试。

另一种避免链接时不兼容的方法是引入两个内联命名空间，其目的是根据构建模式的不同，更改与 ManualBuffer 关联的链接器符号 abi 级名称：

```
#ifndef NDEBUG                // perhaps a BAD IDEA
inline namespace release
#else
inline namespace debug
#endif
{
    template <typename T>
    struct ManualBuffer
    {
        // ... (same as above)
    };
}
```

上例中演示方法的思路是，如果试图链接使用不同于 manualbuffer.o 的构建模式构建的对象，将保证发生链接器错误。但是，将它绑定到 NDEBUG 标志可能会产生意想不到的后果：这可能会在所谓的混合模式构建中引入不必要的限制。大多数现代平台，无论它们的优化级别如何，无论它们是否启用 C 风格的 assert，都支持链接目标文件集合的概念。换句话说，混合模式构建是不错的选项，尽管优化和 assert 选项都有不同，但只要它们是二进制兼容的即可进行链接。也就是说，每个文件对于 ManualBuffer 的实现必须是统一的。因此，一种更通用、同样更复杂和更手动的方法是将与这种“安全”或“防御”构建模式相关的非互操作行为绑定到一个完全不同的开关上。另一个考虑是避免将命名空间内联到全局命名空间中，以防当发生冲突时，没有可用的方法来恢复符号：

```
namespace buflib  // GOOD IDEA: enclosing namespace for nested inline namespace
{
#ifdef SAFE_MODE  // GOOD IDEA: separate control of non-interoperable versions
    inline namespace safe_build_mode
#else
    inline namespace normal_build_mode
#endif
    {
        template <typename T>
        struct ManualBuffer
        {
        private:
            alignas(T) char d_data[sizeof(T)];  // aligned/sized to hold a T

#ifdef SAFE_MODE
            bool d_engaged;  // tracks whether buffer is full (safe mode only)
#endif

        public:
            void construct(const T& obj);  // sets d_engaged (safe mode only)
            void destroy();                // sets d_engaged (safe mode only)
            // ...
        };
    }
}
```

当然，也需要在相应的 .cpp 文件的函数体内部进行适当条件编译。

最后，如果我们有一个特定实体的两个完全不同的实现，我们可以选择完整地表示它们，由它们自己定制的条件编译开关控制，如这里使用 my::VersionedThing 类型（参见链接安全的 ABI 版本控制）：

```
// my_versionedthing.h:
#ifndef INCLUDED_MY_VERSIONEDTHING
#define INCLUDED_MY_VERSIONEDTHING

namespace my
{
#ifdef MY_THING_VERSION_1  // bespoke switch for this component version
    inline
#endif
    namespace v1
    {
        struct VersionedThing
        {
            int d_i;
            VersionedThing();
        };
    }

#ifdef MY_THING_VERSION_2  // bespoke switch for this component version
    inline
#endif
    namespace v2
    {
        struct VersionedThing
        {
            double d_i;
            VersionedThing();
        };
    }
}
#endif
```

参阅潜在缺陷——基于内联命名空间的版本控制不具伸缩性。

（4）为短名称实体启用选择性 using 指令

在客户端代码中，如果引入大量不遵循严格命名法的小名称可能会造成问题。此时，如果将这些名称挂载到一个或多个嵌套的命名空间中，从而更容易将它们标识为一个单元，并且用户可以更有选择地使用它们，例如通过显式限定或使用指令，这是组织共享代码库的一种有效方法。举个示例，在 C++14 中，std::literals 以及它的嵌套命名空间，如 chrono_literals，被作为内联命名空间引入。事实证明，这些嵌套命名空间的客户端不需要特化这些命名空间中定义的任何模板，也不需要定义必须通过 ADL 找到的类型，但至少我们可以想象在特殊情况下，这些小名称实体要么是模板，要么是需要特化或类似操作符的函数，例如，swap 为这些嵌套命名空间中的局部类型下定义。在这些情况下，需要使用内联命名空间来保留所需的“as if”属性。

即使没有这两种需求，内联命名空间的另一个属性也将其与后跟 using 指令的非内联命名空间区分开来。参见描述——对外围命名空间中重复名称的访问损失，外层命名空间中的名称将隐藏通过 using 指令引入的重复名称，而当该符号通过内联命名空间放入时，对封闭命名空间中重复名称的任何访问将是模糊的。为了了解为什么这种更强的重命名行为更可取，假设我们有一个公共命名空间 abc，它被多个不同的头文件共享。第一个头文件 abc_header1.h，表示一组直接在 abc 中声明的逻辑相关小函数的集合：

```
// abc_header1.h:
namespace abc
{
    int i();
    int am();
    int smart();
}
```

第二个头文件，abc_header2.h，创建一系列函数，且这些函数的名称很小。为了避免在 abc 命名空间中破坏具有相同名称的其他符号，所有这些小函数都隔离在一个嵌套的命名空间中，显然这可能是一种无用功：

```
// abc_header2.h:
namespace abc
{
    namespace nested  // Should this namespace have been inline instead?
    {
        int a();  // lots of functions with tiny names
        int b();
        int c();
        // ...
        int h();
        int i();  // might collide with another name declared in abc
        // ...
        int z();
    }

    using namespace nested;  // becomes superfluous if nested is made inline
}
```

现在假设一个客户端应用程序包含这两个头文件来完成一些任务：

```
// client.cpp:
#include <abc_header1.h>
#include <abc_header2.h>

int function()
{
    if (abc::smart() < 0) { return -1; }  // uses smart() from abc_header1.h
    return abc::z() + abc::i() + abc::a() + abc::h() + abc::c();  // Oops!
        // Bug, silently uses the abc::i() defined in abc_header1.h
}
```

在尝试将控制权交给客户端来决定是使用声明的还是导入的 abc::i() 函数时，实际上导致了上例说明的缺陷，即客户端期望从 abc_header2.h 中获得 abc::i()，但默认情况下却从 abc_header1.h 中获取。如果将 abc_header2.h 中的嵌套命名空间声明为内联的，那么限定名称 abc::i() 将会在命名空间中自动呈现二义性 abc，翻译肯定就会失败，缺陷就会在编译时暴露出来。然而这种方法的缺点是，一旦包含了 abc_header2.h，就没有方法可以恢复对 abc_header1.h 中定义的 abc::i() 的名义访问，即使这两个函数（例如，在 ABI 级别包括它们的重整名称）仍然是不同的。

3. 潜在缺陷

（1）基于内联命名空间的版本控制不具伸缩性

使用内联命名空间来实现 ABI 链接安全的问题在于，它们提供的保护只是局部的。在一些主要的地方，关键问题可能会一直持续到运行时，而非在编译时被捕获。

可使用宏来控制哪个命名空间是内联的，例如用例——链接安全的 ABI 版本控制中的 my::VersionedThing，将造成代码直接使用非版本控制的名称，my::VersionedThing 被直接绑定到版本化名称 my::v1::VersionedThing 或 my::v2::VersionedThing，以及该特定实体的类布局。有时使用内联命名空间成员的细节不能由链接器解析，例如当我们将来自该命名空间的类型用作其他对象中的成员变量时的对象布局时：

```
// my_thingaggregate.h:

// ...
#include <my_versionedthing.h>
// ...

namespace my
{
    struct ThingAggregate
    {
        // ...
        VersionedThing d_thing;
        // ...
    };
}
```

这个新类型 ThingAggregate 没有将版本化的内联命名空间作为符号修饰别名的一部分，不过它确实有一个完全不同的布局。如果定义了 MY_THING_VERSION_1 和定义了 MY_THING_VERSION_2，那么它的布局就完全不同了。链接一个带有这些标志的混合版本的程序将导致运行时失败，而这显然是很难诊断的。

使用这种类型参数的函数，也会出现同样问题。由于代码中特定类型出现布局错误，若调用函数，将导致堆栈损坏和其他未定义和不可预测的问题。将旧对象文件链接到新代码时，也可能发生这种宏引发的问题，这些代码更改了内联的命名空间，但仍然提供了旧版本命名空间的定义。客户端的旧对象文件仍然可以链接，但新对象文件使用了旧对象的头文件，可能导致使用新命名空间操纵那些旧对象。

这种问题唯一可行的解决方法是在整个软件堆栈中传播内联命名空间层次结构。需要将每个使用 my::VersionedThing 的对象或函数放在基于相同控制宏的不同命名空间中。在 ThingAggregate 的示例中，可以使用相同的 my::v1 和 my::v2 命名空间，但更高层的库则需拥有自定义 my 的嵌套命名空间。更糟糕的是，对于更高层的库，必须考虑到每个具有这种性质的版本控制方案的较低层库，这就必须提供完整跨产品的嵌套命名空间，以获得针对混合模式构建的链接时保护。

库之上的层需要知晓并集成相同的命名空间到自己的结构中，这种需求消除了使用内联命名空间进行版本控制的大部分甚至所有好处。要了解关于大规模工业使用内联命名空间进行版本控制（包括最终废弃）的真实案例研究，请参阅补充内容——使用内联命名空间进行版本控制的案例研究。

（2）依靠内联命名空间解决库更新问题

内联命名空间可能会被误解为库所有者更新 API 的完整解决方案。C++ 标准库就是一个特别恰当的案例，它本身不使用内联命名空间来进行版本控制。相反，通过将某些有问题的使用视为格式不良或以其他方式产生未定义的行为，标准库对其自己的std命名空间中允许发生的事情施加了某些特殊的限制，从而实现预期的本质演化。

自C++11以来，一些与标准库相关的限制已经出现了。

- 用户不能在std命名空间中添加任何新的声明，这意味着用户不能向std添加新的函数、重载、类型或模板，这一限制给了标准库在未来版本中添加新名称的自由。
- 用户不能特化成员函数、成员函数模板或成员类模板。特化这些实体中的任何一个都可能极大地抑制标准库供应商维护库中其他封装的实现细节的能力。
- 只有当声明依赖于非标准用户定义类型的名称且该用户定义类型满足原始模板的所有要求时，用户才可以添加顶级标准库模板的特化。函数模板的特化是允许的，但通常不鼓励，因为这种做法不能扩展，函数模板不能部分特化。特化命名一个非标准的用户定义类型，例如std::vector<MyType*>，是允许的，但如果不显式支持，也会有问题。而某些特定的类型，如std::hash，是为用户特化而设计的，避开其他类型的实践有助于避免意外。

另外有几个良好的实践可促进标准库的平稳发展[㊀]：

- 除了那些显式允许特化的变量模板，需要避免特化变量模板，即依赖于用户定义的类型[㊁]。
- 除了一些特定的异常，避免形成指向标准库函数的指针（无论是显式还是隐式）。同时允许标准库添加重载，作为标准的一部分或作为特定标准库的实现细节，而不破坏用户代码[㊂]。
- 对依赖于用户定义类型的标准库函数进行重载是允许的，但是与特化标准库模板一样，用户仍然必须满足标准库函数的要求。一些函数，如std::swap，通过重载被设计成定制点，但若不是为此目的专门设计的函数，还是应该留给供应商实现，从而避免意外。

最后，了解内联命名空间特性后，人们可能会认为，只要在包含任何标准头文件之前插入inline namespace std{}，就可以在全局作用域中使用命名空间std中的所有名称。然而，在C++11标准中，这种实践并不提倡。尽管并非所有编译器都能一致诊断为错误，但尝试这种做法很容易导致意外的问题。

（3）对内联关键字的不一致使用是非良构的，无须诊断

嵌套命名空间在一个翻译单元中内联而在另一个翻译单元中是非内联的，这是一种ODR违规，会导致IFNDR。然而，当在单个可执行文件中使用不同的、不兼容的版本（嵌套在不同的、可能内联不一致的ABI命名空间中）时，这个特性的激励用例依赖于链接器主动报错，因为在设计上，将嵌套的命名空间声明为内联并不会影响链接器级别的符号。因此开发人员必须采取适当、谨慎的措施，例如对头文件有效使用，以防止这种不一致性。

4. 烦恼

（1）无法进行跨命名空间的重声明会阻碍代码重构

内联命名空间的一个基本特性是能够在嵌套的内联命名空间中声明模板，然后在其外围命名空间中将其特化。例如可在内联命名空间inner的内部声明：

- 一个类型模板S0
- 一对函数模板f0和g0
- 一个类似于f0的成员函数模板h0

然后在外围命名空间中对它们进行特化，比如赋予int类型：

㊀ 这些限制在C++20中是规范，因为长期以来被认为是最佳实践的东西会最终规范化。尽管这些限制可能没有被编入C++20之前的软件标准中，但只要标准库存在，它们就已经被认为是最佳实践，遵循这些限制将大大提高软件迁移到未来语言标准的能力，而不管语言标准的目标版本是什么。

㊁ C++20将特化变量模板限制在那些明确允许特化的实例中，并且只对<numbers>中的数学常量这样做。

㊂ C++20将这些函数标识为可寻址的，并仅赋予该属性iostream操作符，因为这些是标准库中唯一的函数，取它们的地址是正常用法的一部分。

```
namespace outer                                         // enclosing namespace
{
    inline namespace inner                              // nested namespace
    {
        template<typename T> struct S0;                 // declarations of
        template<typename T> void f0();                 // various class
        template<typename T> void g0(T v);              // and function
        struct A0 { template <typename T> void h0(); }; // templates
    }

    template<> struct S0<int> { };                      // specializations
    template<> void f0<int>() { }                       // of the various
    void g0(int) { }  /* overload not specialization */ // class and function
    template<> void A0::h0<int>() { }                   // declarations above
}                                                       // in outer namespace
```

注意在本例 g0 中，void g0(int) 是对函数模板 g0 的非模板重载，而不是对函数模板的特化。然而，我们不能在外部命名空间中可移植地[⊖]声明这些模板，然后在内部命名空间中特化它们，即使内部命名空间是内联的：

```
namespace outer                                     // enclosing namespace
{
    template<typename T> struct S1;                 // class template
    template<typename T> void f1();                 // function template
    template<typename T> void g1(T v);              // function template

    struct A1 { template <typename T> void h1(); }; // member function template

    inline namespace inner                          // nested namespace
    {                                               // BAD IDEA
        template<> struct S1<int> { };              // Error, S1 not a template
        template<> void f1<int>() { }               // Error, f1 not a template
        void g1(int) { }                            // OK, overloaded function
        template<> void A1::h1<int>() { }           // Error, h1 not a template
    }
}
```

尝试在外部命名空间中声明一个模板，然后在内联的内部命名空间中定义、有效重声明，会导致该名称在 outer 命名空间中不可访问：

```
namespace outer                                     // enclosing namespace
{                                                   // BAD IDEA
    template<typename T> struct S2;                 // declarations of
    template<typename T> void f2();                 // various class and
    template<typename T> void g2(T v);              // function templates

    inline namespace inner                          // nested namespace
    {
        template<typename T> struct S2 { };         // definitions of
        template<typename T> void f2() { }          // unrelated class and
        template<typename T> void g2(T v) { }       // function templates
    }

    template<> struct S2<int> { };     // Error, S2 is ambiguous in outer.
    template<> void f2<int>() { }      // Error, f2 is ambiguous in outer.
    void g2(int) { }                   // OK, g2 is an overload definition.
}
```

最后，在上面的示例中，在嵌套的内联命名空间 inner 中声明一个模板，然后在外围命名空间 outer 中定义它，同样会使声明的符号在命名空间 outer 中产生歧义：

```
namespace outer                                     // enclosing namespace
{                                                   // BAD IDEA
    inline namespace inner                          // nested namespace
    {
```

⊖ GCC 提供 -fpermissive 标志，它允许在内部命名空间中包含特化的示例编译时带有警告。请再次注意，g1(int) 是一种重载而不是特化，不是错误，因此，也不会产生警告。

```
        template<typename T> struct S3;                 // declarations of
        template<typename T> void f3();                 // various class
        template<typename T> void g3(T v);              // and function
        struct A3 { template <typename T> void h3(); }; // templates
    }

    template<typename T> struct S3 { };                 // definitions of
    template<typename T> void f3() { }                  // unrelated class
    template<typename T> void g3(T v) { }               // and function
    template<typename T> void A3::h3() { }              // templates

    template<> struct S3<int> { };     // Error, S3 is ambiguous in outer.
    template<> void f3<int>() { }      // Error, f3 is ambiguous in outer.
    void g3(int) { }                   // OK, g3 is an overload definition.
    template<> void A3::h3<int>() { }  // Error, h2 is ambiguous in outer.
}
```

注意，尽管成员函数模板的定义必须直接位于声明它的命名空间内，但类或函数模板一旦声明，可以通过使用适当的名称限定在不同的作用域中的定义：

```
template <typename T> struct outer::S3 { };         // OK, enclosing namespace
template <typename T> void outer::inner::f3() { }  // OK, nested namespace
template <typename T> void outer::g3(T v) { }       // OK, enclosing namespace
template <typename T> void outer::A3::h3<T>() { }  // Error, ill-formed

namespace outer
{
    inline namespace inner
    {
        template <typename T> void A3::h3() { }     // OK, within same namespace
    }
}
```

还需注意，与以往一样，在需要完整类型的上下文中使用声明模板之前，必须先看到它的相应定义，确保模板的所有特化在被实质性地使用（即 ODR-used），下面这首打油诗由此而来，它实际上是 C++ 语言标准[㊀]中规范文本的一部分：

当你写特化时，
小心它的位置。
否则编译通过，
也将会是考验，
就像引火烧身。

（2）只有一个命名空间可以包含任何给定的内联命名空间

传统的 using 指令可用于在不同的命名空间之间生成任意的多到多的关系，而内联命名空间只能用于将名称添加到外围命名空间的序列中，直到第一个非内联命名空间为止。如果一个命名空间中的名称需要在多个其他命名空间中使用，则必须使用经典的 using 指令，并正确处理两种模式之间的细微差别。

例如，C++14 标准库为命名空间 std 中不同种类的字面值提供了嵌套的内联命名空间的层次结构。

- `std::literals::complex_literals`。
- `std::literals::chrono_literals`。
- `std::literals::string_literals`。
- `std::literals::string_view_literals`。

这些命名空间可以通过使用 std::literals 一次性导入到局部作用域，或者直接使用嵌套的命名空间。用户定义字面值所使用的类型（它们都位于命名空间 std 中）与用户定义的可用于创建这些类型

㊀ 参见 iso11a，14.7.3 节，“显式的特化”，第 7 段，第 375～376 页，特别是第 376 页。

的字面值之间的这种分离会带来问题。使用命名空间 std 的用户可以合理地期望获得与他们的 std 类型相关联的用户定义字面值。但是，嵌套命名空间 std::chrono 中的类型不满足这一期望[㊀]。

最终，当在 C++17 中将 using namespace literals::chrono_literals; 添加到 std::chrono 命名空间中时，合并字面值命名空间的两种解决方案（内联来自 std::literals 和非内联来自 std:: chrono_literals;）都被使用了。然而，标准并没有从任何内联的命名空间中以任何客观的方式获益，因为字面命名空间中的构件既不依赖于 ADL，也不需要用户定义的特化。因此，如果所有的非内联命名空间都有适当的 using 声明，那么在功能上与所采用的两种方法是没有区别的。

5. 参见

3.1.1 节为任意类型 T 的对象提供正确对齐的存储，可查看用例——构建模式和 ABI 链接安全

6. 延伸阅读

- sutter14a 使用内联命名空间作为跨编译器可移植 ABI 计划的一部分。
- lopez-gomez20 使用内联命名空间作为解决方案的一部分，以避免在解释器中违反 ODR。

7. 补充内容

对使用内联命名空间进行版本控制的案例研究

一家之前颇受好评的公司在他们的应用程序中发布了不少于 43 份 Boost。Boost 并没有出现在已批准的库列表中，但是只有头文件的库的好处是，它们不会明显地出现在最终的二进制文件中，除非你去找它们。所以每个单独的团队都在悄悄地包含 Boost 的一些代码，并且没有告诉他们的法律部门。为什么？因为它节省时间。（在 C++98 中，boost::shared_ptr 和 boost::function 都是非常吸引人的工具。）

这里是真正有趣的部分：Boost 的这些副本大部分都不是同一个版本。在 5 年的发行期间，它们都在变化。而且，不幸的是，Boost 不提供 API 或 ABI 保证。所以，理论上，你可以在同一个程序二进制中得到两个不同的不兼容的 Boost 版本。但是突然轰！！！内存崩溃了。我向 Boost 提议，一个简单的解决方案是，Boost 将它们的实现包装到一个内部内联命名空间中。这个内联命名空间应该是有意义的。

- lib::v1 是稳定的，版本 1 的 ABI，保证兼容所有的过去和未来 lib::v1 ABI，这是由运行在 CI 上的 ABI 遵从性检查工具决定的，同样适用于 v2、v3 等。
- lib::v2_a7fe42d 是不稳定的，版本 2 的 ABI，可能与任何其他 lib::* ABI 不兼容；因此，下划线后的 7 个十六进制字符是 git short SHA，每一次提交到 git 存储库都将进行排列，但在实践中，将在每次 CMake 配置时排列，因为没有人希望每次提交都重建所有东西。这确保了 lib 任何版本的符号当被一个哑链接器合并成一个二进制文件时，会无声地碰撞或以其他方式干扰任何 lib 的其他版本。

为了让 Boost 避免将任何东西放入全局名称空间方面，直接查找并替换可以让你“修复”Boost 的特定版本。

这与内联命名空间的卖点相同。在 libstdc++ 和许多其他主要的现代 C++ 代码库中使用了相同的技术。

但我现在要告诉你，我不再使用内联命名空间了。现在我所做的是使用一个定义为唯一命名空间的宏。我的构建系统使用 git SHA 为我的命名空间名称合成命名空间宏，从命名空间开始，到命名空间结束。最后，在文档中，我教人们总是使用命名空间别名来表示命名空间：

```
namespace output = OUTCOME_V2_NAMESPACE;
```

该宏展开为 ::outcome_v2_ee9abc2，也就是说，我不再使用内联名称空间了。

为什么？

㊀ CWG issue 2278，参见 hinnant17。

对于不想破坏向后源代码兼容性的现有库，我认为内联命名空间满足了需求。对于新的库，我认为宏定义的命名空间更清晰。

- 它让用户公开承诺“我知道你在这里做什么？它意味着什么？它的后果是什么？”。
- 它向其他用户声明这里发生了一些不寻常的事情（例如去阅读文档），而不是幕后的无声魔法。
- 它防止了干扰 ADL 和其他定制点的意外事件，比如意外地将一个定制点注入 lib，而不是 lib::v2。
- 使用宏来表示命名空间让我们可以重用预处理器机制，使用完全相同的代码库生成 C++ 模块；如果编译器支持，就使用 C++ 模块，否则就退回到包含文件。

因为我们现在有了命名空间别名，如果我想使用内联命名空间，现在我可能会使用唯一命名的命名空间。并且在包含文件中，我将为这个唯一命名的命名空间别名成一个用户友好的名称。我认为在典型的开发人员可能使用的用例中，这种方法比内联命名空间（比如将定制点注入错误的命名空间）更不容易引起意外。

我曾经很喜欢内联命名空间，但经过几年的经验之后，我放弃了它们，转而选择我认为更好的替代方案。但是，如果你的类型 x::S 有类型 a::T 的成员，并且宏决定这是 a::v1::T 还是 a::v2::T，那么没有链接器保护高层类型不受 ODR 漏洞的影响，除非你对 x 也进行版本控制。

4.1.5 noexcept 说明符：noexcept 函数规范

具备 noexcept 异常规范的函数，也具备编程可见、运行时强制执行的保证，不会传递出任何 C++ 异常。

1. 描述

1998 年，C++ 首次标准化时就提出了异常机制，来声明函数可能会抛出的各种异常类型，包括不抛出异常 none（throw()），并在运行时检测任何违背规范的行为并终止程序执行，详见 3.1.15 节。在实际应用中，这种被称为动态异常规范的检测机制可能会导致程序更脆弱，效率更低，因此没有得到大规模应用。C++11[⊖]放弃了这种原始的异常机制，转而采用了一种更为简单的方案——使用新定义的关键字 noexcept，该关键字只说明最为重要的信息，即任一被该关键字修饰的函数，是否有可能传递出异常。

（1）无条件异常

可以选择给一个函数增加该说明符来指明该函数不能通过抛出异常来退出执行。任何异常都会在函数运行时被自动捕获，并将调用 std::terminate 来终止函数执行（参阅潜在缺陷——过强的合约保障）。编程时可以通过在函数参数列表、（对成员函数的）任一引用限定符之后，以及在纯虚函数标志（=0）、任一关键字（例如 override、final）和任一尾置返回类型之前插入 noexcept 关键字达到该目的。

```
struct B  // noexcept goes after any cv-ref qualifiers but before = 0.
{
    virtual int foo() const& noexcept = 0;  // The noexcept keyword goes thusly.
    virtual int bar() const& = 0;  // Derived classes may have an exception spec.
};

struct D1 : B  // noexcept goes before override or final.
{
    int foo() const& noexcept override;  // OK
    int bar() const& noexcept override;  // OK
};
```

⊖ C++17 取消了对动态异常规范的支持，仅保留了 throw() 关键字（直到 C++20 也被移除），并且仅作为 noexcept 的别名。

```
struct D2 : B  // The noexcept on an overriding function must be compatible.
{
    int foo() const& override;  // Error, incompatible exception specification
    int bar() const& override;  // OK
};

template <typename T>
auto sum(T a, T b) noexcept -> decltype(a + b);  // goes before trailing return
```

需要注意，在虚函数重载时，异常描述符要和基类中对应的虚函数声明相符合（一致甚至更严格），见上述示例中的 D1，D2。有关动态异常规范的更多详细信息和完整示例，参阅 3.1.15 节。

仅使用关键字 noexcept 修饰函数等效于使用更长的 noexcept 条件语法 noexcept(true)。除了特殊情况下的默认成员函数（参阅 2.1.14 节）、任何析构函数和释放函数（参阅下文），没有 noexcept 等价于使用 noexcept 条件语法，noexcept(false)。

类 T 隐式声明的特殊成员函数将为 noexcept(true)，除非隐式生成的函数调用了不是 noexcept(true) 的函数。

如果用户声明的默认特殊成员函数没有显式声明异常规范，那么在类作用域内它将具有与隐式声明函数相同的异常规范。如果默认的用户声明的特殊成员函数被显式的异常规范所修饰，其将优先遵守显式声明的异常规范，忽略隐式异常规范[㊀]。

例如，考虑以下 S0 … S3，每个类用户声明的默认构造函数都有显式声明的异常规范（另外五个特殊的成员函数也是如此）[㊁]：

```
struct S0
{
    S0() noexcept(true);                    // default constructor is noexcept
    virtual ~S0();                          // ensure nonaggregate (see below)
};

struct S1
{
    S1() noexcept(false);                   // default constructor isn't noexcept
    virtual ~S1();                          // ensure nonaggregate (see below)
};

struct S2
{
    S2() noexcept(true)  = default;  // default constructor is noexcept
    virtual ~S2();                   // ensure nonaggregate (see below)
};

struct S3
{
    S3() noexcept(false) = default;  // default constructor isn't noexcept
    virtual ~S3();                   // ensure nonaggregate (see below)
};
```

在上述的示例代码中，S0 和 S1 默认构造函数是由用户提供的，而 S2 和 S3 默认构造函数则不是。请注意，和任何其他默认的特殊成员函数一致，对 default（参见 2.1.4 节）默认构造函数提供显式声明的异常规范，将覆盖隐式生成的异常规范。

㊀ 在最初 C++11 的设计中，对于用户声明的默认特殊成员函数，若显式异常规范和隐式生成的异常规范不一致，那这将会被认为是一种错误的格式。2014 年，CWG issue 778（参见 usa13）的解决方案十分武断，任何格式不正确的成员函数都将被删除。这一修正被证明是有问题的，因为在一个完整的类上下文中，只有在类被用到时才能隐式确认其异常规范。此外，C++ 开发人员通常希望能够合法地使用显式声明的异常规范来取代隐式生成的异常规范，参阅用例——声明不抛出异常的移动操作。2019 年，smith19 引入的修正提出，可以为用户声明的特殊成员函数添加显式异常规范，且显式声明的异常规范优先级要高于隐式异常规范，

㊁ 请注意，在前文提到的修正还未被实现到旧版本的编译器上，S3 的构造函数将被删除，下文中的 C3、D3 的隐式构造函数同样会被删除。

对于默认构造函数（上面使用的）的特定情况，四个类 S0 … S3 使用了用户提供的虚析构函数，以避免聚合类型（参阅第 3.1.4 节）或简单的平凡初始化函数（参阅 3.1.11 节）导致用户提供的默认构造函数被绕过，从一个空的基类派生也可以实现这一点。确保值初始化使用默认构造函数，就可以回避 noexcept 操作符和 noexcept 说明符之间的微妙分歧，参阅 3.1.15 节：

```
static_assert( noexcept(S0()), "");  // employing the noexcept operator
static_assert(!noexcept(S1()), "");  //     "        "      "       "
static_assert( noexcept(S2()), "");  //     "        "      "       "
static_assert(!noexcept(S3()), "");  //     "        "      "       "
```

现在考虑另外两个类族，C0 … C3，分别包含 S0 … S3 类型的成员，以及 D0 … D3，分别派生自类 S0 … S3：

```
struct C0 { S0 s; };  struct D0 : S0 { };  // default ctor is    noexcept
struct C1 { S1 s; };  struct D1 : S1 { };  // default ctor isn't noexcept
struct C2 { S2 s; };  struct D2 : S2 { };  // default ctor is    noexcept
struct C3 { S3 s; };  struct D3 : S3 { };  // default ctor isn't noexcept
```

可以观察到，如果类 *Sn* 的默认构造函数可能抛出异常，那么对包含类 *Sn* 成员的结构体 *Cn*，其隐式生成的默认构造函数也和 *Sn* 保持一致，对 *Sn* 的公有派生类 *Dn* 也是如此。

除了几个特定情况外，没有明确声明异常规范的用户提供的函数被假定为 noexcept(false)。

用户提供的析构函数的默认异常规范以非常特殊的方式处理：若析构函数没有显式声明异常规范，那么其异常规范与隐式生成的异常规范相同——与该析构函数的函数体无关（例如 Da、Dc）：

```
struct Sx { ~Sx() noexcept(false); };          // destructor isn't noexcept
struct Sy { ~Sy() noexcept(true);  };          // destructor is    noexcept

struct Da : Sx { Sx s; ~Da(); };               // destructor isn't noexcept
struct Db : Sx { Sx s; ~Db() noexcept; };      // destructor is    noexcept
struct Dc : Sy { Sy s; ~Dc(); };               // destructor is    noexcept
struct Dd : Sy { Sy s; ~Dd() noexcept(false); };  // destructor isn't noexcept
```

与大多数函数一样，所有其他用户提供的特殊成员函数，若没有被明确声明异常规范，都被假定为 noexcept(false)。

释放函数属于特殊情况，即使没有显式声明异常规范，也会被假定为 noexcept(true)，例如特定类的 delete 函数[㊀]。在本节，若未显式声明异常规范，均默认为 noexcept(false)：

```
#include <cstddef>  // std::size_t

struct G  // implements class-specific new and delete
{
    void* operator new(std::size_t);  // class-specific new
    void  operator delete(void*);     // class-specific delete
};

static_assert(!noexcept(new G()), "");                          // OK
static_assert( noexcept(delete(static_cast<G*>(0))), "");   // OK
```

在 C++11 和 C++14 中，和之前的 C++03 动态异常规范一致，noexcept 异常规范不属于类型系统[㊁]。因此，不能在类型别名中使用 noexcept 的任何一种形式，例如 typedef（或 using，参阅 2.1.18 节）。参阅烦恼——异常说明不是函数类型的一部分：

```
typedef bool ft(int);                   // OK
typedef bool ft(int);                   // OK, typedef declaration repeated
typedef bool ft(int) noexcept;          // Error, exception spec. in type alias
typedef bool gt(int) noexcept(true);    // Error,     "         "   "   "   "
typedef bool ht(int) noexcept(false);   // Error,     "         "   "   "   "
```

㊀ 使用特定类的内存管理是不可靠的，参阅 berger02。

㊁ 从 C++17 开始，异常规范开始进入类型系统，这一变化意味着异常规范可以用于类型别名和函数重载，详见 maurer15。此外，异常规范作为类型系统的一部分，还会影响名称重整（Name Mangling）进而影响 ABI（例如函数指针、参数类型为函数指针的函数），详见烦恼——C++ 未来版本的 ABI 改变。

同样，不能通过 noexcept 异常规范来重载函数：

```
bool f(int);                    // OK
bool f(int) noexcept(false);    // OK, proper redeclaration of throwing f
bool f(int) noexcept;           // Error, mismatched redeclaration
```

noexcept 无法用于重载这一点可以让人联想到返回类型。由于返回类型不是函数签名的一部分，因此不能用于重载[1]。然而，与返回类型不同的是，函数重载在确定可行的函数时，不会参考函数的异常规范。因此，函数模板不能在异常规范中利用 SFINAE（例如使用 std::enable_if）。参阅烦恼——异常说明不会触发 SFINAE。

（2）函数指针和引用

尽管 noexcept 异常规范不属于类型系统的一部分，但它和动态异常规范一样，能被应用到函数指针变量、函数引用变量、成员函数指针变量的声明中：

```
bool ff(int) noexcept;                          // free (nonmember) function, ff
struct S { bool mf(int) noexcept; };            // member function, mf, of S

bool (*fPtr)(int) noexcept     = ff;            // pointer to free function ff
bool (&fref)(int) noexcept     = ff;            // reference to free function ff
bool (S::*gPTMF)(int) noexcept = &S::mf;        // pointer-to-member function mf
```

与 throw() 动态异常规范一样，不具备 noexcept 异常规范的函数指针，可以指向具备此规范的函数，但反之不成立，（例如下文中 qf、qg）[2]：

```
void f() noexcept;    // f may not throw.
void g();             // g may throw.

void (*pf)()          = f;  // OK, dissimilar yet compatible exception specs
void (*pg)()          = g;  // OK, pg is not declared noexcept.
void (*qf)() noexcept = f;  // OK, f is not permitted to throw.
void (*qg)() noexcept = g;  // Error, g may throw but qg is noexcept.
```

这种和 noexcept 异常机制相关的现象，与涉及动态异常规范的兼容性指针赋值类似，参阅烦恼——异常说明不是函数类型的一部分。

请注意，由于在 C++17 之前不能在类型别名中使用异常规范（参阅无条件异常），因此在上面的示例代码中，必须要拼写 qf 和 qg 的声明（并且为了保持一致性，对 pf 和 pg 也是如此）。

尽管异常规范不属于函数类型、函数指针类型的一部分，但在初始化或分配给函数指针时仍然需要考虑兼容问题，并且大多数编译器会尽力在编译时验证兼容性：

```
void f1() { }           //    throwing function
void f2() noexcept { }  // nonthrowing     "

void (*p1)()          = f1;  // holds    throwing function
void (*p2)() noexcept = f2;  //   "   nonthrowing function

void test()  // Function pointers of like type are interoperable.
{
    p1 = p1;  // OK,       throwing assigned from    throwing
    p2 = p2;  // OK,    nonthrowing     "       "  nonthrowing
    p1 = p2;  // OK,       throwing     "       "  nonthrowing
    p2 = p1;  // Error, nonthrowing     "       "     throwing
}
```

---

[1] 即使在 C++17 及更高版本中，也不可能仅基于它们是 noexcept(true) 或 noexcept(false) 来重载任意函数；然而，它可能会不考虑自身的异常规范，而基于类型为函数指针、函数引用或指向成员函数的参数的异常规范来重载函数。

[2] 一些编译器，尤其是 GCC，从未对 C++03 动态异常规范实施指针兼容性检查，因此也不诊断 noexcept 形式的错误。请注意，即使使用 GCC 11.1（大约 2021 年），当指定 C++17 之前的编译标准时，此工具链仍会继续允许不兼容的指针分配且不会发出警告。

特别的，需要注意（上文中）将未声明为 noexcept 的函数指针（例如 p1）的值分配给已声明为 noexcept 的函数指针（例如 p2）是不正确的。

类似地，只有在异常规范兼容的情况下，才能将任一具有相似类型的函数指针参数传递给函数：

```
void g1 (void (*p)()          ) { }  //    throwing function-pointer parameter
void g2 (void (*p)() noexcept) { }  // nonthrowing     "        "         "

void test2()
{
    g1(f1);  // OK,     passing   throwing function via    throwing parameter
    g2(f2);  // OK,        "    nonthrowing      "      "  nonthrowing      "
    g1(f2);  // OK,        "    nonthrowing      "      "     throwing      "
    g2(f1);  // Error,     "       throwing      "      "  nonthrowing      "
}
```

需要注意，在上文中的 test2() 中，是允许将一个可能抛出异常的函数指针作为参数传递给接受可能抛出异常的函数指针的函数，但不能将其传递给需要不抛出异常的函数指针参数的函数。

在 C++17 之前，对函数指针的异常规范兼容性要求的解释和实现还不清楚，但是一旦异常规范成为 C++17 中类型系统的一部分，这些规则就足够简单了。

（3）条件异常规范

一个函数可以通过添加一个 noexcept 异常规范中的编译时谓词来清楚地表明它是否可能引发异常。例如，在析构函数上使用该谓词，可以覆盖默认异常规范并指明对应的析构函数可能会抛出异常：

```
void f() noexcept(true);  // equivalent to void f() noexcept

struct S
{
    ~S() noexcept(false);  // destructor may throw
};
```

除了 true 和 false 之外，谓词可以是任何可以隐式转换为 bool 的整型常量表达式，可以包括编译时运算符，例如 sizeof 运算符、type trait 的取值或一个 constexpr 函数的取值（参阅 3.1.5 节）：

```
template <typename T>
void process(T& obj) noexcept(sizeof(T) < 1024);
```

尽管允许谓词可以为任何能够转换为 bool 的常量表达式，但如果执行窄化转换（Narrowing Conversion），许多编译器会发出警告或报错。因此，为了确保可移植性，有必要使用 bool 类型的表达式，并在使用 bool 类型以外的表达式时添加显式转换 static_cast<bool>。

众所周知，抛出异常的唯一可能性来自依赖于模板参数的操作，所以这样的谓词在模板中特别有用。一个常见的示例是使用类型特征将构造函数标记为不抛出异常：

```
#include <utility>  // std::is_nothrow_copy_constructible
                    // std::is_nothrow_move_constructible

template <typename T>
class Wrap {
    T d_data;
public:
    Wrap(const Wrap&) noexcept(std::is_nothrow_copy_constructible<T>::value);
    Wrap(Wrap&&)      noexcept(std::is_nothrow_move_constructible<T>::value);
};
```

（4）使用 noexcept 运算符的异常规范

添加 noexcept 异常规范是为了支持 noexcept 运算符（参见 3.1.15 节），该运算符在编译时检查表达式以确定它们的任何子表达式是否可能抛出异常。此运算符与声明异常规范具有自然的协同作用，其中 noexcept 运算符非常适合用于 noexcept 异常规范的谓词：

```
template <typename T, typename U>
void grow(T& lhs, const U& rhs) noexcept(noexcept(lhs += rhs))
{
    lhs += rhs;  // expression that might or might not throw
}
```

对上述函数进行限定 noexcept(noexcept(...)) 十分繁琐。但这已经成为惯用用法，并且还没有出现将两者结合起来的速记符号（例如 noexcept2(...)）[㊀]。事实证明，在实际应用中很少只检查非平凡表达式的单个表达式来确定其 noexcept 状态，例如 noexcept(noexcept(T()) && noexcept(U()) && noexcept(lhs * rhs))。然而，许多更常见的单表达式查询都被标准类型特征所封装，例如 std::is_nothrow_move_constructible。

noexcept(f()) 和 noexcept(noexcept(f())) 这两种形式有一个重要的区别，参阅潜在缺陷——忘记在 noexcept 说明符中使用 noexcept 操作符。

noexcept(f())——在编译时通过计算 constexpr 函数 f（参阅 3.1.5 节）来确定是否会抛出异常。

noexcept(noexcept(f())) ——反映了是否允许函数 f 的调用发出异常，参阅 3.1.15 节。

（5）违反异常规范

尽管 noexcept(true) 异常规范确保在对具备此规范的函数调用时不会抛出异常，但编译器没有语法或语义规则来诊断代码何时可能抛出异常，从而违反该保证，导致调用 std::terminate()。这需要程序的运行时属性来确保其执行，编译器必须确保所有试图从具有 nonthrowing 异常规范的函数中传递出来的异常都会导致调用 std::terminate。

当违反动态异常规范（现已弃用）时，编译器需要在调用 std::unexpected_handler 之前对违反规范的函数进行堆栈展开。这种展开将程序置于调用 std::unexpected 的位置，然后允许它尝试抛出不违反动态异常规范的新异常。

当违反 noexcept(true) 异常规范时，编译器是否将执行堆栈展开由实现定义，但无论如何都将始终调用 std::terminate。重要的是，与动态异常规范不同，程序将始终终止执行，而不会将控制权返回给违反异常规范的函数的调用者。

（6）当表达式不会抛出异常时潜在的性能提升

在设计运行高效的程序时，在深入研究其实现细节之前首先需要选择最佳算法。一些算法比其他算法更快，但无法提供相同程度的异常安全保证。在某些情况下，如果可以在编译时确定操作不会抛出，那可以用运行较快的算法替换较慢的算法。使用 noexcept 异常规范来标记特定操作的异常抛出性质，结合 noexcept 运算符查询特定操作是否能够抛出，从而让通用程序在为给定类型参数选择算法时做出最佳选择。move 操作（参阅 3.1.18 节）是需要启用此类考虑的驱动力，并且是促成此功能的原因，参阅用例——声明不会抛出异常的移动操作。有关各种详细代码示例，参阅 3.1.15 节。

noexcept 说明符用作编译器优化器的提示，这种说明符提供的任何保证都必须在运行时进行检查，并且可以认为是可靠的。如果程序抛出异常，该异常传递到了 noexcept 函数，编译器将通过调用 std::terminate 退出程序，并且（尽管允许）不需要销毁任何生存期在抛出异常的位置和该函数入口之间结束的对象。跳过栈展开允许编译器消除无用的清理代码，从而生成代码规模更小的程序。此外，当编译器看到一个函数有一个非抛出异常规范时，它可以安全地假设在调用该函数时不会抛出异常，因此可以消除处理可能抛出的异常的其他清理代码，参阅用例——减小目标代码规模。

最后，显式使用 noexcept 并不是一个全新的代码消除机会，因为编译器可以对内联函数（或者，对于较小的程序，在链接优化期间对已编译的应用程序）的函数体执行类似的分析。但是，因为 noexcept 说明符驻留在函数的声明中，所以在编译函数调用者时该说明符必然可见。因此，显式使用异常规范简化了编译器必须执行的分析，在编译每个单独的编译单元时更有可能实现潜在的优化，参阅潜在缺陷——过强的合约保障和潜在缺陷——无法实现的运行时性能优势。

2. 用例

（1）声明不会抛出异常的移动操作

noexcept 最常见的算法优势体现在类型可以确保某一类型的移动和交换操作不抛出异常，比如，

㊀ 有人提议（重新）考虑语法 noexcept(auto) 来表示一个异常规范，该规范反映了函数体中的内容，来替代“费力且容易出错”的一遍遍重复 noexcept 的方案。参见 voutilainen15。

对 std::vector 进行 resizing 操作时可以使用移动构造函数代替拷贝构造函数，将数组元素从一段较小的内存中移动到较大的内存中，并且无须考虑在此过程中是否会发生异常，使该 vector 处于部分元素被移动的状态。因此在需要考虑运行时性能时，可以考虑类是否能具备此种不抛出异常的移动和交换操作，并在可行的情况下使用 noexcept 修饰该类。

在考虑新类的移动操作时，需要考虑的第一个问题是该类是否可以从具有移动构造函数或移动赋值运算符中受益。不分配内存资源的类很少需要不同于其拷贝操作的移动操作。如果存在一个或多个成员变量或基类管理资源，则默认的移动操作通常就足够了。请注意，任何隐式默认的移动操作都将被用户声明的拷贝操作覆盖。例如，用户声明的拷贝构造函数将覆盖隐式移动构造函数，请参阅 2.1.4 节。

默认情况下，用户提供的 move 操作是 noexcept(false);，只要它在移动操作期间不触发任何抛出异常的操作，就可以并且应该使用 noexcept 说明符声明它。例如，定义一个智能指针类 CloningPtr，它拥有其指向的对象，它使用拷贝构造函数和拷贝赋值运算符拷贝其拥有的对象，这两个 CloningPtr 对象永远不会指向同一个对象：

```
template <typename T>
class CloningPtr
{
    T* d_owned_p;  // pointer to dynamically allocated owned object, 0 if empty

public:
    CloningPtr() : d_owned_p(nullptr) { }

    explicit CloningPtr(const T& val) : d_owned_p(new T(val)) { }

    CloningPtr(const CloningPtr& original)
    : d_owned_p(original.d_owned_p ? new T(*original.d_owned_p) : nullptr)
    {
    }

    CloningPtr(CloningPtr&& original) noexcept
    : d_owned_p(original.d_owned_p)
    {
        original.d_owned_p = nullptr;  // Remove ownership from original.
    }

    ~CloningPtr() { delete d_owned_p; }

    CloningPtr& operator=(const CloningPtr& rhs)
    {
        if (this != &rhs)
        {
            T* oldOwned_p = d_owned_p;
            d_owned_p = rhs.d_owned_p ? new T(*rhs.d_owned_p) : nullptr;
            delete oldOwned_p;
        }

        return *this;
    }

    CloningPtr& operator=(CloningPtr&& rhs) noexcept
    {
        if (&rhs == this) { return *this; }  // Check for self assignment.
        delete d_owned_p;

        d_owned_p       = rhs.d_owned_p;
        rhs.d_owned_p = nullptr;          // Remove ownership from rhs.

        return *this;
    }

    T& operator*() const { return *d_owned_p; }
    T* operator->() const { return d_owned_p; }
};
```

CloningPtr 有一个创建空指针的默认构造函数和一个在堆上分配其参数副本的含参构造函数。当使用拷贝构造函数或拷贝赋值运算符拷贝 CloningPtr 对象时，会将源操作数的管理对象的新副本分配给目的 CloningPtr 进行管理。拷贝构造和拷贝赋值是可能抛出异常的操作，因为它们分配内存和调用 T 的拷贝构造函数。

现在考虑 CloningPtr 是否会从用户定义的移动操作中受益。CloningPtr 分配一个资源（指向的对象），它可以通过简单的指针赋值安全地将该资源转移到目的操作对象，而无须调用任何可能抛出异常的操作。因此，上述示例中实现了一个移动构造函数和移动赋值运算符，它们都用 noexcept 说明符修饰。在这两个移动操作中，d_owned_p 指针从源操作对象复制到目的操作对象，然后源操作对象被设置为空（以避免两个 CloningPtr 对象试图拥有同一的资源）。

需要注意，在 std::swap<T> 被声明时，当 T 的移动构造函数和移动赋值运算符都是 noexcept 的时，std::swap<T> 将被自动认为是 noexcept：

```
namespace std {

template <typename T>
void swap(T& left, T& right)  // Note use of conditional noexcept syntax.
    noexcept(is_nothrow_move_constructible<T>::value &&
             is_nothrow_move_assignable<T>::value);

}  // close std namespace
```

因此，并不需要为 CloningPtr 提供用户定义的 swap 函数，因为标准库默认提供的全局函数将完成这项工作：

```
#include <string>       // std::string
#include <utility>      // std::swap
#include <type_traits>  // std::is_nothrow_move_constructible,
                        // std::is_nothrow_move_assignable
#include <cassert>      // standard C assert macro

void f1()
{
    typedef CloningPtr<std::string> PtrType;

    PtrType p1("hello");
    PtrType p2(p1);          // Clones the string owned by p1
    assert(*p1 == "hello");
    assert(*p2 == "hello");

    static_assert(std::is_nothrow_move_constructible<PtrType>::value, "");
    static_assert(std::is_nothrow_move_assignable<PtrType>::value, "");

    static_assert(noexcept(std::swap(p1, p2)), "");  // noexcept for free
}
```

（2）定义一个 noexcept 的 swap 操作

考虑算法 strongSort(std::vector<T>& v)，该算法对类 T 的 vector 进行排序，同时提供强大的异常安全保证。如果已知 swap(T&, T&) 不会抛出异常，则就地执行排序；否则，拷贝 v，对 v 的副本进行排序，然后使用 copy/swap idiom 将排序后的副本与 v 交换。如果在排序期间交换 v 的副本的一对元素引发异常，原始 vector v 保持不变。请注意，即使交换单个元素可能引发异常，交换 std::vector 对象永远不会引发异常。

在上一用例的基础上定义 CloningPtr 类模板的一个变体。变体 NonNullCloningPtr 保证其 d_owned_p 成员指针永远不会是空值。NonNullCloningPtr<T> 的默认构造函数将在堆上分配空间构造 T，而移动构造函数将对源操作对象的新值执行相同的操作。移动赋值可以通过只交换源操作对象和目的操作对象中的指针来避免内存分配，而这两个操作数对象的成员指针保证为非空。构造函数中有内存分配操作，故不能使用 noexcept 来修饰（参阅包含 noexcept 移动操作的封装类）。然而，即使没有不抛出异常的移动操作，也可以自定义一个 noexcept 的 swap 函数：

```
#include <utility>  // std::swap

template <typename T>
class NonNullCloningPtr
{
    T* d_owned_p;  // pointer to dynamically allocated owned object, never null

public:
    NonNullCloningPtr() : d_owned_p(new T) { }  // might throw

    explicit NonNullCloningPtr(const T& val) : d_owned_p(new T(val)) { }

    NonNullCloningPtr(const NonNullCloningPtr& original)
    : d_owned_p(new T(*original.d_owned_p))
    {
    }

    NonNullCloningPtr(NonNullCloningPtr&& original)
    : d_owned_p(original.d_owned_p)
    {
        original.d_owned_p = new T;  // Remove ownership from original.
    }
    ~NonNullCloningPtr() { delete d_owned_p; }

    NonNullCloningPtr& operator=(const NonNullCloningPtr& rhs)
    {
        if (this != &rhs)
        {
            T* oldOwned_p = d_owned_p;
            d_owned_p = new T(*rhs.d_owned_p);
            delete oldOwned_p;
        }

        return *this;
    }

    NonNullCloningPtr& operator=(NonNullCloningPtr&& rhs) noexcept
    {
        std::swap(d_owned_p, rhs.d_owned_p);
        return *this;
    }

    T& operator*() const { return *d_owned_p; }
    T* operator->() const { return d_owned_p; }

    friend void swap(NonNullCloningPtr& a, NonNullCloningPtr& b) noexcept
    {
        std::swap(a.d_owned_p, b.d_owned_p);  // no allocation needed
    }
};
```

就像移动赋值一样，swap 友元函数只是交换 d_owned_p 指针。因此，即使 NonNullCloningPtr 的移动构造函数可能抛出异常，它的 swap 操作也不会抛出异常：

```
#include <string>       // std::string
#include <utility>      // std::swap
#include <type_traits>  // std::is_nothrow_move_constructible,
                        // std::is_nothrow_move_assignable
#include <cassert>      // standard C assert macro

void f2()
{
    typedef NonNullCloningPtr<std::string> PtrType;

    PtrType p1("hello");
    PtrType p2(std::move(p1));
    assert(*p1 == "");  // Moved-from object owns default-constructed string.
    assert(*p2 == "hello");

    static_assert(!std::is_nothrow_move_constructible<PtrType>::value, "");
```

```
    static_assert( std::is_nothrow_move_assignable<PtrType>::value, "");

    static_assert(!noexcept(std::swap(p1, p2)), "");  // std::swap explicitly
    static_assert( noexcept(swap(p1, p2)), "");       // friend swap via ADL
}
```

因此，strongSort(std::vector<NonNullCloningPtr<U>>&) 的算法性能将更好。许多技术和算法都依赖于不会抛出异常的交换操作，使用明确声明为 noexcept 的 swap 函数会有很大性能优势。

（3）包含 noexcept 移动操作的封装类

查看前面用例中 NonNullCloningPtr 的实现，可以发现，当为 std::string 实例化时，其移动构造函数可能抛出异常的唯一原因是内存不足。如果假设这种情况永远不会发生，或者如果确实发生了，唯一合理的行动是终止程序，那么程序可以继续进行，就好像 NonNullCloningPtr<std::string> 不会在程序执行中抛出异常一样。为了强制算法在这种情况下选择更快的 noexcept 路径，可以创建一个封装类模板，无条件地用 noexcept 修饰其移动构造函数和移动赋值运算符[⊖]：

```
#include <utility>  // std::move, std::forward

template <typename T>
class NoexceptMoveWrapper : public T
{
public:
    NoexceptMoveWrapper() = default;
    NoexceptMoveWrapper(const NoexceptMoveWrapper&) = default;
    NoexceptMoveWrapper& operator=(const NoexceptMoveWrapper&) = default;
        // defaulted implementations

    NoexceptMoveWrapper(const T& val) : T(val) { }
        // implicit copy from a T

    template <typename... Us>
    explicit NoexceptMoveWrapper(Us&&... vals)
    : T(std::forward<Us>(vals)...) { }
        // perfect forwarding value constructor

    NoexceptMoveWrapper(T&& val) noexcept : T(std::move(val)) { }
    NoexceptMoveWrapper(NoexceptMoveWrapper&&) noexcept = default;
    NoexceptMoveWrapper& operator=(NoexceptMoveWrapper&&) noexcept = default;
         // moves terminate when the corresponding T operation throws
};
```

NoexceptMoveWrapper<T> 的实例继承自 T，对应的构造函数和赋值运算符会将操作转发给类型 T 中的对应函数。请注意，移动构造函数和移动赋值运算符是显式 default，但 noexcept 说明符会覆盖默认异常规范，参阅描述——无条件异常。通过使用 NoexceptMoveWrapper 封装类类型，可以强制程序选择更快的算法，以避免为提供更强的异常保证所造成的额外拷贝操作：

```
#include <vector>       // std::vector
#include <string>       // std::string
#include <type_traits>  // std::is_nothrow_move_constructible
```

⊖ Bloomberg 的 BDE 库中定义了与 std::function 类似的封装类模板 bslalg::NothrowMovableWrapper，参阅 bde14, /groups/bsl/bslalg_nothrowmovablewrapper.h。同时在 smith19（GCC 10，大约 2020 年；Clang 9，大约 2019 年）修正实施之前，NoexceptMoveWrapper 的移动函数将会被删除，或者在某些版本的编译器上，移动函数将是 noexcept(false)。一种解决方案是显式实现移动操作：

```
template <typename T> NoexceptMoveWrapper<T>::
NoexceptMoveWrapper(NoexceptMoveWrapper<T>&& arg) noexcept
: T(static_cast<T&&>(arg)) { }

template <typename T>
NoexceptMoveWrapper<T>& NoexceptMoveWrapper<T>::
operator=(NoexceptMoveWrapper<T>&& arg) noexcept
{
    static_cast<T&>(*this) = static_cast<T&&>(arg);
    return *this;
}
```

```
#include <cassert>      // standard C assert macro

void f3()
{
    typedef NonNullCloningPtr<std::string> PtrType;
    typedef NoexceptMoveWrapper<PtrType>   WrapperType;

    static_assert(!std::is_nothrow_move_constructible<PtrType>::value, "");
    static_assert( std::is_nothrow_move_constructible<WrapperType>::value, "");

    std::vector<PtrType> v1(3, PtrType("red"));      // "red", "red", "red"
    std::string* p1 = &*v1[0];
    v1.reserve(200);         // slow reallocation
    assert("red" == *v1[0]);
    assert(p1 != &*v1[0]);  // new string was allocated

    std::vector<WrapperType> v2(3, WrapperType("red"));  // "red", "red", "red"
    std::string* p2 = &*v2[0];
    v2.reserve(200);         // fast reallocation
    assert("red" == *v2[0]);
    assert(p2 == &*v2[0]);  // ownership transferred; no new string allocated
}
```

在上文的 f3 函数中，构造了一个 std::vector v1，它包含三个未封装的 NonNullCloningPtr <std::string> 类型的值。当 vector 随后使用 reserve 扩展时，元素被复制到新位置，然后原始元素被销毁。因此，字符串会被克隆到新的位置，断言语句也证明它们的地址已更改。当对封装对象（v2）的 std::vector 执行一系列相同的操作时，因为移动构造函数声明为 noexcept，reserve，方法将移动元素而不是复制它们。由于移动操作会复制指针而不是分配新对象，因此不需要分配新的字符串空间，并且向量扩展的过程更快。

最后，请注意，增加一层封装并不能使被封装类型的移动操作完全避免触发异常。如果没有足够的全局信息来确定在移动操作期间不会抛出异常，那么就必须接受程序可能终止执行的后果。参阅潜在缺陷——合并 noexcept 与 nofail。

（4）减小目标代码规模

如果为具有 TB 级别存储容量和 GB 级别内存容量的中型、大型计算机（例如台式计算机和服务器）编程，那可能不会考虑最小化整体可执行程序的大小。然而，考虑到除通用计算之外，在整个行业中 C++ 还被广泛用于其他许多目的。特别的，C++ 固有高度运行时性能，是适用于小型设备的理想编程语言，例如手机、植入式医疗设备和无线环境监视器，在这些小型设备中，最小化功耗至关重要。通常，此类设备上的可用内存也是有限的，这就使得需要考虑减少嵌入式系统的代码大小。参阅烦恼——算法优化与减少目标代码大小结合。

了解 noexcept 对代码规模大小的影响，需要先了解现代基于零开销异常模型的典型异常处理的实现，该模型已成为几乎所有现代 64 位架构的标准[㊀]。影响代码大小的考虑因素需要适用于其他早先的异常处理模型（例如一些先前的 32 位平台）。

首先来看 C++11 noexcept 异常规范和 C++03 动态异常规范 throw()[㊁]之间的重要区别。在 std::unexpected 被调用后，当异常传播遇到具有 throw() 异常规范的函数内的栈帧时，所有具有非平凡析构函数的局部对象必须销毁，直到该帧为止（参阅 3.1.11 节）。相比之下，当异常传播遇到具有 noexcept 或 noexcept(true) 异常规范的函数中的栈帧时，不需要执行任何栈帧展开操作。尽管在某些实现中，可能会选择清理局部堆栈帧，但这完全是可选操作，并且在调用 std::terminate 后控制权无论如何都不会返回给函数调用者：

```
struct Greeting
{
```

㊀ 有关零开销异常模型如何在非异常路径上实现近似零开销的介绍，请参阅 mortoray13。Itanium 异常 API 的完整细节在 itanium16 中阐述。

㊁ 请注意，在 C++17 后，两者没有了任何区别，throw() 成为了 noexcept(true) 的别名。

```
     Greeting() { std::cout << "Hello!\n"; }
    ~Greeting() { std::cout << "Goodbye!\n"; }
};

void greetAndTerminate() noexcept
{
    Greeting g;
    throw 0;
}
```

在上面的示例中，编译器是否会生成代码以输出“Goodbye!”，取决于编译器版本、优化级别、编译 flag 和周围的代码[1]。

因此，当函数使用 throw() 异常规范，其目标代码大小一般会增加，而对于 noexcept(true) 则相反[2]。

在下文中将讨论使用 noexcept 说明符如何影响代码规模。为了具体展示改进效果，会使用特定的编译器平台[3]对一小段示例代码进行编译，并给出编译后（在未优化和优化模式下）生成的 .o 文件的字节数。当然，得到的结果是在特定编译器优化下的结果，但由于 Itanium ABI 的广泛应用，因此在其他现代平台上可以预期得到类似的结果。

即使在没有 try/catch 块或 throw 语句的情况下，编译器仍然必须生成栈展开代码，该部分代码在可能抛出异常的函数被调用时，为作用域内的任何非可平凡析构类型的局部变量调用析构函数。最简单的非可平凡析构类型是除了用户提供的析构函数之外没有其他成员的类（例如 S）：

```
struct S  // empty non-trivially destructible class type
{

    ~S();  // user-provided, hence non-trivial destructor
};
```

对于一个函数（例如 ff），若其构造了一个或多个类 S 的实例（例如 s1、s2），之后又触发了可能抛出异常的操作（例如调用函数 gg），编译器必须生成展开代码，以在 gg 抛出异常的情况下销毁这些 S 的实例对象：

```
void gg();  // declaration of potentially throwing function

void ff()   // definition of function having no exception specification
{
    S s1;
    gg();   // gg call #1
    S s2;
    gg();   // gg call #2
}
```

在上述 ff 函数的函数体中，如果在第一次调用函数 gg 时抛出了异常，那么在栈展开代码中必须调用对象 s1 的析构函数，但如果在第二次调用函数 gg 时抛出了异常，那么在栈展开代码中必须按顺序调用对象 s1 和 s2 的析构函数。嵌套代码块和条件语句会使得栈展开的逻辑更加复杂，因此会产生大量栈展开的代码。请注意，此栈展开逻辑出现在冷路径（Cold Path）上，即只有在运行时抛出异常时才会调用它。鉴于零开销异常模型的广泛应用，这种栈展开代码会增大代码大小，但不会影响热路径（Hot Path）的性能，参阅潜在缺陷——无法实现的运行时性能优势。

并不是在所有情况下都需要上述的栈展开操作，通常仅在以下所有三个条件都成立时才生成栈展开代码。

---

[1] 在没有任何编译 flag 的情况下，GCC 11.2（大约 2021 年）和 MSVC 19.29（大约 2021 年）仅输出“Hello!”，而 Clang 12.0.1（大约 2021 年）输出“Hello!”和“GoodBye!”。

[2] 可以在 StackOverflow 上找到关于 noexcept 堆栈展开以及它与 throw() 的区别的讨论，参阅 pradhan14。

[3] 为了同时适应动态异常规范和 noexcept 异常规范，本书选择在 T480s ThinkPad 上的 Cygwin 进行测试，使用 GCC 7.4.0（大约 2018 年）作为测试编译器。两种编译器优化模式是无编译优化（-O0）和编译优化（-O3）。

- 函数体包含一个或多个非可平凡析构类型的自动变量（参阅 3.1.18 节）；否则，在栈展开时该变量将没有可调用的析构函数。
- 函数体中至少有一个表达式可能抛出异常。例如，调用一个不是 noexcept(true) 的函数；否则，不需要栈展开。
- 在上述类型变量的生存期内调用可能抛出异常的表达式，即在构造变量之后并且在离开所述变量作用域之前；否则，同样不需要栈展开。

请注意，还有其他与异常规范无关方法，编译器可以通过这些方法减少或消除栈展开代码。这些方法通常要求编译器能够知道被当前正在编译的函数所调用函数的实现。

- 如果非平凡析构函数的函数体（例如，S::～S()）对编译器可见，并且被发现不包含任何操作（无论它是否被声明为内联函数），那么编译器可以将其视为平凡析构函数，消除上述的条件①。
- 如果可能抛出异常操作的函数体对编译器可见，并且确定不抛出异常，则编译器可以认为该操作不可能抛出异常，消除上述条件②和③。

为减少生成代码大小，异常规范必须减少编译器的某些任务；具体来说，添加的规范必须解除编译器为特定函数生成部分或全部栈展开代码逻辑的义务。如果上面的函数 ff 用 noexcept 修饰，那么编译器可以选择不生成展开栈代码，甚至是在 gg 抛出异常，调用 std::terminate 之前销毁 s1 和 s2 的代码。因此，理论上编译器可以简单地通过在触发的异常时，不销毁任何局部变量，为 noexcept 函数生成更少的栈展开代码。然而，添加一个 noexcept 规范确实给函数本身增加了一项额外的义务，现在必须负责确保不可能有异常传播到函数调用者。如果函数中有任何可能抛出异常的表达式，则需要通过调用 std::terminate() 来终止栈展开操作，这将无条件地结束程序。注意 std::terminate 调用 terminate_handler，可以使用 std::set_terminate 对其进行全局设置。此函数正常返回或程序的执行未终止，是未定义的非法行为。对 std::terminate 的额外调用可能会导致 .o 文件的大小（通常很小）增加，但不一定会导致最终优化程序的大小增加[㊀]。

使用 noexcept 修饰函数，即使函数本身代码大小几乎无变化，但对应函数调用者的代码可能减小或大幅度减小，参阅潜在缺陷——过强的合约保障和意外终止。例如，在上文的示例中，在用 noexcept 修饰 gg 的情况下，在 ff 中对 gg 的两次调用将不可能抛出异常；因此，ff 将不再需要任何栈展开代码。在测试的每个版本编译器中[㊁]都可以观察到生成代码减少的现象。请注意，如果 S 是平凡析构类型（条件①），或者在构造任何非可平凡析构类型的非静态局部变量之前（条件③）调用了 gg，则不会出现这种现象，这是因为从一开始就不需要栈展开逻辑。

下面是一个简单但相当通用的框架，可以用来研究 noexcept 说明符对生成代码大小的影响。它包含一个非可平凡析构类型 S、函数 g 的声明（一般不会声明为 noexcept），以及函数 f 的定义（需要尽可能减小 f 的目标代码大小）：

```
// minimal framework to measure code-size effects due to noexcept

struct S { ~S(); };  // non-trivially destructible class type

void g() G_EXCEPTION_SPEC;  // typically empty macro

void f() F_EXCEPTION_SPEC    // either empty or noexcept
{
    // ... (body of function under test)
}
```

㊀ 在测试中发现，当函数满足上述所有三个条件被声明为 noexcept 时，GCC 8（大约 2018 年）及更高版本和 MSVC 14.x（大约 2019 年）在冷路径上通常生成的代码更少，有时明显更少（但绝不会更多）。相反，Clang 12.0（大约 2021 年）虽然通常生成较少的栈展开代码（与 GCC 相比），但在使用 noexcept 时，需要生成运行时支持函数 __clang_call_terminate 的定义，所以与未使用 noexcept 时相比，生成的代码更多。

㊁ 在 GCC 7.1.0（大约 2017 年）、GCC 11.1（大约 2021 年）、Clang 12.0（大约 2021 年）和 MSVC 19.29（大约 2021 年）平台上进行了实验

在上述示例框架中，包含一个最简单的非可平凡析构类型 S，其仅有一个用户提供的析构函数的声明（尽管不是定义）。与任何其他用户声明的函数不同，析构函数默认为 noexcept(true)，参阅描述——无条件异常。这一观察很重要，因为 S 中没有任何可能抛出异常的表达式影响试验结果。接下来是函数 g() 的声明，其声明后添加了宏 G_EXCEPTION_SPEC，在编译该段代码时，该宏可以使得 g 为 noexcept(true)；然而，通常会使该宏为空，因此函数 g 默认为 noexcept(false)。最后是被测函数 f() 的定义。函数 f 是此编译单元中的唯一定义，因此仅有 f 可以增加目标代码大小。

在参考测试平台上，不论在任何编译模式下（未优化 / 优化），在编译后产生的 .o 文件中，S 的定义以及 g 的声明均占 32 字节，将该结果作为测试基准：

```
// base line translation unit is 32 bytes in either build mode
struct S { ~S(); };
void g() G_EXCEPTION_SPEC;
```

函数 f_1 和 f_2 都包含一个 S 类型的自动变量和一次对 g() 的调用。让我们先调用 g()：

```
struct S { ~S(); };
void g() G_EXCEPTION_SPEC;
void f1() F_EXCEPTION_SPEC
{
    g();  // throwing expression comes before variable
    S s;  // non-trivially destructible automatic variable
}
```

在上述示例中，f1 几乎具备所有测试要素：具有非平凡析构函数的局部变量（例如 s）和可能抛出异常的表达式（例如 g()）。唯一使测试不完整的一点是可能抛出异常表达式位于第一个非可平凡析构的变量 s 的构造之前：

现在考虑如果交换 g() 和 s 的顺序会发生什么：

```
struct S { ~S(); };
void g() G_EXCEPTION_SPEC;
void f2() F_EXCEPTION_SPEC
{
    S s;  // non-trivially destructible automatic variable
    g();  // throwing expression comes after variable
}
```

将 f2、g 或两者都声明为 noexcept 可能会减小翻译单元目标代码大小。对 noexcept 赋值的四种可能组合依次进行讨论。如果 f2 和 g 都没有声明为 noexcept，则编译器必须生成展开代码以销毁 s，并将 g 抛出的潜在异常传播给 f2 的调用者，这会显著增加 f2 目标代码的大小。如果 g 被声明为 noexcept，那么无论 f2 是否声明为 noexcept，g 都不可能抛出异常，就不需要生成额外的代码处理抛出异常的情况。最后，如果 f 被声明为 noexcept 但 g 没有，那么可以实现大多数（如果不是全部）规模上的优势，但由于强制调用 std::terminate，有可能小幅增加 f 的代码大小。

分别对于两个函数定义 f1 和 f2 ，对 g 和 f 的四种异常规范组合的每一情况，在两种编译模式（未优化 / 优化）下进行编译，记录编译后目标代码的大小，结果证实了先前的假设，如表 4.1 所示⊖。

表 4.1　比较在 f 和 g 分别为 noexcept 时函数 f1 和 f2 目标代码大小

候选函数	G_S = noexcept F_S = noexcept			
void f1() F_S { g(); S s; }	88/84①	88/84	88/84	96/92
void f2() F_S { S s; g(); }	152/132	88/84	88/84	96/92

① 88/84 表示在未进行编译优化情况下，目标代码为 88 字节，在优化情况下，目标代码为 84 字节。

查看上表中的测试数据，可以发现当 g 可能抛出异常时，f1 的大小不可能减小，因为 g 在非可平凡析构类型的非静态局部变量构造之前被调用。但是，在 g 本身被声明为 noexcept（或者编译器在

⊖ 参阅 dekker19b 了解对 noexcept 的影响进行基准测试的详细信息。

编译函数 f1 时，可以通过某种方式检查确认 g 不可能抛出异常），理论上 f1 的大小确实有可能增加（在测试中，两种编译模式下，f1 代码大小均增加 8 字节）。

然而，对 f2 测试的情况下，在非可平凡析构的 s 构造之后调用可能抛出异常的函数 g，会强制编译器生成大量额外的冷路径代码（在测试中，将 f2 为 noexcept(false) 和 noexcept(true) 时的情况相比，在编译未优化时目标代码增加 152 − 88 = 64（字节），编译优化时代码增加 132 − 84 = 48（字节）。当 f2 为 noexcept(true) 且 g 为 noexcept(false) 时，f2 与 f1 测试结果一致，由于对 std::terminate 的调用，f2 代码大小可能稍有增加。

可以推断潜在异常注入越复杂，生成的冷路径代码的额外开销可能会越大。比如，对两个可能抛出异常的表达式，若其需要销毁的局部变量集合不同，那么它们的开销会比销毁相同局部变量集合的两个表达式的开销更大。

最后，考虑一个基于初始函数 f00 的函数族，每个函数都有各自的定义，其中包含六个非可平凡析构类型的局部变量 S，命名为 s0～s5，在以上函数中分别用零次、一次、两次函数 g：

```
void f00() { S s0; S s1; S s2; S s3; S s4; S s5; }       // no exception source

void f01() { g(); S s0; S s1; S s2; S s3; S s4; S s5; }  // one exception source
void f02() { S s0; g(); S s1; S s2; S s3; S s4; S s5; }  //  "      "        "
//:    :     :                                        :  //  "      "        "
void f06() { S s0; S s1; S s2; S s3; S s4; g(); S s5; }  //  "      "        "
void f07() { S s0; S s1; S s2; S s3; S s4; S s5; g(); }  //  "      "        "

void f11() { g(); S s0; S s1; S s2; S s3; S s4; S s5; g(); }  // two sources
//:    :     :                                             :  //  "     "
void f17() { S s0; S s1; S s2; S s3; S s4; S s5; g(); g(); }  //  "     "
```

假设 g 是一个未声明为 noexcept 的函数，其声明对编译器不可见（因此可能会抛出异常），这次对于函数族中每一个函数，f00～f07 和 f11～f17，使用三种可用的异常规范 throw()、none（即 noexcept(false)）和 noexcept（即 noexcept(true)），在编译未优化和优化模式下探究异常规范对代码大小的影响。出于教学目的，在表 4.2 中列出了由各种类型测试编译产生的目标文件的 .text 段和 .data 段的大小（以字节为单位）[⊖]。

表 4.2　比较不同异常规范下代码大小

g 是 noexcept(false) f 函数体的配置	未优化			已优化		
	throw()	none	noexcept	throw()	none	noexcept
f00 { s0 s1 s2 s3 s4 s5 }	152	152	152	132	132	132
f01 { g s0 s1 s2 s3 s4 s5 }	208	152	160	172	132	140
f02 { s0 g s1 s2 s3 s4 s5 }	232	200	160	212	180	140
f03 { s0 s1 g s2 s3 s4 s5 }	248	216	160	212	180	140
f04 { s0 s1 s2 g s3 s4 s5 }	264	236	160	228	196	140
f05 { s0 s1 s2 s3 g s4 s5 }	280	252	160	244	212	140
f06 { s0 s1 s2 s3 s4 g s5 }	280	252	160	244	216	140
f07 { s0 s1 s2 s3 s4 s5 g }	296	268	160	260	232	140
f11 { g s0 s1 s2 s3 s4 s5 g }	316	272	176	280	236	140
f12 { s0 g s1 s2 s3 s4 s5 g }	316	288	176	280	232	140
f13 { s0 s1 g s2 s3 s4 s5 g }	316	288	176	280	232	140
f14 { s0 s1 s2 g s3 s4 s5 g }	316	288	176	280	232	140

⊖ 所有数据都是都通过 size 指令获得，包括生成的目标文件的 .text 段和 .data 段的大小，以字节为单位。在 ThinkPad T480 笔记本电脑的 Windows Cygwin 平台上使用 GCC 7.4.0（大约 2018 年）版本的编译器，分别在 -O0 和 -O3 模式下进行测试，获得数据。

（续）

g 是 noexcept(false) f 函数体的配置	未优化			已优化		
	throw()	none	noexcept	throw()	none	noexcept
`f15 { s0 s1 s2 s3 g s4 s5 g }`	316	288	176	280	236	140
`f16 { s0 s1 s2 s3 s4 g s5 g }`	316	288	176	280	236	140
`f17 { s0 s1 s2 s3 s4 s5 g g }`	312	268	176	260	232	140
`f07` 且 `g` 为 `noexcept`	152	152	152	132	132	132
`f07` 且 `g` 为空并对编译器可见	188	188	188	164	164	164
`f14` 且 `g` 为 `noexcept`	168	168	168	132	132	132
`f14` 且 `g` 为空并对编译器可见	188	188	188	164	164	164

在表中可以得出以下几点结论：

- f00 不可能触发异常，因此将其作为该试验的基准。可以观察到，由于栈无须展开代码，其目标文件的大小和异常规范并无对应关系。
- f01 中函数在非可平凡析构变量创建之前调用 g，故其代码大小不可能减小，可以发现使用 throw() 显著增加了代码大小。而与之对比，添加 noexcept 仅仅只需要增加调用 std::terminate 所必需的异常表项。
- f02 中函数在 s0 创建之后调用 g，所以在没有提供相应异常规范时，编译器会生成大量额外的 cleanup code，使用 throw() 会进一步增大开销。而使用 noexcept 可以大大减小代码大小，只需要在测试基准的基础上增加调用 std::terminate 所必需的异常表项的开销。
- f03～f07 的空间开销呈现出非递减的变化趋势，这是由于在没有 noexcept 规范的情况下，在栈展开时需要销毁越来越多的变量。有趣的是，在本测试平台上，空间开销保持不变的测试函数在代码未优化情况下（f06）和优化（f03）情况下不一致。
- f11 中在所有局部变量前引入了第二个可能触发异常的函数 g，略微增加了代码大小。
- f12～17 证明了第二个可能抛出异常的函数在序列中的插入位置对结果没有影响，仅在两个函数位于一起（f17）的情况下，由于 throw() 和隐式 noexcept(false) 不需要额外的异常表条目，空间开销有所下降，而该组实验中 noexcept 在优化和未优化的情况下结果都保持不变。
- 最后一组实验，展示了当 g 本身为 noexcept 或其定义为空且这一点对编译器可见时，对结果的影响。当 g 为 noexcept 时，结果与之前测试中空间开销最小的情况一致。当 g 函数定义为空时的结果与之近似，唯一的区别是需要增加 g 本身的定义所需的空间。

1）替代的编译器实现策略　当一个函数被声明为 noexcept 时，它基本就无须再清理局部变量和展开堆栈。目前编译器选择以下两种方式之一实现该优化。

①不销毁当前栈帧上的所有局部变量，并立即调用 std::terminate。对于这种实现方式，可以使用共享异常处理程序，即不执行特定于函数的清理工作而是立即调用 std::terminate，从而无须在编译可执行文件时生成异常处理程序代码[一]。

②运行局部变量的析构函数，然后调用 std::terminate。该实现方式要求发出与处理 noexcept(false) 函数中展开的异常处理程序相匹配的异常处理程序，唯一的区别是不会继续进行栈展开，直接调用 std::terminate 结束程序[二]。

请注意，只有方法①可以减少被 noexcept 修饰函数的目标代码大小；方法②并不会节省空间开销。但是，当 f 调用的函数（例如 g）被声明为 noexcept 时，这两个方法都可以减少函数（例如 f）的冷路径目标代码大小。

2）示例汇编程序　这里提供一个简单函数的具体示例，依次分析三个当代流行的编译器版本将

[一] GCC 和 MSCV 使用该方式。
[二] Clang 使用了该方式。

如何在代码优化过程中使用 noexcept 减少生成代码的大小。有一个可选是否声明为 noexcept 的函数 f，其函数体中包含 S 类型的非可平凡析构的非静态变量 s，和对 g 的函数调用，编译器并不知道 g 为 noexcept(true)。

```
// isolated translation unit
struct S { ~S(); };          // has non-trivial destructor
void g();                    // is noexcept(false) by default
void f2() F_EXCEPTION_SPEC   // We will compile with and without noexcept.
{
    S s;  // non-trivially destructible automatic variable
    g();  // throwing expression comes after variable
}
```

使用 Compiler Explorer[1]在目前流行的三个编译平台——GCC、Clang 和 MSVC 上编译上文的代码单元。在三个平台上，分别在 F_EXCEPTION_SPEC=noexcept(false) 和 F_EXCEPTION_SPEC=noexcept(true) 两种情况下进行了编译。下文列出了在每个平台上，两种情况下的测试结果，以供参考。

3）GCC x86-064 11.1　使用编译 flag -std=C++20 -O3。可以发现所有异常处理代码均被删除，异常处理表中的条目（此处未展示）直接指向将调用 std::terminate 的内置函数：

```
F_EXCEPTION_SPEC=noexcept(false)
--------------------------------
f2():
  push rbp
  sub rsp, 16
  call g()
  lea rdi, [rsp+15]
  call S::~S()
  add rsp, 16
  pop rbp
  ret
  mov rbp, rax
  jmp .L2
f2() [clone .cold]:
.L2:
  lea rdi, [rsp+15]
  call S::~S()
  mov rdi, rbp
  call _Unwind_Resume
```

```
F_EXCEPTION_SPEC=noexcept(true)
-------------------------------
f2():
  sub rsp, 24
  call g()
  lea rdi, [rsp+15]
  call S::~S()
  add rsp, 24
  ret
```

4）CLANG x86-064 12.0.1　使用编译 flag -std=C++20 -O3。注意唯一的区别是异常处理过程中最后一条指令是 __clang_call_terminate 函数而不是执行栈展开的内置函数 _Unwind_Resume：

```
F_EXCEPTION_SPEC=noexcept(false)
-------------------------------
f2(): # @f2()
  push rbx
  sub rsp, 16
  call g()
  lea rdi, [rsp + 8]
  call S::~S()
  add rsp, 16
  pop rbx
  ret
  mov rbx, rax
  lea rdi, [rsp + 8]
  call S::~S()
  mov rdi, rbx
  call _Unwind_Resume@PLT
```

```
F_EXCEPTION_SPEC=noexcept(true)
-------------------------------
f2(): # @f2()
  push rbx
  sub rsp, 16
  call g()
  lea rdi, [rsp + 8]
  call S::~S()
  add rsp, 16
  pop rbx
  ret
  mov rbx, rax
  lea rdi, [rsp + 8]
  call S::~S()
  mov rdi, rbx
  call __clang_call_terminate
__clang_call_terminate:
  push rax
  call __cxa_begin_catch
  call std::terminate()
```

[1] 参见 https://godbolt.org。

5）MSVC v19.29 VS16.11　使用编译器标志 /std:c++20 /O2。同样可以看到当 f 设置为 noexcept 时，所有异常处理代码都将被删除：

```
MSVC 64 bit v19.29 VS16.11
F_EXCEPTION_SPEC=noexcept(false)
------------------------------
s$ = 48
void f2(void) PROC
$LN6:
   sub rsp, 40
   call void g(void)
   npad 1
   lea rcx, QWORD PTR s$[rsp]
   call S::~S(void)
   add rsp, 40
   ret 0
void f2(void) ENDP
s$ = 48
int `void f2(void)'::`1'::dtor$0 PROC
   lea rcx, QWORD PTR s$[rdx]
   jmp S::~S(void) ; S::~S
int `void f2(void)'::`1'::dtor$0 ENDP
```

```
Compile options: /std:c++20 /O2
F_EXCEPTION_SPEC=noexcept(true)
------------------------------
s$ = 48
void f2(void) PROC
$LN5:
   sub rsp, 40
   call void g(void)
   lea rcx, QWORD PTR s$[rsp]
   call S::~S(void)
   npad 1
   add rsp, 40
   ret 0
void f2(void) ENDP
```

3. 潜在缺陷

（1）过强的合约保障

人与人之间的合约是一种事务协议："你给我 X，我就做 Y。"软件合约的一个重要特性是它们不会由于现有用户不兼容而更改合约，这意味着合约隐含地做出了更强有力的保证："从现在开始，只要你给我 X，我就做 Y。"例如，函数 half，它简单地使用整数除法运算符（/）将给定值除以 2：

```
int half(int value) { return value / 2; }
    // Return an integer that is numerically half of the specified value
    // rounded toward zero --- i.e., half(-3) is -1, not -2.
```

上述定义的 half 函数对每个可能的（正确初始化的）输入值都将做它承诺做的事情。当函数的每个输入表达式（包括任何相关状态）都有效时，那就说该函数具有广义合约。标准容器上大多数不对成员进行修改的函数，例如 length()、size() 和 begin()（但不包括运算符 []），在这些函数被尚未销毁的对象所调用时（即使容器中的元素已被移除），其都具有广义合约（参阅 3.1.18 节）。

一些函数几乎具备广义合约，但并不完全符合条件。例如，std::abs 返回输入的任何整数的绝对值，但在该整数恰好等于 INT_MIN（在 <climits> 中定义）的情况下，在以二进制补码表示整数的平台（基本上所有现代平台）上，该行为未被定义。因为并非所有输入对 std::abs 函数在语义上都有效，所以可以认为其具备狭义合约。一个狭义合约只对它认为语义有效的输入的子集提供保证："从现在开始，只要你给我 X，我就做 Y；但如果你给我 X 以外的东西，我没有义务为此做 Y 或其他任何事情；我可以为所欲为，但你可能对我给出的结果不满意！"

sqrt 函数是一个更典型的具备狭义合约的示例，其返回输入值的平方根，前提是输入值是非负数：

```
double sqrt(double value);
    // Return the positive square root of the specified value.
    // The behavior is undefined unless value is nonnegative.
```

不定义 sqrt 函数当输入值为负值时的行为，有以下三个优点。

①设计、开发、记录文档、测试和维护已定义行为的成本通常会降低。

②可以选择将一些其他行为看作未定义行为（例如，在 debug、test 或"safe" build 模式下）。

③在不考虑向后兼容的情况下，可以选择扩展定义行为集合。

假设需要尽量避免未定义行为，需要使 sqrt 具备广义合约：

```
double sqrt(double value);
    // Return the square root of the specified value if nonnegative;
    // otherwise return -1.0.
```

面向终端用户的 API 可以始终都具备广义合约；然而，对于内部的高性能 C++ 库，不应如此。

- 广义合约要求在每种情况下，即使已经知道输入是有效时，都要验证输入，从而影响运行时性能。其实如果客户不确定输入是否有效，完全可以在调用 sqrt 之前验证输入。
- 无法选择处理一些未定义的输入，例如，在“safe”build 模式下，抛出 bad_input 。
- 无法进行扩展；例如，如果发现对任一用户，可以在给定负数时返回 0，就避免了无用的状态检查。

出于以上原因，通常不会将 sqrt 的狭义合约转换为广义合约。

接下来，考虑对合约做出过强保证可能意味着什么的不同解释。假设我们正在为一业务具备的特定重复数据集编写的自定义排序程序 businessSort。业务场景对任何一种操作都没有实时限制，目标是最大化吞吐量。在第一种实现中我们选择了插入排序，该算法恰好具有 $O(N \lg N)$ 的复杂度。我们未进行事先考虑就在合约中保证了该程序具有 $O(N \lg N)$ 复杂度：

```
void businessSort(double* start, int n);
    // Modify the range of contiguous double values beginning at the specified
    // start address and extending n elements so that it is sorted in
    // ascending order in time that is O(n * log(n)).
```

过强的合约保证可能会无故限制程序实现的方式，从而阻碍程序使用更高效算法。因为我们并不关心特定某次运行，而是需要经过多次运行，优化大规模样本的整体吞吐量，所以 businessSort 的合约保证（见上）显得过于强大。其他算法，例如快速排序和随机快速排序，并不保证每次运行都具备 $O(N \lg N)$ 的复杂度，但平均来看可能会是更好的选择。然而，一旦在合约中添加了该约束，若不进行语义上不兼容的修正，就无法取消该保证，这是负责任的库开发人员不愿意做的事情。

用 noexcept 修饰函数是另一种隐式强化合约的方式：“从现在开始，不管显式合约上的内容，无论何时你给我一些输入，我都不会抛出异常。”如果对函数 f 使用 noexcept 说明符是为了在算法上提高其运行时性能，那么就必须预计会有一些客户可能会在涉及到 f 的调用的表达式上应用 noexcept 运算符（参阅 3.1.15 节），并且由于该运算符将评估为真，从而选择不同的、更有利的代码路径，参阅无法实现的运行时性能优势。一个使用 noexcept 来提升算法的运行时效率的常见的常见示例，是移动或交换操作。参阅用例——声明不会抛出异常的移动操作、定义一个 noexcept 的 swap 操作和包含 noexcept 移动操作的封装类。

C++ 标准库中的 std::list 规范中有一个示例，它故意不使用 noexcept 指定过强的合约保证，甚至对于移动操作[1]也是如此。与 std::vector 和 std::string 不同，尽管部分函数实现添加了更多限制性异常规范，但 std::list 的移动构造函数并不是必须声明为 noexcept。请注意，如果后续添加 noexcept 规范，通常不会导致 ABI 不兼容[2]；但是，后续添加 noexcept 会在重新编译已存在的用户程序时改变代码路径，这导致在重新编译使用特定用户模板的代码时，可能会（通常是良性的）违反 ODR 。

不指定移动（和默认）构造函数为 noexcept 可以使其灵活选择其他可行的实现方式。std::list 的移动构造函数的实现可能会触发异常的一个原因与如何表示 list 末尾的空节点有关。

一种 std::list 实现方式可能会在默认构造时动态分配一个哨兵节点来表示末尾元素，哨兵节点和 list 中的任何其他节点一致。这种直接的设计选择意味着，如果 list 对象被移动，则需要在移动的对象中分配一个新的哨兵节点，以免所述对象处于未完全构建的状态。

另一种实现方式是将末尾节点直接嵌入到 std::list 对象本身的封装中。这种更复杂的设计需要更仔细地处理尾节点，因为它不像所有其他节点一样被单独分配，并且在将 list 的其余元素移入新对象后，该节点的指针将不再有效。

---

[1] 从 C++17 开始，std::list 的移动赋值有条件地使用 noexcept，即只要用无状态分配器实例化它就是 noexcept。

[2] 请注意，即使 noexcept 成为函数类型系统的一部分，仍然不可能使用 noexcept 说明符重载函数。因此，没有必要在 ABI 级别将该修饰词合并到 mangled name 中。请参阅烦恼——C++ 未来版本的 ABI 改变。

C++ 标准明确不会强制 std::list 的移动构造函数（或默认构造函数）具备 noexcept 规范，这使得以上两种实现方式均可行。供应商在选择更多涉及到的实现策略时，可以自行将 noexcept 保证添加到他们自己的合约中㊀。

请注意，noexcept 说明符并不总是适用于合约，尤其是狭义合约。重新来看 sqrt 函数，它具备狭义合约，但这次用 noexcept 修饰：

```
double sqrt(double value) noexcept;
    // Return the positive square root of the specified value.
    // The behavior is undefined unless value is nonnegative.
```

回想一下，在之前 sqrt 的合约中，当将为负值的参数传递给 sqrt 时，库实现者可以选择定义任何行为处理该输入。这可能包括返回任何双精度值、抛出异常、调用 std::abort()、重新格式化用户的硬盘驱动器或执行编程语言自身具备的未定义行为的代码。但是，在这个版本的 sqrt 是 noexcept 的，不能抛出异常。

考虑一下，因为我们已经让客户端以编程方式访问 sqrt 的 noexcept(true) 状态，所以至少在原则上，无须编写 sqrt 的版本，该版本在“safe”构建模式下检查它的参数，如果为负，则抛出 std::invalid_argument 异常（在 <stdexcept> 中定义）。一些标准库供应商提供了一种安全的构建模式，可以对标准容器的滥用进行详细检查，有时需要额外的动态内存分配㊁。通过更改以编程方式访问的接口来改进运行时检查，在安全构建中检查的代码路径可能与在生产环境中执行的代码路径完全不同。因此，对于典型的通用计算机，将 noexcept 用于能够选择算法优越的代码路径之外的任何目的都是值得怀疑的。参阅无法实现的运行时性能优势。

未定义行为（Undefined Behavior，UB）在库合约上下文中的含义与应用于编程语言时的含义不同。默认情况下，未定义的行为通常被认为是语言未定义的行为（又名 hard UB），它允许编译器省略代码并假设分支中的条件等，一般假设 hard UB 不会出现在正确的程序中。然而，在函数合约的上下文中，未定义的行为意味着库未定义的行为（又名 soft UB）。库未定义行为（又名 soft UB）发生时，库开发者可以选择采取何种行为，包括任何可用的明确定义的行为到执行具有语言未定义行为的代码（又名 hard UB）。对于 noexcept 函数，库开发者在这种情况下不能抛出异常，就像限制了可以正常返回的返回值一样㊂。

将具有特定狭义合约的函数标记为 noexcept 的另一个目的是为了验证防御性先决条件检查的容易程度。库开发者通常希望在某些启用断言的构建模式下，通过防御性检查（例如使用 C 语言风格的 assert）来检测一些违反合约的行为。一个更复杂的防御检查框架㊃可能会在检测违反合约的行为时抛出异常（例如 contract_violation）。这样的配置可以在单元测试框架中用于测试防御性检查本身，而不会导致测试程序终止执行。然而，如果一个具有狭义合约的函数被标记为 noexcept，那么这样的测试框架将无法工作，因为在抛出 contract_violation 时总是会终止程序。

在 C++11 发布之前，标准库较为谨慎，故意不将标准库中具有狭义合约的函数标记为 noexcept，从而允许开发者自行添加此类规范，以优化其函数实现。该原则以本书作者之一，约翰·拉科斯（John Lakos）的名字命名，他最初提出了该准则㊄。

考虑到零开销异常模型的日益广泛的应用，当今常见的最佳实践是将合约中的异常使用视为真正的异常。因此，在限制其平台可用资源时，对于运行的无缺陷的程序，预计其不会以任何频率抛

㊀ MSVC 利用标准提供的灵活性，不需要 std::list 的移动构造函数为 noexcept，并利用类似的灵活性提供给其他基于节点的容器，例如 std::map 和 std::unordered_map。这种更简单的实现选择也恰好确保 std::list 的 end() 迭代器在移动后保持有效。

㊁ MSVC 带有一个安全构建模式，它对使（误）用无效迭代器进行运行时检查，但需要额外的内存分配。参阅 whitney16。

㊂ 参阅 lakos14b，时间为 17:57。

㊃ 参阅 bde14, /bsl/bsls/bsls_assert。

㊄ 参阅 meredith11。

出异常。

在申请相对较低级别的系统资源时，例如打开套接字或已知存在的文件，可能偶尔会发生错误。尽管错误很少发生，但在触发异常时，异常传播引发较高的延迟以及固有的不可并行性使这一情况十分棘手。使用零成本模型进行的基准测试表明，抛出异常通常比直接返回错误状态慢“几个数量级”[㊀]。因此，此类系统级功能选择其他方式来传达此类不常见但紧急的信息的情况很常见。讽刺的是，此时需要进行异常传播，直到有足够的上下文信息的栈帧来处理该错误，而广泛应用的 noexcept 不能用于此种情况。参阅意外终止。

（2）合并 noexcept 与 nofail

声明为 noexcept 的函数可能不是无故障（nofail）的。此外，一个恰好为无故障（至今）的函数可能不会被声明为 noexcept，这是合理的，参阅过强的合约保障。在比对 noexcept 和 nofail 之前，我们必须准确理解函数被声明为无故障以及在合约中以隐式或其他方式提供无故障保证意味着什么。

1）无故障意味着什么？　在大多数常见情景下，无故障函数（例如上面的 sqrt）是没有执行失败情况的函数：“只要你给我 X，我就会做 Y。”如果合约没有提及函数执行失败时会发生什么，则表明它永远不会执行失败。现在考虑一个具备 out clause 的合约：“只要你给我 X，我就会做 Y，或者告诉你我无法做 Y，也许还会告诉你无法做 Y 的原因。”这种状态报告函数的一个简单示例是 C（和 C++）标准库中的 fopen 函数：

```
// in <cstdio>
FILE* fopen(const char* filename, const char* mode);
```

fopen 函数并不是无故障函数，因为它会报告函数没有成功执行，并且报告方式不止一种，而是两种：返回一个 NULL 文件句柄（指针）和设置全局 errno 状态（指示失败的原因）。请注意，errno 是一个预处理器宏，每个线程都具备独立的值。

假设一个函数没有失败模式，那通常认为该函数不会执行失败。为了给我们一个具体的讨论基础，从三个熟悉的、易于理解的函数开始，看看它们是如何叠加的：

```
int    half(int i);      // (#1) Return half of i (rounded toward 0).
int    abs(int i);       // (#2) Return the absolute value of i if not INT_MIN.
double sqrt(double v);   // (#3) Return the square root of v if nonnegative.
```

在以上三个函数中，根据直觉，除非函数输入非法，否则以上函数总会（a）遵守合约；（b）不抛出异常、发出信号、终止程序或因其他原因导致未能将控制权交还给调用者；（c）在有限的时间内返回；（d）在某个商定的容差范围内返回正确的结果（即浮点舍入）。假设所有上述条件都已实现，则上述三个函数中的每一个都可以被认为是无故障（至今）函数——无论其合约中是否明确规定了无故障。

可能会有人认为在上述示例中只有 half 函数是真正的无故障函数，因为用户愿意在可能会违背合约的情况下错误地调用另外两个函数，这时这两个函数的行为是没有被定义的，函数可能会终止执行甚至发生更糟的情况。一个自然的结论是具备狭义合约的函数，例如 abs 和 sqrt，不能被认为是无故障的，只有具备广义合约的函数，例如 half，才能被认为是无故障的。其实没有必要采用这种过于严苛的判断条件，因为唯一完全没有前置条件的函数是那些无须检查外部状态，和不使用堆栈空间或其他资源的函数——即什么都不做的函数。

例如，任何函数传递一个已经被销毁的对象（特别当该对象有非平凡的析构函数时）的左值引用或指针，必然违反隐含的、语言强加的合约，即不传递被销毁的对象，并且随后进行了检查。任何接受任何类型参数的函数都意味着该函数具有前置条件，因此任一函数都具备狭义合约。可以得出结论：为了使得无故障的定义有实际意义，规定该定义不适用于使用无效输入的函数。

接下来讨论函数的实现完全履行合约的含义。无论是否有错误报告合约，任何函数在实现时

㊀ 参阅 nayar20。

都要尽可能履行合约。故意忽略函数实现中的缺陷。以下是一种学术上对函数无误实现（Infallible Implementation）较为极端的定义。

- 该函数在 C++ 的抽象机器模型上可以正确运行[1]。
- 为完成该功能，不需要额外的实体资源（CPU 除外）。

尽管以上条件客观并且充分，但对无误实现的严格定义，意味着实际上没有任何函数实现是无误的。任何在报告执行错误时选择触发异常，或在程序堆栈上分配局部变量的函数都无法满足如此严格的标准。此外，在游戏应用程序中可以容忍的错误，在控制核反应堆的软件中很可能是完全不可接受的。出于以上目的，无论是要报告错误还是其他情况，任何必须分配超过一定量的计算机资源来满足合约要求的函数（例如递归函数）实现，都将被认为是易误的："如果你给我 X，我保证我会尽力做好 Y，但有时会发生一些事情，在这种情况下，我可能无法返回，履行我的承诺。"请注意，任何无法履行其合约但仍返回的函数是有缺陷和危险的。

总结一下，无故障函数的属性包括合约和函数实现：合约不能包含 out 语句（即暗示可能不会执行请求）；履行合同时，在任一平台上函数都必须被无误实现，参见表 4.3。

表 4.3 与无故障函数有关的接口和实现性质

合约报告	错误的实现	昵称	带有这些属性的示例函数
No	No	nofail	`int half(int); or double sqrt(double);`
Yes	No	reliable	`FILE* fopen(const char*, const char*);`
No	Yes	optimistic	`int factorial(int); // recursive impl.`
Yes	Yes	general	`getGoodNewsPlease`

如表 4.3 所示，只有非报告并且实现无误的函数，总体上才是无故障的，例如 half、std::abs 和 sqrt。而像 fopen 这样无误但有报告的函数是可靠的，因为我们可以在无故障函数中调用它，如果失败就转而以无误（尽管效率可能较低或者不太理想）的方式来满足合约。例如，计算一个多边形的面积总是有可能的，但如果我们能迅速而可靠地确定它是矩形并访问它的表示，我们就可以绕过更慢、更通用的算法。

有时我们可能偶然或者故意写出约束过度的合约，合约中没有报告错误的规定："无论何时调用我，我都承诺去做 Y（或者拼命尝试）"。例如，函数 allocateMutex 声称总是返回一个指向新分配的 Mutex 对象的指针：

```
class Mutex { /*...*/ };

Mutex* allocateMutex();
    // Allocate a distinct Mutex and return its address. Period. :)
```

如果我们把以上 allocateMutex 函数放在运行足够多次的循环内，我们能耗尽任何物理机上的可用内存。一方面，该函数的目的是让开发人员在不被强迫测试堆内存不足的情况下完成工作，实际上他们可能并不打算花时间来支持这种情况。因此，合约中"……或者，如果我不能，我会返回 nullptr"的部分被故意省略，以免引起调用者的无用检查。另一方面，如果该函数未能分配 Mutex，正常返回将表明它违反了合约。讽刺的是，未能在文本合约中为开发人员提供例外条约类似于编译器在目标代码级别看到标记为 noexcept 函数时所做的事。参见用例——减小目标代码规模。

最后，我们经常会遇到一般函数，例如 getGoodNewsPlease，它在实现中必须依赖乐观函数，但会通过可靠的方法报告其他错误情况：

```
const char* getGoodNewsImp(Mutex* p);  // reliable function
    // Return good news; otherwise return nullptr.

const char* getGoodNewsPlease()        // general function
```

[1] 参见 stroustrup04。

```
    // Return good news; otherwise return nullptr.
{
    Mutex* mtx = allocateMutex();  // fallible
    return getGoodNewsImp(mtx);    // reliable
}
```

在以上的设计用例中，可靠函数 getGoodNewsImp 具有报告合约，并且实现永远正确。它在函数 getGoodNewsPlease 中被调用，getGoodNewsPlease 还调用了一个实现永远正确的乐观函数。因此，更高层次的包装函数具有报告合约并且实现永远正确。

确定一个函数总体上是否是无故障的具有挑战性，尤其是涉及更多的报告状态而不是简单的返回状态的函数。回想一下 fopen 函数以两种方式返回状态：通过返回值和通过全局状态。为了报告错误 / 正确，仅需要传输单个比特。两种其他的报告途径是信号和抛出异常。

考虑 std::vector 两个看起来相似的成员函数：

```
#include <stdexcept>  // std::out_of_range

template <typename T>
class vector {
//  ...
    T& operator[](std::size_t index);
        // Return a reference to the modifiable element at the specified index.
        // The behavior is undefined unless index < size().

    T& at(std::size_t index);
        // Return a reference to the modifiable element at the specified index
        // unless !(index < size()) in which case throw std::out_of_range.
//  ...
};
```

我们可以说两个合约的其中之一是无故障的吗？答案是肯定的，只有一个是无故障的，但是哪一个才是？回想一下要回答这个问题涉及两个子问题：合约是不是非报告的？实现是不是易错的？当答案并不显而易见时，可以将函数转换，我们可以将通过一些其他机制报告错误的函数转换为基本形式。在基本形式下，函数执行正确时返回 0，执行出错时返回非 0 值，还可以在全局状态中存储额外信息（例如 errno）：

```
/* status */ int f(/* out parameter, */ /* input parameters */);  // pseudo code
```

以上的伪函数模板有效地将所有函数还原到基本形式，它将接口改写为具有一个输出参数和整数返回类型的形式。我们用同一标准来比较，以重新判断函数有无故障这一问题。我们首先通过转换 std::vector::operator[] 开始：

```
int fOperatorBrackets(T*& result, std::size_t index);  // was operator[]
    // Load, into the specified result, the address of the element at the
    // specified index. The behavior is undefined unless index < size().
```

函数加载了一个指针参数（通过左值引用）而不是返回一个引用。注意转换后的函数声明了值传递的 int 类型的返回值，而合约中没有提到这一点。就像 operator[] 一样，因为合约中并没有内容表明失败是一种选择。

下面转换 std::vector::at：

```
int fAt(T*& result, std::size_t index);  // was std::vector::at
    // Load, into the specified result, the address of the element at the
    // specified index and return 0 unless !(index < size()), in which
    // case return a non-zero value with no effect on result.
```

当一起查看这两个函数的基本形式时，可以看出：对应于 std::vector::operator[](std::size_t) 的 fOperatorBrackets 具有经典的狭义合约，这个合约无法让函数报告错误信息，即使有语法途径来让函数做这件事。因此，尽管有一个开放的途径（返回值）来传递错误信息，该函数的合约是非报告的。相比之下，与 std::vector::at(std::size_t) 相对应的 fAt 的合约使用了经典的失败时返回非零值来报告错误的方法。这两个函数的任何合理实现对于客户端来说都是无懈可击的，由此得到的结论是

std::vector::operator[] 是无故障的，而 std::vector::at(std::size_t) 只是可靠。

无论一个函数的合约如何承诺报告错误，只要提到这样的错误报告途径，该函数就没有资格被视为“无故障”函数。然而，返回错误状态和在错误时抛出异常有实质区别：在返回错误状态的情况下，客户端有机会检查状态并做出反应；否则程序会出现漏洞。在错误时抛出异常的情况下，客户端可以通过 try/catch 块检查状态，或者忽略它并希望[㊀]在更高级别能捕获异常并妥善处理，终止程序是其终端用户可以接受的结果。当然，特定客户是否尽职尽责是另一回事，参见意外终止。

当合约中指定的主要操作可能使函数失去无故障的性质时，会出现以下情况：

```
int throwBadAlloc();  // nofail
    // Throw an std::bad_alloc exception.

void printByeAndQuit();  // optimistic
    // Output "Goodbye, World!\n" to std::cout and then call std::terminate().
```

在上述 throwBadAlloc 的示例中，合约没有讨论单独的错误途径，基本请求是抛出一个异常。不论什么原因，int 返回类型不会改变什么，因为合约忽略了函数可能返回什么的讨论。任何合理的实现都是无误的。throwBadAlloc 是无故障函数。第二个函数 printByeAndQuit 也没有讨论如果函数发生错误时会返回什么。在这种情况下，因为合约并没有强调 std::cout 关闭时会发生什么，所有合约是不完整的。如果我们认为传输字符串“ Goodbye, World!\n”没有通过标准输出是错误的，那么函数实现并不能被视为是无懈可击的。因此，该函数不能被认为是无故障的。限制合约，仅承诺尝试写入 std::cout，就可以认为该函数是无故障的。修改合约以声明该函数将会调用 std::terminate（不能返回）之后，只要 printByeAndQuit 正常返回，就会提供一项例外条款，从而使该函数可靠而不是无故障。

2）总结　只有当合约没有通过程序可访问的机制来报告操作是否成功时，才可以称它为非报告的——不管当前的实现是什么，也不管声明函数原型时使用了什么特定的语法。对于一个函数来说，要使它的实现被认为是无误的，它履行合约所需的资源必须对应用程序域来说足够少。然而，要使一个函数总体上被认为是无故障的，它的合约必须是非报告的并且实现是无误的。最后，如果合约本身没有明确的无故障保证，一个非报告的函数又碰巧有无误的实现，那么在长期维护下，可能并不具有无误的实现。

3）noexcept 与 nofail 的对比　当有一个不抛出异常的函数时，表明它不会抛出异常或者显式地声明它不抛出异常。因此，向一个具有广义合约且承诺不抛出异常的函数添加 noexcept 并不会对该合约的前置条件或后置条件产生实质影响。然而，对于一个具有狭义合约的函数来说，书面合约中的口头保证只适用于在合约中调用该函数时，即满足其所有前置条件时。向具有狭义合约的函数中添加 noexcept 限制了该函数违反合约行为的实现，因为在这种情况下，如果选择抛出异常，它将没有定义良好的方式来实现。

给定一个无故障函数，添加 noexcept 不会影响它的合约行为。对于使用异常来报告错误的函数，添加 noexcept 可以很容易地将实现无误的可靠函数变成乐观函数，使它失去了在满足合约方面通知任何错误的能力。例如，下面示例对上面讨论的 std::vector 的两个函数应用了 noexcept：

```
template <typename T>
class vector {
// ...
    T& operator[](std::size_t index) noexcept;
        // Return a reference to the modifiable element at the specified index.
        // The behavior is undefined unless index < size().

    T& at(std::size_t index) noexcept;
        // Return a reference to the modifiable element at the specified index
        // unless !(index < size()) in which case call std::terminate.
// ...
};
```

㊀ 参见 murphy16，第 1 章，“内容简介”，第 3～12 页，特别是第 3 页。

对于 std::vector::operator[]，添加 noexcept 对于合约内的行为没有影响但是限制了灵活性（例如，对于违反合约的调用提供任意行为）。然而，对于 std::vector::at，函数现在将被迫调用 std::terminate，而不是检测越界错误的调用并通过异常来报告。需要明确的是，向可能抛出异常的函数添加 noexcept 并不是抑制（即吞噬）异常的方法。

简而言之，一个函数被声明为 noexcept 时，并不意味着它本身一定是乐观的，更不用说是无故障的了。用 noexcept 修饰函数仅仅意味着该函数在任何情况下都不能抛出异常。

同样值得注意的是无故障和容错并不是一回事。在嵌入式系统中实现容错的无故障通常是保证需要在自主硬件上运行冗余、独立设计的进程。例如，为了在车辆控制系统中提供容错的无故障保证，可能会有三个或更多冗余进程运行在独立的硬件上，这些进程通过投票系统来决定最佳行动方案或决定是否信任某些意外的传感器数据。如果软件检测到它所在的子系统变得不可靠时就会出现严重故障，并在冗余进程继续投票并保持对车辆的控制的同时快速平稳地重新启动。

需要明确的是，上面所说的并不是防范软件缺陷的做法。我们通过大量代码审查，以及单元、集成、系统和 beta 测试来防范软件缺陷。与单元测试和静态分析互补的一种保证正确性的有效技术是在冗余（可选）的运行时进行防范检查。如果这些检查的其中之一被启用，并确定软件不再处于逻辑一致的状态，那么比起试图绕过缺陷，更普遍的做法是让软件快速失败，但这应该是在尝试安全地保存重要的进程内数据之后。

（3）意外终止

我们知道，如果从被指定为 noexcept 的函数中抛出异常——不论是在该函数内或是从它所调用的函数中，都将调用 std::terminate。

假设想要在 noexcept(true) 函数中使用第三方函数。第三方库的文档明确指出所有的错误条件都会导致返回错误代码，而不是抛出异常，因此可得出结论，在函数中使用该库是安全的。然而，第三方库包含 bug，并且在某个未经测试的特定情况下会抛出异常，这种状况是完全合理的。由于函数具有 noexcept(true) 异常说明，这种情况会导致程序意外终止，从而消除了捕获和处理（甚至抑制）该异常的任何机会。

在另一个场景中，假设 noexcept 函数使用了另一个团队所维护的库函数 g。函数 g 的合约中并没有提到它是否会抛出异常，但是在检查了 g 的代码之后，我们推断它不会抛出异常，从而在 noexcept 函数 f 中使用了它。然而，完全合理的是，另一个团队可能在函数 g 中发现了异常情况，因而添加了 throw，以便不影响已经存在的文档中的状态代码。这种未在文档中记录的异常会导致程序终止。

为了更好地说明这个场景，假设我们从一些随意但表面看起来正确的代码开始：

```
// From <otherteam.h> header file:
double g(double a, double b);
    // Do a calculation and return -1 on error.

// Code under development:
double f(double a, double b) noexcept
    // Do a slightly different calculation and return -1 on error.
{
    double c = a + b;
    double d = a - b;
    return g(c, d);  // Note: pass-through status might prove brittle.
}
```

在上面的示例代码中使用了函数 g，产生了对第三方库的依赖，第三方库中包含函数 g 的实现：

```
// In other team's implementation file:
#include <iostream>  // std::cerr

double g(double a, double b)
{
    // ... (some non-throwing calculation)

    if (error)
```

```
    {
        std::cerr << "Some problem occurred\n";
        return -1.0;
    }

    return result;
}
```

接下来，假设我们不知道该库的维护者使用了第三方日志库 FILE_LOGGER，增加了额外的、基于文件的日志。当无法写入日志文件时（由于权限或磁盘空间等问题）会发出异常：

```
// Library code file
double g(double a, double b)
{
    // ... (some non-throwing calculation)

    if (error)
    {
        FILE_LOGGER << "Some problem occurred" << FILE_LOGGER_ENDL;
        return -1.0;
    }

    return result;
}
```

现在，如果日志写入文件失败并发出异常，那么 f 上的 noexcept 说明将会强迫整个程序终止。

防止这些意外终止的一个简单方法是假设任何不能保证不会抛出异常的函数可能会抛出异常，从而将每个这样的函数包装在 try 块中：

```
// Code under development:
double f(double a, double b) noexcept
    // Do a slightly different calculation and return -1 on error.
{
    double c = a + b;
    double d = a - b;

    try
    {
        return g(c, d);  // Note: pass-through status might prove brittle.
    }
    catch (...) { return -1.0; }
}
```

通过一些分析，可以确定在不常见的异常上终止是否可以接受，如果不能接受，那么可以避免调用文档不完善的第三方函数，要么在内部捕获并处理异常，要么选择移除 noexcept 说明符。一个更简单的经验法则是，在默认情况下移除 noexcept 说明符，除非我们有理由相信添加 noexcept 会使得客户端采用替代（算法层面上更快）的代码路径，参见无法实现的运行时性能优势。

实际上，代码库中 noexcept 说明符使用得越多，意外调用 std::terminate 的可能性就越大。特别是在泛型代码中，如果对模板参数做出没有根据的不会抛出异常的假设，那么便会成为这个隐患的受害者。如果泛型库被设计为不适用异常，那么这本身并不一定是个问题。然而，如果泛型库普遍使用 noexcept 说明符，客户端代码可能会被强制采用一种编程风格，在这种风格中，它必须避免使用异常，以免泛型库调用 std::terminate。

C++ 标准库中的泛型容器很少自己抛出异常，但关于客户端抛出异常后的结果，它们确实提供了保证。例如，在拷贝构造期间，如果某个操作使得参数类型为 T 的对象抛出异常，那么容器将保持良好状态（有时保证与操作前的状态相同）并允许异常传播。异常安全一词只适用于合约，因为它与库的完全一致性实现有关。我们使用异常不可知这一术语来指代纯基于 RAII 的异常安全函数的实现，它可以在显式禁用异常的嵌入式系统中编译和运行得同样好。这种与异常无关的风格在客户端使用（或不使用）异常的风格方面没有进行强制。

突然和意外的程序终止带来了严重的缺点，其中之一是可能丢失未保存的进程内数据。缓解这个问题的一个方法是简单地安装一个终止处理程序，如调用应用程序标准的 save 函数，但是这样做会导致更多的问题出现：程序的初始状态可能已经被错误损坏了，这导致使用了受损的程序状态覆盖了保存良好的数据；如果程序的初始故障是由于资源耗尽或连接问题（例如，失去到数据库服务器的网络连接），那么 save 函数本身可能会失败，或者更糟糕的是，保存了部分数据，但却删除或以其他方式损坏先前保存的陈旧但有用的数据。一种更安全常用的方法是让终止程序“尽力而为”地将数据保存到恢复文件，然后按要求进行事后验证分析：

```
#include <cstdlib>    // std::abort
#include <exception>  // std::terminate_handler, std::set_terminate

static void emergencySave()
    // Make a best effort to save all existing instances of client data to
    // special recovery files. This function is intended to be called by
    // std::terminate during an emergency program shutdown, e.g., if an
    // unexpected exception occurs. Importantly, the save algorithm is
    // designed to work with just 5MB of available memory.
{
    // ...           (Save as much client data as possible.)

    std::abort();  // Kill the program immediately.
}

int main()
{
    std::terminate_handler prevTermHandler = std::set_terminate(&emergencySave);

    // ...                      (application code)

    std::set_terminate(prevTermHandler);  // Restore previous terminate handler.
}
```

在上面的示例代码中，任何对 std::terminate 的意外调用都将调用安装的 terminate_handler，即 emergencySave。emergencySave 函数通常依赖尽可能少的系统和外部资源（例如数据库或网络驱动），因为这些资源不能保证可用，事实上，它们的不可用性可能是最初失败的原因。

一个特别需要注意的异常是 std::bad_alloc，它通常在 new 分配内存失败时抛出。任由内存不足的异常通过任意栈帧向上传播到集中统一处理这种资源相关异常的 try-catch 块中，这种行为就像是用客户端的数据玩俄罗斯轮盘赌一样，特别是在普遍（可能是不必要的）使用 noexcept 说明符时。

此外，如果程序耗尽了全局内存，那么典型的 emergencySave 函数所需要的许多操作（例如打开文件以写入）也可能会失败。在内存不足的情况下，保存短暂的进程内数据的传统方法是在程序开始时预留足够的内存，以进行紧急的保存操作（或者其他适当的关闭）。除了如上所述设置一个 terminate_handler 之外，还需要设置一个 new_handler，其任务是在需要时使预留的内存可用：

```
#include <exception>  // std::terminate_handler, std::set_terminate
#include <new>        // std::new_handler, std::set_new_handler

static void emergencySave() { /*...*/ }      // same as before

static void* reservedMemoryBlock = nullptr;  // memory reserved for emergencies

static void handleOutOfMemory()
    // Free reserved memory block and call std::terminate.
{
    ::operator delete(reservedMemoryBlock);  // Make memory available.
    reservedMemoryBlock = nullptr;
    std::terminate();                        // (hopefully) graceful termination
}

int main()
{
    std::terminate_handler prevTermHandler = std::set_terminate(&emergencySave);

    // Reserve 10MB memory to use during graceful termination.
```

```
    reservedMemoryBlock = ::operator new(10U * 1024U * 1024U);
    std::new_handler prevNewHandler = std::set_new_handler(&handleOutOfMemory);

    // ...           (application code --- might exhaust memory)

    std::set_new_handler(prevNewHandler);  // Restore previous new handler.
    ::operator delete(reservedMemoryBlock);// Free reserved memory.
    reservedMemoryBlock = nullptr;
    std::set_terminate(prevTermHandler);   // Restore previous terminate handler.
}
```

上面概述的框架解决方案，除了设置终止处理程序外，还在 main 开始时分配了 10 MB 内存，并将 handleOutOfMemory 注册为 new 处理程序。在分配失败的情况下，handleOutOfMemory 释放分配的 10 MB 内存，使得 emergencySave 函数有足够的空间来分配它所需要的内存。

注意到 emergencySave、handleOutOfMemory 和 reservedMemoryBlock 都被声明为静态文件作用域，因此只在定义 main 函数的编译单元内可见，这是这些函数应该被引用的唯一位置。更健壮的实现是将终止处理程序和 new 处理程序的设置封装在 RAII 类中，从而自动释放先前的处理程序并释放保留的内存。

（4）忘记在 noexcept 说明符中使用 noexcept 操作符

noexcept 说明符通常与 noexcept 操作符结合使用，从特定表达式的异常说明计算函数（或函数模板）的异常说明。测试表达式通常涉及依赖于模板参数的类型变量，否则答案是已知的特定类型：

```
template <typename T, typename U>
void grow(T& lhs, const U& rhs) noexcept(noexcept(lhs += rhs))
{
    lhs += rhs;
}
```

使用嵌套的 noexcept（例如 noexcept(noexcept(表达式))）看起来很奇怪，但却是必要的；忘记内部的 noexcept（比如只是 noexcept(表达式)），在某些情况下仍可能使得代码正常编译，但不符合预期的语义。很容易编写这样有缺陷的异常说明，但通常难以在代码审查中发现，因为它们看起来像熟悉的 noexcept 说明符。noexcept 说明符需要一个上下文可转换到 bool 的常量表达式。幸运的是，当内部的 noexcept 被意外忽略时，通常的情况是表达式不是一个编译时的常量表达式，因此将触发编译器错误。然而，确实有一些错误会产生有效代码，这些错误很容易导致函数声明中有错误的异常说明。

例如，考虑一对内联函数 g1 和 g2，它们都简单地返回 false，都声明为 noexcept，但函数 g2 被定义为 constexpr（参见 3.1.5 节）而函数 g1 则没有。然后我们定义两个函数 f1 和 f2，它们分别简单地委托给函数 g1 和函数 g2。每个函数都尝试从它调用的函数推断它相应的异常说明，但是忽略了在 noexcept 说明符中嵌套 noexcept 操作符：

```
          bool g1() noexcept { return false; }
constexpr bool g2() noexcept { return false; }

bool f1() noexcept(g1()) { return g1(); }  // Error, g1() not a constant expr.
bool f2() noexcept(g2()) { return g2(); }  // Bug, noexcept(false)

static_assert(noexcept(f2()) == noexcept(g2()), "");  // Error, f2 not noexcept
```

在上面的示例中，f1 的声明是错误的，产生了编译错误，因为它的 noexcept 说明符的参数 g1() 并不是常量表达式。因此在这种常见的情况下，使用编译器可避免这个隐患。然而在 f2 的示例中，表达式说明符是有效的，因为 g2() 是常量表达式，它返回了一个可转换到 bool 的类型。两个类似函数（例如 f3 和 f4）的正确声明应该是在 noexcept 说明符中嵌套 noexcept 操作符：

```
bool f3() noexcept(noexcept(g1())) { return g1(); }  // OK, noexcept(true)
bool f4() noexcept(noexcept(g2())) { return g2(); }  // OK, noexcept(true)

static_assert(noexcept(f3()) == noexcept(g1()), "");  // OK
static_assert(noexcept(f4()) == noexcept(g2()), "");  // OK
```

这种隐患存在更不常见的变体：异常说明符内的函数根本没有被调用。例如，意外省略了空参数列表 ()。考虑一个函数的三个版本（例如 j1、j2 和 j3），它们调用非 noexcept 函数 h1 并且以三种不同方式从 h1 计算各自的异常说明：

```
double h1() noexcept(false) { return 1.0; }

double j1() noexcept(h1)               { return h1(); }  // Bug, noexcept(true)
double j2() noexcept(noexcept(h1))     { return h1(); }  // Bug, noexcept(true)
double j3() noexcept(noexcept(h1()))   { return h1(); }  // OK, noexcept(false)

static_assert(noexcept(j1()) == noexcept(h1()), "");  // Error, j1 is noexcept.
static_assert(noexcept(j2()) == noexcept(h1()), "");  // Error, j2 is noexcept.
static_assert(noexcept(j3()) == noexcept(h1()), "");  // OK, j3 is not noexcept.
```

j1 的声明省略了内部的 noexcept 操作符并且省略了函数调用的括号，因此 noexcept 说明符的参数退化为指向函数的指针，由于该指针非空的，因此它被计算为布尔值 true，从而使 j1 的异常说明为 noexcept(true)[⊖]。j2 的声明确实应用了嵌套的 noexcept 操作符，但同样忽略了函数调用的括号，因此 noexcept 的参数也退化为函数指针。未参与计算的函数指针不会抛出异常，因此 j2 的异常说明也是 noexcept(true)。最后，在 j3 的声明中，noexcept 操作符的参数为对 h1 的调用，产生了预期结果，j3 与 h1 的异常说明相匹配。

noexcept 说明符内的表达式通常是包含 traits 的表达式，或者是 noexcept 操作符内的表达式，正确的 noexcept 说明很少包含单个函数调用，尽管这确实会发生。

（5）noexcept 说明中的不精确表达式

noexcept 说明符指出单个函数是否会抛出异常。相反，当作用于函数调用表达式时，noexcept 操作符决定了表达式中是否存在一部分（函数及 noexcept 说明符参数中使用的任何表达式）可能抛出异常。如果不能掌握这一点，即使实现上所需的表达式不会抛出异常，函数也会被标记为 noexcept(false)。考虑函数模板 eval1，它接受一个可调用对象 f，f 类型为模板参数类型 F，使用字符串实参 stringArg 来调用 f，stringArg 类型为 const std::string&。我们希望 eval1 具有和 f::operator() 一样的异常说明：

```
#include <string>  // std::string

template <typename F>
void eval1(F f, const std::string& stringArg) noexcept(noexcept(f("")))  // Bug
{
    f(stringArg);
}
```

上述示例尝试将 f 的异常说明传递给 eval1。简单起见，给 noexcept 操作符的表达式中传递一个空字符串作为字符串实参的占位符，理由是该表达式未进行计算，因此可以安全地缩略。遗憾的是，如果 f 的参数类型为 const std::string&，那么传递 "" 需要调用可能会抛出异常的转换构造函数 std::string(const char*)。因为无论是否保证在使用已经构造好的 std::string（例如 stringArg 对象）调用 f 时不会抛出异常，noexcept(std::string("")) 都为 false，所以 noexcept(f("")) 结果为 false。

在这种情况下，解决方法是在 noexcept 说明符中使用和返回语句完全相同的表达式，即 f(stringArg)。在尝试这种方法之前，考虑一下在更复杂的表达式中更有吸引力的两种替代方法。f 的实参必须是不会抛出异常的表达式，它可以绑定到 const std::string& 而不会调用任何可能会抛出异常的转换。因此，在这种情况下，一种简单的解决方法是仅仅将占位符字符串更改为对 noexcept 声明的 std::string 的默认构造函数的调用：

```
#include <string>  // std::string
```

⊖ 参见描述——条件异常规范，在编译期，当函数地址被转换为 bool 时，一些编译器可能会发出诊断信息，例如 GCC 9.1（大约 2019 年）及以后版本。

```
template <typename F>
void eval2(F f, const std::string& stringArg)
     noexcept(noexcept(f(std::string())))     // OK
{
    f(stringArg);
}
```

然而，这种解决方案不能推广到 F 的实参依赖于模板参数类型的情况，实参可能使用了完美转发（参见 3.1.10 节）。因为直到模板实例化后才能知道 f 的实参类型，所以不知道实参类型是否有默认构造函数，也不知道这样的默认构造函数是否为 noexcept。与其向实参类型增加可默认构造这样不必要的限制，不如使用 C++11 的库函数 std::declval，它定义在 <utility> 头文件中：

```
template <typename T>
typename std::add_rvalue_reference<T>::type std::declval() noexcept;
```

std::declval 函数没有定义，所以在它将要参与计算的上下文中调用它会产生错误。它的作用是创建对可用于不求值上下文中的类型的引用，例如 noexcept 操作符、decltype、alignof 或 sizeof。我们可以使用 std::declval 来创建一个更通用的 eval2 定义（例如 eval3），并正确推导出异常说明：

```
#include <utility>  // std::declval, std::forward

template <typename F, typename T>
void eval3(F f, T&& arg) noexcept(noexcept(f(std::declval<T>())))
{
    f(std::forward<T>(arg));
}
```

注意到，如果仿函数类型 F 的拷贝构造函数、移动构造函数或析构函数能抛出异常，调用该函数仍然能抛出异常。为了避免对 F 进行不必要的拷贝，在实际中，F 通常会通过引用传递

```
template <typename F, typename T>
void eval4(F&& f, T&& arg)
    noexcept(noexcept(std::declval<F>()(std::declval<T>())))
{
    std::forward<F>(f)(std::forward<T>(arg));
}
```

细心的读者会发现，所有这些麻烦都是由于试图避免在异常说明符中使用函数参数引起的。这些参数在作用域内（因为异常说明在函数参数列表之后），因此最简单、最可靠的异常说明的正确形式只需包含在函数体中使用表达式的副本中：

```
template <typename F, typename T>
void eval5(F&& f, T&& arg)
    noexcept(noexcept(std::forward<F>(f)(std::forward<T>(arg))))
{
    std::forward<F>(f)(std::forward<T>(arg));
}
```

因为 noexcept 说明准确反映了关心的表达式，所以两者不可能存在差异。但是，这种习惯用法需要大量的代码重复，参见烦恼——代码重复。

eval1 的示例错误地产生了 noexcept(false) 说明，但如果计算中某个重要部分被偶然省略时，也可能产生一个错误的 noexcept（true）说明。考虑 eval1 的另一种泛化的版本，它接受任何可以被转化为 std::string 的实参类型并将其传递给函数对象 f：

```
#include <string>  // std::string

template <typename F, typename S>
void eval6(F f, S&& str)
    noexcept(noexcept(f(std::forward<S>(str))))  // Bug, omits string ctor
{
    std::string s(std::forward<S>(str));  // might throw
    f(s);                                 // Invoke f on the "copy" of str.
}
```

在上面的示例中，eval6 函数体中的 f 的实参是由 eval6 的参数 str 构造的。构造该局部变量可能会抛出异常也可能不会，这取决于 S 的类型以及它是左值还是右值，当 str 作为 std::string 右值传递时，std::string 构造函数不会抛出异常，但当它作为左值传递时，所选的构造函数可能会抛出异常。我们考虑使用仿函数类型（例如 Consume）来实例化该函数模板，Consume 含有一个 noexcept 的调用操作，它接受 const std::string& 类型的实参：

```
struct Consume  // function-object type with nonthrowing call operator
{
    void operator()(const std::string& s) noexcept { }
};

std::string hello = "hello";
static_assert( noexcept(eval6(Consume{}, std::move(hello))), "");  // OK
static_assert( noexcept(eval6(Consume{}, hello)), ""); // passes, but shouldn't
```

当使用 Consume 和 std::string 类型的右值实例化时，eval6 被正确声明为 noexcept（true）。然而，当使用左值实例化时，eval6 也被声明为 noexcept(true)，即使函数体内有可能抛出异常的构造函数调用，但可能会导致意外终止（参见意外终止）。

同样，解决方法是保证异常说明中的 noexcept 操作符考虑到了所有必要的表达式（例如 eval7）：

```
template <typename F, typename S>
void eval7(F f, S&& str)
    noexcept(noexcept(f(std::string(std::forward<S>(str)))))
{
    std::string s(std::forward<S>(str));  // might throw
    f(s);                                 // Invoke f on the "copy" of str.
}

static_assert( noexcept(eval7(Consume{}, std::move(hello))), "");  // OK
static_assert(!noexcept(eval7(Consume{}, hello)), "");             // OK
```

在上面的最终版本 eval7 中，子表达式 std::string(std::forward<S>(str)) 为 noexcept（true）当且仅当它在实际计算时调用 noexcept 的构造函数，才能正确表达出传递函数的声明。

（6）无法实现的运行时性能优势

正如我们所知道的（参见用例——减小目标代码规模），在特定充分理解的情况下，使用 noexcept 可以显著减少目标代码的大小。

传统观点认为“代码越少运行得越快”而“代码越多运行得越慢”。当目标代码更少时，意味着会执行更少的机器指令。当代码更多时，可能有更多的邻近指令（即使很少执行），对有限的硬件资源（即指令缓存）造成压力。

历史上，支持异常会导致在异常释放路径上执行额外指令（即使没有异常抛出）。随着零成本异常模型的日益普遍使用，当没有异常抛出时（即热路径），不会引入额外的邻近机器指令。在采用这种零成本模型时，我们积极地权衡异常实际抛出时（即冷路径）的延迟和吞吐量。

尽管在异常释放路径上没有产生开销，但是调用可能抛出异常的函数会排除其他有益的优化。由于不能关闭对异常的所有支持（比如在编译器的命令行上），目前恢复这种运行时优化机会的是：当编译一个调用了不抛出异常函数的函数时，使不抛出异常函数的函数体可见；或者声明不抛出异常函数为 noexcept，请参见烦恼——算法优化与减少目标代码大小相结合。

结果证明，与算法改进不同的是，仅仅作为提示使编译器优化运行时性能而投机地使用 noexcept 不能带来任何好处，更不用说结果性的改进了。因此，在整个代码库中为了这样的目的而广泛使用它是非常值得怀疑的[1]。参见过强的合约保障。

Chandler Carruth 很好地阐释了这个道理[2]：

---

[1] 在 MSVC 19.29（大约 2021 年），向内联函数添加 noexcept(true) 说明（特别是 DLL 导出类的成员函数），可能会导致运行时性能的显著下降，参见 dekker19a。

[2] 参见 carruth17，时间 3:56～4:38。

“如果您没有给代码写基准测试，那么您就不会关心性能。这不是观点，这是事实。”

1）热路径和冷路径 我们将常见或通常情况下运行的代码执行路径称为热路径，以说明它是经常执行的路径。我们称例外情况为冷路径（很少被执行的路径），一般情况下，它不会存于缓存中，对于大型程序甚至不会分页存于计算机的物理内存（RAM）中。不管使用哪种异常处理实现，抛出异常都被假定为异常（非典型）情况，所有异常处理都在冷路径上完成。

在 try/catch 构造中，try 块总是在该构造的热路径上，而 catch 块总是在该构造的冷路径上。即使在源代码中没有显式的 try，在一些情况下，编译器也必须生成隐式的 try/catch，即包含不抛出异常时的热路径以及用于栈展开（即销毁活跃的、局部的、非平凡可析构的自动变量，可能包括异常的重新抛出）的冷路径。

注意，单个函数可能需要多个隐式的 try 块，每组局部变量对应着一个 try 块，每组局部变量后面都有潜在的抛出异常的表达式。参见减小目标代码规模。

现代编译器尽可能地在可执行镜像中隔离很少执行的机器指令序列，并将它们隔离在虚拟地址空间中的较远区域。然而，我们知道异常抛出的路径 100% 是冷路径，现代编译器会尽量避免将这种冷路径代码和频繁执行的指令交织在一起。

2）较早的异常处理实现 在普遍采用零成本异常模型之前，大多数编译器会执行基于堆栈的簿记，以便在函数执行过程中动态追踪当前活跃的嵌套 try 块。

例如，一种实现[㊀]是为每个 try 块（包括隐式生成的）创建一个新的异常注册记录。每个注册记录包含两个指针：一个指向异常处理代码，另一个指向之前的注册记录。在进入每个 try 块（隐式的或其他的）之前，编译器会插入指令来构造异常注册记录。编译器先将指令添加到活跃的 try 块的邻接链表中，然后将本地线程指针指向新的异常注册记录。如果抛出异常，异常处理逻辑会遍历已注册块的链表，在栈展开时依次调用每个处理程序。编译器还会在 try 块的结尾插入代码来处理正常的（无异常）情况，即恢复指向到之前注册记录的本地线程指针，以从链接列表中删除代码块，恢复之前的动态异常处理状态。

在这些旧的模型中，即使没有异常抛出，也会在每个 try 块进入和退出时在热路径上分别执行注册和注销指令。支持异常的运行时负担偏向于正常（无异常）的情况，但运行时成本并不为零。这些指令增加了热路径上的开销，许多人认为是费力不讨好的，以至于完全放弃使用异常，即在构建程序时禁用异常（例如使用编译器开关）。

零成本异常模型采用了一套不同的权衡方法，以更大型的程序和显著提高冷路径上的相对延迟为代价（很有可能导致缓存缺失甚至缺页中断），消除了热路径上所有运行时开销。这种较新的零成本模型使得对异常处理的支持在更广泛的应用程序中变得可行。

3）零成本异常模型 在现代编译器日益普遍的零成本模型中，在正常（无异常）路径上支持异常运行时的成本实际上为零。也就是说，与完全不支持异常相比，模型本身并没有在热路径上插入额外的机器指令：所有额外的目标代码都以列表和额外的冷路径代码的形式出现。

我们这里说“实际上”是因为存在理论和实际情况，如果优化器以某种方式知道某个特定函数不会抛出异常——如果没有完全从热路径上的活跃指令流中删除，一条或多条与异常模型本身无关的机器指令可能会被重新排序。这些形式的潜在附加优化的特点将在下面说明。

注意，术语“零成本”指的是在热路径上消除簿记。对异常的支持从来都不是没有开销的，因为必须总是生成代码来处理异常和展开堆栈，包括调用局部变量的析构函数。

（7）性能改进的理论机会

当编译器知道被调用的函数 g 不会抛出异常时，理论上它至少可以采用两种不同的运行时性能优化策略：当编译器知道生成代码中的指令是无关的时候，编译器有最大的灵活性来选择和重排序机器指令（指令选择和代码移动），以最小化延迟，并利用现代 CPU 可用的并行和流水线优势；当指令

㊀ 32 位 Windows 平台的编译器继续使用这种非零成本的异常处理模型，参见 pietrek97。

序列没有不可预测的分支时，优化器可以发现并删除死代码（代码消除）。

作为对第一种优化策略的说明，考虑函数 f 含有一个或多个类型为 S 的局部变量，且 f 还有一个可见的重要默认构造函数体和一个不透明的非平凡析构函数。此外，我们还有一个子例程 g，它的实现是不透明的，目前是 noexcept(false)（默认），但是恰巧不会抛出异常。注意，如果 S 构造函数体是不可见的，则编译器就无法知道 S 和 g 之间没有交互。还要注意的是，如果 g 的函数体可用，就不需要显式地声明 g 不抛出（参见烦恼——算法优化与代码优化相结合）：

```
struct S
{
   S() { /*runtime intensive*/ }  // inline, i.e., visible to caller's compiler
   ~S();  // possibly opaque (non-trivial) user-provided destructor
};

void g();  // may throw (but doesn't)

void f()
{
    S s0;
    S s1;
    S s2;
    g();  // call #1
    g();  // call #2
}
```

理论上，如果 S::S() 函数体是可见的，那么编译器可以识别 S0、S1 和 S2 的构造何时被证明是无关的，以及它们的构造何时与调用 g 无关。生成的代码原则上可以并发执行（或者至少交叠执行）：

```
CALL f -----> S s0; ----> S s1; ----> S s2; ----> g(); ----> g(); ---> RETURN

          +--> S s0; ----->------->--+
CALL f --+--> S s1; ----->------->--+--> RETURN
          +--> S s2; ----->------->--+
          +--> g();  -----> g(); ->--+
```

上面的示意图说明了一种理论上最佳的并发情况，更有可能的情况是，每个 S 可见的构造函数会向量化或流水线化，对不透明函数 g() 的调用将在之后串行执行。

任何这种代码移动优化需要至少 f 或 g 中的一个被声明为 noexcept，否则，可能抛出异常的函数 g 可以在构造一个或多个非平凡可析构的局部变量 S 之前抛出异常。通过将 g 声明为 noexcept，编译器可以进行类似这种代码移动的优化。注意，如果实际调用者知道 g 不会抛出异常（参见合并 noexcept 和 nofail），只要编译器利用标准赋予的在调用 std::terminate 之前不试图清除当前栈帧的权限，声明 f 为 noexcept 可以有相似的效果。参见描述——当表达式不会抛出异常时潜在的性能提升。

上述代码移动和（或）向量化优化的可能性十分罕见的，编译器必须有完美的优化机会才能有效利用围绕不透明函数调用的重排序操作。然而，在函数 f 上运行微基准测试时，当子例程 g 声明为 noexcept 时，目标代码的大小确实减小了，这说明代码大小本身不一定会对运行时性能产生负面影响。

例如，考虑一系列函数 fN, 每个函数都具有相同的标准形式：

```
struct S { ~S() noexcept; };  // defined (empty) in a separate translation unit
void g() G_EXCEPTION_SPEC;    // declared with and without noexcept
void fN() { g(); S s0; g(); S s1; g(); /*...*/ S sN; g(); }
```

换句话说，每个 fN 函数（f0, f1, f2, …）含有 N 个 S 类型的局部变量，并穿插 N+1 次对 g() 的调用：

```
void f0() { g(); }
void f1() { g(); S s0; g(); }
void f2() { g(); S s0; g(); S s1; g(); }
  :   :   :   :    :     :    :     :   :...
```

我们在声明和没有声明为 noexcept 的不同情况下，尝试在不同平台上调用函数 f0, …, f8，表 4.4

显示了调用 f 时目标代码大小和运行时间的情况，表中的结果是 g 声明了的 noexcept(true) 除以 g 没有声明的 noexcept(false) 的值。

表 4.4　f() 包含对 g() 的 N 次调用

N	对象大小				运行时间[①]			
	GCC[②]	Clang[②]	MSVC[②]		GCC[②]	Clang[②]	MSVC[②]	
	-O3	-O3	/Ot	/Os	-O3	-O3	/Ot	/Os
0	1.0000	1.0000	1.0000	1.0000	1.0076	0.9985	0.9947	1.0207
1	0.5448	0.4929	0.5326	0.5326	0.9470	1.0660	0.9923	1.0568
2	0.5227	0.5412	0.4961	0.4961	1.0047	0.9465	1.0255	1.0083
3	0.5054	0.5048	0.4759	0.4759	0.9690	1.0717	0.9417	1.0063
4	0.4880	0.5126	0.4631	0.4631	1.0873	1.0446	1.0119	0.9853
5	0.4749	0.4821	0.4542	0.4542	1.0114	0.9863	0.9791	0.9705
6	0.4651	0.4606	0.4477	0.4477	0.9694	0.9988	0.9897	1.0106
7	0.4567	0.4484	0.4427	0.4427	0.9818	1.0158	0.9807	1.0012
8	0.4492	0.4527	0.4387	0.4387	1.0361	0.9969	0.9946	0.9704
9	0.4434	0.4432	0.4356	0.4356	1.0103	1.0186	0.9955	0.9942

①使用 Google 基准测试运行 100 次，取中间 80% 的平均值。
② GCC 11.1.0（大约 2021 年）、Clang 12.1.0（大约 2021 年）和 MSVC 19.29（大约 2021 年）。

表 4.4 包含了通过从编译单元（TU，又称翻译单元）main.cpp 运行循环获得的原始数据，该编译单元调用第二个编译单元 f.cpp 中的函数 f，f 调用在第三个编译单元 g.cpp 中定义的函数 g，第三个编译单元中还定义了空的 S::~S() {}。注意，当 g 声明为 noexcept 时（在具有非平凡析构函数的局部变量之后），f 的代码大小的确减少了，但由于没有运行时优化发生所需的理论机会，因此在运行时间比值上没有类似的减少现象。

可以看出，上述的数据来自微基准测试，没有反映出现实中的大型程序的情况。但另一方面，与影响 L1、L2 和 L3 高速缓存的伸缩性问题不同，该微基准测试与受工作集大小影响的数据访问无关。大型可执行文件的程序会对指令高速缓存造成更大的压力，但零成本模型会避免冷路径异常处理代码增加的这种压力。因此，理论上可执行文件的大小不会对运行时性能产生任何影响。虽然大型可执行文件可能会对其他方面产生影响，例如分布式系统的传输时间更长、高度受限系统的资源限制等，但是仅仅是冷路径代码不会直接影响运行时的性能。

当考虑 noexcept 对不直接使用异常的应用程序的好处时，一种可靠的方式是在完全禁用异常的情况下重新构建整个应用程序——这是大多数现代编译器提供的选项。理论上讲，这几乎肯定会减少可执行文件的大小，但是运行时的性能呈现出很小或不显著的差异。

1）切实可行的性能改进　另一种形式的优化来自于热路径上的代码消除，源于编译器知道一些用户提供的特定代码（用于处理从子表达式抛出的异常）是无用的，因此可以删除这些代码（因为编译器知道不会有这样的异常抛出）。这种基于消除的优化对运行时刻的性能有显著的提升[⊖]。

现在考虑一种基于 RAII 的异常处理机制，它不涉及任何显式的 try、catch 或 throw。在本例中，首先考虑在函数 fu 的函数体中使用 C++11 标准库组件 std::unique_ptr 作为作用域守卫，监督动态分配的 int 变量的所有权。

```
#include <memory>  // std::unique_ptr

void g();          // noexcept(false) by default

int* fu(int* p)  // runtime optimizable if compiler knows g won't throw
```

⊖ 基于假设的对优化的定量分析，参见 amini21。

```
{
    std::unique_ptr<int> u(p);          // #1 Initialize guard u'.
    g();                                // #2 This call to g may throw.
    return u.release();                 // #3 Return the locally managed resource.
}
```

在上面的函数 fu 中，将动态分配的 int 变量的地址传递给 fu，由守卫 u 临时管理。之后调用外部定义的可能抛出异常的函数 g。如果 g 不抛出异常，则返回传递的 int 对象的地址，否则，它将被删除并且重新抛出异常。

在背后，编译器将隐式地生成一个 try/catch 块，为 g 抛出异常的情况做准备。将上面的 fu 重写为 fv，明确地说明所有隐式生成的功能：

```
int* fv(int* p)  // runtime optimizable if compiler knows g won't throw
{
    int* d_u = p;                       // #1 Initialize guard u.
    try  // implicitly generated try/catch block.
    {
        g();                            // #2 This call to g may throw.
    }
    catch (...)
    {
        delete d_u;  // Invoke guard u's destructor.
        throw;       // Rethrow currently in-flight exception.
    }
                                        // #3 Return the locally managed resource.
    int* retval = d_u;  // release(): Save value to be returned.
    d_u = 0;            // release(): Clear internal pointer value.
    delete d_u;         // Invoke guard u's destructor.
    return retval;      // Return allocated resource.
}
```

我们现在考虑，如果编译知道 g() 不会抛出异常，那么热路径将进行这些类型的优化。首先，try 和 catch 子句中的所有代码都可以消除，因为不存在从 g() 传播出异常的可能性。接着，通过 d_u 和 retval 来追踪 p，可以看到 p 总是和返回值相同，返回语句可以被替换为 return p。因为总是给作用于 d_u 的 delete 操作符传递一个空指针而没有实际作用，因此也可以消除该行代码。最后，尽管 d_u 被定义了两次（第一次在函数顶部被赋值为 p，第二次在函数返回前被赋值为 0），但是它的值没有被使用，因此赋值语句和局部变量本身都可以被消除。也就是说，只要知道 g 不抛出异常，编译器可以消除 catch 块、局部变量、两次赋值和 delete 操作符的调用。

优化完成之后，等价的代码大小将会显著变小：

```
void g() noexcept;
int* fw(int* p)
{
    g();       // #2 This call to g may not throw.
    return p;  // Return allocated resource.
}
```

为了说明仅冷路径上的代码更少与两种路径上的代码更少之间的区别，我们创建了一个类似于上面的微基准测试程序，这次用 std::unique_ptr 实例替代类型 S 的局部变量，在最后将资源归还给调用者之前，每次调用 g 之后调用 release。

```
#include <memory>  // std::unique_ptr

#ifndef NOEXCEPT  // useful CPP technique to enable command-line control
#define NOEXCEPT
#endif

void g() NOEXCEPT;  // noexcept(false) by default, but what if noexcept(true)?

int* fN(int* p)
{
    std::unique_ptr<int> u0(p);     // #1 Initialize guard u0.
    g();                            // #2 May this call to g throw?
    u0.release();                   // #3 Release the locally managed resource.
```

```
    std::unique_ptr<int> u1(p);     // #1 Initialize guard u1.
    g();                            // #2 May this call to g throw?
    u1.release();                   // #3 Release the locally managed resource.

    // ... (total of N blocks)

    std::unique_ptr<int> uN(p);     // #1 Initialize guard uN.
    g();                            // #2 May this call to g throw?
    uN.release();                   // #3 Release the locally managed resource.

    return p;                       // #3 Return the locally managed resource.
}
```

为了增强直观感受，我们在表 4.5 中再次展示了各种微基准测试运行的结果。

表 4.5　f() 在 g() 的调用周围包含 *N* 个 unique_ptr 守卫

N	对象大小				运行时间			
	GCC	Clang	MSVC		GCC	Clang	MSVC	
	-O3	-O3	/Ot	/Os	-O3	-O3	/Ot	/Os
0	1.0000	1.0000	1.0000	1.0000	1.0034	0.9903	1.0086	0.9934
1	0.4154	0.5036	0.7289	0.7644	1.1030	0.9913	0.9352	1.1360
2	0.3681	0.5000	0.6146	0.6652	1.0014	0.9222	0.9590	1.0597
3	0.3333	0.4969	0.5369	0.5932	0.7884	1.0011	1.0740	1.1428
4	0.3067	0.4942	0.4806	0.5385	0.8323	0.9021	0.9985	1.4772
5	0.2857	0.4918	0.4490	0.4955	0.9937	0.9579	1.0526	0.9639
6	0.2681	0.4897	0.4183	0.4609	1.0112	0.7729	1.0875	1.1388
7	0.2537	0.4878	0.3932	0.4367	0.9697	0.8690	0.9711	0.9500
8	0.2416	0.4861	0.3723	0.4142	0.9640	0.8690	0.9605	0.9732
9	0.2309	0.4846	0.3440	0.3932	0.9293	0.8951	1.0426	0.9684

与之前的实验不同，因为编译器知道 g 不会抛出异常，所有它可以消除所有局部变量——至少消除热路径上初始化每个局部变量所需的指令（即使 g 不是 noexcept，对每个 std::unique_ptr 析构函数的调用在热路径上也是可以消除的）[⊖]。

请记住，对生成代码的微小改动可能会对运行时产生不成比例和不可预测的影响（积极的和消极的），比如导致或防止了单个缓存缺失，甚至是热路径上的缺页故障。一些理论上应该加快代码运行速度的操作可能仅仅因为将一条指令移动到不同的缓存行而导致代码运行速度变慢。修改源代码来触发编译器中的小幅优化可能会带来一些好处，或者没有好处，甚至可能会带来负面影响。这种对局部目标代码的微优化可能会适得其反，除非已知该段代码性能不佳，并且这种优化与仔细地测试相结合。

2）总结　noexcept 说明符和 noexcept 操作符（参见 3.1.15 节）的提出主要是为了在算法层面上利用不会抛出异常的移动操作，同时仍然允许有可能抛出异常的移动操作。

如果给定的移动操作不会抛出异常，这通常会使算法加速并自然而然地影响到交换操作（参见用例——声明不会抛出异常的移动操作，以及用例——提供 noexcept 移动操作的包装器）。在特殊情况下（如嵌入式系统），可使用 noexcept 来减少目标代码大小，参见用例——减小目标代码规模。

零拷贝异常模型（与以前的模型不同）本身在热路径（无异常的）中没有引入任何开销，只使用 noexcept 来提供最少的优化机会，使得编译器可以做局部的“窥孔”运行时性能优化，例如，通过删除用户在热路径上显式提供的未使用代码。仅仅为了本地（非算法）运行时目标代码优化的目的而有

⊖ 关于 noexcept 在几个流行平台上的非算法运行时效果的类似基准测试的简短介绍，参见 dekker19a。

效使用 noexcept，则需要进行基准测试来验证仓促的说明（参见过强的合约保障）和意外的程序终止（参见意外终止）的风险。

避免这种隐患的解决方法是使被调用函数 g 的函数体对调用函数 f 可见。然而，这样做会使得 g 的整个函数体与 f 耦合在一起，从而降低 g 的独立可扩展性。目前，没有通用的解决方案可以在不达成永久合约的情况下提供本地代码优化。参见下面的烦恼——算法优化与减少目标代码结合。

4. 烦恼

（1）算法优化与减少目标代码大小结合

如果移动或交换操作在泛型代码在中抛出异常，那么对原对象的任何修改都被认为是不可逆的，因为移动的源对象和移动的目的对象都没有可用的值。noexcept 操作符（参见 3.1.15 节）和伴随的 noexcept 说明符的提出是为了允许算法（特别是使用移动或交换操作的算法，例如 std::sort 和 std::rotate）选择任务执行最快的方式而避免陷入不可恢复的状态。算法可以使用 noexcept 操作符来决定（在编译时）移动或交换操作是否会抛出异常，如果会抛出异常就选择使用拷贝而不是移动，这样在异常发生时源对象保持不变。

用 noexcept 修饰函数可能会导致某些优化发生，参见减小目标代码规模。noexcept 的这种副作用会激励开发人员在没有算法优势的情况下使用 noexcept 说明符，这导致过早地承诺对接口不抛出异常，从而限制接口设计的完善。参见潜在缺陷——过强的合约保障和无法实现的运行时性能优势。

理想情况下，编译器可以获得足够的信息来执行利用不抛出异常函数的实现进行优化，而不在合约上强制要求该函数将来不会抛出异常。对于在当前编译单元中主体可见的任何函数 g（函数模板和包含在头文件中的内联函数）或者使用链接时优化，编译器已经可以确定函数从来不会抛出异常（即使没有声明它为 noexcept）。然而，在不查看函数体的情况下，目前为编译器提供足够信息使其为不抛出异常的函数进行优化唯一的方法是声明函数为 noexcept。

可以很容易地添加语言扩展（如属性 [[does_not_throw]]，参见 2.1.1 节），以在不同的编译单元准确传递这种作为优化提示的实现属性。

```
void g0();                      // noexcept(false), no optimization possible
void g1() noexcept;             // noexcept(true), all optimizations possible
[[does_not_throw]] void g2();   // noexcept(false), compiler optimization only
```

在被修饰函数的实现中，语言扩展属性和 noexcept（true）产生的效果相同，即任何异常的抛出都会导致对 std::terminate 的调用。在与 noexcept 操作符和类型系统的交互中，[[does_not_throw]] 和 noexcept 的本质区别便会体现，这将对新的属性视而不见，并像对待其他使用 noexcept(false) 修饰的函数调用一样，对待使用该属性修饰的函数调用（没有使用 noexcept 或 noexcept(true) 修饰）：

```
static_assert(!noexcept(g0()), "");  // OK, noexcept(false)
static_assert( noexcept(g1()), "");  // OK, can identify noexcept function
static_assert(!noexcept(g2()), "");  // OK, operator ignores attribute
```

添加或从函数中删除 noexcept 说明可能会使客户端代码遵循不同的代码路径，甚至可能无法编译。客户端对 noexcept 操作符的使用、赋值给 noexcept 函数指针或者使用函数来推断模板参数（在 C++11 中）都会导致这种现象发生。换句话说，函数的异常说明是其编程可访问接口的一部分，因此也是其事实合约的一部分。

与 noexcept 不同，添加或删除 [[does_not_throw]] 不会产生语义上的影响，即它不会改变函数的类型，也不能改变算法决策（如通过 noexcept 操作符）。当算法优化不是目的时，使用 [[does_not_throw]] 而不是 noexcept，任何潜在优化都是纯粹的实现细节（由实现者更改而不会通知）。这种属性是跨编译单元的人机交互代码优化提示，并且不会显式地对调用者暗示任何约定。

遗憾的是，不存在这样的特性。至少目前，noexcept 必须同时充当接口说明符和跨编译单元优化提示。因此，如今开发人员被迫在减少目标代码大小和轻率使用 noexcept 说明符的潜在缺陷之间做权衡。参见潜在缺陷——无法实现的运行时性能优势。

（2）代码重复

许多现代 C++ 语言特性有助于编写小型泛型函数，这些函数主要将其实现委托给其他函数，委托函数基于参数类型在许多方面有所不同。使用后置返回类型（参见 2.1.16 节）、decltype 和条件 noexcept 说明符（参见描述——条件异常规范）都有助于编写泛型函数声明，该声明属性仅由它执行的操作和它的参数类型决定。

例如，考虑函数模板 add，它接受由任意类型 U 和 V 标识的两个实参 lhs 和 rhs，返回值对提供的实参应用中缀操作符 + 后，会得到的结果相同的类型和值分类（参见 3.1.18 节）：

```
template <typename T, typename U>                          // declaration
auto add(const T& lhs, const U& rhs) noexcept(noexcept(lhs + rhs))
                                     -> decltype(lhs + rhs);

template <typename T, typename U>                          // definition
auto add(const T& lhs, const U& rhs) noexcept(noexcept(lhs + rhs))
                                     -> decltype(lhs + rhs)
{
    return lhs + rhs;  // Return type is same as type of this expression.
}
```

该声明（对返回的表达式有两次重复）和定义（有三次这样的重复）可靠地捕获了两个任意类型的对象相加的返回类型和异常说明。多次重复相同的表达式会导致混乱，如果表达式发生改变，可能会导致巨大的维护负担。任何导致这些表达式不匹配的维护可能会导致编译错误，但却很容易导致错误的异常说明，从而导致在本来应该正确传播异常的代码中对 std::termimate 的意外调用。参见潜在缺陷——意外终止。

合理的解决方法是以使用两种不同的预处理理宏。第一种是将函数的每个样板部分实现为可变参数宏（从 C++11 开始提供）：

```
#define DECLARE_FUNCTION_RETURN(...)                          \
        noexcept(noexcept(__VA_ARGS__)) -> decltype(__VA_ARGS__)

#define DEFINE_FUNCTION_RETURN(...)                           \
        noexcept(noexcept(__VA_ARGS__)) -> decltype(__VA_ARGS__)  \
        { return __VA_ARGS__; }

template <typename T, typename U>
auto add(const T& lhs, const U& rhs) DECLARE_FUNCTION_RETURN(lhs + rhs);

template <typename T, typename U>
auto add(const T& lhs, const U& rhs) DEFINE_FUNCTION_RETURN(lhs + rhs)
```

第二种基于宏的方法实现了表达式别名。在该示例中，表达式被分解为单个宏定义，然后用宏别名替换 add 的声明和定义中该表达式五个实例的每一个：

```
#define XYZZY_ADD_EXPRESSION  (lhs + rhs)  // fully factored expression alias

template <typename T, typename U>                          // declaration
auto add(const T& lhs, const U& rhs) noexcept(noexcept(XYZZY_ADD_EXPRESSION))
                                     -> decltype(XYZZY_ADD_EXPRESSION);

template <typename T, typename U>                          // definition
auto add(const T& lhs, const U& rhs) noexcept(noexcept(XYZZY_ADD_EXPRESSION))
                                     -> decltype(XYZZY_ADD_EXPRESSION)
{
    return XYZZY_ADD_EXPRESSION;
}

#undef XYZZY_ADD_EXPRESSION  // no longer needed
```

在第二种预处理宏中，表达式没有重复，涉及宏的代码量被最小化了。注意，因为这段代码很有可能存在于头文件中，因此在任何情况下，都要确保选择的宏名称不会和现有的宏发生冲突（正如前缀 XYZZY_ 所建议的那样），并且不会一直定义这些宏，这些宏在函数定义之外不会有进一步用途。

C++14 中的推断返回类型（参见 4.2.1 节）确实避免了推断返回类型相关的重复，但是需要定义对调用者可见：

```
template <typename T, typename U>                // declaration and definition
auto add(const T& lhs, const U& rhs) noexcept(noexcept(lhs + rhs))
{
    return lhs + rhs;  // Return type is deduced by inspecting function body.
}
```

在 C++11 的发展过程中，有人提出了从函数实现推断异常说明这一相似的特性，可以隐式地用于任何可见的函数体，也可以显式地使用诸如 noexcept(auto) 这样的修饰符，但这两个选项都没有被标准委员会采纳[⊖]。因为如果接受这样的特性，实现中的微小改动都会导致异常说明从 noexcept(true) 变为 noexcept(false)，从而违反了先前版本中建立的隐式合约。此外，无论以何种方式修改了异常说明都可能会导致现有客户端代码出现不同的代码路径。参见潜在缺陷——过强的合约保障。

和上述第二种基于宏的解决方案类似的另一种方法是语言扩展，也通常为表达式别名：

```
template <typename A, typename B>
using add_expression(A a, B b) = a + b;
```

在这个经常讨论的语言扩展中，别名表达式 lhs+rhs 将直接被替换为对应的别名 add_expression(lhs, rhs)——就像被强制内联一样。作为正确的别名表达式，noexcept 和 decltype 都将直接报告表达式本身。然而，不像 noexcept(auto)，C++ 的表达式别名可能仅限于单个表达式，从而避免了过于复杂的隐式约定，也避免了宏特有的文本替换和范围不相关问题。

（3）异常说明不是函数类型的一部分

使用函数指针的一个常见问题是，它们的类型声明可能被认为是笨拙的，尤其是对于返回函数指针的函数。简化这种声明的一种常用方法是对函数类型使用类型别名，即 typedef 或 using（参见 2.1.18 节）。不幸的是，由于异常说明在 C++17 之前都不是函数类型的一部分，因此无法为包含异常说明的函数类型声明别名。此外，即使使用的类型别名恰好是函数类型，也无法将异常说明添加到类型别名。因此，要声明一个具有显式异常说明的函数指针，我们必须完整地写出函数指针声明：

```
void f() noexcept;  // function having an explicitly stated exception specification

typedef void fn_type();                // OK
typedef void fn_noexcept() noexcept;  // Error, noexcept not part of type

fn_type* ft = f;            // OK
fn_type noexcept* fno = f;  // Error, cannot write noexcept there
void (*fn)() noexcept = f;  // OK, exception specification on function pointer

struct S  // class having a member function that is not permitted to throw
{
    void mem_fn() noexcept;  // This member function can never throw.
};

typedef void (S::*mem_type)();                // OK
typedef void (S::*mem_noexcept)() noexcept;  // Error, noexcept not part of type

mem_type mem_t = &S::mem_fn;                 // OK
mem_type noexcept mem_no = &S::mem_fn;       // Error, cannot write noexcept there
void (S::*mem_n)() noexcept = &S::mem_fn;  // OK, noexcept on mem-ptr
```

当将函数类型作为模板参数推断时，异常说明也会丢失。因此，推断特定类型参数（比如 F）的函数模板（比如 testAlgorithm）无法查询提供给它的任何函数（比如 f1 或 f2）的异常说明：

```
void f1();            // f1 promising nothing about whether it will throw
void f2() noexcept;   // f2 is contractually/actively prevented from throwing.
```

⊖ 参见 stroustrup、ottosen10 和 merrill10b，在 2010 年 11 月被 WG21 拒绝。在 voutilainen15 中可以找到提倡（重新）考虑 noexcept(auto) 特性的最近的一篇论文。

```
template <typename F>
void testAlgorithm(F f)  // function template that dispatches on noexcept(f())
{
    if (noexcept(f()))   // This branch is dead code until C++17.
    {
        // ...             (faster, exception unsafe algorithm)
    }
    else                 // When in doubt, take this safer branch.
    {
        // ...              (slower, exception-safe algorithm)
    }
}

void test()  // Call testAlgorithm on noexcept(false) and noexcept functions.
{
    testAlgorithm(f1);  // runs slower code in every version of C++
    testAlgorithm(f2);  // runs faster code only as of C++17 and later
}
```

正如之前说明的那样，C++17 中已经解决了这一问题，使得上述 fn_noexcept 和 mem_noexcept 的声明有效，并使 testAlgorithm 在函数 test 对 testAlgorithm(f2) 的调用中推导出 noexcept 函数类型 F。

（4）C++ 未来版本的 ABI 改变

在 C++11 中，函数可以接受具有 noexcept 异常说明的函数指针参数，参见描述——函数指针和引用。不允许将指针绑定到带有异常说明（隐式或显式）的函数，这样会使函数抛出到声明为 noexcept 的指针上。这种对异常说明的兼容检查并不是类型系统的一部分，相反，它对每个参数都是局部的。

较新的 C++ 标准（C++17 及之后）通过让异常说明成为其修饰的函数类型的一部分来更加一致地处理 noexcept。由于不能仅在异常说明上重载函数，因此这项更改不会影响大多数函数的名称重整。但是对于具有函数指针类型参数的函数来说，如果参数具有不抛出的异常说明，那么对函数指针类型的名称重整将受到影响，从而导致语言版本之间的 ABI 不兼容：

```
void f1() noexcept;  // This function is declared to be noexcept(true).

void f2(void (*fn)() );          // takes pointer to noexcept(false) function
void f2(void (*fn)() noexcept);  // Warning, mangling will change in C++17.
                                 // 1 function in C++14, 2 overloads in C++17
void test()
{
    f2(f1);  // might need to recompile and relink for modern C++ Standards
}
```

这种不兼容可以通过在链接之前使用相同的语言标准选项一致地重新编译所有代码来解决。

（5）异常说明不会触发 SFINAE

使用 C++ 模板时的一个重要原则是 SFINAE 原则，即替换失败不是错误（SFINAE，Substitution Failure Is Not An Error）原则。当替换实例化函数声明所需要的类型时，如果编译器发现替换后的声明不合法，SFINAE 允许编译器在重载解析之前从重载集中删除该函数：

```
template <typename T>
void fun(T x, typename T::type y);  // (1) function template
void fun(int x, double y);          // (2) ordinary function

struct X { typedef int type; };

void test_fun()  // Demonstrate how SFINAE works on simple parameter types.
{
    fun(X(), 0);   // OK, calls (1), matching 0 to X::type
    fun(0, 0.0);   // OK, calls (2) by means of an exact match
    fun(0, 0);     // OK, SFINAE disqualifies (1), calls (2)
}
```

在上面的示例中，第一次对 fun 的调用绑定到了重载（1），因为第一个参数绑定到了 X，从而推导 T 为 X 并且 T::type 为 int。第二次对 fun 的调用绑定到了重载（1），因为它的每个形参类型都和传递的实参类型完全匹配。第三次对 func 的调用与重载（2）不完全匹配，因此考虑重载（1），但因为推导类型 int::type 不合法，SFINAE 导致重载（1）被从重载集中删去，使得重载（2）成为重载集中唯一仍然适合调用的函数。

尝试在异常说明上以类似方式使用 SFINAE 是行不通的，因为重载解析不涉及异常说明本身，并且只有当函数被选择之后才会计算异常说明，此时 SFINAE 原则不再适用，不合法的值会导致错误：

```
template <typename T>
void func(T x) noexcept(T::value);  // (1) function template
void func(double x);                // (2) ordinary function

struct Y { static const bool value = true; };  // compile-time constant value

void test_func()  // Demonstrate how SFINAE fails to work with exception specs.
{
    func(Y());   // OK, calls (1), evaluating T::value as true
    func(0.0);   // OK, calls (2) by means of an exact match
    func(0);     // Error, value is not a member of int
}
```

对 func 的前两次调用类似于上个示例中对 fun 的调用：第一次调用对普通重载函数并不是完美的匹配，使得函数模板成为更好的匹配；第二次调用与普通函数完全匹配，因而选择了普通重载函数。第三次对 func 的调用，模板重载（1）是重载解析期间的最佳匹配，因为 SFINAE 没有考虑（条件）noexcept 声明，所以函数模板仍然在考虑之中，导致了尝试引用 int::value 的不合法程序的产生。

5. 参见

第 3.1.15 节描述了使用类似名称的操作符来确定给定表达式是否抛出异常。

6. 延伸阅读

- Andrzej Krzemienski 在 Krzemienski11 中提供了有效使用 noexcept 说明符的确切概述。
- Scott Meryers 提供了在函数声明中使用 noexcept 的介绍，参见 Meryers15b 第 90～96 页的“第 14 项：如果函数不会抛出异常，则声明函数为 noexcept”，特别是参见第 91 页关于栈展开的讨论。
- 可以在 StackOverflow 上找到关于声明函数为 noexcept 的非算法代码效率方面的有用讨论，参见 pradhan14。
- Bryce Adelstein Lelbach 在 adelstein-lelbach15 中提供了宏基准测试的最佳实践方法。
- Chandler Carruth 在他经典的关于微基准测试的 CppCon 2015 演讲（调优 C++：基准测试、CPU 和编译器！天哪！）中详细、全面地介绍了如何隔离和识别低效率的根本原因，同时避免各种隐患。参见 carruth15。
- Niels Dekker 在 Github 上创建了一个完整的项目，该项目致力于在各种流行的平台上研究、客观地测量和描述声明函数 noexcept 对运行时性能的影响（主要是非算法程序）。参见 dekker19a。
- Mortoray13 中对零成本异常模型以及它如何影响现代 C++ 中异常的有效使用进行了一般性讨论。
- 在 itanium16 中完整描述了三个级别的安腾异常 API。
- sutter19 中提出了另一种零成本异常机制，试图统一各种返回错误状态的方法。

4.1.6　引用限定符：引用限定的成员函数

使用 & 或 && 来修饰非静态成员函数，可以根据表达式的值类别（即左值或右值）来细化其签名，从而实现该成员函数的两个不同重载版本。

1. 描述

C++ 一直支持对非静态成员函数使用 cv 限定符进行修饰，并允许在这些限定符上进行重载：

```
struct Class1
{
    void mf1() const;     // (1) const-qualified member function
    void mf2();           // (2) member function with no qualifiers
    void mf2() volatile;  // (3) volatile-qualified overload of (2)
};
void f1()
{
             Class1 uobj;
       const Class1 cobj;
    volatile Class1 vobj;
    uobj.mf1();  // calls function (1)
    cobj.mf1();  // calls function (1)
    uobj.mf2();  // calls overloaded function (2)
    vobj.mf2();  // calls overloaded function (3)
    vobj.mf1();  // Error, no mf1 overload matches a volatile object.
    cobj.mf2();  // Error,  " mf2      "        "    " const       "
}
```

cv 限定符（const 和 volatile）可以选择性地出现在非静态成员函数原型的参数列表之后，它们应用于调用该成员函数的对象，并允许我们基于对象的 cv 限定符来进行重载。在重载解析过程中，将选择 cv 限定符与对象的 cv 限定符相同或更为严格的最匹配的函数；因此，即使 uobj 不是 const，uobj.mf1() 调用了一个 const 限定的成员函数。然而，在重载解析过程中，不能丢弃限定符，因此 vobj.mf1() 和 cobj.mf2() 是非法的。

C++11 引入了类似的特性，添加了可选的限定符，用于指示成员函数可以调用的有效值类别。例如，专门为右值表达式声明一个成员函数重载，可以使库编写者更好地利用移动语义。前提是读者需要熟悉值类别，特别是左值和右值引用之间的区别（请参见 3.1.18 节）：

```
struct Class2
{
    void mf() &;   // (1)
    void mf() &&;  // (2)
};
```

具有尾部 & 或 && 的每个成员函数被称为引用限定的，尾部的 & 和 && 标记被称为引用限定符。在上述重载（1）中，& 引用限定符将该重载限定为左值表达式。在重载（2）中，&& 引用限定符将该重载限定为右值表达式：

```
void f2()
{
    Class2 uobj;
    uobj.mf();      // calls overloaded function (1)
    Class2().mf();  // calls overloaded function (2)
}
```

表达式 uobj 是一个左值，因此 uobj.mf 调用了成员函数的左值引用限定符重载，而表达式 Class2() 是一个右值，因此在其上调用 mf 时选择了右值引用限定符重载。

理解成员函数上的 cv 限定符和引用限定符的关键在于认识到存在一个隐式参数，通过该参数将类对象传递给函数：

```
class Class3
{
    // ...
public:
    void mf(int) &;         // two parameters: [Class3&       ], int
    void mf(int) &&;        //  "        "    : [Class3&&      ],  "
    void mf(int) const &;   //  "        "    : [const Class3& ],  "
    void mf(int) const &&;  //  "        "    : [const Class3&&],  "
};
```

在 mf 的四个重载函数中，除了显式声明的 int 参数外，还有一个隐藏的引用参数（在注释中用方括号表示）。声明符的末尾，即参数列表之后的限定符，指定了这个隐式引用的 cv 限定符和引用限定符。this 指针保存了传递给这个隐式参数的对象的地址：

```
void Class3::mf(/* [Class3& __self,] */ int i) &
{
    // implicit Class3* const this = &__self
    // ...
}

void Class3::mf(/* [Class3&& __self,] */ int i) &&
{
    // implicit Class3* const this = &__self
    // ...
}

void Class3::mf(/* [const Class3& __self,] */ int i) const &
{
    // implicit const Class3* const this = &__self
    // ...
}

void Class3::mf(/* [const Class3&& __self,] */ int i) const &&
{
    // implicit const Class3* const this = &__self
    // ...
}
```

为了便于描述，在本节中我们将隐式引用参数称为 __self。实际上，这个隐式参数没有名称，并且无法从代码中访问。因此，函数内部的 this 指针就是 __self 的地址。请注意，this 的类型并不反映 __self 是一个左值引用或者是一个右值引用，解引用指针总是产生一个左值。

当调用对象的成员函数时，重载解析会找到最匹配的参数值类别和 cv 限定符，包括隐式的 __self 参数：

```
#include <utility>  // std::move

Class3 makeObj();

void f3()
{
             Class3   uobj;
       const Class3   cobj;
    volatile Class3   vobj;
       const Class3&  clvref = uobj;
             Class3&& rvref = std::move(uobj);  // Note: rvref is an lvalue.

    uobj.mf(0);    // calls mf(int) &
    cobj.mf(0);    // calls mf(int) const &
    vobj.mf(0);    // Error, no overload, mf(int) volatile &
    clvref.mf(0);  // calls mf(int) const &
    rvref.mf(0);   // calls mf(int) &

    makeObj().mf(0);        // calls mf(int) &&
    std::move(uobj).mf(0);  // calls mf(int) &&
    std::move(cobj).mf(0);  // calls mf(int) const &&
}
```

三个对象 uobj、cobj 和 vobj 都是左值，因此对 mf 的调用只会匹配左值引用限定符的重载，即带有 & 引用限定符的重载。与往常一样，重载解析会选择最符合对象的 cv 限定符的版本，而不会丢弃任何限定符。因此，对 cobj.mf(0) 的调用选择了 const 重载，而对 vobj.mf(0) 的调用是非法的，因为所有候选函数都需要丢弃 volatile 限定符。const 左值引用 clvref 与 const 左值引用限定符的 __self 匹配，即使 clvref 所绑定的对象不是 const。尽管声明为右值引用，但在表达式中使用时，如 rvref，命名引用总是左值（参见 3.1.18 节）；因此，rvref.mf(0) 调用 mf 的非 const 左值引用限定符的重载。

函数 makeObj 返回类型为 Class3 的右值。当在该右值上调用 mf 时，选择非 const 右值引用的重载。表达式 std::move(uobj) 也绑定到右值引用，因此选择同样的重载。在实际代码中，对 const 的右值引用很少出现，但当出现时，通常是在 const 对象（例如 cobj）上调用 std::move 的结果，特别是在通用代码中。然而，请注意，const 左值引用可以绑定到右值；因此，如果找不到匹配的右值引用重载，并且存在 const 左值引用重载，则后者将匹配类对象的右值引用：

```
class Class4
{
    // ...
public:
    void mf1() &;
    void mf1() const &;
    void mf1() &&;
    // no void mf1() const && overload

    void mf2() &;
    void mf2() const &;
    // no void mf2() && overload
    // no void mf2() const && overload
};

void f4()
{
          Class4 uobj;
    const Class4 cobj;

    std::move(cobj).mf1();  // calls mf1() const &
    std::move(uobj).mf2();  // calls mf2() const &
}
```

语法和限制

引用限定符是非静态成员函数声明的可选部分，它必须位于任何 cv 限定符之后和任何异常规范之前。构造函数或析构函数没有引用限定符：

```
void f1() &;  // Error, ref-qualifier on a nonmember function

class Class1
{
    // ...
public:
    Class1() &&;          // Error, ref-qualifier on constructor
    ~Class1() &;          // Error, ref-qualifier on destructor
    void mf() & const;    // Error, ref-qualifier before cv-qualification
    void mf() noexcept&;  // Error, ref-qualifier after exception specification
    void mf() & &&;       // Error, two ref-qualifiers
    static void smf() &;  // Error, ref-qualifier on static member function

    void mf(int) const && noexcept;  // OK, ref-qualifier correctly placed
};
```

一个没有引用限定符的成员函数可以同时针对左值和右值进行调用。因此，C++03 的代码仍然可以编译和正常工作，与以前一样：

```
class Class2 {
    // ...
public:
    void mf();
    void mf() const;
};

const Class2 makeConstClass2();

void f2()
{
          Class2 uobj;
    const Class2 cobj;

    uobj.mf();               // calls mf()
```

```
    cobj.mf();               // calls mf() const
    Class2().mf();           // calls mf()
    makeConstClass2().mf();  // calls mf() const
}
```

对于具有相同名称和参数类型的一组重载函数，引用限定符要么都必须提供或不提供给该组中的所有成员函数。也就是说，要么所有成员函数都有引用限定符，要么所有成员函数都没有引用限定符。

```
class Class3
{
    // ...
public:
    void mf1(int*);            //
    int  mf1(int*) const &;    // Error, prior mf1(int*) is not ref-qualified.
    int  mf2(int) const;       //
    void mf2(int);             // OK, neither mf2(int) is ref-qualified.
    int&       mf3() &;        //
    const int& mf3() const &;  // OK, all mf3() overloads are ref-qualified.
    int&&      mf3() &&;       //
    void mf4(int);             //
    void mf4(char*) &&;        // OK, mf4(int) and mf4(char*) are different.
    int mf5(int) &;            // OK, not overloaded
    int&& mf6() &&;            // OK, not overloaded
};
```

请注意，尽管 mf1 的无限定版本和带引用限定符版本具有不同的返回类型和不同的 cv 限定符，但 mf1 的重载是非法的。

成员函数模板也可以具有引用限定符：

```
class Class4
{
    // ...
public:
    template <typename T> Class4&  mf(const T&) &;
    template <typename T> Class4&& mf(const T&) &&;
};
```

在成员函数的函数体内，无论成员函数是否具有 & 引用限定符、&& 引用限定符，对 *this 和任何非静态数据成员的使用都会产生左值。尽管这可能与直觉相反，但这种行为与其他引用参数的工作方式完全相同：

```
#include <cassert>  // standard C assert macro

template <typename T> bool isLvalue(T&)  { return true; }
template <typename T> bool isLvalue(T&&) { return false; }

class Class5
{
    int d_data;
public:
    void mf(int&& arg) &&
    {
        assert(isLvalue(arg));      // OK, named reference is an lvalue.
        assert(isLvalue(*this));    // OK, pointer dereference is an lvalue.
        assert(isLvalue(d_data));   // OK, member of an lvalue is an lvalue.
    }

    void mf(int& arg) &
    {
        assert(isLvalue(arg));      // OK, named reference is an lvalue.
        assert(isLvalue(*this));    // OK, pointer dereference is an lvalue.
        assert(isLvalue(d_data));   // OK, member of an lvalue is an lvalue.
    }
};
```

如果一个成员函数在同一个对象上调用另一个成员函数，那么只有左值引用限定符的重载会被考虑。

```
#include <cassert>  // standard C assert macro

struct Class6
{
    bool mf1() &  { return false; }  // Return false if called on lvalue.
    bool mf1() && { return true; }   //     "   true   "    "    " rvalue.

    void mf2() && { assert(!mf1()); }  // calls lvalue overload
};
```

尽管函数 mf2 具有右值引用限定符，但它仍然调用了 mf1 的左值引用限定符重载，因为 *this 是一个左值。如果期望的行为是传播调用对象的值类别，那么必须使用 std::move（或另一个引用转换）：

```
class Class7
{
    int d_data;

public:
    bool mf1() &  { return false; }  // Return false if called on lvalue.
    bool mf1() && { return true; }   //     "   true   "    "    " rvalue.

    void mf2(int&& arg) &&
    {
        assert(!isLvalue(std::move(arg)));
        assert(!isLvalue(std::move(*this)));
        assert(!isLvalue(std::move(d_data)));

        assert(std::move(*this).mf1());
    }
};
```

上面示例中的每个 std::move 调用都恢复了原始对象的值类别。请注意，我们必须明确提及 *this 才能调用 mf1 的右值引用限定符重载。

引用限定符（如果有）是成员函数签名的一部分，因此也是其类型和相应的成员函数指针的类型的一部分。

```
struct Class8
{
    void mf1(int) &;   // (1)
    void mf1(int) &&;  // (2)

    void mf2(int);     // (3)
};

using Plqf = void (Class8::*)(int)&;   // pointer to lvalue-ref-qualified function
using Prqf = void (Class8::*)(int)&&;  //    "      " rvalue-ref-qualified     "
using Puqf = void (Class8::*)(int);    //    "      " unqualified             "

void f8()
{
    Plqf lq = &Class8::mf1;  // OK, pointer to member function (1)
    Prqf rq = &Class8::mf1;  // OK,    "      "     "       "    (2)
    Puqf xq = &Class8::mf1;  // Error, mf1 is ref-qualified but Puqf is not.

    Puqf uq = &Class8::mf2;  // OK, pointer to member function (3)
    Plqf yq = &Class8::mf2;  // Error, mf2 is not ref-qualified but Plqf is.

    Class8 v;
    (v.*lq)(0);          // calls v.mf1(int), overload (1)
    (Class8().*rq)(1);   // calls Class8().mf1(int), overload (2)
    (v.*rq)(2);          // Error, rq expects an rvalue object.
}
```

请注意，Plqf、Prqf 和 Puqf 是三种不同、相互不兼容的类型，它们反映了它们各自指向的成员函数的引用限定符。

2. 用例

(1) 返回一个右值的子对象

许多类提供了访问器，返回类的成员的引用。如果在右值对象上调用这些访问器时返回右值引用，可以获得性能上的优势：

```
#include <string>  // std::string
#include <utility> // std::move
class RedString
{
   std::string d_value;

public:
    RedString(const char* s = "") : d_value("Red: ") { d_value += s; }

          std::string&  value() &       { return d_value; }
    const std::string&  value() const & { return d_value; }
          std::string&& value() &&      { return std::move(d_value); }
    // Note that this third overload returns std::string by rvalue reference.

    // ...
};

void f1()
{
          RedString urs("hello");
    const RedString crs("world");

    std::string h1 = urs.value();                    // "Red: hello"
    std::string h2 = crs.value();                    // "Red: world"
    std::string h3 = RedString("goodbye").value();  // "Red: goodbye"

    std::string h4 = std::move(urs).value();         // "Red: hello"
    std::string h5 = urs.value();                    // Bug, unspecified value

    std::string h6 = std::move(crs).value();         // "Red: world"
    std::string h7 = crs.value();                    // OK, "Red: world"
}
```

RedString 类提供了 value 的三个引用限定符重载。当在 urs 和 crs 上调用 value 时，分别选择非 const 和 const 左值引用限定符的重载。两个重载都返回 std::string 的左值引用，因此 h1 和 h2 使用拷贝构造函数构造，与通常情况一样。然而，在 RedString("goodbye") 创建临时变量时，选择的是 value 的右值引用限定符重载。这个重载返回一个右值引用，因此使用移动构造函数构造 h3 可能更高效。

与大多数这类代码一样，假设右值引用的对象在表达式求值后其状态不再重要。当这个假设不成立时，可能会出现意外的结果，比如 h5，它是由一个移动后的字符串初始化的，产生了一个有效但未指定的字符串值。

value 成员函数对于 const 右值引用限定符对象没有重载。对于这样一个（很少遇到的）类型调用该函数会选择 const 左值引用限定符的重载，因为右值总是可以绑定到 const 左值引用。因此，h6 是由 const std::string& 初始化的，调用了拷贝构造函数，crs 保持不变。

这种设计的一个缺点是，从右值引用限定符重载返回的引用可能会超过 RedString 对象的生命周期：

```
void f2()
{
    std::string&& s1 = RedString("goodbye").value();
    char c1 = s1[0];  // Bug, s1 refers to a destroyed string.

    const std::string& s2 = RedString("goodbye").value();
    char c2 = s2[0]; // Bug, s2 refers to a destroyed string too.
}
```

通过表达式 RedString("goodbye") 创建的临时变量在语句结束时被销毁，生命周期延长不适用，因为变量 s 并没有绑定到临时对象本身，而是绑定到 value 成员函数返回的引用上。避免返回悬空引用的方法是改为返回值而不是引用：

```
class BlueString
{
    std::string d_value;

public:
    BlueString(const char* s = "") : d_value("Blue: ") { d_value += s; }

          std::string& value() &       { return d_value; }
    const std::string& value() const & { return d_value; }
          std::string  value() &&      { return std::move(d_value); }
    // Note that this third overload returns std::string by value.

    // ...
};

void f3()
{
    std::string s1 = BlueString("hello").value();

    std::string&& s2 = BlueString("goodbye").value();
    char c = s2[0];  // OK, lifetime of s has been extended.
}
```

表达式 BlueString("hello").value() 通过从成员变量 d_value 进行移动构造而初始化了一个临时的 std::string。变量 s1 又从该临时变量进行了移动构造。与返回右值引用的 RedString 版本相比，这个序列在逻辑上多了一次额外的移动操作（两次移动构造函数调用而不是一次）。这个额外的移动操作在实践中并不会造成问题，因为 std::string 对象的移动构造开销较小，并且大多数编译器会省略额外的移动操作，从而得到与 RedString 情况相等的代码[⊖]。

类似地，表达式 BlueString("goodbye").value() 也产生一个临时的 std::string，但在这种情况下，临时变量绑定到引用 s2，从而延长了它的生命周期，直到 s 超出作用域。因此，s2[0] 安全地索引一个仍然存在的字符串。

请注意，RedString 和 BlueString 的 value 方法的行为之间还有一个微妙的区别：

```
void f4()
{
    RedString  rs("hello");
    BlueString bs("hello");

    std::move(rs).value();  // rs.d_value is unchanged.
    std::move(bs).value();  // bs.d_value is moved from.
}
```

在类型为 RedString 的右值上调用 value 方法实际上不会改变 d_value 的值；只有当返回的右值引用实际被使用（例如在移动构造函数中）时，d_value 才会改变。因此，如果忽略返回值，什么都不会发生。相反，对于 BlueString，value 的返回值始终是一个移动构造的临时 std::string 对象，导致 d_value 最终处于移动后的状态，即使返回值最终被忽略。这种行为上的差异在实践中并不重要，因为合理的代码会在将变量用作 std::move 的参数后，不会对其值做任何假设。

（2）禁止对右值进行修改操作

修改右值意味着修改一个即将被销毁的临时对象。这种行为导致的一个常见缺陷示例是对临时对象的意外赋值。考虑一个简单的 Employee 类，它具有一个 name 访问器和一个尝试设置 name 的函数：

⊖ 从 C++17 开始，返回值初始化的描述发生了变化，不再在这种情况下创建临时变量。这个变化有时被称为”guaranteed copy elision”，因为除了定义了一种更一致和可移植的语义之外，它还有效地将之前可选的优化规定为强制性的。

```
#include <string>   // std::string

class Employee
{
public:
    // ...
    std::string name() const;
    // ...
};
void f1(Employee& e)
{
    e.name() = "Fred";
}
```

上述示例中 f1 的设计人员可能错误地假设对 e.name() 的赋值会更新 e 引用的 Employee 对象的名称，相反，但结果却是修改了由 e.name() 返回的临时字符串，这没有任何效果。

防止这类意外发生的一种方法是设计一个带有仅对非 const 左值调用的限定修饰符的类接口。

```
class Name
{
    std::string d_value;

public:
    Name() = default;
    Name(const char* s) : d_value(s) {}
    Name(const Name&) = default;
    Name(Name&&) = default;

    Name& operator=(const Name&) & = default;  // lvalue-ref-qualified
    Name& operator=(Name&&) &      = default;  // lvalue-ref-qualified
    // ...
};
```

请注意，Name 类的复制赋值运算符和移动赋值运算符都是针对左值的引用限定符。对于右值类型的赋值，重载决议将无法找到合适的匹配项。

```
class Employee2
{
    Name d_name;

public:
    // ...
    Name name() const { return d_name; }
    // ...
};

void f2(Employee2& e)
{
    e.name() = "Fred";  // Error, cannot assign to rvalue of type Name
}
```

现在，对 e.name() 返回的临时对象的赋值操作无法找到匹配的赋值运算符，因此意外的赋值操作被替换为错误消息。同样的方法可以用来避免对其他右值的意外修改，包括插入元素、删除元素等。但请注意，修改临时对象并不总是一个缺陷，请参阅潜在缺陷——禁止修改右值会破坏合法的用例。

（3）左值的禁止操作

如果一个类的实例只在单个表达式的生命周期内存在，那么禁用大多数对该类型的左值操作可能是有益的。例如，下面是一个类型为 LockedStream 的对象，它的工作方式类似于 std::ostream，只不过它在单个流表达式的生命周期内获取了一个互斥锁：

```
#include <cassert>   // standard C assert macro
#include <iostream>  // std::ostream, std::cout, std::endl
#include <mutex>     // std::mutex

class LockedStream {
    std::ostream&                d_os;
```

```
    std::unique_lock<std::mutex> d_lock;

public:
    LockedStream(std::ostream& os, std::mutex& mutex)
    : d_os(os)
    , d_lock(mutex)
    {
    }

    LockedStream(LockedStream&& other) = default;
    ~LockedStream()                    = default;

    LockedStream(const LockedStream&)            = delete;
    LockedStream& operator=(const LockedStream&) = delete;
    LockedStream& operator=(LockedStream&&)      = delete;

    template <typename T>
    LockedStream operator<<(const T& value) &&  // rvalue-ref-qualified
    {
        assert(d_lock.owns_lock());  // assert *this is not in moved-from state.
        d_os << value;
        return std::move(*this);
    }
};
```

LockedStream 是一个移动语义（不可拷贝、不可赋值）的类型，它具有对输出流 d_os 和标准库提供的 std::unique_lock 类型的成员 d_lock 的引用。LockedStream 的默认移动构造函数仅仅移动构造 d_lock，d_lock 将已锁定的互斥量的所有权转移给新构造的对象。在销毁时，如果 d_lock 拥有互斥量的所有权，则会解锁该互斥量，而不执行任何操作。那么，只能是在右值上调用的流操作符 operator<< 会将数据输出到存储的 std::ostream，并通过移动构造返回 *this。因此，当多个流操作符被链接在一起时，它们都会受到被锁定的互斥量的保护，而最后一个 LockedStream 对象会自动解锁该互斥量。

```
std::mutex coutMutex;  // mutex for std::cout

void f1()
{
    LockedStream(std::cout, coutMutex) << "Hello, " << 2021 << '\n';

    LockedStream ls(std::cout, coutMutex);
    ls << 2021;  // Error, can't stream to lvalue
}
```

在其他线程中的类似代码可以并发地向由 coutMutex 保护的 LockedStream 打印内容，并且锁定协议将防止它们产生数据竞争。f1 函数中的第一条语句获取锁定，打印"Hello, 2021"后跟一个换行符，然后自动释放锁定。因为无法使用 LockedStream 类型的左值进行流操作，尝试将此序列拆分为多个语句将失败。

请注意，这种惯用法旨在防止用户犯低级错误。可以创建、初始化以及（通过巧妙使用 std::move）将类型为 LockedStream 的局部变量进行流操作。

要直接使用 LockedStream，我们需要构造一个 LockedStream 的临时对象，这要求始终为流对象提供正确对应的互斥量。然而，为了方便并避免潜在的缺陷，可以创建一个名为 LockableStream 的类，并将它与 LockedStream 的临时对象关联起来。

```
class LockableStream {
    std::ostream& d_os;
    std::mutex    d_mutex;

public:
    LockableStream(std::ostream& os)
    : d_os(os)
    {
    }
```

```
        template <typename T>
        LockedStream operator<<(const T& value)
        {
            return LockedStream(d_os, d_mutex) << value;
        }
    };
```

LockableStream具有一个std::ostream对象和一个std::mutex的引用。流操作符operator<<构造一个LockedStream对象，并将实际的流操作委托给LockedStream。operator<<的返回值是一个类型为LockedStream的右值。然后，我们可以创建一个只提供包装后的std::ostream对象的LockableStream，并对其进行打印操作。

```
LockableStream lockableCout(std::cout);

void f2()
{
    lockableCout << "Hello, " << 2021 << '\n';
}
```

（4）优化不可变类型和构建器类

不可变类型是指没有修改操作的类型。不可变类型可以被所有具有相同值的对象共享，包括在并发线程中的对象。每个在逻辑上“修改”不可变类型对象的操作都通过返回一个具有修改后值的新对象来实现，原始对象保持不变。例如，一个ImmutableString类可能有一个insert成员函数，该函数接受第二个字符串参数，并返回将第二个字符串插入到指定位置后的原始字符串的副本：

```
#include <memory>    // std::shared_ptr
#include <string>    // std::string
#include <iostream>  // std::ostream, std::cout, std::endl

class ImmutableString
{
    std::shared_ptr<std::string> d_dataPtr;

    static const std::string s_emptyString;

public:
    using size_type = std::string::size_type;

    ImmutableString() {}

    ImmutableString(const char* s)
        : d_dataPtr(std::make_shared<std::string>(s)) { }

    ImmutableString(std::string s)
        : d_dataPtr(std::make_shared<std::string>(std::move(s))) { }

    ImmutableString& operator=(const ImmutableString&) = delete;
    ImmutableString insert(size_type pos, const ImmutableString& s) const
    {
        std::string dataCopy(asStdString());     // Copy string from this object.
        dataCopy.insert(pos, s.asStdString());   // Do insert.
        return std::move(dataCopy);              // Move into return value.
    }

    const std::string& asStdString() const
    {
        return d_dataPtr ? *d_dataPtr : s_emptyString;
    }

    friend std::ostream& operator<<(std::ostream& os, const ImmutableString& s)
    {
        return os << s.asStdString();
    }
    // ...
};

const std::string ImmutableString::s_emptyString;
```

ImmutableString 的内部表示是在堆上分配的 std::string 对象，并通过 C++ 标准引用计数的智能指针 std::shared_ptr 进行访问。拷贝构造函数、移动构造函数和赋值运算符都是默认的。当 ImmutableString 被拷贝或移动时，只有智能指针成员会受到影响。因此，即使是大字符串值也可以在常数时间内进行复制。

insert 成员函数首先对不可变字符串的内部表示进行复制。然后对副本进行修改并返回；原始 ImmutableString 中的表示不会被修改。

```
void f1()
{
    ImmutableString is("hello world");
    std::cout << is << std::endl;                    // Print "hello world".
    std::cout << is.insert(5, ",") << std::endl;     // Print "hello, world".
    std::cout << is << std::endl;                    // Print "hello world".
}
```

不可变类型通常与构建器类（Builder Classe）配对使用，构建器类是可变类型，用于“构建”一个值，然后将其“冻结”为不可变类型的对象。下面定义一个 StringBuilder 类，它具有可变的 append 和 erase 成员函数来修改其内部状态，并且有一个返回包含构建值的 ImmutableString 对象的转换操作符：

```
class StringBuilder
{
    std::string d_string;

public:
    using size_type = std::string::size_type;

    StringBuilder&  append(const char* s) &  { d_string += s; return *this; }
    StringBuilder&& append(const char* s) && { return std::move(append(s)); }

    StringBuilder&  erase(size_type pos, size_type n) &
    {
        d_string.erase(pos, n);
        return *this;
    }
    StringBuilder&& erase(size_type pos, size_type n) &&
    {
        return std::move(erase(pos, n));
    }

    operator ImmutableString() && { return std::move(d_string); }
};
```

append 和 erase 成员函数分别带有 ref 限定符，并且针对左值和右值进行了重载，左值重载返回左值引用，而右值重载返回右值引用。实际上，在每种情况下，右值重载只是调用相应的左值重载，然后对结果调用 std::move。这种技术有效，并且不会在右值重载中导致无限递归，因为 *this 始终是一个左值，就像在函数内部的右值引用参数始终是一个左值一样。

从 StringBuilder 转换为 ImmutableString 的操作符具有破坏性，因为它将构建的值从构建器中移出，并将其移动到返回的字符串中。该转换操作符只接受右值引用的参数，如果构建器不是右值，则用户必须显式地对其使用 std::move。这个协议是向未来的维护人员发出的信号，表明在转换后，构建器对象处于被移动状态，并且在提取其值之后不能再次重用该对象。

```
void f2()
{
    StringBuilder builder;
    builder.append("apples, pears, bananas");
    builder.erase(8, 7);
    ImmutableString s1 = builder;              // Error, can't convert lvalue
    ImmutableString s2 = std::move(builder);   // OK, convert rvalue reference.
    std::cout << s2 << std::endl;              // Print "apples, bananas".

    ImmutableString s3 = StringBuilder()       // Modify builder rvalue.
        .append("apples, pears, bananas")
```

```
        .erase(8, 7);                     // OK, convert pure rvalue.
    std::cout << s3 << std::endl;         // Print "apples, bananas".
}
```

构建器对象是一个左值，并且在生成构建的 ImmutableString 值之前需要被多次修改。在使用 append 和 erase 进行修改之后（在这两种情况下选择了左值重载），直接将其转换为 ImmutableString 会失败，因为没有从左值构建器进行这样的转换。相反，s2 会初始化成功并将 StringBuilder 中的值移动到结果中。

表达式 StringBuilder() 构造了一个右值，然后通过一系列的 append 和 erase 调用进行修改。选择了 append 的右值重载并返回一个右值引用，进而驱动了 erase 的右值重载的选择。由于修改器链的结果是一个右值引用，因此可以调用 ImmutableString 的操作符而无须调用 std::move。这种用法是安全的，因为临时的 StringBuilder 对象在之后被立即销毁，因此没有机会错误地重用构建器对象。

3. 潜在缺陷

禁止对右值进行修改会破坏合法的用例

之前提到的用例——禁止对右值进行修改操作也存在潜在的缺陷。考虑一个字符串类，其中包含一个名为 toLower 的修改器成员函数：

```
class String
{
public:
    // ...
    String& toLower();
        // Convert all uppercase letters to lowercase, then return modified
        // *this object.
};

String x;    // variable of type String
String f();  // function returning String

void test()
{
    String& a = x.toLower();     // OK, a refers to x.
    f().toLower();               // Defect (1), modifies temporary variable; no-op
    String& b = f().toLower();   // Defect (2), b is a dangling reference.
}
```

缺陷（1）源于对临时变量的修改，因此没有效果。缺陷（2）是由于 toLower 无意中充当了从右值到左值引用的转换，因为它返回对可能是右值对象的左值引用。左值引用 b 绑定到由 f() 返回并经过 toLower 修改后的临时 String 对象。在语句结束时，临时对象被销毁，导致 b 成为悬空引用。

鉴于这些问题，很容易想要给 toLower 添加一个引用限定符，以便只能在左值上调用它：

```
class String
{
public:
    // ...
    String& toLower() &;
};
```

虽然这种引用限定符防止了对临时 String 的无效修改，但它也阻止了在右值上合法使用 toLower 的情况：

```
String c = f().toLower();  // Error, toLower cannot be called on an rvalue.
```

在这种情况下，toLower 的返回值将被用来初始化 c，使其成为修改后的 String 的副本。但是，因为禁止了用右值调用 toLower，因此调用是非法的。这个潜在问题可能会在任何禁止对右值进行修改的返回值或具有副作用的成员函数中显现出来。

当然，我们可以为左值和右值对象创建引用限定符的重载，分别通过左值引用或值返回，就像用例——返回一个右值的子对象中的 BlueString 类。但是，在普遍情况下这样做可能是代价很高；请参阅下面的烦恼——提供引用限定符的重载可能会增加维护负担。

4. 烦恼

提供引用限定符的重载可能会增加维护负担

对于一个类而言，提供两个或更多引用限定符的成员函数重载可以增加其表达力和安全性。然而，这种权衡是这些重载会扩展类的接口并且通常需要重复代码，这可能会成为一个维护负担：

```
#include <string>  // std::string
#include <vector>  // std::vector

class Thing
{
    std::string      d_name;
    std::vector<int> d_data;
    // ...

public:
    // ...

    const std::string& name() const & { return d_name; }
          std::string  name() &&      { return std::move(d_name); }

          std::vector<int>&  data() &       { return d_data; }
    const std::vector<int>&  data() const & { return d_data; }
          std::vector<int>&& data() &&      { return std::move(d_data); }

    Thing& rename(const std::string& n) &  { d_name = n; return *this; }
    Thing& rename(std::string&& n) &  { d_name = std::move(n); return *this; }
    Thing  rename(const std::string& n) &&
    {
        d_name = n;
        return *this;  // Bug, should be return std::move(*this)
    }
    Thing  rename(std::string&& n) &&
    {
        return std::move(rename(std::move(n)));  // Delegate to lvalue overload.
    }
};
```

name 成员函数是一个经典的访问器。基于引用限定符重载提供了一种优化，以便在 Thing 对象过期时可以移动 d_name 字符串而不是复制它。由于它是一个访问器，只需要 const 左值和非 const 右值的重载，其他 cv 限定版本没有意义。

可修改的 Thing 对象可以通过其 data 成员函数的返回类型进行修改，但是 const Thing 则不能。我们习惯根据 const 进行重载，但是添加引用限定符会使重载组合数量加倍。

rename 成员函数展示了一种不同类型的组合重载集。该成员函数根据参数 Thing 和参数 n 的值类别进行重载。除了单个函数的总重载数量外，此示例还说明了一个潜在的性能错误，在复制和粘贴大量相似函数体时容易发生：在第一个右值引用限定的重载中，返回 *this 而不是 std::move(*this)，导致返回值进行了复制构造而不是移动构造。

减轻有很多重载的维护负担的一种方式是将右值引用限定的重载委托给左值引用限定的重载，就像在 rename 的最后一个右值引用限定的重载中所看到的那样。请注意，*this 始终是一个左值，即使在右值引用限定的重载中也是如此，因此在右值引用限定的版本中对 rename 的调用不会导致对自身的递归调用，而是会调用左值引用限定的版本。

5. 参见

3.1.18 节详细介绍了只能绑定到右值表达式的引用的内部工作原理。

6. 延伸阅读

有关 override 和带引用限定的成员函数之间交互的讨论，请参阅 meyers15b 的 “Item 12: Declare overriding functions override”，第 79～85 页。

4.1.7 union'11：具有非平凡成员的联合体

任何非引用类型都被允许成为联合体的成员。

1. 描述

在 C++11 之前，只有平凡类型 [例如，基本类型（如 int 和 double）、枚举类型、指针类型，或 C 语言风格的数组或结构体（即一个 POD 类型）] 被允许成为联合的成员。这个限制阻止了任何具有非平凡特殊成员函数的用户定义类型成为联合的成员：

```
union U0
{
    int         d_i;  // OK
    std::string d_s;  // compile-time error in C++03 (OK as of C++11)
};
```

C++11 放宽了对联合成员的限制，例如上面的 d_s，允许任何非引用类型成为联合成员。

联合类型可以具有用户定义的特殊成员函数，但是根据设计，不会自动初始化其任何成员。联合的任何成员如果具有非平凡的构造函数（例如下面的 struct Nt），必须在使用之前手动构造（例如通过放置 new）。

```
struct Nt  // used as part of a union (below)
{
    Nt();   // non-trivial default constructor
    ~Nt();  // non-trivial destructor

    // Copy construction and assignment are implicitly defaulted.
    // Move construction and assignment are implicitly deleted.
};
```

作为一项额外的安全措施，对于联合的任何成员，无论是隐式定义的还是显式定义的，如果定义了任何非平凡的特殊成员函数，编译器将隐式删除（参见 2.1.6 节）联合本身的相应特殊成员函数：

```
union U1
{
    int d_i;    // fundamental type having all trivial special member functions
    Nt  d_nt;   // user-defined type having non-trivial special member functions
    // Implicitly deleted special member functions of U1:
    /*
        U1()                       = delete; // due to explicit Nt::Nt()
        U1(const U1&)              = delete; // due to implicit Nt::Nt(const Nt&)
        ~U1()                      = delete; // due to explicit Nt::~Nt()
        U1& operator=(const U1&) = delete; // due to implicit
                                           // Nt::operator=(const Nt&)
    */
};
```

通过显式声明，可以恢复被隐式删除的联合的特殊成员函数，从而迫使开发人员考虑如何管理非平凡的成员。例如，我们可以提供一个值构造函数和相应的析构函数：

```
#include <new>  // placement new

struct U2
{
    union
    {
        int  d_i;   // fundamental type (trivial)
        Nt   d_nt;  // non-trivial user-defined type
    };

    bool d_useInt;  // discriminator

    U2(bool useInt) : d_useInt(useInt)
    {
        if (d_useInt) { new (&d_i) int(); }  // value initialized (to 0)
        else          { new (&d_nt) Nt(); }  // default constructed in place
    }
```

```
    ~U2()  // destructor
    {
        if (!d_useInt) { d_nt.~Nt(); }
    }
};
```

请注意，我们使用了定位 new 语法来控制两个成员对象的生命周期。尽管对于平凡的 int 类型允许赋值，但对于非平凡的 Nt 类型来说，这将导致未定义行为：

```
U2(bool useInt) : d_useInt(useInt)
{
    if (d_useInt) { d_i = int(); }  // value initialized (to 0)
    else          { d_nt = Nt(); }  // BAD IDEA: undefined behavior (no
                                    // lhs object)
}
```

现在，如果我们尝试对一个 U2 类型的对象进行拷贝构造或赋值，操作将会失败，因为我们还不能专门处理这些特殊成员函数：

```
void f()
{
    U2 a(false), b(true);  // OK (construct both instances of U2)
    U2 c(a);               // Error, no U2(const U2&)
    a = b;                 // Error, no U2& operator=(const U2&)
}
```

我们也可以通过显式添加适当的复制构造函数和赋值运算符定义来恢复这些被隐式删除的特殊成员函数：

```
class U2
{
    // ... (everything in U2 above)

    U2(const U2& original) : d_useInt(original.d_useInt)
    {
        if (d_useInt) { new (&d_i) int(original.d_i);  }
        else          { new (&d_nt) Nt(original.d_nt); }
    }

    U2& operator=(const U2& rhs)
    {
        if (this == &rhs) // Prevent self-assignment.
        {
            return *this;
        }

        // Resolve all possible combinations of active types between the
        // left-hand side and right-hand side of the assignment:

        if (d_useInt)
        {
            if (rhs.d_useInt) { d_i = rhs.d_i; }
            else              { new (&d_nt) Nt(rhs.d_nt); }  // int DTOR trivial
        }
        else
        {
            if (rhs.d_useInt) { d_nt.~Nt(); new (&d_i) int(rhs.d_i); }
            else              { d_nt = rhs.d_nt; }
        } d_useInt = rhs.d_useInt;

        // Resolve all possible combinations of active types between the
        // left-hand side and right-hand side of the assignment.  Use the
        // corresponding assignment operator when they match; otherwise,
        // if the old member is d_nt, run its non-trivial destructor, and
        // then copy-construct the new member in place:

        return *this;
    }
};
```

请注意，在上面的代码示例中，我们为了简化说明而忽略了异常处理。另请注意，尝试使用= default 语法（参见 2.1.4 节）来恢复联合的隐式删除的特殊成员函数仍然会导致它们被删除，因为编译器无法确定联合的成员函数哪个是活跃的。

2. 用例

以可区分联合的方式实现和类型

和类型是一种代数数据类型，它提供了在一组固定的特定类型中进行选择的功能。C++11 中的无限制联合可以作为定义和类型（也称为标记或区分联合）存储的一种方便且高效的方式，因为对齐和大小的计算由编译器自动完成。

以解析函数 parseInteger 为例，给定一个 std::string 输入，它将返回一个和类型 ParseResult（见下文），其中包含 int 类型的结果（成功时）或失败时的错误信息：

```
ParseResult parseInteger(const std::string& input)  // Return a sum type.
{
    int result;      // Accumulate result as we go.
    std::size_t i;  // current character index

    // ...

    if (/* Failure case (1). */)
    {
        std::ostringstream oss;
        oss << "Found non-numerical character '" << input[i]
            << "' at index '" << i << "'.";
        return ParseResult(oss.str());
    }

    if (/* Failure case (2). */)
    {
        std::ostringstream oss;
        oss << "Accumulating '" << input[i]
            << "' at index '" << i
            << "' into the current running total '" << result
            << "' would result in integer overflow.";

        return ParseResult(oss.str());
    }

    // ...

    return ParseResult(result);  // Success!
}
```

上面的实现依赖于 ParseResult 能够保存 int 类型或 std::string 类型的值。通过将 C++ 联合和判别器封装为 ParseResult 和类型的一部分，我们可以实现所需的功能：

```
class ParseResult
{
    union  // storage for either the result or the error
    {
        int         d_value; // result type (trivial)
        std::string d_error; // error  type (non-trivial)
    };

    bool d_isError;  // discriminator

public:
    explicit ParseResult(int value);                  // value constructor (1)
    explicit ParseResult(const std::string& error);  // value constructor (2)

    ParseResult(const ParseResult& rhs);             // copy constructor
    ParseResult& operator=(const ParseResult& rhs);  // copy assignment

    ~ParseResult();                                  // destructor
};
```

如果和类型包含多于两种类型，则判别器将是一个适当大小的整数或枚举类型，而不是布尔类型。

如“描述”中所讨论的，当联合中存在非平凡类型时，程序员必须为每个所需的特殊成员函数提供定义，并手动定义它。请注意，对于上面的两个值构造函数，不需要使用定位 new，因为初始化语法足以开始非平凡对象的生命周期：

```
ParseResult::ParseResult(int value) : d_value(value), d_isError(false)
{
}

ParseResult::ParseResult(const std::string& error)
    : d_error(error), d_isError(true)
    // Note that placement new was not necessary here because a new
    // std::string object will be created as part of the initialization of
    // d_error.
{
}
```

然而，仍然需要定位 new 和显式调用析构函数来进行销毁和复制操作[1]：

```
ParseResult::~ParseResult()
{
    if (d_isError)
    {
        d_error.std::string::~string();
            // An explicit destructor call is required for d_error because its
            // destructor is non-trivial.
    }
}

ParseResult::ParseResult(const ParseResult& rhs) : d_isError(rhs.d_isError)
{
    if (d_isError)
    {
        new (&d_error) std::string(rhs.d_error);
            // Placement new is necessary here to begin the lifetime of a
            // std::string object at the address of d_error.
    }
    else
    {
        d_value = rhs.d_value;
            // Placement new is not necessary here as int is a trivial type.
    }
}

ParseResult& ParseResult::operator=(const ParseResult& rhs)
{
    if (this == &rhs) // Prevent self-assignment.
    {
        return *this;
    }
    // Destroy lhs's error string if existent:
    if (d_isError) { d_error.std::string::~string(); }

    // Copy rhs's object:
    if (rhs.d_isError) { new (&d_error) std::string(rhs.d_error); }
    else               { d_value = rhs.d_value; }

    d_isError = rhs.d_isError;
    return *this;
}
```

在实践中，ParseResult 通常会使用更通用的 sum type[2]抽象来支持任意值类型并提供适当的异常安全性。

[1] 有关启动对象生命周期的更多信息，请参阅 iso14，3.8 节“对象生命周期”，第 66～69 页。

[2] std::variant 是在 C++17 中引入的标准构造，用于将 sum type 表示为一个可区分联合。在 C++17 之前，boost::variant 是最常用的 sum type 的标记联合实现。

3. 潜在缺陷

不经意的错误使用可能导致运行时潜在的未定义行为

在实现使用无限制联合的类型时，如果忘记初始化非平凡对象（使用成员初始化列表或定位 new）或访问与实际初始化的对象不同的对象，可能会导致潜在的未定义行为。虽然忘记销毁对象不一定会导致未定义行为，但是对于管理动态内存等资源的任何对象而言，如果未销毁对象，将导致资源泄漏或产生意外行为。请注意，销毁具有平凡析构函数的对象是不必要的；但是，在一些罕见的情况下，我们可能选择不销毁具有非平凡析构函数的对象。

4. 参见

2.1.6 节详细阐述了联合体的特殊成员函数对应其基类或非静态数据成员中的非平凡成员函数的含义。

5. 延伸阅读

- 有关扩展联合体语义的原始提案，详细说明了其动机并提供了 C++11 的标准措辞，可以在 goldthwaite07 中找到。
- ouellet16 中提供了对无限制联合体如何实现任意用户定义类型的求和类型以及为何仍然迫切需要 C++17 的 std::variant 标准库组件的演示。

4.2　C++14

4.2.1　auto 返回：函数返回类型推导

如果使用占位符（例如 auto）代替函数原型中的返回类型，则可以从函数定义中的 return 语句推断出函数的返回类型。

1. 描述

C++11 使用 decltype 运算符从函数的参数中确定函数的返回类型（参见 2.1.3 节），通常用于尾置返回类型中（参见 2.1.16 节）：

```
template <typename Container, typename Key>
auto search11(const Container& c, const Key& k) -> decltype(c.find(k))
{
    return c.find(k);
}
```

注意到，尾置返回类型规范有效地重新完成了函数模板的整个实现。从 C++14 开始，函数的返回类型可以直接从函数定义中的 return 语句推导出来：

```
template <typename Container, typename Key>
auto search14(const Container& c, const Key& k)
{
    return c.find(k);  // Return type is deduced here.
}
```

上面定义的 search14 函数模板的返回类型由表达式 c.find(k) 的类型决定。此特性为难以命名或会增加不必要的混乱的返回类型提供了有用的简写。C++14 中的推断返回类型特性是 C++11 lambda 表达式中类似特性的扩展：

```
auto iadd1 = [](int i, int j) { return i + j; };  // valid since C++11
auto iadd2(int i, int j)      { return i + j; }   // valid since C++14
```

请注意，这种 auto 的用法与带有尾置返回类型的 auto 不同：

```
auto a()           { return 1; }  // deduced return type int
auto b() -> double { return 1; }  // specified return type double
```

（1）规范

当函数的返回类型是通过使用不带尾置返回类型的 auto 或使用 decltype(auto) 指定时，函数的返回类型是从函数体中的 return 语句推导出来的，推导遵循与从一个初始化表达式推导变量声明相同的规则（参见 3.1.3 节和 4.2.2 节）：

```
class C1 { /*...*/ };

C1   c;
C1   f1();
C1&  f2();
C1&& f3();

auto           v1 = c;                 // deduced type C1
auto           g1() { return c; }      //    "    return type C1

decltype(auto) v2 = c;                 //    "    type C1
decltype(auto) g2() { return c; }      //    "    return type C1

auto           v3 = (c);               //    "    type C1
auto           g3() { return (c); }    //    "    return type C1

decltype(auto) v4 = (c);               //    "    type C1&
decltype(auto) g4() { return (c); }    //    "    return type C1&

auto           v5 = f1();              //    "    type C1
auto           g5() { return f1(); }   //    "    return type C1

decltype(auto) v6 = f1();              //    "    type C1
decltype(auto) g6() { return f1(); }   //    "    return type C1

auto           v7 = f2();              //    "    type C1
auto           g7() { return f2(); }   //    "    return type C1

decltype(auto) v8 = f2();              //    "    type C1&
decltype(auto) g8() { return f2(); }   //    "    return type C1&

auto           v9 = f3();              //    "    type C1
auto           g9() { return f3(); }   //    "    return type C1

decltype(auto) v10 = f3();             //    "    type C1&&
decltype(auto) g10() { return f3(); }  //    "    return type C1&&
```

与变量声明一样，auto（但不是 decltype(auto)）可以通过 cv 限定符限定，以及被装饰为引用、指针、函数指针、函数引用或成员函数指针：

```
const auto  g11() { return c; }     // return type const C1
auto&       g12() { return c; }     //    "      "  C1&
const auto& g13() { return c; }     //    "      "  const C1&
auto&&      g14() { return c; }     //    "      "  C1&
auto&&      g15() { return f3(); }  //    "      "  C1&&
auto*       g16() { return &c; }    //    "      "  C1*
auto    (*g17())() { return &g12; } //    "      "  C1& (*)()
auto&       g18() { return f3(); }  // Error, can't bind C1&& to lvalue ref
```

注意 auto&& 是一个转发引用，这意味着返回表达式的值类别将决定是左值引用（g14）还是右值引用（g15）。如果添加到 auto 的说明符会导致返回类型推导失败，则函数声明格式不正确，如 g18 的情况。

与变量类型推导[㊀]相同的限制适用于 auto 和 decltype(auto) 返回类型推导：

```
#include <vector>  // std::vector

std::vector<int> v;
```

㊀ GCC 版本 10.2（大约 2020 年）和支持 C++14 的早期版本允许 const decltype(auto) 用于变量和函数声明，即使标准禁止它。

```
std::vector<auto>&    g19() { return v; }  // Error, auto as template argument
decltype(auto)&       g20() { return v; }  // Error, & with decltype(auto)
const decltype(auto) g21() { return v; }  // Error, const with   "
```

还有一个额外的限制是 auto 返回类型不能从大括号初始化列表推导出

```
#include <initializer_list>  // std::initializer_list

auto v22 = { 1, 2, 3 };             // OK, deduced type initializer_list<int>
auto g22() { return { 1, 2, 3 }; } // Error, braced-initializer list not allowed
```

如果 g22 的声明可以推导出初始化列表的返回类型，那它总是会返回一个悬空引用，因为初始化列表会在函数返回之前超出作用域。

（2）推导出 void 返回类型

如果推导出返回类型的函数的 return 语句为空（即 return;）或者根本没有 return 语句，则返回类型被推导为 void。在这种情况下，声明的返回类型必须是 auto、const auto 或 decltype(auto)，没有额外的引用、指针或其他限定符：

```
auto           g1() { }          // OK, deduced return type void
auto           g2() { return; }  // OK,     "        "      "    "
decltype(auto) g3() { }          // OK,     "        "      "    "
decltype(auto) g4() { return; }  // OK,     "        "      "    "
const auto     g5() { }          // OK,     "        "      "    "
auto*          g6() { return; }  // Error, no pointer returned
auto&          g7() { return; }  // Error, no reference returned
```

（3）多个返回语句

当推导出返回类型的函数中有多个返回语句时，返回类型是从函数中的第一个返回语句推导出来的。第二个和后续的 return 语句必须推导出与第一个 return 语句相同的返回类型，否则程序是不正确的[⊖]：

```
auto g1(int i)
{
    if (i & 1) { return 3 * i + 1; }  // Deduce return type int.
    else       { return i / 2; }      // OK, deduce return type int again.
}

auto g2(bool b)
{
    if (b) { return "hello"; }  // Deduce return type const char*.
    else   { return 0.1; }      // Error, deduced double does not match.
}
```

多个 return 语句中的类型推导不考虑转换，所有推导的类型必须相同：

```
auto g3(long li)
{
    if (li > 0) { return li; }  // Deduce return type long.
    else        { return 0;  }  // Error, deduced int does not match long.
}

auto g4(bool b)
{
    if (b) { return "text"; }   // Deduce return type const char*.
    else   { return nullptr; }  // Error, std::nullptr_t does not match.
}

struct S { S(int = 0); };  // convertible from int
```

⊖ 在 C++17 中，丢弃的语句（例如条件为假的 if constexpr 语句）不用于类型推导：

```
auto f()  // deduces return type of const char*
{
    if constexpr (false) return 1;  // discarded return statement
    else return "hello";            // OK, nondiscarded return statement
}
```

```
auto g5(bool b)
{
    if (b) { return S(); }  // Deduced return type S
    else   { return 2; }    // Error, conversion to S not considered
}

int& f();

auto g6(int i)
{
    if (i > 0) { return i + 1; }  // Deduce return type int.
    else       { return f(); }    // OK, deduce return type int again.
}

decltype(auto) g7(int i)
{
    if (i > 0) { return i + 1; }  // Deduce return type int.
    else       { return f(); }    // Error, deduced int& doesn't match int.
}
```

请注意，g3、g4 和 g5 中的第二个 return 语句不考虑从第二个 return 表达式到从第一个 return 表达式推导出的类型的可能转换。函数 g6 和 g7 的主体是相同的，但后者会产生错误，因为 decltype(auto) 保留了表达式 f() 的值类别，导致第二个 return 语句中推导的返回类型与第一个不同。

与 if 语句不同，三元条件运算符使用其第二个和第三个操作数的共同类型。因此，使用 if 语句返回类型推导是无效的，但在使用三元条件运算符时可能有效：

```
auto g8(long li)  // valid rewrite of g3
{
    return (li > 0) ? li : 0;  // OK, deduce common return type long.
}
```

一旦返回类型被推导出，之后就可以在同一个函数中被使用，即作为递归调用的返回类型。如果在第一个 return 语句之前就需要 return 的类型，则程序格式错误：

```
decltype(auto) g9(int i)
{
    if (i < 1) { return 0; }               // Deduce return type int.
    else       { return i + g9(i - 1); }   // OK, use previously deduced return
                                           // type to deduce int again.
}

decltype(auto) g10(int i)
{
    if (i > 1) { return i + g10(i - 1); }  // Error, return type not known yet
    else       { return 0; }
}
```

也许令人惊讶的是，g9 不能使用三元条件运算符重写，因为在编译器处理完三元表达式的 true 分支和 false 分支之前，不会进行返回类型推导：

```
decltype(auto) g11(int i)  // erroneous rewrite of g9
{
    return i < 1 ? 0 : i + g11(i - 1);
        // Error, g11 used before return deduced
}
```

如果已经推导出非空返回类型，则无须在函数末尾提供 return 语句。但是，函数结尾的控制流具有未定义的行为：

```
auto g12(bool b) { if (b) return 1;         } // Bug, UB if b is false
auto g13(bool b) { if (b) return 1; return; } // Error, deduction mismatch
```

（4）可推导返回类型的函数的类型

几乎所有类别的函数都允许推导返回类型，包括自由函数、静态成员函数、非静态成员函数、函数模板、成员函数模板和转换运算符。然而，虚函数不能推导出返回类型：

```
auto free();                                   // OK, free function
template <typename T> auto templ();            // OK, function template

struct S
{
    static auto staticMember();                // OK, static member function
    decltype(auto) member();                   // OK, nonstatic member function
    template <typename T> auto memberTempl();  // OK, member function template
    operator auto() const;                     // OK, conversion operator
    virtual auto virtMember();                 // Error, virtual function
};
```

当这些函数之后被定义或重新声明时，它必须使用相同的占位符作为返回类型，即使在定义时实际返回类型是已知的：

```
auto free() { return 8; }  // OK, redeclare and define with auto return type.

int S::staticMember() { return 4; }  // Error, must be declared auto
auto S::member() { return 5; }       // Error, previously decltype(auto)
```

S::staticMember 的返回类型在定义时已知为 int，因为函数体返回 4，但将返回类型硬编码为 int 而不是 auto 会导致定义与声明不匹配。在 S::member 的情况下，声明和定义都使用占位符，但声明使用 decltype(auto) 而定义使用 auto。

在看到函数体之前，使用返回类型推导的函数的类型是不完整的；函数的定义必须出现在翻译单元的前面，才能调用或获取它的地址。

```
auto f1();

auto caller()
{
    f1();       // Error, return type of f1 is not known.
    return &f1; // Error, f1 has an incomplete type.
}

auto f1() { return 1.2; }  // return type deduced as double but too late
```

因此，在头文件中声明的函数必须在同一头文件中有定义，才能通过正常的 #include 机制使用。在实践中，这样的函数通常是模板或内联函数，以免将定义导入多个翻译单元，从而违反 ODR：

```
// file1.h:
auto func1();                        // OK, declaration only

auto func2() { return 4; }           // noninline definition (dangerous)

inline auto func3() { return 'a'; }  // OK, inline definition

template <typename T>
decltype(auto) func4(T* t)           // OK, function template
{
    return *t;
}

// file2.cpp:
#include <file1.h>              // Error, IFNDR, redefinition of func2
double local2a = func1();       // Error, func1 return type is not known.
int    local2b = func2();       // Valid? Call one of the definitions of func2.
char   local2c = func3();       // OK, call to inline function func3
char   local2d = func4("a");    // OK, call to instantiation func4<const char>

// file3.cpp:
#include <file1.h>              // Error, IFNDR, redefinition of func2
auto func1() { return 1.2; }    // OK, defined to return double
double local3a = func1();       // OK
int    local3b = func2();       // Valid? Call one of the definitions of func2.
char   local3c = func3();       // OK, call to inline function func3
char   local3d = func4("b");    // OK, call to instantiation func4<const char>
```

因为 func1 在 file1.h 中声明但在 file3.cpp 中定义，所以在 file2.cpp 中没有足够的信息来推断其返回类型。func2 有相反的问题：存在 ODR 违规，因为 func2 在每个具有 #include <file1.h> 的翻译单元中都被重新定义。编译器不需要诊断大多数 ODR 违规，但链接器通常会抱怨多重定义的公共符号。func3 是内联的，func4 是模板；与 func1 一样，它们的定义在每个翻译单元中都是可见的，从而使推导的返回类型可用，但与 func2 不同，它们不会产生 ODR 违规。

（5）尾置返回类型中使用占位符

如果在尾置返回类型中使用 auto 或 decltype(auto)，则含义与使用相同占位符作为前导返回类型相同：

```
auto f1() -> auto;
auto f2() -> decltype(auto);
auto f3() -> const auto&;

auto           f1();  // OK, compatible redeclaration of f1
decltype(auto) f2();  // OK, compatible redeclaration of f2
const auto&    f3();  // OK, compatible redeclaration of f3
```

当指定任何尾随返回类型时，前导返回类型占位符必须是纯 auto：

```
decltype(auto) f4() -> auto;  // Error, decltype(auto) with trailing return
auto&          f5() -> int&;  // Error, auto& with trailing return
```

（6）lambda 表达式的推导返回类型

闭包调用运算符的返回类型可以从其 return 语句中自动推导出：

```
auto y1 = [](int& i)                  { return i += 1; };  // Deduce int.
```

对于没有尾置返回类型的 lambda 表达式，返回类型推导的语义与声明返回类型为 auto 的函数相同。decltype(auto) 的语义可通过在尾置返回类型中使用 decltype(auto) 获得：

```
auto y2 = [](int& i) -> decltype(auto) { return i += 1; };  // Deduce int&.
```

请注意，尽管 C++11 中的 lambda 表达式可以使用返回类型推导，但只有从 C++14 开始，decltype(auto) 才可用。在此之前，前面的 lambda 表达式需要更烦琐且重复使用 decltype 运算符：

```
auto y3 = [](int& i) -> decltype(i+=1) { return i += 1; };  // C++11 compatible
```

（7）模板实例化和特化

函数模板在重载解析被选择时将实例化。如果函数具有推导出的返回类型，即使实例化导致程序格式错误，模板也必须完全实例化以推导出其返回类型。这种实例化行为不同于具有已定义返回类型的函数模板，其中未能组合有效的返回类型将导致替换失败，该替换失败将从重载集中良性移除模板（SFINAE）：

```
struct S { };

int f1(void* p) { return 0; }       // matches any pointer type

template <typename T>
auto f1(T* p) -> decltype(*p *= 2)  // better match if T *= int is valid
{
    return *p *= 2;
}

int f2(void* p) { return 0; }       // matches any pointer type

template <typename T>
auto f2(T* p)                       // better match for nonvoid pointer type
{
    return *p *= 2;                 // OK, only if T *= int is valid
}

void g1()
```

```
{
    unsigned i;
    S        s;
    auto v1 = f1(&i);  // OK, calls f1<unsigned>(unsigned*)
    auto v2 = f1(&s);  // OK, calls f1(void*)

    auto v3 = f2(&i);  // OK, calls f2<unsigned>(unsigned*)
    auto v4 = f2(&s);  // Error, hard failure instantiating f2<S>(S*)
}
```

f1 的第一个重载接受任何指针参数并返回整数 0。仅当返回类型 decltype(*p *= 2) 有效时，f1 的第二个重载才能更匹配非空指针。如果不是，则从重载集中删除模板特化。因此，f1(&s) 将放弃 f1 模板，而是调用不太具体的 f1(void*) 函数。请注意，auto 与尾置返回组合不是推导返回类型；f1 模板的返回类型是在重载解析期间确定的，不需要函数体的实例化。该示例中函数参数的名称位于尾置返回类型的作用域内，这与前导返回类型不同。

f2 函数模板的原型将匹配任何指针类型，而不管它最终能否推导出一个有效的返回类型。一旦它被选为最佳重载，f2 模板就被完全实例化，并推导出它的返回类型。如果在实例化过程中 *p *= 2 无法编译（就像 f2<S> 那样），会导致程序格式错误，因为重载解析已完成，从重载集中删除模板特化为时已晚。

对函数模板使用推导的返回类型并不排除显式实例化（参见 3.1.9 节）。声明显式实例化时，不会发生实例化或推导返回类型。但是，如果函数模板的使用方式必须推导出其返回类型，则模板将被隐式实例化：

```
template <typename T> auto f(T t) { return t; }

extern template auto f(int);  // explicit instantiation declaration of f<int>
int (*p)(int) = f;            // f<int> is instantiated to deduce its return type.
```

f(int) 的 extern 显式实例化声明不会实例化 f<int>，也不会确定其返回类型。但是，当 f<int> 用于初始化 p 时，必须推导出返回类型。但该实例化并没有消除 f(int) 在程序的其他地方显式实例化的要求，通常是在单独的翻译单元中：

```
template auto f(int); // must appear somewhere in the program
```

请注意，如果函数在同一翻译单元中隐式实例化之后又进行显式实例化，则在某些流行的编译器上会失败[⊖]。

任何具有推导返回类型的函数模板的特化或显式实例化都必须使用相同的占位符，即使返回类型可以没有占位符进行简单地表达：

```
template <typename T> auto g(T t) { return t; }

template <>
auto g(double d) { return 7; }  // OK, explicit specialization, deduced as int

template auto g(int);           // OK, explicit instantiation, deduced as int

template <>
char g(char)   { return 'a'; }  // Error, must return auto

template <typename T>
T    g(T t, int) { return t; }  // OK, different template
```

即使 auto g(char) 和 char g(char) 具有相同的返回类型，后者也不是前者的有效特化。如果导致此返回类型不匹配的原因之一发生在模板中，则在实例化模板之前可能不会诊断出错误：

⊖ Clang 12.0（大约 2021 年）和 GCC 10.2（大约 2020 年）都存在错误，即如果推断其返回类型所需的隐式实例化是可见的，则它们无法显式实例化具有推断返回类型的函数模板。请参阅 Clang 错误 19551（参见 halpern21b）和 GCC 错误 99799（参见 halpern21a）。

```
template <typename T>
class A
{
    static T s_value;  // private static member variable
    friend T h(T);     // Declare friend function with known return type.
};

template <typename T> T A<T>::s_value;

auto h(int i)
{
    return A<int>::s_value;
        // Error, h is redeclared with a different return-type specification.
        // Error, this function is not a friend of A<int>.
}
```

当 A<int> 被实例化时，模板类 A 中的 T h(T) 声明失败，因为尽管 auto h(int) 与 T h(T) 具有相同的原型，其中 T 是 int，但它们不被视为相同的函数。

(8) 占位符转换函数

转换运算符的名称可以是占位符。可以在单个类中定义多个转换运算符，前提是没有两个具有相同的声明或推导返回类型：

```
#include <cassert>  // standard C assert macro

struct S
{
    static const int i;

    operator auto() { return 1; }
    operator long() { return 2L; }
    operator decltype(auto)() const { return (i); }
    operator const auto*() { return &i; }
};

const int S::i = 3;

void f1()
{
    S       s{};
    const S cs{};

    int         i1 = s;   // Convert to int.
    long        i2 = s;   // Convert to long.
    const int&  i3 = s;   // Convert to const int&.
    int         i4 = cs;  // Convert to const int&.
    long        i5 = cs;  // Convert to const int&.
    const int&  i6 = cs;  // Convert to const int&.
    long&       i7 = cs;  // Error, cannot convert to long&
    const int*  p1 = s;   // Convert to int*.

    assert(1  == i1);
    assert(2L == i2);
    assert(3  == i3);
    assert(3  == i4);
    assert(3  == i5);
    assert(3  == i6);

    assert(p1 == &i3);
    assert(p1 == &i6);
}
```

这些转换运算符规则同样适用于普通成员函数的占位符返回类型。例如，最后一个转换运算符结合了 auto 与 const 和指针运算符。但是请注意，由于这些运算符没有唯一的名称，它们的实现必须在类中内联（如上所述），或者它们必须以其他方式区分，例如，通过 cv 限定符：

```
struct R
{
```

```
    operator auto();        // OK, deduced type not known
    operator auto() const;  // OK, const-qualified, deduced type not known
};

R::operator auto() { return "hello"; }  // OK, deduce type const char*.
R::operator auto() const { return 4; }  // OK, deduce type int.

void f2()
{
    R r;

    const char* s = r;  // OK, choose nonconst conversion to const char*.
    int         i = r;  // OK, choose const conversion to int.
}
```

在 struct R 中，两个转换运算符甚至可以在它们的返回类型被推导之前共存，因为一个是 const 而另一个不是。在调用转换运算符之前必须知道推导的类型。

2. 用例

（1）复杂的返回类型

在 *Scientific and Engineering C++*⊖一书中，作者 Barton 和 Nackman 开创了现在广泛使用的模板技术。他们描述了一个采用 SI 单位的系统，其中各个单位指数被保存为模板值参数；例如，距离指数 3 表示 m^3。类型系统用于约束单位算术，以便只有正确的组合才能编译。加法和减法需要相同量纲的单位（例如平方米），而乘法和除法允许混合量纲（例如，将距离除以时间以获得以 m/s 为单位的速度）。

我们在这里给出一个简化版本，支持以 m 为单位的距离、以 kg 为单位的质量和以 s 为单位的时间的三种基本单位类型：

```
// unit type holding a dimensional value in the MKS system
template <int DistanceExp, int MassExp, int TimeExp>
class Unit
{
    double d_value;

public:
    Unit() : d_value(0.0) { }
    explicit Unit(double v) : d_value(v) { }

    double value() const { return d_value; }
    Unit operator-() const { return Unit(-d_value); }
};

// predefined units, for convenience
using Scalar    = Unit<0, 0, 0>;   // dimensionless quantity
using Meters    = Unit<1, 0, 0>;   // distance in meters
using Kilograms = Unit<0, 1, 0>;   // mass in Kg
using Seconds   = Unit<0, 0, 1>;   // time in seconds
using Mps       = Unit<1, 0, -1>;  // speed in meters per second
```

每个不同的量纲单位类型都是 Unit 的不同实例化。距离、质量和时间的基本单位都是一维的，速度以距离的指数为 1 和时间的指数为 −1 表示，因此单位为 m/s。

对两个量纲量求和要求它们具有相同的量纲，即它们由相同的 Unit 特化表示。因此，加法和减法运算符很容易声明和实现：

```
template <int DD, int MD, int TD>
Unit<DD,MD,TD> operator+(Unit<DD,MD,TD> lhs, Unit<DD,MD,TD> rhs)
    // Add two quantities of the same dimensionality.
{
    return Unit<DD,MD,TD>(lhs.value() + rhs.value());
```

⊖ 参见 barton94。

```
}

template <int DD, int MD, int TD>
Unit<DD,MD,TD> operator-(Unit<DD,MD,TD> lhs, Unit<DD,MD,TD> rhs)
    // Subtract two quantities of the same dimensionality.
{
    return Unit<DD,MD,TD>(lhs.value() - rhs.value());
}
```

当我们将两个量纲量相乘时，指数相加；相除时，指数相减：

```
template <int DDL, int MDL, int TDL, int DDR, int MDR, int TDR>
auto operator*(Unit<DDL,MDL,TDL> lhs, Unit<DDR,MDR,TDR> rhs)
    // Multiply two dimensional quantities to produce a new.
{
    return Unit<DDL+DDR, MDL+MDR, TDL+TDR>(lhs.value() * rhs.value());
}
template <int DDL, int MDL, int TDL, int DDR, int MDR, int TDR>
auto operator/(Unit<DDL,MDL,TDL> lhs, Unit<DDR,MDR,TDR> rhs)
{
    return Unit<DDL-DDR, MDL-MDR, TDL-TDR>(lhs.value() / rhs.value());
}
```

乘法运算符的返回类型有点笨拙，如果没有推导返回类型，这些长名称将需要出现两次，一次在函数声明中，一次在返回语句中。

作为一种解决方法，operator* 和 operator/ 可以引入一个默认模板参数来避免返回类型的重复：

```
template <int DD1, int MD1, int TD1, int DD2, int MD2, int TD2,
        typename R = Unit<DD1+DD2, MD1+MD2, TD1+TD2>>
R operator*(Unit<DD1,MD1,TD1> lhs, Unit<DD2,MD2,TD2> rhs)
{
    return R(lhs.value() * rhs.value());
}
```

但是，该解决方法不适用于非模板函数，例如计算动能的函数 kineticEnergy。

我们现在可以使用这些操作来实现一个返回运动物体动能的函数：

```
auto kineticEnergy(Kilograms m, Mps v)
    // Return the kinetic energy of an object of mass m moving at velocity v.
{
    return m * (v * v) / Scalar(2);
}
```

此公式的返回类型是自动确定的，无须直接用 Unit 模板参数表示。返回的单位是 J，也可以描述为 kg · m^2/s^2，如下面的测试程序所示：

```
#include <type_traits>  // std::is_same

void f1()
{
    using Joules = Unit<2, 1, -2>;  // energy in joules

    auto ke = kineticEnergy(Kilograms(4.0), Mps(12.5));
    static_assert(std::is_same<decltype(ke), Joules>::value, "");
}
```

由于自动返回类型推导，没有必要在 kineticEnergy 中命名每个中间计算的 Unit 实例化。上面代码中的 static_assert 证明以上公式返回了正确的最终单位。

（2）让编译器应用规则

表达式中类型提升和转换的 C++ 规则很复杂，不易在返回类型中表达。例如，当将 int 类型的值添加到 unsigned int 类型的值时，难以用语言表达返回类型确定的规则。确定返回此类表达式的函数的正确返回类型同样困难。当计算发生在函数模板中时，情况会更加复杂。使用 decltype 计算的显式返回类型可用于确定表达式的类型，但这种确定需要在函数声明中复制表达式或制作一个理想情况下具有相同类型的更简单的表达式。当存在多个具有不同内容的 return 语句时，没有直接的方法可以保证它们产生相同的类型。

使用推导的返回类型消除了重复代码或协调返回表达式的需要：

```
template <typename T1, typename T2>
auto add_or_subtract(bool b, T1 v1, T2 v2)
{
    if (b) { return v1 + v2; }
    else   { return v1 - v2; }
}
```

上面的模板可推导出 T2 类型的值与 T1 类型的值相加的返回类型，并可验证从 T1 类型的值减去 T2 类型的值时是否产生相同的类型。如果两个推导的类型不同，则会生成错误诊断，而不是升级或转换为（可能不正确的）手动确定的类型。

（3）返回一个 lambda 表达式

lambda 表达式生成一个唯一的闭包类型，该闭包类型不能命名，也不能作为 decltype 运算符的操作数出现。函数可以生成和返回闭包对象的唯一方法是使用推导的返回类型，这使得可以定义捕获参数并生成有用函数对象的函数：

```
#include <algorithm>  // std::is_partitioned
#include <vector>     // std::vector

template <typename T>
auto lessThanValue(const T& t)
{
    return [t](const T& u) { return u < t; };
}

bool f1(const std::vector<int>& v, int pivot)
    // Return true if v is partitioned around the pivot value.
{
    return std::is_partitioned(v.begin(), v.end(), lessThanValue(pivot));
}
```

lessThanValue 函数生成一个函子（又名仿函数）（即一个闭包对象），如果其参数小于捕获的 t 值，则返回 true。然后将此函子作为 is_partitioned 的参数。

请注意，不可能在不同的 return 语句中返回不同的 lambda 表达式，因为每个 lambda 表达式本质上都与其他 lambda 表达式有不同的类型，因此违反了返回类型推导的要求：

```
auto comparator(bool reverse)
{
    if (reverse)
    {
        return [](int l, int r) { return l < r; };
    }
    else
    {
        return [](int l, int r) { return l > r; };  // Error, inconsistent type
    }
}
```

一个解决方案是使用 std::function<void(int, int)> 作为 comparator 函数的返回类型。

（4）包装函数的完美返回

在调用另一个函数之前和之后执行某些任务的通用包装器需要保留被调用函数的返回值类型和值类别。使用 decltype(auto) 是实现包装调用“完美返回”的最简单方法。例如，包装模板可获取互斥锁，调用用户提供的任意函数，并返回该函数产生的值：

```
#include <utility>  // std::forward
#include <mutex>    // std::mutex and std::lock_guard

template <typename Func, typename... Args>
decltype(auto) lockedInvoke(std::mutex& m, Func&& f, Args&&... args)
{
```

```
        std::lock_guard<std::mutex> mutexLock(m);
        return std::forward<Func>(f)(std::forward<Args>(args)...);
    }
```

mutex 由 mutexLock 的析构函数自动释放。f 的返回值和值类别由 lockedInvoke 返回。请注意，lockedInvoke 依赖于另外两个 C++11 特性——转发引用（参见 3.1.10 节）和可变参数函数模板（参见 3.1.21 节），以实现完美转发它的参数给 f。

（5）延迟返回类型推导

有时，确定函数模板的返回类型需要递归地实例化模板，直到找到叶子情形（Leaf Case）。在某些情况下，这些实例化可能会导致无限的编译时递归，即使从逻辑上讲，递归应该正常终止。考虑递归函数模板 n1，它通过递归实例化返回其模板参数 N，当它调用 N == 0 的叶子时停止：

```
template <int i>  struct Int { };  // compile-time integer

int n1(Int<0>) { return 0; }       // leaf case for terminating recursion

template <int N>
auto n1(Int<N>) -> decltype(n1(Int<N-1>{}))
    // Return N through recursive instantiation.
{
    return n1(Int<N-1>{}) + 1;   // call to recursive instantiation
}

int result1 = n1(Int<10>{});     // Error, excessive compile-time recursion
```

从表面上看，递归似乎应该在 11 次实例化后终止。然而，问题是编译器必须先确定 n1 的返回类型，然后才能知道它是否会递归。要计算返回类型 decltype(n1(Int<N-1>{}))，编译器必须为 n1 构建重载集。编译器找到两个匹配的名称，叶子 n1(Int<0>) 和模板 n1(Int<N>)。即使 N 为 0，编译器也必须实例化后者才能完成重载集的构建。因此，如果 N 为 0，它将实例化 n1<-1>，即使它永远不会调用它。因此，递归不会停止，直到 n1 已用每个 int 值实例化（尽管实际中，编译器会在此之前很久就中止）。

当使用 auto 或 decltype(auto) 推导返回类型时，编译器将函数添加到重载集中，而无须确定其返回类型。由于返回类型本身并不决定重载解析的结果，因此可以避免不必要的实例化。返回类型推导只会发生在重载解析实际选择的函数上，也就是当 N < 0 时返回类型将按预期终止递归：

```
int n2(Int<0>) { return 0; }      // leaf case for terminating recursion

template <int N>
auto n2(Int<N>)
    // return N through recursive instantiation
{
    return n2(Int<N-1>{}) + 1;   // call to recursive instantiation
}

int result2 = n2(Int<10>{});     // OK, returns 10
```

在上面的示例中，当 N 为 1 时对 n2 的调用会选择叶子（非模板）版本，并且不会递归地实例化 n2 的模板版本。

3. 潜在缺陷

（1）对抽象和隔离的负面影响

如果库函数提供抽象接口，用户只需阅读和理解函数的声明及其文档。只有在维护库本身时，函数的实现细节才是重要的。

如果一个程序通过将实现代码放在一个单独的翻译单元中来将库用户与库的实现隔离，那么在编译时库代码和客户端代码之间的耦合就会减少。如果库的头文件中不包含函数实现，则只需要重新链接即可重建库并提供更新，而无须重新编译客户端。由于不需要重新编译头文件中的库源代码，客户端代码的编译时间被最小化。

推导出的函数返回类型会干扰抽象和隔离，从而干扰可理解的大型软件的开发。因为返回类型的实现对编译器不可见而导致无法确定返回类型，所以不能隔离已推导出返回类型的公开可见函数。这些公开可见函数必须作为内联函数或函数模板出现在头文件中，因此每个客户端翻译单元都要重新编译。在这方面，具有推导返回类型的函数与任何其他内联函数或函数模板没有什么不同。然而，要完全理解一个函数的接口（包括它的返回类型），用户必须阅读它的实现。

为了减轻推导返回类型带来的抽象损失，函数作者可以仔细记录返回对象的预期属性，即使在没有特定具体类型的情况下也是如此。但是了解返回值的属性，而不仅仅是它的类型，可能会产生一个比已指定已知类型的函数更抽象的函数。

（2）清晰度降低

在声明中不显示函数的返回类型会降低程序的清晰度。推导的返回类型出现在微小的函数定义中时效果最好，因此确定性的返回语句很容易看到。具有推导返回类型的函数也非常适用于返回类型的细节不是特别有用的情况，例如与容器关联的迭代器类型的情况。

4. 烦恼

（1）对实现顺序敏感

如果递归函数或伪递归函数模板使用了推导出的返回类型，则第一个 return 语句必须是递归的：

```
auto fib(int n)
    // Compute the nth Fibonacci number.
{
    if (n < 2) { return n; }              // base case, deduces int
    else { return fib(n-2) + fib(n-1); }  // OK, return type already known
}
```

相同的代码以看起来功能相同的方式重新排列，但由于返回类型推导发生得太晚而无法编译：

```
auto fib2(int n)
    // Compute the nth Fibonacci number.
{

    if (n >= 2) { return fib2(n-2) + fib2(n-1); }  // Error, unknown return type
    else        { return n; }                      // OK, but too late
}
```

重要的是，多个 return 语句都推导出相同的返回类型，因此重新排列 return 语句的顺序不会导致函数的返回类型发生细微变化。例如，如果第一个 return 语句推导出的类型为 short，而第二个 return 语句推导出的类型为 long，编译器最好进行提示而不是将 long 截断为 short。因此，这种保护可以防止偶尔的烦恼变成危险的陷阱。

（2）函数体中没有 SFINAE

SFINAE 通常用于有条件地从重载集里删除函数模板[⊖]。考虑一个重载集，如果对象有一个 print 成员函数，则使用其 print 成员函数将对象输出到 std::ostream，否则使用流式运算符：

```
#include <iostream>  // std::ostream, std::cout

template <typename T>
decltype(auto) printImpl(std::ostream& os, const T& t, long)
    // low-priority overload that uses streaming operator
{
    return os << t;
}
```

⊖ C++20 引入了 concept，一个更具表现力的系统来限制函数模板的适用性，不需要十分理解 SFINAE 的细节。

```
template <typename T>
auto printImpl(std::ostream& os, const T& t, int) -> decltype(t.print(os))
    // high-priority overload for types having a print member function
{
    return t.print(os);
}

template <typename T>
decltype(auto) print(std::ostream& os, const T& t)
    // dispatcher function to select between overloads of printImpl
{
    return printImpl(os, t, 0);
}
```

当调用自由函数 print 时，它使用 printImpl 重载集来选择正确的打印方法。这个重载集依赖于 SFINAE 才能正常工作。当对表达式 t.print(os) 的有效对象调用 printImpl 时，模板替换将继续进行而不会出错，并且在重载解析过程中生成的模板特化将是最佳匹配，因为 0 与第三个参数完全匹配。当在 t.print(os) 无效的类型的对象上进行调用时，模板替换将失败，并且由此产生的特化将从重载集中删除，仅把通过流式传输到 std::ostream 的函数保留为最佳重载匹配，尽管它的第三个参数需要标准转换：

```
struct S {
    std::ostream& print(std::ostream& o) const        { return o << "PRINT"; }
};
std::ostream& operator<<(std::ostream& o, const S& s) { return o << "STREAM"; }

void testPrint()
{
    print(std::cout, S());  // prints "PRINT"
    print(std::cout, 17);   // prints "17"
}
```

查看 printImpl 的实现，人们可能会想到利用推导的返回类型来删除 t.print(os) 表达式的重复。但是，这种更改会将替换错误从声明移动到函数体，从而使程序格式错误，而不是从重载集中删除有问题的实例化：

```
template <typename T>
decltype(auto) printImpl2(std::ostream& os, const T& t, long)
{
    return os << t;
}

template <typename T>
decltype(auto) printImpl2(std::ostream& os, const T& t, int)  // deduced return
{
    return t.print(os);  // valid only if t.print(os) is valid
}

template <typename T>
decltype(auto) print2(std::ostream& os, const T& t)
{
    return printImpl2(os, t, 0);
}

void testPrint2()
{
    print2(std::cout, S());  // OK, template instantiation succeeds.
    print2(std::cout, 17);   // Error, tries to call print on an int
}
```

当看到 print2(std::cout, 17) 时，编译器必须查看 print2 的两个重载。由于调用 print 成员函数的版本是更好的匹配，编译器尝试实例化它，但在看到 t.print(os) 时却失败了。该错误在重载解析期间不会发生，因此不被视为替换失败。并不会选择下一个最佳重载，而是编译失败。

5. 参见

- 2.1.3 节描述了在编译时产生表达式类型并隐式用于类型推导的特性。
- 2.1.16 节讨论了一种没那么灵活但更具确定性的推导返回类型的替代方案。
- 3.1.3 节介绍了推导 auto 变量类型的规则，这些规则与推导使用 auto 占位符声明的返回类型的规则几乎相同。
- 3.1.10 节说明了在 C++11 和 C++14 模板中普遍使用的习惯用法，尤其是包装其他函数模板的函数模板，通常使用推导的返回类型。
- 3.1.14 节引入了 lambda 表达式，它在 C++14 中为常规函数扩展之前，已经可以在 C++11 中推导出返回类型。
- 4.2.2 节列出了推导 decltype(auto) 变量类型的规则，这些规则与推导使用 decltype(auto) 占位符声明的返回类型的规则相同。

4.2.2　decltype(auto)：使用 decltype 语义推导类型

在 C++14 变量声明中，decltype(auto) 可以充当一个占位符类型，该类型与变量的初始化器的类型完全匹配，保留初始化器的值类别，这与 auto 占位符不同。

1. 描述

类型说明符 auto（参见 3.1.3 节）可以在 C++11 中作为占位符来声明一个变量，该变量的类型是从变量的初始化器推导出来的：

```
struct C { /*...*/ };

C f1();

auto a1 = 0;     // deduced type int
auto a2{f1()};  // deduced type C
```

C++14 引入了一个新的占位符 decltype(auto)，它可以在大多数与 auto 相同的上下文中使用。对于上面的示例，decltype(auto) 的行为与 auto 相同：

```
decltype(auto) a3 = 0;     // deduced type int
decltype(auto) a4{f1()};  // deduced type C
```

字面值 0 具有 int 类型，因此用 0 初始化 a3 会产生一个 int 类型的变量。类似地，表达式 f1() 具有 C 类型，当用于初始化 a4 时会产生 C 类型的变量。

与普通 auto 不同，使用 decltype(auto) 声明的变量的推导类型不是通过使用模板参数推导规则确定的，而是通过将 decltype 运算符应用于初始化表达式来确定的。在实践中，初始化器的 cv 限定符和值类别（参见 3.1.18 节）为 decltype(auto) 保留，而对于普通 auto，它们将被丢弃：

```
int&     f2();
C&&      f3();
C        c1;
const C cc1;

auto           v1  = 4;      // deduced as int
decltype(auto) v2  = 4;      //    "      " int

auto           v3  = f2();   //    "      " int
decltype(auto) v4  = f2();   //    "      " int&

auto           v5  = f3();   //    "      " C
decltype(auto) v6  = f3();   //    "      " C&&

auto           v7  = cc1;    //    "      " C
decltype(auto) v8  = cc1;    //    "      " const C

auto           v9  = (cc1);  //    "      " C
decltype(auto) v10 = (cc1);  //    "      " const C&
```

与 decltype 运算符一样，decltype(auto) 是为数不多的保留两种右值［prvalue（例如值 4）和 xvalue（例如 f3()）］类别之间区别的构造之一。

auto 和 decltype(auto) 都可以作为函数返回类型的占位符，表明返回类型应该从函数的返回语句中推导出来。推导的返回类型特性在相应的章节中进行了介绍（请参见 4.2.1 节）。请注意，该部分中描述的函数返回类型的推导规则参考这里描述的变量类型推导规则。因此，建议读者先阅读本节。

（1）规范

decltype(auto) 占位符可以出现在 auto 出现的大多数地方。

- 作为初始化变量声明中的类型，包括在循环或 switch 语句的 init 语句中定义的变量。
- 作为由 new 表达式分配和初始化的对象类型。
- 作为函数或转换运算符返回的类型。

最后一个是 decltype(auto) 最常见的用法，在 4.2.1 节中有详细描述。注意 decltype(auto) 不能用于声明泛型 lambda 表达式的参数，参见 3.2.2 节。

对于使用 decltype(auto) 声明并使用表达式 expr 初始化的变量 v*n*，推导出 v*n* 的类型为 decltype(expr) 表示的类型，请参阅 2.1.3 节。这种语义意味着推导的类型可能是 cv 限定的类型或引用：

```
struct C1 { /*...*/ };

int&     lvref();
C1&&     rvref();
C1       c1;
const C1 cc1;

decltype(lvref()) v1  = lvref();  // deduced as int&
decltype(auto)    v2  = lvref();  // equivalent to v1

decltype(rvref()) v3  = rvref();  // deduced as C1&&
decltype(auto)    v4  = rvref();  // equivalent to v3

decltype(c1)      v5  = c1;       // deduced as C1
decltype(auto)    v6  = c1;       // equivalent to v4

decltype((c1))    v7  = c1;       // deduced as C1&
decltype(auto)    v8  = (c1);     // equivalent to v7

decltype(cc1)     v9  = cc1;      // deduced as const C1
decltype(auto)    v10 = cc1;      // equivalent to v9
decltype((cc1))   v11 = cc1;      // deduced as const C1&
decltype(auto)    v12 = (cc1);    // equivalent to v11

decltype({ 3 })   v13 = { 3 };    // Error, not an expression
decltype(auto)    v14 = { 3 };    // Error, not an expression
```

当 decltype 运算符的语义应用于由单个变量组成的表达式时，会导致 decltype(c1) 产生类型 C1 和 decltype((c1)) 产生引用类型 C1&，正如在 v5 和 v7 中定义的。因此，变量 v6 和 v8 也具有 C1 和 C1& 类型。像 {3} 这样的大括号初始化器列表不是表达式，因此，v13 和 v14 都是无效的。

请注意，返回标量类型的函数会在其返回类型上丢弃顶层 cv 限定符，因此即便使用 decltype(auto) 定义，从调用此类函数推导出的类型也不会反映顶层 cv 限定符：

```
template <typename T> T f();

decltype(auto) v15 = f<const C1>();            // deduced as const C1
decltype(auto) v16 = f<const int>();           //    "     " int
decltype(auto) v17 = f<const int&>();          //    "     " const int&
decltype(auto) v18 = f<const char* const>();   //    "     " const char*
```

类的类型 const C1 和引用的类型 const int& 的顶级 const 限定符被保留，但标量类型 const int 的限定符则没有保留。指针本身的常量性，在 const char* const 中，同样被丢弃，因为它是标量类型上的顶层 cv 限定符。

当函数名被用作初始化表达式时，它会在初始化 auto 类型声明的变量时自动弱化为指针类型，但当变量声明为 decltype(auto) 类型时，函数名不会变化。下面 gx2 的推导类型是函数类型，函数类型不是变量的允许类型。具有函数指针类型或函数引用类型的初始化表达式（如 gx3、gx4、gx5 和 gx6）不会造成问题：

```
int g();
auto           gx1 = g;     // OK, deduced as (decayed type) int (*)()
decltype(auto) gx2 = g;     // Error, cannot define variable of type int()

auto           gx3 = &g;    // OK, deduced as int (*)()
decltype(auto) gx4 = &g;    // OK,     "      " int (*)()

auto&          gx5 = *gx3;  // OK,     "      " int (&)()
decltype(auto) gx6 = *gx3;  // OK,     "      " int (&)()
```

注意，gx5 使用 & 来强制变量类型为引用。将引用说明符和 cv 限定符添加到占位符的功能不适用于 decltype(auto)，如下一小节所述。

（2）句法限制

当作为类型占位符时，decltype(auto) 必须单独出现且不能被 cv 限定符、引用类型说明符、指针类型说明符或函数参数列表修饰：

```
int&& f1();
int i1 = 5;

decltype(auto)       v1    = f1();  // OK, deduced as int&&
const decltype(auto) v2    = f1();  // Error, const qualifier not allowed
decltype(auto)&&     v3    = f1();  // Error, reference operator not allowed
decltype(auto)*      v4    = &i1;   // Error, pointer operator not allowed
decltype(auto)    (*v5)() = &f1;   // Error, function parameters not allowed
```

如果将 decltype(auto) 替换为 auto，则上述所有定义均有效

```
auto                 v6     = f1();  // OK, v6 deduced as int
const auto           v7     = f1();  // OK, v7    "     " const int
auto&&               v8     = f1();  // OK, v8    "     " int&&
auto*                v9     = &i1;   // OK, v9    "     " int*
auto              (*v10)() = &f1;   // OK, v10   "     " int&& (*)()
```

decltype(auto) 占位符不能用于定义没有初始化器的变量，因为无法推断其类型。如果在单个 decltype(auto) 定义中定义了多个变量，则它们都必须具有完全相同类型的初始化器：

```
#include <utility>  // std::move

decltype(auto) v11;                                 // Error, no initializer
decltype(auto) v12 = f1(), v13 = std::move(i1);   // OK, deduced as int&&
decltype(auto) v14 = 5, v15 = f1();                // Error, ambiguous deduction
```

即使提供了默认成员初始化（参见 3.1.7 节），也不能使用 decltype(auto) 来声明非静态成员变量：

```
struct C1
{
    decltype(auto) d_data = f();  // Error, decltype(auto) for member variable
};
```

在声明初始化的 constexpr 静态成员变量（参见 3.1.6 节）时，可以使用 decltype(auto) 声明，但非声明初始化的 constexpr 静态成员变量不能使用 decltype(auto) 声明，因为非 constexpr 静态成员必须在类定义之外初始化，独立于 decltype(auto) 特性：

```
constexpr int f2() { return 5; }

struct C2
{
    static constexpr decltype(auto) s_mem1 = f2();  // OK
    static           decltype(auto) s_mem2 = f2();  // Error, in-class init
};
```

具有静态存储持续时间的变量（在命名空间或类作用域内）可以使用显式类型声明，然后使用 decltype(auto) 重新声明和初始化。但是请注意，一些流行的编译器拒绝这些重新声明[㊀]：

```
extern int gi;  // forward declaration

struct C3
{
    static decltype(f2()) s_mem1;  // type int
};

decltype(auto) gi =        f2();  // OK, compatible redeclaration
decltype(auto) C3::s_mem1 = f2();  // OK, compatible redeclaration
```

（3）new 表达式

在 new 表达式中使用 decltype(auto) 时，与在普通 auto 表达式中使用相比，几乎没有什么好处，有时会导致其他有效代码无法编译：

```
int   i;
int&& f1();

auto* p1 = new auto(5);               // OK, equivalent to new int(5)
auto* p2 = new decltype(auto)(5);     // OK, equivalent to new int(5)

auto* p3 = new auto(i);               // OK, equivalent to new int(i)
auto* p4 = new decltype(auto)(i);     // OK, equivalent to new int(i)

auto* p5 = new auto(f1());            // OK, equivalent to new int(f1())
auto* p6 = new decltype(auto)(f1());  // Error, equivalent to new int&&(f1())

auto* p7 = new auto((i));             // OK, equivalent to new int(i)
auto* p8 = new decltype(auto)((i));   // Error, equivalent to new int&(i)
```

在上面的所有示例中，变量类型都被声明为 auto* 以便可以从 new 表达式的返回类型推导出它。普通的 auto、decltype(auto) 或 int* 都是等价的。p6 和 p8 的初始化程序无法编译，因为 decltype(auto) 在每种情况下都推导出引用类型，从而导致 new 表达式生成指针引用类型。相反，用于初始化 p5 和 p7 的 auto 说明符会丢弃引用限定符，从而产生有效类型。

2. 用例

（1）精确捕获表达式的类型和值类别

auto&& 和 decltype(auto) 都可用于声明初始化为任何表达式结果的变量，但只有 decltype(auto) 会捕获初始化表达式的准确值类别：

```
int   f1();
int&  f2();
int&& f3();
int   i;

auto&&         v1 = f1();  // type int&&
decltype(auto) v2 = f1();  // type int

auto&&         v3 = f2();  // type int&
decltype(auto) v4 = f2();  // type int&

auto&&         v5 = f3();  // type int&&
decltype(auto) v6 = f3();  // type int&&

auto&&         v7 = i;     // type int&
decltype(auto) v8 = i;     // type int
```

㊀ GCC 10.2（大约 2020 年）和 MSVC 19.29（大约 2021 年）以及许多其他编译器拒绝自动重新声明先前声明的变量，请参阅 GCC 错误 60352（pluzhnikov14）。但是，C++14 标准中似乎没有任何内容不允许这种重新声明，且在 C++20 标准中的一个示例表明它们是有效的。

变量 v1 和 v5 具有相同的值类别，即使 f1() 是 prvalue 而 f3() 是 xvalue，这说明了 auto&& 的局限性，而 v2 和 v6 正确地捕捉到了这种局限性。此外，auto&& 将 v7 推断为引用，而 decltype(auto) 将 v8 推断为对象。

（2）代理迭代器或移动迭代器的返回类型

当一个迭代器被解除引用时，它通常返回一个序列元素的左值引用。然而，迭代器可能会按值返回代理类型的对象，如 std::vector<bool> 的情况。或者，迭代器解除引用运算符可能会返回一个序列元素的右值引用，就像在移动迭代器的情况下一样，即返回在遍历后不会再次使用的序列。当迭代器的引用类型的值类别未知时，可以在通用代码中使用 decltype(auto) 捕获解除引用的迭代器：

```
#include <vector>  // std::vector

template <typename C, typename V>
void fill(C& container, const V& val)
    // Replace the value of every element in container with a copy of val.
{
    for (typename C::iterator iter = container.begin();
         iter != container.end();
         ++iter)
    {
        // auto& element = *iter;  // won't work for proxy or moving iterators
        decltype(auto) element = *iter;
        element = val;
    }
}

void f1(std::vector<bool>& v)
{
    fill(v, false);
    // ...
}
```

我们可以使用 auto&& 代替 decltype(auto) 并获得相同的效果，虽然 decltype(auto) 的语义更易于理解，而 auto&& 的语义更冗长，但将元素声明为具有类型名 std::iterator_traits<decltype(iter)>::reference 会更具说明性。

3. 潜在缺陷

（1）隐藏的悬空引用

对右值的操作有时会返回一个仅在原始右值的生命周期内有效的右值引用。当返回的引用保存在命名变量中时，该变量存在绑定到临时对象的危险，该临时对象可能在使用之前就超出作用域：

```
#include <list>  // std::list

template <typename T>
T&& first(std::list<T>&& s) { return std::move(*s.begin()); }
    // Return an rvalue reference to the first element in s.

std::list<int> collection();
    // Return (by value) a list of int values.

void f()
{
    int&&          r1 = first(collection());
    auto&&         r2 = first(collection());
    decltype(auto) r3 = first(collection());

    // Bug, r1, r2, and r3 are all dangling references to destroyed
    // objects.

    // ...
}
```

变量 r1、r2 和 r3 都是具有 int&& 类型的悬空引用，因为它们引用了在引用初始化后立即超出作用域的列表元素。当从引用表达式初始化引用变量时，必须注意被引用对象的生命周期。在这方面，decltype(auto) 并没有增加新的危险。但是请注意，r1 和 r2 都被声明为引用类型，而 r3 仅被推断为引用类型。由于引用是隐藏的，这使得 decltype(auto) 比其他两种情况更难避免这个陷阱。

（2）意图表明不明显

自 C++11 以来，出现了一组通用的习惯用法，在泛型代码中使用 auto：

```
auto        copyVar     = expr1;  // copy of expr1
const auto& readonlyVar = expr2;  // read-only reference to expr2
auto&&      mutableVar  = expr3;  // possibly mutable reference to expr3
```

使用直接初始化的方式对 copyVar 对象从 expr1 进行初始化，如果 expr1 产生一个右值引用或左值引用，则分别调用移动或拷贝构造函数。readonlyVar 引用提供了由 expr2 生成的对象的只读访问，如果 expr2 返回一个右值，则生命周期扩展确保它保持有效，直到 readonlyVar 超出作用域。mutableVar 允许修改或从 expr3 移动（除非 expr3 是 const）。与 const auto& 的情况一样，生命周期延长可能会发挥作用。遵从这些使用习惯可以提供安全性，并表明程序员对变量用途的预期。

无法为 decltype(auto) 创建一组类似的习惯用法，因为 decltype(auto) 不能与 const 或引用类型说明符组合，请参阅烦恼——独立的 decltype(auto)。因此，对于变量声明，以这种惯用方式使用 auto 可能更可取。

函数返回类型的情况有些不同，返回值的预期用途在声明时并不总是已知的，请参见 4.2.1 节。

4. 烦恼

独立的 decltype(auto)

当使用 auto 定义变量时，我们可以将 cv 限定符和引用类型说明符添加到推导的类型中，即使初始化表达式具有更简单的限定符：

```
int f();

const auto& v1 = f();  // v1 is const int&.
```

decltype(auto) 必须独立，变量的类型始终与初始化表达式的类型完全相同，没有额外的修饰：

```
const decltype(auto) v2 = f();  // Error, const with decltype(auto)
```

因此，例如使用 decltype(auto) 无法推断出始终为只读的变量类型。

5. 参见

- 2.1.3 节描述了 decltype 操作符，它决定了 decltype(auto) 的语义。
- 3.1.3 节描述了 decltype(auto) 所基于的 C++11 特性。
- 3.1.18 节描述了将 decltype(auto) 与 auto 区分开的值类别的复杂世界。
- 4.2.1 节展示了如何将本节中描述的相同推导规则应用于函数返回类型。

参考文献

abrahams09 David Abrahams, Rani Sharoni, and Doug Gregor, "Allowing Move Constructors to Throw." Technical Report N2983, International Standards Organization, Geneva, Switzerland, November 9, 2009
http://www.open-std.org/jtc1/sc22/wg21/docs/papers/2009/n2983.html

abrahams10 David Abrahams, Rani Sharoni, and Doug Gregor, "Allowing Move Constructors to Throw (Rev. 1)." Technical Report N3050, International Standards Organization, Geneva, Switzerland, March 12, 2010
http://www.open-std.org/jtc1/sc22/wg21/docs/papers/2010/n3050.html

adamczyk05 J. Stephen Adamczyk, "Adding the `long long` type to C++ (Revision 3)." Technical Report N1811, International Standards Organization, Geneva, Switzerland, April 2005
http://open-std.org/JTC1/SC22/WG21//docs/papers/2005/n1811.pdf

adelstein-lelbach15 Bryce Adelstein-Lelbach, "Benchmarking C++ Code." *CppCon: The C++ Conference* (Aurora, CO, 2015)
https://www.youtube.com/watch?v=zWxSZcpeS8Q

alexandrescu01 Andrei Alexandrescu, *Modern C++ Design: Generic Programming and Design Patterns Applied* (Boston: Addison-Wesley, 2001)

amini21 Parsa Amini and Joshua Berne, "Quantifying the Impact of Assuming Preconditions." Technical Report P2421R0, International Standards Organization, Geneva, Switzerland, forthcoming

baker14 Billy Baker, "Removing `auto_ptr`." Technical Report N4168, International Standards Organization, Geneva, Switzerland, October 2, 2014
http://www.open-std.org/jtc1/sc22/wg21/docs/papers/2014/n4168.html

ballman Aaron Ballman, "Rule 03. Integers (INT)." *SEI CERT C++ Coding Standard* (Pittsburgh, PA: Carnegie Mellon University Software Engineering Institute)
https://wiki.sei.cmu.edu/confluence/pages/viewpage.action?pageId=88046333

balog20 Pal Balog, "Make Declaration Order Layout Mandated." Technical Report P1847R3, International Standards Organization, Geneva, Switzerland, March 1, 2020
http://www.open-std.org/jtc1/sc22/wg21/docs/papers/2020/p1847r3.pdf

barendregt84 Henk Barendregt and Erik Barendsen, "Introduction to Lambda Calculus." *Nieuw Archief Voor Wiskunde*, January 1984, volume 4:pp. 337–372

barton94 John J. Barton and Lee R. Nackman, *Scientific and Engineering C++: An Introduction With Advanced Techniques and Examples* (Reading, MA: Addison-Wesley, 1994)

bastien18 JF Bastien, "Signed Integers are Two's Complement." Technical Report P0907R4, International Standards Organization, Geneva, Switzerland, October 6, 2018
http://www.open-std.org/jtc1/sc22/wg21/docs/papers/2018/p0907r4.html

bde14 "Basic Development Environment." Bloomberg
https://github.com/bloomberg/bde/

bendersky18 Eli Bendersky, "Unification." Eli Bendersky's blog, November 12, 2018
https://eli.thegreenplace.net/2018/unification/

berger02 Emery D. Berger, Benjamin G. Zorn, and Kathryn S. McKinley, "Reconsidering Custom Memory Allocation." *Proceedings of the 17th ACM SIGPLAN Conference on Object-Oriented Programming, Systems, Languages, and Applications* (2002), pp. 1–12
https://doi.org/10.1145/582419.582421

bleaney16 Graham Bleaney, "Validation of Memory-Allocation Benchmarks." Technical Report P0213R0, International Standards Organization, Geneva, Switzerland, January 24, 2016
http://www.open-std.org/jtc1/sc22/wg21/docs/papers/2016/p0213r0.pdf

boccara20 Jonathan Boccara, "Virtual, final and override in C++." Fluent C++, February 21, 2020
https://www.fluentcpp.com/2020/02/21/virtual-final-and-override-in-cpp/

boehm16 Hans-J. Boehm, "Temporarily Discourage `memory_order_consume`." Technical Report P0371R1, International Standards Organization, Geneva, Switzerland, 2016
http://www.open-std.org/jtc1/sc22/wg21/docs/papers/2016/p0371r1.html

brown19 Walter E. Brown and Daniel Sunderland, "Recommendations for Specifying 'Hidden Friends'." Technical Report P1601R0, International Standards Organization, Geneva, Switzerland, 2019
http://www.open-std.org/jtc1/sc22/wg21/docs/papers/2019/p1601r0.pdf

calabrese20 Matt Calabrese and Ryan McDougall, "`any_invocable`." Technical Report P0288R6, International Standards Organization, Geneva, Switzerland, 2020
http://www.open-std.org/jtc1/sc22/wg21/docs/papers/2020/p0288r6.html

cargill92 Tom Cargill, *C++ Programming Style* (Reading, MA: Addison-Wesley, 1992)

carruth15 Chandler Carruth, "Tuning C++: Benchmarks, and CPUs, and Compilers! Oh My!" *CppCon: The C++ Conference* (Aurora, CO, 2015)
https://www.youtube.com/watch?v=nXaxk27zwlk

carruth17 Chandler Carruth, "Going Nowhere Faster." *CppCon: The C++ Conference* (Aurora, CO, 2017)
https://www.youtube.com/watch?v=2EWejmkKlxs

clow14 Marshall Clow, "Undefined Behavior in C++: What is it, and why do you care?" *C++Now* (2014)
https://www.youtube.com/watch?v=uHCLkb1vKaY

codesyn15 "C++ Object Persistence with ODB." Technical Report Revision 2.4, Code Synthesis, February 2015
https://www.codesynthesis.com/products/odb/doc/manual.xhtml

cpprefa "`std::all_of, std::any_of, std::none_of`." C++ Algorithm Library, cppreference.com
https://en.cppreference.com/w/cpp/algorithm/all_any_none_of

cpprefb "`std::unordered_map`." C++ Containers Library, cppreference.com
https://en.cppreference.com/w/cpp/container/unordered_map

cpprefc “`std::any`.” C++ Utilities Library, cppreference.com
https://en.cppreference.com/w/cpp/utility/any

cpprefd “`std::declval`.” C++ Utilities Library, cppreference.com
https://en.cppreference.com/w/cpp/utility/declval

cpprefe “Reference declaration.” C++ Language Declarations, cppreference.com
https://en.cppreference.com/w/cpp/language/reference

dawes07 Beman Dawes, “POD's Revisited; Resolving Core Issue 568 (Revision 5).” Technical Report N2342, C++ Standards Committee Working Group, Geneva, Switzerland, July 18, 2007
http://www.open-std.org/jtc1/sc22/wg21/docs/papers/2007/n2342.htm

dekker19a Niels Dekker, “`noexcept_benchmark`.” published via GitHub, January 18, 2019
https://github.com/N-Dekker/noexcept_benchmark/blob/main/LICENSE

dekker19b Niels Dekker, “Lightning Talk: `noexcept` considered harmful???” *C++ on Sea* (2019)
https://www.youtube.com/watch?v=dVRLp-Rwg0k

derevenets16 Yegor Derevenets, “A Proposal to Add Y Combinator to the Standard Library.” Technical Report P0200R0, C++ Standards Committee Working Group, Geneva, Switzerland, January 22, 2016
http://www.open-std.org/jtc1/sc22/wg21/docs/papers/2016/p0200r0.html

dewhurst89 Stephen Dewhurst and Kathy T. Stark, *Programming in C++* (Englewood Cliffs, NJ: Prentice Hall, 1989)

dewhurst19 Stephen Dewhurst, “TMI on UDLs: Mechanics, Uses, and Abuses of User-Defined Literals.” *CppCon: The C++ Conference* (2019)
https://www.youtube.com/watch?v=gxMiiI19VnQ

dijkstra82 Edsger W. Dijkstra, “On the Role of Scientific Thought.” *Selected writings on Computing: A Personal Perspective*, pp. 60–66 (NY: Springer-Verlag, 1982)

dimov18 Peter Dimov and Vassil Vassilev, “Allowing Virtual Function Calls in Constant Expressions.” Technical Report P1064R0, C++ Standards Committee Working Group, Geneva, Switzerland, 2018
http://www.open-std.org/jtc1/sc22/wg21/docs/papers/2018/p1064r0.html

dosreis09 Gabriel Dos Reis, “Issue 981: Constexpr constructor templates and literal types.” *C++ Standard Core Language Defect Reports and Accepted Issues, Revision 104* (Geneva, Switzerland: International Standards Organization, 2009)
http://www.open-std.org/jtc1/sc22/wg21/docs/cwg_defects.html#981

dosreis18 G. Dos Reis, J. D. Garcia, J. Lakos, A. Meredith, N. Myers, and B. Stroustrup, “Support for Contract Based Programming in C++.” Technical Report P0542R4, C++ Standards Committee Working Group, Geneva, Switzerland, 2018
http://www.open-std.org/jtc1/sc22/wg21/docs/papers/2018/p0542r4.html

dusikova19 Hana Dusíková, “Compile Time Regular Expressions.” Technical Report P1433R0, C++ Standards Committee Working Group, Geneva, Switzerland, 2019
http://www.open-std.org/jtc1/sc22/wg21/docs/papers/2019/p1433r0.pdf

eigen "Eigen." tuxfamily.org
http://eigen.tuxfamily.org/

ellis90 Margaret A. Ellis and Bjarne Stroustrup, *The Annotated C++ Reference Manual* (Reading, MA: Addison-Wesley, 1990)

facebook "Facebook folly library."
https://github.com/facebook/folly

finland13 Finland, "Issue 1776: Replacement of class objects containing reference members." *C++ Standard Core Language Defect Reports and Accepted Issues, Revision 104* (Geneva, Switzerland: International Standards Organization, 2013)
http://www.open-std.org/JTC1/SC22/WG21/docs/cwg_defects.html#1776

fluentcpp17 "What the Curiously Recurring Template Pattern Can Bring to Your Code." Fluent C++, May 16, 2017
https://www.fluentcpp.com/2017/05/16/what-the-crtp-brings-to-code/

freesoftwarefdn20 *Using the GNU Compiler Collection (GCC)* (Boston, MA: Free Software Foundation, Inc., 2020)
https://gcc.gnu.org/onlinedocs/gcc/

fultz14 Paul Fultz, "Is there interest in a `static if` emulation library?" Boost C++ Libraries online forum archive, August 13, 2014
https://lists.boost.org/Archives/boost/2014/08/216607.php

gamma95 *Design Patterns: Elements of Reusable Object-Oriented Software* (Reading, MA: Addison-Wesley, 1995)

goldthwaite07 Lois Goldthwaite, "Toward a More Perfect Union." Technical Report N2248, International Standards Organization, Geneva, Switzerland, May 7, 2007
http://www.open-std.org/jtc1/sc22/wg21/docs/papers/2007/n2248.html

gregor09 Douglas Gregor and David Abrahams, "Rvalue References and Exception Safety." Technical Report N2855, International Standards Organization, Geneva, Switzerland, March 23, 2009
http://www.open-std.org/jtc1/sc22/wg21/docs/papers/2009/n2855.html

grimm17 Rainer Grimm, "C++ Core Guidelines: Rules for Enumerations." Modernes C++, November 27, 2017
https://www.modernescpp.com/index.php/c-core-guidelines-rules-for-enumerations

gustedt13 Jens Gustedt, "right angle brackets: shifting semantics." Jens Gustedt's blog, December 18, 2013
https://gustedt.wordpress.com/2013/12/18/right-angle-brackets-shifting-semantics/

halpern20 Pablo Halpern and John Lakos, "Unleashing the Power of Allocator-Aware Software Infrastructure." Technical Report P2126R0, International Standards Organization, Geneva, Switzerland, March 2, 2020
http://www.open-std.org/jtc1/sc22/wg21/docs/papers/2020/p2126r0.pdf

halpern21a Pablo Halpern, "Bug 99799: Explicit instantiation function template with auto deduced return type fails if soft instantiation occurred." Bugzilla, March 27, 2021
https://gcc.gnu.org/bugzilla/show_bug.cgi?id=99799

halpern21b Pablo Halpern, "Bug 49751: Explicit instantiation function template with auto deduced return type fails if soft instantiation occurred." Bugzilla, March 28, 2021
https://bugs.llvm.org/show_bug.cgi?id=49751

halpern21c Pablo Halpern, "Move, Copy, and Locality at Scale." Technical Report P2329, International Standards Organization, Geneva, Switzerland, 2021
http://wg21.link/P2329

herring20 S. Davis Herring, "Declarations and where to find them." Technical Report P1787R6, International Standards Organization, Geneva, Switzerland, October 23, 2020
http://www.open-std.org/jtc1/sc22/wg21/docs/papers/2020/p1787r6.html

hindley86 J. Roger Hindley and Jonathan P. Seldin, *Introduction to Combinators and (lambda) Calculus* (Cambridge, England: Cambridge University Press, 1986)

hinnant02 Howard Hinnant, Peter Dimov, and Dave Abrahams, "A Proposal to Add Move Semantics Support to the C++ Language." Technical Report N1377, International Standards Organization, Geneva, Switzerland, September 10, 2002
http://www.open-std.org/jtc1/sc22/wg21/docs/papers/2002/n1377.htm

hinnant05 Howard Hinnant, "Rvalue Reference Recommendations for Chapter 20." Technical Report N1856, International Standards Organization, Geneva, Switzerland, August 26, 2005
http://www.open-std.org/jtc1/sc22/wg21/docs/papers/2005/n1856.html

hinnant06 Howard Hinnant, Bjarne Stroustrup, and Bronek Kozicki, "A Brief Introduction to Rvalue References." Technical Report N2027, International Standards Organization, Geneva, Switzerland, June 12, 2006
http://www.open-std.org/jtc1/sc22/wg21/docs/papers/2006/n2027.html

hinnant14 Howard Hinnant, "Everything You Ever Wanted To Know About Move Semantics (and Then Some)." *Conference of the ACCU* (Bristol, England, 2014)
https://accu.org/content/conf2014/Howard_Hinnant_Accu_2014.pdf

hinnant16 Howard Hinnant, "Everything You Ever Wanted To Know About Move Semantics." Bloomberg Engineering Distinguished Speaker Series, 2016
https://www.youtube.com/watch?v=vLinb2fgkHk&t=28s

hinnant17 Howard Hinnant, "Issue 2278: User-Defined Literals for Standard Library Types." Technical Report CWG2278, International Standards Organization, Geneva, Switzerland, September 10, 2017
https://cplusplus.github.io/LWG/issue2278

hruska20 Joel Hruska, "How L1 and L2 CPU Caches Work, and Why They're an Essential Part of Modern Chips." *Extreme Tech*, April 14, 2020
https://www.extremetech.com/extreme/188776-how-l1-and-l2-cpu-caches-work-and-why-theyre-an-essential-part-of-modern-chips

hu20 Yasen Hu, "C++ Diary #1 | emplace_back vs. push_back." Published via GitHub, Aug 13, 2020
https://yasenh.github.io/post/cpp-diary-1-emplace_back

ieee19 *IEEE Standard for Floating-Point Arithmetic* (New York, NY: Institute of Electrical and Electronics Engineers, Inc., 2019)
https://ieeexplore.ieee.org/document/8766229

inteliig "The Intel Intrinsics Guide." Intel Corporation
https://software.intel.com/sites/landingpage/IntrinsicsGuide/#

intel16 *Intel 64 and IA-32 Architectures Optimization Reference Manual.* Number 248966-033 (Santa Clara, CA: Intel Corporation, 2016)
https://www.intel.com/content/dam/www/public/us/en/documents/manuals/64-ia-32-architectures-optimization-manual.pdf

iso99 *ISO/IEC 9899:1999 Programming Languages — C* (Geneva, Switzerland: International Standards Organization, 1999)
http://www.open-std.org/jtc1/sc22/WG14/www/docs/n1256.pdf

iso03 *ISO/IEC 14882:2003 Programming Language C++* (Geneva, Switzerland: International Standards Organization, 2003)

iso11a *ISO/IEC 14882:2011 — Programming Language — C++* (Geneva, Switzerland: International Standards Organization, 2011)
http://www.open-std.org/jtc1/sc22/wg21/docs/papers/2011/n3242.pdf

iso11b *ISO/IEC 9899:2011 Information Technology — Programming Languages — C* (Geneva, Switzerland: International Standards Organization, 2011)
https://www.iso.org/standard/57853.html

iso14 *ISO/IEC 14882:2014 Programming Language C++* (Geneva, Switzerland: International Standards Organization, 2014)
http://www.open-std.org/JTC1/SC22/WG21/docs/papers/2013/n3797.pdf

iso17 *ISO/IEC 14882:2017 Programming Language C++* (Geneva, Switzerland: International Standards Organization, 2017)
http://www.open-std.org/jtc1/sc22/wg21/docs/papers/2017/n4659.pdf

iso18a "C++ Standard Core Language Active Issues, Revision 100." Technical report, International Standards Organization, Geneva, Switzerland, 2018
http://www.open-std.org/jtc1/sc22/wg21/docs/cwg_active.html

iso18b *ISO/IEC 9899:2018 Information Technology — Programming Languages — C* (Geneva, Switzerland: International Standards Organization, 2018)
https://www.iso.org/standard/74528.html

iso20a "Allow Duplicate Attributes." Technical Report P2156R1, International Standards Organization, Geneva, Switzerland, 2020
http://www.open-std.org/jtc1/sc22/wg21/docs/papers/2020/p2156r1.pdf

iso20b *ISO/IEC 14882:2020 Programming Languages — C++* (Geneva, Switzerland: International Standards Organization, 2020)
https://www.iso.org/standard/79358.html

itanium16 "Itanium C++ ABI: Exception Handling (Revision: 1.22)." Itanium, June 2, 2016
https://itanium-cxx-abi.github.io/cxx-abi/abi-eh.html

izvekov14 Matheus Izvekov, "Disallowing Inaccessible Operators From Trivially Copyable." Technical Report N4148, International Standards Organization, Geneva, Switzerland, September 24, 2014
http://www.open-std.org/jtc1/sc22/wg21/docs/papers/2014/n4148.html

johnson19 CJ Johnson, "Permitting trivial default initialization in constexpr contexts." Technical Report P1331R2, International Standards Organization, Geneva, Switzerland, July 15, 2019
http://www.open-std.org/jtc1/sc22/wg21/docs/papers/2019/p1331r2.pdf

josuttis20a Nicolai Josuttis, Victor Zverovich, Filipe Mulonde, and Arthur O'Dwyer, "Fix the Range-Based `for` Loop, Rev. 0." Technical Report P2012R0, International Standards Organization, Geneva, Switzerland, November 15, 2020
http://www.open-std.org/jtc1/sc22/wg21/docs/papers/2020/p2012r0.pdf

josuttis20b Nicolai Josuttis, *C++ Move Semantics — The Complete Guide* (Braunschweig, Germany: self-published, 2020)

kahan97 W. Kahan, "Lecture Notes on the Status of IEEE Standard 754 for Binary Floating-Point Arithmetic." Electrical Engineering and Computer Science Department, University of California, Berkeley, CA, 1997
https://people.eecs.berkeley.edu/ wkahan/ieee754status/IEEE754.PDF

kalev14 Danny Kalev, "Safety in Numbers: Introducing C++14's Binary Literals, Digit Separators, and Variable Templates." informit.com, May 14, 2014
https://www.informit.com/articles/article.aspx?p=2209021

keane20 Erich Keane, "Allow Duplicate Attributes." Technical Report P2156R0, C++ Standards Committee Working Group, Geneva, Switzerland, 2020
https://wg21.link/p2156r0

kernighan78 Brian W. Kernighan and Dennis M. Ritchie, *The C Programming Language.* 1st edition (Englewood Cliffs, NJ: Prentice Hall, 1978)
https://archive.org/details/TheCProgrammingLanguageFirstEdition

kernighan88 Brian W. Kernighan and Dennis M. Ritchie, *The C Programming Language.* 2nd edition (Englewood Cliffs, NJ: Prentice Hall, 1988)
https://archive.org/details/cprogramminglang00bria/mode/2up

kernighan99 Brian W. Kernighan and Rob Pike, *The Practice of Programming* (Reading, MA: Addison-Wesley, 1999)

khlebnikov18 Rostislava Khlebnikov and John Lakos, "Embracing Modern C++ Safely." Technical report, Bloomberg, New York, NY, March 29, 2018
http://bloomberg.github.io/bde-resources/pdfs/Embracing_Modern_Cpp_Safely.pdf

khlebnikov21 Rostislava Khlebnikov, "Bug 101087: Unevaluated operand of sizeof affects noexcept operator." Bugzilla, June 15, 2021
https://gcc.gnu.org/bugzilla/show_bug.cgi?id=101087

klarer04 Robert Klarer, John Maddock, Beman Dawes, and Howard Hinnant, "Proposal to Add Static Assertions to the Core Language (Revision 3)." Technical Report N1720, International Standards Organization, Geneva, Switzerland, October 20, 2004
http://www.open-std.org/jtc1/sc22/wg21/docs/papers/2004/n1720.html

krugler10a Daniel Krügler, "Issue 1071: Literal class types and trivial default constructors." *C++ Standard Core Language Defect Reports and Accepted Issues, Revision 104* (Geneva, Switzerland, 2010)
http://www.open-std.org/jtc1/sc22/wg21/docs/cwg_defects.html#1071

krugler10b Daniel Krügler, "Cleanup of `pair` and `tuple`." Technical Report N3140, C++ Standards Committee Working Group, International Standards Organization, Geneva, Switzerland, October 2, 2010
http://www.open-std.org/jtc1/sc22/wg21/docs/papers/2010/n3140.html

krzemienski11 Andrzej Krzemieński, "Using `noexcept`." Andrzej's C++ blog, June 10, 2011
https://akrzemi1.wordpress.com/2011/06/10/using-noexcept/

krzemienski16 Andrzej Krzemieński, "The Cost of `std::initializer_list`." Andrzej's C++ blog, July 7, 2016
https://akrzemi1.wordpress.com/2016/07/07/the-cost-of-stdinitializer_list/

kuhl12 Dietmar Kühl, "Proposal to Add Decimal Floating Point Support to C++." Technical Report N3407, International Standards Organization, Geneva, Switzerland, September 14, 2012
http://www.open-std.org/jtc1/sc22/wg21/docs/papers/2012/n3407.html

lakos96 John Lakos, *Large-Scale C++ Software Design* (Reading, MA: Addison-Wesley, 1996)

lakos14a John Lakos, "Defensive Programming Done Right, Part I." *CppCon* (2014)
https://www.youtube.com/watch?v=1QhtXRMp3Hg

lakos14b John Lakos, "Defensive Programming Done Right, Part II." *CppCon* (2014)
https://www.youtube.com/watch?v=tz2khnjnUx8

lakos15a John Lakos, "Value Semantics: It Ain't About the Syntax! — Part I." *CppCon* (2015)
https://www.youtube.com/watch?v=W3xI1HJUy7Q

lakos15b John Lakos, "Value Semantics: It Ain't About the Syntax! — Part II." *CppCon* (2015)
https://www.youtube.com/watch?v=0EvSxHxFknM

lakos16 John Lakos, Jeffrey Mendelsohn, Alisdair Meredith, and Nathan Myers, "On Quantifying Memory-Allocation Strategies (Revision 2)." Technical Report P0089R1, February 12, 2016
http://www.open-std.org/jtc1/sc22/wg21/docs/papers/2016/p0089r1.pdf

lakos17a John Lakos, "Local ('Arena') Memory Allocators — Part I." *Meeting C++* (2017)
https://www.youtube.com/watch?v=ko6uyw0C8r0

lakos17b John Lakos, "Local ('Arena') Memory Allocators — Part II." *Meeting C++* (2017)
https://www.youtube.com/watch?v=fN7nVzbRiEk

lakos19 John Lakos, "Value Proposition: Allocator-Aware (AA) Software." *C++Now* (2019)
https://www.youtube.com/watch?v=dDR93TfacHc

lakos20 John Lakos, *Large-Scale C++ — Volume I: Process and Architecture* (Boston: Addison-Wesley, 2020)

lakos22 John Lakos and Joshua Berne, *C++ Allocators for the Working Programmer* (Boston: Addison-Wesley, forthcoming)

lakos23 John Lakos and Rostislava Khlebnikhov, *Design by Contract for Large-Scale Software* (Boston: Addison-Wesley, forthcoming)

lakos2a John Lakos, *Large-Scale C++ — Volume II: Design and Implementation* (Boston: Addison-Wesley, forthcoming)

lakos2b John Lakos, *Large-Scale C++ — Volume III: Verification and Testing* (Boston: Addison-Wesley, forthcoming)

lavavej12 Stephan T. Lavavej, "STL11: Magic && Secrets." Going Native 2012, January 10, 2012
https://channel9.msdn.com/Events/GoingNative/GoingNative-2012/STL11-Magic-Secrets

lavavej13 Stephan T. Lavavej, "rand() Considered Harmful." Going Native 2013, August 17, 2013
https://channel9.msdn.com/Events/GoingNative/2013/rand-Considered-Harmful

leyton-brown03 Kevin Leyton-Brown, Eugene Nudelman, Galen Andrew, Jim McFadden, and Yoav Shoham, "A Portfolio Approach to Algorithm Selection." *IJCAI* (2003), pp. 1542–1543

liskov87 Barbara Liskov, "Data Abstraction and Hierarchy." *Addendum to the Proceedings on Object-Oriented Programming Systems, Languages, and Applications* (New York: Association for Computing Machinery, 1987), pp. 17–34
https://dl.acm.org/doi/10.1145/62138.62141

liskov94 Barbara Liskov and Jeannette M. Wing, "A Behavioral Notion of Subtyping." *ACM Transactions Programming Language Systems*, 1994, volume 16(6):pp. 1811–1841

liskov09 Barbara Liskov, "The Power of Abstraction." ACM SIGPLAN International Conference on Object-Oriented Programming, Systems, Languages, and Applications, October 27, 2009

liskov16 Barbara Liskov, "The Power of Abstraction." Bloomberg's Engineering Distinguished Speaker Series, October 24, 2016

lopez-gomez20 Javier López-Gómez, Javier Fernández, David del Rio Astorga, Vassil Vassilev, Axel Naumann, and J. Daniel García, "Relaxing the One Definition Rule in Interpreted C++." *Proceedings of the 29th International Conference on Compiler Construction*, CC 2020 (New York, NY, USA: Association for Computing Machinery, 2020), pp. 212–222
https://doi.org/10.1145/3377555.3377901

maddock04 John Maddock, "Issue 496: Is a volatile-qualified type really a POD?" *C++ Standard Core Language Defect Reports and Accepted Issues, Revision 104* (Geneva, Switzerland: International Standards Organization, 2004)
http://www.open-std.org/JTC1/SC22/WG21/docs/cwg_defects.html#496

martin09 Robert Martin, *Clean Code: A Handbook of Agile Software Craftsmanship* (Boston: Addison-Wesley, 2009)

martin17 Robert Martin, *Clean Architecture: A Craftsman's Guide to Software Structure and Design* (Boston: Addison-Wesley, 2017)

marton17 G. Márton, I. Szekeres, and Z. Porkoláb, "High-Level C++ Implementation of the read-copy-update Pattern." *IEEE 14th International Scientific Conference on Informatics* (2017), pp. 243–248

marton18 Gábor Márton, Imre Szekeres, and Zoltán Porkoláb, "Towards a High-Level C++ Abstraction to Utilize the Read-Copy-Update Pattern." *Acta Electrotechnica et Informatica*, 2018, volume 18(3):pp. 18–26

maurer15 Jens Maurer, "P0012R0: Make exception specifications be part of the type system, version 4." Technical Report P0012R0, International Standards Organization, Geneva, Switzerland, September 8, 2015
http://open-std.org/JTC1/SC22/WG21/docs/papers/2015/p0012r0.html

maurer18 Jens Maurer, "P1236R1: Alternative Wording for P0907R4 Signed Integers are Two's Complement." Technical Report P1236R1, International Standards Organization, Geneva, Switzerland, November 9, 2018
http://www.open-std.org/jtc1/sc22/wg21/docs/papers/2018/p1236r1.html

mayrand15 François Mayrand, "Passkey Idiom and Better Friendship in C++." Desktop Application Development, Spiria Digital Inc., May 21, 2015
https://www.spiria.com/en/blog/desktop-software/passkey-idiom-and-better-friendship-c/

mccormack94 Joel McCormack, Paul Asente, and Ralph R. Swick, "X Toolkit Intrinsics — C Language Interface, Version 11, Release 7.7." Technical report, X Consortium, Inc., 1994
https://www.x.org/releases/X11R7.7/doc/libXt/intrinsics.html

mcfarlane19 John McFarlane, "Fixed-Point Real Numbers." Technical Report P0037R7, International Standards Organization, Geneva, Switzerland, June 17, 2019
http://www.open-std.org/jtc1/sc22/wg21/docs/papers/2019/p0037r7.html

mcintosh08a Ian McIntosh, Michael Wong, Raymond Mak, Robert Klarer, Jens Maurer, Alisdair Meredith, Bjarne Stroustrup, and David Vandevoorde, "User-defined Literals (aka. Extensible Literals (revision 4))." Technical Report N2750-08-0260, International Standards Organization, Geneva, Switzerland, August 22, 2008
http://www.open-std.org/jtc1/sc22/wg21/docs/papers/2008/n2750.pdf

mcintosh08b Ian McIntosh, Michael Wong, Raymond Mak, Robert Klarer, Jens Maurer, Alisdair Meredith, Bjarne Stroustrup, and David Vandevoorde, "User-Defined Literals (Revision 5)." Technical Report N2765, International Standards Organization, Geneva, Switzerland, September 18, 2008
http://www.open-std.org/Jtc1/sc22/wg21/docs/papers/2008/n2765.pdf

meredith07 Alisdair Meredith, "Issue 644: Should a trivial class type be a literal type?" *C++ Standard Core Language Defect Reports and Accepted Issues, Revision 104* (Geneva, Switzerland: International Standards Organization, 2007)
http://www.open-std.org/jtc1/sc22/wg21/docs/cwg_defects.html#644

meredith08 Alisdair Meredith, M. Wong, and J. Maurer, "Inheriting Constructors (Revision 4)." Technical Report N2512, International Standards Organization, Geneva, Switzerland, April 2, 2008
http://www.open-std.org/jtc1/sc22/wg21/docs/papers/2008/n2512.html

meredith11 Alisdair Meredith and John Lakos, "Conservative use of `noexcept` in the Library." Technical Report N3279, International Standards Organization, Geneva,

Switzerland, March 25, 2011
http://www.open-std.org/jtc1/sc22/wg21/docs/papers/2011/n3279.pdf

meredith16 Alisdair Meredith, "Deprecating Vestigial Library Parts in C++17." Technical Report P0174R2, International Standards Organization, Geneva, Switzerland, June 23, 2016
http://www.open-std.org/jtc1/sc22/wg21/docs/papers/2016/p0174r2.html

meredith20 Alisdair Meredith, "Down with ~~typename~~ in the Library!" Technical Report P2150R0, International Standards Organization, Geneva, Switzerland, April 14, 2020
http://open-std.org/JTC1/SC22/WG21/docs/papers/2020/p2150r0.html

merrill10a Jason Merrill, "Issue 1213: Array subscripting and xvalues." *C++ Standard Core Language Defect Reports and Accepted Issues, Revision 104* (Geneva, Switzerland, 2010)
http://www.open-std.org/jtc1/sc22/wg21/docs/cwg_defects.html#1213

merrill10b Jason Merrill, "noexcept(auto)." Technical Report N3207, International Standards Organization, Geneva, Switzerland, November 11, 2010
http://www.open-std.org/jtc1/sc22/wg21/docs/papers/2010/n3207.htm

mertz18 Arne Mertz, "Trailing Return Types, East Const, and Code Style Consistency." *Simplify C++!* (2018)
https://arne-mertz.de/2018/05/trailing-return-types-east-const-and-code-style-consistency/

meyers92 Scott Meyers, *Effective C++* (Reading, MA: Addison-Wesley, 1992)

meyers96 Scott Meyers, *More Effective C++* (Reading, MA: Addison-Wesley, 1996)

meyers98 Scott Meyers, *Effective C++*. 2nd edition (Reading, MA: Addison-Wesley, 1998)

meyers04a Scott Meyers and Andrei Alexandrescu, "C++ and the Perils of Double-Checked Locking: Part I." *Dr Dobb's Journal*, 2004, pp. 46–49

meyers04b Scott Meyers and Andrei Alexandrescu, "C++ and the Perils of Double-Checked Locking: Part II." *Dr Dobb's Journal*, 2004, pp. 57–61

meyers05 Scott Meyers, *Effective C++*. 3rd edition (Boston: Addison-Wesley, 2005)

meyers15a Scott Meyers, "The View from Aristeia: Breaking All the Eggs in C++." scottmeyers.blogspot.com, November 2015
http://scottmeyers.blogspot.com/2015/11/breaking-all-eggs-in-c.html

meyers15b Scott Meyers, *Effective Modern C++: 42 Specific Ways to Improve Your Use of C++11 and C++14*. 1st edition (Sebastopol, CA: O'Reilly, 2015)

microsofta "Guidelines Support Library." Microsoft
https://github.com/Microsoft/GSL

microsoftb "STL." Microsoft
https://github.com/microsoft/STL

microsoftc "Built-in types (C++)." Guidelines Support Library, Microsoft
https://docs.microsoft.com/en-us/cpp/cpp/fundamental-types-cpp

microsoftd "C26481 NO_POINTER_ARITHMETIC." Guidelines Support Library, Microsoft, April 29, 2020
https://docs.microsoft.com/en-us/cpp/code-quality/c26481?view=vs-2019

miller00 Mike Miller, "Issue 253: Why must empty or fully-initialized const objects be initialized?" *C++ Standard Core Language Active Issues, Revision 104* (Geneva, Switzerland: International Standards Organization, 2000)
http://www.open-std.org/jtc1/sc22/wg21/docs/cwg_defects.html#253

miller05 William M. Miller, "Extended `friend` Declarations (Rev. 3)." Technical Report N1791, International Standards Organization, Geneva, Switzerland, May 2005
http://www.open-std.org/JTC1/sc22/wg21/docs/papers/2005/n1791.pdf

miller07 David E. Miller, Herb Sutter, and Bjarne Stroustrup, "Strongly Typed Enums (Revision 3)." Technical Report N2347, International Standards Organization, Geneva, Switzerland, July 19, 2007
http://www.open-std.org/jtc1/sc22/wg21/docs/papers/2007/n2347.pdf

miller10 William M. Miller, "A Taxonomy of Expression Value Categories." Technical Report N3055, International Standards Organization, Geneva, Switzerland, March 12, 2010
http://www.open-std.org/jtc1/sc22/wg21/docs/papers/2010/n3055.pdf

miller12a Mike Miller, "Issue 1442: Argument-dependent lookup in the range-based `for`." *C++ Standard Core Language Defect Reports and Accepted Issues, Revision 104* (Geneva, Switzerland: International Standards Organization, 2012)
http://www.open-std.org/jtc1/sc22/wg21/docs/cwg_defects.html#1442

miller12b Mike Miller, "Issue 1542: Compound Assignment of braced-init-list." *C++ Standard Core Language Active Issues, Revision 104* (Geneva, Switzerland: International Standards Organization, 2012)
http://www.open-std.org/jtc1/sc22/wg21/docs/cwg_active.html#1542

miller13 Mike Miller, "Issue 1655: Line Endings in Raw String Literals." *C++ Standard Core Language Active Issues, Revision 100* (Geneva, Switzerland: International Standards Organization, 2013)
http://www.open-std.org/jtc1/sc22/wg21/docs/cwg_active.html#1655

miller17 Mike Miller, "Issue 2354: Extended Alignment and Object Representation." *Core Language Working Group Tentatively Ready Issues for the February, 2019 (Kona) Meeting* (Geneva, Switzerland: International Standards Organization, 2017)
http://www.open-std.org/jtc1/sc22/wg21/docs/papers/2019/p1359r0.html#2354

miller21 William M. Miller, "C++ Standard Core Language Defect Reports and Accepted Issues, Revision 104." Technical report, International Standards Organization, Geneva, Switzerland, February 24, 2021
http://www.open-std.org/jtc1/sc22/wg21/docs/cwg_defects.html

mortoray13 Edaqa Mortoray, "The true cost of zero cost exceptions." Musing Mortoray Blog, September 12, 2013
https://mortoray.com/2013/09/12/the-true-cost-of-zero-cost-exceptions/

murphy16 Niall Richard Murphy, Betsy Beyer, Chris Jones, and Jennifer Petoff, *Site Reliability Engineering: How Google Runs Production Systems* (Sebastopol, CA: O'Reilly Media, 2016)
https://sre.google/books/

narkive "Why internal linkage variables can't be used to instantialize an template?" Narkive, accessed February 4, 2021
https://comp.lang.cpp.moderated.narkive.com/PsCvujrV/why-internal-linkage-variables-can-t-be-used-to-instantialize-an-template

nayar20 Amit Nayar, "Investigating the Performance Overhead of C++ Exceptions." pspdfkit.com blog, 2020
https://pspdfkit.com/blog/2020/performance-overhead-of-exceptions-in-cpp/

niebler13 Eric Niebler, "Universal References and the Copy Constructor." ericniebler.com, August 7, 2013
https://ericniebler.com/2013/08/07/universal-references-and-the-copy-constructo/

odwyer18 Arthur O'Dwyer and JF Bastien, "Copying volatile subobjects is not trivial." Technical Report P1153R0, International Standards Organization, Geneva, Switzerland, October 4, 2018
http://www.open-std.org/jtc1/sc22/wg21/docs/papers/2018/p1153r0.html

odwyer19 Arthur O'Dwyer and David Stone, "More implicit moves." Technical Report P1155R3, International Standards Organization, Geneva, Switzerland, June 17, 2019
http://www.open-std.org/jtc1/sc22/wg21/docs/papers/2019/p1155r3.html

odwyer20 Arthur O'Dwyer, "Object Relocation in Terms of Move Plus Destroy." Technical Report P1144R5, International Standards Organization, Geneva, Switzerland, March 1, 2020
http://www.open-std.org/jtc1/sc22/wg21/docs/papers/2020/p1144r5.html

odwyer21 Arthur O'Dwyer, "Simpler implicit move." Technical Report P2266R1, International Standards Organization, Geneva, Switzerland, March 13, 2021
http://www.open-std.org/jtc1/sc22/wg21/docs/papers/2021/p2266r1.html

orr18 Roger Orr, "Nothing is Better than Copy or Move." *ACCU 2018* (2018)
https://www.youtube.com/watch?v=-dc5vqt2tgA

otsuka20 Kohei Otsuka, "C++ Detection Idiom explained." Published via gitconnected.com, July 24, 2020
https://levelup.gitconnected.com/c-detection-idiom-explained-5cc7207a0067

ottosen10 Thorsten Ottosen, "Please reconsider `noexcept`." Technical Report N3227, International Standards Organization, Geneva, Switzerland, November 23, 2010
http://www.open-std.org/jtc1/sc22/wg21/docs/papers/2010/n3227.html

ouellet16 Félix-Antoine Ouellet, "The joys and pains of unrestricted unions." /* Insert Code Here */ blog, August 18, 2016
https://faouellet.github.io/unrestricted-unions/

pacifico12 Stefano Pacifico, Alisdair Meredith, and John Lakos, "Toward a Standard C++ 'Date' Class." Technical Report N3344, International Standards Organization, Geneva, Switzerland, January 15, 2012
http://www.open-std.org/jtc1/sc22/wg21/docs/papers/2012/n3344.pdf

parent21 Sean Parent, "Relaxing Requirements of Moved-From Objects." Technical Report P2345R0, International Standards Organization, Geneva, Switzerland, April 14,

2021
http://www.open-std.org/jtc1/sc22/wg21/docs/papers/2021/p2345r0.pdf

pietrek97 Matt Pietrek, "A Crash Course on the Depths of Win32™ Structured Exception Handling." *Microsoft Systems Journal*, January 1997
http://bytepointer.com/resources/pietrek_crash_course_depths_of_win32_seh.htm

pluzhnikov14 Paul Pluzhnikov, "Bug 60352: Bogus 'error: conflicting declaration `auto i`." Bugzilla, February 27, 2014
https://gcc.gnu.org/bugzilla/show_bug.cgi?id=60352

pradhan14 Pradhan, "noexcept, stack unwinding and performance." StackOverflow online forum, September 27, 2014
https://stackoverflow.com/questions/26079903/noexcept-stack-unwinding-and-performance

prowl13 Andy Prowl, "Template tuple — calling a function on each element." StackOverflow online forum, May 5, 2013
https://stackoverflow.com/questions/16387354/template-tuple-calling-a-function-on-each-element/16387374#16387374

pusz20a Mateusz Pusz, "Enable variable template template Parameters." Technical Report P2008R0, C++ Standards Committee Working Group, International Standards Organization, Geneva, Switzerland, January 10, 2020
http://www.open-std.org/jtc1/sc22/wg21/docs/papers/2020/p2008r0.html

pusz20b Mateusz Pusz, "A Physical Units Library For the Next C++." *CppCon: The C++ Conference* (Aurora, CO, 2020)
https://www.youtube.com/watch?v=7dExYGSOJzo

ranns14 Nina Ranns, "Issue 1881: Standard-layout classes and unnamed bit-fields." *C++ Standard Core Language Defect Reports and Accepted Issues, Revision 104* (Geneva, Switzerland: International Standards Organization, 2014)
http://www.open-std.org/jtc1/sc22/wg21/docs/cwg_defects.html#1881

revzin18 Barry Revzin, "Allow pack expansion in lambda init-capture." Technical Report P0780R2, C++ Standards Committee Working Group, International Standards Organization, Geneva, Switzerland, March 14, 2018
http://www.open-std.org/jtc1/sc22/wg21/docs/papers/2018/p0780r2.html

rojas15 Ràul Rojas, "A Tutorial Introduction to the Lambda Calculus." *arXiv*, 2015
https://arxiv.org/pdf/1503.09060.pdf

seacord13 Robert C. Seacord, *Secure Coding in C and C++*. 2nd edition (Boston: Addison-Wesley, 2013)

semashev18 Andrey Semashev, "Supporting `offsetof` for All Classes." Technical Report P0897R0, C++ Standards Committee Working Group, International Standards Organization, Geneva, Switzerland, 2018
http://www.open-std.org/jtc1/sc22/wg21/docs/papers/2018/p0897r0.html

sharpe13 Chris Sharpe, "Contextually converted to bool." Chris's C++ Thoughts, July 28, 2013
http://chris-sharpe.blogspot.com/2013/07/contextually-converted-to-bool.html

smith11a Richard Smith, "Issue 1358: Unintentionally ill-formed `constexpr` function template instances." *C++ Standard Core Language Defect Reports and Accepted Issues, Revision 104* (Geneva, Switzerland: International Standards Organization, 2011)
http://www.open-std.org/jtc1/sc22/wg21/docs/cwg_defects.html#1358

smith11b Richard Smith, "Issue 1452: Value-initialized objects may be constants." *C++ Standard Core Language Closed Issues, Revision 104* (Geneva, Switzerland: International Standards Organization, 2011)
http://www.open-std.org/jtc1/sc22/wg21/docs/cwg_closed.html#1452

smith13 Richard Smith, "Issue 1672: Layout compatibility with multiple empty bases." *C++ Standard Core Language Closed Issues, Revision 104* (Geneva, Switzerland: International Standards Organization, 2013)
http://www.open-std.org/jtc1/sc22/wg21/docs/cwg_defects.html#1672

smith14 Richard Smith, "Issue 1951:Cv-qualification and literal types." *C++ Standard Core Language Defect Reports and Accepted Issues, Revision 104* (Geneva, Switzerland: International Standards Organization, 2014)
http://www.open-std.org/jtc1/sc22/wg21/docs/cwg_defects.html#1951

smith15a Richard Smith, "Attributes for namespaces and enumerators." Technical Report N4196, C++ Standards Committee Working Group, International Standards Organization, Geneva, Switzerland, 2015
http://www.open-std.org/jtc1/sc22/wg21/docs/papers/2014/n4196.html

smith15b Richard Smith, "Rewording Inheriting Constructors (Core Issue 1941 et al.)." Technical Report P0136R1, C++ Standards Committee Working Group, International Standards Organization, Geneva, Switzerland, 2015
http://www.open-std.org/jtc1/sc22/wg21/docs/papers/2015/p0136r1.html

smith15c Richard Smith, "Guaranteed Copy Elision through Simplified Value Categories." Technical Report P0135R, C++ Standards Committee Working Group, International Standards Organization, Geneva, Switzerland, 2015
http://www.open-std.org/jtc1/sc22/wg21/docs/papers/2015/p0135r0.html

smith16a Richard Smith, "Issue 2254: Standard-layout classes and bit-fields." *C++ Standard Core Language Defect Reports and Accepted Issues, Revision 104* (Geneva, Switzerland: International Standards Organization, 2016)
http://www.open-std.org/jtc1/sc22/wg21/docs/cwg_defects.html#2254

smith16b Richard Smith, "Issue 2256: Lifetime of trivially-destructible objects." *Core Language Working Group "ready" Issues for the February, 2019 (Kona) meeting* (Geneva, Switzerland: International Standards Organization, 2016)
http://www.open-std.org/jtc1/sc22/wg21/docs/papers/2019/p1358r0.html#2256

smith16c Richard Smith, "Issue 2287: Pointer-interconvertibility in non-standard-layout unions." *C++ Standard Core Language Defect Reports and Accepted Issues, Revision 104* (Geneva, Switzerland: International Standards Organization, 2016)
http://www.open-std.org/jtc1/sc22/wg21/docs/cwg_defects.html#2287

smith16d Richard Smith, "Issue 2827: `is_trivially_constructible` and non-trivial destructors." *C++ Standard Library Active Issues List (Revision D122)* (Geneva, Switzerland: International Standards Organization, 2016)
https://cplusplus.github.io/LWG/lwg-active.html#2827

smith18 Richard Smith, "Issue 2356: Base Class Copy and Move Constructors Should Not Be Inherited." *C++ Standard Core Language Defect Reports and Accepted Issues, Revision 104* (Geneva, Switzerland, 2018)
http://www.open-std.org/jtc1/sc22/wg21/docs/cwg_defects.html#2356

smith19 Richard Smith, "Contra CWG DR1778." Technical Report P1286R2, C++ Standards Committee Working Group, International Standards Organization, Geneva, Switzerland, 2019
http://www.open-std.org/jtc1/sc22/wg21/docs/papers/2019/p1286r2.html

smith20 Richard Smith, "Implicit Creation of Objects for Low-Level Object Manipulation." Technical Report P0593R6, C++ Standards Committee Working Group, International Standards Organization, Geneva, Switzerland, 2020
http://www.open-std.org/jtc1/sc22/wg21/docs/papers/2020/p0593r6.html

snyder18 Jeff Snyder and Louis Dionne, "Class Types in Non-Type Template Parameters." Technical Report P0732R2, International Standards Organization, Geneva, Switzerland, June 6, 2018
http://www.open-std.org/jtc1/sc22/wg21/docs/papers/2018/p0732r2.pdf

solihin15 Yan Solihin, *Fundamentals of Parallel Multi-Core Architecture* (Boca Raton, FL: CRC Press, 2015)

spertus09 Mike Spertus, "Type Traits and Base Classes." Technical Report N2965, International Standards Organization, Geneva, Switzerland, September 25, 2009
http://www.open-std.org/jtc1/sc22/wg21/docs/papers/2009/n2965.html

spertus13 Mike Spertus, "Packaging Parameter Packs (Rev. 2)." Technical Report N3728, International Standards Organization, Geneva, Switzerland, September 3, 2013
http://www.open-std.org/jtc1/sc22/wg21/docs/papers/2013/n3728.html

stasiowski19 Krystian Stasiowski, "Accessing Object Representations." Technical Report P1839R2, International Standards Organization, Geneva, Switzerland, November 11, 2019
http://www.open-std.org/jtc1/sc22/wg21/docs/papers/2019/p1839r2.pdf

stepanov09 Alexander Stepanov and Paul McJones, *Elements of Programming* (Boston: Addison-Wesley, 2009)

stepanov15 Alexander A. Stepanov and Daniel E. Rose, *From Mathematics To Generic Programming* (Boston: Addison-Wesley, 2015)

stevens93 W. Richard Stevens, *Advanced Programming in the UNIX Environment* (Reading, MA: Addison-Wesley, 1993)

stone17 David Stone, "Implicitly move from rvalue references in return statements." Technical Report P0527R1, International Standards Organization, Geneva, Switzerland, November 8, 2017
http://www.open-std.org/jtc1/sc22/wg21/docs/papers/2018/p0527r1.html

stone19 David Stone, "Merged wording for P0527R1 and P1155R3." Technical Report P1825R0, International Standards Organization, Geneva, Switzerland, July 19, 2019
http://www.open-std.org/jtc1/sc22/wg21/docs/papers/2019/p1825r0.html

stroustrup Bjarne Stroustrup, "'New' Value Terminology."
https://www.stroustrup.com/terminology.pdf

stroustrup91a Bjarne Stroustrup, *The C++ Programming Language*. 2nd edition (Reading, MA: Addison-Wesley, 1991)

stroustrup91b Bjarne Stroustrup, "What is 'Object-Oriented Programming'?" (1991 revised version). stroustrup.com, 1991
https://stroustrup.com/whatis.pdf

stroustrup94 Bjarne Stroustrup, *The Design and Evolution of C++* (Reading, MA: Addison-Wesley, 1994)

stroustrup04 Bjarne Stroustrup, "Abstraction and the C++ Machine Model." *Proceedings of the First International Conference on Embedded Software and Systems (ICESS '04)* (Berlin Heidelberg: Springer-Verlag, 2004), pp. 1–13
https://www.springer.com/gp/book/9783540281283#

stroustrup05a Bjarne Stroustrup and Gabriel Dos Reis, "Initialization and Initializers." Technical Report N1890, Geneva, Switzerland, September 22, 2005
http://www.open-std.org/jtc1/sc22/wg21/docs/papers/2005/n1890.pdf

stroustrup05b Bjarne Stroustrup and Gabriel Dos Reis, "Initializer Lists." Technical Report N1919, Geneva, Switzerland, December 11, 2005
http://www.open-std.org/jtc1/sc22/wg21/docs/papers/2005/n1919.pdf

stroustrup07 Bjarne Stroustrup, "Issue 616: Definition of 'indeterminate value'." *C++ Standard Core Language Defect Reports and Accepted Issues, Revision 104* (Geneva, Switzerland, 2007)
http://www.open-std.org/jtc1/sc22/wg21/docs/cwg_defects.html#616

stroustrup10a Bjarne Stroustrup and Lawrence Crowl, "Defining Move Special Member Functions." Technical Report N3053, International Standards Organization, Geneva, Switzerland, March 12, 2010
http://www.open-std.org/jtc1/sc22/wg21/docs/papers/2010/n3053.html

stroustrup10b Bjarne Stroustrup, "To which extent can `noexcept` be deduced?" Technical Report N3202, International Standards Organization, Geneva, Switzerland, November 7, 2010
http://www.open-std.org/jtc1/sc22/wg21/docs/papers/2010/n3202.pdf

stroustrup13 Bjarne Stroustrup, *The C++ Programming Language*. 4th edition (Boston: Addison-Wesley, 2013)

stroustrup21 Bjarne Stroustrup and Eds. Herb Sutter, *C++ Core Guidelines* (Standard C++ Foundation, 2021)
https://isocpp.github.io/CppCoreGuidelines/CppCoreGuidelines

sutter12 Herb Sutter, "Reader Q&A: What does it mean for [[attributes]] to affect language semantics?" Sutter's Mill: Herb Sutter on Software Development, April 5, 2012
https://herbsutter.com/2012/04/05/reader-qa-what-does-it-mean-for-attributes-to-affect-language-semantics/

sutter14a Herb Sutter, "Defining a Portable ABI." Technical Report N4028, International Standards Organization, Geneva, Switzerland, May 23, 2014
http://www.open-std.org/jtc1/sc22/wg21/docs/papers/2014/n4028.pdf

sutter14b Herb Sutter, Bjarne Stroustrup, and Gabriel Dos Reis, "Forwarding References." Technical Report N4164, International Standards Organization, Geneva, Switzerland, October 6, 2014
https://isocpp.org/files/papers/N4164.pdf

sutter19 Herb Sutter, "Zero-Overhead Deterministic Exceptions: Throwing Values." Technical Report P0709R4, International Standards Organization, Geneva, Switzerland, April 8, 2019
http://www.open-std.org/jtc1/sc22/wg21/docs/papers/2019/p0709r4.pdf

svoboda10 David Svoboda, "Supporting the `noreturn` property in C1x." Technical Report N1453, International Standards Organization, Geneva, Switzerland, April 27, 2010
http://www.open-std.org/jtc1/sc22/wg14/www/docs/n1453.htm

tong15 Hurbert Tong, "Issue 2120: Array as first non-static data member in standard-layout class." *C++ Standard Core Language Closed Issues, Revision 104* (Geneva, Switzerland: International Standards Organization, 2015)
http://www.open-std.org/jtc1/sc22/wg21/docs/cwg_defects.html#2120

tsirunyan10 Armen Tsirunyan, "What is the curiously recurring template pattern (CRTP)?" StackOverflow online forum, November 13, 2010
https://stackoverflow.com/questions/4173254/what-is-the-curiously-recurring-template-pattern-crtp

tsirunyan18 Armen Tsirunyan, "What are Aggregates and PODs and How/Why Are They Special?" StackOverflow online forum, June 11, 2018
https://stackoverflow.com/questions/4178175/what-are-aggregates-and-pods-and-how-why-are-they-special

unicode "Unicode 14.0.0." Unicode Consortium, Sep 14, 2021
https://www.unicode.org/versions/Unicode14.0.0/

usa13 USA, "Issue 1778: exception-specification in explicitly-defaulted functions." *C++ Standard Core Language Defect Reports and Accepted Issues, Revision 104* (Geneva, Switzerland: International Standards Organization, 2013)
http://www.open-std.org/jtc1/sc22/wg21/docs/cwg_defects.html#1778

vandenbos07 Adriaan van den Bos, *Appendix C: Positive Semidefinite and Positive Definite Matrices* (Wiley & Sons, 2007), pp. 259–263
https://onlinelibrary.wiley.com/doi/abs/10.1002/9780470173862.app3

vandevoorde05 Daveed Vandevoorde, "Right Angle Brackets." Technical Report N1757, Revision 2, C++ Standards Committee Working Group, International Standards Organization, Geneva, Switzerland, 2005
http://www.open-std.org/jtc1/sc22/wg21/docs/papers/2005/n1757.html

vandevoorde13 Daveed Vandevoorde, "Issue 1813: Direct vs indirect bases in standard-layout classes." *C++ Standard Core Language Defect Reports and Accepted Issues, Revision 104* (Geneva, Switzerland: International Standards Organization, 2013)
http://www.open-std.org/jtc1/sc22/wg21/docs/cwg_defects.html#1813

vandevoorde15 Daveed Vandevoorde, "Issue 2094: Trivial copy/move constructor for class with volatile member." *C++ Standard Core Language Defect Reports and Accepted Issues, Revision 104* (Geneva, Switzerland: International Standards Organization, 2015) http://www.open-std.org/JTC1/SC22/WG21/docs/cwg_defects.html#2094

vandevoorde18 David Vandevoorde, Nicolai Josuttis, and Douglas Gregor, *C++ Templates: The Complete Guide* (Boston: Addison-Wesley, 2018)

voutilainen15 Ville Voutilainen, "noexcept(auto), again." Technical Report N4473, C++ Standards Committee Working Group, International Standards Organization, Geneva, Switzerland, April 10, 2015
http://www.open-std.org/jtc1/sc22/wg21/docs/papers/2015/n4473

wakely13 Jonathan Wakely, "Compile-Time Integer Sequences." Technical Report N3493, C++ Standards Committee Working Group, International Standards Organization, Geneva, Switzerland, January 11, 2013
http://www.open-std.org/jtc1/sc22/wg21/docs/papers/2013/n3493.html

wakely15 Jonathan Wakely, "Bug 65685: Reducing alignment with alignas should be rejected." Bugzilla, April 7, 2015
https://gcc.gnu.org/bugzilla/show_bug.cgi?id=65685

wakely16 Jonathan Wakely, "Issue 2796: `tuple` should be a literal type." Technical report, Geneva, Switzerland, July 30, 2016
https://cplusplus.github.io/LWG/issue2796

whitney16 Tyler Whitney, Kent Sharkey, John Parente, Colin Robertson, Mike Blome, Mike Jones, Gordon Hogenson, and Saisang Cai, "Checked Iterators." Technical report, Redmond, WA, November 4, 2016
https://docs.microsoft.com/en-us/cpp/standard-library/checked-iterators?view=msvc-160

widman13 James Widman, "Issue 1734: Nontrivial deleted copy functions." *C++ Standard Core Language Defect Reports and Accepted Issues, Revision 104* (Geneva, Switzerland: International Standards Organization, 2013)
http://www.open-std.org/jtc1/sc22/wg21/docs/cwg_defects.html#1734

wight Hyrum Wight, "Hyrum's Law."
https://www.hyrumslaw.com/

wilcox13 Charles L. Wilcox, "Bug 57484: 'std::numeric_limits< T >::signaling_NaN()' signaling-bit is incorrect for x86 32-bit." Bugzilla, May 31, 2013
https://gcc.gnu.org/bugzilla/show_bug.cgi?id=57484

williams19 Anthony Williams, "The Power of Hidden Friends in C++." Just Software Solutions blog, June 25, 2019
https://www.justsoftwaresolutions.co.uk/cplusplus/hidden-friends.html

yasskin12 Jeffrey Yasskin, "Issue 1579: Return by Converting Move Constructor." *C++ Standard Core Language Active Issues, Revision 104*, number N4750 (Geneva, Switzerland, 2012)
http://www.open-std.org/jtc1/sc22/wg21/docs/cwg_defects.html#1579

yuan20 Zhihao Yuan, "Converting from `T*` to `bool` should be considered narrowing (re: US 212)." Technical Report P1957R2, C++ Standards Committee Working Group, In-

ternational Standards Organization, Geneva, Switzerland, February 10, 2020
http://www.open-std.org/jtc1/sc22/wg21/docs/papers/2020/p1957r2.html

zhilin21 Anton Zhilin, "Guaranteed copy elision for return variables." Technical Report P2025R2, International Standards Organization, Geneva, Switzerland, March 14, 2021
http://www.open-std.org/jtc1/sc22/wg21/docs/papers/2021/p2025r2.html